JN095313

建　設　業

労 務 安 全 必 携

令和6年版

令和6年版の発刊に際して

　気候変動の影響により、頻発化、激甚化している豪雨や台風等の災害が全国各地で発生しており、橋や道路の崩壊などの甚大な被害をもたらしています。また、南海トラフ地震や首都直下地震等の巨大地震が近い将来発生することも想定されています。

　頻発する風水害や地震に屈しない強靱な国土づくりは大変重要な課題であり、我々建設業は地域の安全・安心を守る「地域の守り手」としての役割と、人々が豊かで持続可能な生活を営むために必要な、社会生活基盤づくりの中心的役割を果たしていかなければなりません。

　建設業がこれからも人々の期待に応えていくためには、ＩＣＴの活用やＤＸの普及促進による生産性の向上や経営基盤の強化のみならず、働き方改革の推進や労働災害の防止に積極的に取り組むことで、新３Ｋ（「給与」・「休暇」・「希望」）に「かっこいい」を加えた新４Ｋを実現し、建設業で働く人々や建設業を目指す若者が、夢と誇りを持って働き続けることができる産業となることが重要です。

　こうした取り組みは、建設業を営む個々の企業が労務・安全・衛生のレベルをさらに向上させ、労働者が安全・安心に働ける職場環境を作ることで実現されるものであり、店社や建設現場で実務を担当する方々一人ひとりがそれを支えていくものと考えております。

　本書「建設業労務安全必携」は、建設現場における労務・安全・衛生等に関する諸事項を詳細に解説するとともに、主要な書式の記入例を掲載しており、適正な現場の運営管理を行うための必携マニュアルです。本書が経営者はもとより、建設業に携わる多くの方々に有効に活用されることを期待いたします。

　最後になりましたが、本書の発行にあたり、ご指導・ご協力を賜りました関係各位に心より感謝申し上げますとともに、編集を担当いただきました「建設労務安全研究会」の皆様には、厚く御礼申し上げます。

　令和6年3月

一般社団法人　全国建設業協会

会　　長　　奥村　太加典

令和6年版の編集にあたって

　「建設業労務安全必携」は、昭和28年に初版発行以来、皆様のお蔭を持ちまして今回第37版として改訂補強することができました。

　本書は、労務安全の実務担当者が業務遂行上直ちに活用できるように、また、管理監督者の方にも現場運営管理上役立つように、建設業における労務管理、安全・衛生管理及び環境管理などに関連する業務に必要な諸手続きの方法について解説するとともに、労基法、安衛法、労働・社会保険法、建設業法、入管法、環境関係法などの法令について多岐にわたり、その要旨を解り易く解説しています。

　令和6年版の編集にあたっては、従来からの方針である「実務書第一主義」を基本として、関連法令や様式の改正内容等を反映し、掲載内容の全般的な見直しを図るとともに、記載例の表記や編者注を青色のゴシック文字とするなど見やすさにも心がけて編集しました。

　また、平成10年から発行している本書の「CD-ROM」版は、提出用の各種様式書類をExcel形式で作成できる≪作る機能≫、及び労働保険（単独・一括有期）の保険料計算と損害賠償のシミュレーションができる≪計算する機能≫の2つの主要機能の他、最新の全建統一様式が簡単に作成できる≪らくらく作成≫機能、関連法令をインターネットで検索する機能、書籍に収録された規約作成例のWordファイルも収録されています。

　次頁以降に「CD-ROMの機能と特徴」のご案内や「書籍／CD-ROM申込書」を掲載しておりますので、本書と併せてご利用いただければ幸いに存じます。

　これからも、ユーザーの皆様方の貴重なご意見を大切にして、より良い「建設業労務安全必携」を編集してまいる所存ですので、今後ともご支援賜りますよう何卒宜しくお願い申し上げます。

令和6年3月

建設労務安全研究会	理事長	細谷　浩昭
編集委員	(株)竹中工務店	伊藤　光生
	飛島建設(株)	笠原　康雄
	東急建設(株)	根岸　徹
	戸田建設(株)	今田　直宏
	(株)安藤・間	渡部　明夫
	東亜建設工業(株)	松尾　健也
	鹿島建設(株)	近藤　真慶
	(株)熊谷組	籔　理一郎
	建設労務安全研究会事務局	
		(順序不同))

建設業 労務安全必携システム CD-ROM（令和6年版）

1．CD-ROMの3つの主要機能と特徴

「作る機能」

令和3年4月改訂の「全建統一様式」を収録

- 提出する「諸手続（様式）書類」と「全建統一様式書類」を、「記載例」や「準拠条文」を参照しながら作成－印刷－保存－修正－複写できます。
- 「緒手続（様式）書類」の保存データはExcel形式です。文字の大きさ・書体の変更やデータの他での利用が可能です。（OCR様式には対応できません。）
- 「らくらく作成全建統一様式」では、「全建統一様式」が更に作りやすく、目的書類を選び「記載例」等を参照しながらExcel入力するだけで簡単に作成できます。
- 「規約作成例」では、書籍に掲載している規約例等を作成できるようWordファイルで収録しています。

「計算する機能」

- 単独有期事業の労災保険料と分納回数・期日・納付額などの計算ができます。
- 一括有期事業の労災保険料の計算と提出用の報告書等が作成できます。
- 労働災害に伴う労災保険給付と損害賠償のシミュレーション計算ができます。

「関連法令・規則の閲覧機能」

- 労務安全関連法令・規則の目次ページから該当する最新の全文を検索し、Webブラウザで閲覧することができます。（インターネットに接続できる環境が必要です。）

2．その他の機能

- 令和4年版で作成した「諸手続（様式）書類」や「単独有期事業の労災保険料」「労災保険給付と損害賠償のシミュレーション計算」を令和6年版にデータ移行することができます。
- セキュリティーパスワードの設定が可能です。対象：①作る機能②計算する機能の「労働保険（単独有期事業／一括有期事業）の保険料の分納回数・期日・納付額の計算」③計算する機能の「労働災害に伴う労災保険給付および損害賠償のシミュレーション計算」

3．使用上の注意とサポート

- 本システムは、Windows8.1、Windows10、Windows11上で稼働いたします。
- CD-ROM内収容の操作マニュアルを参照の上ご使用ください。
    （お問い合わせは、マニュアル掲載のサポートセンターが対応します。）

サポートセンター連絡先

株式会社エニウェイ「必携サポート係」
〒170-0013　東京都豊島区東池袋2-31-14　Reveur101
FAX：03-5957-7688　E-mail：hikkei@anyway.co.jp
URL：https://www.anyway.co.jp/hikkei/
※CD-ROMの詳細な機能はこのサポートページでご確認ください。
※「労災保険給付基礎日額の年齢階層別の上限・下限額」の変更等に対応した「アップデータ」を上記URLのサポートページからダウンロードできます。

価格8,030円（本体価格7,300円＋税10%、送料込み）
※お申し込み先　建設労務安全研究会
　〒104-0032　東京都中央区八丁堀2-5-1　東京建設会館5階
　TEL：03-3551-5277　FAX：03-3551-2487
※ホームページからもご注文いただけます。
　URL：https://www.ro-ken.net/

令和6年版 建設業労務安全必携 ≪書籍／CD-ROM≫ FAX申込書

建設労務安全研究会　宛

　〒104-0032　東京都中央区八丁堀２-５-１　東京建設会館　５階

　TEL：03-3551-5277　　FAX：03-3551-2487

申 込 日	年	月	日
郵便番号			
住　　所			
会 社 名			
所属部署			
担当者名			
電話番号	FAX番号	E-mail	

建設業労務安全必携《 書　籍 》（2,860円）を　　　　　冊、購入します。

建設業労務安全必携《CD-ROM》（8,030円）を　　　　　枚、購入します。

　支払方法（いずれかに〇を付けて下さい）

　１．≪後払≫　請求書により後払い

　２．≪代引≫　代金引換配達希望（但し、代引手数料は別途申し受けます）

《書籍梱包発送料（税込）》

地域　＼　冊	1冊	2冊	3冊
東京	840	1,160	1,280
関東・中部・信越・北陸・南東北	840	1,220	1,340
北東北	890	1,220	1,340
関西	890	1,320	1,440
中国・四国	950	1,450	1,570
北海道・九州	1,160	1,650	1,770
沖縄	1,230	1,700	1,820

令和6年2月1日現在

書籍1冊　　定価2,860円
　　　　　（本体2,600円＋税10%・送料別）

CD-ROM 1枚　定価8,030円
　　　　　（本体7,300円＋税10%・送料込）

《代引手数料》

配送業者の実費を請求いたします

この本の見方、使い方

1. 本書の構成について

本書は、I 手続書類一覧、II 様式記載例、III 重要法令資料、IV 官公署等一覧及び V 付録の 5 部に大別しています。

2. 手続書類一覧の部について

この部では、建設工事の進行過程を工事開始時、工事中随時、工事中定期及び工事終了時の 4 段階にわけ、どのような書類をどのような場合に作成届出をするかを法令ごとにまとめ、必要な手続きを選択できるようにしています。

書類の名称及び準拠条文、作成と提出の注意事項の要点を一覧表にして掲げています。

3. 様式記載例の部について

この部では、必須的な個々の様式の記載例を示して掲げています。ここでの記載例の書き方は、＜7＞頁の「本書の提出書類で想定している施工体制」記述の仮定の企業名等とそのポジションに対応させつつ、1 つの工事の施工を想定して示していますが、実際上はさまざまなケースが生じることになります。

本書では、サンプル文字を青色で表わしています。なお、昭和56年から労働保険に初めて導入されたOCR用様式のうち、標準字体の書き方を指定された箇所については、指定の字体によって表わしています。

日本標準産業分類項目表により専門工事会社大山建設の事業の種類は分類の中分類07の「職別工事業（設備工事を除く）」を掲載しています。

4. 重要法令資料の部について

この部では、労務安全及びその関連業務に必要な法令の解説や通達等を法令の種別ごとに収録しています。この部を参照することによって、基本的な労務安全業務の理解に役立ち、また、教育テキストにも十分応用できます。従って、ここの収録内容は、目次だけでも日頃見ておくようにおすすめします。

5. 官公署等一覧の部について

この部では、全国の労働局・労働基準監督署、関係団体等労務安全業務に関連の深い機関を収録しています。

6. 付録の部について

この部では、各種保険料、年齢早見表等日常の実務に密接な参考資料を収録しています。

7. 本書における各種の料率や金額等の収録部分のうち、法令によって定められたものは、その改正によってしばしば変更されることがあります。これらのものを参照するときは、各種の改正広報に注意して最新のものを把握して下さい。

※なお、「労災保険給付基礎日額の年齢階層別上限・下限額」の変更等が建設労務安全研究会ホームページ上で閲覧できます。

本書の提出書類で想定している施工体制

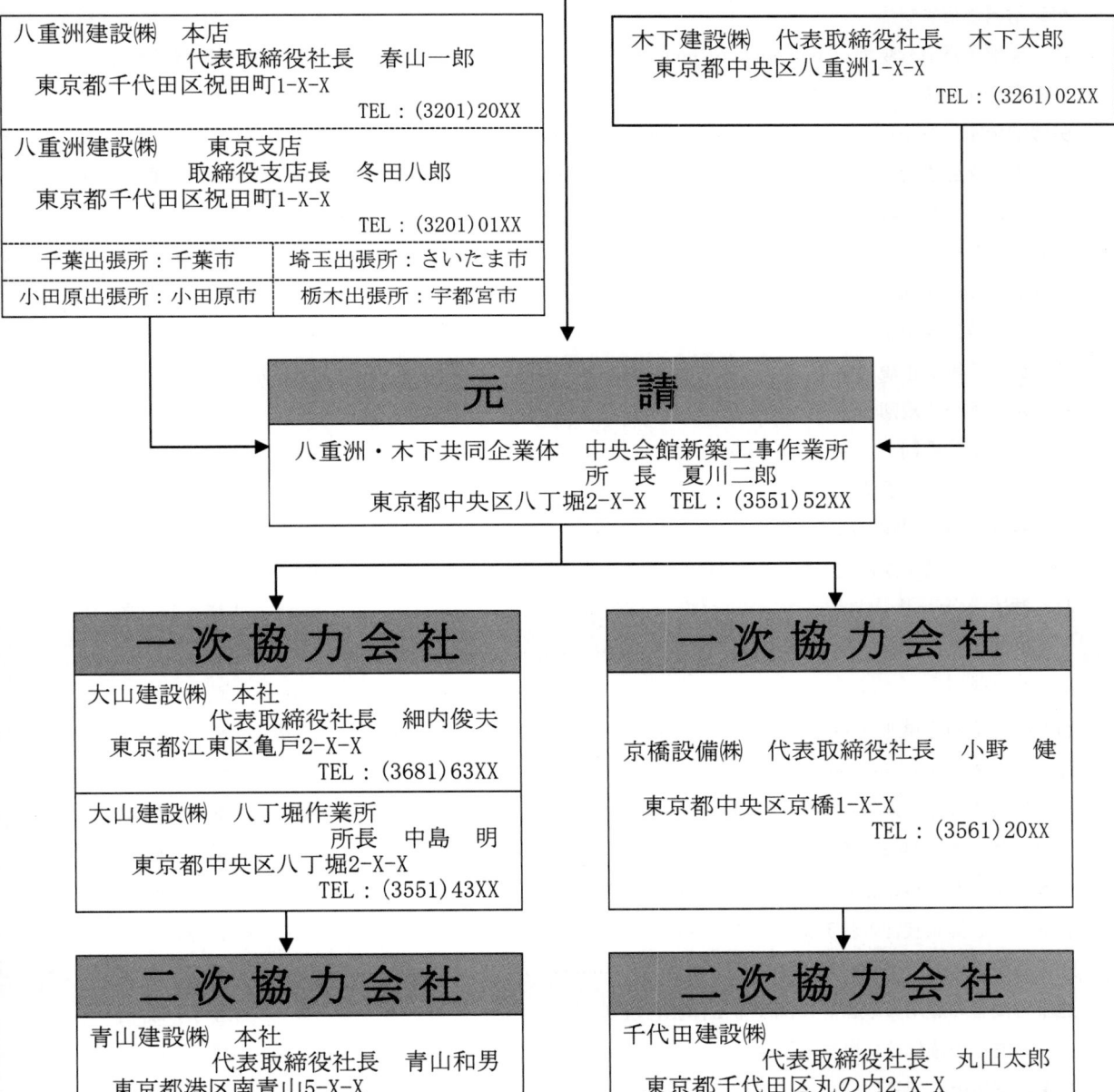

発 注 者
中央産業株式会社　　代表取締役社長　　角田昭雄 東京都中央区日本橋室町1-X-X TEL：(3241)33XX

八重洲建設㈱　本店 　　　　　　代表取締役社長　　春山一郎 東京都千代田区祝田町1-X-X TEL：(3201)20XX
八重洲建設㈱　　東京支店 　　　　　　取締役支店長　　冬田八郎 東京都千代田区祝田町1-X-X TEL：(3201)01XX

千葉出張所：千葉市	埼玉出張所：さいたま市
小田原出張所：小田原市	栃木出張所：宇都宮市

木下建設㈱　代表取締役社長　木下太郎 東京都中央区八重洲1-X-X TEL：(3261)02XX

元 請
八重洲・木下共同企業体　中央会館新築工事作業所 　　　　　　　　所　長　夏川二郎 東京都中央区八丁堀2-X-X　　TEL：(3551)52XX

一 次 協 力 会 社
大山建設㈱　本社 　　　　　　代表取締役社長　　細内俊夫 東京都江東区亀戸2-X-X TEL：(3681)63XX
大山建設㈱　　八丁堀作業所 　　　　　　所長　　中島　明 東京都中央区八丁堀2-X-X TEL：(3551)43XX

一 次 協 力 会 社
京橋設備㈱　代表取締役社長　　小野　健 東京都中央区京橋1-X-X TEL：(3561)20XX

二 次 協 力 会 社
青山建設㈱　本社 　　　　　　代表取締役社長　　青山和男 東京都港区南青山5-X-X TEL：(3499)67XX

二 次 協 力 会 社
千代田建設㈱ 　　　　　　代表取締役社長　　丸山太郎 東京都千代田区丸の内2-X-X (3211)51XX

法 令 等 の 略 称

法令名	略称
労働基準法	労 基 法
労働基準法施行規則	労 基 則
年少者労働基準規則	年 少 則
女性労働基準規則	女 性 則
事務所衛生基準規則	事 務 所 則
事業附属寄宿舎規程	寄 宿 程
建設業附属寄宿舎規程	建 設 寄 宿 程
労働安全衛生法	安 衛 法
労働安全衛生法施行令	安 衛 令
労働安全衛生規則	安 衛 則
ボイラ及び圧力容器安全規則	ボ イ ラ 則
クレーン等安全規則	ク レ ー ン 則
ゴンドラ安全規則	ゴ ン ド ラ 則
高気圧作業安全衛生規則	高 圧 則
酸素欠乏症等防止規則	酸 欠 則
粉じん障害防止規則	粉 じ ん 則
石綿障害予防規則	石 綿 則
労働者災害補償保険法	労 災 法
労働者災害補償保険法施行規則	労 災 則
労働者災害補償保険特別支給金支給規則	特 別 支 給 金 則
じん肺法	じ ん 肺 法
じん肺法施行規則	じ ん 肺 則
職業安定法	職 安 法
職業安定法施行規則	職 安 則
雇用保険法	雇 保 法
雇用保険法施行規則	雇 保 則
労働保険の保険料の徴収等に関する法律	徴 収 法
労働保険の保険料の徴収等に関する法律施行規則	徴 収 則
石綿による健康被害の救済に関する法律	石 綿 救 済 法
建設労働者の雇用の改善等に関する法律	雇 用 改 善 法
建設労働者の雇用の改善等に関する法律施行規則	雇 用 改 善 則
賃金の支払の確保等に関する法律	賃 確 法
賃金の支払の確保等に関する法律施行規則	賃 確 則

< 8 >

< 9 >

目　　次

▰ 2. 工 事 中 随 時 ▰

3．工　事　中　定　期

4．工 事 終 了 時

5．事業場又は現場備付書類

Ⅲ 重要法令資料の部

（収録細目の頁は中扉に掲げています）

Ⅳ 官公署等一覧の部

Ⅴ 付録の部

Ⅰ 手 続 書 類 一 覧 の 部

手続書類の提出先

労基法関係 ・・	
安衛法関係 ・・	労 働 基 準 監 督 署
労災法関係 ・・	
徴収法(労災保険の適用)関係 ・・・・・・・・・・・・・・・・・・・・・・・・・	

雇保法関係 ・・	ハ ロ ー ワ ー ク
徴収法(雇用保険の適用)関係 ・・・・・・・・・・・・・・・・・・・・・・・・・	（公共職業安定所）
職安法関係 ・・	

健康保険関係 ・・	年 金 事 務 所
厚生年金関係 ・・	

土建国保関係 ・・	土 建 国 保 組 合
建退共関係 ・・	勤 退 共 機 構

提出書類の作成部数について

　届出用紙が必要部数にセットされているもの、あるいは、用紙自体に提出部数が記載されているもの等それぞれに応じて控をとる必要があるかどうか確認したうえで必要な部数を作成して下さい。

1．工 事 開 始 時

法令	様式	頁	書 類 の 名 称	準拠条文 法律	準拠条文 規則	備 考
労働基準法則	23の2	45	適用事業報告	104の2	57	1．労基法の適用を受ける事業を開始した場合 2．遅滞なく
	9	46	時間外労働・休日労働に関する協定届	36	16	1．限度時間以内で時間外・休日労働を行わせる場合（一般条項） 2．事前に 3．労働者の過半数で組織する労働組合がある場合においては その労働組合、労働者の過半数で組織する労働組合がない場合においては労働者の過半数を代表する者との協定書添付 編者注1：2024年4月1日以降 編者注2：「限度時間」とは 　①1か月について45時間 　②1年について360時間 　但し、対象期間が3か月を超える1年単位の変形労働時間制により労働させる場合は、 　①1か月について42時間 　②1年について320時間
	9の2	50	時間外労働・休日労働に関する協定届（特別条項）	36	16	1．限度時間を超えて時間外・休日労働を行わせる場合 　（特別条項） 2．と3．は「様式第9号」に同じ 編者注1：2024年4月1日以降 編者注2：臨時的な特別の事情がなければ「限度時間」を超えることはできません。 編者注3：臨時的な特別の事情があって労使が合意する場合でも、以下を守らなければならない。 　①時間外労働が年720時間以内 　②時間外労働と休日労働の合計が月100時間未満 　③時間外労働と休日労働の合計が「2か月平均」「3か月平均」「4か月平均」「5か月平均」「6か月平均」が全て1月当たり80時間以内 　④時間外労働が月45時間を超えることができるのは、年6か月が限度
	任意様式	52	賃金の控除に関する協定書（例）	24		1．賃金から食費、購買代金等を控除する場合の労働組合又は労働者代表との書面による協定※ 2．届出は不要
	任意様式	53	一斉休憩の適用除外に関する労使協定書（例）	34	15	1．労働者に一斉に休憩を与えることができない場合の労働組合又は労働者代表との書面による協定※ 2．届出は不要
	14	54	監視、断続的労働に従事する者に対する適用除外許可申請書	41（3号）	34	1．守衛、炊事など監視又は断続的労働に従事する者について労働時間、休憩、休日に関する規定の適用の除外を受けようとするとき 2．労働の態様を客観的に裏付ける資料を添付

※：労働者の過半数で組織する労働組合がある場合においてはその労働組合、労働者の過半数で組織する労働組合がない場合においては労働者の過半数を代表する者との書面による協定

編者注：労働基準法および労働基準法施行規則に関する様式は、厚生労働省ホームページ　主要様式ダウンロードコーナーから、ダウンロードできます。

開始時一覧

| 法令 | 様式 | 頁 | 書　類　の　名　称 | 準拠条文 | | 備　　　　考 |
				法律	規則	
労労基基法則	10	55	断続的な宿直又は日直勤務許可申請書	41（3号）	23	宿直又は日直の勤務で断続的な業務につかせようとするとき
	任意様式	56	就業規則届	89 90	49	1．常時10人以上の労働者を使用するに至ったとき、届出は遅滞なく。 2．労働者の過半数で組織する労働組合がある場合においてはその労働組合、労働者の過半数で組織する労働組合がない場合においては労働者の過半数を代表する者の意見書添付 3．就業規則は、掲示又は備付ける等の方法によって労働者に周知させる（労基法第106条）
労建基設寄法宿程	5の2	58	寄宿舎設置届	96の2	建設寄宿程5の2	1．常時10人以上の労働者を就業させる事業、厚生労働省令で定める危険な事業又は衛生上有害な事業の附属寄宿舎を設置等するとき 編者注：危険又は衛生上有害な事業：労基則第50条の2 2．工事着手14日前まで 3．周囲の状況及び四隣との関係を示す図面、建築物の各階の平面図及び断面図を添付
	任意様式	59	寄宿舎規則届	95	建設寄宿程2	1．寄宿舎に労働者を寄宿させる場合 2．寄宿労働者代表の同意書添付 3．他人の所有に係る寄宿舎を使用する場合は （1）貸借契約の当事者及び期間 （2）修繕、改築又は増築の権限を有する者及びその費用を負担する者 を明らかにした書面を添付 4．寄宿舎規則を寄宿舎に掲示又は備付ける等の方法によって周知させる（労基法第106条） 5．寄宿舎規則
安安衛衛法則	21	61	建設工事計画届（厚生労働大臣届出）	88 2項 4項 89	89 91 92の3	1．次に掲げる仕事を開始しようとするとき （1）高さ300m以上の塔の建設 （2）堤高150m以上のダムの建設 （3）最大支間500m（つり橋は1,000m）以上の橋梁の建設 （4）長さ3,000m以上のずい道等の建設 （5）長さ1,000m以上3,000m未満のずい道等の建設で深さ50m以上のたて坑（通路として使用されるものに限る）の掘削を伴うもの （6）ゲージ圧力0.3MPa以上の圧気工法の作業※ 2．計画時には有資格者の参画を要す 3．工事開始の日の30日前まで 4．添付書類（基発第406号H12.6.13参照） （1）周囲の状況及び四隣との関係を示す図面 （2）建設物等の概要を示す図面（平面図、立面図等） （3）機械、設備、建設物等の配置を示す図面 （4）工法の概要を示す書面又は図面（主要機械、工事の進め方等） （5）労働災害を防止するための方法及び設備の概要を示す書面又は図面 （6）工程表 ※圧気工法作業摘要書（様式21号の2）〈圧気工法のみ〉 P.4　参照

| 法令 | 様式 | 頁 | 書類の名称 | 準拠条文 | | 備　　考 |
				法律	規則	
安安 衛衛 法則		61	建設工事計画届 （労働基準監督署長届出）	88 3項 4項 89の2	90 91 92の2 92の3 94の2	1．次に掲げる仕事を開始しようとするとき （1）高さ31mを超える建築物、工作物（橋梁を除く）の建設等（建設、改造、解体、破壊） （2）最大支間50m以上の橋梁の建設等 （3）最大支間30m以上50m未満の橋梁の上部構造の建設等〔人口集中地域内の道路上等に限る（安衛則第18条の2）〕 （4）ずい道等の建設等（内部に労働者が立ち入らないものを除く） （5）掘削の高さ又は深さが10m以上である地山の掘削の作業 （6）圧気工法による作業 （7）石綿等が吹き付けられている耐火建築物又は準耐火建築物における石綿等の除去、封じ込め又は囲い込みの作業 （8）石綿等が使用されている保温材、耐火被震材等の除去、封じ込め又は囲い込みの作業 （9）廃棄物焼却炉（火格子面積2㎡以上又は焼却能力が毎時200kg以上）、集じん機等の設備の解体等 2．（1）～（6）の工事は計画時に有資格者の参画を要す 3．工事開始の日の14日前まで 4．添付書類は厚生労働大臣届に同じ（具体的な書類例について平成12年6月の基発第406号で示されている） 　なお、廃棄物焼却炉等の解体等の場合は、廃棄物焼却施設等の概要を示す図面などが別途必要 5．危険性の高い一定の工事（安衛則94条の2に定める範囲）は、都道府県労働局長の審査対象となる
			土石採取計画届	88 3項	90 92	1．次に掲げる仕事を開始しようとするとき （1）掘削の高さ又は深さが10m以上の土石の採取のための掘削の作業 （2）坑内堀りによる土石の採取のための掘削の作業 2．仕事開始の日の14日前まで 3．添付書類 （1）周囲の状況及び四隣との関係を示す図面 （2）機械、設備、建設物等の配置を示す図面 （3）採取の方法を示す書面又は図面 （4）労働災害を防止するための方法及び設備の概要を示す書面又は図面

開始時一覧

法令	様式	頁	書 類 の 名 称	準拠条文		備　　　考
				法律	規則	
安石衛綿法則	1の2	65	**建築物解体等作業届**	100 1項	5	1．次の作業を行う場合 （1）壁等に石綿等使用の保温材等の除去作業 （2）石綿等の封じ込め又は囲い込みの作業 （3）上記に掲げる作業に類する作業 2．建築物又は工作物の概要を示す図面添付 3．作業開始前まで ※安衛法第88条第3項の規定による届出をする場合にあっては適用しない。
	1	63	**事前調査報告結果**	100 1項	4の2	・建築物の解体工事（当該工事に係る部分の床面積の合計が80㎡以上） ・建築物の改修工事（当該工事の請負代金の額が100万円以上） ・工作物（石綿等が使用されているおそれが高いものとして、厚生労働大臣が定めたもの）の解体工事、又は改修工事で、請負代金の額が100万円以上 ※電子システムを使用して報告する場合は不要
安安衛衛法則	21の2	67	**圧気工法作業摘要書**	88 2項 3項	91	圧気工法による作業を行う場合、建設工事計画届（様式21号）に添付
	20	68	**建設物・機械等設置届**	88 1項 4項	85 86 92の2 92の3	1．安衛則別表第7の上欄に掲げる機械等を設置し、移転し、又は変更しようとするとき 2．次の仕事の場合は、計画時に有資格者の参画を要す （1）型わく支保工（支柱の高さが3.5m以上のものに限る）に係る作業 （2）足場（つり足場・張出し足場以外の足場にあっては、高さが10m以上の構造のものに限る）に係る作業（組立から解体までの期間が60日未満は除外） 3．設置30日前まで 4．添付書類 　安衛則別表第7の上欄に掲げる機械等の種類に応じた事項を記載した書面及び図面
安除衛染法則	1	70	**土壌等の除染等の業務に係る作業届**	100	10	1．除染特別地域等内において土壌等の除染等の業務を行おうとするとき 2．あらかじめ 3．原則は発注単位。発注が複数の離れた作業を含む場合には、作業場所毎に提出

— 4 —

法令	様式	頁	書 類 の 名 称	準拠条文 法律	準拠条文 規則	備 考
安安	参考様式	71	特定元方事業者の事業開始報告 （統括安全衛生責任者選任報告） （元方安全衛生管理者選任報告） （店社安全衛生管理者選任報告） ※P.41の〔凡例〕を参照	15 令7 15の2 1項 15の3 1項	18の6 664	1．特定元方事業者の労働者と関係請負人の労働者の作業が同一の場所で行われるとき 2．工事開始後遅滞なく 3．事業場の労働者数が関係下請負人の労働者も含めて常時50人（ずい道等の建設の仕事、圧気工法による作業を行う仕事及び一定の橋梁の建設の仕事にあっては、常時30人）以上となるときは統括安全衛生責任者及び元方安全衛生管理者を選任し、その旨と氏名を記載する。 （常時50人とは、初期の準備工事、終期の手直し工事等を除く期間の平均1日当りをいう） 4．一定数の労働者を使用する次の建設工事において、当該工事を請負った店社等に店社安全衛生管理者を選任し、その旨と氏名を記載する。 （1）労働者数20人以上30人未満のずい道等の建設工事、一定の橋梁工事、圧気工法による工事 （2）労働者数20人以上50人未満の鉄骨造、鉄骨鉄筋コンクリート造の建築物の建設の工事 なお、当該工事現場に、安衛法第15条に規定する統括安全衛生責任者及び元方安全衛生管理者を選任し、その職務を行わせている場合には選任する必要はない。
衛衛	参考様式	72	安全衛生責任者選任報告	16		1．統括安全衛生責任者の選任を要する事業場で、下請として仕事をする場合 2．遅滞なく 3．下請事業者が作成し、特定元方事業者に提出
法則	1	73	共同企業体代表者届	5	1	1．JV工事の場合、出資割合その他工事施工上の責任の程度を考慮して、そのうち一人を代表者として選定 2．仕事の開始の日の14日前まで （注意1）「※代表者職氏名」欄は会社代表者（社長）の職氏名であること 支店長の職氏名でないことに留意する （注意2）「※共同事業体を構成する事業者職氏名」欄は各構成会社において、そのうちの一人を代表者とすることから、各構成会社の代表者（社長）の名称でなければならない。ただし、解釈例規上、支店長の名称で届け出ることも差し支えない。 【変更届の留意点】 初回において、支店長等の名称（注意2）で届け出がなされ、その後に代表者（注意1）に変更がなければ、当該支店長等に変更があっても、それに係る変更届は要しない。 （あくまでも、共同企業体の代表者として届け出されたものに変更があったのかが重要となる。）

開始時一覧

法令	様式	頁	書　類　の　名　称	準拠条文 法律	準拠条文 規則	備　　　考
安安 衛衛 法則	3	74 77 78	総括安全衛生管理者・安全管理者・衛生管理者・産業医選任報告	10 11 12 13	2 4 7 13	1．常時100人以上の労働者を使用するとき 　（総括安全衛生管理者） 2．常時50人以上の労働者を使用するとき 　（安全管理者・衛生管理者・産業医） 3．14日以内に選任し、遅滞なく 4．衛生管理者免許証の写等、医師免許証の写等を添付 5．元請、下請の区分にかかわりなく、1又は2に該当する事業場の事業者が作成し提出
徴徴 収収 法則 （労災関係）	1	79	労働保険 保険関係成立届 （継続事業）	4の2	4	事業を開始した日から10日以内
	1	81	労働保険 保険関係成立届 （有期事業）	4の2	4	工事を開始した日から10日以内
	1	83	労働保険 保険関係成立届 （一括有期事業）	4の2	4	小工事を一括して成立させるとき
	4	85	労働保険 下請負人を事業主とする認可申請書	8	8	1．数次の請負によって行われる建設の事業について、下請負人をその事業の事業主として労働保険の保険料の申告、納付事務を行わせようとするとき 2．元請の保険関係成立の日から10日以内、ただしやむを得ないときは理由書を添付して期限後すみやかに 3．労働保険料引受契約書及び下請負契約書の写を添付 4．元請負人と下請負人が作成 5．下請負人が事業主として認可されたときは、20日以内に下請負事業にかかる概算保険料を下請負人が申告納付しなければならない
		86	同上の別紙	8	8	上記の別紙
		87	労災保険料納付引受契約書	8	8	上記の別紙
	5	88	労働保険 継続事業一括認可申請書	9	10	1．事業主が同一人で、同じ事業の種類が二以上成立している場合に、それぞれの保険関係を一つの保険関係にまとめようとするとき 2．一括扱いを受けようとする事業の所轄の監督署へ提出
	6 （甲）	89	労働保険 概算保険料申告書 　（継続事業（新規））	15	27 38	保険関係が成立した日から50日以内

法令	様式	頁	書　類　の　名　称	準拠条文		備　　　　　考
				法律	規則	
徴収法則（労災関係）	6（乙）	91	労働保険 概算保険料申告書・納付書 　（有期事業）	15	24 28 38	保険関係成立の日から20日以内に納付
	6（甲）	93	労働保険 概算保険料申告書 （一括有期事業（新規））	15	24 27 38	保険関係が成立した日から50日以内
	19	95	労働者災害補償保険 代理人選任届		73	１．労働保険代理人を選任したとき ２．遅滞なく
徴収法則（雇保関係）	1	79	労働保険 保険関係成立届	4の2 附則2	4 64 附則2	保険関係が成立した日の翌日から10日以内に管轄のハローワークに提出
	6（甲）	96	労働保険 概算保険料 申告書・納付書	15	24 38	保険関係が成立した日の翌日から50日以内に納付
	19	101	雇用保険 被保険者関係届出事務等代理人選任届		73	１．代理人を選任したとき ２．遅滞なく ３．管轄のハローワークに提出
雇保法則		98	雇用保険 適用事業所設置届		141	事務所設置の日の翌日から10日以内に、労働保険関係成立届の事業主控、登記事項証明書、賃金台帳等を添えて、管轄のハローワークに提出
		100	雇用保険 事業所非該当承認申請書		3	開設した事業所が独立した一つの事業所に該当しないとき、すみやかに 　（平成12年４月１日職発第237号）
	2	102	雇用保険 被保険者資格取得届	7	6	雇用保険適用事業所設置届と同時に作成し、提出
健保法則		103	健康保険・厚生年金保険 被保険者資格取得届	35	24	１．被保険者となる労働者を雇入れたとき ２．雇入後５日以内 ３．被扶養者のある者については被扶養者（異動）届を添付
		104	健康保険 被扶養者（異動）届	3 35	24 38	雇入れた被保険者に被扶養者がいる場合や被扶養者の追加・削除・氏名変更等があった場合、被保険者は、５日以内に事業主へ提出
	4	105	健康保険 被保険者適用除外承認申請書 （日雇特例被保険者）	3 2項	113	日々雇い入れられる者で、引き続く２カ月間に通算して、26日以上使用される見込みのない者、任意継続被保険者、その他特別の事由があるとき
		106	健康保険 印紙購入通帳交付申請書	3 3項	145 146	１．健康保険印紙を購入するための購入通帳（様式18号）の交付を受けるとき ２．印紙は購入通帳を持って郵便局で購入

開
始
時
一
覧

| 法令 | 様式 | 頁 | 書 類 の 名 称 | 準拠条文 | | 備　　　　考 |
				法律	規則	
健健 保保 法則		107	健康保険の消印に使用 する印影届 （印影変更届）	169 3項	147	貼付した印紙を消印するための印章の印影を届 けようとするとき、及び変更しようとするとき
厚厚 年年 法則		103	健康保険・厚生年金保険 被保険者資格取得届	27	15 16	1．被保険者となる労働者を雇入れたとき 2．雇入後5日以内 3．以前被保険者であった者については、年金 　手帳の提出を求め添付 4．協会健保適用の場合は同一届

２．工 事 中 随 時

法令	様式	頁	書 類 の 名 称	準拠条文 法律	準拠条文 規則	備　　考
労労	2	109	解雇制限・解雇予告除外認定申請書	19 20	7	1．天災事変その他やむを得ない事由のために事業継続が不可能となった場合において、解雇制限に該当する労働者（業務上の傷病や産前産後の女性が休業している期間、及びその後30日以内の期間にある労働者）を解雇するとき 2．天災事変その他やむを得ない事由のために事業継続が不可能となった場合、この事由により予告及び予告手当の支払いなくして解雇するとき 3．事前に
労労	3	110	解雇予告除外認定申請書	20	7	1．労働者の責に帰すべき事由により予告及び予告手当の支払いなくして解雇する場合 2．事前に
労労	6	111	非常災害等の理由による労働時間延長・休日労働許可申請書（届）	33 1項	13	〔許可申請書〕の場合 1．災害その他避けることのできない事由で、臨時の必要がある際に、労働時間を延長し、又は休日に労働させようとするとき 2．事前に 〔届〕の場合 1．事態急迫のために許可を受ける暇がないとき 2．事後に遅滞なく
基基	任意様式		就業規則変更届	89 90	49	1．届出済みの就業規則を変更したとき 2．就業規則（作成）届の手続きに準じて届出
基基	モデル様式	266	労働条件通知書	15	5	労働契約を締結する際に、賃金、労働時間等の労働条件を明示した書面を作成し、労働者に交付する。労働条件通知書は、労使間の紛争の未然防止のため、保存しておくことが望ましい。 編者注：建設労働者の雇用の改善等に関する法律第7条　参照
法則	モデル様式	272	退職証明書	22		1．労働者が退職の際に、使用期間、業務の種類、地位、賃金又は退職事由についての証明書を請求した場合、遅滞なくこれを交付する。 2．労働者の請求しない事項を記入してはならない。 3．労働者の就業を妨げることを目的として、労働者の国籍、信条等を通信したり、証明書に秘密の記号を記入してはならない。
法則	モデル様式	274	解雇理由証明書	22 2項		1．労働者が解雇の予告がされた日から退職までの間に解雇の理由について証明書を請求した場合、遅延なくこれを交付する。 2．解雇の予告がされた日以後に労働者がその解雇以外の事由によって退職した場合においては、当該退職の日以後、これの交付を要しない。 3．（退職証明書の2に同じ） 4．（　〃　　3　〃　）

随時一覧

法令	様式	頁	書類の名称	準拠条文 法律	準拠条文 規則	備　考
労基法 建設寄宿法程	任意様式	58	寄宿舎移転・変更届	96の2	建設寄宿程5の2	1．寄宿舎を移転し、又は変更するとき、その部分について 2．手続きは設置届に同じ
労基法 建設寄宿法程	任意様式	59	寄宿舎規則変更届	95	建設寄宿程2	1．届出済みの寄宿舎規則を変更したとき 2．寄宿舎規則届の手続きに準じて届出
労基 年少 法則	3	112	交替制による深夜業時間延長許可申請書	61 3項	年少則5	交替制の事業で満18才未満の者を午後10時30分まで又は午前5時30分から労働させるとき
労基 年少 法則	4	113	帰郷旅費支給除外認定申請書	64	年少則10	満18歳未満の者を本人の責に帰すべき事由で解雇し、解雇から14日以内に帰郷する場合の旅費を支給しないことについて認定をうけるとき
安衛法 安衛則	1	73	共同企業体代表者変更届	5 3項	1 3項	1．代表者を変更したとき 2．遅滞なく
安衛法 安衛則	3	74 77 78	安全管理者 衛生管理者 産業医選任報告	11 12 13	4 7 13	1．常時50人以上の労働者を使用するに至ったとき 2．14日以内に選任し、遅滞なく 3．衛生管理者の免許証の写等、医師免許証の写等を添付 4．元請下請の区分にかかわりなく、1に該当するに至った事業場の事業者が作成し提出
安衛法 安衛則	20	68	建設物・機械等移転（変更）届	88 1項	85 86	1．届出済みのものを移転又は主要構造部分を変更しようとするとき 2．移転、変更の30日前までに 3．添付書類は建設物・機械等設置届に同じ
安衛法 安衛則	22	114	事故報告書	100 1項	96	1．（1）事業場又は附属建設物内で火災、爆発、倒壊等の事故が発生したとき 　（2）クレーン、移動式クレーン、デリック、エレベーター、建設用リフト、簡易リフト、ゴンドラ等に事故が発生したとき 2．遅滞なく 3．事故の発生した事業場又は附属建設物を管理する事業者が作成し提出
安衛法 安衛則	23	115	労働者死傷病報告	100 1項	97	1．労働者が労働災害その他就業中又は事業場内若しくはその附属建設物内における負傷、窒息、又は急性中毒により死亡し、又は4日以上休業したとき 2．遅滞なく 3．災害を受けた労働者を直接雇用している事業者が作成提出 4．派遣労働者が派遣中に労働災害等により死亡又は休業したときは、派遣先及び派遣元の事業者が、派遣先の事業場の名称等を記入の上、所轄労働基準監督署にそれぞれ提出する。 5．外国人労働者が災害を受けた場合、国籍・地域、在留資格を記入する。 編者注：休業4日未満の休業報告の記載例は、工事中定期の P.213　参照

法令	様式	頁	書　類　の　名　称	準拠条文		備　　　　考
				法律	規則	
安ク　レ　ー　ン　衛　則　法　則	2	116	クレーン設置届	88 1項	5	1．つり上げ荷重３トン以上（スタッカー式は１トン以上）のクレーンを設置しようとするとき 2．設置工事を開始する日の30日前までに 3．添付書類 （1）クレーン明細書（様式第３号） （2）組立図 （3）クレーンの種類に応じクレーン則別表に定める構造部分の強度計算書 （4）据え付け箇所の周囲の状況 （5）基礎の概要 （6）走行クレーンの場合、走行範囲
	3	117	クレーン明細書	88 1項	5	クレーン設置届の添付書類
	4	118	［クレーンデリックエレベーター建設用リフト］落成検査申請書	38 3項	6 97 141 175	1．設置工事が落成したとき 2．荷重試験、安定度試験に必要な荷及び玉掛用具を準備し検査に立会う（クレーン則第７条等）
	9	119	［クレーン移動式クレーン］設置報告書	100 1項 令13	11 61	1．（1）つり上げ荷重が0.5トン以上３トン未満（スタッカー式は0.5トン以上１トン未満）のクレーンを設置しようとするとき 　（2）つり上げ荷重が３トン以上の移動式クレーンを設置しようとするとき 2．あらかじめ届出 3．添付書類 　つり上げ荷重が３トン以上の移動式の場合は、移動式クレーン明細書（様式第16号）、検査証を添付（この他、組立図、各安全装置の系統図、性能曲線又は定格荷重表を添付する場合がある） 4．元請下請の区分にかかわりなく、設置する事業者が作成提出
	16	120	移動式クレーン明細書	100	61	1．つり上げ荷重３トン以上の移動式クレーン設置報告書の添付書類 2．製造検査済又は使用検査済の印を押したものであること
	10	121	［クレーンデリック］特例報告書	20 1項	23 2項 109 2項	1．やむを得ない事由により定格荷重の1.25倍（定格荷重が200トンをこえる場合は50トンを加えた荷重）まで荷重をかけて使用するとき 2．使用に際しての規則 （1）あらかじめ荷重試験を行い異常がないことを確認すること （2）作業をするときは、作業を指揮する者を指名し、その者の直接の指揮のもとに行う

随時一覧

法令	様式	頁	書類の名称	準拠条文 法律	準拠条文 規則	備　　考
	11	122	［クレーン／移動式クレーン／デリック／エレベーター］性能検査申請書	41 2項	41 82 126 160	1．検査証の有効期間（2年、エレベーターは1年）を更新するため性能検査を受けようとするとき 2．荷重試験、安定度試験に必要な荷及び玉掛用具を準備し、検査に立会う 3．元請下請の区分にかかわりなく、性能検査を受ける事業者が申請
安クレーン衛法則	12	123	［クレーン／移動式クレーン／デリック／エレベーター／建設用リフト］変更届	88 1項	44 85 129 163 197	1．それぞれの機械ごとに、各号のいずれかに掲げる部分を変更しようとするとき 　クレーン：1.クレーンガーダ、ジブ、脚、塔その他の構造部分　2.原動機　3.ブレーキ　4.つり上げ機構　5.ワイヤロープ又はつりチェーン　6.フック、グラブバケット等のつり具 　移動式クレーン：1.ジブその他の構造部分　2.原動機　3.ブレーキ　4.つり上げ機構　5.ワイヤーロープ又はつりチェーン　6.フック、グラブバケット等のつり具　7.台車 　デリック：1.マスト、ブーム、控えその他の構造部分　2.原動機　3.ブレーキ　4.つり上げ機構　5.ワイヤロープ又はつりチェーン　6.フック、グラブバケット等のつり具　7.基礎 　エレベーター：1.搬器又はカウンターウェイト　2.巻上機又は原動機　3.ブレーキ　4.ワイヤロープ　5.屋外のものは昇降路塔、ガイドレール支持塔又は控え 　建設用リフト：1.ガイドレール又は昇降路　2.搬器　3.原動機　4.ブレーキ　5.ウインチ　6.ワイヤロープ 2．変更の工事の開始の日の30日前までに提出 3．検査証及び変更部分の図面を添付 4．元請下請の区分にかかわりなく、変更しようとする事業者が届出
	13	124	［クレーン／移動式クレーン／デリック／エレベーター／建設用リフト］変更検査申請書	38 3項	45 86 130 164 198	1．それぞれの機械ごとに、部分を変更したものの検査を受けるとき 2．荷重試験、安定試験に必要な荷及び玉掛用具を準備し、検査に立会う 3．元請下請の区分にかかわりなく、性能検査を受ける事業者が申請
	23	125	デリック設置届	88 1項	96	1．つり上げ荷重2トン以上のデリックを設置しようとするとき 2．設置工事を開始する日の30日前まで

法令	様式	頁	書類の名称	準拠条文 法律	準拠条文 規則	備　考
						３．添付書類 （１）デリック明細書（様式24号） （２）組立図 （３）デリックの種類に応じクレーン則別表に定める構造部分の強度計算書 （４）据え付け箇所の周囲の状況、基礎の概要、控えの固定の方法を記載した書面 ４．元請下請の区分にかかわりなく設置しようとする事業者が届出
安ク	24	126	デリック明細書	88 1項	96 1項	デリック設置届に添付
	25	127	デリック設置報告書	100 1項 令13	101	１．つり上げ荷重0.5トン以上２トン未満のデリックを設置するとき ２．あらかじめ ３．元請下請の区分にかかわりなく設置しようとする事業者が提出 ４．設置期間が60日未満の場合は不要
レ	26	128	エレベーター設置届	88 1項	140	１．積載荷重１トン以上のエレベーターを設置しようとするとき ２．設置工事を開始する日の30日前まで ３．添付書類 （１）エレベーター明細書（様式27号） （２）組立図 （３）エレベーターの種類に応じクレーン則別表に定める構造部分の強度計算書 （４）据え付け箇所の周囲の状況、屋外の場合は基礎の概要、控えの固定方法
衛	27	129	エレベーター明細書	88 1項	140	エレベーター設置届に添付
ン	29	130	［エレベーター／簡易リフト］設置報告書	100 1項 令13	145 202	１．積載荷重が0.25トン以上１トン未満のエレベーターを設置するとき ２．簡易リフトを設置するとき ３．あらかじめ ４．設置期間が60日未満のエレベーターは、設置報告書の提出を要しない
法則	30	131	建設用リフト設置届	88 1項	174	１．積載荷重が0.25トン以上でガイドレールの高さが18m以上の建設用リフトを設置しようとするとき ２．設置工事を開始する日の30日前まで ３．添付書類 （１）建設用リフト明細書（様式31号） （２）組立図 （３）建設用リフトの種類に応じクレーン則別表に定める構造部分の強度計算書

法令	様式	頁	書 類 の 名 称	準拠条文 法律	準拠条文 規則	備　　　　考
安衛法 クレーン則	31	132	建設用リフト明細書			（4）据え付け箇所の周囲の状況、基礎の概要、控えの固定の方法を記載した書面
				88 1項	174	建設用リフト設置届に添付
安衛法 ゴンドラ則	10	133	ゴンドラ設置届	88 1項	10	1．事業者がゴンドラを設置しようとするとき 2．設置工事を開始する日の30日前まで 3．添付書類 （1）ゴンドラ明細書 （2）検査証 （3）組立図、据え付箇所の周囲の状況、固定方法を記載した書面
じん肺法 じん肺則	2	134	エックス線写真等の提出書	12 13 15	13	1．事業者が就業時診断、定期診断、定期外診断を行ったとき、又は労働者がじん肺健診の結果を示す書面等を提出し、じん肺にかかっていると診断されたとき 2．遅滞なく
	6	135	じん肺管理区分決定申請書	15 16	20	常時粉じん作業に従事した者又は、事業主がじん肺健康診断の結果、管理区分を決定すべきことを申請するとき
	3	136	じん肺健康診断結果証明書	12 13 15	13 20 22	エックス線写真等の提出書又はじん肺管理区分決定申請書を提出する際の添付書類
粉じん則	5		第三管理区分措置状況届	19	26	改善措置後の作業環境測定の評価結果が第三管理区分に区分された場合
雇用改善法 雇用改善則	1	137	建設労働者募集届	6	1の3 2 3	1．厚生労働省で定める区域（P.137参照）から建設労働者を一定の方法で（P.600参照）募集するとき、募集地域を管轄するハローワークに事前に提出 2．被用者の写真を添付し、賃金台帳・労働者名簿・雇用保険資格取得確認通知書控・出勤簿など被用者であることを証明できる書類を提示
労災法 労災則	5	138	療養補償給付たる療養の給付請求書	13	12	1．業務上の傷病にかかった労働者が労災指定病院で療養の給付を受けるとき 2．療養を受けようとする労災指定病院を経由して監督署に提出
	6	140	療養補償給付たる療養の給付を受ける指定病院等（変更）届	13 18	12 12の3	1．現に療養の給付を受けている労災指定病院から他の指定病院に転医しようとするとき 2．療養の給付を受けようとする指定病院を経由して監督署に提出

法令	様式	頁	書類の名称	準拠条文 法律	準拠条文 規則	備　　考
労労災災法則	7 (1)	141	療養補償給付たる療養の費用請求書	13 18	12の2 12の3	1．業務上の傷病にかかった労働者が労災指定外病院で（本人が）支払った診療費を請求するとき、若しくは看護料や通院費等を請求するとき 2．看護費、移送費、医師の証明を受けた療養の費用以外の療養費については明細書及び請求書又は領収書を添付 3．柔道整復による療養の費用を請求するときは、様式7の(3)を使用する 　あんま、マッサージによる療養の費用を請求するときは様式7の(4)を使用する
		142	同上の裏面			
	8	143	休業補償給付支給請求書	14	13	1．労働者が業務上の傷病にかかり療養のため4日以上休業したとき 2．労働者死傷病報告（安衛則様式第23号）を提出する
		144	同上の裏面	14	13	
	8 別紙	145	別紙1　平均賃金算定内訳	14	13	
		146	別紙1　同上の裏面			
		147	別紙2	14	13	
		148	別紙3	14	13	
	10	149	障害補償給付支給請求書	15	14の2	1．業務上の傷病がなおったときに労働者の身体に障害が残ったとき 2．診断書（裏面）添付
	年金 10	150	障害補償年金前払一時金請求書	59	附則 26	1．障害補償年金の前払い（障害等級に応じた一定額）を希望するとき 2．原則として障害補償給付の請求と同時に提出
	12	151	遺族補償年金支給請求書	16 16の2 16の3	15の2	1．業務上の傷病により労働者が死亡したとき 2．死亡診断書、死体検案書又は検視調書の写・受給権者・受給資格者と死亡労働者との身分関係を証明しうる戸籍謄本（抄本）・受給権者・受給資格者が死亡労働者の収入により生計を維持していたことを証明する生計維持関係証明書・死亡労働者と内縁関係にあるものはその事実を証明する書面を添付
	年金 1	152	遺族補償年金前払一時金請求書	60	附則 33	1．遺族補償年金の前払い（1000日分を限度とする）を希望するとき 2．原則として遺族補償年金の請求と同時に提出、ただし支給決定の通知があった日より1年以内であれば認められる

| 法令 | 様式 | 頁 | 書類の名称 | 準拠条文 | | 備　考 |
				法律	規則	
労労 災災 法則	15	153	遺族補償一時金支給請求書	16の6 16の7 16の8	16	1．死亡労働者の死亡当時年金の受給資格者がいないか、又は受給権者が失権し他に年金の受給資格者がなく、かつ、すでに支給された年金の額の合計額が給付基礎日額の1000日分に達しないとき 2．死亡診断書、死体検案書又は検視調書の写、受給権者と死亡労働者との身分関係を証明しうる書面、受給権者が死亡労働者の収入により生計を維持していた場合は生計維持関係証明書、内縁関係にある者はその事実を証明する書面を添付
	16	154	葬祭料請求書	17	17 17の2	1．業務上の傷病により死亡した労働者の葬祭料の支給を受けようとするとき 2．葬祭を行う者が請求
	16の2	155	傷病の状態等に関する届	12の8 18 23	18の2 18の13	1．業務上の負傷又は疾病による療養の開始後1年6カ月を経過したとき 2．医師の診断書添付
	16の2 の2	156	介護補償給付支給請求書	12の8 19の2 24	18の3 の4 18の14	1．障害・傷病等級1級のすべてと2級の一部が対象 2．常時介護と随時介護に区分される
		448	第三者行為災害届	47	22	業務中又は通勤中において第三者の加害行為によって災害が発生したことにより、労災保険の給付を受けようとする場合
労労 災災 法則 （通勤途上災害）	16の3	157	療養給付たる療養の給付請求書	22	18の5	業務災害における様式第5号の取扱いに準ずる
		158	同上の裏面	22	18の5	
	16の4	159	療養給付たる療養の給付を受ける指定病院等（変更）届	22 23	18の5 18の13	業務災害における様式第6号の取扱いに準ずる
	16の5	160	療養給付たる療養の費用請求書	22 23	18の6 18の13	1．業務災害における様式7の(1)号の取扱いに準ずる 2．柔道整復、あんま・マッサージに係わるものは、様式16の5(3)～(4)を使用する
		161	同上裏面			
	16の6	162	休業給付支給請求書	22の2	18の7	業務災害における様式第8号の取扱いに準ずる
		163	同上の裏面	22の2	18の7	

法令	様式	頁	書　類　の　名　称	準拠条文 法律	準拠条文 規則	備　　　　考
労災法則（通勤途上災害）	16の6 別紙	164	平均賃金算定内訳	22の2	18の7	
		165	同上の裏面	22の2	18の7	
	16の7	166	障害給付支給請求書	22の3	18の8	業務災害における様式第10号の取扱いに準ずる 年金の前払いを希望するときは、年金様式10号により請求
	16の8	167	遺族年金支給請求書	22の4	18の9	業務災害における様式第12号の取扱いに準ずる
	16の9	168	遺族一時金支給請求書	22の4	18の10	業務災害における様式第15号の取扱いに準ずる
	16の10	169	葬祭給付請求書	22の5	18の11 18の12	業務災害における様式第16号の取扱いに準ずる
労災特別支給金則	8 16の6	143 162	休業特別支給金支給申請書	29	3	休業補償給付又は休業給付請求書に含まれている
	10 16の7	149 166	障害特別支給金・障害特別年金・障害特別一時金支給申請書	29	4 7 8	障害補償給付又は障害給付請求書に含まれている
	12 16の8	151 167	遺族特別支給金・遺族特別年金支給申請書	29	5 9	遺族補償年金又は遺族年金支給申請書に含まれている
	15 16の9	151 168	遺族特別支給金・遺族特別一時金支給申請書	29	5 10	遺族補償一時金又は遺族一時金支給申請書に含まれている
徴収法則（労災関係）	2	170	労働保険 名称・所在地等変更届	4の2	5	１．事業主の氏名・住所、事業の名称、所在地、事業の種類及び工事期間が変更したとき ２．変更の日の翌日から10日以内
	6 （乙）	174	労働保険 増加概算保険料申告書・納付書（有期事業）	16	25	１．賃金総額の見込額が２倍を超えて増加し、かつ、保険料差額が13万円以上あるとき ２．増加の日の翌日から30日以内に納付
	23	95	労働者災害補償保険代理人解任届		73	１．代理人を解任したとき ２．遅滞なく
雇用保険法則	2	102	雇用保険 被保険者資格取得届	7	6 9 10	１．被保険者になった日（雇入れた日）の属する月の翌月10日までに提出 ２．提出後ハローワークから①「雇用保険被保険者資格取得確認通知書（事業主通知用）（様式第６号の２（１））」②「同（被保険者通知用）（様式第６号の２（２））」③「雇用保険被保険者証（様式第７号）」④「雇用保険被保険者資格喪失届」が交付される。 ３．②と③については被保険者に交付する ４．資格喪失及び氏名変更ある場合は④を使って届出る

随時一覧

法令	様式	頁	書類の名称	準拠条文 法律	準拠条文 規則	備　考
雇雇	4	176	雇用保険 被保険者資格喪失届	7	7 9 17	1．被保険者でなくなった日の翌日から起算して10日以内に、労働者名簿、賃金台帳等、被保険者でなくなったことの事実及びその年月日を確認できる書類を添えて提出 2．離職による喪失の場合は「雇用保険被保険者離職証明書」を添付 3．①「雇用保険被保険者資格喪失確認通知書(事業主通知用)」②「同(被保険者通知用)」が、離職票を発行する場合には①とあわせて（被保険者通知用）及び雇用保険資格喪失確認通知書③「離職票-1（様式第6号(1)）」④「離職票-2（様式第6号（2））」が交付される 4．②③④については速やかに本人に交付
	4	177	雇用保険 被保険者資格喪失届 （移行処理用）	7	7 9 17	昭和56年以前に被保険者の資格取得の手続きを行われている方について手続きする場合及び資格取得時にハローワークから送付された上記喪失届を紛失した場合、この書式で提出する
保保	10	178	雇用保険 被保険者転勤届	7	13	1．転勤後の事業所が管轄ハローワークに対し、転勤の翌日から起算して10日以内に提出 2．転勤前の事業所に交付された「雇用保険被保険者資格喪失届」を添付する 3．転勤後の事業所に「被保険者証」等の書類の他、「雇用保険被保険者転勤届受理通知書（転勤後事業所通知用）」が転勤前の事業所に「同（転勤前事業所通知用）」が発行される
法則	5	179	雇用保険 被保険者離職証明書 （離職票）	7	16 17	1．離職による資格喪失後の場合に喪失届に添付 2．本人が離職票の交付を希望しないときには、本書の添付は不要であるが、59歳以上の離職者については必須 3．賃金支払に関する書類を添付 4．安定所提出用、事業主控、及び離職票-2との3枚複写 5．ハローワークの確認をうけて離職票-2を本人に交付
	33の4	180	雇用保険 被保険者六十歳到達時 等賃金証明書	61	101の 5	1．高年齢雇用継続給付の給付額を決定するための60歳時賃金に関する届出 2．支給対象月の初日から4ヶ月以内に、受給資格確認票（様式33号の3）とともに賃金台帳、年令等を確認できる書類を添えて提出 3．受給資格が確認されると「確認通知書」が交付される

法令	様式	頁	書 類 の 名 称	準拠条文 法律	準拠条文 規則	備　　考
徴収法則（雇保関係）徴収法則	2	170	労働保険 名称・所在地等変更届	4の2	5	1．事業主の氏名・住所・事業所の名称・所在地及び事業の種類に変更があったとき 2．変更の日の翌日から10日以内に管轄のハローワークに提出（移転した場合は移転後の所在地を管轄するハローワーク）
		172	雇用保険事業主事業所各種変更届		142	1．事業主の氏名・住所・事業所の名称・所在地及び事業の種類に変更があったとき 2．変更の日の翌日から10日以内に管轄のハローワークに提出（移転した場合は移転後の所在地を管轄するハローワーク）
	19	101	雇用保険被保険者関係届出事務等代理人解任届	7	73	1．代理人を解任したとき 2．すみやかに
	6（甲）	96	労働保険 増加概算保険料申告書・納付書	16	25 38	1．賃金総額の見込額が2倍以上に増加し、かつ、納入保険料差額が13万円以上のとき 2．増加の日から30日以内に納付
健保法則健保		103	被保険者資格取得届	35	24	1．被保険者となる労働者を雇入れたとき 2．雇入後5日以内 3．被扶養者のある者については被扶養者（異動）届を添付
		104	被扶養者（異動）届	3 35	24 38	雇入れた被保険者に被扶養者があるとき被保険者資格取得届、被保険者証を添付して5日以内に届出
		181	被保険者資格喪失届	36	29 51	1．被保険者が死亡又は退職したとき 2．5日以内 3．被保険者証を添付
		182	被保険者報酬月額変更届	43	26	1．報酬月額の変動後3カ月間の平均で2等級以上の差が生じたとき（全ての月につき、一定の支払基礎日数を満たすことが必要） 2．改定を行う事由が生じてから速やかに提出
		183 184	適用事業所所在地・名称変更（訂正）届 （管轄内・管轄外）	197	30 31 35	1．事業主の氏名・住所、代理人の選任・解任、事業所の名称・所在地・電話番号の変更があったとき 2．5日以内
		185	被保険者氏名変更（訂正）届	197	28 36	1．被保険者氏名に変更があったとき 2．すみやかに 3．被保険者証を添付
		186	被保険者証再交付申請書	197	49	1．被保険者証を滅失、き損したとき 2．被保険者証を添付（滅失以外）
		187	被保険者賞与支払届	48	27	賞与を支払った日から5日以内に機構又は健康保険組合に提出
		189	育児休業等取得者申出書（新規・延長）	159	135 1項	速やかに機構又は健康保険組合に提出
		190	育児休業等取得者終了届	159	135 2項	1．育児休業終了予定日前に育児休業等を終了した場合 2．速やかに機構又は健康保険組合に届け出
		191	育児休業等終了時報酬月額変更届	48	26の2	速やかに機構又は健康保険組合に提出

随時一覧

| 法令 | 様式 | 頁 | 書　類　の　名　称 | 準拠条文 | | 備　　　　　考 |
				法律	規則	
厚厚年年法則		103	被保険者資格取得届	27	15 16	1．被保険者となる労働者を雇入れたとき 2．雇入後5日以内 3．以前被保険者であった者については、年金手帳の提出を求め添付 4．協会健保適用の場合は同一届
		181	被保険者資格喪失届	27	22	1．被保険者が死亡又は退職したとき 2．5日以内 3．協会健保適用の場合は同一届
		182	被保険者報酬月額変更届	23 27	19	1．報酬月額の変動後3カ月間の平均で2等級以上の差が生じたとき、速やかに提出 2．協会健保適用の場合は同一届
		183 184	適用事業所所在地・名称変更（訂正）届（管轄内・管轄外）	98	23 24 29	1．事業所の名称・所在地・電話番号の変更があったとき 2．5日以内 3．協会健保適用の場合は同一届
		185	被保険者氏名変更（訂正）届	98	21	1．被保険者の氏名に変更があったとき 2．年金手帳の提出を求め変更のうえ返付
		192	基礎年金番号通知書再交付申請書	98	40	年金手帳を紛失又はき損し再交付を受けようとするとき（き損の場合年金手帳を添付）
		193	基礎年金番号重複取消届	98	3	誤って二重に資格を取得し、後の記号番号を取消すとき、年金手帳を添付
		194	養育期間標準報酬月額特例申出書	26	10の2	戸籍謄（抄）本または戸籍記載事項証明書、住民票の写しを添付して速やかに機構に提出する
土建国保規約	同取扱規程	195	第一種組合員加入届（家族のある場合）	9	5	従業員、作業員を雇い入れたとき
		196	第一種組合員加入届（家族のない場合）	9	5	従業員、作業員を雇い入れたとき
土建国保規約	同取扱規程	197	第一種組合員脱退届	10	6	組合員が退職、解雇又は死亡したとき
		198	第一種組合員転出届		7	組合員が転勤したとき
		199	第一種被保険者資格取得届		8	結婚、出生等の理由により新たに組合員の世帯に属する被保険者となるべき者があるとき
		200	被保険者資格喪失届		8	被保険者（組合員を除く）が就職、死亡等により資格を喪失したとき
		201	被保険者証・高齢受給者証・組合員証再交付申請書		15	被保険者証、高齢受給者証又は組合員証をなくしたり、よごしたり、破ったりしたとき
		202	組合員負傷届		22	組合員がけがにより保険給付を受けるとき
		203	第三者行為による被害届		22	交通事故等の第三者の行為によるけがにより保険給付を受けるとき

法令	様式	頁	書　類　の　名　称	準拠条文		備　　　考
				法律	規則	
中退法 中退則（建退共関係）	001	204	建設業退職金共済契約申込書		74	新たに共済契約を締結しようとするとき
	002	205	建設業退職金共済手帳申込書		102 約款 7	新規に被共済者となる者を雇入れたとき
	005	206	共済手帳更新申請書		102 約款 10	1．証紙250日分を貼り終ったとき 2．満了となった手帳を添付
	006	207	掛金助成手帳更新申請書		102 約款 10	1．証紙200日分を貼り終ったとき 2．満了となった手帳を添付
	007	208	退職金請求書		83	共済手帳及び死亡、障害、その他退職金支給事由に該当する証明書と住民票を添付
建退共（建設業法）		209	建設業退職金共済事業加入・履行証明願	建設業法 (27の23)		1．加入並びに証紙購入状況の証明書で「経営事項審査」に添付するもの 2．共済手帳受払簿及び共済証紙受払簿の写し等を添付
振動法 騒音法	9	670	特定建設作業実施届出書	各法 14		1．指定地域において騒音・振動の特定建設作業を実施するとき 2．届出者は特定建設作業を伴う建設工事を施工しようとする元請業者 3．届出は、特定建設作業開始の7日前まで 4．1日で終了する特定建設作業は適用除外
土建国保規約 同取扱規程		210	基準報酬月額変更届		10の2	報酬に変動があったとき（随時決定）。固定賃金の変動があった月の翌々々月15日迄に提出。
		211	基準賞与額基礎届		10の3	賞与を届け出るとき。賞与の支払日から10日以内に提出。

3. 工 事 中 定 期

法令	様式	頁	書 類 の 名 称	準拠条文 法律	準拠条文 規則	備 考
安衛 安衛 法則	24	213	労働者死傷病報告	100 1項	97 2項	1. 労働者が労働災害その他就業中又は事業場内若しくはその附属建設物内で負傷、窒息又は急性中毒により休業4日未満の場合 2. 毎年4、7、10、1月末日までに前3カ月分をまとめて 3. 災害を受けた労働者を直接雇用している事業者が作成提出 編者注：休業4日以上の死傷病報告の記載例は、工事中随時の P.115 参照
	6	214	定期健康診断結果報告書	100 1項	52	1. 一般定期健康診断（則44）、危険有害業務の定期健康診断（則45）歯科医師による定期健康診断（則48）を行ったとき 2. 常時50人以上の労働者を使用する事業者が提出 3. 健康診断を行った後遅滞なく
安衛 除染 法則	3	216	除染等電離放射線健康診断結果報告書	100 1項	24	除染等電離放射線健康診断を行ったとき、遅滞なく
じん肺 じん肺 法則	8	218	じん肺健康管理実施状況報告	44	37	毎年、12月31日現在におけるじん肺に関する健康管理の実施状況を翌年2月末日までに、事業場の所在地を管轄する労働基準監督署長を経由して、所轄都道府県労働局長に報告
徴収 徴収 法則 （労災関係）	6 （甲）	219	労働保険 概算・確定保険料、一般拠出金申告書・納付書（継続事業（年度更新））	15 19	33 38	1. 6月1日から40日以内。（年度途中に保険関係が消滅した場合は、その日から50日以内） 2. 確定保険料、一般拠出金及び当年度の概算保険料を併せて申告・納付
		223	労働保険 概算・確定保険料、一般拠出金申告書・納付書（一括有期事業（年度更新））	15 19	33 38	1. 6月1日から40日以内（年度途中に保険関係が消滅した場合は、その日から50日以内） 2. 確定保険料、一般拠出金及び当年度の概算保険料を併せて申告・納付
	7 （甲）	221	一括有期事業報告書（建設の事業）	7	34	1. 保険料の確定申告をするとき 2. 6月1日から40日以内。（年度途中に保険関係が消滅した場合は、消滅の日から50日以内）
	別添	222	一括有期事業総括表（建設の事業）	7	34	〃
健保 健保 法則		226	被保険者報酬月額算定基礎届	40	25	1. 標準報酬月額定時決定のための届出 2. 毎年7月1日現在の被保険者分を同月10日まで
	19	227	健康保険印紙受払等報告書	171	149	1. 毎月の印紙受払状況を報告するとき 2. 翌月末日まで 3. 印紙貼付不能分の保険料については調書を作成し現金納付

法令	様式	頁	書 類 の 名 称	準拠条文 法律	準拠条文 規則	備　　　　考
厚年法 厚年則		226	被保険者報酬月額算定基礎届	21 27	18	1．標準報酬月額定時決定のための届出 2．毎年7月1日現在の被保険者分を同月10日まで 3．協会健保適用の場合は同一届
土建国保規約 同取扱規程		228	基準報酬月額算定基礎届		10の2	報酬を届け出るとき（定時決定）。7月15日迄に提出。

■ 4．工　事　終　了　時

法令	様式	頁	書 類 の 名 称	準拠条文 法律	準拠条文 規則	備　　　　考
徴収法 徴収則 （労災関係）	6 （乙）	229	労働保険確定保険料 石綿救済法一般拠出金 申告書・納付書 （有期事業）	19 石綿法35	33 38	1．事業終了後50日以内 2．確定保険料と一般拠出金を併せて申告・納付
	8	231	労働保険料 石綿救済法一般拠出金 還付請求書	19	36	1．超過額の還付を請求するとき 2．確定保険料申告書を提出する際
徴収法 徴収則 （雇保関係）	6 （甲）	96	労働保険確定保険料 申告書・納付書	19	33 38	次の保険年度の6月1日から40日以内又は保険関係が消滅した日から50日以内
雇保法 雇保則		232	雇用保険適用事業所廃止届		141	1．事業所を廃止した日の翌日から10日以内に廃止の事実が確認できる書類を添えて提出 2．雇用保険被保険者資格喪失届及び雇用保険被保険者離職証明書を同時に作成し提出
健保法 健保則		233	健康保険印紙買戻し請求書		146	1．印紙の買戻しを受けようとするとき 2．印紙購入通帳、受払簿、印紙残枚数を添付

5．事業場又は現場備付書類

法令		様式	頁	書 類 の 名 称	準拠条文		備　　　　　考
					法律	規則	
労働基準法	労働基準法則	19	235	労働者名簿	107	53	常時使用される者について、事業場ごとに備付
		様式4	236	賃金集計表兼賃金台帳	108	54 55	1．日雇労働者及び月給者用としての賃金台帳 2．集計表としても利用できる 3．事業場ごとに備付
		様式3	237	賃金日計表兼賃金台帳	108	54 55	1．季節労働者など期間雇用労働者用としての賃金台帳 2．各個人別に毎日の労働時間や賃金など記入整理できる 3．事業場ごとに備付
		全建様式2	239	作業日報			1．毎日の出勤確認（出勤簿） 2．労働時間、出来高数量を記入、賃金計算のための基礎資料となる
				住民票記載事項証明書	57	昭50基発83号	1．年少者を使用するとき 2．年少者の年齢証明には、住民票記載事項証明書を備えれば足りる 3．住民票記載事項証明書は、本籍地の市区町村役場に申請する 4．住民票記載事項証明書は、事業場ごとに備付ける 編者注：児童は、建設業に就業できない
安全衛生法	安全衛生法則	5(1)	240	健康診断個人票 （雇入時）	66 66の3 103	43 51	1．常時使用する労働者を雇い入れるときの健康診断
		5(2)	241	健康診断個人票	66 66の3 103	44 45 45の2 47 48 51	一般（則44）、危険有害（則45）、歯科医師（則48）の定期健康診断、海外派遣労働者（則45の2）給食従業員（則47）の健康診断、労働局長の指示による健康診断を行ったとき
安全衛生法	除染則	線管1	243	除染等業務に従事する労働者の被ばく線量管理	22	5 6	1日における被ばく線量が1cm線量当量について1ミリシーベルトを超えるおそれのある除染等業務従事者については毎日確認
		2	244	除染等電離放射線健康診断個人票	66 66の3 103	20 21 22	雇入れ又は当該業務に配置替えの際及びその後六月以内ごとに1回、定期に30年間保存しなければならない
中退法（建退共）	中退則	029	245	共済手帳受払簿		90 99	建退共関係の事務を行う事業場ごとに整備し、手帳の交付、更新等の状況を明確にする
		030	246	共済証紙受払簿		90 99	請負工事単位に、また証紙現物交付などの場合にはその下請負人単位に整備
建設業法	建設業則	28	247	建設業の許可票	40	25	店舗に掲げる看板
		29	248	〃	40	25	工事現場に掲げる看板
徴収法	徴収則	25	249	労災保険関係成立票	45の2	77	工事現場に掲げる看板
建築基準法	建築基準則	68	249	建築基準法による確認済	89	11	工事現場に掲げる看板

6．参考手続書類一覧

法令	様式	書類の名称	準拠条文 法律	準拠条文 規則	備考
労労 基基 法則	1	貯蓄金管理に関する協定届	18	5の2 6	1．労働者の委託を受けて貯蓄金を管理しようとするとき 2．労働組合又は労働者代表との協定書※添付 ※労働者の過半数で組織する労働組合がある場合においてはその労働組合、労働者の過半数で組織する労働組合がない場合においては労働者の過半数を代表する者との書面による協定
	24	貯蓄金管理状況報告	18	57 3項	1．毎年3月31日以前1年間の預金の管理状況 2．4月30日までに報告する
	任意 様式	賃金の口座振込みに関する協定書	24	7の2	1．賃金の口座振込みを実施するとき 2．個々の労働者の同意書が必要 3．労働者が指定する本人名義の預金又は貯金の口座に振り込まれること。 4．口座振込み等がされた賃金は、所定の賃金支払日の午前10時頃までに払出し又は払戻しが可能となっていること。
	14	資金移動業者口座への賃金支払に関する同意書	24	7の2	1．使用者は、労働者の同意を得て、厚生労働大臣が指定する資金移動業者の口座に支払うことができる。 2．賃金のデジタル払いが可能になります。 P.284　参照
安安 衛衛 法則		安全衛生教育計画書	100 59 60	40の3	指定事業場のみ
	4の5	安全衛生教育実施結果報告	100 59 60	40の3	指定事業場のみ前年度の実施結果を毎年4月30日まで
	5(3)	海外派遣労働者健康診断個人票（派遣前・帰国後）	66	45の2	1．労働者を海外に6カ月以上派遣するとき 2．6カ月以上派遣した労働者が帰国したとき
	7	健康管理手帳交付申請書	67	53	粉じん作業や石綿ばく露作業等に従事し、一定要件に該当する場合、離職の際又は離職後に都道府県労働局長へ申請する
	2	統括管理状況等報告			1．一定規模以上（請負金額が概ね50億円以上）の建設工事として指定されたとき 2．行政指導（平成5年3月31日基発214号）による 3．記入例については P.350　参照 4．四半期毎に報告

参考手続一覧

参考手続一覧

法令	様式	書類の名称	準拠条文 法律	準拠条文 規則	備　考
安安 衛衛 法則	10	健康管理手帳書替・再交付申請書	67 4項	58 59	1．健康管理手帳所持者が氏名、住所を変更したとき、30日以内 2．健康管理手帳を滅失又は損傷したとき
	12	衛生管理者 衛生工学衛生管理者 高圧室内作業主任者 ガス溶接作業主任者 発破技士 揚貨装置運転士 クレーン・デリック運転士 移動式クレーン運転士 潜水士 等　免許申請書	72 1項 74の2 12 14 61	66の3	1．免許試験に合格した者（指定試験合格者は除く）で、免許を受けようとするとき 2．指定試験合格者は合格通知を添付する 3．免許試験に合格した以外の場合で、免許を受けようとするとき
	12	（同上）免許証再交付・書替・更新申請書	74の2	67	1．免許証を滅失・損傷したとき 2．本籍、氏名を変更したとき
	14	（同上）免許試験受験申請書	75 5項	71	各種免許試験を受けようとするとき
	15	（同上）技能講習・運転実技教習受講申込書	75 3項 76 1項 3項 別表17 別表18	75 80	次の技能講習を受講するとき 1．木材加工用機械作業主任者 4．コンクリート破砕器作業主任者 5．地山の掘削及び土止め支保工作業主任者 6．ずい道等の掘削等作業主任者 7．ずい道等の覆工作業主任者 8．型枠支保工の組立て等作業主任者 9．足場の組立て等作業主任者 10．建築物等の鉄骨の組立て等作業主任者 11．鋼橋架設等作業主任者 12．コンクリート造の工作物の解体等作業主任者 13．コンクリート橋架設等作業主任者 14．採石のための掘削作業主任者 15．はい作業主任者 17．木造建築物の組立て等作業主任者 19．普通第一種圧力容器取扱作業主任者 20．特定化学物質及び四アルキル鉛等作業主任者 21．鉛作業主任者 22．有機溶剤作業主任者 23．石綿作業主任者 24．酸素欠乏危険作業主任者 25．酸素欠乏・硫化水素危険作業主任者 26．床上操作式クレーン運転

法令	様式	書類の名称	準拠条文 法律	準拠条文 規則	備　　考
安衛法則					27．小型移動式クレーン運転 28．ガス溶接 29．フォークリフト運転 30．ショベルローダー等運転 31．車両系建設機械（整地・運搬・積込み用及び掘削用）運転 32．車両系建設機械（解体用）運転 33．車両系建設機械（基礎工事用）運転 34．不整地運搬車運転 35．高所作業車運転 36．玉掛け 　2．3．16．18．37．は省略 次の運転実技教習を受けるとき 　1．揚貨装置運転実技教習 　2．クレーン運転実技教習 　3．移動式クレーン運転実技教習
	18	技能講習修了証再交付・書替申込書	76 2項	82	1．技能講習修了証を滅失又は損傷したとき 2．本籍・氏名を変更したとき
	21の3	労働災害防止業務従事者労働災害再発防止講習受講申込書	99の2		都道府県労働局長より、総括安全衛生管理者等「労働災害防止業務従事者」に対して、労働災害の再発防止を図るための講習を受講するよう指示を受けたとき
	21の5	就業制限業務従事者労働災害再発防止講習受講申込書	99の3		都道府県労働局長より、就業制限業務従事者に対して、労働災害の再発防止を図るための講習を受講するよう指示を受けたとき
安衛法 クレーン則	5	クレーン仮荷重試験申請書	38 3項	8	1．許可型式クレーンについて仮荷重試験を受けるとき 2．組立図を添付
	8	［クレーン 移動式クレーン デリック エレベーター 建設用リフト］検査証再交付・書替申請書	39 2項	9 59 99 143 177	1．検査証を滅失又は損傷したとき 2．設置している者に異動があったとき、検査証を添付して異動後10日以内
		［クレーン 移動式クレーン デリック］代行検査受検報告書	41 2項	43 84 128	性能検査代行者が行う性能検査を受けようとするとき

参考手続一覧

法令	様式	書　類　の　名　称	準拠条文 法律	準拠条文 規則	備　　　考
安衛法　クレーン則		[クレーン／移動式クレーン／デリック／エレベーター／建設用リフト] 休止・廃止報告	100 1項	48 52 89 93 133 137 167 171 201	1．使用を休止する場合で休止期間が検査証の有効期間を経過した後にわたるとき 2．使用を廃止したとき 　なお、遅滞なく検査証を所轄労働基準監督署に返還する 3．任意様式
	14	[クレーン／移動式クレーン／デリック／エレベーター] 使用再開検査申請書	38 3項	49 90 134 168	使用を休止していたものを再び使用するとき
安衛法　ゴンドラ則	2	ゴンドラ製造検査申請書	38 1項	4	ゴンドラ組立図、アームその他の構造部分の強度計算書添付
	3	ゴンドラ明細書	〃	4	上記製造検査添付書類
	6	ゴンドラ使用検査申請書	〃	6	ゴンドラ明細書、組立図、アームその他の構造部分の強度計算書を添付
	9	ゴンドラ検査証再交付・書替申請書	39 2項	8	1．検査証を滅失又は損傷したとき 2．設置している者に異動があったとき 検査証を添付して異動後10日以内
	11	ゴンドラ性能検査申請書	41 2項	25	1．検査証の有効期間を更新するとき 2．荷重試験のための荷、用具を準備 3．検査に立ち会う
	12	ゴンドラ変更届	88 1項	28	1．次の部分を変更しようとするとき 　①作業床　②アームその他の構造部分 　③昇降装置　④ブレーキ又は制御装置 　⑤ワイヤロープ　⑥固定方法 2．検査証と変更部分の図面を添付
	13	ゴンドラ変更検査申請書	38 3項	29	1．変更を加えたゴンドラの検査をうけるとき 2．荷重試験のための荷、用具を準備
		ゴンドラ使用休止報告	100 1項	32	ゴンドラの使用を休止しようとする場合において、休止期間が検査証の有効期間を経過した後にわたるとき
	14	ゴンドラ使用再開検査申請書	38 3項	33	使用を休止していたものを再び使用するとき

法令	様式	書類の名称	準拠条文 法律	準拠条文 規則	備考
安衛法 高圧則	1	高気圧業務健康診断個人票	66 66の3 103	39	高圧室内業務又は潜水業務に常時従事する労働者に対し高圧則第38条に基づき実施した健康診断の結果に基づき作成し、これを5年間保存
安衛法 高圧則	2	高気圧業務健康診断結果報告書	100 1項	40	高圧則第38条の健康診断（定期のものに限る）を行ったとき、遅滞なく
安衛法 酸欠則		酸素欠乏事故報告	100 1項	29	1．労働者が酸素欠乏症にかかったとき 2．調査の結果、酸欠空気が漏出しているとき 3．遅滞なく
労災法 労災則	4	未支給の保険給付請求書	11	10	1．受給権者が死亡したときなど、未支給の保険給付がある場合 2．死亡診断書、戸籍謄本、休業補償給付請求書、生計維持証明書を添付
労災法 労災則	11	障害補償給付変更請求書	15の2 22の3	14の3 18の8	障害等級が変更になったとき
労労災災法則	37の2	障害補償年金差額一時金請求書	58	附則 21	障害補償年金の受給権者が死亡した場合に、既に支払われた障害補償年金の合計額が障害等級に応じて定められた額に満たないとき
労労災災法則	13	遺族補償年金転給等請求書	16の4 22の4	15の3 15の4 18の9	受給権者が失権した場合、受給資格者がある限り次順位者が請求
労労災災法則	14	遺族補償年金支給停止申請書	16の5 22の4	15の6 18の9	受給権者が行方不明になったとき次順位者などが請求
労労災災法則	16の11	傷病の状態等に関する報告書	14 22の2	19の2	1．1月1日現在で療養開始後1年6カ月を経過している者が1月1日から同月末日までの休業補償給付又は休業給付を受けようとするとき 2．休業補償給付又は休業給付請求書に添付 3．医師又は歯科医師の診断書を添付
労労災災法則	年金申請様式4	傷病の状態の変更に関する届出書	18の2 23	21の2	傷病補償年金の受給権者の障害の程度が他の障害等級に至ったとき
労労災災法則	18	年金たる保険給付の受給権者の定期報告書	47	21	受給権者の生年月日の属する月が1月から6月までの月の場合は5月31日まで、7月から12月までの月の場合は10月31日まで

法令	様式	書類の名称	準拠条文		備考
			法律	規則	
労労災災法則	19	年金たる保険給付の受給権者の住所・氏名・年金の払渡金融機関等変更届	47	21の2 21の3	受給権者の氏名及び住所、払渡金融機関が変ったとき
	20	厚生年金保険等の受給関係変更届	47	21の2	厚生年金保険の障害年金等が支給されることになったとき又は支給額に変更等があったとき
	21	遺族補償年金受給権者失権届	47	21の2	婚姻、血族以外の養子、子が18歳に達したときなどで権利が消滅したとき
	22	遺族補償年金額算定基礎変更届	47	21の2	年金加算者に異動があったとき（受給資格者の数に増減の生じたとき）
	37の3	事業主責任災害損害賠償受領届	64	附則 45	1．労働者又はその遺族が事業主から損害賠償を受けることができる場合で、労災保険給付を受けるべきときに、同一の事由について損害賠償を受けたとき 2．事業主の証明が必要 3．判決文、和解調書、示談書等必要に応じ添付 4．当該受領届で対象となる損害賠償の項目は、①判決等で明示された逸失利益②療養費③葬祭費用であり、労災保険給付に上積みして支払われる示談金・和解金・見舞金等は原則として労災保険との支給調整は行われない（昭56.6.12発基第60号）
	34の11	特別加入申請書 （海外派遣者）	33 36	46の25の2	1．労働者を海外に派遣する事業主がその海外派遣者について特別加入の申請をするとき 2．海外派遣に関する報告書（特様式第5号）
	34の12	特別加入に関する変更届 （海外派遣者）	33 36	46の25の2	特別加入者に関して変更を生じたとき
	34の7	特別加入申請書 （中小事業主等）	34	46の19	労働保険事務組合に事務を委託する中小規模事業主が事業に従事するものを含めて特別加入の申請をするとき
	34の10	特別加入申請書 （一人親方等）	35	46の22の2	一人親方等が加入する団体が特別加入の申請をするとき
職職安安法則		求人票	21	15	求人申込の都度
雇雇保保法則	8	被保険者証再交付申請書		10	被保険者証を滅失・損傷したとき、本人であることを証明する書類及び損傷した被保険者証を添えて提出

法令	様式	書類の名称	準拠条文 法律	準拠条文 規則	備　　考
雇雇 保保 法則		離職票再交付申請書		17	離職票を滅失・損傷したとき、本人であることを証明する書類及び損傷した離職票を添えて提出
	10の4	未支給失業等給付請求書	10の3	17の2	1．受給資格者が死亡した場合でまだ支給されていないものがある時、生計を同じくしていた者が、死亡の翌日から6カ月以内に 2．死亡した者の受給資格者証等、死亡事実、その年月日、続柄及び生計を同じくしていたことを証明できる書類を添えて提出
	12	公共職業訓練所　　受講届　通所届	15	21	1．ハローワークの指示により公共職業訓練を受けることとなったとき 2．受給資格者証を添えて提出
	14	失業認定申告書		22	1．失業の認定を受けようとするとき 2．受給資格者証を添えて提出し、職業の紹介を求める
	15	公共職業訓練等受講証明書	15	27	公共職業訓練受講中につき出頭できなかった者が失業の認定を受けるときに提出
	16	受給期間延長申請書	20	30 31 31の3	1．妊娠、出産、育児、疾病、負傷等の理由により30日以上職業に就けない者が基本手当の支給期間を延長して貰うとき（ただし加算できるのは最大でも3年間） 2．定年退職者等で一定期間求職の申込みをしないことを希望するとき（ただし加算できるのは最大でも1年間） 3．受給資格者証又は離職票、母子手帳等を添えて、1については30日経過後の翌日からその期間内に、2については離職日の翌日から2ヶ月以内に提出 4．認定されると受給期間延長等通知書(様式第17号)が交付される
	18	払渡希望金融機関指定（変更）届		44	1．振込みによって基本手当の支給を受けるときに受給資格証を添えて提出 2．指定金融機関を変更するときは変更届を提出
	20	受給資格者氏名、住所変更届		49	変更の事実を証明する書類及び受給資格者証を添えて提出

法令	様式	書 類 の 名 称	準拠条文 法律	準拠条文 規則	備　　　考
雇　　保　　法　則		受給資格者証再交付申請書		50	受給資格者証を滅失・損傷したとき、本人であることを証明する書類及び損傷した受給資格者証を添えて提出
	22	傷病手当支給申請書	37	63	1．受給資格者が傷病のため15日以上就職できない状態のとき、就職できない理由がやんだ後における最初の支給日までに基本手当の受給に代えて申請 2．受給資格者証を添えて提出
	22の3	高年齢受給資格者失業認定申告書	37の3 37の4	65の4 65の5	1．高年齢継続被保険者が失業の認定を受けるとき 2．高年齢受給資格者証添えて提出
	24	特例受給資格者失業認定申告書	39 40	68 69	1．特例受給資格者が失業の認定を受けようとするとき 2．特例受給資格者証を添えて提出
	25	日雇労働被保険者資格取得届	43	71 73	1．日々雇用される、もしくは30日以内の期間を定めて雇用される者(日雇労働者)が 2．①適用区域内に居住し、適用事業に雇用される 　②適用区域外の地域に居住し、適用区域内にある適用事業に雇用される 　③ハローワークの認可を受けた のいずれかに該当する場合に 3．該当するに至った日から5日以内に 4．住民票写しを添えて提出 5．被保険者手帳が交付される
	30	移転費支給申請書	58	92	1．紹介された職業に就くため等で住所を変更する場合に 2．移転の日の翌日から起算して1カ月以内に 3．受給資格者証を添えて提出
	32	移転証明書		94	移転費の支給を受けた受給資格者等から新たに雇用した事業主に「移転費支給決定書」(様式31号)の提出があったとき、事業主がハローワークに提出
	32の2	求職活動支援費（広域求職活動費）支給申請書	59	99	1．広域求職活動の終了の翌日から10日以内に 2．受給資格者証等を添えて提出
	33の2	教育訓練給付金申請書	60の2	101の2の11	1．受講開始日までに、原則として同一の事業主に引き続き3年以上雇用されている、若しくは離職後1年以内である一般被保険者又は高年齢被保険者が 2．訓練を終了した日の翌日から1ヶ月以内に 3．修了証明書、費用を明らかにする書類を添えて提出

法令	様式	書 類 の 名 称	準拠条文		備 考
			法律	規則	
雇雇 保保 法則	33の3	高年齢雇用継続給付受給資格確認票・（初回）高年齢雇用継続給付支給申請書	61	101の5 101の7	1．60歳以上65歳未満の被保険者で、各月の賃金額が60歳到達時の75％未満に低下した状態で雇用されているとき 2．支給対象月の初日から起算して４カ月以内に申請 3．雇用保険被保険者60歳到達時等賃金証明書（様式33号の４）労働者名簿等を添えて事業主を経由して提出 4．高年齢再就職給付金の申請もこれを用いて行う
	33の6	**介護休業給付金支給申請書**	61の4	101の19	1．被保険者が、２週間以上の介護を必要とする状態にある家族を介護するために介護休業を取得し、その休業期間中の賃金額が休業開始時の賃金月額の80％未満であるとき 2．介護休業終了日の翌日から起算して２ヶ月を経過する日の属する月の末日までの間に 3．「雇用保険被保険者休業開始時賃金月額証明書」（様式10号の２の２）とともに、労働者名簿、介護対象家族の氏名、続柄の分かる書類を添えて、事業主を経由して提出
		育児休業給付受給資格確認票・（初回）育児休業給付金支給申請書	61の7	101の30	1．被保険者が１歳未満の子を養育するために育児休業を取得し、その休業期間中の賃金額が休業開始時の賃金月額の80％未満であるとき 2．休業開始日から４カ月を経過する日の属する月の末日までに 3．「雇用保険被保険者休業開始時賃金月額証明書」（様式10号の２の２）とともに、労働者名簿、母子健康手帳等を添えて、事業主を経由して提出
		育児休業給付金資格確認票・出生時育児休業給付金支給申請書	61の8	101の33	1．被保険者が子の出生日から８週間経過する日の翌日までの間に４週間(28日)以内の出生時育児休業を取得し、その休業期間中の就労に対する賃金額が休業開始時の賃金月額の80％未満であるとき 2．子の出生日から８週間を経過する翌日から起算して２ヶ月を経過する日の属する月の末日までの間に 3．「雇用保険被保険者休業開始時賃金月額証明書」（様式10号の２の２）とともに、労働者名簿、母子健康手帳等を添えて、事業主を経由して提出

法令	様式	書類の名称	準拠条文		備　　考
			法律	規則	
賃金確保法則	1	認定申請書	7	9	1．未払賃金立替払事業にて中小企業事業主が事実上の倒産をしたことの認定を受けるとき 2．事業場を退職した日の翌日から6ヶ月以内 3．監督署へ提出
	4	確認申請書	7	14	1．未払賃金額等の確認を受けるとき 2．監督署へ提出
	8	未払賃金の立替払請求書	7	17	1．未払賃金の立替払を請求するとき 2．労働者健康安全機構に提出
障害者法則	6	障害者雇用状況報告書	43 7項	8	1．毎年6月1日現在の雇用状況を7月15日まで 2．ハローワークへ提出
	101	障害者雇用調整金支給申請書	50	15	1．法定雇用数以上雇用しているとき 2．障害者雇用状況報告書を提出したハローワークが所在する都道府県申告申請窓口を経由して高齢・障害・求職者雇用支援機構へ提出（以下同じ）
	102	障害者雇用状況等報告書（I）	52		障害者雇用納付金等申告するとき
	103	障害者雇用状況等報告書（II）	52		障害者雇用納付金等申告するとき
	101	障害者雇用納付金申告書	56	26	法定雇用数以下のとき
	301	報奨金支給申請書	附則4 3項	附則23	中小事業主が一定数以上の障害者を雇用しているとき
高年齢者法則	1	多数離職届	16	6の2	1．高年齢者5人以上が定年、解雇等により離職するとき 2．ハローワークへ届出
	2	高年齢者雇用状況報告書	52	33	1．毎年6月1日現在を7月15日まで 2．ハローワークへ提出
		求職活動支援書	17	6の3	解雇等により離職することが予定されている高年齢者等が希望するとき

法令	様式	書　類　の　名　称	準拠条文		備　　　　考
			法律	規則	
健　健 保　保 法　則		賞与等支払届 賞与不支給報告書	45・48	27	1．被保険者に賞与等を支払ったとき 2．5日以内 日本年金機構に登録している賞与支払予定月に、いずれの被保険者及び70歳以上被用者にも賞与を支給しなかったとき
		二以上事業所勤務届		1 2 37	1．被保険者が同時に二以上の事業所で使用されるとき 2．10日以内
		健康保険任意適用申請書	31	21	1．強制適用事業所以外のものが任意包括適用の認可を受けようとするとき 2．被保険者となる者の1/2以上の同意が必要
		健康保険任意適用取消申請書	33	22	全被保険者の3/4以上が任意脱退に同意し、被保険者全部の資格を喪失させるための認可を受けようとするとき
		任意継続被保険者資格取得申出書	3 4項 37	42	1．退職前2カ月以上被保険者であった者が退職後も引続き被保険者となろうとするとき 2．20日以内
		第三者の行為による傷病届	57	65 90	第三者の行為により傷病にかかり保険給付を受けるとき、遅滞なく
		被保険者・家族 療養費支給申請書	87 110	66 90	1．療養の給付を受けることが困難なとき（本人・家族とも適用）、支払った日の翌日から2年以内 2．診療費に関する領収明細書等を添付
		被保険者・被扶養者・世帯合算 高額療養費支給申請書	115	令41 ～43 109	1．1カ月の医療費自己負担が一定の額を超えたとき 2．本人・家族とも適用
		被保険者・家族 移送承認申請（届）書	97 112	81 82	1．移動が困難で移送の給付を受けようとするとき（本人・家族とも適用）
		被保険者・家族 移送費支給申請書	97 112	81 82	2．次の事項を記載した医師の意見書を添付 　①　移送を必要と認める理由 　②　移送経路、移送方法、移送年月日 　③　診療年月日

参考手続一覧

法令	様式	書 類 の 名 称	準拠条文		備　　　　考
			法律	規則	
健健保保法則		傷病手当金支給請求書	99	84	1．療養のため労務不能で、傷病手当金の支給を受けようとするとき 2．症状及び労働不能の療養担当者の意見書を添付 3．休業及び賃金支払関係の事業主の証明書を添付
		傷病手当金支給停止事由該当届	108 3項 〜 5項	88	傷病手当金の支給を受けている被保険者が障害厚生年金又は障害手当金又は老齢退職年金を受けることになったとき
		被保険者・家族 埋葬料（費）支給申請書	100 105 113	85 96	1．死亡により埋葬料（費）、家族埋葬料の支給を受けようとするとき 2．埋葬許可証の写し、死亡診断書等の写しを添付
		被保険者・配偶者 出産・育児一時金支給申請書	101 114	86 97	1．被保険者及び被扶養配偶者が出産し、ひき続き出生児を育て、出産育児一時金の支給を受けるとき 2．市区町村長、医師又は助産師の分娩の事実の証明書を添付
		出産手当金支給申請書	102 106	87	1．産前42日以内産後56日以内において休業した日について出産手当金の支給を受けようとするとき 2．分娩予定日についての医師又は助産師の意見書、休業及び賃金支払関係の事業主の証明書を添付
		育児休業取得者申出書	159	135	事業者は、被保険者が出産し、養育のため育児・介護休業法による休業で保険料を免除してもらいたいとき（厚生年金も同制度あり）申し出る。
健健保保法則（日雇特例被保険者）		被保険者受給資格者票交付（確認）申請書	129	119	1．受給資格の確認を受けようとするとき 2．被保険者手帳、受給資格者証を提出

法令	様式	書　類　の　名　称	準拠条文		備　　　考
			法律	規則	
		特別療養費受給票交付申請書	145	130	1．特別療養費の支給を受けようとするとき 2．被保険者手帳を提出
		適用除外承認申請書	3 2項	113	被保険者にならないための承認 （2カ月に26日以上使用される見込のない者など）
健　健		健康保険日雇特例被保険者手帳交付申請書	126	114 120	1．日雇労働者が被保険者となったとき 2．5日以内 3．住民票の写を添付
		被保険者・家族 移送費支給申請書	134 142	124 129	1．療養の給付を受けることが困難なとき、又は看護、移送の給付を受けようとするとき（本人・家族とも適用） 2．申請は事前に、事後のときは「届」 3．被保険者手帳を提出 4．診療費、看護費、移送費に関する医師の証明書等を添付
保　保		被保険者・家族 療養費支給申請書	132	123	
		健康保険被保険者 家族療養費支給申請書	140	128	
		（特別） 療養費支給申請書	145	130 131	
法　則 （日雇特例被保険者）		高額療養費支給申請書	147	109	一般被保険者に同じ
		健康保険 傷病手当金支給申請書	135	125	1．療養のため労務に服することができないために賃金が受けられず、傷病手当金の支給を受けようとするとき 2．被保険者手帳を提出
		健康保険被保険者 家族埋葬料支給申請書	136 143	126 129	1．死亡し埋葬料の支給を受けようとするとき 2．被保険者手帳、埋葬許可証の写又は死亡診断書等を添付
		健康保険被保険者 家族出産育児一時金支給申請書	137 144	127 129	1．出産し、引き続き出生児を育て、出産育児一時金の支給を受けようとするとき 2．被保険者手帳ならびに出産に関する証明書を提出
		出産手当金支給申請書	138	127	1．出産手当金を請求するとき 2．被保険者手帳ならびに出産に関する証明書などを提出

| 法令 | 様式 | 書　類　の　名　称 | 準拠条文 || 備　　　　考 |
			法律	規則	
厚厚		健康保険・厚生年金保険 被保険者所属選択・二以上 事業所勤務届	98	1 2 令2	1．被保険者が同時に二以上の事業所で使用されるとき 2．10日以内
		厚生年金保険 任意適用申請書	6	13の3	1．強制適用事業所以外の事業所を適用事業所にしたいとき 2．従業員の1/2以上の同意書を添付
		厚生年金保険 任意適用取消申請書	8	14	1．任意適用事業所の適用をやめたいとき 2．従業員の3/4以上の同意書を添付
	101	厚生年金保険 老齢給付裁定請求書	33	30	1．老齢年金の受給資格を得、年金を受けようとするとき 2．年金手帳、戸籍抄本、職歴、加給年金対象者に関する必要書類等を添付
年年		被保険者資格喪失届	98	34	1．在職老齢年金を受けていた者が退職したとき（勤めていたため全額支給停止となっている人の退職） 2．年金証書を添付
	104	厚生年金保険 障害給付裁定請求書	33	44	1．一定の障害の状態にあるため、年金又は手当金を受けようとするとき 2．年金手帳、戸籍抄本、診断書、レントゲンフィルム、職歴、加給年金対象者に関する必要書類等を添付
法則	210	障害給付額改定請求書	52	47	1．障害の状態が悪化したため障害年金の等級を変更してもらいたいとき 2．年金証書、請求書の提出1カ月以内に発行された診断書、レントゲンフィルム、職歴、加給年金対象者に関する必要書類等を添付
	212	障害給付受給権者障害不該当届	98	48	障害年金を支給できない程度に障害の状態がよくなったとき
	213	障害基礎年金・厚生年金 受給権者業務上障害補償の該当届	98	49	1．業務上で労働基準法第77条による補償を受ける権利を得たとき 2．10日以内（権利を取得した日を明らかにできる書類を添付）
	105	国民年金・厚生年金保険・船員保険遺族給付裁定請求書	33	60	1．被保険者又は被保険者であった者が死亡し遺族年金を受ける資格がある場合において年金を受けようとするとき 2．年金手帳、戸籍謄本、死亡診断書、生計維持関係証明書等を添付

法令	様式	書　類　の　名　称	準拠条文 法律	準拠条文 規則	備　　考
厚厚	215	厚生年金保険 遺族年金額改定請求書		62 67の3	1．胎児であった子が生まれたとき、遺族年金受給権者に増減が生じたときなど 2．10日以内 3．年金証書、戸籍抄本等を添付
		遺族年金失権届	98	63	1．遺族年金受給権者が死亡、婚姻などで年金の受給権を失ったとき 2．10日以内 3．年金証書を添付
	211	老齢厚生年金受給権者胎児出生届	98	31	1．年金受給権発生当時胎児であった子が生まれたとき 2．10日以内 3．年金証書、戸籍抄本等を添付
	205	加算額・加給年金額対象者不該当届 （厚生年金保険）	98	32 46 67の3	1．死亡、離婚などで加給年金額対象者でなくなったとき 2．10日以内
	207 217	老齢・障害給付受給権者支給停止事由消滅届 遺族年金受給権者支給停止事由消滅届	98	34の2 50の3 65	1．年金の支給を停止されていた者がその停止事由がなくなったとき 2．戸籍抄本、診断書、加給年金対象者に関する必要書類、支給停止事由が消滅したことを明らかにすることができる書類等を添付
年年		年金受給権者現況届	98	35 51 68	1．各年金受給権者が、その現況について届出るもの（引き続き年金を受けようとするとき） 2．毎年誕生日の属する月の末日まで（個別指定） 3．住民票の添付またはマイナンバーの記入が必要 ※住民基本台帳ネットワークシステムにより健在を確認できる場合は、日本年金機構より現況届が送付されず届出は省略できる
法則	237	年金受給権者氏名変更届	98	37 53 70	1．各年金受給権者がその氏名を変更したとき 2．10日以内 3．年金証書、戸籍抄本を添付
	238	年金受給権者住所変更届	98	38 54 71	1．各年金受給権者がその住所を変更したとき 2．10日以内
	239	年金証書再交付申請書	98	40 56 73	年金証書を滅失、き損したため再交付を受けようとするとき（き損の場合は年金証書を添付）
	204 の2	年金受給権者死亡届	98	41 57 74	1．各年金受給権者が死亡したとき 2．10日以内 3．年金証書、死亡診断書等を添付
		未支給年金・未支払給付金請求書	37	42 58 75	1．受給権者が死亡したときにまだ支給されていない年金、手当金があるとき 2．戸籍抄本、生計維持関係証明書を添付

法令	様式	書類の名称	準拠条文 法律	準拠条文 規則	備　　考
		加入申込書		5	事業所が加入するとき
		加入推薦書		4	下請会社を組合に加入させるときに必要な、元請の推薦書
		特定疾病認定申請書		20の5	血友症、人口透析を要する腎不全又は抗ウイルス剤の投与を必要とする後天性免疫不全症候群（AIDS）に罹ったとき
		住所変更届		8	住所を変更したとき
		氏名変更届		8	被保険者（後期高齢被保険者である組合員を含む）が結婚等により氏名を変更したとき
		世帯主変更届		8	世帯主に変更のあったとき
		療養費支給申請書		17	
		出産育児一時金支給申請書	14	18	
		葬祭費支給申請書	15	18	事業主を経由して組合事務所へ提出、又は組合員が居住地の最寄りの組合事務所へ直接提出
		傷病手当金支給申請書	17	18	
		出産手当金支給申請書	18	18	
		移送費支給申請書		17の2	
	012	住所 共済契約者　　変更届 名称・代表者		104	共済契約者証及び変更の事実を確認できる書類（登記簿の写しなど）を添付
	014	共済契約者証交付申請書		104	契約者証をなくしたとき
	017	共済手帳紛失又は棄損による再交付申請書		73 （104で準用）	共済手帳をなくしたとき
	018	被共済者氏名等変更届		104	共済手帳及び変更の事実を確認出来る書類（住民票、免許証の写しなど）を添付
	022 023	移動通算申出書	46 55	94 109	1．脱退した退職金共済制度の掛金納付月数を現在加入している制度に継続通算するとき 2．前の退職金共済制度を脱退してから2年以内 3．共済手帳、退職事由認定書（厚生労働省様式→本人申出用）又は、本人の同意書（様式024号→事業主申出用）のいずれかを添付

縦書き左端: 参考手続一覧

縦書き: 土建国保規約　同取扱規程

縦書き: 中退法（建退共関係）　中退則

【P.5 凡例】統括安全衛生責任者等の選任報告の要件
（安衛法第15条、第15条の3、安衛令第7条、安衛則第18条の6、第664条）

区分	工事の種類	現場規模　20▼ 30▼		50▼ 　労働者数（人）
①	ずい道等の建設の仕事	店社安全衛生管理者	統括安全衛生責任者	
②	圧気工法による作業を行う仕事	店社安全衛生管理者	統括安全衛生責任者	
③	一定の橋梁の建設の仕事	店社安全衛生管理者	統括安全衛生責任者	
④	鉄骨造、鉄骨鉄筋コンクリート造の建築物の建設の仕事	店社安全衛生管理者		統括安全衛生責任者
⑤	その他の仕事			統括安全衛生責任者

（注）　1．区分①～④の工事において、統括安全衛生責任者を選任して監督署に申出た場合は、店社安生管理者を選任する必要はない（安衛則18条の6第2項）

　　　　2．区分①～④の工事において、統括安全衛生責任者を選任した場合は専属の者とする
　　　　　〔元方事業者による建設現場安全管理指針（平成7年4月21日付基発第267号の2）〕

　　　　3．区分③の「一定の橋梁」とは、人口が集中している地域内の道路若しくは道路に隣接した場所や鉄道の軌道上、軌道に隣接した場所をいう（安衛則18条の2の2）

7．保存書類及び保存期間

法令	保存期間	書類の名称	準拠条文 法律	準拠条文 規則	備考
労働基準法則	5年間（当分の間3年間とする）	労働者名簿	109	56	労働者の死亡、退職又は解雇の日から起算する
		賃金台帳			最後の記入をした日から起算する
		雇入、退職に関する書類			労働者の退職又は死亡の日から起算する
		災害補償に関する書類			災害補償を終った日から起算する
		賃金その他労働関係に関する重要な書類			その完結の日から起算する
安全衛生法則	3年	安全衛生委員会等における議事で重要な記録	103 1項	23	完結の日から起算する
	3年	特別教育に関する記録		38	
	5年	健康診断の結果に関する記録		51	
	3年	車両系建設機械、アセチレン溶接装置又はガス集合溶接装置の定期自主検査の結果に関する記録		169 317	
	3年	炭酸ガスが停滞し又は停滞するおそれのある坑内作業場の炭酸ガス濃度測定記録		592	
	3年	通気設備が設けられている坑内作業場の坑内通気量の定期測定記録		603	
	3年	気温が28度をこえ又はこえるおそれのある坑内作業場の坑内気温の定期測定記録		612	
安全衛生クレーン則	3年	クレーン、移動式クレーン、デリック、エレベーター、建設用リフト、簡易リフトの自主検査の結果に関する記録	45 1項 103 1項	38 79 123 157 195 211	完結の日から起算する
安全衛生ゴンドラ則	3年	ゴンドラの自主検査の結果に関する記録	45 1項 103 1項	21	完結の日から起算する
安全衛生高圧法則	5年	高圧室業務健康診断に関する記録	103 1項	39	完結の日から起算する
	3年	再圧室の点検記録		45	

— 42 —

法令	保存期間	書類の名称	準拠条文 法律	準拠条文 規則	備考
安衛法 酸欠則	3年	酸欠危険場所の作業場の酸素濃度測定記録	103 1項	3	第2種酸素欠乏危険作業にあっては酸素及び硫化水素の濃度の測定記録 完結の日から起算する
安衛法 石綿則	40年	作業記録（作業員の作業記録等、事前調査記録）	103 1項	35	完結の日から起算する
安衛法 石綿則	40年	作業環境測定記録	103 1項	36	完結の日から起算する
安衛法 石綿則	40年	健康診断の結果に関する記録	103 1項	41	完結の日から起算する
安衛法 石綿則	3年	作業計画による作業の記録（実施状況記録等）	103 1項	35の2	完結の日から起算する
安衛法 除染則	30年	除染等業務に従事する労働者の被ばく線量管理	103	6	完結の日から起算する
安衛法 除染則	30年	除染等電離放射線健康診断個人票	103	21	完結の日から起算する
安衛法 粉じん則	7年	土石、岩石、鉱物、金属又は炭素の粉じんを著しく発散する屋内作業場の粉じん濃度の測定記録及び評価結果	103 1項	26	完結の日から起算する
安衛法 粉じん則	3年	個人サンプリング法等による測定結果、測定結果の評価結果、呼吸用保護具の装着確認結果	103 1項	26 27	完結の日から起算する
安衛法 事務所則	3年	機械による換気設備の点検記録	103 1項	9	完結の日から起算する
じん肺法	7年	健康診断に関する記録 レントゲン写真	17		
労災法 労災則	3年	労災保険に関する書類		51	書類の完結の日から起算する
雇保法 雇保則	2年	雇用保険に関する書類		143	書類の完結の日から起算する 被保険者の資格の得喪に関する書類は4年
徴収法 徴収則	3年	労働保険に関する書類		72	書類の完結の日から起算する
雇用改善法 雇用改善則	2～3年	関係請負人に関する事項	8	5	法令では工事終了日まで保管することになっているが、後日、労働条件や雇用保険の受給権をめぐる紛争を考慮し、2～3年間保存することが望ましい

保 存					

法令	保存期間	書 類 の 名 称	準拠条文		備 考
			法律	規則	
健康保険法則	2年	健康保険に関する書類		34	完結の日から起算する
厚生年金法則	2年	厚生年金保険に関する書類		28	完結の日から起算する
建設業法則	5年	営業に関する事項を記載した帳簿	40の3	26 28	1．営業所毎に以下の事項が記載された帳簿を当該建設工事の目的物の引渡しをしたときから5年（住宅を新築する工事に係るものは10年）保存する ①営業所の代表者の氏名等 ②注文書と締結した建設工事の請負契約に関する事項 ③発注者と締結した住宅を新築する建設工事の請負契約に関する事項 ④下請負人と締結した建設工事の下請負契約に関する事項 ⑤特定建設業者における支払いに関する事項 2．帳簿には契約書を添付しなければならない、又、一定の場合には、下請負人への支払額、支払手段を証する書類等及び施工体制台帳のうち決められた部分を添付しなければならない
	10年	営業に関する図書	40の3	26 28	発注者から直接建設工事を請負った場合は以下の図書を10年保存しなくてはならない ①完成図 ②発注者との打合せ記録（請負契約の当事者が相互に交付したものに限る） ③施工体系図

Ⅱ 様 式 記 載 例 の 部

手続書類の提出先

労基法関係 ・・・ ┐
安衛法関係 ・・・ │
労災法関係 ・・・ ├ 労 働 基 準 監 督 署
徴収法(労災保険の適用)関係 ・・・・・・・・・・・・・・・・・・・・・・・・・・・・・・ ┘

雇保法関係 ・・・ ┐
徴収法(雇用保険の適用)関係 ・・・・・・・・・・・・・・・・・・・・・・・・・・・・・・ ├ ハ ロ ー ワ ー ク
職安法関係 ・・・ ┘　（公共職業安定所）

健康保険関係 ・・・ ┐
厚生年金関係 ・・・ ┘ 年 金 事 務 所

土建国保関係 ・・・ 土 建 国 保 組 合
建退共関係 ・・・ 勤 退 共 機 構

提出書類の作成部数について

　届出用紙が必要部数にセットされているもの、あるいは、用紙自体に提出部数が記載されているもの等それぞれに応じて控をとる必要があるかどうか確認したうえで必要な部数を作成して下さい。

Ⅱ　様式記載例の部

1．工　事　開　始　時

様式第23号の2（第57条関係）

適用事業報告

事業の種類	職別工事業
事業の名称	大山建設株式会社八丁堀作業所（中央会館新築工事）
事業場の所在地（電話番号）	東京都中央区八丁堀2-×-×　電話（ 3551 ）- 43XX（　）番

種類		満18歳以上	満15歳以上満18歳未満	満15歳未満	計
通勤	男	32	4	（　）	36
	女	4	（　）	（　）	4
	計	36	4	（　）	40
寄宿	男	15	（　）	（　）	15
	女	（　）	（　）	（　）	（　）
	計	15	（　）	（　）	15
総計		51	4	（　）	55

労働者数

適用年月日　令和 6 年 4 月 1 日

備考

令和 6 年 4 月 5 日

使用者　職名　大山建設株式会社八丁堀作業所
　　　　氏名　所長　中島　明

中央　労働基準監督署長　殿

工事　開始　時　始
　　　開

（記載心得）
1. 坑内労働者を使用する場合は、労働者数の欄にその数を括弧して内書すること。
2. 備考の欄には適用年月日を記入すること。

様式第9号(第16条第1項関係)

時間外労働
休日労働　に関する協定届

労働保険番号						
都道府県 13	所掌 1	管轄 01	基幹番号 825105	枝番号 001	被一括事業場番号	*

法人番号　1 2 3 4 5 6 7 8 9 0 * *

事業の種類	事業の名称	事業の所在地(電話番号)	協定の有効期間
職別工事業	大山建設株式会社 八丁堀作業所 (中央会館新築工事)	(〒104 － 0032) 東京都中央区八丁堀2-X-X (電話番号 03-3551-43XX)	令和6年4月1日から1年間

時間外労働

	時間外労働をさせる必要のある具体的事由	業務の種類	労働者数(満18歳以上の者)	所定労働時間(1日)(任意)	延長することができる時間数 1日 法定労働時間を超える時間数	所定労働時間を超える時間数(任意)	1箇月(①については45時間まで、②については42時間まで) 法定労働時間を超える時間数	所定労働時間を超える時間数(任意)	1年(①については360時間まで、②については320時間まで) 起算日(年月日)令和6年4月1日 法定労働時間を超える時間数	所定労働時間を超える時間数(任意)
① 下記②に該当しない労働者	工事の遅れに対応する為	型枠の組立解体の業務	10人		3時間		20時間		200時間	
	月末の決算業務	経理	2人		3時間		15時間		180時間	
② 1年単位の変形労働時間制により労働する労働者										

休日労働

休日労働をさせる必要のある具体的事由	業務の種類	労働者数(満18歳以上の者)	所定休日(任意)	労働させることができる法定休日の日数	労働させることができる法定休日における始業及び終業の時刻
工事の遅れに対応する為	型枠の組立解体の業務	10人		1ヵ月1日	8:00～17:00

上記で定める時間数にかかわらず、時間外労働及び休日労働を合算した時間数は、1箇月について100時間未満でなければならず、かつ2箇月から6箇月までを平均して80時間を超過しないこと。☑(チェックボックスに要チェック)

協定の成立年月日　令和 6 年 3 月 23 日

協定の当事者である労働組合(事業場の労働者の過半数で組織する労働組合)の名称又は労働者の過半数を代表する者の

協定の当事者(労働者の過半数を代表する者の場合)の選出方法(　投票による選出　)

☑ 上記協定の当事者である労働組合が事業場の全ての労働者の過半数で組織する労働組合である又は上記協定の当事者である労働者の過半数を代表する者が事業場の全ての労働者の過半数を代表する者であること。(チェックボックスに要チェック)

☑ 上記労働者の過半数を代表する者が、労働基準法第41条第2号に規定する監督又は管理の地位にある者でなく、かつ、同法に規定する協定等をする者を選出することを明らかにして実施される投票、挙手等の方法による手続により選出された者であって使用者の意向に基づき選出されたものでないこと。(チェックボックスに要チェック)

令和 6 年 3 月 25 日

職名　大山建設株式会社 八丁堀作業所
氏名　職長　石川 次郎　　㊞ 石川

使用者　職名　大山建設株式会社 八丁堀作業所
氏名　所長　中島 明　　㊞ 中島

中央　労働基準監督署長殿

協定書を兼ねる場合には労働者の代表の署名または押印が必要です。

協定書を兼ねる場合には使用者の署名または押印が必要です。

— 46 —

様式第9号（第16条第1項関係）（裏面）

（記載心得）

1 「業務の種類」の欄には、時間外労働又は休日労働をさせる必要のある業務を具体的に記入し、労働基準法第36条第6項第1号の健康上特に有害な業務を他の業務と区別し、当該業務の区分を細分化することにより当該業務の範囲を明確にしなければならないこと。なお、業務の種類を記入すること。

2 「労働者数（満18歳以上の者）」の欄には、時間外労働又は休日労働をさせることができる当該業務に従事する労働者の数を記入すること。

3 「延長することができる時間数」の欄の記入に当たっては、次のとおりとすること。時間外労働の対象期間は当該協定の内容を本様式に付記して届け出ること。労働基準法第32条から第32条の5まで又は第40条の労働時間（以下「法定労働時間」という。）を超える時間数並びに法定労働時間及び所定労働時間を超える時間数を記入すること。なお、本欄に記入する時間数にかかわらず、時間外労働及び休日労働を合算した時間数が1箇月について100時間以上となった場合、及び2箇月から6箇月までを平均して80時間を超えた場合には労働基準法違反（同法第119条の規定により6箇月以下の懲役又は30万円以下の罰金）となることに留意すること。

(1) 「1日」の欄には、法定労働時間を超えて延長することができる時間数であって、1日についての延長することができる限度となる時間を記入すること。なお、所定労働時間を超える時間数についても協定する場合においては、所定労働時間を超える時間数を併せて記入することができる。

(2) 「1箇月」の欄には、法定労働時間を超えて延長することができる時間数であって、「1箇月」についての延長することができる限度となる時間（42時間）について、1箇月ごとに区分して記入すること。なお、所定労働時間を超える時間数についても協定する場合においては、所定労働時間を超える時間数を併せて記入することができる。

(3) 「1年」の欄には、法定労働時間を超えて延長することができる時間数であって、「1年」についての延長することができる限度となる時間（320時間）について、1年ごとに区分して記入すること。なお、所定労働時間を超える時間数についても協定する場合においては、所定労働時間を超える時間数を併せて記入することができる。

4 ②の欄は、労働基準法第32条の4の規定により労働時間を延長して労働させる労働者（対象期間が3箇月を超える1年単位の変形労働時間制により労働させる労働者に限る。）について記入すること。なお、延長することができる限度となる時間は、1箇月42時間及び1年320時間である。

5 1年単位の変形労働時間制により労働させる場合における延長することができる時間数の限度は、「1年」については、所定労働時間を超える時間数を併せて記入する場合においても、所定労働時間数を超える時間数を併せて記入すること。

6 「労働させることができる法定休日の日数」の欄には、労働基準法第35条の規定による休日（1週1休又は4週4休であることに留意すること。）に労働させることができる日数を記入すること。

7 「労働させることができる法定休日における始業及び終業の時刻」の欄には、労働基準法第35条の規定による休日であって労働させることができる日の始業及び終業の時刻を記入すること。

8 チェックボックスについては、労働基準法施行規則第1条第2号に規定する監督又は管理の地位にある者でなく、かつ、同法に基づき選出された者であってその使用者の意向に基づき選出されたものでないこと。これらの要件を満たさない場合には、有効な協定とはならないことに留意すること。

9 本様式をもって協定とする場合においても、協定の当事者たる労使双方の合意があることが、協定上明らかとなるような方法により締結するよう留意すること。この場合、必要のある事項のみ記入することとし、協定として直接関係のない事項についてはこれを削除して差し支えないこと。

10 本様式で記入部分が足りない場合は同一様式を使用すること。

（備考）

1 労働基準法施行規則第24条の2第4項の規定により、労働基準法第38条の2第2項の協定（事業場外で従事する業務の遂行に通常必要とされる時間を協定する場合の当該協定）の内容を本様式に付記して届け出る場合においては、事業場外労働の対象業務については他の業務とは区別し、事業場外労働の対象業務である旨を「業務の種類」の欄に記入することとし、これに付記して協定する時間（所定労働時間を超える時間に限る。）を「延長することができる時間数」の「1日」の欄に記入すること。また、「協定の有効期間」の欄には当該協定に関する協定の有効期間を記入すること。

2 労働基準法第38条の4第5項の規定により、労使委員会が設置されている事業場において、本条の規定による決議を行う委員会の委員の5分の4以上の多数による決議により、届出をする場合においては、委員会の委員の氏名を記入した用紙を別途提出することとし、委員会の委員の氏名を記入するに当たっては、任期を定めて選出された委員である旨を「委員会の委員の氏名」の欄に記入すること。なお、委員の半数については、当該事業場の労働者の過半数で組織する労働組合がある場合においてはその労働組合、労働者の過半数で組織する労働組合がない場合においては労働者の過半数を代表する者の推薦に基づき指名された者であることが必要であり、これらの要件を満たしていないものは委員として取り扱われないことに留意すること。また、「委員会の委員の過半数の決議により届け出る場合）」とあるのは「委員会の委員の5分の4以上の多数の決議により届け出る場合）」と読み替えるものとすること。

3 労働時間等設定改善法第7条に規定する労働時間等設定改善委員会が設置されている事業場において、本条の規定による決議を行う委員会の委員の5分の4以上の多数による決議により、届出をする場合においては、委員会の委員の氏名を記入した用紙を別途提出することとし、本様式中「協定」とあるのは「労働時間等設定改善委員会の決議」と、「協定の当事者たる労働組合」とあるのは「委員会の委員の半数について任期を定めて指名した委員である労働組合」と、「協定の当事者（労働者の過半数を代表する者の場合）の選出方法」とあるのは「委員会の委員の半数について任期を定めて指名した委員の選出方法」と、「協定の成立年月日」とあるのは「委員会の決議が行われた年月日」と読み替えるものとすること。なお、委員の半数については、当該事業場の労働者の過半数で組織する労働組合がある場合においてはその労働組合、労働者の過半数で組織する労働組合がない場合においては労働者の過半数を代表する者の推薦に基づき指名された者であることが必要であり、これらの要件を満たしていないものは委員として取り扱われないことに留意すること。また、これらの要件に係るチェックボックスにチェックがない場合には、届出の形式上の要件に適合していないことに留意すること。

工 事 開 始 時

時間外労働 / 休日労働 に関する協定届

様式第9号の2（第16条第1項関係）

労働保険番号

都道府県	所掌	管轄	基幹番号	枝番号
1 3	1	0 1	8 2 5 1 0 5	0 0 1

被一括事業場番号 ☐☐☐☐☐

法人番号： 1 2 3 4 5 6 7 8 9 0 ＊ ＊ ＊

事業の種類	事業の名称	事業の所在地（電話番号）	協定の有効期間
職別工事業	大山建設株式会社 ハT堀作業所（中央会館新築工事）	（〒 104 － 0032）東京都中央区ハT堀2-X-X （電話番号 03－3551－43XX ）	令和6年4月1日から1年間

		時間外労働をさせる必要のある具体的事由	業務の種類	労働者数（満18歳以上の者）	所定労働時間（1日）（任意）	延長することができる時間数				
						1日		1箇月（①については45時間まで、②については42時間まで）		1年（①については360時間まで、②については320時間まで） 起算日（年月日）令和6年4月1日	
						法定労働時間を超える時間数	所定労働時間を超える時間数（任意）	法定労働時間を超える時間数	所定労働時間を超える時間数（任意）	法定労働時間を超える時間数	所定労働時間を超える時間数（任意）
時間外労働	① 下記②に該当しない労働者	工事の遅れに対応する為	型枠の組立解体の業務	10人		3時間		20時間		200時間	
		月末の決算業務	経理	2人		3時間		15時間		180時間	
	② 1年単位の変形労働時間制により労働する労働者	工事の遅れに対応する為									

	休日労働をさせる必要のある具体的事由	業務の種類	労働者数（満18歳以上の者）	所定休日（任意）	労働させることができる法定休日の日数	労働させることができる法定休日における始業及び終業の時刻
休日労働	工事の遅れに対応する為	型枠の組立解体の業務	10人		1カ月1日	8:00 ～ 17:00

上記で定める時間数にかかわらず、時間外労働及び休日労働を合算した時間数は、1箇月について100時間未満でなければならず、かつ2箇月から6箇月までを平均して80時間を超過しないこと。☑
（チェックボックスに要チェック）

— 48 —

4 ⑩の欄は、労働基準法第32条の4の規定により労働する労働者（対象期間が3箇月を超える1年単位の変形労働時間制により労働する者に限る。）について記入すること。なお、延長することができる時間は、1箇月42時間、1年320時間であること。

5 「労働させることができる法定休日の日数」の欄には、労働基準法第35条の規定による休日（1週1休又は4週4休であることに留意すること。）に労働させることができる日数を記入すること。

6 「労働させることができる法定休日における始業及び終業の時刻」の欄には、労働基準法第35条の規定による休日であって労働させることができる日の始業及び終業の時刻を記入すること。

7 労働時間数が1箇月について100時間以上となった場合、及び2箇月から6箇月までを平均して80時間を超えた場合には労働基準法違反（同法第119条の規定により6箇月以下の懲役又は30万円以下の罰金）となることに留意すること。

8 協定については、労働者の過半数で組織する労働組合がある場合はその労働組合と、労働者の過半数で組織する労働組合がない場合は労働者の過半数を代表する者と協定すること。なお、労働者の過半数を代表する者は、労働基準法施行規則第6条の2第1項の規定により、労働基準法第41条第2号に規定する監督又は管理の地位にある者でなく、かつ、同法に規定する協定等をする者を選出することを明らかにして実施される投票、挙手等の方法による手続により選出された者であって、使用者の意向に基づき選出されたものでないこと。これらの要件を満たさない場合には、有効な協定とはならないことに留意すること。

9 本様式で記入部分が足りない場合には同一様式を使用すること。

10 本様式については、協定の当事者たる労使双方の合意があることが、協定により本様式上明らかとなるような方法により締結するよう留意すること。

（備考）

労働基準法施行規則第24条の2第4項の規定により、労働基準法第38条の2第2項の協定（事業場外で従事する業務の遂行に通常必要とされる時間を協定する場合における当該協定）の内容を本様式に付記して届け出る場合には、「所定労働時間」の欄には当該協定で定める時間を記入することとし、「協定で定める時間」の欄には当該協定で定める時間を記入すること。また、「協定の有効期間」の欄には事業場外労働に関する協定の有効期間を括弧書きすること。

様式第9号の2（第16条第1項関係）（裏面）

（記載心得）

1 「業務の種類」の欄には、時間外労働又は休日労働をさせる必要のある業務を具体的に記入し、労働基準法第36条第6項第1号の健康上特に有害な業務について協定をした場合には、当該業務を他の業務と区別して記入すること。その際、業務の区分を細分化することにより当該業務の範囲を明確にすること。

2 「労働者数（満18歳以上の者）」の欄には、時間外労働又は休日労働をさせることができる労働者の数を記入すること。

3 「延長することができる時間数」の欄の記入に当たっては、次のとおりとすること。時間数は労働基準法第32条から第32条の5まで又は第40条の規定により労働させることができる最長の労働時間（以下「法定労働時間」という。）を超える時間数を記入すること。なお、本欄に記入する時間数にかかわらず、時間外労働及び休日労働を合算した時間数が1箇月について100時間以上となった場合、及び2箇月から6箇月までを平均して80時間を超えた場合には労働基準法違反（同法第119条の規定により6箇月以下の懲役又は30万円以下の罰金）となることに留意すること。

(1) 「1日」の欄には、法定労働時間を超えて延長することができる時間数であって、1日についての延長することができる限度となる時間数を記入すること。なお、所定労働時間を超える時間数についても協定する場合においては、所定労働時間を超えて延長することができる時間数を併せて記入することができる。

(2) 「1箇月」の欄には、法定労働時間を超えて延長することができる時間数であって、「1年」の起算日において定める日から1箇月ごとについての延長することができる限度となる時間数を記入すること。なお、所定労働時間を超える時間数についても協定する場合においては、所定労働時間を超えて延長することができる時間数を併せて記入することができる。

(3) 「1年」の欄には、法定労働時間を超えて延長することができる時間数であって、「1年」の起算日において定める日から1年についての延長することができる限度となる時間数を記入すること。（対象期間が3箇月を超える1年単位の変形労働時間制により労働する者については、320時間）の範囲内で記入すること。なお、所定労働時間を超える時間数についても協定する場合においては、所定労働時間を超えて延長することができる時間数を併せて記入することができる。

様式第9号の2（第16条第1項関係）

時間外労働　に関する協定届（特別条項）
休日労働

臨時的に限度時間を超えて労働させることができる場合	業務の種類	労働者数（満18歳以上の者）	1日（任意）延長することができる時間数（法定労働時間を超える時間数／所定労働時間を超える時間数（任意））	1箇月（時間外労働及び休日労働を合算した時間数。100時間未満に限る。）限度時間を超えて労働させることができる回数（6回以内に限る。）	延長することができる時間数及び休日労働の時間数（法定労働時間を超える時間数と休日労働の時間数を合算した時間数／所定労働時間を超える時間数と休日労働の時間数を合算した時間数（任意））	限度時間を超えた労働に係る割増賃金率	1年（時間外労働のみの時間数。720時間以内に限る。）起算日（年月日）令和6年4月1日　延長することができる時間数（法定労働時間を超える時間数／所定労働時間を超える時間数（任意））	限度時間を超えた労働に係る割増賃金率
	突発的な設計変更に対応する為	型枠組立解体の業務	10人		4回	60時間	35%	550時間	35%

限度時間を超えて労働させる場合における手続　労使当事者間における事前合意

限度時間を超えて労働させる労働者に対する健康及び福祉を確保するための措置　（該当する番号）① ③ ⑩　（具体的内容）対象労働者への医師による面接指導の実施、対象労働者に11時間の勤務間インターバルを設定。職場での時短対策会議の開催

上記で定める時間数にかかわらず、時間外労働及び休日労働を合算した時間数は、1箇月について100時間未満でなければならず、かつ2箇月から6箇月までを平均して80時間を超過しないこと。☑（チェックボックスに要チェック）

協定の成立年月日　令和　6　年　3　月　23　日

協定の当事者である労働組合（事業場の労働者の過半数で組織する労働組合）の名称又は労働者の過半数を代表する者の
職名
氏名　　大山建設株式会社　八丁堀作業所
　　　　職長　石川　次郎　　　㊞（石川）

協定の当事者（労働者の過半数を代表する者の場合）の選出方法（　投票による選出　）

上記協定の当事者である労働組合が事業場の全ての労働者の過半数で組織する労働組合である又は上記協定の当事者である労働者の過半数を代表する者が事業場の全ての労働者の過半数を代表する者であること。☑（チェックボックスに要チェック）

上記労働者の過半数を代表する者が、労働基準法第41条第2号に規定する監督又は管理の地位にある者でなく、かつ、同法に規定する協定等をする者を選出することを明らかにして実施される投票、挙手等の方法による手続により選出された者であつて使用者の意向に基づき選出されたものでないこと。☑（チェックボックスに要チェック）

令和　6　年　3　月　25　日

使用者
職名
氏名　　大山建設株式会社　八丁堀作業所
　　　　所長　中島　明　　　㊞（中島）

中　央　労働基準監督署長殿

協定書を兼ねる場合には労働者の代表の署名又は押印が必要です。

協定書を兼ねる場合には使用者の署名又は押印が必要です。

— 50 —

様式第9号の2 (第16条第1項関係)（裏面）

（記載心得）

1 労働基準法第36条第1項の協定において同条第5項に規定する事項に関する定めを締結した場合における本様式の記入に当たっては、次のとおりとすること。
(1) 臨時的に限度時間を超えて労働させることができる場合における「具体的事由」、「業務の種類」、「労働者数」（満18歳以上の者）の欄には、当該事業場において通常予見することのできない業務量の大幅な増加等に伴い臨時的に限度時間を超えて労働させる必要がある場合をできる限り具体的に記入すること。なお、業務の都合上必要な場合、業務の範囲を細分化することにより当該業務の範囲を明確にしなければならないことに留意すること。また、業務上やむを得ない場合等幅広い表現を用いることにより恣意的に運用されることを招くおそれがあるものに該当するものは記入することは認められないことに留意すること。
(2) 「業務の種類」の欄には、時間外労働又は休日労働をさせる必要のある業務を具体的に記入し、労働基準法第36条第6項第1号の健康及び福祉を確保する必要のある業務について、他の業務と区別して記入すること。なお、業務の区分を細分化することにより当該業務の範囲を明確にすること。
(3) 「労働者数」（満18歳以上の者）の欄には、時間外労働又は休日労働をさせることができる労働者の数を記入すること。
(4) 「起算日」の欄には、本様式における時間外労働・休日労働の起算日と同一の年月日を記入すること。
(5) 「延長することができる時間数」の欄には、労働基準法第32条から第32条の5まで又は第40条の規定により労働させることができる最長の労働時間（以下「法定労働時間」という。）を超えて延長することができる時間数を記入すること。「1日」、「1箇月」及び「1年」のそれぞれの欄に、法定労働時間を超えて延長することができる限度となる時間を超えない範囲内で協定した時間数を記入すること。なお、これらの欄に記入する時間数にかかわらず、時間外労働及び休日労働を合算した時間数が1箇月について100時間以上となった場合、及び2箇月から6箇月までを平均して80時間を超えた場合には労働基準法違反（同法第119条）となることに留意すること。
(6) 「限度時間を超えて労働させることができる回数」の欄には、限度時間（1箇月45時間（対象期間が3箇月を超える1年単位の変形労働時間制により労働させる場合にあっては、42時間））を超えて労働させることができる回数を記入すること。なお、これらの回数は6回以内に限ることに留意すること。
(7) 「限度時間を超えた労働に係る割増賃金の率」の欄には、法定割増賃金率を超える率とするよう努めること。
(8) 「限度時間を超えて労働させる場合における手続」の欄には、協定の締結当事者間の手続として、「協議」、「通告」等具体的な内容を記入すること。
(9) 「限度時間を超えて労働させる労働者に対する健康及び福祉を確保するための措置」の欄には、以下の番号を「（該当する番号）」に記入した上で、その具体的内容を「（具体的内容）」に記入すること。
① 労働時間が一定時間を超えた労働者に医師による面接指導を実施すること。
② 労働基準法第37条第4項に規定する時刻の間において労働させる回数を1箇月について一定回数以内とすること。
③ 終業から始業までに一定時間以上の継続した休息時間を確保すること。
④ 労働者の勤務状況及びその健康状態に応じて、代償休日又は特別な休暇を付与すること。
⑤ 労働者の勤務状況及びその健康状態に応じて、健康診断を実施すること。

⑥ 年次有給休暇についてまとまった日数連続して取得することを含めてその取得を促進すること。
⑦ 心とからだの健康問題についての相談窓口を設置すること。
⑧ 労働者の勤務状況及びその健康状態に配慮し、必要な場合には適切な部署に配置転換をすること。
⑨ 必要に応じて、産業医等による助言・指導を受け、又は労働者に産業医等による保健指導を受けさせること。
⑩ その他

2 労働基準法第36条第2項及び第3項の要件を満たす協定をケースにより記入することとし、この場合、協定した2箇月から6箇月までを平均した時間数を記入すること。

2 労働者の過半数で組織する労働組合が当該事業場にない場合において、「上記協定の当事者である労働組合が当該事業場の全ての労働者の過半数で組織する労働組合である又は上記協定の当事者である労働者の過半数を代表する者が当該事業場の全ての労働者の過半数を代表する者である」のチェックボックスについて、過半数で組織する労働組合の場合はその労働組合と、過半数代表者の場合はその者を選出した者を記入すること。なお、労働者の過半数で組織する労働組合の場合はその労働組合の名称、過半数代表者の場合はその者の氏名を記入すること。

3 協定については、労働基準法施行規則第6条の2第1項の規定により、労働者の過半数を代表する者は、労働基準法第41条第2号に規定する監督又は管理の地位にある者でないこと、及び同法に規定する協定等をする者を選出することを明らかにして実施される投票、挙手等の方法による手続により選出された者であって、使用者の意向に基づき選出されたものでないことに留意すること。また、これらの要件を満たさない場合には、有効な協定とはならないことに留意すること。これらの要件を満たさない場合には、有効な協定とはならないことに留意すること。

4 本様式で記入部分が足りない場合は同一様式を使用すること。この場合、必要のある事項のみ記入することで差し支えない。

5 本様式の届出に当たっては、必要のある事項を記入すること。

（任意様式）

賃金控除に関する協定書　（例）

　　労働基準法第24条第1項ただし書の規定にもとづき，労働者の賃金の一部控除に関して，次のとおり協定する

1.　　次の各号に定めるものを，従業員の毎月の賃金から控除する。

（1）　社宅（寮）費
（2）　食　費
（3）　社内商品購入代金
（4）　社内預金
（5）　親睦会費（又は組合費）
（6）　会社貸付金の割賦金返済金（元利共）
（7）　団体扱いの生命保険・損害保険の保険料

2.　　この協定の有効期間は，協定締結の日から1カ年とする。
　　　ただし，期間満了30日前に当事者のいずれからも改廃の申し出がないときは，自動的に1年ずつ延長される。

　　　　令和　　6 年 4 月 1 日

使用者	職　名	大山建設株式会社八丁堀作業所　所長	
	氏　名	中　島　　明	㊞
労働者代表	職　名	大山建設株式会社八丁堀作業所　職長	
	氏　名	石　川　次　郎	㊞

（注）法令により控除を認められているものは下記のとおり。

1. 所得税
2. 住民税
3. 雇用保険料
4. 厚生年金保険料
5. 健康保険料
6. 介護保険料

（任意様式）

一斉休憩の適用除外に関する労使協定（例）

八重洲建設株式会社東京支店と八重洲建設株式会社東京支店労働組合は、休憩時間について、以下の通り協定する。

記

1　営業の業務に従事する社員については、班別交代で、休憩時間を与えるものとする。

2　各班の休憩時間は、次に定める通りとする。

第1班：午前11時～正午

第2班：正午～午後1時

第3班：午後1時～午後2時

3　出張、外回りなどによる外勤のため、本人の班の時間帯に休憩時間を取得できない場合には、所属長が事前に指定して他の班の休憩時間の時間帯を適用する。

4　本協定は、令和6年4月1日から効力を発する。

令和6年3月29日

使用者　八重洲建設株式会社東京支店
　　　　取締役支店長　冬　田　八　郎　㊞

労働者　八重洲建設株式会社東京支店
　　　　労働組合代表　秋　山　一　郎　㊞

工事開始時

— 53 —

様式第14号（第34条関係）

監視
断続的労働 に従事する者に対する適用除外許可申請書

事業の種類	事業の名称	事業の所在地
職別工事業	大山建設株式会社八丁堀作業所 （中央会館新築工事）	東京都中央区八丁堀2-×-× （電話 3551-43××）

	業務の種類	員数	労働の態様
監視		人	
断続的労働	炊事婦	2 人	始業午前6時、終業午後6時、実労働時間6時間、手待時間6時間

令和 6 年 4 月 15 日

使用者　職名　大山建設株式会社八丁堀作業所
　　　　氏名　所長　中　島　　明

中央　　　　　労働基準監督署長　殿

— 54 —

様式第10号（第23条関係）

断続的な宿直又は日直勤務許可申請書

事業の種類	事業の名称	事業の所在地
職別工事業	大山建設株式会社八丁堀作業所 （中央会館新築工事）	東京都中央区八丁堀2－×－× （電話 3551－43××）

宿直		
総員数 10 人	一回の宿直員数 1 人	宿直勤務の開始及び終了時刻 自 午後5 時 00 分 から 至 午前8 時 00 分 まで	一定期間における一人の宿直回数 1ヵ月に3回	一回の宿直手当 8,000 円

就寝設備	宿直室 6畳、寝具備付、冬期暖房の設備あり
勤務の態様	電話、文書の収受、緊急時の責任者への連絡、定期巡視

日直		
総員数 10 人	一回の日直員数 1 人	日直勤務の開始及び終了時刻 自 午前8 時 00 分 から 至 午後5 時 00 分 まで	一定期間における一人の日直回数 2ヵ月に1回	一回の日直手当 8,000 円

勤務の態様	宿直に同じ

令和 6 年 4 月 15 日

使用者 職名 大山建設株式会社八丁堀作業所　所長
氏名 中島　明

中央　労働基準監督署長 殿

工事開始時始め

就業規則 ~~（変更）~~ 届

令和 6 年 3 月 28 日

<u>　　中央　　</u> 労働基準監督署長　殿

　今回、別添のとおり当社の就業規則を⦅制定⦆・変更いたしましたので、
意見書を添えて提出します。

主な変更事項

条文	改　正　前	改　正　後

工事開始時

労働保険番号	都道府県	所轄	管轄	基　幹　番　号					枝　番　号		被一括事業番号	
	1 3 1	0	8	2 5 1 0 5					0 0 1			

ふりがな 事 業 場 名	おおやまけんせつかぶしきがいしゃはっちょうぼりさぎょうしょ（ちゅうおうけんせつかいかんしんちくこうじ） 大山建設株式会社八丁堀作業所（中央会館新築工事）
所　在　地	東京都中央区八丁堀2－×－×　　℡　3551－43××
使用者職氏名	大山建設株式会社八丁堀作業所 所長　中島　明
業種・労働者数	職別工事業　　　　企 業 全 体　　　　　　　人 　　　　　　　　事業場のみ　55　　　人

〔 前回届出から名称変更があれば旧名称
また、住所変更もあれば旧住所を記入。 〕

意　見　書

令和 6 年 3 月 25 日

大山建設株式会社八丁堀作業所

所長中島　明　　　　　　　殿

令和　6　年　　3　月　　25　日付をもって意見を求められた就業規則案について、下記のとおり意見を提出します。

記

【記入例1】
　原則として賛成しますが、下記の事項については今後検討願います。
　（1）第〇条の勤務時間については、‥‥‥‥‥‥‥。
　（2）第〇条の年次有給休暇については、‥‥‥‥‥‥。

以　上

【記入例2】
　特に意見はありません。

以　上

労働組合の名称又は労働者の過半数を代表する者の
労働者の過半数を代表する者の選出方法（

職名 大山建設株式会社八丁堀作業所
氏名 職長　石　川　次　郎
　　　投票による選挙　　　　　　　　　）

工事開始時

－ 57 －

寄宿舎 設置／移転／変更 届

工事開始時	事 業 の 種 類	職別工事業		
	事 業 の 名 称	大山建設株式会社八丁堀作業所（中央会館新築工事）		
	事 業 場 の 所 在 地	東京都中央区八丁堀2-X-X （電話 3551－43XX）		
	常 時 使 用 す る 労 働 者 数			20 人
	事 業 の 開 始 予 定 日	令和6年4月1日	事業の終了予定日	令和7年6月30日
	寄宿舎 寄 宿 舎 の 設 置 地	東京都中央区八丁堀2－X－X		
	収 容 能 力 及 び 収 容 実 人 員	（収容能力） 20 人, （収容実人員） 15 人		
	棟 数	1 棟		
	構 造	軽量鉄骨, 2階建, 鉄板葺		
	延 居 住 面 積	96 ㎡		
	施設 階 段 の 構 造	踏面21cm, けあげ22cm, 勾配46°, 手すり（高） 80cm, 幅75cm		
	寝 室	和室畳敷き・押入付, 一人当り4.8㎡, 天井（高） 2.4m, 蛍光灯40w×2, 冷暖房機1台		
	食 堂	39.6㎡, 板張り, 木製テーブル4個, 20人食事可能, 大型冷暖房機1台		
	炊 事 場	19.4㎡, 板張り, 上水道, 調理台, 流し台, 食器棚, 冷蔵庫		
	便 所	大便所3, 小便所3, 水洗式		
	洗 面 所 及 び 洗 た く 場	洗面所同時5人使用可, 洗濯機2台		
	浴 場	9.9㎡, ポリ風呂, ボイラ（灯油）, 同時5人入浴可		
	避 難 階 段 等	2階2カ所（屋外）, 各室窓取付縄ばしご		
	警 報 設 備	自動火災報知器, 2階廊下2カ所, 1階食堂, 炊事場, 廊下各1カ所		
	消 火 設 備	消火用水槽2カ所, 消火器12本（1・2階廊下, 食堂, 炊事場各3本）		
	工 事 開 始 予 定 年 月 日	令和6年4月1日	工事終了予定年月日	令和6年4月14日

令 和 6 年 3 月 7 日

大山建設株式会社　八丁堀作業所
使用者 職 氏名 所長 中島　明

中 央 **労働基準監督署長殿**

備 考
1 表題の「設置」,「移転」及び「変更」のうち該当しない文字をまっ消すること。
2 「事業の種類」の欄には, なるべく事業の内容を詳細に記入すること。
3 「構造」の欄には, 鉄筋コンクリート造, 木造等の別を記入すること。
4 「階段の構造」の欄には, 踏面, けあげ, こう配, 手すりの高さ, 幅等を記入すること。
5 「寝室」の欄には, 1人当りの居住面積, 天井の高さ, 照明並びに採暖及び冷房等の設備について記入すること。
6 「食堂」の欄には, 面積, 1回の食事人員等を記入すること。
7 「炊事場」の欄には, 床の構造及び給水施設（上水道, 井戸等）を記入すること。
8 「便所」の欄には, 大便所及び小便所の男女別の数並びに構造の大要（水洗式, くみ取り式等）を記入すること。
9 「洗面所及び洗たく場」の欄には, 各設備の設置箇所及び設置数を記入すること。
10 「浴場」の欄には, 設置箇所及び加温方式を記入すること。
11 「避難階段」の欄には, 避難階段及び避難はしご等の避難のための設備の設置箇所及び設置数を記入すること。
12 「警報設備」の欄には, 警報設備の設置箇所及び設置数を記入すること。
13 「消火設備」の欄には, 消火設備の設置箇所及び設置数を記入すること。

寄宿舎規則 ~~（変更）~~ 届

　　中　央　　**労働基準監督署長　殿**
_____

　　　　　令和　6　年　4　月　15　日

工事開始時

　今回、別添のとおり当社の寄宿舎規則を作成 ~~（変更）~~ い
たしましたので、寄宿労働者代表の同意書を添付のうえお
届けいたします。

事 業 の 所 在 地　　東京都中央区八丁堀2－×－×
　　　　　　　　　　　　（電話　3551－43××）

事 業 の 名 称　　大山建設株式会社八丁堀作業所
　　　　　　　　　　　（中央会館新築工事）

事 業 の 種 類　　　　職 別 工 事 業

使 用 者 の 職 名　　東京都中央区八丁堀2－×－×
及 び 氏 名　　　　大山建設株式会社八丁堀作業所
　　　　　　　　　　所 長 中 島 　 明

同　意　書

東京都中央区八丁堀2ー×ー×
大山建設株式会社八丁堀作業所

所長中島　明　殿
_____

令和 6 　年　4 　月　12 日

令和 6 　年　　4 　月　　12 　日付をもって提示された寄宿舎規則について同意します。

事業の名称　　大山建設株式会社八丁堀作業所附属宿舎

寄宿労働者
代表氏名　　　　　石 川 次 郎

様式第21号(第91条, 第92条関係)

建 設 工 事
土 石 採 取   計 画 届

事 業 の 種 類	事 業 場 の 名 称	仕 事 を 行 う 場 所 の 地 名 番 号	
鉄骨鉄筋コンクリート造家屋建築工事	八重洲・木下共同企業体 中央会館新築工事作業所	東京都中央区八丁堀2ー×ー× 電話(3551) 52××	
仕 事 の 範 囲	深さ11mの掘削, 高さ35mのビル建設	採 取 す る 土 石 の 種 類	
発 注 者 名	中央産業株式会社	工 事 請 負 金 額	3,000,000,000 円
仕 事 の 開 始 予 定 年 月 日	令和 6 年 5 月 13 日	仕 事 の 終 了 予 定 年 月 日	令和 8 年 6 月 30 日
計画の概要	鉄骨鉄筋コンクリート造, 地下2階, 地上8階, 建築面積560㎡, 延面積5,500㎡, 深さ11m, 高さ35m, 足場計画, 主な使用機械, 安全管理計画については別添のとおり。		
参画者の氏名	工事部長 秋島一郎	参画者の経歴の概要	工業高校建築科卒業, 現場主任10年, 工事課長5年, 作業所長5年等勤続25年, 安全衛生実務経験8年
主たる事務所の所在地	東京都千代田区祝田町1ー×ー× 電話(3201) 20××		
使 用 予 定 労 働 者 数	26 人	関係請負人の予定数 50 社	関係請負人の使用する労働者の予定数の合計 300,000 人

令和 6 年 4 月 8 日   (注2)

事業者   職 名   八重洲・木下共同企業体 中央会館新築工事作業所

中 央 厚 生 労 働 大 臣   殿
労働基準監督署長   氏 名   所長 夏 川 二 郎   ㊞

工事開始時

(備考)
1 表題の「建設工事」及び「土石採取」のうち, 該当しない文字をまっ消すること。
2 「事業の種類」の欄は, 次の区分により記入すること。
   建 設 業 水力発電所等建設工事, ずい道建設工事, 地下鉄建設工事, 鉄道軌道建設工事, 橋梁(りょう)建設工事,
      道路建設工事, 河川土木工事, 砂防工事, 土地整理土木工事, その他の土木工事, 鉄骨鉄筋コンクリー
      ト造家屋建築工事, 鉄筋造家屋建築工事, 建設設備工事, その他の建築工事, 電気工事業, 機械器具設置
      工事, その他の設備工事
     土石採取業 採石業 砂利採取業 その他土石採取業
3 「仕事の範囲」の欄は, 労働安全衛生規則第90条各号の区分により記入すること。
4 「発注者名」及び「工事請負金額」の欄は, 建設工事の場合に記入すること。
5 「計画の概要」の欄は, 届け出る仕事の主な内容について, 簡潔に記入すること。
6 「使用予定労働者数」の欄は, 届出事業者が直接雇用する労働者数を記入すること。
7 「関係請負人の使用する労働者の予定数の合計」の欄は, 延数で記入すること。
8 「参画者の経歴の概要」の欄には参画者の資格に関する学歴・職歴・勤続年数等を記入すること。
9 氏名を記載し, 押印することに代えて, 署名することができる。

編者注：

1　計画書作成にあたって参画させる者の資格（労働安全衛生規則別表第９）

(1)　高さ31mを超える建築物または工作物の建設・改造・解体・破壊の仕事

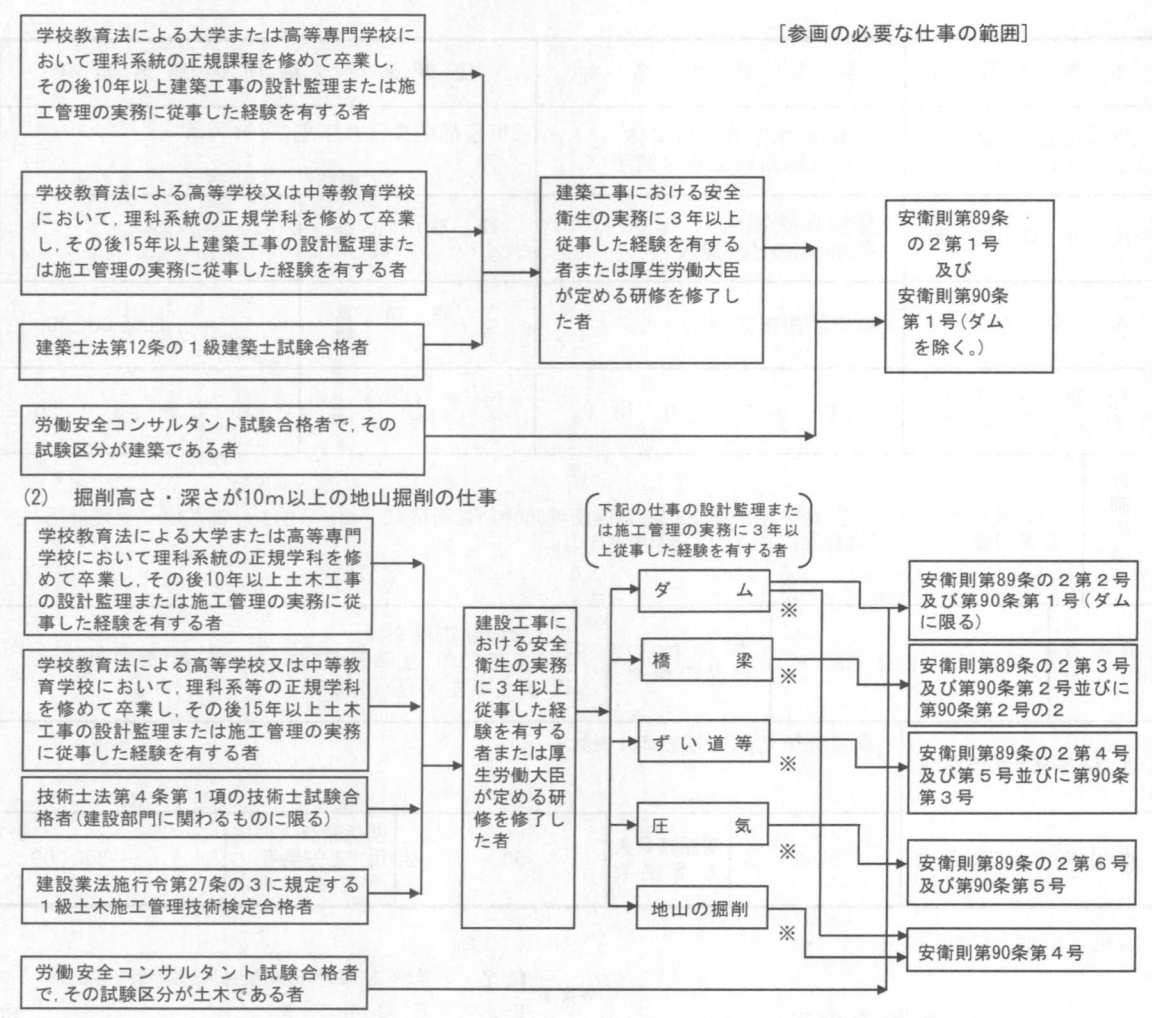

[参画の必要な仕事の範囲]

工事開始時

※ダム基礎部分の掘削，橋梁下部の掘削及び潜函工法による明り掘削の設計監理または施工管理の実務に３年以上従事した経験を有する場合，第90条第４号の地山の掘削計画に参画する資格を有する者である。

(出典)　建設業労働災害防止協会東京支部作成「計画届作成の手引」より転用

2　労働安全衛生法に基づく報告，届出等の提出者の氏名は，職務権限が当該支店，事業場等の長に委譲されている場合，当該事業者名を記載したうえ，当該支店，事業場等の職および氏名で行っても差し支えない（昭和48年１月８日基安発第２号）に基づき，事業者名（事業場名）を記入した上で作業所長１名による届出例を掲示しているが，労働基準監督署により当該事業者を支店長，事業場の長を所長とした２名連記での提出指導を受ける場合もあるので，確認すること。
(２名連記の参考例)
　　八重洲建設（株）東京支店
　　取締役支店長　　冬田　八郎
　　所　　長　　夏　川　二　郎　　㊞
　　なお，本書は１名記載の例を掲示している。

様式第1号（第4条の2関係）（表面）

事前調査結果等報告

縦書き右端：工事開始等

元方事業者に関する事項

事業者の名称	八重洲・木下共同企業体 中央会館改修工事作業所
労働保険番号	13-1-01-825015-001
工事の名称	中央会館改修工事
事業者の住所	東京都千代田区祝田町 1-X-X
事業者の電話番号	03-3210-20XX
作業場所の住所	東京都中央区八丁堀 2-X-X
工事の概要	中央会館4階～8階事務所内の内装全て解体の上、新規改修工事一式
建築物又は工作物の新築工事の着工日	西暦　年　月　日
建築物又は改修工事の実施期間	西暦 2024 年 4 月 1 日～2024 年 9 月 30 日
建築物又は工作物の構造の概要	－
解体工事を行う床面積の合計	－ m²
解体工事又は改修工事の請負金額	151,600,000 円
事前調査の終了年月日	西暦 2024 年 3 月 7 日

事前調査を実施した者（作業対象が建築物の場合に限る。以下同じ。）
- 氏名: 秋元五郎
- 講習実施機関の名称: ㈱環境総合センター 日本アスベスト調査診断協会登録者

分析調査を実施した者
- 氏名: 秋山五郎
- 講習実施機関の名称: ㈱環境総合センター 日本アスベスト調査診断協会会員者

作業に係る石綿作業主任者の氏名: 秋山三男

㈱環境総合センター 日本アスベスト調査診断協会登録者

請負事業者に関する事項

事業者の名称	大山建設㈱八丁堀作業所
労働保険番号	13-1-13-876543-000
事業者の住所	東京都江東区亀戸 2-X-X
事業者の電話番号	03-3681-63XX

事業者の名称: 大山建設㈱ 小島次郎

作業に係る石綿作業主任者の氏名: 秋山三男

事前調査を実施した者
- 氏名
- 講習実施機関の名称

分析調査を実施した者
- 氏名
- 講習実施機関の名称

作業に係る石綿作業主任者の氏名

事業者の名称
事業者の住所
事業者の電話番号

事前調査を実施した者
- 氏名
- 講習実施機関の名称

分析調査を実施した者
- 氏名
- 講習実施機関の名称

作業に係る石綿作業主任者の氏名

事業者の名称
事業者の住所
事業者の電話番号

事前調査を実施した者
- 氏名
- 講習実施機関の名称

分析調査を実施した者
- 氏名
- 講習実施機関の名称

作業に係る石綿作業主任者の氏名

様式第１号（第４条の２関係）（裏面）

作業対象の材料の種類	石綿使用の有無 有	みなし	無	石綿使用なしと判断した根拠 ①目視 ②設計図書 ③分析 ④材料製造年月 ⑤材料製造者による証明	作業の種類 除去	封じ込め	囲い込み	切断等の作業の有無 有	無	作業時の措置 ①負圧隔離、②隔離（負圧なし）、③湿潤化、④呼吸用保護具の使用
吹付け材	□	□	☑	①□②□③□④□⑤□	□			□	□	①□②□③□④□
保温材	☑	□	□	①□②☑③☑④□⑤□	☑	□	□	□	☑	①□②□③☑④☑
煙突断熱材	□	□	□	①□②☑③☑④□⑤□	□			□	□	①□②□③□④□
屋根用折版断熱材	□	□	□	①□②□③□④□⑤□	□			□	□	①□②□③□④□
耐火被覆材（吹付け材を除く、けい酸カルシウム板第２種を含む）	☑	□	□	①☑②☑③☑④☑⑤□	☑	□	□	□	☑	①☑②□③☑④☑
スレート波板	□	□	□	①□②□③□④□⑤□	□			□	□	①□②□③□④□
スレートボード	□	□	□	①□②□③□④□⑤□	□			□	□	①□②□③□④□
屋根用化粧スレート	□	□	□	①□②□③□④□⑤□	□			□	□	①□②□③□④□
けい酸カルシウム板第１種	□	☑	□	①☑②□③☑④□⑤□	☑	□	□	☑	□	①☑②□③☑④☑
押出成形セメント板	□	□	□	①☑②☑③□④□⑤□	☑	□	□	☑	□	①☑②□③☑④☑
パルプセメント板	□	□	□	①□②□③□④□⑤□	□			□	□	①□②□③□④□
ビニル床タイル	☑	□	□	①☑②☑③☑④□⑤□	☑	□	□	☑	□	①☑②□③☑④☑
窯業系サイディング	☑	□	□	①☑②☑③☑④□⑤□	☑	□	□	☑	□	①☑②□③☑④☑
石膏ボード/ロックウール吸音天井板	□	☑	□	①☑②☑③□④□⑤□	☑	□	□	□	□	①□②□③□④□
その他の材料	□	☑	□	①□②□③□④□⑤□	□			□	□	①□②□③□④□

2024 年 3 月 25 日

中央 労働基準監督署長 殿

事業者職氏名 八重洲・木下共同企業体 中央会館改修工事作業所　所長 夏川二郎 ㊞

備考
1 「労働保険番号」の欄は、一括有期事業の場合は当該事業の場合を除き、一括有期事業に係る労働保険番号、一括有期事業ではない場合は、各事業の継続事業に係る労働保険番号を記載すること。
2 「請負事業者に関する事項」の欄は、当該仕事を請け負っている事業者がいる場合に、全ての請負事業者について記入すること。
3 「請負事業者に関する事項」の欄の「下請事業者」の欄は、事前調査を実施した者、及び「分析調査を実施した者」の欄は、元請事業者に関する事項と同一となる場合は、同様に記載すること。
4 「建築物又は工作物の構造の概要」の欄は、階数等の規模及び建築物に該当する場合はその旨を記入すること。
5 「解体工事を行う床面積の合計」の欄は、建築物の解体工事に該当する場合に記入すること。なお、建築物の解体工事若しくは改修工事に該当する場合、耐火建築物又は準耐火建築物の壁、柱及び床を同時に撤去する工事をいうこと。
6 「解体工事又は改修工事の請負金額」の欄は、建築物の改修工事の場合に記入すること。
7 「調査実施機関の名称」の欄は、事前調査を実施した者が一般社団法人日本アスベスト調査診断協会登録者である場合に記入すること。
8 「石綿事前調査者の氏名」の欄は、事前調査を実施した者の氏名を記入すること。なお、届出時点で未着任の場合は、選任予定者を記入すること。
9 裏面の記載は、請負事業者がいる場合、石綿使用の有無について、請負事業者に請け負わせる解体等の作業に係るものを含めて、作業対象の材料について記入すること。
10 「石綿使用の有無」の欄は、石綿を含有しているものとみなす場合は、「みなし」に記入すること。
11 「石綿使用なしと判断した根拠」の欄は、①から⑤までのうち該当するものが複数ある場合は、その全てを記入すること。
12 「切断等の作業の有無」の欄は、材料の切断、破砕、穿孔、研磨等の作業を行う場合に記入すること。
13 「作業時の措置」の欄は、届出の時点で予定している措置を記入すること。また、①から④までのうち該当するものが複数ある場合は、その全てを記入すること。
14 氏名を記載し、押印することに代えて、署名することができる。

様式第1号の2 （第5条関係）

建 築 物 解 体 等 作 業 届

事 業 場 の 名 称	八重洲・木下共同企業体 中央会館改修工事作業所	作業場の所在地		東京都中央区八丁堀2－×－×	
仕 事 の 範 囲	中央会館1～3階事務所の壁および空調配管の改修				
作 業 に 係 る 部 材 の 種 類	梁の断熱材，内装材および配管の保温材				
発 注 者 名	中央産業株式会社	工 事 請 負 金 額		8,500,000	円
仕 事 の 開 始 予 定 年 月 日	令和6 年 4 月 15 日	仕事の終了 予定年月日		令和 6 年 4 月 30 日	
主 た る 事 務 所 の 所 在 地	東京都千代田区祝田町1－×－× 　　　　　　　　　　　　　電話　　（3210)20XX				
使 用 予 定 労 働 者 数	1 人	関 係 請 負 人 の 予 定 数	2 人	関係請負人の 使用する労働者 の予定数の合計	40 人
作 業 主 任 者 の 氏 名	中 島 五 郎				
石綿ばく露 防止のための 措置の概要	以下のことを記載する。 ① 除去する石綿建材等の種類 ② 使用する機器や保護具 ③ 隔離方法，立入禁止・掲示 ④ 粉じんの発散防止，抑制方法 ⑤ 換気方法 ⑥ 石綿濃度の測定 ⑦ 解体部材の廃棄・処分方法				

工事開始時

　　令和6 年 4 月 15 日

　　　　　　　　　　　　　　　　　　　　　　　　八重洲・木下共同企業体
　　　　　　　　　　　　　　　　事業者職氏名 中央会館新築工事作業所
　　　　　　　　　　　　　　　　　　　　　　　　所長　夏 川 二 郎

中 央 労働基準監督署長　殿

備考
　1　「使用予定労働者数」の欄は、届出事業者が直接雇用する労働者数を記入すること。
　2　「関係請負人の使用する労働者の予定数の合計」の欄は、延数で記入すること。
　3　「石綿ばく露防止のための措置の概要」の欄は、工事に当たって行う石綿のばく露防止対策を
　　講ずる措置の内容について、簡潔に記入すること。

編者注：「石綿粉じんへのばく露防止のための措置」は作業計画書を添付してもよい。

（参考）石綿障害予防規則等の一部を改正する省令等の施行について

【改正の背景】

　石綿は平成18年（2006年）9月から輸入、製造、使用などが禁止されています。様々な用途で広範に使用されていたため、今なお現存する多くの建築物、工作物又は船舶に石綿含有材料が残されています。現在、解体工事や改修工事では、石綿則で義務づけている作業開始前の石綿等の使用の有無の調査や、労働基準監督署への届出をおこなう等を定めていますが、適切になされていない事例、石綿等が使用されている建築物等を解体又は改修するときに必要な措置を実施していない事例が散見されていることから、石綿則等を改正するとともに、改正後の石綿則に基づく告示を制定した。

＜基発0804第3号 令和2年8月4日 一部改正 基発0329第4号 令和3年3月29日＞

【改正のポイント】

工事開始前の石綿の有無の調査

- ■工事対象となる全ての部材について、石綿が含まれているかを事前に設計図書などの文書と目視で調査し（事前調査）、調査結果の記録を3年間保存することが義務になります（令和3年4月〜）
- ■建築物の事前調査は、厚生労働大臣が定める講習を修了した者等に行わせることが義務になります（令和5年10月〜）

工事開始前の労働基準監督署への届出

- ■石綿が含まれている保温材等の除去等工事の計画は14日前までに労働基準監督署に届け出ることが義務になります（令和3年4月〜）
- ■一定規模以上の建築物や特定の工作物の解体・改修工事は、事前調査の結果等を電子システム（スマートフォンも可）で届け出ることが義務になります（令和4年4月〜）

吹付石綿・石綿含有保温材等の除去工事に対する規制

- ■除去工事が終わって作業場の隔離を解く前に、資格者による石綿等の取り残しがないことの確認が義務になります（令和3年4月〜）

石綿含有仕上塗材・成形板等の除去工事に対する規制

- ■石綿が含まれている仕上塗材をディスクグラインダー等を用いて除去する工事は、作業場の隔離が義務になります（令和3年4月〜）
- ■石綿が含まれているけい酸カルシウム板第1種を切断、破砕等する工事は、作業場の隔離が義務になります（令和2年10月〜）
- ■石綿が含まれている成形板等の除去工事は、切断、破砕等によらない方法で行うことが原則義務になります（令和2年10月〜）

写真等による作業の実施状況の記録

- ■石綿が含まれている建築物、工作物又は船舶の解体・改修工事は、作業の実施状況を写真等で記録し、3年間保存することが義務になります（令和3年4月〜）

工事開始時

圧 気 工 法 作 業 摘 要 書

工 事 の 概 要	契約金額　1,769,640,000円，周辺の状況別添図1のとおり 工区延長　700m　　開削部　50m（出入り口3ヵ所） 霞ヶ関2丁目より　シールド部　648m（単線2本） 丸の内3丁目まで　シールド機外径　　　　　　　6,200mm 　　　　　　　　　コンクリートセグメント外径　6,500mm 　　　　　　　　　コンクリートセグメント幅　　　900mm 　　　　　　　　　シールド防護壙内置土　　　10,100㎡ 　　　　　　　　　作業基地　　　　　　　　　　690㎡		
主 要 工 程 及 び そ の 施 工 期 間	立　坑 　令和4. 6. 3〜令和4. 9. 28 シールド仮設設備 　令和4. 9. 7〜令和4. 10. 31 シールド掘進 　令和4. 11. 1〜令和5. 5. 31 2次コンクリート打設 　令和5. 6. 5〜令和5. 12. 28	予 定 気 圧	常時　　　　0.08 MPa 最高　　　　0.12 MPa
圧 気 作 業 の 期 間	令和　6 年　12 月　2 日より 令和　7 年　5 月　31 日まで	圧 気 工 法 の 作 業 に 従 事 す る 労 働 者 数	30　名
工 法 の 種 類	シールド工法	裏 込 め 材 料 の 種 類	モルタル
作 業 室 の 概 要	切羽の断面積　80㎡，　　　長さ　200m		
た て 坑 又 は シ ャ フ ト の 概 要	断面積　　　　　　1,000 ㎡　　　　　　長さ（深さ）　　　19 m 周壁の材質　　コンクリート　　　　　厚さ　　　　400 ㎜		
送 排 気 装 置 の 概 要	コンプレッサー　；　125kw　5台，常時計画使用量　20m³／min 空気清浄装置　　；　仕様オイルセパレータ，アフタークーラ水冷式 　　　　　排気管　4B　2本，バルブ開閉		
地 層 の 状 況 地 下 水 の 水 位	別添図のとおり	保護具の種類 及 び 数	酸素呼吸器　5個
酸 素 濃 度 の 測 定 器 の 種 類 及 び 数	○○式酸素測定器　2個		

工
事
開
始
時

(備考)
　1. 予定気圧は，圧気工法において使用する予定の空気圧をいい，その圧力は，ゲージ圧力で記入すること。
　2.「作業室の概要」の欄には，作業室の広さ，形状等を記入すること。
　3. 地層の状況，地下水の水位については，地質調査図を添付した場合には記載を要しないこと。
　編者注：　1 k g ／ c ㎡ ＝ 0.1 M P a

様式第20号（第85条，第86条関係）

機 械 等 設 置・移 転・変 更 届

（編者注：表題中「移転」「変更」に抹消線）

工 事 開 始 時

事 業 の 種 類	総 合 工 事 業	事業場の名称	八重洲・木下共同企業体 中央会館新築工事作業所	常時使用する労働者数	67人	
設 置 地	東京都中央区八丁堀2−X−X		主たる事務所の所在地	東京都千代田区祝田町 1−X−X 電話 03 （ 3201 ） 01XX		

計 画 の 概 要	中央会館新築工事のための仮設足場の設置。高さ35m，長さ東西面29m，南北面24m，足場材料の種類，主として枠組足場を使用一部単管を併用する。 各段ごとに鋼製足場板を使用し，単管部分については合板足場板を使用する。 建造物と外部足場の間隔30 cm以内であっても2層毎に層間ネットを設置する。（同時に連続した層での上下作業はしない。） 外部への飛来防止のため朝顔及び養生網を設置する。 壁継については間隔を狭ばめ，15 m²ごとに設置する。 足場の計画図面は別添のとおり

製造し，又は取り扱う物質等及び当該業務に従事する労働者数	種 類 等	取 扱 量	従 事 労 働 者 数		
			男	女	計

参 画 者 の 氏 名	工事部長 秋島一郎	参画者の経歴の概要	工業高校建築科卒業，一級建築士12345号 現場主任10年，工事課長5年，作業所長5年等勤続25年，安全衛生実務経験8年（注）
工 事 着 手 予 定 年 月 日	令和 6 年 5 月 20 日	工 事 落 成 予 定 年 月 日	令和 7 年 5 月 12 日

令和 6 年 4 月 15 日

八重洲・木下共同企業体 中央会館新築工事作業所

事業者職氏名　　　　　所長　夏 川 二 郎　　㊞

------------------中央----------------労働基準監督署長　殿

備考

1　表題の「設置」、「移転」及び「変更」のうち、該当しない文字を抹消すること。
2　「事業の種類」の欄は、日本標準産業分類の中分類により記入すること。
3　「設置地」の欄は、「主たる事務所の所在地」と同一の場合は記入を要しないこと。
4　「計画の概要」の欄は、機械等の設置、移転又は変更の概要を簡潔に記入すること。
5　「製造し、又は取り扱う物質等及び当該業務に従事する労働者数」の欄は、別表第7の13の項から25の項まで（22の項を除く。）の上欄に掲げる機械等の設置等の場合に記入すること。
　　この場合において、以下の事項に注意すること。
　イ　別表第7の21の項の上欄に掲げる機械等の設置等の場合は、「種類等」及び「取扱量」の記入は要しないこと。
　ロ　「種類等」の欄は、有機溶剤等にあってはその名称及び有機溶剤中毒予防規則第1条第1項第3号から第5号までに掲げる区分を、鉛等にあってはその名称を、焼結鉱等にあっては焼結鉱、煙灰又は電解スライムの別を、四アルキル鉛等にあっては四アルキル鉛又は加鉛ガソリンの別を、粉じんにあっては粉じんとなる物質の種類を記入すること。
　ハ　「取扱量」の欄は、日、週、月等一定の期間に通常取り扱う量を記入し、別表第7の14の項の上欄に掲げる機械等の設置等の場合は、鉛等又は焼結鉱の種類ごとに記入すること。
　ニ　「従事労働者数」の欄は、別表第7の14の項、15の項、23の項及び24の項の上欄に掲げる機械等の設置等の場合は、合計数の記入で足りること。
6　「参画者の氏名」及び「参画者の経歴の概要」の欄は、型枠支保工又は足場に係る工事の場合に記入すること。
7　「参画者の経歴の概要」の欄には、参画者の資格に関する職歴、勤務年数等を記入すること。
8　別表第7の22の項の上欄に掲げる機械等の設置等の場合は、「事業場の名称」の欄には建築物の名称を、「常時使用する労働者」の欄には利用事業場数及び利用労働者数を、「設置地」の欄には建築物の住所を、「計画の概要」の欄には建築物の用途、建築物の大きさ（延床面積及び階数）、設備の種類（空気調和設備、機械換気設備の別）及び換気の方式を記入し、その他の事項については記入を要しないこと。
9　この届出に記載しきれない事項は、別紙に記載して添付すること。
10　氏名を記載し、押印することに代えて、署名することができること。

編者注：層間ネットの設置については，同時に連続した層での上下作業がない場合には，2層毎の設置で可であるが，労働基準監督署によっては各段毎と指導することもありますので，確認してください。

編者注：設置届作成にあたって参画させる者の資格（労働安全衛生規則別表第９）

１． 足場の仕事（つり足場，張出し足場以外で高さが10m以上の足場）

［参画の必要な工事の範囲］

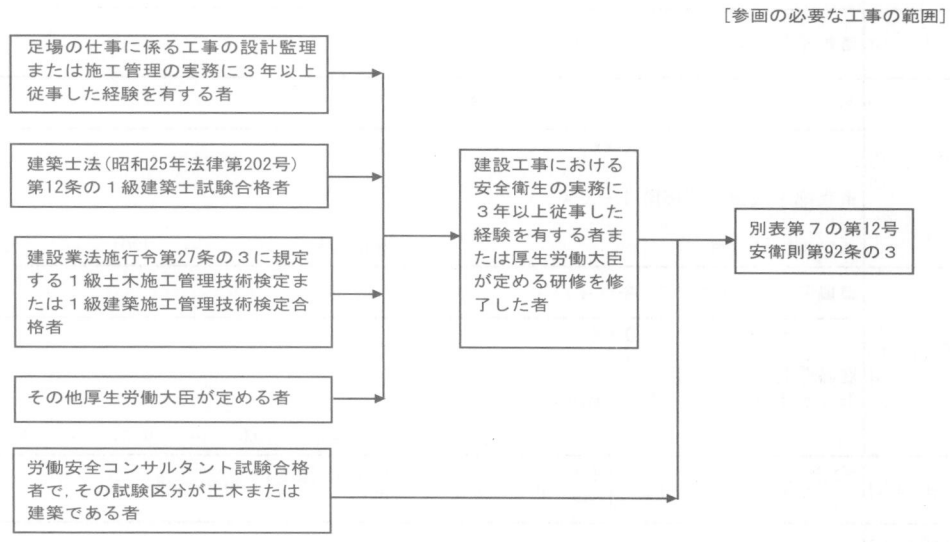

２． 型枠支保工の仕事（支柱高さが3.5m以上）

［参画の必要な工事の範囲］

（出典） 建設業労働災害防止協会東京支部作成「計画届作成の手引」より転用

土壌等の除染等の業務
特定汚染土壌等取扱業務　作業届

<table>
<tr><td>作　業　件　名</td><td colspan="4">令和6年度　中央地区除去土壌等除染工事</td></tr>
<tr><td>作　業　の　場　所</td><td colspan="4">■■県茶ヶ宮町赤松ヶ原1-5-31</td></tr>
<tr><td rowspan="4">事 業 者 の 名 称
所　　在　　地</td><td colspan="4">トウキョウトチュウオウク　イワイダチョウ</td></tr>
<tr><td colspan="4">（ 〒 104 － xxxx ）</td></tr>
<tr><td colspan="4">東京都千代田区祝田町1－X-X</td></tr>
<tr><td colspan="2">八重洲建設（株）</td><td colspan="2">（電話番号　03　－　3201　－　20XX ）</td></tr>
<tr><td rowspan="4">発 注 者 の 名 称
所　　在　　地</td><td colspan="4">■■県 サガミヤマチ キサキハマ</td></tr>
<tr><td colspan="4">（ 〒 999 － 090X ）</td></tr>
<tr><td colspan="4">■■県茶ヶ宮町妃浜1-2
茶ヶ宮町都市整備部都市整備課</td></tr>
<tr><td colspan="4">（電話番号　0X　－　9901　－　99XX ）</td></tr>
<tr><td>作 業 の 実 施 期 間</td><td>令和
6　年 4 月 1 日～</td><td>令和
7　年 12 月 31 日</td><td>作業指揮者
氏　　　名</td><td>夏川二郎</td></tr>
<tr><td>作業を行う場所の
平 均 空 間 線 量 率</td><td colspan="4">0.1μSv/h</td></tr>
<tr><td rowspan="5">関 係 請 負 人 一 覧
及　　　　　　び
労 働 者 数 の 概 数</td><td>大山建設（株）</td><td>10　人</td><td></td><td>人</td></tr>
<tr><td>青山建設（株）</td><td>8　人</td><td></td><td>人</td></tr>
<tr><td></td><td>人</td><td></td><td>人</td></tr>
<tr><td></td><td>人</td><td></td><td>人</td></tr>
<tr><td></td><td>人</td><td></td><td>人</td></tr>
</table>

工事開始時

　令和6 年　　3　月　　11　日

事業者職氏名　　東京都千代田区祝田町1-X-X
八重洲建設（株）東京支店
令和6年度中央地区除染工事作業所
　　　　所長　夏川二郎　　印

　　○○○　労働基準監督署長　殿

〔備考〕
1．本届は、発注単位で届け出ることを原則とするが、発注が複数の離れた作業を含む場合には、作業場所毎に提出すること。
2．「作業の場所」の欄には、作業を行う範囲を具体的に記載すること。地図等を用いる場合には別添として添付すること。
3．「作業を行う場所の平均空間線量率」の欄には、事前調査により把握した除染等作業の場所の平均空間線量率を記載すること。欄が不足する場合には、別添として添付すること。
4．「関係請負人一覧及び労働者数の概数」の欄には、関係請負人毎の名称と、当該作業に従事する労働者数を記載すること。欄が不足する場合には、別添として添付すること。
5．氏名を記載し、押印することに代えて、署名することができること。

（安衛則664条による）　　　　　（正）

特定元方事業者の事業開始報告

事業の種類	総合工事業	事業場の所在地	東京都中央区八丁堀 2-×-×
事業の名称	八重洲・木下共同企業体 工事名：中央会館新築工事	工期	令和6年4月1日～令和7年6月29日
		常時使用労働者数	67 人

元方事業者

事業の概要
- 請負金額 3,000,000,000円
- 工事概要 鉄骨鉄筋コンクリート造 地下2階、地上8階建て
- 建設面積 560㎡、延面積 5,500㎡
- 発注者名 中央産業株式会社

選任区分	職 氏名	生年月日	選任年月日
統括安全衛生責任者の選任	所長 夏川二郎	昭和44年2月1日生	令和6年4月1日
元方安全衛生管理者の選任	代理所長 秋島五郎	昭和47年3月1日生	令和6年4月1日
店社安全衛生管理者の選任		年　月　日生	年　月　日

関係請負人

事業の種類	名称	主たる事務所の所在地	工期
土工事	大山建設株式会社	東京都江東区亀戸 2-×-×	令和6.4.14～令和6.6.24
鳶工事	〃		令和6.7.1～令和7.5.29
重機械	〃		令和6.4.27～令和7.6.19
空調工事	京橋設備株式会社	東京都中央区京橋 1-×-×	令和7.3.1～令和7.6.19
電気設備工事	〃		令和7.3.1～令和7.6.26

備考　上記以外の関係請負人は未定

令和 6 年 4 月 1 日

　中央　　　労働基準監督署長　殿

特定元方事業者　八重洲建設株式会社　東京支店
職　氏名　　　取締役支店長　冬田八郎　㊞

工事開始時

備考
1　常時使用労働者数は元方の労働者と関係請負人の労働者数の合計数を記入すること。
2　関係請負人欄が不足する場合は別紙を使用すること。
3　常時使用労働者の総数が50名以上（ずい道、圧気、一定の橋梁30名以上）の場合は、統括安全衛生責任者、元方安全衛生管理者を選任し、該当欄に必要事項を記入すること。
4　店社安全衛生管理者の選任を要する場合であっても、統括安全衛生責任者及び元方安全衛生管理者の職務を行う者を選任し、これらの者にその者の職務を行わせている職場は、店社安全衛生管理者の選任を要しない。
5　使用労働者の数が常時10人未満である場合は、報告を省略しても差しつかえない。（昭和42年4月4日基収第1231号）

安 全 衛 生 責 任 者 選 任 報 告

工 事 の 種 類	請 負 人 名 称	所 在 地	
鳶・土工事	大山建設株式会社	東京都江東区亀戸2-×-×	
職　氏　名	所長 中島　明	生年月日	昭和45年6月15日
経歴取得免許の概要	昭和62年3月，東京工業高等学校建築科卒， 弊社千代田体育館，大東公会堂等新築工事，作業所長を経て，現在に至る。 二級建築士免許取得		
選 任 年 月 日	令和 6 年 4 月 11 日		

工事開始時

　令和　6　年　4　月　11　日

　　　　　　　　　　　　　　請負人　　大山建設株式会社

　　　　　　　　　　　　　　職氏名　　代表取締役社長 細 内 俊 夫　　　㊞

　　　統括安全衛生責任者殿

共同企業体代表者（変更）届

事業の種類	鉄骨鉄筋コンクリート造家屋建築工事
※共同企業体の名称	八重洲・木下共同企業体 中央会館新築工事作業所
※共同企業体の主たる事務所の所在地及び仕事を行う場所の地名番地	東京都中央区八丁堀2－×－× 電話（3551）52XX 上記に同じ
発注者名	中央産業株式会社
請負金額	3,000,000,000円
工事の概要	鉄骨鉄筋コンクリート造 地下2階、地上8階建 建築面積 560㎡ 延面積 5,500㎡
工事の開始及び終了予定年月日	令和6年4月1日から 令和7年6月30日まで
※代表者職氏名	新 八重洲建設株式会社東京支店 取締役支店長 冬田 八郎 旧（変更の場合のみ記入）
※変更の年月日	年 月 日
※変更の理由	
仕事を開始するまでの連絡先	八重洲建設株式会社東京支店 東京都千代田区祝田町1－×－× 電話（3201）－01××

※ 令和 6年 3月 11日

東京 労働局長 殿

※共同企業体を構成する事業者職氏名

八重洲建設株式会社 代表取締役社長 春山 一郎 印

木下建設株式会社 代表取締役社長 木下 太郎 印

工事開始届

備考
1 共同企業体代表者届にあっては、表題の（変更）の部分をまっ消し、共同企業体代表者変更届にあっては、※印を付してある項目のみ記入すること。
2 「事業の種類」の欄には、次の区分により記入すること。
水力発電所建設工事、ずい道建設工事、地下鉄建設工事、鉄道軌道建設工事、橋梁建設工事、道路建設工事、河川土木工事、砂防工事、土地整理土木工事、その他の土木工事、鉄骨鉄筋コンクリート造家屋建築工事、鉄骨造家屋建築工事、その他の建築工事、建築工事又は設備工事
3 この届は、仕事を行う場所を管轄する労働基準監督署長に提出すること。
4 氏名を記載し、押印することに代えて、署名することができる。

編者注：届出者については事業活動の職務権限が支店長に委ねられている場合、当該支店長名による届出でも差しつかえない（昭和47年11月15日 基発第725号）

様式第3号（第2条、第4条、第7条、第13条関係）（表面）

総括安全衛生管理者・安全管理者・衛生管理者・産業医選任報告

8 0 4 0 1	労働保険番号	1 3 1 1 3 8 7 6 5 4 3 0 0 0			ページ	総ページ

都道府県 所掌 管轄 基幹番号 枝番号 被一括事業場番号

事業場の名称	大山建設株式会社 本社	事業の種類	衛生管理者の場合	坑内労働又は有害業務（労働基準法施行規則第18条各号に掲げる業務）に従事する労働者数	人
事業場の所在地	郵便番号（136-XXXX ） 東京都江東区亀戸 2-X-X	職別工事業		坑内労働又は労働基準法施行規則第18条第1号、第3号から第5号まで若しくは第9号に掲げる業務に従事する労働者数	人

電話番号	0 3 - 3 6 8 1 - 6 3 X X	労働者数	5 5	計	産業医の場合は、労働安全衛生規則第13条第1項第2号に掲げる業務に従事する労働者数

左に詰めて記入する　　　　　　　　　　　　　　　右に詰めて記入する

フリガナ 姓と名の間は1文字空けること	イ シ カ ワ　サ ブ ロ ウ
被選任者氏名 姓と名の間は1文字空けること	石 川　三 郎

選任年月日	7：平成 9：令和 →	9 6 4 1 1	生年月日	1：明治 3：大正 5：昭和 7：平成 9：令和 →	5 5 0 6 7	選任種別	2	1．総括安全衛生管理者 2．安全管理者 3．衛生管理者（4以外の者） 4．衛生管理者（衛生工学管理担当） 5．産業医

元号 年 月 日　　　　　　　　　　元号 年 月 日

1～9年は右 1～9月は右 1～9日は右　　　　1～9年は右 1～9月は右 1～9日は右

・安全管理者又は衛生管理者の場合は担当すべき職務	事業場内の安全に関する一切の事項	専属の別	1	1．専属 2．非専属	他の事業場に勤務している場合は、その勤務先	
		専任の別	2	1．専任 2．兼職	他の業務を兼職している場合は、その業務	工務課長

・総括安全衛生管理者又は安全管理者の場合は経歴の概要	平成6年3月　東京工業高等学校建築科卒 平成6年4月　大山建設株式会社入社 平成19年4月　建設工務部第一工務係主任 平成23年4月　千代田体育館新築工事工事主任（安全管理者） 平成31年4月　代々木ビル新築工事工事主任（　〃　）

・産業医の場合は医籍番号等	□ - □□□□□□□□□

種別　　　　医籍番号（右に詰めて記入する）

フリガナ 姓と名の間は1文字空けること	
前任者氏名 姓と名の間は1文字空けること	

辞任、解任等の年月日	7：平成 9：令和 →		参考事項	新規選任

元号 年 月 日

1～9年は右 1～9月は右 1～9日は右

令和6 年 4 月 15 日

事業者職氏名　　大山建設株式会社
　　　　　　　　代表取締役社長 細 内 俊 夫　　㊞

受付印

亀戸　労働基準監督署長殿

工事開始時

様式第3号（第2条、第4条、第7条、第13条関係）

備考　　　　　　　　　　　　　　　　　（裏面）

1　□□□で表示された枠（以下「記入枠」という。）に記入する文字は、光学的文字・イメージ読取装置（OCIR）で直接読み取りを行うので、この用紙は汚したり、穴をあけたり、必要以上に折り曲げたりしないこと。

2　記入すべき事項のない欄及び記入枠は、空欄のままとすること。

3　記入枠の部分は、必ず黒のボールペンを使用し、枠からはみ出さないように大きめの漢字、カタカナ及びアラビア数字で明瞭に記入すること。

　　なお、濁点及び半濁点は同一の記入枠に「ガ」「パ」等と記入すること。

4　二人以上の選任報告を行う場合に「総ページ」の欄は、報告の総合計枚数を記入し、「ページ」の欄は総枚数のうち当該用紙が何枚目かを記入すること。

　　なお、2枚目以降は、「事業場の名称」、「事業の種類」、「事業場の所在地」、「電話番号」、「労働者数」、「坑内労働又は有害業務（労働基準法施行規則第18条各号に掲げる業務）に従事する労働者数」、「坑内労働又は労働基準法施行規則第18条第1号、第3号から第5号まで若しくは第9号に掲げる業務に従事する労働者数」及び「産業医の場合は、労働安全衛生規則第13条第1項第2号に掲げる業務に従事する労働者数」の欄は、記入を要しないこと。

5　「事業の種類」の欄は、総括安全衛生管理者の場合は労働安全衛生法施行令第2条各号に掲げる業種を、安全管理者の場合は同条第1号又は第2号に掲げる業種を、衛生管理者又は産業医の場合は日本標準産業分類の中分類により記入すること。

6　「電話番号」の欄は、市外局番、市内局番及び番号をそれぞれ「―」（ダーシ）で区切り記入すること。

7　「安全管理者又は衛生管理者の場合は担当すべき職務」の欄は、安全管理者又は衛生管理者ごとに職務区分が分かれている場合はその分担を記入すること。

8　「総括安全衛生管理者又は安全管理者の場合は経歴の概要」の欄は、総括安全衛生管理者又は安全管理者の資格に関する学歴、職歴、勤務年数等を記入すること。

9　「産業医の場合は医籍番号等」の種別は、別表に掲げる種別の区分に応じて該当コードを記入すること。

10　「参考事項」の欄は、次のとおりとすること。

　(1)　初めて総括安全衛生管理者、安全管理者、衛生管理者又は産業医を選任した場合は「新規選任」と記入すること。

　(2)　安全管理者選任報告にあっては、労働安全衛生規則第4条第1項第3号に規定する事業場である場合は「指定事業場」と記入すること。

　(3)　産業医選任報告にあっては、産業医の専門科名及び開業している場合はその旨を記入すること。

11　安全管理者選任報告の場合（労働安全衛生規則第5条第2号に掲げる者を選任した場合を除く。）は、同条第1号の研修その他所定の研修を修了した者であること又は平成18年10月1日において安全管理者としての経験年数が2年以上であることを証する書面（又は写し）を、衛生管理者選任報告の場合は、衛生管理者免許証の写し又は資格を証する書面（又は写し）を、産業医選任報告の場合は、医師免許証の写し及び別表コード1から7までのいずれかに該当することを証明する書面（又は写し）を、添付すること。

12　氏名を記載し、押印することに代えて、署名することができること。

別表

種別	コード	種別	コード
労働者の健康管理等に必要な医学に関する知識についての研修であって厚生労働大臣の指定する者（法人に限る。）が行うものを修了した者	1	大学において労働衛生に関する科目を担当する教授、准教授又は講師の職にあり又はあった者	4
産業医の養成等を行うことを目的とする医学の正規の課程を設置している産業医科大学その他の大学であって厚生労働大臣が指定するものにおいて当該課程を修めて卒業した者であって、その大学が行う実習を履修したもの	2	労働安全衛生規則第14条第2項第5号に規定する者	5
		平成8年10月1日以前に厚生労働大臣が定める研修の受講を開始し、これを修了した者	6
労働衛生コンサルタントで試験区分が保健衛生である者	3	上のいずれにも該当しないが、平成10年9月30日において産業医としての経験年数が3年以上である者	7

編者注：

1. 「備考12　氏名を記載し，押印することに代えて，署名することができる」となっている。

2. 安全管理者の資格要件

(1) 次のいずれかに該当する者で，厚生労働大臣が定める研修（安全管理者選任時研修）を修了したもの

①大学（旧大学令による大学を含む。）又は高等専門学校（旧専門学校令による専門学校を含む。）における理科系統の正規の課程（職業能力開発総合大学校等における長期課程等を含む。）を修めて卒業した者で，その後２年以上産業安全の実務に従事した経験を有するもの

②高等学校（旧中等学校令による中等学校を含む。）又は中等教育学校において理科系統の正規の学科を修めて卒業した者で，その後４年以上産業安全の実務に従事した経験を有するもの

③厚生労働大臣が定める者

・大学（旧大学令による大学を含む。）又は高等専門学校（旧専門学校令による専門学校を含む。）における理科系統の課程以外の正規の課程を修めて卒業した者で，その後４年以上産業安全の実務に従事した経験を有するもの

・高等学校（旧中等学校令による中等学校を含む。）において理科系統の学科以外の正規の学科を修めて卒業した者で，その後６年以上産業安全の実務に従事した経験を有するもの

・７年以上産業安全の実務に従事した経験を有するもの等

(2) 労働安全コンサルタント

※平成18年10月１日（省令の改正により安全管理者選任時研修の修了が義務付けられた日）までに安全管理者として労働安全衛生法第11条第１項に規定する事項の管理を行った経験年数が２年以上である者は研修を受講する必要はないが，そうでない者を安全管理者として選任するためには，研修を受講して，その修了証を添付して安全管理者選任報告を労働基準監督署に提出しなければならない。

総括安全衛生管理者・安全管理者・衛生管理者・産業医選任報告

| 8 0 4 0 1 | 労働保険番号 | 1 3 1 0 1 0 1 5 2 3 3 0 0 0 | | ページ 1 / 総ページ 2 |

労働保険番号内訳: 都道府県 所掌 管轄 基幹番号 枝番号 被一括事業場番号

| 事業場の名称 | 八重洲建設株式会社 | 事業の種類 | | 坑内労働又は有害業務（労働基準法施行規則第18条各号に掲げる業務）に従事する労働者数 | 人 |
| 事業場の所在地 | 郵便番号（101-XXXX ）
東京都千代田区祝田町1-X-X | 総合工事業 | 衛生管理者の場合 | 坑内労働又は労働基準法施行規則第18条第1号、第3号から第5号まで若しくは第9号に掲げる業務に従事する労働者数 | 人 |

| 電話番号 | 0 3 - 3 2 0 1 - 2 0 X X
←左に詰めて記入する | 労働者数 | 2 5 5 人
右に詰めて記入する | 計 | 人 |

産業医の場合は、労働安全衛生規則第13条第1項第2号に掲げる業務に従事する労働者数

| フリガナ
姓と名の間は1文字空けること | ヤ マ モ ト　ゴ ロ ウ |
| 被選任者氏名
姓と名の間は1文字空けること | 山 本　五 郎 |

| 選任年月日 | 7：平成 9：令和→ 元号 9 年 4 月 6 日 11
1〜9年は右 1〜9月は右 1〜9日は右 | 生年月日 | 1：明治 3：大正 5：昭和 7：平成 9：令和→ 元号 55 年 9 月 5 日 10
1〜9年は右 1〜9月は右 1〜9日は右 | 選任種別 | 3 | 1．総括安全衛生管理者
2．安全管理者
3．衛生管理者（4以外の者）
4．衛生管理者（衛生工学管理担当）
5．産業医 |

| ・安全管理者又は衛生管理者の場合は担当すべき職務 | 事業場内の衛生に関する一切の事項 | 専属の別 | 1 | 1．専属
2．非専属 | 他の事業場に勤務している場合は、その勤務先 | |
| | | 専任の別 | 2 | 1．専任
2．兼職 | 他の業務を兼職している場合は、その業務 | 総務課業務 |

| ・総括安全衛生管理者又は安全管理者の場合は経歴の概要 | |

| ・産業医の場合は医籍番号等 | 種別→ □ － □□□□□□□□□□ 医籍番号（右に詰めて記入する）→ |

| フリガナ
姓と名の間は1文字空けること | |
| 前任者氏名
姓と名の間は1文字空けること | |

| 辞任、解任等の年月日 | 7：平成 9：令和→ 元号 年 月 日
1〜9年は右 1〜9月は右 1〜9日は右 | 参考事項 | 新規選任 |

令和 6 年 4 月 15 日

事業者職氏名

中 央 労働基準監督署長殿

八重洲建設株式会社

代表取締役社長 春 山 一 郎 ㊞

受 付 印

工事開始時

編者注： 1．「備考12 氏名を記載し,押印することに代えて,署名することができる」となっている。

2．労働基準監督署提出時には,衛生管理者免許証の写しを添付すること。

総括安全衛生管理者・安全管理者・衛生管理者・産業医選任報告

8 0 4 0 1	労働保険番号	1 3 1 0 1 0 1 5 2 3 3 0 0 0 □ □ □ □	ページ ⬚ 2 / 総ページ ⬚ 2

都道府県 所掌 管轄 基幹番号 枝番号 統一括事業場番号

事業場の名称		事業の種類		衛生管理者の場合	坑内労働又は有害業務（労働基準法施行規則第18条各号に掲げる業務）に従事する労働者数	人
事業場の所在地	郵便番号（　　　　　）				坑内労働又は労働基準法施行規則第18条第1号、第3号から第5号まで若しくは第9号に掲げる業務に従事する労働者数	人

電話番号	□□□□□□□□□□□□□□ ↑左に詰めて記入する	労働者数	□□□□□ ↑右に詰めて記入する 人	計 □□□□ 1 6

産業医の場合は、労働安全衛生規則第13条第1項第2号に掲げる業務に従事する労働者数

フリガナ 姓と名の間は1文字空けること	マ ツ ダ 　 カ ズ オ □□□□□□□□□□□□□
被選任者氏名 姓と名の間は1文字空けること	松 田 　 一 夫 □□□□□□□□□□□□□

選任年月日	7：平成 9：令和 →	元号 9	年 6	月 6	日 4 1 1	生年月日	1：明治 3：大正 5：昭和 7：平成 9：令和 →	元号 5	年 5 3	月 7	日 1 1	選任種別	5	1．総括安全衛生管理者 2．安全管理者 3．衛生管理者（4以外の者） 4．衛生管理者（衛生工学管理担当） 5．産業医

1〜9年は右 1〜9月は右 1〜9日は右　　1〜9年は右 1〜9月は右 1〜9日は右

・安全管理者又は衛生管理者の場合は担当すべき職務		専属の別	2	1．専属 2．非専属	他の事業場に勤務している場合は、その勤務先	松田医院
		専任の別	□	1．専任 2．兼職	他の業務を兼職している場合は、その業務	

・総括安全衛生管理者又は安全管理者の場合は経歴の概要	

・産業医の場合は医籍番号等	1 － □□□□□ 2 6 3 X X 種別 　　　医籍番号（右に詰めて記入する）

フリガナ 姓と名の間は1文字空けること	□□□□□□□□□□□□□□□□□□
前任者氏名 姓と名の間は1文字空けること	□□□□□□□□□□□□□□□□□□

辞任、解任等の年月日	7：平成 9：令和 →	元号 □	年 □□	月 □□	日 □□	参考事項	内科・松田医院開業

1〜9年は右 1〜9月は右 1〜9日は右

令和　6 年 4 月 15 日　　　　　　八重洲建設株式会社

事業者職氏名

中 央　労働基準監督署長殿　　　　　　　　　　㊞

（受付印）

（編者注）1．2人以上の選任報告を行う場合は、2枚目以降は上記のように「事業場の名称」、「事業の種類」等の欄は記入を要しません（様式第3号裏面の備考4を参照のこと）。
　　　　　2．労働基準監督署提出時には、医師免許証の写し及び医師会研修終了証（認定産業医）の写し等を添付すること。

様式第1号（第4条、第64条、附則第2条関係）（1）（表面）　　　｜提出用｜

労働保険 ──→ ○：保険関係成立届（継続）（事務処理委託届）
　　　　　　　１：保険関係成立届（有期）
　　　　　　　２：任意加入申請書（事務処理委託届）　　　　　　　　　　　　令和6年 10 月 2 日

※種別 ⑯
| 3 | 1 | 6 | 0 | 0 |

中央　労働局長　　下記のとおり（イ）届けます。(31600又は31601のとき)
　　　労働基準監督署長　　　　　　（ロ）労災保険
　　　公共職業安定所長　殿　　　　　（ハ）雇用保険 の加入を申請します。(31002のとき)

	①事業主	住所又は所在地　氏名又は名称	
	②事業	所在地	郵便番号 100-0005　千代田区丸の内2－X－　電話番号 03-3211-51XX番
		名称	千代田建設株式会社
	③事業の概要		設計・管理・受注・事務
	④事業の種類		その他の各種事業

⑯種別：31600（右に手書きで「工事開始時」と縦書き）

※修正項目番号	※漢字修正項目番号	※労働保険番号					
		都道府県	所掌	管轄(1)	基幹番号	枝番号	項1

事業所

⑰住所（カナ）
郵便番号 | 1 | 0 | 0 | - | 0 | 0 | 0 | 5 | 項2　住所 市・区・郡名 | チ | ヨ | タ | ク | | | | | | 項3
住所（つづき）町村名 | マ | ル | ノ | ウ | チ | | | | | | | | | 項4
住所（つづき）丁目・番地 | 2 | - | × | - | × | | | | | | | | | 項5
住所（つづき）ビル・マンション名等 | | | | | | | | | | | | | | 項6

⑱住所（漢字）
住所 市・区・郡名 | 千 | 代 | 田 | 区 | | | | | | | | | 項7
住所（つづき）町村名 | 丸 | の | 内 | | | | | | | | | | 項8
住所（つづき）丁目・番地 | 2 | - | × | - | × | | | | | | | | 項9
住所（つづき）ビル・マンション名等 | | | | | | | | | | | | | 項10

⑲名称・氏名（カナ）
名称・氏名 | チ | ヨ | タ | ゛ | ケ | ン | セ | ツ | | | | | 項11
名称・氏名（つづき） | カ | ブ | シ | キ | カ | ゛ | イ | シ | ヤ | | | | 項12
名称・氏名（つづき） | | | | | | | | | | | | | 項13
電話番号（市外局番） | 0 | 3 | - | 3 | 2 | 1 | 1 | - | 5 | 1 | X | X | 項14

⑳名称・氏名（漢字）
名称・氏名 | 千 | 代 | 田 | 建 | 設 | | | | | | | | 項15
名称・氏名（つづき） | 株 | 式 | 会 | 社 | | | | | | | | | 項16
名称・氏名（つづき） | | | | | | | | | | | | | 項17

⑤加入済の労働保険	（イ）労災保険 （ロ）雇用保険		
⑥保険関係成立年月日	（労災） 6 年 10 月 18 日　（雇用） 年 月 日		
⑦雇用保険被保険者数	一般・短期　　人　日雇　　人		
⑧賃金総額の見込額	33,410 千円		
⑨委託事務組合	所在地	郵便番号　電話番号 － － 番	
	名称		
	代表者氏名		
⑩委託事務内容			
⑪事業開始年月日	年 月 日		
⑫事業廃止等年月日	年 月 日		
⑬建設の事業の請負金額	円		
⑭立木の伐採の事業の素材見込生産量	立方メートル		
⑮発注者	住所又は所在地	郵便番号	
	氏名又は名称	電話番号 － － 番	

編者注：㉙欄には，事業主に法人番号が指定されている場合，指定された法人番号を記入すること。

－ 79 －

㉑ 保険関係成立年月日（31600又は31601のとき）
※ 任意加入認可年月日（31602のとき）（元号：令和は9）

元号		年		月		日
9	-	0 6	-	1 0	-	1 8	項18

㉒ 事務処理委託年月日（31600又は31602のとき）
事業終了予定年月日（31601のとき）（元号：令和は9）

元号		年		月		日
	-		-			項19

㉓ 常時使用労働者数

十	万	千	百	十	人
					項20

※ 保険関係等区分（31600又は31602のとき）

項21

㉔ 雇用保険被保険者数（31600又は31602のとき）

十	万	千	百	十	人
					項22

※片保険理由コード（31600のとき）

項24

㉕ 加入済労働保険番号（31600又は31602のとき）

都道府県	所掌	管轄(1)	基幹番号	枝番号
				-	項25

㉖ 適用済労働保険番号1

都道府県	所掌	管轄(1)	基幹番号	枝番号
				-	項26

㉗ 適用済労働保険番号2

都道府県	所掌	管轄(1)	基幹番号	枝番号
				-	項27

※雇用保険の事業所番号（31600又は31602のとき）

	-		-		項28

※府県区分（31600又は31602のとき） 項28
※特掲コード（31600又は31602のとき） 項29
※管轄(2)（31600のとき） 項30
項31
※業種 項31
※産業分類（31600又は31602のとき） 項32
項33
※データ指示コード 項34
※再入力区分 項35

※修正項目（英数・カナ）

※修正項目（漢字）

※受付年月日（元号：令和は9）

元号		年		月		日
	-		-			項36

㊳ 法人番号

1	2	3	4	5	6	7	8	9	0	*	*	*	項37

事業主氏名（法人のときはその名称及び代表者の氏名）

八重洲建設株式会社
取締役社長 春 山 一 郎

(3.3)

様式第1号（第4条、第64条、附則第2条関係）（1）（表面）　　　

労働保険　　〇：保険関係成立届（継続）（事務処理委託届）　　　　　　　　　　　　　　令和6年4月5日
　　　　　　　1：保険関係成立届（有期）
　　　　　　　2：任意加入申請書（事務処理委託届）

16 種別
31601

| ① 事業主 | 住所又は所在地 | 東京都千代田区祝田町1-X-X |
| | 氏名又は名称 | 八重洲建設株式会社 |

中央　　労働局長
　　　　労働基準監督署長　　殿
　　　　公共職業安定所長

下記のとおり
（イ）　　　　届けます。(31600又は31601のとき)
（ロ）労災保険
（ハ）雇用保険　　の加入を申請します。(31602のとき)

※労働保険番号

都道府県	所掌	管轄(1)	基幹番号	枝番号
				－ 　　項1

※修正項目番号　　※漢字修正項目番号

事業所

郵便番号	住所　市・区・郡名	
⑰住所〈カナ〉	101-XXXX 項2	チヨタ゛ク 項3
	住所（つづき）町村名	
	イワイタ゛チヨウ 項4	
	住所（つづき）丁目・番地	
	1－×－× 項5	
	住所（つづき）ビル・マンション名等	
	項6	

	住所　市・区・郡名	
⑱住所〈漢字〉	千代田区 項7	
	住所（つづき）町村名	
	祝田町 項8	
	住所（つづき）丁目・番地	
	1－×－× 項9	
	住所（つづき）ビル・マンション名等	
	項10	

	名称・氏名	
⑲名称・氏名〈カナ〉	ヤエスケンセツ 項11	
	名称・氏名（つづき）	
	カフ゛シキカ゛イシヤ 項12	
	名称・氏名（つづき）	
	項13	
	電話番号（市外局番）（市内局番）（番号）	
	03－3201－20XX 項14	

	名称・氏名	
⑳名称・氏名〈漢字〉	八重洲建設 項15	
	名称・氏名（つづき）	
	株式会社 項16	
	名称・氏名（つづき）	
	項17	

② 事業	所在地	〒104－××××　東京都中央区八丁堀2－×－X　電話番号 03-3551-52XX
	名称	中央会館新築工事
③ 事業の概要	鉄骨鉄筋コンクリート造　地下2階、地上8階　建築面積 495㎡　延面積 4,800㎡
④ 事業の種類	建築事業

⑤ 加入済の労働保険	（イ）労災保険（ロ）雇用保険
⑥ 保険関係成立年月日	（労災）6年4月1日　（雇用）年月日
⑦ 雇用保険被保険者数	一般・短期　人　日雇　人
⑧ 賃金総額の見込額	230,000 千円

⑨ 委託事務組合	所在地	〒　　－　　電話番号　　－　　－　番
	名称	
	代表者氏名	
⑩ 委託業務の範囲	

⑪ 事業開始年月日	年月日
⑫ 事業廃止等年月日	年月日
⑬ 建設の事業の請負金額	1,000,000,000 円
⑭ 立木の伐採の事業の素材見込生産量	立方メートル

⑮ 発注者	住所又は所在地	〒103-XXXX　東京都中央区日本橋室町1-X-X
	氏名又は名称	中央産業株式会社　代表取締役社長　角田昭雄
	電話番号	03－3241－33XX

工事開始時

－ 81 －

㉑ 保険関係成立年月日（31600又は31601のとき）
※任意加入認可年月日（31602のとき）（元号：令和は9）

| 元号 | 9 | - | 06 | - | 04 | - | 01 | 項18 |

㉒ 事務処理委託年月日（31600又は31602のとき）
事業終了予定年月日（31601のとき）（元号：令和は9）

| 元号 | 9 | - | 07 | - | 06 | - | 30 | 項19 |

㉓ 常時使用労働者数

| 十万 | 千 | 百 | 十 | 人 | |
| | | | 2 | 6 | 項20 |

※保険関係等区分（31600又は31602のとき） 項21

㉔ 雇用保険被保険者数（31600又は31602のとき）

| 十万 | 千 | 百 | 十 | 人 | 項22 |

※片保険理由コード（31600のとき） 項24

㉕ 加入済労働保険番号（31600又は31602のとき）

| 都道府県 | 所掌 | 管轄(1) | 基幹番号 | 枝番号 | 項25 |

㉖ 適用済労働保険番号1

| 都道府県 | 所掌 | 管轄(1) | 基幹番号 | 枝番号 | 項26 |

㉗ 適用済労働保険番号2

| 都道府県 | 所掌 | 管轄(1) | 基幹番号 | 枝番号 | 項27 |

※雇用保険の事業所番号（31600又は31602のとき）

※府県区分（31600又は31602のとき）	※特掲コード（31600又は31602のとき）	※管轄(2)（31600のとき）	※業種	※産業分類（31600又は31602のとき）	※データ指示コード	※再入力区分
項28	項29	項30	項31	項32	項33	項35

※修正項目（英数・カナ）

※修正項目（漢字）

※受付年月日（元号：令和は9）

| 元号 | - | 年 | - | 月 | - | 日 | 項36 |

㊲ 法人番号

| 1 | 2 | 3 | 4 | 5 | 6 | 7 | 8 | 9 | 0 | * | * | * | 項37 |

事業主氏名（法人のときはその名称及び代表者の氏名）

八重洲建設株式会社
取締役社長　春山　一郎

(3.3)

様式第1号（第4条、第64条、附則第2条関係）（1）（表面）

労働保険
○：保険関係成立届（継続）（事務処理委託届）
１：保険関係成立届（有期）
２：任意加入申請書（事務処理委託届）

⑯種別
`3 1 6 0 0`

中央 労　働　局　長
労働基準監督署長
公共職業安定所長 殿

下記のとおり
（イ）届けます。（31600又は31601のとき）
（ロ）労災保険
（ハ）雇用保険
の加入を申請します。（31602のとき）

令和6 年 4 月 5日

① 住所又は事業主所在地 東京都千代田区祝田町 1-X-X
氏名又は名称 八重洲建設株式会社

※修正項目番号　※漢字修正項目番号

※労働保険番号
都道府県 所掌 管轄(1) 基幹番号 枝番号
`－` 〔項1〕

② 事業所在地
郵便番号
電話番号 － － ＊

⑰住所（カナ）
郵便番号 `1 0 1 - X X X X` 〔項2〕
住所 市・区・郡名 `チ ヨ タ ゛ ク` 〔項3〕
住所（つづき）町村名 `イ ワ イ タ ゛ チ ヨ ウ` 〔項4〕
住所（つづき）丁目・番地 `1 － × －` 〔項5〕
住所（つづき）ビル・マンション名等 〔項6〕

名称

⑱住所（漢字）
住所 市・区・郡名 `千 代 田 区` 〔項7〕
住所（つづき）町村名 `祝 田 町` 〔項8〕
住所（つづき）丁目・番地 `1 － × － ×` 〔項9〕
住所（つづき）ビル・マンション名等 〔項10〕

③ 事業の概要 一括有期事業に該当する建築工事一式

④ 事業の種類 建築事業

⑤ 加入済の労働保険
（イ）労災保険
（ロ）雇用保険

⑥ 保険関係成立年月日
（労災）6 年 4 月 1 日
（雇用）　年　月　日

⑦ 雇用保険被保険者数
一般・短期 人
日雇 人

⑧ 賃金総額の見込額 千円

事業所

⑲名称・氏名（カナ）
名称・氏名 `ヤ エ ス ケ ン セ ツ` 〔項11〕
名称・氏名（つづき）`カ ブ ゛ シ キ カ ゛ イ シ ヤ` 〔項12〕
名称・氏名（つづき）〔項13〕
電話番号（市外局番）（市内局番）（番号）`0 3 - 3 2 0 1 - 2 0 X X` 〔項14〕

⑨ 委託事務組合
所在地
郵便番号
電話番号 － － ＊
名称
代表者氏名

⑳名称・氏名（漢字）
名称・氏名 `八 重 洲 建 設` 〔項15〕
名称・氏名（つづき）`株 式 会 社` 〔項16〕
名称・氏名（つづき）〔項17〕

⑩委託事務内容

⑪ 事業開始年月日　年　月　日
⑫ 事業廃止等年月日　年　月　日
⑬ 建設の事業の請負金額　円
⑭ 立木の伐採の事業の素材見込生産量　立方メートル

⑮発注者
住所又は所在地
郵便番号
氏名又は名称
電話番号 － － ＊

工事開始時

㉑ 保険関係成立年月日 (31600又は31601のとき)
※ 任意加入認可年月日 (31602のとき) (元号：令和は9)

| 9 | - | 0 | 6 | - | 0 | 4 | - | 0 | 1 |

元号　　　年　　　　月　　　　日 項18

㉒ 事務処理委託年月日 (31600又は31602のとき)
事業終了予定年月日 (31601のとき) (元号：令和は9)

元号　　　年　　　　月　　　　日 項19

㉓ 常時使用労働者数

※ 万 千 百 十 人 項20

※ 保険関係等区分 (31600又は31602のとき)

項21

㉔ 雇用保険被保険者数
(31600又は31602のとき)

十 万 千 百 十 人 項22

※ 片保険理由コード
(31600のとき)

項24

㉕ 加入済労働保険番号 (31600又は31602のとき)

| 都道府県 | 所掌 | 管轄(1) | 基 幹 番 号 | 枝 番 号 |

項25

㉖ 適用済労働保険番号1

| 都道府県 | 所掌 | 管轄(1) | 基 幹 番 号 | 枝 番 号 |

項26

㉗ 適用済労働保険番号2

| 都道府県 | 所掌 | 管轄(1) | 基 幹 番 号 | 枝 番 号 |

項27

※ 雇用保険の事業所番号 (31600又は31602のとき)

項28

※ 府県区分
(31600又は31602のとき) 項29

※ 特掲コード
(31600又は31602のとき) 項30

※ 管轄(2)
(31600のとき) 項31

※ 業 種 項32

※ 産業分類
(31600又は31602のとき) 項33

※ データ指示コード 項34

※ 再入力区分 項35

※ 修正項目 (英数・カナ)

※ 修正項目 (漢字)

※ 受付年月日 (元号：令和は9)

元号　　　年　　　　月　　　　日 項36

事業主氏名 (法人のときはその名称及び代表者の氏名)

八重洲建設株式会社
代表取締役社長　春 山 一 郎

㉙ 法人番号

| 1 | 2 | 3 | 4 | 5 | 6 | 7 | 8 | 9 | 0 | * | * | * |

項37

(3.3)

様式第４号（第８条関係）（1）（表面）

労働保険　**下請負人を事業主とする認可申請書**

次の事業について下請負人を事業主とすることについて認可を申請します。

提出用

種別　`3 1 6 0 3`

東京　労働局長　殿　令和　6 年 4 月 5 日

※労働保険番号

※修正項目番号	※漢字修正項目番号	都道府県	所掌	管轄(1)	基幹番号	枝番号	保険関係等区分
						－	項1 `7 3 1`

事業主

⑯ 住所〈カナ〉

郵便番号 `1 0 4 - X X X X` 項2　住所 市・区・郡名 `チ ュ ウ オ ウ ク` 項3

住所（つづき）町村名 `キ ョ ウ ハ シ` 項4

住所（つづき）丁目・番地 `1 - X - X` 項5

住所（つづき）ビル・マンション名等 項6

⑰ 住所〈漢字〉

住所 市・区・郡名 `中 央 区` 項7

住所（つづき）町村名 `京 橋` 項8

住所（つづき）丁目・番地 `1 - X - X` 項9

住所（つづき）ビル・マンション名等 項10

⑱ 名称・氏名〈カナ〉

名称・氏名 項11

名称・氏名（つづき）`キ ョ ウ ハ シ セ ツ ヒ` 項12

名称・氏名（つづき）`カ ブ シ キ ガ イ シ ャ` 項13

電話番号（市外局番）`0 3` -（市内局番）`3 5 6 1` -（番号）`2 0 X X` 項14

⑲ 名称・氏名〈漢字〉

名称・氏名 `京 橋 設 備` 項15

名称・氏名（つづき）`株 式 会 社` 項16

名称・氏名（つづき）項17

下請負人の請負に係る事業

① 事業の所在地　郵便番号 104-XXXX　中央区八丁堀2-X-X　電話番号 03 355152XX 番

② 事業の名称　中央会館新築工事

③ 事業の概要　八重洲・木下共同企業体 中央会館新築工事のうち、空調、冷暖房、衛生設備工事一式

④ 請負金額　200,000 千円

⑤ 事業の種類　建築事業

⑥ 概算保険料額　506,000 円

※事業終了年月日　7 年 6 月 30 日

元請負人の請負に係る事業

⑦ 住所　郵便番号 101-XXXX　千代田区祝田町1-X-X　電話番号 03 320120XX 番

⑧ 名称　八重洲建設株式会社

⑨ 氏名　記名押印又は署名　代表取締役社長 春山 一郎

⑩ 事業の概要　SCR造 地下2階 地上8階 建築面積 2,600㎡

⑪ 保険関係成立年月日　6 年 4 月 1 日

⑫ 事業終了予定年月日　7 年 6 月 30 日

⑬ 請負金額　1,000,000 千円

⑭ 事業の種類　建築事業

事業の名称　中央会館新築工事

工事開始時

㉑ 常時使用労働者数　`1 5` 項18

㉖ 元請労働保険番号

都道府県	所掌	管轄(1)	基幹番号	枝番号
1 3	1	01	8 2 5 0 1 5	－ 0 0 1

㉒ 適用済労働保険番号1

都道府県	所掌	管轄(1)	基幹番号	枝番号
				－	項20

㉓ 適用済労働保険番号2

都道府県	所掌	管轄(1)	基幹番号	枝番号

㉔ 保険関係成立年月日（元号：平成は7、新元号は9）`9 - 0 6 - 0 4 - 0 1` 項22

㉕ 事業終了予定年月日（元号：平成は7、新元号は9）`9 - 0 7 - 0 6 - 3 0` 項23

※業種

※データ指示コード　項24 項25

※再入力

※修正項目（英数・カナ）

※修正項目（漢字）

下請負人の事業主氏名（法人のときはその名称及び代表者の氏名）　記名押印又は署名

京橋設備株式会社
代表取締役社長 小野 健

※受付年月日（元号：平成は7、新元号は9）

元号 __ 年 __ 月 __ 日 項

（1） 元請負人の請負に係る事業の請負金額の内訳

事　業
主　控

① 請負代金の額	1,000,000,000 円						

区分	種　類	数量	価額又は損料	区分	種　類	数量	価額又は損料
請負代金に加算する額			円	請負代金から控除する額			円
	②合　計		0		③合　計		0

差　引　額　（①＋②－③）　　　　1,000,000,000 円

（2） 下請負人の請負に係る請負金額の内訳

① 請負代金の額	200,000,000 円						

区分	種　類	数量	価額又は損料	区分	種　類	数量	価額又は損料
請負代金に加算する額			円	請負代金から控除する額			円
	②合　計		0		③合　計		0

差　引　額　（①＋②－③）　　　　200,000,000 円

工事開始時

労災保険料納付引受契約書

　元請負人　八重洲建設株式会社　　（以下甲という）と、下請負人　京橋設備株式会社　（以下乙という）とは、工事名　中央会館新築工事　に関し、労働保険の保険料の徴収等に関する法律による保険料の納入について、下記の通り契約を締結する。

記

第一条　乙は甲の請負った工事を、下請負人として施工するにあたり、乙の工事に関する労災保険料の納入は乙が引き受ける。

第二条　労働保険の保険料の徴収等に関する法律第８条により、甲が政府の承認を得た場合、乙は保険加入者として義務一切を負うものとする。

　以上、契約締結の証として本証３通を作成し、甲、乙それぞれ記名捺印の上各１通づつ保有し、１通を労働保険の保険料の徴収等に関する法律施工規則第８条に定める申請のため、所轄労働局長に提出する。

　令和６年４月５日

　　　　　　　　　　　甲　東京都千代田区祝田町 1-X-X
　　　　　　　　　　　　　八重洲建設株式会社
　　　　　　　　　　　　　代表取締役社長　春山一郎

　　　　　　　　　　　乙　東京都中央区京橋 1-X-X
　　　　　　　　　　　　　京橋設備株式会社
　　　　　　　　　　　　　代表取締役社長　小野　健

様式第5号(第10条関係)

労働保険
継続事業一括認可・追加・取消申請書

提出用

種別

3 1 6 4 0　　※修正項目番号

①下記のとおり継続事業の一括に係る { ・新規 ・認可の取消 ・認可の追加 } の申請をします。

指定を受けることを希望する事業又は既に指定を受けている事業

③労働保険番号	府県	所掌	管轄(1)	基幹番号	枝番号	
	1 3	1	0 1	0 1 5 2 3 3	- 0 0 0	(項1)

②申請年月日 (元号:令和は9)
9 - 0 6 - 0 4 - 0 1 (項2)

④所在地　東京都千代田区祝田町1-X-X

郵便番号　101-XXXX

⑥保険関係成立区分
(イ)労災・雇用
(ロ)労災
(ハ)雇用

⑦事業の種類(労災保険率表による)
その他の各種事業

⑤名称　八重洲建設株式会社

電話番号　03-3201-20××

申請書の指定事業に一括され又は一括を取消される事業

1

⑧労働保険番号	府県	所掌	管轄(1)	基幹番号	枝番号	
	1 2	1	0 1	0 0 7 2 2 5	- 0 0 0	(項3)

※認可コード □(項4)　※管轄(2) □□(項5)　⑨整理番号 □□□□(項6)

⑩所在地　千葉県千葉市中央区今井町×-×-×

郵便番号　260-XXXX

⑪保険関係成立区分
(イ)労災・雇用
(ロ)労災
(ハ)雇用

⑫事業の種類(労災保険率表による)
その他の各種事業

名称　八重洲建設㈱千葉出張所

電話番号　043-743-16××

2

⑬労働保険番号	府県	所掌	管轄(1)	基幹番号	枝番号	
					-	(項7)

※認可コード □(項8)　※管轄(2) □□(項9)　⑭整理番号 □□□□(項10)

⑮所在地

郵便番号

⑯保険関係成立区分
(イ)労災・雇用
(ロ)労災
(ハ)雇用

⑰事業の種類(労災保険率表による)

名称

電話番号

3

⑱労働保険番号	府県	所掌	管轄(1)	基幹番号	枝番号	
					-	(項11)

※認可コード □(項12)　※管轄(2) □□(項13)　⑲整理番号 □□□□(項14)

⑳所在地

郵便番号

㉑保険関係成立区分
(イ)労災・雇用
(ロ)労災
(ハ)雇用

㉒事業の種類(労災保険率表による)

名称

電話番号

4

㉓労働保険番号	府県	所掌	管轄(1)	基幹番号	枝番号	
					-	(項15)

※認可コード □(項16)　※管轄(2) □□(項17)　㉔整理番号 □□□□(項18)

㉕所在地

郵便番号

㉖保険関係成立区分
(イ)労災・雇用
(ロ)労災
(ハ)雇用

㉗事業の種類(労災保険率表による)

名称

電話番号

※認可・取消年月日 (元号:令和は9)
元号 □ - □□ 年 - □□ 月 - □□ 日 (項23)

※データ指示コード □ (項24)
1.新規申請
3.追加の申請
4.認可の取消し

※修正項目
□□□□□□□□□□□□□

東 京 労働局長　殿

事業主
住所　東京都千代田区祝田町1 X-X

氏名　八重洲建設株式会社
(法人のときはその名称及び代表者の氏名)

(3.3)

工事開始時

様式第6号（第24条、第25条、第33条関係）（甲）（1）

労働保険
石綿健康被害救済法 **概算・増加概算・確定保険料** **一般拠出金** **申告書**

下記のとおり申告します。

継続事業（一括有期事業を含む。）

標準字体 **0123456789**
第3片「記入に当たっての注意事項」をよく読んでから記入して下さい。
OCR枠への記入は上記の「標準字体」でお願いします。

提出用

令和6年4月5日

102-8307
千代田区九段南1-2-1
九段第3合同庁舎12階
東京労働局

種別	※修正項目番号	※入力撤定コード
32700		項1

① 労働保険番号
都道府県	所掌	管轄	基幹番号	枝番号
13	1	01	304590	-000	項2

※各種区分
管轄②	保険関係等	業種	産業分類

② 増加年月日（元号：令和は9）　　※事業廃止等年月日（元号：令和は9）　　※事業廃止等理由
項3　　　　　　　　　　　　　　　　　　項5
※保険関係　※片保理由コード
項9　項10

④常時使用労働者数　　　　⑤雇用保険被保険者数
10

（なるべく折り曲げないようにし、やむをえない場合には折り曲げマーク ▶ の所で折り曲げて下さい。）

確定保険料算定内訳
⑦区分	算定期間 年月日 から 年月日 まで	⑧保険料・一般拠出金算定基礎額	⑨保険料・一般拠出金率	⑩確定保険料・一般拠出金額（⑧×⑨）
労働保険料		(イ) 項11千円	(イ) 1000分の	(イ) 項12円
労災保険分		(ロ) 項13千円	(ロ) 1000分の	(ロ) 項14円
雇用保険分		(ホ) 項18千円	(ホ) 1000分の	(ホ) 項19円
一般拠出金 (注1)		(ニ) 項35千円	(ニ) 1000分の	(ニ) 項36円

概算・増加概算保険料算定内訳
⑪区分	算定期間 令和6年4月1日 から 令和7年3月31日 まで	⑫保険料算定基礎額の見込額	⑬保険料率	⑭概算・増加概算保険料額（⑫×⑬）
労働保険料		(イ) 項20千円	(イ) 1000分の	(イ) 100230 項21円
労災保険分		(ロ) 33410 項22千円	(ロ) 1000分の 3	(ロ) 100230 項23円
雇用保険分		(ホ) 項26千円	(ホ) 1000分の	(ホ) 項27円

⑮事業主の郵便番号（変更のある場合記入） 項28
⑯事業主の電話番号（変更のある場合記入） 項34

⑰延納の申請 納付回数 1 項30

※検算有無コード 項31　※算定対象区分 項32　※事業データ指示コード 項33　※再入力区分 ※修正項目

⑧⑩⑫⑭⑳の（ロ）欄の金額の前に「¥」記号を付さないで下さい。

⑱申告済概算保険料額	⑲申告済概算保険料額
	円

⑳差引額
(イ)充当額 (⑱-⑩のイ)	(ロ)還付額 (⑱-⑩のイ)	(ハ)不足額 (⑩のイ-⑱)	※充当意思 項37
円	項38	円	

㉑増加概算保険料額（⑭のイ-⑲） 円

※法人番号
1234567890＊＊＊ 項39

㉒期別納付額
全期(又は)第1期	⑨概算保険料額（⑭のイ）÷②＋④次期(円未満端数含む) 100,230 円	(ロ)労働保険充当額 ⑳の(イ)－⑩の(ロ) 円	(ハ)不足額 ⑩の(ハ) 円	(ニ)今期労働保険料 (イ)－(ロ)又は(イ)＋(ハ) 100,230 円	(ホ)一般拠出金充当額 ⑳の(イ)－(一般拠出金分のみ) 円	(ヘ)一般拠出金額 ⑩の(ヘ)－⑳の(ホ)(注2) 円	(ト)今期納付額 (ニ)＋(ヘ) 円
第2期	(チ)概算保険料額 ⑭の(イ)÷3 円	(リ)労働保険充当額 ⑳の(イ)－(チ) 円		(ヌ)第2期納付額 (チ)－(リ) 円			
第3期	(ル)概算保険料額 ⑭の(イ)÷3 円	(ヲ)労働保険充当額 ⑳の(イ)－(ル)－(リ) 円		(ワ)第3期納付額 (ル)－(ヲ) 円			

㉕事業又は作業の種類　その他各種事業

㉓保険関係成立年月日　令和6年4月1日
㉔事業廃止等理由
(1)廃止　(3)委託　(2)労働者なし　(5)その他

㉕加入している労働保険
(イ)労災保険　(ロ)雇用保険

㉗特揭事業
(イ)該当する　(ロ)該当しない

㉘郵便番号 100-0005　電話番号（03）3211－51XX

㉙事業
(イ)所在地　東京都千代田区丸の内2-X-X
(ロ)名称　千代田建設株式会社

事業主
(イ)住所（法人のときは主たる事務所の所在地）　東京都千代田区丸の内2-X-X
(ロ)名称　千代田建設株式会社
(ハ)氏名（法人のときは代表者の氏名）　代表取締役社長 丸山太郎

社会保険労務士記載欄	作成年月日・提出代行者・事務代理者の表示	氏名	電話番号

工事開始時

― 89 ―

編者注：一般拠出金は，確定保険料とあわせて納付する。概算申告時には「一般拠出金」の欄は記載しない。
　　　　㉛欄には，事業主に指定されている場合，指定された法人番号を記入すること。

工事開始時

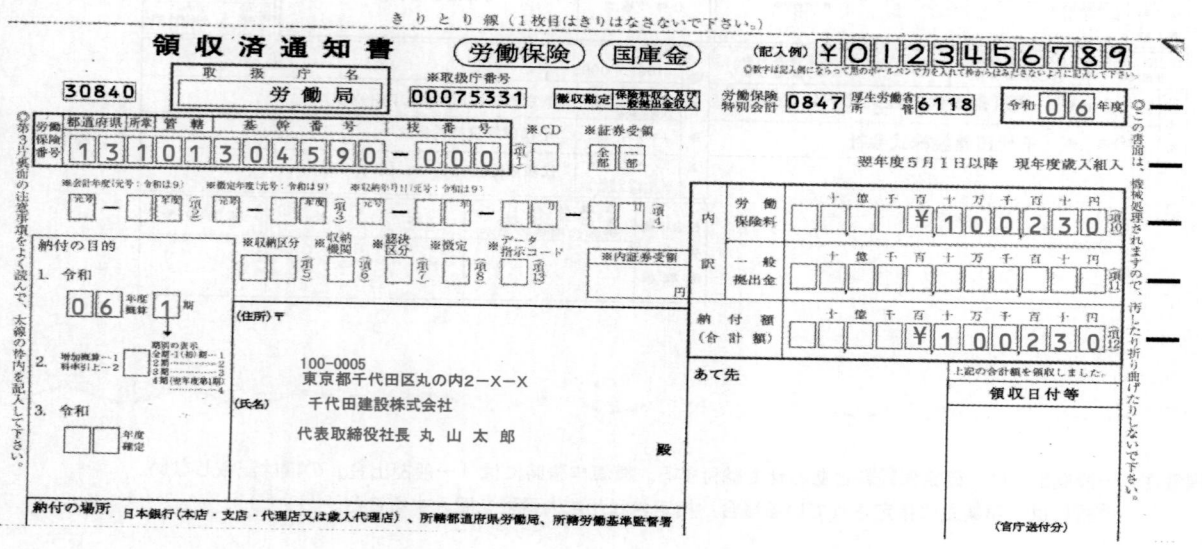

様式第6号（第24条、第25条、第33条関係）（乙）（1）（表面）

労働保険
石綿健康被害救済法 概算・増加概算・確定保険料 一般拠出金 申告書

有期事業
（一括有期事業を除く。）

下記のとおり申告します。　令和6年4月5日

※各種区分

提出用

種別 3 2 7 0 2　※修正項目番号

東京労働局労働保険特別会計歳入徴収官殿　731

（なるべく折り曲げないようにし、やむをえない場合には折り曲げマーク（▶）の所で折り曲げて下さい。）

①労働保険番号
都道府県 所掌 管轄(1) 基幹番号 枝番号
1 3 1 0 1 8 2 5 0 1 5 - 0 0 1

㉝法人番号
1 2 3 4 5 6 7 8 9 0 * * *

②保険関係成立年月日　令和6年4月1日
③常時使用労働者数　26人

④事業又は作業の種類　建築事業

④増加年月日（元号：令和は9）
元号 年 月 日

⑥事業終了（予定）年月日（元号：令和は9）
9 - 0 7 - 0 6 - 3 0

⑦ 賃金総額の算出方法
（イ）支払賃金　（ロ）労務費率又は労務費の額　（ハ）平均賃金

賃金総額の特例（⑦の（ロ））による場合
⑧請負金額の内訳
（イ）請負代金の額 1,000,000,000円
（ロ）請負代金に加算する額 0円
（ハ）請負代金から控除する額 0円
（ニ）請負金額（（イ）＋（ロ）－（ハ）） 1,000,000,000円
⑨素材の（見込）生産量 立方メートル
⑩労務費率又は労務費の額 23

確定保険料
⑪算定期間　年 月 日 から 年 月 日 まで
⑫保険料率 1000分の
⑬保険料算定基礎額 千円
⑭確定保険料額（⑬×⑫）
⑮申告済概算保険料額 円

⑯差引額
（イ）充当額（⑮－⑭） 円
（ロ）還付額（⑮－⑭） 円
（ハ）不足額（⑭－⑮） 円
㉜充当意思

一般拠出金
㉙一般拠出金算定基礎額 千円
㉚一般拠出金率 1000分の
㉛一般拠出金（㉙×㉚） 円

（注）石綿による健康被害の救済に関する法律第35条第1項に基づき、労災保険適用事業主から徴収する一般拠出金

増加概算保険料
⑰算定期間　令和6年4月5日 から 7年6月30日 まで
⑱保険料率 1000分の 9.5
⑲保険料算定基礎額又は増加後の保険料算定基礎額の見込額 230,000 千円
⑳概算保険料額又は増加後の概算保険料額（⑲×⑱） 2 1 8 5 0 0 0 円
㉑申告済概算保険料額 円
㉒差引納付額（⑳－㉑） 2,185,000 円
㉓延納の申請　納付回数 4

※有期メリット識別コード
※データ指示コード
※再入力区分

㉔概算保険料又は増加概算保険料の期別納付額
第1期（初期） 546,250 円
第2期以降 546,250 円

㉕今期納付額
（イ）概算保険料又は増加概算保険料 546,250 円
（ロ）確定保険料 円
（ハ）一般拠出金 円

※修正項目（英数・カナ）

⑭⑯の（ロ）、㉛欄の金額の前に「￥」記号を付けないで下さい。
㉕の（ハ）、㉙㉚㉛欄は事業開始が平成19年4月1日以降の場合に記入して下さい。

㉖発注者（立木の伐採の事業の場合は立木所有者等）の住所又は所在地及び氏名又は名称
住所又は所在地　中央区日本橋室町1－X－X　郵便番号 103－XXXX
氏名又は名称　中央産業株式会社 代表取締役社長 角田昭雄　電話番号 03－3241－33XX

㉗事業 所在地　東京都中央区八丁堀2－X－X
名称　中央会館新築工事

㉘事業主
（イ）住所（法人のときは主たる事務所の所在地）　中央区八丁堀2－X－X　郵便番号 104－XXXX
（ロ）名称　八重洲・木下共同企業体　電話番号 03－3551－52XX
（ハ）氏名（法人のときは代表者の氏名）　所長 夏川二郎

あて先　〒102-8307　千代田区九段南1－2－1　九段第3合同庁舎12階
東京労働局労働保険特別会計歳入徴収官

きりとり線（1枚目はきりはなさないで下さい。）

工事開始時

編者注：一般拠出金の納付方法は事業終了時に、確定保険料とあわせて納付する。概算申告時には「一般拠出金」の欄には記載しない。
率は1,000分の0.02で⑬の賃金総額に保険料率を掛けて一般拠出金の額を算出する。また、メリット率の適用はない。
㉝欄には、事業主に法人番号が指定されている場合、指定された法人番号を記入すること。

領　収　済　通　知　書　（労働保険）　国庫金

（記入例）¥ 0 1 2 3 4 5 6 7 8 9
○数字は記入例にならって黒のボールペン等で枠からはみださないように記入して下さい。

取　扱　庁　名	※取扱庁番号	徴収勘定 労働保険料及び一般拠出金収入	労働保険特別会計	0847	厚生労働省所管	6118	令和	06	年度
東　京　労　働　局	00075331								

30840

労働保険番号	都道府県	所掌	管轄	基幹番号	枝番号	※CD	※証券受領
	1 3 1	0 1	8 2	5 0 1 5	- 0 0 1	□	全部・一部

翌年度5月1日以降　現年度歳入組入

※合計年度（元号：令和は9）　※徴定年度（元号：令和は9）　※収納年月日（元号：令和は9）

納付の目的
1. 令和 06 年度機算 1 期
増加概算…1　料率訂正…2
3. 令和 □□ 年度確定

（住所）〒　104-XXXX
東京都中央区八丁堀2－X－X

（氏名）
八重洲建設株式会社
中央会館新築工事作業所　　殿

内訳	労働保険料	¥ 5 4 6 2 5 0
	一般拠出金	
納付額（合計額）		¥ 5 4 6 2 5 0

あて先
〒 102-8307
千代田区九段南1－2－1
　九段第3合同庁舎12階

上記の合計額を領収しました。
領収日付等

納付の場所　日本銀行（本店・支店・代理店又は歳入代理店）、所轄都道府県労働局、所轄労働基準監督署　　東京労働局労働保険特別会計歳入徴収官

（官庁送付分）

様式第6号（第24条、第25条、第33条関係）（甲）（1）

労働保険
石綿健康被害救済法

概算・増加概算・確定保険料　申告書
一般拠出金

下記のとおり申告します。

継続事業
（一括有期事業を含む。）

第3片「記入に当たっての注意事項」をよく読んでから記入して下さい。
OCR枠への記入は上記の「標準字体」でお願いします。

提出用

令和 6年 4月 5日

あて先 〒 102-8307
千代田区九段南１－２－１
九段第３合同庁舎12階
東京労働局

種別
32700

※修正項目番号　※入力撤定コード

※各種区分

管轄(2)	保険関係等	業　種	産業分類

①労働保険番号
1 3 1 0 1 6 2 5 0 1 5 - 0 0 0

②増加年月日（元号：令和は9）　③事業廃止等年月日（元号：令和は9）　※事業廃止等理由

④常時使用労働者数　　2 5　⑤雇用保険被保険者数　※保険関係　※片保険理由コード

⑦区分 / 確定保険料算定内訳

⑦区分	⑧保険料・一般拠出金算定基礎額	⑨保険料・一般拠出金率	⑩確定保険料・一般拠出金額（⑧×⑨）
労働保険料	(イ) 千円	1000分の (イ)	(イ) 円
労災保険分	(ロ) 千円	1000分の (ロ)	(ロ) 円
雇用保険分	(ホ) 千円	1000分の (ホ)	(ホ) 円
一般拠出金	(ヘ) 千円	1000分の (ヘ)	(ヘ) 円

⑪区分	⑫保険料算定基礎額の見込額	⑬保険料率	⑭概算・増加概算保険料額（⑫×⑬）
算定期間	令和 6年 4月 1日 から	令和 7年 3月 31日 まで	
労働保険料	(イ) 千円	1000分の (イ)	(イ) 1 1 4 0 0 0 円
労災保険分	(ロ) 1 2 0 0 0 千円	1000分の (ロ) 9.5	(ロ) 1 1 4 0 0 0 円
雇用保険分	(ホ) 千円	1000分の (ホ)	(ホ) 円

⑮事業主の郵便番号（変更のある場合記入）　⑯事業主の電話番号（変更のある場合記入）

⑰延納の申請 納付回数 1

⑧⑩⑫⑭⑳の（ロ）欄の金額の前に「¥」記号を付さないで下さい。

⑱申告済概算保険料額　　円

⑲申告済概算保険料額　　円

㉑増加概算保険料額 （⑭-⑲）　円

⑳差引額
| 充当額 (イ) ⑱-⑩の(イ) | 円 | ㉒の(イ)-⑱ 不足額 | 円 | ※充当意味 |
| 還付額 (ロ) ⑱-⑩の(イ) 千 | 百 | | |

労働保険番号
1 2 3 4 5 6 7 8 9 0 ＊ ＊ ＊

㉒期別納付額	(イ)概算保険料額 ⑭の(イ)+⑳+次期 以後の円滑調整 114,000	(ロ)労働保険料充当額 ⑳の(イ)（労働保険料分のみ） 円	(ハ)不足額⑳の(ハ) (イ)-(ロ)又は(イ)+(ハ) 円	(ニ)今期労働保険充当額 114,000	(ホ)一般拠出金充当額 ⑳の(ニ)（一般拠出金分のみ） 円	(ヘ)一般拠出金額 ㉒の(ヘ)-⑳の(ホ)（注7） 円	(ト)今期納付額 (ニ)+(ヘ) 114,000 円
第2期	円	円	(リ)第2期納付額 円				㉕保険関係成立年月日
第3期	円	円	(ル)第3期納付額 円				㉔事業廃止等理由

㉓事業又は作業の種類　建築事業

㉖加入している労働保険 (イ)労災保険 (ロ)雇用保険　㉗特掲事業 (イ)該当する (ロ)該当しない

㉘事業 (イ)所在地 東京都千代田区祝田町１-X-X (ロ)名称 八重洲建設株式会社

㉙事業主
郵便番号 100- XXXX　電話番号 (03) 3201 - 20XX
(イ)住所（法人のときは主たる事務所の所在地） 東京都千代田区祝田町１-X-X
(ロ)名称 八重洲建設株式会社
(ハ)氏名（法人のときは代表者の氏名） 代表取締役社長 春山一郎

社会保険労務士記載欄
作成年月日・提出代行者・事務代理者の表示　氏名　電話番号

きりとり線（1枚目はきりはなさないで下さい。）

編者注：一般拠出金は確定保険料とあわせて納付する。概算申告時には「一般拠出金」の欄は記載しない。
　　　　㉛欄には，事業主に法人番号が指定されている場合，指定された法人番号を記入すること。

工事開始時

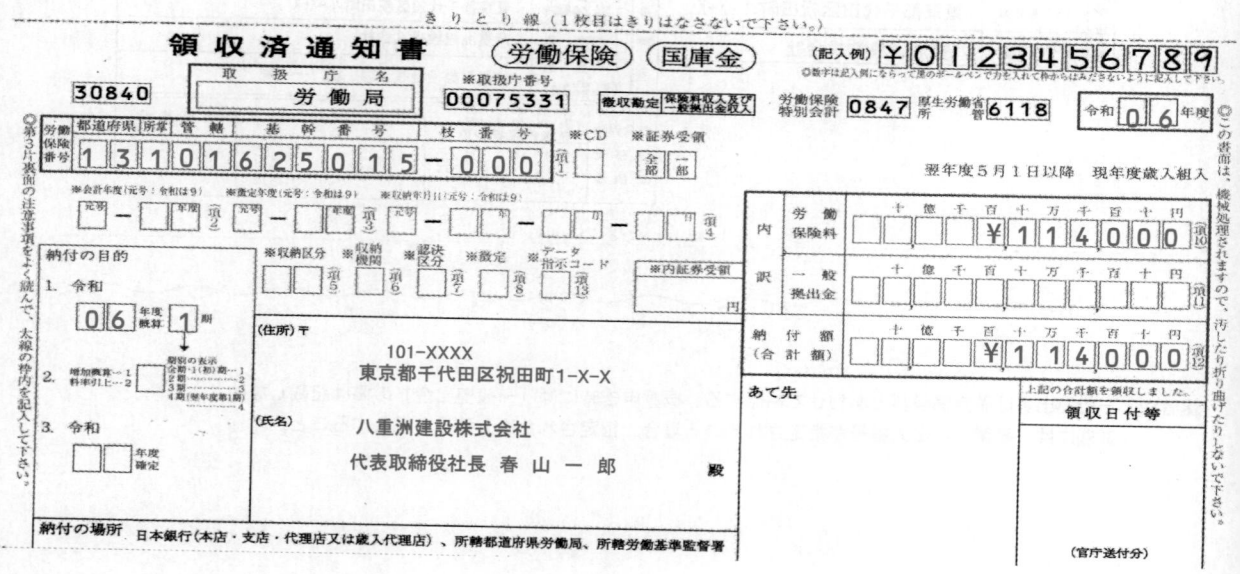

きりとり線（1枚目はきりはなさないで下さい。）

領　収　済　通　知　書　　（労働保険）　（国庫金）

（記入例）¥ⓄⒶⒷⒸⒹⒺⒻⒼⒽⓄ
※数字は記入例にならって裏のボールペンで力を入れて枠からはみださないように記入して下さい。

| 30840 | 取扱庁名　労働局 | ※取扱庁番号　00075331 | 徴収勘定 保険料収入及び一般拠出金収入 | 労働保険特別会計 0847 厚生労働省 普 6118 | 令和 06 年度 |

第3片裏面の注意事項をよく読んで、太線の枠内を記入して下さい。

労働保険番号	都道府県	所掌	管轄	基幹番号	枝番号	※CD	※証券受領
	1	3	1	0 1 6 2 5 0 1 5	- 0 0 0	(1)	全部 ・ 一部

翌年度5月1日以降　現年度歳入組入

※会計年度[元号:令和は9]	※徴定年度[元号:令和は9]	※収納年月日[元号:令和は9]

※収納区分　※収納機関　※認決区分　※徴定　※データ指示コード　※内証券受領

納付の目的

1. 令和　06　年度概算　1 期

2. 増加概算料率引上…2

3. 令和　　年度確定

殿別の表示
全期又は1（初）期………1
2期…………………2
3期…………………3
4期（歴年度第1期）…4

（住所）〒
101-XXXX
東京都千代田区祝田町1-X-X

（氏名）
八重洲建設株式会社
代表取締役社長　春　山　一　郎　　殿

納付の場所　日本銀行（本店・支店・代理店又は歳入代理店）、所轄都道府県労働局、所轄労働基準監督署

内訳	労働保険料	十億千百十万千百十円　¥114000
	一般拠出金	十億千百十万千百十円
納付額（合計額）		十億千百十万千百十円　¥114000

あて先

上記の合計額を領収しました。
領収日付等

（官庁送付分）

この書面は、機械処理されますので、汚したり折り曲げたりしないで下さい。

様式第19号 （第73条関係）

労 働 保 険
一 般 拠 出 金 代 理 人 選 任・解 任 届
労働者災害補償保険代理人選 任・解 任 届
雇用保険被保険者関係届出事務等代理人選任・解任届

① 労働保険番号	府県	所掌	管轄	基 幹 番 号	枝番号	② 雇 用 保 険 事 業 所 番 号									
	1 3	1	0 1	8 2 5 0 1 5	0 0 1					―				―

事項 ＼ 区分	選 任 代 理 人	解 任 代 理 人
③ 職 名	所長	
④ 氏 名	夏川二郎	
⑤ 生 年 月 日	昭和 44 年 2 月 1 日	年 月 日
⑥ 代 理 事 項	労災保険に関する事務の全部	
⑦ 選 任 又 は 解 任 の 年 月 日	令和 6 年 4 月 1 日	年 月 日

⑧ 選 任 代 理 人 が 使 用 す る 印 鑑		⑨ 選 任 又 は 解 任 に 関 係 す る 事 業 場	所在地	東京都中央区八丁堀2－X－X
			名 称	八重洲・木下共同企業体 中央会館新築工事作業所

上記のとおり代理人を 選任・~~解任~~ したので届けます。

令和 6 年 4 月 5 日

中央 労働基準監督署長 殿

　　　　　　　　　　住 所　　東京都千代田区祝田町1－X－X

事業主　　　　　　　　八重洲建設株式会社

　　　　　　　　　氏 名　代表取締役社長 春 山 一 郎

　　　　　　　　　　（法人のときはその名称及び代表者の氏名）

社 会 保 険 労 務 士 記 載 欄	作成年月日・提出代行者・事務代理者の表示	氏 名	電話番号

〔注 意〕

1 記載すべき事項のない欄には斜線を引き，事項を選択する場合には該当事項を○で囲むこと。
2 ⑥欄には，事業主の行うべき労働保険に関する事務の全部について処理させる場合には，その旨を，事業主の行うべき事務の一部について処理させる場合には，その範囲を具体的に記載すること。
3 選任代理人の職名，氏名，代理事項又は印鑑に変更があったときは，その旨を届け出ること。
4 社会保険労務士記載欄は，この届書を社会保険労務士が作成した場合のみ記載すること。
5 この様式は，労働保険代理人選任・解任届・労働者災害補償保険代理人選任・解任届及び雇用保険被保険者関係届出事務等代理人選任・解任届を一括して記載できるようになっているので，届書を作成する必要がない届名は，横線を引き抹消すること。

工事開始時

標準字体 0 1 2 3 4 5 6 7 8 9

労働保険 **概算・増加概算・確定保険料** 申告書
石綿健康被害救済法 **一般拠出金**

下記のとおり申告します。

継続事業
（一括有期事業を含む。）

第3片「記入に当たっての注意事項」をよく読んでから記入して下さい。
OCR枠への記入は上記の「標準字体」でお願いします。

提出用

種別	※修正項目番号	※入力徴定コード
32700		

令和 6 年 6 月 16 日

102-8307
千代田区九段南 1 - 2 - 1

東京労働局

※各種区分

管轄(2)	保険関係等	業 種	産業分額

① 労働保険番号
都道府県 所掌 管轄 基幹番号 枝番号
1 3 3 0 1 0 1 5 2 2 3 - 0 0 0

②増加年月日（元号：令和は9）
③事業廃止等年月日（元号：令和は9）

④常時使用労働者数 2 5
⑤雇用保険被保険者数 2 5

※事業廃止等理由
準保険関係 ※片保険理由コード

確定保険料算定内訳

⑦ 算定期間 令和 6 年 4 月 1 日 から 令和 7 年 3 月 31 日 まで

⑦区分	⑧保険料・一般拠出金算定基礎額	⑨保険料・一般拠出金率	⑩確定保険料・一般拠出金額（⑧×⑨）
労働保険料	(イ) 1 8 7 5 0 0 千円	(イ) 1000分の	(イ)
労災保険分	(ロ) 7 3 0 0 千円	(ロ) 1000分の 16.5	(ロ) 1 2 0 4 5 0
雇用保険分	(ハ) 1 8 0 2 0 0 千円	(ハ) 1000分の 16.5	(ハ) 2 9 7 3 3 0 0
一般拠出金	(ニ) 千円	(ニ) 1000分の	(ニ)

概算・増加概算保険料算定内訳

⑪ 算定期間 令和 4 年 4 月 1 日 から 令和 5 年 3 月 31 日 まで

⑪区分	⑫保険料算定基礎額の見込額	⑬保険料率	⑭概算・増加概算保険料額（⑫×⑬）
労働保険料	(イ) 1 8 7 5 0 0 千円	(イ) 1000分の	(イ)
労災保険分	(ロ) 7 3 0 0 千円	(ロ) 1000分の	(ロ)
雇用保険分	(ハ) 1 8 0 2 0 0 千円	(ハ) 1000分の 16.5	(ハ) 2 9 7 3 3 0 0

⑮事業主の郵便番号（変更のある場合記入）
⑯事業主の電話番号（変更のある場合記入）

⑰延納の申請 納付回数 3

※検未有無区分 ※算調対象区分 ※データ指示コード ※再入力区分 ※修正区分

※⑩⑪⑭の（ロ）欄の金額の前に「¥」記号を付さないで下さい。

⑱申告済概算保険料額	2,497,600	⑲申告済概算保険料額	円

⑳差引額	(イ) 充当額 ⑱−⑩の(イ)	(ハ) 不足額 475,700 円	(ロ)の(イ)−⑱	※充当意思	㉑増加概算保険料額 ⑭の(イ)−⑲ 円
	(ロ) 還付額 ⑱−⑩の(イ)				

3b法人番号 1 2 3 4 5 6 7 8 9 0 * *

㉒期別納付額	第1期	(イ)概算保険料額 991,100 円	(ロ)労働保険充当額（労働保険料充当分のみ）	(ハ)不足額⑳の(ハ) 475,700	(ニ)今期労働保険料 (イ)−(ロ)又は(イ)+(ハ) 1,466,800	(ホ)一般拠出金充当額⑳の(ロ)（一般拠出金分のみ）	(ヘ)一般拠出金額⑩の(ヘ)−⑳の(ホ)	(ト)今期納付額（(ニ)+(ヘ)） 1,466,800 円
	第2期	991,100 円			991,100			991,100 円
	第3期	991,100 円			991,100			991,100 円

㉓保険関係成立年月日

㉕事業又は作業の種類	総合工事業

㉔事業廃止等理由
(1)廃止 (2)委託 (3)個別 (4)労働者なし (5)その他

㉖加入している労働保険	(イ)労災保険 (ロ)雇用保険	㉗特掲事業	(イ)該当する (ロ)該当しない

郵便番号 101 - XXXX 電話番号 (03) 3201 - 20XX

㉘事業	(イ)所在地	東京都千代田区祝田町 1 -X-X
	(ロ)名称	13-3-01-015223-000

㉙事業主	(イ)住所（法人のときは主たる事務所の所在地）	東京都千代田区祝田町 1 -X-X
	(ロ)名称	八重洲建設株式会社
	(ハ)氏名（法人のときは代表者の氏名）	代表取締役社長 春 山 一 郎

社会保険労務士記載欄	作成年月日・提出代行者・事務代理者の表示	氏 名	電話番号

きりとり線（1枚目ははきりはなさないで下さい。）

工事開始時

（なるべく折り曲げないようにし、やむをえない場合には折り曲げマーク（▶）の所で折り曲げて下さい。）

① 一般拠出金は石綿による健康被害の救済に関する法律第35条第1項に基づき、労災保険適用事業主から徴収する一般拠出金

② 一般拠出金は延納できません

－ 96 －

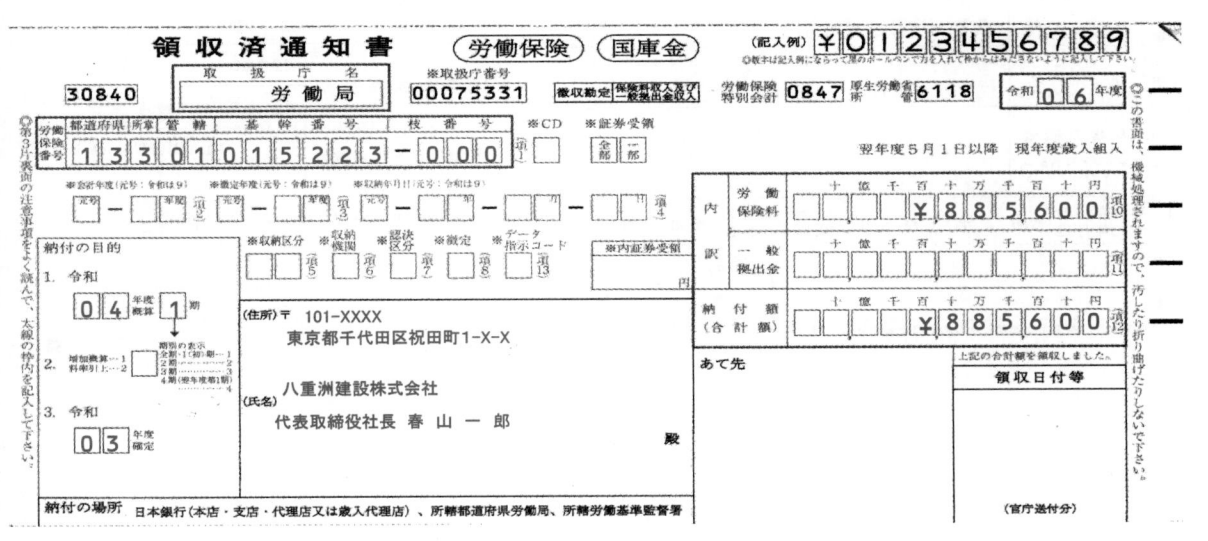

| 領 収 済 通 知 書 | 労働保険 | 国庫金 | (記入例) | ¥ | 0 | 1 | 2 | 3 | 4 | 5 | 6 | 7 | 8 | 9 |

※数字は記入例にならって、黒のボールペンで方を入れて枠からはみださないように記入して下さい

	取 扱 庁 名	※取扱庁番号	徴収勘定	保険料収入及び一般拠出金収入	労働保険特別会計	0847	厚生労働省所管 番	6118	令和	06	年度
30840	労 働 局	00075331									

労働保険番号

都道府県	所掌	管轄	基 幹 番 号	枝 番 号	※CD	※証券受領
1 3	3	0 1	0 1 5 2 2 3	- 0 0 0		全部 一部

翌年度5月1日以降　現年度歳入組入

		十億 千 百 十 万 千 百 十 円	
内訳	労働保険料	¥ 8 8 5 6 0 0	項10
	一般拠出金	¥	項11
納付額(合計額)		¥ 8 8 5 6 0 0	項12

納付の目的

1. 令和　04　年度概算　1　期

2. 増加概算料率引上…1〜2

期別の表示
全期（1期）期…1
2期…2
3期…3
4期（整年度1期）…4

3. 令和　03　年度確定

(住所)〒 101-XXXX
東京都千代田区祝田町1-X-X

(氏名)　八重洲建設株式会社
　　　代表取締役社長 春 山 一 郎　　　殿

あて先

上記の合計額を領収しました。
領 収 日 付 等

(官庁送付分)

納付の場所　日本銀行(本店・支店・代理店又は歳入代理店)、所轄都道府県労働局、所轄労働基準監督署

※第3片裏面の注意事項をよく読んで、太線の枠内を記入して下さい。

この裏面は、機械処理されますので、汚したり折り曲げたりしないで下さい。

雇用保険適用事業所設置届

（必ず第2面の注意事項を読んでから記載してください。）

※ 事業所番号

下記のとおり届けます。

浦和 公共職業安定所長　殿

令和 6 年 4月 8日

（この用紙は、このまま機械で処理しますので、汚さないようにしてください。）

帳票種別　1 2 0 0 1

1. 法人番号（個人事業の場合は記入不要です。）　1 2 3 4 5 6 7 8 9 0 ＊ ＊ ＊

2. 事業所の名称（カタカナ）　ヤ エ ス ケ ン セ ツ

事業所の名称〔続き（カタカナ）〕　カ ブ シ キ ガ イ シ ャ

3. 事業所の名称（漢字）　埼 玉 出 張 所

事業所の名称〔続き（漢字）〕

4. 郵便番号　3 3 0 - X X X X

5. 事業所の所在地（漢字）※市・区・郡及び町村名　さ い た ま 市 浦 和 区 東 高 砂 町

事業所の所在地（漢字）※丁目・番地　2 5 - 3

事業所の所在地（漢字）※ビル、マンション名等

6. 事業所の電話番号（項目ごとにそれぞれ左詰めで記入してください。）　0 4 8 - 8 8 2 - 3 8 X X
市外局番　市内局番　番号

7. 設置年月日　5 - 0 6 0 4 0 1　（3 昭和　4 平成　5 令和）
元号　年　月　日

8. 労働保険番号　1 1 1 0 1 2 0 0 4 5 6
府県　所掌　管轄　基幹番号　枝番号

※公共職業安定所記載欄	9.設置区分	10.事業所区分	11.産業分類	12.台帳保存区分
	（1 当然 2 任意）	（1 個別 2 委託）		（1 日雇被保険者のみの事業所 2 船舶所有者）

13.事業主	（フリガナ） 住所（法人のときは主たる事務所の所在地）	トウキョウトチヨダクイワイダチョウ 東京都千代田区祝田町1-X-X	17.常時使用労働者数		100 人
	（フリガナ） 名称	ヤエスケンセツカブシキガイシャ 八重洲建設株式会社	18.雇用保険被保険者数	一般	90 人
				日雇	0 人
	（フリガナ） 氏名（法人のときは代表者の氏名）	ハルヤマ イチ ロウ 代表取締役社長　春 山 一 郎	19.賃金支払関係	賃金締切日	25 日
				賃金支払日 ㊄当	翌月 末 日
14.事業の概要（漁業の場合は漁船の総トン数を記入すること）		総合工事業	20.雇用保険担当課名		埼玉出張所　課 労務　係
15.事業の開始年月日	令和 6 年 4月 1日	※事業の 16.廃止年月日　令和 年 月 日	21.社会保険加入状況		健康保険 厚生年金保険 労災保険

備考	※	所長	次長	課長	係長	係	操作者

（この届出は、事業所を設置した日の翌日から起算して10日以内に提出してください。）

2021. 9

注　意

1　　□□□□で表示された枠（以下「記入枠」という。）に記入する文字は、光学式文字読取装置（ＯＣＲ）で直接読取を行いますので、この用紙を汚したり、必要以上に折り曲げたりしないでください。
2　　記載すべき事項のない欄又は記入枠は空欄のままとし、※印のついた欄又は記入枠には記載しないでください。
3　　記入枠の部分は、枠からはみ出さないように大きめの文字によって明瞭に記載してください。
4　　1欄には、平成27年10月以降、国税庁長官から本社等へ通知された法人番号を記載してください。
5　　2欄には、数字は使用せず、カタカナ及び「-」のみで記載してください。
　　　カタカナの濁点及び半濁点は、1文字として取り扱い（例：ガ→カ□、パ→ハ□）、また、「ヰ」及び「ヱ」は使用せず、それぞれ「イ」及び「エ」を使用してください。
6　　3欄及び5欄には、漢字、カタカナ、平仮名及び英数字（英字については大文字体とする。）により明瞭に記載してください。
7　　5欄1行目には、都道府県名は記載せず、特別区名、市名又は郡名とそれに続く町村名を左詰めで記載してください。
　　　5欄2行目には、丁目及び番地のみを左詰めで記載してください。
　　　また、所在地にビル名又はマンション名等が入る場合は5欄3行目に左詰めで記載してください。
8　　6欄には、事業所の電話番号を記載してください。この場合、項目ごとにそれぞれ左詰めで、市内局番及び番号は「日」に続く5つの枠内にそれぞれ左詰めで記載してください。（例：03-3456-XXXX→ 0 3 日 日 日 3 4 5 6 日 X X X X ）
9　　7欄には、雇用保険の適用事業所となるに至った年月日を記載してください。この場合、元号をコード番号で記載した上で、年、月又は日が1桁の場合は、それぞれ10の位の部分に「0」を付加して2桁で記載してください。
　　　（例：平成14年4月1日→ 4 - 日 4 0 4 0 1 ）
10　14欄には、製品名及び製造工程又は建設の事業及び林業等の事業内容を具体的に記載してください。
11　18欄の「一般」には、雇用保険被保険者のうち、一般被保険者数、高年齢被保険者数及び短期雇用特例被保険者数の合計数を記載し、「日雇」には、日雇労働被保険者数を記載してください。
12　21欄は、該当事項を○で囲んでください。
13　22欄は、事業所印と事業主印又は代理人印を押印してください。
14　23欄は、最寄りの駅又はバス停から事業所への道順略図を記載してください。

お願い
1　　事業所を設置した日の翌日から起算して10日以内に提出してください。
2　　営業許可証、登記事項証明書その他記載内容を確認することができる書類を持参してください。

22. 登録印	事 業 所 印 影	事業主（代理人）印影	改印欄（事業所・事業主）		改印欄（事業所・事業主）		改印欄（事業所・事業主）	
			改印年月日	令和　　年　　月　　日	改印年月日	令和　　年　　月　　日	改印年月日	令和　　年　　月　　日
	印	印						

23. 最寄りの駅又はバス停から事業所への道順

××百貨店　　△△小学校　　バス停　　□□駅

労働保険事務組合記載欄

所在地 ＿＿＿＿＿＿＿＿＿＿

名　称 ＿＿＿＿＿＿＿＿＿＿

代表者氏名 ＿＿＿＿＿＿＿＿

委託開始　　令和　　年　　月　　日

委託解除　　令和　　年　　月　　日

社会保険労務士記載欄	作成年月日・提出代行者・事務代理者の表示	氏　　　名	電 話 番 号

※　本手続は電子申請による届出も可能です。詳しくは管轄の公共職業安定所までお問い合わせください。
　　なお、本手続について、社会保険労務士が電子申請により本届書の提出に関する手続を事業主に代わって行う場合には、当該社会保険労務士が当該事業主の提出代行者であることを証明することができるものを本届書の提出と併せて送信することをもって、当該事業主の電子署名に代えることができます。

雇用保険　事業所非該当承認申請書（安定所用）

1. 事業所非該当承認対象施設

<table>
<tr><td>① 名　　称</td><td colspan="2">八重洲建設(株)小田原出張所</td><td colspan="2">⑦ 労働保険料の
徴収の取扱い</td><td colspan="2">労働保険の保険料の徴収等に関する法律施行規則上の事業場とされているか
（いる）　・　いない</td></tr>
<tr><td>② 所 在 地</td><td colspan="2">〒 250-XXXX
小田原市栄町X-X-X
電話（ 0465 ） 22-21XX</td><td colspan="2">⑧ 労 働 保 険
番　　号</td><td colspan="2">府県　所掌　管轄　基幹番号　枝番号
□□ □ □□ □□□□□ － □□□</td></tr>
<tr><td>③ 施設の設置
年 月 日</td><td colspan="2">令和 6 年 6 月 3 日</td><td colspan="2">⑨ 社 会 保 険
の 取 扱 い</td><td colspan="2">健康保険法及び厚生年金保険の事業所とされているか
（いる）　・　いない</td></tr>
<tr><td>④ 事業の種類</td><td colspan="2">総合工事業</td><td colspan="2">⑩ 各 種 帳 簿 の
備 付 状 況</td><td colspan="2">（労働者名）（賃金台帳）（出勤簿）</td></tr>
<tr><td>⑤ 従 業 員 数</td><td colspan="2">4
（うち被保険者数　4　名）</td><td colspan="2">⑪ 管 轄 公 共
職 業 安 定 所</td><td colspan="2">小田原　　　公共職業安定所</td></tr>
<tr><td>⑥ 事業所番号</td><td colspan="2">□□□□ － □□□□□□ － □</td><td colspan="2">⑫ 雇 用 保 険
事 務 処 理
能 力 の 有 無</td><td colspan="2">有　・　（無）</td></tr>
<tr><td>⑬ 申 請 理 由</td><td colspan="6">本施設は常設の事業場ですが，小規模であり，事務部門を持っていないため</td></tr>
</table>

2. 事 業 所

<table>
<tr><td>⑭ 事業所番号</td><td>1301－000110－0</td><td>⑱ 従 業 員 数</td><td>450 名
（うち被保険者数　　　）</td></tr>
<tr><td>⑮ 名　　称</td><td>八重洲建設株式会社</td><td>⑲ 適用年月日</td><td>昭和 34 年 8 月 1 日</td></tr>
<tr><td>⑯ 所 在 地</td><td>〒 101-XXXX
東京都千代田区祝田町1-X-X
電話（ 3201 ） 20XX</td><td>⑳ 管 轄 公 共
職 業 安 定 所</td><td>飯田橋　　　公共職業安定所</td></tr>
<tr><td>⑰ 事業の種類</td><td>総合工事業</td><td>㉑備　　考</td><td></td></tr>
</table>

上記 1 の施設は、一の事業所として認められませんので承認されたく申請します。
　　令和　 6 　年　 6 　月　 4 　日
　　小田原 公共職業安定所長殿

　　　　　　　　　　　　　　住　所　　東京都千代田区祝田町1－X－X　　　　　　　記名押印又は自署による署名
　　　　　事業主（又は代理人）
　　　　　　　　　　　　　　氏　名　　八重洲建設株式会社
　　　　　　　　　　　　　　　　　　　労務部長 皆木啓介

　　（注）社会保険労務士記載欄は、
　　　　　この届書を社会保険労務士が
　　　　　作成した場合のみ記入する。

<table>
<tr><td rowspan="2">社会保険
労務士
記載欄</td><td>作成年月日・提出代行者の表示</td><td>氏　　名</td><td>電 話 番 号</td></tr>
<tr><td></td><td></td><td></td></tr>
</table>

※公共職業安定所記載欄

<table>
<tr><td colspan="3">上記申請について協議してよろしいか。
　　　　　　　　　　年　　　月　　　日</td><td>所　長</td><td>次　長</td><td>課　長</td><td>係　長</td><td>係</td></tr>
<tr><td rowspan="3">調査結果</td><td>・場所的な独立性　　　有・無</td><td>・事務処理能力　有・無</td><td rowspan="3"></td><td></td><td></td><td></td><td></td></tr>
<tr><td>・経営上の独立性　　　有・無</td><td>・その他〔　　　　〕</td><td></td><td></td><td></td><td></td></tr>
<tr><td>・施設としての持続性　有・無</td><td></td><td></td><td></td><td></td><td></td></tr>
<tr><td>協 議 先</td><td colspan="2">主官課・　　　　　　安定所</td><td>協議年月日</td><td colspan="4">年　　　月　　　日</td></tr>
</table>

<table>
<tr><td colspan="2">下記のとおり決定してよろしいか。
　　　　　　　　年　　月　　日</td><td>所　長</td><td>次　長</td><td>課　長</td><td>係　長</td><td>係</td></tr>
<tr><td>協 議 結 果</td><td>適　・　否
承　認　・　不 承 認</td><td></td><td></td><td></td><td></td><td></td></tr>
<tr><td rowspan="4">備
考</td><td rowspan="4"></td><td>決 定 年 月 日</td><td colspan="4">年　　　月　　　日</td></tr>
<tr><td>事業主通知年月日</td><td colspan="4">年　　　月　　　日</td></tr>
<tr><td>主管課報告年月日</td><td colspan="4">年　　　月　　　日</td></tr>
<tr><td>関係公共職業安定所
連 絡 年 月 日</td><td colspan="4">年　　　月　　　日</td></tr>
</table>

工事開始時

				労　働　保　険				代　理　人　選　任・解─任─届			事　業
				一　般　拠　出　金							主　控
				労働者災害補償保険代理人				選　任・解　任　届			
				雇用保険被保険者関係届出事務等代理人				選　任・解─任─届			

① 労働保険番号	府県	所掌	管轄	基幹番号		枝番号	② 雇用保険事業所番号	1 3 0 1 － 0 0 0 1 1 0 － 0
	1 3	1	0 1	0 1 5 2 3 3		0 0 0		

事項 ＼ 区分	選　任　代　理　人	解　任　代　理　人
③ 職　　名	安　全　部　長	
④ 氏　　名	皆　木　啓　介	
⑤ 生年月日	大 ㊝ 平 40 年 3 月 6 日	大 昭 平 年 月 日
⑥ 代理事項	労働保険に関する事務の全部	
⑦ 選任又は解任の年月日	令和 6 年 4 月 1 日	年 月 日

⑧ 選任代理人が使用する印鑑		⑨ 選任又は解任に係る事業場	所在地	東京都千代田区祝田町1－X－X
			名　称	八重洲建設株式会社

上記のとおり代理人を 選任・解任＝　したので届けます。

令和 6 　年 4 　月 4 　日

飯田橋　　　公共職業安定所長　　殿

	住　所	東京都千代田区祝田町1-X-X
事業主		
	八重洲建設株式会社	記名押印又は署名
	氏　名	代表取締役社長　春　山　一　郎

（法人のときはその名称及び代表者の氏名）

社会保険労務士記載欄	作成年月日・提出代行者・事務代理者の表示	氏　　名	電話番号

〔注　意〕

1　記載すべき事項のない欄には斜線を引き，事項を選択する場合には該当事項を選択すること。

2　⑥欄には，事業主の行うべき労働保険に関する事務の全部について処理させる場合には，その旨を事業主の行うべき事務の一部について処理させる場合には，その範囲を具体的に記載すること。

3　選任代理人の職名，氏名，代理事項又は印鑑に変更があったときは，その旨を届け出ること。

4　社会保険労務士記載欄は，この届書を社会保険労務士が作成した場合のみ記載すること。

5　この様式は，労働保険代理人選任・解任届，労働者災害補償保険代理人選任・解任届及び雇用保険被保険者関係届出事務等代理人選任・解任届を一括して記載できるようになっているので，届書を作成する必要がない届名は，横線を引き抹消すること。

（右側縦書き）工事開始時

様式第2号（第6条関係）

雇用保険被保険者資格取得届

標準字体 $\boxed{0}\boxed{1}\boxed{2}\boxed{3}\boxed{4}\boxed{5}\boxed{6}\boxed{7}\boxed{8}\boxed{9}$

（必ず第2面の注意事項を読んでから記載してください。）

帳票種別 $\boxed{1}\boxed{9}\boxed{1}\boxed{0}\boxed{1}$

1. 個人番号 $\boxed{1}\boxed{2}\boxed{3}\boxed{4}\boxed{5}\boxed{6}\boxed{7}\boxed{8}\boxed{9}\boxed{0}\boxed{*}\boxed{*}$

2. 被保険者番号 $\boxed{1}\boxed{3}\boxed{0}\boxed{1}$－$\boxed{3}\boxed{1}\boxed{2}\boxed{4}\boxed{5}\boxed{0}$－$\boxed{0}$

3. 取得区分 $\boxed{2}$ （1 新規　2 再取得）

4. 被保険者氏名 神田 一
フリガナ（カタカナ） $\boxed{カ}\boxed{ン}\boxed{ダ゛}\boxed{イ}\boxed{チ}\boxed{ロ}\boxed{ウ}$

5. 変更後の氏名
フリガナ（カタカナ）

6. 性別 $\boxed{1}$ （1 男　2 女）

7. 生年月日 $\boxed{3}$－$\boxed{5}\boxed{0}\boxed{0}\boxed{2}\boxed{1}\boxed{1}$ 元号　年　月　日
（2 大正　3 昭和　4 平成　5 令和）

8. 事業所番号 $\boxed{1}\boxed{3}\boxed{0}\boxed{1}$－$\boxed{0}\boxed{0}\boxed{0}\boxed{1}\boxed{1}\boxed{0}$－$\boxed{0}$

9. 被保険者となったことの原因 $\boxed{2}$
1 新規雇用（新規学卒）
2 新規雇用（その他）
3 日雇からの切替
4 その他
8 出向元への復帰等（65歳以上）

10. 賃金（支払の態様－賃金月額：単位千円） $\boxed{1}$－$\boxed{3}\boxed{0}\boxed{5}$ 百万 十万 万 千円
（1 月給　2 週給　3 日給　4 時間給　5 その他）

11. 資格取得年月日 $\boxed{5}$－$\boxed{0}\boxed{6}\boxed{0}\boxed{8}\boxed{0}\boxed{1}$ 元号　年　月　日
（4 平成　5 令和）

12. 雇用形態 $\boxed{4}$
1 日雇　2 派遣
3 パートタイム　4 有期契約労働者
5 季節的雇用
6 船員　7 その他

13. 職種 $\boxed{0}\boxed{2}$ （01～11）第2面参照

14. 就職経路 $\boxed{2}$
1 安定所紹介
2 自己就職
3 民間紹介
4 把握していない

15. 1週間の所定労働時間 $\boxed{4}\boxed{0}$ 時間 $\boxed{\ }\boxed{\ }$ 分

16. 契約期間の定め $\boxed{1}$
1 有 契約期間 $\boxed{5}$－$\boxed{\ }\boxed{6}\boxed{\ }\boxed{8}\boxed{\ }\boxed{1}$ から $\boxed{5}$－$\boxed{\ }\boxed{7}\boxed{\ }\boxed{3}\boxed{\ }\boxed{3}\boxed{1}$ まで
元号 年 月 日　　元号 年 月 日
（4 平成　5 令和）
契約更新条項の有無 $\boxed{2}$ （1 有　2 無）
2 無

事業所名 ［ 八重洲建設株式会社 ］　　**備考** ［ ］

17欄から23欄までは、被保険者が外国人の場合のみ記入してください。

17. 被保険者氏名（ローマ字）（アルファベット大文字で記入してください。）

被保険者氏名〔続き（ローマ字）〕

18. 在留カードの番号 （在留カードの右上に記載されている12桁の英数字）

19. 在留期間 $\boxed{\ }\boxed{\ }\boxed{\ }\boxed{\ }\boxed{\ }\boxed{\ }\boxed{\ }\boxed{\ }$ まで　西暦 年 月 日

20. 資格外活動の許可の有無 $\boxed{\ }$ （1 有　2 無）

21. 派遣・請負就労区分 $\boxed{\ }$
1 派遣・請負労働者として主として当該事業所以外で就労する場合
2 1に該当しない場合

22. 国籍・地域 （　　　　　　　）

23. 在留資格 （　　　　　　　）

※公共職業安定所記載欄

24. 取得時被保険者種類 $\boxed{\ }\boxed{\ }$
1 一般
2 短期常態
3 季節
11 高年齢被保険者（65歳以上）

25. 番号複数取得チェック不要 $\boxed{\ }$
チェック・リストが出力されたが、調査の結果、同一人でなかった場合に「1」を記入。

26. 国籍・地域コード $\boxed{\ }\boxed{\ }$
22欄に対応するコードを記入

27. 在留資格コード $\boxed{\ }\boxed{\ }$
23欄に対応するコードを記入

雇用保険法施行規則第6条第1項の規定により上記のとおり届けます。

住 所 東京都千代田区祝田町1－X－X

事業主 氏 名 八重洲建設株式会社
代理人 労務部長 皆木 啓介

電話番号 03-3201-20XX

令和 6 年 8 月 5 日

飯田橋　公共職業安定所長 殿

社会保険労務士記載欄	作成年月日・提出代行者・事務代理者の表示	氏　　名	電話番号

※	所長	次長	課長	係長	係	操作者

※備考
確認通知 令和 年 月 日

2021. 9

工事開始時

様式コード	健康保険 厚生年金保険	被保険者資格取得届
2 2 0 0	厚生年金保険	70歳以上被用者該当届

令和　　年　　月　　日提出

<table>
<tr><td rowspan="3">提出者記入欄</td><td>事業所
整理記号</td><td colspan="3">江東 － いろは　事業所番号　00205</td><td rowspan="3">受付印</td></tr>
</table>

提出者記入欄	事業所 所在地	届書記入の個人番号に誤りがないことを確認しました。 〒 136 －XXXX 東京都江東区亀戸2－X－X
	事業所 名称	大山建設株式会社
	事業主 氏名	代表取締役社長　　細内　俊夫
	電話番号	03（　3681　）63XX

社会保険労務士記載欄
氏名等

被保険者1

① 被保険者整理番号	② 氏名	（フリガナ） ナカムラ　カズオ （氏）中村　（名）一夫	③ 生年月日	5.昭和 7.平成 9.令和　38 01 15	④ 種別	1. 男（○） 5. 男（基金） 2. 女　6. 女（基金） 3. 坑内員　7. 坑内員（基金）
⑤ 取得区分	健保・厚年 共済出向 船保任継	⑥ 個人番号 基礎年金番号　8 6 4 5 0 1 3 5 X X X X	⑦ 取得（該当）年月日	9.令和　06 08 22	⑧ 被扶養者	0. 無（○）　1. 有

⑨ 報酬月額	⑦（通貨）315,500 円 ⑦（現物）　　　円	⑦（合計 ⑦＋⑦）3 1 5 5 0 0 円	⑩ 備考	該当する項目を○で囲んでください。 1. 70歳以上被用者該当　3. 短時間労働者の取得(特定適用事業所等) 2. 二以上事業所勤務者の取得　4. 退職後の継続再雇用者の取得　5. その他（　）

⑪ 住所	日本年金機構に提出する際、個人番号を記入した場合は、住所記入は不要です。 〒　－　（フリガナ）	理由：1. 海外在住 2. 短期在留 3. その他（　）

被保険者2

① 被保険者整理番号	② 氏名	（フリガナ） （氏）　（名）	③ 生年月日	5.昭和 7.平成 9.令和　年 月 日	④ 種別	1. 男　5. 男（基金） 2. 女　6. 女（基金） 3. 坑内員　7. 坑内員（基金）
⑤ 取得区分	健保・厚年 共済出向 船保任継	⑥ 個人番号 基礎年金番号	⑦ 取得（該当）年月日	9.令和　年 月 日	⑧ 被扶養者	0. 無　1. 有

⑨ 報酬月額	⑦（通貨）　円 ⑦（現物）　円	⑦（合計 ⑦＋⑦）　円	⑩ 備考	該当する項目を○で囲んでください。 1. 70歳以上被用者該当　3. 短時間労働者の取得(特定適用事業所等) 2. 二以上事業所勤務者の取得　4. 退職後の継続再雇用者の取得　5. その他（　）

⑪ 住所	日本年金機構に提出する際、個人番号を記入した場合は、住所記入は不要です。 〒　－　（フリガナ）	理由：1. 海外在住 2. 短期在留 3. その他（　）

被保険者3

① 被保険者整理番号	② 氏名	（フリガナ） （氏）　（名）	③ 生年月日	5.昭和 7.平成 9.令和　年 月 日	④ 種別	1. 男　5. 男（基金） 2. 女　6. 女（基金） 3. 坑内員　7. 坑内員（基金）
⑤ 取得区分	健保・厚年 共済出向 船保任継	⑥ 個人番号 基礎年金番号	⑦ 取得（該当）年月日	9.令和　年 月 日	⑧ 被扶養者	0. 無　1. 有

⑨ 報酬月額	⑦（通貨）　円 ⑦（現物）　円	⑦（合計 ⑦＋⑦）　円	⑩ 備考	該当する項目を○で囲んでください。 1. 70歳以上被用者該当　3. 短時間労働者の取得(特定適用事業所等) 2. 二以上事業所勤務者の取得　4. 退職後の継続再雇用者の取得　5. その他（　）

⑪ 住所	日本年金機構に提出する際、個人番号を記入した場合は、住所記入は不要です。 〒　－　（フリガナ）	理由：1. 海外在住 2. 短期在留 3. その他（　）

被保険者4

① 被保険者整理番号	② 氏名	（フリガナ） （氏）　（名）	③ 生年月日	5.昭和 7.平成 9.令和　年 月 日	④ 種別	1. 男　5. 男（基金） 2. 女　6. 女（基金） 3. 坑内員　7. 坑内員（基金）
⑤ 取得区分	健保・厚年 共済出向 船保任継	⑥ 個人番号 基礎年金番号	⑦ 取得（該当）年月日	9.令和　年 月 日	⑧ 被扶養者	0. 無　1. 有

⑨ 報酬月額	⑦（通貨）　円 ⑦（現物）　円	⑦（合計 ⑦＋⑦）　円	⑩ 備考	該当する項目を○で囲んでください。 1. 70歳以上被用者該当　3. 短時間労働者の取得(特定適用事業所等) 2. 二以上事業所勤務者の取得　4. 退職後の継続再雇用者の取得　5. その他（　）

⑪ 住所	日本年金機構に提出する際、個人番号を記入した場合は、住所記入は不要です。 〒　－　（フリガナ）	理由：1. 海外在住 2. 短期在留 3. その他（　）

工事開始時

協会けんぽご加入の事業所様へ
※ 70歳以上被用者該当届のみ提出の場合は、「⑩備考」欄の「1.70歳以上被用者該当」
　および「5.その他」に〇をし、「5.その他」の（　）内に「該当届のみ」とご記入ください（この場合、
　健康保険被保険者証の発行はありません）。

様式コード		協会管掌事業所用	健康保険 国民年金	被扶養者（異動）届 第3号被保険者関係届
2 2 0 2				

令和　　年　　月　　日提出

事業主記入欄

事業所整理記号	江東一いろは	

届出記入の個人番号（基礎年金番号）に誤りがないことを確認しました。

事業所所在地　〒 136 — XXXX
東京都江東区亀戸２－X－X

事業所名称　大山建設株式会社

事業主氏名　代表取締役社長　　細内　俊夫

電話番号　03（ 3681 ）63XX

厚生年金被保険者の配偶者にかかる届出の記載がある場合、同時に『国民年金第3号被保険者関係届』として受理し、配偶者を第3号被保険者に、第2号被保険者を配偶者として読み替えます。

受付印

社会保険労務士記載欄　氏名等

事業主確認欄　事業主が確認した場合に〇で囲んでください。　1.確認　収入に関する証明の添付が省略されている場合は、所得税法上の控除対象配偶者・扶養親族であることを確認しました。

事業主等受付年月日　令和　　年　　月　　日

A. 被保険者欄

① 被保険者整理番号	② 氏名（フリガナ） ナカムラ カズオ 中村 一夫	⑤ 生年月日 5.昭和 7.平成 9.令和 3 8 0 1 1 5	④ 性別 1.男 2.女
45		個人番号（基礎年金番号） 8 6 4 5 0 1 3 5 X X X X	
③ 取得年月日 5.昭和 7.平成 9.令和 0 4 0 8 2 0	収入（年収） 500万円	個人番号を記入した場合は、住所記入は不要です。住所	

※事業主が、認定を受ける方の続柄を裏面(a)の番号で確認した場合は、B欄または(又はC欄)の「※続柄確認済み」の□に✔を付してください。（添付書類については裏面(b)(b)参照）
配偶者が被扶養者（第3号被保険者）になった場合は「該当」、被扶養者でなくなった場合は「非該当」、変更の場合は「変更」を〇で囲んでください。

B. 配偶者である被扶養者欄（第3号被保険者）

① 氏名 第3号被保険者に関し、この届書記載のとおり届出します。 令和 5 年 3 月 22 日 （フリガナ）ナカムラ カズエ （氏名）中村 一枝	② 生年月日 5.昭和 7.平成 9.令和 4 6 0 8 1 5	③ 性別（続柄）1.夫 3.夫（未届）2.妻 4.妻（未届）
※第3号被保険者関係届の提出は配偶者（第2号被保険者）に委任します ☑	個人番号（基礎年金番号） 1 2 3 5 2 2 2 X X X X	
外国籍	外国人通称名（フリガナ）	
⑦ 住所 1.同居 2.別居 〒 154 — XXXX 東京都世田谷区世田谷１－X－X	電話番号 1.自宅 2.携帯 3.勤務先 4.その他 03（ 3865 ）20XX	⑧ 職業 1.無職 2.パート 3.年金受給者 4.その他 5.配偶者の就職 収入（年収） 0 円
⑨ 1.該当 被扶養者（第3号被保険者）になった日 令和 0 5 0 8 2 2	⑩ 理由 1.配偶者の就職 2.婚姻 3.その他 4.収入減少	
⑫ 2.非該当 3.変更 被扶養者（第3号被保険者）でなくなった日 令和	⑬ 理由 1.死亡（令和 年 月 日）2.離婚 3.就職・収入増加 4.75歳到達 5.障害認定 6.その他	
⑮ 右の⑦～⑬以外で、海外居住者または海外居住者であった方が、一定期間内にあった場合にご記入ください。 1.海外特例要件該当 海外特例要件に該当した日 令和 年 月 日	⑯ 理由 1.留学 2.同行家族 3.特定活動 4.海外婚姻 5.その他	
2.海外特例要件非該当 海外特例要件に非該当となった日 令和 年 月 日	⑰ 理由 1.国内転入（令和 年 月 日）2.その他	備考
		※ 続柄確認済み □ 種別 31

⑳ 被扶養者でない配偶者を有するときに記入してください。　配偶者の収入（年収）　　　　　円

配偶者以外の方が被扶養者になった場合は「該当」、被扶養者でなくなった場合は「非該当」、変更の場合は「変更」を〇で囲んでください。

C. その他の被扶養者欄 1

① 氏名 （フリガナ）ナカムラ タケシ （氏名）中村 武	② 生年月日 5.昭和 7.平成 9.令和 1 5 1 0 0 6	④ 性別 1.男 2.女	続柄 1.実子・養子 2.1以外の子 3.父母・養父母 4.義父母 5.兄弟姉妹 6.兄姉 7.祖父母 8.曽祖父母 9.孫 10.その他（ ）
	個人番号 5 4 2 6 4 3 3 X X X X		
⑥ 住所 1.同居 2.別居 〒 154 — XXXX 東京都世田谷区世田谷１－X－X	⑦ 1.海外特例要件該当 2.海外特例要件非該当 海外特例要件	⑧ 理由 1.留学 2.同行家族 3.特定活動 4.その他	
		⑨ 理由 1.国内転入（令和 年 月 日）2.その他	
⑩ 該当 被扶養者になった日 9.令和 0 5 0 8 2 0	⑪ 職業 1.無職 2.パート 3.年金受給者 4.小・中学生以下 5.高・大学生（ 4 年生）6.その他（ ）	⑫ 収入（年収） 0	⑬ 理由 1.出生 2.離職 3.収入減 4.同居 5.その他
⑭ 非該当 変更 被扶養者でなくなった日 9.令和	⑮ 理由 1.死亡 2.就職 4.収入増加 4.75歳到達 3.障害認定 6.その他（ ）	備考	※ 続柄確認済み □

C. その他の被扶養者欄 2

① 氏名 （フリガナ）ナカムラ アイ （氏名）中村 愛	② 生年月日 7.平成 8.令和 1 8 0 7 1 0	③ 性別 1.男 2.女	続柄 1.実子・養子 2.1以外の子 3.父母・養父母 4.義父母 5.兄弟姉妹 6.兄姉 7.祖父母 8.曽祖父母 9.孫 10.その他（ ）
	個人番号 3 2 1 0 6 5 4 3 X X X X		
⑥ 住所 1.同居 2.別居 〒 154 — XXXX 東京都世田谷区世田谷１－X－X	⑦ 1.海外特例要件該当 2.海外特例要件非該当 海外特例要件	⑧ 理由 1.留学 2.同行家族 3.特定活動 4.その他 5.海外婚姻	
		⑨ 理由 1.国内転入（令和 年 月 日）2.その他	
⑩ 該当 被扶養者になった日 9.令和 0 5 0 8 2 0	⑪ 職業 1.無職 2.パート 3.年金受給者 4.小・中学生以下 5.高・大学生（ 1 年生）6.その他（ ）	⑫ 収入（年収） 0	⑬ 理由 1.出生 2.離職 3.収入減 4.同居 5.その他
⑭ 非該当 変更 被扶養者でなくなった日 9.令和	⑮ 理由 1.死亡 2.就職 4.75歳到達 3.収入増加 5.障害認定 6.その他（ ）	備考	※ 続柄確認済み □

※被扶養者の「該当」と「非該当（変更）」は同時に提出できません。「該当」、「非該当」、「変更」はそれぞれ別の用紙で提出してください。

扶養に関する申立書（添付書類の内容について補足する事項がある場合に記入してください）

申立の事実に相違ありません。　　氏名

事務センター長 所　　　　長	副事務センター長 副　所　長	グループ長 課　　　長	担　当　者

※ 承　　認 記号番号

健康保険被保険者適用除外承認申請書

申請者	氏　　　　名	生　年　月　日	住　所　又　は　居　所
	山　田　二　郎	明 大 昭 ㊛ 令　15　年　8　月　10　日	練馬区旭丘1－X－X

工事開始時

適用除外の理由

1. 引き続く2か月間に通算して26日以上使用される見込みのないことが明らかであるため。
   （理由　　　　　　　　　　　　　　　　　　　　　　　　　　　　　　　　　）

2. 健康保険の任意継続被保険者または特例退職被保険者であるため。
   （被保険者証の記号　　　　　　番号　　　　　　　　　　　　）

3. 国民健康保険の被保険者で、他に本業を有する者が臨時的に日々使用されるため。
   （被保険者証の記号　　　　　　番号　　　　　　　　　　　　）

④. 昼間学生で休暇期間中にアルバイトとして短期間使用されるため。
   （　　建　設　　大学・高校　工　学　部　　建　築　科　2　年　（学生証番号　　1111　）

5. 他の社会保険の被扶養者であり家事専従者であるが、余暇を利用して短期間日々使用されるため。
   （被保険者証の記号　　　　　　番号　　　　　　　　　　　　）

6 被用者保険の被保険者で、他に本業を有する者が臨時的に日々使用されるため。
   （被保険者証の記号　　　　　　番号　　　　　　　　　　　　）

7. その他
   （理由　　　　　　　　　　　　　　　　　　　　　　　　　　　　　　　　　）

就労期間	自　　6　年　　7　月　20　日 至　　6　年　　8　月　31　日	除　外 申請期間	自　　6　年　　7　月　20　日 至　　6　年　　8　月　31　日

事業所	名　　称	青山建設株式会社
	所　在　地	東京都港区南青山5－X－X

※ 確認事項	1. 在学証明書 2. 身分証明書 3. 被保険者証	確　認　印	注意事項 1. 該当する適用除外の事由の数字を〇で囲み、必要事項を記入して下さい。 2. ※印の欄は記入しないでください。 3. 申請をするときは在学証明書、身分証明書または被保険者証のいずれかを添付してください。

　　上記のとおり健康保険法第3条第2項の規定による被保険者の適用除外を承認されたく申請します。

　　令和　　　　6　年　　　7　月　　18　日

　　　　　　　　日本年金機構理事長
　　　　　　　　厚　生　労　働　大　臣　あて

　　　　　　　　　　　　申請者氏名　　山　田　二　郎　　　　㊞
　　　　　　　　　　　　（申請者本人が署名する場合には押印は不要です。）

（注1）「適用除外の事由」が1および2の場合は日本年金機構理事長を、それ以外は厚生労働大臣を
　　　　　　　　　で囲んでください。
（注2）申請者本人が署名する場合には押印は不要です。

健康保険法第3条第2項

健康保険印紙購入通帳交付申請書

（新規・更新・再交付）

※交付番号				
	所長	副所長	課長	係員

事業所名称	大山建設株式会社	
事業所所在地	東京都江東区亀戸2－X－X	
電話番号	03-3681-63XX	
名称		
所在地		

健康保険事業所記号	江東いろは		
事業の種類	総合工事業		
健康保険組合等	健康保険組合等		
	保険者番号		
再交付の場合の理由			

受付日付印

上記のとおり健康保険印紙購入通帳の交付を申請します。

令和 6 年 8 月 3 日

江東 年金事務所長 あて

事業所所在地		〒 136 － XXXX 東京都江東区亀戸2－X－X
事業所名称		大山建設株式会社
事業主氏名		代表取締役社長 細内 俊夫 ㊞
（電話）		03 － 3681 － 63XX

社会保険労務士の提出代行者印 ㊞

（電話）　　　－　　　－

1. ※欄には記入しないでください。
2. 新規・更新・再交付の該当するものを○で囲んでください。
3. 健康保険組合等に加入している欄は、加入している健康保険組合等の本部の名称・所在地・保険者番号を記入してください。

所長	副所長	課長	係員

健康保険法第3条第2項

健 康 保 険 印 影 届

事 業 所 記 号		種別	1．新規	使用開始 年 月 日	令和　　　年　　　月　　　日
印 紙 購 入 通 帳 交 付 番 号			2．改印		

工
事
開
始
時

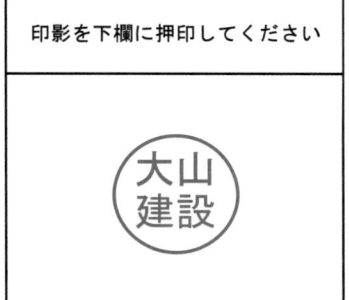

印影を下欄に押印してください

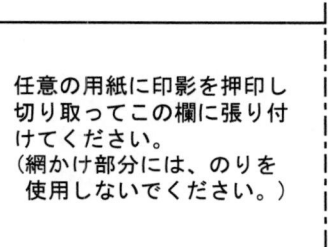

のりしろ

任意の用紙に印影を押印し
切り取ってこの欄に張り付
けてください。
（網かけ部分には、のりを
使用しないでください。）

　　上記のとおり健康保険被保険者手帳に貼付する印紙に消印する
印章の印影をお届けします。

令和　6　年　9　月　5　日

　　　江東　年金事務所長　あて

　　　　　　　　　　　　　　　〒　136　－　XXXX
　　　　　　事 業 所 所 在 地　　東京都江東区亀戸2－X－X

　　　　　　事 業 所 名 称　　　大山建設株式会社

　　　　　　事 業 主 氏 名　　　代表取締役社長　細内　俊夫　　　　　㊞

　　　　　　（電話）　　　　　03　－　3681　－　63XX

　　　　　　　　　　　　　　　　　　　　　　受付日付印

－ 107 －

2．工　事　中　随　時

様式第2号 (第7条関係)

解雇制限
解雇予告　　　　除　外　認　定　申　請　書

事業の種類	事業の名称	事業の所在地
職 別 工 事 業	大山建設株式会社八丁堀作業所 （中央会館新築工事）	東京都中央区八丁堀2－X－X　　　電話 (3551－43XX)

天災事変その他やむを得ない事由のために事業 の継続が不可能となった具体的事情					除 外 を 受 け よ う と す る 労 働 者 の 範 囲				
建設中の建物の火災焼失後建築主が再建築を中止し、かつ他 に労働者を転用する作業所がないため	業務上の傷病により療養する者	男	人	女	人	計	人		
	産 前 産 後 の 女 子	男	人	女	人	計	人		
	法第20条第1項但書前段の事由に 基き即時解雇しようとする者	男	15 人	女	3 人	計	18 人		

令和　6　年　9　月　9　日

使用者　　職 名　　大山建設株式会社八丁堀作業所
　　　　　　氏 名　　所長　中島　明

中 央　　労働基準監督署長　殿

様式第3号(第7条関係)

解雇予告除外認定申請書

上申事項

事業の種類	事業の名称	事業の所在地
職別工事業	大山建設株式会社八丁堀作業所 (中央会館新築工事)	東京都中央区八丁堀2-X-X (電話 3551-43XX)

労働者の氏名	性別	雇入年月日	業務の種類	労働者の責に帰すべき事由
山田大助	男・女	令和 5 年 6 月 3 日	とび工	両人共謀し、令和6年8月3日夕刻作業場より電線5トンを無断持出し、売却費消したため
坂本六助	男・女	令和 5 年 6 月 3 日	土工	同上
	男・女	令和 年 月 日		
	男・女	令和 年 月 日		
	男・女	令和 年 月 日		

令和 6 年 8 月 8 日

使用者 職 名 大山建設株式会社八丁堀作業所
　　　　氏 名 所 長 中島 明

中央　労働基準監督署長 殿

非常災害等の理由による

労働時間延長　許可申請書
休　日　労　働　届

事　業　の　種　類	事　業　の　名　称	事　業　の　所　在　地
職　別　工　業	大山建設株式会社八丁堀作業所 （中央会館新築工事）	東京都中央区八丁堀2－×－× （電話　3551－43××）
時　間　延　長　を　必　要　と　す　る　事　由	時間延長を行う期間及び 延　　　　長　　　　時　　　　間	労　　働　　者　　数
8月24日午前11時隣接アパートのガス爆発により事務所、 寄宿舎が被害、その復旧作業に従事させたもの	8月24日午後5時から 10時まで。5時間	12　人
休　日　労　働　を　必　要　と　す　る　事　由	休　日　労　働　を　行　う　年　月　日	労　　働　　者　　数
同　　　　上	令和 6 年 8 月 25 日	15　人

令和　6　年　8　月　29　日

使用者　　職　名　　　大山建設株式会社八丁堀作業所
　　　　　氏　名　　　　　所長　中島　明

中　央　　労働基準監督署長殿

備考　「許可申請書」と「届」のいずれか不要の文字を削ること。

様式第 3 号 (第 5 条関係)

交替制による深夜業時間延長許可申請書

工事中届等

事業の種類	事業の名称	事業の所在地
職 別 工 事 業	大山建設株式会社八丁堀作業所 (中央会館新築工事)	東京都中央区八丁堀2-×-× (電話 3551-43××)

交替制の概要		
業務の種類 及び周期	各交替番の始業 及び終業の時刻	各交替番の員数
交替制・1週間	A組 午前5時30分～午後2時 B組 午後2時～午後10時30分	A組 12人 B組 12人

業務の種類		
軽 作 業		

労働者総数	①のうち交替制業務の労働者数	②のうちの満18歳未満の労働者数	
① 30人	② 24人	男 3人	女 0人

交替制を必要とする理由
工事期間が極めて短かく時間外労働のみでは期限に間に合わないため

令和 6 年 11 月 22 日

職 名 大山建設株式会社八丁堀作業所

使用者 氏 名 所長 中 島 明

中 央 労働基準監督署長 殿

編者注：作成上の条件等

交替制の事業で満 18 才未満の者を午後 10 時 30 分まで又は午前 5 時 30 分から労働させるとき。

— 112 —

様式第4号（年少則第10条関係）

帰郷旅費支給除外認定申請書

事業の種類	事業の名称	事業の所在地
職別工事業	大山建設株式会社八丁堀作業所 （中央会館新築工事）	東京都中央区八丁堀2－X－X （電話 3551－43XX）

労働者の氏名	性別	年齢	帰郷旅費の支給を除外しようとする理由
北村 隆男	男	17歳3ヶ月	令和6年11月16日当作業所倉庫に侵入し、トランシットを持出売却し、所轄警察署に逮捕されて自供、よって就業規則にもとづき解雇した。

令和 6 年 11 月 21 日

使用者 職 名 大山建設株式会社八丁堀作業所
氏 名 所長 中島 明

中央 労働基準監督署長殿

印 工事所長

― 113 ―

事 故 報 告 書

様式22号（第96条関係）

事 業 の 種 類	事 業 場 の 名 称（建設業にあっては工事名併記のこと）	労 働 者 数
職 別 工 事 業	大山建設株式会社 （中央会館新築工事）	55人

事 業 場 の 所 在 地	発 生 場 所
東京都江東区亀戸 2－X－X （電話 （3681）63XX ）	東京都中央区八丁堀2－X－X

発 生 日 時	事 故 を 発 生 し た 機 械 等 の 種 類 等
令和 6 年 10 月 17 日 16 時 30 分	クローラークレーン4.9t

構 内 下 請 事 業 の 場 合 は 親 事 業 場 の 名 称 建 設 業 の 場 合 は 元 方 事 業 場 の 名 称	八重洲・木下共同企業体

事 故 の 種 類	クレーンの転倒

人的被害	区分		死亡	休業4日以上	休業1～3日	不休	計	物的被害	区 分	名称、規模等	被害金額
	事故発生事業場の被災労働者数	男							建 物	㎡	円
									その他の建設物		円
		女							機 械 設 備	ブーム折損	2,000,000 円
									原 材 料		円
	その他の被災者の概数								製 品		円
									そ の 他		円
			(0)						合 計		2,000,000 円

事 故 の 発 生 状 況	クローラークレーンで足場材吊り作業時にバランスを崩し、ブームが地盤に接地した。
事 故 の 原 因	地面に軟弱な部分があって、キャタピラが沈み、本体が傾いた。
事 故 の 防 止 対 策	地盤を水平に盛土し、上に鉄板を敷いて、25tラフタークレーン定置式による作業に変更する。
参 考 事 項	
報告書作成者職氏名	所長 中島 明

令和 6 年 10 月 19 日

事業者 　職 名 大山建設株式会社
氏 名 代表取締役社長 細内 俊夫　㊞

中 央 労働基準監督署長 殿

（備考）
1 「事業の種類」の欄には、日本標準産業分類の中分類により記入すること。
2 「事故を発生した機械等の種類等」の欄には、事故発生の原因となった次の機械等について、それぞれ次の事項を記入すること。
(1) ボイラー及び圧力容器に係る事故については、ボイラー、第一種圧力容器、第二種圧力容器、小型ボイラー又は小型圧力容器のうち該当するもの。
(2) クレーン等に係る事故については、クレーン等の種類、型式及びつり上げ荷重又は積載荷重。
(3) ゴンドラに係る事故については、ゴンドラの種類、型式及び積載荷重。
3 「事故の種類」の欄には、火災、鎖の切断、ボイラーの破裂、クレーンの逸走、ゴンドラの落下等具体的に記入すること。
4 「その他の被災者の概数」の欄には、届出事業者の事業場の労働者以外の被災者の数を記入し、（ ）内には死亡者数を内数で記入すること。
5 「建物」の欄には構造及び面積、「機械設備」の欄には台数、「原材料」及び「製品」の欄にはその名称及び数量を記入すること。
6 「事故の防止対策」の欄には、事故の発生を防止するために今後実施する対策を記入すること。
7 「参考事項」の欄には、当該事故において参考になる事項を記入すること。
8 この様式に記載しきれない事項については、別紙に記載して添付すること。
9 氏名を記載し、押印することに代えて、署名することができる。

労働者死傷病報告

労働保険番号(建設業の工事に従事する下請人の労働者が被災した場合、元請人の労働保険番号を記入すること。)

`8 1 0 0 1`

都道府県	所掌	管轄	基幹番号	枝番号	被一括事業場番号
1 3	1	0 1	8 2 5 0 1 5	0 2 5	

事業の種類　職別工事業

事業場の名称(建設業にあつては工事名を併記のこと。)

カナ	オオヤマケンセツカブシキガイシヤ
漢字	大山建設株式会社
工事名	中央会館新築工事

職員記入欄　派遣先の事業の労働保険番号

都道府県	所掌	管轄	基幹番号	枝番号	被一括事業場番号	派遣労働者が被災した場合は、派遣先の事業場の郵便番号
						－

事業場の所在地　東京都江東区亀戸2－X－X　電話 03(3681)63XX

横断下請事業の場合は親事業場の名称、建設業の場合は元方事業場の名称　八重洲・木下共同企業体

派遣労働者が被災した場合は、派遣先の事業場の名称

提出事業者の区分　派遣先 派遣元

郵便番号　104－XXXX

労働者数　55人

発生日時(時間は24時間表記とすること。)
7:平成　9:令和 →

元号	年	月	日	時	分
9	6	7	20	13	20

被災労働者の氏名(姓と名の間は1文字空けること。)

カナ	ミヤモト タカユキ
漢字	宮本 孝之

生年月日
1:明 3:大 5:昭 7:平 9:令

元号	年	月	日
5	59	05	01

(40)歳

性別　男 女（いずれかに○）○

職種　鳶工

経験期間　4　年 月（いずれかに○）○

休業見込期間又は死亡日時(死亡の場合は死亡欄に○)
休業見込 90　月 週 日（いずれかに○）○
死亡　死亡日時

傷病名　単純骨折

傷病部位　右大腿部

被災地の場所　東京都中央区八丁堀 2－X－X

災害発生状況及び原因

①どのような場所で ②どのような作業をしているときに ③どのような物又は環境に ④どのような不安全な又は有害な状態があつて ⑤どのような災害が発生したかを詳細に記入すること。

コンプレッサー(1.5t)を小型トラックからおろすため、二段継ぎ鉄製

三又(脚の長さ5.14m)吊上げ能力2.5tをトラックの荷台にあるコンプレッサー

の直上に設置し、ついで2tのチェーンブロックを三又にとりつけ、18mmの、

ワイヤーで玉掛けをしてコンプレッサーを10cm吊上げ、トラックを前進させて

から徐々にチェーンブロックを下げはじめた。

2、3回チェーンを下げたとき突然三又の脚の一本がすべりだし、

約三又が安定を失って転倒し、1mの高さに吊っていたコンプレッサーが

落下し、コンプレッサーの端部が被害者の右大腿部に激突したものである。

労働者が外国人である場合のみ記入すること。

国籍・地域（　　　）　在留資格（　　　）

略図(発生時の状況を図示すること。)

2トンチェーンブロック

2段継ぎ三又 { 脚長5.14m 2.5トン吊り }

転倒　滑った　コンプレッサー(1.5トン)　被害者

職員記入欄

国籍・地域コード	在留資格コード

起因物	店社コード	業種分類

事故の型	発注者種類	事業場等区分	業務上疾病 1:該当 2:非該当	自由設定項目 (1) (2) (3)

報告書作成者　職 氏名　所長 中島 明

令和6 年 7 月 27 日

事業者職氏名　大山建設株式会社　代表取締役社長 細内 俊夫　㊞

中央　労働基準監督署長殿

受付印

工事中随時

工事中届出

様式第2号 (第5条関係)

クレーン設置届

事 業 の 種 類	総 合 工 事 業	
事 業 の 名 称	八重洲・木下共同企業体 中央会館新築工事作業所	
事 業 の 所 在 地	東京都中央区八丁堀2-X-X (電話 3551) 52XX	
設 置 地	同 上	
種 類 及 び 型 式	塔型クレーン、OT-3030型	つり上げ荷重 5.25 t
製造許可年月日及び番号	令和 5 年 7 月 12 日 東 第 219 号( )	
設 置 工 事 を 行 う 者 の 名 称 及 び 所 在 地	事業の名称、所在地に同じ (電話 3551) 52XX	
設置工事落成予定年月日	令和 6 年 6 月 23 日	

令和 6 年 5 月 16 日

　　　　　　　　　　事業者
　　　　職 名 八重洲・木下共同企業体 中央会館新築工事作業所
　　　　氏 名 所 長 夏 川 二 郎 　㊞

　中央　　労働基準監督署長 殿

(備考)
1 事業の種類の欄は、日本標準産業分類 (中分類) による分類を記入すること。
2 「製造許可年月日及び番号」の欄の ( ) 内には、すでに製造許可を受けているクレーンと型式が同一であるクレーンについて、その旨を注記すること。
3 氏名を記載し、押印することに代えて、署名することができる。

ク レ ー ン 明 細 書

| 事業の種類 | 総合工事業 | | | | 種類及び型式 | | 塔型クレーン OT － 3030 型 | | つり上げ荷重 | | 5.25 | t |

設 置 地	東京都中央区八丁堀2－X－X　　（電話　3551－52XX　）		定格荷重	主巻	作業半径		30 m	25 m	20 m	m	m
設 置 者	八重洲・木下共同企業体 中央会館新築工事作業所 所長　夏川　二郎				荷重		t	3 t	4 t	5 t	t	t

定格荷重

| | 作業半径 | | m | m | m | m | m |
| 補巻 | 荷重 | | t | t | t | t | t |

構造	スパン		m
	クレーンガーダの長さ		m
	ジブの長さ	35	m
	揚　程	90	m
	クレーンガーダの高さ		m
	ジブの使用範囲	傾斜角の範囲	19 度～ 80 度
		旋回限度	360 度
		最大作業半径	30 m

	巻上げ	横行	走行	旋回
定格速度	主 0.83 m/s　補 m/s	0.01 m/s　0.10	m/s	0.01 rad/s

ワイヤロープ	巻上げ用	主	構成 (18X7) 3 種 非自転性ロープ	直径 20 mm
		補		mm
	起伏用			mm
	横行用			mm
	メインロープ			mm
	レールロープ			mm
	ガイロープ又は緊張用			mm

ドラム及びシーブ	ドラム	用途 巻上用	直径 550
		起伏用	440 mm
	シーブ	巻上用	500
		起伏用	400 mm

原動機	種類	電動機	ポールチェンジ〝	〝
	定格出力	30kw	7.5kw	3kw
	用途	巻上用	起伏用	旋回用

| 安全装置の種類及び性能 | 過巻防止装置 起伏過巻防止装置 クレーン転倒防止装置 角度指示防止装置 詳細は別添図面のとおり | ブレーキの種類、性能及び用途 | 巻上用：VS ブレーキ 　　　　マグネットブレーキ 起伏用：マグネットブレーキ 旋回用：マグネットブレーキ 詳細は別添図面のとおり | つり具及びその重量 | フ ッ ク （ 0.25 t） リフチングマグ（　　　t） ネット グラブバケット（　　t） そ　の　他 （　　　）（　　　t） （　　　）（　　　t） |

| 製造者及び製造年月日 | (株)太田製作所　　　令和　5　年　7　月　14　日製造 |

| 備　考 | |

工事中随時

備考1. 「つり具及びその重量」の欄には、該当する事項に○印を付し、重量をその右の（　）内に記入すること。
　　　「その他」に○印を付したときは、その下の（　）内につり具の名称を記入すること。
　　2. 「備考」の欄は、特殊な材料を使用すること、つりチェーンを使用すること、その他参考となる事項を記入
　　　すること。

編者注：1 度 ＝（ π／ 180 ）rad

様式第4号 （第6条、第97条、第141条、）
　　　　　（第175条関係）

（ クレーン ）落成検査申請書

種類及び型式	橋型クレーン OT－3030型	つり上げ荷重又は積載荷重	5.25　t
設置地	東京都中央区八丁堀2－X－X　中央会館新築工事現場		
設置届提出年月日	令和 6 年 5 月 16 日		
受検希望日	令和 6 年 6 月 23 日	参考事項	

令和 6 年 6 月 6 日

収入
印紙

申請者　住所　東京都中央区八丁堀2－X－X
　　　　　　　八重洲・木下共同企業体 中央会館新築工事作業所
　　　　氏名　所長　夏　川　二　郎　㊞

中央　労働基準監督署長　殿

（備考）
1 表題の（　）内には、クレーン、デリック、エレベーター又は建設用リフトの別を記入すること。
2 「参考事項」の欄は、申請者において記入しないこと。
3 収入印紙は、申請者において消印しないこと。
4 氏名を記載し、押印することに代えて、署名することができる。

様式第9号 (第11条、第61条関係)

（　移動式クレーン　）設置報告書

事 業 の 種 類	総合工事業		
事 業 の 名 称	八重洲・木下共同企業体 中央会館新築工事作業所		
事 業 の 所 在 地	東京都中央区八丁堀 2－X－X （電話　3551－52XX　）		
設 置 地	同上		
種 類 及 び 型 式	トラッククレーン 日建106型		
つ り 上 げ 荷 重	22.7 t	設置予定年月日	令和　6　年　5　月　23　日
製 造 者 名	㈱太田製作所	製造年月日	令和　5　年　7　月　12　日

令和　6　年　5　月　16　日

報告者氏名　八重洲・木下共同企業体 中央会館新築工事作業所
　　　　　　　所長　夏 川 二 郎　㊞

　　　中　央　　労働基準監督署長　殿

工 事 中 闘 頑

(備考)
1　表題の（　）内には、クレーン又は移動式クレーンの別を記入すること。
2　「事業の種類」の欄は、日本標準産業分類（中分類）による分類を記入すること。
3　氏名を記載し、押印することに代えて、署名することができる。

－ 119 －

移動式クレーン明細書

事業の種類	総合工事業	種類及び型式	トラッククレーン 日建106型	つり上げ荷重	22.7　t

左側縦書き：工事中随時

	設置地	東京都中央区八丁堀2－X－X（電話　3551－52XX　）	定格	定格速度	作業半径	3.6 m	6 m	8 m	10 m	14 m	18 m	22 m

定格・定格速度の表：

作業半径	3.6 m	6 m	8 m	10 m	14 m	18 m	22 m
定格荷重	22.5 t	14 t	9.5 t	6.4 t	3.3 t	2.1 t	1.3 t
つり上げ m／s	0.13	0.13	0.13	0.13	0.13	0.13	0.13
起伏 m／s	0.01	0.01	0.01	0.01	0.01	0.01	5
旋回 rad／s	30	30	30	32	32	33	33
走行 m／s	15	15	15	15	15	15	15
つり下げ m／s（ロープ速度）							

設置者：八重洲建設株式会社　東京機械工場

構造	ジブの最大長さ		30　m

構造	ジブの使用範囲	傾斜角の範囲	70 度～ 42 度
		旋回限度	360 度
		最大作業半径	22 m
	アウトリガ		㋑（有）　無
	台車		添付図面の通り
	走行装置		クローラ　ホイール
	継ぎジブのそれぞれの長さと数		9 mもの 1 本
			3 mもの 7 本
			mもの 本

ワイヤロープ		構成	直径
	巻上げ用	6×Fi（29）	18 mm
	起伏用	同上	14 mm
	伸縮用		mm
	旋回用		mm

ドラム及びシーブ		用途	直径
ドラム		巻上用	400
		起伏用	360 mm
シーブ		巻上用	360
		起伏用	mm

原動機	種類	ディーゼル
	定格出力	75 kw　　kw　　kw
	用途	全

安全装置の種類及び性能：過巻防止装置　ブーム過巻防止装置，詳細は別添図面のとおり

ブレーキの種類、性能及び用途：足踏みブレーキ　力量20Kg　ストローク25cm　巻上げ用

つり具及びその重量	㋑ブック　グラブバケット　リフチングマグネット　その他（　　　）
	（ 0.2 t） （　t） （　t） （　t）

製造者及び製造年月日	(株)太田製作所　令和 5 年 7 月 12 日製造

※検査済印

※検査員官職氏名印

備考	

〔備考〕1.「つり具及びその重量」の欄は、該当する事項に○印を付し、重量をその下の（ ）内に記入すること。「その他」に○印を付したときは、その右の（ ）内につり具の名称を記入すること。

2.「備考」の欄は、特殊な材料を使用すること、特殊な構造とすること、つりチェーンを使用すること、その他参考となる事項を記入すること。

3. ※印を付してある欄は、記入しないこと。

様式第10号（第23条、第109条関係）

（ クレーン ）特例報告書

種類及び型式	橋型クレーン OT-3030型	検査証番号	第 215 号
設置地	東京都中央区八丁堀2-X-X		
定格荷重	5 t	つり上げ荷重	5.25 t
荷重試験実施年月日	令和 6 年 6 月 12 日	試験荷重	6.25 t
特例で負荷しようとする荷重	6.25 t	特例負荷年月日	令和 6 年 6 月 26 日
特例で負荷しなければならない理由	工事機械入替のため	作業指揮者職氏名	機械主任 岩田 三郎

令和 6 年 5 月 22 日

報告者 氏名　八重洲・木下共同企業体 中央会館新築工事作業所

所長　夏川　二　郎　㊞

中央　労働基準監督署長殿

備考
1　表題の（　）内には、クレーン又はデリックの別を記入すること。
2　「定格荷重」の欄は、特例で負荷しようとする状態における定格荷重を記入すること。
3　氏名を記載し、押印することに代えて、署名することができる。

工事中随時

工事中掲示

様式第11号（第41条、第82条、第126条、第160条関係）

（　　デリック　　）性能検査申請書

種類及び型式	スチフレッグデリック		つり上げ荷重又は積載荷重	5.8　t
検査証番号	第　115　号	検査証の有効期間	令和 4 年 7 月 1 日から 令和 6 年 6 月 29 日まで
設置地	東京都中央区八丁堀2−X−X　八重洲・木下共同企業体　中央会館新築工事作業所			
受検希望日	令和 6 年 6 月 10 日			
参考事項				

令和 6 年 5 月 16 日

申請者　　住所　　東京都中央区八丁堀2−X−X
　　　　　氏名　　八重洲・木下共同企業体 中央会館新築工事作業所
　　　　　　　　　所長　夏川 二 郎　　　㊞

中央　　労働基準監督署長　殿

┌─────────┐
│ 収入印紙 │
└─────────┘

（備考）
1　表題の（　）内には、クレーン、移動式クレーン、デリック又はエレベーターの別を記入すること。
2　「検査証の有効期間」の欄には、検査証に記載されている最後の有効期間を記入すること。
3　移動式クレーンで設置地と受検地が異なる場合にあっては、受検希望日の欄に受検地を併記すること。
4　「参考事項」の欄は、申請者において記入しないこと。
5　収入印紙は、申請者において消印しないこと。
6　氏名を記載し、押印することに代えて、署名することができる。

－ 122 －

様式第12号 （第44条、第85条、第129条、第163条、第197条関係）

（　　　デリック　　　）　変　更　届

事業の名称	八重洲・木下共同企業体 中央会館新築工事作業所	
事業の所在地	東京都中央区八丁堀2-X-X	（電話 3551 － 52XX ）
設置地	同上	
種類及び型式	ガイデリック	
検査証番号		第 3019 号
変更する部分	ブーム	
つり上げ荷重又は積載荷重		6.5 t
変更の理由	ブームの長さを延長し、使用範囲を拡大するため	
変更工事を行なう者の名称及び所在地	設置者に同じ	（電話 － ）
変更工事着手予定年月日	令和 6 年 5 月 20 日	
変更工事完了予定年月日		令和 6 年 5 月 27 日

令和 6 年 4 月 22 日

事業者職氏名　八重洲・木下共同企業体 中央会館新築工事作業所
所長　夏川　二郎　㊞

中央　労働基準監督署長　殿

(備考)
1. 表題の(　)内には、クレーン、移動式クレーン、デリック、エレベーター又は建設用リフトの別を記入すること。
2. 氏名を記載し、押印することに代えて、署名することができる。

(印)

工事中届

様式第13号 (第45条、第86条、第130条、第164条、第198条 関係)

（ デリック ） 変 更 検 査 申 請 書

種 類 及 び 型 式	ガイデリック	つり上げ荷重又は積載荷重	6.5 t
変 更 届 提 出 年 月 日	令和 6 年 4 月 22 日	検 査 証 番 号	第 3019 号
受 検 地	東京都中央区八丁堀2-×-× 中央会館新築工事現場	参 考 事 項	（電話 3551-52XX ）
受 検 希 望 日	令和 6 年 5 月 27 日		

令和 6 年 5 月 16 日

申請者　住所　東京都中央区八丁堀2-×-×
　　　　氏名　八重洲・木下共同企業体 中央会館新築工事作業所
　　　　　　　所長　夏 川 二 郎　印

中央　労働基準監督署長 殿

```
収入
印紙
```

(備考)
1 表題の（ ）内には、クレーン、移動式クレーン、デリック、エレベーター又は建設用リフトの別を記入すること。
2 「参考事項」の欄は、申請者において記入しないこと。
3 収入印紙は、申請者において消印しないこと。
4 氏名を記載し、押印することに代えて、署名することができる。

デリック設置届

様式第 23 号（第 96 条関係）

事 業 の 種 類	総合工事業
事 業 の 名 称	八重洲・木下共同企業体 中央会館新築工事作業所
事 業 の 所 在 地	東京都中央区八丁堀2-X-X （電話 3551-52XX ）
設 置 地	同 上
種 類 及 び 型 式	ガイデリック
製造許可年月日及び番号	令和 5 年 10 月 18 日 東 第 350 号 （ ）
つ り 上 げ 荷 重	12.5 t
設 置 工 事 落 成 予 定 年 月 日	令和 6 年 10 月 18 日
設置工事を行なう者の名称及び所在地	設置者に同じ （電話 ）
土木、建築等の工事の作業に用いるデリックについて、同一の作業場において移設する必要がある場合は、その理由及び移設予定時期	鉄骨鉄筋コンクリート地下2階、地上8階建ビル、建築工事に使用するため、令和4年10月15日に地下2階鉄骨上から3階鉄骨上に設置する予定

令和 6 年 9 月 12 日

中央 労働基準監督署長

事業者 職氏名 八重洲・木下共同企業体 中央会館新築工事作業所 所長 夏川 二郎 ㊞

工事中 連絡

〔備 考〕
1 「事業の種類」の欄は、日本標準産業分類（中分類）による分類を記入すること。
2 「製造許可年月日及び番号」の欄の（ ）内には、すでに製造許可を受けているデリックについて、その旨を注記すること。
3 土木、建築等の工事の作業に用いるデリックについて、同一の作業場内において移設する場合には、当該移設に係る位置を示す図面を添えること。
4 氏名を記載し、押印することに代えて、署名することができる。

様式第24号(第96条関係)

デリック明細書

事業の種類	総合工事業					
設置地	東京都中央区八丁堀2-X-X　(電話 3551-52XX)					
設置者	八重洲・木下共同企業体　中央会館新築工事作業所					

構造					
マストの長さ	36.6 m				
ブームの長さ	31.5 m				
ブーム使用傾斜角の範囲	85 度～ 30 度				
旋回限度	360 度				
最大作業半径	27.2 m				
控えの構造	別紙図面のとおり				

原動機		
種類	電動機	
定格出力	37.5 kw	
用途	全	

定格荷重・作業半径・つり上げ荷重

種類及び型式	作業半径 (m)					つり上げ荷重 (t)				
ガイデリック	2.8	10	15	20	27.2	12.5	12.5	12.0	8.2	6.0

定格速度		
巻上げ	0.83	m/S
起伏	0.02	rad/S
旋回	0.05	rad/S

ワイヤロープ

	構成	直径
巻上げ用	6×24	18 mm
起伏用	6×24	18 mm
旋回用	6×24	18 mm
ガイローブ	6×19	38 mm

ドラム及びシーブ

	用途	状	径
ドラム	巻上げ用		450 mm
ドラム	起伏用		450 mm
シーブ	巻上げ用		400 mm
シーブ	起伏用		360 mm

安全装置の種類及び性能	リミットスイッチ　三針製作所製　KR5型		
ブレーキの種類・性能及び用途	マグネットブレーキ(制動力、原動機出力1.6倍)		

つり具及びその重量	フック (0.20 t)	グラブバケット (t)	リフチングマグネット (t)	その他 ( )(t)

製造者及び製造年月日	(株)太田製作所　令和 6 年 8 月 1 日	製造	
基礎	別紙図面とおり		

備　考

[備考] 1.「つり具及びその重量」の欄は、該当する事項に○印を付し、重量をその下の( )内に記入すること。「その他」に○印を付したときは、その右の( )内につり具の名称を記入すること。
2.「備考」の欄は、特殊な材料を使用することとなる事項を記入すること。その他参考となる事項を記入すること。

編者注：1 度 = (π／180) rad

デリック設置報告書

事 業 の 種 類	総 合 工 事		
事 業 の 名 称	八重洲・木下共同企業体 中央会館新築工事作業所		
事 業 の 所 在 地	東京都中央区八丁堀2-×-× (電話 3551-52XX)		
設 置 地	同 上		
種類及び型式	ガイデリック		
マ ス ト の 長 さ	9 m	ブームの長さ	8 m	つり上げ荷重	1.5 t
		設置予定年月日	令和 6 年 5 月 27 日

令和 6 年 5 月 20 日

報告者 氏 名 八重洲・木下共同企業体 中央会館新築工事作業所
所 長 夏 川 二 郎 ㊞

中央 労働基準監督署長殿

工事中随時

備考 1 「事業の種類」の欄は、日本標準産業分類 (中分類) による分類を記入すること。
2 氏名を記載し、押印することに代えて、署名することができる。

工事中届出

様式第26号（第140条関係）

エレベーター設置届

事 業 の 種 類	総 合 工 事 業		
事 業 の 名 称	八重洲・木下共同企業体 中央会館新築工事作業所		
事 業 の 所 在 地	東京都中央区八丁堀2－X－X		（電話 3551－52XX ）
設 置 地	同 上		
種 類 及 び 型 式	トラクション式 手動型		
製造許可年月日及び番号	令和 5 年 5 月 10 日	積 載 荷 重	東 第 305 号 （ ） 2 t
設置工事を行う者の名 称 及 び 所 在 地	事業の名称、所在地に同じ 電話（ ）	設置工事落成予 定 年 月 日	令和 6 年 11 月 7 日

令和 6 年 10 月 3 日

事業者 　職 名　八重洲・木下共同企業体 中央館新築工事作業所 所長

　　　　　氏 名　夏 川 二 郎 ㊞

中央　労働基準監督署長 殿

（備考）
1 「事業の種類」の欄は、日本標準産業分類（中分類）による分類名を記入すること。
2 「製造許可年月日及び番号」の欄の（ ）内には、すでに製造許可を受けているエレベーターと型式が同一であるエレベーターについて、その旨を注記すること。
3 氏名を記載し、押印することに代えて、署名することができる。

－ 128 －

様式第27号（第140条関係）

エレベーター明細書

事業の種類	総合工事業							
設置地	東京都中央区八丁堀2－X－X （電話 3551－52XX ）							
設置者	八重洲・木下共同企業体 中央会館新築工事作業所 所長 夏川 二 郎							
種類及び型式		トラクション式 手動型						
積載荷重		2 t						
揚程		30 m						
定格速度		1.5 m／s						
巻上げ用ワイヤロープの構成及び直径		8×Fi (19+6) 12 mm						
構造	搬器及び昇降装置の構造	別添図面のとおり 重量 1,200kg	シーブ	用途	巻上用			
				直径	600 mm	mm		
							原動機	種類	電動機
								定格出力	5 kw
	カウンターウエイトの構造及び重量	別添図面のとおり						
	昇降路の概要	別添図面のとおり						
	安全装置の種類及び性能	ドアインターロック、安全スイッチ、ガバナースイッチ、 非常止め（機械式のもの）、バッファスプリング、 ファイナルリミットスイッチ						
ブレーキの種類及び性能		マグネットブレーキ （制動力、原動機出力の1.2倍）						
製造者及び製造年月日		日笠エレベーター株式会社 令和 5 年 10 月 23 日製造						
備考								

工事中継器

様式第29号（第145条、第202条関係）

（ エレベーター ）設置報告書

事 業 の 種 類	総 合 工 事 業
事 業 の 名 称	八重洲・木下共同企業体 中央会館新築工事作業所
事 業 の 所 在 地	東京都中央区八丁堀2－X－X
設 置 地	同 上
種 類 及 び 型 式	トラクション式 手動型
積 載 荷 重	0.75 t
製 造 者 名	日笠エレベーター株式会社
設 置 予 定 年 月 日	令和 6 年 12 月 12 日
製 造 年 月 日	令和 6 年 2 月 13 日

令和 6 年 12 月 5 日

報告者 職氏名 八重洲・木下共同企業体 中央会館新築工事作業所
所長 夏 川 二 郎 ㊞

中 央 労働基準監督署長 殿

（備考）

1 表題の（ ）内には、エレベーター又は簡易リフトの別を記入すること。

2 「事業の種類」の欄は、日本標準産業分類（中分類）による分類を記入すること。

3 氏名を記載し、押印することに代えて、署名することができる。

様式第30号（第174条関係）

建 設 用 リ フ ト 設 置 届

事 業 の 種 類	総 合 工 事 業
事 業 の 名 称	八重洲・木下共同企業体 中央会館新築工事作業所
事 業 の 所 在 地	東京都中央区八丁堀2－×－× （電話 3551－52××　）
設 置 地	同上
種 類 及 び 型 式	荷上用リフト
製造許可年月日及び番号	令和 5 年 8 月 10 日　　東　第　350　号 （　　　　）
設置工事を行う者の名称及び所在地	事業所の名称、所在地に同じ（電話　　　　　　）
設置工事落成予定年月日	令和 5 年 10 月 25 日
積 載 荷 重	2 t
廃 止 予 定 年 月 日	令和 6 年 5 月 30 日

令和 5 年 9 月 25 日

申請者　　職　名　八重洲・木下共同企業体 中央会館新築工事作業所
　　　　　氏　名　所長　夏　川　二　郎　　㊞

中 央　　　労働基準監督署長 殿

（備考）
1 「事業の種類」の欄は、日本標準産業分類〔中分類〕による分類を記入すること。
2 「製造許可年月日及び番号」の欄の（　）内には、すでに製造許可を受けている建設用リフト型式が同一である建設用リフトについて、その旨を注記すること。
3 氏名を記載し、押印することに代えて、署名することができる。

時 通 中 事 工

－ 131 －

様式第31号(第174条関係)

建 設 用 リ フ ト 明 細 書

設 置 者	八重洲・木下共同企業体 中央会館新築工事作業所 所長 夏川 二 郎				
種 類 及 び 型 式	荷上用リフト				
積 載 荷 重	2 t				
ガイドレール又は 昇降路の構造	ガイドレール(昇降路を 有するものにあっては、 昇降路)の高さ			50	m
	定 格 速 度			0.4	m/s
	巻き上げ用ワイヤ ロープの構成及び直径		6×24 直径18		mm
構	ウインチのドラムの直径			450	mm
	シ ー ブ	用 途	巻上げ用 上 部	巻上げ用 下 部	
		直 径	410 mm	410 mm	410 mm
	ブレーキの 種類及び性能	電磁多板ブレーキ 制動トルク 150%			
	原 動 機	種 類	電動機		
		定格出力	22.2		kw
	基 礎	別添図面のとおり			
ガイドレール又は 昇降路の構造	別添図面のとおり				
控えの構成及び材料	別添図面のとおり				
造	搬器の概要	鋼製荷台、重量400Kg 詳細は別添図面のとおり			
備 考					

様式第10号(第10条関係)

ゴンドラ設置届

事業の種類	総合工事業	
事業の名称	八重洲・木下共同企業体 中央会館新築工事作業所	
事業場の所在地	東京都中央区八丁堀2-X-X (電話 3551-52XX)	
設置地	同上	
種類及び型式	電動式アーム俯仰型ゴンドラ(軌道式)	積載荷重 0.4 t
製造検査又は使用検査の刻印番号及び検査年月日	第 248 号	令和 5 年 5 月 10 日
使用目的	ビル外壁清掃用	
設置工事を行う者の名称及び所在地	武田ゴンドラ株式会社 東京都千代田区二番町XX	

令和 6 年 6 月 15 日

事業者 職 名 八重洲・木下共同企業体 中央会館新築工事作業所
所長
氏 名 夏 川 二 郎 ㊞

中央 労働基準監督署長 殿

(備考)
1 「事業の種類」の欄は、日本標準産業分類(中分類)による分類を記入すること。
2 氏名を記載し、押印することに代えて、署名することができる。

工事随時呼

— 133 —

エックス線写真等の提出書

事 業 の 種 類	事 業 場 の 名 称	事 業 場 の 所 在 地
総合工事業	八重洲建設株式会社 日光作業所	郵便番号(　321-XXXX　) 栃木県日光市XXXX 電話　0288（ 22 ）41XX

<table>
<tr>
<td rowspan="2" colspan="2"></td>
<td rowspan="2">受 診 対象 労 働者 数</td>
<td colspan="3">受 診 労 働 者 数</td>
</tr>
<tr>
<td>計</td>
<td>じん肺の所見がないと診断された労働者</td>
<td>じん肺の所見があると診断された労働者</td>
</tr>
<tr>
<td rowspan="5">実施したじん肺健康診断</td>
<td>就 業 時 健 康 診 断
（法 第 7 条）</td>
<td>38人</td>
<td>38人</td>
<td>35人</td>
<td>3人</td>
</tr>
<tr>
<td>定 期
健 康 診 断
（法 第 8 条）　現に粉じん作業に従事している労働者</td>
<td></td>
<td></td>
<td></td>
<td></td>
</tr>
<tr>
<td>粉じん作業から作業転 換 し た 労 働 者</td>
<td></td>
<td></td>
<td></td>
<td></td>
</tr>
<tr>
<td>定 期 外 健 康 診 断
（法 第 9 条）</td>
<td></td>
<td></td>
<td></td>
<td></td>
</tr>
<tr>
<td>離 職 時 健 康 診 断
（法 第 9 条 の 2）</td>
<td></td>
<td></td>
<td></td>
<td></td>
</tr>
<tr>
<td colspan="2">計</td>
<td>38人</td>
<td>38人</td>
<td>35人</td>
<td>3人</td>
</tr>
<tr>
<td colspan="2">当該提出に係るじん肺管理区分決定対象労働者数</td>
<td colspan="4">3人</td>
</tr>
</table>

添付資料	1　エックス線写真	3　枚
	2　じん肺健康診断の結果を証明する書面	3　枚
	3　その他の参考資料	3　通

工事中随時

令和 6 年 8 月 24 日

事業者　職　名　八重洲建設株式会社　日光作業所
　　　　氏　名　所長 佐藤 忠志　　㊞

栃　木　　　労働局長　殿

（備考）
1　「事業の種類」の欄は、日本標準産業分類の中分類により記入すること。
2　「実施したじん肺健康診断」の欄は、当該エックス線写真等の提出に係る実施したじん肺健康診断について記入すること。

じん肺管理区分決定申請書

事 業 の 種 類	事 業 場 の 名 称	事 業 場 の 所 在 地
総合工事業	八重洲建設株式会社 日光作業所	郵便番号　（　321-XXXX　） 栃木県日光市XXXX 電話　（　0288-22-41XX　）

当該申請に係るじん肺管理区分決定対象者数	1　人

添付資料	1　エックス線写真	1　枚
	2　じん肺健康診断の結果を証明する書面	1　枚
	3　その他の参考資料	1　通

じん肺法第十五条の規定に基づく申請の場合

申請者は、上記事業場において、じん肺法施行規則第2条に定める粉じん作業に常時従事する

$$\begin{bmatrix} \text{労～～～働～～～者} \\ \text{労 働 者 で あ っ た 者} \end{bmatrix}$$ であることに相違ありません。

令和　6　年　8　月　2　日

事業者職　名　　大山建設株式会社
　　　　　　　　代表取締役社長

氏　名　細　内　俊　夫　　　　　㊞

事業者への通知の諾否	㊞諾	否

令和　6　年　8　月　3　日

郵便番号（　　377-XXXX　　）

住　所　群馬県吾妻群東吾妻町XXXX

申請者　　　　　電話　0279　（　68　）XXXX

氏　名　大　山　一　夫　　　　　㊞

群　馬　　　労　働　局　長　殿

備考
1　「事業の種類」、「事業場の名称」及び「事業場の所在地」の欄は、申請者が常時粉じん作業に従事する労働者である場合は、その所属事業場について、申請者が常時粉じん作業に従事する労働者であった者である場合は、常時粉じん作業に従事した最終の事業場について記入すること。
2　「事業の種類」の欄は、日本標準産業分類の中分類により記入すること。
3　申請者が常時粉じん作業に従事する労働者であった者である場合には、「事業者への通知の諾否」の欄に、事業者証明を行った事業者あてにじん肺管理区分決定結果を通知することの諾否を記入すること。ただし、申請者がその事業者に現に使用されている労働者である場合には、記入しないこと。

様式第3号(第13条、第20条、第22条関係)

じん肺健康診断結果証明書

<table>
<tr><td>ふりがな</td><td colspan="2">おおやま かずお</td><td>性別</td><td colspan="2">生 年 月 日</td></tr>
<tr><td>氏名</td><td colspan="2">大山 一夫</td><td>男・女</td><td colspan="2">昭和 35 年 12 月 25 日</td></tr>
<tr><td rowspan="3">住所</td><td colspan="5">群馬県吾妻郡東吾妻町XXXX</td></tr>
<tr><td colspan="5">(変更)</td></tr>
<tr><td></td><td></td><td></td><td></td><td></td></tr>
<tr><td rowspan="2">事業場</td><td>名称</td><td colspan="4">業種 坑夫</td></tr>
<tr><td>所在地</td><td colspan="4"></td></tr>
</table>

粉じん作業職歴（現在の事業場に来る前）

事業場名及び粉じん作業名		機 関		年 数
事業場名 福岡炭坑	(5 号)	昭和57 年 4 月から	63 年 3 月まで	6 年 0 月
粉じん作業名 坑 夫				
事業場名 大山ずい道工事	(5 号)	昭和64 年 4 月から	5 年 7 月まで	4 年 4 月
粉じん作業名 坑 夫				
事業場名 群馬ずい道工事	(5 号)	平成7 年 4 月から	8 年 8 月まで	1 年 5 月
粉じん作業名 坑 夫				
事業場名 群馬ずい道工事	(5 号)	平成12 年 9 月から	15 年 3 月まで	3 年 0 月
粉じん作業名 坑 夫				
事業場名 小山ずい道工事	(5 号)	平成17 年 1 月から	19 年 1 月まで	2 年 1 月
粉じん作業名 坑 夫				
事業場名	(号)	年 月から	年 月まで	年 月
粉じん作業名				
粉じん作業に従事した期間の合計			18 年 10 月	

じん肺の経過

初めてのじん肺有所見の診断	平成12 年	

前2回の決定状況	決定年月 平成16 年 4 月	じん肺管理区分	PR 2 F 3
	決定年月 年 月	じん肺管理区分	PR F

決定年月	じん肺管理区分	RR	F	決定年月	じん肺管理区分	RR	F
20 年 4 月	3ロ	3	+	年 月			
年 月				年 月			
年 月				年 月			
年 月				年 月			

既往歴

肺 結 核	歳	心 臓 疾 患	歳
胸 膜 炎	歳		
気 管 支 炎	歳	その他の胸部疾患	歳
気 管 支 拡 張 症	歳		
気 管 支 喘 息	歳		歳
肺 気 腫	歳		歳

現在の事業場に来る前（じん肺作業名・期間）

じん肺作業名	期 間	年 数	累 計
栗山発電所建設工事 (5 号)	平成20 年 1 月から 平成21 年 8 月まで	5 年 8 月	22 年 6 月
(号)	年 月から 年 月まで	年 月	
(号)	年 月から 年 月まで	年 月	
(号)	年 月から 年 月まで	年 月	
(号)	年 月から 年 月まで	年 月	
(号)	年 月から 年 月まで	年 月	

エックス線写真による検査

4. エックス線写真の像

イ. 小陰影の区分 (0/- 0/0 0/1 1/0 1/1 1/2 2/1 2/2 2/3 3/2 3/3 3/+)

像	区分	タイプ
粒状影	3/3	p q r
不整形陰影	0/	

ロ. 大陰影の区分 (A B C)

ハ. 付加記載事項 (pl plc co bu ca cv em es px tb)

1.撮影年月日	令和 6 年 7 月 1 日
2.写真番号	18
3.撮影条件	120 KV
	10 mAs
増感紙	

令和6 年 7 月 2 日 医療機関の名称及び所在地
栃木県日光市小倉町X-X 柴田医院
医師氏名 柴田 一郎

胸部に関する臨床検査

検査年月日	令和 2 年 7 月 2 日

自覚症状	呼吸困難 Ⅰ Ⅱ Ⅲ Ⅳ	他覚症状	チアノーゼ + －
	せ き + －		ばち状指 + －
	た ん + －		副雑音 + －(部位)
	心悸亢進 + －		その他
	その他		

喫煙歴 なし、やめた、吸っている ( )本/日×( )年 (～)歳

医療機関の名称及び所在地
栃木県日光市小倉町X-X 柴田医院
医師氏名 柴田 一郎

肺機能検査

1. 身 長	1.5 m	年齢満	59 歳
2. 1秒量予測値	3.03 ℓ	3. 肺活量予測値	ℓ

第一次検査

検 査 年 月 日	令和 6 年 7 月 1 日		令和 6 年 7 月 8 日	
肺 活 量	2.45	ℓ	2.47	ℓ
努 力 肺 活 量	2.40	ℓ	2.44	ℓ
1 秒 量	1.53	ℓ	1.60	ℓ
1 秒 率	6 9.0	%	6 5.8	%
% 1 秒 量	6 9.0	%	6 6	%
% 肺 活 量	0 9 2	%	0 9 4	%

第二次検査

検 査 年 月 日	令和 6 年 7 月 1 日		令和 6 年 7 月 8 日	
採 血 の 部 位				
採血から分析終了までの時間	5	分	15	分
酸 素 分 圧	74.0	Torr	70.0	Torr
炭酸ガス分圧		Torr	35.0	Torr
肺胞気動脈血酸素分圧較差			3 0.6 6	

判定 F (－ + ++)

医療機関の名称及び所在地 栃木県日光市小倉町X-X 柴田医院
令和 6 年 7 月 8 日 医師氏名 柴田 一郎

合併症に関する検査

検 査 年 月 日	年 月 日

	自覚症状		
結核精密検査	結核菌	塗抹 + －	
		培養 + －	
	エックス線特殊撮影	撮影法 ( )	
		所見	
	赤血球沈降速度	1時間値 mm	
		2時間値 mm	
	ツベルクリン反応	mm× mm	
判定			

肺結核以外の合併症に関する検査

結核菌	たん	塗抹 + －
		培養 + －
たん	年 月 日	mℓ
	性状	
喀痰細胞診	年月日(初日) 年 月 日
	所見
エックス線特殊撮影	撮影法 (らせんCT、その他( ))
	所見
その他の所見	

滲出液 塗抹 + －
培養 + －
年 月 日

医療機関の名称及び所在地
年 月 日 医師氏名

医師意見

医師氏名

備考 第十条第二項の規程によりたんに関する検査及びエックス線特殊撮影による検査以外の検査を省略した時は、当該省略した検査に係る欄の記入を要しないこと。

工事中随時

（日本産業規格A列5）

建 設 労 働 者 募 集 届

① 被用者の氏名	中 山 二 郎	（ 40 歳）	② 職 名	職 長
③ 募 集 区 域	台東区東浅草2丁目	④ 募集期間	令和 6 年 4 月 8 日から 令和 6 年 10 月 7 日まで	

建設労働者の雇用の改善等に関する法律第6条の規定により、上記のとおり届け出ます。

令和 6 年 3 月 25 日

[届 出
事 業 主] 住 所　東京都江東区亀戸2－X－X

氏 名　大山建設株式会社
　　　　代表取締役社長　細 内　俊　夫

電 話　(3681) 63XX

公 共 職 業 安 定 所 長 殿

（注意）　1.　この届書は、募集担当被用者ごとに提出すること。
　　　　　2.　③欄には、町名等を具体的に記入すること。
　　　　　3.　④欄の募集期間は、6箇月以内とすること。
　　　　　4.　事業主の住所及び氏名は、事業主が法人の場合については、その法人の所在地及び名称を記載するとともに、
　　　　　　　代表者の氏名を付記すること。氏名については、記名押印又は自筆による署名のいずれかにより記入すること。
　　　　　5.　①欄の者が被用者であることを証明できる書類などを提示すること。
　　　　　6.　①欄の者の写真（上半身、前向き、脱帽、縦3センチメートル・横2.5センチメートル程度）を2枚添付すること。

編者注：本様式は、以下の厚生労働省令で定める区域で建設労働者を募集させる場
合に提出しなければならない
東京都：新宿区、台東区、江東区、荒川区
神奈川県：横浜市中区
愛知県：名古屋市中区
大阪府：大阪市西成区
兵庫県：尼崎市

工 事 中 建 設

業務災害用
複数業務要因災害用
療養補償給付及び複数事業労働者
療養給付たる療養の給付請求書

裏面に記載してある注意
事項をよく読んだ上で、
記入してください。

標	準	字	体	0	1	2	3	4	5	6	7	8	9	"	°	―
ア	イ	ウ	エ	オ	カ	キ	ク	ケ	コ	サ	シ	ス	セ	ソ	タ	チ	ツ	テ	ト	ナ	ニ	ヌ
ネ	ノ	ハ	ヒ	フ	ヘ	ホ	マ	ミ	ム	メ	モ	ヤ	ユ	ラ	リ	ル	レ	ロ	ワ	ン

標準字体で記入してください。

工事中随時

※帳票種別 **34590**

①管轄局署 ②業通別 **1** ③保留 ⑥処理区分
1業通 1全レセ
3全 3全給付

④受付年月日 ※ 元号 年 月 日

⑤労働保険番号
府県 所掌 管轄 基幹番号 枝番号
1 3 1 0 1 8 2 5 0 1 5 0 0 1

⑦支給・不支給決定年月日 ※ 元号 年 月 日

年金証書番号記入欄

⑧性別 **1** (1男 3女) ⑨労働者の生年月日 元号 **5 4 6 0 3 1 0** ⑩負傷又は発病年月日 元号 **9 0 6 1 1 0 5**

(1明治 3大正 5昭和 7平成 9令和)

⑪再発年月日 ※ 元号 年 月 日

⑬三者 ※ 1有 3労 5 ⑭特疾 1特定 3病 5病 ⑮特別加入者 ※

⑫労働者の
シメイ(カタカナ) 姓と名の間は1文字あけて記入してください。濁点・半濁点は1文字として記入してください。
シ ブ ヤ 　 タ ロ ウ

氏名　渋谷 太郎　　(53歳)

⑯郵便番号 **153-XXXX**
住所 フリガナ トウキョウトメグロクミヤマエチョウ
東京都目黒区宮前町X　和田方

職種　土工

⑰負傷又は発病の時刻
午前・午後 **10** 時 **30** 分頃

⑱災害発生の事実を確認した者の職名、氏名
職名　**世話役**
氏名　**石川 二郎**

⑲災害の原因及び発生状況
(あ)どのような場所で(い)どのような作業をしているときに(う)どのような物又は環境に(え)どのような不安全な又は有害な状態があって(お)どのような災害が発生したか(か)⑩と初診日が異なる場合はその理由を詳細に記入すること

中央会館新築工事において、2階床コンクリート打設工事に従事中高さ2mの足場から転落し、下に積んであった本材に腰部を強打した

⑳指定病院等の
名称　**厚生中央病院** 電話(03) XXXX－XXXX
所在地　**東京都目黒区三田X－XX－XX** 〒XXX－XXXX

㉑傷病の部位及び状態　**腰部挫傷**

⑫の者については、⑩、⑰及び⑲に記載したとおりであることを証明します。　令和 **6** 年 **11** 月 **7** 日

事業の名称　**八重洲・木下共同企業体中央会館新築工事作業所** 電話(03) 3551－52XX

事業場の所在地　**東京都中央区八丁堀2－X-X** 〒104－XXXX

事業主の氏名　**所長 夏川 二郎**
(法人その他の団体であるときはその名称及び代表者の氏名)

労働者の所属事業
場の名称・所在地 電話( ) －

(注意) 1 労働者の所属事業場の名称・所在地については、労働者が直接所属する事業場が一括適用の取扱いを受けている場合に、労働者が直接所属する支店、工事現場等を記載してください。
2 派遣労働者について、療養補償給付又は複数事業労働者療養給付のみの請求がなされる場合にあっては、派遣先事業主は、派遣元事業主が証明する事項の記載内容が事実と相違ない旨裏面に記載してください。

上記により療養補償給付又は複数事業労働者療養給付たる療養の給付を請求します。　令和 **6** 年 **11** 月 **8** 日

中央 労働基準監督署長 殿

〒 **153 XXXX** 電話(03) XXXX－XXXX
請求人の 住所　**東京都目黒区宮前町X** (**和田** 方)
氏名　**渋谷 太郎**

厚生 中央 病院 診療所 薬局 訪問看護事業者 経由

	署長	副署長	課長	係長	係	決定年月日	・	・
支給不支給決定決議書								

不支給の理由

調査年月日 ・ ・
復命書番号 第 号 第 号 第 号

(この欄は記入しないでください。)

㉒その他就業先の有無		
有 (無)	有の場合のその数 (ただし表面の事業場を含まない) 　　　　　　　　　　　　　社	有の場合でいずれかの事業で特別加入している場合の特別加入状況 (ただし表面の事業を含まない)
		労働保険事務組合又は特別加入団体の名称
労働保険番号　(特別加入)	加入年月日	
		年　　　　　月　　　　　日

[項目記入にあたっての注意事項]

1　記入すべき事項のない欄又は記入枠は空欄のままとし、事項を選択する場合には該当事項を〇で囲んでください。(ただし、⑧欄並びに⑨及び⑩欄の元号については、該当番号を記入枠に記入してください。)

2　⑱は、災害発生の事実を確認した者(確認した者が多数のときは最初に発見した者)を記載してください。

3　傷病補償年金又は複数事業労働者傷病年金の受給権者が当該傷病に係る療養の給付を請求する場合には、⑤労働保険番号欄に左詰めで年金証書番号を記入してください。また、⑨及び⑩は記入しないでください。

4　複数事業労働者療養給付の請求は、療養補償給付の支給決定がなされた場合、遡って請求されなかったものとみなされます。

5　㉒「その他就業先の有無」欄の記載がない場合又は複数就業していない場合は、複数事業労働者療養給付の請求はないものとして取り扱います。

6　疾病に係る請求の場合、脳・心臓疾患、精神障害及びその他二以上の事業の業務を要因とすることが明らかな疾病以外は、療養補償給付のみで請求されることとなります。

[その他の注意事項]

　この用紙は、機械によって読取りを行いますので汚したり、穴をあけたり、必要以上に強く折り曲げたり、のりづけしたりしないでください。

派遣先事業主 証明欄	派遣元事業主が証明する事項(表面の⑩、⑰及び⑲)の記載内容について事実と相違ないことを証明します。		
	年　　　月　　　日	事業の名称	電話(　　　)　　　－ 〒　　　　－
		事業場の所在地	
		事業主の氏名	
		(法人その他の団体であるときはその名称及び代表者の氏名)	

社会保険 労務士 記載欄	作成年月日・提出代行者・事務代理者の表示	氏　　　名	電話番号
			(　　　)　　　－

工事中随時

— 139 —

労働者災害補償保険

療養補償給付及び複数事業労働者療養給付たる療養の給付を受ける指定病院等（変更）届

労働基準監督署長　殿　　　　　　　　　　　　　　　　　　　令和 6 年 11 月 29 日

吉 田　　病院／診療所／薬局／訪問看護事業者　経由

〒 290 — ×××

電話（　　　）　　　—

住所　千葉県市原市五井XXXX

届出人の

氏名　渋谷　太郎

下記により療養補償給付及び複数事業労働者療養給付たる療養の給付を受ける指定病院等を（変更するので）届けます。

① 労 働 保 険 番 号					③労働者の	氏 名	渋谷　太郎　　（男）・女	④負傷又は発病年月日
府県	所掌	管轄	基 幹 番 号	枝番号				令和 6 年 11 月 5 日
1 3	1	0 1	8 2 5 0 1 5	0 0 1		生年月日	昭和46年 3 月 10 日（ 53 歳）	
② 年 金 証 書 の 番 号						住 所	千葉県市原市五井XXXX	午前・午後 10時 30分頃
管轄局	種別	西暦年	番 号			職 種	土 工	

⑤　災害の原因及び発生状況　　（あ）どのような場所で(い)どのような作業をしているときに(う)どのような物又は環境に(え)どのような不安全な又は有害な状態があって(お)どのような災害が発生したかを簡明に記載すること。

中央会館新築工事において、２階床コンクリート打設工事に従事中、高さ２ｍの足場

転落し、下に積んであった木材に腰部を強打した

③の者については、④及び⑤に記載したとおりであることを証明します。

令和 6 年 11 月 29 日

事 業 の 名 称　八重洲・木下共同企業体中央会館新築工事作業

〒 104 —×××　電話（　　　） 3551—52XX

事業場の所在地　東京都中央区八丁堀２−X-X

事業主の氏名　所長　夏川　二郎

（法人その他の団体であるときはその名称及び代表者の氏名）

⑥指定病院等の変更	変 更 前 の	名 称	厚生中央病院	労災指定医番号 XXXX
		所在地	東京都目黒区三田X-XX-XX	〒 XXX —XXXX　03 — XXXX — XXXX
	変 更 後 の	名 称	吉 田 病 院	
		所在地	千葉県市原市五井△△△△	〒 XXX —XXXX　0436 — XXX — XXX
	変 更 理 由		帰郷し自宅より通院療養したいため	
⑦	傷病補償年金又は複数事業労働者傷病年金の支給を受けることとなった後に療養の給付を受けようとする指定病院等の	名 称		
		所在地		〒 —
⑧	傷 病 名			

■ 業務災害用
複数業務要因災害用

療養補償給付及び複数事業労働者療養給付たる療養の費用請求書(同一傷病分)　第 1 回

標　準　字　体	0 1 2 3 4 5 6 7 8 9 ゛゜ー
	ア イ ウ エ オ カ キ ク ケ コ サ シ ス セ ソ タ チ ツ テ ト ナ ニ ヌ
	ネ ノ ハ ヒ フ ヘ ホ マ ミ ム メ モ ヤ ユ ヨ ラ リ ル レ ロ ワ ン

※印の欄は記入しないでください。（職員が記入します。）

※ 帳票種別　3 4 2 6 0　①管轄局署　②業通別 1　(1業 3通)　受付年月日　⑩三者コード　委任未支給　特別加入者　審査コード　(自 5号 他)(1委任 3未支給 5委末)

③労働保険番号 府県 1 3 所掌 1 管轄 0 1 8 基幹番号 2 5 0 1 5 0 0 1 枝番号

④管轄局 種別 西暦年 番号　年金証書の番号

⑤労働者の性別 1 (1男 3女)　⑥労働者の生年月日 元号 5 (明治1 大正3 昭和5 平成7 令和9) 3 8 0 5 0 7 年 月 日　⑦負傷又は発病年月日 9 0 6 1 0 1 7

※⑭金融機関コード 金融機関 店舗

⑨労働者の シメイ(カタカナ) ：姓と名の間は1文字あけて記入してください。濁点・半濁点は1文字として記入してください。 ウ エ ノ　イ ク オ

※⑮郵便局コード

氏名 上野 行男 （61歳）　職種

住所 ⑯郵便番号 1 3 3 - X X X X　東京都江戸川区篠崎町X−X

新規・変更 振込する金融機関の名称
関東
小岩
上野 行男
希望する金融機関の口座名義人

⑯預金の種類 1 (1普通 3当座)　⑰口座番号(左詰め。ゆうちょ銀行の場合は、記号(5桁)は左詰め、番号は右詰めで記入し、空欄には「0」を記入) 1 1 4 2 5

⑱メイギニン(カタカナ) ：姓と名の間は1文字あけて記入してください。濁点・半濁点は1文字として記入してください。 ウ エ ノ　イ ク オ

⑲(つづき)メイギニン(カタカナ)

⑨の者については、⑦並びに裏面の(ヌ)及び(ヲ)に記載したとおりであることを証明します。

令和 6 年11月30日

事業の名称 八重洲・木下共同企業体　電話( )3551−52XX
事業場の所在地 東京都中央区八丁堀2−X−X 〒 104 − XXXX
事業主の氏名 所長 夏川二郎

(法人その他の団体であるときはその名称及び代表者の氏名)

(注意)派遣労働者について、療養補償給付又は複数事業労働者療養給付のみの請求がなされる場合にあっては、派遣先事業主は、派遣元事業主が証明する事項の記載内容が事実と相違ない旨裏面に記載してください。

医師又は歯科医師等の証明

療養の内容 (イ)期間 6 年10月17日 から 6 年11月22日まで 37 日間　診療実日数 37 日

傷病の部位及び傷病名 右踵骨々折、両足関節捻挫

傷病の経過の概要 上記急患にて両足部腫脹疼痛しく、歩行不可能、右ギブス固定、左副木固定し経過良好。 6 年11月28日 治癒(症状固定)・継続中・転医・中止・死亡

⑨の者については、(イ)から(ニ)までに記載したとおりであることを証明します。

令和6 年11月29日 〒 999 − XXXX
病院又は診療所の 所在地 東京都中央区八丁堀2−X−X　名称 山田外科病院　電話( )3551−52XX
診療担当者氏名 院長 山田 正

(ニ) 療養の内訳及び金額 (内訳裏面のとおり。) 4 2 8 2 5 円

(ホ)看護料 6 年10月17日から 6 年11月10日まで25日間(看護師の資格の有・無) 1 4 2 8 6 0

(ヘ)移送費 から まで 片道・往復 キロメートル 回

(ト)上記以外の療養費 (内訳別紙請求書又は領収書 枚のとおり。) 4 5 3 1

(チ)療養の給付を受けなかった理由　⑳療養に要した費用の額(合計) 千万 百万 十万 万 千 百 十 円 1 9 0 2 1 6

⑳費用の種別 (1療養補償費 2看護料 3移送費 4装具費 5診断書)　㉒療養期間の初日 元号 年 月 日 から　㉓療養期間の末日 元号 年 月 日 まで　㉔診療実日数 日　㉕転帰事由 (1治癒(症状固定) 2継続 3転医 4中止 5死亡)

上記により療養補償給付又は複数事業労働者療養給付たる療養の費用の支給を請求します。

令和6 年11月29日

請求人の 〒 999 − XXXX　電話( )3551 52XX
住所 東京都中央区八丁堀2−X−X (方)
氏名 上野 行男

中央 労働基準監督署長 殿

（注意）
一、記入枠の部分は、必ず黒のボールペンを使用し、記載すべき事項のない欄又は記入枠は、空欄のままとし、□□□で表示された枠（以下、記入枠という。）に記入する文字は、光学式文字読取装置（OCR）で直接読取りを行うので、汚したり、穴をあけたり、必要以上に強く折り曲げたり、のりづけたりしないでください。
二、□□□で表示された記入枠に記入する文字は、光学式文字読取装置（OCR）で読取りを行うので、次に掲げる事項に従って記入してください。
三、記入枠の部分は、この用紙に直接鉛筆書き等をしないでください。

様式右上に記載された「標準字体」にならって、枠からはみださないように大きめのカタカナ及びアラビア数字で明瞭に記載してください。(ただし⑤及び⑯及び⑲及び⑦については該当番号を記入枠に記入してください。)

変更する場合は、⑯の欄から⑲までの欄に記載してください。

工事中随時

※印の欄は記入しないでください。（職員が記入します。）◎裏面の注意事項を読んでから記入してください。折り曲げる場合には(◀)の所を谷に折りさらに2つ折りにしてください。

様式第7号（1）（裏面）

（リ）労働者の所属事業場の名称・所在地	大山建設株式会社 八丁堀作業所 東京都中央区八丁堀2－X－X	（ヌ）負傷又は発病の時刻 午前(後) 4時30分頃	（ル）災害発生の事実を確認した者の	職名 職 長
				氏名 石川 次郎

（ヲ）災害の原因及び発生状況　（あ）どのような場所で（い）どのような作業をしているときに（う）どのような物又は環境に（え）どのような不安全な又は有害な状態があって（お）どのような災害が発生したか（か）⑦と初診日が異なる場合はその理由を詳細に記入すること

中央会館新築工事にて型枠サポートの調整中、積んであったサポートがくずれ、両足に当たり転倒した。

療養の内訳及び金額

工事中随時

診療内容		点数(点)	診療内容	金額
初診			初診	円
再診	時間外・休日・深夜		再診 回	円
	外来診療料 ×　回		指導 回	円
	継続管理加算 ×　回		その他	円
	外来管理加算 ×　回			
	時間外 ×　回		食事（基準　　）	
	休日 ×　回		円×　日間	円
	深夜 ×　回		円×　日間	円
指導			円×　日間	円
在宅	往診 回			
	夜間 回		小計 ②	円
	緊急・深夜 回		摘要	
	在宅患者訪問診療 回			
	その他			
	薬剤 回			
投薬	内服 薬剤 単位			
	調剤 ×　回			
	屯服 薬剤 単位			
	外用 薬剤 単位			
	調剤 ×　回			
	処方 ×　回			
	麻毒			
	調基			
注射	皮下筋肉内 回			
	静脈内 回			
	その他 回			
処置	薬剤 回			
手術麻酔	薬剤 回			
検査	薬剤 回			
画像診断	薬剤 回			
その他	処方せん 回			
	薬剤			

入院	入院年月日 年 月 日	
	病・診・衣 入院基本料・加算	×　日間
		×　日間
		×　日間
		×　日間
	特定入院料・その他	

| 小計 | 点 ① | 円 | 合計金額 ①＋② | 円 |

（注意）

一、共通の注意事項
（一）（ホ）、（ヘ）及び（ト）については、該当する事項を○で囲むこと。
（二）事項を選択する場合には、該当する事項を○で囲むこと。

（省略：注意書き多数）

㉖その他就業先の有無	
有無	有の場合のその数（ただし表面の事業場を含まない）　　　　社
有の場合でいずれかの事業で特別加入している場合の特別加入状況（ただし表面の事業を含まない）	労働保険事務組合又は特別加入団体の名称
	加入年月日 年 月 日
	労働保険番号（特別加入）

派遣先事業主証明欄	派遣元事業主が証明する事項（表面の⑦並びに（ヌ）及び（ヲ）の記載内容について事実と相違ないことを証明します。 年 月 日	事業の名称	電話（　）　－
		事業場の所在地	〒　－
		事業主の氏名	
		（法人その他の団体であるときはその名称及び代表者の氏名）	

社会保険労務士記載欄	作成年月日・提出代行者・事務代理者の表示	氏名	電話番号 （　）　－

労働者災害補償保険
休業補償給付支給請求書
複数事業労働者休業給付支給請求書
休業特別支給金支給申請書（同一傷病分）　第 1 回

業務災害用
複数業務要因災害用

標 準 字 体　0 1 2 3 4 5 6 7 8 9 ゛ ゜ ー
ア イ ウ エ オ カ キ ク ケ コ サ シ ス セ ソ タ チ ツ テ ト ナ ニ ヌ
ネ ノ ハ ヒ フ ヘ ホ マ ミ ム メ モ ヤ ユ ヨ ラ リ ル レ ロ ワ ン

※帳票種別	①管轄局署	②新継再別	元受付年月日			⑧業通別	⑨三者コード	⑩日届コード	特別加入者
3 4 3 6 0		1新継5廃7通	月	日		1業I	1自5労35他	1日	1

⑰平均賃金
十万 千 百 十 円　十 銭
※

⑱特別給与の額
千万 百万 十万 万 千 百 十 円

⑬日数認定
1賃2特3待

⑭特支コード
1特

⑮委任未支給
1委3未

⑯特別コード
1特

②労働保険番号
府県 所掌 管轄　基幹番号　枝番号
1 3 1 0 1 8 2 5 0 1 5 0 0 1

⑤労働者の性別
1男3女　1

⑥労働者の生年月日
（明治1大正3昭和5平成7令和9）
5 3 8 0 5 0 7
1～9年は右へ・1～9月は右へ・1～9日は右へ

⑦負傷又は発病年月日
（大正2昭和3平成5令和7）
9 0 6 1 0 1 7
1～9年は右へ・1～9月は右へ・1～9日は右へ

⑫労働者の
シメイ (カタカナ)：姓と名の間は1文字あけて記入してください。濁点・半濁点は1文字として記入してください。
ウ エ ノ 　イ ク オ

氏名　上野 行男　（ 61 歳）

住所
㉗郵便番号　1 3 3 - X X X X　江戸川区篠崎町X－X

⑲療養のため労働できなかった期間
（明治1大正3昭和5平成7令和9）
元号 年 月 日 9 0 6 1 0 1 7 から 9 0 6 1 1 2 5 まで
1～9年は右へ・1～9月は右へ・1～9日は右へ

⑳賃金を受けなかった日の日数（内訳別紙2のとおり）
40 日
のうち
40 日

㉓預金の種類
1普通3当座　1

㉔口座番号（左詰め。ゆうちょ銀行の場合は、記号（5桁）は左詰めで、番号は右詰めで記入し、空欄には「0」を記入。）
1 1 4 2 7 7

下の欄は⑫、㉔、㉖、㉘について、口座を新規に届け出る場合又は届け出た口座を変更する場合のみ記入してください。

新規・変更
関の金融機関名称
関 東

メイギニン (カタカナ)：姓と名の間は1文字あけて記入してください。濁点・半濁点は1文字として記入してください。

振込を希望する金融機関の名称
銀行 農協・信組・信組

小 岩
本店・本所出張所支店・支所

㉖（つづき）メイギニン (カタカナ)
ウ エ ノ 　イ ク オ

口座名義人
上野 行男

㉑金融機関店舗
※金融機関コード

㉒郵便局
※郵便局コード

⑫の者については、（⑦、⑲、⑳、㉘から㉝まで（㉝の(ハ)を除く。）及び別紙2に記載したとおりであることを証明します。

6年 1月 30日

事業の名称　八重洲・木下共同企業体　中央会館新築工事作業所　電話（ ）3551 52XX

事業場の所在地　中央区八丁堀2－X－X　〒104-XXXX

事業主の氏名　所長 夏川二郎
（法人その他の団体であるときはその名称及び代表者の氏名）

労働者の直接所属事業場名称所在地　大山建設(株)八丁堀作業所　中央区八丁堀2－X－X　電話（ ）3551- 52XX

(注意)
1. ㉝の(イ)及び(ロ)については、⑫の者が厚生年金保険の被保険者である場合に限り証明してください。
2. 労働者の直接所属事業場名称所在地については、労働者が直接所属する事業場が一括適用の取扱いを受けている場合に、労働者が直接所属する支店、工事現場等を記載してください。

1回目の請求欄には、必ず記入してください。

死傷病報告提出年月日
（ 6年 10月 17日 ）

診療担当者の証明

㉘傷病の部位及び傷病名	右踵骨骨折、両足関節捻挫
㉙療養の期間	6年 10月17日から 6年 11月25日まで 40日間 診療実日数 40日
㉚療養の況況	6年11月22日 治癒(症状固定)・死亡・転医・中止・継続中
㉛療養のため労働することができなかったと認められる期間	6年 10月17日から 6年 11月25日まで 40日間のうち 40日

⑫の者については、㉘から㉛までに記載したとおりであることを証明します。

令和6年 11月 30日

病院又は診療所の
所在地　江戸川区東篠崎町X－X　〒 －　電話（ ）－
名称　山田外科病院
診療担当者氏名　院長 山田 正

上記により 休業補償給付又は複数事業労働者休業給付 の支給を請求
　　　　　　休業特別支給金 の支給を申請 します。

令和6年 12月 1日

請求人の申請人の
住所　江戸川区篠崎町X－X　〒 133 － XXXX　電話（ ）－
氏名　上野 行男 （ 方）

中央 労働基準監督署長 殿

（注意）
一、記入枠の部分は、必ず黒のボールペンを使用し、様式右上に記載された「標準字体」にならって、枠からはみださないように大きめのカタカナ及びアラビア数字で明瞭に記載してください。（ただし、⑤及び㉓欄並びに⑥及び⑲欄の元号については該当番号を記入枠に記入してください。）

二、記載すべき事項のない欄又は記入枠は、空欄のままとし、事項を選択する場合には該当事項を○で囲んでください。（ただし、⑤及び㉓欄並びに⑥及び⑲欄の元号については該当番号を記入枠に記入してください。）

三、□□□で表示された枠（以下、記入枠という。）に記入する文字は、光学式文字読取装置（OCR）で直接読取りを行うので、汚したり、穴をあけたり、必要以上に強く折り曲げたり、のりづけしたりしないでください。

※印の欄は記入しないでください。（職員が記入します。）
㊞裏面の注意事項を読んでから記入してください。
折り曲げる場合には◀の所を谷に折りさらに2つ折りにしてください。

工事中随時

〔注　意〕

㉜ 労働者の職種	㉝ 負傷又は発病の時刻	㉞ 平均賃金(算定内訳別紙1のとおり)
土　工	午前(後) 4 時 30 分頃	14,877 円 72 銭
㉟ 所定労働時間 午前(後) 8 時 00 分から午前(後) 5 時 00 分まで		㊱ 休業補償給付額、休業特別支給金額の改定比率　平均給与額証明書のとおり

㊲ 災害の原因、発生状況及び発生当日の就労・療養状況　(あ)どのような場所で(い)どのような作業をしているときに(う)どのような物又は環境に(え)どのような不安全な又は有害な状態があって(お)どのような災害が発生したか(か)⑦と初診日と災害発生日が同じ場合は当日所定労働時間内に通院したか、⑦と初診日が異なる場合はその理由を詳細に記入すること

中央会館新築工事において型枠サポートの調整中、積んであったサポートくずれ、両足に当たり転倒した。

工事中随時

㊳ 厚生年金保険等の受給関係	(イ) 基礎年金番号			(ロ)被保険者資格の取得年月日		年　月　日	
	(ハ)当該傷病に関して支給される年金の種類等	年　金　の　種　類		厚生年金保険法の	イロ	障害年金 障害厚生年金	
				国民年金法の	ハ二	障害年金 障害基礎年金	
				船員保険法の	ホ	障害年金	
		障　害　等　級					級
		支給される年金の額					円
		支給されることとなった年月日			年　　　月　　　日		
		基礎年金番号及び厚生年金等の年金証書の年金コード					
		所轄年金事務所等					

㊴その他就業先の有無		
有 無	有の場合のその数(ただし表面の事業場を含まない)	社
	有の場合でいずれかの事業で特別加入している場合の特別加入状況(ただし表面の事業を含まない)	労働保険事務組合又は特別加入団体の名称
		加入年月日 年　月　日
		給付基礎日額 円
	労働保険番号（特別加入)	

社会保険労務士記載欄	作成年月日・提出代行者・事務代理者の表示	氏　　名	電　話　番　号
			(　)　―

一、所定労働時間後に負傷した場合には、当該負傷した日を除いて記載してください。

二、⑲及び㊵欄については、別紙1①欄には、平均賃金の算定基礎期間中に業務外の傷病の療養等のために休業した期間がある場合に、その期間及びその期間中に受けた賃金の額を算定基礎から控除して算定した平均賃金の額を記載し、控除する期間及び賃金の額を別紙1①②欄に記載してください。この場合は、④欄の算定方法による平均賃金に相当する額を記載してくださ

三、別紙2は、④欄の「賃金を受けなかった日」のうちに業務上の負傷又は疾病のため所定労働時間のうちその一部分について、その期間及びその期間中に受けた賃金の額を別紙2の②欄に記載してください。この場合は、④欄が含まれる場合に限り添付してください。（い。この場合は、④欄）に相当する額を記載してください（日」において「一部休業日」という。）

四、別紙3は、㊴欄の「その他就業先の有無」で「有」に○を付けた場合に、その他就業先ごとに記載してください。その際、その他就業先ごとに注意二及び三の規定に従って記載した別紙1及び別紙2類その他の資料を添付してください。

五、請求人(申請人)が災害発生事業場で特別加入者であるときは、⑦、⑱、㉟、㉞、㉟及び㊲欄の事項を証明することができる書事業主の証明は受ける必要はありません。

（一）④欄には、その者の給付基礎日額を記載してください。

（二）⑦、⑱、㉟、㉞、㉟及び㊲欄の事項を証明することができる書

（三）事業主の証明は受ける必要はありません。

六、第二回目以後の請求(申請)の場合には、

（一）別紙1(平均賃金算定内訳)は付する必要はありません。

（二）㉜欄から㉟欄まで及び㊲欄は記載する必要はありません。

（三）⑲、㉞、㉚及び㉛欄については、前回の請求又は申請後の分について記載してください。

（四）別紙1(平均賃金算定内訳)は付する必要はありません。

七、休業特別支給金の支給の申請のみを行う場合には、㊳欄は記載する必要はありません。

八、⑲、㉞及び㉛欄については、前回の請求又は申請後の分について記載してください。

九、請求人(申請人)が離職後である場合(療養のために労働できなかった期間の全部又は一部が離職前にある場合を除く。)には、事業主の証明は受ける必要はありません。

十、「その他就業先の有無」欄の記載がない場合又は複数就業していない場合は、複数事業労働者休業給付の請求はないものとして取り扱います。

十一、疾病に係る請求の場合、脳・心臓疾患、精神障害及びその他二以上の事業の業務を要因とすることが明らかな疾病以外は、休業補償給付のみで請求されることとなります。

（一）㉜欄から㉟欄まで及び㊲欄は記載する必要はありません。

（二）⑲、㉞、㉚及び㉛欄については、前回の請求又は申請後の分について記載してください。

（三）別紙1(平均賃金算定内訳)は付する必要はありません。

労　働　保　険　番　号						氏　　　名	災害発生年月日
府県	所掌	管轄	基幹番号	枝番号		上野 行男	令和 6年　10月　17日
1 3	1	0 1	8 2 5 0 1 5	0 0 1			

平均賃金算定内訳

(労働基準法第12条参照のこと。)

雇入年月日		令和3年　1月　24日		常用・日雇の別		常用・日雇	
賃金支給方法		月給・週給・日給・時間給・出来高払制・その他請負制			賃金締切日	毎月　20日	

A（月・週その他一定の期間によって支払ったもの）

賃金計算期間		月 日から 日まで	月 日から 日まで	月 日から 日まで	計
総日数		日	日	日(イ)	日
賃金	基本賃金	円	円	円	円
	手当				
	手当				
	計	円	円	円(ロ)	円

B（日若しくは時間又は出来高払制その他の請負制によって支払ったもの）

賃金計算期間		6/7 月21日から20日まで	7/8 月21日から20日まで	8/9 月21日から20日まで	計
総日数		30日	31日	31日(イ)	92日
労働日数		26日	24日	25日(ハ)	75日
賃金	基本賃金	390,000円	360,000円	375,000円	1,125,000円
	時間外手当	87,500	75,000	81,250	243,750
	手当				
	計	477,500円	435,000円	456,250円(ニ)	1,368,750円
総計		477,500円	435,000円	456,250円(ホ)	1,368,750円
平均賃金		賃金総額(ホ)1,368,750円÷総日数(イ)92＝14,877円72銭			

最低保障平均賃金の計算方法

Aの(ロ)　　　　円÷総日数(イ)＝　　　円　　銭(ヘ)
Bの(ニ)　1,368,750円÷労働日数(ハ)75×$\frac{60}{100}$＝10,950円　　銭(ト)
(ヘ)　　　円　　銭+(ト)10,950円　銭＝10,950円　銭(最低保障平均賃金)

日日雇い入れられる者の平均賃金（昭和38年労働省告示第52号による。）	第1号又は第2号の場合	賃金計算期間	(ヌ)労働日数又は労働総日数	(ヲ)賃金総額	平均賃金((ヲ÷ヌ)×$\frac{73}{100}$)
		月 日から 日まで	日	円	円　銭
	第3号の場合	都道府県労働局長が定める金額			円
	第4号の場合	従事する事業又は職業			
		都道府県労働局長が定めた金額			円

漁業及び林業労働者の平均賃金（昭和24年労働省告示第5号第2条による。）	平均賃金協定額の承認年月日　　年　月　日　職種　　　平均賃金協定額　　　円

① 賃金計算期間のうち業務外の傷病の療養等のため休業した期間の日数及びその期間中の賃金を業務上の傷病の療養のため休業した期間の日数及びその期間中の賃金とみなして算定した平均賃金
（賃金の総額(ホ)−休業した期間にかかる②の(リ)）÷（総日数(イ)−休業した期間②の(チ)）
（　　　　円−　　　　円）÷（　　　日−　　　日）＝　　　円　　銭

工事中随時

工事中随時

② 業務外の傷病の療養等のため休業した期間

　及びその期間中の賃金の内訳

賃 金 計 算 期 間	月　　日から 月　　日まで	月　　日から 月　　日まで	月　　日から 月　　日まで	計
業務外の傷病の療養等のため休業した期間の日数	日	日	日(ち)	日
業務外の傷病の療養等のため／休業した期間中の賃金　基本賃金	円	円	円	円
手当				
手当				
計	円	円	円(リ)	円
休 業 の 事 由				

	支 払 年 月 日	支 払 額
③特別給与の額	令和4 年 12 月 15 日	397,000 円
	令和5 年 7 月 2 日	406,000 円
	令和5 年 12 月 16 日	387,000 円
	令和6 年 6 月 30 日	416,000 円
	年 月 日	円
	年 月 日	円
	年 月 日	円

[注意]
　③欄には、負傷又は発病の日以前2年間（雇入後2年に満たない者については、雇入後の期間）に支払われた労働基準法第12条第4項の3箇月を超える期間ごとに支払われる賃金（特別給与）について記載してください。
　ただし、特別給与の支払時期の臨時的変更等の理由により負傷又は発病の日以前1年間に支払われた特別給与の総額を特別支給金の算定基礎とすることが適当でないと認められる場合以外は、負傷又は発病の日以前1年間に支払われた特別給与の総額を記載して差し支えありません。

様式第8号 （別紙2）

労働保険番号					氏　名	災害発生年月日

府県	所掌	管轄	基幹番号	枝番号	上野　行男	令和6 年 10月 17日
1 3	1	0 1	8 2 5 0 1 5	0 0 1		

① 療養のため労働できなかつた期間

　　令和6年　　10　月　　17　日から 令和6年　　11　月　　2　日まで　　40　日間

② ①のうち賃金を受けなかつた日の日数　　　　　　　　　　　　　　4　日

③ ②の日数の内訳	全部休業日	3　日
	一部休業日	4　日

④ 一部休業日の年月日及び当該労働者に対し支払われる賃金の額	年　月　日	賃金の額	備　考
	令和6年11月1日	18,244　円	通院のため
	令和6年11月8日	18,244	〃
	令和6年11月15日	18,244	〃
	令和6年11月22日	18,244	〃

工事中随時

〔注意〕

　1　「全部休業日」とは、業務上の負傷又は疾病による療養のため労働することができないた
　　に賃金を受けない日であつて、一部休業日に該当しないものをいうものであること。

　2　該当欄に記載することができない場合には、別紙を付して記載すること。

— 147 —

様式第8号（別紙3）

複数事業労働者用

① 労働保険番号（請求書に記載した事業場以外の就労先労働保険番号）

都道府県	所掌	管轄	基幹番号	枝番号

② 労働者の氏名・性別・生年月日・住所

（フリガナ氏名）	男	生年月日			
（漢字氏名）	女	（昭和・平成・令和）	年	月	日

〒　　　　　−

（フリガナ住所）

（漢字住所）

③ 平均賃金（内訳は別紙1のとおり）

　　　　　　　円　　　　　　銭

④ 雇入期間

（昭和・平成・令和）　　年　　　月　　　日　から　　　年　　　月　　　日　まで

⑤ 療養のため労働できなかつた期間

令和　　年　　月　　日　から　　年　　月　　日　まで　　｜　　　｜日間のうち

⑥ 賃金を受けなかつた日数（内訳は別紙2のとおり）　　｜　　　｜日

⑦ 厚生年金保険等の受給関係

（イ）基礎年金番号 _____　　（ロ）被保険者資格の取得年月日　　年　　月　　日

（ハ）当該傷病に関して支給される年金の種類等

年金の種類　　厚生年金保険法の　　　イ　障害年金　　　ロ　障害厚生年金
　　　　　　　国民年金法の　　　　　ハ　障害年金　　　ニ　障害基礎年金
　　　　　　　船員保険法の　　　　　ホ　障害年金

障害等級 _____ 級　　　支給されることとなつた年月日　　年　　月　　日

基礎年金番号及び厚生年金等の年金証書の年金コード ｜　｜　｜　｜　｜　｜　｜　｜　｜　｜　｜

所轄年金事務所等 _____

上記②の者について、③から⑦までに記載されたとおりであることを証明します。

　　　　年　　　　月　　　　日

事業の名称 _____　　　電話（　　）　　−

事業場の所在地 _____

労働基準監督署長　殿　　事業主の氏名 _____

社会保険労務士記載欄	作成年月日・提出代行者・事務代理者の表示	氏　名	電話番号
			（　）　　−

編者注：複数事業労働者を想定していないため、書式のみを掲載しています。

工事中随時

— 148 —

様式第10号（表面）

労働者災害補償保険

| 業務災害用 |
| 複数業務要因災害用 |

障　害　補　償　給　付
複数事業労働者障害給付　　支　給　請　求　書
障　害　特　別　支　給　金
障　害　特　別　年　金　　　支　給　申　請　書
障　害　特　別　一　時　金

① 労 働 保 険 番 号				
府県	所掌	管轄	基幹番号	枝番号
13	1	01	825015	001

② 年 金 証 書 の 番 号			
管轄局	種別	西暦年	番号

③労働者の

フリガナ	オオノ　サブロウ
氏　名	大野　三郎　（男・女）
生年月日	昭和 47 年 3 月 1 日（50歳）
フリガナ	トウキョウエドガワクキタコイワ
住　所	東京都江戸川区北小岩X-X-X
職　種	ウィンチ運転手
所属事業場名称所在地	大山建設株式会社八丁堀作業所 東京都中央区八丁堀2－X－X

④ 負傷又は発病年月日　令和 6 年 5 月 11 日
午前・午後 10 時 30 分頃

⑤ 傷病の治ゆした年月日　令和 7 年 1 月 11 日

⑥ 災害の原因及び発生状況（災害発生場所、作業内容、状況等を簡明に記載すること）

中央会館新築工事において、ウィンチで型枠材料を巻上げ作業中、
手袋をウィンチの間に落とし、これを拾おうとして歯車にはさまれ、
右手母指、示指、中指、環指を切断した。

⑦ 平 均 賃 金　18,244 円 00 銭

⑧ 特別給与の総額（年額）　780,000 円

⑨厚生年金保険等の受給関係	㋑厚生等の年金証書の		⑬被保険者資格の取得年月日			年　　月　　日		
	㋺当該傷病に関して支給される年金の種類等	年 金 の 種 類	厚生年金保険法の　　イ 障害年金　ロ 障害厚生年金 国民年金法の　　　　イ 障害年金　ロ 障害基礎年金 船員保険法の障害年金					
		障 害 等 級					級	
		支給される年金の額					円	
		支給されることとなった年月日			年　　月　　日			
		厚生等の年金証書の基礎年金番号・年金コード						
		所轄社会保険事務所等						

③の者については、①、⑥から⑧まで並びに⑨の㋑及び⑬に記載したとおりであることを証明します。

令和 7 年 1 月 20 日

八重洲・木下共同企業体
事 業 の 名 称　中央会館新築工事作業所　電話（　　）3351-52XX
事業場の所在地　東京都中央区八丁堀2－X－X
事業主の氏名　所長 夏 川 二 郎　〒 104-XXXX
（法人その他の団体であるときは、その名称及び代表者の氏名）

〔注意〕⑨の㋑及び㋺については、③の者が厚生年金保険の被保険者である場合に限り証明すること。

⑩ 障 害 の 部 位 及 び 状 態　（診断書のとおり）

⑪ 既存障害がある場合にはその部位及び状態

⑫ 添付する書類その他の資料名　診断書、レントゲン写真

⑬年金の払渡を受けることを希望する金融機関又は郵便局	金融機関（郵便貯金銀行を除く）の支店等	名　　称	※金融機関店舗コード			
			平　田　銀行・金庫 農協・漁協・信組		小　岩　本店・本所 出張所 支店・支所	
		預金通帳の記号番号	第　112XXXX　号			
	郵便貯金銀行の支店又は郵便局	※ 郵 便 局 コ ー ド				
		フリガナ 名　　称				郵 便 局
		所 在 地	都道府県　　　　市郡区			
		預金通帳の記号番号	第　　　　号			

上記により
障害補償給付
複数事業労働者障害給付　の支給を請求します。
障害特別支給金
障害特別年金　　　　　　の支給を申請します。
障害特別一時金

令和 7 年 1 月 20 日

中央　労働基準監督署長 殿

請求人申請人の
住所　東京都江戸川区北小岩X-X-X
氏名　大野　三郎
電話（　　）　－
〒 133 － XXXX

□本件手続を裏面に記載の社会保険労務士に委託します。

個人番号 | 1 | 2 | 3 | 4 | 5 | 6 | 7 | 8 | 9 | 0 | ＊ | ＊ |

振込を希望する銀行等の名称			預金の種類及び口座番号		
平　田	銀行・金庫 農協・漁協・信組	小　岩　本店 支店 支所	普通・当座　第　112XXXX　号		
			名義人　大野　三郎		

工事中随時

－ 149 －

労 働 者 災 害 補 償 保 険

障 害 補 償 年 金
障 害 年 金　　前払一時金請求書

<table>
<tr><td rowspan="2">年金証書の番号</td><td>管轄局</td><td>種別</td><td>西暦年</td><td>番　号</td></tr>
<tr><td></td><td></td><td></td><td></td></tr>
<tr><td rowspan="2">請 求 人
（被災労働者）</td><td>氏 名</td><td colspan="2">大野 三郎</td><td>生年月日</td><td>大昭平 49 年 3 月 1 日</td></tr>
<tr><td>住 所</td><td colspan="3">東京都江戸川区北小岩X-X-X</td></tr>
</table>

請求する給付日数（チェックを入れる）	第一級	200・400・600・800・1000・1200・1340 日分	（　　　）	受けている✓　受けていない　労災年金受給の有無
	第二級	200・400・600・800・1000・1190 日分	（　　　）	
	第三級	200・400・600・800・1000・1050 日分	（　　　）	
	第四級	200・400・600・800・920 日分	（　　　）	
	第五級	200・400・600・720 日分	（　　　）	
	第六級	200・400・600・670 日分	（　　　）	
	第七級	200・400・560 日分	（　　　）	

（注意）請求する給付日数欄の（　）には、加重障害の給付日数を記入すること。

工事中随時

上記のとおり　障害補償年金
　　　　　　　障害年金　前払一時金を請求します。

令和 7 年 1 月 20 日

郵便番号　133-XXXX　　　　　　　　　　電話番号

住 所　東京都江戸川区北小岩X-X-X　　　（3654）43XX

請求人の
（代表者）　氏 名　大 野 三 郎

中 央　労 働 基 準 監 督 署 長　　殿

振 込 を 希 望 す る 銀 行 等 の 名 称			預金の種類及び口座番号	
平 田	銀行・金庫 農協・漁協・信組	小岩	本店・支店・支所	普通・当座 第 112XXXX 号
				名義人　大 野 三 郎

労働者災害補償保険

遺族補償年金
複数事業労働者遺族年金
遺族特別支給金
遺族特別年金

支給請求書
支給申請書

[年金新規報告書提出]

業務災害用
複数業務要因災害用

① 労 働 保 険 番 号						③死亡労働者の	フリガナ	ナツキ シゲル	④ 負傷又は発病年月日

府県	所掌	管轄	基幹番号	枝番号
13	1	01	825015	001

③死亡労働者の
- 氏名　夏木茂（男・女）
- 生年月日　昭和44年 3月 26日（56歳）
- 職種　とび工
- 所属事業場名称・所在地　大山建設株式会社八丁堀作業所

④ 負傷又は発病年月日　令和7年 3月 11日　午前(後) 2時 30分頃

⑤ 死 亡 年 月 日　令和7年 3月 11日

② 年 金 証 書 の 番 号

管轄局	種別	西暦年	番号	枝番号

⑥ 災害の原因及び発生状況　（あ）どのような場所で（い）どのような作業をしているときに（う）どのような物又は環境に（え）どのような不安全な又は有害な状態があって（お）どのような災害が発生したかを簡明に記載すること

中央会館新築工事において型枠組立作業中，足場パイプ運搬を行っていたところ，
長さ4mの角パイプが5mの高さから落下し，後頭部に激突し死亡した。

⑦ 平 均 賃 金　20,398 円 12 銭

⑧ 特別給与の総額（年額）　822,000 円

⑨ 厚生年金保険等の受給関係

㋑ 死亡労働者の厚年等の年金証書の基礎年金番号・年金コード		㋺ 死亡労働者の被保険者資格の取得年月日　年 月 日

㋩ 当該死亡に関して支給される年金の種類

厚生年金保険法の	イ 遺族年金 ロ 遺族厚生年金	国民年金法の	イ 母子年金 ロ 準母子年金 ハ 遺児年金 ニ 寡婦年金 ホ 遺族基礎年金	船員保険法の遺族年金

支給される年金の額	支給されることとなった年月日	厚年等の年金証書の基礎年金番号・年金コード（複数のコードがある場合は下段に記載すること。）	所轄年金事務所等
268,800 円	令和7年 4月 11日	1101 の 07 の 985671	渋谷社会保険事務所

受けていない場合は、次のいずれかを○で囲む。　裁定請求中・不支給裁定・未加入・請求していない・老齢年金等選択

③の者については、④、⑥から⑧まで並びに⑨の㋑及び㋺に記載したとおりであることを証明します。

令和7年 4月 1日

事業の名称　八重洲・木下共同企業体　中央会館新築工事作業所　電話（ ） 3551 —52XX

〒104 —XXXX

事業場の所在地　東京都中央区八丁堀2—X—X
事業主の氏名　所長 夏川二郎
（法人その他の団体であるときはその名称及び代表者の氏名）

[注意]
⑨の㋑及び㋺については、③の者が厚生年金保険の被保険者である場合に限り証明すること。

⑩ 申請人・請求人

氏 名（フリガナ）	生 年 月 日	住 所（フリガナ）	死亡労働者との関係	障害の有無	請求人（申請人）の代表者を選任しないときは、その理由
ナツキ ミドリ　夏木 みどり	昭43・12・28	トウキョウトメグロクシモメグロ　東京都目黒区下目黒X—X—X	妻	ある・(ない)	
	・ ・			ある・ない	
	・ ・			ある・ない	

⑪ 請求人（申請人）以外の遺族氏名　を受けることのできる遺族

氏 名（フリガナ）	生 年 月 日	住 所（フリガナ）	死亡労働者との関係	障害の有無	請求人（申請人）と生計を同じくしているか
ナツキ ハナ　夏木 ハナ	平14・11・9	トウキョウトメグロクシモメグロ　東京都目黒区下目黒X—X—X	長女	(ある)・ない	(いる)・いない
ナツキ ユキ　夏木 ユキ	昭14・3・14	同上	母	ある・(ない)	(いる)・いない
	・ ・			ある・ない	いる・いない
	・ ・			ある・ない	いる・いない

⑫ 添付する書類その他の資料名

⑬ 年金の払渡しを受けることを希望する金融機関又は郵便局

金融機関（郵便貯金銀行を除く。）	名 称	※金融機関店舗コード
		関東　　(銀行)・金庫　農協・漁協・信組　　目黒　　(本店)・本所 出張所 (支店)・支所

	預金通帳の記号番号	普通・当座　第 300XXXX 号

郵便貯金銀行の支店等又は郵便局	フ リ ガ ナ 名 称	※郵便局コード
	所 在 地	都道府県　　市郡区
	預金通帳の記号番号	第 号

上記により
遺族補償年金
複数事業労働者遺族年金
遺族特別支給金
遺族特別年金
の支給を請求します。
の支給を申請します。

令和7年 4月 1日

労働基準監督署長 殿

請求人 申請人 （代表者）

〒133 —XXXX　電話（ ） 3761—XXXX
住所　東京都江戸川区北小岩X—X—X
氏名　夏木 みどり

□本件手続を裏面に記載の社会保険労務士に委託します。

個人番号　1234567890**

特別支給金について振込を希望する金融機関の名称				預金の種類及び口座番号	
関東	(銀行)・金庫　農協・漁協・信組	目黒	本店・本所 出張所 (支店)・支所	(普通)・当座　第 300XXXX 号	口座名義人 夏木 みどり

工事中随時

労働者災害補償保険　　　　　　　　　　年金申請様式第1号

遺族補償年金
~~遺　族　年　金~~　　**前払一時金請求書**

年 金 証 書 の 番 号	管轄局	種別	西暦年	番　　号

死 亡 労 働 者	氏　名	夏木　茂
	住　所	東京都目黒区下目黒X－X－X

	氏　名（記名押印又は署名）	生 年 月 日	住　　　　所
請求人	夏木 みどり	明大**昭**平 45 年 12 月 26 日	東京都目黒区下目黒X－X－X
		明大昭平 　年 　月 　日	
		明大昭平 　年 　月 　日	
		明大昭平 　年 　月 　日	
		明大昭平 　年 　月 　日	

労災年金受給の有無を○でかこむ 受けている・⊂受けていない⊃	請求する 給付日数 （ 200 ・ 400 ・ 600 ・ 800 ・ 1000　日分 ） 選択する

工事中随時

上記のとおり　遺族補償年金 ~~遺　族　年　金~~　前払一時金を請求します。

振込を希望する銀行等の 名　　　　　　　称	令和 7 年 4 月 1 日
関 東　⊂銀　行⊃・金庫 農協・漁協・信組	
目 黒　本店 ⊂支店⊃ 支所	郵便番号　　153-XXXX　　　　　電話番号 住所　　東京都目黒区下目黒X－X－X　　（　　）
預金の種類及び口座番号	請求人の （代表者）　氏 名　夏木 みどり
⊂普　通⊃・当座	
第　300XXXX　号 名義人　夏木 みどり	中央　労働基準監督署長 殿

様式第15号（表面）

労働者災害補償保険

遺族補償一時金
~~複数事業労働者遺族一時金~~ 支給請求書
遺族特別支給金 支給申請書
遺族特別一時金

① 労 働 保 険 番 号					
府県	所掌	管轄	基幹番号	枝番号	
1 3	1	0 1	8 2 5 0 1 5	0 0 1	

② 年 金 証 書 の 番 号				
管轄局	種別	西暦年	番 号	枝番号

③ 死亡労働者の

フリガナ	ナツキ シゲル
氏 名	夏木茂 （男・女）
生年月日	昭和44 年 3 月 26 日（ 56 歳）
職 種	と び 工
所属事業場の名称所在地	大山建設株式会社八丁堀作業所 東京都中央区八丁堀2－X－X

④ 負傷又は発病年月日
令和 7 年 3 月 11 日
午前・後 2 時 30 分頃

⑤ 死亡年月日
令和 7 年 3 月 11 日

⑥ 災害の原因及び発生状況 （あ）どのような場所で（い）どのような作業をしているときに（う）どのような物又は環境に（え）どのような不安全な又は有害な状態があって（お）どのような災害が発生したかを簡明に記載すること

型枠組立作業中、足場パイプ運搬を行っていたところ、長さ4mの
角パイプが5mの高さから落下し、後頭部に衝突し死亡した。

⑦ 平 均 賃 金
20,398 円 12 銭

⑧ 特別給与の総額（年額）
822,000 円

③の者については、④及び⑥から⑧までに記載したとおりであることを証明します。

電話 （ 3551 － 52XX

事 業 の 名 称 八重洲・木下共同企業体 中央会館新築工事作業所

令和 7 年 4 月 1 日

〒 104-XXXX

事 業 場 の 所 在 地 東京都中央区八丁堀2－X－X

事 業 主 の 氏 名 所長 夏川二郎

（法人その他の団体であるときは、その名称及び代表者氏名）

⑨ 請求人申請人

	フリガナ氏 名	生年月日	住 所	死亡労働者との 関 係	請求人（申請人）の代表者を選任しないときはその理由
	ナツキ ミドリ夏木 みどり	昭和43 年 12 月 26 日	東京都目黒区下目黒X－X－X	妻	
		年 月 日			
		年 月 日			
		年 月 日			
		年 月 日			

⑩ 添付する書類その他の資料名

上記により

遺族補償一時金 の支給を請求します。
~~複数事業労働者遺族一時金~~
遺族特別支給金 の支給を申請します。
遺族特別一時金

令和 7 年 4 月 1 日

〒 152-XXXX 電話 （ ） 3761 － XXXX

方

請求人申請人の（代表者） 住所 東京都目黒区下目黒X－X－X

中 央 労働基準監督署長 殿

氏名 夏木みどり

振 込 を 希 望 す る 銀 行 等 の 名 称				預 金 の 種 類 及 び 口 座 番 号	
関 東	銀 行・金庫農協・漁協・信組	目 黒	本店支店支所	普通・当座 第 300XXXX 号	
				名義人 夏木みどり	

工事中随時

－ 153 －

労働者災害補償保険

葬祭料又は複数事業労働者葬祭給付請求書

① 労働保険番号					③	フリガナ	ナツキ ミドリ	
府県 所掌 管轄 基幹番号 枝番号					請	氏 名	夏木 みどり	
1 3　1　0 1　8 2 5 0 1 5　0 0 1					求	住 所	東京都目黒区下目黒X－X－X	
② 年金証書の番号					人	死　亡		
管轄局 種別 西暦年 番 号 枝番号					の	労 働 者 と の 関 係	妻	

④ 死 亡 労 働 者 の	フリガナ	ナツキ シゲル		（男・女）	⑤ 負傷又は発病年月日
	氏 名	夏 木 茂			令和7 年 3 月 11 日
	生 年 月 日	昭和44 年 3 月 26 日 （ 56 歳）			午 前 　 後 2 時 30 分頃
	職 種	とび工			⑦ 死 亡 年 月 日
	所属事業場 名称・所在地	大山建設株式会社八丁堀作業所 東京都中央区八丁堀2－X－X			

⑥ 災害の原因及び発生状況	（あ）どのような場所で（い）どのような作業をしているときに（う）どのような物又は環境に（え）どのような不安全な又は有害な状態 があって（お）どのような災害が発生したかを簡明に記載すること	⑦
	中央会館新築工事において型枠組立作業中，足場パイプ運搬を行っていたところ， 長さ4mの角パイプが5mの高さから落下し，後頭部に激突し死亡した。	令和7 年 3 月 11 日
		⑧ 平 均 賃 金
		20,398 円 12 銭

④の者については、⑤、⑥及び⑧に記載したとおりであることを証明します。

事 業 の 名 称　八重洲・木下共同企業体　　中央会館新築工事作業所
電話(03)　3551 － 52XX

令和7 年 4 月 1 日

事業場の所在地　東京都中央区八丁堀2－X－X
〒　104-XXXX

事業主の氏名　所長 夏川 二郎

（法人その他の団体であるときは、その名称及び代表者氏名）

⑨ 添付する書類その他の資料名	

上記により葬祭料の支給を請求します。

令和7 年 4 月 1 日

郵便番号　153-XXXX　電話(03)3761 －XXXX

請 求 人 の 住 所　東京都目黒区下目黒X－X－X

中 央 労 働 基 準 監 督 署 長 殿

氏名 夏木 みどり

振 込 を 希 望 す る 銀 行 等 の 名 称				預金の種類及び口座番号	
関 東	銀行・金庫 農協・漁協・信組	目 黒	本店 支店 支所	普通・当座 第 300XXXX 号	
				名義人 夏木 みどり	

工事中随時

労働者災害補償保険
傷 病 の 状 態 等 に 関 す る 届

①	労働保険番号	府県	所掌	管轄	基幹番号	枝番号		③	負傷又は発病年月日	令和 6 年 5 月 10 日
		1　3	1　0　1	8	2　5　0　1　5	0　0　1				

② 労働者の	フリガナ	オオ ノ　サブ ロウ					
	氏　名	大　野　三　郎			（男・女）		
	生 年 月 日	昭和 49 年　3 月　1 日　（　50 歳　）		④	療養開始年月日	令和 6 年 5 月 10 日
	フリガナ	トウキョウトエドガワクキタコイワ				
	住　所	東京都江戸川区北小岩X-X-X				

⑤	傷病の名称，部位及び状態		（診断書のとおり。）

⑥ 厚生年金保険等の受給関係	厚年等の年金証書の基礎年金番号・年金コード		被保険者資格の取得年月日	年　　月　　日
	当該傷病に関して支給される年金の種類等	年 金 の 種 類	厚生年金保険法の　　イ 障害年金　　　　ロ 障害厚生年金 国民年金法の　　　　イ 障害年金　　　　ロ 障害基礎年金 船員保険法の障害年金	
		障 害 等 級		級
		支 給 さ れ る 年 金 の 額		円
		支給されることとなった年月日	年　　月　　日	
		厚年等の年金証書の基礎年金番号・年金コード		
		所 轄 社 会 保 険 事 務 所 等		

⑦	添付する書類その他の資料名	

⑧ 年金の払渡しを受けることを希望する金融機関又は郵便局	金融機関	名　称	※ 金融機関店舗コード			
			平田	銀行・金庫 農協・漁業・信組	小岩	本店・本所 支店・支所
		預金通帳の記号番号	普通・当座　第　　　112XXXX　　　号			
	郵便局		※ 郵便局コード			
		フリガナ名　称				郵便局
		所 在 地	都道府県　　　　　市郡区			
		郵便預金通帳の記号番号	第　　　　　　号			

上記のとおり届けます。

令和 7 年　1 月　20 日

中　央　　労働基準監督署長　殿

〒 133-XXXX　　電話（XX）XXXX - XXXX

届出人の
住　所　東京都江戸川区北小岩X-X-X

氏　名　大野三郎

□本件手続を裏面に記載の社会保険労務士に委託しま

個人番号　| 1 | 2 | 3 | 4 | 5 | 6 | 7 | 8 | 9 | 0 | * | * |

工事中随時

労働者災害補償保険

介護補償給付
複数事業労働者介護給付 支給請求書
介護給付

標準字体	ア	カ	サ	タ	ナ	ハ	マ	ヤ	ラ	ワ	○濁点、半濁点は一文字として書いてください。（例）
0 1 2 3 4	イ	キ	シ	チ	ニ	ヒ	ミ		リ	ン	
5 6 7 8 9	ウ	ク	ス	ツ	ヌ	フ	ム	ユ	ル	゛	
	エ	ケ	セ	テ	ネ	ヘ	メ		レ	゜	
	オ	コ	ソ	ト	ノ	ホ	モ	ヨ	ロ	ー	ガ゛ ハ゜

※帳票種別 **35290**

①管轄局番 ②受付年月日 ③特別コード ④介護区分 1有 3無

※印の欄は記入しないでください。（職員が記入します。）

◎裏面の注意事項を読んでから記入してください。 折り曲げる場合には◀の所を谷に折りさらに2つ折りにしてください。

（注意）

（イ）(⑤) 年金証書番号 管轄局 種別 西暦年 番号

（ロ）受給している労災年金の種類
□ 障害（補償）等年金 級
□ 傷病（補償）等年金 級

（ハ）障害の部位及び状態並びに当該障害を有することに伴う日常生活の状態については別紙診断書のとおり。

（ニ）⑥労働者の 氏名（カタカナ）：姓と名の間は1文字あけて左ヅメで記入してください。
コ バ ヤ シ　ヒ サ シ

生年月日 昭和39年 9月 1日

氏名 小林 久　住所 東京都江戸川区北小岩X-X-X

⑦(ホ)請求対象年月	⑧(ヘ)費用を支出して介護を受けた日数	⑨(ト)介護に要する費用として支出した費用の額	介護に従事した者 ※⑩	親族 ⑪	友人・知人 ⑫	看護師・家政婦又は看護補助者 施設職員 ⑬
90604	20	120000				
⑭(ホ)請求対象年月	⑮(ヘ)費用を支出して介護を受けた日数	⑯(ト)介護に要する費用として支出した費用の額	介護に従事した者 ※⑰	親族 ⑱	友人・知人 ⑲	看護師・家政婦又は看護補助者 施設職員 ⑳
90605	10	60000				
㉑(ホ)請求対象年月	㉒(ヘ)費用を支出して介護を受けた日数	㉓(ト)介護に要する費用として支出した費用の額	介護に従事した者 ※㉔	親族 ㉕	友人・知人 ㉖	看護師・家政婦又は看護補助者 施設職員 ㉗
90606	20	120000				

1～9月は右に 1～9月は左に 1～9月は左に

右の欄及び㉚から㉝までの欄は、口座を新規に届け出る場合又は届け出た口座を変更する場合のみ記入してください。 新規・変更

振込を希望する金融機関の名称 **平田** 本店・本所 出張所 支店・支所

銀行 金庫 農協 漁協 信組

口座名義人 小岩 **小岩** 本所・本店 出張所 支店・支所

口座名義人 **小林 久**

㉘※金融機関コード 金融機関 店舗
㉙※郵便局コード

㉚(チ)預（貯）金の種別 **1** 1:普通 3:当座

㉛口座番号（左詰め、ゆうちょ銀行の場合は、記号（5桁）は左詰め、番号は右詰めで記入し、空欄には「0」を記入） **1112855**

㉜口座名義人（カタカナ）：姓と名の間は1文字あけて左ヅメで記入してください。
コ バ ヤ シ　ヒ サ シ

㉝（続き）口座名義人（カタカナ）

（リ）介護を受けた場所又は住居 施設等 （ただし、病院、診療所、介護老人保健施設、介護医療院、特別養護老人ホーム及び原子爆弾被爆者特別養護ホームは除く。） けた場所 所在地 名称 電話（　）　－

（ヌ）介護に従事した者	氏名	生年月日	続柄	介護期間・日数	区分
	小林 良子	昭和42年 1月15日	妻	4月11日から 6月5日まで 56日間	イ 親族 ロ 友人・知人 ハ 看護師・家政婦又は看護補助者 ニ 施設職員
	小島 素子	昭和44年 3月13日		6月6日から 6月30日まで 25日間	イ 親族 ロ 友人・知人 ハ 看護師・家政婦又は看護補助者 ニ 施設職員
		年 月 日		月 日から 月 日まで 日間	イ 親族 ロ 友人・知人 ハ 看護師・家政婦又は看護補助者 ニ 施設職員

（ル）添付する書類 イ 診断書 ロ 介護に要した費用の額の証明書（ 1 通）

介護補償給付
上記により複数事業労働者介護給付 の支給を請求します。
介護給付

令和6年 7月 1日

中央 労働基準監督署長 殿

〒133-XXXX 電話（XX）XXXX-XXXX

住所 東京都江戸川区北小岩X-X-X

請求人の （　　方）

氏名 小林 久

［介護の事実に関する申立て］ 私は、上記（リ）及び（ヌ）のとおり介護に従事したことを申し立てます。

住所	氏名	電話番号
東京都江戸川区北小岩X-X-X	小林 良子	
東京都江戸川区北小岩X-X-X	小島 素子	

一、記載すべき事項のない欄又は記入枠は空欄のままとし、事項を選択する場合には該当事項を○で囲んでください。（ただし、⑦、⑭、㉑及

二、□□□で表示された枠（以下「記入枠」という。）に記入する文字は、光学式文字読取装置（OCR）で直接読取りを行いますので、汚し

三、記入枠の部分は、必ず黒のボールペンを使用し、様式の右上に記載された「標準字体」にならって、枠からはみださないように大きめのカタカナ及びアラビア数字で明瞭に記載してください。

工事中随時

通勤災害用
療養給付たる療養の給付請求書

裏面に記載してある注意事項をよく読んだ上で、記入してください。

標　準　字　体	0	1	2	3	4	5	6	7	8	9	゛	゜	―
ア	イ	ウ	エ	オ	カ	キ	ク	ケ	コ	サ	シ	ス	セ	ソ	タ	チ	ツ	テ	ト	ナ	ニ	ヌ
ネ	ノ	ハ	ヒ	フ	ヘ	ホ	マ	ミ	ム	メ	モ	ヤ	ユ	ヨ	ラ	リ	ル	レ	ロ	ワ	ン

標準字体で記入してください。

※ 帳票種別 **3 4 5 9 0**　①管轄局署 □□□□　②業通別 **3** （1業 3通）　③保留 □ （1金レセ 3金給付）　④処理区分 □□

④受付年月日 ※ 元号 □ □□ 月 □□ 日 □□

⑤労働保険番号　府県 **1 3** 所掌 **1** 管轄 **0 1** 基幹番号 **8 2 5 0 1 5 0 0** 枝番号 **0 0 1**

中央証番号記入欄

⑦支給・不支給決定年月日 ※ 元号 □ □□ 月 □□ 日 □□

⑧性別 **1** （1男 3女）　⑨労働者の生年月日 元号 **1** （3大正 5昭和 7平成）**5 3 8 0 9 0 1**　⑩負傷又は発病年月日 元号 **9 0 6 0 6 0 1**

⑪再発年月日 ※ 元号 □ □□ 月 □□ 日 □□

⑫労働者の シメイ（カタカナ）：姓と名の間は1字あけて記入してください。濁点・半濁点は1字として記入してください。

オオモリ　サブ゛ロウ

⑬二者 ※ □ （1円 3分 5組）　⑭特別加入者 □

氏名　**大森 三郎**　（60歳）

⑰第三者行為災害　該当する（該当しない）

⑯郵便番号　**201 - XXXX**

フリガナ　**トウキョウトコマエシヒガシイズミ**

住所　**東京都狛江市東和泉X―X―X**

職種　**機械運転工**

⑱健康保険日雇特例被保険者手帳の記号及び番号

⑲通勤災害に関する事項　裏面のとおり

⑳指定病院等の　名称　**東京都立大久保病院**　電話（　　　）　　―

所在地　**東京都新宿区西大久保X―X―X**　〒

㉑傷病の部位及び状態　**左脛骨、腓骨及び右腓骨骨折**

⑫の者については、⑩及び裏面の（ロ）、（ハ）、（ニ）、（ホ）、（ト）、（チ）、（リ）（通常の通勤の経路及び方法に限る。）及び（ヲ）に記載したとおりであることを証明します。

令和6年 6月 3日

事業の名称　**八重洲・木下共同企業体　中央会館新築工事作業所**　電話（ 03 ）3551 - 52XX

事業場の所在地　**東京都中央区八丁堀2―X―X**　〒 104 - XXXX

事業主の氏名　**所長 夏川 二郎**

（法人その他の団体であるときはその名称及び代表者の氏名）

労働者の所属事業場の名称・所在地　　　　電話（　　　）　　―

（注意）　1　事業主は、裏面の（ロ）、（ハ）及び（リ）については、知り得なかった場合には証明する必要がないので、知り得なかった事項の符号を消してください。
2　労働者の所属事業場の名称・所在地については、労働者が直接所属する事業場が一括適用の取扱いを受けている場合に、労働者が直接所属する支店、工事現場等を記載してください。
3　派遣労働者について、療養給付のみの請求がなされる場合にあっては、派遣先事業主は、派遣元事業主が証明する事項の記載内容が事実と相違ない旨裏面に記載してください。

上記により療養給付たる療養の給付を請求します。

令和6年 6月 3日

中央 労働基準監督署長 殿

〒 201- XXXX　　電話（ 03 ）332 - XXXX

東京都立大久保　病院 診療所 薬局 訪問看護事業者　経由

請求人の　住所　**東京都狛江市東和泉X―X―X**　（　　　方）

氏名　**大森 三郎**

	署　長	副署長	課　長	係　長	係	決定年月日		（この欄は記入しないでください。）
支不支給決定決議書						・　・	不支給の理由	
	調査年月日	・　・		・　・		・　・		
	復命書番号	第　号	第　号	第　号				

工事中随時

左側縦書き：**工事中随時**

（イ）	災害時の通勤の種別 （該当する記号を記入）	イ	イ．住居から就業の場所への移動 ハ．就業の場所から他の就業の場所への移動 ニ．イに先行する住居間の移動	ロ．就業の場所から住居への移動 ホ．ロに接続する住居間の移動

（ロ）	負傷又は発病の年月日及び時刻	6 年 6 月 1 日	午後 6 時 45 分頃

（ハ）	災害発生の場所	新宿駅構内	（ニ）就業の場所（災害時の通勤の種別がハに該当する場合は移動の終点たる就業の場所）	中央会館新築工事作業所

（ホ）	就業開始の予定年月日及び時刻 （災害時の通勤の種別がイ、ハ又はニに該当する場合は記載すること）	6 年 6 月 1 日	午後 8 時 00 分頃

（ヘ）	住居を離れた年月日及び時刻 （災害時の通勤の種別がイ、ニ又はホに該当する場合は記載すること）	6 年 6 月 1 日	午後 6 時 00 分頃

（ト）	就業終了の年月日及び時刻 （災害時の通勤の種別がロ、ハ又はホに該当する場合は記載すること）	年 月 日	午前・午後 時 分頃

（チ）	就業の場所を離れた年月日及び時刻 （災害時の通勤の種別がロ又はハに該当する場合は記載すること）	年 月 日	午前・午後 時 分頃

（リ）	災害時の通勤の種別に関する移動の通常の経路、方法及び所要時間並びに災害発生の日に住居又は就業の場所から災害発生の場所に至った経路、方法、所要時間その他の状況	新宿線新宿駅 改札・札口 下る←×→事故発生場所 ［通常の通勤所要時間　1 時間 30 分］

（ヌ）	災害の原因及び発生状況 （あ）どのような場所を （い）どのような方法で移動している際に （う）どのような物で又はどのような状況において （え）どのようにして災害が発生したか （お）⑩との初診日が異なる場合はその理由を簡明に記載すること	当日、平常通り6時に自宅を出て新宿線新宿駅に午前6時42分に到着した。 中央線に乗りかえるため、新宿線新宿駅中央連絡口に向う途中構内階段附近で 大勢の人に押され、階段より転倒、負傷した。

（ル）	現認者の	住所	東京都渋谷区代々木X－X－X　新宿電鉄(株)
		氏名	新宿駅改札係　村上　勇　　　　電話(03)3348 ー11XX

（ヲ）	転任の事実の有無 （災害時の通勤の種別がニ又はホに該当する場合）	有・無	（ワ）	転任直前の住居に係る住所	

㉒その他就業先の有無		
有 無	有の場合のその数 （ただし表面の事業場を含まない）　　　　社	有の場合でいずれかの事業で特別加入している場合の特別加入状況（ただし表面の事業を含まない） 労働保険事務組合又は特別加入団体の名称
	労働保険番号（特別加入）	加入年月日　　　　　　　　　年　　　月　　　日

[項目記入に当たっての注意事項]
1　記入すべき事項のない欄又は記入枠は空欄のままとし、事項を選択する場合には当該事項を○で囲んでください。（ただし、⑧欄並びに⑨及び⑩欄の元号については該当番号を記入枠に記入してください。）
2　傷病年金の受給権者が当該傷病にかかる療養の給付を請求する場合には、⑤労働保険番号欄に左詰で年金証書番号を記入してください。また、⑨及び⑩は記入しないでください。
3　⑱は、請求人が健康保険の日雇特例被保険者でない場合には記載する必要はありません。
4　（ホ）は、災害時の通勤の種別がハの場合には、移動の終点たる就業の場所における就業開始の予定時刻を、ニの場合には、後続するイの移動の終点たる就業の場所における就業開始の予定の年月日及び時刻を記載してください。
5　（ト）は、災害時の通勤の種別がハの場合には、移動の起点たる就業の場所における就業終了の年月日及び時刻を、ホの場合には、先行するロの移動の起点たる就業の場所における就業終了の年月日及び時刻を記載してください。
6　（チ）は、災害時の通勤の種別がハの場合には、移動の起点たる就業の場所を離れた年月日及び時刻を記載してください。
7　（リ）は、通常の通勤の経路を図示し、災害発生の場所及び災害発生の日に住居又は就業の場所から災害発生の場所に至った経路を朱線等を用いて分かりやすく記載するとともに、その他の事項についてもできるだけ詳細に記載してください。

[標準字体記入にあたっての注意事項]
　　　　□□□　で表示された記入枠に記入する文字は、光学式文字読取装置(OCR)で直接読取りを行いますので、以下の注意事項に従って、表面の右上に示す標準字体で記入してください。
1　筆記用具は黒ボールペンを使用し、記入枠からはみださないように書いてください。
2　「促音」「よう音」などは大きく書き、濁点、半濁点は1文字として書いてください。
（例）
　　キッテ → キツテ　　　キョ→キヨ　　　バ→ハ゛
3　シツソン は斜の弧を書き始めるとき、小さくカギを付けてください。
4　Ｉはカギを付けないで垂直に、4 の2本の縦線は上で閉じないで書いてください。

派遣先事業主 証明欄	派遣元事業主が証明する事項（表面の⑩並びに(ロ)、(ハ)、(ニ)、(ホ)、(ト)、(チ)、(リ)（通常の通勤の経路及び方法に限る。）及び(ヲ)）の記載内容について事実と相違ないことを証明します。	
	年　　月　　日	事業の名称　　　　　　　　　　　　　　電話(　　)　ー 事業場の所在地　　　　　　　　　　　　〒　ー 事業主の氏名 （法人その他の団体であるときはその名称及び代表者の氏名）

社会保険 労務士 記載欄	作成年月日・提出代行者・事務代理者の表示	氏　名	電話番号
			(　　)　ー

様式第16号の4

労働者災害補償保険
療養給付たる療養の給付を受ける指定病院等（変更）届

中央　労働基準監督署長　殿　　　　　　　　　　　　令和　6 年　6 月　1 日

〒　252 　—　XXXX

病　　　　院	
診　療　所	経由
薬　　　局	
訪 問 看 護 事 業 者	

電話　（　　　）　332 — XXXX

届出人の　　住　所　東京都狛江市東和泉X−X−X

　　　　　　　　　　　　　　　　　　　　　　　　　　　　　　　方

氏　名　大 森 三 郎

下記により療養補償給付たる療養の給付を受ける指定病院等を(変更するので)届けます。

①　労　働　保　険　番　号					③ 氏　　名	大 森 三 郎	男・女	④ 負傷又は発病年月日	
府県 所掌 管轄	基　幹　番　号	枝番号			労 生年月日	昭和38 年 9 月 1 日 (60 歳)		令和6年　6 月　1 日	
13 1 01	8 2 5 0 1 5	0 0 1			働 住　　所	東京都狛江市東和泉X-X-X		前	
②　年　金　証　書　の　番　号					者			午	6 時　45 分頃
管轄局 種別 西暦年 番　号					の 職　　種	機械運転手		後	

⑤ 災害の原因及び発生状況 (あ) どのような場所で (い) どのような作業をしているときに (う) どのような物又は環境に (え) どのような不安全な又は有害な状態があって (お) どのような災害が発生したかを簡明に記載すること。

通勤途上、新宿線新宿駅構内階段附近にて、大勢の人に押されて転倒、負傷した。

③の者については、④及び⑤に記載したとおりであることを証明します。

事 業 の 名 称　　八重洲・木下共同企業体　中央会館新築工事作業所

令和　6 年 6 月 7 日　　〒　104 — XXXX　　電話（　03 ）　3511 — 52XX

事 業 場 の 所 在 地 東京都中央区八丁堀2−X−X

事 業 主 の 氏 名　　　所長　夏 川 二 郎

（法人その他の団体であるときはその名称及び代表者の氏名）

⑥ 指定病院等の変更	変 更 前 の	名　　称	東京都立大久保病院	（労災指定医番号　　　　　　）
		所 在 地	東京都新宿区大久保X−X−X	〒
	変 更 後 の	名　　称	東京都立狛江病院	
		所 在 地	東京都狛江市和泉本町X-X-X	〒
	変 更 理 由		自宅附近の病院で治療に便利なため	
⑦	傷病補償年金の支給を受けることとなった後に療養の給付を受けようとする指定病院等の	名　　称		
		所 在 地		〒
⑧ 傷　　病　　名			左脛骨、腓骨及び右腓骨骨折	

工事中随時

— 159 —

■ 様式第16号の5（1）（表面）　労働者災害補償保険

通勤災害用

療養給付たる療養の費用請求書　第 **1** 回（同一傷病分）

標準字体：0 1 2 3 4 5 6 7 8 9 ゛ ゜ －
ア イ ウ エ オ カ キ ク ケ コ サ シ ス セ ソ タ チ ツ テ ト ナ ニ ヌ
ネ ノ ハ ヒ フ ヘ ホ マ ミ ム メ モ ヤ ユ ヨ ラ リ ル レ ロ ワ ン

工事中随時

※帳票種別	①管轄局署	②業通別	⑩受付年月日	⑩三者コード	⑪委任未支給	⑫委任	特別加入者	⑬審査コード
3 4 2 6 0		3（1業 3通）						

③労働保険番号：府県 1 3 　所掌 1 　管轄 0 1 　基幹番号 8 2 5 0 1 5 　枝番号 0 0 1
④年金証書の番号：管轄局　種別　西暦年　番号

⑤労働者の性別：1（男女）
⑥労働者の生年月日：5 4 2 0 8 1 4
⑦負傷又は発病年月日：9 0 6 1 1 1 8
⑭金融機関コード　店舗
⑮郵便局コード

⑧シメイ（カタカナ）：オ オ ク ホ ゛ マ サ ト

氏名　大久保正人　（57歳）　職種　型枠大工

㉖郵便番号　1 3 6 - X X X X　江東区亀戸X-X-XX

新規・変更
⑯預金の種類：1（普通 3当座）
振込を希望する金融機関の名称　関東　江東
口座名義人　大久保正人
⑰口座番号：7 8 9 0 1
⑱メイギニン（カタカナ）：オ オ ク ホ ゛ マ サ ト
⑲（つづき）メイギニン（カタカナ）

⑧の者については、⑦並びに裏面の（ワ）（通常の通勤の経路及び方法に限る。）、（カ）、（ヨ）、（タ）、（レ）、（ツ）、（ネ）及び（ム）に記載したとおりであることを証明します。

事業の名称　八重洲・木下共同企業体　電話（03）3551-52XX
6年11月25日
事業場の所在地　東京都中央区八丁堀2-X-X　〒104-XXXX
事業主の氏名　所長　夏川二郎

医師又は歯科医師等の証明

| 療養の内容 | （イ）初問 6年11月18日 | から 6年11月22日まで 5日間 | 診療実日数 2日 |

（ロ）傷病の部位及び傷病名　右腕擦過傷
（ハ）傷病の経過の概要　上記急患にて消毒、止血、化膿止め

⑧の者については、（イ）から（ニ）までに記載したとおりであることを証明します。
令和6年11月22日　〒
病院又は診療所の所在地　江東区亀戸△-△-△
名称　中西医院　電話（ ）-
診療担当者氏名

6年11月22日　⑮（症状固定）・継続中・転医・中止・死亡

（ニ）療養の内訳及び金額（内訳裏面のとおり。）　5,475円

（ホ）看護料　年月日から　年月日まで　日間（看護師の資格の有・無）
（ヘ）移送費　から　まで　片道・往復　キロメートル　回
（ト）上記以外の療養費（内訳別紙請求書又は領収書）　枚のとおり。
（チ）療養の給付を受けなかった理由
⑳療養に要した費用の額（合計）　5 4 7 5 円

㉑費用の種別	㉒療養期間の初日	㉓療養期間の末日	㉔診療実日数	㉕転帰事由
※		から　まで	日	

上記により療養給付たる療養の費用の支給を請求します。

令和6年11月25日
〒136-XXXX　電話（ ）-
住所　東京都江東区亀戸X-X-XX
請求人の　氏名　大久保正人

中央　労働基準監督署長　殿

(リ)災害時の通勤の種別 (該当する記号を記入)	イ	イ. 住居から就業の場所への移動 ハ. 就業の場所から他の就業の場所への移動 ニ. イに先行する住居間の移動	ロ. 就業の場所から住居への移動 ホ. ロに後続する住居間の移動

(ヌ)労働者の 所属事業場の 名称・所在地	大山建設株式会社八丁堀作業所 東京都中央区八丁堀2－X－X	(ル) 現認者の	住所 東京都江東区亀戸 X－X－XX
			氏名 米屋玄三　　　　　　電話(　)　－

(ヲ)災害の原因及び発生状況　(あ)どのような場所を(い)どのような方法で移動している際に(う)どのような物で又はどのような状況において(え)どのようにして災害が発生した
か(お)⑦と初診日が異なる場合はその理由を簡明に記載すること

　当日、自宅を出て、亀戸 X－X－XX先京葉道路歩道を歩いていたところ歩道の縁石につまづいて転倒、右腕をすりむいた。

　出血があったため、付近の中西医院で加療したのち出勤した。

(カ)負傷又は発病の年月日及び時刻	年　月　日　午前・後　時　分頃	(ワ)災害時の通勤の種別に関する移動の通常の経路、方法及び所要時間並びに災害発生の日に住居又は就業の場所から災害発生の場所に至った経路、方法、時間その他の状況
(ヨ)災害発生の場所	東京都江東区亀戸 X－X－XX 先路上	
(タ)就業の場所(災害時の通勤の種別がハに該当する場合は移動の終点たる就業の場所)	東京都中央区八丁堀2－X－X 中央会館新築工事作業所	
(レ)就業開始の予定年月日及び時刻(災害時の通勤の種別がイ、ハ又はニに該当する場合は記載すること)	6年1月18日　午前・後　7 時 15 分頃	
(ソ)住居を離れた年月日及び時刻(災害時の通勤の種別がイ、ニ又はホに該当する場合は記載すること)	年　月　日　午前・後　8 時 00 分頃	
(ツ)就業終了の年月日及び時刻(災害時の通勤の種別がロ、ハ又はホに該当する場合は記載すること)	年　月　日　午前・後　7 時 00 分頃	
(ネ)就業の場所を離れた年月日及び時刻(災害時の通勤の種別がロ又はハに該当する場合は記載すること)	年　月　日　午前・後　時　分頃	
(ナ)第三者行為災害	該当する・該当しない	
(ラ)健康保険日雇特例被保険者手帳の記号及び番号		
(ム)転任の事実の有無(災害時の通勤の種別がニ又はホに該当する場合)	有・無　(ウ)転任直前の住居に係る住所	

至JR亀戸駅
自宅より徒歩15分　×
事故発生場所
江東区亀戸×－×－××先歩道上
自宅

(通常の移動の所要時間　　　時間 50 分)

療養の内訳及び金額

診療内容				点数(点)	診療内容	金額	摘要
初診	時間外・休日・深夜				初診	円	
再診	外来診療料	×	回		再診　　　　回	円	
	継続管理加算	×	回		指導　　　　回	円	
	外来管理加算	×	回		その他	円	
	時間外	×	回		食事(基準)		
	休日	×	回		円×　　日間	円	
	深夜	×	回		円×　　日間	円	
指導					円×　　日間	円	
在宅	往診		回		小計　②	円	
	夜間		回				
	緊急・深夜		回		摘要		
	在宅患者訪問診療		回				
	その他						
	薬剤						
投薬	内服　薬剤		単位				
	調剤	×	単位				
	屯服　薬剤		単位				
	外用　薬剤		単位				
	調剤		回				
	処方		回				
	麻毒						
	調基						
注射	皮下筋肉内		回				
	静脈内		回				
	その他		回				
処置			回				
	薬剤						
手術麻酔			回				
	薬剤						
検査			回				
	薬剤						
画像診断			回				
	薬剤						
その他	処方せん		回				
	薬剤						

入院	入院年月日	年　月　日	
	病・診・衣	入院基本料・加算	
		×	日間
		×	日間
		×	日間
		×	日間
		×	日間
	特定入院料・その他		

26その他就業先の有無		
有 無	有の場合のその数 (ただし表面の事業場を含まない)	社
有の場合でいずれかの事業で特別加入している場合の特別加入状況(ただし表面の事業を含まない)	労働保険事務組合又は特別加入団体の名称	
	加入年月日　　　年　月　日	
	労働保険番号(特別加入)	

小計　　　点　①		円	合計金額①+②	円

派遣先事業主 証明欄	派遣元事業主が証明する事項(表面の⑦並びに(ワ)(通常の通勤の経路及び方法に限る。)、(カ)、(ヨ)、(タ)、(レ)、(ツ)、(ネ)及び(ム))の記載内容について事実と相違ないことを証明します。		
	年　月　日	事業の名称	電話(　)　－
		事業場の所在地	〒　－
		事業主の氏名	
		(法人その他の団体であるときはその名称及び代表者の氏名)	

社会保険 労務士 記載欄	作成年月日・提出代行者・事務代理者の表示	氏　名	電話番号
			(　)　－

工事中随時

■ 通勤災害用

労働者災害補償保険
休業給付支給請求書　第 1 回
休業特別支給金支給申請書（同一傷病分）

標　準　字　体	0 1 2 3 4 5 6 7 8 9 ゛ ゜ ー
	ア イ ウ エ オ カ キ ク ケ コ サ シ ス セ ソ タ チ ツ テ ト ナ ニ ヌ
	ネ ノ ハ ヒ フ ヘ ホ マ ミ ム メ モ ヤ ユ ヨ ラ リ ル レ ロ ワ ン

※帳票種別 `3 4 3 6 0`

①管轄局署　③新継再別 `1新継7新継所` ④受付年月日 年 月 日　⑧業通別 `3` `1業 3通`　⑨三者コード `1者 3 5` `1自 3 5 他`　⑩口届コード `1口 3 5` `1日`　⑪特別加入者

⑰平均賃金　十万 万 千 百 十 円 ・ 十 銭　⑱特別給与の額　千万 百万 十万 万 千 百 十 円　⑬山数算定 `1療2誤待3賃`　⑭特支コード　⑮委任木支給 `1特` `1委 3木`　⑯特別コード `1特`

②労働保険番号
府県 所掌 管轄 基幹番号 枝番号
`1 3 1 0 1 8 2 5 0 1 5 0 0 1` `1`

⑤労働者の性別 `1男 3女` `1`

⑥労働者の生年月日 `5 3 8 0 9 0 1`

⑫労働者の氏名（シメイ（カタカナ）：姓と名の間は1文字あけて記入してください。濁点・半濁点は1文字として記入してください。）
`オ オ モ リ　サ ブ ロ ウ`
大森 三郎　（60歳）

⑦負傷又は発病年月日 `9 0 6 0 6 0 1`

労働者の住所　⑳郵便番号 `2 0 1 - X X X X`　東京都狛江市東和泉X-XX-X

⑲療養のため労働できなかった期間 `9 0 6 0 6 0 1` から `0 0 6 0 7 1 3` まで　43日間のうち `4 3`日

㉓預金の種類 `1普通 3当座` `1`　㉔口座番号 `0 1 2 6 7 0 6`

㉒振込を希望する金融機関の名称
新規・変更
横浜　（金融機関）
本店・本所 出張所 支店・支所

㉕メイギニン（カタカナ）
`オ オ モ リ　サ ブ ロ ウ`
（つづき）メイギニン（カタカナ）

口座名義人　大森 三郎

⑫の者については、（⑦、⑲、㉓、㉔から㉗まで、㉟、㊲、㊳、㊵、㊶、㊷（通常の通勤の経路及び方法に限る。）、㊼、㊾、㊿（㊿の（ハ）を除く。）及び別紙2に記載したとおりであることを証明します。

6 年7 月22 日
事業の名称　八重洲・木下共同企業体　中央会館新築工事作業所　電話（3551）52XX
事業場の所在地　中央区八丁堀2-X-X　〒104-99XX
事業主の氏名　所長　夏川二郎
（法人その他の団体であるときはその名称及び代表者の氏名）
労働者の直接所属事業場名称所在地　大山建設㈱八丁堀作業所
中央区八丁堀2-X-X　電話（3551）43XX

（注意）
1. ㊿の（イ）及び（ロ）については、⑫の者が厚生年金保険の被保険者である場合に限り証明してください。
2. 労働者の直接所属事業場名称所在地については、当該事業場が一括適用の取扱いを受けている場合に、労働者が直接所属する支店、工事現場等を記載してください。

診療担当者の証明
㉘傷病の部位及び傷病名　右脛骨、腓骨及び右腓骨骨折
㉙療養の期間　6 年6 月1 日から6 年7 月13 日まで　43 日間　診療実日数 10 日
㉚療養の現況　6 年7 月13 日　治癒（症状固定）・死亡・転医・中止・継続中
㉛療養のため労働することができなかったと認められる期間　6 年6 月1 日から6 年7 月13 日まで　43 日間のうち 43 日
⑫の者については、㉘から㉛までに記載したとおりであることを証明します。
令和6 年7 月25 日
〒210 - XXXX　電話（03 XXXX-XXXX）
病院又は診療所の　所在地　東京都狛江市和泉本町X-XX-X
名称　東京都立狛江病院
診療担当者氏名　山野義正

上記により休業給付の支給を請求します。
休業特別支給金の支給を申請します。
令和6 年7 月25 日
〒210-XXXX　電話（03 XXXX-XXXX）
請求人の申請人の　住所　東京都狛江市東和泉X-XX-X　　（　　方）
氏名　大森三郎

中央　労働基準監督署長　殿

（注意）欄・左側縦書き注記：
三、記入枠の部分は、必ず黒のボールペンを使用し、様式右上に記載された（標準字体）にならって、枠からはみ出さないように大きめのカタカナ及びアラビア数字で明瞭に記載してください。（ただし、⑤及び㉓欄並びに⑥、⑦及び㉓、⑲欄の元号については該当する数字を記入枠に記入してください。）

二、記入すべき事項のない欄又は記入枠は、空欄のままとし、事項を選択する場合には該当事項を○で囲んでください。

一、□□□で表示された枠（以下「記入枠」という。）に記入する文字は、光学式文字読取装置（OCR）で直接読取りを行うので、汚したり、穴をあけたり、必要以上に強く折り曲げたり、のりづけしたりしないでください。

工事中随時

※印の欄は記入しないでください。（職員が記入します。）
◎裏面の注意事項を読んでから記入してください。
折り曲げる場合には（●）の所を谷に折りさらに2つ折りにしてください。

様式第16号の6（裏面）

㉜ 労働者の職種	㉝ 負傷又は発病の年月日及び時刻		㉞ 平均賃金（算定内訳別紙1のとおり）	
機械運転手	6 年6月1日 午前・後 7 時00 分頃		17,397 円 07 銭	

㉟ 災害時の通勤の種別 （該当する記号を記入）	イ．住居から就業の場所への移動 　　ロ．就業の場所から住居への移動 ハ．就業の場所から他の就業の場所への移動 ニ．イに先行する住居間の移動　　　ホ．ロに後続する住居間の移動
㊱ 災害発生の場所	新宿線新宿駅構内
㊲ 就業の場所 （災害時の通勤の種別がハに該当する場合は移動の終点たる就業の場所）	東京都中央区八丁堀2－X－X　中央会館新築工事作業所
㊳ 就業開始の予定年月日及び時刻 （災害時の通勤の種別がイ又はハに該当する場合に記載すること）	6 年 6 月 1 日 午前・後 8 時00 分頃
㊴ 住居を離れた年月日及び時刻 （災害時の通勤の種別がイ、ニ又はホに該当する場合に記載すること）	6 年 6 月 1 日 午前・後 6 時00 分頃
㊵ 就業終了の年月日及び時刻 （災害時の通勤の種別がロ、ハに該当する場合に記載すること）	年 月 日 午前・後 時 分頃
㊶ 就業場所を離れた年月日及び時刻 （災害時の通勤の種別がロ又はハに該当する場合に記載すること）	年 月 日 午前・後 時 分頃

㊷ 災害時に通勤の種別に関する移動の通常の経路、方法及び所要時間並びに災害発生の日に住居又は就業の場所から災害発生の場所に至った経路、方法、所要時間その他の状況	新宿線新宿駅 改札口 下る←─Ⅹ─　事故発生場所 〔通常の通勤所要時間〕 1 時間 30 分
㊸ 災害の原因及び発生状況 (あ) どのような場所を (い) どのような方法で移動している際に (う) どのような物で又はどのような状況において (え) どのようにして災害が発生したか (お) ⑦と初診日が異なる場合はその理由を簡明に記載すること	当日、平常通り6時に自宅を出て新宿線新宿駅に午前6時42分に到着した。中央線に乗り換えるため、新宿線新宿駅中央連絡口に向う途中、構内階段付近で大勢の人に押され、階段より転倒、負傷した。

㊹ 現認者の	住 所	東京都渋谷区代々木 Ⅹ－ＸＸ－Ｘ 電話（03）3348－11ＸＸ
	氏 名	新宿電鉄㈱ 新宿駅改札係 村 上 勇

㊺ 第三者行為災害	該当する・該当しない
㊻ 健康保険日雇特例被保険者手帳の記号及び番号	

㊼ 転任の事実の有無 （災害時に通勤の種別がニ又はホに該当する場合）	有 ・ 無	㊽ 転任直前の住居に係る住所	

㊾ 休業給付額・休業特別支給金額の改定比率	（平均給与額証明書のとおり）

㊿ 厚生年金保険等の受給関係	(イ)基礎年金番号		(ロ)被保険者資格の取得年月日			年 月 日	
	(ハ) 当該傷病に関して支給される年金の種類等	年 金 の 種 類	厚生年金保険法の	イ 障害年金 ロ 障害厚生年金			
			国民年金法の	ハ 障害年金 ニ 障害基礎年金			
			船員保険法の	ホ 障害年金			
		障 害 等 級				級	
		支給される年金の額				円	
		支給されることとなった年月日		年 月 日			
		基礎年金番号及び厚生年金等の年金証書の年金コード					
		所轄年金事務所等					

有 無	㊿その他就業先の有無		
	有の場合のその数 （ただし表面の事業場を含まない） 社	有の場合でいずれかの事業で特別加入している場合の特別加入状況 （ただし表面の事業を含まない）	
		労働保険事務組合又は特別加入団体の名称	
	労働保険番号（特別加入）	加入年月日	年 月 日
		給付基礎日額	円

社会保険労務士記載欄	作成年月日・提出代行者・事務代理者の表示	氏 名	電 話 番 号
			（ ）　－

〔注　意〕

一、所定労働時間後に負傷した場合には、㉞及び㊾欄については、当該負傷した日を除いて記載してください。

二、別紙1欄には、平均賃金の算定基礎期間中に業務外の傷病の療養等のために休業した期間があり、その期間及びその期間中に受けた賃金を算定基礎から控除して算定した平均賃金に相当する額が平均賃金の額を超える場合に記載し、賃金及び賃金の内訳を記載した別紙2欄に記載してください。この場合には、㉞欄には、この算定方法による平均賃金に相当する額を記載してください。

三、別紙2は、㉞欄の「賃金を受けなかった日」のうち通勤による負傷又は疾病による療養のため所定労働時間の一部について労働した日（別紙2において「一部休業日」という。）がある場合に限り添付してください。

四、㉞欄には、その者の給付基礎日額を記載してください。

五、（三）㊷欄の「その他就業先の有無」で「有」に○を付けた場合に、その他就業先ごとに記載してください。その際、その他就業先ごとに別紙1及び別紙2を添付してください。

（二）（一）㉝、㉞、㊾、㊿及び㊿欄は記載する必要はありません。

六、㉜欄から㊺欄まで、㊼欄及び㊽欄については、前回の請求又は申請後の分について記載してください。

七、㊻欄は、請求人（申請人）が健康保険の日雇特例被保険者である場合に、その手帳の記号及び番号を記載してください。

八、別紙1（平均賃金算定内訳）は付する必要はありません。

（四）㊿欄の労働保険番号を記載してください。

（三）㊻欄は、請求人（申請人）が健康保険の日雇特例被保険者で、休業特別支給金の支給の申請のみを行う場合には、㊿欄は記載する必要はありません。

工事中随時

－ 163 －

労　働　保　険　番　号					氏　　　　名	災害発生年月日
府県	所掌	管轄	基幹番号	枝番号	大 森 三 郎	令和 6 年 6 月 1 日
1 3	1	0 1	8 2 5 0 1 5	0 0 1		

平均賃金算定内訳

（労働基準法第12条参照のこと。）

雇入年月日	平成 26 年 4 月 7 日	常用・日雇の別	⦿常用・日雇
賃 金 支 給 方 法	⦿月給・週給・⦿日給 時間給・出来高払制・その他請負制	賃金締切日	毎月 15 日

（左側縦書き）工事中随時

		賃 金 計 算 期 間	月　日から 月　日まで	月　日から 月　日まで	月　日から 月　日まで	計	
A	月・週その他一定の期間によって支払ったもの	総　日　数	日	日	日	(イ)	日
		基 本 賃 金	円	円	円		円
	賃	手　当					
		手　当					
	金						
		計	円	円	円	(ロ)	円
B	日若しくは時間又は出来高払制その他の請負制によって支払ったもの	賃 金 計 算 期 間	2 月 16 日から 3 月 15 日まで	3 月 16 日から 4 月 15 日まで	4 月 16 日から 5 月 15 日まで	計	
		総　日　数	28 日	31 日	30 日	(イ) 89	日
		労 働 日 数	24 日	25 日	23 日	(ハ) 72	日
	賃	基 本 賃 金	480,000 円	500,000 円	460,000 円	1,440,000	円
		時間外 手 当	35,175	40,803	32,361	108,339	
		手　当					
	金						
		計	515,175 円	540,803 円	492,361 円	(ニ) 1,548,339	円
総		計	515,175 円	540,803 円	492,361 円	(ホ) 1,548,339	円
平 均 賃 金		賃金総額(ホ) 1,548,339 円÷総日数(イ) 89 ＝ 17,397 円 07 銭					

最低保障平均賃金の計算方法

Aの(ロ)	円÷総日数(イ) ＝	円	銭(ヘ)
Bの(ニ)	1,548,339 円÷労働日数(ハ) 72 × $\frac{60}{100}$ ＝ 12,902 円 82 銭(ト)		
(ヘ)	円 銭＋(ト) 円 銭 ＝ 円 銭(最低保障平均賃金)		

日日雇い入れられる者の平均賃金（昭和38年労働省告示第52号による。）	第1号又は第2号の場合	賃金計算期間	(ル) 労働日数又は労働総日数	(ヲ) 賃金総額	平均賃金 $\left((ヲ)÷(ル)×\frac{73}{100} \right)$
		月　日から 月　日まで	日	円	円 銭
	第3号の場合	都道府県労働局長が定める金額			円
	第4号の場合	従事する事業又は職業			
		都道府県労働局長が定めた金額			円

漁業及び林業労働者の平均賃金（昭和24年労働省告示第5号第2条による。）	平均賃金協定額の承認年月日 年 月 日 職種 平均賃金協定額 円

① 賃金計算期間のうち業務外の傷病の療養等のため休業した期間の日数及びその期間中の賃金を業務
　上の傷病の療養のため休業した期間の日数及びその期間中の賃金とみなして算定した平均賃金
　　（賃金の総額(ホ)－休業した期間にかかる②の(リ)）　÷　（総日数(イ)－休業した期間②の(チ)）
　　（　　　　円－　　　　円）÷（　　　　日－　　　　日）＝　　　円　　銭

② 業務外の傷病の療養等のため休業した期間 及びその期間中の賃金の内訳					
賃 金 計 算 期 間		11 月 1 日から 11 月 30日まで	月　　日から 月　　日まで	月　　日から 月　　日まで	計
業務外の傷病の療養等のため 休業した期間の日数		7 日	日	日	(チ) 日
業務外の傷病の療養等のため休業した期間中の賃金	基 本 賃 金	円	円	円	円
	住 宅 手 当	2,800			
	通 勤 手 当	2,333			
	計	5,133 円	円	円	(リ) 円
休 業 の 事 由		●●の手術により入院したため			

③ 特 別 給 与 の 額	支 払 年 月 日			支 払 額
	年	月	日	円
	年	月	日	円
	年	月	日	円
	年	月	日	円
	年	月	日	円
	年	月	日	円
	年	月	日	円

［注　意］
　　③欄には、負傷又は発病の日以前２年間（雇入後２年に満たない者については、雇入後の期間）に支払われた労働基準法第12条第４項の３箇月を超える期間ごとに支払われる賃金（特別給与）について記載してください。
　　ただし、特別給与の支払時期の臨時的変更等の理由により負傷又は発病の日以前１年間に支払われた特別給与の総額を特別支給金の算定基礎とすることが適当でないと認められる場合以外は、負傷又は発病の日以前１年間に支払われた特別給与の総額を記載して差し支えありません。

工事中随時

様式第16号の7（表面）

労働者災害補償保険

障 害 給 付 支 給 請 求 書

障害特別支給金
障害特別年金　**支給申請書**
障害特別一時金

通勤災害用

工事中随時

① 労 働 保 険 番 号						③ 氏 名		フリガナ	オオ モリ サブ ロウ			④ 負傷又は発病年月日	
府県	所掌	管轄	基幹番号		枝番号		労働者	大 森 三 郎 （男・女）				令和6年　6月　1日	
13	1	01	82501500		1			年月日　昭和38年 9月 1日（ 60歳）				午前・午後 6 時 45 分	
② 年 金 証 書 の 番 号								フリガナ	トウキョウトスミダクヒガシムコウジマ			⑤ 傷病の治ゆした年月日	
管轄局	種別	西暦年	番 号					住 所　東京都墨田区東向島X-XX-XX				令和6年　7月 13日	
								職 種　**機 械 運 転 手**			⑥ 平 均 賃 金	
							所属事業場の				17,397 円	07 銭
							名称・所在地	大山建設株式会社八丁堀作業所 東京都中央区八丁堀2-X-X			⑦ 特別給与の総額（年額）	
⑧ 通 勤 災 害 に 関 す る 事 項							別紙のとおり				780,000 円	

⑨ 厚生年金保険等の受給関係	㋑厚年等の年金証書の基礎年金番号・年金コード			㋺被保険者資格の取得年月日			年　　月　　日	
	㋮当該傷病に関して支給される年金の種類等	年 金 の 種 類		厚生年金保険法の　イ　障害年金　ロ　障害厚生年金 国民年金法の　イ　障害年金　ロ　障害基礎年金 船員保険法の障害年金				
		障 害 等 級					級	
		支 給 さ れ る 年 金 の 額					円	
		支給されることとなった年月日				年　　月　　日		
		厚年等の年金証書の基礎年金番号・年金コード						
		所 轄 社 会 保 険 事 務 所 等						

③の者については、⑥及び⑦並びに⑨の㋑及び㋺並びに別紙の㋩、㋥、㋭、㋬、㋫及び㋒（通常の通勤の経路及び方法に限る。）に記載したとおりであることを証明します。

令和6年　7月　15日

事 業 の 名 称	八重洲・木下共同企業体 中央会館新築工事作業所	電話（　）3551-52XX
事業場の所在地	東京都中央区八丁堀2-X-X	〒 104-XXXX
事業主の氏名	所長 夏川 二郎	

（法人その他の団体であるときは、その名称及び代表者の氏名）

〔注意〕　別紙の㋩及び㋒について知り得なかった場合には証明する必要がないので、知り得なかった事項の符号を消すこと。
また、⑨の㋑及び㋺については、③の者が厚生年金保険の被保険者である場合に限り証明すること。

⑩ 障 害 部 位 及 び 状 態	（診断書のとおり）	⑪ 既存障害がある場合にはその部位及び状態	な　し
⑫ 添付する書類その他の資料名	**診断書、レントゲン写真**		

⑬ 年金の払渡しを受けることを希望する金融機関又は郵便局	金融機関（郵便貯金銀行の支店等を除く。）	名 称	※金融機関店舗コード		本店・本所出張所
			横浜 （銀行）・金庫 農協・漁業・信組 南林間		支店・支所
		預金通帳の記号番号	第 126XXXX 号		
	郵便貯金銀行の支店等又は郵便局	名 称 フリガナ	※郵便局コード		
					郵便局
		所 在 地	都道 府県		市郡 区
		郵便貯金通帳の記号番号	第　　　　号		

　　　　　　　　　障 害 給 付　の支給を請求します。
上記により　障害特別支給金
　　　　　　　障害特別年金　の支給を申請します。
　　　　　　　障害特別一時金

令和6年　7月　15日

中央　労働基準監督署長 殿

〒 131-XXXX　電話（03）XXXX - XXXX

請求人 申請人 の
住 所　東京都墨田区東向島X-XX-XX
氏 名　大森 三郎

□本件手続を裏面に記載の社会保険労務士に委託します。

個人番号 | 1 | 2 | 3 | 4 | 5 | 6 | 7 | 8 | 9 | 0 | * | * |

振込を希望する銀行等の名称			預金の種類及び口座番号	
横浜 （銀行）・金庫 農協・漁業・信組	南林間	本店・本所 出張所 支店・支所	普通・当 第 126XXXX 号	
			名義人 大森 三郎	

通 勤 災 害 用

労働者災害補償保険

遺 族 年 金 支 給 請 求 書

遺族特別支給金 支 給 申 請 書
遺族特別年金

① 労働保険番号					フリガナ	コンドウ イク ロウ		④ 負傷又は発病年月日	
府県	所掌	管轄	基幹番号	枝番号	③ 氏 名	近藤 郁郎 （男・女）		午前 ㊀	令和6年 8月 1日 6時 45分頃
13	1	01	8250150	001	死 亡 労 働 者 の	生年月日 昭和42年9月13日（56歳）		⑤ 死 亡 年 月 日	令和6年 8月 1日
② 年金証書の番号						個人番号 1 2 3 4 5 6 7 8 9 0 ＊ ＊			
管轄局	種別	西暦年	番号	枝番号		職 種 とび工		⑥ 平 均 賃 金	
					所属事業場 名称・所在地	大山建設株式会社八丁堀作業所 東京都中央区八丁堀2－X－X		20,398円 0銭	
								⑦ 特別給与の総額（年額）	
⑧ 通 勤 災 害 に 関 す る 事 項					別紙のとおり			820,000 円	

⑨ 厚等生の年金受給保険関係	㋑ 死亡労働者の厚生等の年金証書の 基礎年金番号・年金コード						㋺ 死亡労働者の被保険者の 資格の取得年月日		年 月 日
	当 該 死 亡 に 関 し て 支 給 さ れ る 年 金 の 種 類								
	厚生年金保険法の ㋑ 遺族年金 ㋺ 遺族厚生年金		国民年金法の ㋑ 母子年金 ㋺ 準母子年金 ㋩ 遺児年金 ㊁ 寡婦年金 ㋭ 遺族基礎年金					船員保険法の遺族年金		
	支給される年金の額	支給されることとなった年月日		厚生年金等の年金証書の基礎年金番号・年金コード （複数のコードがある場合は下段に記載すること）				所轄年金事務所等	
	円	年 月 日							
	受けていない場合は、次のいずれかを○で囲む。 ・裁定請求中 ・不支給裁定 ・未加入 ・請求していない ・老齢年金選択								

③の者については、⑥及び⑦並びに⑨の㋑及び㋺並びに別紙の㋺、㋩、㋭、㋬、㋣、㋠、㋫（通常の通勤の経路及び方法に限る。）及び㋑に記載したとおりであることを証明します。

令和6年 8月 5日

事 業 の 名 称 八重洲・木下共同企業体 中央会館新築工事作業所 電話（ ） 3511 － 3511

事業場の所在地 東京都中央区八丁堀2－X－X 〒 104-XXXX

事業場の氏名 所長 夏川 二郎

（法人その他の団体であるときは、その名称及び代表者の氏名）

〔注意〕別紙の㋺、㋩及び㋫について知り得なかった場合には証明する必要がないので知り得なかった事項の符号を消すこと。また、⑨の㋑び㋺については、③の者が厚生年金保険の被保険者である場合に限り証明すること。

⑩ 請申求請人人	フリガナ 氏 名	生 年 月 日	フリガナ 住 所	死亡労働者との関係	障害の有無	請求人（申請人）の代表者を選任しないときは、その理由
	コンドウ アキコ 近藤 明子	S46・8・2	スミダクヒガシムコウジマ 墨田区東向島X－XX－XX	妻	ある・⦅ない⦆	
		・・			ある・ない	
		・・			ある・ない	
		・・			ある・ない	

⑪ 請求人（申請人）以外の遺族年金を受けることができる遺族	フリガナ 氏 名	生 年 月 日	フリガナ 住 所	死亡労働者との関係	障害の有無	請求人（申請人）と生計を同じくしているか
		・・			ある・ない	いる・いない
		・・			ある・ない	いる・いない
		・・			ある・ない	いる・いない
		・・			ある・ない	いる・いない

⑫ 添付する書類その他の資料名				

⑬ 年金の払渡しを受けることを希望する金融機関又は郵便局	銀行・金庫・農協・漁協・信組等又は郵便貯金銀行の支店等を除く	名 称	※金融機関店舗コード 富川 ㋚行・金庫・農協・漁協・信組 向島 ㋑本店・本所出張所支店・支所	
		預金通帳の記号番号	普通・当座 第 711XXXX 号	
	郵便貯金銀行の支店又は郵便局	フリガナ 名 称	※郵便局コード	
		所 在 地	都道府県 都区	
		預金通帳の記号番号	第 号	

上記により 遺族年金 の支給を請求します。

遺族特別支給金
遺族特別年金 の支給を申請します。

令和 6 年 8 月 5 日

中央 労働基準監督署長 殿

請 求 人 の 申 請 人 （代表者） 〒 131-XXXX 電話（ ）

住 所 東京都墨田区東向島X－XX－XX

氏 名 近藤 明子

□本件手続を裏面に記載の社会保険労務士に委託します。

個人番号 1 2 3 4 5 6 7 8 9 0 ＊ ＊

特別支給金について口座振込を希望する金融機関の名称			預金の種類及び口座番号	
富川	㋚行・金庫 農協・漁協・信組	向島 本店・本所出張所支店・支所	㋚普通・当座 第 711XXXX 号	
			口座名義人 近藤 明子	

工事中随時

様式第16号の9(表面)

通勤災害用

労働者災害補償保険
遺族一時金支給請求書
遺族特別支給金
遺族特別一時金　支給申請書

工事中随時

① 労働保険番号					③死亡労働者の	フリガナ	フユキ マサル

府県	所掌	管轄	基幹番号	枝番号
1 3	1	0 1	8 2 5 0 1 5	0 0 1

③死亡労働者の
氏名　冬木　勝　（男・女）
生年月日　昭和42年9月13日（56歳）
職種　土工
所属事業所名称・所在地　大山建設株式会社八丁堀作業所　東京都中央区八丁堀2－X－X

④ 負傷又は発病年月日　令和6年8月1日　午後6時45分頃
⑤ 平均賃金　20,398円00銭
⑥ 特別給与の総額（年額）　820,000円
⑦ 死亡年月日　令和6年8月1日

② 年金証書の番号
管轄局　種別　西暦年　番号　枝番号

⑧ 通勤災害に関する事項　別紙のとおり

③の者については、④、⑤及び⑥並びに別紙の㋩、㋥、㋭、㋬、㋠、㋵、㋷（通常の通勤の経路及び方法に限る。）及び㋦に記載したとおりであることを証明します。

電話（03）3551－3511
事業の名称　八重洲・木下共同企業体　中央会館新築工事作業所
〒 104－XXXX
令和6年8月5日
事業場の所在地　東京都中央区八丁堀2－X－X
事業主の氏名　所長　夏川二郎
（法人その他の団体であるときは、その名称及び代表者の氏名）

〔注意〕事業主は、別紙の㋩、㋥及び㋦について知り得なかった場合には証明する必要がないので知り得なかった事項の符号を消すこと。

⑨	氏名	生年月日	住所	死亡労働者との関係	請求人（申請人）の代表者を選任しないときはその理由
請求人申請人	冬木正子	平成8年12月30日	墨田区東向島X－X－X	長女	
		年月日			
		年月日			
		年月日			

⑩ 添付する書類その他の資料名　死亡診断書、戸籍抄本、住民登録票

遺族一時金の支給を請求します。
上記により　遺族特別支給金
遺族特別一時金　の支給を申請します。

〒 131－XXXX　電話（03）XXXX－XXXX　方
令和6年8月5日
請求人申請人の住所　墨田区東向島X－X－X
（代表者）
中央　労働基準監督署長　殿
氏名　冬木正子

振込を希望する銀行等の名称	預金の種類及び口座番号
富川　銀行・金庫　農協・漁協・信組　本店・本所　出張所　支店支店	普通・当座　第　0147369号　名義人　冬木正子

－ 168 －

通勤災害用

労働者災害補償保険

葬 祭 給 付 請 求 書

① 労 働 保 険 番 号				
府県	所掌	管轄	基幹番号	枝番号
1 3	1	0 1	8 2 5 0 1 5 0 0 1	

③ 請 求 人 の	フリガナ	コンドウ アキ コ
	氏 名	近藤明子
	住 所	東京都墨田区東向島X-XX-XX
	死亡労働者との関係	妻

② 年 金 証 書 の 番 号			
管轄局	種別	西暦年	番 号

④ 死 亡 労 働 者 の	フリガナ	コン ドウ イク オ		⑤ 平 均 賃 金
	氏 名	近藤郁郎	（男・女）	20,398 円
	生 年 月 日	昭和 42 年 9 月 13 日 （ 56 歳）		⑥ 死亡年月日
	職 種	とび工		令和 6 年 8 月 1 日
	所属事業場名称・所在地	八重洲・木下共同企業体 中央会館新築工事作業所 東京都中央区八丁堀2-X-X		

⑦ 通 勤 災 害 に 関 す る 事 項	別 紙 の と お り

④の者については、⑤並びに別紙の㋑、㋥、㋧、㋬、㋣、㋠、㋷（通常の通勤の経路及び方法に限る。）及び⑦に記載したとおりであることを証明します。

事 業 の 名 称　　八重洲・木下共同企業体 中央会館新築工事作業所

令和 6 年 8 月 5 日　事業場の所在地　〒 104-XXXX　　電話（ XX ） XXXX － XXXX

東京都中央区八丁堀2-X-X

事業主の氏名　所長 夏 川 二 郎

（法人その他の団体であるときはその名称及び代表者の氏名）

〔注意〕事業主は、別紙の㋑、㋥及び㋷については、知り得なかった場合には証明する必要がないので、知り得なかった事項の符号を消こと。

⑧ 添付する書類その他の資料名	寺院等の葬儀執行証明書

上記により葬祭給付の支給を請求します。

令和 6 年 8 月 5 日　　　〒 131-XXXX　　電話（ XX ） XXXX － XXXX

請 求 人 の　住 所　　東京都墨田区東向島X-XX-XX

中 央　労働基準監督署長 殿　　氏 名 近藤明子

振 込 を 希 望 す る 銀 行 等 の 名 称		預金の種類及び口座番号	
富 川	⑲銀行・金庫 農協・漁協・信組	本店・本所 向 島 出張所 支店・支所	普通・当 第 711XXXX 号
			名義人 近藤 明子

工事中随時

様式第2号（第5条関係）

労働保険　名称、所在地等変更届
下記のとおり届事項に変更があったので届けます。

令和 6 年 6 月 27 日

種別
3 1 6 0 4

中央 労働基準監督署長
　　　　公共職業安定所長　殿

※修正項目番号	※漢字修正項目番号	⑨※労働保険番号				
		府県	所掌	管轄(1)	基幹番号	枝番号
		1 3	1 0	1	8 2 5 0 1 5	0 0 1 （項1）

変更後の事業主又は事業

⑩ 住所〈カナ〉

郵便番号 □□□ - □□□□ （項2）　住所 市・区・郡名 （項3）

住所（つづき）町村名 （項4）

住所（つづき）丁目・番地 （項5）

住所（つづき）ビル・マンション名等 （項6）

⑪ 住所〈漢字〉

住所 市・区・郡名 （項7）

住所（つづき）町村名 （項8）

住所（つづき）丁目・番地 （項9）

住所（つづき）ビル・マンション名等 （項10）

⑫ 名称・氏名〈カナ〉

名称・氏名 （項11）

名称・氏名（つづき）（項12）

名称・氏名（つづき）（項13）

電話番号 □□□□ - □□□□ - □□□□ （項14）

⑬ 名称・氏名〈漢字〉

名称・氏名 （項15）

名称・氏名（つづき）（項16）

名称・氏名（つづき）（項17）

工事中随時

変更前

	① 事業主	住所又は所在地	
		氏名又は名称	
② 事業	所在地	郵便番号	
		電話番号	番
	名称		
③	事業の種類		
④ 事業予定期間	6 年 4 月 1 日 から		
	7 年 8 月 31 日 まで		

変更後

	⑤ 事業主	住所又は所在地	
		氏名又は名称	
⑥ 事業	所在地	郵便番号	
		電話番号	番
	名称		
⑦	事業の種類		
⑧ 変更理由	一部設計変更のため 工期延長		

雇用保険事業主事業所各種変更届

（必ず第2面の注意事項を読んでから記載してください。）

※　事業所番号

帳票種別　**1 3 0 0 3**

※1. 変更区分　☐

2. 変更年月日　**5 - 0 6 0 4 0 1**　（4 平成　5 令和）
元号　年　月　日

3. 事業所番号　**1 3 0 1 - 0 0 0 1 1 1 - 0**

4. 設置年月日　**5 - 0 6 0 4 0 1**　（3 昭和　4 平成　5 令和）
元号　年　月　日

（この用紙は、このまま機械で処理しますので、汚さないようにしてください。）

● 下記の5〜11欄については、変更がある事項のみ記載してください。

5. 法人番号（個人事業の場合は記入不要です。）

6. 事業所の名称（カタカナ）

事業所の名称〔続き（カタカナ）〕

7. 事業所の名称（漢字）

事業所の名称〔続き（漢字）〕

8. 郵便番号　**3 3 0 - X X X X**

10. 事業所の電話番号（項目ごとにそれぞれ左詰めで記入してください。）
0 4 8 - **6 5 7** - ***** *** **
市外局番　　市内局番　　番号

9. 事業所の所在地（漢字）　市・区・郡及び町村名
さ い た ま 市 大 宮 区 氷 川 町

事業所の所在地（漢字）　丁目・番地
1 - 2 - 3

事業所の所在地（漢字）　ビル、マンション名等

11. 労働保険番号　**1 1 3 0 3 2 0 0 4 5 6**
府県　所掌　管轄　基幹番号　　枝番号

※公共職業安定所記載欄

12. 設置区分　☐（1 当然　2 任意）

13. 事業所区分　☐（1 個別　2 委託）

14. 産業分類

変更事項					
15. 事業主	（フリガナ）住所（法人のときは主たる事務所の所在地）	トウキョウトチヨダクイワイダチョウ　東京都千代田区祝田町1−X−X	18. 変更前の事業所の名称	（フリガナ）　ヤエスケンセツカブシキガイシャ サイタマシュッチョウジョ　八重洲建設株式会社 埼玉出張所	
	（フリガナ）名称	ヤエスケンセツカブシキガイシャ　八重洲建設株式会社	19. 変更前の事業所の所在地	（フリガナ）　サイタマケンサイタマシウラワクヒガシタカサゴチョウ　さいたま市浦和区東高砂町25−3	
	（フリガナ）氏名（法人のときは代表者の氏名）	ハルヤマイチロウ　代表取締役 春山一郎	20. 事業の開始年月日	令和6年 4月 1日	24. 社会保険加入状況 健康保険 厚生年金保険 労災保険
16. 変更後の事業の概要		総合工事業	※21. 事業の廃止年月日	令和　年　月　日	25. 雇用保険被保険者数 一般 90人 日雇 0人
			22. 常時使用労働者数	100人	
17. 変更の理由		事務所の移転	23. 雇用保険担当課名	埼玉出張所 労務 課係	26. 賃金支払関係 賃金締切日 25日 賃金支払日 翌月 末日

備考		※ 所長	次長	課長	係長	係	操作者

（この届出は、変更のあった日の翌日から起算して10日以内に提出してください。）

（15）2021. 1

工事中随時

注　意

1　□□□で表示された枠（以下「記入枠」という。）に記入する文字は、光学式文字読取装置（ＯＣＲ）で直接読取を行いますので、この用紙を汚したり、必要以上に折り曲げたりしないでください。
2　記載すべき事項のない欄又は記入枠は空欄のままとし、※印のついた欄又は記入枠には記載しないでください。
3　記入枠の部分は、枠からはみ出さないように大きめの文字によって明瞭に記載してください。
4　2欄の記載は、元号をコード番号で記載した上で、年、月又は日が1桁の場合は、それぞれ10の位の部分に「0」を付加して2桁で記載してください。（例：平成15年4月1日→ 4-150401 ）
5　3欄の記載は、公共職業安定所から通知された事業所番号が連続した10桁の構成である場合は、最初の4桁を最初の4つの枠内に、残りの6桁を「-」に続く6つの枠内にそれぞれ記載し、最後の枠は空枠としてください。
　　（例：1301000001の場合→ 1301-000001- ）
6　4欄には、雇用保険の適用事業となるに至った年月日を記載してください。記載方法は、2欄の場合と同様に行ってください。
7　5欄には、平成27年10月以降、国税庁長官から本社等へ通知された法人番号を記載してください。
8　6欄には、数字は使用せず、カタカナ及び「-」のみで記載してください。
　　カタカナの濁点及び半濁点は、1文字として取り扱い（例：ガ→ｶﾞ、パ→ﾊﾟ）、また、「キ」及び「エ」は使用せず、それぞれ「イ」及び「エ」を使用してください。
9　7欄及び9欄には、漢字、カタカナ、平仮名及び英数字（英字については大文字体とする。）により明瞭に記載してください。
　　小さい文字を記載する場合には、記入枠の下半分に記載してください。（例：ｱ→ ｱ ）
　　また、濁点及び半濁点は、前の文字に含めて記載してください。（例：が→ ｶﾞ 、ぱ→ ﾊﾟ ）
10　9欄1行目には、都道府県名は記載せず、特別区名、市名又は郡名とそれに続く町村名を左詰めで記載してください。
　　9欄2行目には、丁目及び番地のみを左詰めで記載してください。
　　また、所在地にビル名又はマンション名等が入る場合は9欄3行目に左詰めで記載してください。
11　10欄には、事業所の電話番号を記載してください。この場合、項目ごとにそれぞれ左詰めで、市内局番及び番号は「-」に続く5つの枠内にそれぞれ左詰めで記載してください。（例：03-3456-XXXX→ 03-3456-XXXX ）
12　27欄は、事業所印と事業主印又は代理人印を押印してください。
13　28欄は、最寄りの駅又はバス停から事業所への道順略図を記載してください。

お願い

1　変更のあった日の翌日から起算して10日以内に提出してください。
2　営業許可証、登記事項証明書その他の記載内容を確認することができる書類を持参してください。

27 登録印	事業所印影	事業主（代理人）印影	改印欄（事業所・事業主）		改印欄（事業所・事業主）		改印欄（事業所・事業主）	
	印	印	改印年月日	令和 年 月 日	改印年月日	令和 年 月 日	改印年月日	令和 年 月 日

28. 最寄りの駅又はバス停から事業所への道順

労働保険事務組合記載欄

所在地

名　称

代表者氏名　　　　　　　印

委託開始　　　　　年　　月　　日

委託解除　令和　　年　　月　　日

上記のとおり届出事項に変更があったので届けます。

令和 4 年 4 月 11 日

大宮　公共職業安定所長　殿

事業主　住　所　東京都千代田区祝田町1-X-X
　　　　名　称　八重洲建設株式会社
　　　　氏　名　代表取締役社長　春山一郎　　記名押印又は署名 印

社会保険労務士記載欄	作成年月日・提出代行者・事務代理者の表示	氏　　　名	電話番号
		印	

※本手続は電子申請による届出も可能です。詳しくは管轄の公共職業安定所までお問い合わせください。
　　なお、本手続について、社会保険労務士が電子申請により本届書の提出に関する手続を事業主に代わって行う場合には、当該社会保険労務士が当該事業主の提出代行者であることを証明することができるものを本届書の提出と併せて送信することをもって、当該事業主の電子署名に代えることができます。

様式第6号（第24条、第25条、第33条関係）（乙）（1）（表面）

労働保険
石綿健康被害救済法　一般拠出金

概算・増加概算・確定保険料　申告書
下記のとおり申告します。

有期事業
（一括有期事業を除く。）
令和 6 年 1 月 31 日

標準字体 0 1 2 3 4 5 6 7 8 9
第3片「記入に当たっての注意事項」をよく読んでから記入して下さい。
OCR枠への記入は上記の「標準字体」でお願いします。

※各種区分
保険関係区分　業種
提出用

種別 3 2 7 0 2　※修正項目番号 □□

東京労働局労働保険特別会計歳入徴収官殿　7 3 1

提出用

（なるべく折り曲げないように、やむをえない場合には折り曲げマーク（▶◀）の所で折り曲げて下さい。）

① 労働保険番号

都道府県	所掌	管轄(1)	基幹番号	枝番号
1 3	1	0 1	8 2 5 0 1 5	0 0 1

項1

㉝ 法人番号 1 2 3 4 5 6 7 8 9 0 ＊ ＊ ＊ 項13

② 保険関係成立年月日　令和 6 年 4 月 1 日
④ 常時使用労働者数　26人

⑤ 増加年月日（元号：令和は9）　9 - 0 7 - 0 1 - 3 1 項2
⑥ 事業終了（予定）年月日（元号：令和は9）　9 - 0 8 - 0 4 - 3 0 項3

③ 事業又は作業の種類　建築事業

⑦ 賃金総額の算出方法
（イ）支払賃金　（ロ）労務費率又は労務費の額　（ハ）平均賃金

賃金総額の特例（⑦の（ロ）による場合）

⑧ 請負金額の内訳	（イ）請負代金の額 円	（ロ）請負代金に加算する額 円	（ハ）請負代金から控除する額 円	（ニ）請負金額（（イ）＋（ロ）－（ハ）） 円	⑨ 素材の（見込）生産量 立方メートル	⑩ 労務費率又は労務費の額 円
	13,873,000,000	0	0	13,873,000,000		23

確定保険料

⑪ 算定期間　　年　月　日　から　　年　月　日　まで　⑫ 保険料率 1000分の

⑬ 保険料算定基礎額 千円	⑭ 確定保険料額（⑬×⑫） 円 項4	⑮ 申告済概算保険料額 円

⑯ 差引額
（イ）充当額（⑮－⑭） 円　（ロ）還付額（⑮－⑭） 円 項5　（ハ）不足額（⑭－⑮） 円
㉜充当意思　項11　⑯欄の一般拠出金に充当する場合は2を記入

一般拠出金（注）

㉙ 一般拠出金算定基礎額 千円	㉚ 一般拠出金率 1000分の	㉛ 一般拠出金（㉙×㉚） 円 項6

（注）石綿による健康被害の救済に関する法律第35条第1項に基づき、労災保険適用事業主から徴収する一般拠出金

増加概算保険料

⑰ 算定期間　4 年 1 月 18 日 から 6 年 4 月 30 日 まで　⑱ 保険料率 1000分の 9.5

⑲ 保険料算定基礎額又は増加後の保険料算定基礎額の見込額 千円	⑳ 概算保険料額又は増加後の概算保険料額（⑲×⑱） 円	㉑ 申告済概算保険料額 円
3,190,790	3 0 3 1 2 5 0 5	815,005

㉒ 差引納付額（⑳－㉑） 28,127,505 円

㉓ 延納の申請　納付回数 5 項6

※有期メリット識別コード 項7
※データ指示コード 項8
※再入力区分 項9

㉔ 概算保険料又は増加概算保険料の期別納付額

| 第1期（初期） | 5,625,501 円 |
| 第2期 以降 | 5,625,501 円 |

㉕ 今 期 納 付 額

（イ）概算保険料又は増加概算保険料	3,687,191 円
（ロ）確定保険料	円
（ハ）一般拠出金	円

※修正項目（英数・カナ）
□□□□□□□□□□□□□□

⑭⑯の（ロ）、㉛③欄の金額の前に「￥」記号を付さないで下さい。
㉚の（ハ）、㉙㉚㉛欄は事業開始が平成19年4月1日以降の場合に記入して下さい。

㉖ 発注者（立木の伐採の事業の場合は立木所有者等）の住所又は所在地及び氏名又は名称

| 住所又は所在地 | | 郵便番号 |
| 氏名又は名称 | | 電話番号 |

㉗ 事業
所在地　東京都中央区八丁堀2－X－X
名称　中央会館新築工事

㉘ 事業主
（イ）住所（法人のときは主たる事務所の所在地）　中央区八丁堀2－X－X　郵便番号 104－XXXX
（ロ）名称　八重洲・木下共同企業体　電話番号 03-3551-52XX
（ハ）氏名（法人のときは代表者の氏名）　所長 夏川二郎

あて先　〒 102-8307　千代田区九段南1－2－1　九段第3合同庁舎12階
きりとり線（1枚目はきりはなさないで下さい。）　東京労働局労働保険特別会計歳入徴収官

編者注：一般拠出金の納付方法は事業終了時に、確定保険料とあわせて納付する。概算・増加概算申告時には「一般拠出金」の欄には記載しない。

　　　　㉝欄には、事業主に法人番号が指定されている場合、指定された法人番号を記入すること。

工事中随時

あて先　〒 102-8307　千代田区九段南1−2−1　九段第3合同庁舎12階
東京労働局労働保険特別会計歳入徴収官

きりとり線（1枚目はきりはなさないで下さい。）

領 収 済 通 知 書　（労働保険）　国庫金

（記入例）¥ 0 1 2 3 4 5 6 7 8 9

◎数字は記入例にならって黒のボールペンで枠を入れて枠からはみ出さないように記入して下さい。

取 扱 庁 名	※取扱庁番号	徴収勘定 保険料収入及び一般拠出金収入	労働保険特別会計 0847	厚生労働省所管 6118	令和 0 7 年度
30840 東 京 労 働 局	00075331				

労働保険番号	都道府県	所掌	管轄	基 幹 番 号	枝 番 号	※CD	※証券受領
	1 3	1	01	8 2 5 0 1 5	- 0 0 1	運1	金部 一部

翌年度5月1日以降　現年度歳入組入

◎この書面は、機械処理されますので、汚したり折り曲げたりしないで下さい。

※会計年度（元号：令和は9）　　※賦定年度（元号：令和は9）　　※収納年月日（元号：令和は9）

元号	-	年度 運2	元号	-	年度 運3	元号	-	月	-	日 運4

内訳	労働保険料	十億 千 百 十 万 千 百 十 円 ¥ 5 6 2 5 5 0 1 運19
	一般拠出金	十億 千 百 十 万 千 百 十 円 運19

納付の目的	※収納区分 運5	※収納機関 運6	※認否区分 運7	※徴定 運8	※データ指示コード 運13	※内証券受領 円

1. 令和　年度概算　期
　増加概算料半引上1・2　　1
　期別の表示　全期…1（初）期…1　　2期…2　3期…3　4期（翌年度第1期）…4

2.

3. 令和　年度確定

納付額（合計額）	十億 千 百 十 万 千 百 十 円 ¥ 5 6 2 5 5 0 1 運19

（住所）〒　104−XXXX
東京都中央区八丁堀2−X−X

（氏名）八重洲建設株式会社
　　　　中央会館新築工事作業所　　　　　殿

あて先
102−8307
千代田区九段南1-2-1
九段第3合同庁舎12階

上記の合計額を領収しました。

領 収 日 付 等

◎第3片裏面の注意事項をよく読んで、太線の枠内を記入して下さい。

納付の場所　日本銀行（本店・支店・代理店又は歳入代理店）、所轄都道府県労働局、所轄労働基準監督署

東京労働局労働保険特別会計歳入徴収官

（官庁送付分）

雇用保険被保険者資格喪失届

標準字体 0 1 2 3 4 5 6 7 8 9
（必ず第2面の注意事項を読んでから記載してください。）

（なるべく折り曲げないようにし、やむをえない場合には折り曲げマーク▼の所で折り曲げてください。）

工事中随時

この用紙は、このまま機械で処理しますので、汚さないようにしてください。

帳票種別 1 5 1 0 3

1. 被保険者番号 1301-312450-0

2. 事業所番号 1301-000110-0

3. 資格取得年月日 5-020801

4. 離職年月日（元号 4平成 5令和） 5-041130

5. 喪失原因 2
1 離職以外の理由
2 3以外の離職
3 事業主の都合による離職

6. 離職票交付希望 2（1 有／2 無）

7. 1週間の所定労働時間 4 0 0 0 時間 分

8. 補充採用予定の有無 1（空白 無／1 有）

9. 新氏名 フリガナ（カタカナ）

10. 個人番号 1 2 3 4 5 6 7 8 9 0 ＊ ＊

※安定所記載欄 公共職業

11. 喪失時被保険者種類（3 季節）

12. 国籍・地域コード

13. 在留資格コード

被保険者氏名	性別	生年月日	取得時被保険者種類	転勤年月日	管轄安定所番号	雇用形態
神田一郎	男	昭和48年2月11日				
資格取得年月日現在の1週間の所定労働時間			事業所名称略称 八重洲建設株式会社			
被保険者の住所又は居所		東京都千代田区神田司町 X-X-X				
被保険者でなくなったことの原因及び被保険者に氏名変更があった場合は氏名変更年月日		転職のため				

雇用保険法施行規則第7条第1項の規定により、上記のとおり届けます。

令和 6 年 12 月 8 日

住　所　東京都千代田区祝田町1－X－X

事業主　氏　名　八重洲建設株式会社
　　　　代理人　労務部長　皆木啓介　印

電話番号　03-3201－20XX

記名押印又は署名

飯田橋　公共職業安定所長　殿

※						社会保険労務士記載欄	作成年月日・提出代行者・事務代理者の表示	氏　名	電話番号
所長	次長	課長	係長	係	操作者			印	

雇用保険被保険者資格喪失届

14欄から19欄は、被保険者が外国人の場合のみ記入してください。

帳票種別 1 5 1 0 5

14. 被保険者氏名（ローマ字）又は新氏名（ローマ字）（アルファベット大文字で記入してください。）

被保険者氏名（ローマ字）又は新氏名（ローマ字）〔続き〕

15. 在留カードの番号（在留カードの右上に記載されている12桁の英数字）

16. 在留期間 西暦　　年　　月　　日

17. 派遣・請負就労区分
1 派遣・請負労働者として主として当該事業所以外で就労していた場合
2 1に該当しない場合

18. 国籍・地域 (　　　　)

19. 在留資格

※備　確認通知　令和　年　月　日

注意

1 ■で表示された文字（以下「記入枠」という。）に記入する文字は、光学式文字読取装置（OCR）で直接読取を行うので、この用紙は汚したり、必要以上に折り曲げたりしないこと。
2 記載すべき事項のない欄又は記入枠は空欄のままとし、事項を選択する場合は該当番号を記入し、※印のついた欄又は記入枠には記載しないこと。
3 記入枠の部分は、枠からはみださないように大きめのカタカナ及びアラビア数字の標準字体により明瞭に記載すること。
　この場合、カタカナの濁点及び半濁点は、1文字として取り扱い（例：ガ→カ゛、パ→ハ゜）、また、「ヰ」及び「ヱ」は使用せず、それぞれ「イ」及び「エ」を使用すること。
4 事業主の住所及び氏名欄には、事業主が法人の場合は、主たる事務所の所在地及び法人の名称を記載するとともに、代表者の氏名を付記すること。
5 4欄には、被保険者でなくなったことの原因となる事象のあった年月日を記載すること。なお、年、月又は日が1桁の場合は、それぞれ10の位の部分に「0」を付加して2桁で記載すること。
　（例：平成19年3月1日→ 4-□190301）
6 5欄には、次の区分に従い、該当するものの番号を記載すること。
　（1）死亡、在籍出向、出向元への復帰、その他離職以外の理由……………………………………………………1
　（2）天災その他やむを得ない理由によって事業の継続が不可能になったことによる解雇、（3）被保険者の責めに帰すべき重大な理由による解雇
　（4）契約期間の満了、（5）任意退職（事業主の勧奨等によるものを除く。）、（6）（2）から（5）までの以外の事業主の都合によらない退職（定年等）……………2
　（7）移籍出向（ただし、退職金又はこれに準じた一時金の支給が行われたもの以外の出向は「1」）
　（8）事業主の都合による解雇、事業主の勧奨等による任意退職……………………………………………………3
7 6欄には、被保険者でなくなった者が離職票の交付を希望するときは「1」を、希望しない場合は「2」を記載すること。
　なお、被保険者でなくなった者が離職時において59歳以上である場合は、本人の希望にかかわらず「1」を記載すること。また、離職の日において65歳以上の者については、「1」を記載すること。
　また、船員法第1条に規定する船員であった者を被保険者でなくなった場合には離職票を交付する場合には「2」を記載すること。
8 7欄には、「被保険者氏名」欄に印字されている者の離職に伴い、これを確定するため、この届書を提出する際に公共職業安定所又は地方運輸局等の紹介、その他の方法による労働者の採用を予定している場合は「1」を記載し、予定していない場合は空欄とすること。
10 被保険者に氏名変更があった場合は、9欄に新氏名を記載するとともに、「被保険者でなくなったことの原因及び被保険者に氏名変更があった場合は氏名変更年月日」欄に氏名変更年月日を記載すること。
11 10欄には、必ず番号確認及び身元確認の本人確認を行った上で、個人番号（マイナンバー）を記載すること。
12 「被保険者の住所又は居所」欄には、離職後の住所又は居所が明らかであるときは、その住所又は居所を記載し、その住所又は居所が明らかでないときは、離職時の住所又は居所を記載すること。
13 本手続は電子申請による届出も可能であること。
　また、本手続について、社会保険労務士が電子申請により本届書の提出に関する手続を事業主に代わって行う場合には、当該社会保険労務士が当該事業主の提出代行者であることを証明することができるものを本届書の提出と併せて送信することをもって、当該事業主の電子署名に代えることができます。
14 外国人労働者に係る留意事項
　外国人労働者（「外交」又は「公用」の在留資格の者及び特別永住者を除く。）の場合は、14欄から19欄に、ローマ字氏名、在留カードの番号（英字2桁－数字8桁－英字2桁）、在留期間、国籍・地域、在留資格等を記載し、労働施策の総合的な推進並びに労働者の雇用の安定及び職業生活の充実等に関する法律第28条の外国人雇用状況の届出とすることができる。なお、派遣・請負労働者として、主として2欄以外の事業所において就労していた者については17欄に1を記載し、該当しない場合は2を記載のこと。

標準字体 0 1 2 3 4 5 6 7 8 9

雇用保険被保険者資格喪失届

（必ず第2面の注意事項を読んでから記載してください。）

（この用紙は、このまま機械で処理しますので、汚さないようにしてください。）

工事中随時

帳票種別 1 7 1 9 1

1.個人番号 1 2 3 4 5 6 7 8 9 0 ＊ ＊

2.被保険者番号 1 3 0 1 － 3 1 2 4 5 0 － 0

3.事業所番号 1 3 0 1 － 0 0 1 1 0 － 0

4.資格取得年月日 5 － 0 6 0 8 0 1
元号 年 月 日
3 昭和 / 4 平成 / 5 令和

5.離職等年月日 5 － 0 6 1 1 2 9
元号 年 月 日

6.喪失原因 2
1 離職以外の理由
2 3以外の離職
3 事業主の都合による離職

7.離職票交付希望 ☐
（1 有 / 2 無）

8.1週間の所定労働時間 4 0 ☐ ☐
時間 分

9.補充採用予定の有無 1
（空白 無 / 1 有）

10.新氏名 ☐ フリガナ（カタカナ） ☐☐☐☐☐☐☐☐☐☐☐☐☐☐☐☐☐

※公共職業安定所記載欄

11.喪失時被保険者種類 ☐ （3 季節）

12.国籍・地域コード ☐☐ （18欄に対応するコードを記入）

13.在留資格コード ☐☐ （19欄に対応するコードを記入）

―――― 14欄から19欄までは、被保険者が外国人の場合のみ記入してください。――――

14.被保険者氏名（ローマ字）又は新氏名（ローマ字）（アルファベット大文字で記入してください。）
☐☐☐☐☐☐☐☐☐☐☐☐☐☐☐☐☐☐☐☐☐☐☐☐

被保険者氏名（ローマ字）又は新氏名（ローマ字）〔続き〕
☐☐☐☐☐☐☐☐☐☐☐☐

15.在留カードの番号 （在留カードの右上に記載されている12桁の英数字）
☐☐☐☐☐☐☐☐☐☐☐☐

16.在留期間 ☐☐☐☐☐☐☐☐ まで
西暦 年 月 日

17.派遣・請負就労区分 ☐
1 派遣・請負労働者として主として当該事業所以外で就労していた場合
2 1に該当しない場合

18.国籍・地域 （　　　　　　　　　　）

19.在留資格 （　　　　　　　　　　）

20.（フリガナ） 被保険者氏名	カンダ イチ ロウ 神田 一郎		21.性別 (男)・女	22. 生年月日 大正 (昭和) 平成 令和 50 年 2 月 11 日
23. 被保険者の 住所又は居所	東京都千代田区神田司町 X-X-X			
24. 事業所名称	八重洲建設株式会社		25. 氏名変更年月日	令和 年 月 日
26. 被保険者で なくなった ことの原因	転職のため			

雇用保険法施行規則第7条第1項の規定により、上記のとおり届けます。

令和 6 年 12 月 9 日

住　　　所　　東京都千代田区祝田町 1－X－X

事業主　氏　名　　八重洲建設株式会社
　　　　　　　　　代理人　労務部長　皆 木 啓 介

電話番号　03-3201－20XX

飯田橋　公共職業安定所長　殿

社会保険 労務士 記載欄	作成年月日・提出代行者・事務代理者の表示	氏　　　名	電話番号		安定所 備考欄	

※	所長		次長		課長		係長		係		操作者	

確認通知年月日
令和　　年　　月　　日

2021. 9

様式第10号（第13条関係）（第1面）　　**雇用保険被保険者転勤届**

（必ず第2面の注意事項を読んでから記載してください。）

帳票種別

`1 4 1 0 6`

1. 被保険者番号
`1301 - 312450 - 0`

2. 生年月日
`3 - 440211` （2 大正　3 昭和 / 4 平成　5 令和）
　元号　　年　　月　日

3. 被保険者氏名　三浦和子　　フリガナ（カタカナ）　ミウラ　カスﾞ ヨ

4欄は、被保険者が外国人の場合のみ記入してください。

4. 被保険者氏名（ローマ字）（アルファベット大文字で記入してください。）

被保険者氏名〔続き（ローマ字）〕

5. 資格取得年月日
`4 - 260806` （3 昭和　4 平成 / 5 令和）
元号　　年　　月　日

6. 事業所番号
`1301 - 000110 - 0`

7. 転勤前の事業所番号
`1301 - 000111 - 0`

8. 転勤年月日
`5 - 061118` （4 平成　5 令和）
元号　　年　　月　日

9. 転勤前事業所名称・所在地　八重洲建設株式会社　埼玉出張所　　埼玉県さいたま市浦和区東高砂町

10.（フリガナ）変更前氏名

11. 氏名変更年月日　令和　　年　　月　　日

12. 備考

雇用保険法施行規則第13条第1項の規定により上記のとおり届けます。

令和　6 年　11 月　21 日

住　所　東京都千代田区祝田町1－X－X

事業主　氏　名　八重洲建設株式会社
　　　　　　　　代理人　労務部長　皆木啓介

電話番号　3201-20XX

飯田橋　公共職業安定所長　殿

社会保険労務士記載欄	作成年月日・提出代行者・事務代理者の表示	氏　　名	電話番号

	所長	次長	課長	係長	係	操作者
※						

※備考　　確認通知　令和　　年　　月　　日

2021.9

－ 178 －

工事中随時

様式第5号（第7条関係）　**雇用保険被保険者離職証明書（安定所提出用）**

① 被保険者番号 `1301-312450-0`
② 事業所番号 `1301-001010-0`

③ フリガナ　カンダ　イチロウ
離職者氏名　神田　一郎

④ 離職年月日　令和6年11月30日

⑤ 名称　八重洲建設株式会社
事業所所在地　東京都千代田区祝田町1-×-×
電話番号　03-3201-20XX

⑥ 離職者の住所又は居所　東京都千代田区神田司町2丁×-×
電話番号（03）3111-12XX

このの証明書の記載は、相違ないことを証明します。
事業主　住所　東京都千代田区祝田町1-×-×
氏名　代理人　労務部長　皆木　啓介

⑥ 被保険者期間算定対象期間

⑨ ⑧の期間における賃金支払基礎日数	⑩ 賃金支払対象期間	⑪ ⑩の基礎日数	⑫ 賃金額 Ⓐ	Ⓑ	計	⑬ 備考
離職日 11月1日	30日	11月1日～離職	30日	300,000		300,000	
10月1日～10月31日	31日	10月1日～10月31日	31日	300,000		300,000	
9月1日～9月30日	30日	9月1日～9月30日	30日	335,000		335,000	
8月1日～8月31日	31日	8月1日～8月31日	31日	300,000		300,000	
7月1日～7月31日	31日	7月1日～7月31日	31日	300,000		300,000	
6月1日～6月30日	30日	6月1日～6月30日	30日	335,000		335,000	
5月1日～5月31日	31日	5月1日～5月31日	31日	300,000		300,000	
4月1日～4月30日	30日	4月1日～4月30日	30日	300,000		300,000	
3月1日～3月31日	31日	3月1日～3月31日	31日	335,000		335,000	
2月1日～2月28日	28日	2月1日～2月28日	28日	300,000		300,000	
1月1日～1月31日	31日	1月1日～1月31日	31日	300,000		300,000	
12月1日～12月31日	31日	12月1日～12月31日	31日	328,000		328,000	
月　日～月　日	日	月　日～月　日	日				

⑭ 賃金に関する特記事項

⑮ この証明書の記載内容（⑦欄を除く）は相違ないと認めます。
（離職者氏名）　神田　一郎

⑯ ⑭の記載
⑮⑯の記載
資・聴　有・無

⑰ 離職理由記入欄（事業主用）

1 事業所の倒産等によるもの
2 定年によるもの
3 労働契約期間満了等によるもの
4 事業主からの働きかけによるもの
5 労働者の判断によるもの
6 その他（1～5のいずれにも該当しない場合）

離職区分
1A 1B 2A 2B 2C 2D 2E 3A 3B 3C 3D 4D 5E

⑯離職者本人の判断（○で囲むこと）
事業主が○を付けた離職理由に異議　有り・（無）

記名押印又は自筆による署名（離職者氏名）　神田　一郎

社会保険労務士記載欄

※公共職業安定所記載欄

雇用保険被保険者六十歳到達時等賃金証明書（安定所提出用）

①被保険者番号	5000－004321－8	③ フリガナ	スギヤマ ケンイチ
②事業所番号	1401－001579－3	60歳に達した者の氏名	杉山 健一

④ 名 称	八重洲建設株式会社	⑤	〒210－XXXX
事業所所在地	東京都千代田区祝田町1－X－X	60歳に達した者の住所又は居所	川崎市川崎区浅野町X－X－X
電話番号	03－3201－20XX		電話番号 （044）366-45XX

⑥ 60歳に達した日等の年月日	令和 6 年 11 月 30 日	⑦60歳に達した者の生年月日	昭和 39 年 11 月 30 日

この証明書の記載は、事実に相違ないことを証明します。

事業主　住所　東京都千代田区祝田町1－X－X

氏名　代表取締役社長 春山 一郎

（60歳に達した者の確認印又は自筆による署名）

60歳に達した日等以前の賃金支払状況等

⑧ 60歳に達した日等に離職したとみなした場合の被保険者期間算定対象期間		⑨⑧の期間における賃金支払基礎日数	⑩ 賃金支払対象期間		⑪⑩の基礎日数	⑫ 賃金額			⑬ 備考
60歳に達した日の翌日	12月1日					A	B	計	
11月1日 ～	60歳に達した日等	30日	11月26日 ～	60歳に達した日等	5日	57,000			
10月1日 ～	10月31日	31日	10月26日 ～	11月25日	31日	342,000			
9月1日 ～	9月30日	30日	9月26日 ～	10月25日	30日	342,000			
8月1日 ～	8月31日	31日	8月26日 ～	9月25日	31日	342,000			
7月1日 ～	7月31日	31日	7月26日 ～	8月25日	31日	342,000			
6月1日 ～	6月30日	30日	6月26日 ～	7月25日	30日	342,000			
5月1日 ～	5月31日	31日	5月26日 ～	6月25日	31日	342,000			
4月1日 ～	4月30日	30日	4月26日 ～	5月25日	30日	342,000			
3月1日 ～	3月31日	31日	3月26日 ～	4月25日	31日	335,000			
2月1日 ～	2月29日	29日	2月26日 ～	3月25日	29日	335,000			
1月1日 ～	1月31日	31日	1月26日 ～	2月25日	31日	335,000			
12月1日 ～	12月31日	31日	12月26日 ～	1月25日	31日	335,000			
11月1日 ～	11月30日	30日	11月26日 ～	12月25日	30日	335,000			

⑭賃金に関する特記事項	六十歳到達時等賃金証明書受理
	令和 年 月 日 （受理番号 番）
※公共職業安定所記載欄	

（注）高年齢雇用継続給付金に係る手続きは電子申請による申請も可能です。その際、当該手続について、社会保険労務士が電子申請により当該申請書の提出に関する手続を事業主に代わって行う場合には、当該社会保険労務士が当該事業主の提出代行者であることを証明することができるものを当該申請書の提出と併せて送信することをもって、本証明書に係る当該事業主の電子署名に代えることができます。

社会保険労務士記載欄	作成年月日・提出代行者・事務代理者の表示	氏 名	電話番号

※	所長	次長	課長	係長	係

健康保険
厚生年金保険

厚生年金保険

被保険者資格喪失届
70歳以上被用者不該当届

令和　　年　　月　　日提出

提出者記入欄

事業所整理記号　江東ーいろは　　事業所番号　0 0 2 0 5

届書記入の個人番号に誤りがないことを確認しました。

事業所所在地　〒 136 - XXXX
東京都江東区亀戸2－X－X

事業所名称　大山建設株式会社

事業主氏名　代表取締役社長　　細内　俊夫

電話番号　03（ 3681 ）63XX

在職中に70歳に到達された方の厚生年金保険被保険者喪失届は、この用紙ではなく『70歳到達届』を提出してください。

受付印

社会保険労務士記載欄

氏名等

被保険者1

| ① 被保険者整理番号 | 18 | ② 氏名 | (フリガナ) オガワ (氏) 小川 | キヨシ (名) 清 | ③ 生年月日 | 5. 昭和 7. 平成 9. 令和 | 4 2 年 0 9 月 1 0 日 |

④ 個人番号 [基礎年金番号]　2 1 1 4 4 2 8 3 X X X X

⑤ 喪失年月日　9. 令和　0 6 1 0 1 7

⑥ 喪失(不該当)原因　4. 退職等（令和 4 年 10 月 14 日退職等）　5. 死亡（令和 年 月 日死亡）　7. 75歳到達（健康保険のみ喪失）　9. 障害認定（健康保険のみ喪失）　11. 社会保障協定

⑦ 備考　該当する項目を○で囲んでください。　1. 二以上事業所勤務者の喪失　3. その他　2. 退職後の継続再雇用者の喪失

保険証回収　添付 ＿＿＿ 枚　返不能 ＿＿＿ 枚

⑧ 70歳不該当　□ 70歳以上被用者不該当（退職日または死亡日を記入してください）　不該当年月日　9. 令和 年 月 日

被保険者2

| ① 被保険者整理番号 | | ② 氏名 | (フリガナ) (氏) | (名) | ③ 生年月日 | 5. 昭和 7. 平成 9. 令和 | 年 月 日 |

④ 個人番号 [基礎年金番号]

⑤ 喪失年月日　9. 令和

⑥ 喪失(不該当)原因　4. 退職等（令和 年 月 日退職等）　5. 死亡（令和 年 月 日死亡）　7. 75歳到達（健康保険のみ喪失）　9. 障害認定（健康保険のみ喪失）　11. 社会保障協定

⑦ 備考　該当する項目を○で囲んでください。　1. 二以上事業所勤務者の喪失　3. その他　2. 退職後の継続再雇用者の喪失

保険証回収　添付 ＿＿＿ 枚　返不能 ＿＿＿ 枚

⑧ 70歳不該当　□ 70歳以上被用者不該当（退職日または死亡日を記入してください）　不該当年月日　9. 令和 年 月 日

被保険者3

| ① 被保険者整理番号 | | ② 氏名 | (フリガナ) (氏) | (名) | ③ 生年月日 | 5. 昭和 7. 平成 9. 令和 | 年 月 日 |

④ 個人番号 [基礎年金番号]

⑤ 喪失年月日　9. 令和

⑥ 喪失(不該当)原因　4. 退職等（令和 年 月 日退職等）　5. 死亡（令和 年 月 日死亡）　7. 75歳到達（健康保険のみ喪失）　9. 障害認定（健康保険のみ喪失）　11. 社会保障協定

⑦ 備考　該当する項目を○で囲んでください。　1. 二以上事業所勤務者の喪失　3. その他　2. 退職後の継続再雇用者の喪失

保険証回収　添付 ＿＿＿ 枚　返不能 ＿＿＿ 枚

⑧ 70歳不該当　□ 70歳以上被用者不該当（退職日または死亡日を記入してください）　不該当年月日　9. 令和 年 月 日

被保険者4

| ① 被保険者整理番号 | | ② 氏名 | (フリガナ) (氏) | (名) | ③ 生年月日 | 5. 昭和 7. 平成 9. 令和 | 年 月 日 |

④ 個人番号 [基礎年金番号]

⑤ 喪失年月日　9. 令和

⑥ 喪失(不該当)原因　4. 退職等（令和 年 月 日退職等）　5. 死亡（令和 年 月 日死亡）　7. 75歳到達（健康保険のみ喪失）　9. 障害認定（健康保険のみ喪失）　11. 社会保障協定

⑦ 備考　該当する項目を○で囲んでください。　1. 二以上事業所勤務者の喪失　3. その他　2. 退職後の継続再雇用者の喪失

保険証回収　添付 ＿＿＿ 枚　返不能 ＿＿＿ 枚

⑧ 70歳不該当　□ 70歳以上被用者不該当（退職日または死亡日を記入してください）　不該当年月日　9. 令和 年 月 日

工事中随時

健康保険
厚生年金保険　**被保険者報酬月額変更届**
厚生年金保険　70歳以上被用者月額変更届

令和　　年　　月　　日提出

事業所整理記号	江東 － いろは

受付印

提出者記入欄

届書記入の個人番号に誤りがないことを確認しました。

〒 136 － XXXX

事業所所在地　東京都江東区亀戸2－X－X

事業所名称　大山建設株式会社

事業主氏名　代表取締役社長　　細内　俊夫

電話番号　03（ 3681 ）63XX

社会保険労務士記載欄
氏　名　等

工事中随時

項目名	① 被保険者整理番号	② 被保険者氏名	③ 生年月日	④ 改定年月	⑰ 個人番号[基礎年金番号] ※70歳以上被用者の場合のみ
	⑤ 従前の標準報酬月額	⑥ 従前改定月	⑦ 昇（降）給	⑧ 遡及支払額	
	給与支給月 / 給与計算の基礎日数	報酬月額　⑪ 通貨によるものの額 / ⑫ 現物によるものの額 / ⑬ 合計(⑪+⑫)		⑭ 総計 / ⑮ 平均額 / ⑯ 修正平均額	⑱ 備考

1

① 5　② 青山　薫　③ 5－300916　④ 7年 4月

⑤健 320千円　厚 320千円　⑥ 5年 4月　⑦昇（降）給 4月 ○昇給 / 2.降給　⑧遡及支払額

⑨支給月	⑩日数	⑪通貨	⑫現物	⑬合計(⑪+⑫)
4月	30日	358,400	9,000	367,400
5月	31日	350,000	9,000	359,000
6月	30日	365,600	9,000	374,600

⑭総計 1,101,000　⑮平均額 367,000　⑯修正平均額

⑱備考：
1. 70歳以上被用者月額変更
2. 二以上勤務
3. 短時間労働者（特定適用事業所等）
4. 昇給・降給の理由（ 基本給の変更 ）
5. 健康保険のみ月額変更（ 70歳到達時の契約変更等 ）
6. その他（ ）

2

① 21　② 黒木　治子　③ 2－500326　④ 7年 4月

⑤健 200千円　厚 200千円　⑥ 5年 4月　⑦昇（降）給 4月 ○昇給 / 2.降給　⑧遡及支払額

⑨支給月	⑩日数	⑪通貨	⑫現物	⑬合計(⑪+⑫)
4月	30日	231,800	6,000	237,800
5月	31日	228,500	6,000	234,500
6月	30日	237,600	6,000	234,600

⑭総計 715,900　⑮平均額 238,633　⑯修正平均額

⑱備考：
1. 70歳以上被用者月額変更
2. 二以上勤務
3. 短時間労働者（特定適用事業所等）
4. 昇給・降給の理由（ 基本給の変更 ）
5. 健康保険のみ月額変更（ 70歳到達時の契約変更等 ）
6. その他（ ）

3

（空欄）

⑱備考：
1. 70歳以上被用者月額変更
2. 二以上勤務
3. 短時間労働者（特定適用事業所等）
4. 昇給・降給の理由（ ）
5. 健康保険のみ月額変更（ 70歳到達時の契約変更等 ）
6. その他（ ）

4

（空欄）

⑱備考：
1. 70歳以上被用者月額変更
2. 二以上勤務
3. 短時間労働者（特定適用事業所等）
4. 昇給・降給の理由（ ）
5. 健康保険のみ月額変更（ 70歳到達時の契約変更等 ）
6. その他（ ）

5

（空欄）

⑱備考：
1. 70歳以上被用者月額変更
2. 二以上勤務
3. 短時間労働者（特定適用事業所等）
4. 昇給・降給の理由（ ）
5. 健康保険のみ月額変更（ 70歳到達時の契約変更等 ）
6. その他（ ）

※ ⑨支給月とは、給与の対象となった計算月ではなく実際に給与の支払いを行った月となります。

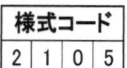

様式コード			
2	1	0	5

健康保険
厚生年金保険　**適用事業所　名称/所在地　変更(訂正)届**

令和　　年　　月　　日提出

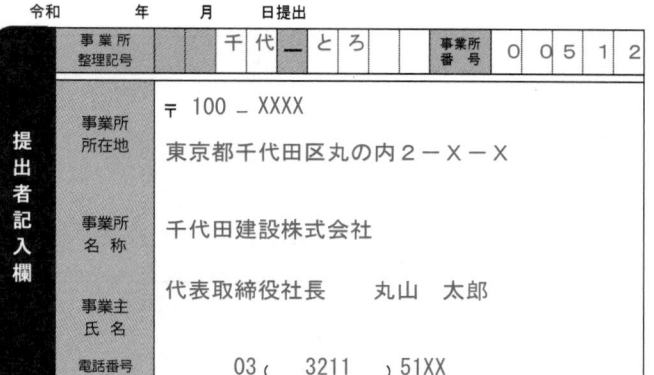
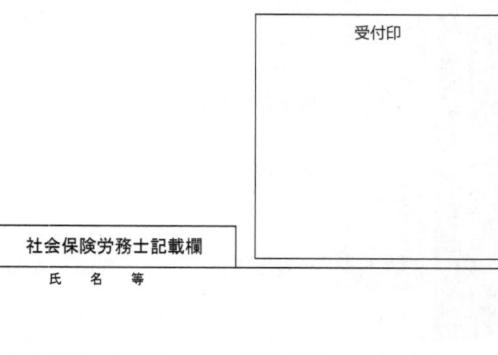

※該当する数字をすべて○で囲んでください。

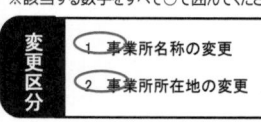

変更区分
①　事業所名称の変更
②　事業所所在地の変更

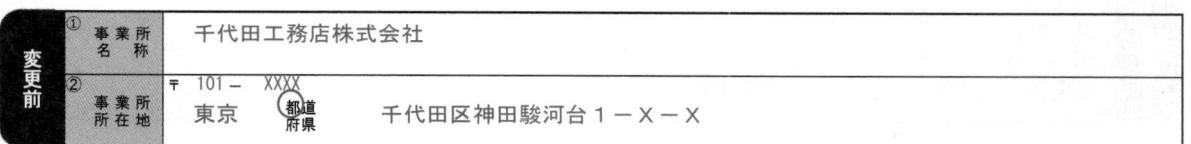

変更前

①	事業所名称	千代田工務店株式会社
②	事業所所在地	〒 101 － XXXX　東京（都道府県）　千代田区神田駿河台１－X－X

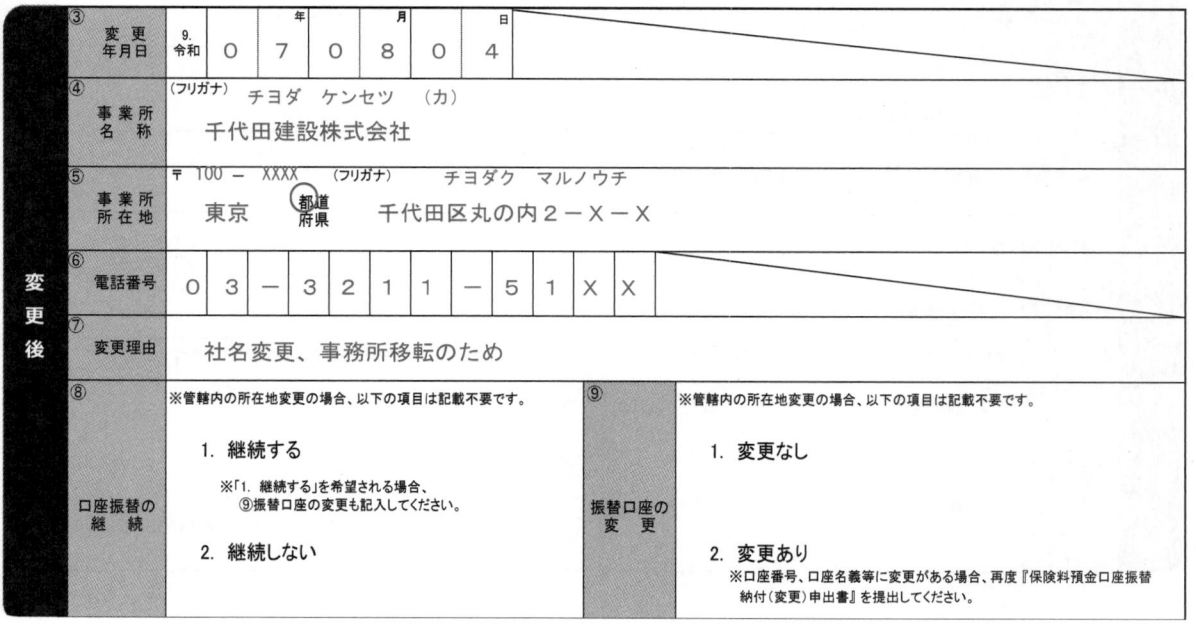

変更後

③	変更年月日	9.令和	0 7	0 8	0 4
④	事業所名称	（フリガナ）チヨダ ケンセツ （カ）　千代田建設株式会社
⑤	事業所所在地	〒 100 － XXXX （フリガナ）チヨダク マルノウチ　東京（都道府県）　千代田区丸の内２－X－X
⑥	電話番号	0 3 － 3 2 1 1 － 5 1 X X
⑦	変更理由	社名変更、事務所移転のため

⑧ 口座振替の継続
※管轄内の所在地変更の場合、以下の項目は記載不要です。
1. 継続する
※「1. 継続する」を希望される場合、⑨振替口座の変更も記入してください。
2. 継続しない

⑨ 振替口座の変更
※管轄内の所在地変更の場合、以下の項目は記載不要です。
1. 変更なし
2. 変更あり
※口座番号、口座名義等に変更がある場合、再度『保険料預金口座振替納付（変更）申出書』を提出してください。

工事中随時

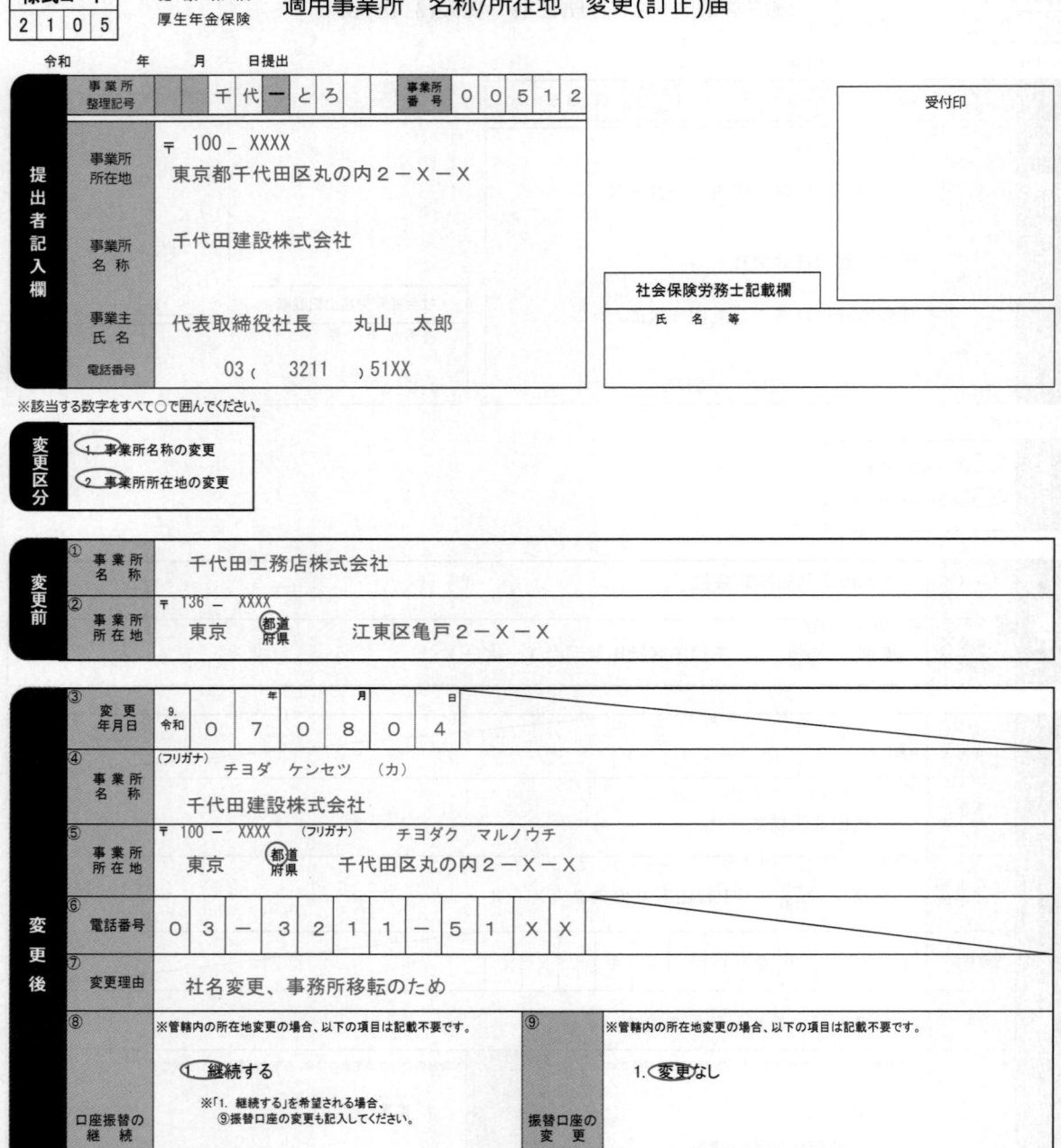

令和　　　年　　月　　日提出

提出者記入欄

事業所 整理記号	千　代　一　と　ろ	事業所番号　0　0　5　1　2
事業所 所在地	〒 100 － XXXX 東京都千代田区丸の内2－X－X	
事業所 名　称	千代田建設株式会社	
事業主 氏　名	代表取締役社長　　丸山　太郎	
電話番号	03（　　3211　）51XX	

受付印

社会保険労務士記載欄

氏　名　等

工事中随時

※該当する数字をすべて○で囲んでください。

変更区分

1. 事業所名称の変更
2. 事業所所在地の変更

変更前

①	事業所 名　称	千代田工務店株式会社
②	事業所 所在地	〒 136 － XXXX 東京　都道府県　　江東区亀戸2－X－X

変更後

③	変更 年月日	9.令和　0　7　　0　8　　0　4　年　　月　　日
④	事業所 名　称	（フリガナ）　チヨダ　ケンセツ　（カ） 千代田建設株式会社
⑤	事業所 所在地	〒 100 － XXXX　（フリガナ）　チヨダク　マルノウチ 東京　都道府県　　千代田区丸の内2－X－X
⑥	電話番号	0　3　－　3　2　1　1　－　5　1　X　X
⑦	変更理由	社名変更、事務所移転のため

⑧ 口座振替の継続	※管轄内の所在地変更の場合、以下の項目は記載不要です。 1. 継続する ※「1. 継続する」を希望される場合、 　⑨振替口座の変更も記入してください。 2. 継続しない	⑨ 振替口座の変更	※管轄内の所在地変更の場合、以下の項目は記載不要です。 1. 変更なし 2. 変更あり ※口座番号、口座名義等に変更がある場合、再度『保険料預金口座振替 　納付（変更）申出書』を提出してください。

健康保険　厚生年金保険　被保険者氏名変更（訂正）届

様式コード　2 2 0 7
届書コード　2 0 7　届書

担当	グループ長	課長	事務センター長	事務所長	副事務センター長 副所長

① 事業所整理記号　　江東　いろは　※

② 被保険者整理番号　26

③ 個人番号（または基礎年金番号）　2 1 1 1 2 0 6 5 2 1 1 3

（氏）野口　（名）春子

④ 生年月日　昭.5　平.7　令.9　0 6 1 0 0 3

送信

⑤ 被保険者の氏名（変更後）　（氏）山本　（名）春子
（フリガナ）ヤマモト　ハルコ

⑦ 変更前の氏名

⑥ 健康保険被保険者証要不要　※　要 0　不要 1

送信

① 備考

受付日付印

社会保険労務士記載欄

令和　6　年　8　月　5　日　提出

事業所所在地　〒136-XXXX　東京都江東区亀戸2-X-X
事業所名称　大山建設株式会社
事業主氏名　代表取締役社長　細内　俊夫
電話　（3681局）　63XX番

届書記入の個人番号に誤りがないことを確認しました。

◎　記入の方法は裏面に書いてありますからよく読んでください。
◎　「※」印欄は記入しないでください。

— 185 —

健康保険 被保険者証 再交付申請書

※記入方法等については「記入の手引き」をご確認ください。

被保険者証を無くされた場合やき損した場合にご使用ください。

<table>
<tr><td rowspan="5">被保険者情報</td><td rowspan="2">被保険者証</td><td>記号（左づめ）
江東　　は</td><td>番号（左づめ）
2 1</td><td colspan="2">生年月日
2 1.昭和
2.平成
3.令和 0 4 年 0 1 月 1 5 日</td></tr>
<tr></tr>
<tr><td>氏名
（カタカナ）</td><td colspan="3">コバ゛ヤシ　マサル
姓と名の間は1マス空けてご記入ください。濁点（゛）、半濁点（゜）は1字としてご記入ください。</td></tr>
<tr><td>氏名</td><td colspan="3">小林　　勝</td></tr>
<tr><td>郵便番号
（ハイフン除く）</td><td>1 3 6 X X X</td><td colspan="2">電話番号
（左づめハイフン除く）　0 3 3 3 0 8 1 0 X X</td></tr>
</table>

住所　　東京 ㊞都 道/府 県　江東区大島5ーXーX

<table>
<tr><td rowspan="8">再交付対象者</td><td>対象者</td><td colspan="3">2　1. 被保険者（本人）分のみ・・・・・・・・・・・㋐欄の「再交付の原因」をご記入ください。
2. 被扶養者（家族）分のみ・・・・・・・・・・・㋑欄に再交付対象のご家族の情報および「再交付の原因」をご記入ください。
3. 被保険者（本人）および被扶養者（家族）分・・・㋐および㋑欄それぞれにご記入ください。</td></tr>
<tr><td>㋐被保険者</td><td>氏名（カタカナ）
同上</td><td>生年月日
同上</td><td>再交付の原因
□ 1.滅失（無くした、落した）
2.き損（割れた、かすれた）
3.その他
（　　　　　）</td></tr>
<tr><td rowspan="6">㋑被扶養者</td><td>(1)氏名（カタカナ）姓と名の間は1マス空けてご記入ください。濁点（゛）、半濁点（゜）は1字としてご記入ください。
コバ゛ヤシ　トキエ</td><td>生年月日　　　　年　　　月　　　日
3 1.昭和
2.平成
3.令和 0 6 0 8 0 6</td><td>再交付の原因
1 1.滅失（無くした、落した）
2.き損（割れた、かすれた）
3.その他
（　　　　　）</td></tr>
<tr><td></td><td></td><td></td></tr>
<tr><td>(2)氏名（カタカナ）姓と名の間は1マス空けてご記入ください。濁点（゛）、半濁点（゜）は1字としてご記入ください。</td><td>生年月日　　　　年　　　月　　　日
1.昭和
2.平成
3.令和</td><td>再交付の原因
□ 1.滅失（無くした、落した）
2.き損（割れた、かすれた）
3.その他
（　　　　　）</td></tr>
<tr><td></td><td></td><td></td></tr>
<tr><td>(3)氏名（カタカナ）姓と名の間は1マス空けてご記入ください。濁点（゛）、半濁点（゜）は1字としてご記入ください。</td><td>生年月日　　　　年　　　月　　　日
1.昭和
2.平成
3.令和</td><td>再交付の原因
□ 1.滅失（無くした、落した）
2.き損（割れた、かすれた）
3.その他
（　　　　　）</td></tr>
<tr><td></td><td></td><td></td></tr>
<tr><td>備考</td><td colspan="3"></td></tr>
</table>

上記のとおり被保険者から再交付の申請がありましたので届出します。

<table>
<tr><td rowspan="4">事業主欄</td><td>事業所所在地</td><td>136- XXXX　　東京都江東区亀戸2ーXーX</td><td rowspan="4">任意継続被保険者の方は、
事業主欄の記入は不要です。</td></tr>
<tr><td>事業所名称</td><td>大山建設株式会社</td></tr>
<tr><td>事業主氏名</td><td>代表取締役　細内　俊夫</td></tr>
<tr><td>電話番号</td><td>03 ー 3681 ー 63XX</td></tr>
</table>

被保険者証の記号番号が不明の場合は、被保険者のマイナンバーをご記入ください。
（記入した場合は、本人確認書類等の添付が必要となります。）　▶

社会保険労務士の
提出代行者名記入欄

受付日付印

<table>
<tr><td>MN確認
（被保険者）</td><td>□</td><td>1. 記入有（添付あり）
2. 記入有（添付なし）
3. 記入無（添付あり）</td><td>添付書類</td><td>□ □ □ □</td><td>1. き損被保険者証の添付あり</td></tr>
<tr><td colspan="3">2 1 1 1 1 1 0 1</td><td>その他</td><td>□ 1. その他
2. 処理票</td><td>（理由）　　　枚数 □ □</td></tr>
</table>

(2022.12)

全国健康保険協会
協会けんぽ

1 / 1

工事中随時

様式コード
2 2 6 5

健康保険
厚生年金保険
厚生年金保険

被保険者賞与支払届
70歳以上被用者賞与支払届

令和　　年　　月　　日

事業所整理記号： 江東 いろは

提出者記入欄

届書記入の個人番号に誤りがないことを確認しました。

事業所所在地	136 - XXXX　東京都江東区亀戸2-X-X
事業所名称	大山建設株式会社
事業主氏名	代表取締役社長　細内　俊夫
電話番号	03(3681)63XX

受付印

社会保険労務士記載欄　　氏 名 等

項目名	① 被保険者整理番号	② 被保険者氏名	③ 生年月日	⑦ 個人番号 [基礎年金番号]　※70歳以上被用者の場合のみ
	④ 賞与支払年月日	⑤ 賞与支払額	⑥ 賞与額(千円未満は切捨て)	⑧ 備考

共通　④ 賞与支払年月日（共通）　9.令和 | 06 年 | 08 月 | 05 日　　←1枚ずつ必ず記入してください。

1
① 21
② 北森　伸二
③ 5-280818
⑦
④※上記「賞与支払年月日（共通）」と同じ場合は、記入不要です。
⑤⑦(通貨) 621,000 円　⑦(現物) 0 円
⑥(合計⑦+⑦) 千円未満は切捨て 621 ,000 円
⑧ 1. 70歳以上被用者　2. 二以上勤務　3. 同一月内の賞与合算（初回支払日：　　　日）
9.令和　年　月　日

2
① 25
② 輪湖　常明
③ 5-321215
⑦
⑤⑦(通貨) 555,000 円　⑦(現物) 0 円
⑥ 555 ,000 円
⑧ 1. 70歳以上被用者　2. 二以上勤務　3. 同一月内の賞与合算（初回支払日：　　　日）
9.令和　年　月　日

3
① 27
② 芳野　信明
③ 5-330103
⑦
⑤⑦(通貨) 545,000 円　⑦(現物) 0 円
⑥ 545 ,000 円
⑧ 1. 70歳以上被用者　2. 二以上勤務　3. 同一月内の賞与合算（初回支払日：　　　日）
9.令和　年　月　日

4
① 26
② 古谷　和夫
③ 5-331010
⑦
⑤⑦(通貨) 530,000 円　⑦(現物) 0 円
⑥ 530 ,000 円
⑧ 1. 70歳以上被用者　2. 二以上勤務　3. 同一月内の賞与合算（初回支払日：　　　日）
9.令和　年　月　日

5
① 28
② 宮地　徳明
③ 5-421210
⑦
⑤⑦(通貨) 500,000 円　⑦(現物) 0 円
⑥ 500 ,000 円
⑧ 1. 70歳以上被用者　2. 二以上勤務　3. 同一月内の賞与合算（初回支払日：　　　日）
9.令和　年　月　日

6
① 30
② 東出　忠行
③ 5-440605
⑦
⑤⑦(通貨) 455,000 円　⑦(現物) 0 円
⑥ 455 ,000 円
⑧ 1. 70歳以上被用者　2. 二以上勤務　3. 同一月内の賞与合算（初回支払日：　　　日）
9.令和　年　月　日

7
① 31
② 赤松　勇
③ 5-470708
⑦
⑤⑦(通貨) 400,000 円　⑦(現物) 0 円
⑥ 400 ,000 円
⑧ 1. 70歳以上被用者　2. 二以上勤務　3. 同一月内の賞与合算（初回支払日：　　　日）
9.令和　年　月　日

8
① 32
② 津田　優
③ 5-521012
⑦
⑤⑦(通貨) 387,000 円　⑦(現物) 0 円
⑥ 387 ,000 円
⑧ 1. 70歳以上被用者　2. 二以上勤務　3. 同一月内の賞与合算（初回支払日：　　　日）
9.令和　年　月　日

9
① 33
② 荒石　由紀子
③ 5-620412
⑦
⑤⑦(通貨) 223,000 円　⑦(現物) 0 円
⑥ 223 ,000 円
⑧ 1. 70歳以上被用者　2. 二以上勤務　3. 同一月内の賞与合算（初回支払日：　　　日）
9.令和　年　月　日

10
① 35
② 坂本　彰子
③ 7-030610
⑦
⑤⑦(通貨) 210,000 円　⑦(現物) 0 円
⑥ 210 ,000 円
⑧ 1. 70歳以上被用者　2. 二以上勤務　3. 同一月内の賞与合算（初回支払日：　　　日）
9.令和　年　月　日

工事中随時

様式コード			
2	2	6	6

健康保険
厚生年金保険　**賞与不支給報告書**

令和　5　年　7　月　4　日　提出

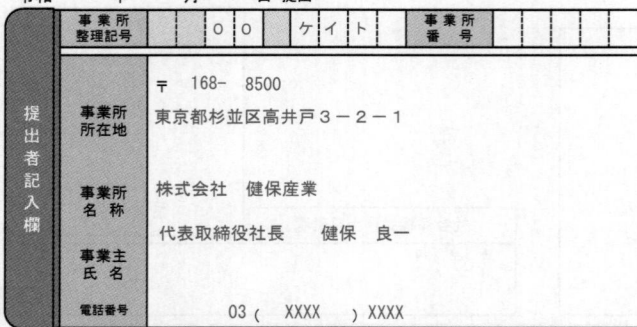

事業所 整理記号		○	○		ケ	イ	ト	事業所 番　号				

提出者記入欄

事業所 所在地	〒　168-　8500 東京都杉並区高井戸３－２－１
事業所 名　称	株式会社　健保産業
事業主 氏　名	代表取締役社長　　健保　良一
電話番号	03（　XXXX　）XXXX

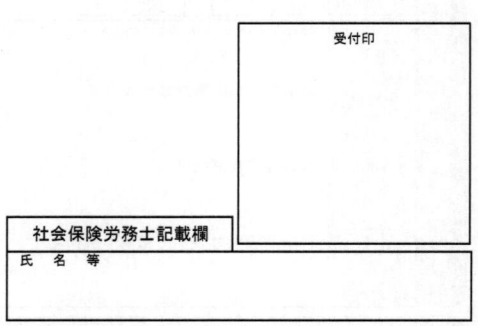

受付印

社会保険労務士記載欄	
氏　名　等	

工事中随時

・**この報告書は、賞与支払予定月に賞与の支給がなかった場合に提出してください。**

（賞与支払予定月に報告書の提出がない場合、後日、提出勧奨のお知らせが送付されます。）

賞与支払情報				
	賞与支払予定年月	9. 令和	年	月
①	賞与支払年月	9. 令和	0　5 年	0　6 月
②	支給の状況	1.　不支給		

・**従前の賞与支払予定月を変更する場合は以下③も記入してください。**

変更		月	月	月		月	月	月	月
③	賞与支払予定月の 変更	3	6	12	賞与支払予定月 変更前	6	12		

健康保険
厚生年金保険

**育児休業等取得者
申出書(新規・延長)/終了届**

令和　　年　　月　　日提出

提出者記入欄	事業所整理記号	千代－とろ			

事業所所在地
届書記入の個人番号に誤りがないことを確認しました。
〒 100 － XXXX
東京都千代田区丸の内2－X－X

事業所名称
千代田建設株式会社
代表取締役社長　丸山　太郎

事業主氏名

電話番号　03（ 3211 ）51XX

受付印

社会保険労務士記載欄
氏　名　等

新規申出の場合は共通記載欄に必要項目を記入してください。

延長・終了の場合は、共通記載欄に育児休業取得時に提出いただいた内容を記入のうえ、A.延長　B.終了の必要項目を記入してください。

≪「⑩育児休業等開始年月日」と「⑪育児休業等終了(予定)年月日の翌日」が同月内の場合≫

・共通記載欄の⑫育児休業等取得日数欄と⑬就業予定日数欄を必ず記入してください。
・同月内に複数回の育児休業を取得した場合は、⑩育児休業等開始年月日欄に、初回の育児休業等開始年月日を、⑪育児休業等終了予定年月日欄に最終回の育児休業等終了予定年月日を記入のうえ、C.育休等取得内訳を記入してください。

共通記載欄（新規申出）

① 被保険者整理番号	0823	② 個人番号[基礎年金番号]	2 0 8 2 0 7 5 2 X X X X

③ 被保険者氏名	(フリガナ)カトウ (氏) 加藤	(フリガナ)マサコ (名) 正子	④ 被保険者生年月日	5.昭和 7.平成 9.令和	年 0 7 月 0 6 日 2 0	⑤ 被保険者性別	1.男 ②2.女

⑥ 養育する子の氏名	(フリガナ)カトウ (氏) 加藤	(フリガナ)ミカ (名) 美香	⑦ 養育する子の生年月日	9.令和	年 0 7 月 0 8 日 0 1

⑧ 区分	①.実子 2.その他 ※「2.その他」の場合は、⑨養育開始年月日(実子以外)も記入してください。	⑨ 養育開始年月日(実子以外)	9.令和	年　　月　　日

⑩ 育児休業等開始年月日	9.令和	年 0 7 月 0 9 日 2 9	⑪ 育児休業等終了(予定)年月日	9.令和	年 0 8 月 0 7 日 3 1

⑫ 育児休業等取得日数 ※「育児休業等開始年月日」と「育児休業等終了(予定)年月日の翌日」が同月内の場合のみ記入してください。	日	⑬ 就業予定日数 ※「育児休業等開始年月日」と「育児休業等終了(予定)年月日の翌日」が同月内の場合のみ記入してください。	日	⑭ パパママ育休プラス該当区分 ※パパママ育休プラスに該当する場合は☑してください。	□ 該当	⑮ 備考

終了予定日を延長する場合　※必ず共通記載欄も記入してください。

A.延長	⑯ 育児休業等終了(予定)年月日(変更後)	9.令和	年　　月　　日

※延長後の「⑯育児休業等終了(予定)年月日の翌日」が「⑩育児休業開始年月日」と同月内の場合は、⑰変更後の育児休業等取得日数欄も記入してください。

⑰ 変更後の育児休業等取得日数	日

予定より早く育児休業を終了した場合　※必ず共通記載欄も記入してください。

B.終了	⑱ 育児休業等終了年月日	9.令和	年　　月　　日

※「⑱育児休業等終了年月日の翌日」が「⑩育児休業等開始年月日」と同月内の場合は、⑲変更後の育児休業等取得日数欄も記入してください。

⑲ 変更後の育児休業等取得日数	日

「育児休業等開始年月日」と「育児休業等終了(予定)年月日の翌日」が同月内、かつ複数回育児休業等を取得する場合　※必ず共通記載欄も記入してください。

C.育休等取得内訳		育児休業等開始年月日			育児休業等終了(予定)年月日			育児休業等取得日数		就業予定日数	
	1	⑳ 9.令和	年 月 日		㉑ 9.令和	年 月 日		㉒	日	㉓	日
	2	㉔ 9.令和	年 月 日		㉕ 9.令和	年 月 日		㉖	日	㉗	日
	3	㉘ 9.令和	年 月 日		㉙ 9.令和	年 月 日		㉚	日	㉛	日
	4	㉜ 9.令和	年 月 日		㉝ 9.令和	年 月 日		㉞	日	㉟	日

工事中随時

様式コード				健康保険 厚生年金保険	育児休業等取得者 申出書(新規・延長)/終了届
2	2	6	3		

令和 　年 　月 　日提出

提出者記入欄	事業所整理記号	千 代 ― と ろ	

届書記入の個人番号に誤りがないことを確認しました。

事業所所在地	〒 100 ― XXXX 東京都千代田区丸の内2―X―X	
事業所名称	千代田建設株式会社 代表取締役社長　丸山　太郎	
事業主氏名		
電話番号	03 （ 3211 ） 51XX	

受付印

社会保険労務士記載欄

氏 名 等

新規申出の場合は共通記載欄に必要項目を記入してください。

延長・終了の場合は、共通記載欄に育児休業取得時に提出いただいた内容を記入のうえ、A.延長　B.終了の必要項目を記入してください。

≪「⑩育児休業等開始年月日」と「⑪育児休業等終了（予定）年月日の翌日」が同月内の場合≫

・共通記載欄の⑫育児休業等取得日数欄と⑬就業予定日数欄を必ず記入してください。
・同月内に複数回の育児休業を取得した場合は、⑩育児休業等開始年月日欄に、初回の育児休業等開始年月日を、
⑪育児休業等終了予定年月日欄に最終回の育児休業等終了予定年月日を記入のうえ、C.育休等取得内訳を記入してください。

共通記載欄（新規申出）

① 被保険者整理番号	0823	② 個人番号[基礎年金番号]	2 0 8 2 0 7 5 2 X X X X

③ 被保険者氏名	(フリガナ) カトウ (氏) 加藤	マサコ (名) 正子	④ 被保険者生年月日	5.昭和 7.平成 9.令和	年 07 月 06 日 20	⑤ 被保険者性別	1. 男 2. 女

⑥ 養育する子の氏名	(フリガナ) カトウ (氏) 加藤	ミカ (名) 美香	⑦ 養育する子の生年月日	9.令和	年 07 月 08 日 01

⑧ 区分	1.実子 2.その他 ※「2.その他」の場合は、⑨養育開始年月日（実子以外）も記入してください。	⑨ 養育開始年月日（実子以外）	9.令和		

⑩ 育児休業等開始年月日	9.令和	年 07 月 09 日 29	⑪ 育児休業等終了（予定）年月日	9.令和	年 08 月 07 日 31

⑫ 育児休業等取得日数 ※「育児休業等開始年月日」と「育児休業等終了（予定）年月日の翌日」が同月内の場合のみ記入してください。	日	⑬ 就業予定日数 ※「育児休業等開始年月日」と「育児休業等終了（予定）年月日の翌日」が同月内の場合のみ記入してください。	日	⑭ パパママ育休プラス該当区分 ※パパママ育休プラスに該当する場合 □ してください。	□ 該当	⑮ 備 考

終了予定日を延長する場合　※必ず共通記載欄も記入してください。

A. 延長	⑯ 育児休業等終了（予定）年月日（変更後）	9.令和	年 月 日

※延長後の「⑯育児休業等終了（予定）年月日の翌日」が「⑩育児休業等開始年月日」と同月内の場合は、⑰変更後の育児休業等取得日数欄も記入してください。

⑰ 変更後の育児休業等取得日数	日

予定より早く育児休業を終了した場合　※必ず共通記載欄も記入してください。

B. 終了	⑱ 育児休業等終了年月日	9.令和	年 月 日

※「⑱育児休業等終了年月日の翌日」が「⑩育児休業等開始年月日」と同月内の場合は、⑲変更後の育児休業等取得日数欄も記入してください。

⑲ 変更後の育児休業等取得日数	日

「育児休業等開始年月日」と「育児休業等終了（予定）年月日の翌日」が同月内、かつ複数回育児休業等を取得する場合　※必ず共通記載欄も記入してください。

C. 育休等取得内訳	1	⑳ 育児休業等開始年月日	9.令和	年 月 日	㉑ 育児休業等終了（予定）年月日	9.令和	年 月 日	㉒ 育児休業等取得日数	日	㉓ 就業予定日数
	2	㉔ 育児休業等開始年月日	9.令和	年 月 日	㉕ 育児休業等終了（予定）年月日	9.令和	年 月 日	㉖ 育児休業等取得日数	日	㉗ 就業予定日数
	3	㉘ 育児休業等開始年月日	9.令和	年 月 日	㉙ 育児休業等終了（予定）年月日	9.令和	年 月 日	㉚ 育児休業等取得日数	日	㉛ 就業予定日数
	4	㉜ 育児休業等開始年月日	9.令和	年 月 日	㉝ 育児休業等終了（予定）年月日	9.令和	年 月 日	㉞ 育児休業等取得日数	日	㉟ 就業予定日数

様式コード	
2 2 2 2	

健康保険
厚生年金保険　　**育児休業等終了時報酬月額変更届**
厚生年金保険　　70歳以上被用者育児休業等終了時報酬月額相当額変更届

令和　　年　　月　　日提出

提出者記入欄

事業所整理記号： 千　代　一　と　ろ

届書記入の個人番号に誤りがないことを確認しました。

事業所所在地：
〒 100 － XXXX
東京都千代田区丸の内2－X－X

事業所名称：
千代田建設株式会社

事業主氏名：
代表取締役社長　　丸山　太郎

電話番号：
03（ 3211 ）51XX

受付印

社会保険労務士記載欄
氏　名　等

申出者欄

☐ 育児休業等を終了した際の標準報酬月額の改定について申出します。
（健康保険法施行規則第38条の2及び厚生年金保険法施行規則第10条）
※必ず☐に✔を付けてください。

令和　7 年 11 月 25 日

日本年金機構理事長あて

住所　272-01XX　千葉県市川市香取2－X－X

氏名　加藤　正子

電話　047（ 357 ）XXXX

被保険者欄

① 被保険者整理番号：0823
② 個人番号［基礎年金番号］：2 0 8 2 0 7 5 2 X X X X

③ 被保険者氏名：（フリガナ）カトウ　マサコ　氏：加藤　名：正子
④ 被保険者生年月日：5.昭和 7.平成 9.令和　07 06 20

⑤ 子の氏名：（フリガナ）カトウ　ミカ　氏：加藤　名：美香
⑥ 子の生年月日：7.平成 9.令和　07 08 01
⑦ 育児休業等終了年月日：9.令和　07 07 31

⑧ 給与支給月及び報酬月額：

支給月	給与計算の基礎日数	⑦ 通貨	⑦ 現物	⑦ 合計		
8 月	31 日	155,000 円	3,150 円	158,150 円	⑨ 総計	4 7 4 4 5 0 円
9 月	30 日	155,000 円	3,150 円	158,150 円	⑩ 平均額	1 5 8 1 5 0 円
10 月	31 日	155,000 円	3,150 円	158,150 円	⑪ 修正平均額	1 6 0 0 0 0 円

⑫ 従前標準報酬月額：健 180 千円　厚 180 千円
⑬ 昇給降給：8 月　1. 昇給　(2. 降給)
⑭ 遡及支払額：　月　　円
⑮ 改定年月：R07 年 11 月

⑯ 給与締切日・支払日：締切日 31 日　支払日 25 日（当月翌月）
⑰ 備考：該当する項目を○で囲んでください。
1. 70歳以上被用者　2. 二以上勤務被保険者　3. 短時間労働者　4. パート　5. その他（　　）
（特定適用事業所等）

⑱ 月変該当の確認：
該当する場合はチェックしてください
育児休業等を終了した日の翌日に引き続いて、産前産後休業を開始していませんか。　☑ 開始していません
※ 育児休業等を終了した日の翌日に引き続いて産前産後休業を開始した場合は、この申出はできません。

○ **育児休業等終了時報酬月額変更届とは**
「育児休業、介護休業等育児又は家族介護を行う労働者の福祉に関する法律」による満3歳未満の子を養育するための育児休業等（育児休業及び育児休業に準ずる休業）終了日に3歳未満の子を養育している被保険者は、一定の条件を満たす場合、随時改定に該当しなくても、育児休業終了日の翌日が属する月以後3カ月間に受けた報酬の平均額に基づき、4カ月目の標準報酬月額から改定することができます。
ただし、育児休業等を終了した日の翌日に引き続いて産前産後休業を開始した場合は、この申出はできません。

○ **変更後の標準報酬月額が以前より下がった方へ**
3歳未満の子を養育する被保険者または被保険者であった者で、養育期間中の各月の標準報酬月額が、養育開始月の前月の標準報酬月額を下回る場合、「養育期間の従前標準報酬月額みなし措置」という制度をご利用いただけます。この申出をいただきますと、将来の年金額の計算時には養育期間以前の従前標準報酬月額を用いることができますので、『育児休業等終了時報酬月額変更届』とあわせて、『養育期間標準報酬月額特例申出書』を提出してください。

様式コード
1 2 0 6 2

基礎年金番号通知書再交付申請書

令和 7 年 8 月 21 日提出

事業所情報	事業所整理記号						-				事業所番号						

事業所情報	事業所所在地	〒 136 － XXXX 東京都江東区亀戸２－X－X
	事業所名称	大山建設株式会社
	事業主氏名	代表取締役社長　　細内　俊夫
	電話番号	03（ 3681 ）63XX

厚生年金保険もしくは船員保険に現在加入していて、お勤め先からの届出を希望される方は、左の欄に証明をもらってください。

受付印

社会保険労務士記載欄
氏　名　等

申請対象の被保険者について記入してください。

基礎年金番号（１０桁）で届出する場合は「①個人番号（または基礎年金番号）」欄に左詰めで記入してください。

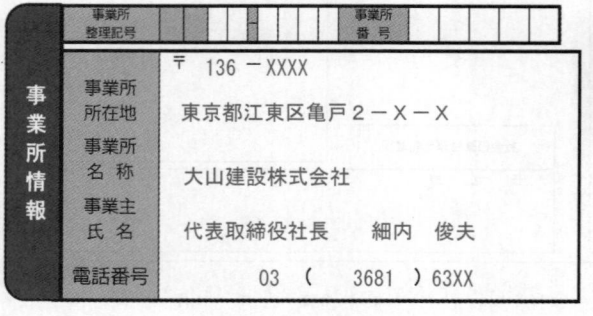

A. 被保険者	① 個人番号（または基礎年金番号）	8	6	4	5	0	1	3	5	X	X	X	X

	② 生年月日	5.昭和 7.平成 9.令和	3 8 年	0 1 月	1 5 日	③ 氏名	（フリガナ）ナカムラ 中村	カズオ 一夫

	④ 郵便番号	1 5 4 － X X X	⑤ 電話番号	1.自宅　3.勤務先 2.携帯電話　4.その他	03 － 3419 － 13XX

	⑥ 住所	東京都世田谷区世田谷１－X－X

申請内容について記入してください。

B. 申請内容	⑦ 申請事由	1.紛失　　2.破損（汚れ）　　9.その他			
	現に加入している（または最後に加入していた）制度の名称及び取得・喪失年月日	⑧ 制度の名称	1.国民年金 2.厚生年金保険 3.船員保険 4.共済組合	取得年月日	平成30 年 8 月 20 日
				喪失年月日	年 月 日

「⑧制度の名称」欄が国民年金または共済組合の方は、以下の記入は不要です。

B. 申請内容	最初に被保険者として使用されていた事業所の名称、所在地（または船舶所有者の氏名、住所）及び、取得年月日	名称（氏名）	大丸倉庫株式会社
		所在地（住所）	東京都江東区北砂２－X－X
		取得年月日	昭和57 年 6 月 1 日
	現に被保険者として使用されている（または最後に被保険者として使用された）事業所の名称、所在地（または船舶所有者の氏名、住所）	名称（氏名）	大山建設株式会社
		所在地（住所）	東京都江東区亀戸２－X－X

所長	次長	課長	係長	係員

基礎年金番号重複取消届（報告書）

送信

① 存続する基礎年金番号	② 生年月日	③ 取消する基礎年金番号
2 1 3 6 3 1 2 6 5 2	★明治 1 大正 3 昭和 5 平成 7　昭和　3 7 1 0 0 6	2 1 1 2 0 0 1 9 3 0

備考

提出者住所　〒136-xxxx　東京都江東区亀戸2-X-X

提出者氏名　大山建設株式会社　代表取締役社長　細内　俊夫　㊞

電話番号　（3681局）　63XX番

令和 6 年 7 月 22 日 提出

工事中随時

1. 文字は楷書ではっきりと書いてください。
2. ★印の欄は該当する項目を○印で囲んでください。
3. 被保険者（受給権者）が自ら署名する場合には、押印は不要です。

厚生年金保険　**養育期間標準報酬月額特例**
申出書・終了届

令和　　年　　月　　日提出

提出者記入欄

事業所整理記号	千　代　一　と　ろ

届書記入の個人番号に誤りがないことを確認しました。

事業所所在地　〒　100－　XXXX
東京都千代田区丸の内２－X－X

事業所名称　千代田建設株式会社

事業主氏名　代表取締役社長　　丸山　太郎

電話番号　03（　3211　）51XX

受付印

社会保険労務士記載欄
氏名等

申出者欄

この申出書（届書）記載のとおり申出（届出）します。　日本年金機構理事長あて

令和　7 年 8 月 4 日

住所　272-01XX　千葉県市川市香取２－X－X

氏名　加藤　正子

電話　047（　357　）XXXX

共通記載欄に加え、申出の場合は A.申出 、終了の場合は B.終了 の欄にも必要事項を記入してください。
また、上部の申出者欄に記入してください。

共通記載欄

① 被保険者整理番号	0823	② 被保険者個人番号[基礎年金番号]	2 0 8 2 0 7 5 2 X X X X

③ 被保険者氏名	（フリガナ）カトウ（氏） 加藤	（名）マサコ 正子	④ 被保険者生年月日	5.昭和 7.平成 9.令和	年 0 5 月 0 6 日 2 0	⑤ 被保険者性別 1.男 (2.女)

養育する子の氏名	（フリガナ）カトウ（氏） 加藤	（名）ミカ 美香	⑥ 養育する子の生年月日	7.平成 (9.令和)	年 0 5 月 0 8 日 0 2	

養育する子の個人番号			

養育特例の申出をする場合

A. 申出

⑨ 過去の申出の確認	⑥の子について、初めて養育特例の申出をしますか。	(1.はい) 2.いいえ	⑩ 事業所の確認	現在勤務されている事業所と、⑥の子を養育し始めた月の前月に勤務していた事業所は同じ事業所ですか。	(1.はい) 2.いいえ

⑪ 該当月に勤務していた事業所	⑩で 2.いいえ を選択された方 ⑥の子を養育し始めた月の前月に勤務していた事業所を記入してください。 （勤務していなかった場合は、過去1年以内の直近の月に勤務していた事業所を記入してください）	事業所所在地（船舶所有者住所） 〒	
		事業所名称（船舶所有者氏名）	

⑫ 養育開始年月日	7.平成 (9.令和)	年 0 7 月 0 8 日 0 2	⑬ 養育特例開始年月日	7.平成 (9.令和)	年 0 7 月 0 8 日 0 4	⑭ 備考

養育特例を終了する場合

B. 終了

⑮ 養育特例開始年月日	7.平成 9.令和	年 月 日	⑯ 養育特例終了年月日	7.平成 9.令和	年 月 日	⑰ 備考

○ 養育期間標準報酬月額特例とは

　　子どもが3歳に達するまでの養育期間中に標準報酬月額が低下した場合、養育期間中の報酬の低下が将来の年金額に影響しないようその子どもを養育する前の標準報酬月額に基づく年金額を受け取ることができる仕組みです。具体的には被保険者の申出に基づき、より高い従前の標準報酬月額をその期間の標準報酬月額とみなして年金額を計算します。従前の標準報酬月額とは養育開始月の前月の標準報酬月額を指しますが、養育開始月の前月に厚生年金保険の被保険者でない場合には、その月前1年以内の直近の被保険者であった月の標準報酬月額が従前の報酬月額とみなされます。その月前1年以内に被保険者期間がない場合は、みなし措置は受けられません。

　　　　　　（対象期間　：　3歳未満の子の養育開始月　～　養育する子の3歳誕生日のある月の前月）

※　特例措置の申出は、勤務している事業所ごとに提出してください。
　　また、既に退職している場合は事業所の確認を受けずに、本人から直接提出することができます。

工事中随時

（2部複写）

第 一 種 組 合 員 加 入 届 （家族のある組合員が加入する場合に使用してください。）

事業所記号	1 5 0 5	組合番号	4 8 1

職種	組合員氏名	個人番号	性別	生年月日	加入年月日	報酬月額	国籍	在留資格	在留期間	基準報酬月額	資格取得の理由	世帯主	備考
事務員	フリガナ オオヤマ ノボル　氏名 大山 昇	△△△△-△△△△-△△△△	①男 ⑤ 2女	昭 43 01 14	0 6 0 5 1 1 5	金銭によるもの 400,000円 現物によるもの 0円 計 400,000円			自20 至20	等級 27 千円 410	1 後期離脱 2 社保離脱 3 生保廃止 4 その他	①	短時間労働者

住所 〒150-XXXX 東京都渋谷区恵比寿1-X-X

続柄	被保険者氏名（フリガナ・氏名）	個人番号	性別	生年月日	職業	報酬 国籍	在留資格	在留期間	資格取得の理由	世帯番号	備考
妻	オオヤマ カズコ　大山 和子	△△△△-△△△△-△△△△	⑤ 7 9	昭 47 43 0710	なし			自20 至20	1 2 3 4	1	
子	オオヤマ カズオ　大山 一男	△△△△-△△△△-△△△△	⑦ 5 9	平 1 4 0520	大学4年			自20 至20	1 2 3 4	1	
			5 7 9	昭 平 令				自20 至20	1 2 3 4	1	
			5 7 9	昭 平 令				自20 至20	1 2 3 4	1	

上記のとおり加入いたしたく届けます。

令和 6 年 5 月 20 日

全国土木建築国民健康保険組合理事長 様

（注）
1 「報酬月額」欄は、規約第11条の5及び第11条の8の規定により算定し、「基準報酬月額」欄が規約第11条の3に該当する等級及び月額を記入してください。
2 「資格取得の理由」欄は、該当する番号を○で囲んでください。
3 「国籍」、「在留資格」及び「在留期間」欄は、日本国籍を有しない者について記入してください。なお、在留資格が「特定活動」の場合、本邦において行う活動内容を「在留資格」欄に記入してください。
4 「世帯主」欄は、該当する者について「1」を○で囲んでください。
5 「備考」欄は、短時間労働者に該当する場合、レを入れてください。
6 この届書は2部とも組合に提出してください。

郵便番号	101 － XXXX
所在地	東京都千代田区祝田町1-X-X
名称	八重洲建設株式会社
事業主氏名	代表取締役社長 春山 一郎

様式中第1号

第一種組合員加入届 （家族のない組合員が加入する場合に使用してください。）

組合員番号	フリガナ 組合員氏名 / 住所	職種	性別 / 個人番号	生年月日	加入年月日	報酬月額（金銭によるもの／現物によるもの／合計）	基準報酬月額（等級・月額）	資格取得の理由	国籍・在留資格・備考・短時間労働者	在留期間（西暦）
482 〒153-XXXX	イトウ マコト 伊藤 誠 東京都目黒区中目黒1-X-X	事務員	①男 ②女 個人番号 △△△△△△△△△△△△	⑤昭 7平 5 7 0 8 2 7	0 2 0 5 2 1	210,000円／0円／210,000円	14級／220千円	1 後期離脱 ②社保離脱 3 生保廃止 4 その他	国籍／在留資格／備考　□短時間労働者	自 年 月 日 2 0 至 年 月 日 2 0
483 〒260-XXXX	ヤマダ シン 山田 信 千葉県千葉市中央区長洲2-X-X	事務員	①男 ②女 個人番号 △△△△△△△△△△△△	⑤昭 7平 5 8 0 3 1 1	0 2 0 5 2 1	245,000円／0円／245,000円	15級／240千円	1 後期離脱 2 社保離脱 3 生保廃止 4 その他	国籍／在留資格／備考　□短時間労働者	自 年 月 日 2 0 至 年 月 日 2 0
484 〒155-XXXX	ジェイムス マーシャル 東京都世田谷区代田1-X-X	設計	①男 2女 個人番号 △△△△△△△△△△△△	5昭 7平 5 2 0 7 1 2 1 5	0 2 0 2 1 5	415,000円／0円／415,000円	23級／410千円	1 後期離脱 2 社保離脱 3 生保廃止 ④その他	国籍 イギリス／在留資格 技術／□短時間労働者	自 2 0 2 0 年 5 月 0 1 日 至 2 0 2 4 年 0 4 月 3 0 日
〒			1男 5昭 2女 7平 個人番号			円／円／円	級／千円	1 後期離脱 2 社保離脱 3 生保廃止 4 その他	国籍／在留資格／□短時間労働者	自 年 月 日 2 0 至 年 月 日 2 0

上記のとおり加入いたしたく届けます。

令和 6 年 5 月 30 日

全国土木建築国民健康保険組合理事長 様

郵便番号　101 － XXXX
所在地　東京都千代田区祝田町1-X-X
名称　八重洲建設株式会社
事業主　代表取締役社長　春山 一郎
氏名

（注）
1　「報酬月額」欄は、規約第11条の5及び第11条の8の規定により算定し、「基準報酬月」欄は報酬月額が規約第11条の3に該当する等級及び月額を記入してください。
2　「資格取得の理由」欄は、該当する番号を○で囲んでください。
3　「国籍」、「在留資格」及び「在留期間」欄は、外国籍の者について記入してください。なお、在留資格を有しない者、日本国籍の者については記入しないでください。
4　「備考」欄は、短時間労働者に該当する場合、レを入れてください。
5　この届書は2部とも組合に提出してください。

（2部複写）

事業所記号 1 5 0 5

第 一 種 組 合 員 脱 退 届

組合員番号	氏名 / 個人番号	基準報酬又は賃金日額等級	脱退年月日	脱退の理由	組合員の世帯に属する被保険者数	被保険者証等の回収状況 添付枚数	未回収	回収	回収者の回収区分	名前	高齢受給者証添付枚数	備考
4 8	小川 清 △△△△△△△△△△△△	18	0 6 0 4 3 0	1 後期 ② 社保加入 3 生保開始 4 死亡 5 その他	1 人	2 枚	回収不能督促中	回収不能督促中	回収不能督促中	回収不能督促中	枚	被保険者証を添付
6 6	鈴木 一 △△△△△△△△△△△△	15	0 6 0 5 0 7	1 後期 2 社保加入 3 生保開始 4 死亡 ⑤ その他	2 人	枚	回収不能督促中	回収不能督促中	回収不能督促中	回収不能督促中	枚	返納督促中
				1 後期 2 社保加入 3 生保開始 4 死亡 5 その他	人	枚	回収不能督促中	回収不能督促中	回収不能督促中	回収不能督促中	枚	
				1 後期 2 社保加入 3 生保開始 4 死亡 5 その他	人	枚	回収不能督促中	回収不能督促中	回収不能督促中	回収不能督促中	枚	
				1 後期 2 社保加入 3 生保開始 4 死亡 5 その他	人	枚	回収不能督促中	回収不能督促中	回収不能督促中	回収不能督促中	枚	
				1 後期 2 社保加入 3 生保開始 4 死亡 5 その他	人	枚	回収不能督促中	回収不能督促中	回収不能督促中	回収不能督促中	枚	

上記のとおり加入いたしたく届けます。

令和 6 年 5 月 16 日

全国土木建築国民健康保険組合理事長 様

郵便番号 1 0 1 － × × × ×

所在地 東京都千代田区祝田町 1 － × － ×

名 称 八重洲建設株式会社

事業主氏名 代表取締役社長 春 山 一 郎

（注）
1 「基準報酬又は賃金日額等級」欄は、後期高齢者被保険者である組合員が脱退したときは、記入の必要はありません。
2 「脱退の理由」欄は、該当する文字を○で囲んでください。
3 「被保険者証等の回収状況」欄のうち、「添付枚数」欄は被保険者証及び組合員証の添付枚数を記入し、被保険証及び組合員証を添付しない者であるときは1未回収の者は、「被保険者証の名前」欄に名前を記入、被保険者の該当する欄の「回収区分」欄にその理由を記入してください。文字を○で囲んだうえ、「備考」欄にその理由を具体的に記入してください。
4 高齢受給者証が交付されているときは、添付のうえ、「高齢受給者証添付枚数」欄にその枚数を記入し、添付しない者があるときは、「備考」欄にその理由を記入してください。
5 この届書は2部とも組合に提出してください。

第 一 種 組 合 員 転 出 届 ［転出する事業所→組合］

転出する事業所		
事業所記号	1 5 0 5	※事業所記号

事業所名称		転入する事業所

組合員番号 転出する事業所 / 転入する事業所	組合員氏名	基準報酬等級	転出年月日	組合員の世帯に属する被保険者数	被保険者証等の回収状況 被保険者証	高齢受給者証	回収状況 回収不能者の氏名	備考
9 5	甲野 一朗	1 6 級	令和 0 6 年 0 5 月 1 3 日	2 人	証交付後回収 添付（　枚） 回収不能（　枚）	証交付後回収 添付（　枚） 回収不能（　枚）		
		級	年 月 日	人	証交付後回収 添付（　枚） 回収不能（　枚）	証交付後回収 添付（　枚） 回収不能（　枚）		
		級	年 月 日	人	証交付後回収 添付（　枚） 回収不能（　枚）	証交付後回収 添付（　枚） 回収不能（　枚）		
		級	年 月 日	人	証交付後回収 添付（　枚） 回収不能（　枚）	証交付後回収 添付（　枚） 回収不能（　枚）		
		級	年 月 日	人	証交付後回収 添付（　枚） 回収不能（　枚）	証交付後回収 添付（　枚） 回収不能（　枚）		

上記のとおり届けます。

令和 6 年 5 月 16 日

全国土木建築国民健康保険組合理事長 様

（転出する事業所）【この記入押印欄は複写されませんのでご注意ください。】

郵便番号 101 － XXXX
所在地 東京都千代田区祝田町1-X-X
名称 八重洲建設株式会社
事業主氏名 代表取締役社長 春山 一郎

二重線で囲んだ欄は転入する事業所で記入してください。

（注）
1 この届書は転入する事業所（記号）別に作成してください。
2 ※印欄は記入しないでください。
3 「基準報酬等級」欄は、後期高齢者医療被保険者である組合員が転出する場合、記入不要となります。
4 旧被保険者証等については、原則として転入する事業所等に返還いただくこととなります。また、その際、「被保険者証の回収状況」をＯで囲んだうえで回収した枚数を記入するほか、回収不能と判明しているものについては「回収不能」をＯで囲んだうえ、その枚数を記入するとともに、「回収不能者の氏名」に氏名を、「備考」欄にその理由を記入してください。
5 この届書は5部とも転出する事業所から組合に提出してください。（3枚目以降を返却します。3枚目は転出する事業所の控えとし、4枚目及び5枚目を転入する事業所へ組合員台帳などとともに送付してください。）
6 転入する事業所においては、転出する事業所から送付された4枚目及び5枚目に転入者の組合員番号を記入のうえ、速やかに組合へ2部とも提出してください。

（2部複写）

事業所記号　1 5 0 5

第一種　被保険者資格取得届

組合員番号	組合員氏名 / 個人番号	フリガナ / 氏名	続柄	性別 / 個人	生年月日	資格取得年月日	資格取得の理由	備考
1 0 6	川田 良次 / △△△△△△△△△△	カワタ / 川田　ヨシコ 良子	子	1 男 ② 女 / △△△△△△△△△△	5昭 7平 ⑨令	0 6 0 4 1 6	1 後期 2 社保 3 生保 ④ 出生 5 その他	なし
2 5 0	田崎 太郎 / △△△△△△△△△△	タザキ / 田崎　ハルコ 春子	妻	1 男 ② 女 / △△△△△△△△△△	5昭 ⑦平 9令 0 5 0 4 1 0	0 6 0 4 2 3	1 後期 2 社保 3 生保 4 出生 ⑤ その他	なし
（国籍） 在留資格 在留期間(西暦) 自 2 0 至 2 0								
2 6 3	矢部 二郎 / △△△△△△△△△△	ヤベ / 矢部　カオリ 香織	妻	1 男 ② 女 / △△△△△△△△△△	⑤昭 7平 9令 5 8 1 0 0 2	0 6 0 4 2 3	1 後期 2 社保 3 生保 4 出生 ⑤ その他	なし
（国籍） 在留資格 在留期間(西暦) 自 2 0 至 2 0								
2 8 1	カルロス・ヤマグチ / △△△△△△△△△△	ヤマグチ マリア	妻	1 男 ② 女 / 2 0 1 2 0 3 0 8	5昭 ⑦平 9令 0 7 0 8 0 5	0 4 0 4 2 3	1 後期 2 社保 3 生保 4 出生 ⑤ その他	なし
（国籍）ブラジル 在留資格 日本人の配偶者 在留期間(西暦) 自 2 0 至 2 0								

上記のとおり届け出ます。

令和　6　年　4　月　30　日

全国土木建築国民健康保険組合理事長　様

（注）　1　「資格取得の理由」欄は、該当する番号を〇で囲んでください。
　　　　2　「国籍」、「在留資格」及び「在留期間」欄は、日本国籍を有しない者について記入してください。なお、在留資格が「特定活動」の場合は、本邦において行う活動内容を「在留資格」欄に記入してください。
　　　　3　この届は2部とも組合に提出してください。

郵便番号　1 0 1　－　X X X X
所在地　東京都千代田区祝田町1-1-X-X
名称　八重洲建設株式会社
事業主氏名　代表取締役社長　春山　一郎

（2部複写）

組合処理欄	確認者印	入力者印

事業所記号　1 5 0 5

第一種被保険者資格喪失届

組合員氏名		組合の世帯に属する被保険者のうち、資格を喪失した者							高齢受給者証添付の有無	備考
組合員番号 個人番号	氏名 個人番号	続柄	性別	生年月日	資格喪失年月日	資格喪失の理由	被保険者証回収区分			
1 7 川口 清 △△△△△△△△△△△△	川口 良子 △△△△△△△△△△△△	妻	男 ⑭ 昭 平	4 1 0 5 1 8	0 6 0 4 1 3	1 後期高齢 2 社保加入 3 生保開始 4 死亡 ⑤ その他	㋐ 添付 回収不能 督促中	有 無	
3 5 柳沢 信夫 △△△△△△△△△△△△	柳沢 美紀 △△△△△△△△△△△△	子	男 ⑭ 昭 平	0 9 0 1 1 0	0 6 0 3 2 3	1 後期高齢 ② 社保加入 3 生保開始 4 死亡 5 その他	㋐ 添付 回収不能 督促中	有 無	
			男 女 昭 平			1 後期高齢 2 社保加入 3 生保開始 4 死亡 5 その他	添付 回収不能 督促中	有 無	
			男 女 昭 平			1 後期高齢 2 社保加入 3 生保開始 4 死亡 5 その他	添付 回収不能 督促中	有 無	
			男 女 昭 平			1 後期高齢 2 社保加入 3 生保開始 4 死亡 5 その他	添付 回収不能 督促中	有 無	

上記のとおり届けます。

令和　6　年　4　月　22　日

全国土木建築国民健康保険組合理事長　様

郵便番号　1 0 1 － X X X X
所在地　東京都千代田区祝田町1－X－X
名　称　八重洲建設株式会社
事業主　代表取締役社長　春山　一郎
氏　名

（注）1　「資格喪失の理由」欄は、該当する番号を○で囲んでください。
2　「被保険者証回収区分」欄は、該当する文字を○で囲んでください。なお、被保険者証を添付しないときは、「備考」欄にその理由を具体的に記入してください。
3　「高齢受給者証添付の有無」欄は、高齢受給者証が交付されている場合にのみ該当する文字を○で囲んでください。なお、交付されていた場合に添付できないときは、「備考」欄にその理由を具体的に記入してください。
4　この届は2部とも組合に提出してください。

国 民 健 康 保 険 被 保 険 者 証
~~国 民 健 康 保 険 高 齢 受 給 者 証~~   再交付申請書
~~全 国 土 木 建 築 国 民 健 康 保 険 組 合 員 証~~

被保険者証 (組合員証) 記号・番号	⑦ 72	ー	1505	124		組合員	氏 名	山下　謙吉			
							個人番号	△△△△△△△△△△			

申請の対象となる被保険者等の氏名 個　人　番　号	性別	生　年　月　日	申 請 す る 証	再交付申請の理由	被保険者証等 回 収 区 分
山下　謙吉 △△△△△△△△△△	(男) 女	大 (昭) 平 令　4 1 0 3 0 3　年　月　日	☑ 被保険者証 ☐ 高齢受給者証 ☐ 組合員証	紛失したため	添　付 (回収不能)
	男 女	大 昭 平 令　　年　月　日	☐ 被保険者証 ☐ 高齢受給者証 ☐ 組合員証		添　付 回 収 不 能
	男 女	大 昭 平 令　　年　月　日	☐ 被保険者証 ☐ 高齢受給者証 ☐ 組合員証		添　付 回 収 不 能
	男 女	大 昭 平 令　　年　月　日	☐ 被保険者証 ☐ 高齢受給者証 ☐ 組合員証		添　付 回 収 不 能
	男 女	大 昭 平 令　　年　月　日	☐ 被保険者証 ☐ 高齢受給者証 ☐ 組合員証		添　付 回 収 不 能
	男 女	大 昭 平 令　　年　月　日	☐ 被保険者証 ☐ 高齢受給者証 ☐ 組合員証		添　付 回 収 不 能

工事中随時

上記のとおり申請します。

　　令和　6　年　5　月　27　日

　　　　　　　　　　　　　　　住所　　　　東京　(都)道
　　　　　　　　　　　　　　　　　　　　　　　　府　県　練馬区光町1ーXX
　　　　　　　　　組合員
　　　　　　　　　　　　　　　氏名　　　　山下　謙吉

全国土木建築国民健康保険組合理事長　様

上記のとおり提出します。

　　令和　6　年　6　月　3　日

　　　　　　　　　　　　　　　所在地　　　東京都千代田区祝田町1ーXX
　　　　　　　　　事業所
　　　　　　　　　　　　　　　名　称　　　八重洲建設株式会社
　　　　　　　　　事業主氏名　　　代表取締役　　　春山　一郎

（注）1 「被保険者証等回遊区分」欄は、該当する文字を○で囲んでください。
　　　2 「組合員氏名」欄は、組合員本人が署名した場合には押印を省略することができます。

組 合 員 負 傷 届

<table>
<tr><td>被保険者証
記 号 番 号</td><td colspan="5">71-1505　｜　100</td></tr>
<tr><td>組 合 員
氏 名</td><td colspan="2">山上太郎</td><td>男・女</td><td>昭
平</td><td>41　年生</td></tr>
</table>

<table>
<tr>
<td rowspan="5">工
事
中
随
時</td>
<td rowspan="5">負
傷
し
た
時
の
状
況</td>
</tr>
</table>

日 時 （い つ）	令和 6 年 5 月 5 日	午前 午後	6 時頃
場 所 （どこで）	自宅近くの公園		
原 因 （どうしているとき、どういうふうになって）	ジョギング中につまづいて転んだ		
状 態 （どこを、どうした）	左足首をくじいた		

診療を受けた 病（医）院の 名称・所在地	西川	病 院 医 院 診療所	東京	都道 府県	世田谷	区 町 村	代田	区 町 村

上記のとおり届けます。

令和 6 年 5 月 9 日

　　　　住所　東京都世田谷区代沢１－Ｘ－Ｘ

　　組合員　氏名　山上　太郎

　　　　電話　（　０３　）２３６１－５９ＸＸ

（　事業所名　八重洲建設株式会社　）

全国土木建築国民健康保険組合理事長　様

（注）組合員がけがのため保険で治療を受けるときは、速やかにこの届を組合に提出してください。

第三者行為による被害届

<table>
<tr><td rowspan="8">被保険者に関すること</td><td colspan="2">被保険者証
記号番号</td><td>71-1505</td><td colspan="2">195</td><td colspan="2">被保険者名
(被害者名)</td><td colspan="2">山岸　太郎</td><td colspan="3">(昭)平　55　年生)</td></tr>
<tr><td rowspan="5">負傷したときの状況</td><td colspan="2">日　　時
(いつ)</td><td colspan="3">令和　6　年　4　月　24　日</td><td>午前
(午後)</td><td colspan="2">10　時　00　分頃</td><td>仕事中　通勤途中　(その他)</td></tr>
<tr><td colspan="2">場　　所
(どこで)</td><td colspan="8">新宿区新宿3丁目</td></tr>
<tr><td colspan="2">原　　因
[どうしている
とき、
どういうふう
になって]</td><td colspan="8">道路左側を歩行中、後方からきた小型自動車にはねられた</td></tr>
<tr><td colspan="2">状　　態
[どこを、
どうした]</td><td colspan="8">全身を強く打った</td></tr>
<tr><td colspan="10"></td></tr>
<tr><td colspan="2">被保険者証使用による診療</td><td colspan="5">令和　6　年　4　月　27　日　から(使用している)</td><td colspan="3">使用していない</td></tr>
<tr><td colspan="2">診療を受けた
病(医)院名</td><td>当初</td><td colspan="4">新宿中央病院</td><td>転医先</td><td colspan="2"></td></tr>
<tr><td rowspan="9">加害者に関すること</td><td colspan="2">加　害　者</td><td>住所</td><td colspan="3">〒　153　－　XXXX
東京都目黒区中目黒1-X-X</td><td>氏名</td><td>関東　次郎
(明 大 昭)(平　50　年生)</td><td colspan="2">職業　会社員
(電話　3882-12XX　　)</td></tr>
<tr><td colspan="2">加害者の
使用者</td><td>住所</td><td colspan="3">〒　100　－　XXXX
東京都千代田区丸の内1-X-X</td><td>氏名</td><td>東海　一郎
(明 大 昭)(平　45　年生)</td><td colspan="2">職業
(電話　3212-12XX　　)</td></tr>
<tr><td rowspan="6">自動車事故
の場合の
加害自動車</td><td colspan="2">自賠責保険
契約会社名</td><td colspan="4">××××　　　　保険株式(相互)会社
農業協同組合</td><td>証明書番号</td><td colspan="2">第　18-1234567　　　　号</td></tr>
<tr><td colspan="2">契約者住所</td><td colspan="4">東京都千代田区丸の内1-X-X</td><td>契約者氏名</td><td colspan="2">東海　一郎</td></tr>
<tr><td colspan="2">所有者住所</td><td colspan="4">〃</td><td>所有者氏名</td><td colspan="2">〃</td></tr>
<tr><td colspan="2">登録番号又
は車両番号</td><td colspan="4"></td><td>車台番号</td><td colspan="2"></td></tr>
<tr><td colspan="2">任意保険
(対人)
の有無</td><td>(有)</td><td colspan="3">××××　　　　保険株式(相互)会社
農業協同組合</td><td colspan="3">無</td></tr>
<tr><td colspan="3">事故を扱った警察署</td><td>東京</td><td colspan="2">(都) 道
府 県</td><td>新宿</td><td colspan="3">警察署</td></tr>
<tr><td colspan="3">損害賠償に
関する
交渉の経過</td><td colspan="9">事故直後のため、加害者とは具体的な話し合いをしていないが、今月中に話し合いを行う予定です</td></tr>
</table>

上記のとおり届けます。
令和　6　年　5　月　13　日

組合員　住所　〒　184　－　XXXX
東京都小金井市東町2－X－X

氏名　山岸　太郎

全国土木建築国民健康保険組合理事長　　様

電話　0422　(　31　)　75XX

(事業所名　八重洲建設株式会社　　　　　)

(注)　1　この届書は、被保険者が第三者の行為により被害を受けたとき速やかに組合へ提出してください。なお、加害自動車等に
ついてわからないことがあるときは、とりあえずわからない部分を記入しないで提出して差し支えありませんが、後日確認
のうえ連絡してください。
　　　2　「仕事中、通勤途中、その他」欄は、該当するものに〇印を付けてください。
　　　3　「被保険者証使用による診療」欄は、該当するものに〇印を付け、被保険者証使用しているときは、使用開始日を記入し
てください。
　　　4　「損害賠償に関する交渉の経過」欄は、詳細に例えば〇月〇日見舞品をどれだけ受け取った、医療費、付添いの費用はど
ちらで負担する等を記入し、示談が成立したときは示談書(写)を提出してください。
　　　5　ひき逃げ等で加害者が不明の場合は、その旨を書いてください。

工事中随時

様式　第００１号 K5
ダウンロード専用用紙

建設業退職金共済契約申込書

建設業退職金共済事業本部　殿

工事中随時

| 契約申込日 | 令和 | ０６ | 年 | １０ | 月 | ０３ | 日 |

①申請者	住所	〒	１０５ － ００１１		ご担当部署等	ご担当部署		総務課
		東京都港区芝公園１－７－６			役職・氏名	総務課長 植木一夫
	名称	フリガナ	ケンセツ コウ ギョウ				
		建設工業株式会社			電話番号	03(5400)4325
	代表者の役職・氏名	フリガナ	ケンセツ タロウ			FAX番号	03(3459)8369
		役職		氏名 **建設太郎**			

②事業の具体的内容

建設業の許可			建設業許可業種区分	資本金額又は出資金額
該当する項目に「レ」	許可番号		契約申込書記入例の「建設工事区分一覧」より該当する番号をご記入ください。	
✓ 1. 大臣	１２３４５６７		例 大工工事 ０３	億 千万
☐ 2. 知事	7桁以上の場合は、下にご記入ください		２８	２８８ 百万円
☐ 3. その他				

決算日及び中期決算日	全従業員数	常雇	既手帳所持者	今回申込数	自社退職金制度
０３月３１日	０５０人	０３５人	００５人	００７人	✓ 有り 中退共制度を除く
月 日					☐ なし

③退職金共済制度の加入

ご加入済みの退職金共済制度の欄に共済契約者番号をご記入ください。

| 中退共 | ２２２２３４ | 清退共 | | 林退共 | り |

④契約締結について従業員の意見

記入例 ⇒「賛成である」等の具体的な意見をご記入ください。
【 良い制度である 】

従業員代表者氏名　(姓) 土木　(名) 次郎

⑤被共済者とならない者の範囲届

建退共、中退共、清退共、林退共の既加入者を被共済者としない範囲として届け出ます。
上記以外の者を被共済者とならない者の範囲とする場合は、記入例に記載されている項目の中から選んで番号をご記入ください。 | １ |

⑥制度に加入した動機

主たる項目に1つだけチェック(レ)を入れてください。

✓ 発注者からの指導　☐ 元請からの指導　☐ 制度説明会　☐ テレビ、ラジオ、新聞、機関紙　☐ HP、パンフレット、チラシ、ダイレクトメール等

⑦反社会的勢力排除に関する同意

私は機構の反社会的勢力排除に関して、約款及び反社会的勢力対応規程を確認するとともに、下記事項について同意のうえ共済契約を申込みます。
(ⅰ) 共済契約の締結に当たっては、現在及び将来にわたり反社会的勢力に該当しないこと、暴力的な要求行為等を行わないことを確約すること。
(ⅱ) 上記(ⅰ)の確約にもかかわらず、その後、共済契約者が反社会的勢力であることが判明したとき又は暴力的な要求行為をしたとき、機構は無催告で退職金共済契約を解除すること。
(ⅲ) 上記(ⅱ)により退職金共済契約が解除された場合は、共済証紙の買戻しを申し出ることができないこと。

同意する場合には、「☐ 同意する」にレ点をご記入ください。
✓ 同意する　（同意いただけない場合は共済契約の申込みができません）

(注) 1. ⑦反社会的勢力排除に関する同意については、「共済契約申込に際しての注意事項の5」の約款(抄)及び反社会的勢力対応規程(抄)をご確認ください。
2. 太線内の必要事項を記入して、「共済手帳申込書」又は「手帳申込をしない理由書」を添付して事業所所在地の建退共支部に提出してください。

様式　第００１号 K5

「建設工事区分一覧」
（事業の主たる工事区分を下記から1つ選び記入してください。）

1. 土木一式工事	11. 鋼構造物工事	21. 熱絶縁工事
2. 建築一式工事	12. 鉄筋工事	22. 電気通信工事
3. 大工工事	13. 舗装工事	23. 造園工事
4. 左官工事	14. しゅんせつ工事	24. さく井工事
5. とび・土工・コンクリート工事	15. 板金工事	25. 建具工事
6. 石工事	16. ガラス工事	26. 水道施設工事
7. 屋根工事	17. 塗装工事	27. 消防施設工事
8. 電気工事	18. 防水工事	28. 清掃施設工事
9. 管工事	19. 内装仕上工事	29. 解体工事
10. タイル・れんが・ブロック工事	20. 機械器具設置工事	

様式　第002号 **K5**
ダウンロード専用用紙

建設業退職金共済手帳申込書

申込者について、下記の(注意)欄2・3・4に該当しない者であることを確認のうえ、共済手帳の交付を申し込みます。

建設業退職金共済事業本部　殿　　　　　　　　令和　6　年　10　月　3　日

共済契約者番号 | 6 3 9 8 7 6 5 　　今回申請人数 [　2]人 [1]/[1]枚目

申請者	住所	〒 1 0 5 - 0 0 1 1 東京都港区芝公園1-7-6	ご担当部署 総務課
	名称	建設工業株式会社	ご担当者 役職・氏名 総務課長 植木 一夫
	代表者	代表取締役 建設 太郎	電話番号 03(5400)4325　FAX番号 03(3459)8369

注)　申込者が6人以上の場合(申込書が複数枚にわたるとき)は、2枚目以降は契約者番号と枚数のみご記入ください。

工事中随時

	フリガナ／被共済者となる者の氏名	被共済者となる者の住所	生年月日	性別	職種番号
記入例	ニッポン タロウ／日本　太郎	〒1 0 5-0 0 1 1　港 区 芝公園9-9-9	昭[レ]平　30 04 04	男[レ]女	6
1	ケンセツ ハナコ／建設 花子	〒1 2 3-0 0 2 2　品川 区 駅前通4-5-6	昭[✓]平　50 08 07	男女	4
2	ツチキ ケンタ／土木建太	〒2 2 0-0 0 3 3　川崎 市 青葉78-2-C-901	昭[✓]平　12 03 22	男女	16
3		〒　区・市・郡	昭平	男女	
4		〒　区・市・郡	昭平	男女	
5		〒　区・市・郡	昭平	男女	

「職種番号一覧」 上記の職種番号欄には、次の職種に該当する番号を選びご記入ください。

1.大　　　工　　　　5.舗　装　路　工　　　8.左　　　官　　　　　　建　具　工　　　14.機械運転工
2.鳶　　　職　　　　6.鉄　筋　工　　　　屋　根　工　　11.室内装飾　　　15.植　木　職
3.軽　作　業　員　　6.鉄　骨　工　　　9.板　金　工　　12.電　　　工　　　造　園　工
4.普通作業員(土工含)　7.石　　　工　　　10.塗　装　工　　13.配　管　工　　16.その他(具体的な職種名をご記入ください。)

(注意)　1 太線内の必要事項を記入して、事業所所在地の建退共支部に提出して下さい。
　　　　2 事業主、役員報酬を受けている方、及び本社等の事務専用社員は加入できません。
　　　　3 中小企業退職金共済・清酒製造業退職金共済・林業退職金共済の各制度の加入者は、建退共に加入できません。
　　　　4 すでに建退共に加入している方は、重複して加入することはできません。
　　　　5 上記2、3、4に該当し、掛金を誤納した場合には、納付額のみの返還となります。
　　　　6 被共済者が辞めたり他の事業所へ移る場合は、それまでの証紙を貼付のうえ必ず本人へ共済手帳をお渡しください。

様式　第002号 **K5**

ダウンロード専用用紙

共済手帳更新申請書

更　新

建設業退職金共済事業本部　殿

令和 6 年10月3日

| 共済契約者番号 | 6 3 0 9 9 9 5 | 今回申請人数 | 2 人 | 1／1 枚目 |

申請者（共済契約者）	住所	〒 1 0 5 - 0 0 1 1 東京都港区芝公園1－7－6	ご担当部署 総務課
	名称 代表者	○○建設株式会社　土木　太郎	ご担当者 役職・氏名 植木　縁
			電話番号 03（5400）0001
			FAX番号 03（5400）0002

注）手帳更新者が6人以上の場合（申請書が複数枚にわたるとき）は、2枚目以降は契約者番号と枚数のみをご記入ください。

証紙貼付満了又は更新時期到来のため共済手帳の更新手続を申請します。

No	被共済者番号 / 被共済者の住所	フリガナ 被共済者氏名	手帳の冊目	右記以外の証紙	300円	310円	申請書に添付した手帳の交付年月（選択して□にチェックをしてください）	備考
1	0 1 2 3 4 5 6 7 8	ケンセツ　タロウ 建設　太郎	2	赤 / 青	赤 / 青	赤 / 青 250	平☑ / 令□ 31 年 10 月	
	〒 1 0 5 - 8 0 7 7　東京都港区芝公園7－6－1							
2	2 3 4 5 6 7 8 9 0	ケンセツ　ジロウ 建設　次郎	4	赤 50 / 青	赤 140 / 青	赤 / 青 50	平☑ / 令□ 11 年 1 月	
	〒 1 0 5 - 0 0 1 1　東京都港区芝公園6－7－1							
3	〃	〃		赤 10 / 青	赤 / 青	赤 / 青	平□ / 令□ 年 月	
	〒							
4				赤 / 青	赤 / 青	赤 / 青	平□ / 令□ 年 月	
	〒							
5				赤 / 青	赤 / 青	赤 / 青	平□ / 令□ 年 月	
	〒							

（注意）
1　証紙を貼り終えた場合又は手帳の表紙に記載されている更新時期が到来した場合には、必要事項をご記入のうえ、共済手帳を添えて建退共支部にご提出ください。
2　手帳交付日から起算して9ヶ月以内では更新できません。
3　被共済者の住所は現住所をご記入ください。また、変更があった場合は「被共済者氏名等変更届」をご提出ください。
4　掛金助成手帳を更新する場合には、「掛金助成手帳更新申請書（第006号）」をご使用ください。
5　昇格・独立等により役員報酬を受ける役員、または代表者となったときは被共済者として制度を継続することはできませんので、建退共支部にお申出ください。

建退共使用欄

様式　第００６号　K5
ダウンロード専用用紙

掛金助成手帳更新申請書

掛金助成更新

建設業退職金共済事業本部　殿

令和 6 年 9 月 30日

共済契約者番号　6 3 0 9 9 9 9

今回申請人数　　2 人　　1／1 枚目

申請者（共済契約者）	住所	〒 1 0 5 - 0 0 1 1
		東京都港区芝公園１－７－６
	名称	○○建設株式会社
	代表者	土木　一郎

ご担当部署	総務課
役職・氏名	植木　緑
電話番号	03 (5400) 0001
FAX番号	03 (5400) 0002

工事中随時

注）手帳更新者が6人以上の場合（申請書が複数枚にわたるとき）は、2枚目以降は契約者番号と枚数のみをご記入ください。

証紙貼付満了又は更新時期到来のため掛金助成手帳の更新手続を申請します。

No	被共済者番号 / フリガナ 被共済者氏名 / 被共済者の住所		手帳の冊目	右記以外の証紙	300円	310円	申請書に添付した手帳の交付年月	備考
1 新規	0 1 2 3 4 5 6 7 8	ケンセツ　タロウ　建設　太郎	1	赤 / 青	赤 / 青	赤 200 / 青	平☑ 令□ 31 年 10 月	
	〒 1 0 5 - 8 0 7 7 東京都港区芝公園７－６－１							
2 新規	2 3 4 5 6 7 8 9 0	ケンセツ　ジロウ　建設　次郎	1	赤 50 / 青	赤 90 / 青	赤 / 青 50	平☑ 令□ 11 年 1 月	
	〒 1 0 0 - 0 0 1 1 東京都港区芝公園６－７－１							
3 新規	〃	〃	1	赤 10 / 青	赤 / 青	赤 / 青	平□ 令□ 年 月	
	〒 □□□ - □□□□							
4 新規			1	赤 / 青	赤 / 青	赤 / 青	平□ 令□ 年 月	
	〒 □□□ - □□□□							
5 新規			1	赤 / 青	赤 / 青	赤 / 青	平□ 令□ 年 月	
	〒 □□□ - □□□□							

（注意）
1　証紙を貼り終えた場合又は手帳の表紙に記載されている更新時期が到来した場合には、必要事項をご記入のうえ、掛金助成手帳を添えて建退共支部にご提出ください。
2　証紙貼付日数は実際に貼付した日数をご記入ください。（掛金助成日数を除く。）
3　手帳交付日から起算して9ヶ月以内では更新できません。
4　被共済者の住所は現住所をご記入ください。また、変更があった場合は「被共済者氏名等変更届」をご提出ください。
5　掛金助成手帳以外の手帳を更新する場合には、「共済手帳更新申請書（第005号）」をご使用ください。
6　昇格・独立等により役員報酬を受ける役員、または代表者となったときは被共済者として制度を継続することはできませんので、建退共支部にお申出ください。

建退共使用欄

様式　第００６号　K5

様式　第 ００７号 K5　■ 退職金請求書（建退共）■

建設業退職金共済事業本部　殿

「退職金請求書」の他に、必要な書類（「退職金請求手続きのご案内」を参照）があります。

1. 退職金を請求される方（被共済者）と共済手帳の内容についてご記入ください。

請求年月日 令和	０６ 年 ０５ 月 １３ 日	退職金請求事由 発生年月日 平成☐ 令和☑	０６ 年 ０５ 月 ０１ 日

請求人（本人または遺族）

現住所　フリガナ　トウキョウ（ト・ドウ フ・ケン）トシマク　ヒガ゛シイケブ゛クロ

１－２４－１　ハ゜ークハイツ　７０１

〒 １７０－８０５５　東京（都・道 府・県）　豊島（市・区 郡）

携帯電話または日中連絡がつく電話番号
（ ０３ ）６７３１ － ２８４６

東池袋１－２４－１　パークハイツ701

氏名　フリガナ　キンロウ　タロウ
勤　労　太　郎

遺族請求の場合〔被共済者との続柄〕
☐ 配偶者　☐ 父母
☐ 子　☐ その他（　　）

被共済者番号	性別	生年月日
１３９９９９９０	男☑ 女☐	明治☐ 大正☐ 昭和☐ 平成☑ ４５ 年 ０６ 月 ０３ 日

被共済者氏名（「カタカナ」にて左詰めで記入）　キンロウ　タロウ

請求事由 ２　　職種 ０１

共済手帳の表紙に記載の冊目・交付年月をご記入ください。→

冊目 ０８　　交付年月 平成☐ 令和☑ ０４ 年 １０ 月

2. 振込口座を指定してください。

振込金融機関

振込方法	口座振込 ☑	☐

漁業協同組合・ネットバンクは、お取扱いできません。

金融機関名　〔 東西 〕〔 池袋 〕
（銀行）信用金庫　信用組合
農業協同組合　商工中金　本店 支店 出張所
信託銀行　労働金庫　本所 （支所）

口座名義人「カタカナ」〔請求人と同じ〕で記入　キンロウ　タロウ

預金種目	口座番号（右詰めで記入※）	金融機関コード	店舗コード
普通	００１２３４５	９９９９	１２３

※口座番号が6ケタ以下の場合は、番号の先頭に「0」を加えてご記入ください。

添付書類
次のいずれかの資料を用意してください。
※金融機関名・支店名、口座名義、口座番号がわかるもの
☐ 通帳の表紙および見開きコピー
☐ キャッシュカードのコピー
☐ 照会画面の印刷
コピーは原寸大に切り取らずA4サイズの中央にコピーしてください。

3. 退職所得確認欄

以下の区分A～Cのいずれか該当する☐欄に〇印をつけてください。
※被共済者本人が死亡したことによる遺族請求のときは、記入の必要はありません。

区分	事由
A	退職手当等の受給について以下のB・C欄に該当しない
B	退職金請求事由が発生した年に他にも退職手当等の支払を受けたことがある
C	退職金請求事由が発生した年の前年以前4年内に退職手当等の支払を受けたことがある

4. 退職事由の証明欄 （証明欄は事業所の方が全て記入してください）

上記のとおり退職金請求事由に該当することを証明します。

令和　　年　　月　　日

証明者　（場合によっては代表者の方に確認することがあります）

契約者番号 ☐☐☐☐☐☐☐☐ （契約者番号は建退共の共済契約者のみ記入してください）

住所　〒☐☐☐－☐☐☐☐

事業所名

代表者名

電話（　　）　－

様式　第 ００７号 K5

建設業退職金共済事業加入・履行証明願

共済事業加入及び共済契約の履行状況を下記により証明願います。

令和 6 年 4 月 1 日

独立行政法人 勤労者退職金共済機構
建設業退職金共済事業本部長 殿

申請者 （共済契約者）	住 所	東京都港区芝公園 1 − 7 − 6
	名 称	建設工業株式会社
	代表者	代表取締役 建設 太郎
	電話番号	03（5400）4325

① 共済契約成立年月日	平成 12 年 4 月 1 日	⑩ 直前決算日における直近1か年間の元請から受けた電子申請による掛金充当額　　　　　　　　　円
② 共済契約者番号	63 − 98765	⑪ 直前決算日における直近1か年間の下請に行った電子申請による掛金充当額　　　　　　　　　円
③ 建設キャリアアップシステム事業者ID		⑫ 事務受託者番号
④ 直前決算日における被共済者数　　　3 人		⑬ 決算日及び決算期間
⑤ 直前決算日における直近1か年間の手帳更新数　　　3 冊		令和 5 年 4 月 1 日 〜 令和 6 年 3 月 31 日

⑥ 直前決算日における直近1か年間の証紙購入額　　　263,500 円	⑭ 工事施工高 （土木） （建築・その他）
⑦ 直前決算日における直近1か年間の元請から現物で交付を受けた証紙の金額　　　151,900 円	公共工事　68,419 千円　　　　千円
⑧ 直前決算日における直近1か年間の下請へ現物で交付した証紙の金額　　　155,000 円	民間工事　31,983 千円　　　　千円
⑨ 直前決算日における直近1か年間の電子申請による掛金充当額（自社分）　　　　　円	合計　100,402 千円
	⑮ その他

建設業退職金共済事業加入・履行証明書

上記のとおり相違ないことを証明します。

証第　　　　　号
　　年　　月　　日

独立行政法人 勤労者退職金共済機構

理事長代理
建退共本部長　大澤一夫

事業所記号　1　5　0　5

基準報酬月額変更届

組合員番号	組合員氏名	従前の基準報酬月額	対象算定月	支払基礎日数	金銭(通貨)によるものの額	現物によるものの額	合計	合計	平均額／修正平均額	基準報酬月額	改定年月	等級	備考 昇(降)給／遡及支払額／昇(降)給差の月額
7 4	川　西　正　隆	260 千円	9月	30日	295,000円	0円	295,000円			300 千円	2年5月1	22級	昇(降) 4年9月 10,000円 □短時間労働者
			10月	31日	294,000円	0円	294,000円						
			11月	30日	296,000円	0円	296,000円						
			3か月の報酬額の総計				885,000円	885,000円	295,000円				
1 0 5	河　口　良　夫	280 千円	9月	30日	370,000円	0円	370,000円			320 千円	2年5月1	23級	昇(降) 4年9月 60,000円 30,000円 □短時間労働者
			10月	31日	310,000円	0円	310,000円						
			11月	30日	310,000円	0円	310,000円						
			3か月の報酬額の総計				990,000円	990,000円	330,000円				
1 6 5	鳩　山　忠	930 千円	9月	30日	1,020,000円	0円	1,020,000円			1,030 千円	2年5月1	44級	昇(降) 4年9月 80,000円 □短時間労働者
			10月	31日	1,020,000円	0円	1,020,000円						
			11月	30日	1,020,000円	0円	1,020,000円						
			3か月の報酬額の総計				3,060,000円	3,060,000円	1,020,000円				
		千円	月	日	円	円	円		円	千円	年 月	級	昇(降) 年 月 円 □短時間労働者
			月	日	円	円	円						
			3か月の報酬額の総計				円						
		千円	月	日	円	円	円		円	千円	年 月	級	昇(降) 年 月 円 □短時間労働者
			月	日	円	円	円						
			3か月の報酬額の総計				円						

上記のとおり届けます。

　　　令和　6　年　12　月　12　日

全国土木建築国民健康保険組合理事長　様

(注) 1　支払基礎日数については、月給者は報酬計算の基礎となった月の暦日数を、日給者は実際の就労日数を記入してください。
　　　2　備考欄の「遡及支払額」には、算定基礎月内に支払われた通常給以外の報酬を、「昇(降)給の月額」には、昇(降)給により増(減)額された額を、「昇(降)給月」には、昇(降)給により遡及分の支払が行われた月を、それぞれの「昇(降)給が行われた月を、それぞれの該当の欄に記入してください。

郵便番号　101-XXXX
所在地　東京都千代田区祝田町1-X-X
名称　八重洲建設株式会社
事業主氏名　代表取締役社長　春　山　一　郎

基 準 賞 与 額 基 礎 届

事業所番号	1 5 0 5	賞与等支払年月日	4 年 6 月 27 日

組合番号	組合員番号	組合員氏名	賞与等支払額	基準賞与額	備考
			円	千円	
1	16	堀江 誠	2,500,000	2,500	
1	17	大竹 千斗	1,455,000	1,455	
1	18	前田 智夫	592,500	592	

組合番号	組合員番号	組合員氏名	賞与等支払額	基準賞与額	備考
			円	千円	

郵便番号　101－XXXX

所在地　東京都千代田区祝田町 1－X－X

名称　八重洲建設株式会社

事業主氏名　代表取締役社長　春山 一郎

上記のとおり届けます。

　　令和　　6　年　7　月　8　日

全国土木建築国民健康保険組合理事長様

(注) 1.「賞与等支払額」は現物によるものを含めた賞与等支払額の合計を記入してください。
　　2.「基準賞与額」は「賞与等支払額」の1,000円未満を切り捨てた額を記入してください。
　　3.この届書は、賞与等支払年月日ごとに作成し、賞与等を支払った日から10日以内に組合に提出してください。

工事中随時

工事中随時

3.工 事 中 定 期

様式第24号（第97条関係）

労働者死傷報告

令和 6 年 1 月から 6 年 3 月まで

事業の種類	職別工事業	事業場の名称（建設業にあっては工事名を併記のこと）	大山建設株式会社（八重洲・木下共同企業体中央会館新築工事）	事業場の所在地	東京都江東区亀戸2-X-X（現場：東京都中央区八丁堀2-X-X）	電話	（3681）63X-X	労働者数	55 人

被災労働者の氏名	性別	年齢	職種	派遣労働者の場合は欄に○	発生月日	傷病名及び傷病の部位	休業日数	災害発生状況（派遣労働者が被災した場合は、派遣先の事業場を併記のこと）
中村 二郎	男・女	32歳	型枠大工		2月5日	腰部打撲	2日	梁返し型枠固め作業中、脚立足場より後ろ向きに墜落し、腰部を打撲した。
山田 二郎	男・女	56歳	型枠解体工		3月5日	右足首捻挫	2日	型枠解体中、床に集積した単管の上に乗った際、単管が転がり右足を捻った。
	男・女	歳			月 日		日	
	男・女	歳			月 日		日	
	男・女	歳			月 日		日	
	男・女	歳			月 日		日	
	男・女	歳			月 日		日	
	男・女	歳			月 日		日	

報告書作成者職氏名　所長　中島　明

令和 6 年 4 月 8 日

中央　労働基準監督署長　殿

事業者職氏名　大山建設株式会社
代表取締役社長　細内　俊夫　㊞

暫定中　事H

備考 1 派遣労働者が被災した場合、派遣先及び派遣元の事業者は、それぞれ所轄労働基準監督署に提出すること。
2 氏名を記載し、押印することに代えて、署名をすることができる。

編者注：労働基準監督署窓口にて、元請会社名及び現場所在地の併記を指導される場合もあるため、ここでは併記例を記載している。

定期健康診断結果報告書

8 0 3 1 1

労働保険番号：**1 3 1 0 1 8 2 5 0 1 5**
都道府県｜所掌｜管轄｜基幹番号｜枝番号｜被一括事業場番号

対象年	7:平成 9:令和→ 元号 **9** 年 **6** （1月～12月分）（報告 **1** 回目）	健診年月日	7:平成 9:令和→ 元号 **9** 年 **6** 月 **4** 日 **4**

1～9年は右↑　　　1～9年は右↑ 1～9月は右↑ 1～9日は右↑

事業の種類	総合工事業	事業場の名称	八重洲建設株式会社

事業場の所在地	郵便番号（ 101－XXXX ） 東京都千代田区祝田町1－X－X	電話 （3201） 20XX

工事中定期

健康診断実施機関の名称	松田病院	在籍労働者数	**1 9 6** 右に詰めて記入する↑
健康診断実施機関の所在地	東京都中央区八丁堀4－X－X	受診労働者数	**1 7 8** 右に詰めて記入する↑

（＊）労働安全衛生規則第13条第1項第2号に掲げる業務に従事する労働者数（右に詰めて記入する）

イ（人）　ロ（人）　ハ（人）　ニ（人）　ホ（人）
ヘ（人）　ト（人）　チ（人）　リ（人）　ヌ（人）
ル（人）　ヲ（人）　ワ（人）　カ（人）　計（人）

健康診断項目		実施者数	有所見者数		実施者数	有所見者数
	聴力検査（オージオメーターによる検査）（1000Hz）	150	23	肝機能検査	155	13
	聴力検査（オージオメーターによる検査）（4000Hz）	150	17	血中脂質検査	155	11
	聴力検査（その他の方法による検査）	28	0	血糖検査	155	18
	胸部エックス線検査	178	1	尿検査（糖）	23	2
	喀痰検査	8	1	尿検査（蛋白）	178	10
	血圧	178	6	心電図検査	155	9
	貧血検査	155	3			

所見のあった者の人数	30	医師の指示人数	20	歯科健診	実施者数	有所見者数

産業医	氏名 松田 研一　　　　　　　　　　　　㊞
	所属医療機関の名称及び所在地　松田病院　東京都中央区八丁堀4－X－X

令和 6 年 4 月 22 日

事業者職氏名　八重洲建設株式会社　東京支店
取締役　　　　　　　㊞

中央　労働基準監督署長殿

受 付 印

様式第6号（第52条関係）（裏面）

備考

1　□□□で表示された枠（以下「記入枠」という。）に記入する文字は、光学的文字・イメージ読取装置（OCIR）で直接読み取りを行うので、この用紙は汚したり、穴をあけたり、必要以上に折り曲げたりしないこと。

2　記入すべき事項のない欄及び記入枠は、空欄のままとすること。

3　記入枠の部分は、必ず黒のボールペンを使用し、枠からはみ出さないように大きめのアラビア数字で明瞭に記入すること。

4　「対象年」の欄は、報告対象とした健康診断の実施年を記入すること。

5　1年を通し順次健診を実施して、一定期間をまとめて報告する場合は、「対象年」の欄の（　月～　月分）にその期間を記入すること。また、この場合の健診年月日は報告日に最も近い健診年月日を記入すること。

6　「対象年」の欄の（報告　回目）は、当該年の何回目の報告かを記入すること。

7　「事業の種類」の欄は、月本標準産業分類の中分類によって記入すること

8　「健康診断実施機関の名称」及び「健康診断実施機関の所在地」の欄は、健康診断を実施した機関が2以上あるときは、その各々について記入すること。

9　「在籍労働者数」及び「受診労働者数」の欄は、健診年月日現在の人数を記入すること。なお、この場合の「在籍労働者数」は、常時使用する労働者数を記入すること。

10　（＊）の欄は、健診年月日現在において、労働安全衛生規則第13条第1項第2号に掲げる業務に常時従事する労働者を記入することとし、2以上の号別（イ～カ）に該当するものについては、主として従事する業務の欄に記入すること。

11　「所見のあった者の人数」の欄は、各健康診断項目の有所見者数の合計ではなく、「聴力検査（オージオメーターによる検査）（1000Hz）」から「心電図検査」までの健康診断項目のいずれかが有所見であった者の人数を記入すること。

12　「医師の指示人数」の欄は、健康診断の結果、要医療、要精密検査等医師による指示のあった者の数を記入すること。

13　「産業医の氏名」の欄及び「事業者職氏名」の欄は、氏名を記載し、押印することに代えて、署名することができること。

工事中定期

除染等電離放射線健康診断結果報告書

標準字体

| 0 | 1 | 2 | 3 | 4 | 5 | 6 | 7 | 8 | 9 |

| 帳票種別 | | | | | | 労働保険番号 | 都道府県 | | 所掌 | | 管轄 | | | 基幹番号 | | | | | | | 枝番号 | | | | 被一括事業場番号 | | |

| 対象年 | 7 平成 9 令和← | | 元号 | | | 年（右ツメ） | （　　　月～　　　月分）（報告　　回目） | 健診年月日 | 7 平成 9 令和← | | 元号 | | | 年（右ツメ） | | 月（右ツメ） | | 日（右ツメ） |

| 事業の種類 | | 事業場の名称 | |

| 事業場の所在地 | 郵便番号（　　　　　） 電話　　（　　　） |

| 健康診断実施機関の名称及び所在地 | | 在籍労働者数 | 人 |

| 従事労働者数 | 男 人 | 女 人 | 計 | | | | 人 | 作業の種別 | → | 1 土壌等の除染等
2 除去土壌の収集、運搬又は保管
3 汚染廃棄物の収集、運搬又は保管
4 特定汚染土壌等の取扱い |
| 有所見者数
（受診所見の内訳は裏面に記入すること。） | 男 人 | 女 人 | 計 | | | | 人 | | | 具体的内容
（　　　　　　　　　　　） |

実効線量による区分							
受診労働者数	1	5ミリシーベルト以下の者	男 人 女 人				
			計				人
	2	5ミリシーベルトを超え20ミリシーベルト以下の者	男 人 女 人				
			計				人
	3	20ミリシーベルトを超え50ミリシーベルト以下の者	男 人 女 人				
			計				人
	4	50ミリシーベルトを超える者	男 人 女 人				
			計				人

工事中定期

ページ	総ページ		産業医	氏　名	印
/				所属医療機関の名称及び所在地	
年	月	日	事業者職氏名		

　　　　　　　　　労働基準監督署長　殿

受付印

印

編者注：書式のみの掲載です

受診所見の内訳

項　　　目		実 施 者 数	有所見者数
白血球数	男	人	人
	女	人	人
白血球百分率	男	人	人
	女	人	人
赤血球数	男	人	人
	女	人	人
血色素量	男	人	人
	女	人	人

項　　　目		実 施 者 数	有所見者数
ヘマトクリット値	男	人	人
	女	人	人
眼	男	人	人
	女	人	人
皮膚	男	人	人
	女	人	人

工事中定期

　　　備　　　考
1　　□□□で表示された枠（以下「記入枠」という。）に記入する文字は、光学的文字読取装置（ＯＣＲ）で直接読み取りを行うので、この用紙は汚したり、穴をあけたり、必要以上に折り曲げたりしないこと。
2　　記載すべき事項のない欄又は記入枠は、空欄のままとすること。
3　　記入枠の部分は、必ず黒のボールペンを使用し、様式右上に記載された「標準字体」にならって、枠からはみ出さないように大きめのアラビア数字で明瞭に記載すること。
4　　「対象年」の欄は、報告対象とした健康診断の実施年を記入すること。
5　　１年を通し順次健診を実施して、一定期間をまとめて報告する場合は、「対象年」の欄の（　　月～　　月分）にその期間を記入すること。また、この場合の健診年月日は報告日に最も近い健診年月日を記入すること。
6　　「対象年」の欄の（報告　　回目）は、当該年の何回目の報告かを記入すること。
7　　「事業の種類」の欄は、日本標準産業分類の中分類によって記入すること。
8　　「健康診断実施機関の名称及び所在地」の欄は、健康診断を実施した機関が２以上あるときは、その各々について記入すること。
9　　「在籍労働者数」、「従事労働者数」及び「受診労働者数」の欄は、健診年月日現在の人数を記入すること。なお、この場合、「在籍労働者数」は常時使用する労働者数を、「従事労働者数」は除染等業務に常時従事する労働者数をそれぞれ記入すること。
10　　「有所見者数」の欄は、各健康診断項目の有所見者の合計ではなく、健康診断項目のいずれかが有所見であった者の人数を記入すること。
11　　「作業の種別」の欄は、同欄に掲げる１～３の作業の区分に応じた数字を記入し、（　）内には具体的な作業内容を記入すること。
12　　線量による区分は、今回の健康診断を行った日の属する年の前年一年間に受けた線量によって行うこと。
13　　「産業医の氏名」の欄及び「事業者職氏名」の欄は、氏名を記入し、押印することに代えて、署名することができること。

じん肺健康管理実施状況報告

`80308`

ページ	総ページ
□	□

労働保険番号	0 9 1 0 7 8 2 5 0 1 5 □ □ □ □ □ □	在籍労働者（12月末日現在）	60 人

都道府県　所掌　管轄　基幹番号　枝番号　被一括事業場番号

事業場の名称	八重洲建設株式会社 日光作業所	事業の種類	総合工事業

事業場の所在地	郵便番号（ 321 ××××） 栃木県日光市××××	電話 0288 （ 22 ） 41××

対象期間	9:令和→ `9 0 2`	健診年月日	7:平成 9:令和→ `9 0 6 0 8 0 5`

定期健康診断実施機関の名称	柴田病院

定期健康診断実施機関の所在地	栃木県日光市小倉町×－×

粉じん作業従事労働者数（12月末日現在）

粉じん作業コード	`0 1 2`	粉じん作業コード	`0 2 0`	粉じん作業コード	□□□	粉じん作業コード	□□□
上記作業従事労働者数	□□`2 4` 人	上記作業従事労働者数	□□`1 6` 人	上記作業従事労働者数	□□□□ 人	上記作業従事労働者数	□□□□ 人

本年中に実施したじん肺健康診断実施者の延数						計（（イ）～（ニ））		42 人

就業時健康診断（イ）（法第7条）	（ロ）定期健康診断（法第8条）					（ハ）定期外健康診断（法第9条）		離職時健康診断（ニ）（法第9条の2）
	小　計	第1号	第2号	第3号	第4号	小　計	（ハ）のうち肺がんに関する検査の実施	
□□`2`	40 人	□`3 6` 人	□□`4` 人	□□□ 人	□□□ 人	□□□ 人	□□□ 人	□□□ 人

（*1）粉じん作業従事労働者及び粉じん作業に従事したことがある労働者のじん肺管理区分別内訳（12月末日現在）

計（（イ）～（ホ））	管理1（イ）	有所見者数小計（（ロ）～（ホ））	管理2（ロ）	管理3イ（ハ）	管理3ロ（ニ）PR3	PR4(A、B)	管理4（ホ）PR4(C)	F(++)	その他
42 人	38 人	4 人	□□□`3` 人	□□□`1` 人	□□□	□□□	□□□	□□□	□□□ 人

従来管理1であった労働者で、本年中に新たに管理2、管理3又は管理4と決定されたものの数	□□`0`	（*2）本年中に粉じん作業から他の作業に転換した労働者の数	計 4 人	管理2 □□`3` 人	管理3イ □□`1` 人	管理3ロ □□ 人

過去に粉じん作業に従事させたことのある労働者で、12月末日現在において、他の作業に従事しており、かつ、じん肺管理区分が管理2又は管理3であるものの総数	□□□ 人	（*3）じん肺管理区分が管理2又は管理3である労働者で、じん肺法施行規則第1条各号に掲げる合併症により、本年中に療養を開始したものの数						
		計 人	1号 □□ 人	2号 □□ 人	3号 □□ 人	4号 □□ 人	5号 □□ 人	6号 □□ 人

産業医等	氏名 柴田一郎
	所属機関の名称及び所在地 柴田病院　栃木県日光市小倉町×－×

令和 7 年 2月20日

日光 労働基準監督署長経由
栃木 労働局長殿

事業者職氏名
八重洲建設株式会社　日光作業所
所長 佐藤忠志

受付印

様式第6号（第24条、第25条、第33条関係）（甲）（1）

労働保険
石綿健康被害救済法 一概算・増加概算・確定保険料 一般拠出金 申告書

下記のとおり申告します。

継続事業
（一括有期事業を含む。）

標準字体 **0123456789**

第3片「記入に当たっての注意事項」をよく読んでから記入して下さい。
OCR枠への記入は上記の「標準字体」でお願いします。

提出用

令和 6 年 6 月 1 日

102-8307
千代田区九段南 1 - 2 - 1

東京労働局

種別 **32700**　※修正項目番号　※入力徴定コード

① 労働保険番号　都道府県 所掌 管轄 基幹番号 枝番号
13 1 01 015223 - 000

② 増加年月日（元号：令和は9）
③ 事業廃止等年月日（元号：令和は9）
※事業廃止理由

④ 常時使用労働者数 **25**　⑤ 雇用保険被保険者数 **25**
※保険関係
※片保険理由コード

⑦ 区 分	算定期間　令和 5 年 4 月 1 日 から　令和 6 年 3 月 31 日 まで			
	⑧保険料・一般拠出金算定基礎額	⑨保険料・一般拠出金率	⑩確定保険料・一般拠出金額（⑧×⑨）	
労働保険料	(イ)	1000分の 3.00	(イ) 300690 円	
労災保険分	(ロ) 100230 千円	1000分の 3.00	(ロ) 300690 円	
雇用保険分	(ホ)	1000分の	(ホ)	
一般拠出金	(ヘ) 100230 千円	1000分の 0.02	(ヘ) 2004 円	

確定保険料算定内訳

⑪ 区 分	算定期間　令和 6 年 4 月 1 日 から　令和 7 年 3 月 31 日 まで		
	⑫ 保険料算定基礎額の見込額	⑬ 保険料率	⑭ 概算・増加概算保険料額（⑫×⑬）
労働保険料	(イ)	1000分の 3.00	(イ) 300690 円
労災保険分	(ロ) 100230 千円	1000分の 3.00	(ロ) 300690 円
雇用保険分	(ホ)	1000分の	(ホ)

概算・増加概算保険料算定内訳

⑮事業主の郵便番号（変更のある場合記入）
⑯事業主の電話番号（変更のある場合記入）
⑰延納の申請　納付回数 **3**

※検算有無区分　※算週対象区分　※データ指示コード　※再入力区分　※修正項目

⑧⑩⑫⑭⑳の(ロ)欄の金額の前に「¥」記号を付さないで下さい。

⑱ 申告済概算保険料額　**294,676**
⑲ 申告済概算保険料額　円

⑳ 差引額
(イ) 充当額　円
(ロ) 還付額　円
不足額　**6,014**
(⑩の(イ)-⑱)　**6,014**

㉑ 増加概算保険料額　円

㉛法人番号　**1234567890***

㉒ 期別納付額
第1期 期首又は当初
概算保険料額 **100,230**
労働保険料充当額 **6,014**
不足額 **106,244**
一般拠出金充当額
一般拠出金額 **2,004**
今期納付額 **108,248**

第2期 **100,230**　**100,230**
第3期 **100,230**　**100,230**

㉕ 事業又は作業の種類　その他各種事業

㉖保険関係成立年月日
㉗事業廃止等理由

㉖ 加入している労働保険
(イ) 労災保険
(ロ) 雇用保険

㉗特掲事業
(イ) 該当する
(ロ) 該当しない

㉙ 郵便番号 101-XXXX　電話番号（03）3201-20XX

㉘ 事業
(イ) 所在地　東京都千代田区祝田町 1-X-X
(ロ) 名称　八重洲建設株式会社

事業主
(イ) 住所　東京都千代田区祝田町 1-X-X
(ロ) 名称　八重洲建設株式会社
(ハ) 氏名　代表取締役社長　春 山 一 郎

社会保険労務士記載欄
作成年月日・提出代行者・事務代理者の表示　氏 名　電話番号

きりとり線（1枚目はきりはなさないで下さい。）

者注：一般拠出金は事業終了時に，確定保険料とあわせて納付する。
　　　率は1,000分の0.02で(イ)か，もしくは(ロ)の賃金総額に保険料率を掛けて一般拠出金の額を算出する。また，
　　　メリット率の適用はない。
　　　㉛欄には，事業主に法人番号が指定されている場合，指定された法人番号を記入すること。

工事中定期

工事中定期

きりとり線（1枚目はきりはなさないで下さい。）

領 収 済 通 知 書　（労働保険）　国庫金

（記入例）¥ 0 1 2 3 4 5 6 7 8 9
◯数字は記入例にならって黒のボールペンで力を入れて枠からはみださないように記入して下さい。

| 30840 | 取扱庁名 東京 労働局 | ※取扱番号 00075331 | 徴収勘定 保険料収入及び一般拠出金収入 | 労働保険特別会計 0847 | 厚生労働所 番号 6118 | 令和 0 6 年度 |

第3片裏面の注意事項をよく読んで、太線の枠内を記入して下さい。

労働保険番号	都道府県 所掌 管轄	基幹番号	枝番号	※CD	※証券受領
	1 3 1 0 1 0 1 5 2 2 3 - 0 0 0			項1	全部 一部

翌年度5月1日以降　現年度歳入組入

※会計年度（元号：令和は9）	※徴定年度（元号：令和は9）	※収納年月日（元号：令和は9）	
元号 - 年度 項2	元号 - 年度 項3	元号 - - 項4	

納付の目的	※収納区分 項5	※収納機関 項6	※超決区分 項7	※徴定 項8	データ指示コード 項13
1. 令和 0 6 年度概算 期					

内訳	労働保険料	十億 千 百 十 万 千 百 十 円 ¥ 1 0 6 2 4 4 項10
	一般拠出金	十億 千 百 十 万 千 百 十 円 ¥ 2 0 0 4 項11

納付額（合計額）		十億 千 百 十 万 千 百 十 円 ¥ 1 0 8 2 4 8 項12

※内証券受領 項9 円

期別の表示
増加概算……1
全期・1（初期）…1
料率引上……2　　2期…………2
　　　　　　　3期…………3
　　　　　　　4（翌年度更正期）…4

（住所）〒

（氏名）　　　　　　　　　　　　　殿

3. 令和 0 5 年度確定

あて先

上記の合計額を領収しました。
領収日付等
（官庁送付分）

納付の場所　日本銀行（本店・支店・代理店又は歳入代理店）、所轄都道府県労働局、所轄労働基準監督署

この書面は、機械処理されますので、汚したり折り曲げたりしないで下さい。

編者注：1. 確定時の「一般拠出金」欄には申告書に記載した額と同額を記入すること。
　　　　2. 確定時の「納付額（合計額）」欄には労働保険と一般拠出金の合計額を記入すること。

様式第7号（第34条関係）（甲）

労 働 保 険

一括有期事業報告書（建設の事業）

正

労働保険番号	府県	所掌	管轄	基幹番号	枝番号				5	枚のうち	1	枚目
	1 3	1	1 0 1	2 5 0 1 5	0 0 0							

事業の名称	事業場の所在地	事業の期間	請負代金の額	請負代金に加算する額	請負代金から控除する額	① 請負金額	② 労務費率	③ 賃金総額
川村邸増改築工事	東京都港区芝高輪南町X	令和 6 年 8 月 2 日から 令和 6 年 8 月 19 日まで	円 1,500,000	円 0	円 0	円 1,500,000	23	円 345,000
山本産業K.K.新和寮改修工事	東京都江戸川区小岩町X－XX	令和 6 年 8 月 26 日から 令和 6 年 9 月 9 日まで	750,000	0	0	750,000	23	172,500
大田工業K.K.市川社宅新築工事	千葉県市川市菅野町XX	令和 6 年 5 月 6 日から 令和 6 年 9 月 30 日まで	18,500,000	58,000	0	18,558,000	23	4,268,340
宮下哲栄邸新築工事	東京都新宿区東五軒町XX	令和 6 年 6 月 3 日から 令和 6 年 9 月 30 日まで	12,000,000	0	0	12,000,000	23	2,760,000
千駄ヶ谷マンション改修工事他10件	東京都渋谷区千駄ヶ谷X－X	令和 6 年 10 月 4 日から 令和 6 年 10 月 29 日まで	3,360,000	0	0	3,360,000	23	772,800
計								
事業の種類								

前年度中（保険関係が消滅した日まで）に廃止又は終了があったそれぞれの事業の明細を上記のとおり報告します。

令和　6　年　6　月　1　日

（郵便番号　101－XXXX　）
電話番号（　3201　）　－　（　20XX　）

住所　東京都千代田区祝田町1－X－X

氏名　八重洲建設株式会社
　　　代表取締役社長　春　山　一　朗

記名押印又は署名

（法人のときはその名称及び代表者の氏名）

東京　労働局労働労働保険特別会計歳入徴収官

社会保険 労務士 記載欄	作成年月日・提出代行者・事務代理者の表示	氏　　名	電話番号

[注意]
社会保険労務士記載欄は、この申請書を社会保険労務士が作成した場合のみ記載すること。

工　事　中　定　期

様式第7号（第34条関係）（甲）[別紙]

工事中定期

（正）

労働保険番号									
府県	所掌	管轄	基幹番号				枝番号		
1 3	1	0 1	6	2	5	0	1	5	0 0 0 0

5 枚のうち　2　枚目

事業の名称	事業場の所在地	事業の期間	請負代金の額	請負代金に加算する額	請負代金から控除する額	請負金額	労働費率	賃金総額
			円	円	円	円		円
山田邸改修工事	東京都中央区日本橋5-X-X	令和 6 年 1 月 11 日から 令和 6 年 1 月 31 日まで	2,800,000	0	0	2,800,000	23	644,000
文京マンション補修工事	東京都文京区後楽2-X-X	令和 6 年 1 月 17 日から 令和 6 年 3 月 16 日まで	12,500,000	0	0	12,500,000	23	2,875,000
		年 月 日から 年 月 日まで						
		年 月 日から 年 月 日まで						
		年 月 日から 年 月 日まで						
		年 月 日から 年 月 日まで						
		年 月 日から 年 月 日まで						
		年 月 日から 年 月 日まで						
		年 月 日から 年 月 日まで						
		年 月 日から 年 月 日まで						
		年 月 日から 年 月 日まで						
		年 月 日から 年 月 日まで						
事業の種類	35建築事業	計	51,410,000	58,000	0	51,468,000		11,837,640

－ 222 －

様式第6号（第24条、第25条、第33条関係）（甲）（1）

労働保険　**概算・増加概算・確定保険料**　申告書　**石綿健康被害救済法**　**一般拠出金**

下記のとおり申告します。

| 継 続 事 業 |
| （一括有期事業を含む。） |

標準字体　`0 1 2 3 4 5 6 7 8 9`

第3片「記入に当たっての注意事項」をよく読んでから記入して下さい。OCR枠への記入は上記の「標準字体」でお願いします。

提出用

種別　`3 2 7 0 0`　　※修正項目番号　　※入力徴定コード `1`

令和 6 年 6 月 27 日

102-8307
千代田区九段南 1 - 2 - 1
九段第 3 合同庁舎12階

東京労働局

※ 各 種 区 分			
管轄(2)	保険関係等	業　種	産業分類

①労働保険番号　都道府県 所掌 管轄 基幹番号 枝番号
`1 3` `1` `01` `6 2 5 0 1 5` - `0 0 0`　項(2)

②増加年月日（元号：令和は9）　元号 [　] - [　] - [　] 項3　③事業廃止等年月日（元号：令和は9）　元号 [　] - [　] - [　] 項　※事業廃止等理由 [　]

④常時使用労働者数 [　　　] `2 5`人 項6　⑤雇用保険被保険者数 [　　　] `2 5`人 項7　※保険関係 [　] ※片保険理由コード [　] 項10

確定保険料算定内訳

⑦区分 | 算定期間 令和3年4月1日 から 令和4年3月31日 まで

⑦区分	⑧保険料・一般拠出金算定基礎額	⑨保険料・一般拠出金率	⑩確定保険料・一般拠出金額（⑧×⑨）
労働保険料	(イ) `1 1 8 3 7` 項11千円	(イ) 1000分の	(イ) `1 3 0 2 0 7` 項12 円
労災保険分	(ロ) 項13千円	(ロ) 1000分の 11	(ロ) `1 3 0 2 0 7` 項14 円
雇用保険分	(ホ) `1 1 8 3 7` 項18千円	(ホ) 1000分の 0.02	(ホ) `2 3 6` 項19 円
一般拠出金 (注1)	(ヘ) 項35千円	(ヘ) 1000分の	(ヘ) 項36 円

（注2）（注1）石綿による健康被害の救済に関する法律第35条第1項に基づき、労働保険適用事業主から徴収する一般拠出金は延納できません

概算・増加概算保険料算定内訳

⑪区分 | 算定期間 令和4年 月4日1 から 令和5年3月31日 まで

⑪区分	⑫保険料算定基礎額の見込額	⑬保険料率	⑭概算・増加概算保険料額（⑫×⑬）
労働保険料	(イ) `1 1 8 3 7` 項20千円	(イ) 1000分の 9.5	(イ) `1 1 2 4 5 1` 項21 円
労災保険分	(ロ) 項22千円	(ロ) 1000分の	(ロ) 項23 円
雇用保険分	(ホ) 項26千円	(ホ) 1000分の	(ホ) 項27 円

⑮事業主の郵便番号（変更のある場合記入）　⑯事業主の電話番号（変更のある場合記入）

⑰延納の申請 納付回数 `1` 項30

※検算有無区分 [　] 項31　※算調対象区分 [　] 項32　※データ指示コード [　]　※再入力区分 [　]　※修正項目 [　]

⑧⑩⑫⑭⑳の（ロ）欄の金額の前に「¥」記号を付さないで下さい。

⑱申告済概算保険料額	156,000 円

⑳差引額
| (イ)充当額 ⑱-⑩の(イ)+⑳+次期 | 25,793 円 | (ハ)不足額 ⑩の(イ)-⑱ | 円 | ㉚充当意思 1 労働保険料に充当 2 一般拠出金にのみ充当 3 労働保険料及び一般拠出金に充当 項37 [　] |
| (ロ)還付額 ⑱-⑩の(イ)+⑳ | 円 項38 | | | |

㉑申告済概算保険料額　円
㉑増加概算保険料額（⑭の(イ)-⑲）　円

㉛法人番号 `1 2 3 4 5 6 7 8 9 0 * * *` 項39

㉒期別納付額
	(イ)概算保険料 全期又は⑳の(イ)+⑳+次期	(ロ)労働保険料充当額 ⑳の(イ)（労働保険料分のみ）	(ハ)不足額 ⑳の(ハ)	(ニ)今期労働保険料 (イ)-(ロ)又は(イ)+(ハ)	(ホ)一般拠出金充当額 ⑳の(イ)（一般拠出金分のみ）	(ヘ)一般拠出金 ⑩の(ヘ)-(ホ)(注2)	(ト)今期納付額 (ニ)+(ヘ)
第1期全期	112,451 円	25,793 円		86,658 円		236 円	86,894 円
第2期 ⑳の(イ)+⑳	円	(リ)労働保険料充当額 ⑳の(リ)-⑳ 円	(ヌ)第2期納付額 (チ)-(リ) 円				
第3期 ⑳の(イ)+⑳	円	(ル)労働保険料充当額 ⑳の(イ)-⑳(ロ)-⑳ 円	(ヲ)第3期納付額 (ル)-(ワ) 円				

事業又は作業の種類　建築事業

㉓保険関係成立年月日
㉔事業廃止等理由 (1)廃止 (2)委託 (3)個別 (4)労働者なし (5)その他

㉕加入している労働保険 (イ)労災保険 (ロ)雇用保険　㉗特掲事業 (イ)該当する (ロ)該当しない

郵便番号 101-XXXX

事業主
(イ)住所（法人のときは主たる事務所の所在地）東京都千代田区祝田町1-X-X
(ロ)名　称　八重洲建設株式会社
(ハ)氏　名（法人のときは代表者の氏名）代表取締役社長 春山 一郎

電話番号 (03) 3201 - 20XX

㉖事業
(イ)所在地　東京都千代田区祝田町1-X-X
(ロ)名　称　13-3-01-015223-000

社会保険労務士記載欄	作成年月日・提出代行者・事務代理者の表示	氏　名	電話番号

工事中定期

きりとり線（1枚目はきりはなさないで下さい。）

編者注：一般拠出金は事業終了時に、確定保険料とあわせて納付する。
　　　　率は1,000分の0.02で(イ)か、もしくは(ロ)の賃金総額に保険料率を掛けて一般拠出金の額を算出する。また、メリット率の適用はない。
　　　　㉛欄には、事業主に法人番号が指定されている場合、指定された法人番号を記入すること。

－ 223 －

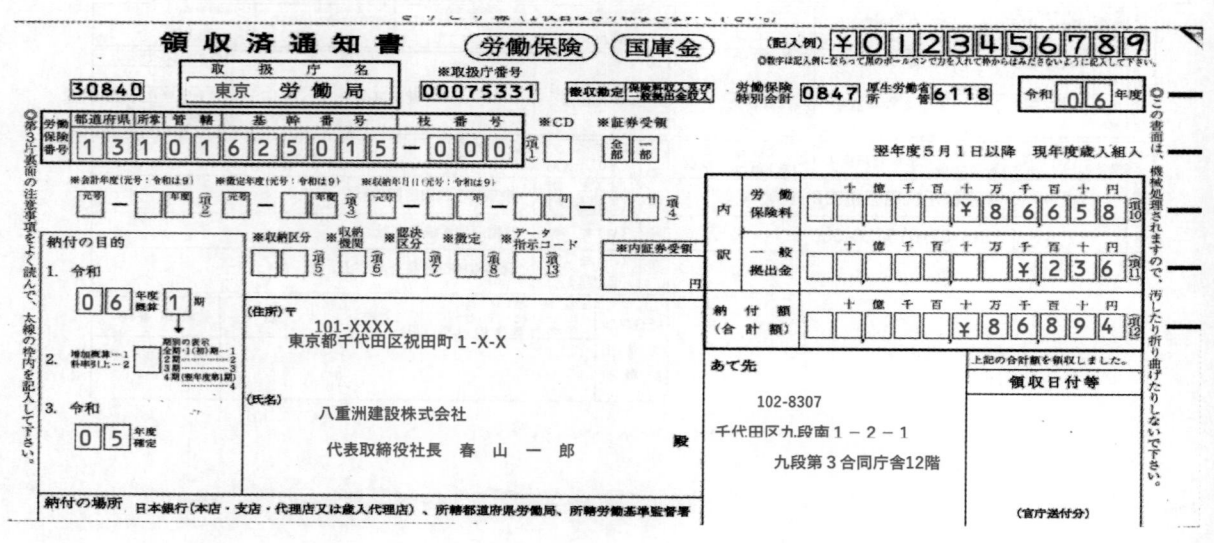

領収済通知書 （労働保険） 国庫金

（記入例） ￥0123456789
※数字は記入例にならって黒のボールペンで力を入れて枠からはみださないように記入して下さい。

30840

取扱庁名
東京　労働局

※取扱庁番号
00075331

徴収勘定 保険料収入及び一般拠出金収入

労働保険特別会計 0847 厚生労働省 6118 令和 06 年度

翌年度5月1日以降　現年度歳入組入

労働保険番号 都道府県 131 所掌 01 管轄 6 基幹番号 250115 枝番号 -000 ※CD ※証券受領 全部／一部

※会計年度（元号：令和は9） ※徴定年度（元号：令和は9） ※収納年月日（元号：令和は9）

納付の目的

1. 令和 06 年度 概算 1 期

増加概算・料率引上-2

2. 令和 05 年度 確定

期別の表示
令和-1（初）期-1
2期-2
3期-3
4（通年度分）-4

※収納区分 ※収納機関 ※歳決区分 ※徴定 ※データ指示コード

※内証券受領 円

（住所）〒 101-XXXX
東京都千代田区祝田町1-X-X

（氏名）
八重洲建設株式会社
代表取締役社長　春　山　一　郎　　殿

納付の場所　日本銀行（本店・支店・代理店又は歳入代理店）、所轄都道府県労働局、所轄労働基準監督署

内訳	労働保険料	￥86658
	一般拠出金	￥236
納付額（合計額）		￥86894

あて先
102-8307
千代田区九段南1－2－1
九段第3合同庁舎12階

上記の合計額を領収しました。
領収日付等

（官庁送付分）

編者注：1. 確定時の「一般拠出金」欄には申告書に記載した額と同額を記入すること。
　　　　2. 確定時の「納付額（合計額）」欄には労働保険と一般拠出金の合計額を記入すること。

別添様式

労 働 保 険 等
年度一括有期事業総括表 （建設の事業）

事業主控

一括有期事業報告書　5　枚添付

労働保険番号	府県	所掌	管轄	基幹番号	枝番号

業種番号	事業の種類		事業開始時期	請負金額	労務費率	賃金総額	保険料率 基準料率	保険料率 メリット料率	保険料額
				円		千円	1000分の	1000分の	円
31	水力発電施設、ずい道等新設事業		平成27年3月31日以前のもの		18		89		
			平成30年3月31日以前のもの		19		79		
			平成30年4月1日以降のもの				62		
32	道路新設事業		平成27年3月31日以前のもの		20		16		
			平成30年3月31日以前のもの				11		
			平成30年4月1日以降のもの		19				
33	舗装工事業		平成27年3月31日以前のもの		18		10		
			平成30年3月31日以前のもの				9		
			平成30年4月1日以降のもの		17				
34	鉄道又は軌道新設事業		平成27年3月31日以前のもの		23		17		
			平成30年3月31日以前のもの		25		9.5		
			平成30年4月1日以降のもの		24		9		
35	建築事業		平成27年3月31日以前のもの		21		13		
			平成30年3月31日以前のもの		23		11		
			平成30年4月1日以降のもの				9.5		
38	既設建築物設備工事業		平成27年3月31日以前のもの		22		15		
			平成30年3月31日以前のもの		23				
			平成30年4月1日以降のもの				12		
36	機械装置の組立て又は据付けの事業	組立て又は取付けに関するもの	平成27年3月31日以前のもの		38		7.5		
			平成30年3月31日以前のもの		40		6.5		
			平成30年4月1日以降のもの		38				
		その他のもの	平成27年3月31日以前のもの		21		7.5		
			平成30年3月31日以前のもの		22		6.5		
			平成30年4月1日以降のもの		21				
37	その他の建設事業		平成27年3月31日以前のもの		23		19		
			平成30年3月31日以前のもの		24		17		
			平成30年4月1日以降のもの				15		
	合計		平成19年3月31日以前のもの	①					
				② （①を除いた合計）		③ 一般拠出金率		一般拠出金額（②×③）	
						千円	1000分の 0.02	円	

1 事業報告書（様式第7号（甲））に記入した事業（工事）を、事業の種類ごとに合算し、本表により確定保険料を計算すること。
2 前年度にメリット制が適用された事業については、メリット料率を記入のうえ確定保険料を計算すること。
3 一般拠出金とは、石綿による健康被害の救済に関する法律第35条第1項に基づき労災保険適用事業主から徴収する拠出金を指す。
4 一般拠出金は事業（工事）開始時期が平成19年4月1日以降のすべての事業（工事）を徴収対象とする。

工事中定期

別添一括有期事業報告書の明細を上記のとおり総括して報告します。

令和 6 年 6 月 1 日

東京　労働局労働保険特別会計歳入徴収官　殿

郵便番号（　101　－　XXXX　）
電話番号（　03　－　XXXX　－　XXXX　）

住　所　　東京都千代田区祝田町1－X-X

記名押印又は署名

事業主
氏　名　　　八重洲建設株式会社
　　　　　　代表取締役社長　　　春山一郎
（法人のときはその名称及び代表者の氏名）

社会保険労務士記載欄	作成年月日・提出代行者・事務代理者の表示	氏　　　名	電　話　番　号

| 様式コード 2225 | 健康保険
厚生年金保険
厚生年金保険 | 被保険者報酬月額算定基礎届
70歳以上被用者算定基礎届 |

令和　　年　　月　　日提出

提出者記入欄

事業所整理記号　江東 - いろは

〒136 - XXXX
事業所所在地　東京都江東区亀戸2-X-X
事業所名称　大山建設株式会社
事業主氏名　代表取締役社長　細内　俊夫
電話番号　03（3681）63XX

受付印

社会保険労務士記載欄　氏名等

工事中定期

	①被保険者整理番号	②被保険者氏名	③生年月日	④適用年月	②個人番号[基礎年金番号]

1 14　東山 光男　5-320902　6年9月
健320千円　厚320千円　4年9月

⑨支給月	⑩日数	⑪通貨	⑫現物	⑬合計(⑪+⑫)	
4月	30日	324,560円	9,000円	333,560円	総計 999,580円
5月	31日	316,820円	9,000円	325,820円	平均額 333,193円
6月	30日	331,200円	9,000円	340,200円	修正平均額

1.70歳以上被用者算定（算定基礎月：　月　月）2.二以上勤務 3.月額変更予定 4.途中入社 5.病休・育休・休職等 6.短時間労働者（特定適用事業所等）7.パート 8.年間平均 9.その他（　）

2 20　西水 勘助　5-291008　6年9月
健300千円　厚300千円　4年9月

⑨支給月	⑩日数	⑪通貨	⑫現物	⑬合計	
4月	30日	311,740円	7,000円	318,740円	総計 959,540円
5月	31日	309,060円	7,000円	316,060円	平均額 319,847円
6月	30日	317,740円	7,000円	324,740円	修正平均額

1.70歳以上被用者算定（算定基礎月：　月　月）2.二以上勤務 3.月額変更予定 4.途中入社 5.病休・育休・休職等 6.短時間労働者（特定適用事業所等）7.パート 8.年間平均 9.その他（　）

3 24　大沢 昇　5-390211　6年9月
健300千円　厚300千円　4年9月

⑨支給月	⑩日数	⑪通貨	⑫現物	⑬合計	
4月	30日	303,950円	8,000円	311,950円	総計 987,530円
5月	31日	321,320円	8,000円	329,320円	平均額 329,177円
6月	30日	338,260円	8,000円	346,260円	修正平均額

1.70歳以上被用者算定（算定基礎月：　月　月）2.二以上勤務 3.月額変更予定 4.途中入社 5.病休・育休・休職等 6.短時間労働者（特定適用事業所等）7.パート 8.年間平均 9.その他（　）

4 25　南 洋子　5-460908　5年9月
健320千円　厚320千円　4年9月

⑨支給月	⑩日数	⑪通貨	⑫現物	⑬合計	
4月	30日	205,000円	6,000円	211,000円	総計 633,000円
5月	31日	205,000円	6,000円	211,000円	平均額 211,000円
6月	30日	205,000円	6,000円	211,000円	修正平均額

1.70歳以上被用者算定（算定基礎月：　月　月）2.二以上勤務 3.月額変更予定 4.途中入社 5.病休・育休・休職等 6.短時間労働者（特定適用事業所等）7.パート 8.年間平均 9.その他（　）

5 33　西山 光男　5-371207　6年9月
健280千円　厚280千円　4年9月

⑨支給月	⑩日数	⑪通貨	⑫現物	⑬合計	
4月	30日	286,630円	7,000円	294,630円	総計 888,350円
5月	31日	291,120円	7,000円	298,120円	平均額 296,117円
6月	30日	288,600円	7,000円	295,600円	修正平均額

1.70歳以上被用者算定（算定基礎月：　月　月）2.二以上勤務 3.月額変更予定 4.途中入社 5.病休・育休・休職等 6.短時間労働者（特定適用事業所等）7.パート 8.年間平均 9.その他（　）

※ ⑨支給月とは、給与の対象となった計算月ではなく実際に給与の支払いを行った月となります。

健康保険印紙受払等報告書　(介護保険第2号被保険者非該当用)

（令和 6 年 4 月分）　　　　　　　　　　　　　　　　　　　　（年金事務所提出用）

印紙購入通帳番号　　　　　事業の種類

健康保険被保険者証の記号　江東　65

健康保険組合等　名称 / 保険者番号

日雇適用除外　賃金日額別　延人員

級別（賃金日額）	本月中の延人員（人）	4月から本月までの延人員（人）
本月中の延人員	157	157
3,500円未満（第1級）		
3,500円以上5,000円未満（第2級）		
5,000円以上6,500円未満（第3級）	20	20
6,500円以上8,000円未満（第4級）		
8,000円以上9,500円未満（第5級）	60	60
9,500円以上12,000円未満（第6級）	55	55
12,000円以上14,500円未満（第7級）	22	22
14,500円以上17,000円未満（第8級）		
17,000円以上19,500円未満（第9級）		
19,500円以上23,000円未満（第10級）		
23,000円以上（第11級）		
計	157	157

本月中に日雇特例被保険者に支払った賃金総額　1,522,750 円

健康保険印紙受払状況等

級別	前月末の健康保険印紙の保有枚数	本月に購入した健康保険印紙の枚数	本月中に貼り付けた健康保険印紙の枚数	本月末の健康保険印紙の保有枚数	4月から本月までの付け枚数の累計（4月から翌年3月まで）	現金納付内訳（賞与に関する保険料を除く）
（第1級）	枚	枚	枚	枚	枚	人日
（第2級）	枚	枚	枚	枚	枚	人日
（第3級）	枚	100	80	20	20	人日
（第4級）	枚	枚	枚	枚	枚	人日
（第5級）	枚	100	40	60	60	人日
（第6級）	枚	100	45	55	55	人日
（第7級）	枚	100	78	22	22	人日
（第8級）	枚	枚	枚	枚	枚	人日
（第9級）	枚	枚	枚	枚	枚	人日
（第10級）	枚	枚	枚	枚	枚	人日
（第11級）	枚	枚	枚	枚	枚	人日
計	0	400	243	157	157	0

現金納付保険料（特別保険料を除く）　本月中の現金納付保険料延納付日数　0　／　左欄の4月から本月までの累計（4月から翌年3月まで）　0

事業所　名称　大山建設株式会社
所在地　東京都江東区亀戸 2-X-X
事業主　氏名　代表取締役社長　細内　俊夫　㊞
電話番号　03-3681-63XX

この報告は、事実と相違ありません。

令和 6 年 5 月 16 日

江東　年金事務所長殿

（注）健康保険組合等の名称・保険者番号は、加入している健康保険組合等の本部の名称・保険者番号を記入すること。

工事中定期

基準報酬月額算定基礎届

事業所記号 1 5 0 5

組合番号 記	員番号	組合員氏名	従前の基準報酬月額 (千円)	算定基礎月	支払基礎日数	報酬 金銭(通貨)によるものの額	報酬 現物によるものの額	報酬 合計	平均 平均額 / 修正平均額	基準報酬 月額 (千円)	基準報酬 等級	備考 (遡及昇(降)給差の月額)
	1	山中 一	590	4月	30日	580,000円	0円	580,000円		590	33級	円 / 年 月 ☐短時間労働
				5月	31日	580,000円	0円	580,000円				
				6月	30日	580,000円	0円	580,000円				
				支払基礎日数17日以上の月の報酬額の総計		1,740,000円			修正平均額 580,000円			
	2	西口 信	380	4月	30日	480,000円	0円	480,000円		440	28級	30,000円 10,000円 / 2年 4月 ☐短時間労働
				5月	31日	450,000円	0円	450,000円				
				6月	30日	450,000円	0円	450,000円				
				支払基礎日数17日以上の月の報酬額の総計		1,380,000円			460,000円			
	3	木下 太郎	340	4月	15日	232,858円	0円	232,858円		360	25級	円 / 年 月 ☐短時間労働
				5月	21日	315,300円	0円	315,300円				
				6月	25日	405,780円	0円	405,780円				
				支払基礎日数17日以上の月の報酬額の総計		721,080円			360,540円			
	4	花井 次郎	320	4月	14日	215,800円	0円	215,800円		320	23級	円 / 年 月 ☐短時間労働
				5月	22日	335,600円	0円	335,600円				
				6月	21日	315,200円	0円	315,200円				
				支払基礎日数17日以上の月の報酬額の総計		650,800円			325,400円			
				4月	日	円	円	円			級	円 / 年 月 ☐短時間労働
				5月	日	円	円	円				
				6月	日	円	円	円				
				支払基礎日数17日以上の月の報酬額の総計		円						

上記のとおり届けます。

令和 6 年 7 月 11 日

全国土木建築国民健康保険組合理事長 様

郵便番号 101-XXXX
所在地 東京都千代田区祝田町 1-X-X
名称 八重洲建設株式会社
事業主氏名 代表取締役社長 春山 一郎

(注) 1 支払基礎日数については、月給者は報酬計算の基礎となった月の暦日数を、日給者は実際の就労日数を記入してください。
2 備考欄の「遡及支払額」には、算定基礎月内に支払われた通常給以外の報酬を、「昇(降)給差の月額」には、昇(降)給により増(減)額された額の月額を、「昇(降)給」欄には、昇(降)給又は遡及分の支払が行われた月を、それぞれ該当の欄に記入してください。短時間労働者に該当する場合は ✓ を入れてください。

4. 工 事 終 了 時

様式第6号（第24条、第25条、第33条関係）（乙）（1）（表面）

労働保険
石綿健康被害救済法
一般拠出金

概算・増加概算・確定保険料 申告書

有期事業
（一括有期事業を除く。）

下記のとおり申告します。 令和 8 年 5 月 1 日

標準字体 0 1 2 3 4 5 6 7 8 9

第3片「記入に当たっての注意事項」をよく読んでから記入して下さい。
OCR枠への記入は上記の「標準字体」でお願いします。

※各種区分

保険関係区分	業種	提出用

種別 **3 2 7 0 2**　※修正項目番号　　　東京労働局 労働保険特別会計歳入徴収官殿　**7 3 1**

（なるべく折り曲げないようにし、やむをえない場合には折り曲げマーク(▶)の所で折り曲げて下さい。）

①労働保険番号

都道府県	所掌	管轄(1)	基幹番号	枝番号
1 3	1	0 1	8 2 5 0 1 5	- 0 0 1

（項1）

③法人番号 **1 2 3 4 5 6 7 8 9 0 * * ***（項13）

④保険関係成立年月日 令和 6 年 4 月 1 日　常時使用労働者数 26 人

事業又は作業の種類 建築事業

⑤増加年月日（元号：令和は9）

元号	年	月	日

（項2）

⑥事業終了（予定）年月日（元号：令和は9）

9 - 0 8 - 0 4 - 3 0（項3）

⑦賃金総額の算出方法　(イ)支払賃金　(ロ)労務費率又は労務費の額　(ハ)平均賃金

賃金総額の特例（⑦の(ロ)）による場合

⑧請負金額の内訳

(イ)請負代金の額	(ロ)請負代金に加算する額	(ハ)請負代金から控除する額	(ニ)請負金額((イ)+(ロ)-(ハ))	素材の(見込)生産量 立方メートル	労務費率又は労務費の額
13,873,000,000 円	0 円	0 円	13,873,000,000 円		23 %

確定保険料

⑪算定期間 令和 6 年 4 月 1 日 から 8 年 4 月 30 日 まで　⑫保険料率 1000分の 9.5

⑬保険料算定基礎額 3,190,790,000 千円

⑭確定保険料額（⑬×⑫） **3 0 3 1 2 5 0 5** 円（項4）

⑮申告済概算保険料額 30,312,505

⑯差引額

(イ)充当額（⑮－⑭）	(ロ)還付額（⑮－⑭）	(ハ)不足額（⑭－⑮）
円	円（項12）	0 円

㉜充当意思（項11）　※㊙欄の一般拠出金に充当する場合は2を記入

一般拠出金（注）

㉙一般拠出金算定基礎額 3,190,790,000 千円

㉚一般拠出金率 1000分の 0.02

㉛一般拠出金（㉙×㉚） **6 3 8 1 5** 円（項10）

（注）石綿による健康被害の救済に関する法律第35条第1項に基づき、労災保険適用事業主から徴収する一般拠出金

増加概算保険料

⑰算定期間 年 月 日 から 年 月 日 まで　⑱保険料率 1000分の

⑲保険料算定基礎額又は増加後の保険料算定基礎額の見込額 千円

⑳概算保険料額又は増加後の概算保険料額（⑲×⑱） 円（項5）

㉑申告済概算保険料額

㉒差引納付額（⑳－㉑） 円

㉓延納の申請 納付回数（項6）

※有期メリット識別コード（項7）

※データ指示コード（項8）

※再入力区分（項9）

㉔概算保険料又は増加概算保険料の期別納付額

第1期（初期）	円
第2期 以降	円

㉕今期納付額

(イ)概算保険料又は増加概算保険料	円
(ロ)確定保険料	0 円
(ハ)一般拠出金	63,815 円

※修正項目（英数・カナ）

⑭⑯の(ロ)、⑳㉕欄の金額の前に「¥」記号を付さないで下さい。
㉕の(ハ)、㉙㉚㉛欄は事業開始が平成19年4月1日以降の場合に記入して下さい。

㉖発注者（立木の伐採の事業の場合は立木所有者等）の住所又は所在地及び氏名又は名称

住所又は所在地	中央区日本橋室町1－X－X	郵便番号 103－XXXX
氏名又は名称	中央産業株式会社　代表取締役社長　角田昭雄	電話番号 03－3241－33XX

㉗事業の所在地	東京都中央区八丁堀2－X－X	㉘事業主 (イ)住所（法人のときは主たる事務所の所在地）	東京都中央区八丁堀2－X－X	郵便番号 104－XXXX
名称	中央会館新築工事	(ロ)名称	八重洲・木下共同企業体	電話番号 03－3551－52XX
		(ハ)氏名（法人のときは代表者の氏名）	所長　夏川二郎	

あて先 〒102-8307　千代田区九段南1－2－1　九段第3合同庁舎12階
東京労働局労働保険特別会計歳入徴収官

きりとり線（1枚目はきりはなさないで下さい。）

工事終了時

編者注：一般拠出金は、確定保険料とあわせて納付する。
　　　　率は1,000分の0.02で⑬の賃金総額に保険料率を掛けて一般拠出金の額を算出する。また、メリット率の適用はない。
　　　　㉛欄には、事業主に法人番号が指定されている場合、指定された法人番号を記入すること。

－ 229 －

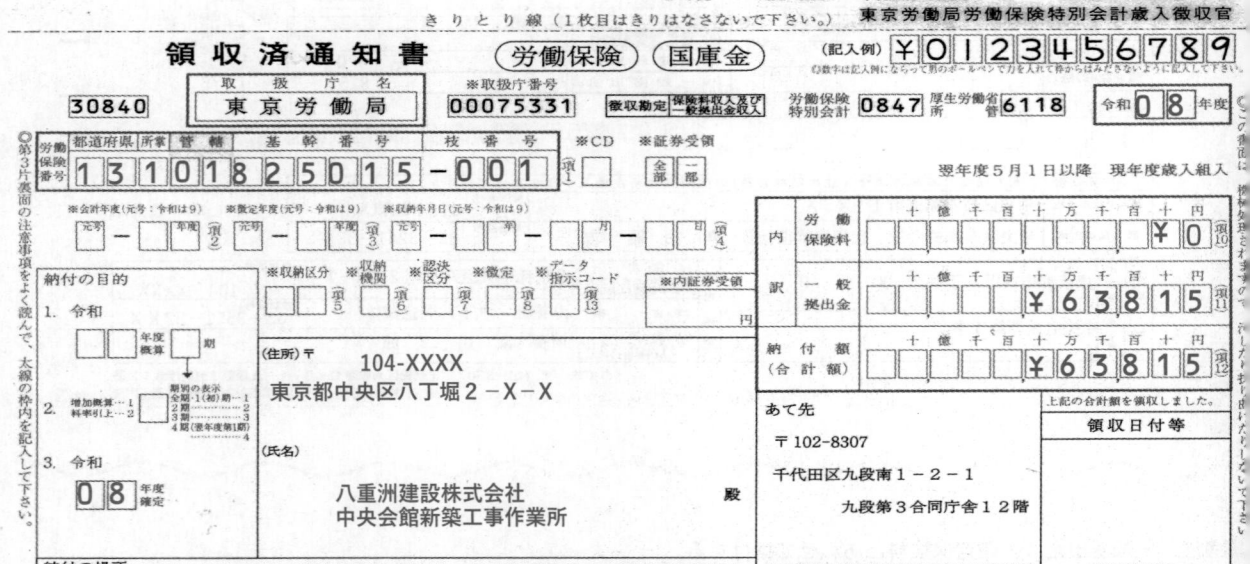

あて先　〒102-8307　千代田区九段南１－２－１　九段第３合同庁舎１２階
きりとり線（１枚目はきりはなさないで下さい。）　東京労働局労働保険特別会計歳入徴収官

領 収 済 通 知 書　（労働保険）（国庫金）

（記入例）¥ 0 1 2 3 4 5 6 7 8 9
※数字は記入例にならって黒のボールペンで力を入れて枠からはみださないように記入して下さい。

取 扱 庁 名	※取扱庁番号	徴収勘定 保険料収入及び一般拠出金収入

30840　東京労働局　00075331　徴収勘定　保険料収入及び 一般拠出金収入　労働保険特別会計 0847　厚生労働省所管 6118　令和 0 8 年度

労働保険番号　都道府県 13 所掌 1 管轄 01 基幹番号 825015 枝番号 -001　※CD ①　※証券受領　全部 一部

翌年度５月１日以降　現年度歳入組入

※会計年度（元号：令和は9）□□ー□ ②　※徴定年度（元号：令和は9）□□ー□ ③　※収納年月日（元号：令和は9）□□ー□□ー□□ ④

納付の目的
1. 令和 □□ 年度 □ 機算 □ 期
※収納区分 ⑤　※収納機関 ⑥　※認決区分 ⑦　※徴定 ⑧　※データ指示コード 13　※内証券受領 □ 円

増加概算‥‥1　料率引〔上‥‥2〕
期別の表示
1期‥第1（初）期‥‥1
2期‥‥‥‥‥‥2
3期‥‥‥‥‥‥3
4期〔要年度第1期〕‥‥4

（住所）〒　104-XXXX　東京都中央区八丁堀２－X－X

（氏名）　八重洲建設株式会社　中央会館新築工事作業所　殿

3. 令和 0 8 年度　確定

内訳　労働保険料　十億 千 百 十 万 千 百 十 円　¥ 0 ⑩
一般拠出金　十億 千 百 十 万 千 百 十 円　¥ 6 3 8 1 5 ⑪
納付額（合計額）　十億 千 百 十 万 千 百 十 円　¥ 6 3 8 1 5 ⑫

あて先
〒102-8307
千代田区九段南１－２－１
九段第３合同庁舎１２階

上記の合計額を領収しました。
領 収 日 付 等

東京労働局労働保険特別会計歳入徴収官

納付の場所　日本銀行（本店・支店・代理店又は歳入代理店）、所轄都道府県労働局、所轄労働基準監督署

（官庁送付分）

編者注：1．確定時には「一般拠出金」欄には申告書に記載した額と同額を記入すること。
　　　　2．確定時には「納付額（合計額）」欄には労働保険と一般拠出金の合計額を記入すること。

様式第8号　(第36条関係)

労　働　保　険　労働保険料　**還付請求書**
石綿健康被害救済法　一般拠出金

― 還付金の種別 ―
労働保険料・一般拠出金

種別 `3` `1` `7` `5` `1`

労働保険番号
都道府県	所掌	管轄(1)	基幹番号	枝番号	
1 3	1	0 1	8 2 5 0 1 5	- 0 0 1	項1

※修正項目番号

※漢字
修正項目番号

① 還付金の払渡しを受けることを希望する金融機関 (金融機関のない場合は郵便局)

金融機関

金融機関名称〈漢字〉　略称を使用せず正式な金融機関名を記入して下さい

富井銀行

支店名称〈漢字〉　略称を使用せず正式な支店名を記入して下さい

丸の内支店

種別 `2` 1.普通 2.当座 3.通知 4.別段
口座番号 ※右詰で空白は0を記入して下さい `1` `0` `0` `2` `5` 項3

ゆうちょ銀行記号番号
記号 ― 番号 ※右詰で空白は0を記入して下さい 項4

※金融機関コード 項5　　※支店コード 項6

フリガナ ヤエスケンセツカブシキガイシャ
口座名義人 **八重洲建設株式会社**

郵便局

郵便局名称〈漢字〉　略称を使用せず正式名称で○○郵便局まで記入して下さい 項7

区・市・郡〈漢字〉 項8

② 還 付 請 求 額　(注意) 各欄の金額の前に「¥」記号を付さないで下さい

労働保険料

(ア) 納付した概算保険料の額又は納付した確定保険料の額
`6` `5` `8` `0` `0` `0` `0` 円 項9

(イ) 確定保険料の額又は改定確定保険料の額
`6` `4` `4` `9` `8` `0` `0` 円 項10

(ウ) 差額
`1` `3` `0` `2` `0` `0` 円 項11

(エ) 労働保険料等・一般拠出金への充当額 (詳細は以下③)

内訳

(オ) 労働保険料等に充当 項12 円

(カ) 一般拠出金に充当 項13 円

(キ) 労働保険料還付請求額　(ウ)ー(オ)ー(カ)
`1` `3` `0` `2` `0` `0` 円 項14

一般拠出金

(ク) 納付した一般拠出金 項15 円

(ケ) 改定した一般拠出金 項16 円

(コ) 差額 項17 円

(サ) 一般拠出金・労働保険料等への充当額 (詳細は以下③)

内訳

(シ) 一般拠出金に充当 項18 円

(ス) 労働保険料等に充当 項19 円

(セ) 一般拠出金還付請求額　(コ)ー(シ)ー(ス) 項20 円

③　労 働 保 険 料 等 へ の 充 当 額 内 訳

充当先事業の労働保険番号	労働保険料等の種別	充当額
―	年度、概算、確定、追徴金、延滞金、一般拠出金	円
―	年度、概算、確定、追徴金、延滞金、一般拠出金	
―	年度、概算、確定、追徴金、延滞金、一般拠出金	
―	年度、概算、確定、追徴金、延滞金、一般拠出金	

上記のとおり還付を請求します。

令和 8 年 10 月 26 日

（郵便番号 101 ― XXXX ）電話（ 03 ― 3201 ― 20XX 番）
住　所　東京都千代田区祝田町1ー×ー×

事業主
名　称　八重洲建設株式会社
氏　名　代表取締役社長　春山　一郎
（法人のときは、その名称及び代表者の氏名）

東京 官署 支出官厚生労働省労働基準局長 殿
労働局労働保険特別会計資金前渡官吏 殿

※修正項目（英数・カナ）

還付理由
□ 1.年度更新 2.事業終了 3.その他（算調等） 項21

還付金発生年度（元号：令和は9）
元号 ― 年 項22　　徴定区分 項23

※修正項目（漢字）

歳入徴収官	部　長	課室長	補　佐	係　長	係

社会保険労務士記載欄	作成年月日・提出代行者・事務代理者の表示	氏　名	電話番号

〔注意〕
1.①欄について、ゆうちょ銀行を指定した場合、「ゆうちょ銀行記号番号」を記入すること。
　また、ゆうちょ銀行以外を指定した場合、「種別」、「口座番号」を記入すること。
2.還付金の種別欄及び③欄については、事項を選択する場合には該当事項を○で囲むこと。
3.社会保険労務士記載欄は、この届書を社会保険労務士が作成した場合のみ記載すること。

（3.3）

工事終了時

雇用保険適用事業所廃止届

帳票種別 `14002`

1. 法人番号（個人事業の場合は記入不要です。） `1234567890***`

※2. 本日の資格喪失・転出者数 `□□□□□ 人`

（この用紙は、このまま機械で処理しますので、汚さないようにしてください。）

3. 事業所番号 `0901-032125-0`

4. 設置年月日 `4-051001` （3 昭和 4 平成 5 令和）元号 年 月 日

5. 廃止年月日 `5-061031` （4 平成 5 令和）元号 年 月 日

6. 廃止区分 `1`

7. 統合先事業所の事業所番号 `□□□□-□□□□□□-□`

8. 統合先事業所の設置年月日 `□-□□□□□□` （3 昭和 4 平成 5 令和）元号 年 月 日

9. 事業所		
（フリガナ）		ウツノミヤシイチノサワチョウ
所 在 地		宇都宮市一ノ沢町5－X－X
（フリガナ）		ヤエスケンセツカブシキガイシャ　トチギシュッチョウショ
名 称		八重洲建設株式会社　栃木出張所

10. 労働保険番号

府 県	所掌	管轄	基 幹 番 号	枝 番 号
1 1	1	0 1	2 0 0 4 5 6	

11. 廃止理由 業務縮小による事業所閉鎖の為

上記のとおり届けます。
令和 6 年 11 月 7 日

宇都宮　公共職業安定所長　殿

事業主
住　所　宇都宮市一ノ沢町5－X－X
名　称　八重洲建設株式会社　栃木出張所
氏　名　所長　原田　茂久
電話番号　0286-48-50XX

工事終了時

※公共職業安定所記載欄	届書提出後、事業主が住所を変更する場合又は事業主に承継者等のある場合は、その者の住所・氏名	（フリガナ） 名　称				
		（フリガナ） 住　所				
		（フリガナ） 代表者氏名				
		電話番号		郵便番号	□□□－□□□□	

備考	※	所長	次長	課長	係長	係	操作者

労働保険事務組合記載欄

所在地

名　称

代表者氏名

社会保険労務士記載欄	作成年月日・提出代行者・事務代理者の表示	氏　　名	電話番号

（この届出は、事業所を廃止した日の翌日から起算して10日以内に提出してください。）

2021. 9

健康保険印紙買戻し請求書

金	73,600	円

ただし、健康保険印紙買戻し請求額

内 訳

印 紙 の 種 類		買戻し枚数		金 額	
5 級	520 円	20 枚		10,400	円
7 級	800 円	30 枚		24,000	円
8 級	980 円	40 枚		39,200	円
級	円	枚			円
級	円	枚			円
級	円	枚			円
級	円	枚			円
級	円	枚			円
合 計		90 枚		73,600	円

上記の金額を　作業所閉鎖　の理由により買戻しを請求します。

令和　6　年 7　月 11　日

事 業 所 名 称　　大山建設株式会社

所 在 地　　東京都江東区亀戸2－X－X

事 業 主 氏 名　　代表取締役社長　　細 内 俊 夫　　㊞

城 東　　　郵便局長 殿

健康保険法施行規則第146条第2項 1・2号に該当することを確認しました。

令和　　年　　月　　日　　　　　　　　年金事務所長

買戻し認定受入済印

工事終了時

工事終了時

5．事業場又は現場備付書類

備付書類

労働者名簿

履歴	死亡	又は	退職	男	性別	
一　令和２年３月　　朝霞中学校卒業 一　令和５年３月　　朝霞高等学校卒業 一　令和５年４月より大工見習 前就業他　高島建設日本橋ビル新築工事　令和５年２月１日から令和６年４月１日まで	事由（退職の事由が解雇の場合にあつては、その理由を含む。）	年 月 日		生年月日	氏名	
				平成16年5月5日	青木茂	
				従事する業務 の種類		
				大工		
				雇入れ年月日	住所	
				令和６年４月２日	東京都中央区八丁堀１のＸのＸ	

備付書類

（様式４）

令和　　年　　月分賃金集計表兼賃金台帳

No.

賃金計算期間	月　　日から
締切日	月　　日まで
賃金支払日	月　　日

注　工事請負者名（元請）
　　賃金支払事業主名
　　賃金台帳の作成者氏名

都・道・府・県
工事箇所名

現住所
監督機関
監督署名

印
印
印

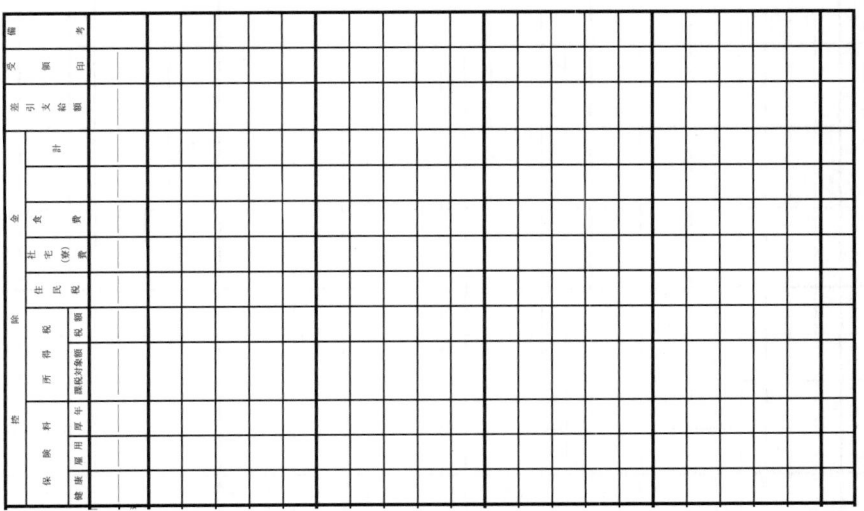

備付書類

— 237 —

（様式3）

類書付備

令和　　　年　　　月分賃金日計表兼賃金台帳

工事名 _____

作 業 日 報

		検 印	

令和　　年　　月　　日　　曜日　天候 _____　　班名 _____

番号	氏　名	職　種	始業～終業	労働時間数				出来高		作 業 記 事
				実労働時間		左のうち深夜		出来高量	出来高金額	
				所定	時間外			出数		
			～							
			～							
			～							
			～							
			～							
			～							
			～							
			～							
			～							
			～							

（注）出来高給制の場合であっても労働時間を明記すること。

備付書類

健康診断個人票(雇入時)

事 業 所 名	
所 在 地	

氏　　　名		生年月日	年　　月　　日	検診年月日	年　　月　　日
		性　　別	男　・　女	年　令	歳

業　　務　　歴		血　　　　圧　　　(mmHg)		～			
		貧 血 検 査	血 色 素 量　(g/dℓ)				
			赤 血 球 数 (万/mm³)				
既　　往　　歴		肝機能検査	G O T　(IU/ℓ)				
			G P T　(IU/ℓ)				
			γ－G T P　(IU/ℓ)				
自　覚　症　状		血中脂質検査	総コレステロール (mg/dℓ)				
			HLDコレステロール(mg/dℓ)				
			トリグリセライド (mg/dℓ)				
他　覚　症　状		血　糖　検　査 (mg/dℓ)					
		尿検査	糖	－	＋	＃	＃
			蛋　　白	－	＋	＃	＃
身　　長 (cm)	．	心　電　図　検　査					
体　　重 (kg)	．						
B　M　I							
視　力	右	．　　（　　．　　）	その他の法定検査				
	左	．　　（　　．　　）					
聴　力	右 1000 Hz 4000 Hz	1 所見なし　2 所見あり 1 所見なし　2 所見あり	医　師　の　診　断				
	左 1000 Hz 4000 Hz	1 所見なし　2 所見あり 1 所見なし　2 所見あり					
胸部エックス線検査	直接　　　　間接 撮影　　　年　　月		健康診断を実施した医師の氏名㊞				
			医　師　の　意　見				
			意見を述べた医師の氏名㊞				
			歯 科 医 師 に よ る 健 康 診 断				
			歯科医師による健康診断を実施した 歯 科 医 師 の 氏 名 ㊞				
フ イ ル ム 番 号	No.		歯 科 医 師 の 意 見				
備　　　　考			意見を述べた医師の氏名㊞				

備　考

1　労働安全衛生規則第43条、第47条又は第48条の雇入時の健康診断又は労働安全衛生法第66条第4項の健康診断を行ったときに用いること。

2　BMIは、次の算式により算出すること。
$$\text{BMI} = \text{体重(kg)}／\text{身長 (m)}^2$$

3　「視力」の欄は、矯正していない場合は（　）外に、矯正している場合は（　）内に記入すること。

4　「その他の法定検査」の欄は、労働安全衛生規則第47条の健康診断及び労働安全衛生法第66条第4項の健康診断のうち、それぞれの該当欄以外の項目についての結果を記入すること。

5　「医師の診断」の欄は、異常なし、要精密検査、要治療等の医師の診断を記入すること。

6　「医師の意見」の欄は、健康診断の結果、異常の所見があると診断された場合に、就業上の措置について医師の意見を記入すること。

7　「歯科医師による健康診断」の欄は、労働安全衛生規則第48条の健康診断を実施した場合に記入すること。

8　「歯科医師の意見」の欄は、歯科医師による健康診断の結果、異常の所見があると診断された場合に、就業上の措置について歯科医師の意見を記入すること。

備付書類

健 康 診 断 個 人 票

事業所名				所在地				

氏　　名		生年月日		年　　　月　　　日		雇入年月日	年　　　月　　　日	
		性　別		男 ・ 女				

健 診 年 月 日		年　　月　　日	年　　月　　日	年　　月　　日	年　　月　　日	年　　月　　日
年　　　　　齢		歳	歳	歳	歳	歳
他の法定特殊健康診断の名称						
業　　務　　歴						
既　　往　　歴						
自　覚　症　状						
他　覚　症　状						
身　　　長（　）		．	．	．	．	．
体　　　重（　）		．	．	．	．	．
B　M　I						
視　力	右	．　（　．　）	．　（　．　）	．　（　．　）	．　（　．　）	．　（　．　）
	左	．　（　．　）	．　（　．　）	．　（　．　）	．　（　．　）	．　（　．　）
聴　力	右 1000 Hz	1 所見なし　2 所見あり	1 所見なし　2 所見あり	1 所見なし　2 所見あり	1 所見なし　2 所見あり	1 所見なし　2 所見あり
	4000 Hz	1 所見なし　2 所見あり	1 所見なし　2 所見あり	1 所見なし　2 所見あり	1 所見なし　2 所見あり	1 所見なし　2 所見あり
	左 1000 Hz	1 所見なし　2 所見あり	1 所見なし　2 所見あり	1 所見なし　2 所見あり	1 所見なし　2 所見あり	1 所見なし　2 所見あり
	4000 Hz	1 所見なし　2 所見あり	1 所見なし　2 所見あり	1 所見なし　2 所見あり	1 所見なし　2 所見あり	1 所見なし　2 所見あり
	検査方法	1オージオ　2その他	1オージオ　2その他	1オージオ　2その他	1オージオ　2その他	1オージオ　2その他
胸部エックス線検査		直接　　　間接　撮影　年　月　日	直接　　　間接　撮影　年　月　日	直接　　　間接　撮影　年　月　日	直接　　　間接　撮影　年　月　日	直接　　　間接　撮影　年　月　日
フイルム番号		No.	No.	No.	No.	No.
喀痰検査						
血　圧（mmHg）		～	～	～	～	～
貧血検査	血色素量（g/dℓ）					
	赤血球数（万/mm3）					
肝機能検査	G　O　T（IU/ℓ）					
	G　P　T（IU/ℓ）					
	γ － GTP（IU/ℓ）					
血中脂質検査	総コレステロール（mg/dℓ）					
	HDLコレステロール（mg/dℓ）					
	トリグリセライド（mg/dℓ）					
血　糖　検　査（mg/dℓ）						
尿検査	糖	－　＋　＋　＋	－　＋　＋　＋	－　＋　＋　＋	－　＋　＋　＋	－　＋　＋　＋
	蛋白	－　＋　＋　＋	－　＋　＋　＋	－　＋　＋　＋	－　＋　＋　＋	－　＋　＋　＋
心　電　図　検　査						
そ の 他 の 法 定 検 査						
そ　の　他　の　検　査						
医　師　の　診　断						
健康診断を実施した医師の氏名㊞						
医　師　の　意　見						
意見を述べた医師の氏名㊞						

検 診 年 月 日	年 　月 　日	年 　月 　日	年 　月 　日	年 　月 　日	年 　月 　日
歯科医師による健康診断					
歯科医師による健康診断を実施した歯科医師の氏名㊞					
歯 科 医 師 の 意 見					
意見を述べた歯科医師の氏名㊞					
備 　　　　　考					

備考 1　労働安全衛生規則第44条，第45条又は第46条から第48条までの健康診断，労働安全衛生法第66条第4項の健康診断（雇入時の健康診断を除く。）又は同法弟66条の2の健康診断を行ったときに用いること。

　　2　「他の法定特殊健康診断の名称」の欄には，当該労働者が特定の業務に就いていることにより行うことになっている法定の健康診断がある場合に，次の番号を記入すること。

　　　（1. 有機溶剤　　2. 鉛　　3. 四アルキル鉛　　4. 特定化学物質　　5. 高気圧作業　　6. 電離放射線　　7. 石綿　　8. じん肺）

　　3　BMIは，次の算式により算出すること。

$$BMI = \frac{体重(kg)}{身長(m)^2}$$

　　4　「視力」の欄は，矯正していない場合は（　）外に，矯正している場合は（　）内に記入すること。

　　5　「聴力」の欄の検査方法については，オージオメーターによる場合は1に，オージオメーター以外による場合は2に丸印をつけること。なお，労働安全衛生規則第44条第5項の規定により医師が適当と認める方法により行った聴力の検査については，1,000ヘルツ及び4,000ヘルツの区分をせずに所見の有無を1,000ヘルツの所に記入すること。

　　6　「その他の法定検査」の欄は，労働安全衛生規則第47条の健康診断及び労働安全衛生法第66条第4項の規定により都道府県労働局長の指示を受けて行った健康診断のうち，それぞれの該当欄以外の項目についての結果を記入すること。

　　7　「医師の診断」の欄は，異常なし，要精密検査，要治療等の医師の診断を記入すること。

　　8　「医師の意見」の欄は，健康診断の結果，異常の所見があると診断された場合に，就業上の措置について医師の意見を記入すること。

　　9　「歯科医師による健康診断」の欄は，労働安全衛生規則第48条の健康診断を実施した場合に記入すること。

　　10　「歯科医師の意見」の欄は，歯科医師による健康診断の結果，異常の所見があると診断された場合に，就業上の措置について歯科医師の意見を記入すること。

備付書類

様式1

除染等業務に従事する労働者の被ばく線量管理（様式）

1. 個人識別項目

（フリガナ） 氏　　　名		男 女	生年月日	大正 昭和 平成	年　　月　　日

2. 個人識別項目の変更

年　月　日	変　　更　　前	変　　更　　後

3. 個人異動履歴

事　業　場　名	入社年月日	退社年月日

4. 被ばく前歴

期　　　間	業　務　内　容	実　効　線　量
．　．　．　～　．　．　．		
．　．　．　～　．　．　．		
．　．　．　～　．　．　．		
．　．　．　～　．　．　．		
．　．　．　～　．　．　．		

5. 被ばく歴

①測　定　期　間	実　効　線　量		③等価線量	作業場名 （作業内容）
	外部線量	②内部線量		
．　．　．　～　．　．　．				（　　　　　　）
．　．　．　～　．　．　．				（　　　　　　）
．　．　．　～　．　．　．				（　　　　　　）
．　．　．　～　．　．　．				（　　　　　　）
．　．　．　～　．　．　．				（　　　　　　）
．　．　．　～　．　．　．				（　　　　　　）
．　．　．　～　．　．　．				（　　　　　　）
．　．　．　～　．　．　．				（　　　　　　）
．　．　．　～　．　．　．				（　　　　　　）
．　．　．　～　．　．　．				（　　　　　　）

①は3か月ごと（女性（妊娠する可能性がないと診断されたものを除く。）は1か月ごと）とすること。
　ただし、これに満たず契約期間が満了した場合は当該満了日までの期間とすること。
②は内部被ばくの測定を要する場合に記載すること。
③は妊娠中の女性の腹部表面に受ける等価線量について記載すること。

6. 教育歴

年　月　日	実　施　者	教　育　内　容（業務・科目）

備付書類

様式第2号（第21条関係）

除染等電離放射線健康診断個人票

氏　　　　名			性　　　別	男・女	生年月日	年　月　日	雇入年月日	年　月　日
放射線業務の経歴 （他の事業におけるものを含む。）	期　　　　間			年　月　日から 年　月　日まで	年　月　日から 年　月　日まで		年　月　日から 年　月　日まで	①前回の健康診断までの実効線量 　　　　　mSv （　　　　mSv）
	業　　務　　名							
②　被　ば　く　歴　の　有　無								
③　判　定　と　処　置								
健　康　診　断　年　月　日								
現　在　の　業　務　名								
前回の健康診断後に受けた線量	実効線量	外部被ばくによるもの（事故等によるものを除く。）（mSv）						
		内部被ばくによるもの（事故等によるものを除く。）（mSv）						
		④　事　故　等　に　よ　る　も　の（mSv）						
		計（mSv）						
血液		白　血　球　数（個/mm³）						
	白血球百分率	リ　ン　パ　球（%）						
		単　　　　　球（%）						
		異　型　リ　ン　パ　球（%）						
		好中球	桿　状　核（%）					
			分　葉　核（%）					
		好　　酸　　球（%）						
		好　塩　基　球（%）						
		赤　血　球　数（万個/mm³）						
		血　色　素　量（g/dl）						
		ヘ　マ　ト　ク　リ　ッ　ト　値（%）						
		そ　　の　　他						
眼	水　晶　体　の　混　濁（有無）							
皮膚	発　　　　　赤（有無）							
	乾　燥　又　は　縦　じ　わ（有無）							
	潰　　　　　瘍（有無）							
	爪　の　異　常（有無）							
そ　の　他　の　検　査								
全　身　的　所　見								
自　覚　的　訴　え								
参　　考　　事　　項								
⑤　医　師　の　診　断								
健康診断を実施した医師の氏名印								
⑥　医　師　の　意　見								
意見を述べた医師の氏名印								

備考
1　①の欄は、平成24年1月1日以降の実効線量の合計を記入すること。また、同欄の（　）内には平成23年12月31日以前の集積線量を記入すること。
2　②の欄は、被ばく歴を有する者については、作業の場所、内容及び期間、放射線障害の有無その他放射線による被ばくに関する事項を記入すること。
3　③の欄は、本票記載の健康診断又は検査までの期間に採られた放射線に関する医学的処置及び就業上の措置について記入すること。
4　④の欄は、(1)事故、(2)緊急作業への従事、(3)放射性物質の摂取、(4)傷創部の汚染及び(5)身体の汚染によって受けた実効線量又は推定量（受けた実効線量を推定することも困難な場合には、被ばくの原因）を記入すること。
5　⑤の欄は、異常なし、要精密検査、要治療等の医師の診断を記入すること。
6　⑥の欄は、健康診断の結果、異常の所見があると診断された場合に、就業上の措置について医師の意見を記入すること。

備付書類

様式第029号

共 済 手 帳 受 払 簿

共済契約者番号			住　　　所	東京都港区芝公園 1 － 7 － 6
63 － 76543			名　　　称	○○建設株式会社
			電話番号	03　（1234）　6789

被共済者氏名	被共済者手帳番号	冊目	手帳交付年月日	処理	
			年　　月　　日	更・本・請・返	年　　月　　日
建 築 一 郎	487654388	3	5 ・ 1 ・ 15	更新	6 ・ 2 ・ 3
道 路 二 郎	487654365	4	5 ・ 3 ・ 4	本人	6 ・ 5 ・ 29
土 工 三 郎	487654376	7	5 ・ 3 ・ 4	請求	6 ・ 8 ・ 31
建 設 四 郎	487654321	5	5 ・ 4 ・ 1	返納	3 ・ 6 ・ 1
埋 立 五 郎	487654399	2	5 ・ 4 ・ 1	更新	3 ・ 3 ・ 2
設 備 花 子	487654395	1	5 ・ 4 ・ 1	更新	3 ・ 3 ・ 2
舗 装 六 郎	487654400	1	5 ・ 4 ・ 1	返納	3 ・ 6 ・ 1
建 築 一 郎	487654388	4	6 ・ 2 ・ 3		・ ・
埋 立 五 郎	487654399	3	6 ・ 3 ・ 2		・ ・
設 備 花 子	487654395	2	6 ・ 3 ・ 2		・ ・
			・ ・		・ ・
			・ ・		・ ・
			・ ・		・ ・
			・ ・		・ ・
決算日現在の被共済者数				3　人	

備付書類

(注)(1)　　「処理」の左側の欄は,
　　　　　①更新した場合には「更新」,
　　　　　②被共済者が退職し, 本人に手帳を交付した場合は「本人」,
　　　　　③被共済者が退職し, 退職金請求書に添付した場合は「請求」,
　　　　　④被共済者が退職し, 所在不明のため建退共に返納した場合は「返納」,
　　　　　を▼ボタンをクリックして選んでその処理年月日を記入してください。
　　(2)　既に共済手帳を所持している者を新たに雇用した時は, 雇用した年月日を手帳交付年月欄に記入してください。

(様式第030号)

共 済 証 紙 受 払 簿 （ 320 円 ）

共済契約者名	○○○○建設株式会社
①共済契約の成立年月日	6 年 4 月 1 日
②共済契約者番号	63 － 76543
③建設キャリアアップシステム事業者ID	（ S ⓗ R ）

決算日	令和 4 年 3 月 31 日
決算期間	令和 2 年 4 月 1 日 ～ 令和 4 年 3 月 31 日

◎この受払簿は、受入・払出の都度、掛け金領収書などを見て、日付を所定欄に記入し、決算毎に合計を出して整理して下さい。

◎共済手帳の更新手続を行ったときは、「共済手帳受払簿」（様式第29号）及び下記の「更新年月日手帳更新数」欄に記載して下さい。

受入・払出年月日	受入 購入 金融機関名	受入 元請から受給 元請名	計(A)	払出 貼付 下請名	払出 下請へ交付 下請名	計(B)	残高(A)-(B)	貼付人員	就労月	更新年月日 手帳更新数	備考
前期（前頁）繰越 4年4月26日		140 日分	140	140 日分		140	0	0 人	4年 4月分	年 月 日（ ）冊	
5年 5月 29日		OO組 430 日分	570	120 日分	(株)大門建設 310 日分	570	0	0 人	5年 5月分	年 月 日（ ）冊	
5年 6月 10日		井出建設 350 日分	920	80 日分		570	350	350 人	5年 6月分	年 月 日（ ）冊	
5年 6月 28日			920	80 日分	△△建設 80 日分	730	190	190 人	5年 6月分	年 月 日（ ）冊	
5年 7月 31日			920	60 日分	△△建設 110 日分	920	0	0 人	5年 7月分	25年 月 日（ ）冊	
5年 8月 30日		OOJW 60 日分	980	60 日分		980	0	0 人	5年 8月分	年 月 日（ ）冊	
5年 9月 30日			1,040	60 日分		1,040	0	0 人	5年 9月分	年 月 日（ ）冊	
年 月 日				日分	日分			人	月分	年 月 日（ ）冊	
年 月 日				日分	日分			人	月分	年 月 日（ ）冊	
年 月 日				日分	日分			人	月分	年 月 日（ ）冊	
6年 2月 26日		60 日分	1,280	60 日分		1,280	0	3 人	4年 2月分	30年 2月 1 日（ ）冊	
6年 3月 31日		60 日分	1,340	60 日分		1,340	0	3 人	4年 3月分	30年 3月 1 日（ 2 ）冊	
決算期間の合計	頁計⑥ 850 累計 151,900 円計 151,900	頁計⑦ 490 円 累計 490 151,900 151,900		頁計⑧ 累計	頁計 500 日分 累計 500 155,000 円 155,000		次頁へ（次年度～）転記	④決算日の被共済者数 3 人	⑤決算期の手帳更新数 3 頁計 3 冊 累計 3		

建設 準備 確認 印

様式第28号 (第25条関係)

建設業の許可を受けた建設業者が標識を店舗に掲げる場合

建 設 業 の 許 可 票

商 号 又 は 名 称	八重洲建設株式会社		
代 表 者 の 氏 名	代表取締役社長 春山 一郎		
一般建設業又は特定 建設業の別	許可を受けた建設業	許 可 番 号	許 可 年 月 日
特定建設業	土木工事業	国土交通大臣 知事 許可(特-27)第 1200 号	令和 3 年 6 月 21 日
特定建設業	建築工事業	国土交通大臣 知事 許可(特-27)第 1200 号	令和 3 年 6 月 21 日
特定建設業	とび・土工工事業	国土交通大臣 知事 許可(特-27)第 1200 号	令和 3 年 6 月 21 日
特定建設業	電気工事業	国土交通大臣 知事 許可(特-27)第 1200 号	令和 3 年 6 月 21 日
特定建設業	管工事業	国土交通大臣 知事 許可(特-27)第 1200 号	令和 3 年 6 月 21 日
特定建設業	鋼構造物工事業	国土交通大臣 知事 許可(特-27)第 1200 号	令和 3 年 6 月 21 日
特定建設業	ほ装工事業	国土交通大臣 知事 許可(特-27)第 1200 号	令和 3 年 6 月 21 日
特定建設業	しゅんせつ工事業	国土交通大臣 知事 許可(特-27)第 1200 号	令和 3 年 6 月 21 日
特定建設業	内装仕上工事業	国土交通大臣 知事 許可(特-27)第 1200 号	令和 3 年 6 月 21 日
特定建設業	機械器具設置工事業	国土交通大臣 知事 許可(特-27)第 1200 号	令和 3 年 6 月 21 日
この店舗で営業 している建設業	土木工事業、建築工事業、とび・土工工事業、電気工事業、管工事業、鋼構造物工事業、ほ装工事業、しゅんせつ工事業、内装仕上工事業、機械器具設置工事業		

記載要領
「国土交通大臣
知事」について、不要なものを消すこと。

備付書類

様式第29号（第25条関係）

(注)　法第26条第2項の規定に該当し、かつ「監理技術者」の専任を要する場合の記載例

建設業の許可を受けた建設業者が標識を建設工事の現場に掲げる場合

	建　設　業　の　許　可　票
商　号　又　は　名　称	八重洲建設株式会社
代　表　者　の　氏　名	代表取締役社長　春　山　一　郎
監理技術者の氏名　専任の有無	夏　川　二　郎　　　　専任
資格名　資格者証交付番号	1級建築施工管理技士　第 ０００３８６３２ 号
一般建設業又は特定建設業の別	特定建設業
許可を受けた建設業	建築工事業
許　可　番　号	国土交通大臣 許可（ 特－27 ）第 １２００ 号 知事
許　可　年　月　日	令和3年6月21日

← 25cm以上 →

↕ 35cm以上

記載要項
1. 「主任技術者の氏名」の欄は、法第26条第2項の規定に該当する場合には、「主任技術者の氏名」とし、「監理技術者の氏名」とし、その監理技術者の氏名を記載すること。
2. 「専任の有無」の欄は、法第26条第3項の規定に該当する場合には、「専任」と記載すること。
3. 「資格名」の欄は、当該主任技術者又は監理技術者が法第7条第2号イ又は法第15条第2号イに該当する者である場合に、その者が有する資格等を記載すること。
4. 「資格者証交付番号」の欄は、法第26条第4項に該当する場合に、当該監理技術者が有する資格者証の交付番号を記載すること。
5. 「許可を受けた建設業」の欄には、当該建設工事の現場で行っている建設工事に係る許可を受けた建設業を記載すること。
6. 「国土交通大臣　知事」については、不要なものを消すこと。

編者注：「監理技術者か主任技術者か」「専任か否か」等については本文の参考資料の部「第10 建設業法関係」の項を参照。

労 災 保 険 関 係 成 立 票

保 険 関 係 成 立 年 　 月 　 日	令和 　 6 年 　 4 月 　 1 日
労 働 保 険 番 号	13-1-01-825015-025
事 業 の 期 間	令和 　 6 年 　 4 月 　 1 日 から 令和 　 7 年 　 6 月 　 30 日 まで
事 業 主 の 住 所 氏 名	東京都千代田区祝田町 １－Ｘ－Ｘ 八重洲建設株式会社 代表取締役社長 　春 山 一 郎
注 文 者 の 氏 名	中央産業株式会社
事 業 主 代 理 人 の 　 氏 　 名	八重洲・木下共同企業体 中央会館新築工事作業所 所長 　夏 川 二 郎

25cm以上

35cm以上

文字　黒,　　　　地色　白

編者注：事業主代理人の氏名記載については代理人の届けを労基署に行っている場合のみ記載。代理人選任届は P. 95　参照

○ 労災法により保険加入者が掲げる標識（徴収則第七十四条、労災則四十九条）

備付書類

建 築 基 準 法 に よ る 確 認 済

確 認 年 月 日 番 号	令和 6 年 4 月 11 日 　 第 　 475 　 号
確 認 済 証 交 付 者	建築主事 　池 田 正 則
建 築 主 又 は 築 造 主 氏 名	中央産業株式会社
設 計 者 氏 名	株式会社 　　東京設計事務所 一級建築士 　山 田 　勉
工 事 監 理 者 氏 名	株式会社 　　東京設計事務所 一級建築士 　前 田 公 司
工 事 施 工 者 氏 名	八重洲建設株式会社 取締役社長 　春 山 一 郎
工 事 現 場 管 理 者 氏 名	八重洲建設株式会社 一級建築士 　川 上 武 夫
建 築 確 認 に 係 る そ の 他 の 事 項	株式会社 　　東京設計事務所 一級建築士 　山 田 　勉

25cm以上

35cm以上

○ 建築基準法により工事現場に掲げる確認の表示（法第八十九条、施行規則第十一条）

備付書類

Ⅲ 重要法令資料の部

第1 労働基準法関係

第2 労働安全衛生法関係

Ⅲ　重要法令資料の部

第5　自動車損害賠償保障法関係

第6　雇用保険法関係

第7　全国土木建築国民健康保険組合関係

第13　育児・介護休業法に関する法律関係

第14　介護保険法関係

第15　労働者派遣法等関係

第16　賃金の支払の確保等に関する法律関係

第17　高年齢者等の雇用の安定等に関する法律関係

第18　出入国管理及び難民認定法関係

第19　環境関係法令等

第20　各種制度

※**厚生労働省所管の法律、政令、省令、告示等の検索方法**
　厚生労働省HP ＞ 所管の法令等 ＞ 所管の法令、告示、通達等 ＞ 厚生労働省法令等データベースサービスより、検索が可能です。
　また、厚生労働省HPの検索バーに「基発」や「ガイドライン」と入力し検索ボタンを押すと「基発」や「ガイドライン」の検索が可能です。

Ⅲ　重要法令資料の部

Ⅲ　重要法令資料の部

第 1　労働基準法関係

1.　労働基準法（要旨）

本法律の趣旨

　憲法第27条は「賃金、就業時間、休息その他の勤労条件に関する基準は、法律でこれを定める」と規定しており、労働基準法（昭和22年９月１日施行）はこの基準を定める法律である。

編者注１：「内容の説明」中の②③等は、条文の項番号を示す。①は便宜的に付した。
編者注２：労働基準法の詳細はインターネットから　労働基準法 ｜ e-Gov法令検索　参照

事　　　　　項	条文	内　容　の　説　明
労働条件の原則	1	①労働条件は、労働者が人たるに値する生活を営むための必要を充たすべきものでなければならない。 ②この法律で定める労働条件の基準は最低のものであるから、労働関係の当事者は、この基準を理由として労働条件を低下させてはならないことはもとより、その向上を図るように努めなければならない。
労働条件の決定	2	①労働条件は、労働者と使用者が、対等の立場において決定すべきものである。 ②労働者及び使用者は、労働協約、就業規則及び労働契約を遵守し、誠実に各々その義務を履行しなければならない。
均　等　待　遇	3	使用者は、労働者の国籍、信条又は社会的身分を理由として、賃金、労働時間その他の労働条件について、差別的取扱をしてはならない。
男女同一賃金の原則	4	使用者は、労働者が女性であることを理由として、賃金について、男性と差別的取扱をしてはならない。
強制労働の禁止	5	使用者は、暴行、脅迫、監禁その他精神又は身体の自由を不当に拘束する手段によって、労働者の意思に反して労働を強制してはならない。
中間搾取の排除	6	何人も、法律に基いて許される場合（注：職業安定法、労働者派遣法等）の外、業として他人の就業に介入して利益を得てはならない。
公民権行使の保障	7	使用者は、労働者が労働時間中に、選挙権その他公民としての権利を行使し、又は公の職務を執行するために必要な時間を請求した場合、拒んではならない。但し、権利の行使又は公の職務の執行に妨げがない限り、請求された時刻を変更することができる。
（適用事業の範囲）	(8削除)	編者注：従前は本条で労基法が適用される事業の種類を定めていたが、平成10年の法改正で本条が削除され、労基法は１人でも労働者を使用する全事業に適用されることになった（注：労基法第116条第２項－同居の親族のみを使用する事業や家事使用人は適用除外）。なお、事業によっては労基法の一部の規定が適用除外されるため、１号から15号までの業種区分自体は、労基法の別表第１として残されている。
労働者の定義	9	この法律で「労働者」とは、職業の種類を問わず、事業又は事務所に使用される者で、賃金を支払われる者をいう。
使用者の定義	10	この法律で使用者とは、事業主又は事業の経営担当者その他その事業の労働者に関する事項について、事業主のために行為するすべての者をいう。
賃　金　の　定　義	11	この法律で賃金とは、賃金、給料、手当、賞与その他名称の如何を問わず、労働の対償として使用者が労働者に支払うすべてのものをいう。

第一章　総則

労基法

事　　　　項	条文	内　容　の　説　明
第一章　平　均　賃　金	12	①この法律で平均賃金とは、これを算定すべき事由の発生した日以前3箇月間にその労働者に対し支払われた賃金の総額を、その期間の総日数で除した金額をいう。（以下略）
第二章　労　働　契　約　この法律違反の契約	13	この法律で定める基準に達しない労働条件を定める労働契約は、その部分は無効とする。無効となった部分は、この法律で定める基準による。
契　約　期　間　等	14	①労働契約は、期間の定めのないものを除き、一定の事業の完了に必要な期間を定めるもののほかは、3年を超える期間について締結してはならない。専門的な知識、技術又は経験であって高度のものとして厚生労働大臣が定める基準に該当する専門的知識等を有する労働者（当該高度の専門的知識等を必要とする業務に就く者に限る。）又は満60歳以上の労働者との間に締結される労働契約にあっては5年とする。（以下略）
労働条件の明示	15	①使用者は、労働契約の締結に際し、労働者に対して賃金、労働時間その他の労働条件を明示しなければならない。この場合、賃金及び労働時間その他厚生労働省令で定める事項は、厚生労働省令で定める方法により明示しなければならない。 編者注： 労基則第5条―明示すべき労働条件：（労働条件の内） ・労働契約の期間に関する事項 ・期間の定めのある労働契約を更新する場合の基準に関する事項 ・就業の場所及び従事すべき業務に関する事項 ・始業及び終業の時刻、所定労働時間を超える労働の有無、休憩時間、休日、休暇並びに労働者を2組以上に分けて就業させる場合における就業時転換に関する事項 ・賃金の決定、計算及び支払の方法、賃金の締切り及び支払の時期並びに昇給に関する事項 ・退職に関する事項（解雇の事由を含む。）等 　明示の方法：労働者に対し書面の交付→労働条件通知書 P.266　参照 ②明示された労働条件が事実と相違する場合、労働者は、即時に労働契約を解除できる。 ③前項の場合、就業のために住居を変更した労働者が、契約解除の日から14日以内に帰郷する場合には、使用者は、必要な旅費を負担しなければならない。
賠償予定の禁止	16	使用者は、労働契約の不履行について違約金を定め、又は損害賠償額を予定する契約をしてはならない。
前借金相殺の禁止	17	使用者は、前借金その他労働することを条件とする前貸の債権と賃金を相殺してはならない。
強　制　貯　金	18	①使用者は、労働契約に附随して貯蓄の契約をさせ、又は貯蓄金を管理する契約をしてはならない。 ②使用者は、労働者の貯蓄金をその委託を受け管理しようとする場合、当該事業場の労働者の過半数で組織する労働組合等と書面による協定をし、これを監督署長へ届け出なければならない。（以下略）
（　解　雇　）	(18の2削除)	編者注：労働契約法（平成20年3月施行）の制定に伴い、本条は削除された。 　労働契約法第16条（解雇）　参照
解　雇　制　限	19	①使用者は、業務上の負傷等で療養の休業期間、産前産後の女性の第65条の休業期間及びその後30日間は、解雇してはならない。（以下略）
解　雇　の　予　告	20	①使用者は、労働者を解雇する場合、少なくとも30日前にその予告をし、又は30日分以上の平均賃金を支払わなければならない。（以下略）

事 項		条文	内 容 の 説 明
第二章 労 働 契 約	解雇予告の適用除外	21	前条の規定は、次の労働者については適用しない。 一 日日雇い入れられる者（1箇月を超えて引き続き使用されるに至った場合を除く） 二 2箇月以内の期間を定めて使用される者（所定の期間を超えて引き続き使用されるに至った場合を除く） 三 季節的業務に4箇月以内の期間を定めて使用される者（同上） 四 試の使用期間中の者（14日を超えて引き続き使用されるに至った場合を除く）
	退職時等の証明	22	①労働者が、退職の場合、使用期間、業務の種類、その事業における地位、賃金又は退職の事由（解雇の場合はその理由を含む。）について証明書を請求した場合、使用者は、遅滞なくこれを交付しなければならない。　編者注1：退職証明書 P.272　参照 ②労働者が、第20条第1項の解雇の予告がされた日から退職の日までの間において、当該解雇の理由について証明書を請求した場合、使用者は、遅滞なくこれを交付しなければならない。（以下略）　編者注2：解雇理由証明書 P.274　参照 ③前2項の証明書には、労働者の請求しない事項を記入してはならない。 ④使用者は、予め第三者と謀り、労働者の就業を妨げる目的で、労働者の国籍、信条、社会的身分若しくは労働組合運動に関する通信をし、又は上記証明書に秘密の記号を記入してはならない。
	金品の返還	23	①使用者は、労働者の死亡又は退職の場合において、権利者の請求があった場合、7日以内に賃金を支払い、積立金その他名称の如何を問わず、労働者の権利に属する金品を返還しなければならない。（以下略）
第三章 賃 金	賃金の支払	24	①賃金は、通貨で、直接労働者に、その全額を支払わなければならない。但し、法令又は労働協約に定め等あれば通貨以外のもので、法令又は労使協定に定めがあれば賃金の一部を控除して支払うことができる。 ②賃金は、毎月1回以上、一定の期日を定め支払わなければならない。ただし、臨時に支払われる厚生労働省令で定める賃金は、この限りでない。
	非 常 時 払	25	使用者は、労働者が出産、疾病、災害その他厚生労働省令で定める非常の場合の費用に充てるために請求する場合、支払期日前であっても、既往の労働に対する賃金を支払わなければならない。
	休 業 手 当	26	使用者の責に帰すべき事由による休業の場合、使用者は、休業期間中労働者に、その平均賃金の6割以上の手当を支払わなければならない。
	出来高払制の保障給	27	出来高払制その他の請負制で使用する労働者については、使用者は、労働時間に応じ一定額の賃金の保障をしなければならない。
	最 低 賃 金	28 (29〜31削除)	賃金の最低基準に関しては、最低賃金法の定めるところによる。
第四章 労働時間、休憩、休日、年次有給休暇	労働時間（法定労働時間）	32	①②使用者は、労働者に、休憩時間を除き1週間に40時間を超えて、1週間の各日については1日に8時間を超えて、労働させてはならない。
	1箇月単位の変形労働時間制	32の2	①使用者は、労使協定や就業規則等で、1箇月以内の一定の期間を平均し1週間当たりの労働時間が40時間を超えない定めをしたときは、特定された週において40時間又は特定された日において8時間を超えて、労働させることができる。 ②使用者は、締結した労使協定や作成・変更した就業規則を所轄労働基準監督署長に届け出なければならない。 編者注：労基則第12条の6－使用者は、育児や介護を行う者等に対し、それに必要な時間を確保できるよう配慮

労基法

事　　項	条文	内　容　の　説　明
フレックスタイム制	32の3	①②③使用者は、就業規則等で、始業・終業の時刻を労働者の決定にゆだねることとした労働者については、労使協定により、対象となる労働者の範囲、清算期間、清算期間における総労働時間等を定めたときは、清算期間を平均し、1週間当たりの労働時間が第32条第1項の労働時間を超えない範囲内において、第32条第1項の規定にかかわらず、1週間において同項の労働時間又は1日において第32条第2項の労働時間を超えて、労働させることができる。 ④使用者は、清算期間が1箇月を超える場合には、労使協定を所轄労働基準監督署長に届け出なければならない。 <small>編者注1：清算期間は、3か月以内の期間に限る。</small> <small>編者注2：厚生労働省ホームページ 　　　　　フレックスタイム制度　参照</small> （一部略）
	32の3 の2	使用者は、精算期間が1箇月を超える場合で、労働期間がそれを下回るときは、1週間あたり40時間を超えた部分については割増賃金を支払わなければならない。
1年単位の変形労働時間制	32の4	①使用者は、労使協定により、対象となる労働者の範囲、対象期間（1箇月を超え1年以内の期間）、特定期間（対象期間中の特に業務が繁忙な期間）、対象期間における労働日及び労働時間等を定めたときは、その協定で対象期間として定められた期間を平均し1週間当たりの労働時間が40時間を超えない範囲内において、当該協定で定めるところにより、特定された週において40時間又は特定された日において8時間を超えて、労働させることができる。 ②使用者は、対象期間を区分した場合には、最初の期間における労働日及び労働時間等を定め、その期間が始まる少なくとも30日前に、当該事業場の労働者の過半数で組織する労働組合がある場合はその労働組合等を代表する者の同意を得なければならない。 ③厚生労働大臣は、労働日数等の限度を定める。 ④使用者は、労使協定を所轄労働基準監督署長に届け出なければならない。 <small>編者注1：労基則第12条の6－使用者は、育児や介護を行う者等に対し、それに必要な時間を確保できるよう配慮</small> <small>編者注2：厚生労働省ホームページ　1年単位の変形労働時間制度　参照</small> （一部略）
1年単位の変形労働時間制における賃金の清算	32の4 の2	使用者が、前条により労働させた期間が対象期間より短い労働者につき、当該労働期間を平均し1週間当たり40時間を超えて労働させた場合、その超えた時間の労働について、割増賃金を支払わなければならない。
1週間単位の非定型的変形労働時間制	32の5	①使用者は、日ごとの業務に著しい繁閑の差が生ずることが多く、各日の労働時間の特定が困難と認められる厚生労働省令で定める事業（注：労基則第12条の5－小売業、旅館、料理店等の事業で常時使用する労働者の数が30人未満）は、書面による労使協定があるときは、1日について10時間まで労働させることができる。 ③使用者は、労使協定を所轄労働基準監督署長に届け出なければならない。 <small>編者注：労基則第12条の6－使用者は、育児や介護を行う者等に対し、それに必要な時間を確保できるよう配慮</small> （一部略）
災害等による臨時の必要がある場合の時間外労働等	33	①災害その他避けられない臨時の必要がある場合、使用者は、非常災害等の理由による労働時間延長、休日労働許可申請書（様式第6号）を所轄労働基準監督署長の許可を受けて、労働時間を延長し、又は休日に労働させることができる。事前の許可を受ける暇がない場合は非常災害等の理由による労働時間延長、休日労働届（様式第6号）を事後に届け出る。（以下略）

労
基
法

第四章　労働時間、休憩、休日、年次有給休暇

事　　　項	条文	内　容　の　説　明
休　　　憩	34	①使用者は、労働時間が６時間を超える場合は少くとも45分、８時間を超える場合は少くとも１時間の休憩時間を労働時間の途中に与えなければならない。 編者注：休憩付与の例外－労基則第32条、自由利用の例外－同第33条 ②休憩時間は、一斉に与えねばならない。但し、書面による労使協定があるときは、この限りでない。　編者注：一斉休憩の例外－労基則第31条 ③使用者は、休憩時間を自由に利用させねばならない。
休　　　日	35	①使用者は、労働者に、毎週少くとも１回の休日を与えなければならない。（原則） ②４週間を通じ４日以上の休日を与えてもよい。（例外）
時　間　外　及　び　休　日　の　労　働	36	①使用者は、当該事業場に、労働者の過半数で組織する労働組合がある場合においてはその労働組合、労働者の過半数で組織する労働組合がない場合においては労働者の過半数を代表する者との書面による協定をし、厚生労働省令で定めるところによりこれを行政官庁に届け出た場合においては、第32条から第32条の５まで若しくは第40条の労働時間又は前条の休日に関する規定にかかわらず、その協定で定めるところによって労働時間を延長し、又は休日に労働させることができる。（以下略） 編者注：建設業は,令和６年４月１日（2024/4/1）より災害の復旧・復興の事業を除き、時間外労働の上限規制がすべて適用されます。
時間外、休日及び深夜の割増賃金	37	①使用者が、労働時間を延長し、又は休日に労働させた場合、通常の労働時間又は労働日の２割５分以上５割以下の範囲で政令で定める率以上の割増賃金を支払わなければならない。但し、延長した労働時間が１箇月60時間を超えた場合、超えた時間の労働につき５割以上の率の割増賃金を支払わなければならない。 ②　①項の政令は、労働者の福祉、時間外又は休日の労働の動向その他の事情を考慮して定めるものとする。 ③労使協定により、第１項但書の割増賃金の支払に代えて有給の休暇（第39条の有給休暇を除く。）を厚生労働省で定めるところにより与えることを定めた場合において、労働者が当該休暇を取得したときは、60時間を超えた時間の労働のうち当該取得した休暇に対応するものとして厚生労働省令で定める時間の労働については、第１項但書の割増賃金を支払うことを要しない。 編者注１：60時間を超えた部分の労働に対し第１項前段の割増賃金（２割５分以上）の支払いは必要 ④使用者が、深夜（通常午後10時から午前5時まで）に労働させた場合、２割５分以上の割増賃金を支払わなければならない。 編者注２：監督若しくは管理の地位にある者等（第41条に該当する者）も割増賃金の対象になる ⑤　①項及び④項の割増賃金の基礎となる賃金には、家族手当、通勤手当その他厚生労働省令で定める賃金は算入しない。 （一部略）
時　間　計　算	38	①労働時間は、事業場を異にする場合においても、労働時間に関する規定の適用については通算する。 ②坑内労働については、労働者が坑口に入った時刻から坑口を出た時刻までの時間を、休憩時間を含め労働時間とみなす。（以下略）

第四章　労働時間、休憩、休日、年次有給休暇

労基法

事　　　項	条文	内　容　の　説　明
事 業 場 外 労 働	38の2	①労働者が労働時間の全部又は一部について事業場外で業務に従事し労働時間を算定し難いときは、所定労働時間労働したものとみなす。但し、当該業務を遂行するためには通常所定労働時間を超えて労働することが必要となる場合、当該業務に関しては、当該業務の遂行に通常必要とされる時間労働したものとみなす。 ②労使協定があるときは、協定で定める時間を前項但書の時間とする。 ③使用者は、前項の協定を所轄労働基準監督署長に届け出なければならない。
裁量労働の時間計算	38の3	①使用者が、労使協定により、業務の性質上その業務遂行方法を大幅に労働者の裁量にゆだね使用者の具体的指示が困難な厚生労働省令で定める業務（注：労基則第24条の2の2－研究開発等）につき、対象業務や労働時間として算定される時間等を定めた場合、対象業務に就かせた労働者は、協定に定める時間労働したものとみなす。 ②使用者は、前項の労使協定を所轄労働基準監督署長に届け出なければならない。 （以下略） 編者注：厚生労働省ホームページ 　　　　専門業務型裁量労働制（現行）　参照
裁 量 労 働 制	38の4	①賃金、労働時間その他の当該事業場における労働条件に関する事項を調査審議し、事業主に対し当該事項について意見を述べることを目的とする委員会（使用者及び当該事業場の労働者を代表する者を構成員とするものに限る。）が設置された事業場において、当該委員会がその委員の5分の4以上の多数による議決により、次に掲げる事項に関する決議をし、かつ、使用者が、厚生労働省令で定めるところにより当該決議を所轄労働基準監督署長に届け出た場合において、第二号に掲げる労働者の範囲に属する労働者を当該事業場における第一号に掲げる業務に就かせたときは、当該労働者は、厚生労働省令で定めるところにより、第三号に掲げる時間労働したものとみなす。 一　事業の運営に関する事項についての企画、立案、調査及び分析の業務であって、当該業務の性質上これを適切に遂行するにはその遂行の方法を大幅に労働者の裁量に委ねる必要があるため、当該業務の遂行の手段及び時間配分の決定等に関し使用者が具体的な指示をしないこととする業務（以下この条において「対象業務」という。） 二　対象業務を適切に遂行するための知識、経験等を有する労働者であって、当該対象業務に就かせたときは当該決議で定める時間労働したものとみなされることとなるものの範囲。 三　対象業務に従事する前号に掲げる労働者の範囲に属する労働者の労働時間として算定される時間。 四　対象業務に従事する第二号に掲げる労働者の範囲に属する労働者の労働時間の状況に応じた当該労働者の健康及び福祉を確保するための措置を当該決議で定めるところにより使用者が講ずること。 五　対象業務に従事する第二号に掲げる労働者の範囲に属する労働者からの苦情の処理に関する措置を当該決議で定めるところにより使用者が講ずること。 六　使用者は、この項の規定により第二号に掲げる労働者の範囲に属する労働者を対象業務に就かせたときは第三号に掲げる時間労働したものとみなすことについて当該労働者の同意を得なければならないこと及び当該同意をしなかった当該労働者に対して解雇その他不利益な取扱いをしてはならないこと。 七　前各号に掲げるもののほか、厚生労働省令で定める事項。 （以下略） 編者注1：厚生労働省ホームページ 　　　　　企画業務型裁量労働制（現行）　参照 編者注2：①の規定による届出は、様式第13号の2（企画業務型裁量労働制に関する決議届）により、所轄労働基準監督署長にしなければならない。 編者注3：使用者は、決議が行われた日から起算して6か月以内ごとに1回、所定様式（様式第13号の4）により所轄労働基準監督署長へ定期報告を行うことが必要です。

労
基
法

第四章　労働時間、休憩、休日、年次有給休暇

事　　　項	条文	内　容　の　説　明
第四章　労働時間、休憩、休日、年次有給休暇 / 年次有給休暇	39	①使用者は、雇入れの日から６箇月間継続勤務し全労働日の８割以上出勤した労働者に、10労働日の有給休暇を与えなければならない。 ②１年６ヶ月以上継続勤務した労働者には、10日に継続勤務年数の区分に応じて加算した有給休暇を与えなければならない。 前１年に出勤８割未満の者には付与しなくてもよい。 ③週所定労働日数が４日以下又は年間所定労働日数が216日以下の者（週所定労働時間が30時間以上の者を除く）の有給休暇日数は、厚生労働省令で定める日数とする。 ④使用者は、労使協定で、時間を単位として有給休暇を与えることができることを定めた場合、対象労働者が請求したときは、５日以内に限り、労使協定の定めるところにより時間を単位として有給休暇を与えることができる。 ⑤使用者は、事業の正常な運営を妨げる場合を除き、前各項の有給休暇を労働者の請求する時季に与えなければならない。 ⑥使用者は、労使協定により時季に関する定めをしたときは、有給休暇のうち５日を超える部分については、前項の規定にかかわらず、その定めにより与えることができる。 ⑦10日以上の年次有給休暇を与えた労働者に対し、５日については、毎年、時季を指定して与えなければならない。 ⑧労働者の時季指定や計画的付与により取得された日数分については、⑦の指定の必要はない。（一部略）
	136	①使用者は、有給休暇取得を理由に不利益な取扱をしてはならない。
労働時間及び休憩の特例	40	①別表第１第一号から第三号まで、第六号及び第七号に掲げる事業以外の事業で、公衆の不便を避けるために必要なものその他特殊の必要あるものについては、その必要避くべからざる限度で、第32条から第32条の５までの労働時間及び第34条の休憩に関する規定について、厚生労働省令で別段の定めをすることができる。 （以下略）
労働時間等に関する規定の適用除外	41	①この章、第６章（年少者）及び第６章の２（妊産婦等）で定める労働時間、休憩及び休日に関する規定は、次の各号の一に該当する労働者については適用しない。 一　別表第１第六号（林業を除く）又は第七号に掲げる事業に従事する者 二　事業の種類にかかわらず監督若しくは管理の地位にある者又は機密の事務を取り扱う者 三　監視又は断続的労働に従事する者で、使用者が行政官庁の許可を受けたもの
高度プロフェッショナル制度	41の2	高度プロフェッショナル制度は、高度の専門的知識等を有し、職務の範囲が明確で一定の年収要件を満たす労働者を対象として、労使委員会の決議及び労働者本人の同意を前提として、年間104日以上の休日確保措置や健康管理時間の状況に応じた健康・福祉確保措置等を講ずることにより、労働基準法に定められた労働時間、休憩、休日及び深夜の割増賃金に関する規定を適用しない制度です。 編者注：厚生労働省「高度プロフェッショナル制度わかりやすい解説」 パンフレット　参照
第五章 / 安全及び衛生	42（43〜55削除）	労働者の安全及び衛生に関しては、労働安全衛生法（昭和47年10月１日施行）の定めるところによる。
第六章　年少者 / 最低年齢	56	①使用者は、児童が満15歳に達した日以後の最初の３月31日が終了するまで、これを使用してはならない。　編者注：義務教育修了者 ②法所定の非工業的事業に係る職業で、児童の健康と福祉に有害でなく、かつ、その労働が軽易なものは、所轄労働基準監督署長の許可を受けて、満13歳以上の児童を就学時間外に使用できる。 編者注：建設業は対象外

労　基　法

事　　項	条文	内　容　の　説　明
年 少 者 の 証 明 書	57	①使用者は、満18歳に満たない者につき、その年齢を証明する戸籍証明書を事業場に備え付けなければならない。 ②使用者は、前条第2項の規定によって使用する児童につき、修学に差し支えないことを証明する学校長の証明書及び親権者又は後見人の同意書を事業場に備え付けなければならない。 編者注1：建設業に児童は就業できない 編者注2：戸籍証明書は、本籍地の市区町村村役場が発行する住民票記載事項証明書でよい
未 成 年 者 の 労 働 契 約	58	①親権者又は後見人は、未成年者に代って労働契約を締結してはならない。　　　　　　　　　　　　　編者注：未成年者とは満18歳未満の者 ②親権者若しくは後見人又は監督署長は、労働契約が未成年者に不利であると認めた場合、将来に向ってこれを解除できる。
未 成 年 者 の 賃 金 請 求 権	59	未成年者は、独立して賃金を請求することができる。親権者又は後見人は、未成年者の賃金を代って受け取ってはならない。
労 働 時 間 及 び 休 日	60	①満18歳に満たない者には、第32条の2から第32条の5（変形労働時間制）、第36条（時間外・休日労働）、第40条（労働時間及び休憩の特例）及び第41条の2の規定は、適用しない。 ②第56条第2項により使用する児童は、修学時間を通算して1週40時間、1日7時間を超えて、労働させてはならない。 ③使用者は、満15歳以上（満15歳に達した日以後の最初の3月31日が終了していること）で満18歳に満たない者について、1週40時間を超えない範囲内で1週のうち1日の労働時間を4時間以内に短縮する場合は他の日の労働時間を10時間まで延長し、あるいは1週48時間・1日8時間を超えない範囲内で1箇月単位又は1年単位の変形労働時間制で、労働させることができる。
深 夜 業	61	①使用者は、満18歳に満たない者を深夜（通常午後10時から午前5時まで）に使用してはならない。但し、交替制によって使用する満16歳以上の男性は、この限りでない。 ③交替制による労働につき、監督署長の許可を受けて、午後10時30分まで、又は午前5時30分から（②深夜業を午後11時から午前6時とする場合）労働させることができる。 ④前3項の規定は、災害等避けることのできない事由により臨時の必要があり労働時間を延長し若しくは休日に労働させる場合、又は農林・畜産・水産、医療の事業若しくは電話交換業務には、適用しない。（一部略）
危 険 有 害 業 務 の 就 業 制 限	62	①使用者は、満18歳に満たない者に、運転中の機械等の危険な部分の掃除等をさせ、動力によるクレーンの運転をさせ、その他厚生労働省令で定める危険な業務又は重量物を取り扱う業務に就かせてはならない。 編者注：重量物を取り扱う業務－年少則第7条、年少者の就業制限の業務の範囲－年少則第8条 （以下略）
坑 内 労 働 の 禁 止	63	使用者は、満18歳に満たない者を坑内で労働させてはならない。
帰 郷 旅 費	64	満18歳に満たない者が解雇の日から14日以内に帰郷する場合においては、使用者は、必要な旅費を負担しなければならない。但し、満18歳未満の者がその責めに帰すべき事由に基づき解雇され、使用者がその事由につき監督署長の認定を受けたときは、この限りでない。

労
基
法

第
六
章
　
年
少
者

事　　　項	条文	内　容　の　説　明
第六章の二　妊産婦等 坑内業務の就業制限	64の2	使用者は、妊娠中及び坑内業務に従事しない旨を申し出た産後１年を経過しない女性を坑内で行うすべての業務に、又上記以外の満18歳以上の女性を坑内で行う人力掘削その他女性に有害な業務として厚生労働省令で定めるものに、就かせてはならない。 編者注：女性則第１条
危険有害業務の就業制限	64の3	①使用者は、妊娠中及び産後１年を経過しない女性（妊産婦）を、重量物を取扱う業務、有害ガスを発散する場所における業務その他妊産婦の妊娠、出産、哺育等に有害な業務に就かせてはならない。 ②前項の規定は、同項に規定する業務のうち女性の妊娠又は出産に係る機能に有害である業務につき、厚生労働省令で，妊産婦以外の女性に関して、準用することができる。 ③前２項に規定する業務の範囲及び業務に就かせてはならない者の範囲は、厚生労働省令で定める。 編者注：女性則第２条、同第３条
産　前　産　後	65	①使用者は、６週間（多胎妊娠は14週間）以内に出産する予定の女性が休業を請求した場合、その者を就業させてはならない。 ②使用者は、産後８週間を経過しない女性を就業させてはならない。但し、産後６週間を経過した女性が請求した場合において、医師が支障がないと認めた業務に就かせることは、差し支えない。 ③使用者は、妊娠中の女性が請求した場合、他の軽易な業務に転換させなければならない。
妊産婦の時間外労働等	66	①使用者は、妊産婦が請求した場合、変形労働時間制の定めがあっても、１週40時間、１日８時間を超えて労働させてはならない。 ②使用者は、妊産婦が請求した場合、災害等で臨時の必要や労使協定があっても、時間外労働や休日に労働をさせてはならない。 ③使用者は、妊産婦が請求した場合、深夜業をさせてはならない。
育　児　時　間	67	①生後満１年に達しない生児を育てる女性は、第34条の休憩時間のほか、１日２回各々少なくとも30分、その生児を育てるための時間を請求することができる。 ②使用者は、前項の育児時間中は、その女性を使用してはならない。
生理日の休暇	68	使用者は、生理日の就業が著しく困難な女性が休暇を請求したときは、その者を生理日に就業させてはならない。
第七章　技能者の養成 徒弟の弊害排除	69	①使用者は、徒弟、見習、養成工その他名称の如何を問わず、技能の習得を目的とする者であることを理由に、労働者を酷使してはならない。 ②前項の者を技能の習得に関係ない作業に従事させてはならない。
職業訓練に関する特例	70	職業能力開発促進法第24条第１項の認定を受けて行う職業訓練を受ける労働者は、年少者等の危険有害業務の就業制限等につき、厚生労働省令で別段の定めができる。　　　　編者注：労基則第34条の3
職業訓練に関する特例の適用除外	71	前条に基いて発する厚生労働省令は、都道府県労働局長の許可を受けた使用者に使用される労働者以外の労働者には、適用しない。

労基法

事　　　　項	条文	内　容　の　説　明
第七章 未成年訓練生の年次有給休暇	72	第70条の規定に基づく厚生労働省令の適用を受ける未成年者についての年次有給休暇の規定の適用については、同条第1項中「10労働日」とあるのは「12労働日」と、同条第2項の表の6年以上の項中「10労働日」とあるのは「8労働日」とする。
特例許可の取消し	73 (74削除)	第71条の許可を受けた使用者が第70条の厚生労働省令に違反した場合、都道府県労働局長は、その許可を取り消すことができる。
第八章 災害補償 療養補償	75	①労働者が業務上負傷し、又は疾病にかかった場合、使用者は、その費用で必要な療養を行い、又は必要な療養の費用を負担しなければならない。　編者注：労基則第35条、同36条 ②業務上の疾病及び療養の範囲は、厚生労働省令で定める。
休業補償	76	①労働者が前条の規定による療養のため、労働することができないために賃金を受けない場合、使用者は、労働者の療養中平均賃金の6割の休業補償を行わなければならない。（以下略）
障害補償	77	労働者が業務上負傷し、又は疾病にかかり、治った場合において、その身体に障害が存するときは、使用者は、その障害の程度に応じて、平均賃金に別表第2（注：身体障害等級及び災害補償表）に定める日数を乗じて得た金額の障害補償を行わなければならない。
休業補償及び障害補償の例外	78	労働者が重大な過失によって業務上負傷し、又は疾病にかかり、且つ使用者がその過失について所轄労働基準監督署長の認定を受けた場合、休業補償又は障害補償を行わなくてもよい。 　編者注：過失の認定－労基則第41条
遺族補償	79	労働者が業務上死亡した場合、使用者は、遺族に対して、平均賃金の1000日分の遺族補償を行わなければならない。
葬祭料	80	労働者が業務上死亡した場合、使用者は、葬祭を行う者に対して、平均賃金の60日分の葬祭料を支払わなければならない。
打切補償	81	第75条（療養補償）の規定によって補償を受ける労働者が、療養開始後3年を経過しても負傷又は疾病がなおらない場合、使用者は、平均賃金の1200日分の打切補償を行い、その後はこの法律の規定による補償を行わなくてもよい。
分割補償	82	使用者は、支払能力のあることを証明し、補償を受けるべき者の同意を得た場合、第77条（障害補償）又は第79条（遺族補償）の規定による補償に替え、平均賃金に別表3（注：分割補償表）に定める日数を乗じて得た金額を、6年にわたり毎年補償することができる。
補償を受ける権利	83	①補償を受ける権利は、労働者の退職によって変更されることはない。 ②補償を受ける権利は、これを譲渡し、又は差し押さえてはならない。
他の法律との関係	84	①この法律に規定する災害補償の事由について、労働者災害補償保険法又は厚生労働省令で指定する法令に基づいてこの法律の災害補償に相当する給付が行なわれるべきものである場合、使用者は、補償の責を免れる。 ②使用者は、この法律による補償を行った場合、同一の事由については、その価額の限度で民法による損害賠償の責を免れる。
審査及び仲裁	85	①補償の実施に関し異議のある者は、監督署長に対し、審査又は事件の仲裁を申し立てることができる。（以下略）
労災保険審査官の審査及び仲裁	86	①前条の審査及び仲裁の結果に不服のある者は、労働者災害補償保険審査官の審査又は仲裁を申し立てることができる。（以下略）

労基法

事 項	条文	内 容 の 説 明
第八章 災害補償 請負事業に関する例外	87	①厚生労働省令で定める事業（注：土木、建築等の事業）が数次の請負によって行われる場合、災害補償については、その元請負人を使用者とみなす。 ②前項の場合、元請負人が書面による契約で下請負人に補償を引き受けさせた場合、その下請負人もまた使用者とする。但し、2以上の下請負人に、同一の事業について重複して補償を引き受けさせてはならない。 ③前項の場合、元請負人が補償の請求を受けた場合、補償を引き受けた下請負人に対して、まづ催告すべきことを請求することができる。但し、その下請負人が破産手続開始の決定を受け、又は行方が知れない場合は、この限りでない。
補償に関する細目	88	この章に定めるものの外、補償に関する細目は、厚生労働省令で定める。 編者注：労基則第35条〜第48条の2
第九章 就業規則 作成及び届出の義務	89	常時10人以上の労働者を使用する使用者は、始業終業時刻・休憩・休日・休暇等、賃金、退職（解雇の事由を含む）等の事項について就業規則を作成し、所轄労働基準監督署長に届け出なければならない。これを変更した場合も、同様とする。（以下、略） 編者注：モデル就業規則（令和5年7月版_厚生労働省労働基準局監督課）
作成の手続	90	①使用者は、就業規則の作成又は変更につき、当該事業場に、労働者の過半数で組織する労働組合がある場合はその組合、ない場合は労働者の過半数を代表する者の意見を聴かなければならない。 ②使用者は、就業規則の届出に、前項の意見を記した書面を添付しなければならない。
制裁規定の制限	91	就業規則で、労働者に対し減給の制裁を定める場合、その減給は、1回の額が平均賃金の1日分の半額を超え、総額が一賃金支払期における賃金の総額の10分の1を超えてはならない。
法令及び労働協約との関係	92	①就業規則は、法令又は当該事業場について適用される労働協約に反してはならない。 ②所轄労働基準監督署長は、法令又は労働協約に抵触する就業規則の変更を命ずることができる。
労働契約との関係	93	労働契約と就業規則との関係については、労働契約法第12条（注：就業規則違反の労働契約）の定めるところによる。
第十章 寄宿舎 寄宿舎生活の自治	94	①使用者は、事業の附属寄宿舎に寄宿する労働者の私生活の自由を侵してはならない。 ②使用者は、寮長、室長その他寄宿舎生活の自治に必要な役員の選任に干渉してはならない。
寄宿舎生活の秩序	95	①事業の附属寄宿舎に労働者を寄宿させる使用者は、起床・就寝・外出・外泊、行事、食事、安全・衛生、建設物・設備の管理の事項について寄宿舎規則を作成し、労働基準監督署長へ届け出なければならない。これを変更した場合も同様である。 編者注：建設業の寄宿舎は、寄宿舎の所在地を管轄する労働基準監督署になる。 ②使用者は、前項の事項（建設物・設備の管理の事項は除く）に関する規定の作成又は変更につき、寄宿舎に寄宿する労働者の過半数を代表する者の同意を得なければならない。 ③①の届出には、前項の同意を証明する書面を添附しなければならない。 ④使用者及び寄宿舎に寄宿する労働者は、寄宿舎規則を遵守しなければならない。

労 基 法

事　　項	条文	内　容　の　説　明
第十章　寄宿舎　　寄宿舎の設備及び安全衛生	96	①使用者は、事業の附属寄宿舎について、換気、採光、照明、保温、防湿、清潔、避難、定員の収容、就寝に必要な措置その他労働者の健康、風紀及び生命の保持に必要な措置を講じなければならない。 ②使用者が前項の規定により講ずべき措置の基準は、厚生労働省令で定める。 編者注：厚生労働省令－事業附属寄宿舎規程、建設業附属寄宿舎規程
監督上の行政措置	96の2	①使用者は、常時10人以上の労働者を就業させる事業、厚生労働省令で定める危険又は衛生上有害な事業の附属寄宿舎を設置し、移転し、又は変更しようとする場合、前条の規定に基づいて発する厚生労働省令で定める危害防止等に関する基準に従い定めた計画を、工事着手14日前までに、所轄労働基準監督署長へ届け出なければならない。（以下略）
行政官庁の使用停止命令等	96の3	①労働者を就業させる事業の附属寄宿舎が、安全及び衛生に関し定められた基準に反する場合には、監督署長は、使用者に対し、その全部又は一部の使用の停止、変更その他必要な事項を命ずることができる。 ②前項の場合所轄労働基準監督署長は、必要な事項を労働者に命ずることができる。
第十一章　監督機関　　監督機関の職員等	97 (98削除)	①労働基準主管局（厚生労働省の内部部局）、都道府県労働局及び労働基準監督署に労働基準監督官を置くほか、必要な職員を置く。（以下略）
労働基準主管局長等の権限	99	③労働基準監督署長は、都道府県労働局長の指揮監督を受けて、この法律に基く臨検、尋問、許可、認定、審査、仲裁その他この法律の実施に関する事項をつかさどり、所属の職員を指揮監督する。（一部略）
女性主管局長の権限	100	①厚生労働省の女性主管局長は、厚生労働大臣の指揮監督を受けて、この法律中女性に特殊の規定の制定、改廃及び解釈に関する事項をつかさどり、その施行に関し、労働基準主管局長等に勧告や援助を与える。（以下略）
労働基準監督官の権限	101	①労働基準監督官は、事業場、寄宿舎その他の附属建設物に臨検し、帳簿及び書類の提出を求め、又は使用者若しくは労働者に対して尋問を行うことができる。 ②前項の場合、労働基準監督官は、その身分を証明する証票を携帯しなければならない。
労働基準監督官の司法警察権	102	労働基準監督官は、この法律違反の罪について、刑事訴訟法に規定する司法警察官の職務を行う。
労働基準監督官の即時処分権	103	労働者を就業させる事業の附属寄宿舎が、安全及び衛生に関して定められた基準に反し、且つ労働者に急迫した危険がある場合においては、労働基準監督官は、第96条の3の規定による労働基準監督署長の権限（編者注：使用停止命令等）を即時に行うことができる。
監督機関に対する申告	104	①事業場に、この法律又はこの法律に基いて発する命令に違反する事実がある場合、労働者は、その事実を労働基準監督署長又は労働基準監督官に申告することができる。 ②使用者は、前項の申告をしたことを理由として、労働者に対して解雇その他不利益な取扱をしてはならない。
報告等	104の2	①労働基準監督署長等は、この法律を施行するため必要があると認めるときは、厚生労働省令で定めるところにより、使用者又は労働者に対し、必要な事項を報告をさせ、又は出頭を命ずることができる。 ②労働基準監督官は、使用者又は労働者に対し、報告をさせ、又は出頭を命ずることができる。　　編者注：報告事項－労基則第57条、同第58条
労働基準監督官の義務	105	労働基準監督官は、職務上知り得た秘密を漏してはならない。労働基準監督官を退官した後においても同様である。

事　　　項	条文	内　容　の　説　明
国 の 援 助 義 務	105の2	厚生労働大臣又は都道府県労働局長は、この法律の目的を達成するために、労働者及び使用者に対して資料の提供その他必要な援助をしなければならない。
法令等の周知義務	106	①使用者は、この法律及びこれに基づく命令の要旨、就業規則、法所定の労使協定等を、常時各作業所の見やすい場所へ掲示し、又は備え付けること、書面を交付することその他の厚生労働省令で定める方法によって、労働者に周知させなければならない。 　　　　　編者注：法令等の周知方法－労基則第52条の2 ②使用者は、寄宿舎に関する規定及び寄宿舎規則を、寄宿舎の見易い場所に掲示し、又は備え付ける等の方法によって、寄宿舎に寄宿する労働者に周知させなければならない。
労 働 者 名 簿	107	①使用者は、各事業場ごとに労働者名簿を、各労働者（日日雇い入れられる者を除く。）について調製し、労働者の氏名、生年月日、履歴その他厚生労働省令で定める事項を記入しなければならない。 　　　　　　　　　編者注：記入事項－労基則第53条 ②記入すべき事項に変更があった場合は、遅滞なく訂正しなければならない。　　　編者注：労働者名簿記載例　P.235　参照
賃 金 台 帳	108	使用者は、各事業場ごとに賃金台帳を調製し、賃金計算の基礎となる事項及び賃金の額その他厚生労働省令で定める事項を賃金支払の都度遅滞なく記入しなければならない。（注：記入事項－労基則第54条、同第55条）（注：労基則第55条の2－使用者は、労働者名簿及び賃金台帳をあわせて調製することができる。）
記 録 の 保 存	109 （110 削除）	使用者は、労働者名簿、賃金台帳及び雇入、解雇、災害補償、賃金その他労働関係に関する重要な記録の保存期間について、5年（旧法では3年）に延長しつつ、当分の間はその期間を3年としている。 　　　　　　編者注：記録保存期間の起算日－労基則第56条
無 料 証 明	111	労働者及び労働者になろうとする者は、その戸籍に関して戸籍事務を掌る者等に対して、無料で証明を請求することができる。（以下略）
国及び公共団体についての適用	112	この法律及びこの法律に基づいて発する命令は、国、都道府県、市町村その他これに準ずべきものについても適用あるものとする。
命 令 の 制 定	113	この法律に基づいて発する命令は、その草案について、公聴会で労働者、使用者及び公益を各代表する者の意見を聴いて、これを制定する。
付 加 金 の 支 払	114	裁判所は、第20条（解雇予告手当）、第26条（休業手当）若しくは第37条（時間外、休日及び深夜の割増賃金）の規定に違反した使用者又は第39条（年次有給休暇）第9項の規定による賃金を支払わなかった使用者に対して、労働者の請求により、これらの規定により使用者が支払わなければならない金額についての未払金のほか、これと同一額の付加金の支払を命ずることができる。なお、付加金を請求できる期間は5年（旧法では2年）に延長しつつ、当分の間はその期間は3年としている。
時 効	115	2020年4月1日以降に支払期日が到来する全ての労働者の賃金請求権の消滅時効期間を賃金支払期日から5年（旧法では2年）に延長しつつ、当分の間はその期間は3年としている。なお、退職金請求権や災害補償請求権など、賃金請求権以外の消滅時効期間は変更なし。
経 過 措 置	115の2	この法律の規定に基づき命令を制定し、又は改廃するときは、その命令で、その制定又は改廃に伴い合理的に必要と判断される範囲内において、所要の経過措置（罰則に関する経過措置を含む。）を定めることができる。

第十二章　雑　則

労　基　法

	事　項	条文	内　容　の　説　明
第十二章	適　用　除　外	116	①第１条から第11条まで、次項、第117条から第119条まで及び第121条の規定を除き、この法律は、船員法第１条第１項に規定する船員については、適用しない。 ②この法律は、同居の親族のみを使用する事業及び家事使用人については、適用しない。
第十三章　罰　則	罰　　　則	117	第５条（強制労働の禁止）の規定に違反した者は、これを1年以上10年以下の懲役又は20万円以上300万円以下の罰金に処する。
	罰　　　則	118	①第６条、第56条、第63条又は第64条の２の規定に違反した者は、これを１年以下の懲役又は50万円以下の罰金に処する。（以下略）
	罰　　　則	119	第３条、第４条、第７条、第16条（以下略）等の規定等に違反した者は、これを６箇月以下の懲役又は30万円以下の罰金に処する。
	罰　　　則	120	第14条、第15条第１項若しくは第３項、第18条第７項（以下略）等の規定等に違反した者は、30万円以下の罰金に処する。
	両　罰　規　定	121	①この法律の違反行為をした者が、当該事業の労働者に関する事項について、事業主のために行為した代理人、使用人その他の従業者である場合においては、事業主に対しても各本条の罰金刑を科する。但し、事業主が違反の防止に必要な措置をした場合においては、この限りでない。 ②事業主が違反の計画を知りその防止に必要な措置を講じなかった場合、違反行為を知り、その是正に必要な措置を講じなかった場合又は違反を教唆した場合においては、事業主も行為者として罰する。

本書籍には、主に建設工事に係る協定届として、様式第９号及び第９号の２の記載例を掲載しました。
　時間外労働・休日労働、変形労働時間制、裁量労働制などの協定届様式は、様式第９号及び第９号の２以外にも下表に示す様式があります。

様式第９号の３	時間外労働・休日労働に関する協定届	［新技術・新商品等の研究開発業務］
様式第９号の４	時間外労働・休日労働に関する協定届	［適用猶予期間中における、適用猶予事業・業務。自動車運転者、建設業、医師等］
様式第９号の５	時間外労働・休日労働に関する協定届	［適用猶予期間中における、適用猶予事業・業務において、事業場外労働のみなし労働時間に係る協定の内容を36協定に付記して届出する場合］
様式第３号の２	１箇月単位の変形労働制に関する協定届	
様式第３号の３	清算期間が１箇月を超えるフレックスタイム制に関する協定届	
様式第４号	１年単位の変形労働時間制に関する協定届	
様式第５号	１週間単位の非定型的変形労働時間制に関する協定届	
様式第12号	事業場外労働に関する協定届	
様式第13号	専門業務型裁量労働制に関する協定届	

　上記様式は、厚生労働省ホームページの主要様式ダウンロードコーナー（労働基準法等関係主要様式）からダウンロードできます。

2. 労働契約法（概要）

　近年、就業形態が多様化し、労働者の労働条件が個別に決定・変更されるようになり、個別労働関係紛争が増加しています。このような中で、平成２０年３月から労働契約法が施行され、労働契約についての基本的なルールを明らかにすることで、個別労働紛争を未然に防止し、労働者の保護を図りながら、個別の労働関係の安定に資することが期待されています。

　例えば、労働契約法においては、

(1) 労働契約の原則

　労働契約の基本的な理念及び労働契約に共通する原則（労使対等の原則、均衡考慮の原則、仕事と生活の調和への配慮の原則、信義誠実の原則、権利濫用の禁止の原則）を明らかにしています。

(2) 就業規則による労働契約の内容の変更

　使用者は就業規則の変更によって一方的に労働契約の内容である労働条件を労働者の不利益に変更することはできないことを確認的に規定した上で、就業規則の変更によって労働契約の内容である労働条件が変更後の就業規則に定めるところによるものとされる場合を明らかにしています。

(3) 労働契約の継続及び終了

　出向・懲戒・解雇において、使用者の権利濫用に当たる出向命令や懲戒、解雇は無効となることを明らかにしています。

(4) 期間の定めのある労働契約

　契約期間中はやむを得ない事由がある場合でなければ、解雇できないことを明確化するとともに、契約期間が必要以上に細切れにならないよう、使用者に配慮を求める等の内容が規定されています。また、有期労働契約が通算5年を超えて繰り返し更新されたときは、労働者の申込みにより、期間の定めのない労働契約（無期労働契約）に転換できるルールなどが、平成25年4月1日からスタートします。

労
基
法

1. 建設労働者用；常用、有期雇用型

労働条件通知書

年　　月　　日

_____ 殿

事業主の氏名又は名称
事業場名称・所在地
〔建設業許可番号　　　　　　　　　　　　　　　　　　　　　〕
使用者職氏名
雇用管理責任者職氏名

あなたを次の条件で雇い入れます。

労 基 法	契約期間	期間の定めなし、期間の定めあり（※）（　年　月　日〜　年　月　日） ※以下は、「契約期間」について「期間の定めあり」とした場合に記入 1　契約の更新の有無 　〔自動的に更新する・更新する場合があり得る・契約の更新はしない・その他（　　　）〕 2　契約の更新は次により判断する。 　・契約期間満了時の業務量　　　・勤務成績、態度　　　　・能力 　・会社の経営状況　・従事している業務の進捗状況 　・その他（　　　　　　　　　　　　　　　　　　　　　　　　）
		【有期雇用特別措置法による特例の対象者の場合】 　無期転換申込権が発生しない期間：　Ⅰ（高度専門）・Ⅱ（定年後の高齢者） 　Ⅰ　特定有期業務の開始から完了までの期間（　　年　　か月（上限10年）） 　Ⅱ　定年後引き続いて雇用されている期間
	就業の場所	
	従事すべき業務の内容	【有期雇用特別措置法による特例の対象者（高度専門）の場合】 ・特定有期業務（　　　　　　　　　開始日：　　　完了日：　　　　）
	始業、終業の時刻、休憩時間、就業時転換（(1)〜(3)のうち該当するもの一つに〇を付けること。）、所定時間外労働の有無に関する事項	1　始業・終業の時刻等 (1) 始業（　時　分）　終業（　時　　分） 【以下のような制度が労働者に適用される場合】 (2) 変形労働時間制等；（　）単位の変形労働時間制・交替制として、 　　次の勤務時間の組み合わせによる。 　┌─始業（　　時　　分）終業（　　時　　分）（適用日　　　　　） 　├─始業（　　時　　分）終業（　　時　　分）（適用日　　　　　） 　└─始業（　　時　　分）終業（　　時　　分）（適用日　　　　　） (3) フレックスタイム制；始業及び終業の時刻は労働者の決定に委ねる。 　　　　（ただし、フレキシブルタイム（始業）　　時　　分から　　時　　分、 　　　　　　　　　　　　　　　　　（終業）　　時　　分から　　時　　分、 　　　　　　　　　　　　コアタイム　　　　　時　　分から　　時　　分） 〇詳細は、就業規則第　条〜第　条、第　条〜第　条、第　条〜第　条 2　休憩時間（　　）分 3　所定時間外労働の有無（有、無）
	休　　　　日	・定例日；毎週　曜日、国民の祝日、その他（　　　　　　　　　　） ・非定例日；週・月当たり　日、その他（　　　　　　　　　　　） ・1年単位の変形労働時間制の場合－年間　日 〇詳細は、就業規則第　条〜第　条、第　条〜第　条

（次頁に続く）

休　　　暇	1　年次有給休暇　　6か月継続勤務した場合→　　　　　　　　　　　日 　　　　　　　　　　継続勤務6か月以内の年次有給休暇（有・無） 　　　　　　　　　　→　　か月経過で　　日 　　　　　　　　　　時間単位年休（有・無） 2　代替休暇（有・無） 3　その他の休暇　有給（　　　　　　　　　　　） 　　　　　　　　　無給（　　　　　　　　　　　） ○詳細は、就業規則第　条〜第　条、第　条〜第　条
賃　　　金	1　基本賃金　イ　月給（　　　　　　　円）、　ロ　日給（　　　　　　円） 　　　　　　　ハ　時間給（　　　　　　円）、 　　　　　　　ニ　出来高給（基本単価　　　円、保障給　　　　円） 　　　　　　　ホ　その他（　　　　　円） 　　　　　　　ヘ　就業規則に規定されている賃金等級等 　　　　　　　　　　　　　　　　　　　　　　　　　　　　　　　　　　　　 2　諸手当の額又は計算方法 　　イ（　　　手当　　　　　　円／計算方法：　　　　　　　　　　　） 　　ロ（　　　手当　　　　　　円／計算方法：　　　　　　　　　　　） 　　ハ（　　　手当　　　　　　円／計算方法：　　　　　　　　　　　） 　　ニ（　　　手当　　　　　　円／計算方法：　　　　　　　　　　　） 3　所定時間外、休日又は深夜労働に対して支払われる割増賃金率 　　イ　所定時間外、法定超　月60時間以内（　　）％ 　　　　　　　　　　　　　　月60時間超　（　　）％ 　　　　　　　所定超　（　　）％、 　　ロ　休日　法定休日（　　）％、法定外休日（　　）％、 　　ハ　深夜（　　）％ 4　賃金締切日（　　　　）－毎月　　日、（　　　　）－毎月　　日 5　賃金支払日（　　　　）－毎月　　日、（　　　　）－毎月　　日 6　賃金の支払方法（　　　　　　　　） 　　7　労使協定に基づく賃金支払時の控除（無、有（　　　　　　　　）） 　　8　昇給（時期等） 　　9　賞与（有（時期、金額等　　　　　　　　　）、無） 　　10　退職金（有（時期、金額等　　　　　　　　　）、無）
退職に関する事項	1　定年制（有（　　歳）、無） 2　継続雇用制度（有（　　歳まで）、無） 3　自己都合退職の手続（退職する　　　　日以上前に届け出ること） 4　解雇の事由及び手続 〔 　　　　　　　　　　　　　　　　　　　　　　　　　　　　　　　〕 ○詳細は、就業規則第　条〜第　条、第　条〜第　条
そ　の　他	・社会保険の加入状況（厚生年金　健康保険　厚生年金基金　その他（　　　　）） ・雇用保険の適用（有、無） ・中小企業退職金共済制度（建設業退職金共済制度を含む。） 　（加入している、加入していない） ・寝具貸与　有（有料（　　　円）・無料）・無 ・食費（1日　　　　　　円） ・その他（　　　　　　　　　　　　　　　　　　　　　　　　　） ※以下は、「契約期間」について「期間の定めあり」とした場合についての説明です。 　　労働契約法第18条の規定により、有期労働契約（平成25年4月1日以降に開始するもの）の契約期間が通算5年を超える場合には、労働契約の期間の末日までに労働者から申込みをすることにより、当該労働契約の期間の末日の翌日から期間の定めない労働契約に転換されます。ただし、有期雇用特別措置法による特例の対象となる場合は、この「5年」という期間は、本通知書の「契約期間」欄に明示したとおりとなります。

労

基

法

※　以上のほかは、当社就業規則による。

※　ここに明示された労働条件が、入職後事実と相違することが判明した場合に、あなたが本契約を解除
し、14日以内に帰郷するときは、必要な旅費を支給する。

※　本通知書の交付は、労働基準法第15条に基づく労働条件の明示及び建設労働者の雇用の改善等に関す
る法律第7条に基づく雇用に関する文書の交付を兼ねるものである。

※　労働条件通知書については、労使間の紛争の未然防止のため、保存しておくことをお勧めします。

【記載要領】

1．労働条件通知書は、当該労働者の労働条件の決定について権限を持つ者が作成し、本人に交付するこ
と。

　　交付の方法については、書面による交付のほか、労働者が希望する場合には、ファクシミリを利用す
る送信の方法、電子メールその他のその受信をする者を特定して情報を伝達するために用いられる電気
通信の送信の方法（出力して書面を作成できるものに限る）によっても明示することができる。

2．各欄において複数項目の一つを選択する場合には、該当項目に○をつけること。

3．破線内及び二重線内の事項以外の事項は、書面の交付により明示することが労働基準法により義務付
けられている事項であること。また、退職金に関する事項、臨時に支払われる賃金等に関する事項、労
働者に負担させるべきものに関する事項、安全及び衛生に関する事項、職業訓練に関する事項、災害補
償及び業務外の傷病扶助に関する事項、表彰及び制裁に関する事項、休職に関する事項については、当
該事項を制度として設けている場合には口頭又は書面により明示する義務があること。

4．労働契約期間については、労働基準法に定める範囲内とすること。

　　また、「契約期間」について「期間の定めあり」とした場合には、契約の更新の有無及び更新する場合
又はしない場合の判断の基準（複数可）を明示すること。

　　（参考）　労働契約法第18条第1項の規定により、期間の定めがある労働契約の契約期間が通算5年
を超えるときは、労働者が申込みをすることにより、期間の定めのない労働契約に転換され
るものであること。この申込みの権利は契約期間の満了日まで行使できること。

5．「就業の場所」及び「従事すべき業務の内容」の欄については、雇入れ直後のものを記載することで足
りるが、将来の就業場所や従事させる業務を併せ網羅的に明示することは差し支えないこと。

　　また、有期雇用特別措置法による特例の対象者（高度専門）の場合は、同法に基づき認定を受けた第
一種計画に記載している特定有期業務（専門的知識等を必要とし、5年を超える一定の期間内に完了す
ることが予定されている業務）の内容並びに開始日及び完了日も併せて記載すること。なお、特定有期
業務の開始日及び完了日は、「契約期間」の欄に記載する有期労働契約の開始日及び終了日とは必ずしも
一致しないものであること。

6．「始業・終業の時刻、休憩時間、就業時転換、所定時間外労働の有無に関する事項」の欄については、
当該労働者に適用される具体的な条件を明示すること。また、変形労働時間制、フレックスタイム制等
の適用がある場合には、次に留意して記載すること。

・変形労働時間制：適用する変形労働時間制の種類（1年単位、1か月単位等）を記載すること。
　　　　　　　　　その際、交替制でない場合、「・交替制」を＝で抹消しておくこと。

・フレックスタイム制：コアタイム又はフレキシブルタイムがある場合はその時間帯の開始及び終了の
　　　　　　　　　　時刻を記載すること。コアタイム及びフレキシブルタイムがない場合、かっこ
　　　　　　　　　　書きを＝で抹消しておくこと。

・交　　　替　　　制：シフト毎の始業・終業の時刻を記載すること。また、変形労働時間制でない場
　　　　　　　　　　合、「（　）単位の変形労働時間制・」を＝で抹消しておくこと。

7．「休日」の欄については、所定休日について曜日又は日を特定して記載すること。

労

基

法

8. 「休暇」の欄については、年次有給休暇は6か月間継続勤務し、その間の出勤率が8割以上であるときに与えるものであり、その付与日数を記載すること。

　時間単位年休は、労使協定を締結し、時間単位の年次有給休暇を付与するものであり、その制度の有無を記載すること。代替休暇は、労使協定を締結し、法定超えとなる所定時間外労働が1箇月60時間を超える場合に、法定割増賃金率の引上げ分の割増賃金の支払いに代えて有給の休暇を与えるものであり、その制度の有無を記載すること。

　また、その他の休暇については、制度がある場合に有給、無給別に休暇の種類、日数（期間等）を記載すること。

9. 前記6、7及び8については、明示すべき事項の内容が膨大なものとなる場合においては、所定時間外労働の有無以外の事項については、勤務の種類ごとの始業及び終業の時刻、休日等に関する考え方を示した上、当該労働者に適用される就業規則上の関係条項名を網羅的に示すことで足りるものであること。

10. 「賃金」の欄については、基本給等について具体的な額を明記すること。ただし、就業規則に規定されている賃金等級等により賃金額を確定し得る場合、当該等級等を明確に示すことで足りるものであること。

　・法定超えとなる所定時間外労働については2割5分、法定超えとなる所定時間外労働が1箇月60時間を超える場合については5割、法定休日労働については3割5分、深夜労働については2割5分、法定超えとなる所定時間外労働が深夜労働となる場合については5割、法定超えとなる所定時間外労働が1箇月60時間を超え、かつ、深夜労働となる場合については7割5分、法定休日労働が深夜労働となる場合については6割以上の割増率とすること。

　・破線内の事項は、制度として設けている場合に記入することが望ましいこと。

11. 「退職に関する事項」の欄については、退職の事由及び手続、解雇の事由等を具体的に記載すること。この場合、明示すべき事項の内容が膨大なものとなる場合においては、当該労働者に適用される就業規則上の関係条項名を網羅的に示すことで足りるものであること。

　（参考）　なお、定年制を設ける場合は、60歳を下回ってはならないこと。

　　　　　　また、65歳未満の定年の定めをしている場合は、高年齢者の65歳までの安定した雇用を確保するため、次の①から③のいずれかの措置（高年齢者雇用確保措置）を講じる必要があること。

　　　　　　　①定年の引上げ　　②継続雇用制度の導入　　③定年の定めの廃止

12. 「その他」の欄については、当該労働者についての社会保険の加入状況及び雇用保険の適用の有無のほか、労働者に負担させるべきものに関する事項、安全及び衛生に関する事項、職業訓練に関する事項、災害補償及び業務外の傷病扶助に関する事項、表彰及び制裁に関する事項、休職に関する事項等を制度として設けている場合に記入することが望ましいこと。

　「雇用管理の改善等に関する事項に係る相談窓口」は、事業主が有期雇用労働者からの苦情を含めた相談を受け付ける際の受付先を記入すること。

13. 各事項について、就業規則を示し当該労働者に適用する部分を明確にした上で就業規則を交付する方法によることとした場合、具体的に記入することを要しないこと。

＊この通知書はモデル様式であり、労働条件の定め方によっては、この様式どおりとする必要はないこと。

2．建設労働者用；日雇型

労働条件通知書

<table>
<tr><td colspan="2" rowspan="2"></td><td colspan="2" style="text-align:right">年　　月　　日</td></tr>
<tr><td colspan="2">
＿＿＿＿＿＿＿＿＿＿＿＿＿＿＿＿　殿
　　　　　　　　　　事業主の氏名又は名称
　　　　　　　　　　事業場名称・所在地
　　　　　　　　　　〔建設業許可番号　　　　　　　　　〕
　　　　　　　　　　使用者職氏名
　　　　　　　　　　雇用管理責任者職氏名
</td></tr>
</table>

あなたを次の条件で雇い入れます。

労基法	就　労　日	年　　　月　　　日		
	就業の場所			
	従事すべき業務の内容			
	始業、終業の時刻、休憩時間、所定時間外労働の有無に関する事項	1　始業（　　時　　分）　終業（　　時　　分） 2　休憩時間（　　）分 3　所定時間外労働の有無（有、無）		
	賃　　金	1　基本賃金　イ　時間給（　　　　　　円）、　ロ　日給（　　　　　　円） 　　　　　　　ハ　出来高給（基本単価　　　　　　円、保障給　　　　円） 　　　　　　　ニ　その他（　　　　　　円） 2　諸手当の額又は計算方法 　　イ（　　手当　　　　円／計算方法：　　　　　　　　） 　　ロ（　　手当　　　　円／計算方法：　　　　　　　　） 3　所定時間外、休日又は深夜労働に対して支払われる割増賃金率 　　イ　所定時間外、法定超（　　）％、　所定超（　　）％、 　　ロ　深夜（　　）％ 4　賃金支払日（　　　　）－（就業当日・その他（　　　　）） 　　　　　　　（　　　　）－（就業当日・その他（　　　　）） 5　賃金の支払方法（　　　　　　　　　　　　） 6　労使協定に基づく賃金支払時の控除（無、有（　　　　　　））		
	そ　の　他	・社会保険の加入状況（厚生年金　健康保険　厚生年金基金　その他（　　）） ・雇用保険の適用（有、無） ・中小企業退職金共済制度（建設業退職金共済制度を含む。） 　（加入している、加入していない） ・寝具貸与　有（有料（　　　　　円）・無料）・無 ・食費（1日　　　　　円） ・その他（　　　　　　　　　　　　　　　　　　）		

※　以上のほかは、当社就業規則による。

※　ここに明示された労働条件が、入職後事実と相違することが判明した場合に、あなたが本契約を解除し、14日以内に帰郷するときは、必要な旅費を支給する。

※　本通知書の交付は、労働基準法第15条に基づく労働条件の明示及び建設労働者の雇用の改善等に関する法律第7条に基づく雇用に関する文書の交付を兼ねるものである。

※　労働条件通知書については、労使間の紛争の未然防止のため、保存しておくことをお勧めします。

【記載要領】

1．労働条件通知書は、当該労働者の労働条件の決定について権限を持つ者が作成し、本人に交付すること。

　　交付の方法については、書面による交付のほか、労働者が希望する場合には、ファクシミリを利用する送信の方法、電子メールその他のその受信をする者を特定して情報を伝達するために用いられる電気通信の送信の方法（出力して書面を作成できるものに限る）によっても明示することができる。

2．各欄において複数項目の一つを選択する場合には、該当項目に〇をつけること。

3．破線内及び二重線内の事項以外の事項は、書面の交付により明示することが労働基準法により義務付けられている事項であること。また、労働者に負担させるべきものに関する事項、安全及び衛生に関する事項、災害補償及び業務外の傷病扶助に関する事項、表彰及び制裁に関する事項については、当該事項を制度として設けている場合には口頭又は書面により明示する義務があること。

　　また、日雇の労働契約についても、労働契約の更新を更新をする場合があるものは、「期間の定めのある労働契約を更新する場合の基準」を書面により明示することが労働基準法により義務付けられていること。

4．「就業の場所」及び「従事すべき業務の内容」の欄については、具体的かつ詳細に記載すること。

5．「賃金」の欄については、基本給等について具体的な金額を明記すること。

　・法定超えとなる所定時間外労働については2割5分、深夜労働については2割5分、法定超えとなる所定時間外労働が深夜労働となる場合については5割以上の割増率とすること。

　・破線内の事項は、制度として設けている場合に記入することが望ましいこと。

6．「その他」の欄については、当該労働者についての社会保険、中小企業退職金共済制度等の加入状況及び雇用保険の適用の有無のほか、労働者に負担させるべきものに関する事項、安全及び衛生に関する事項、職業訓練に関する事項、災害補償及び業務外の傷病扶助に関する事項、表彰及び制裁に関する事項、休職に関する事項等を制度として設けている場合に記入することが望ましいこと。

　　また、労働契約を更新する場合があるものについては、「期間の定めのある労働契約を更新する場合の基準」を記入すること。

　　（参考）　労働契約法第18条第1項の規定により、期間の定めがある労働契約の契約期間が通算5年を超えるときは、労働者が申込みをすることにより、期間の定めのない労働契約に転換されるものであること。この申込みの権利は契約期間の満了日まで行使できること。

7．各事項について、就業規則を示し当該労働者に適用する部分を明確にした上で就業規則を交付する方法によることとした場合、具体的に記入することを要しないこと。

　＊　この通知書はモデル様式であり、労働条件の定め方によっては、この様式どおりとする必要はないこと。

3．退職証明書

退 職 証 明 書

_____ 殿

　以下の事由により、あなたは当社を　　　　　　年　　　月　　　日に退職したこと
を証明します。

　　　　　　　　　　　　　　　　　　　　　　　　　年　　　月　　　日

　　　　　　　　　　　事業主氏名又は名称

　　　　　　　　　　　使 用 者 職 氏 名

---

①　あなたの自己都合による退職　（②を除く。）

②　当社の勧奨による退職

③　定年による退職

④　契約期間の満了による退職

⑤　移籍出向による退職

⑥　その他（具体的には　　　　　　　　　　　　　　　　　　　）による退職

⑦　解雇（別紙の理由による。）

※　該当する番号に○を付けること。

※　解雇された労働者が解雇の理由を請求しない場合には、⑦の「（別紙の理由による）」
　　を二重線で消し、別紙は交付しないこと。

ア　天災その他やむを得ない理由（具体的には、

　　　　　　　によって当社の事業の継続が不可能になったこと。）による解雇

イ　事業縮小等当社の都合（具体的には、当社が、

　　　　　　　　　　　　　　　　　　　となったこと。）による解雇

ウ　職務命令に対する重大な違反行為（具体的には、あなたが

　　　　　　　　　　　　　　　　　　したこと。）による解雇

エ　業務について不正な行為（具体的には、あなたが

　　　　　　　　　　　　　　　　　　したこと。）による解雇

オ　相当長期間にわたる無断欠勤をしたこと等勤務不良であること（具体的には、あなたが

　　　　　　　　　　　　　　　　　　したこと。）による解雇

カ　その他（具体的には、

　　　　　　　　　　　　　　　　　　　　　　　　　）による解雇

※　該当するものに〇を付け、具体的な理由等を（　）の中に記入すること。

労基法

4. 解雇理由証明書

解雇理由証明書

　　　　　　　　　　　　殿

　　当社が、　　　年　　　月　　　日付けであなたに予告した解雇については、以下の理由に
よるものであることを証明します。

　　　　　　　　　　　　　　　　　　　　　　　　　　　　　　　年　　　月　　　日

　　　　　　　　　事業主氏名又は名称
　　　　　　　　　使 用 者 職 氏 名

[解雇理由] ※1、2

　1　天災その他やむを得ない理由（具体的には、
　　　　　　　　　　　　　によって当社の事業の継続が不可能となったこと。）による解雇

　2　事業縮小等当社の都合（具体的には、当社が、
　　　　　　　　　　　　　　　　　　となったこと。）による解雇

　3　職務命令に対する重大な違反行為（具体的には、あなたが
　　　　　　　　　　　　　　　　したこと。）による解雇

　4　業務について不正な行為（具体的には、あなたが
　　　　　　　　　　　　　　　　したこと。）による解雇

　5　勤務態度又は勤務成績が不良であること（具体的には、あなたが
　　　　　　　　　　　　　　　　したこと。）による解雇

　6　その他（具体的には、

　　　　　　　　　　　　　　　　　　）による解雇

※1　該当するものに○を付け、具体的な理由等を（　）の中に記入すること。
※2　就業規則の作成を義務付けられている事業場においては、上記解雇理由の記載例にかかわらず、
　　　当該就業規則に記載された解雇の事由のうち、該当するものを記載すること。

4. 有期労働契約の締結、更新及び雇止めに関する基準

【趣　旨】

　有期労働契約（期間の定めのある労働契約）については、契約更新の繰り返しにより、一定期間雇用を継続したにもかかわらず、突然、契約更新をせずに期間満了をもって退職させる等の、いわゆる「雇止め」をめぐるトラブルが大きな問題となっています。

　このため、このようなトラブルの防止や解決を図り、有期労働契約が労使双方から良好な雇用形態の一つとして活用されるようにするとの観点から、労働基準法第14条第2項に基づき「有期労働契約の締結、更新及び雇止めに関する基準」が策定されました。（平成25年4月1日一部改正）

　編者注：厚生労働省「有期労働契約の締結、更新及び雇止めに関する基準について」リーフレット　参照

1．雇止めの予告

　使用者は、有期労働契約（※）を更新しない場合には、少なくとも契約の期間が満了する日の30日前までに、その予告をしなければなりません（あらかじめその契約を更新しない旨が明示されている場合を除きます）。

　※雇止めの予告の対象となる有期労働契約

①	3回以上更新されている場合
②	1年以下の契約期間の有期労働契約が更新または反復更新され、最初に有期労働契約を締結してから継続して通算1年を超える場合
③	1年を超える契約期間の労働契約を締結している場合

2．雇止めの理由の明示

　使用者は、雇止めの予告後に、労働者が雇止めの理由について証明書を請求した場合は、遅滞なくこれを交付しなければなりません。

　雇止めの後に労働者から請求された場合も同様です。

　明示すべき「雇止めの理由」は、契約期間の満了とは別の理由とすることが必要です。

《参考例》・前回の契約更新時に、本契約を更新しないことが合意されていたため

　　　　　・契約締結当初から、更新回数の上限を設けており、本契約はその上限に係るものであるため

　　　　　・担当していた業務が終了・中止したため

　　　　　・事業縮小のため

　　　　　・業務を遂行する能力が十分ではないと認められるため

　　　　　・職務命令に対する違反行為を行ったこと、無断欠勤をしたことなど勤務不良のため　　　など

3．契約期間についての配慮

　使用者は、契約を1回以上更新し、かつ、1年を超えて継続して雇用している有期契約労働者との契約を更新しようとする場合は、契約の実態及びその労働者の希望に応じて、契約期間をできる限り長くするように努めなければなりません。

労

基

法

1　趣旨

　労働基準法においては、労働時間、休日、深夜業等について規定を設けていることから、使用者は、労働時間を適正に把握するなど労働時間を適切に管理する責務を有している。

　しかしながら、現状をみると、労働時間の把握に係る自己申告制（労働者が自己の労働時間を自主的に申告することにより労働時間を把握するもの。以下同じ。）の不適正な運用等に伴い、同法に違反する過重な長時間労働や割増賃金の未払いといった問題が生じているなど、使用者が労働時間を適切に管理していない状況もみられるところである。

　このため、本ガイドラインでは、労働時間の適正な把握のために使用者が講ずべき措置を具体的に明らかにする。

2　適用の範囲

　本ガイドラインの対象事業場は、労働基準法のうち労働時間に係る規定が適用される全ての事業場であること。

　また、本ガイドラインに基づき使用者（使用者から労働時間を管理する権限の委譲を受けた者を含む。以下同じ。）が労働時間の適正な把握を行うべき対象労働者は、労働基準法第41条に定める者及びみなし労働時間制が適用される労働者（事業場外労働を行う者にあっては、みなし労働時間制が適用される時間に限る。）を除く全ての者であること。

　なお、本ガイドラインが適用されない労働者についても、健康確保を図る必要があることから、使用者において適正な労働時間管理を行う責務があること。

3　労働時間の考え方

　労働時間とは、使用者の指揮命令下に置かれている時間のことをいい、使用者の明示又は黙示の指示により労働者が業務に従事する時間は労働時間に当たる。

　そのため、次のアからウのような時間は、労働時間として扱わなければならないこと。

　ただし、これら以外の時間についても、使用者の指揮命令下に置かれていると評価される時間については労働時間として取り扱うこと。

　なお、労働時間に該当するか否かは、労働契約、就業規則、労働協約等の定めのいかんによらず、労働者の行為が使用者の指揮命令下に置かれたものと評価することができるか否かにより客観的に定まるものであること。また、客観的に見て使用者の指揮命令下に置かれていると評価されるかどうかは、労働者の行為が使用者から義務づけられ、又はこれを余儀なくされていた等の状況の有無等から、個別具体的に判断されるものであること。

ア　使用者の指示により、就業を命じられた業務に必要な準備行為（着用を義務付けられた所定の服装への着替え等）や業務終了後の業務に関連した後始末（清掃等）を事業場内において行った時間

イ　使用者の指示があった場合には即時に業務に従事することを求められており、労働から離れること
　　が保障されていない状態で待機等している時間（いわゆる「手待時間」）

ウ　参加することが業務上義務づけられている研修・教育訓練の受講や、使用者の指示により業務に必
　　要な学習等を行っていた時間

4　労働時間の適正な把握のために使用者が講ずべき措置

（1）始業・終業時刻の確認及び記録

　　使用者は、労働時間を適正に把握するため、労働者の労働日ごとの始業・終業時刻を確認し、こ
　れを記録すること。

（2）始業・終業時刻の確認及び記録の原則的な方法

　　使用者が始業・終業時刻を確認し、記録する方法としては、原則として次のいずれかの方法によ
　ること。

ア　使用者が、自ら現認することにより確認し、適正に記録すること。

イ　タイムカード、ＩＣカード、パソコンの使用時間の記録等の客観的な記録を基礎として確認し、
　　適正に記録すること。

（3）自己申告制により始業・終業時刻の確認及び記録を行う場合の措置

　　上記（2）の方法によることなく、自己申告制によりこれを行わざるを得ない場合、使用者は次
　の措置を講ずること。

ア　自己申告制の対象となる労働者に対して、本ガイドラインを踏まえ、労働時間の実態を正しく
　　記録し、適正に自己申告を行うことなどについて十分な説明を行うこと。

イ　実際に労働時間を管理する者に対して、自己申告制の適正な運用を含め、本ガイドラインに従
　　い講ずべき措置について十分な説明を行うこと。

ウ　自己申告により把握した労働時間が実際の労働時間と合致しているか否かについて、必要に応
　　じて実態調査を実施し、所要の労働時間の補正をすること。

　　特に、入退場記録やパソコンの使用時間の記録など、事業場内にいた時間の分かるデータを有
　　している場合に、労働者からの自己申告により把握した労働時間と当該データで分かった事業場
　　内にいた時間との間に著しい乖離が生じているときには、実態調査を実施し、所要の労働時間の
　　補正をすること。

エ　自己申告した労働時間を超えて事業場内にいる時間について、その理由等を労働者に報告させ
　　る場合には、当該報告が適正に行われているかについて確認すること。

　　その際、休憩や自主的な研修、教育訓練、学習等であるため労働時間ではないと報告されてい
　　ても、実際には、使用者の指示により業務に従事しているなど使用者の指揮命令下に置かれてい
　　たと認められる時間については、労働時間として扱わなければならないこと。

労

基

法

オ　自己申告制は、労働者による適正な申告を前提として成り立つものである。このため、使用者
　は、労働者が自己申告できる時間外労働の時間数に上限を設け、上限を超える申告を認めない等、
　労働者による労働時間の適正な申告を阻害する措置を講じてはならないこと。
　　また、時間外労働時間の削減のための社内通達や時間外労働手当の定額払等労働時間に係る事
　業場の措置が、労働者の労働時間の適正な申告を阻害する要因となっていないかについて確認す
　るとともに、当該要因となっている場合においては、改善のための措置を講ずること。
　　さらに、労働基準法の定める法定労働時間や時間外労働に関する労使協定（いわゆる36協定）
　により延長することができる時間数を遵守することは当然であるが、実際には延長することがで
　きる時間数を超えて労働しているにもかかわらず、記録上これを守っているようにすることが、
　実際に労働時間を管理する者や労働者等において、慣習的に行われていないかについても確認す
　ること。

（4）賃金台帳の適正な調製

　　使用者は、労働基準法第108条及び同法施行規則第54条により、労働者ごとに、労働日数、労働時
　間数、休日労働時間数、時間外労働時間数、深夜労働時間数といった事項を適正に記入しなければ
　ならないこと。
　　また、賃金台帳にこれらの事項を記入していない場合や、故意に賃金台帳に虚偽の労働時間数を
　記入した場合は、同法第120条に基づき、30万円以下の罰金に処されること。

（5）労働時間の記録に関する書類の保存

　　使用者は、労働者名簿、賃金台帳のみならず、出勤簿やタイムカード等の労働時間の記録に関す
　る書類について、労働基準法第109条に基づき、3年間保存しなければならないこと。

（6）労働時間を管理する者の職務

　　事業場において労務管理を行う部署の責任者は、当該事業場内における労働時間の適正な把握等
　労働時間管理の適正化に関する事項を管理し、労働時間管理上の問題点の把握及びその解消を図る
　こと。

（7）労働時間等設定改善委員会等の活用

　　使用者は、事業場の労働時間管理の状況を踏まえ、必要に応じ労働時間等設定改善委員会等の労
　使協議組織を活用し、労働時間管理の現状を把握の上、労働時間管理上の問題点及びその解消策等
　の検討を行うこと。

【厚生労働省ホームページより】
　労働時間の適正な把握のために使用者が講ずべき措置に関するガイドライン（平成29年1月20日策定）
　リーフレット『労働時間の適正な把握のために使用者が講ずべき措置に関するガイドライン』

労

基

法

≪1. 過重労働による健康障害防止のための総合対策≫

　過重労働による健康障害防止のためには、時間外・休日労働の削減、年次有給休暇の取得促進等のほか、事業場における健康管理体制の整備、健康診断の実施等の労働者の健康管理に係る措置の徹底が重要です。また、やむを得ず、長時間にわたる時間外・休日労働を行わせた労働者に対しては、面接指導等を実施し、適切な事後措置を講じることが必要です。

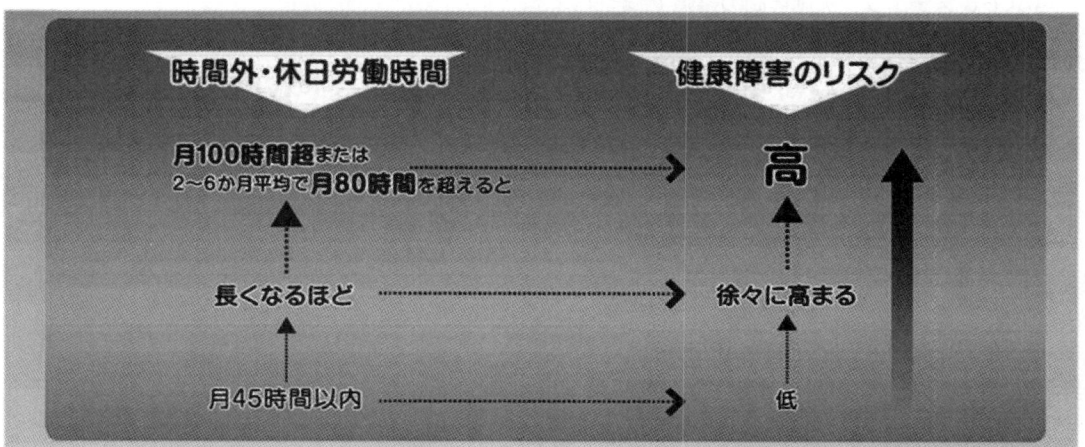

　厚生労働省では、「過重労働による健康障害防止のための総合対策」(平成18年3月17日付け基発第0317008号)を策定し、事業者が講ずべき措置を示しています。

1　時間外・休日労働時間等の削減に関する対策

（1）36協定の締結に当たっては、労働者代表とともに法令及び指針等に適合したものとなるようにするものとする。
　　① 限度時間を超えて時間外・休日労働をさせることができる場合をできる限り具体的に定めなければならないこと等に留意する。
　　② 限度時間を超え時間外・休日労働させることができる時間を限度時間にできる限り近づけるように協定するよう努める。
　　③ 月45時間を超えて時間外労働をさせることが可能な場合でも、健康障害防止の観点から、実際の時間外労働は月45時間以下とするよう努める。
　　④ 休日労働を削減するよう努める。

（2）労働時間を適正に把握する。
　　「労働時間の適正な把握のために使用者が構ずべき措置に関するガイドライン」に基づき、各労働者について、労働日ごとに始業・終業時刻を確認し、記録する。

（3）年次有給休暇の取得促進を図る。

（4）労働時間等の設定を改善する。

労

基

法

2　労働者の健康管理対策

（1）健康管理体制等を整備する。
　①　産業医・衛生管理者・安全衛生推進者等を選任し、衛生委員会等を設置
　　　（長時間労働に関する衛生委員会の付議事項については、次ページ参照）
　②メンタルヘルス推進担当者の選任・相談窓口の設置・地域産業保健センター等外部の相談
　　　窓口の周知
　③長時間労働となった労働者の面接指導実施体制の整備
　　（労働者数が常時５０人未満の事業場では、地域産業保健センターの活用を図る。）
　④ストレスチェック実施体制の整備（労働者50人未満の事業場は当分の間は努力義務。）
　⑤ハラスメント防止体制の整備（教育研修・相談体制・環境整備など）
（2）健康診断を実施し、適切な事後措置を行う。
　①　健康診断を実施し、有所見者に対し医師等から、就業制限の要否等の意見聴取し、就業
　　　上の措置など適切な事後措置を講ずる。
　②　脳・心臓疾患に関わる健康診断項目に異常な所見がある労働者を対象とする二次健康診
　　　断等給付を活用する。
（3）長時間労働の労働者の面接指導を実施し、適切な措置を行う。
（4）ストレスチェックを実施し、面接指導及び職場環境の改善等を行う。
　　　　　　　　　　　　　　　　　　　　　　　（労働者50人未満の事業場は当分の間は努力義務）

健康診断とその後の手順

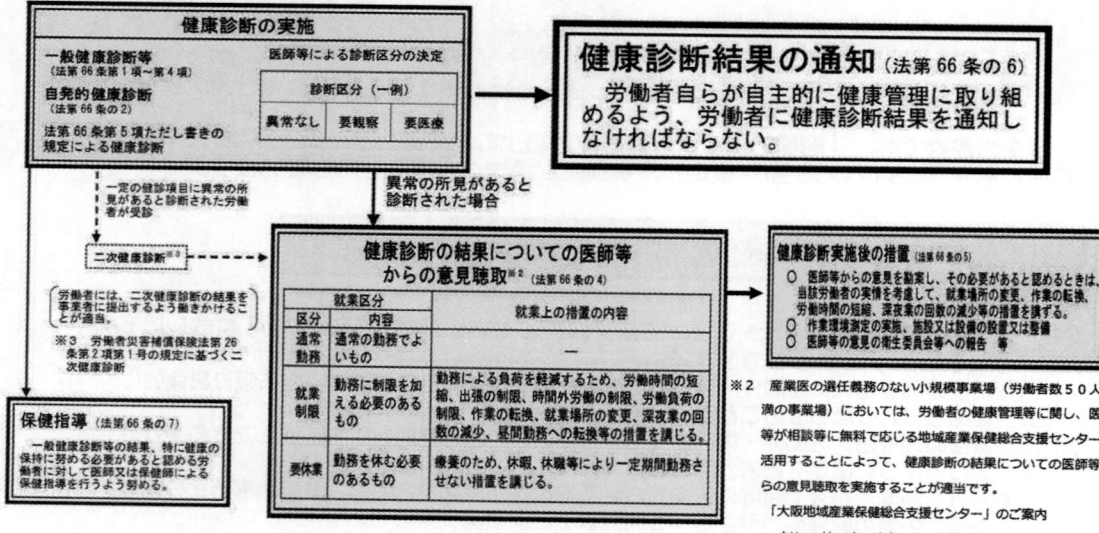

労
基
法

≪　2.　長時間労働者等に対する面接指導の実施　≫

脳血管疾患及び虚血性心疾患等（以下、「脳・心臓疾患」という）の発症が長時間労働と
の関連性が強いとする医学的知見を踏まえ、脳・心臓疾患の発症を予防するため、長時
間にわたる労働により疲労の蓄積した労働者に対し、事業者は医師による面接指導を行
わなければならないこととされています。
また、この面接指導の際には、うつ病等のストレスが関係する精神疾患等の発症を予防
するために、メンタルヘルス面についての配慮も望まれます。

3 長時間労働の労働者の面接指導制度の仕組みと流れ

【法第66条の8の3】【則第52条の7の3】【法第66条の8の4】
事業者は、すべての労働者の労働時間の状況を把握しなければならない。

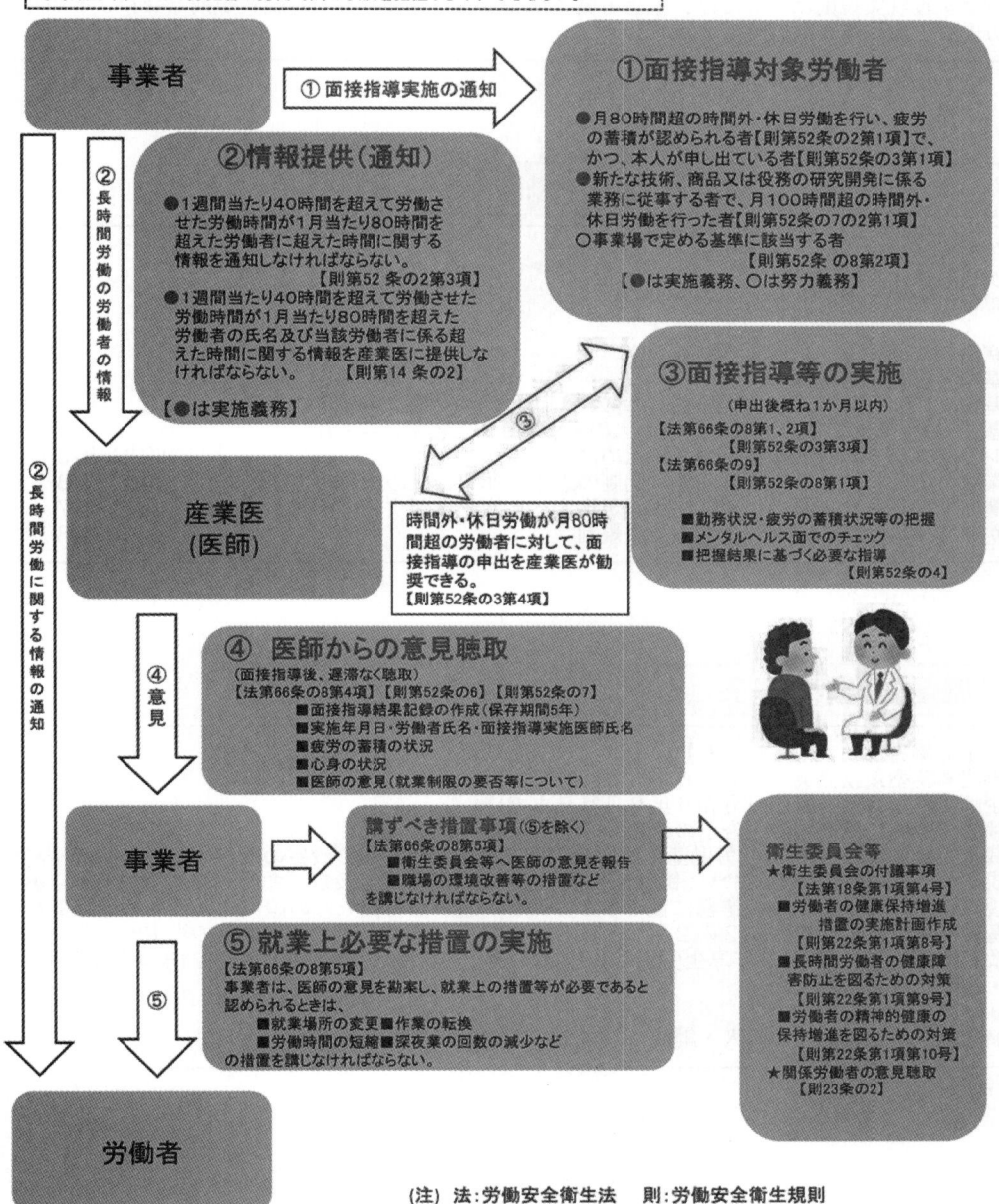

事業者

① 面接指導実施の通知 →

①面接指導対象労働者
●月80時間超の時間外・休日労働を行い、疲労の蓄積が認められる者【則第52条の2第1項】で、かつ、本人が申し出ている者【則第52条の3第1項】
●新たな技術、商品又は役務の研究開発に係る業務に従事する者で、月100時間超の時間外・休日労働を行った者【則第52条の7の2第1項】
○事業場で定める基準に該当する者
【則第52条の8第2項】
【●は実施義務、○は努力義務】

②長時間労働の労働者の情報

②情報提供（通知）
●1週間当たり40時間を超えて労働させた労働時間が1月当たり80時間を超えた労働者に超えた時間に関する情報を通知しなければならない。
【則第52条の2第3項】
●1週間当たり40時間を超えて労働させた労働時間が1月当たり80時間を超えた労働者の氏名及び当該労働者に係る超えた時間に関する情報を産業医に提供しなければならない。【則第14条の2】

【●は実施義務】

②長時間労働に関する情報の通知

産業医（医師）

③

時間外・休日労働が月80時間超の労働者に対して、面接指導の申出を産業医が勧奨できる。
【則第52条の3第4項】

③面接指導等の実施
（申出後概ね1か月以内）
【法第66条の8第1、2項】
【則第52条の3第3項】
【法第66条の9】
【則第52条の8第1項】

■勤務状況・疲労の蓄積状況等の把握
■メンタルヘルス面でのチェック
■把握結果に基づく必要な指導
【則第52条の4】

④意見

④ 医師からの意見聴取
（面接指導後、遅滞なく聴取）
【法第66条の8第4項】【則第52条の6】【則第52条の7】
■面接指導結果記録の作成（保存期間5年）
■実施年月日・労働者氏名・面接指導実施医師氏名
■疲労の蓄積の状況
■心身の状況
■医師の意見（就業制限の要否等について）

事業者 →

講ずべき措置事項（⑤を除く）
【法第66条の8第5項】
■衛生委員会等へ医師の意見を報告
■職場の環境改善等の措置などを講じなければならない。

衛生委員会等
★衛生委員会の付議事項
【法第18条第1項第4号】
■労働者の健康保持増進措置の実施計画作成
【則第22条第1項第8号】
■長時間労働者の健康障害防止を図るための対策
【則第22条第1項第9号】
■労働者の精神的健康の保持増進を図るための対策
【則第22条第1項第10号】
★関係労働者の意見聴取
【則第23条の2】

⑤

⑤ 就業上必要な措置の実施
【法第66条の8第5項】
事業者は、医師の意見を勘案し、就業上の措置等が必要であると認められるときは、
■就業場所の変更 ■作業の転換
■労働時間の短縮 ■深夜業の回数の減少など
の措置を講じなければならない。

労働者

（注）法：労働安全衛生法　則：労働安全衛生規則

労 基 法

編者注：〔出典〕大阪労働局ホームページ　労働基準関係法令のあらまし（令和5年3月作成）
Ⅲ　過重労働による健康障害の防止　・・　P49～P51

7. 建設事業場就業規則（参考）

建設事業場就業規則に関しては、厚生労働省ホームページの「モデル就業規則（令和5年7月版厚生労働省労働基準局監督課）」 参照

8. 1ヵ月又は1年単位の変形労働時間制（参考）

【厚生労働省ホームページより】
フレックスタイム制度
1年単位の変形労働時間制リーフレット

【東京労働局ホームページより】
労働基準・労働契約関係 ＞パンフレット
　労基法　1箇月単位の変形労働時間制導入の手引き　　平成27年3月
　労基法　1年単位の変形労働時間制導入の手引き　　　平成27年3月
　フレックスタイム制の適正な導入のために　　　　　　　　　　　　　　　平成26年3月
　事業場外労働に関するみなし労働時間制の適正な運用のために　　　平成27年3月
　労働時間の適正な把握のために使用者が講ずべき措置に関するガイドライン　平成29年7月
　わかりやすい解説　時間外労働の上限規制　　　　　　　　　　　　　令和3年3月

9. 裁量労働制の概要（参考）

【厚生労働省ホームページより】
　専門業務型裁量労働制（令和6年3月31日まで）
　企画業務型裁量労働制（令和6年3月31日まで）
　裁量労働制に係る省令・告示の改正
　裁量労働制については、「労働基準法施行規則及び労働時間等の設定の改善に関する特別措置法施行規則の一部を改正する省令」（令和5年厚生労働省令第39号）及び「労働基準法第38条の4第1項の規定により同項第1号の業務に従事する労働者の適正な労働条件の確保を図るための指針及び労働基準法施行規則第24条の2の2第2項第6号の規定に基づき厚生労働大臣の指定する業務の一部を改正する告示」（令和5年厚生労働省告示第115号）が令和6年4月1日(2024年4月1日)から施行・適用されます。
　〔リーフレット〕
　簡易版「裁量労働制の導入・継続には新たな手続きが必要です」

1 副業・兼業の基本的な考え方
（1）労働時間以外の時間をどのように利用するかは、基本的には労働者の自由であると されていることから、原則、副業・兼業を認める方向で検討することが適当です。
　労務管理を適切に行うためには、届出制など副業・兼業の有無・内容を確認するた めの仕組みを設けておくことが望ましいです。
（2）副業・兼業は、本業以外でのスキルや経験の獲得により、労働者の主体的なキャリ ア形成に資するものであることから、各企業における副業・兼業の取組について公表 することを推奨しています。
2 労働時間の管理
（1）労働時間管理（原則）：労働基準法第38条第1項では、労働時間は、事業場を異にす る場合においても、労働時間に関する規定の適用については、通算すると規定されて おり、事業場を異にする場合とは、事業主を異にする場合も含みます。このため労働 者が、A事業場でもB事業場でも雇用される場合には、原則として、その労働者を使 用する全ての使用者が、A事業場における労働時間とB事業場における労働時間を通 算して管理する必要があります。
（2）労働時間管理（簡便な労働時間管理の方法）：副業・兼業の日数が多い場合や、自らの事業 場及び他の使用者の事業場の双方において、所定外労働がある場合等においては、労働時間 の申告等や通算管理において、労使双方に手続上の負担が伴うことが考えられます。このた め、副業・兼業を認める事業場においては、労使双方の手続上の負担を軽減し、労働基準法 に定める最低労働条件が遵守されやすくなる管理モデルを用いて、労働時間管理を行うこと が考えられます。
3 労働者の健康管理
（1）副業・兼業を行っている労働者とコミュニケーションをとり、労働者の健康確保に 必要な措置を講じましょう。
（2）状況に応じて、時間外・休日労働の免除や抑制を行うことも考えられます。

【出典及び参考文献】
1. 副業・兼業の促進に関するガイドライン　　　　　　　　厚生労働省　令和4年7月
　　改定
2. 「副業・兼業の促進に関するガイドライン」Q&A　　　　厚生労働省　令和4年7月
3. 副業・兼業の促進に関するガイドライン　わかりやすい解説　厚生労働省　令和4年10月

労

基

法

11. 賃金デジタル払い（参考）

労働者・雇用主の皆さまへ

賃金のデジタル払いが可能になります！

労働基準法では、賃金は現金払いが原則ですが、労働者が同意した場合、銀行口座などへの賃金の振り込みが認められてきました。キャッシュレス決済の普及や送金手段の多様化のニーズに対応するため、労働者が同意した場合には、一部の資金移動業者※の口座への賃金支払いも認められることになります。

※厚生労働大臣が指定した資金移動業者（●●Payなど）のみです。
　指定された資金移動業者一覧は指定後に厚生労働省ウェブサイトに掲載する予定です。

 ← 厚生労働省ウェブサイト

今後の流れ

2023年4月～	資金移動業者が厚生労働大臣に指定申請、厚生労働省で審査（数か月かかる見込み）
大臣指定後～	各事業場で労使協定を締結
労使協定締結後～	個々の労働者に説明し、労働者が同意した場合には賃金のデジタル払い開始

▶注意点

● 現金化できないポイントや仮想通貨での賃金支払いは認められません。

● 賃金のデジタル払いは、賃金の支払・受取方法の選択肢の1つです。賃金のデジタル払いを導入した事業所においても、全ての労働者の現在の賃金支払い・受け取り方法の変更が必須となるわけではありません。

● 労働者が希望しない場合は、これまでどおり銀行口座などで賃金を受け取ることができます。また、雇用主は希望しない労働者に賃金のデジタル払いを強制してはいけません。（労働者本人の同意がない場合や賃金のデジタル払いを強制した場合には、雇用主は労働基準法違反となり、罰則の対象になり得ます。）

● 賃金の一部を指定資金移動業者口座で受け取り、その他は銀行口座などで受け取ることも可能です。

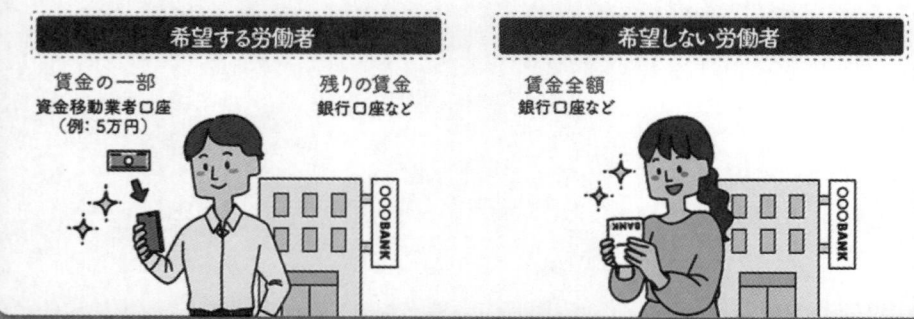

希望する労働者	希望しない労働者
賃金の一部 資金移動業者口座 （例：5万円）　　残りの賃金 　　銀行口座など	賃金全額 銀行口座など

編者注：〔出典〕厚生労働省ホームページ　賃金のデジタル払いが可能になります！　リーフレット　より

労
基
法

賃金のデジタル払いを希望するにあたり皆さまに知っておいてほしいこと

● **事前の協定締結が必須です**

　賃金のデジタル払いを事業所に導入する場合には、まずは、雇用主と労働者で労使協定の締結が必要です。その上で、雇用主は以下の事項を労働者に説明し、労働者の個別の同意を得る必要があります。

● **受け取り額は適切に設定を**

　指定資金移動業者口座は、「預金」をするためではなく、支払や送金に用いるためのものであることを理解の上、支払などに使う見込みの額を受け取るようにしてください。また、受け取り額は、1日当たりの払出上限額以下の額とする必要があります。

● **口座の上限額は100万円以下です**

　口座の上限額は100万円以下に設定されています。上限額を超えた場合は、あらかじめ労働者が指定した銀行口座などに自動的に出金されます。この際の手数料は労働者の負担となる可能性がありますので、指定資金移動業者にご確認ください。

● **口座残高の現金化も可能です（月1回は口座からの払い出し手数料なし）**

　ATMや銀行口座などへの出金により、口座残高を現金化（払い出し）することもできます。少なくとも毎月1回は労働者の手数料負担なく指定資金移動業者口座から払い出しができます。払出方法や手数料は指定資金移動業者により異なります。

● **口座残高の払い戻し期限は少なくとも10年間**

　口座残高については、最後の入出金日から少なくとも10年間は、申し出などにより払い戻してもらうことができます。

万が一の場合について

● **不正取引（心当たりの無い出金など）が起きた場合**

　口座の乗っ取りなどにより、指定資金移動業者口座から不正に出金などされた場合、口座所有者に過失がないときは損失額全額が補償されますが、労働者に過失があるときの保証については個別のケースによります。また、損失発生日から少なくとも30日以上の通知期間が設定されています。不正取引があった場合には、速やかに指定資金移動業者にお問い合わせください。

● **業者が破綻した場合**

　万が一、指定資金移動業者が破綻したときには、保証機関から弁済が行われます。

ひと、くらし、みらいのために
厚生労働省
Ministry of Health, Labour and Welfare

1．労働安全衛生法（要旨）

事　　項		条文	内　容　の　説　明
第一章　総則	目　　的	1	この法律は、労働基準法と相まって労働災害防止のための危害防止基準の確立、責任体制の明確化、自主的活動促進の措置を講ずる等その防止に関する総合的計画的な対策を推進することにより、職場における労働者の安全と健康を確保するとともに、快適な職場環境の形成を促進する。
	事業者等の責務	3	事業者は、法律で定められた最低基準を守るだけでなく、快適な職場環境の実現と労働条件の改善を通じて、労働者の安全と健康の確保に努める。機械等の製造者等、建設工事の注文者等は、それぞれの立場において労働災害の発生の防止に資するよう努める。
	労働者の責務	4	労働者は、労働災害防止のための必要事項を守らなければならない。
	事業者に関する規定の適用	5	ジョイント・ベンチャーにより建設工事を行う事業者には、代表者の選定等この法律の適用関係を明らかにしている。
第二章　労働災害防止計画	計画の策定、公表・勧告	6〜9	厚生労働大臣による労働災害防止対策、重要事項を定めた計画の策定公表　事業者等に対する勧告又は要請
第三章　安全衛生管理体制	一般的な安全衛生管理組織	10〜14　17〜19　19の2	1　総括安全衛生管理者 2　安全管理者 3　衛生管理者（衛生工学衛生管理者を含む。） 4　安全衛生推進者 5　産業医 6　作業主任者 7　安全衛生に関する調査審議機関として、安全委員会、衛生委員会又は安全衛生委員会 8　安全管理者等に対する教育（能力向上教育）
	混在して請負事業を行う場合の安全衛生管理組織	15〜16　30	一の場所において、請負契約関係下にある複数の事業者が混在して事業を行うことから生ずる労働災害を防止するための安全衛生管理組織 1　統括安全衛生責任者 2　元方安全衛生管理者 3　店社安全衛生管理者 4　安全衛生責任者 5　関係請負人を含めての協議組織
第四章	事業者の講ずべき措置等	20	機械・器具その他の設備、爆発性・発火性・引火性の物、電気・熱その他のエネルギーによる危険防止に必要な措置
		21	掘削等の作業方法、墜落等による危険防止に必要な措置
		22	原材料、ガス、粉じん、酸欠等による健康障害防止に必要な措置
		23	就業場所の環境の保全等労働者の健康・風紀・生命の保持に必要な措置
		24	労働者の作業行動から生ずる労働災害の防止に必要な措置
		25	緊急避難の措置

安　衛　法

事　　項	条文	内　容　の　説　明
事業者の講ずべき措置等	25の2 28の2	重大事故発生時における救護の安全を確保するための措置 危険性又は有害性等の調査と措置
労働者の義務	26	労働者は事業者が第20条〜第25条の2に基づき講ずる措置に応じて必要な事項を守らなければならない。
元方事業者の講ずべき措置	29 29の2	関係請負人及びその労働者に対し、法令遵守の指導、指示を行う。 関係請負人の労働者が一定の危険な場所において作業を行う場合に安全を確保するための技術上の指導その他の必要な措置を行う。
特定元方事業者の講ずべき措置	30	1．協議組織の設置・運営（労働者総数50人未満でも設置） 2．作業間の連絡・調整 3．作業場所の巡視 4．関係請負人の安全衛生教育の指導・援助 5．工程計画及び機械設備等の配置計画を作成すると共に、当該機械設備等を使用する関係請負人が講ずべき措置について指導を行う。 6．その他労働災害防止に必要な事項
救護に関する措置	30の3	第25条の2第1項の措置は、数次の請負契約による場合は、元方事業者が行う。
注文者の講ずべき措置	31 31の3 31の4	元請の建設物等を下請労働者に使用させるときはその建設物等についての労働災害防止措置 建設機械等を用いる仕事を行う場合に、従事するすべての労働者に対する発注者（元請）の労働災害防止措置 注文者の違法な指示の禁止
請負人の講ずべき措置等	32	特定元方事業者・注文者（元請）等が講じた措置に応じた関係請負の労働災害防止に必要な措置
機械貸与者等の講ずべき措置等	33	貸与の機械等による労働災害防止に必要な措置
特定機械等の検査等	38 〜 41	ボイラー、第一種圧力容器、つり上げ荷重3t以上のクレーン、移動式クレーン、つり上げ荷重が2t以上のデリック、積載荷重が1t以上のエレベーター、ガイドレールの高さが18m以上の建設用リフト、ゴンドラ（安衛令第12条）を設置し、使用する場合は、労働局長の検査を受けること。
危険有害機械等の譲渡等の制限	42 43 43の2	一定の危険有害作業を伴う機械等（安衛令第13条）は、厚生労働大臣の定めた規格等を具備しなければ譲渡、貸与、設置してはならない。 決められた防護措置を備えない動力駆動機械等の譲渡・貸与等の禁止。 厚生労働大臣又は労働局長は、規格等を具備していない機械等の製造者や輸入者に対して、その回収または改善を命じることができる。
定期自主検査	45 1項	事業者は、一定の機械（安衛令第15条第1項）について、定期に自主検査を行い、その結果を記録する。
特定自主検査	45 2項	事業者は、フォークリフト、車両系建設機械、動力プレス（安衛令第15条第2項）の特定自主検査は、一定の資格者か、検査業者に実施させる。

第四章　労働者の危険又は健康障害を防止するための措置

第五章　機械等並びに危険物及び有害物に関する規制

安衛法

	事　項	条文	内　容　の　説　明
第五章	有害物の表示	57	爆発性・発火性・引火性の物、ベンゼン類その他労働者に危険・健康障害を生ずるおそれのある物を譲渡等しょうとする者は、取扱上の注意等を表示する。
	化学物質のリスクアセスメント	57の3	第57条1項の政令で定める物質及び通知対象物質のリスクアセスメントを行う。
第六章　労働者の就業に当たっての措置	雇入れ時安全衛生教育	59 1、2項	労働者を雇入れたとき又は作業内容を変更したときは、安衛則第35条に定める安全衛生教育を行う。
	特　別　教　育	59 3項	安衛則第36条に定める危険有害業務につかせるときは、安全衛生特別教育規程（平27.3.25　労働省告示第114号）による特別教育を行う。
	職　長　教　育	60	新たに職長となった者等に対し、安衛則第40条に定める教育を行う。
	安全衛生教育	60の2	事業者は、危険有害業務に現に従事している者に対し、当該業務に関する安全衛生教育を行うように努めなければならない。
	就　業　制　限	61	事業者は、安衛令第20条で定める危険業務は、安衛則第41条（別表第3）で示された免許又は技能講習修了者等の資格者でなければ就業させてはならない。
	中高年齢者等への配慮	62	事業者は、中高年齢者等労働災害防止上特に配慮を必要とする者については、心身の状況に応じた適正配置に努めなければならない。
第七章　健康の保持増進のための措置	作業環境測定	65 65の2	安衛令第21条に定める作業場では定められた方法により作業環境測定を行い、結果を記録する。また一定の作業場では定められた作業環境評価基準に従って評価を行い、これに基づく適切な事後措置を講じなければならない。
	作　業　の　管　理	65の3	事業主は、労働者の健康に配慮して、従事する作業を適切に管理するように努めなければならない。
	作業時間の制限	65の4	事業主は、圧気業務等健康障害を生ずるおそれのある業務に就く労働者については、高圧則第15条、同第27条に定める作業時間の基準に違反して従事させてはならない。
	健　康　診　断	66	事業主は、雇入れ時及び年1回定期に健康診断を実施する。安衛令第22条に定める業務に従事する者には6カ月以内ごとに1回定期に実施する。また海外へ労働者を6カ月以上派遣する場合には健康診断を実施する。
		66の3 66の6 66の8 66の10	事業主は、健康診断個人票を作成して5年間保存する。 事業主は、健康診断結果を受診者へ通知しなければならない。 事業主は、長時間労働者に対して医師による面接指導を実施する。 事業主は、心理的な負担の程度を把握するための検査を実施する。
	健康管理手帳	67	労働局長は、安衛令第23条に定める業務に従事した者のうち、安衛則第53条に定める要件に該当する者に、離職の際又は離職後に、健康管理手帳を交付する。
	病者の就業禁止	68	事業主は、病毒伝ぱのおそれある伝染性の疾病にかかった者、心臓、腎臓、肺等の疾病で労働のため病勢が著しく増悪するおそれのあるものにかかった者等（安衛則第6条第1項）については、産業医その他専門の医師の意見を聞き（安衛則第6条第2項）、その就業を禁止しなければならない。
	健康教育等	69	事業主は、労働者に対する健康教育等、労働者の健康の保持増進を図るため必要な措置を継続的かつ計画的に講ずるように努めなければならない。
第七章の二	快　適　職　場	71の2	事業主は、事業場における安全衛生水準の向上のため、快適な職場環境を形成するように努めなければならない。

安
衛
法

事　　項	条文	内　容　の　説　明
第八章　免　許　等	72〜77	各種の免許、免許試験、技能講習、登録教習機関等について規定。
第九章　安全衛生改善計画等	78〜87	労働局長が行う安全衛生改善計画の事業者への作成指示、及び労働安全コンサルタント・労働衛生コンサルタントに関する事項等について規定。
第十章　監督等　計画の届出等	88	1．事業主は、機械等で危険有害作業を必要とするもの、危険な場所で使用するもの、又は健康障害防止に使用するもので一定のもの（安衛則別表第7ほか〜手続一覧　参照）を設置・移転・変更しようとする場合は、使用開始の30日前までに監督署長に届出なければならない。（第1項） 　但し、危険性・有害性の低減に向けた措置等を適切に行っていると監督署長が認定した事業場は、機械の設置等に係る計画の届出が免除される。（安衛則第87条〜第87条の9） 2．事業主は、建設業の仕事で重大な労働災害を生ずるおそれのある特に大規模な仕事で厚生労働省令で定めるもの（安衛則第89条）を開始しようとする時は、開始の日の30日前までに厚生労働大臣に届け出なければならない。（第2項） 3．建設業、土石採取業は安衛則第90条に定める仕事を開始する14日前までに仕事の概要を添えて監督署長に届出なければならない（手続一覧　参照）。 4．事業主は、1、2、3の仕事の計画を作成するときは、厚生労働省令で定める仕事については一定の資格を有する者を参画させなければならない。 5．厚生労働大臣への計画届で数次の請負契約による場合の届出義務者 6．労働基準監督署長は、届出た事項が法律・命令の規定に違反すると認められたときは、工事等の差し止め、又は変更命令ができる。 7．厚生労働大臣等は、必要がある場合は、当該命令に係る仕事の発注者に対して、勧告・要請ができる。
都道府県労働局長の審査等	89の2	労働基準監督署長に届出があった計画のうち、高度の技術的検討を要するもの（安衛則第94条の2）について、労働局長は審査することができる。
使用停止命令等	98〜99	1．労働局長、監督署長は、事業者等が本法に規定された講ずべき措置に違反した場合は、作業の全部又は一部の停止、建設物等の使用停止等を命じることができる。 2．労働者に急迫した危険があるときは、労働基準監督官は以上の権限を即時に行うことができる。 3．必要がある場合は、当該命令に係る仕事の注文者に対して、勧告・要請ができる。 4．労働局長等は、上記以外でも労働災害発生の急迫した危険があり、かつ、緊急の必要があるときは必要な限度で使用停止命令等を出すことができる。
講習の指示	99の2 99の3	労働局長は、労働災害が発生した場合、労働災害の再発を防止するため、労働災害防止業務従事者に対する講習の受講を指示することができる。 労働局長は、就業制限業務従事者が法律等に違反して労働災害を発生させた場合、労働災害の再発を防止するため、その者に対し講習の受講を指示することができる。
報　告　等	100	労働基準監督署長等は、この法律を施行するため必要があると認めるとき、事業者・労働者等に対し、必要な事項を報告させ、又は出頭を命じることができる。

安衛法

2. 統括安全衛生管理義務者の指名方法

1．発注者が、2以上の元請人に分割発注した場合（法第30条第2項前段の場合）

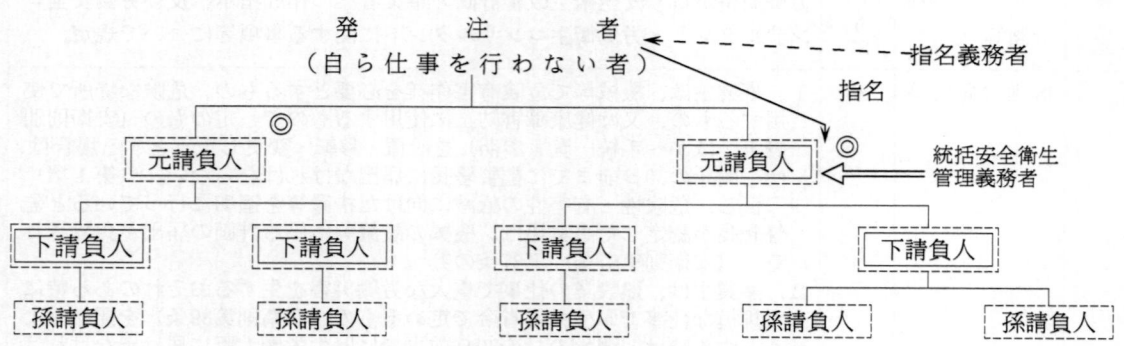

2．商社等の元請負人が分割発注を行う場合（法第30条第2項後段の場合）

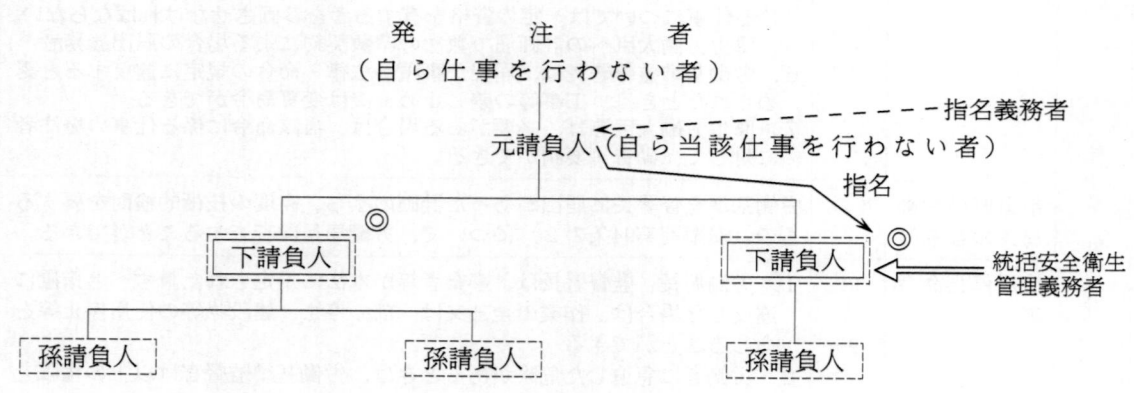

（注）① ［　　　　］内の者は、一の場所において行う事業の仕事の一部を請負人に請け負わせているものをさす。

② ［　　　　］内の者は、一の場所で自ら仕事を行っているものをさす。

③ ◎印は、特定元方事業者をさす。

安
衛
法

3. 安全管理者等の法で定める職務一覧表

区分	対象事業場	職　　務	
総括安全衛生管理者 法10	常時100人以上の直用労働者を使用する事業場 （令2）	1．安全管理者、衛生管理者又は救護に関する技術的事項を管理する者を指揮すること。 2．次の業務が適切かつ円滑に実施されるよう所要の措置を講じ、かつ、その実施状況を監督する等責任をもってとりまとめること。 （1）労働者の危険又は健康障害を防止するための措置 （2）労働者の安全又は衛生のための教育の実施 （3）健康診断の実施その他健康の保持増進のための措置 （4）労働災害の原因の調査及び再発防止対策 （5）前各号に掲げるもののほか、労働災害を防止するため必要な業務で、厚生労働省令で定めるもの。（安衛則第3条の2　①安全衛生に関する方針の表明　②安衛則第28条の2第1項の危険性・有害性等の調査及びその結果に基づき講ずる措置　③安全衛生に関する計画の作成、実施、評価及び改善）	
安全管理者 法11	常時50人以上の直用労働者を使用する事業場 （令3）	1．総括安全衛生管理者の欄に掲げる2の(1)から(5)までの業務のうち安全に係る技術的事項の管理 2．作業場等を巡視し、設備、作業方法等に危険のおそれがあるときは、直ちに、その危険を防止するため必要な措置（安衛則第6条） 3．安全に関する措置 （1）建設物、設備、作業場所又は作業方法に危険がある場合における応急措置又は適当な防止の措置（設備新設時、新生産方式採用時等における安全面からの検討を含む。） （2）安全装置、保護具その他危険防止のための設備・器具の定期的点検及び整備 （3）作業の安全についての教育及び訓練 （4）発生した災害原因の調査及び対策の検討 （5）消防及び避難の訓練 （6）作業主任者その他安全に関する補助者の監督 （7）安全に関する資料の作成、収集及び重要事項の記録 （8）その事業の労働者が行う作業が他の事業の労働者が行う作業と同一の場所において行われる場合における安全に関し、必要な措置	
衛生管理者 法12	常時50人以上の直用労働者を使用する事業場 （令4）	1．総括安全衛生管理者の欄に掲げる2の（1）から（5）までの業務のうち衛生に係る技術的事項の管理 2．毎週一回作業場等を巡視し、設備、作業方法、衛生状態に有害のおそれのあるときは、直ちに、労働者の健康障害を防止するため必要な措置（安衛則第11条） 3．衛生に関する措置 （1）健康に異常のある者の発見及び処置 （2）作業環境の衛生上の調査 （3）作業条件、施設等の衛生上の改善 （4）労働衛生保護具、救急用具等の点検及び整備 （5）衛生教育、健康相談その他労働者の健康保持に必要な事項 （6）労働者の負傷及び疾病、それによる死亡、欠勤及び移動に関する統計の作成 （7）その事業の労働者が行う作業が他の事業の労働者が行う作業と同一の場所において行われる場合における衛生に関し必要な措置 （8）その他衛生日誌の記載等職務上の記録の整備等	

安
衛
法

区分	対象事業場	職　　務
安全衛生推進者等 法12の2	常時10人以上50人未満の直用労働者を使用する事業場（注） （則12の2）	事業主等の安全衛生業務について権限と責任を有する者の指揮を受けて次の職務を担当する。 1．労働者の危険又は健康障害を防止するための措置 2．労働者の安全又は衛生のための教育の実施 3．健康診断の実施その他健康の保持増進のための措置 4．労働災害の原因の調査及び再発防止 5．労働災害防止のため必要な業務（安衛則第3条の2）
	（注）建設現場の場合、現場事務所があって、その現場で労務管理が一体として行われている場合以外は、独立性がないものとして直近上位の機構（本社、支店、営業所等）と一括して一の事業場として扱われる。	
産業医等 法13	常時50人以上の直用労働者を使用する事業場 （令5）	1．健康診断及び面接指導の実施並びに労働者の健康を保持するための措置 2．作業環境の維持管理 3．作業の管理 4．前各号のほか労働者の健康管理 5．健康教育、健康相談その他労働者の健康の保持増進を図るための措置 6．労働者の衛生教育 7．労働者の健康障害の原因調査、再発防止措置 8．毎月1回の作業場巡視、作業方法等に有害のおそれがあるときは、直ちに、必要な措置 9．必要な医学に関する知識に基づき、誠実に職務を行う事
	（注）産業医は、医師の中から選任することに加え、労働者の健康管理などを行うのに必要な医学に関する知識について一定の要件を備えた者又は、産業医の養成を目的とした大学を卒業し、一定の実習を履修した者等でなければならない。（安衛則第14条第2項）	
統括安全衛生責任者 法15	関係請負人の労働者を含めて常時50人以上となる事業場（ずい道等、一定の橋梁建設又は圧気工法の仕事は常時30人） （令7）	次の事項の統括管理 1．元方安全衛生管理者の指揮 2．協議組織の設置及び運営 3．作業間の連絡及び調整 4．作業場所の巡視 5．関係請負人が行う労働者の安全又は衛生のための教育に対する指導及び援助 6．仕事の工程に関する計画及び作業場所における機械、設備等の配置に関する計画の作成、関係請負人が講ずべき措置の指導 7．前各号に掲げるもののほか、当該労働災害を防止するため必要な事項
元方安全衛生管理者 法15の2	統括安全衛生責任者を選任した事業場	統括安全衛生責任者が統括管理すべき事項のうち技術的事項の管理
店社安全衛生管理者 法15の3	関係請負人を含めて常時20人以上の労働者を使用する現場（統括安全衛生責任者を選任すべき現場を除く）に係る請負契約を締結している店社（本店・支店・営業所等）ごと （則18の6）	現場の統括安全衛生管理を担当する者に対する指導のほか 1．対象となる現場を少なくとも毎月1回以上巡視すること。 2．対象現場、労働者の作業の種類、その他作業の状況を把握すること。 3．現場の協議組織に随時参加すること。 4．仕事の工程に関する計画及び作業場所における機械、設備等の設置に関する計画に関し関係請負人が法的措置を講じていることを確認すること。 （注）店社安全衛生管理者の選任を要する現場であっても、統括安全衛生責任者の職務を行う者並びに元方安全衛生管理者の職務を行う者を選任し、これらの者にその職務を行わせている事業者は、当該現場において店社安全衛生管理者の選任をしその職務を行わせているものとする。

安
衛
法

区分	対象事業場	職　　　　　務
救護技術管理者 法25の2	長さ1,000m以上のずい道及び深さ50m以上のたて坑の仕事を行う事業場 ゲージ圧力0.1MPa以上の作業を行う事業場	爆発、火災等が生じたことに伴い労働者の救護に関する措置がとられる場合における労働災害の発生を防止するため、次の措置を講じなければならない場合の技術的事項の管理 1．労働者の救護に関し必要な機械等の備付け及び管理を行うこと。 2．労働者の救護に関し必要な事項についての訓練を行うこと。 3．爆発、火災等に備えて、労働者の救護に関し必要な事項を行うこと。
安全衛生責任者 法16	統括安全衛生責任者が選任される事業場における下請	1．統括安全衛生責任者との連絡 2．統括安全衛生責任者から連絡を受けた事項の関係者への連絡 3．統括安全衛生責任者からの連絡事項の実施についての管理 4．当該請負人が作成する作業計画等について、統括安全衛生責任者との調整 5．混在作業によって生ずる労働災害に係る危険の有無の確認 6．当該請負人が仕事の一部を後次の請負人に請け負わせる場合には、その請負人の安全衛生責任者との作業間の連絡及び調整
安全衛生委員会 法17〜19	常時50人以上の直用労働者を使用する事業場 （令8〜9）	1．安全関係で次の事項の調査審議と事業者への意見具申（安全委員会） （1）労働者の危険を防止するための基本となるべき対策 （2）労働災害の原因及び再発防止対策 （3）その他労働者の危険の防止に関する重要事項 　　（則21条） 　　①　危険性・有害性等の調査及びその結果に基づき講ずる措置のうち安全関係 　　②　安全衛生に関する計画（安全関係）の作成、実施、評価及び改善　他 2．衛生関係で次の事項の調査審議と事業者への意見具申（衛生委員会） （1）労働者の健康障害を防止するための基本となるべき対策 （2）労働者の健康の保持増進を図るための基本となるべき対策 （3）労働災害の原因及び再発防止対策 （4）その他労働者の健康障害の防止及び健康の保持増進に関する重要事項 　　（則22条） 　　①　危険性・有害性等の調査及びその結果に基づき講ずる措置のうち衛生関係 　　②　安全衛生に関する計画（衛生関係）の作成、実施、評価及び改善 　　③　長時間にわたる労働者の健康障害の防止を図るための対策の樹立 　　④　労働者の精神的健康の保持増進を図るための対策の樹立　他 3．安全委員会及び衛生委員会を設けなければならないときは、それぞれの委員会の設置に代えて、安全衛生委員会を設置することができる。

安衛法

4. 安全衛生管理体制

（1）事業場ごとの安全衛生管理体制

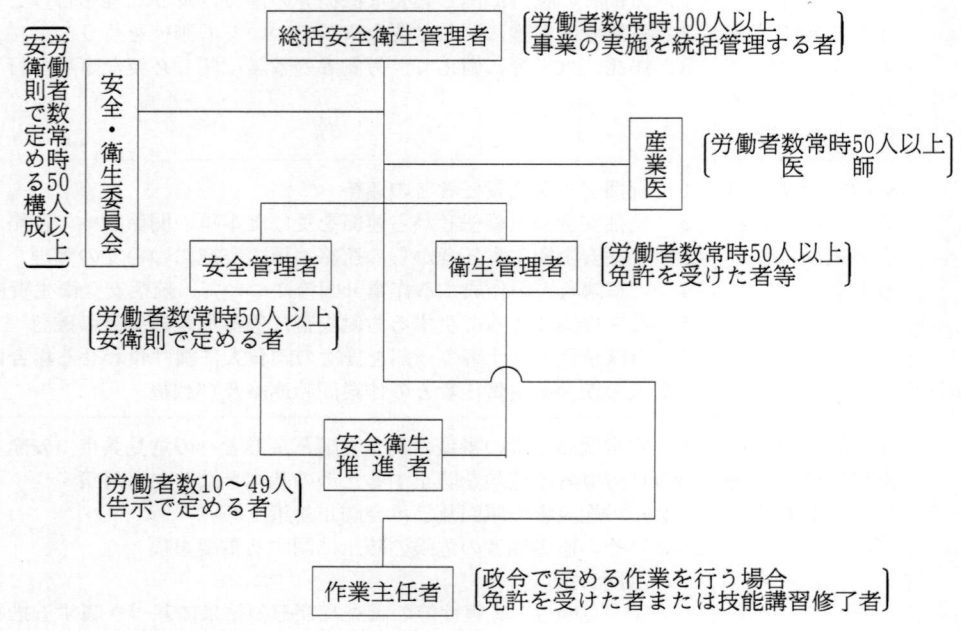

安労働者数常時
衛則で定める50人以上
構成

安全・衛生委員会

総括安全衛生管理者〔労働者数常時100人以上
事業の実施を統括管理する者〕

産業医〔労働者数常時50人以上
医　師〕

安全管理者

衛生管理者〔労働者数常時50人以上
免許を受けた者等〕

〔労働者数常時50人以上
安衛則で定める者〕

安全衛生推進者〔労働者数10〜49人
告示で定める者〕

作業主任者〔政令で定める作業を行う場合
免許を受けた者または技能講習修了者〕

（2）混在現場における安全衛生管理体制

（現場の労働者数の合計が50名〔ずい道等，圧気
工事，一定の橋梁工事では30人〕以上の場合）

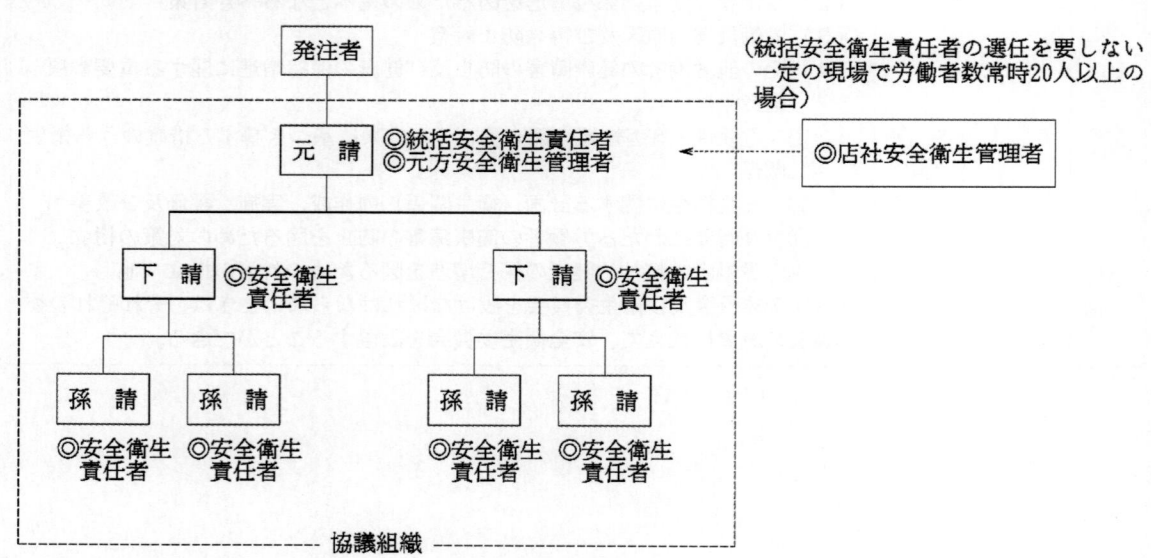

発注者

元　請　◎統括安全衛生責任者
　　　　◎元方安全衛生管理者

（統括安全衛生責任者の選任を要しない
一定の現場で労働者数常時20人以上の
場合）

◎店社安全衛生管理者

下　請　◎安全衛生責任者

下　請　◎安全衛生責任者

孫　請　　　孫　請
◎安全衛生　◎安全衛生
責任者　　　責任者

孫　請　　　孫　請
◎安全衛生　◎安全衛生
責任者　　　責任者

協議組織

5. 作業主任者一覧表

安衛法14条、安衛令6条

名　　　称	選 任 す べ き 作 業	免許	技能講習	準 拠 条 文
高圧室内作業主任者	高圧室内作業（大気圧を超える気圧下の作業室又はシャフト内）	○		安 衛 則　16 高 圧 則　10
ガス溶接作業主任者	アセチレン溶接装置又はガス集合溶接装置を用いて行う金属の溶接・溶断・加熱の作業	○		安 衛 則　16 〃　314
木材加工用機械作業主任者	丸のこ盤（携帯用を除く）等木材加工用機械を5台以上有する事業場での当該機械による作業		○	〃　16 〃　129
コンクリート破砕器作業主任者	クロム酸鉛等を主成分とする火薬を用いるコンクリート破砕器による作業		○	〃　16 〃　321の3
地山の掘削作業主任者	掘削面の高さが2m以上となる地山の掘削作業（ずい道及びたて坑以外の坑の掘削を除く）		○	〃　16 〃　359
土止め支保工作業主任者	土止め支保工の切りばり、腹おこしの取付け、取りはずしの作業		○	〃　16 〃　374
※技能講習は「地山の掘削及び土止め支保工作業主任者」として統合されている。				
ずい道等の掘削等作業主任者	ずい道等の掘削又はこれに伴うずり積み ずい道支保工の組立て、ロックボルトの取付け、コンクリート等の吹付の作業		○	〃　16 〃　383の2
ずい道等の覆工作業主任者	ずい道等の覆工の組立て、移動、解体、移動に伴うコンクリートの打設作業		○	〃　16 〃　383の4
採石のための掘削作業主任者	掘削面の高さが2m以上となる岩石の採取のための掘削作業		○	〃　16 〃　403
はい作業主任者	高さ2m以上のはいのはい付け、はいくずしの作業		○	〃　16 〃　428
型わく支保工の組立て等作業主任者	型わく支保工の組立て、解体の作業		○	〃　16 〃　246
足場の組立て等作業主任者	つり足場、張出し足場又は高さが5m以上の構造の足場の組立て、解体又は変更の作業		○	〃　16 〃　565
建築物等の鉄骨の組立て等作業主任者	建築物の骨組み又は塔であって金属製の部材より構成される高さが5m以上の組立て、解体又は変更の作業		○	〃　16 〃　517の4
鋼橋架設等作業主任者	橋梁の上部構造であって、金属製の部材により構成される高さが5m以上又は橋梁の支間が30m以上のものの架設、解体又は変更の作業		○	〃　16 〃　517の8
木造建築物の組立て等作業主任者	軒高5m以上の木造建築物の構造部材の組立て又はこれに伴う屋根下地若しくは外壁下地の取付けの作業		○	〃　16 〃　517の12

安
衛
法

名　　　　称	選 任 す べ き 作 業	免許	技能講習	準 拠 条 文
コンクリート造の工作物の解体等作業主任者	5m以上のコンクリート造の建築物等の破壊又は解体の作業		○	安 衛 則　16 〃　517の17
コンクリート橋架設等作業主任者	橋梁の上部構造であって、コンクリート造で高さが5m以上のもの又は橋梁の支間が30m以上のものの架設又は変更の作業		○	〃　　　　16 〃　517の22
鉛 作 業 主 任 者	鉛業務に係る作業		○	安 衛 則　16 鉛 　則　33
酸素欠乏危険作業主任者（ 第 1 種 ）	酸素欠乏危険場所における作業		○	安 衛 則　16 酸 欠 則　11
酸素欠乏・硫化水素危険作業主任者（第2種）	酸素欠乏症及び硫化水素中毒にかかるおそれのある場所における作業		○	安 衛 則　16 酸 欠 則　11
有機溶剤作業主任者	屋内作業場、タンク、船倉坑内で重量の5％を超えて含有する有機溶剤を製造し、又は取扱う作業		○	安 衛 則　16 有 機 則　19
石 綿 作 業 主 任 者	石綿、若しくは石綿をその重量の0.1％を超えて含有する製剤その他のものを取り扱う作業		○	安 衛 則　16 石 綿 則　19
特定化学物質作業主任者	特定化学物質を製造し、又は取扱う作業（金属アーク溶接作業）施行令　別表第3　34の2溶接ヒューム ※P.397　参照		○	安 衛 則　16 特 化 則　27
金属のアーク溶接等作業主任者限定	金属のアーク溶接作業		○	安 衛 則　16

6. 就業制限業務の一覧表

1. 安衛法関係（法61条、令20条、則41条）

業 務 の 区 分	業務につくことができる者	準 拠 条 文
発破におけるせん孔、装てん、結線、点火、並びに不発の装薬、残薬の点検及び処理の業務	1. 発破技士免許保有者 2. 火薬類保安責任者免状保有者 3. 保安技術職員国家試験合格者	令 20 条1号
制限荷重が5トン以上の揚貨装置の運転の業務	揚貨装置運転士免許保有者	令 20 条2号
ボイラー（小型ボイラーを除く）の取扱いの業務（ボイラーの種類、大きさに応じて資格が限定されている。）	特級、一級、二級ボイラー技士免許保有者	令 20 条3号 ボイラー則23
つり上げ荷重が5トン以上のクレーン（跨線テルハを除く）の運転の業務	クレーン・デリック運転士免許保有者（クレーン限定免許者を含む）	令 20 条6号 クレーン則22
つり上げ荷重が5トン以上のクレーン（跨線テルハを除く）の運転業務のうち、床上で運転し、かつ、当該運転する者が荷の移動とともに移動する方式のクレーンの運転の業務	1. クレーン・デリック運転士免許保有者（クレーン限定免許者を含む） 2. 床上操作式クレーン運転技能講習修了者	令 20 条6号 クレーン則22

安
衛
法

業　務　の　区　分	業務につくことができる者	準拠条文
つり上げ荷重１トン以上の移動式クレーンの運転の業務（道路上を走行させる運転を除く）	移動式クレーン運転士免許保有者	令 20 条 7 号 クレーン則68
つり上げ荷重が１トン以上５トン未満の移動式クレーンの運転の業務（道路上を走行させる運転を除く）	1．移動式クレーン運転士免許保有者 2．小型移動式クレーン運転技能講習修了者	令 20 条 7 号 クレーン則68
つり上げ荷重５トン以上のデリックの運転の業務	1．クレーン・デリック運転士免許保有者 2．旧デリック運転免許保有者	令 20 条 8 号 クレーン則108
水中において行う業務（潜水器使用の場合）	潜水士免許保有者	令 20 条 9 号 高 圧 則 12
可燃性ガス及び酸素を用いて行う、金属の溶接、溶断、加熱の業務	1．ガス溶接作業主任者免許保有者 2．ガス溶接技能講習修了者 3．その他厚生労働大臣が定める者	令 20 条10号
最大荷重１トン以上のフォークリフトの運転の業務（道路上を走行させる運転を除く）	1．フォークリフト運転技能講習修了者 2．フォークリフトについての職業訓練を受けた者 3．その他厚生労働大臣が定める者	令 20 条11号
機体重量３トン以上の次に掲げる建設機械で、動力を用い、かつ不特定の場所に自走することができるものの運転の業務（道路上を走行させる運転を除く） ①整地・運搬・積込み用機械 　ブル・ドーザー、モーター・グレーダー、トラクター・ショベル、ずり積機、スクレーパー、スクレープ・ドーザー ②掘削用機械 　パワー・ショベル、ドラグ・ショベル、ドラグライン、クラムシェル、バケット掘削機、トレンチャー	1．車両系建設機械（整地・運搬・積込み用及び掘削用）運転技能講習修了者 2．建設機械施工技術検定合格者 3．建設機械運転科の職業訓練修了者 4．その他厚生労働大臣が定める者	令 20 条12号 令 別 表 第 7
機体重量３トン以上の次に掲げる基礎工事用建設機械で、動力を用い、かつ不特定の場所に自走することができるものの運転の業務（道路上を走行させる運転を除く） ・基礎工事用機械 　くい打機、くい抜機、アース・ドリル、リバース・サーキュレーション・ドリル、せん孔機、アース・オーガー、ペーパー・ドレーン・マシン	1．車両系建設機械（基礎工事用）運転技能講習修了者 2．建設機械施工技術検定合格者 3．その他厚生労働大臣が定める者	令 20 条12号 令 別 表 第 7
機体重量３トン以上の次に掲げる解体用建設機械で、動力を用い、かつ不特定の場所に自走することができるものの運転の業務（道路上を走行させる運転を除く） ・解体用機械 　ブレーカ、 　鉄骨切断機、コンクリート圧砕機、 　解体用つかみ機	ブレーカ 1．車両系建設機械（解体用）運転技能講習修了者 2．建設機械施工技術検定合格者 3．その他厚生労働大臣が定める者 鉄骨切断機等 1．車両系建設機械（解体用）運転技能講習修了者（平成25年7月1日以後に開始されたものに限る） 2．その他厚生労働大臣が定める者	令 20 条12号 令 別 表 第 7 則 別 表 第 3

安
衛
法

業 務 の 区 分	業務につくことができる者	準 拠 条 文
最大荷重が1トン以上のショベルローダー又はフォークローダーの運転業務（道路上を走行させる運転を除く）	1. ショベルローダー等運転技能講習修了者 2. ショベルローダー等の職業訓練修了者 3. その他厚生労働大臣が定める者	令 20 条13号
最大積載量が1トン以上の不整地運搬車の運転の業務（道路上を走行させる運転を除く）	1. 不整地運搬車運転技能講習修了者 2. 建設機械施工技術検定合格者 3. その他厚生労働大臣が定める者	令 20 条14号
作業床の高さが10m以上の高所作業車の運転の業務（道路上を走行させる運転を除く）	1. 高所作業車運転技能講習修了者 2. その他厚生労働大臣が定める者	令 20 条15号
制限荷重1トン以上の揚貨装置又はつり上げ荷重1トン以上のクレーン、移動式クレーン、若しくはデリックの玉掛け業務	1. 玉掛技能講習修了者 2. 玉掛けの職業訓練修了者 3. その他厚生労働大臣が定める者	令 20 条16号 クレーン則221条

2．その他の法令関係

業 務 の 区 分	業務につくことができる者	準 拠 条 文
火薬類の貯蔵・消費に係る保安に関する職務	火薬類取扱保安責任者免状保有者（甲　種／乙　種）	火取法30条、 同32条
危険物を指定数量以上貯蔵・取扱う職務（ガソリン・灯油・軽油・重油等）	危険物取扱者免状保有者（甲　種／乙　種／丙　種）	消防法13条、 同13条の2

安
衛
法

7. 妊産婦等の就業制限一覧表

労基法第64条の2、同第64条の3、女性則第2条、同第3条

符号の説明
○就業させることができる
△本人から従事しない旨申出があった場合は就業させることができない
×就業させることができない

区分	就 業 制 限 の 業 務 内 容	妊娠中の女性	産後1年を経過しない女性	左記以外の女性
坑内業務	すべての業務	×	△ （除く下記）	○ （除く下記）
	人力により行われる土石、岩石若しくは鉱物（以下「鉱物等」という）の掘削又は掘採の業務	―	×	×
	動力により行われる鉱物等の掘削又は掘採の業務（遠隔操作により行うものを除く）	―	×	×
	発破による鉱物等の掘削又は掘採の業務	―	×	×
	ずり、資材等の運搬若しくは覆工のコンクリートの打設等鉱物等の掘削又は掘採の業務に付随して行われる業務（技術上の管理、指導監督の業務を除く）	―	×	×

区分	就 業 制 限 の 業 務 内 容		妊娠中の女性	産後1年を経過しない女性	左記以外の女性
重量物の取扱	<table><tr><td>年　　　齢</td><td>断続作業</td><td>継続作業</td></tr><tr><td>満16歳未満</td><td>12kg以上</td><td>8kg以上</td></tr><tr><td>満16歳以上満18歳未満</td><td>25　〃</td><td>15　〃</td></tr><tr><td>満18歳以上</td><td>30　〃</td><td>20　〃</td></tr></table>		×	×	× ただし左記の重量未満は取扱可能
足場・高所	高さ5m以上の墜落危険箇所における業務		×	○	○
	足場の組立、解体、変更の業務（地上又は床上における補助作業の業務を除く）		×	△	○
重機・車両の運転	つり上げ荷重5トン以上のクレーン・デリック又は制限荷重5トン以上の揚貨装置の運転業務		×	△	○
	クレーン・デリック又は揚貨装置の玉掛け業務（補助作業の業務を除く）		×	△	○
	動力による建設用機械の運転業務		×	△	○
掘削	土砂崩壊危険場所又は深さ5m以上の地穴における業務		×	○	○
機械類	運転中の原動機又は原動機から中間軸までの動力伝導装置の掃除、給油、検査、修理又はベルトの掛換えの業務		×	△	○
	直径25cm以上の丸のこ盤（横切用及び自動送り装置を有するものを除く）又は、のこ車の直径75cm以上の帯のこ盤（自動送り装置を有するものを除く）に木材を送給する業務		×	△	○
	岩石又は鉱物の破砕機又は粉砕機に材料を送給する業務		×	△	○
	操作場の構内における軌道車両の入換え、連結又は解放の業務		×	△	○
その他	異常気圧下における業務		×	△	○
	ボイラーの取扱い、ボイラーの溶接		×	△	○
	さく岩機、鋲打機等身体に著しい振動を与える機械器具を用いて行う業務		×	×	○

安
衛
法

8. 年少者の就業禁止業務一覧表

労基法第62条、同第63条、年少則第7条、同第8条

1. 重量物の取扱制限

次表の区分に従い掲げる重量以上の重量物を扱う業務

年　　　齢	性別	断続作業の場合	継続作業の場合
満16歳未満	女	12kg以上	8kg以上
	男	15　〃	10　〃
満16歳以上満18歳未満	女	25　〃	15　〃
	男	30　〃	20　〃

2. 満18歳に満たない者の就業制限

区分	就業制限業務の内容
坑　内　労　働	・全ての業務
足　場　・　高　所	・足場の組立、解体、変更の作業（但し、地上又は床上の補助作業を除く） ・高さ5m以上の墜落危険箇所における作業
重機・車両の運転	・作業用エレベーター（人荷共）の運転（積載能力2トン以上）、高さ15m以上のコンクリート用エレベーター ・クレーン、デリック又は揚貨装置の運転業務 ・動力巻上機、運搬機、索道の運転 ・クレーン、デリック又は揚貨装置の玉掛け 　（但し、補助作業の業務を除く） ・動力による建設用機械類の運転 ・動力軌条車、バス、2トン以上のトラックの運転
電　　　　気	直流750v 交流300vをこえる電圧の充電電路又はその支持物の点検、修理、操作
掘　　　　削	・土砂崩壊危険箇所での作業又は深さ5m以上の地穴における業務
機　　械　　類	・運転中の原動機又は原動機から中間軸までの動力装置の掃除・給油・検査、修理又はベルトの掛換え ・直径25cm以上の丸のこ盤又はのこ車の直径75cm以上の帯のこ盤に木材を送給する業務 ・手押かんな盤又は単軸面取り盤の取扱い ・岩石又は鉱物の破砕機への材料送給業務 ・軌道車両の入換、連結、解放 ・軌道内で見通距離400m以内の坑内又は車両の通行が頻繁な場所での単独業務
そ　の　他	・異常気圧下での業務 ・ボイラーの取扱い、溶接 ・火薬類の取扱い（爆発のおそれのあるもの） ・危険物の取扱い（爆発、発火、引火のおそれのあるもの） ・土石等のじんあい又は粉末を著しく飛散する場所における業務 ・強烈騒音を発する場所における業務 ・さく岩機、鋲打機等身体に著しい振動を与える機械を用いて行う業務 ・有害ガス若しくは有害放射線を飛散する場所における業務

安
衛
法

9. 安全衛生教育の対象者・種類・実施時期及び内容

対象者	種類	実施時期	教育内容	備考
1．作業者 (1) 就業制限業務に従事する者	危険有害業務従事者教育（労働安全衛生法〈以下「法」という。〉第60条の2）	イ．定期（おおむね5年ごとに） ロ．随時（取り扱う設備等が新たなものに変わった時等）	①内容 　当該業務に関連する労働災害の動向、技術革新の進展等に対応した事項 ②時間 　1日程度	危険又は有害な業務に現に就いている者に対する安全衛生教育に関する指針（平成元年5月22日安全衛生教育指針公示第1号）（以下「安全衛生教育指針」という。）
(2) 特別教育を必要とする危険有害業務に従事する者	①特別教育（法第59条第3項） ②危険有害業務従事者教育（法第60条の2）	当該業務に初めて従事する時 イ．定期（おおむね5年ごとに） ロ．随時（取り扱う設備等が新たなものに変わった時等）	安全衛生特別教育規程に規定された事項 当該業務に関連する労働災害の動向、技術革新の進展等に対応した事項	労働安全衛生規則（以下「安衛則」という。）第36条 安全衛生教育指針
(3) (1)又は(2)に準ずる危険有害業務に従事する者	①特別教育に準じた教育 ②危険有害業務従事者教育（法第60条の2）	当該業務に初めて従事する時 イ．定期（おおむね5年ごとに） ロ．随時（取り扱う設備等が新たなものに変わった時等）	当該業務に関して安全又は衛生のために必要な知識等 当該業務に関連する労働災害の動向、技術革新の進展等に対応した事項	安全衛生教育指針
(4) (1)、(2)及び(3)の業務に従事する者並びにその他の業務に従事する者	①雇入時教育（法第59条第1項） ②作業内容変更時教育（法第59条第2項） ③健康教育（法第69条）	雇入時 作業内容変更時 雇入時、定期、随時	安衛則第35条に規定された事項 同上 健康の保持増進に関する事項	
(5) (1)及び(2)の業務のうち車両系建設機械の運転業務に従事する者	危険再認識教育	当該業務に係る免許取得後若しくは技能講習修了後又は特別教育修了後おおむね10年以上経過した時	当該作業に対する危険性の再認識、安全な作業方法の徹底を図る事項	

安
衛
法

対象者	種類	実施時期	教育内容	備考
(6)（1）から（3）までの業務に従事する者及び（1）から（3）までの業務以外の業務のうち作業強度の強い業務に従事する者	高齢時教育	おおむね45歳に達した時	高年齢者の心身機能の特性と労働災害に関すること、安全な作業方法・作業行動に関すること、健康の保持増進に関すること等の事項	①高年齢労働者の労働災害発生率の高い業務 ②高所作業、重筋作業等作業強度の強い業務に従事する高年齢労働者を対象とする。
2．管理監督者 (1) 安全管理者、衛生管理者、安全衛生推進者、衛生推進者及び元方安全衛生管理者	能力向上教育 （法第19条の2）	イ．当該業務に初めて従事する時 ロ．定期（おおむね5年ごとに） ハ．随時（機械設備等に大幅な変更があった時）	当該業務に関する全般的事項 [編注]なお、安全管理者については平成18年10月以降、選任時研修の受講が定められている 当該業務に関連する労働災害の動向、技術革新等の社会経済情勢、事業場における職場環境の変化等に対応した事項	労働災害の防止のための業務に従事する者の能力向上教育に関する指針（平成元年5月22日能力向上教育指針公示第1号）（以下「能力向上教育指針」と言う。）
(2) 救護技術管理者、計画参画者及び作業主任者	能力向上教育 （法第19条の2）	イ．定期（おおむね5年ごとに） ロ．随時（機械設備等に大幅な変更があった時）	当該業務に関連する労働災害の動向、技術革新等の社会経済情勢、事業場における職場環境の変化等に対応した事項	能力向上教育指針
(3) 職長等	①職長等教育 （法第60条） ②能力向上教育に準じた教育	当該職務に初めて就く時 イ．おおむね5年ごとに ロ．機械設備等に大幅な変更があった時	安衛則第40条に規定された事項 危険性又は有害性等の調査の方法及びその結果に基づき講ずる措置等	安全衛生教育推進要綱（基発第39号）（平成3.1.21） 能力向上教育に準じた教育（基発0220第3号）（平成29.2.20）
(4) 作業指揮者	指名時教育	当該職務に初めて指名された時	作業指揮者の職務、安全な作業方法、作業設備の点検及び改善措置等に関する事項	
(5) 安全衛生責任者	①選任時教育 ②能力向上教育に準じた教育	新たに選任された時 イ．おおむね5年ごとに ロ．機械設備等に大幅な変更があった時	当該業務に関する全般的事項 危険性又は有害性等の調査の方法及びその結果に基づき講ずる措置等	能力向上教育に準じた教育（基発0220第3号）（平成29.2.20）
(6) 交通労働災害防止担当管理者	交通労働災害防止担当管理者教育	新たに選任された時	当該業務に関する全般的事項	

安
衛
法

— 302 —

対象者	種類	実施時期	教育内容	備考
3．経営首脳者 事業者 総括安全衛生管理者 統括安全衛生責任者 安全衛生責任者	安全衛生セミナー	随時	労働災害の現状と防止対策、安全衛生と企業経営、労働安全衛生関係法令等に関する事項	
4．安全衛生専門家 産業医 労働安全コンサルタント 労働衛生コンサルタント 安全管理士 衛生管理士 作業環境測定士 運動指導担当者 運動実践担当者 心理相談員 産業栄養指導者 産業保健指導者	実務向上研修	随時	当該業務に必要な専門知識等のうち技術革新の進展等社会経済情勢及び職場環境の変化等に対応した事項	
5．技術者等 (1) 特定自主検査に従事する者	能力向上教育に準じた教育	おおむね5年ごとに	機械の自動化、高速化等の構造・機能の変化に対応した検査方法等に関する事項	整備を担当する者には整備に関する事項も含む。
(2) 定期自主検査に従事する者	選任時教育	新たに選任された時	定期自主検査の意義、検査方法、検査結果の評価方法、検査機器等に関する事項	整備を担当する者には整備に関する事項も含む。
(3) 生産技術管理者	技術者教育	随時	生産技術の安全衛生に及ぼす影響、生産技術の安全化及び生産設備の保全等に関する事項	生産部門において生産設備の運転・保全等の業務を管理する技術者

安
衛
法

対象者	種類	実施時期	教育内容	備考
(4) 設計技術者	技術者教育	随時	機械設備の設計・工作等において安全衛生上配慮すべき事項、特に高齢者の心身機能に対応した安全衛生上配慮すべき事項	工作担当者、仮設機材管理者等含む。
6．その他 (1) 季節労働者	送出地での安全衛生教育	送出時	労働災害防止の予備的知識を付与するため、安全衛生の基礎的知識に関する事項	就業先において法第59条第1項に基づく雇入時教育を実施
(2) 海外派遣労働者	派遣前教育	派遣前	派遣地の安全衛生対策等の職域における安全衛生情報、労働慣行及び医療事情、治安、交通事情等の生活環境における安全衛生情報に関する事項	対象者は企業の海外支店、現地法人及び海外提携企業等に派遣される労働者であり、原則として派遣元の企業で実施
(3) 就職予定の実業高校生	学校教育	卒業前	安全衛生の基礎的知識に関する事項	

（出典）平成22年度「安全衛生のためのガイドブック」（東京労働局　労働基準部監修　公益社団法人東京労働基準協会連合会編）

安
衛
法

10. 作業指揮者を選任する作業の一覧表

業務等の種類	作業指揮者	選任すべき作業	準拠条文
車両系荷役運搬機械	車両系荷役運搬機械作業指揮者	フォークリフト、ショベルローダー、フォークローダー、構内運搬車、貨物自動車等を用いて行う作業（運行経路、作業方法）について作業の計画を定め、これに基づき行う作業	安衛則151の4
		不整地運搬車を用いて行う作業（運行経路、作業方法）についての作業の計画を定め、これに基づき行う作業	
	車両系荷役運搬機械の修理作業指揮者	車両系荷役運搬機械等の修理、又はアタッチメントの装着、取外し作業	〃 151の15
		不整地運搬車の修理、又はアタッチメントの装着、取外し作業	
高所作業車	高所作業車の作業指揮者	高所作業車を用いて行う作業（道路上の走行を除く）について、作業計画を定め、これに基づき行う作業	〃 194の10
	高所作業車の修理作業指揮者	高所作業車の修理、又は作業床の装着、取り外しの作業	〃 194の18
荷の積卸し	不整地運搬車の荷の積卸し作業指揮者	一の荷で100kg以上のものを不整地運搬車に積卸しする作業	〃 151の48
	構内運搬車の荷の積卸し作業指揮者	一の荷で100kg以上のものを構内運搬車に積卸しする作業	〃 151の62
	貨物自動車の荷の積卸し作業指揮者	一の荷で100kg以上のものを貨物自動車に積卸しする作業	〃 151の70
	貨車の荷の積卸し作業指揮者	一の荷で100kg以上のものを貨車に積卸しする作業	〃 420
電気	停電、活線又は活線近接作業指揮者	停電作業又は高圧、特別高圧の電路の活線もしくは活線近接作業	〃 350
危険物	危険物取扱作業指揮者	危険物を製造し、又は取り扱う作業	〃 257
掘削作業	ガス導管防護作業指揮者	明り掘削により露出したガス導管のつり防護、受け防護等の防護の作業	〃 362
ずい道等の建設	ずい道内ガス溶接作業指揮者	ずい道等の内部で可燃性ガス及び酸素を用いて行う金属の溶接、溶断又は加熱の作業	〃 389の3
発破作業	電気発破作業指揮者	電気発破作業（ただし、免許が必要）	〃 320
	導火線発破作業指揮者	導火線発破作業（ただし、免許が必要）	〃 319
廃棄物焼却施設の解体作業	廃棄物焼却施設解体作業指揮者	廃棄物焼却施設の解体等の作業	〃 592の6
高所作業	墜落防止作業指揮者	建築物（木造家屋を含む）、橋梁、足場等の組立て、解体又は変更の作業で墜落の危険のある作業（ただし、作業主任者の選任を要する作業を除く）	〃 529
ロープ高所作業	ロープ高所作業指揮者	高さが2メートル以上で昇降器具（支持物にロープを緊結して吊り下げ昇降器具により身体を保持しつつ行う作業	〃 539の6

安衛法

業務等の種類	作業指揮者	選任すべき作業	準拠条文
クレーン等	クレーンの組立て等作業指揮者	クレーンの組立て、又は解体の作業	クレーン則33
	クレーン作業指揮者	監督署に届出て、特例により定格荷重をこえて使用するとき	〃23
	天井クレーン等の点検等の作業指揮者	天井クレーン等のクレーンガーダーの上又は天井クレーン等の近接場所の点検等	〃30の2
	移動式クレーンのシブの組立て等作業指揮者	移動式クレーンのジブの組立て又は解体作業	〃75の2
	エレベーター組立て等作業指揮者	野外に設置するエレベーターの昇降路塔又はガイドレール支持塔の組立て、又は解体の作業	〃153
	建設用リフト組立て等作業指揮者	建設用リフトの組立て、又は解体の作業	〃191
	デリックの組立て等作業指揮者	特例によりデリックに定格荷重をこえる荷重をかけて使用するとき	〃109
		デリックの組立て、解体作業	〃118
車両系建設機械等	車両系建設機械修理等作業指揮者	車両系建設機械（ブルドーザー、ショベル等）の修理又はアタッチメントの装着及び取りはずしの作業	安衛則165
		車両系建設機械（解体用機械、ブレーカ及び鉄骨切断機等の修理、又はアタッチメントの装着、及び取りはずしの作業）	
	コンクリートポンプ車の配管等作業指揮者	輸送管等の組立て又は解体の作業	〃171の3
建設用機械	くい打（抜）機組立て等作業指揮者	くい打（抜）機の組立て、解体、変更、又は移動の作業	〃190
		ボーリングマシンの組立て、解体、変更、又は移動の作業	
第二種酸素欠乏危険場所	作業を指揮（硫化水素中毒の予防について必要な知識を有する者のうちから選任）	し尿、腐泥、汚水、パルプ液等の腐敗、分解しやすい物質を入れた若しくは入れたことのある設備の改造、修理、清掃等の作業	酸欠則25の2
除染等業務	除染等業務作業指揮者	東日本大震災により生じた放射性物質により汚染された土壌等を除染するための業務	除染則9

安衛法

11. 監視人・誘導者・連絡員の配置箇所一覧表

該　当　箇　所	監視人	誘導者	連絡員	準拠条文
車両系荷役運搬機械等の転倒、転落防止		○		安衛則　151の6
車両系荷役運搬機械等の接触防止		○		〃　151の7
車両系建設機械の転倒、転落防止		○		〃　157
車両系建設機械の接触防止		○		〃　158

該　　　　当　　　　箇　　　　所	監視人	誘導者	連絡員	準拠条文
高所作業車の作業床への搭乗制限等		○		安衛則　194の20
坑内の軌道装置の接触防止	○			〃　　　205
坑内における動力車による後押し運転		○		〃　　　224
停電作業を行う場合	○			安衛則　339
特別高圧活線近接作業	○			〃　　　345
工作物の建設等作業、架空電線近接作業	○			〃　　　349
明り掘削における運搬機械等が後進で作業箇所に接近するとき又は転落のおそれあるとき		○		〃　　　365
ずい道建設における運搬機械等が後進で作業箇所に接近するとき又は転落のおそれあるとき		○		〃　　　388
採石作業における運搬機械等の運行経路の補修保持の作業	○			〃　　　413
採石作業の運行経路上での岩石の小割又は加工の作業	○			〃　　　414
採石作業で、運搬機械等が後進で作業箇所に接近するとき又は転落のおそれあるとき		○		〃　　　416
３m以上の高所から物体を投下するとき	○			〃　　　536
通路と交わる軌道で車両を使用するとき	○			〃　　　550
軌道上又は軌道近接作業	○			〃　　　554
酸素欠乏危険場所における作業	○			酸欠則　　13
並置クレーンの修理、調整、点検等の作業中における接触防止	○			クレーン則　30
高圧室内業務を行うとき			○	高圧則　　21
潜水業務を行うとき			○	〃　　　36

安
衛
法

12.　立入禁止の措置等一覧表

作　業　別	該　　当　　箇　　所	立入禁止	立入禁止関係者以外	表示	防護網の設置	準拠条文
車両系荷役運搬機械	フォーク、ショベル、アーム等及びそれにより支持されている荷の下	○				安衛則 151の9
不整地運搬車	１つの荷が100kg以上のものを不整地運搬車に積卸する作業箇所		○			〃 151の48

作 業 別	該 当 箇 所	立入禁止	関係者以外立入禁止	表示	防護網の設置	準拠条文
構 内 運 搬 車	1つの荷が100kg以上のものを構内運搬車に積卸する作業箇所		○			安衛則 151の62
貨 物 自 動 車	1つの荷が100kg以上のものを貨物自動車に積卸する作業箇所		○			〃 151の70
車 両 系 建 設 機 械	運転中に接触危険の箇所	○				〃　158
	一定条件下で荷のつり上げを行った場合のつり上げた荷との接触、つり上げた荷の落下する危険のある箇所	○				〃　164
コ ン ク リ ー ト ポ ン プ 車	コンクリート等の吹出し箇所	○				〃 171の2
工 作 物 の 解 体 等	解体用機械（ブレーカ及び鉄骨切断機等）を用いて工作物の解体若しくは破壊の作業等		○			〃 171の6
く い 打 （ 抜 ） 機 ・ボーリングマシン	ずい道等の著しく狭あいな場所で作業を行う場合で、巻き上げ用ワイヤロープの切断による危険がある箇所	○				〃　180
	巻上げ用ワイヤロープの屈曲部の内側	○				〃　187
軌 道 装 置	建設中の坑内で動力車による後押し運転区間	○				〃　224
型 わ く 支 保 工	組立解体を行う区域		○			〃　245
危 険 物 の 取 扱	爆発又は火災の危険がある箇所		○	○		〃　288
ア セ チ レ ン 溶 接	発生器室（係員以外の立入禁止）		○	○		〃　312
ガ ス 集 合 溶 接 装 置	装置室（係員以外の立入禁止）		○	○		〃　313
電 気 取 扱 業 務	配電盤室、変電室（電気取扱者以外立入禁止）		○			〃　329
明 り 掘 削	地山の崩壊、土石の落下のおそれがあるとき	○			○	〃　361
土 止 め 支 保 工	切りばり又は腹おこしの取付、取外しを行う場合（土止め支保工の設置）		○			〃　372
ず い 道 掘 削	浮石落し作業中の箇所又はその下方の危険箇所		○			〃　386
ず い 道 支 保 工	補強又は補修作業箇所で落盤、肌落ちの危険箇所		○			〃　386
ず い 道 内	ずい道等内部の可燃性ガス濃度が爆発限界値の30％未満確認まで		○	○		〃 389の8
地 山 の 崩 壊 箇 所	岩石の採取のため掘削作業中の落石等危険箇所	○				〃　411
採 石 作 業	運転中の運搬機械、小割機械等に接触危険箇所	○				〃　415

作 業 別	該 当 箇 所	立入禁止	立入禁止関係者以外	表 示	防護網の設置	準拠条文
貨 物 取 扱 作 業 等	1つの荷が100kg以上のものを貨車に積卸する作業箇所		○			安衛則 420
は い 付 又 は は い くずしの作業	はいの崩壊又は荷の落下による危険箇所		○			〃 433
伐 木 寄 せ 等 の 作 業	伐倒木、枯損木等による危険箇所	○				〃 481
建 築 物 等 の 鉄 骨 の 組 立 等 作 業	作業区域内		○			〃 517の3
鋼 橋 の 架 設 等 作 業	〃		○			〃 517の7
木 造 建 築 物 の 組 立 等 作 業	〃		○			〃 517の11
コンクリート造の工作物の解体等作業	〃		○			〃 517の15
コ ン ク リ ー ト 橋 の 架 設 等 作 業	〃		○			〃 517の21
墜落の危険ある箇所	同　　左		○			〃 530
物 体 落 下 に よ る 危 険 箇 所	〃	○			○	〃 537
足 場 の 組 立 等	つり足場、張出し足場、高さ5m以上の足場の組立、解体、変更		○			〃 564
作業構台の組立て等作　　　　　業	作業区域内		○			〃 575の7
衛 生 上 有 害 作 業	酸欠やガス・粉じんの発散など衛生上有害な場所		○	○		〃 585
事 業 場 に 附 属 す る 炊 事 場	同　　左		○			〃 630
ボ イ ラ ー	ボイラー室その他ボイラー設置場所		○	○		ボイラ則 29
有 機 溶 剤 の 取 扱	汚染され、中毒のおそれのある事故現場（汚染が除去されるまで）	○				有機則 27
ク レ ー ン	ケーブルクレーンのワイヤロープの内角側	○				クレーン則 28
	特定のつり上げ方法によりつり上げられた荷の下	○				〃 29
	組立、解体の作業区域		○	○		〃 33

安
衛
法

安 衛 法

作　業　別	該　当　箇　所	立入禁止	立入禁止関係者以外	表示	防護網の設置	準拠条文
移 動 式 ク レ ー ン	上部旋回体に接触するおそれのある箇所	○				クレーン則　74
	特定のつり上げ方法によりつり上げられた荷の下	○				〃 74の2
	ジブの組立て、解体の作業区域		○	○		〃 75の2
デ　リ　ッ　ク	ワイヤロープの内角側	○				〃　114
	特定のつり上げ方法によりつり上げられた荷の下	○				〃　115
	組立、解体の作業区域		○	○		〃　118
エ レ ベ ー タ ー	昇降路又はガイドレール支持塔の組立、解体の作業区域		○	○		〃　153
建 設 用 リ フ ト	搬器の昇降によって危険ある箇所	○				〃　187
	ワイヤロープの内角側	○				〃　187
	組立、解体の作業区域		○	○		〃　191
ゴ　ン　ド　ラ	作業箇所の下方		○	○		ゴンドラ則　18
高 圧 室 内 作 業	気閘室及び作業室		○	○		高圧則 13
	再圧室設置場所及びその操作場所		○	○		〃　43
酸 素 欠 乏 危 険 作 業	酸素欠乏危険作業箇所又はこれに隣接する場所		○	○		酸欠則 9
	酸素欠乏危険作業で、酸素欠乏等のおそれが生じて退避させた場合で、そのおそれがないことを確認するまでの間（特に指名した者以外立入禁止）		○	○		〃　14
	圧気シールド工法等で酸素欠乏の空気が漏出している場所	○				〃　24
石 綿 等 の 除 去	・石綿含有の保温材、耐火被覆材、断熱材の解体等の作業 ・その他の石綿を使用した建築物等の解体等作業		○	○		石綿則 7
石 綿 等 の 取 扱	石綿等を取り扱う作業場		○	○		〃 15

作 業 別	該 当 箇 所	立入禁止	立入禁止関係者以外	表示	防護網の設置	準拠条文
除 染 等 作 業	東日本大震災により生じた放射性物質により汚染された土壌等を除染するための作業を行う箇所		○			除染則 9

13. 表示の設定箇所一覧表

表 示	該 当 箇 所	準 拠 条 文
重 量 ト ン	一つの貨物で重量1トン以上のもの（包装されていない貨物で、一見してその重量が明らかなものはこの限りでない）	安衛法 35
名 称 ・ 成 分 等	化学物質の有害性又は危険性について①名称②成分③人体に及ぼす作用④貯蔵又は取扱い上の注意⑤注意喚起の絵表示等を容器等へ表示	安衛法 57 安衛則 30、31、32
安全衛生推進者等氏名	安全衛生推進者等の氏名を作業場の見やすい箇所に掲示	安衛則 12の4
作 業 主 任 者 氏 名 等	作業主任者の氏名及びその者に行わせる事項を作業場の見やすい箇所に掲示	〃 18
運 転 停 止	機械のそうじ、給油、検査、修理の作業を行うため運転を停止しているとき当該機械の起動装置に表示	〃 107
アタッチメントの重量	車両系建設機械のアタッチメントをとり替えたときは、重量を運転者の見やすい位置に表示	〃 166の4
検 査 標 章	当該車両系建設機械の見やすい箇所にはり付	〃 169の2
信 号 装 置	軌道装置の信号装置を設けたとき表示方法を定め周知	〃 219
火 気 使 用 禁 止	火災又は爆発の危険場所に表示	〃 288
発 生 器 の 諸 元	アセチレン溶接装置の発生器の種類・型式・ガス発生算定量・カーバイト送給量等を発生器室内の見やすい箇所に掲示	〃 312
火 気 厳 禁	発生器から5m以内又は発生器室から3m以内に表示	〃 312
ガ ス の 名 称 等	ガス集合溶接装置で使用するガスの名称及び最大ガス貯蔵量をガス装置室の見やすい箇所に掲示	〃 313
持 込 禁 止	測定の結果可燃性ガスが存在するとき、ずい道出入口の見やすい箇所（マッチ・ライター等）に掲示	〃 389
	気閘室の外部の見やすい箇所（マッチ・ライター等発火のおそれあるもの）に掲示	高圧則 25の2

安
衛
法

表 示	該 当 箇 所	準 拠 条 文
持 込 禁 止	再圧室の入口（発火・爆発物・高温となって可燃性の点火源となる物）に掲示	高圧則　46
	ボイラー室（引火しやすい物）	ボイラ則　29
連 絡 方 法	作業室と空気圧縮機運転者との通話装置故障の場合、両室及び気閘室付近に掲示	高圧則　21
通 電 禁 止	停電作業中、開閉器に表示	安衛則　339
接 近 限 界 距 離	特別高圧活線近接作業の際（当該充電電路に接近限界距離を保つ見やすい箇所）に標識等を設ける	〃　345
運搬機械の運行経路	採石作業における運搬機械等の運行経路等の掲示	〃　413
作　　業　　中	前欄の運行経路の補修作業等の箇所に掲示	〃　413
	運行経路上での岩石の小割又は加工作業の箇所に掲示	〃　414
安 全 通 路	作業場に通ずる場所及び作業場内の主要通路の表示	〃　540
避 難 用 出 入 口	常時使用しない避難用の出入口、通路又は避難用器具に表示	〃　549
最 大 積 載 荷 重	足場の作業床	〃　562
	作業構台の作業床	〃　575の4
騒 音 発 生 場 所	強烈な騒音を発する屋内作業場所に明示	〃　583の2
有 害 物 集 積 箇 所	有害物、病原体等の集積場所に表示	〃　586
事 故 現 場	有機溶剤等による事故現場等があるとき、その事故現場に（表示の標識を統一）	安衛則　640
有機溶剤　取 扱 注 意	屋内作業場、タンク、坑において有機溶剤業務を行うとき（見やすい場所に掲示）	有機則　24
有機溶剤　区 分 表 示	上欄の場合 ｛ 第一種……赤 第二種……黄 第三種……青 ｝ と併せて、色分け以外の見易い文字で記載	〃　25
巻 過 ぎ 防 止	巻過ぎ防止装置を具備しないクレーン、デリック、建設用リフトの巻上げ用ワイヤロープに標識を付ける	クレーン則　19、106、182
運 転 禁 止	天井クレーン等の点検等の作業を行う際、操作部分に表示	〃　30の2
取扱作業主任者氏名	ボイラー（資格及び氏名を設置場所に掲示）	ボイラ則　29
	第一種圧力容器（氏名を設置場所に掲示）	〃　66
最 高 使 用 圧 力	ボイラーの圧力計又は水高計に表示	〃　28
	第一種圧力容器の圧力計に表示	〃　65

安衛法

表　　　示	該　当　箇　所	準拠条文
最 高 使 用 圧 力	第二種圧力容器の圧力計に表示	ボイラ則　87
みだりに作動させる こ と の 禁 止	地下室その他通風不十分な場所に備える消火器等で炭酸ガスを使用するものは表示	酸欠則　19
開 放 禁 止	ボイラー、タンク等の内部で炭酸ガス等を送給する配管のバルブ、コックに表示	〃　22
酸 素 欠 乏 危 険 作 業 場 所	酸素欠乏危険作業場所で酸素欠乏のおそれが生じた時の立入禁止の表示及び硫化水素中毒にかかるおそれのある場所の立入禁止の表示	酸欠則　9、14、24 安衛則 　585-第1項第4号

14. 合図・信号等の設定一覧表

合 図 の 名 称	該　当　項　目	準拠条文
運 転 開 始 の 合 図	機械を運転する場合	安衛則　104
誘 導 の 合 図	車両系荷役運搬機械等の運転で誘導者を置いた場合	〃　151の8
	車両系建設機械の運転で誘導者を置いた場合	〃　159
運 転 の 合 図	車両系建設機械（掘削用）を使用した一定条件下での荷のつり上げ作業の場合	〃　164
運 転 の 合 図	コンクリートポンプ車の作業装置を操作する場合	〃　171の2
	くい打（抜）機、ボーリングマシンを運転する場合	〃　189
	高所作業車で作業床以外の箇所で作業床を操作する場合	〃　194の12
	高所作業車を運転する場合	〃　194の20
	軌道装置を運転する場合	〃　220
	クレーンを運転する場合	クレーン則　25
	天井クレーン等の点検等の作業時に運転する場合	〃　30の2
	移動式クレーンを運転する場合	〃　71
	デリックを運転する場合	〃　111
	建設用リフトを運転する場合	〃　185
	簡易リフトを運転する場合	〃　206
	ゴンドラを操作する場合	ゴンドラ則　16

安
衛
法

合　図　の　名　称	該　　当　　項　　目	準　拠　条　文
発　破　の　合　図	導火線発破作業の点火合図、退避合図	安衛則　319
	電気発破作業の　　〃	〃　320
	コンクリート破砕器点火の合図	〃　321の4
引倒し等の合図	コンクリート造の工作物解体又は破壊、引倒し等の作業	〃　517の16
信号、警報の装置設　　　　　備	コンクリートポンプ車の作業装置の操作者とホースの先端部の保持者間（電話、電鈴等の装置）	〃　171の2
	軌道装置の状況に応じて（信号装置）	〃　207
	動力車（汽笛、警鈴等の設置）	〃　209
	掘下げの深さが20mを超える潜函等の内部と外部との連絡（電話、電鈴等の設備）	〃　377
	ずい道等の掘削作業を行う場合、可燃性ガスの異常な上昇を速やかに知らせることのできる構造の自動警報装置	〃　382の3
	ずい道等の掘削が100mに達したとき、サイレン、非常ベル等警報設備、500mに達したとき警報設備及び通話装置	〃　389の9
	常時50人以上就業する屋内作業場（非常ベル等の設備、サイレン等の器具）	〃　548
	通路と軌道の交わる場合（警報装置）	〃　550
	送気温度が異常に上昇した場合の自動警報装置	高圧則　7の2
	作業室及び気閘室と外部との連絡（通話装置）	〃　21

安
衛
法

15. 保護具の着用義務一覧表

保　　護　　具	作　　業　　の　　種　　類	準　拠　条　文
保　　護　　帽	明り掘削の作業	安衛則　366
	採石作業	〃　412
	最大積載量5トン以上の不整地運搬車での荷の積卸し	〃　151の52
	高さ5m以上、橋梁支間30m以上の橋梁の架設、解体又は変更	〃　517の10
	高さ5m以上のコンクリート造の工作物の解体又は破壊	〃　517の19

保　護　具	作　業　の　種　類	準　拠　条　文
保　　　護　　　帽	高さ5m以上、橋梁支間30m以上のコンクリート橋の架設、解体又は変更	安衛則　517の24
	ロープ高所作業	〃　539の8
	最大積載量5トン以上の貨物自動車での荷の積卸し	〃　151の74
	はい作業（床面から2m以上）	〃　435
	造林等の作業	〃　484
	高層建築場等で物体の飛来落下の危険のあるとき	〃　539
	ＪＲ営業線近接工事 新幹線近接工事	ＪＲ各社の指示書等
墜　落　制　止　用　器　具	高さ2m以上の高所作業で墜落の危険のあるとき	安衛則　518 〃　519 〃　520
	ロープ高所作業	〃　539の7
	足場材の緊結、取りはずし、受渡し等の作業	〃　564
	高所作業車の作業床上での作業	〃　194の22
	クレーン、移動式クレーンの塔乗設備に必要あって労働者を乗せる場合	クレーン則　27 〃　73
	ゴンドラの作業床での作業	ゴンドラ則　17
	酸素欠乏危険作業	酸欠則　6
作　業　帽、　作　業　服	動力による機械で作業中	安衛則　110
保　護　眼　鏡、　保　護　手　袋	アセチレン溶接装置、ガス溶接装置による金属の溶接、溶断又は加熱	〃　312、313
適当な保護具（JIS規格T8141に適合するものをいう56.12.16基発773号）	アーク溶接その他強烈な光線による危険場所	〃　325
必　要　な　保　護　具 （36・11・24基発1002号）	腐食性液体を圧送する作業	〃　327
絶　縁　用　保　護　具	高圧、特高圧及び低圧活線（近接）作業	〃　341〜343 〃　346〜348
保　護　衣、　保　護　眼　鏡 呼　吸　用　保　護　具	有害業務 　猛暑、寒冷な場所での作業 　高熱、低温物体又は有害物の取扱い 　有害な光線にさらされる作業 　ガス、蒸気又は粉じんのでる作業 　病原体の汚染のおそれの著しい作業 　ダイオキシン類ばく露のおそれのある作業	〃　592の5 〃　593、597
	東日本大震災により生じた放射性物質により汚染された土壌等を除染するための業務	除染則　16

保　護　具	作　業　の　種　類	準拠条文
不浸透性の保護衣、保護手袋、履物等	皮膚に障害を与える物の取扱い	安衛則　594 〃　597
耳　せ　ん	強烈な騒音のでる場所での作業（リベット打ちなど）	〃　595、597
空気呼吸器、酸素呼吸器、送気マスク	酸素欠乏危険作業	酸欠則　5の2
送気マスク 有機ガス用防毒マスク	有機溶剤業務	有機則　32〜34
電動ファン付き呼吸用保護具	ずい道内部のずい道等建設で動力を用いる掘削作業、坑内の鉱物積卸し作業、吹き付け作業	じん肺法　5 粉じん則　27
呼吸用保護具	屋内外を問わず金属をアーク溶接する作業、屋内外を問わず手持式又は可搬式動力工具を用いて岩石・鉱物を切断する作業（コンクリート2次製品の切断等を含む）	粉じん則　27
呼吸用保護具、保護衣等	特定化学物質等取扱い業務	特化則　43〜45
電動ファン付き呼吸用保護具・保護衣等	石綿等の切断等の作業	石綿則　14
保護帽・墜落制止用器具保護眼鏡等保護具の使用状況の監視（作業主任者・作業指揮者の職務）	一の荷の重量が100kg以上のものの不整地運搬車への積卸し作業	安衛則　511の48
	型枠支保工の組立て解体	〃　247
	アセチレンガス等による金属の溶接、溶断又は加熱の作業	〃　315 〃　316
	地山の掘削	〃　360
	土止め支保工の切ばり、腹おこしの取付け取りはずし	〃　375
	ずい道等の掘削等作業	〃　383の3
	ずい道等の覆工作業	〃　383の5
	採石のための掘削	〃　404
	貨物自動車等への重量物（100kg以上）の積卸し作業	〃　151の70
	はい作業（床面から2m以上）	〃　429
	建築物等の鉄骨の組立て等作業（高さ5m以上）	〃　517の5
	鋼橋架設等作業（高さ5m以上又は支間30m以上）	〃　517の9
	木造建築物の組立て等作業	〃　517の13
	コンクリート造の工作物の解体等作業（高さ5m以上）	〃　517の18
	コンクリート橋架設等作業（高さ5m以上又は支間30m以上）	〃　517の23
	足場の組立て、解体又は変更	〃　566

保　護　具	作　業　の　種　類	準 拠 条 文
保護帽・墜落制止用器具 保　護　眼　鏡　等 保　護　具　の　使　用 状　況　の　監　視 （作　業　主　任　者・作　業 指揮者の職務）	クレーン、デリック、エレベーター及び建設用リフトの組立て等の作業	クレーン則　33 〃　　118 〃　　153 〃　　191
	有機溶剤取扱業務	有機則　19の2
	特定化学物質等取扱い業務	特化則　28
	酸欠危険作業	酸欠則　5条の2
	除染等業務	除染則　9
	ロープ高所作業	安衛則　539の6、7、8
保護衣・保護眼鏡 ・呼吸用保護具	廃棄物焼却施設における焼却炉の運転、点検等作業又は解体等作業	安衛則　592の5

16. 就業制限や作業に必要な資格、届出等一覧

区分	名　　称	適　用　事　項	免許	選任	指名	技能講習	特別教育	届出	準 拠 条 文
防火	防　火　管　理　者	・事務所、宿舎～居住者50人以上 ・新築工事中の建物で収容人員50人以上で一定規模（地上11階以上で延1万㎡など）以上		○				○	消防法　8
	危　険　物　取　扱　者	危険物を指定数量以上貯蔵取扱 　ガソリン………………　　200L 　軽　　油………………1,000L 　重　　油………………2,000L 　現場発泡ウレタン原液…6,000L	○					○	〃　　13 危政令　1の11
	作　業　指　揮　者	危険物の取扱			○				安衛則　257
	火　元　責　任　者	建築物・火気取扱所			○				消防令　4
電気	主　任　技　術　者	契約50kw以上（自家用電気工作物）	○					○	電気事業法　43
	電　気　工　事　士 （第1種・第2種）	電気工作物の設置変更 （一般用電気工作物）	○						電気工事業法2 電気工事士法3
	取　　扱　　者	電気取扱業務					○		安衛則　36
	アーク溶接者	金属の溶接・溶断等					○		〃　　36
	作　業　主　任　者	金属のアーク溶接作業				○			〃　　16
	作　業　指　揮　者	停電作業、活線作業			○				〃　　350
	監　　視　　人	移設・防護困難な架空電線近接作業			○				〃　　349

区分	名称	適用事項	免許	選任	指名	技能講習	特別教育	届出	準拠条文
足場	作業主任者	つり足場、張出し足場、高さ5m以上の足場の組立・解体・変更				○			安衛則 565
	作業指揮者	建築物・橋梁・足場等の組立、解体、変更			○				〃 529
	点検者	作業開始前、悪天候等の後、足場組立・一部解体・変更の後			○				〃 567 〃 568
	作業員	地上又は堅固な床上における補助作業を除く					○		〃 36-39
		高さ2m以上の作業床設置が困難で場所で、フルハーネス型墜落制止用器具を用いて作業					○		〃 36-41
高所	監視人	高さ3m以上から物を落すとき			○				〃 536
ゴンドラ	操作員	操作業務					○		ゴンドラ則 12
	合図員	合図業務			○				〃 16
明り掘削	作業主任者	掘削面の高さが2m以上の地山の掘削				○			安衛則 359
		土止め支保工の組立・解体				○			〃 374
	作業指揮者	ガス導管の防護			○				〃 362
	監視員	山止めを施している間			○				建設工事公衆災害防止対策要綱 56（建設工事編）
	誘導者	運搬機械のバック近接、転落危険箇所			○				安衛則 365
	点検者	浮石、き裂、湧水、大雨・中震・発破（直後）			○				〃 358
	測定者	可燃性ガス発生のおそれ（濃度測定）			○				〃 322
地下	測定者	可燃性ガス発生のおそれ（濃度測定）			○				〃 322
型枠	作業主任者	型枠支保工の組立・解体				○			〃 246
採石作業	作業主任者	採石のための掘削（高さ2m以上）				○			〃 403
	点検者	浮石、き裂、湧水、大雨・中震・発破（直後）			○				〃 401
	誘導者	運搬機械等のバック接近、転落危険箇所			○				安衛則 416

区分	名称	適用事項		免許	選任	指名	技能講習	特別教育	届出	準拠条文
火薬取扱	取扱保安責任者	火薬庫	正・副（年間20トン以上甲種）	○					○	火取法　30
		消費	正・副（1カ月1トン以上甲種）	○						
	出納責任者	取扱所での火薬類の出納及び記帳				○				火取則　16、33、52
	発破技士	削孔、装てん、結線、点火、不発処理		○					○	安衛令　20
	作業指揮者	発破（免許者より選任）		○	○				○	安衛則　319、320
	作業主任者	コンクリート破砕器による作業					○			〃　321の3
トンネル	点検者	浮石、き裂、湧水、大雨・中震・発破（直後）					○			〃　382
	誘導者	運搬機械のバック近接、転落危険箇所					○			〃　416
	作業主任者	ずい道等の掘削の作業又はこれに伴うずり積み、ずい道支保工の組立て、ロックボルトの取付け若しくはコンクリート等の吹付けの作業					○			〃　383の2
	作業主任者	ずい道等の覆工の作業					○			〃　383の4
	作業員	ずい道等の掘削の作業又はこれに伴うずり積み、資材等の運搬、覆工のコンクリートの打設等の作業（当該ずい道等の内部において行われるものに限る）に係る業務全員						○		〃　36
	救護技術管理者	出入口まで1000m以上のずい道 50m以上の立坑 ゲージ圧力0.1MPa以上の圧気工事（ずい道救護技術管理者研修）			○				○	安衛法　25の2 安衛令　9の2
	防火担当者	火気、アーク使用の場合					○			安衛則389の4
	測定者	可燃性ガス発生のおそれ、中震以上の地震後及び当該可燃性ガスに異常を認めたとき（濃度測定）					○			〃　382の2

区分	名　称	適　用　事　項	免許	選任	指名	技能講習	特別教育	届出	準拠条文
酸欠作業	作 業 主 任 者	（第1種酸素欠乏危険作業） 　1．井戸、井筒、たて坑、ずい道、潜函、ピット 　2．暗きょ、マンホール （酸素欠乏危険作業主任者技能講習又は酸素欠乏・硫化水素危険作業主任者技能講習）				○			酸欠則　11
	作 業 主 任 者	（第2種酸素欠乏危険作業） 　1．海水を相当期間入れてあり、若しくは入れたことのある熱交換器、管、暗きょ、マンホール、溝又はピットの内部 　2．し尿、腐泥、汚水、パルプ液その他腐敗し、又は分解しやすい物質を入れたことのあるタンク、船倉、槽、管、暗きょ、マンホール、溝又はピットの内部等 　3．その他、硫化水素中毒にかかるおそれのある場所				○			〃　11
	監 　視 　人	作業状況の監視、異常の通報			○				〃　13
	作 　業 　員	全員					○		〃　12
潜函等内	測 　定 　者	酸素過剰のおそれ（潜函内部）			○				安衛則　377
高圧室内	作 業 主 任 者	大気圧を超える気圧下の室内	○						高圧則　10
	操 　作 　員	送気用コンプレッサーの運転					○		〃　11
		送気調節、加圧減圧の弁コック					○		〃　11
		気閘室への送排気の調節業務					○		〃　11
		潜水作業者への送気調節業務					○		〃　11
		再圧室の弁、コック					○		〃　11
	作 　業 　員	高圧室内業務					○		安衛則　36 高圧則　11

安
衛
法

区分	名　称	適　用　事　項	免許	選任	指名	技能講習	特別教育	届出	準　拠　条　文
石綿作業	作 業 主 任 者	石綿若しくは石綿をその重量の0.1%を超えて含有する製剤その他の物（以下「石綿」という）を取り扱う作業又は石綿等を試験研究のため製造する作業				○			安衛令　6-23 石綿則　19
	作 業 員	全員					○		安衛則　36 石綿則　27
工事車両	交 通 誘 導 員	交通流面に対する車両の出入			○				建設工事公衆災害防止対策要綱20（建設・土木工事編）
		路上作業交通制限（一車線）区間			○				〃　21 （建設工事編）
		覆工板を取外し材料搬入のとき （工事担当者）			○				〃　66 （土木工事編）
		ブーム、アーム等を有する機械の架線、構造物に接近			○				〃　32 （建設工事編） 〃　87 （土木工事編）
クレーン等	運 転 者	5トン以上のクレーン、移動式クレーン、デリック	○						安衛令　20
		5トン以上の床上操作式クレーン	○			○			〃　20
		5トン以上の床上運転式クレーン	○						クレーン則 　　224の4
		5トン未満のクレーン、デリック					○		安衛則　36
		1トン以上5トン未満の移動式クレーン	○			○			安衛令　20
		1トン未満の移動式クレーン					○		安衛則　36
		建設用リフト					○		〃　36
	作業指揮者	組立解体	クレーン、デリック、エレベーター、建設用リフト、移動式クレーン				○			クレーン則 33、118、153、191、75の2、23、109
		過荷重	クレーン、デリック				○			
	合 図 者	クレーン、移動式クレーン、デリック、建設用リフト				○			クレーン則 25、71、111、185

安衛法

区分	名　称	適　用　事　項	免許	選任	指名	技能講習	特別教育	届出	準　拠　条　文
玉掛	玉掛技能者	吊上げ荷重１トン以上				○			安衛令　20
		″　　１トン未満					○		安衛則　36
自動車等	安全運転管理者	定員11人以上の自動車では１台以上その他の自動車では５台以上			一定の要件を備える者を指名（免許者等）			○	道交法74の3-1 道交則9の8
	副安全運転管理者	自動車20台以上40台未満で１人でそれ以上20台ごとに１人を加算						○	道交法74の3-4 道交則9の9
	整備管理者	・定員11人以上の自動車の使用者は使用の本拠毎						○	道路運送車両法　50
		・定員10人以下の自動車を使用する自動車運送事業者 ・定員10人以下で車両総重量８トン以上の自家用自動車の使用者　　〕５台以上の本拠毎							
		・その他の使用者は10台以上の本拠毎							
	作業指揮者	トラック積卸し作業（１個100kg以上の荷）			○				安衛則　420
車両系荷役運搬機械	運転者	最大荷重１トン以上のフォークリフト				○			安衛令　20
		最大荷重１トン未満のフォークリフト					○		安衛則　36
		最大荷重１トン以上のショベルローダー又はフォークローダー				○			安衛令　20
		最大荷重１トン未満のショベルローダー又はフォークローダー					○		安衛則　36
	作業指揮者	荷役運搬機械等を用いて行う作業			○				安衛則151の4
		荷役運搬機械の修理、アタッチメントの装着、取りはずし			○				″　　151の15
車両系建設機械	誘導者	接触等の危険箇所			○				″　　151の7
	運転者	機体重量３トン以上（整地・運搬・積込み用及び掘削用）				○			安衛令　20
		機体重量３トン未満（整地・運搬・積込み用及び掘削用）					○		安衛則　36-9
		機体重量３トン以上（基礎工事用）（解体用）				○			安衛令　20
		機体重量３トン未満（基礎工事用）（解体用）※解体用機械のうち、平成25年７月１日以降、鉄骨切断機等の運転業務に就かせるときは改正後の安全衛生教育規程による					○		安衛則　36-9

安衛法

区分	名称	適用事項	免許	選任	指名	技能講習	特別教育	届出	準拠条文
車両系建設機械	操作員	基礎工事用の作業装置の操作					○		安衛則 36-9の3
	運転者	締固め用（ローラー）					○		〃 36-10
	作業指揮者	建設機械の修理、アタッチメント装着、取りはずし（解体用機械を含む）			○				〃 165
基礎工事用建設機械	運転者	基礎工事用建設機械の運転（自走できないもの）					○		〃 36-9の2
くい打くい抜機	合図者	くい打、くい抜機、ボーリングマシンの運転			○				〃 189
	作業指揮者	組立、解体、変更又は移動			○				〃 190
コンクリート打設用機械	操作員	コンクリートポンプ車等の作業装置の操作					○		〃 36-10の2
	作業指揮者	輸送管等の組立て又は解体			○				〃 171の3
高所作業車	運転者	作業床の高さ10m以上				○			安衛令 20
		〃 10m未満					○		安衛則 36-10の5
	作業指揮者	高所作業車を用いる作業			○				〃 194の10
	合図者	作業床以外の箇所で作業床を操作			○				〃 194の12
不整地運搬車	運転者	最大積載量1トン以上				○			安衛令 20
		〃 1トン未満					○		安衛則 36-5の3
	作業指揮者	一つの荷が100kg以上のものの不整地運搬車への積卸し			○				〃 151の48
ボーリングマシン	運転者	ボーリングマシンの運転					○		〃 36-10の3

安
衛
法

区分	名　　　　称	適　用　事　項	免許	選任	指名	技能講習	特別教育	届出	準拠条文
軌道装置	運　　転　　者	ジーゼルロコ、バッテリーロコ					○		安衛則　36
		巻上装置（インクライン等）					○		
	誘　　導　　者	後押し運転（立入禁止区間以外の）			○				〃　224
	監　　視　　人	通路と交差点			○				〃　554
		軌道内又は軌道近接作業			○				
機械等	運　　転　　者	ウインチ（ホイストを除く）					○		〃　36
		グラインダー（砥石の取替・試運転）					○		
	ガ　ス　溶　接　士	ガス溶接（酸素の可燃性ガス）				○			安衛令　20
	合　　図　　者	運転開始の場合（工作機械）			○				安衛則　104
廃棄物焼却施設解体	作　業　指　揮　者	廃棄物焼却施設における焼却炉の運転、点検等又は解体等作業			○				〃　592の6
	作　　業　　員	全員					○		〃　592の7
除染等業務	作　業　指　揮　者	東日本大震災により生じた放射性物質により汚染された土壌等を除染するための業務			○		○	○	除染則　9 除染則　10
	作　　業　　員	除染等業務に従事する労働者					○	○	除染則　10 除染則　19
ロープ高所作業	作　業　指　揮　者	ロープ高所作業			○				安衛則 539の6
	作　　業　　員	ロープ高所作業に従事する労働者					○		安衛則　36-40

安
衛
法

17. 厚生労働省無災害記録授与内規

(労働省基発第623号　平成元.11.28)

第1条　事業場において第3条に定める無災害記録を樹立したときは、この内規により無災害記録証を授与する。

第2条　この内規は、労働安全衛生法施行令第2条第1号若しくは第2号に掲げる業種に属する事業（鉱山保安法の適用を受ける事業を除く）、卸売・小売業（労働安全衛生法施行令第2条第2号に掲げる業種に属する事業を除く）、又は飲食店に適用する。

第3条　無災害記録は、第1種無災害記録から第5種無災害記録までの5段階とする。

2．第1種無災害記録の時間数は、当該記録を起算した年月に応じて、それぞれ別表第1から別表第5までの通りとする。編者注：別表第4及び別表第5は省略

　　ただし、労働者数が100人未満の事業場については、昭和58年3月31日以前に記録を起算した者に対し、別表第3に掲げる時間数を適用するものとする。

3．第2種無災害記録の時間数は、第1種無災害記録時間数の5割増、第3種無災害記録の時間数は、第2種無災害記録時間数の5割増、第4種無災害記録の時間数は、第3種無災害記録時間数の5割増、第5種無災害記録の時間数は、第4種無災害記録時間数の5割増とするものとし、これにより計算した無災害記録時間数が100万時間未満のものについては端数を5万時間単位に、また、100万時間を超えるものについては端数を10万時間単位にそれぞれ切り上げるものとする。

　　ただし、第3種から第5種までの無災害記録時間数を計算する場合の基礎となる1段階下の無災害記録時間数は、切り上げの端数処理を行う前の時間とする。

第4条　前条第2項の規定にかかわらず、建設店社に対する第1種無災害記録の時間数の適用については、次の各号に定めるところによるものとする。

（1）年間完成工事高250億円以上の建設店社に対しては、別表第2に掲げる時間数を適用すること。

（2）年間完成工事高250億円未満の建設店社に対しては、別表第2に掲げる時間数の2分の1を適用すること。

2．前項の年間完成工事高は、無災害記録達成日における直近の決算時の年間完成工事高とするものとする。

第5条　無災害記録は、業務上の災害（出張等で一般公衆の用に供せられる交通機関を利用中に発生したものを除く）が発生した翌日から、次に業務上の災害が発生した日の前日までの期間における実労働時間数で表すものとする。

2．前項の災害は、死亡災害、休業災害又はこれらの災害以外の災害であって、労働基準法施行規則別表第2身体障害等級表に掲げる身体障害を伴うものとする。

3．無災害記録時間数及び労働者数の算出は、雇用の形態にかかわらず、その事業場に属するすべての労働者について行うものとする。

第6条　無災害記録証の授与は、都道府県労働基準局長の推薦により、厚生労働省労働基準局長が行う。

安
衛
法

第7条 厚生労働省労働基準局長は、無災害記録の時間数の算出に誤り等があって、第4条に定める時間数に達しないことが判明したときは、授与した無災害記録証を返還させるものとする。

（別表第1） 記録時間数（万時間） 労働者数 業　種		記録を起算した年月 平成元年4月以降		記録を起算した年月 昭和62年4月～ 平成元年3月		（別表第3） 記録を起算 した年月 昭和58年4月～ 62年3月
		100人未満	100人以上	100人未満	100人以上	
建設業		170	170	170	170	170
土　木　工　事　業		130	130	130	130	130
河　川　土　木　事　業		260	260	260	260	260
水力発電施設等建設事業		170	170	170	170	170
鉄道又は軌道建設事業		150	150	150	150	150
地　下　鉄　建　設　事　業		160	160	160	160	160
橋りょう建設事業		160	160	160	160	160
ず　い　道　建　設　事　業		70	70	70	70	70
道　路　建　設　事　業		230	230	230	230	230
その他の土木事業		190	190	190	190	190
建　築　工　事　業		200	200	200	200	200
家　屋　建　築　事　業		200	200	200	200	200
その他の建築事業		250	250	250	250	250
職　別　工　事　業		190	190	190	190	190
設　備　工　事　業		360	360	360	360	360
電　気　工　事　業		340	340	340	340	340
管工事業（さく井を除く）		200	200	200	200	200
その他の設備工事業		―	―	―	―	―
機械器具設置工事業		220	220	220	220	220
他に分類されない設備工事業		310	310	310	310	310

（別表第2） は上表ヘッダに記載

備考　「労働者数」とは、無災害期間中の毎月末日における労働者数の平均値をいうものとする。

編者注：建設業関係は労働者数による区分がない。
　　　　別表第1、別表第2、別表第3は建設業のみ掲げてある。

18. 厚生労働省建設事業無災害表彰内規

（労働省基発第519号　平成11.9.1）

（目　　的）
第1条　この内規は、建設事業における自主的安全活動を促進し、建設事業における労働災害を防止することを目的とする。

（適用範囲）
第2条　この内規は、事業の期間（以下「工期」という。）が予定される事業であって、労働基準法別表第1第3号（編者注：土木、建築その他工作物の建設、改造、保存、修理、変更、破壊、解体又はその準備の作業）に該当するもののうち、労働者災害補償保険の保険料（概算又は確定）の額が160万円以上のものに適用する。

安
衛
法

（表彰状授与）

第3条　厚生労働省労働基準局長は、前条に示す事業であって全工期を通じ、業務上の災害（出張等で一般公衆の用に供せられる交通機関を利用中に発生したものを除く。）が発生しなかった事業場に様式第1号による表彰状を授与する。

　　　　前項の災害は死亡災害、休業災害又はこれらの災害以外の災害であって労働基準法施行規則別表第2身体障害等級表に掲げる身体障害を伴うものとする。

第4条　厚生労働省労働基準局長は、前条第1項の表彰状を授与した後に、当該表彰に係る事業においてその工期中に業務上の災害が発生した事実が判明した場合には、当該表彰状を返還させるものとする。

附　則

　　この内規は平成11年10月1日から施行し、同日以降に開始される事業に適用する。

19．度数率、強度率の算出方法

1．度数率 ＝ $\dfrac{\text{労働災害による死傷者数}}{\text{労働延時間数}} \times 1,000,000$ ……（小数点以下3位以下は四捨五入）

　　　　　　　　　　　100万労働延時間当りの労働災害による死傷者数：災害の発生頻度

2．強度率 ＝ $\dfrac{\text{労働損失日数}}{\text{労働延時間数}} \times 1,000$ ………………（　　同　　上　　）

　　　　　　　　　　　1,000労働延時間当りの労働損失日数：災害の重篤度

損失日数の計算は次による。

(1)　死亡及び永久全労働不能（身体障害等級1.2.3.級）の場合は休業日数に関係なく1人について7,500日である。

(2)　永久一部労働不能の場合は休業日数に関係なく次の表による。

身 体 障 害 等 級	4	5	6	7	8	9	10	11	12	13	14
損 失 日 数	5,500	4,000	3,000	2,200	1,500	1,000	600	400	200	100	50

(3)　一時労働不能の場合　　暦日による休業日数　$\times \dfrac{300}{365}$　とする。

　　　　（小数点以下切捨てとし、1日の休業は1日とする）

20．災害分類の方法

1．分類の大要

　　この分類は労働災害防止対策との結びつきを強め、かつ、できるだけ簡明に把握するため死傷災害を事故の型分類および災害の主因に焦点をおいた起因物分類の2種類とし、これらの分類および業種別等を組み合わせることにより、災害の分布状態を多角的に解明しようとするものである。

2．事故の型

(1)定　義

　　事故の型とは、傷病を受けるもととなった起因物が関係した現象をいう。

(2) 分類および分類コード

この分類は21項目の分類とし、分類の名称、コードおよび説明は別表のとおりとする。

（注）この分類には、おおよそ次の3グループが含まれている。

イ　物もしくは物質に接触した場合または有害環境下にばく露された場合

ロ　爆発、破裂、火災または交通事故による場合

ハ　動作の反動または無理な動作による場合

(3) 分類の方法

分類にあたっては、次の各号により適切なものを選択する。

イ　起因となる物または物質にどのように接触しまたはばく露されたかを示すものを選択する。

ロ　特掲事故（爆発、破裂、火災または交通事故）、有害物等との接触または感電を最優先して選択し、その優先順は、爆発、破裂、有害物等との接触、感電、火災、交通事故の順とする。

ハ　特に説明で指示されている場合のほか2種以上の事故の型が競合する場合ならびに事故の型をきめる判断に迷う場合には次の順により選択する。

㋑　災害防止対策を考える立場での重要度による。

㋺　発端となった現象による。

㋩　分類番号の若い順による。

3．起因物

(1) 定　義

起因物とは、災害をもたらすもととなった機械、装置もしくはその他の物または環境等をいう。

(2) 分類および分類コード

この分類は、次の8項目の大分類とし、分類の名称、コードおよび説明は別表のとおりとする。

動力機械

物上げ装置、運搬機械

その他の装置等

仮設物、建築物、構築物等

物質、材料

荷

環境等

その他

(3) 分類の方法

分類にあたっては、次の各号により適正なものを選択する。

イ　災害発生にあたっての主因であって、なんらかの不安全な状態が存在するものを選択する。

（イ）　操作または取扱いをした物（墜落等の場合は作業面）

（ロ）　加害物

（ハ）　起因物なし

（注）　起因物（災害をもたらすもととなったもの）と加害物（災害をもたらした直接のもの）とは同一になる場合が多いが異なる場合もあることに留意のうえ選択する。

ロ　特に説明で指示されている場合のほか、2種以上の起因物が競合している場合ならびに起因物

を決める判断に迷う場合には、災害防止対策を考える立場で重要度できめるものとしなお判定しがたい場合は、分類番号の大分類について若い番号を優先し、以下中分類および小分類においてもそれぞれ若い番号を優先する。

ハ 加害物が溶接装置の火災のように機械、装置等の通常運転時に発するものおよび被加工物のように機械、装置等の一部と一体となって動くもの等の場合は、特に説明に指示されている場合のほか、当該機械、装置等を選択する。

事故の型分類コード表

分類番号	分類項目	説明
1	墜落、転落	人が樹木、建築物、足場、機械、乗物、はしご、階段、斜面等から落ちることをいう。 乗っていた場所がくずれ、動揺して墜落した場合、砂びん等による蟻地獄の場合を含む。 車両系機械などとともに転落した場合を含む。 交通事故は除く。 感電して墜落した場合には感電に分類する。
2	転倒	人がほぼ同一平面上でころぶ場合をいい、つまずきまたはすべりにより倒れた場合等をいう。 車両系機械などとともに転倒した場合を含む。 交通事故は除く。 感電して倒れた場合には感電に分類する。
3	激突	墜落、転落および転倒を除き、人が主体となって静止物または動いている物にあたった場合をいい、つり荷、機械の部分等に人からぶつかった場合、飛び降りた場合等をいう。 車両系機械などとともに激突した場合を含む。 交通事故は除く。
4	飛来、落下	飛んでくる物、落ちてくる物等が主体となって人にあたった場合をいう。 研削といしの破裂、切断片、切削粉等の飛来、その他自分が持っていた物を足の上に落した場合を含む。 容器等の破裂によるものは破裂に分類する。
5	崩壊、倒壊	堆積した物（はい等も含む）、足場、建築物等がくずれ落ちまたは倒壊して人にあたった場合をいう。 立てかけてあった物が倒れた場合、落盤、なだれ、地すべり等の場合を含む。
6	激突され	飛来落下、崩壊、倒壊を除き、物が主体となって人にあたった場合をいう。 つり荷、動いている機械の部分などがあった場合を含む。 交通事故は除く。
7	はさまれ、巻き込まれ	物にはさまれる状態および巻き込まれる状態でつぶされ、ねじられる等をいう。プレスの金型、鍛造機のハンマ等による挫滅創等はここに分類する。 ひかれる場合を含む。 交通事故は除く。
8	切れ、こすれ	こすられる場合、こすられる状態で切られた場合等をいう。 刃物による切れ、工具取扱中の物体による切れ、こすれ等を含む。

分類番号	分類項目	説明
9	踏み抜き	くぎ、金属片等を踏み抜いた場合をいう。 床、スレート等を踏み抜いたものを含む。 踏み抜いて墜落した場合は墜落に分類する。
10	おぼれ	水中に墜落しておぼれた場合を含む。
11	高温・低温の物との接触	高温または低温の物との接触をいう。 高温または低温の環境下にばく露された場合を含む。 [高温の場合] 　火炎、アーク、溶融状態の金属、湯、水蒸気等に接触した場合をいう。炉前作業の熱中症等高温環境下にばく露された場合を含む。 [低温の場合] 　冷凍庫内等低温の環境下にばく露された場合を含む。
12	有害物等との接触	放射線による被ばく、有害光線による障害、CO中毒、酸素欠乏症ならびに高気圧、低気圧等有害環境下にばく露された場合を含む。
13	感電	帯電体にふれ、または放電により人が衝撃を受けた場合をいう。 [起因物との関係] 　金属性カバー、金属材料等を媒体として感電した場合の起因物は、これらが接触した当該設備、機械装置に分類する。
※14	爆発	圧力の急激な発生または開放の結果として、爆音をともなう膨脹等が起こる場合をいう。 破裂を除く。 水蒸気爆発を含む。 容器、装置等の内部で爆発した場合は、容器、装置等が破裂した場合であってもここに分類する。 [起因物との関係] 　容器、装置等の内部で爆発した場合の起因物は、当該容器装置等に分類する。 　容器、装置等から内容物が取り出されまた漏えいした状態で当該物質が爆発した場合の起因物は、当該容器、装置に分類せず、当該内容物に分類する。
※15	破裂	容器、または装置が物理的な圧力によって破裂した場合をいう。 圧かい（編者注：圧壊、圧潰→押しつぶされて壊れる）を含む。 研削といしの破裂等機械的な破裂は飛来落下に分類する。 [起因物との関係] 　起因物としてはボイラー、圧力容器、ボンベ、化学設備等がある。
※16	火災	[起因物との関係] 　危険物の火災においては危険物を起因物とし、危険物以外の場合においては火源となったものを起因物とする。
※17	交通事故（道路）	交通事故のうち道路交通法適用の場合をいう。
※18	交通事故（その他）	交通事故のうち、船舶、航空機および公共輸送用の列車、電車等による事故をいう。 公共輸送用の列車、電車等を除き、事業場構内における交通事故はそれぞれ該当項目に分類する。

安
衛
法

分類 番号	分類項目	説　　明
19	動作の反動、 無理な動作	上記に分類されない場合であって、重い物を持ち上げて腰をぎっくりさせたというように身体の動き、不自然な姿勢、動作の反動などが起因して、すじをちがえる、くじく、ぎっくり腰およびこれに類似した状態になる場合をいう。 　バランスを失って墜落、重い物を持ちすぎて転倒等の場合は無理な動作等が関係したものであっても、墜落、転倒等に分類する。
90	そ　　の　　他	上記のいずれにも分類されない傷の化膿、破傷風等をいう。
99	分　類　不　能	分類する判断資料に欠け、分類困難な場合をいう。

編者注：※印：爆発・破裂・火災・交通事故の特掲災害については、起因物と加害物の間の現象（事故）をとらえて事故の型とする。例えば、可燃ガス（起因物）により爆発が発生し、吹き飛ばされた物（加害物）に当たって被災したとしても「飛来落下」として型をとらえるのではなく「爆発」を事故の型として採用する。

起 因 物 分 類 コ ー ド 表

分 類 番 号			分 類 項 目	説　　明
大	中	小		
1			動 力 機 械	動力を用いて、主として物の機械的加工を行うため、各機械構成部分の組み合わされた物をいう。 　原動機および動力伝導機構を含む。
	11		原 　 動 　 機	機械、装置に直接組み込まれたものは、当該機械装置に分類する。
		111	原 　 動 　 機	電動機、発電機、蒸気機関、蒸気タービン、内燃機関、水車等をいう。
	12		動 力 伝 導 機 械	原動機より機械の作業点に動力を伝える機械的装置をいう。 　機械、装置に直接組み込まれたものは、当該機械装置に分類する。
		121	回 　 転 　 軸	回転軸に附属するカップリング、カラー、セットボルト、ねじ、キー等を含む。
		122	ベルト、プーリ	伝導用ロープ、チェーン等のほか、ベルト、プーリ等の附属品を含む。
		123	歯 　　 車	歯車の附属品を含む。
		129	そ 　 の 　 他	上記に分類されない、クラッチ、変速機等をいう。
	13		木材加工用機械	製材機械、合板用機械、木工機械等をいう。 　携帯式動力工具を含む。

安
衛
法

分類番号			分類項目	説　　　　明
大	中	小		
		131	丸 の こ 盤	振子式丸のこ盤、トリマ、リッパ等のほか、携帯用丸のこ盤を含む。 　昇降盤および傾斜盤は一般に丸のこ盤に該当するが、災害発生の際、カッターを使用していた場合は139の「その他」に分類する。
		132	帯 の こ 盤	テーブル式のものを含む。
		133	か ん な 盤	手押かんな盤、自動かんな盤等をいう。携帯用のものを含む。
		139	そ の 他	上記に分類されない面取り盤、ルータ、木工フライス盤、ほぞ取り盤、木工施盤、木工ボール盤、角のみ盤、チェンソー、木工用サンダ、ベニヤ製造機械等をいう。
	14		建 設 用 等 機 械	掘削、積込み、運搬（いわゆる自動車によるものを除く）締固め等に用いる機械であって、建設業、林業、港湾荷役業等すべての業種において用いられるものをいう。
		141	整地・運搬・積込み用機械	ブル・ドーザー、モーター・グレーダー、トラクター・ショベル、ずり積機、スクレーパーおよびスクレープ・ドーザーをいう。
		142	掘 削 用 機 械	パワーショベル、ドラグ・ショベル、ドラグライン、クラムシェル、バケット掘削機およびトレンチャーをいう。
		143	基 礎 工 事 用 機 械	くい打機、くい抜機、アース・ドリル、リバース・サーキュレーション・ドリル、せん孔機(チュービングマシンを有するものに限る)、アース・オーガーおよびペーパー・ドレーン・マシンをいう。移動式クレーンにバイブロ・ハンマーなどをセットしたものを含む。
		144	締 固 め 用 機 械	タイヤ・ローラー、ロード・ローラー、振動ローラー、タンピング・ローラー等のローラーをいう。
		145	解 体 用 機 械	ブレーカ（油圧ショベルのバケットを打撃式破砕機に交換したものを含む。）
				編者注：安衛則の改正により、鉄骨切断機、コンクリート圧砕機、解体用つかみ機も追加される予定。
		146	高 所 作 業 車	
		149	そ の 他	上記に分類されないコンクリート打設用機械、トンネル掘進機、せん孔用機械、舗装・路盤用機械、道路維持除雪機械等をいう。
	16		一 般 動 力 機 械	木材加工用機械および建設用等機械を除く一般の動力機械をいう。 　携帯式の動力工具を含む。 　動力による運搬機、乗物、装置等は、それぞれ当該装置等に分類する。
		編者注：小分類省略		

分類番号			分類項目	説　　明
大	中	小		
2			物上げ装置、運搬機械	動力を用いて、物をつり上げまたは運搬することを目的とする機械装置をいう。
	21		動力クレーン等	動力による物上げ装置をいう。 クレーン等安全規則適用外のものも含む。 巻上用ワイヤロープ等物上げ装置の一部分になった状態のものを含む。
		211	ク　レ　ー　ン	天井クレーン、ジブクレーン、橋形クレーン、アンローダ、ケーブルクレーン、テルハ等をいう。
		212	移動式クレーン	トラッククレーン、ホイールクレーン、クローラクレーン、鉄道クレーン、浮きクレーン等をいう。
		213	デ　リ　ッ　ク	ジンポールを含む。
		214	エレベータ、リ　フ　ト	エレベータ、建設用リフト、カーリフト、ダムウェータ等をいう。
		215	揚　貨　装　置	クレーンまたはデリックであって港湾荷役作業を行うため船舶に取り付けられたものをいう。
		216	ゴ　ン　ド　ラ	ゴンドラ安全規則適用のものをいう。 ゴンドラには人力によるものも含む。
		217	機械集材装置、運　材　索　道	ウインチ等であっても機械集材装置の一部分として用いられているものは機械集材装置に含む。運材索道には重力式のものが含まれる。
		219	そ　の　他	上記に分類されないホイスト、モータブロック、ウインチ等をいう。 ホイストであってクレーンの一部分として用いられているものはクレーンに分類する。 ウインチであって、デリック、機械集材装置等の一部分として用いられているものは、当該装置に分類する。
	22		動　力　運　搬　機	動力クレーン等、乗物を除き、動力を用いて運搬する機械をいう。
		221	ト　ラ　ッ　ク	トレーラ、ローリ、ミキサ車等を含む。
		222	フォークリフト	フォークリフトのフォークを他のアタッチメントに取りかえたものを含む。
		223	軌　道　装　置	事業場附帯の軌道装置をいう。
		224	コ　ン　ベ　ア	ベルトコンベア、ローラコンベア、チェーンコンベア、スクリューコンベア等をいう。
		225	ロ　ー　ダ　ー	ショベルローダー、フォークローダー等をいう。
		226	ストラドルキャリ　ヤ　ー	車体内面上部に懸架装置を備え、荷を運搬する荷役車両をいう。
		227	不整地運搬車	林内作業車を除く。
		229	そ　の　他	上記に分類されない林内作業車、キャプスタン等をいう。

分類番号			分類項目	説　明
大	中	小		
	23		乗　　　　物	いわゆる交通機関をいう。
		231	乗用車、バス、バイク	タクシーを含む。
		232	鉄 道 車 両	貨物列車を含む。
		239	そ の 他	上記に分類されない航空機、船舶等をいう。
3			その他の装置等	上記の動力機械および物上げ装置、運搬機械を除く装置等をいう。
	31		圧 力 容 器	ボイラーおよび圧力容器をいう。 ボイラーおよび圧力容器安全規則適用外のものを含む。 配管および附属品を含む。
		311	ボ イ ラ ー	蒸気ボイラー、温水ボイラー、熱媒を用いるボイラー等をいう。 ［事故の型との関係］ 　ボイラー点火時の逆火および煙道ガス爆発の起因物はここに分類する。
		312	圧 力 容 器	加熱器、蒸煮器、反応器、蒸発器、スチームアキュームレータ、圧縮空気タンク等の圧力容器をいう。
		319	そ の 他	上記に分類されない酸素ボンベ、溶解アセチレン容器等をいう。 ガス溶接に使用されているものはガス溶接装置に分類する。
	32		化 学 設 備 <small>編者注：小分類省略</small>	危険物等を製造または取り扱う設備であって定置式のものをいう。 配管および附属設置を含む。 圧力容器、溶接装置および乾燥装置は、当該装置に分類する。
	33		溶 接 装 置	アーク溶接、ガス溶接、テルミット溶接、スポット溶接等による溶接装置をいう。
		331	ガス溶接装置	アセチレンガス溶接装置、ガス集合溶接装置、その他のガス溶接装置をいう。 　溶接、溶断に用いないガス集合装置は319その他に分類する。
		332	アーク溶接装置	被覆アーク溶接、サブマージアーク溶接、炭酸ガスアーク溶接、ミグ溶接、ティグ溶接等に用いる装置をいう。
		339	そ の 他	上記に分類されないテルミット溶接、エレクトロスラグ溶接、電子ビーム溶接、プラズマ溶接に用いる装置等をいう。
	34		炉 、 窯 等 <small>編者注：小分類省略</small>	炉、窯、釜、乾燥設備等をいう。
	35		電 気 設 備	電動機等であって他の機械、装置の一部として組み込まれているものは、当該機械、装置に分類する。 独立の電動機は、原動機に分類する。

分類番号			分類項目	説　　　明
大	中	小		
		351	送 配 電 線 等	引込線、屋内配線、移動電線等最終電気使用設置に至るまでの電線類、支持用の塔、柱等を含む。
		352	電 力 設 備	変圧器、コンデンサー等のほか、開閉器類を含む。 ［参考］ 　開閉器操作のアークによる傷害の場合の起因物はここに分類する。
		359	そ　　の　　他	上記に分類されない照明設備、ハンドランプその他の電気設備等をいう。 　電弧炉、電熱炉、電熱窯は炉、窯等に分類する。
	36		人力機械工具等	人力による機械、クレーン、運搬機および手工具等をいう。
		361	人 力 ク レ ー ン 等	チェーンブロック、手巻きウインチ、ジャッキ等をいう。
		362	人 力 運 搬 機	ねこ車、一輪車、自転車等をいう。
		363	人　力　機　械	上記の361、又は362に分類されない手回しプレス、けとばしプレス、荷締機等をいう。
		364	手　　工　　具	ハンマ、スパナ、レンチ、スコップ、ツルハシ、手のこ、とび口等をいう。
	37		用　　　　　具	機械装置にセットされ、その一部分になった状態のものは除く。
		371	は　　し　　ご　　等	はしご等の上で作業を行なう場合のように作業面としてのはしご、きゃたつ、踏台等を含む。
		372	玉 掛 用 具	玉掛用ロープ、チェーン等をいう。
		379	そ　　の　　他	上記に分類されないロープ、万力、パレット等をいう。
	39		その他の装置、設備	圧力容器、化学設備、溶接装置、炉、窯等、電気設備、人力機械工具等、用具に分類されない装置設備をいう。
		391	その他の装置、設備	上記311〜379に分類されない冷凍設備、集じん装置、槽等をいう。 　ガスストーブ等什器を含む。 　タワー、タンク、サイロ、ビン、ピット等は化学設備である場合を除き、仮設物、建築物、構築物等に分類する。
4			仮設物、建築物、構築物等	上記の物上げ装置、運搬機械およびその他の装置に分類されるものを除く。
	41		仮設物、建築物、構築物等	仮設物等の上で作業を行う場合のように当該物が作業面である場合または仮設物等が倒壊した場合のように起因物が当該物そのものである場合に適用する。なお、作業面としては、屋内、または屋外の別を問わず適用する。 　電気設備に分類されるものおよび装置の部分をなす構築物を除く。 ［事故の型との関係］ 　作業面としては、主として人をささえるために使用する場合に適用され、事故の型が墜落、転落、または転倒の場合に起因物となることが多い。 　物そのものとしては事故の型が崩壊、倒壊である場合の起因物となることが多い。

安衛法

分類番号			分類項目	説　　　　明
大	中	小		
		411	足　　　　場	丸太足場、鋼管足場、わく組足場、うま足場、つり足場等をいう。ゴンドラは、当該項目に分類する。
		412	支　保　工	型わく支保工、ずい道型わく支保工、土止め支保工、ずい道支保工等をいう。
		413	階段、さん橋	はしご道を含む。
		414	開　口　部	主として作業面としての分類である。
		415	屋根、はり、もや、けた、合掌	
		416	作業床、歩み板	
		417	通　　　　路	主として作業面としての分類である。
		418	建築物、構築物	建築物とは木造、鉄骨造、鉄筋鉄骨コンクリート造、組積造等の建築物（建築中、解体中も含む）、建造中の船舶等をいう。構築物とは、えん堤、ずい道、橋梁、地下構築物、よう壁、タワー、サイロ、ビン、ピット、溝等をいう。
		419	そ　の　他	上記に分類されないものをいう。
5			物質、材料	危険物、有害物、材料等をいう。
	51		危険物、有害物等	危険物、有害物とはおおむね次のものをいう。 　1．火薬類ならびに労働安全衛生法施行令別表第1に示す危険物およびこれらに準ずるものをいう。 　2．特定化学物質等障害予防規則に定める「特定化学物質等」、有機溶剤中毒予防規則に定める「有機溶剤等」、鉛中毒予防規則に定める「鉛等、焼結鉱」、四アルキル鉛等およびこれらに準ずるものをいう。 なお、有害物等には放射線を含む。
		511	爆発性の物等	労働安全衛生法施行令別表第1に示す爆発性の物、発火性の物、酸化性の物およびこれらに準ずる物をいう。煙火、ダイナマイト等の火薬類を含む。
		512	引火性の物	労働安全衛生法施行令別表第1に示す引火性の物およびこれに準ずる物をいう。衛生的な災害の場合は有害物に分類する。
		513	可燃性のガス	労働安全衛生法施行令別表第1に示す可燃性のガスをいう。衛生的な災害の場合は有害物に分類する。
		514	有　害　物	
		515	放　射　線	電離放射線障害防止規則に定める放射線をいう。
		519	そ　の　他	上記に分類されないものをいう。
	52		材　　　　料	材料が機械装置等にセットされた状態の場合は、当該機械装置に分類する。セットされた被加工材料の切削片が飛来した場合の起因物も当該機械装置に分類する。

安
衛
法

分類番号			分類項目	説　　　　　　明
大	中	小		
		521	金　属　材　料	板、棒、パイプ、型材、帯材、線材、ボルト、ナット、ねじ、釘、スクラップ等をいう。 　溶融状態の金属を含む。
		522	木　材　、　竹　材	丸太、板、角材、合成材等をいう。
		523	石　、　砂　、　砂　利	
		529	そ　　の　　他	上記に分類されないガラス、陶磁器等をいう。
6			荷	もっぱら貨物等運送するために特定の荷姿をした物および据え付けるため運搬中の機械装置等をいう。
	61		荷	荷等であっても、特定の荷姿をしていない物および据え付けるため運搬中の機械、装置等でない物は、材料等当該項目に分類する。
		611	荷　姿　の　も　の	コンテナ、箱もの、袋もの、ドラム缶等特定の荷姿のものをいう。 　運搬のためたばねたものを含む。
		612	機　械　装　置	特定の荷姿のものを除き、据え付け等のため運搬中の機械装置等をいう。
7	71		環　　境　　等	主として自然環境をいう。 　人工的作業環境のものを含む。
		711	地　山　、　岩　石	土砂崩壊、岩石の落下等によるものは、ここに分類する。
		712	立　　木　　等	伐倒木を含む。
		713	水	海、川、池等のものをいう。
		714	異　常　環　境　等	潜函病、潜水病、高山病等異常気圧による障害をおこした環境その他酸素欠乏危険環境、騒音環境等をいう。
		715	高温・低温環境	高温または低温の作業環境をいう。
		719	そ　　の　　他	上記に分類されない動物、植物、風雪等をいう。
9			そ　　の　　他	上記のいずれにも分類されないものをいう。
	91		その他の起因物	上記のいずれにも分類されない起因物をいう。
		911	その他の起因物	上記のいずれにも分類されない病原菌、細菌等をいう。
	92		起　因　物　な　し	用務のため平滑な通路上を歩行中足をぎっくりして捻挫したというように起因となる物のない場合をいう。 ［事故の型との関係］ 　事故の型が動作の反動、無理な動作に分類され、起因物および加害物のない場合には起因物なしに分類される。
		921	起　因　物　な　し	
	99		分　　類　　不　　能	分類する判断資料に欠け、分類困難な場合をいう。 　起因物が明らかであって分類項目のないものはその他の起因物に分類する。
		999	分　　類　　不　　能	

安衛法

（出典）中央労働災害防止協会「労働災害分類の手引」

1．名　　　称　　○○工事災害防止協議会又は○○工事安全衛生協議会
2．所　在　地　　　　　　市　　　　町　　　　番地
　　　　　　　　　　　○○工事（共同企業体）作業所内
3．設 置 期 間　　令和　　年　　月　　日から
　　　　　　　　　令和　　年　　月　　日まで

Ⅰ　総　　　則

1．目　　的

　本協議会は、労働安全衛生法第30条「特定元方事業者等の講ずべき措置」に基づく協議組織であり、会員相互の協議による、○○工事における統括管理の円滑なる運営を図り、もって関係労働者の災害防止に寄与することを目的とする。

2．用語の定義

　この規約における主要な用語の意義は次のとおりとする。

　a　関係請負人とは、特定元方事業者である○○建設株式会社が統括管理義務を有する工事関係事業者をいう。

　b　関係労働者とは、○○建設株式会社及びその関係請負人の使用する労働者をいう。

Ⅱ　構　　　成

1．会　員

　協議会は、統括安全衛生責任者・店社安全衛生管理者をはじめ元方事業の関係職員及びすべての関係請負人を会員とする。

2．代理人

　会員は、協議会に参加することがいちじるしく困難な場合、代理人を参加させることができる。この場合、関係請負人は当該代理人に対し、必要なすべての権限を与えなければならない。

3．会員の届出

　会員は、別に定めるところにより遅滞なく○○建設株式会社に入会の届け出をしなければならない。

4．役　員

　協議会に次の役員を置く。

　(1)　会　長　　　1名（作業所長）

　(2)　副会長　　　若干名（会員の中から互選により選出する。）

　(3)　幹　事　　　若干名（会員の中から互選により選出する。）

5．特別会員

　協議会は、発注者及び設計監理者を本人の承諾を得て特別会員とすることができる。

Ⅲ　運　　　営

1．会議の開催

　(1)　本会議

本会議は定例会議及び臨時会議とする。

    a　定例会議は毎月第◻︎週の◻︎曜日に開催する。

    b　臨時会議は、会長が必要と認めたときに招集する。

(2) 本会議の議事

    本会議では次の事項を協議する。

    a　会議及び役員会の協議事項の周知徹底方法

    b　作業間の連絡及び調整に関する事項

    c　作業場内の巡視に関する事項

    d　労働安全衛生規則「特別規制」635条〜642条の2に掲げる事項

    e　安全衛生に関する諸行事に関する事項

    f　その他労働災害防止に関する事項

(3) 役員会

    会長は、次の事項につき、緊急時その他本会議によることが困難と認めた場合に役員を招集し、役員会の協議をもって本会議の協議にかえることができる。

    a　Ⅲ運営　(2)本会議の議事のb及びc

    b　その他緊急やむをえざる事項

(4) 分会の設置

    協議会は、必要に応じ分会を設けることができる。

2．職務

(1) 会　長

    会長は協議会を代表し、本会議及び役員会の運営に当る。

(2) 副会長

    副会長は会長を補佐し、会長事故あるときはその職務を代行する。

(3) 会　員

    会員は協議会に参加するとともに、会議で協議された事項につき、○○建設株式会社とともに各自の関係労働者に周知徹底させる。

3．事務

(1) 事務処理

    協議会の事務は、○○建設株式会社が処理する。

(2) 議事録の作成と保存

    会議は議事録を作成し、○○建設株式会社がこれを保存する。

付　則

1．実施期日

    この規約は令和◻︎年◻︎月◻︎日から実施する。

21-2. 安全衛生管理規程（例）

第1章　総則

（目的）

第1条　この規程は、労働基準法、労働安全衛生法等関係法令及び〇〇株式会社（以下「会社」という。）の就業規則第〇〇条に基づき、会社における安全衛生活動の充実を図り、労働災害を未然に防止するために必要な基本的事項を明確にし、従業員の安全と健康を確保するとともに快適な職場環境の形成を促進することを目的とする。

（適用の範囲）

第2条　会社の安全衛生管理に関して必要な事項は、労働安全衛生法関係法令（以下「法令」という。）及びこの規程に定めるところによる。

（会社の責務）

第3条　会社は、安全衛生管理体制を確立し、危険性又は有害性等の調査及びその結果に基づき講ずる措置、安全衛生計画の作成、実施、評価及び改善、健康診断の実施及び労働時間等の状況その他を考慮して面接指導の対象となる労働者の面接指導の実施、精神的健康の保持増進対策等、労働災害を防止し、快適な職場環境の形成を促進するために、必要な措置を積極的に推進する。

（従業員の責務）

第4条　従業員は、会社が法令及び本規程に基づき講ずる措置に積極的に協力し、労働災害防止及び健康保持増進を図るため努めなければならない。

第2章　安全・衛生管理

（安全衛生管理体制）

第5条　会社は、総括安全衛生管理者を選任し、第6条により選任する安全管理者等を指揮させるとともに、次の業務を統括管理させる。

　　（注：令第2条第1号、2号、3号に定める業種と規模の事業場）

①　安全衛生に関する方針の表明に関すること。

②　労働者の危険又は健康障害を防止するための措置に関すること。

③　労働者の安全又は衛生のための教育に関すること。

④　健康診断の実施その他健康の保持増進のための措置に関すること。

⑤　労働災害の原因及び再発防止対策に関すること。

⑥　快適な職場環境の形成に関すること。

⑦　危険性又は有害性等の調査及びその結果に基づき講ずる措置に関すること。

⑧　安全衛生計画の作成、実施、評価及び改善に関すること。

⑨　その他労働災害防止に必要と認められる重要な事項に関すること。

【関係条文】法第10条、則第3条の2

安
衛
法

第6条　会社は、安全管理者、衛生管理者、産業医、安全衛生委員会を置き、法令に基づき必要な職務を行わせる。

編者注：常時50人以上の労働者を使用する事業場の場合であって、以下第7条から10条まで同様

（安全管理者）
第7条　会社は、法令の定めるところにより安全管理者を選任する。
　　2　安全管理者は、法令の定めるところにより、第5条の義務のうち安全に係る技術的事項を管理する。
　　3　安全管理者は、職場を巡視し、設備、作業方法等に危険のおそれがあるときには、直ちに、その危険を防止するため必要な措置を講じなければならない。
　　4　会社は、安全管理者が職務を遂行することができないときは、法令の定めるところにより代理者を選任し、これを代行させるものとする。
【関係条文】法第11条、則第4条〜6条

（衛生管理者）
第8条　会社は、法令の定めるところにより、衛生管理者を選任する。
　　2　衛生管理者は、法令の定めるところにより、第5条の義務のうち労働衛生に係る技術的事項を管理する。
　　3　衛生管理者は、少なくとも毎週1回は職場を巡視し、設備、作業方法又は衛生状態に有害のおそれがあるときには、直ちに、従行員の健康障害を防止するため必要な措置を講じなければならない。
　　4　会社は、衛生管理者が職務を遂行することができないときには、法令の定めるところにより代理者を選任し、これを代行させるものとする。
【関係条文】法第12条、則第7条〜11条

（産業医）
第9条　会社は、法令の定めるところにより産業医を選任する。
　　2　産業医は、次の事項の医学的分野を中心に管理する。
　　　①　健康診断の実施及び労働時間等の状況その他を考慮して面接指導の対象となる労働者の面接指導の実施、その結果に基づく従業員の健康を保持するための措置に関すること。
　　　②　作業環境の維持管理及び快適な職場環境の形成に関すること。
　　　③　作業の管理に関すること。
　　　④　前3号に掲げるもののほか従業員の健康管理に関すること。
　　　⑤　健康教育、健康相談その他従業員の健康の保持増進を図るための措置に関すること。
　　　⑥　衛生教育に関すること。
　　　⑦　労働者の健康障害の原因の調査及び再発防止のための措置に関すること。
　　3　産業医は、少なくとも毎月1回職場を巡視し、作業方法又は衛生状態に有害のおそれがあるときは、直ちに従業員の健康障害を防止するため必要な措置を講じなければならない。
【関係条文】法第13条、則第13条〜15条の2

安
衛
法

（安全衛生委員会）

第10条　会社は安全衛生委員会を設ける。

　　　2　安全衛生委員会規程は、別に定める。

【関係条文】法第17条～19条、則第21条～23条

10人～50人未満の事業場

（安全衛生委員会）

第5条　会社は、安全衛生推進者（注：常時10人から50人未満の労働者を使用する事業場、但し、労働安全衛生法施行令第2条第3号に定める業種に属する事業場にあっては「衛生推進者」）を選任し、第6条2項に定める職務を行わせる。

（安全衛生推進者の職務）

第6条　会社は、法令の定めに従って安全衛生推進者を選任する。

　　　2　安全衛生推進者は、次の業務を安全衛生業務について責任のある者の指揮を受けて担当する。

　　　　①　安全衛生に関する方針の表明に関すること。

　　　　②　労働者の危険又は健康障害を防止するための措置に関すること。

　　　　③　労働者の安全又は衛生のための教育に関すること。

　　　　④　健康診断の実施その他健康の保持増進のための措置に関すること。

　　　　⑤　労働災害の原因及び再発防止対策に関すること。

　　　　⑥　快適な職場環境の形成に関すること。

　　　　⑦　危険性又は有害性等の調査及びその結果に基づき講ずる措置に関すること。

　　　　⑧　安全衛生計画の作成、実施、評価及び改善に関すること。

　　　　⑨　その他労働災害防止に必要と認められる重要な事項に関すること。

　　　3　会社は、安全衛生推進者を選任したときは、その者の氏名を事業場の見やすい個所に掲示するなどの方法により社員に周知する。

【関係条文】法第12条の2、則12条の2、3、3

　　　4　会社は、安全又は衛生に関する事項について、関係労働者からの意見を聴くための安全衛生会議を開催する。

【関係条文】法第12条の2、則第12条の2～12条の4、23条の2

（各部署の責任者）

第11条　各部（課）の責任者は、会社の決定に基づき所轄部署の安全衛生管理方針を決定するとともに、職場管理者を指揮して、労働災害防止、快適な職場形成に向けた統括管理を行う。

（職場管理者）

第12条　各職場の管理者は、労働災害を防止し、快適な職場を形成するため次の事項を管理しなければならない。

編者注：職場管理者は、それぞれの事業場の実情に応じて具体的に決定するようにすること

　　　　①　危険性又は有害性等の調査及びその結果に基づき講ずる評価及び改善すること。

　　　　②　労働災害の防止及び健康障害の防止のため、作業方法を決定し、これに基づき部下を指導すること。

③　所管する設備・機械の安全を確保すること。

④　職場内の整理・整頓に努め、快適な職場環境を形成すること。

（作業主任者）

第13条　会社は、法令の定める資格を有する者の内から作業主任者を選任する。

　　2　作業主任者は、当該作業に従事する労働者の指揮その他法令で定める事項を行わなければならない。

【関係条文】法第14条、令第6条

第3章　就業に当たっての措置

（安全衛生教育）

第14条　会社は、安全衛生に関する知識及び技能を習得させることによって労働災害防止に役立たせるため、次の教育を行うものとする。

①　雇入れ教育、作業内容変更時教育。

②　危険・有害業務従事者特別教育。

③　職長教育、その他監督者安全衛生教育。

④　そのほか安全衛生の水準の向上を図るため、危険又は有害な業務に現に就いている者に対する安全衛生教育。

　　2　従業員は、会社の行う安全衛生教育に積極的に参加しなければならない。

【関係条文】法第59条、60条、60条の2、則第35条、36条、令第19条、則第40条

（就業制限）

第15条　会社は、クレーンの運転その他の業務で法令の定めるものについては、資格を有する者でなければ当該業務に就業させないこととする。

　　2　就業制限業務に就くことができる従業員以外は、当該業務を行ってはならない。

【関係条文】法第61条第1項、令第20条

（中高年齢者等）

第16条　会社は、中高年齢者その他労働災害防止上その就業に当たって特に配慮を必要とする者については、これらの者の心身の状態に応じて適正な配置を行うように努める。

【関係条文】法第62条

第4章　職場環境の整備

（作業環境測定）

第17条　会社は、法令の定めるところにより、必要な作業環境測定を実施し、その結果を記録することとする。

（作業環境測定の評価等）

第18条　会社は、前条の作業環境測定の結果の評価に基づいて、従業員の健康を保持するため必要があると認められるときは、法令の定めるところにより、施設又は設備の設置、健康診断の実施及びその他の適切な措置を講ずることとする。

【関係条文】法第65条、65条の2

安
衛
法

（環境の整備）

第19条　会社は、社内における安全衛生の水準の向上を図るため、次の措置を継続的かつ計画的に講じ、快適な職場環境の形成に努める。

　　① 作業環境を快適な状態に維持管理するための措置。

　　② 作業方法の改善。

　　③ 休憩施設の設置又は整備。

　　④ その他快適な作業環境を形成するために必要な措置。

（保護具、救急用具）

第20条　会社は、保護具及び救急用具の適正使用・維持管理について、従業員に対し、指導、教育を行うとともに、その整備に努めることとする。

【関係条文】則第 593 条〜598 条、633 条、634 条

（機械・設備の点検整備）

第21条　会社は、機械・設備等について、法令及び社内点検基準に定めるところにより点検整備を実施し、その結果を記録保存することとする。

（整理整頓）

第22条　会社は、常に職場の整理整頓について適正管理し、常に職場を安全で快適かつ機能的な状態に保持することとする。

第5章　健康の保持増進措置等

（健康診断）

第23条　会社は、従業員に対し法令の定めるところにより、医師による健康診断を行う。

　　2　会社は、有害業務に従事する従業員及び有害業務に従事させたことのある従業員に対し、医師による特別の項目について健康診断を行う。

　　3　会社は、健康診断の結果及び月の時間外労働が 100 時間を越える場合の状況その他を考慮して面接指導の対象となる労働者の面接指導の実施、その結果に基づく従業員の健康を保持するための措置について、医師の意見を聴く。

　　4　会社は、医師の意見を勘案し、その必要があると認めるときは、当該従業員の健康状態等を考慮して、就業場所の変更、作業の転換、労働時間の短縮等の措置を講ずるほか、作業環境測定の実施、施設又は設備の設置、その整備及びその他の適切な措置を講ずる。

　　5　会社は、健康診断を受けた従業員に対し、法令に定めるところにより、当該健康診断の結果を通知する。

　　6　会社は、健康診断の結果、特に健康の保持に努める必要があると認める従業員に対し、医師、保健師による保健指導を行うよう努める。

　　7　従業員は、会社が行う健康診断を受けなければならない。

　　　　ただし、会社の指定した医師又は歯科医師が行う健康診断を受けることを希望しない場合、他の医師又は歯科医師による健康診断結果証明書を会社に提出したときはこの限りでない。

【関係条文】法第 66 条〜66 条の 9、令第 22 条、則 44 条〜52 条の 8

（病者の就業禁止）

第24条　会社は、伝染性の疾患その他の疾患で、法令の定めるものにかかった従業員に対し、その就業を禁止する。

　　　2　会社から就業の禁止を指示された従業員は就業してはならない。

【関係条文】法第68条

（健康教育等）

第25条　会社は、従業員に対する健康教育、健康相談及びその他従業員の健康の保持増進を図るため必要な措置を継続的かつ計画的に講ずるよう努める。

　　　2　従業員は、前項の会社が講ずる措置を利用してその健康の保持増進に努めること。

【関係条文】法第69条

第6章　製造業の元方事業場としての措置

第26条　会社は、事業場内での関係下請事業場の労働災害を防止するため、以下の措置を講じる。

　　　①　作業間の連絡調整

　　　②　クレーン等の合図の統一等

【関係条文】法第30条の2

第7章　発注者としての措置

第27条　会社は、大量漏えいによる急性中毒を引き起こす物質、引火性等を有する物質を製造・取り扱う設備の改造等の仕事で一定の作業を注文するときは、中毒及び火災等の発生を防止するため以下の情報を請負人に提供するものとする。

　　　①　化学物質の危険・有害性

　　　②　作業において注意すべき事項

　　　③　注文者の講じた措置等

【関係条文】法第31条の2

附則1　この規程は、令和○○年○○月○○日から施行する。

　　　2　この規程は、必要に応じて改定する。

安全衛生管理規程の作成及び運用上の留意事項

1　就業規則との関係

　本規程は、就業規則○○条に基づき作成したスタイルを採っている。したがって、就業規則に重複した規程を置く必要はないが、本規程も就業規則の一部なので、所轄労働基準監督署に就業規則を合わせて届け出、かつ、労働者に周知する必要がある。

2　業種に対応した規程内容

　本規程は、あらゆる業種に対応した内容となっているので、各事業場の実情に応じて条文等は変更、削除する。（第5条、6条、12条、14条、16条、17条、23条2項、26条、27条等）。

3　注書き、関係条文

　注書き、関係条文は、安全衛生管理規程を作成する場合の参考に記載したものなので、実際の規程に盛り込む必要はない。なお、関係条文に使用した略称の正式名称は下記のとおり。

　法：労働安全衛生法　　令：労働安全衛生法施行令　　則：労働安全衛生規則

（出典）東京労働局　労働基準部　「中小規模事業場の安全衛生管理の進め方」

安
衛
法

21-3. 安全衛生委員会規程（例）

（目的）

第1条　この規程は、○○株式会社安全衛生管理規程に基づき、本社（事業場）安全衛生委員会（以下単に「委員会」という。）の構成、運営、調査審議事項などを定め、安全衛生管理活動の円滑な推進を図ることを目的とする。

（調査審議事項）

第2条　委員会は、第1条の目的を遂行するため、次の事項を調査審議するとともに、会社に対して必要な意見を提出するものとする。

① 従業員の危険防止及び健康障害の防止の基本的な対策に関すること。

② 労働災害の原因及び再発防止対策に関することで安全、衛生に係るものに関すること。

③ 従業員の健康の保持増進を図るため必要な措置の実施計画の作成に関すること。

④ 安全衛生に関する規程の作成に関すること。

⑤ 危険性または有害性等の調査及びその結果に基づき講ずる措置で安全、衛生に係るものに関すること。

⑥ 安全衛生に関する計画の作成、実施、評価及び改善に関すること。

⑦ 安全衛生教育の実施計画の作成に関すること。

⑧ 有害性の調査並びにその結果に対する対策の樹立に関すること。

⑨ 作業環境測定の結果及びその結果の評価に基づく対策の樹立に関すること。

⑩ 定期に行われる健康診断、臨時の健康診断、自ら受けた健康診断及びその他の医師の診断、診察又は処置の結果並びにその結果に対する対策の樹立に関すること。

⑪ 長時間にわたる労働による従業員の健康障害の防止を図るための対策の樹立に関すること。

⑫ 従業員の精神的健康の保持増進を図るための対策の樹立に関すること。

⑬ 労働基準監督署長等から文書により命令、指示、勧告又は指導を受けた事項のうち、従業員の危険の防止に関すること。

⑭ その他安全衛生に必要と認められる重要な事項に関すること。

（構成員）

第3条　委員会の委員は、次の者をもって構成する。

① 総括安全衛生管理者

② 安全管理者及び衛生管理者（の中から会社が指名した者）。

③ 産業医（の中から会社が指名した者）。

④ 安全及び衛生に関する経験を有する者の中から会社が指名した者。

2　委員長は、総括安全衛生管理者（事業場を実質統括管理する者）とする。

3　副委員長は、委員のうち総括安全衛生管理者の代理者とする。

安
衛
法

4　会社は、委員長以外の委員の半数については、従業員の過半数で組織する労働組合（従業員の過半数を代表する者）の推薦に基づき指名することとする。

（任務）

第4条　委員長は、委員会を統括するとともに、会議の議長を努め、委員会の付議事項及びその他必要な事項を処理する。

2　副委員長は、委員長を補佐し、委員長に支障があるときはこれを代行する。

3　委員は、委員会に出席し、第2条に定める事項について意見を述べるよう努め、常に職場環境や安全衛生に関する事項に留意し、安全衛生管理活動に寄与するよう努めるものとする。

（任期）

第5条　委員の任期は、〇年とする。ただし、再任を妨げない。

2　委員が退職等により、欠員が生じた場合はすみやかに補充する。補充委員の任期については、前任者の残任期間とする。

（開催）

第6条　委員会は、毎月一回定期に開催するほか、次の場合に委員長の召集によって開催する。

①　緊急性のある調査審議事項が発生したとき。

②　その他委員長が必要と認めたとき。

（成立）

第7条　委員会は、委員の過半数の出席をもって成立する。

2　委員会の議事は、委員長を除く出席委員の過半数の賛成をもって決定し、賛否同数の場合は委員長がこれを決定する。

（専門委員）

第8条　会社は、第3条に定める委員の他、安全管理者、衛生管理者、運動指導者（ヘルスケアリーダー）、運動実践指導者（ヘルスケアトレーナー）、心理相談員（メンタルヘルスケア）、栄養指導者、保健指導者などの健康づくりスタッフなどのうちから専門委員を指名する。

2　専門委員は、委員長の指示により専門的な事項について調査を行い、これを委員会に報告する。

3　委員長が必要と認めた場合は、専門委員による専門委員会を開催することができる。

（専門委員等の出席）

第9条　委員長が必要と認めた場合は、専門委員又は委員以外の者を出席させ意見を聴取することができる。

（事務局）

第10条　事務局は、安全衛生担当部（課）とし、主として次の事務を行う。

①　委員会の招集及び付議に関すること。

②　委員会に必要な資料の準備及び配布に関すること。

③　委員会の議事録の作成、配布及び保管に関すること。

④　その他委員会が依頼した事務。

2①　議事録及び重要事項の記録は、これを3年間保存するものとする。

②　委員会の開催の都度、遅滞なく、委員会における議事の概要を次に掲げるいずれかの方法によって従業員に周知するものとする。

ア　常時各作業場の見やすい場所に掲示し、又は備え付けること。

イ　書面を従業員に交付すること。

ウ　磁気テープ、磁気ディスクその他これらに準ずる物に記録し、かつ、各作業場に従業員が当該記録の内容を常時確認できる機器を設置すること。

（附則）1　この規程は、令和○○年○○月○○日より施行する。

2　この規程は、必要に応じて改定する。

（出典）東京労働局　労働基準部　「中小規模事業場の安全衛生管理の進め方」

安
衛
法

22. 特定自主検査制度（要旨） （安衛法45条）

1. 特定自主検査の概要

特定自主検査は、特に危険度の高い動力プレス、フォークリフト、車両系建設機械（安衛令別表第7参照）、不整地運搬車、高所作業車に対し、厚生労働省令で定める資格を有する者が、1年以内ごとに1回検査を行うものである。検査済機械には検査標章をはりつけることになっている。なお、事業場内に有資格者がいない場合は検査業者に依頼しなければならない。

2. 事業内検査者の資格

事業内検査者の資格は次のとおりである。

① 学歴に対応した一定の実務経験を有するもので、厚生労働大臣が定める研修を修了したもの

② 特定の自動車整備士で点検又は整備業務経験1年以上で労働局長が定める研修を修了したもの

③ 職業訓練指導員、建設機械施工技士等一定の資格を有する者

（研修の実施機関は中央労働災害防止協会、建設荷役車両安全技術協会、建設業労働災害防止協会等が指定されている）

3. 下請保有機械の検査

特定自主検査は、本来は事業者自ら行うものであるが、事業内検査者のいない下請等のものを元請が検査する場合は、元請は厚生労働大臣又は都道府県労働局長に検査業者の登録をしておかなければならない。

4. 検査の内容

検査の内容は、安衛則で定められている（フォークリフトは則第151条の21、車両系建設機械は則第167条）が実際には厚生労働省安全課監修の特定自主検査マニュアル及びチエックリストにより実施することになる。なお検査記録は3年間保存することになっている。

5. 特定自主検査標章

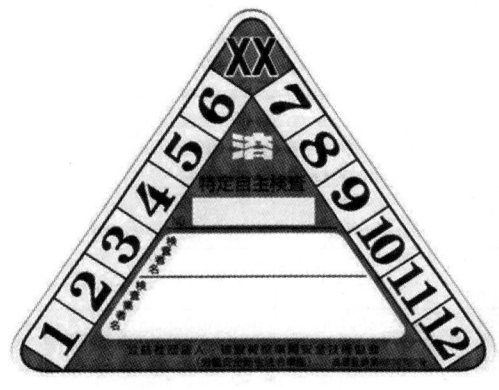

（検査業者用検査標章）

（事業内検査用標章）

安
衛
法

様式第2号

統括管理状況等報告（その1）

令和 2 年 10 月 15 日

中央労働基準監督署長殿

事業の名称　八重洲・木下共同企業体　中央会館新築工事作業所
責任者職種名　所　長　夏　川　二　郎　㊞

　令和2年4月13日付け中央基署発第100号により貴職から命令のあった第2回目（令和2年7月1日から令和2年9月30日分）の統括管理状況を、次のとおり報告いたします。

1. 一般的事項

工事の名称	中央会館新築工事	当該期間における工事の主な内容	1.鉄骨建方工事 2.コンクリート打設及び型枠工事 3.鉄筋工事	当期末における工事の進捗状況	工事全体の30%
所　在　地	東京都中央区八丁堀2-X-X （TEL3551-52XX）				
統括安全衛生責任者氏名	夏　川　二　郎	元方安全衛生管理者職氏名	所長代理　秋　島　五　郎		

2. 労働安全衛生法（以下「安衛法」という。）第29条の規定に基づく指導及び指示の実施状況

(1) 指導の状況

> 元方事業者は、関係請負人とその労働者が法又はこれに基づく命令に違反しないよう必要な指導を行わなければなりません（安衛法第29条第1項）。この期間においてどのような指導を行いましたか。その概要について記入して下さい。なお、指導の内容が多くなり、本欄に書ききれない場合には、それらのうち特に配慮した事項に限って記入して下さい。

指導した月日	指導を行った者の職氏名	関係請負人の名称	指導した内容	指導した結果の概要
随時	所長代理　秋島五郎他	大山建設、八洲鉄筋中央工務店他	新規入場者教育を朝礼後随時実施し当作業所の規則及び危険ケ所の説明等を行った。	同教育を行ったことにより新規作業員が、早く作業所に溶け込めるようになった。
毎日	各工事担当者	全専門工事業者	安全朝礼後、各専門工事業者に分かれてのKYK活動状況を確認した。	各作業員1人1人が積極的に参加する様になった。
毎週月曜日	〃	専門工事業者の職長会	毎週月曜日午後1:00〜　職長会による場内安全巡回を確認した。	職長会が中心に行うことにより協力会社作業員の安全意識がさらに向上した。
毎週金曜日	〃	全専門工事業者	毎週金曜日の朝礼時に午後1:00〜一斉清掃を実施する事を伝え協力を依頼した。	材料等の整理整頓がなされ作業床の面積及び安全通路が確認された。
7月16日（木）	〃	各専門工事業者作業員	安全朝礼時に玉掛けワイヤー・シャックルの正しい掛け方を実施・指導した。	説明会を行ったことにより玉掛け作業が正しく行われる様になった。

(2) 指示の状況

> 元方事業者は、関係請負人とその労働者が法又はこれに基づく命令の規定に違反していると認められた場合、その是正のため必要な指示を行わなければなりません。（安衛法第29条第2項）。この期間においてどのような指示を行いましたか。その概要について記入して下さい。なお、指示の内容が多くなり、本欄に書ききれない場合には、そのうち特に配慮した事項に限って記入して下さい。

指導した月日	指導を行った者の職氏名	関係請負人の名称	指導した内容	指導した結果改善された状況
7月8日（水）	工事担当　石川　三郎	大山建設、八洲鉄筋中央工務店㈱	地下1階型枠解体時脚立2点支持1枚敷で作業を行っていたので2枚敷で作業する様指示をした。	直ちに改善がなされ安全な状況下での作業となった。
7月10日（金）	〃　谷山　清	八洲鉄筋㈱	1階A-5・6間安全通路の前に車輛を駐車させていたので至急移動する様指示をした。	車輛を移動させたことにより安全通路が確保され作業往来に支障がなくなった。
8月5日（水）	〃　春野　太郎	大山建設㈱	1階H工区手摺りが取り外されたままになっているので至急復旧する様指示をした。	翌日復旧確認が出来安心して歩ける様になった。
8月14日（金）	〃　大芝　二郎	〃	地下3階D・H工区の安全通路上に残材等が散乱しているので至急片付ける様指示をした。	至急片付け作業を実施した結果安心して歩ける様になった。
9月4日（金）	〃　村上　秀一	㈱大門工事	2・3階1〜2工区デッキの上に仮ボルトが落ちているので至急片付ける様指示をした。	片付け作業が確認出来デッキの上も整理がなされた。

　編者注：1.　統括管理状況等報告（その1）は4ページより成るが、2〜4ページは省略した。
　　　　　2.　統括管理状況等報告（その2）は省略した。

基発第 267 号
平成 7 . 4 . 21

第1 建設現場における安全管理

建設現場においては、次のような安全管理を行う必要がある。

(1) 安全衛生管理計画の作成

元方事業者は、建設現場における安全衛生管理の基本方針、安全衛生の目標、労働災害防止対策の重点事項等を内容とする安全衛生管理計画を作成すること。

(2) 過度の重層請負の改善

元方事業者は、労働災害防止上問題を生じやすい過度の重層請負の改善を図るため、次の事項を遵守すること。

① 労働災害を防止するための事業者責任を遂行することのできない単純労働の労務提供のみを行う事業者等にその仕事の一部を請け負わせないこと。

② 仕事の全部を一括して請け負わせないこと。

(3) 請負契約における労働災害防止対策の実施者及びその経費の負担者の明確化等

元方事業者は、請負契約において労働災害防止対策の実施者及びそれに要する経費の負担者を明確にするとともに、労働災害の防止に要する経費のうち請負人が負担する経費については、請負契約書に添付する請負代金内訳書等に当該経費を明示すること。

明示する労働災害防止対策の例

① 労働者の墜落防止のための防網の設置 ② 物体の飛来・落下防止のための防網の設置

③ 安全帯の取付け設備の設置 ④ 車両系建設機械の誘導員の配置

⑤ 作業場所の巡視 ⑥ 安全大会等への参加

⑦ 講習会等への参加

---

(4) 元方事業者による関係請負人及びその労働者の把握等

元方事業者は、関係請負人に対する安全衛生指導を適切に行うため、次の事項等を関係請負人に通知させること等により把握しておくこと。

① 関係請負人の名称、請負内容、安全衛生責任者の氏名、安全衛生推進者の選任の有無及びその氏名

② 関係請負人の雇用する労働者の安全衛生に係る免許・資格の取得及び特別教育、職長教育の受講の有無等

③ 関係請負人の安全衛生責任者又はこれに準ずる者の駐在状況

④ 関係請負人が建設現場に持ち込む機械設備

(5) 作業手順書の作成

元方事業者は、関係請負人に対し、労働災害防止に配慮した作業手順書を作成するよう指導すること。

(6) 協議組織の設置・運営

安
衛
法

元方事業者が設置する労働災害防止協議会等の協議組織については、次によりその活性化を図ること。

イ　会議の開催頻度

毎月1回以上開催すること。

ロ　協議組織の構成

協議組織については、次の者を構成員とすること。

① 統括安全衛生責任者、元方安全衛生管理者又はこれらに準ずる者等

② 元方事業者の店社の店社安全衛生管理者又は工事施工・安全管理の責任者

③ 関係請負人の安全衛生責任者等

④ 関係請負人の店社の工事施工・安全管理の責任者等

ハ　協議事項

工程に応じ、次の事項等を議題として取り上げること。

① 建設現場の安全衛生管理の基本方針、目標、その他基本的な労働災害防止対策を定めた計画

② 月間又は週間の工程計画

③ 労働者の危険及び健康障害を防止するための基本対策

④ 安全衛生に関する規程

⑤ 安全衛生教育の実施計画

⑥ 労働災害の原因及び再発防止対策

ニ　協議組織の規約

協議組織の構成員、協議事項、協議組織の会議の開催頻度等を定めた協議組織の規約を作成すること。

ホ　協議組織の会議の議事の記録

協議組織の会議の議事で重要なものに係る記録を作成するとともに、これを関係請負人に配布すること。

ヘ　協議結果の周知

協議組織の会議の結果で重要なものについては、朝礼等を通じてすべての現場労働者に周知すること。

(7) 作業間の連絡及び調整

元方事業者は、混在作業による労働災害を防止するため、混在作業に関連するすべての関係請負人の安全衛生責任者等と作業間の連絡及び調整を十分実施すること。

(8) 作業場所の巡視

元方事業者は統括安全衛生責任者等に、毎作業日に1回以上作業場所の巡視を実施させること。

(9) 新規入場者教育

元方事業者は、関係請負人に対し、新規入場者教育の適切な実施に必要な場所、資料の提供等の援助を行うとともに、当該教育の実施状況について報告させ、これを把握しておくこと。

新規入場者教育の内容	
① 労働者が混在して作業を行う場所の状況	② 労働者に危険を生ずる箇所の状況
③ 混在作業場所において行われる作業相互の関係	④ 退避の方法
⑤ 指揮命令系統	⑥ 担当する作業内容と労働災害防止対策
⑦ 安全衛生に関する規定	⑧ 建設現場の安全衛生管理計画の内容

(10) 新たに作業を行う関係請負人に対する措置

　　元方事業者は、新たに作業を行うこととなった関係請負人に対し、協議組織の会議内容及び作業間の連絡調整の結果を周知すること。

(11) 作業開始前の安全衛生打合せ

　　元方事業者は、関係請負人に対し、毎日、その労働者を集め、作業開始前の安全衛生打合せを実施するよう指導すること。

安全衛生打合せの内容
① 当日の作業内容、作業手順、労働災害防止上の留意事項等の指示
② 作業間の連絡調整の結果を周知
③ 関係労働者の労働災害防止に対する意見等の把握
④ 危険予知活動等の安全活動

(12) 安全施工サイクル活動の実施

　　元方事業者は、施工と安全管理が一体となった安全施工サイクル活動を展開すること。

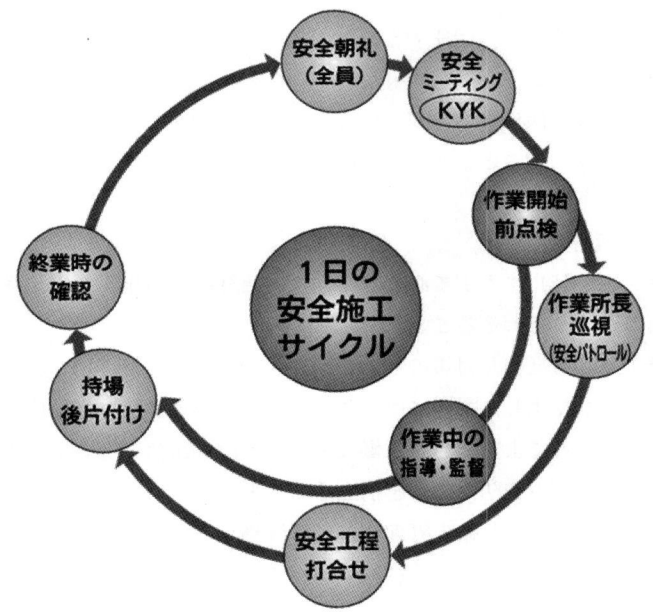

(13) 職長会（リーダー会）の設置

　　元方事業者は、関係請負人に対し、職長及び労働者の安全衛生意識の高揚、職長間の連絡の緊密化、労働者からの安全衛生情報の掌握等を図るため、職長会（リーダー会）を設置するよう指導すること。

第2　支店等の店社における安全管理

　　支店等の店社においては、次のような安全管理を行う必要がある。

(1) 安全衛生管理計画の作成

　　元方事業者は、店社の年間の安全衛生の基本方針、安全衛生の目標、労働災害防止対策の重点事項等を内容とする安全衛生管理計画を作成すること。

(2) 重層請負の改善のための社内基準の設定等

　　元方事業者は、建設現場が過度の重層請負とならないよう、重層の程度についての制限を社内基準として設ける等により、重層請負の抑制を図ること。

(3) 共同企業体の構成事業者による安全管理の基本事項についての協議

　　元方事業者は、共同企業体で施工する場合には、構成事業者が安全管理について十分な連携を図れるよう、共同企業体のすべての構成事業者の店社からなる委員会を設置する等により、安全衛生管理体制、安全管理のための予算、安全管理のための規程、安全衛生管理計画等について協議すること。

(4) 統括安全衛生責任者及び元方安全衛生管理者の選任

　イ　統括安全衛生責任者

　　　元方事業者は、ずい道等の建設の仕事等一定の仕事を行う場合で、統括安全衛生責任者の選任を要するときには、その事業場に専属の者とするとともに、統括安全衛生管理に関する教育を実施し、この教育を受けた者のうちから選任すること。

　ロ　元方安全衛生管理者

　　　元方事業者は、元方安全衛生管理者については、混在作業現場における労働災害の防止のための技術等に関する教育を実施し、この教育を受けた者で、かつ、同種の仕事について安全衛生の実務に従事した経験がある者のうちから選任すること。

(5) 施工計画の事前審査体制の確立

　　元方事業者は、仕事の工程、機械設備等についての安全衛生面からの事前の検討を十分行うため、店社内の事前評価体制を確立すること。また、当該仕事の計画作成に参加する者に必要な教育等を徹底すること。

(6) 安全衛生パトロールの実施

　　元方事業者は、労働災害を防止する上で必要な時期に、店社の工事施工・安全管理の責任者等に当該仕事に係る作業場所の巡視を行わせること。

(7) 労働災害の原因の調査及び再発防止対策の樹立

　　元方事業者は、労働災害が発生した場合には、店社安全衛生管理者又は当該店社の工事施工・安全管理の責任者及び現場の責任者により、当該労働災害に係る関係請負人と連携して災害調査を行い、その原因を究明するとともに、再発防止対策を樹立すること。

(8) 元方事業者による関係請負人の安全衛生管理状況等の評価

　　元方事業者は、優良な関係請負人の選定及び育成を図るため、関係請負人の安全管理状況等について評価を行うこと。

評価事項の例

①　協議組織への参加状況	②　新規入場者教育の実施状況
③　安全衛生責任者の現場への駐在状況	④　店社による作業場所の巡視状況
⑤　保護具の使用状況	⑥　安全衛生推進者等の選任状況
⑦　雇入れ時の安全衛生教育の実施状況	⑧　労働災害の発生状況

（出典）厚生労働省「元方事業者による建設現場安全管理指針のポイント」

安
衛
法

25. 労災かくし

1 労災かくしとは？

　事業者は「労働者死傷病報告」（P.115、P.213　参照）を労働基準監督署長に提出しなければならない（労働安全衛生法第100条、労働安全衛生規則第97条）。

　事業者が労災事故の発生をかくすために、労働者死傷病報告を、①故意に提出しないこと、②虚偽の内容を記載して提出することを「労災かくし」という。

　労災かくしは、行政施策上問題があるだけでなく、被災者本人に著しい不利益をもたらすこともある。そのため厚生労働省では、労災かくしの排除に向け、厳正に対処することとしている。

　なお、労働者が労災事故で負傷した場合、労災保険給付の請求を労働基準監督署長あてに行うこととなるので、事業者はその手続に際し協力する必要がある。

> **労災かくし**
>
> ① 死傷病報告を故意に提出しないもの
>
> ② 死傷病報告に虚偽の内容を記載し、提出するもの

> **根拠条文（労働者死傷病報告の提出）**
>
> ●**労働安全衛生法第100条**
> 　1　厚生労働大臣、都道府県労働局長又は労働基準監督署長は、この法律を施行するため必要があると認めるときは、厚生労働省令で定めるところにより、事業者、労働者、機械等貸与者、建築物貸与者又はコンサルタントに対し、必要な事項を報告させ、又は出頭を命ずることができる。
>
> ●**労働安全衛生規則第97条**
> 　1　事業者は、労働者が労働災害その他就業中又は事業場内若しくはその附属建物内における負傷、窒息又は急性中毒により死亡し、又は休業したときは、遅滞なく、様式第23号による報告書を所轄労働基準監督署長に提出しなければならない。
> 　2　前項の場合において、休業の日数が4日に満たないときは、事業者は、同項の規定にかかわらず、1月から3月まで、4月から6月まで、7月から9月まで及び10月から12月までの期間における当該事実について、様式第24号による報告書をそれぞれの期間における最後の月の翌月末日までに、所轄労働基準監督署長に提出しなければならない。

2 労災かくしは犯罪

　事業者は、労災事故が発生した場合、労働者死傷病報告を労働基準監督署長に提出しなければならない。提出を怠るか、または虚偽の内容を報告すると、50万円以下の罰金に処せられる（労働安全衛生法第120条、第122条）。つまり、労災かくしは法違反であり犯罪行為ということになる。

　事業者が労災かくしを行った場合の最大の被害者は、事故に被災した労働者である。労災保険の手続きが適切に行われていれば、被災者は負傷や疾病に対する治療、休業に対する補償をはじめ、仮に身体に障害が残った場合にも、労災保険制度によって手厚く保護されることになる。しかし、労災かくしが行われると、被災者は健康保険で自己負担をしながら治療を受けることになり、休業期間中の補償もなく、大きな不安を抱えることになる。実際、今後の生活に不安を抱いた被災者が、労働基準監督署に相談することで、労災かくしが発覚したケースもある。

このほかにも労災かくしには、下に示すような様々な弊害があげられる。労災かくしは、悪質な行為であることを今一度理解しよう。

労災かくしの弊害

1 労災保険による適正な給付が行われず、被災労働者や下請業者が負担を強いられることになってしまう。

2 事業場が労働災害の発生をかくすことにより、自主的な再発防止対策が講じられなくなり、労働者の労働意欲が減退することにもなる。

3 労働基準監督機関が労働災害発生原因等を正確に把握できず、災害発生事業場に対し、再発防止対策を確立させることができない。

4 労働災害の発生原因を究明することができないため、同種の事業場に対する適切な労働災害防止対策を講ずることができない。

根拠条文（罰則）
●労働安全衛生法第120条
次の各号のいずれかに該当する者は、50万円以下の罰金に処する。
五　第100条第1項又は第3項の規定による報告をせず、若しくは虚偽の報告をし、又は出頭しなかった者
●労働安全衛生法第122条
法人の代表者又は法人若しくは人の代理人、使用人その他の従業者が、その法人又は人の業務に関して、第116条、第117条、第119条又は第120条の違反行為をしたときは、行為者を罰するほか、その法人又は人に対しても、各本条の罰金刑を科する。

労災かくしについて、厚生労働省では、司法処分を含め厳しく対処することとしている（各都道府県労働局長に対する通達）。これは、労災かくしが犯罪であるという側面だけではなく、前述のような様々な弊害があるからである。具体的には、労災かくしを行った事業場に対して、以下のような事項に留意した上で、厳正な措置を講ずることとしている。

① 事業場に対して司法処分を含め厳正に対処する
② 事業者に出頭を求め、局長または署長から警告を発するとともに、同種案の再発防止対策を講じさせる
③ 全国的又は複数の地域で事業を展開している企業において労災かくしが行われた場合は、必要に応じて、当該企業の本社等に対して、再発防止のための必要な措置を講ずる
④ 建設事業無災害表彰を受けた事業場には、無災害表彰状を返還させる
⑤ 労災保険のメリット制の適用を受けている事業場では、メリット収支率の再計算を行い、必要に応じて、還付金の回収を行う等適正な保険料を徴収する

3　労災発生時の正しい事務処理

労災事故が発生し、労働者が負傷した場合は、労働基準監督署長に労災保険の請求を行い、さらに労働死傷病報告を労働基準監督署長に提出する必要がある。

（1）労災保険の請求
① 療養補償給付

療養した医療機関が労災保険指定医療機関の場合には、「療養補償給付たる療養の給付請求書」をその医療機関に提出する。請求書は医療機関を経由して労働基準監督署長に提出される。このとき、療養費を支払う必要はない。

療養した医療機関が労災保険指定医療機関でない場合には、一旦療養費を立て替えて支払うこと。その後「療養補償給付たる療養の費用請求書」を、直接、労働基準監督署長に提出すると、その費用が支払われる。

② 休業補償給付

労働災害により休業した場合には、第4日目から休業補償給付が支給される。「休業補償給付請求書」を労働基準監督署長に提出すること。なお、休業期間3日までの部分については、労災保険から給付されないため、労働基準法で定める平均賃金の60%を事業主が休業補償を行うことになる。

③ その他の保険給付

①、②のほかにも障害補償給付、遺族補償給付、葬祭料、傷病補償年金及び介護補償給付などの保険給付がある。

これらの保険給付についてもそれぞれ、労働基準監督署長に請求書などを提出することとなる。

(2) 労働者死傷病報告の提出

●報告を必要とする場合

労働者死傷病報告は、労働者が労働災害その他就業中または事業場内もしくはその附属建設物内における負傷、窒息または急性中毒により死亡し、または休業した場合に提出する（労働安全衛生規則第97条）。休業4日以上の場合は、様式第23号（P.115　参照）を遅滞なく提出しなければならない（休業4日未満の場合は、様式第24号に3カ月分の労災をまとめて記載し、提出する。P.213　参照）。

●報告義務者

上記の事由による死傷病労働者の所属する事業場の事業者

●提出期限

上記事由が発生したときに遅滞なく（休業4日未満の場合は、災害発生が1〜3月の場合は4月末日まで、4〜6月の場合は7月末日まで、7〜9月の場合は10月末日まで、10〜12月の場合は翌年の1月末日までに、様式第24号を提出）

●注意事項

1．「経験期間」の欄には、当該業種についての経験年数を記入する。

2．「災害発生状況及び原因」の欄は、記載注意にしたがって、次の①〜⑤の順に番号を付して災害の発生状況を詳細に記載する。なお、様式の欄、「略図」の欄に記入しきれない場合は、別紙に記載して添付する。

    ① どのような場所で

    ② どのような作業をしているときに

    ③ どのような物または環境に

    ④ どのような不安全なまたは有害な状態があって

    ⑤ どのようにして災害が発生した

安衛法

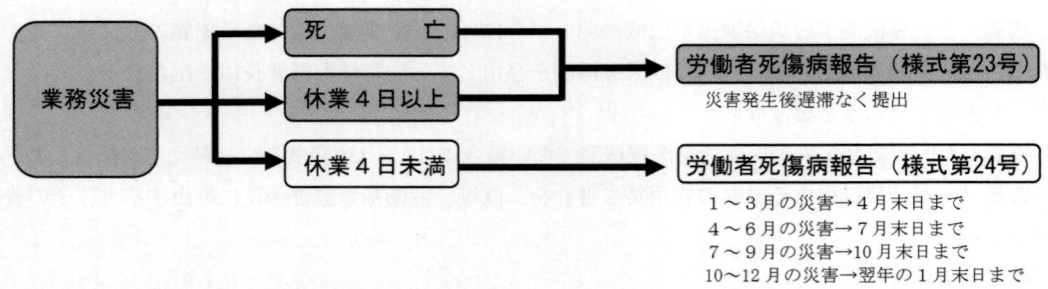

編者注：労働者死傷病報告の休業期間の起算は民法138条の除外規定がないため、民法140条の規定により期間の初日（負傷当日）は算入しないで、翌日から休業日数としてカウントする。

（出典）厚生労働省『労災かくしは犯罪です「労働者死傷病報告」の提出が必要です』

26．石綿障害予防規則の改正（抜粋）

改正の概要（厚生労働省リーフレットより抜粋）

■吹き付けられた石綿の除去などについての措置

集じん・排気装置（第6条関係）
→ 排気口からの石綿漏えいの有無の点検が必要になります。
作業開始後、速やかに、装置の**排気口からの石綿漏えいの有無**を点検する必要がある。
異常があれば、作業を中止し、装置の補修やその他の措置を直ちに取る必要がある。

作業場所の前室（第6条関係）
→ 洗身室と更衣室の併設、負圧状態の点検が必要になる。
前室を設置する際には、**洗身室**と**更衣室**を併設する必要がある。
作業開始前に、ろ過集じん方式の集じん・排気装置の使用によって、前室が**負圧に保たれているかどうかを点検**する必要があり、異常があれば、直ちに、ろ過集じん方式の集じん・排気装置の増設やその他の措置を取る必要がある。

■石綿を含む保温材、耐火被覆材、断熱材の措置

損傷や劣化などで石綿粉じん発散のおそれがある場合
→ 建材の除去、封じ込めや囲い込みが必要になる。
封じ込め、囲い込みの作業では、隔離措置や特別教育、作業計画の策定などが必要になる。

> 基発第0423第6号
> 平成26．4．23

石綿障害予防規則の一部を改正する省令の施行について

（平成26年厚生労働省令第50号。平成26年3月31日公布、平成26年6月1日施行）

第1 改正の趣旨

　「建築物の解体等における石綿ばく露防止対策等技術的検討のための専門家会議」における検討の結果を踏まえ、労働者の石綿ばく露防止対策の一層の充実を図るため、石綿障害予防規則（平成17年厚生労働省令第21号。以下「石綿則」という。）の改正を行った。

安
衛
法

第2 改正の要点

1 石綿則の一部改正（改正省令本則関係）

（1）石綿等が使用されている保温材、耐火被覆材等（以下単に「保温材、耐火被覆材等」という。）が張り付けられた建築物等における業務に係る措置（石綿則第10条関係）

　ア　事業者は、その労働者を就業させる建築物等の壁等又は当該建築物等に設置された工作物（イ及びウに規定するものを除く。）に張り付けられた保温材、耐火被覆材等が損傷等により石綿等の粉じんを発散させ、及び労働者がその粉じんにばく露するおそれがあるときは、当該保温材、耐火被覆材等の除去、封じ込め、囲い込み等の措置を講じなければならない。

　イ　事業者は、その労働者を臨時に就業させる建築物等の壁等又は当該建築物等に設置された工作物（ウに規定するものを除く。）に張り付けられた保温材、耐火被覆材等が損傷等により石綿等の粉じんを発散させ、及び労働者がその粉じんにばく露するおそれがあるときは、労働者に呼吸用保護具及び作業衣又は保護衣を使用させなければならない。

　ウ　建築物貸与者は、当該建築物の貸与を受けた二以上の事業者が共用する廊下の壁等に張り付けられた保温材、耐火被覆材等が損傷等により石綿等の粉じんを発散させ、及び労働者がその粉じんにばく露するおそれがあるときは、アの措置を講じなければならない。

（2）保温材、耐火被覆材等の封じ込め又は囲い込みの作業に係る措置

　（石綿則第3条から第9条まで、第13条、第14条、第27条関係）

　ア　保温材、耐火被覆材等の封じ込め又は囲い込みの作業を行う場合、石綿等の使用の有無の事前調査（第3条）、作業計画の策定（第4条）、作業の届出（第5条）、石綿等の使用の状況の通知（第8条）、建築物の解体工事等の条件（第9条）及び特別教育の実施（第27条）の規定を適用する。ただし、第5条の適用については、保温材、耐火被覆材等の封じ込め又は囲い込みの作業のうち、石綿等の粉じんを著しく発散するおそれがあるものに限る。

　イ　保温材、耐火被覆材等の封じ込め又は囲い込みの作業（石綿等の粉じんを著しく発散するおそれがあるものであって、かつ、囲い込みの作業にあっては、石綿等の切断、穿孔、研磨等を伴うものに限る。）を行う場合も、石綿等の除去等に係る隔離等の措置（第6条）の規定を適用する。

　ウ　保温材、耐火被覆材等の囲い込みの作業（石綿等の粉じんを著しく発散するおそれがあるものに限り、かつ、石綿等の切断、穿孔、研磨等の作業を伴うものを除く。）を行う場合も、作業場所への立入禁止等の措置（第7条）、石綿等の切断等の作業に係る措置（第13条）及び呼吸用保護具等の使用（第14条）の規定を適用する。

（3）吹き付けられた石綿等の除去等に係る隔離等の措置（石綿則第6条関係）

　第6条第1項各号に規定する吹き付けられた石綿等又は保温材、耐火被覆材等の除去、封じ込め又は囲い込みの作業（囲い込みの作業にあっては、石綿等の切断、穿孔、研磨等の作業を伴うものに限る。以下「石綿等の除去等」という。）に労働者を従事させるときに、事業者が講じなければならない措置として、次のものを加えること。

　ア　石綿等の除去等を行う作業場所には、前室に加え、洗身室及び更衣室を設置すること。これらの室の設置に当たっては、石綿等の除去等を行う作業場所から労働者が退出するときに、前室、

安
衛
法

洗身室及び更衣室をこれらの順に通過するように互いに連接させること。

　　イ　前室を負圧に保つこと。

　　ウ　隔離を行った作業場所において初めて石綿等の除去等の作業を行う場合には、当該作業を開始した後速やかに、ろ過集じん方式の集じん・排気装置の排気口からの石綿等の漏えいの有無を点検すること。

　　エ　その日の作業を開始する前に、前室が負圧に保たれていることを点検すること。

　　オ　ウ又はエの点検を行った場合において、異常を認めたときは、直ちに石綿等の除去等の作業を中止し、ろ過集じん方式の集じん・排気装置の補修又は増設その他の必要な措置を講ずること。

2　施行期日（改正省令附則第1条関係）

　改正省令は、平成26年6月1日から施行。

3　経過措置（改正省令附則第2条、第3条及び第4条関係）

（現に行われている作業に関する経過措置）

（1）平成26年6月1日において現に行われている石綿等の除去等は、改正省令による改正後の石綿則（以下「新石綿則」という。）第6条第2項第3号の洗身室及び更衣室の設置については適用しない。同項第5号のろ過集じん方式の集じん・排気装置の排気口からの石綿等の漏えいの有無の点検は、平成26年6月1日以後に初めて当該作業を行う場合に実施すること。

（2）平成26年6月1日において現に行われている保温材、耐火被覆材等の封じ込め又は囲い込み（石綿等の切断、穿孔、研磨等の作業を伴うものに限る。）の作業は、新石綿則第4条、第6条及び第27条第1項の規定は適用しない。

（3）平成26年6月1日において現に行われている保温材、耐火被覆材等の囲い込みの作業（石綿等の切断、穿孔、研磨等の作業を伴うものを除く。）は、新石綿則第4条、第7条、第13条及び第27条第1項の規定は適用しない。

（届出に関する経過措置）

（4）保温材、耐火被覆材等の封じ込め又は囲い込み（石綿等の切断、穿孔、研磨等を伴うものに限る。）であって、平成26年7月1日前に開始されたものについては、新石綿則第5条の規定は、適用しない。

（罰則に関する経過措置）

（5）改正省令の施行の日前にした行為に対する罰則の適用については、なお従前の例による。

第3　細部事項

1　石綿則の一部改正関係

（1）第5条及び第7条関係

　　ア　第5条第1項第2号の「石綿等の粉じんを著しく発散するおそれがあるもの」とは、平成17年3月18日付け基発第0318003号記の第3の2(3)イと同様であること。

（2）第6条関係

　　ア　第2項第3号の「洗身室」とは、シャワー（エアーシャワーを含む。）等の身体に付着した石綿等を洗うための設備を備えた洗身を行うための室をいう。

イ　第2項第3号の「更衣室」とは、更衣を行うための室をいい、汚染を拡げないため作業用の衣服等と通勤用の衣服等とを区別しておくことができるもの。

ウ　第2項第3号の「これらの室の設置に当たっては、石綿等の除去等を行う作業場所から労働者が退出するときに、前室、洗身室及び更衣室をこれらの順に通過するように互いに連接させること」とは、作業場所から労働者が退出する際に、石綿等の粉じんが作業場所の外部へ持ち出されることを防ぐため、前室を経由し、洗身室において体に付着した石綿等を洗い、更衣室において更衣を行い退出する趣旨である。

　　前室に洗身室及び更衣室を連接させた場合でも、隔離措置を行った作業場所以外の場所で石綿等を取り扱う作業を労働者が行っている場合、当該労働者は、前室に連接した洗身室内の洗浄設備及び更衣室を使用することは適切でなく、当該労働者に使用させるために、第31条に基づく洗身設備及び更衣設備は、前室に連接した洗身室及び更衣室とは別に設ける必要がある。

エ　第2項第4号の「前号の前室を負圧に保つ」とは、作業場所に設置したろ過集じん方式集じん・排気装置が適正に作動し、作業場所及び前室の空気を排出することで負圧を保つことをいい、前室にろ過集じん方式集じん・排気装置を設置することを求めるものではない。

オ　第2項第5号の「ろ過集じん方式集じん・排気装置の排気口からの石綿等の漏えいの有無を点検」は、建築物等の解体等の作業及び労働者が石綿等にばく露するおそれがある建築物等における業務での労働者の石綿ばく露防止に関する技術上の指針（技術上の指針公示第20号。以下「新技術指針」という）の2−2−2（6）に定める計測機器を使用して行うこと。

　　点検に当たっては、作業開始後に排気口のダクト内部の空気を採気し、粉じんが検出されないこと、又は作業開始前に集じん・排気装置を稼働させ、排気口のダクト内部の粉じん濃度が一定濃度まで下がって安定したことを確認のうえ、作業開始後に排気口のダクト内部の粉じん濃度が作業開始前と比較して上昇していないことを確認する。

　　なお、例えば以下に掲げる場合のように、石綿等の粉じんの漏えいの懸念が生じた場合には、その都度、集じん・排気装置を通した石綿等の粉じんの漏えいの有無の点検を行うことが望ましいこと。

　　　・集じん・排気装置は、作業中、極力動かさず、静置させるべきであるが、やむを得ず、当該装置を動かした場合

　　　・労働者が集じん・排気装置にぶつかった場合

　　　・1次フィルタ又は2次フィルタの交換時にHEPAフィルタがずれたおそれがある場合（HEPAフィルタは作業中に交換してはならない。）

　　　　また、集じん・排気装置の設置時及び1次フィルタ又は2次フィルタの交換の都度、フィルタ及びパッキンが適切に取り付けられていること等についても目視で確認すること。

カ　第2項第6号の「その日の作業を開始する前」とは、一日の石綿等の除去等の作業のうち最初に行うものの前の時点をいう。なお、昼休み等で一旦作業を中止し、集じん・排気装置を停止させた場合にも、次の作業を開始する前に負圧の点検を行うことが望ましい。

キ　第2項第6号の「前室が負圧に保たれていることを点検」は、新技術指針の2−2−2（5）

に定める方法により、負圧であること、又は外部から前室への空気の流れを確認すること。

　　ク　第2項第7号の「ろ過集じん方式の集じん・排気装置の補修又は増設その他の必要な措置」の「その他必要な措置」には、フィルターの装着の不具合の修繕、集じん・排気装置の交換、集じん・排気装置の機能によりその吸気量を増やすこと、前室の出入口以外の空気の漏えい箇所の密閉等、異常の原因を改善するための措置が含まれ、それらの措置により異常が解消される必要がある。

　　　また、同号の「前項各号に掲げる作業を中止」は、集じん・排気装置が正常に稼働し、排気口からの石綿等の漏えいがなく、前室が負圧に保たれる状態に復帰するまでの間、作業を中止すること。なお、集じん・排気装置の排気口から石綿等の粉じんが漏えいしていることが確認された場合は、関係労働者にその旨を知らせ、当該漏えいにより石綿等にばく露した労働者については、第35条第4項に基づく記録が必要となる。

（3）第10条関係

　　ア　「張り付けられた保温材、耐火被覆材等」には、天井裏等通常労働者が立ち入らない場所に張り付けられた保温材、耐火被覆材等で、石綿等を含有しない建材等で隔離されているものは含まない。

　　イ　損傷等によりその粉じんを発散させている保温材、耐火被覆材等の囲い込みの作業は、石綿等の切断、穿孔、研磨等を伴わない場合でも、石綿等の粉じんに労働者がばく露するおそれがあることから、石綿等を取り扱う作業に該当するものとして石綿則の規定の適用をうける。

第4　関係通達の改正

1　平成17年3月18日付け基発第0318003号通達の一部改正

　　平成17年3月18日付け基発第0318003号「石綿障害予防規則の施行について」の一部を次のように改正する。

　　記の第3の2の(7)のイ、ウ及びカ中「吹き付けられた石綿等」を「吹き付けられた石綿等又は張り付けられた保温材、耐火被覆材等」に改める。

　　記の第3の2の(7)のエ及びカ中「石綿等が吹き付けられている」を「石綿等が吹き付けられている又は張り付けられた保温材、耐火被覆材等を使用した」に改める。記の第3の2の(1)のクを次のように改める。

　　ク　第1項の調査については、「建築物石綿含有建材調査者講習登録規程」（平成25年7月30日国土交通省公示第748号）により国土交通省に登録された機関が行う講習を修了した建築物石綿含有建材調査者、石綿作業主任者技能講習修了者のうち石綿等の除去等の作業の経験を有する者、日本アスベスト調査診断協会に登録された者等石綿に関し一定の知見を有し、的確な判断ができる者が行うこと。

2　平成18年8月11日付け基発第0811002号通達の一部改正

　　平成18年8月11日付け基発第0811002号「労働安全衛生法施行令の一部を改正する政令及び石綿障害予防規則等の一部を改正する省令の施行等について」の一部を次のように改正する。

　　記の第3の2の(7)のイ中「吹付け石綿等」を「吹き付けられた石綿等又は張り付けられた保温材、耐火被覆材等」に改める。

3　平成21年2月18日付け基発第0218001号通達の一部改正

平成21年2月18日付け基発第0218001号「石綿障害予防規則等の一部を改正する省令等の施行等について」の一部を次のように改正。

記の第3の1の(3)のクを次のように改める。

ク　第2項第4号の「前室」とは、隔離された作業場所の出入口に設けられる隔離された空間のこと。なお、前室内に洗浄設備を設けた場合であっても、洗身室を併設させる必要がある。

4　平成17年7月28日付け基発第0728008号通達の一部改正

平成17年7月28日付け基発第0728008号「石綿ばく露防止対策の推進について」の一部を次のように改正。

記の第2の1の(3)中「「建築物等の解体等の作業での労働者の石綿ばく露防止に関する技術上の指針」（平成24年5月9日付け技術上の指針公示第19号。以下「技術指針」という。）2－4（2）」を「建築物等の解体等の作業及び労働者が石綿等にばく露するおそれがある建築物等における業務での労働者の石綿ばく露防止に関する技術上の指針」（平成26年3月31日付け技術上の指針公示第21号。以下「技術指針」という。）2－1－4（2）」に改める。

記の第3の表題中「吹き付けられた石綿等」を「吹き付けられた石綿等又は張り付けられた保温材、耐火被覆材等」に改める。

記の第3の1の(2)中「吹き付けられた石綿等」を「吹き付けられた石綿等又は張り付けられた保温材、耐火被覆材等」に改める。

記の第3の2の(1)及び(2)中「吹付け材」を「吹付け材又は保温材、耐火被覆材等」に改める。記の第3の3中最後に改行し「加えて、建築物等において臨時に労働者を就業させる業務を発注する可能性のある建築物の所有者等に対しては技術指針3－2（4）に記載された事項の協力要請も行うこと。」を加える。

建築物等の解体等の作業における石綿障害予防規則適用一覧表

令和２年10月１日
一般社団法人ＪＡＴＩ協会

　本表は、建築物、工作物又は鋼製の船舶等の解体等の作業時に、石綿障害予防規則がどのように適用されるかを示したものであり、令和２年10月１日の改正規則の施行に合わせて改訂した。

　対象となるのは、石綿及び石綿含有率が0.1重量％を超える製剤（製品）であり、石綿とは、繊維状を呈している①クリソタイル（白石綿）、②アモサイト（茶石綿）、③クロシドライト（青石綿）、④トレモライト、⑤アクチノライト、⑥アンソフィライトをいう。

　解体等に際しては、石綿障害予防規則だけでなく、建築物等の解体等の作業及び労働者が石綿等にばく露するおそれがある建築物等における業務での労働者の石綿ばく露防止に関する技術上の指針、関連通達等を参考にして作業を実施することが必要である。

　なお、適用の有無は、○：適用、△：場合によって適用、×：適用せずとして示した。

実施項目	吹付け石綿の処理【レベル1】			石綿含有耐火被覆板・断熱材・保温材の解体・改修【レベル2】		その他の石綿含有建材（成形板等）の解体・改修【レベル3】	石綿製品の取扱い作業（ばく露するおそれのない作業は除く）
	除去	封じ込め及び石綿等の切断等の作業を伴う囲い込み	左記以外の囲い込み作業は【レベル2】相当	石綿等の切断、穿孔、研磨等の作業を伴う作業	左記以外の作業		
事前調査（第3条）	○	○	○	○	○	○	×
作業計画（第4条）	○	○	○	○	○	○	×
作業の届出（工事直前まで）…（第5条）	○注1	○	○	○	○	×	×
吹付け石綿除去作業場所の隔離（第6条）	○	○	×	○	×	×	×
成形板除去時の措置（第6条の2）	×	×	×	×	×	○注2	×
除去以外の労働者の立入禁止／表示（第7条）	×	×	○	×	○	×	×
請負人に石綿使用状況の通知（第8条）	○	○	○	○	○	○	×
注文者の衛生コストに対する配慮（第9条）	○	○	○	○	○	○	×
切断等の措置：湿潤化（第13条）	○	○	○	○	○	○	△注2
切断等の措置：呼吸用保護具（第14条）	○注3	○	○	○	○	○	△注2
関係者以外の立入禁止／表示（第15条）	○	○	○	○	○	○	○
石綿作業主任者の選任／職務（第19～20条）	○	○	○	○	○	○	○
特別の教育の実施（第27条）	○	○	○	○	○	○	×
洗浄設備（第31条）	○	○	○	○	○	○	○
容器等（第32条）	○	○	○	○	○	○	○
使用された器具等の付着物の除去（第32条の2）	○	○	○	○	○	○	○
喫煙等の禁止／掲示（第33～34条）	○	○	○	○	○	○	○
作業の記録（第35条）	△注4	△注4	△注4	△注4	△注4	△注4	△注4
作業環境測定、評価／措置（第36～39条）	△注5	△注5	△注5	△注5	△注5	△注5	△注5
健康診断の実施／報告（第40～43条）	△注4	△注4	△注4	△注4	△注4	△注4	△注4
呼吸用保護具の備付け（第44～45条）	○	○	○	○	○	○	○
保護具の持ち帰り禁止（第46条）注6	○	○	○	○	○	○	○

注１）耐火・準耐火建築物の吹付け石綿の除去作業を行う場合は、安衛則第90条により14日前までに届出が必要。

注２）技術的に可能な場合は切断・破砕等を行わないで除去すること。特に石綿等の粉じんが飛散しやすいものについて切断・破砕等を行う場合は隔離すること（負圧は不要）。現状、けい酸カルシウム板第一種が該当。

注３）石綿粉じんの発散のおそれがある作業の場合。

注４）電動ファン付き呼吸用保護具又は同等以上の性能を有する呼吸用保護具を使用。

注５）常時作業の場合。

安
衛
法

注6） 6ヶ月以上作業を行う場合。

注7）保護具に付着した石綿を除去した場合は適用外。

備考1 ：①吹付け石綿には、吹付け石綿、石綿含有吹付けロックウール、石綿含有吹付けバーミキュライト、石綿含有吹付けパーライトがある。

　　　　②石綿含有耐火被覆板とは、耐火性能を確保するために梁、柱等に被覆されるもので、石綿含有耐火被覆板、石綿含有けい酸カルシウム板第二種がある。

　　　　③石綿含有断熱材には、煙突用断熱材、屋根折版用断熱材がある。

　　　　④石綿含有保温材には、石綿保温材、石綿含有けいそう土保温材、石綿含有けい酸カルシウム保温材、石綿含有パーライト保温材、石綿含有バーミキュライト保温材、石綿含有不定形保温材(石綿含有水練り保温材)がある。

備考2 ：事前調査については、厚労省「石綿飛散漏洩防止対策徹底マニュアル［2.01版］」、環境省「建築物の解体等に係る石綿飛散防止マニュアル2014.6」、国土交通省ホームページ「目で見るアスベスト建材第2版」等が参考になる。

27. 石綿による健康被害の救済に関する法律の一部を改正する法律の概要

1．趣　旨

　石綿による健康被害の救済に関する法律（平成18年法律第4号）は、石綿による健康被害を受けた者のうち、労災補償の対象とならない者の迅速な救済を目的とし、同法に基づき、労災補償の対象とならない周辺住民などに対して救済給付が支給されるとともに、労災保険の遺族補償給付を受ける権利を時効（5年）によって失った者に対して特別遺族給付金が支給されてきたところである。

　一方、特別遺族給付金等の請求期限等が迫るなか、石綿による健康被害を受けた者に対し、労災保険制度と併せて、引き続き、隙間のない救済を図るため、特別遺族給付金及び特別遺族弔慰金等の請求期限の延長並びに特別遺族給付金の支給対象の拡大などを内容とする同法改正法案が成立し、平成23年8月30日に公布・施行された（平成23年法律第104号）。

2．改正の内容

（1）支給対象の拡大

　石綿にさらされる業務に従事することにより指定疾病等にかかり、これにより平成28年3月26日までに死亡した労働者等の遺族であって、労災保険の遺族補償給付を受ける権利が時効（5年）によって消滅した者に対して支給する。

（改正前：平成18年3月26日までに死亡した労働者等の遺族）

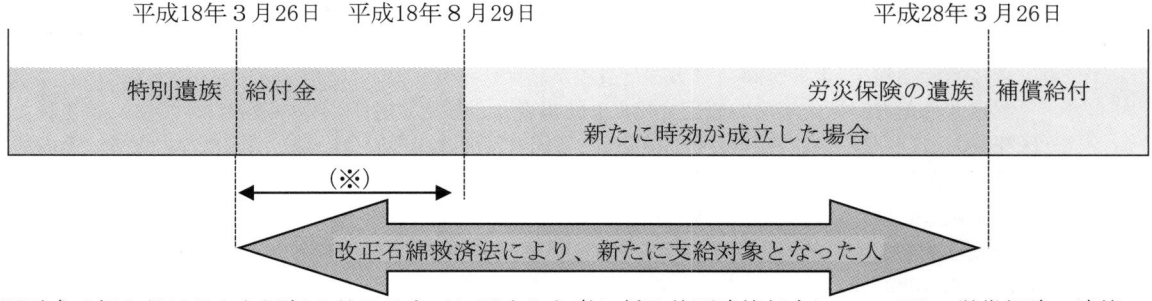

※平成18年3月27日から同年8月29日までに死亡した者に係る特別遺族年金については、労災保険の遺族補償給付を受ける権利が時効によって消滅した日の属する月の翌月分から支給。

（２）請求期限の延長
　　特別遺族給付金の請求期限を10年延長し、令和４年３月27日までとする。
　　（改正前：平成24年３月27日まで）
　①施行日前に死亡した場合（施行前死亡者）
　　特別遺族弔慰金等の請求期限が、施行日から16年に延長された。（10年延長）

疾病指定	施行日	請求期限
中皮腫及び石綿による肺がん	平成18年３月27日	令和４年３月27日
著しい呼吸機能障害を伴う石綿肺及び 著しい呼吸機能障害を伴うびまん性胸膜肥厚	平成22年７月１日	令和８年７月１日

　②認定の申請をしないで、施行日以降に死亡した場合（未申請死亡者）
　　特別遺族弔慰金等の請求期限が、死亡した時から15年に延長された。（10年延長）

疾病指定	死亡した日	請求期限
中皮腫及び石綿による肺がん	平成18年３月27日から 平成20年11月30日まで	令和５年12月１日
	平成20年12月１日以降	
著しい呼吸機能障害を伴う石綿肺及び 著しい呼吸機能障害を伴うびまん性胸膜肥厚	平成22年7月１日以降	死亡後15年以内

３．この法律の取扱い及び救済内容は、次の通り。

（１）救済給付の支給制度
　①救済給付の対象となる指定疾病
　　ア：中皮腫
　　イ：肺がん
　　ウ：著しい呼吸機能障害を伴う石綿肺
　　エ：著しい呼吸機能障害を伴うびまん性胸膜肥厚
　②救済対象者
　　対象指定疾病にかかっている人及びその遺族で、労災補償給付の支給対象とならない人。
　③給付内容
　　ア　医療費(本人が請求)‥‥‥‥‥‥‥‥‥‥‥‥‥‥‥‥‥‥‥‥‥‥‥‥‥‥‥ 自己負担分
　　イ　療養手当(本人が請求)‥‥‥‥‥‥‥‥‥‥‥‥‥‥‥‥‥‥‥‥‥ 103,870円/月
　　ウ　葬祭料(葬祭を行う方が請求)‥‥‥‥‥‥‥‥‥‥‥‥‥‥‥‥‥‥‥ 199,000円
　　エ　特別遺族弔慰金(生計が同一であった遺族が請求)‥‥‥‥‥‥‥‥‥ 2,800,000円
　　オ　特別葬祭料(生計が同一であった遺族が請求)‥‥‥‥‥‥‥‥‥‥‥ 199,000円
　　カ　救済給付調整金(生計が同一であった遺族が請求)
　　　　認定された方が指定疾病が原因で死亡した場合で、被認定者や、その遺族にすでに支給された
　　　医療費および療養手当の額の合計額が、280万円（特別遺族弔慰金の額）に満たないとき、その遺
　　　族はその差額分を救済給付調整金として請求することができる。
　④　請求手続の窓口
　　ア　独立行政法人　環境再生保全機構　石綿健康被害救済部
　　　　TEL：0120-389-931（フリーダイヤル）　　FAX：044-520-1015または2193
　　イ　環境省地方環境事務所
　　ウ　保健所

（出典）独立行政法人環境再生保全機構「救済給付のしくみ」

28. 石綿対策の規制が変わりました

基発0804第3号（令和2年8月4日）（一部改正 基発0329第4号（令和3年3月29日））

改正の概要

　石綿則で義務づけている作業開始前の石綿等の使用の有無の調査や、労働基準監督署への届出が適切になされていない事例、石綿等が使用されている建築物等を解体又は改修するときに必要な措置を実施していない事例が散見されていることから、建築物、工作物及び船舶の解体工事及び改修工事における石綿等へのばく露による健康障害を防止するため、石綿則等を改正するとともに、改正後の石綿則に基づく告示を制定した。

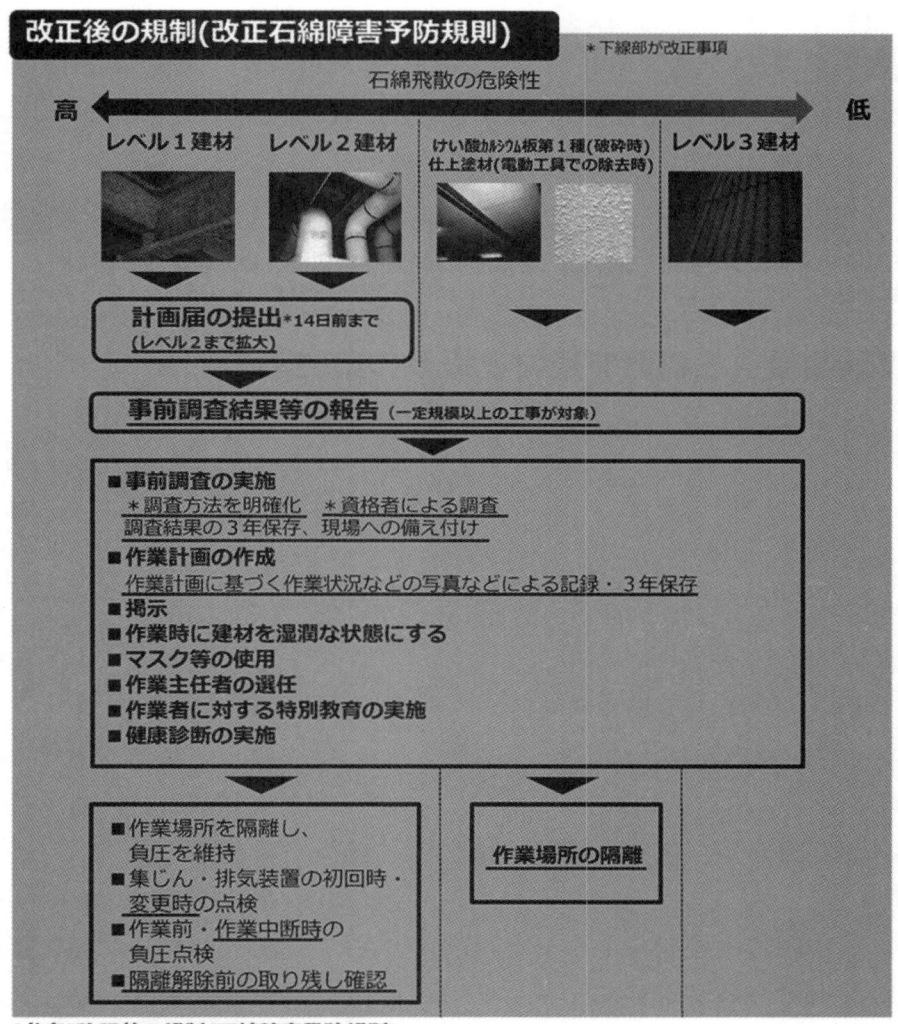

[参考]改正前の規制(石綿障害予防規則)

　(レベル1建材のみ) 計画届の提出

　(レベル2建材のみ) 作業届の提出

　(全てのレベルで実施)
　　事前調査の実施、作業計画の作成、掲示、作業時に建材を湿潤な状態にする、
　　マスク等の使用、作業主任者の選任、作業者に対する特別教育の実施、健康診断の実施

　(レベル1・2建材)
　　作業場所を隔離し負圧を維持、集じん・排気装置の初回時点検、作業前の負圧点検

工事・作業別の規制内容の早見表

■工事開始前まで■

規制内容 \ 工事の種類	全ての解体・改修工事		
	建築物	工作物	船舶
事前調査の実施、記録の3年保存	●	●	●
事前調査に関する資格者要件	●		
事前調査結果等の報告（工事開始前まで）	●※1	●※2	
作業計画の作成（石綿含有建材がある場合）	●	●	●
計画の届出（工事開始の14日前まで）	●※3	●※3	●※3

※1　床面積80m²以上の解体工事または請負金額100万円以上の改修工事に限る
※2　請負金額100万円以上の特定の工作物の解体工事または改修工事に限る
※3　吹付石綿等（レベル1建材）または石綿含有保温材等（レベル2建材）がある場合に限る

■工事開始後（石綿含有建材を扱う作業に限る）■

主な規制内容 \ 作業の種類	吹付石綿、保温材等の除去等	けい酸カルシウム板第1種の破砕等	仕上塗材の電動工具による除去	スレート板等の成形品の除去
事前調査結果の作業場への備え付け、掲示	●	●	●	●
石綿作業主任者の選任・職務実施	●	●	●	
作業者に対する特別教育の実施	●	●	●	
作業場所の隔離	●	●		
隔離空間の負圧維持・点検・解除前の除去完了確認	●			
作業時に建材を湿潤な状態にする	●	●	●	●
マスク、保護衣等の使用	●	●	●	●
関係者以外の立入禁止・表示	●	●	●	●
石綿作業場であることの掲示	●	●	●	●
作業者ごとの作業の記録・40年保存	●	●	●	●
作業実施状況の写真等による記録・3年保存	●	●	●	●
作業者に対する石綿健康診断の実施	●	●	●	●

安衛法

規制内容の詳細・解説

工事開始前の石綿の有無の調査(方法の明確化) 令和3年4月1日施行

- ■工事対象となる全ての部材について事前調査が必要
- ■事前調査は、設計図書などの文書および目視による必要
- ■事前調査で石綿の使用の有無が明らかにならなかった場合には、分析による調査の実施が義務

※石綿が使用されているものとみなして、ばく露防止措置を講ずれば、分析は不要

◆「目視」とは、単に目で見て判断することではなく、現地で部材の製品情報などを確認することをいう

◆目視ができない部分は、目視が可能となった時点で調査

◆石綿が使用されていないと判断するためには、製品を特定した上で、以下のいずれかの方法によらなければならない

- ・その製品のメーカーによる証明や成分情報などと照合する方法
- ・その製造年月日が平成18年9月1日以降であることを確認する方法

◆以下の確認ができる場合は、目視等によらなくてもよい

- ・過去に行われた事前調査に相当する調査の結果の確認
- ・インベントリ確認証書が交付されている船舶のインベントリの確認
- ・着工日が平成18年9月1日以降であることの確認

◆以下に該当する場合は、石綿の飛散リスクはないと判断できるので調査不要

- ・木材、金属、石、ガラス、畳、電球などの石綿が含まれていないことが明らかなものの工事で、切断等、除去または取り外し時に周囲の材料を損傷させるおそれのない作業
- ・工事対象に極めて軽微な損傷しか及ぼさない作業
- ・現存する材料等の除去は行わず、新たな材料を追加するのみの作業
- ・石綿が使用されていないことが確認されている特定の工作物の解体・改修の作業

工事開始前の石綿の有無の調査　令和5年10月1日施行

■事前調査や分析調査は、要件を満たす者が実施する必要

◆事前調査を実施することができる者
- ・特定建築物石綿含有建材調査者
- ・一般建築物石綿含有建材調査者
- ・一戸建て等石綿含有建材調査者
  ※一戸建て住宅・共同住宅の住戸の内部に限定
- ・令和5年9月までに日本アスベスト調査診断協会に登録された者

◆分析調査を実施することができる者
- ・厚生労働大臣が定める分析調査者講習を受講し、修了考査に合格した者
- ・公益社団法人日本作業環境測定協会が実施する「石綿分析技術の評価事業」により認定されるAランク若しくはBランクの認定分析技術者又は定性分析に係る合格者
- ・一般社団法人日本環境測定分析協会が実施する「アスベスト偏光顕微鏡実技研修（建材定性分析エキスパートコース）修了者」
- ・一般社団法人日本環境測定分析協会に登録されている「建材中のアスベスト定性分析技能試験（技術者対象）合格者」
- ・一般社団法人日本環境測定分析協会が実施する「アスベスト分析法委員会認定JEMCAインストラクター」
- ・一般社団法人日本繊維状物質研究協会が実施する「石綿の分析精度確保に係るクロスチェック事業」により認定される「建築物及び工作物等の建材中の石綿含有の有無及び程度を判定する分析技術」の合格者

令和3年4月1日施行

■調査結果の記録は、3年間保存する必要
■調査結果の写しを工事現場に備え付け、概要を見やすい箇所に掲示することも義務

◆調査結果の記録項目
- ・事業者の名称・住所・電話番号、現場の住所、工事の名称・概要
- ・事前調査の終了年月日
- ・工事対象の建築物・工作物・船舶の着工日、構造
- ・事前調査の実施部分、調査方法、調査結果（石綿の使用の有無とその判断根拠）

安
衛
法

工事開始前の労働基準監督署への報告 令和4年4月1日施行

報告対象工事・報告内容

◆報告が必要な工事

① 解体部分の床面積が80m²以上の建築物の解体工事

　　※建築物の解体工事とは、建築物の壁、柱および床を同時に撤去する
　　　工事をいう

② 請負金額が100万円以上の建築物の改修工事

　　※建築物の改修工事とは、建築物に現存する材料に何らかの変更を加える
　　　工事であって、建築物の解体工事以外のものをいう
　　※請負金額は、材料費も含めた工事全体の請負金額をいう

③ 請負金額が100万円以上の以下の工作物の解体工事・改修工事

- 反応槽、加熱炉、ボイラー、圧力容器
- 配管設備（建築物に設ける給水・排水・換気・暖房・冷房・排煙設備等を除く）
- 焼却設備
- 煙突（建築物に設ける排煙設備等を除く）
- 貯蔵設備（穀物を貯蔵するための設備を除く）
- 発電設備（太陽光発電設備・風力発電設備を除く）
- 変電設備、配電設備、送電設備（ケーブルを含む）
- トンネルの天井板
- プラットホームの上家、鉄道の駅の地下式構造部分の壁・天井板
- 遮音壁、軽量盛土保護パネル

◆電子システムで報告が必要な内容

- 事業者の名称・住所・電話番号・労働保険番号、現場の住所、工事の名称・概要・工事期間
- 事前調査の終了年月日、事前調査を実施した者の氏名等
- 工事対象の建築物・工作物の着工日、構造の概要
- 床面積（建築物の解体工事）または請負金額（その他の工事）
- 石綿作業主任者の氏名
- 事前調査結果の概要（材料ごとの石綿使用の有無、判断根拠）
- 作業の種類・切断等の作業の有無・作業時の措置

◆報告の方法

- 複数の事業者が同一の工事を請け負っている場合は、元請事業者が請負事業者に関する内容も含めて報告する必要
- 平成18年9月1日以降に着工した工作物について、同一の部分を定期的に改修する場合は、一度報告を行えば、同一部分の改修工事については、その後の報告は不要

安
衛
法

吹付石綿・石綿含有保温材等の除去工事に対する規制
令和3年4月1日施行

■隔離場所の集じん・排気装置に、設置場所など何らかの変更を加えたときにも、排気口からの石綿等の粉じんの漏洩の有無を点検する必要

■作業中断時にも隔離場所の前室が負圧に保たれているか点検する必要

■除去作業終了後に隔離を解く前に、資格者による取り残しがないことの目視による確認が必要

◆負圧の点検は、作業開始前に加えて、作業中断時に作業者が集中して前室から退出するタイミングで実施する必要

※作業中断時とは、休憩等で作業を中断した時や何日間か継続する作業において最終日以外の日の作業を終了した時をいう

◆取り残しがないことの確認ができる資格者
・除去作業の石綿作業主任者
・事前調査を実施する資格を有する者（建築物に限る）

◆取り残しがないことの確認は、分析等は不要

石綿含有仕上塗材の除去工事に対する規制　令和3年4月1日施行

石綿含有仕上塗材をディスクグラインダーまたはディスクサンダーで除去するときは、ビニルシートなどにより作業場所を隔離し、湿潤な状態に保ちながら作業をする必要

◆作業場所の隔離は、負圧に保つ必要はない

◆高圧水洗工法、超音波ケレン工法等は作業場所の隔離不要

安
衛
法

成形板等の除去工事に対する規制　令和2年10月1日施行

■ 石綿含有成形品（スレート、ボード、タイル、シートなど）の除去は、切断・破砕等以外の方法による必要
（技術上困難な場合を除く）

■ けい酸カルシウム板第1種をやむを得ず切断・破砕等するときは、ビニルシートなどにより作業場所を隔離し、湿潤な状態に保ちながら作業をする必要

※作業場所の隔離は、負圧に保つ必要はない

◆ 技術上困難な場合とは：

材料が下地材などと接着材で固定されており、切断等を行わずに除去することが困難な場合や、材料が大きく切断等を行わずに手作業で取り外すことが困難な場合など

◆ 切断・破砕等以外の方法とは：

ボルトや釘等を撤去し、手作業で取り外すことなどをいう

建材を湿潤な状態にすることが困難な場合の措置
令和3年4月1日施行

・ 石綿含有建材の除去等作業時に、湿潤な状態にすることが著しく困難なときは、除じん性能付き電動工具の使用など、石綿粉じんの発散防止措置に努める必要

◆ 湿潤な状態にする方法には：

散水による方法、固化剤を吹き付ける方法のほか、剥離剤を使用する方法も含まれる

◆ 発散防止措置には：

除じん性能付き電動工具の使用以外に、作業場所を隔離することが含まれる

安
衛
法

写真等による作業の実施状況の記録　令和3年4月1日施行

■３年間保存すべき記録の内容・記録方法

◆以下の内容が確認できるよう写真等により記録し、３年間
保存する必要（⑥は文書等による記録で可）

①事前調査結果等の掲示、立入禁止表示、喫煙・飲食禁止の掲示、
石綿作業場である旨等の掲示状況

②隔離の状況、集じん・排気装置の設置状況、前室・洗身室・
更衣室の設置状況

③集じん・排気装置からの石綿等の粉じんの漏洩点検結果、負圧
の点検結果、隔離解除前の除去完了確認の状況

④作業計画に基づく作業の実施状況（湿潤化の状況、マスク等の
使用状況も含む）

※同様の作業を行う場合も、作業を行う部屋や階が変わるごとに記録する必要

⑤除去した石綿の運搬または貯蔵を行う際の容器など、必要な事
項の表示状況、保管の状況

⑥作業従事者および周辺作業従事者の氏名および作業従事期間

◆記録は、写真のほか、動画による記録も可能

撮影場所、撮影日時等が特定できるように記録する必要

労働者ごとの作業の記録項目の追加　令和3年4月1日施行

40年の保存義務がある労働者ごとの作業の記録に追加が必要な項目

◆事前調査結果の概要

6ページ目の「電子システムで報告が必要な内容」と同様

◆作業の実施状況の記録の概要

写真等をそのまま保存する必要はなく、保護具の使用状況も含め
た措置の実施状況についての文章等による簡潔な記載による記録

29. 工作物の解体作業の際の事前調査を行う者は必用な知識を有する者に義務付け

【改正の背景】

建築物等(建築物、工作物及び船舶)の解体又は改修の作業における石綿へのばく露による健康障害の防止に関しては、石綿障害予防規則等の一部を改正する省令(令和2年厚生労働省令第134号)等が令和2年10月1日から順次施行されているところである。

今般、工作物の解体等の作業を行う際の事前調査を行う者の要件等について、所要の改正を行った。

<基発0112第2号 令和5年1月12日>

【改正のポイント】

工作物の解体等の作業を行う際の事前調査を行う者の要件等

事業者は、工作物に係る事前調査について、石綿等が使用されているおそれが高い工作物の解体等の作業及び塗料その他の石綿等が使用されているおそれのある材料の除去等の作業については、石綿則第3条第3項各号に規定する場合を除き、適切に当該調査を実施するために必要な知識を有する者として厚生労働大臣が定めるものに行わせることを義務付けた

事業者は、工作物の解体等の作業に係る事前調査を行ったときは、当該調査を行った者の氏名を記録し、当該記録及び上記の事前調査を行った場合においては、当該調査を行った者が、厚生労働大臣が定める者であることを証明する書類の写しを3年間保存することを義務付けた

工作物の解体等の作業を行う際の事前調査を行う者の資格要件を設ける対象

特定工作物(石綿則第4条の2第1項第3号の規定に基づき厚生労働大臣が定める物に掲げる工作物)の解体等の作業

特定工作物以外の工作物の解体等の作業のうち、塗料その他の石綿等が使用されているおそれがある材料の除去等の作業

上記の「塗料その他の石綿等が使用されているおそれがある材料の除去等の作業」には、塗料の剥離のほか、モルタル及びコンクリート補修材(シーリング材、パテ、接着剤等)の除去等が含まれる

事前調査を実施するために必要な知識を有する者として厚生労働大臣が定めるものの具体的な要件

事前調査を実施するために必要な知識を有する者として厚生労働大臣が定めるものの具体的な要件は、別途告示において定める

【施行日】

改正省令は令和8年1月1日から施行する

安
衛
法

建設業において、高所からの墜落・転落による労働災害が多発していることから、足場等からの墜落防止等の対策の強化を図るため、足場、架設通路及び作業構台からの墜落防止措置等に関し、労働安全衛生規則の一部が改正され、下記の通り平成21年6月1日より施行されている。

Ⅰ．足場等からの墜落防止措置等の充実

（ア）　事業者が行う「架設通路」についての墜落防止措置（安衛則第552条関係）

　　　　改正前には、高さ75センチメートル以上の手すりを設けることとされていたが、今回の改正により、「高さ85センチメートル以上の手すり」に加え「中さん等」を設けることとされた。（※1）

（イ）　事業者が行う「足場」の作業床からの墜落防止措置等（安衛則第563条関係）

　★墜落防止措置

　　　　改正前には、高さ75センチメートル以上の手すり等を設けなければならないとされ、わく組足場の交さ筋かいは手すり等としてみなされていたが、今回の改正により、足場の種類に応じて、次の設備を設けることとされた。

　　・わく組足場の場合

　　　「交さ筋かい」に加え、「高さ15センチメートル以上40センチメートル以下の位置への下さん」か「高さ15センチメートル以上の幅木の設置」（下さん等）、あるいは「手すりわく」（※2、※3）

　　・わく組足場以外の足場の場合（一側足場を除く）

　　　「高さ85センチメートル以上の手すり等」に加え、「中さん等」（※1）

　★物体の落下防止措置

　　　　高さ10センチメートル以上の幅木、メッシュシート又は防網（同等の措置を含む。）を新たに設けることとされた。

　　　　※安衛則第563条では、足場の高さ2メートル以上の作業場所における措置を定めているが、高さ2メートルに満たない場合や足場以外の作業場所であっても、安衛則第537条に基づき、物体の落下による危険を防止する必要があることに留意すること。

（ウ）　事業者が行う「作業構台」についての墜落防止措置（安衛則575条の6関係）

　　　　改正前には、高さ75センチメートル以上の手すり等を設けることとされていたが、今回の改正により、「高さ85センチメートル以上の手すり等」に加え「中さん等」※1を設けることとされた。

　　※1　「中さん等」とは、「高さ35センチメートル以上50センチメートル以下のさん」又は「これと同等以上の機能を有する設備」のことであり、後者には高さ35センチメートル以上の防音パネル、ネットフレーム、金網及びX字型の2本の斜材（労働者の墜落防止に有効なものに限る。）がある。

　　※2　「下さん等」とは、「高さ15センチメートル以上40センチメートル以下のさん」「高さ15センチメートル以上の幅木」「これらと同等以上の機能を有する設備」のことであり、同等以上の機能を有する設備には、高さ15センチメートル以上の防音パネル、ネットフレーム及び金網がある。

　　※3　「手すりわく」とは、高さ85センチメートル以上の手すり及び高さ35センチメートル以上50センチメートル以下のさん又はこれと同等の機能を一体化させたものであって、わく状の丈夫な側面防護部材のことである。

わく組足場以外の足場（単管足場等）

改正前の措置

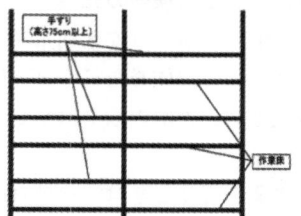

○ 墜落防止及び物体の落下防止の
　両措置を同時に講じた例

改正後　措置例1
手すり（高さ85cm 以上の位置）
＋中さん（高さ35～50cm の位置）
＋幅木（高さ10cm 以上）

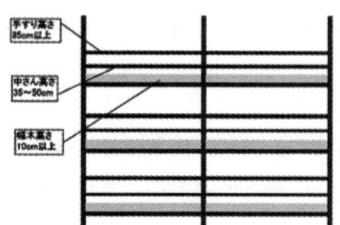

改正後　措置例2
手すり（高さ85cm 以上の位置）
＋中さん（高さ35～50cm の位置）
＋メッシュシート

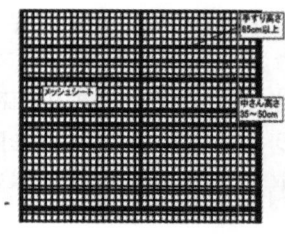

改正後　措置例3
手すり（高さ85cm 以上の位置）
＋中さんと同等以上の措置
（高さ35cm 以上）

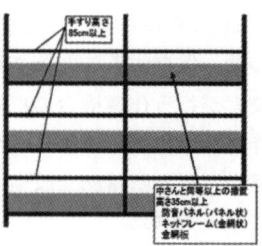

わく組足場

改正前の措置

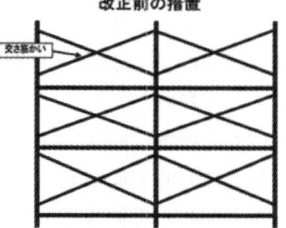

○ 墜落防止及び物体の落下防止の
　両措置を同時に講じた例

改正後　措置例1
交さ筋かい＋幅木（高さ15cm 以上）

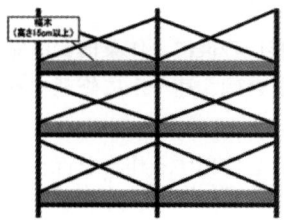
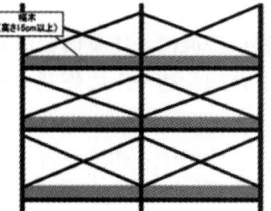

改正後　措置例2
交さ筋かい＋下さん（高さ15～40cm
の位置）＋メッシュシート

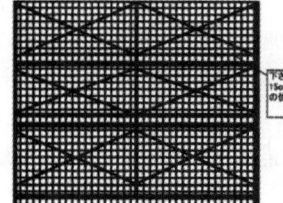

改正後　措置例3
交さ筋かい＋下さん・幅木と同等
以上の措置（高さ15cm 以上）

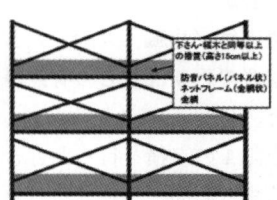

改正後　措置例4
手すりわく＋幅木（高さ10cm 以上）

改正後　措置例5
手すりわく＋メッシュシート

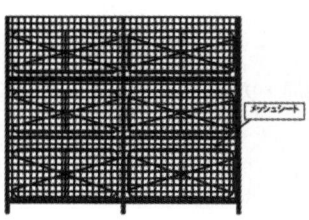

改正後　措置例6
手すりわく＋幅木と同等以上の措
置（高さ10cm 以上）

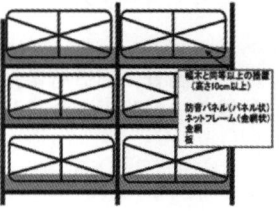

Ⅱ．足場及び作業構台の安全点検等の充実

(ア)　事業者が行う足場の点検等　（安衛則第567条、第568条関係）

　1　つり足場以外の足場で作業を行うときは、その日の作業を開始する前に、作業を行う箇所に設けた足場に係る墜落防止設備の取りはずしの有無等の点検をし、異常を認めたときは、直ちに補修することとされた。

　2　つり足場で作業を行うときは、その日の作業を開始する前に、足場に係る墜落防止設備及び落下防止設備の取りはずしの有無等の点検をし、異常を認めたときは、直ちに補修することとされた。

　3　悪天候（強風、大雨、大雪等の悪天候若しくは中震以上の地震）や、足場の組立て・一部解体若しくは変更の後に、足場に係る墜落防止設備及び落下防止設備の取りはずしの有無等の点検をし、異常を認めたときは、直ちに補修することとされた。

　4　上記3の点検を行ったときは、点検結果等を記録し、足場を使用する作業を行う仕事が終了するまでの間、保存することとされた。

(イ)　事業者が行う作業構台の点検等　（安衛則第575条の8関係）

　1　作業構台における作業を行うときは、その日の作業を開始する前に、作業を行う箇所に設けた作業構台に係る墜落防止設備の取りはずしの有無等の点検をし、異常を認めたときは、直ちに補修することとされた。

　2　悪天候等の後に、作業構台に係る墜落防止措置の取りはずしの有無等の点検をし、異常を認めたときは、直ちに補修することとされた。

　3　上記2の点検を行ったときは、点検結果等を記録し、作業構台を使用する作業を行う仕事が終了するまでの間、保存することとされた。

(ウ)　注文者が行う足場についての措置　（安衛則第655条関係）

　1　悪天候（強風大雨、大雪等の悪天候若しくは中震以上の地震）の後に、足場に係る墜落防止設備及び落下防止設備の取りはずしの有無等の点検をし、危険のおそれがあるときは、速やかに修理することとされた。

　2　上記1の点検を行ったときは、点検結果等を記録し、足場を使用する作業を行う仕事が終了するまでの間、保存することとされた。

(エ)　注文者が行う作業構台についての措置　（安衛則第655条の2関係）

　1　悪天候（強風、大雨、大雪等の悪天候若しくは中震以上の地震）の後に、作業構台に係る墜落防止措置の取りはずしの有無等の点検をし、危険のおそれがあるときは、速やかに修理することとされた。

　2　上記1の点検を行ったときは、点検結果等を記録し、作業構台を使用する作業を行う仕事が終了するまでの間、保存することとされた。

　※　ここでいう注文者とは、労働安全衛生法第31条で規定する注文者であり、特定事業の仕事を自ら行う注文者のことである。

(出典)厚生労働省、都道府県労働局・労働基準監督署　建設業労働災害防止協会　「労働安全衛生規則（足場等）が改正されました」

安
衛
法

基発第0331第9号
平成２７.３.31

労働安全衛生規則の一部を改正する省令の施行について（抜粋）

（平成27年厚生労働省令第30号。平成27年３月５日公布　平成27年７月１日施行）

第１　改正の趣旨

　　足場からの墜落・転落災害の防止については、平成21年６月に労働安全衛生規則（昭和47年労働省令第32号。以下「安衛則」という。）を改正した。その効果等を検証した結果、足場等からの墜落・転落に係る労働災害防止対策の更なる強化を図る必要があり、その改正を行った。

第２　改正の要点

1　特別教育の追加（第36条及び第39条関係）

　　事業者が労働者に特別の教育を行わなければならない業務に、足場の組立て、解体又は変更の作業に係る業務（地上又は堅固な床上における補助作業の業務を除く。）を追加。

特別教育の科目		時　　間
1	足場及び作業の方法に関する知識	3時間
2	工事用設備、機械、器具、作業環境等に関する知識	30分
3	労働災害の防止に関する知識	1時間30分
4	関係法令	1時間

> **※改正の施行時点（H27.7.1）で足場の組立て等の作業に係る業務に就いている者について**
> 　足場の組立て等作業主任者技能講習修了者は、当該教育の科目について十分な知識、技能を有していると認められるため、当該教育の全部の科目が省略できる。
> 　組立て等を行う足場の形状、種類及び高さに関係なく、一側足場や単管足場を含めたすべての足場が対象。（ローリングタワーも足場に該当するため対象）

2　架設通路に係る墜落防止措置の充実（第552条）

（１）改正前の安衛則（以下「旧安衛則」という。）第552条第１項第４号イでは、事業者は、墜落の危険のある箇所には、設備として高さ85センチメートル以上の手すりを設けなければならないが、高さ85センチメートル以上の手すり又はこれと同等以上の機能を有する設備（以下「手すり等」という。）を設けなければならないとした。

（２）安衛則第552条第１項第４号では、事業者は、墜落の危険のある箇所には、手すり等及び高さ35センチメートル以上50センチメートル以下の桟又はこれと同等以上の機能を有する設備（以下「中桟等」という。）を設けなければならないが、作業の必要上臨時に当該設備を取り外す場合において、次の措置を講じたときには、適用しない。

　　①　安全帯を安全に取り付けるための設備等を設け、かつ、労働者に安全帯を使用させる措置又はこれと同等以上の効果を有する措置を講ずる。

　　②　①の措置を講ずる箇所には、関係労働者以外の労働者を立ち入らせない。

（３）事業者は、作業の必要上臨時に手すり等又は中桟等を取り外したときは、その必要がなくなった後、直ちに取り外した設備を原状に復さなければならない。

（４）労働者は、（２）の場合において、安全帯の使用を命じられたときは、これを使用しなければならない。

安
衛
法

3　鋼管足場に使用する鋼管等について（第560条関係）（省略）

4　足場の作業床に係る墜落防止措置の充実（第563条関係）

（1）高さ２メートル以上の作業場所に設ける作業床の要件として、床材と建地との隙間を12センチメートル未満とすることを追加。

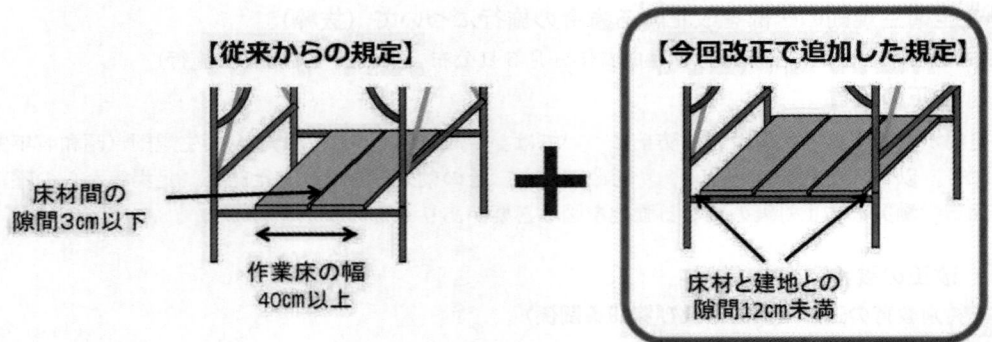

（2）（1）については、次のいずれかに該当する場合、床材と建地との隙間が12センチメートル以上の箇所に防網を張る等墜落による労働者の危険を防止するための措置を講じたときは、適用しない。
　①　はり間方向における建地と床材の両端との隙間の和が24センチメートル未満の場合
　②　はり間方向における建地と床材の両端との隙間の和を24センチメートル未満とすることが作業の性質上困難な場合

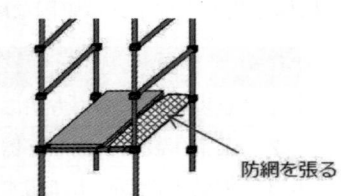

防網を張る

【約60cmの腕木に幅40cmの床材の例】

（3）墜落により労働者に危険を及ぼすおそれのある箇所には、足場用墜落防止設備（※）を設けなければならないこととされているが、作業の性質上当該設備を設けることが著しく困難な場合又は作業の必要上臨時に当該設備を取り外す場合において、次の措置を講じたときには、これを適用しない。
　①　安全帯を安全に取り付けるための設備等を設け、かつ、労働者に安全帯を使用させる措置又はこれと同等以上の効果を有する措置を講ずる。
　②　①の措置を講ずる箇所には、関係労働者以外の労働者を立ち入らせない。
　※　わく組足場（妻面に係る部分を除く。）については（ⅰ）又は（ⅱ）、わく組足場以外の足場については（ⅲ）に掲げる設備。
　（ⅰ）交さ筋かい及び高さ15センチメートル以上40センチメートル以下の桟若しくは高さ15センチメートル以上の幅木又はこれらと同等以上の機能を有する設備
　（ⅱ）手すりわく
　（ⅲ）手すり等及び中桟等

（4）事業者は、作業の必要上臨時に足場用墜落防止設備を取り外したときは、その必要がなくなった後、直ちに取り外した設備を原状に復さなければならない。

5　足場の組立て等の作業に係る墜落防止措置の充実（第564条関係）

（1）旧安衛則第564条第１項では、事業者は、つり足場、張出し足場又は高さ５メートル以上の構造の足場の組立て、解体又は変更の作業を行うときに講じなければならないが、墜落防止措置等について、その対象範囲を拡大し、つり足場、張出し足場又は高さ２メートル以上の構造の足場の組立て、解体又は変更の作業についても、当該措置を講じなければならないとした。

（2）足場材の緊結、取り外し、受渡し等の作業にあっては、墜落による労働者の危険を防止するため、次の措置を講じなければならない。
　①　幅40センチメートル以上の作業床を設けること。ただし、当該作業床を設けることが困難なときは、この限りでない。
　②　安全帯を安全に取り付けるための設備等を設け、かつ、労働者に安全帯を使用させる措置を講ずること。ただし、当該措置と同等以上の効果を有する措置を講じたときは、この限りでない。

安
衛
法

【親綱支柱と親綱】
親綱に安全帯を取り付ける

【手すり先行工法】
手すりに安全帯を取り付ける

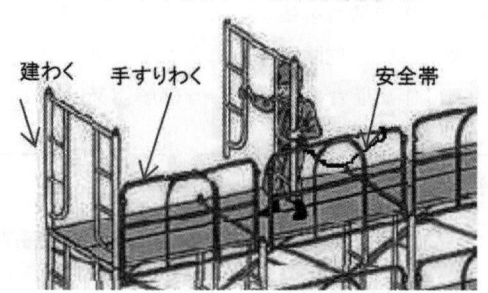

（３）旧安衛則第564条第１項第４号では、材料、器具、工具等を上げ、又は下ろすときは、つり綱、つり袋等を労働者に使用させることとされているが、これらの物の落下により労働者に危険を及ぼすおそれがないときは、この限りでない。

6　令別表第８第１号に掲げる部材等を用いる鋼管足場について（第571条関係）

（１）旧安衛則第571条第１項では、事業者は、鋼管規格に適合する鋼管を用いて構成される鋼管足場が適合しなければならない要件が定められているところ、令別表第８第１号に掲げる部材又は単管足場用鋼管規格に適合する鋼管を用いて構成される鋼管足場が適合しなければならない要件を定める。

（２）旧安衛則第571条第１項第３号に掲げる要件では、単管足場にあっては、建地の最高部から測って31メートルを超える部分の建地は、鋼管を２本組とすることとされているが、建地の下端に作用する設計荷重（足場の重量に相当する荷重に、作業床の最大積載荷重を加えた荷重をいう。）が当該建地の最大使用荷重（当該建地の破壊に至る荷重の２分の１以下の荷重をいう。）を超えないときは、この限りでない。

7　令別表第８第１号から第３号までに掲げる部材以外の部材等を用いる鋼管足場について
（第572条関係）

旧安衛則第572条では、事業者は、鋼管規格に適合する鋼管以外の鋼管を用いて構成される鋼管足場が適合しなければならない要件を定めているところ、令別表第８第１号から第３号までに掲げる部材以外の部材又は単管足場用鋼管規格に適合する以外の鋼管を用いて構成される鋼管足場が適合しなければならない要件を定めることとした。

8　作業構台に係る墜落防止措置の充実（第575条の６関係）

（１）旧安衛則第575の６第４号では、事業者は、高さ２メートル以上の作業床の端で、墜落により労働者に危険及ぼすおそれのある箇所には、手すり等及び中桟等を設けることとされているが、作業の性質上手すり等及び中桟等を設けることが著しく困難な場合又は作業の必要上臨時に手すり等又は中桟等を取り外す場合において、第２の２の（２）の①及び②と同様の措置を講じたときに、適用しないとした。

（２）作業の必要上臨時に手すり等又は中桟等を取り外したときは、第２の２の（３）と同様の措置を講ずる。

（３）労働者は、（１）の場合において、安全帯の使用を命じられたときは、これを使用しなければならない。

9 注文者の点検義務の充実（第655条及び第655条の2関係）

　旧安衛則第655条及び第655条の2で、特定事業の仕事を自ら行う注文者は、請負人の労働者に、足場又は作業構台を使用させるときは、強風、大雨、大雪等の悪天候又は中震以上の地震の後において点検を行い、危険のおそれがあるときは、速やかに修理することとしているが、それに加え、当該足場又は作業構台の組立て、一部解体又は変更の後においても同様の措置を講ずることとした。

※点検者の要件

1　足場の組立て等作業主任者であって、労働安全衛生法（以下「法」という）第19条の2に基づく足場の組立て等作業主任者能力向上教育を受けた者
2　法第81条に規定する労働安全コンサルタント（試験の区分が土木又は建築である者）や厚生労働大臣の登録を受けた者が行う研修を修了した者等法第88条に基づく足場の設置等の届出に係る「計画作成参画者」に必要な資格を有する者
3　全国仮設安全事業協同組合が行う「仮設安全監理者資格取得講習」、建設業労働災害防止協会が行う「施工管理者等のための足場点検実務研修」を受けた者等足場の点検に必要な専門的知識の習得のために行う教育、研修又は講習を修了するなど、足場の安全点検について、上記1又は2に掲げる者と同等の知識・経験を有する者

---

10 その他所要の改正を行ったこと。

11 附則関係

（1）施行期日（附則第1条関係）

　　改正省令は、平成27年7月1日施行。

（2）特別教育に関する経過措置（附則第2項関係）

　　改正省令の施行の際現に、足場の組立て、解体又は変更の作業に係る業務に従事している者については、平成29年6月30日までの間は、特別の教育を行うことを要しない。

（3）足場の作業床に関する経過措置（附則第3項関係）

　　はり間方向における建地の内法幅が64センチメートル未満の足場の作業床で、床材と腕木との緊結部が特定の位置に固定される構造のものは、この省令の施行の際現に存する鋼管足場用の部材が用いられている場合に限り、第563条第1項第2号ハの規定は、適用しない。

（4）罰則に関する経過措置（附則第4項関係）

　　罰則の適用に関し必要な経過措置を定めた。

※細部事項については、基発第0331第9号（平成27年3月31日）　参照

※足場等種類別点検チェックリストについては、基発第0520第1号（平成27年5月20日）内の資料参照

安
衛
法

　厚生労働省では、高圧作業や潜水業務などでの新たな減圧方法に対応するため「高気圧作業安全衛生規則」（以下「高圧則」）を改正し、平成27年4月1日から施行。

　今回の改正では、呼吸用ガスとして酸素と呼吸用不活性ガスを混合した「混合ガス」にも対応した規定となる。また、減圧停止時間は事業者が状況に応じて計算し、より安全な方法を設定することとなる。あわせて、労働者の負担がより少ない作業方法の確立や作業環境の整備に努めることを、事業者の責務として規定した。

1　作業計画の作成

作業計画（第12条の2）

　事業者は、高圧室内業務や潜水業務を行うときは、あらかじめ下記の事項について、作業計画を定め、その作業計画に基づいて作業を行うとともに、計画を労働者に周知しなければならない。

高圧室内業務で定めるべき事項	潜水業務で定めるべき事項
①作業室または気こう室へ送気する気体の成分組成 ②加圧を開始する時から減圧を開始する時までの時間 ③高圧室内業務での最高の圧力 ④加圧と減圧の速度 ⑤減圧停止圧力とその圧力下の減圧停止時間	①潜水作業者に送気やボンベに充填する気体の成分組成 ②潜降の開始時から浮上の開始時までの時間 ③潜水業務での最高の水深の圧力 ④潜降と浮上の速度 ⑤浮上停止水深圧力とその圧力下の浮上停止時間

2　呼吸用ガス分圧の制限

ガス分圧の制限（第15条）

　事業者は、呼吸用ガスの酸素、窒素、二酸化炭素の分圧を以下の表の範囲内に収まるようにしなければならない。

酸　素	18キロパスカル以上160キロパスカル以下※
窒　素	400キロパスカル以下
二酸化炭素	0.5キロパスカル以下

　※　ただし、気こう室内で高圧室内作業者に減圧を行う場合、潜水者が溺水しない措置を講じて浮上を行わせる場合には、酸素の分圧は220キロパスカル以下まで認められる。

3　酸素ばく露量の制限

酸素ばく露量の制限（第16条）
酸素ばく露量の計算方法（告示※第2条）

　※　高気圧作業安全衛生規則第八条第二項等の規定に基づく厚生労働大臣が定める方法等（以下、告示は全て同じ告示）

　事業者は、高圧室内作業者や潜水作業者の酸素ばく露量（単位：UPTD）を

①1日については600
②1週間については2、500
を超えないようにしなければならない。

例1：

	1日目	2日目	3日目	4日目	5日目	6日目		合計
酸素ばく露量	300	<u>700</u>	100	350	600	300	休	2,350

酸素ばく露量の合計は2,500に収まっているものの、2日目が600を越えているため違反。

安
衛
法

例2：

	1日目	2日目	3日目	4日目	5日目	6日目		合計
酸素ばく露量	200	600	400	350	600	500	休	2,650

全ての日において酸素ばく露量は600に収まっているものの、合計が2,500を越えているため違反。

4 減圧停止時間に関する規制の見直し

減圧の速度等（第18条）

厚生労働大臣が定める区間等（告示第3条）

旧高圧則では、呼吸に使用する気体を空気と想定し、単一の減圧表に基づき、減圧停止時間などを確認し、減圧管理を行っていたが、今改正では、空気以外の混合ガスにも対応するため、旧高圧則別表の**減圧表を廃止**し、減圧停止時間を求める計算式を導入した。

具体的には、ある区間ごとに、その区間の不活性ガス（窒素とヘリウム）の分圧を計算式によって求め、その値がその区間で人体が許容できる最大の不活性分圧を超えないよう、減圧停止圧力や減圧停止時間を事業者が自ら設定する。

※具体的な計算式などの詳細については、告示、施行通達　参照

5 その他

今回の改正では、このほかに、高圧則で用いる用語の定義や、準用規定など、所要の改正を行いました。詳細については、施行通達と告示でご確認ください。

なお、条文の項番号については、一部これまでのものから変更があるため要注意。

6 改正高圧則についてのQ＆A

Q：なぜ高圧則を改正したのか？

A：圧気工事や潜水に使用する呼吸用ガスに、空気ではない混合ガスを使用する技術などの新技術や新しい知見を取り入れるため、高圧則を改正することになった。

Q：**新しい減圧表はないのか？**

A：今改正では、減圧表を廃止し、計算式による規制としたため、高圧則に新しい減圧表はない。

Q：**ダイブコンピューターを使用して減圧の管理などを行うことはできるか？**

A：ダイブコンピューターを使用して加圧や減圧の管理を行うことは、計算された減圧停止時間などが法令の規定を満たすものであれば可能。

Q：**改正にあわせて、新たに作業計画書を作成しなければならないか？**

A：事業者が、既に作業手順などを定めた書面を作成していて、その書面に法令に定める記載しなければならない事項が全て含まれている場合は、新たに作業計画を作成する必要はない。

安
衛
法

33. 化学物質取扱い作業リスクアセスメントの概要

1. リスクアセスメントの実施時期（安衛則第34条の2の7第1項）

＜法律上の実施義務＞

1. 対象物を原材料などとして**新規に採用**したり、**変更**したりするとき

2. 対象物を製造し、または取り扱う業務の**作業の方法や作業手順を新規に採用したり変更したりする**とき

3. 前の2つに掲げるもののほか、対象物による**危険性または有害性などについて変化が生じたり、生じるおそれがあったりする**とき

   ※新たな危険有害性の情報が、SDSなどにより提供された場合など

＜指針による努力義務＞

1. 労働災害発生時

   ※過去のリスクアセスメント（RA）に問題があるとき

2. 過去の RA 実施以降、機械設備などの経年劣化、労働者の知識経験などリスクの状況に変化があったとき

3. 過去に RA を実施したことがないとき

   ※施行日前から取り扱っている物質を、施行日前と同様の作業方法で取り扱う場合で、過去に RA を実施したことがない、または実施結果が確認できない場合

2. リスクアセスメントの実施体制

リスクアセスメントとリスク低減措置を実施するための体制を整える。

安全衛生委員会などの活用などを通じ、労働者を参画させる。

担当者	説　明	実施内容
総括安全衛生管理者など	事業の実施を統括管理する人（事業場のトップ）	リスクアセスメントなどの実施を統括管理
安全管理者または衛生管理者作業主任者、職長、班長など	労働者を指導監督する地位にある人	リスクアセスメントなどの**実施を管理**
化学物質管理者	化学物質などの適切な管理について必要な能力がある人の中から指名	リスクアセスメントなどの**技術的業務を実施**
専門的知識のある人	必要に応じ、化学物質の危険性と有害性や、化学物質のための機械設備などについての専門的知識のある人	対象となる化学物質、機械設備のリスクアセスメントなどへの参画
外部の専門家	労働衛生コンサルタント、労働安全コンサルタント、作業環境測定士、インダストリアル・ハイジニストなど	より詳細なリスクアセスメント手法の導入など、**技術的な助言を得るために活用が望ましい**

※事業者は、上記のリスクアセスメントの実施に携わる人（外部の専門家を除く）に対し、必要な教育を実施する。

安衛法

3．リスクアセスメントの流れ

リスクアセスメントは以下のような手順で進める。

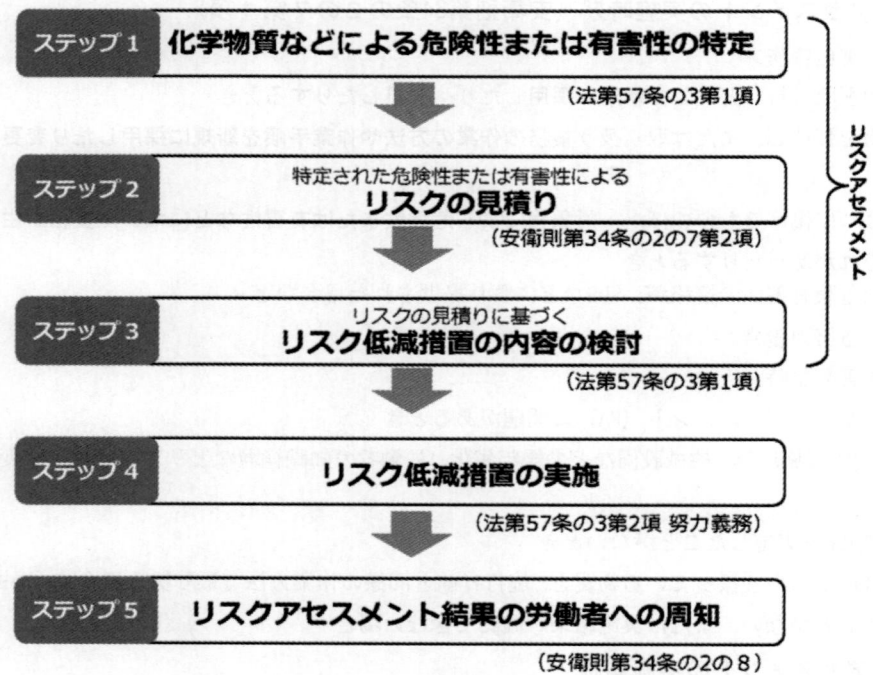

職場で扱っている製品のラベル表示を確認する

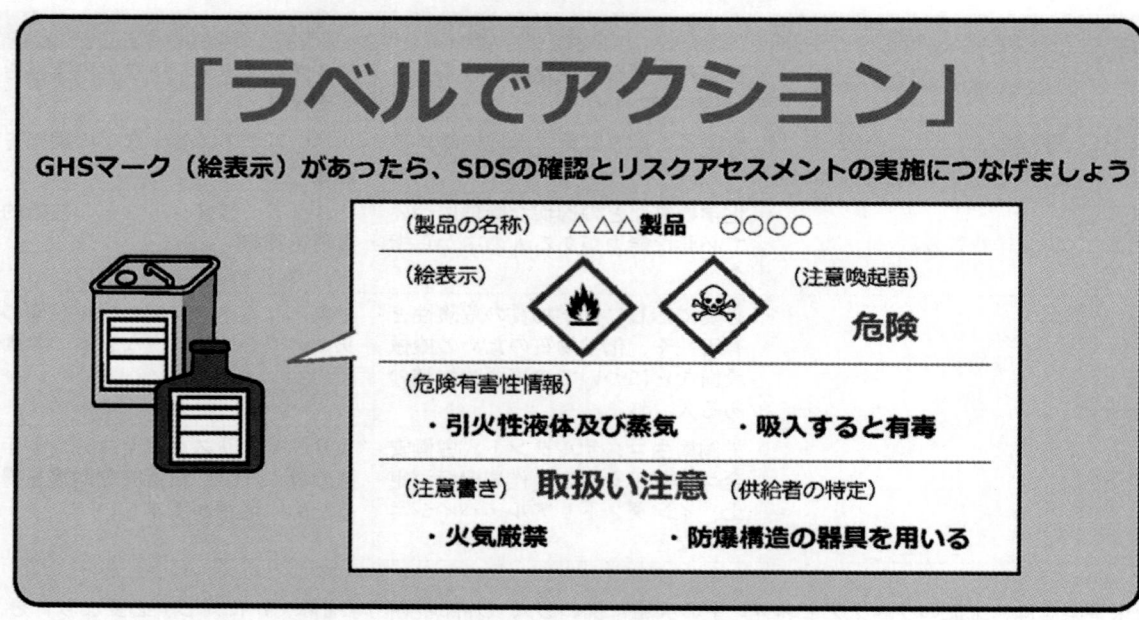

ステップ1　化学物質などによる危険性または有害性の特定

　化学物質などについて、リスクアセスメントなどの対象となる業務を洗い出した上で、SDSに記載されているGHS分類などに即して危険性または有害性を特定する。

ラベル	SDS（安全データシート）
ラベルによって、化学物質の危険有害性情報や適切な取扱い方法を伝達 （容器や包装にラベルの貼付や印刷）	事業者間の取引時にSDSを提供し、化学物質の危険有害性や適切な取扱い方法などを伝達

＜危険有害性クラスと区分（強さ）に応じた絵表示と注意書き＞

【炎】	可燃性／引火性ガス 引火性液体 可燃性固体 自己反応性化学品 　　　　　　　　など	【円上の炎】	支燃性／酸化性ガス 酸化性液体・固体	【爆弾の爆発】	爆発物 自己反応性化学品 有機過酸化物
【腐食性】	金属腐食性物質 皮膚腐食性 眼に対する重大な損傷性	【ガスボンベ】	高圧ガス	【どくろ】	急性毒性 （区分1〜3）
【感嘆符】	急性毒性　（区分4） 皮膚刺激性(区分2) 眼刺激性(区分2A) 皮膚感作性 特定標的臓器毒性 　　　　（区分3） 　　　　　　　　など	【環境】	水生環境有害性	【健康有害性】	呼吸器感作性 生殖細胞変異原性 発がん性 生殖毒性 特定標的臓器毒性 　　　（区分1，2） 吸引性呼吸器有害性

＜GHS国連勧告に基づくSDSの記載項目＞

1	化学品および会社情報	9	物理的および化学的性質 （引火点、蒸気圧など）
2	**危険有害性の要約（GHS分類）**	10	安定性および反応性
3	組成および成分情報 （CAS番号、化学名、含有量など）	11	有害性情報（LD_{50}値、IARC区分など）
4	応急措置	12	環境影響情報
5	火災時の措置	13	廃棄上の注意
6	漏出時の措置	14	輸送上の注意
7	取扱いおよび保管上の注意	15	適用法令（安衛法、化管法、消防法など）
8	ばく露防止および保護措置（**ばく露限界値**、保護具など）	16	その他の情報

安
衛
法

ステップ2　リスクの見積り

　リスクアセスメントは、対象物を製造し、または取り扱う業務ごとに、次のア〜ウのいずれかの方法またはこれらの方法の併用によって行う。（危険性についてはアとウに限る）

ア．対象物が労働者に危険を及ぼし、または健康障害を生ずるおそれの程度（発生可能性）と、危険または健康障害の程度（重篤度）を考慮する方法

　具体的には以下のような方法がある。

マトリクス法	発生可能性と重篤度を相対的に尺度化し、それらを縦軸と横軸とし、あらかじめ発生可能性と重篤度に応じてリスクが割り付けられた表を使用してリスクを見積もる方法
数値化法	発生可能性と重篤度を一定の尺度によりそれぞれ数値化し、それらを加算または乗算などしてリスクを見積もる方法
枝分かれ図を用いた方法	発生可能性と重篤度を段階的に分岐していくことによりリスクを見積もる方法
コントロール・バンディング	化学物質リスク簡易評価法（コントロール・バンディング）などを用いてリスクを見積もる方法
災害のシナリオから見積もる方法	化学プラントなどの化学反応のプロセスなどによる災害のシナリオを仮定して、その事象の発生可能性と重篤度を考慮する方法

イ．労働者が対象物にさらされる程度（ばく露濃度など）とこの対象物の有害性の程度を考慮する方法

　具体的には以下のような方法があります。このうち実測値による方法が望ましい。

実測値による方法	対象の業務について作業環境測定などによって測定した作業場所における化学物質などの気中濃度などを、その化学物質などのばく露限界（日本産業衛生学会の許容濃度、米国産業衛生専門家会議（ACGIH）のTLV-TWAなど）と比較する方法
使用量などから推定する方法	数理モデルを用いて対象の業務の作業を行う労働者の周辺の化学物質などの気中濃度を推定し、その化学物質のばく露限界と比較する方法
あらかじめ尺度化した表を使用する方法	対象の化学物質などへの労働者のばく露の程度とこの化学物質などによる有害性を相対的に尺度化し、これらを縦軸と横軸とし、あらかじめばく露の程度と有害性の程度に応じてリスクが割り付けられた表を使用してリスクを見積もる方法

ウ．その他、アまたはイに準じる方法

　危険または健康障害を防止するための具体的な措置が労働安全衛生法関係法令の各条項に規定されている場合に、これらの規定を確認する方法などがある。

① 別則（労働安全衛生法に基づく化学物質等に関する個別の規則）の対象物質（特定化学物質、有機溶剤など）については、特別則に定める具体的な措置の状況を確認する方法
② 安衛令別表1に定める危険物および同等のGHS分類による危険性のある物質について、安衛則第四章などの規定を確認する方法

例1：マトリクスを用いた方法
※発生可能性「②比較的高い」、重篤度「②後遺障害」の場合の見積り例

		危険または健康障害の程度（重篤度）			
		死亡	後遺障害	休業	軽傷
危険または健康障害を生じるおそれの程度（発生可能性）	極めて高い	5	5	4	3
	比較的高い	5	④	3	2
	可能性あり	4	3	2	1
	ほとんどない	4	3	1	1

リスク		優先度
4〜5	高	直ちにリスク低減措置を講じる必要がある。措置を講じるまで作業停止する必要がある。
2〜3	中	速やかにリスク低減措置を講じる必要がある。措置を講じるまで使用しないことが望ましい。
1	低	必要に応じてリスク低減措置を実施する。

例2：化学物質などの有害性とばく露の量を相対的に尺度化し、リスクを見積もる方法の例

①SDSを用い、GHS分類などを参照して有害性のレベルを区分する。

有害性のレベル	GHS分類における健康有害性クラスと区分	
A	・皮膚刺激性 ・眼刺激性 ・吸引性呼吸器有害性 ・その他のグループに分類されない粉体、蒸気	区分2 区分2 区分1
B	・急性毒性 ・特定標的臓器（単回ばく露）	区分4 区分2
C	・急性毒性 ・皮膚腐食性 ・眼刺激性 ・皮膚感作性 ・特定標的臓器（単回ばく露） ・特定標的臓器（反復ばく露）	区分3 区分1 区分1 区分1 区分1 区分2
D	・急性毒性 ・発がん性 ・特定標的臓器（反復ばく露） ・生殖毒性	区分1, 2 区分2 区分1 区分1, 2
E	・生殖細胞変異原性 ・発がん性 ・呼吸器感作性	区分1, 2 区分1 区分1

②作業環境レベルと作業時間などから、ばく露レベルを推定する。
（作業レベルは以下のような式で算出）

作業環境レベル ＝（取扱量）＋（揮発性・飛散性）－（換気）

取扱量	揮発性・飛散性	換気
多量：3 中量：2 少量：1	高：3 中：2 低：1	遠隔操作・完全密閉：4 局所排気 ：3 全体換気・屋外作業：2 換気なし ：1

ばく露レベル		作業環境レベル				
		5以上	4	3	2	1以下
年間作業時間	400時間超過	Ⅴ	Ⅴ	Ⅳ	Ⅳ	Ⅲ
	100〜400時間	Ⅴ	Ⅳ	Ⅳ	Ⅲ	Ⅱ
	25〜100時間	Ⅳ	Ⅳ	Ⅲ	Ⅲ	Ⅱ
	10〜25時間	Ⅳ	Ⅲ	Ⅲ	Ⅱ	Ⅱ
	10時間未満	Ⅲ	Ⅱ	Ⅱ	Ⅱ	Ⅰ

③有害性のレベルとばく露レベルからリスクを見積る。

		ばく露レベル				
		Ⅴ	Ⅳ	Ⅲ	Ⅱ	Ⅰ
有害性のレベル	E	5	5	4	4	3
	D	5	4	4	3	2
	C	4	4	3	3	2
	B	4	3	3	2	2
	A	3	2	2	2	1

※これらの表はリスクの見積り方を例示するものであり、有害性のレベル分け、ばく露レベルの推定は仮のもの。

例3：実測値を用いる方法

実際に、化学物質などの気中濃度を測定し、ばく露限界値と比較する方法は、最も基本的な方法として推奨される。

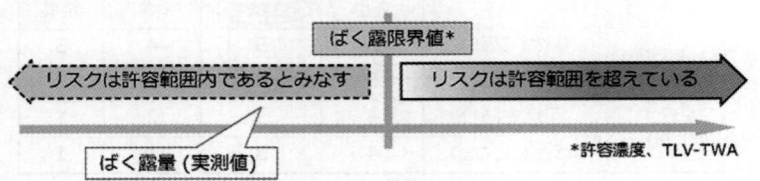

気中濃度の測定方法

◆作業環境測定
◆個人ばく露測定
◆簡易な測定（検知管、パッシブサンプラーなど）

例4：コントロール・バンディングを用いた方法

「コントロール・バンディング」は簡易なリスクアセスメント手法である。

これは、ILO（国際労働機関）が、開発途上国の中小企業を対象に、有害性のある化学物質から労働者の健康を守るために、簡単で実用的なリスクアセスメント手法を取り入れて開発した化学物質の管理手法である。

厚生労働省のホームページ「職場のあんぜんサイト」で、支援システムを提供しており、サイト上で必要な情報を入力すると、リスクレベルと、それに応じた実施すべき対策と参考となる対策シートが得られる。

https://anzeninfo.mhlw.go.jp/user/anzen/kag/ankgc07_1.htm

コントロール・バンディング　　検索

なお、対策シートはリスク低減措置の検討の参考とする材料である。

換気設備、保護具などの必要性について検討するとともに、より詳細なリスクアセスメントに向けたスクリーニングとしても使用することが可能である。

例5：ECETOC-TRA（ばく露推定モデルの一つ）を用いた方法

欧州化学物質生態毒性・毒性センター（ECETOC）が提供するリスクアセスメントツール（ECETOC-TRA）は定量的評価が可能なツールとして普及している。

https://www.ecetoc.org/tra　　　（英語）

化学物質の物理化学的性状、作業工程（プロセスカテゴリー）、作業時間、換気条件などを入力することによって、推定ばく露濃度が算出される。

その他

危険物については、化学プラントのセーフティ・アセスメントなどの方法がある。

ステップ3　リスク低減措置の内容の検討

　リスクアセスメントの結果に基づき、労働者の危険または健康障害を防止するための措置の内容を検討すること。

◆労働安全衛生法に基づく労働安全衛生規則や特定化学物質障害予防規則などの特別則に規定がある場合は、その措置をとる必要がある。

◆次に掲げる優先順位でリスク低減措置の内容を検討すること。

　ア．危険性または有害性のより低い物質への代替、化学反応の プロセスなどの運転条件の変更、取り扱う化学物質などの 形状の変更など、またはこれらの併用によるリスクの低減

　※危険有害性の不明な物質に代替することは避けるようにすること。

　イ．化学物質のための機械設備などの防爆構造化、安全装置の 二重化などの工学的対策または化学物質のための機械設備 などの密閉化、局所排気装置の設置などの衛生工学的対策

　ウ．作業手順の改善、立入禁止などの管理的対策

　エ．化学物質などの有害性に応じた有効な保護具の使用

ステップ4　リスク低減措置の実施

　検討したリスク低減措置の内容を速やかに実施するよう努める。

　死亡、後遺障害または重篤な疾病のおそれのあるリスクに対しては、暫定的措置を直ちに実施すること。

　リスク低減措置の実施後に、改めてリスクを見積もるとよい。

　リスク低減措置の実施には、例えば次のようなものがある。

◆危険有害性の高い物質から低い物質に変更する。

　物質を代替する場合には、その代替物の危険有害性が低いことを、GHS区分やばく露限界値などをもとに、しっかり確認する。

　確認できない場合には、代替すべきではありません。危険有害性が明らかな物質でも、適切に管理 して使用することが大切である。

◆温度や圧力などの運転条件を変えて発散量を減らす。

◆化学物質などの形状を、粉から粒に変更して取り扱う。

◆衛生工学的対策として、蓋のない容器に蓋をつける、容器を密閉する、局所排気装置の フード形状を囲い込み型に改良する、作業場所に拡散防止のためのパーテーション（間仕切り、ビニールカーテンなど）、を付ける。

◆全体換気により作業場全体の気中濃度を下げる。

◆発散の少ない作業手順に見直す、作業手順書、立入禁止場所などを守るための教育を実施する。

◆防毒マスクや防じんマスクを使用する。

　使用期限（破過など）、保管方法に注意が必要である。

安
衛
法

ステップ5　リスクアセスメント結果の労働者への周知

　リスクアセスメントを実施したら、以下の事項を労働者に周知する。

1　周知事項

　①対象物の名称

　②対象業務の内容

　③リスクアセスメントの結果（特定した危険性または有害性、見積もったリスク）

　④実施するリスク低減措置の内容

2　周知の方法は以下のいずれかによる。　　　　　　※SDSを労働者に周知する方法と同様である。

　①作業場に常時掲示、または備え付け

　②書面を労働者に交付

　③電子媒体で記録し、作業場に常時確認可能な機器（パソコン端末など）を設置

3　法第59条第1項に基づく雇入れ時の教育と同条第2項に基づく作業変更時の教育において、上記の周
　　知事項を含めるものとする。

4　リスクアセスメントの対象の業務が継続し、上記の労働者への周知などを行っている間は、それらの
　　周知事項を記録し、保存する。

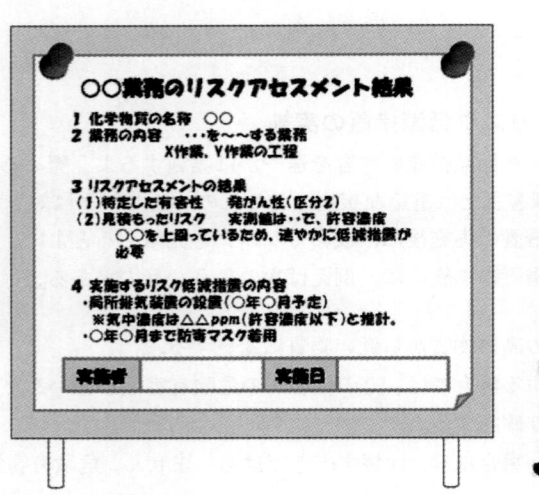

その他

　法に基づくリスクアセスメント義務の対象とならない化学物質などであっても、法第28条の2に基づき、
リスクアセスメントを行う努力義務がありますので、上記に準じて取り組むように努めること。

34. 山岳トンネル工事の切羽における肌落ち災害防止対策に係るガイドライン概要

> 平成 28 年 12 月 26 日基発 1226 第 1 号等
> 改正 平成 30 年 1 月 18 日基発 0118 第 1 号

背景・目的

・山岳トンネル工事における掘削の最先端（切羽）では地山が露出しており、岩石の落下等（肌落ち）による労働災害がたびたび発生。

・肌落ち災害では、6％が死亡し、42％が休業一ヶ月以上となっており、発生した場合の重篤度が高い。

・山岳トンネル工事の切羽における労働災害の防止を図るため、望ましい取組をとりまとめ、関係者に周知する必要がある。

ガイドラインによる取組

目的

○労働安全衛生関係法令と相まって、切羽における肌落ち防止対策を適切に実施することにより、山岳トンネル工事の切羽における労働災害の防止を図る

適用対象

○山岳トンネル工事の切羽における作業

事業者等の責務

○事業者は、労働安全衛生関係法令を遵守するとともに、本ガイドラインに基づき安全衛生対策を講ずることにより、切羽における労働災害防止に努めること。

○労働者は、労働安全衛生関係法令に定める労働者が守るべき事項を遵守するとともに、事業者が本ガイドラインに基づいて行う措置に協力することにより、切羽における労働災害防止に努めること。

事業者が講ずることが望ましい事項

○切羽への立入りを原則として禁止・・・・・労働者の切羽への立入りを原則として禁止し、切羽での作業は可能な限り機械化（装薬作業遠隔化、支保工建込完全機械化等）

○肌落ち防止計画の策定、実施、変更・・・・事前調査による地山の状況の把握と、その結果を踏まえた肌落ち防止計画の策定・周知　肌落ち防止計画には、肌落ち防止対策、切羽の監視、切羽からの退避等を記載　必要に応じて肌落ち防止計画を変更

○切羽監視責任者の選任・・・・・・・・・切羽の変状等を常時監視する切羽監視責任者の選任被災のおそれがある場合の切羽監視責任者による退避指示　原則専任だが、掘削断面50㎡未満で安全確保が困難な場合は主任者が兼務可

○掘削時の留意事項・・・・・・・・・・・断面積60㎡以下ベンチカット　地山状態が悪い場合は核残し

○具体的な肌落ち防止対策・・・・・・・・鏡吹付け、鏡ボルト、浮石落とし、水抜き・さぐり穿孔、切羽変位計測、設備的防護対策　地山等級、湧水の状態、施工性等を勘案した肌落ち防止対策の選定

安
衛
法

切羽の監視等の整理

	観察1	点検	観察2	監視
根拠	労働安全衛生規則第381条	労働安全衛生規則第382条	ガイドライン	ガイドライン
目的	落盤、出水、ガス爆発等による労働者の危険を防止するため	落盤又は肌落ちによる労働者への危険を防止するため	肌落ち災害を防止するため	肌落ち災害を防止するため
実施者	事業者	点検者（事業者の指名）	事業者	切羽監視責任者（事業者の指名）
実施時期	毎日	①毎日及び中震以上の地震後 ②発破を行った後	装薬時、吹付け時、支保工建て込み時、交代時	常時
実施対象	掘削箇所及びその周辺の地山	①ずい道内部の地山 ②発破を行った箇所及びその周辺	切羽	切羽
項目	一　地質及び地層の状態 二　含水及び湧水の有無及び状態 三　可燃性ガスの有無及び状態 四　高温のガス及び蒸気の有無及び状態	①浮石及び亀裂の有無及び状態並びに含水及び湧水の状態の変化 ②浮石及び亀裂の有無及び状態	(ｱ)圧縮強度及び風化変質 (ｲ)割目間隔及び割目状態 (ｳ)走向・傾斜 (ｴ)湧水量 (ｵ)岩盤の劣化の状態	肌落ちの予兆を感知できるような項目を定めるものであり、少なくとも次を含むこと。 (ｱ)切羽の変状 (ｲ)割目の発生の有無 (ｳ)湧水の有無 (ｴ)岩盤の劣化の状態

具体的な肌落ち防止対策

肌落ち防止対策の選定

　　肌落ち防止対策の選定に当たっては、次の条件等を勘案し、下表を参考に選定すること。なお、肌落ちによって落下する岩石の大きさ等によっては単一の肌落ち防止対策では十分でない場合があるため、必要に応じ複数の肌落ち防止対策を組み合わせることを検討すべきであること。
（1）地山等級等による肌落ち防止対策の適否：岩種、地山の状態、ボーリングコアの状態、弾性波速度、
　　　地山強度比等
（2）湧水対策としての効果
（3）施工性（施工の容易さ）
（4）その他：切羽の変状観察を行う場合における相性、対策の人体防護性の高さ

表　肌落ち防止対策の選定

肌落ち防止対策	地山等級等による肌落ち防止対策の適否				湧水対策としての効果	施工性（施工の容易さ）	その他	
	Ⅳ、B	Ⅲ、C	Ⅱ、D	Ⅰ、E			変状観察を行う場合の相性	人体防護性の高さ
鏡吹付け	△	○	◎	◎	○*	◎	◎	△
鏡ボルト	△	△	○	◎	○	△	×	△
浮石落とし	◎	◎	◎	△	◎	◎	△	△
水抜き・さぐり穿孔	○	○	◎	◎	◎	○	×	×
切羽変位計測	×	△	◎	◎	×	○	◎	×
設備的防護対策	△	△	△	△	△	△	△	○

注：◎：最良、○：良、△：可能、×：不適、○*：水抜き対策を併用することで良。

・肌落ち防止対策の選定の目安を表としてまとめたものである。
・この表は検討の出発点としては適当であるが、地山等級が同一の評価であっても、切羽の状態には差がみられるので、必ずしもこの表どおりの肌落ち防止対策が適当との結論が得られるわけではないことに留意する必要がある。
・事業者は、発注者及び設計者と必要に応じ協議し、適切な肌落ち防止対策を選定し、実施することが求められる。

安
衛
法

35. その他

1　ストレスチェックの実施

■施行日　平成27年12月1日

○常時使用する労働者に対して、医師、保健師等[1]による心理的な負担の程度を把握するための検査（ストレスチェック）[2]を実施することが事業者の義務となる。（労働者数50人未満の事業場は当分の間努力義務）

　※1　ストレスチェックの実施者は、医師、保健師のほか、一定の研修を受けた歯科医師、看護師、精神保健福祉士又は、公認心理師とする。

　※2　検査項目は、「職業性ストレス簡易調査票」（57項目による検査）を利用することを推奨（簡易版も有）。検査の頻度は、1年以内ごとに1回、定期に実施すること。

○検査結果は、検査を実施した医師、保健師等から直接本人に通知される。本人の同意を得て検査結果の提出を受けた事業者は、結果の記録を5年間保存すること。

○検査の結果、一定の要件[3]に該当する労働者から申出があった場合、医師による面接指導を実施することが事業者の義務となる。また、申出を理由とする不利益な取扱いは禁止。

　※3　要件は、検査の結果、心理的な負担の程度が高いもので、検査を実施した医師等が、面接指導を必要と認めた者。

○面接指導の結果に基づき、医師の意見を聴き、必要に応じ就業上の措置[4]を講じることが事業者の義務となる。

　※4　就業上の措置とは、労働者の実情を考慮し、就業場所の変更、作業の転換、労働時間の短縮、深夜業の回数の減少等の措置を行うこと。

○常時50人以上の労働者を使用する事業者は、ストレスチェック実施後、検査結果報告書（様式6号の2）を所轄労働基準監督署に提出する。

安衛法

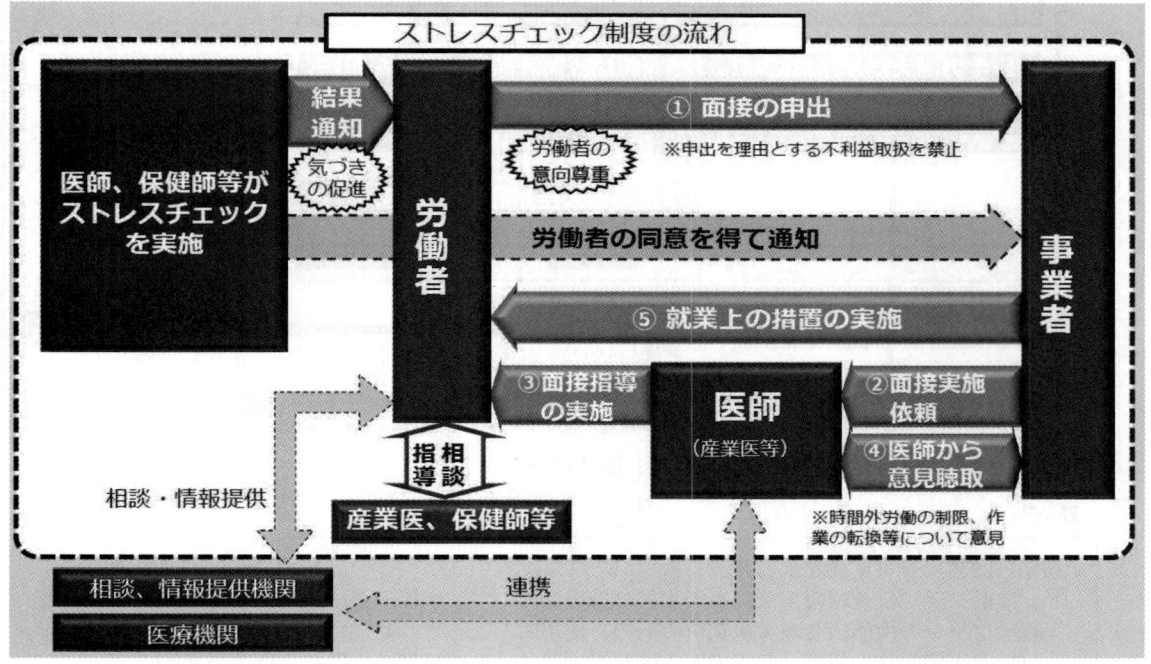

産業保健総合支援センター（全国47か所）をご活用ください。

　○事業者、産業保健スタッフ等からの相談対応や研修、50人未満の事業場の労働者の方からのメンタルヘルスを含む健康相談など、産業保健活動の支援を行っています。

　　　　https://www.johas.go.jp/shisetsu/tabid/578/Default.aspx

2　受動喫煙防止措置

■施行日　平成27年6月1日

○室内又はこれに準ずる環境下で労働者の受動喫煙を防止するため、事業者及び事業場の実情に応じ適切な措置※を講じることが事業者の努力義務となる。

　※事業者及び事業場の実情に応じた適切な措置の例として、全面禁煙、喫煙室の設置による空間分煙、たばこ煙を十分低減できる換気扇の設置などがある。
　受動喫煙防止対策助成金をご活用ください。

○中小企業事業主が喫煙室を設置する場合、費用の1／2の助成（上限200万円）を受けることができる。詳しくは、以下のホームページ　参照
　https://www.mhlw.go.jp/stf/seisakunitsuite/bunya/koyou_roudou/roudoukijun/anzen/kitsuen/index.html

3　重大な労働災害を繰り返す企業に対し、大臣が指示、勧告、公表を行う制度

■施行日　平成27年6月1日

○重大な労働災害※1を繰り返す企業※2に対して、厚生労働大臣が「特別安全衛生改善計画」の作成を指示することができるようになる。

　※1　今後省令で定める予定で、例えば、死亡災害、障害等級第1級〜第7級に相当する労働災害を想定。

　※2　今後省令等で定める予定で、例えば、法令に違反し、3年間に同一企業の複数の事業場で同様の災害が発生した場合などを想定。

○計画の作成指示に従わない場合、計画を守っていない場合などに、厚生労働大臣が必要な措置をとるべきことを勧告し、勧告に従わない場合はその旨を公表することができる。

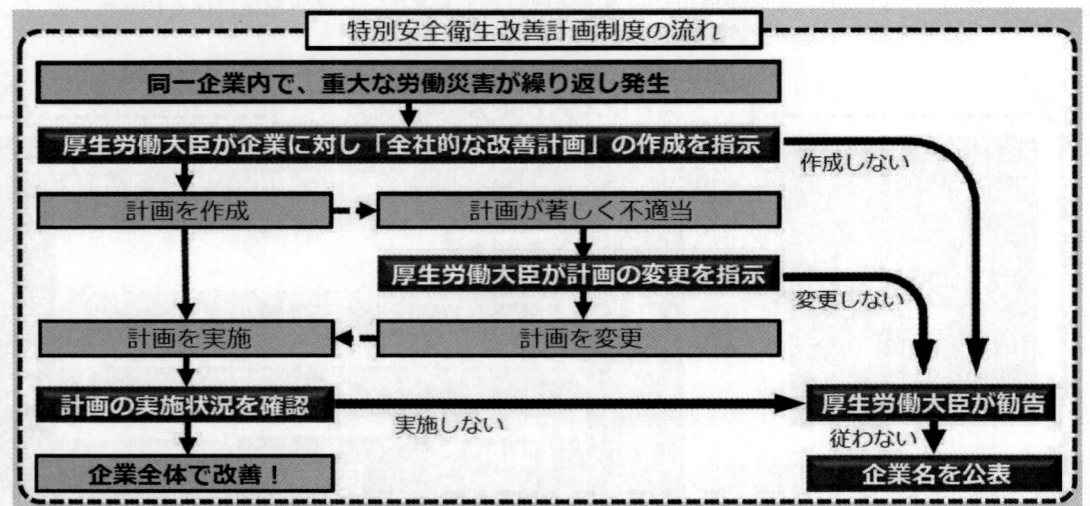

4　電動ファン付き呼吸用保護具が型式検定、譲渡制限の対象に

■施行日　平成26年12月1日

基発1128第12号（平成26年11月28日）
「電動ファン付き呼吸用保護具の規格の適用について」関係通達の改廃の中で
電動ファンの性能区分が大風量形のものを使用することされた。
（粉じん障害防止規則・石綿障害予防規則・ダイオキシン類ばく露防止対策要綱等）

36. 溶接ヒュームばく露防止措置等について　R3.4.1施行

　労働安全衛生法では、化学物質であって、その取り扱い等に関して作業主任者の選任、作業環境測定の実施、健康診断等の対象とすべきものについて政令で定めるとともに、化学物質による健康障害を防止するために必要な措置を定めており、今回、新たに「溶接ヒューム」及び「塩基性酸化マンガン」について、労働者に神経障害等の健康障害を及ぼすおそれがあることが明らかになったことから、これら化学物質による労働者へのばく露防止措置や健康管理を推進するため、労働安全衛生法施行令、特定化学物質障害予防規則等について、所要の改正を行うこととしたものである。

　令和３年４月１日施行

【労働安全衛生法施行令の一部を改正する政令（概要）】

１．特定化学物質の追加

　　特定化学物質（第２類物質）に、「溶接ヒューム」を追加するとともに、「マンガン及びその化合物（塩基性酸化マンガンを除く。）」の「（塩基性酸化マンガンを除く。）」を削除（※）する。

２．溶接ヒュームに係る作業環境測定の適用除外

　　特定化学物質（第２類物質）に適用される規制のうち、作業環境測定を行うべき作業場については、溶接ヒュームに係る作業を行う屋内作業場を除くこととする。

※この結果、溶接ヒューム及び塩基性酸化マンガンに係る業務について、新たに作業主任者の選任（労働安全衛生法、以下「法」という。第14条関係）、作業環境測定の実施（法第65条関係。塩基性酸化マンガンに係る業務に限る。）及び有害な業務に現に従事する労働者に対する健康診断の実施（法第66条第２項前段関係）が必要となる。

【特定化学物質障害予防規則及び作業環境測定法施行規則の一部改正する省令（概要）】

１．特化則において、金属溶接等作業に係る措置について、以下のとおり規定する。

（１）事業者は、金属をアーク溶接する作業、アークを用いて金属を溶断し、又はガウジングする作業その他の溶接ヒュームを製造し、又は取り扱う作業（以下「金属アーク溶接等作業」という。）を行う屋内作業場については、当該金属アーク溶接等作業に係る溶接ヒュームを減少させるため、全体換気装置による換気の実施又はこれと同等以上の措置を講じなければならないこと。この場合において、事業者は、特化則第５条の規定にかかわらず、金属アーク溶接等作業において発生するガス、蒸気若しくは粉じんの発散源を密閉する設備、局所排気装置又はプッシュプル型換気装置を設けることを要しない。

（２）事業者は、金属アーク溶接等作業を継続して行う屋内作業場において、新たな金属アーク溶接等作業の方法を採用しようとするとき、又は当該作業の方法を変更しようとするときは、あらかじめ、厚生労働大臣の定めるところにより、当該金属アーク溶接等作業に従事する労働者の身体に装着する試料採取機器等を用いて行う測定により、当該作業場について、空気中の溶接ヒュームの濃度を測定しなければならないこと。

（３）事業者は、（２）による空気中の溶接ヒュームの濃度の測定の結果に応じて、換気装置の風量の増加その他必要な措置を講じなければならないこと。

（４）事業者は、（３）の措置を講じたときは、その効果を確認するため、（２）の作業場について、（２）の測定により、空気中の溶接ヒュームの濃度を測定しなければならないこと。

安
衛
法

— 397 —

（5）事業者は、金属アーク溶接等作業に労働者を従事させるときは、当該労働者に有効な呼吸用保護具を使用させなければならないこと。

（6）事業者は、金属アーク溶接等作業を継続して行う屋内作業場において当該金属アーク溶接等作業に労働者を従事させるときは、厚生労働大臣の定めるところにより、当該作業場についての（2）及び（4）による空気中の溶接ヒュームの濃度の測定の結果に応じて、当該労働者に有効な呼吸用保護具を使用させなければならないこと。

（7）事業者は、1年以内ごとに1回、定期に、（6）の呼吸用保護具が適切に装着されていることを厚生労働大臣の定めるところにより、確認しなければならないこと。

（8）事業者は、②又は④による測定を行ったときは、その都度、必要な事項を記録し、これを②により採用又は変更された方法により金属アーク溶接等作業を行わなくなった日から起算して3年を経過する日まで保存しなければならないこと。

（9）事業者は、金属アーク溶接等作業に労働者を従事させるときは、当該作業を行う屋内作業場の床等を、水洗等によって容易に掃除できる構造のものとし、水洗等粉じんの飛散しない方法によって、毎日1回以上掃除しなければならないこと。

（10）労働者は、事業者から（5）又は（6）の呼吸用保護具の使用を命じられたときは、これを使用しなければならないこと。

2．特化則において、金属溶接等作業に係る業務に従事する者に対する健康診断について、以下のとおり規定する。

（1）事業者は、金属アーク溶接等作業に係る業務に常時従事する労働者に対し、雇入れ又は当該業務への配置換えの際及び6月以内ごとに1回、定期に、業務の経歴の調査、作業条件の簡易な調査、溶接ヒュームによるせき等パーキンソン症候群様症状の既往歴の有無の検査、せき等のパーキンソン症候群様症状の有無の検査及び握力の測定について医師による健康診断を行わなければならないこと。

（2）事業者は、（1）の健康診断の結果、他覚症状が認められる者等で、医師が必要と認めるものについては、作業条件の調査、呼吸器に係る他覚症状等がある場合における胸部理学的検査等、パーキンソン症候群様症状に関する神経学的検査及び医師が必要と認める場合における尿中等のマンガンの量の測定について、医師による健康診断を行わなければならないこと。

3．次に掲げる経過措置を規定する

（1）令和3年4月1日から令和4年3月31日までの間、2（2）の適用については、事業者は、令和4年3月31日までに、厚生労働大臣の定めるところにより、金属アーク溶接等作業に従事する労働者の身体に装着する試料採取機器等を用いて行う測定により、当該金属アーク溶接等作業を継続して行う屋内作業場について、空気中の溶接ヒュームの濃度を測定しなければならない。

（2）2（2）の屋内作業場については、令和4年3月31日までの間は、2（3）、（4）、（6）から（8）まで及び（10）（2（6）の呼吸用保護具の使用に係る部分に限る。）は、適用しない。

（3）その他所要の経過措置を設ける。

37. 金属アーク溶接等作業主任者限定技能講習の新設　R6.1.1適用

【改正の背景】
・労働安全衛生法において、事業者は、労働安全衛生法施行令第6条に掲げる作業については、技能講習を修了した者のうちから、作業主任者を選任し、その者に当該作業に従事する労働者の指揮等を行わせることを義務付けている。
・令和2年の特定化学物質障害予防規則改正により、溶接ヒュームが特定化学物質に追加されたため、溶接ヒュームを含む特定化学物質に係る作業主任者については、特定化学物質及び四アルキル鉛等作業主任者技能講習を修了した者のうちから、特定化学物質作業主任者を選任しなければならないとされている。
・しかし、現在、当該講習の受講者の多くが、金属をアーク溶接する作業、アークを用いて金属を溶断し、又はガウジングする作業などに従事する者となっている。これらの者は、溶接ヒュームしか取り扱わないにもかかわらず、特化物技能講習においては溶接ヒューム以外の特定化学物質及び四アルキル鉛に係る全ての科目を受講する必要がある等、受講者の負担が大きく、金属アーク溶接等作業に限定した講習の新設が強く要望されているところである。
・このため、特化物技能講習の講習科目のうち、金属アーク溶接等作業に係るものに限定した技能講習を新設し、金属アーク溶接等作業を行う場合においては、当該講習を修了した者のうちから、金属アーク溶接等作業主任者を選任することができることとし、特化則等について所要の改正を行う。

【適用日】
令和6年1月1日

【改正のポイント】
（1）労働安全衛生規則の一部改正
　　作業主任者の選任に関し、作業の区分、資格及び名称について掲げている別表第1に金属アーク溶接等作業主任者に係るものを追加することとする。
（2）特化則の一部改正
　　①金属アーク溶接等作業については、金属アーク溶接等作業主任者限定技能講習を修了した者のうちから、金属アーク溶接等作業主任者を選任することができることとする。
　　②金属アーク溶接等作業主任者の新設に伴い、当該作業主任者の職務を新たに規定する。
　　③金属アーク溶接等作業主任者限定技能講習に関する学科講習の科目等（下記参照）は特化物技能講習のものを準用することとする。
（3）労働安全衛生法及びこれに基づく命令に係る登録及び指定に関する省令の一部改正
　　登録省令で定める登録教習機関の区分に「金属アーク溶接等作業主任者限定技能講習」を追加することとする。
（4）登録教習機関に関する経過措置
　　追加した「金属アーク溶接等作業主任者限定技能講習」の区分の登録を新たに受けようとする者は、省令の施行の日前においても、その申請をすることができることとする。

講習科目	範囲	講習時間
健康障害及びその予防措置に関する知識	溶接ヒュームによる健康障害の病理、症状、予防方法及び応急措置	1時間
作業環境の改善方法に関する知識	溶接ヒュームの性質金属アーク溶接等作業に係る器具その他の設備の管理作業環境の評価及び改善の方法	2時間
保護具に関する知識	金属アーク溶接等作業に係る保護具の種類、性能、使用方法及び管理	2時間
関係法令	法、令及び安衛則中の関係条項特化則	1時間

38. 外国人に対する技能講習実施要領の策定　R2.10.1施行

【策定の背景】

　今般、出入国管理及び難民認定法の改正により特定技能の在留資格が設けられ、技能講習の受講を希望する外国人が増加することが見込まれます。このため、労働安全衛生法 第77条第3項に規定する登録教習機関（以下「登録教習機関」という）は、技能講習を受講する外国人（以下「外国人受講者」という）を雇用する事業者又は外国人受講者の申請等により、外国人受講者の日本語の理解力を把握するとともに、当該外国人受講者の日本語の理解力に応じた配慮を行った上で技能講習を実施すべきであるといったことから、外国人に対する技能講習実施要領を策定したものである。

　　令和2年10月1日施行

【外国人に対する技能講習実施要領】

技能講習の実施
1　技能講習は、次により実施すること。
　（1）外国人の日本語の理解力の把握
　　　　事業者は、外国人労働者に技能講習を受講させる場合、当該外国人労働者が当該技能講習の内容を日本語で理解できるか確認し、受講申請の際、その結果を登録教習機関に対して別紙様式を参考に通知すること。また、事業者の指示によらず外国人が技能講習を受講しようとする場合、受講を希望する外国人は、技能講習において使用する日本語のテキスト等を確認し、受講申請の際、自らの日本語の理解力について別紙様式を参考に自己申告すること。登録教習機関は、外国人受講者の日本語の理解力を事前に確認しておくことが望ましいこと。
　（2）外国人向けコースの設置
　　　　日本語の理解力が十分でない外国人受講者に対して技能講習を実施する場合には、原則として外国人向けコースを別途設置すること。ただし、受講者全体に占める外国人受講者の割合が低い等、外国人向けコースを別途設置することが困難な場合には、個々の外国人受講者の日本語の理解力に応じて、当該外国人受講者が理解できる言語（以下「外国語」という。）による補助教材を使用することや通訳者による同時通訳を実施することにより、通常コースで受け入れることができる。
　（3）通訳者の配置
　　　　外国人受講者の日本語の理解力を勘案して、外国語により技能講習を行うことが必要な場合であって、講師が当該外国語に堪能でない場合には、以下のとおり通訳者を配置して行うこと。
　　ア　通訳者は、当該技能講習を修了した者など、講習科目に関する専門的及び技術的な知識を有している者が望ましいこと。当該通訳者を手配できない場合は、通訳者に事前に当該技能講習を受講させるなど配慮することが望ましいこと。
　　イ　登録教習機関において通訳者を手配できないときは、外国人受講者又は外国人受講者を雇用する事業者に手配を求めること。
　　ウ　専門的又は技術的な事項も含めた日本語を翻訳することができない音声翻訳機をもって通訳者の代替とすることは認められないこと。
　（4）講習時間
　　　　通訳者を配置して技能講習を実施する場合には、通訳に要する時間は、各技能講習規程に定める学科講習に係る講習時間に含めないこと。通訳に要する時間は、通訳の速度を考慮の上、日本語による技能講習の内容をそのまま訳すための時間に過不足のないものとすること。
　（5）修了試験
　　ア　修了試験問題の程度は、通常の技能講習におけるものと同等のものとすること。
　　イ　修了試験のうち学科試験は、原則として筆記試験により行うこと。

安
衛
法

ウ　筆記試験は、外国人受講者の日本語の理解力に配慮し、原則として試験問題中の全ての漢字にひらがな若しくはローマ字によるルビを付す又は試験問題を外国語に翻訳して行うこととするが、試験問題を外国語で読み上げ、外国人受講者に解答させる方法としても差し支えないこと。この場合、読上げを行う者等が解答を外国人受講者に教示する等の不正行為を行わないよう、試験の適正な実施に十分留意すること。

エ　学科試験の時間は、外国人受講者の日本語の理解力を勘案して、通常の学科試験の時間の1.3倍まで延長して行うことができること。

（6）適切な教材の使用

外国語によるテキスト、模型及びOHP、ビデオ等の視聴覚教材の活用に努めること。

（7）技能講習に関する料金

通訳者の配置に際して必要な経費及び外国人受講者の日本語の理解力に配慮して実施する修了試験に必要な経費は、あらかじめ業務規程に定めた上で、受講料として外国人受講者に負担させることができること。なお、通訳者によって経費に幅がある場合、通訳者の配置に係る実費相当を受講料に含める旨を業務規程に明記するとともに、外国人受講者の求めに応じて通訳者の配置に係る実費について開示できるようにすること。

2　技能講習修了証の発行

氏名の欄には、旅券（パスポート）又は在留カードに記載されている氏名を記入すること。

3　業務規程の変更

日本語の理解力が十分でない外国人を対象とする技能講習を実施しようとする登録教習機関は、業務規程に定める事項のうち、技能講習の時間、技能講習の実施方法、修了試験の実施方法、技能講習に関する料金に関する事項等必要な事項について変更を行い、労働安全衛生法及びこれに基づく命令に係る登録及び指定に関する省令（昭和47年労働省令第44号）第23条第3項の規定に基づき、技能講習を行おうとする場所を管轄する都道府県労働局長に業務規程変更届出書を提出する必要があること。なお、通訳者を配置して技能講習を行う場合には、技能講習の時間に関する事項及び技能講習の実施方法として、その旨及び通訳に要する時間を当該業務規程に記載すること。

安
衛
法

— 401 —

_____年____月____日 | 別　紙

受講者氏名

① 受講者の日本語の理解力について、当てはまるものに〇を付けてください。

技能講習で使われるテキストの内容が日本語のままで分かる
専門用語に振り仮名（ルビ）があれば、技能講習で使われるテキストの内容が分かる
専門用語を解説する補助教材があれば、日本語の講義でも分かる
専門用語について、母国語等で説明を受ければ、日本語の講義でも分かる
母国語等の通訳者がいないと、日本語の講義は分からない

② 受講者の日本語能力の参考となる資格などを書いてください。

　　　（例えば：「日本語能力試験でＮ４に認定された」など）

この線より下は登録教習機関が使いますので、何も書かないでください。

受講者の日本語の理解力を踏まえた措置

安
衛
法

— 402 —

　危険有害な作業を行う事業者は、作業を請け負わせる一人親方等や、同じ場所で作業を行う労働者以外の人に対しても、労働者と同等の保護が図られるよう、新たに一定の措置を実施することが事業者に義務付けられます。
　令和5年4月1日施行

【危険有害な作業とは】
　労働安全衛生法第22条に関して定められている以下の11の省令で、労働者に対する健康障害防止のための保護措置の実施が義務付けられている作業（業務）が対象です。
- 労働安全衛生規則
- 有機溶剤中毒予防規則
- 鉛中毒予防規則
- 四アルキル鉛中毒予防規則
- 特定化学物質障害予防規則
- 高気圧作業安全衛生規則
- 電離放射線障害防止規則
- 酸素欠乏症等防止規則
- 粉じん障害防止規則
- 石綿障害予防規則
- 東日本大震災により生じた放射線物質により汚染された土壌等を除染するための業務等に係る電離放射線障害防止規則

1. 作業を請け負わせる一人親方等に対する措置の義務化
　作業の一部を請け負わせる場合は、請負人（一人親方、下請業者）に対しても、以下の措置の実施が義務付けられます。
- 請負人だけが作業を行うときも、事業者が設置した局所排気装置等の設備を稼働させる（または請負人に設備の使用を許可する）等の配慮を行うこと
- 特定の作業方法で行うことが義務付けられている作業については、請負人に対してもその作業方法を周知すること
- 労働者に保護具を使用させる義務がある作業については、請負人に対しても保護具を使用する必要がある旨を周知すること

2. 同じ作業場所にいる労働者以外の者に対する措置の義務化
　同じ作業場所にいる労働者以外の人（一人親方や他社の労働者、資材搬入業者、警備員など、契約関係は問わない）に対しても、以下の措置の実施が義務付けられます。
- 労働者に保護具を使用させる義務がある作業場所については、その場所にいる労働者以外の人に対しても保護具を使用する必要がある旨を周知すること
- 労働者を立入禁止や喫煙・飲食禁止にする場所について、その場所にいる労働者以外の人も立入禁止や喫煙・飲食禁止とすること
- 作業に関する事故等が発生し労働者を退避させる必要があるときは、同じ作業場所にいる労働者以外の人も退避させること
- 化学物質の有害性等を労働者が見やすいように掲示する義務がある作業場所について、その場所にいる労働者以外の人も見やすい箇所に掲示すること

【注意事項】
重層請負の場合は誰が措置義務者となるか
　事業者の請負人に対する配慮義務や周知義務は、請負契約の相手方に対する義務です。三次下請まで作業に従事する場合は、一次下請は二次下請に対する義務を負い、三次下請に対する義務はありません。二次下請が三次下請に対する義務を負います。

安
衛
法

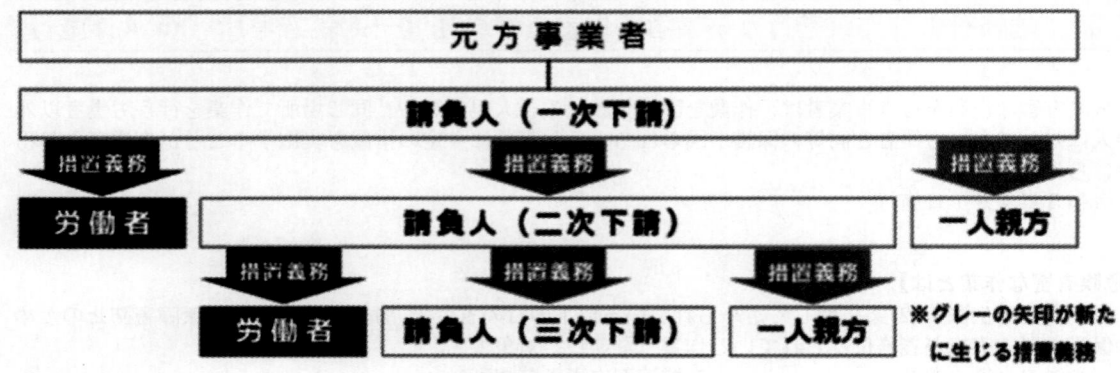

※グレーの矢印が新たに生じる措置義務

作業の全部を請け負わせる場合にも措置が必要となるか

事業者が作業の全部を請負人に請け負わせるときは、事業者は単なる注文者の立場にあたるため、この作業は事業者としての措置義務の対象となりません。

元方事業者が実施すべき事項

労働安全衛生法第29条第2項で、関係請負人が法やそれに基づく命令（今回改正の11省令を含む）の規定に違反していると認めるときは、必要な指示を行わなければならないとされています。今回の改正で義務付けられた措置を関係請負人が行っていない場合は、「必要な指示」を行わなければなりません。

配慮義務の意味

配慮義務は、配慮すれば結果が伴わなくてもよいということではありません。何らかの手段で、労働者と同等の保護が図られるよう便宜を図る等の義務が事業者に課されます。

周知の方法

周知は以下のいずれかの方法で行ってください。

周知内容が複雑な場合等は、①〜③のいずれかの方法で行ってください。

①常時作業場所の見やすい場所に掲示または備えつける

②書面を交付する（請負契約時に書面で示すことも含む）

③磁気テープ、磁気ディスクその他これらに準ずる物に記録した上で、各作業場所にこの記録の内容を常時確認できる機器を設置する

④口頭で伝える

請負人等が講ずべき措置

事業者から必要な措置を周知された請負人等自身が、確実にこの措置を実施することが重要です。また、一人親方が家族従事者を使用するときは、家族従事者に対してもこの措置を行うことが重要です。労働者以外の人も立入禁止や喫煙・飲食禁止を遵守しなければなりません。

40. 足場からの墜落・転落災害防止の充実に係る労働安全衛生規則の一部を改正する省令の施行について

【改正の背景】

　建設業における死亡災害は墜落・転落災害が最も多く、今なお年間100人程度が死亡している状況にあり、実効性のある災害防止策を講ずることが急務となっていることから、足場からの墜落・転落災害を防止するため、事業者が講ずべき措置等について、事業者に対し幅が1メートル以上の箇所において足場を使用するときは、原則として本足場を使用することを義務付け、一側足場の使用範囲を明確にするなどを規定することとしたものである。

【改正のポイント】

一側足場の使用範囲の明確化

・事業者は、幅が1メートル以上の箇所において足場を使用するときは、原則として本足場を使用しなければならない。なお、幅が1メートル未満の場合であっても、可能な限り本足場を使用することが望ましい

・「幅が1メートル以上の箇所」とは、足場を設ける床面において、当該足場を使用する建築物等の外面を起点としたはり間方向の水平距離が1メートル以上ある箇所をいう

・足場の使用に当たっては建築物等と足場の作業床との間隔が30センチメートル以内とすることが望ましい

足場の点検時の点検者の指名の義務付け

・事業者は、足場（つり足場を含む）の点検を行う際、点検者を指名しなければならないことを規定した

・点検者の指名の方法は、書面で伝達する方法のほか、朝礼等に際し口頭で伝達する方法、メール、電話等で伝達する方法、あらかじめ点検者の指名順を決めてその順番を伝達する方法等が含まれる

・点検者については、足場の組立て等作業主任者であって、足場の組立て等作業主任者能力向上教育を受講した者等、一定の能力を有する者を指名することが望ましい

足場の点検後に記録すべき事項に点検者の氏名を追加

・点検後に記録及び保存すべき事項に、点検者の氏名を追加した。なお、記録すべき点検者の氏名は、指名した者とする

【施行日】

　改正省令は令和5年10月1日から施行する

　ただし、「一側足場の使用範囲の明確化」については令和6年4月1日から施行する

【背景】

　国内で使用されている数万種の化学物質には、危険性や有害性が不明な物質が多く含まれており、化学物質による休業4日以上の労働災害（がん等の遅発性疾病を除く）のうち、特定化学物質障害予防規則等の特別則の規制の対象となっていない物質を起因とするものが、約8割を占めている。これを踏まえ、従来の特別則による規制の対象となっていない物質への対策を強化するため、事業者が、危険性・有害性の情報に基づくリスクアセスメントの結果に基づき、ばく露防止のために講ずべき措置を適切に実施する、自律的な管理を基軸とする制度が導入された。令和6年4月1日から施行される内容については、下記のとおりである。

1．事業場における化学物質の管理体制の強化

（1）化学物質管理者の選任

　① 選任が必要な事業場

　　リスクアセスメント対象物を製造、取り扱い、又は譲渡提供する事業場（業種・規模要件なし）

　　・個別の作業現場ごとではなく、工場、店社、営業所等事業場ごとに選任する

　　・一般消費者の生活の用に供される製品のみを取り扱う事業場は対象外とする

　　・事業場の状況に応じ、複数名の選任も可能とする

　② 選任要件

　　化学物質の管理に関わる業務を適切に実施できる能力を有する者

　　・リスクアセスメント対象物の製造事業場　・・・　専門的講習の修了者

　　・リスクアセスメント対象物の製造事業場以外の事業場　・・・　資格要件なし（ただし専門的講習等の受講を推奨）

　③ 職務

　　化学物質による健康障害を防止するための技術的事項全般を管理する。

　　・ラベル・SDS等の確認

　　・化学物質に関わるリスクアセスメントの実施管理

　　・リスクアセスメント結果に基づくばく露防止措置の選択、実施の管理

　　・化学物質の自律的な管理に関わる各種記録の作成・保存

　　・化学物質の自律的な管理に関わる労働者への周知、教育

　　・ラベル・SDSの作成（リスクアセスメント対象物の製造事業場の場合）

　　・リスクアセスメント対象物による労働災害が発生した場合の対応

（2）保護具着用管理責任者の選任の義務化

　① 選任が必要な事業場

　　リスクアセスメントに基づく措置として労働者に保護具を使用させる事業場

　② 選任要件

　　化学物質の管理に関わる業務を適切に実施できる能力を有する者で、具体的には下記の各項に該当する者

・化学物質管理専門家の要件に該当する者

・作業環境管理専門家の要件に該当する者

・労働衛生コンサルタント試験に合格した者

・第1種衛生管理者免許又は衛生工学衛生管理者免許を受けた者

・作業主任者（特化物、鉛、四アルキル鉛、有機溶剤）の資格を有する者

・安全衛生推進者の選任規準に示す者

・保護具の管理に関する教育を受講した者

③ 職務

保護具に関わる業務全般であり、保護具の適正な選択に関すること、労働者の保護具の適正な使用に関すること、保護具の保守管理に関することを管理する。

（3）雇い入れ時等教育の拡充

危険性・有害性のある化学物質を製造し、または取り扱う全ての事業場で、化学物質の安全衛生に関する必要な教育を行わなければならない

2．リスクアセスメントに基づく自律的な化学物質管理の強化

（1）労働災害発生事業場等への労働基準監督署長による指示

・労働災害の発生等の事業場について、労働基準監督署長が、その事業場で化学物質の管理が適切に行われていない疑いがあると判断した場合は、事業場の事業者に対し、改善を指示することができる。

・改善指示を受けた事業者は、化学物質管理専門家から、リスクアセスメントの結果に基づき講じた措置の有効性の確認等を受けたうえで、1か月以内に改善計画を作成し、改善計画報告書（安衛則様式第4号）により、労働基準監督署長に報告する。

（2）リスクアセスメント対象物によりばく露される程度を一定の濃度基準以下とする義務

厚生労働大臣が定める物質（濃度基準値設定物質）は、屋内作業場で労働者がばく露される程度を、厚生労働大臣が定める濃度の基準（濃度基準値）以下としなければならない。

（3）リスクアセスメントの結果に基づき事業者が行う健康診断の実施・記録の作成

・リスクアセスメント対象物による健康影響の確認のため、事業者は、労働者の意見を聴き、必要があると認めるときは、医師等（医師または歯科医師）が必要と認める項目の健康診断を行い、その結果に基づき必要な措置を講じなければならない

・濃度基準値設定物質について、労働者が濃度基準値を超えてばく露したおそれがあるときは、速やかに、医師等による健康診断を実施しなければならない

・上記健康診断を実施した場合は、その記録を作成し、5年間（がん原性物質に関する健康診断は30年間）保存しなければならない

第3 じん肺法・粉じん則関係

1. じん肺法（要旨）

1．目　　的（第1条）
　じん肺に関し、適正な予防及び健康管理その他必要な措置を講ずることにより、労働者の健康の保持その他福祉の増進に寄与することを目的とする。

2．定　　義（第2条）
（1）じん肺とは次のものをいう。
　　①　粉じんを吸入することによって肺に生じた線維増殖性変化を主体とする疾病
　　②　上記と合併した肺結核等の合併症
（2）合併症の範囲及び粉じん作業の範囲は厚生労働省令で定められている。

3．予　　防（第5条）
　事業者及び粉じん作業労働者は、粉じん発散の防止及び抑制、保護具の使用その他について適切な措置を講ずるように努めなければならない。

4．教　　育（第6条）
　事業者は常時粉じん作業に従事する労働者に対し、じん肺の予防及び健康管理のために必要な教育を行わなければならない。

5．じん肺健康診断の方法（第3条）
　　①　粉じん作業についての職歴の調査及びX線写真（直接撮影）による検査
　　②　胸部に関する臨床検査及び肺機能検査
　　③　合併症にかかわる一定の検査

6．じん肺管理区分（第4条）

型			エックス線写真の像
第	一	型	両肺野にじん肺による粒状影又は不整形陰影が少数あり、かつ大陰影がないと認められるもの
第	二	型	両肺野にじん肺による粒状影又は不整形陰影が多数あり、かつ大陰影がないと認められるもの
第	三	型	両肺野にじん肺による粒状影又は不整形陰影が極めて多数あり、かつ大陰影がないと認められるもの
第	四	型	大陰影があると認められるもの

じん肺管理区分			じん肺健康診断の結果
管　理　1			じん肺の所見がないと認められるもの
管　理　2			エックス線写真の像が第一型で、じん肺による著しい肺機能の障害がないと認められるもの
管　理　3		イ	エックス線写真の像が第二型で、じん肺による著しい肺機能の障害がないと認められるもの
		ロ	エックス線写真の像が第三型又は第四型（大陰影の大きさが一側の肺野の3分の1以下のものに限る）で、じん肺による著しい肺機能の障害がないと認められるもの
管　理　4			（1）エックス線写真の像が第四型（大陰影の大きさが一側の肺野の3分の1を超えるものに限る）と認められるもの （2）エックス線写真の像が第一型、第二型、第三型又は第四型（大陰影の大きさが一側の肺野の3分の1以下のものに限る）で、じん肺による著しい肺機能の障害があると認められるもの

（左余白の縦書き）じん肺法・粉じん則

7．就業時健康診断（第7条）

　　事業者は新たに常時粉じん作業に従事する労働者に対し、就業の際、じん肺健康診断を行わなければならない。

8．定期健康診断（第8条）

1．常時粉じん作業に従事する労働者（2に掲げる労働者を除く）		3年に1回
2．常時粉じん作業に従事する労働者で、じん肺管理区分が管理2又は管理3であるもの		1年に1回
3．常時粉じん作業に従事させたことのある労働者で、現に粉じん作業以外の作業に常時従事しているもの	イ　じん肺管理区分が管理2である者	3年に1回
	ロ　じん肺管理区分が管理3である者	1年に1回

9．定期外健康診断（第9条）

　　① 　常時粉じん作業に従事する労働者（じん肺管理区分が管理2、管理3又は管理4と決定された者を除く）が、労働安全衛生法に基づく健康診断において、じん肺の所見があり、又はじん肺にかかっている疑いがあると診断されたとき。

　　② 　合併症により1年を超えて療養のため休業した労働者が、医師により療養のため休業を要しなくなったと診断されたとき。

10．離職時健康診断（第9条の2）

　　事業者は、粉じん作業労働者が離職に際し、じん肺健康診断を求めたときは、次表に応じ、じん肺健康診断を行わなければならない。

1．常時粉じん作業に従事する労働者（2に掲げる労働者を除く）	1年6月を超え健診を受けていない場合
2．常時粉じん作業に従事する労働者でじん肺管理区分が管理2又は管理3であるもの	6月を超え健診を受けていない場合
3．常時粉じん作業に従事させたことのある労働者で、現に粉じん作業以外の作業に常時従事しているもののうち、じん肺管理区分が管理2又は管理3である者	6月を超え健診を受けていない場合

11．じん肺管理の区分の決定等

　　（1）事業者は、都道府県労働局長からじん肺管理区分の決定の通知を受けたときは、一定の方法により、その内容及び留意すべき事項を当該労働者に通知し、書面で3年間保存しなければならない。（第14条）

　　（2）事業者は、じん肺健康診断に関する記録及びじん肺健康診断に係るエックス線写真を7年間保存しなければならない。（第17条）

12．健康管理等のための措置

	管理1	管理2	管理3		管理4
			イ	ロ	
措置	就労上の制限なし	粉じんばく露の低減措置（第20条の3）	1．粉じんばく露の低減措置（第20条の3） 2．作業転換の努力義務（都道府県労働局長の勧奨）（第21条1項）	1．作業転換の努力義務（第21条2項） 2．作業転換義務（都道府県労働局長の指示）（第21条4項）	療養を要する（労災適用）
転換手当			上記2の勧奨に係る場合、平均賃金の30日分（第22条）	1．上記1に係る場合は平均賃金の30日分（第22条） 2．上記2の指示に係る場合は、平均賃金の60日分（第22条）	
教育訓練			作業転換のための教育訓練の実施努力（第22条の2）		

※　管理2または3で合併症り患の場合は療養となる。

2．粉じん障害防止規則の要旨

> 基発第 0226006 号　平成 20.2.26　一部改正
> 基発第 0207 第 1 号　平成 24.2.7　一部改正
> 基発第 0424 第 2 号　令和 5.4.24　一部改正

1．総則（第1章）

（1）事業者は、粉じんにさらされる労働者の健康障害を防止するため、①設備、作業工程又は作業方法の改善、作業環境の整備等の必要な措置及び②健康診断の実施、就業場所の変更、作業の転換、作業時間の短縮、その他健康管理のための適切な措置を講ずるよう努めなければならないことが明確にされた。したがって、事業者は、じん肺を起こすことが明らかな粉じん以外の粉じんによる健康障害の防止についても適切な措置を講ずるよう努めなければならない。（第1条）

（2）本規則における「粉じん作業」は、じん肺法に定める「粉じん作業（ずい道等の内部の、ずい道等の建設のコンクリート等吹き付け作業及び屋内において金属を自動溶断又は自動溶接する作業）」のうち、特定化学物質等障害予防規則（昭和 47 年労働省令第 39 号）において予防措置が規定されている石綿に係る作業を除いたものと同一とされていたが、平成 24 年 4 月 1 日より金属をアーク溶接する作業については、「屋外」において行うものにまで範囲が拡大された。

　なお、鉱山保安法の適用のある鉱山についても粉じん作業に該当すれば本規則の適用がある。（第2条、別表第1）

（3）「特定粉じん発生源」は、粉じん作業の態様、粉じん発生の態様等からみて一定の発生源対策を講ずる必要があり、かつ、有効な発生源対策が可能であるものであり、具体的には屋内又は坑内において固定した機械又は設備を使用して行う粉じん作業に係る発生源が原則として列挙されたものである。
　（第2条、別表第2）

（4）「特定粉じん作業」は、粉じんの発生源が「特定粉じん発生源」である粉じん作業をいう。
　（第2条）

（5）一定の粉じん作業を設備による注水又は注油をしながら行う場合には、当該作業に従事する労働者がじん肺にかかるおそれがないことから、第2章から第6章までの規定を適用しない。
　なお、本条の適用除外に該当する場合は、じん肺法施行規則においても別表粉じん作業から除外されている。（第3条）

2．設備等の基準（第2章）

（1）「特定粉じん発生源に係る措置」として各特定粉じん発生源ごとに密閉する設備の設置等の講ずべき発生源対策が定められている。（第4条）

じん肺法・粉じん則

（2）「特定粉じん作業以外の粉じん作業」を行う場合には、個々の粉じん発生源について一律の措置による粉じん発生源対策を講ずることが困難であるため、屋内作業場においては全体換気装置による換気の実施又はこれと同等以上の措置を、坑内作業場においては換気装置による換気の実施又はこれと同等以上の措置を講じなければならない。（第5条、第6条）

（3）事業者は、粉じん作業を行う坑内作業場について、ずい道等の長さが短いこと等により、空気中の粉じんの濃度の測定が著しく困難である場合を除き、半月以内ごとに一回、定期に、空気中の粉じんの濃度を測定しなければならないものとすること。（第6条の3）

（4）事業者は、（3）による空気中の粉じんの濃度の測定の結果に応じて、換気装置の風量の増加その他必要な措置を講じなければならないものとすること。（第6条の4）

（5）粉じん作業を行う屋内作業場又は坑内作業場については、本来上記（1）又は（2）の措置を講ずることにより作業環境を改善する必要があるが、臨時に粉じん作業を行う場合等一定の場合には、有効な呼吸用保護具の使用等一定の措置を講ずれば、上記（1）又は（2）の措置を講じなくてもよい。（第7条）

（6）特定粉じん発生源のうち、作業場の構造、作業の性質等から、第4条に定める措置を講ずることが著しく困難であると所轄労働基準監督署長が認定したときは、その適用を除外する。（第9条）

3．設備の性能等（第3章）

本規則の規定により設ける局所排気装置及び除じん装置について、必要な構造上及び性能上の要件並びに有効に稼働させる義務が定められるとともに、湿式型の衝撃式さく岩機及び粉じん発生源を湿潤に保つための設備を使用する際の要件が定められている。（第11条—第16条）

4．管理（第4章関係）

（1）本規則の規定により設ける局所排気装置及び除じん装置について定期の自主検査、点検及び補修等を行わなければならない。また、定期の自主検査及び点検の記録は、3年間保存しなければならない。（第17条—第21条）

（2）じん肺の予防対策の実効をあげるためには、事業者による健康管理や環境対策の実施に加え、個々の労働者がこれらの諸対策を十分に理解し、事業者の行う措置に協力することが重要であることから、事業者は、常時「特定粉じん作業に係る業務」に労働者を就かせる場合には、一定の科目について特別の教育を行わなければならない。（第22条）

なお、この種の教育は、くり返し行うことにより一層効果を定着させることができることから、当該業務に労働者を就かせた後もくり返し教育を行うよう指導する。

（3）粉じんのばく露量を減少させるため、粉じん作業を行う作業場以外の場所に休憩設備を設けなければならない。（第23条）

（4）粉じん作業を行う屋内作業場については、たい積粉じんからの二次発じんを減少させるため毎日一回以上就業場所周辺を清掃しなければならないこととされ、また、日常清掃では除去しきれないようなたい積粉じんを除去するため、1月以内ごとに1回定期に真空掃除機を用いる等一定の方法により清掃しなければならない。（第24条）

（5）ずい道等の建設の作業のうち、発破の作業を行ったときは、発破による粉じんが適当に薄められた後でなければ、発破をした箇所に労働者を近寄らせてはならない。（第24条の2）

5．作業環境測定（第5章）

じん肺法・粉じん則

（1）改正政令第21条第1号の労働省令で定める土石、岩石、鉱物、金属又は炭素の粉じんを著しく発散する屋内作業場は、「常時特定粉じん作業を行う屋内作業場」とし、作業環境測定を行うべき作業場とする。（第25条）

（2）事業者は、(1)の作業場について、6月以内ごとに1回、定期的に当該作業場における空気中の粉じん濃度を測定しなければならない。また、土石、岩石又は鉱物の特定粉じんを発散する屋内作業場においては、粉じん中の遊離けい酸の含有率も併せて測定しなければならない。（第26条）

6．保護具（第6章）

一定の作業に労働者を従事させる場合には、次に示す理由により有効な呼吸用保護具を使用させなければならないこととされ、その具体的な作業は別表第3のとおりである。（第27条）

（1）手持式動力工具を用いて行う作業のように、作業の態様、粉じんの発散の態様等から、作業環境中の粉じん濃度にかかわらず個人ばく露濃度が大きいと推定される作業（別表第3第1、4、6〜17の各号の作業）

（2）作業の態様、粉じん発散の態様等から発生源対策を講ずる必要があるが、有効な発生源対策を講ずることが困難である作業（別表第3第2、3、5の各号の作業）

（3）事業者は、ずい道等の内部の、ずい道等の建設の作業のうち、次に掲げる作業に労働者を従事させる場合にあっては、当該作業に従事する労働者に電動ファン付き呼吸用保護具を使用させなければならないものとする。

　　①動力を用いて鉱物等を掘削する場所における作業

　　②動力を用いて鉱物等を積み込み、又は積み卸す場所における作業

　　③コンクリート等を吹き付ける場所における作業

編者注：令和5年4月24日施行の粉じん則の一部改正内容
　　　1．事業場における化学物質の管理体制の強化
　　　2．化学物質の危険性・有害性に関する情報の伝達の強化
　　　3．リスクアセスメントに基づく自律的な化学物質管理の強化
　　　4．衛生委員会の付議事項の追加（安衛則第22条関係）
　　　5．事業場におけるがんの発生の把握の強化（安衛則第97条の2関係）
　　　6．化学物質管理の水準が一定以上の事業場に対する個別規制の適用除外（特化則第2条の3、有機則第4条の2、鉛則第3条の2及び粉じん則第3条の2関係）
　　　7．作業環境測定結果が第三管理区分の作業場所に対する措置の強化
　　　8．作業環境管理やばく露防止措置等が適切に実施されている場合における特殊健康診断の実施頻度の緩和（特化則第39条第4項、有機則第29条第6項、鉛則第53条第4項及び四アルキル則第22条第4項関係）

基発第 768 号　平成 12.12.26
基発第 0226006 号　平成 20.2.26　一部改正
基発 0720 第 2 号 令和　2.7.20　一部改正

　粉じん障害防止規則に規定された事項や、第五次粉じん障害防止総合対策において推進することとしている事項について、その具体的実施事項を一体的に示すものとして、標記のガイドラインが平成 12 年 12 月に策定された。その後、ずい道等建設工事における粉じん障害防止対策を強化するものとして、平成 20 年 2 月、粉じん障害防止規則の改正や第七次粉じん障害防止総合対策の発出に伴い当ガイドラインも改正され、内容の充実が図られた。

　更に、作業環境を将来にわたってよりよいものとする観点から、粉じん障害防止規則及び労働安全衛生規則の一部を改正する省令（令和 2 年厚生労働省令第 128 号）により改正された粉じん障害防止規則（昭和 54 年労働省令第 18 号）及び粉じん作業を行う坑内作業場に係る粉じん濃度の測定及び評価の方法等（令和 2 年厚生労働省告示第 265 号。以下「測定等告示」という。）等の規定のほか、事業者が実施すべき事項及び関係法令において規定されている事項のうち重要なものを一体的に示すことにより、ずい道等建設工事における粉じん対策のより一層の充実を図ることを目的に改正された。

　ガイドラインでは、事業者が実施すべき事項及び元方事業者が配慮する事項が次のとおり示されている。

１．事業者が実施すべき事項
（１）粉じん対策に係る計画の策定
（２）ずい道等の掘削等作業主任者の職務
　　①空気中の粉じんの濃度等の測定の方法及びその結果を踏まえた掘削等の作業の方法を決定
　　②換気（局所集じん機、伸縮風管、エアカーテン、移動式隔壁等の採用、粉じん抑制剤若しくはエアレス吹付等粉じんの発生を抑制する措置の採用又は遠隔吹付の採用等を含む。）の方法を決定
　　③粉じん濃度等の測定結果に応じて、労働者に使用させる呼吸用保護具を選択する
　　④粉じん濃度等の試料採取機器の設置を指揮し、又は自らこれを行う
　　⑤呼吸用保護具の機能を点検し、不良品を取り除く
　　⑥呼吸用保護具の使用状況を監視する
（３）粉じん発生源に係る措置
　　①設計段階における、より粉じん発生量の少ない工法の採用について検討
　　②坑内の掘削作業、ずり積み等作業、ロックボルトの取付け等のせん孔作業及びコンクリート等の吹付け作業等における粉じんの発散防止措置
　　③たい積粉じんの定期的な清掃、たい積粉じんの発散・拡散を少なくするための措置等
（４）換気装置等（換気装置及び集じん装置）による換気の実施等
　　①換気装置による換気の実施、集じん装置による集じんの実施
　　②換気装置、集じん装置の管理（点検、補修、記録の保存－３年間）
（５）換気の実施等の効果を確認するための粉じん濃度等の測定
　　①粉じん濃度の測定と測定結果の評価（粉じん濃度目標レベル２ mg/m³ 以下）
　　②粉じん濃度の測定結果に基づく作業環境等の改善措置、測定記録の保存（７年間）

じん肺法・粉じん則

（6）防じんマスク等有効な呼吸用保護具の使用

　　①掘削作業、ずり積み作業、又はコンクリート等吹付作業のいずれかに労働者を従事させる場合は、
　　　有効な電動ファン付き呼吸用保護具の使用

　　②呼吸用保護具の適正な選択、使用及び保守管理の徹底（記録台帳の保存－３年間）

　　③呼吸用保護具の顔面への密着性の確認

　　④呼吸用保護具の備え付け等

（7）粉じん濃度等の測定等の記録

　　①測定記録の保存（７年間）

　　②測定記録の常時掲示と労働者へ周知

（8）労働衛生教育の実施（教育記録の保存－３年間）

　　①粉じん作業特別教育、特別教育に準じた教育（特定粉じん作業以外の粉じん作業従事者）

　　②呼吸用保護具の適正な使用に関する教育

（9）その他の粉じん対策

　　①休憩の際に坑外に出ることが困難な場合、粉じんから隔離され、付着粉じん除去用具を備えた休憩
　　　室の設置

２．元方事業者が配慮する事項

（1）粉じん対策に係る計画の調整

（2）労働衛生教育に対する指導・援助

（3）清掃作業日の統一

（4）関係請負人に対する技術上の指導

4. ずい道等建設労働者健康情報管理システムについて

【システムの概要】

　　ずい道等の工事に従事する労働者においては、その作業内容が粉じん作業を伴うものであることから、国は「じん肺」に罹患することの予防のため、事業者に対してじん肺健康診断の実施及びその保管を義務付けています。しかしながら、実際はずい道工事等に従事する労働者は現場毎に就業先を変えることが多く、その記録が散逸しがちであるという問題がありました。

　　そこで、建設業労働災害防止協会が、ずい道等の建設工事で働く労働者の「じん肺健康診断結果」と「作業授時歴」を一元的に保管し、本人からの申請によって健康情報等を提供することを目的として構築したのが「ずい道等建設労働者健康情報管理システム」です。平成３１年３月からシステムが稼働し、その時以降に竣工するずい道等建設工事の事業場からデータ収集を開始しています。

【システムに登録される情報】

・氏名・生年月日・性別・住所・電話番号

・事業場退場時のじん肺健康診断結果（有所見の場合はエックス線写真を含む）

・指導推奨による特殊健康診断結果（振動、騒音）

・事業場における粉じん作業等の職歴（労働者、事業者、元請、それぞれの確認印が押印されたうえで
　建設業労働災害防止協会に提出された「作業従事歴等確認書」に基づいて）

・建設キャリアアップシステム ID ナンバー（登録している場合のみ）
となります。

【システムの運用の流れ】
「労働者」
　入場時に「個人情報、健康情報及び作業従事歴情報提供同意書」に署名、押印する
　退場し、「作業従事歴確認書」に記載された内容を確認し署名、押印する
　退場後、建設業労働災害防止協会より送付される「登録確認書類」を保管する
　必要時に、建設業労働災害防止協会に健康診断情報等に情報交付を請求のうえ受領し、それを再就職
　時等に役立てる
「事業主」
　事業場情報をシステムに登録したうえで、労働者の退場時に「本人情報入力シート」「個人特定個人
　情報、健康情報及び作業従事歴情報提供同意書」「作業従事歴等確認書」「じん肺健康診断結果証明
　書・エックス線写真画像データ・じん肺管理区分等通知書（様式５号）、指導勧奨による特殊健康診
　断結果（振動、騒音）」を建設業労働災害防止協会に提出する。
　という流れでシステムが運用されています。

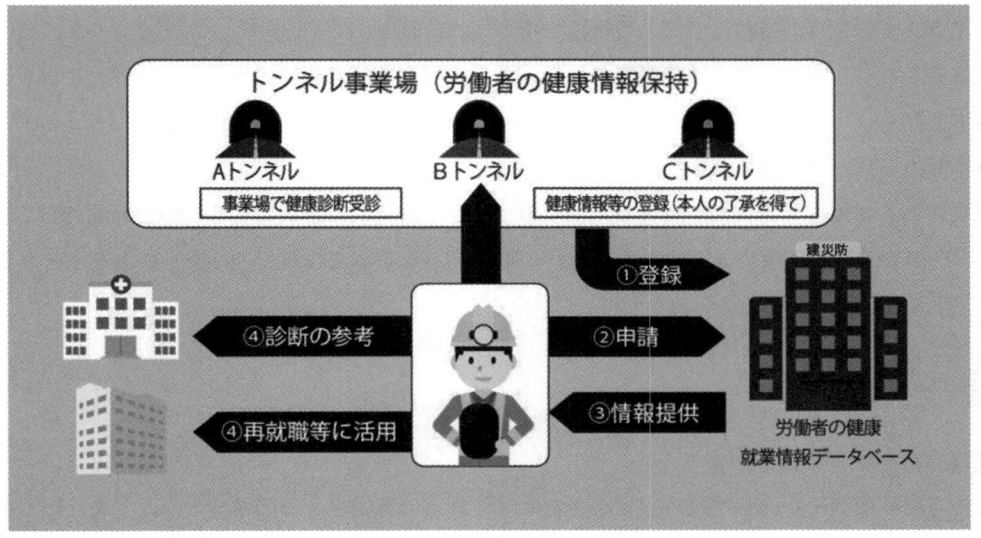

（出典）建設業労働災害防止協会の HP より
　　　　https://www.kensaibou.or.jp/support/tunnel_system_info/index.html

第4 労災保険法・徴収法関係

1. 労災保険の適用

1. 労災保険は、業務災害又は通勤災害による労働者の負傷、疾病、障害又は死亡に対して、被災労働者や遺族を保護するため必要な保険給付を行うものである。（労災法第1条）

    通勤災害については、働き方の多様化が進むなかで「複数就業者の事業場間移動」と「単身赴任者の住居間移動」も保護の対象とされている。（労災法第7条）

2. 労災保険の適用単位は、原則として事業単位である。ここにいう「事業」とは、一定の場所においてある組織のもとに相関連して行われる作業の一体をいう（昭23.9.11　基発36）。

    従って、本社、支店、工場、建設工事現場等のそれぞれが「事業」となる。

3. 労災保険の適用単位として把握される「事業」は、さらに有期事業と継続事業とに分けられる。

    『有期事業』とは、事業の性質上一定の予定期間内に事業目的を達成して終了する事業をいい、たとえば建築工事、ダム工事、道路工事などの建設工事がこれに該当する。

    『継続事業』とは、有期事業以外の事業をいい、たとえば本社・支店等の事業所、店社、工場が、これに該当する。

4. 「請負事業の一括」（徴収法第8条）

    建設事業にあっては、元請負人が請負った工事の一部を下請負人に請負わせるのが一般的である。労災保険では、この下請負人までを含めたものを一の事業とみなし、元請負人のみをその事業主とする。

    これを請負事業の一括という。

2. 適用の特例

1. **「有期事業の一括」**（徴収法第7条）

    二以上の有期事業が一定の基準に該当するときは、それらの事業を一つの事業とみなして、一つの保険関係が成立することとし、その場合一括された事業は、継続事業とみなされる。

    この制度を「有期事業の一括」という。

    ○一括扱いの要件（徴収法第7条、徴収則第6条）

    （1）事業主が同一人であること。

    （2）それぞれの事業が、事業の期間が予定される事業であること。

    （3）それぞれの事業が建設事業であること。

    （4）それぞれの事業の規模が、概算保険料の額が160万円未満であって、かつ、請負金額1億8,000万円未満（消費税抜）であること。（平成27.4.1　改正）

    なお、はじめにこの規模に該当していたものが、その後の設計変更などのために保険料額、請負金額が一括の基準以上に増加しても、あらためてその事業の分を一括から除外する必要はない。

労災・徴収法

（５）二以上の事業が時期的に多少とも重複して行われること。

（６）それぞれの事業が労災保険率表による事業の種類を同じくするものであること。（別表２参照）

（７）それぞれの事業に係る保険料の納付の事務が、一つの事務所で取扱われること。

編者注：有期事業の一括に係る地域要件を廃止し、遠隔地において行われる小規模有期事業についても一括できることとなりました。（平成31年４月１日改正）

２．「継続事業の一括」（徴収法第９条、徴収則第10条）

　　多数の支店や営業所をもつ継続事業の場合、それぞれの支店や営業所ごとに保険関係の手続をすることは煩雑であり、また、事務管理の集中化の実態より鑑み、一定の要件を満たす場合にはこれらをできるだけ一括して、一つの継続事業とみなして保険関係を処理することとしている。

〇一括扱いの要件

（１）事業主が同一人であること。

（２）それぞれの事業が、次のいずれかの一にのみ該当するものであること。

　　a　労災保険関係が成立している二元適用事業

　　b　一元適用事業であって労災保険関係及び雇用保険関係が成立しているもの

（３）それぞれの事業が、労災保険率表による事業の種類を同じくすること。（別表２参照）

（４）一括について都道府県労働局長の認可を得ること。

３．下請負人を事業主とする場合（徴収法第８条、徴収則第８条、第９条）

　　数次の請負による建設事業の場合、労災保険の加入手続きを行うべき事業主は原則として元請負人であるが、一定の条件のもとで、下請負人がその下請負した部分の事業について事業主となることが認められている。この取扱いは元請負人及び下請負人から出される「下請負人を事業主とする認可申請書」に基づいて、所轄の都道府県労働局長が承認した場合にのみ認められることになっている。

労災・徴収法

労災保険率適用事業細目表　　　　　　　　　　　（厚生労働省告示第16号）

（建設事業）

事業の種類及び番号	事業の種類の細目
(31) 水力発電施設、ずい道等新設事業	3101　　水力発電施設新設事業 水力発電施設の新設に関する建設事業及びこれに附帯して当該事業現場内において行われる事業（発電所又は変電所の家屋、建築事業、水力発電施設新設事業現場に至るまでの工事用資材の運送のための道路、鉄道又は軌道の建設事業、建設工事用機械以外の機械若しくは鉄管の組立て又は据付けの事業、送電線路の建設事業及び水力発電施設新設事業現場外における索道の建設事業を除く。）
	3102　　高えん堤新設事業 基礎地盤から堤頂までの高さ20メートル以上のえん堤（フィルダムを除く。）の新設に関する建設事業及びこれに附帯して当該事業現場内において行われる事業（高えん堤新設事業現場に至るまでの工事用資材の運送のための道路、鉄道又は軌道の建設事業及び建設工事用機械以外の機械の組立て又は据付けの事業及び高えん堤の新設事業現場外における索道の建設事業を除く。）
	3103　　ずい道新設事業 ずい道の新設に関する建設事業、ずい道の内面巻替えの事業及びこれらに附帯して当該事業現場内において行われる事業（ずい道新設事業の態様をもって行われる道路、鉄道、軌道、水路、煙道、建築物等の建設事業（推進工法による管の埋設の事業を除く。）を含み、内面巻立て後のずい道内において路面ほ装、砂利散布又は軌条の敷設を行う事業及び内面巻立て後のずい道内における建築物の建設事業を除く。）
(32) 道路新設事業	3201　　道路の新設に関する建設事業及びこれに附帯して行われる事業 備考　　（3103）ずい道新設事業及び（35）建築事業を除く。
(33) 舗装工事業	3301　　道路、広場、プラットホーム等の舗装事業
	3302　　砂利散布の事業
	3303　　広場の展圧又は芝張りの事業
(34) 鉄道又は軌道新設事業	次に掲げる事業及びこれに附帯して行われる事業（建設工事用機械以外の機械の組立て又は据付けの事業を除く。） 3401　　開さく式地下鉄道の新設に関する建設事業 3402　　その他の鉄道又は軌道の新設に関する建設事業 備考　　（3103）ずい道新設事業及び（35）建築事業を除く。
(35) 建築事業 （(38) 既設建築物設備工事業を除く。）	次に掲げる事業及びこれに附帯して行われる事業（建設工事用機械以外の機械の組立て又は据付けの事業を除く。） 3501　　鉄骨造り又は鉄骨鉄筋若しくは鉄筋コンクリート造りの家屋の建設事業（(3103)ずい道新設事業の態様をもって行われるものを除く。）
	3502　　木造、れんが造り、石造り、ブロック造り等の家屋の建設事業

労災・徴収法

	3503　　橋りょう建設事業 　イ　一般橋りょうの建設事業 　ロ　道路又は鉄道の鉄骨鉄筋若しくは鉄筋コンクリート造りの高架橋の建設事業 　ハ　跨線道路橋の建設事業 　ニ　さん橋の建設事業
	3504　　建築物の新設に伴う設備工事業（（3507）建築物の新設に伴う電気の設備 　　　　　工事業及び（3715）さく井事業を除く。） 　イ　電話の設備工事業 　ロ　給水、給湯等の設備工事業 　ハ　衛生、消火等の設備工事業 　ニ　暖房、冷房、換気、乾燥、温湿度調整等の設備工事業 　ホ　工作物の塗装工事業 　ヘ　その他の設備工事業 3507　　建築物の新設に伴う電気の設備工事業 3508　　送電線路又は配電線路の建設（埋設を除く。）の事業
	3505　　工作物の解体（一部分を解体するもの又は当該工作物に使用されている 　　　　　資材の大部分を再度使用することを前提に解体するものに限る。）、移 　　　　　動、取りはずし又は撤去の事業
	3506　　その他の建築事業 　イ　野球場、競技場等の鉄骨造り又は鉄骨鉄筋若しくは鉄筋コンクリート造り 　　のスタンドの建設事業 　ロ　たい雪覆い、雪止め柵、落石覆い、落石防止柵等の建設事業 　ハ　鉄塔又は跨線橋（跨線道路橋を除く。）の建設事業 　ニ　煙突、煙道、風洞等の建設事業（（3103）ずい道新設事業の態様をもって行わ 　　れるものを除く。） 　ホ　やぐら、鳥居、広告塔、タンク等の建設事業 　ヘ　門、塀、柵、庭園等の建設事業 　ト　炉の建築事業 　チ　通信線路又は鉄管の建設（埋設を除く。）の事業 　リ　信号機の建設事業 　ヌ　その他の各種建築事業
(38) 既設建築物設備 　　工事業	3801　　既設建築物の内部において主として行われる次に掲げる事業及びこれに 　　　　　附帯して行われる事業（建設工事用機械以外の機械の組立て又は据付け 　　　　　の事業（3802）既設建築物の内部において主として行われる電気の設備 　　　　　工事業及び（3715）さく井事業を除く。） 　イ　電話の設備工事業 　ロ　給水、給湯等の設備工事業 　ハ　衛生、消火等の設備工事業 　ニ　暖房、冷房、換気、乾燥、温湿度調整等の設備工事業 　ホ　工作物の塗装工事業 　ヘ　その他の設備工事業
	3802　　既設建築物の内部において主として行われる電気の設備工事業 3803　　既設建築物における建具の取付け、床張りその他の内装工事業

労災・徴収法

事業の種類及び番号	事 業 の 種 類 の 細 目
(36) 機械装置の組立て又は据付けの事業	次に掲げる事業及びこれに附帯して行われる事業 3601　各種機械装置の組立て又は据付けの事業 3602　索道の建設事業
(37) その他の建設事業	次に掲げる事業及びこれに附帯して行われる事業（(33)舗装工事業及び（3505）工作物の解体、移動、取りはずし又は撤去の事業を除く。） 3701　えん堤の建設事業（(3102)高えん堤新設事業を除く。）
	3702　ずい道の改修、復旧若しくは維持の事業又は推進工法による管の埋設の事業（(3103)内面巻替えの事業を除く。）
	3703　道路の改修、復旧又は維持の事業
	3704　鉄道又は軌道の改修、復旧又は維持の事業
	3705　河川又はその附属物の改修、復旧又は維持の事業
	3706　運河若しくは水路又はこれらの附属物の建設事業
	3707　貯水池、鉱毒沈澱池、プール等の建設事業
	3708　水門、樋門等の建設事業
	3709　砂防設備（植林のみによるものを除く。）の建設事業 3710　海岸又は港湾における防波堤、岸壁、船だまり場等の建設事業 3711　湖沼、河川又は海面の浚渫、干拓、又は埋立ての事業
	3712　開墾、耕地整理又は敷地若しくは広場の造成の事業 　　　（一貫して行う（3719）の造園の事業を含む。）
	3719　造園の事業
	3713　地下に構築する各種タンクの建設事業
	3714　鉄管、コンクリート管、ケーブル、鋼材等の埋設の事業
	3715　さく井事業
	3716　工作物の解体事業
	3717　沈没物の引揚げの事業
	3718　その他の各種建設事業

労災・徴収法

3. 労災保険の保険料

1. 保険料の算定 （徴収法第11条）

（1） 労災保険の保険料は、適用単位である事業ごとにその事業に使用するすべての労働者に支払う賃金総額に労災保険率（別表1）を乗じて算出される。

賃 金 総 額	×	労 災 保 険 率	＝	保 険 料

（2） 賃金総額の特例 （徴収則第12条、第13条）

　　　請負による建設事業では賃金総額を正確に算出することが困難なものについては、請負金額に労働省令で定める労務費率（別表1）を乗じて算出した額を賃金総額としている。

消費税を除く 請 負 金 額	×	労 務 費 率	＝	賃 金 総 額

別表1
1. 有期事業の場合 （労務費率と労災保険率）

（徴収則　別表第1・別表第2関係）　（令6.4.1改定）

事　業　の　種　類	請負金額に乗ずる労務費率	保　険　料	
		労災保険率	請負金額百万円当りの保険料
水力発電施設、ずい道等新設事業	％ 19	1000分の 34	円 6,460
道路新設事業	19	〃　11	2,090
舗装工事業	17	〃　9	1,530
鉄道又は軌道新設事業	19	〃　9	1,710
建築事業（既設建築物設備工事業を除く）	23	〃　9.5	2,185
既設建築物設備工事業	23	〃　12	2,760
その他の建設事業	23	〃　15	3,450
機械装置の組立て又は据付けの事業　組立て又は取付けに関するもの	38	〃　6	2,280
機械装置の組立て又は据付けの事業　その他のもの	21		1,260

2. 継続事業の場合

事　業　の　分　類	事　業　の　種　類	労災保険率
鉱　　　　　業	採　　石　　業 （岩石の採取など）	1000分の 49
〃	そ　の　他　の　鉱　業 （砂利、砂の採取など）	1000分の 26
製　　造　　業	その他の窯業又は土石製品製造業 （コンクリート板製作など）	1000分の 26
製　　造　　業	機　械　器　具　製　造　業 （機械工場など）	1000分の 5
そ　の　他　の　事　業	そ　の　他　の　各　種　事　業 （事務所、倉庫など）	1000分の 3

労災・徴収法

3．徴収則第13条第2項の規定により請負金額より控除すべき工事用物

（労働省告示第14号、昭58.2.21）

事 業 の 種 類	請負代金の額に加算しない工事用物
機械装置の組立て又は据付けの事業	機 械 装 置

2．保険料の納付

　保険料は、当該保険料の算定の対象となる期間の初めに概算額で、その期間が終わってから確定額で納付する。

（1）概算額の納付………（徴収法第15条）

　a　納付期日

　（a）継続事業の場合……6月1日から40日以内

　（b）有期事業の場合……事業を開始した日から20日以内

　b　分割納付の要件……（徴収法第18条、徴収則第27条、徴収則第28条）

　（a）継続事業の場合

　　　概算保険料の額が40万円以上か、又は、労働保険事務組合に事務処理を委託しているとき（3期に分けて納付　7／10、10／31、1／31）

　（b）有期事業の場合

　　　事業の期間が6カ月を超え、概算保険料の額が75万円以上であるとき又は、労働保険事務組合に事務処理を委託しているとき

　　　延納の場合は、概算保険料を期（1年を3期）の数で除した額を各期（10／31、1／31、3／31）ごとに納付する

（2）概算額が大幅に増加したとき（徴収法第16条、徴収則第25条）

　　算定基礎額の見込額が100分の200を超え、かつ、保険料の差額が13万円以上のときは、増加した日から30日以内に差額の保険料を納付する。

（3）確定保険料の納付期日（徴収法第19条）

　　継続事業……6月1日から40日以内

　　有期事業……事業の終了した日の翌日から50日以内

（4）一般拠出金

　a　概　要

　　　一般拠出金の徴収制度は、「石綿による健康被害の救済に関する法律」により、石綿（アスベスト）健康被害者の救済費用に充てるため、事業主に負担を求めるものである。

　b　徴収対象（石綿健康被害救済法第35条）

　　　労災保険の保健関係が成立している事業の事業主

　c　納付方法（石綿健康被害救済法第38条）

　　　労働保険の保険料の申告・納付と併せて、毎年度、申告・納付をする。

　d　一般拠出金率（環境省告示150）

　　　1000分の0.02

労災・徴収法

３．メリット制度

○労災保険のメリット制とは

事業の種類（54業種）ごとに定められている労災保険率[※1]を個別の事業場に適用する際、個別の事業場の災害の多寡に応じ、労災保険率又は保険料を増減することで、事業主の保険料負担の公平性の確保や、災害防止努力の促進を図るためのもの

[※1]　2.5/1,000〜88/1,000

◎メリット収支率（イメージ）

一定規模以上の継続事業（期限のない事業）・一括有期事業（期限のある事業のうち、複数の工事現場等を一括して一つの事業として取り扱うもの）については連続する３保険年度の間における収支率に応じて、最大±40％の範囲で労災保険率を増減させている[※2]

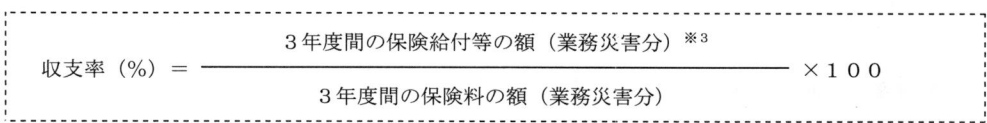

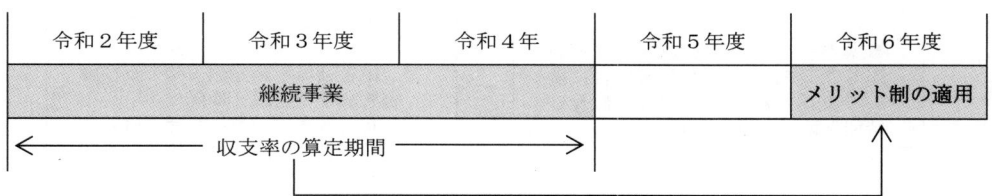

[※2]　保険給付等の額をそのまま分子に算入するのではなく、①事業主の災害防止努力の及ばない保険給付等を除く、②基準法の災害補償範囲を大きく超えないよう、分子に算入する額などを限定するなどの修正を行っている。

[※3]　単独有期事業（工事現場等）については、事業終了後、３ヶ月（又は９ヶ月）を経過した時点において、収支率に応じて、労災保険料を増減させている。

（１）適用要件

a．継続事業の場合（徴収法第12条３項、徴収則第17条２項、３項）

①　当該連続する３保険年度中の最後の保険年度に属する３月31日において、労災保険に係る保険関係が成立した後３年以上経過し、収支率が85％を超え又は75％以下である事業

②　100人以上の労働者を使用する事業

③　20人以上100人未満の労働者を使用するときは当該労働者数×（労災保険率－非業務災害率）≧0.4の場合の事業

編者注：非業務災害率＝通勤災害及び２次健康診断等給付に係る率（0.6／1000）

b．有期事業の場合（徴収法第20条、徴収則第35条）

確定保険料が40万円以上であるか又は建設の事業にあっては請負金額が１億1,000万円以上のもの

c．一括有期事業の場合（徴収法第12条３項）

連続する３保険年度の確定保険料が各々40万円以上のとき（１保険年でも40万円未満であればメリット制は適用されない）

労災・徴収法

（２）メリット制の収支率算定方式等（徴収法第12条3項）

　　a．継続事業（一括有期事業を含む）

メリット収支率＝

$$\frac{\begin{array}{l}\text{基準となる3月31日以前3年度間に業務災害に関して支払われた保険給付の額及び特別支給金の額（注1）}\end{array} - \begin{array}{l}\text{①　遺族失権差額一時金及び当該遺族失権差額一時金の受給権者に支払われる遺族特別一時金}\\\text{②　障害補償年金差額一時金及び障害特別年金差額一時金}\\\text{③　特定疾病にかかった者に対して支払われた保険給付の額及び特別支給金の額（注2）}\\\text{④　第3種特別加入者に係る保険給付の額及び特別支給金の額}\end{array}}{\begin{array}{l}\text{基準となる3月31日以前3年度間の一般保険料の額（労災保険率から非業務災害に係る率を減じた率に応ずる部分の額）及び第1種特別加入保険料の額（第1種特別加入保険料から非業務災害に係る率を減じた率に応ずる部分の額）}\end{array}} \times 100 \times 第1種調整率（注3）$$

　　b．有期事業（徴収法第20条1項）

　　（イ）事業が終了した日から3カ月を経過した日前におけるメリット収支率

メリット収支率＝

$$\frac{\begin{array}{l}\text{事業が終了した日から3カ月を経過した日前における業務災害に関して支払われた保険給付の額及び特別支給金の額（注1）}\end{array} - \begin{array}{l}\text{①　遺族失権差額一時金及び当該遺族失権差額一時金の受給権者に支払われる遺族特別一時金}\\\text{②　障害補償年金差額一時金及び障害特別年金差額一時金}\\\text{③　特定疾病にかかった者に対して支払われた保険給付の額及び特別支給金の額（注2）}\end{array}}{\begin{array}{l}\text{その事業の確定保険料の額（労災保険率から非業務災害に係る率を減じた率に応ずる部分の額）及び第1種特別加入保険料の額（第1種特別加入保険料から非業務災害に係る率を減じた率に応ずる部分の額）}\end{array}} \times 100 \times 第1種調整率（注3）$$

　　（ロ）事業が終了した日から9カ月を経過した日前におけるメリット収支率（徴収法第20条2項）

メリット収支率＝

$$\frac{\begin{array}{l}\text{事業が終了した日から9カ月を経過した日前における業務災害に関して支払われた保険給付の額及び特別支給金の額（注1）}\end{array} - \begin{array}{l}\text{①　遺族失権差額一時金及び当該遺族失権差額一時金の受給権者に支払われる遺族特別一時金}\\\text{②　障害補償年金差額一時金及び障害特別年金差額一時金}\\\text{③　特定疾病にかかった者に対して支払われた保険給付の額及び特別支給金の額（注2）}\end{array}}{\begin{array}{l}\text{その事業の確定保険料の額（労災保険率から非業務災害に係る率を減じた率に応ずる部分の額）及び第1種特別加入保険料の額（第1種特別加入保険料から非業務災害に係る率を減じた率に応ずる部分の額）}\end{array}} \times 100 \times 第2種調整率（注3）$$

労災・徴収法

（注１）　年金たる保険給付等に係る、「業務災害に関する保険給付額」は、次の労働基準法相当額により算出する。
　　　　　障害補償年金＝給付基礎日額×（障害等級に応じ 1,340 日分〜560 日分）
　　　　　遺族補償年金＝給付基礎日額×1,000 日分
　　　　　傷病補償年金＝（療養開始後３年間は実額）＋（３年以降の分は給付基礎日額×（廃疾等級に応じ 1,340 日分〜1,050 日分））

（注２）　転々労働者にかかる控除できる給付額は次表のとおりである。

疾　病	事業の種類	疾病にかかった者の範囲
振　動　障　害	林 業 の 事 業 建 設 の 事 業	事業主を異にする２以上の事業場において振動障害の発生のおそれのある業務に従事した労働者であって、最終事業場における当該業務の従事期間が１年に満たないもの
じ　ん　肺　症 （石綿じん肺含む）	建 設 の 事 業	事業主を異にする２以上の事業場においてじん肺症の発生のおそれのある業務に従事した労働者であって、最終事業場における当該業務の従事期間が３年に満たないもの
石綿にさらされる業務による肺がんまたは中皮腫	建 設 の 事 業	事業主を異にする２以上の事業場において石綿にさらされる業務に従事し、又は従事したことのある労働者であって、最終事業場における当該業務の従事期間が肺がんにあっては 10 年、中皮腫にあっては１年に満たないもの
騒 音 性 難 聴	建 設 の 事 業	事業主を異にする２以上の事業場において著しい騒音を発する場所における業務に従事し、又は従事したことのある労働者であって、最終事業場における当該業務の従事期間が５年に満たないもの

（注３）メリット調整率一覧表

①継続事業（一括有期事業を含む）

業種	第一種調整率
林　　　　　　　　業	100 分の 51
建　　設　　事　　業	100 分の 63
港湾貨物取扱事業・港湾荷役業	100 分の 63
上　記　以　外　の　事　業	100 分の 67

②有期事業

	第一種調整率	第二種調整率
立木の伐採の事業	100 分の 51	100 分の 43
建　設　の　事　業	100 分の 63	100 分の 50

別表2　有期事業におけるメリット制度による保険料増減率（徴収法第20条、徴収則第12条関係）

（労災保険率から非業務災害率を減じた率の増減）

平 27. 4. 1 改定

保険給付の額と保険料の額との割合 （収支率）	増　減　の　割　合		
	建　設　の　事　業 （確定保険料が 40 万円以上又は請負金額（消費税相当額を除く）が 1.1 億円以上の単独有期事業及び年間の確定保険料が合計 100 万円以上の一括有期事業）	建設の事業 （年間の確定保険料が合計 40 万円以上 100 万円未満の一括有期事業）	立木の伐採の事業
10％以下のもの	40％減ずる	30％減ずる	35％減ずる
10％を超え　20％までのもの	35％　〃	25％　〃	30％　〃
20％　〃　30％　〃	30％　〃	20％　〃	25％　〃
30％　〃　40％　〃	25％　〃	15％　〃	20％　〃
40％　〃　50％　〃	20％　〃		15％　〃
50％　〃　60％　〃	15％　〃	10％　〃	10％　〃
60％　〃　70％　〃	10％　〃		
70％　〃　75％　〃	5％　〃	5％　〃	5％　〃
75％　〃　85％　〃	0	0	0
85％　〃　90％　〃	5％増加する	5％増加する	5％増加する
90％　〃　100％　〃	10％　〃	10％　〃	10％　〃
100％　〃　110％　〃	15％　〃		
110％　〃　120％　〃	20％　〃	15％　〃	15％　〃
120％　〃　130％　〃	25％　〃		20％　〃
130％　〃　140％　〃	30％　〃	20％　〃	25％　〃
140％　〃　150％　〃	35％　〃	25％　〃	30％　〃
150％を超えるもの	40％　〃	30％　〃	35％　〃

労災・徴収法

4. 保険給付

給付の種類等一覧

○死亡したとき

　年金給付に該当するとき
- 遺族補償年金（通災は遺族年金）
- 遺族特別支給金
- 遺族特別年金
- 葬祭料（通災は葬祭給付）
- 労災就学援護費・労災就労保育援護費

　一時金給付に該当するとき（遺族（補償）年金を受け得る遺族がないとき）
- 遺族補償一時金（通災は遺族一時金）
- 遺族特別支給金
- 遺族特別一時金
- 葬祭料（通災は葬祭給付）

○ケガをしたとき

　○療養したとき
- 療養補償給付（通災は療養給付）

　○休業したとき
- 休業補償給付（通災は休業給付）
- 休業特別支給金

　○療養開始後1年6カ月経過後傷病等級1級～3級に該当するとき
- 傷病補償年金（通災は傷病年金）
- 傷病特別支給金
- 傷病特別年金
- ※ 介護補償給付（通災は介護給付）
- 介護の援護
- 労災就学援護費

　○障害が残ったとき

　　障害等級1級～7級に認定されたとき
- 障害補償年金（通災は障害年金）
- 障害特別支給金
- 障害特別年金
- ※ 介護補償給付（通災は介護給付）
- 介護の援護
- 労災就学援護費

　　障害等級8級～14級に認定されたとき
- 障害補償一時金（通災は障害一時金）
- 障害特別支給金
- 障害特別一時金

※介護（補償）給付・・・・障害（補償）年金または傷病（補償）年金受給者のうち第1級または第2級の精神・神経障害及び胸腹部臓器の障害の者であって、現に介護を受けている場合

労災・徴収法

1. 遺族補償年金（通災は遺族年金）（労災法第16条、第22条の4）

（1）受給資格者

労働者の死亡当時その収入によって生計を維持（注1）していたもののうち次の順位による。

（法16条の2によるもの）

a　妻又は60歳以上若しくは一定障害の夫

b　18歳に達する日以後の最初の3月31日までの間にある子又は一定障害の子

c　60歳以上又は一定障害の父母

d　18歳に達する日以後の最初の3月31日までの間にある孫又は一定障害の孫

e　60歳以上又は一定障害の祖父母

f　18歳に達する日以後の最初の3月31日までの間にある兄弟姉妹若しくは60歳以上又は一定障害の兄弟姉妹

（法附則第43条によるもの）

（「一定障害」については（注2）参照）

g　55歳以上60歳未満の夫

h　　　〃　　　　　父母

i　　　〃　　　　　祖父母

j　　　〃　　　　　兄弟姉妹

（2）受給権者

最先順位にある受給資格者（同順位の受給権者が数人いるときは、等分した額がそれぞれ支給される）

ただし、上記順位表の(g)～(j)の者については、その者が60歳に達するまでの年金の支給は停止される。（若年停止）

（注1）　「生計維持関係」（昭41.10.22　基発1108）

①　労働者の収入によりもっぱら生計を営んでいたことを要せず、労働者の収入によって消費生活の一部を営んでいた場合も含まれる。したがって、共稼ぎの場合や、親元に生計の一部とするに足る送金をしている場合も含まれる。

②　労働者の収入には、賃金収入のほか、休業補償給付などの労災保険給付その他社会保険給付の現金給付など、収入のすべてが含まれる。

③　次の場合にも、生計維持関係が「常態であった」と認められる。

○　労働者の死亡当時において、業務外の疾病その他の事情により、生計維持関係が失われていても、それが一時的な事情によるものであることが明らかな場合

○　労働者の収入により生計を維持することとなった後、まもなく労働者が死亡した場合であっても、生存したとすれば、特別の事情がないかぎり生計維持関係が存続するに至ったであろうと推定しうる場合

○　労働者がその就職後きわめて短期間の間に死亡したためその収入により遺族が生計を維持するに至らなかった場合であっても、労働者が生存していたとすれば生計維持関係がまもなく常態となるに至ったであろうことが、賃金支払事情等から明らかに認められる場合

(注2)　「一定障害」（労災則第15条）

労災保険の障害等級の第5級以上の障害がある場合、又は傷病がなおらないで労働に高度な制限を受けている場合をいう。

（3）年金額は、別表4に示すとおりである。

（4）遺族補償年金と厚生年金等の遺族年金が併合して支給される場合の遺族補償年金は、「7.他保険等との調整」の項に示す調整率を乗じた額が支給される。

（5）前払一時金（法附則第60条、63条）

遺族補償年金及び遺族年金は、毎年各支払期月ごとに支給されるのを原則とするが、当分の間年金の請求と同時に請求した場合には、給付基礎日額の1,000日分、800日分、600日分、400日分、200日分の内、請求者が希望する日数分の一時金が支給される。

この一時金は、年金の前払いとして支給されるもので、一時金が支給された場合には、受給権者全員に対して支給される年金の合計額が、支給された一時金相当額に達するまでの間、年金の支給が停止される。

55歳以上60歳未満の夫、父母、祖父母、兄弟姉妹は、60歳に達するまで年金の支給が停止されるが、これらの者に対しても請求があれば前払一時金の支給がなされる。この場合、これらの者に、60歳から支給されるべき年金はすでに支払われた前払一時金相当額に達するまでは支給されない。

前払一時金の支払いは、年金の支払期月と関係なく、請求により遅滞なく支払われる。

（6）差額一時金

遺族補償年金の受給資格が消滅したときは（給付基礎日額×1,000日分）―（年金の支給総額）の一時金が支給される。

2．遺族特別支給金（特支則第5条）

この特別支給金の支給は、労災保険法第29条の社会復帰促進等事業として行われ一時金として300万円が支給される。

なお、受給できる遺族の範囲並びに受給できる順位については、遺族補償年金の支給の例による。

3．遺族特別年金（特支則第9条）

（1）遺族特別年金は、労働福祉事業として支給されるものであるが、遺族補償年金（遺族年金）が受給権者の所在不明又は若年により支給停止とされている間は支給されない。

（2）年金額は賞与等の特別給与を基礎とする算定基礎日額、又は算定基礎年額を基に算定され別表4に示すとおりである。

4．葬　祭　料（通災は葬祭給付）（労災法第17条、第22条の5）

葬祭料は、別表4に示すとおりである。

5．遺族補償一時金（通災は遺族一時金）（労災法第16条の7、第22条の4）

（1）受給資格者及び一時金を受けることができる遺族の順位

- a　配偶者
- b　死亡した労働者と生計維持関係にあった18歳以上の子
- c　同じく　　　　　　　　　　　　　55歳未満の父母
- d　同じく　　　　　　　　　　　　　18歳以上の孫
- e　同じく　　　　　　　　　　　　　55歳未満の祖父母
- f　死亡した労働者と生計維持関係になかった子
- g　同じく　　　　　　　　　　　　　父母
- h　同じく　　　　　　　　　　　　　孫
- i　同じく　　　　　　　　　　　　　祖父母
- j　死亡した労働者と生計維持関係になかった兄弟姉妹及び労働者の死亡当時労働者の収入によって生計を維持していた18歳以上55歳未満（障害を除く）の兄弟姉妹

（2）遺族補償一時金の金額は、別表3に示すとおり。

6．遺族特別一時金（特支則第10条）

遺族特別一時金の金額は、別表3に示すとおりである。

7．療養補償給付（通災は療養給付）（労災法第13条、第22条）

（1）指定病院における現物による療養の給付が原則

療養の給付ができない次の場合には「療養の費用」が支給される。

- a　療養の給付をすることが困難な場合

　保険給付を行う政府側の事情によって療養の給付を行うことが困難な場合をいい、その地区に指定病院等がない場合や特殊な医療技術又は診療施設を必要とする傷病の場合に最寄りの指定病院等にこれらの技術又は施設の整備がなされていない場合等が該当する（昭41.1.31基発73）。

- b　療養の給付を受けないことについて労働者に相当な理由がある場合

　保険給付を受ける労働者側に療養の費用によることを便宜とする事情がある場合をいい、緊急な療養を必要とするときの指定病院等以外の病院、診療所の場合、最寄りの病院等が指定病院等でない場合等が該当する（昭41.1.31基発73）。

（2）指定訪問看護事業者の行う、現物による療養の給付

　業務上の事由または通勤による傷病により療養中のものであって、重度のせき髄・頸髄損傷患者及びじん肺患者等、病状が安定又はこれに準ずる状態にある者に対し、指定訪問看護事業者が、居宅訪問による療養上の世話又は必要な診療の補助を行う場合支給される。

（3）病院等変更の時は変更届（6号又は16号の4様式）だけでよい。給付請求書（5号又は16号の3様式）を改めて出す必要はない。

8．休業補償給付（通災は休業給付）（労災法第14条、第22条の2）

労働者が業務上負傷し又は疾病にかかり、その療養のため労働することができないために賃金を受けない場合には、その4日目から1日について給付基礎日額の60%に相当する額の休業補償給付が支給される。

ただし、労働者が所定労働時間の一部のみ労働した場合は、給付基礎日額から当該労働に対して支払われる賃金を控除した額の100分の60が支給される。

9. 休業特別支給金（社会復帰促進等事業）（特支則第3条）

休業4日目から、1日について給付基礎日額の20%相当額が支給される。

10. 傷病補償年金（通災は傷病年金）（労災法第12条の8、第23条）

（1）療養の開始後1年6カ月を経過した日又はその日後に傷病等級第1級～3級に該当する場合に支給される。

（傷病補償年金の受給者には、必要な療養補償給付が引続いて行われるが、休業補償給付は支給されない。）

（2）年金の額は、別表4に示すとおりである。

（3）傷病補償年金と厚生年金等の障害年金とが併給されるとき、傷病補償年金は、「7. 他保険等との調整」に示す調整率を乗じた額とする。

（4）傷病補償年金と解雇制限との関係

a　療養開始後3年を経過した日において傷病補償年金を受けている場合には、その日において

b　療養開始後3年を経過した日以後に傷病補償年金を受けることとなった場合には、その受けることとなった日において労基法第81条の規定による打切補償を支払ったものとみなされ、当該労働者について同法第19条の規定によって課せられた解雇制限は解除される。

11. 傷病特別支給金、傷病特別年金（特支則第5条の2、第11条）

給付金額は、別表5に示すとおりである。

12. 障害補償給付（労災法第15条、第22条の3）

（1）障害補償年金（通災は障害年金）

a　障害1級～7級に該当する者に支給される。給付金額は別表5のとおりである。

b　前払一時金

次表の額を最高額として、受給権者に支給する。

障 害 等 級	支 　給 　額
1　　級	給付基礎日額の1,340日分
2　　〃	〃　　　　1,190　　〃
3　　〃	〃　　　　1,050　　〃
4　　〃	〃　　　　　920　　〃
5　　〃	〃　　　　　790　　〃
6　　〃	〃　　　　　670　　〃
7　　〃	〃　　　　　560　　〃

c　差額一時金

　　　障害補償年金受給権者が死亡したとき、遺族に対して、給付基礎日額の1,340日分（１級）

　　〜560日分（７級）と既支給年金額との差額を支給する。

（２）障害補償一時金（通災は障害一時金）

　　　障害８級〜14級に該当する者に支給される。給付金額は別表６に示すとおりである。

（３）障害特別支給金、障害特別年金、障害特別一時金

　　　給付金額は別表５に示すとおりである。

（４）障害特別年金差額一時金

　　　障害特別年金受給権者が死亡したとき、遺族に対して、特別給与の日額の1,340日分（１級）〜

　　560日分（７級）と既支給年金額との差額を支給する。

（５）障害補償年金と厚生年金等の障害年金が併給されるとき、障害補償年金は、「7.他保険等との

　　調整」に示す調整率を乗じた額とする。

13.　介護補償給付（通災は介護給付）（労災法第12条の８、法第24条）

（１）受給資格者は次の者である。

　　a　障害又は傷病（補償）年金を受ける権利を有する者

　　b　aの年金の支給事由となる障害であって、厚生労働省令で定める程度のものにより、常時又

　　　は随時介護を要する状態にある者

（２）介護補償給付は、月を単位として支給され、その額は、通常介護に要する費用を考慮して厚生

　　労働大臣が定める。

労働者災害補償保険法に基づく介護（補償）給付　　　　　　　　令和５年４月改定

	最高限度額	最低保障額
常時介護を要する者	172,550円	77,890円
随時介護を要する者	86,280円	38,900円

14.　労災就学援護費・労災就労保育援護費（基発第0401041号　平20.4.1）

　　次により労災就学援護費（労災就労保育援護費）が支給される。

　　ただし、給付基礎日額が16,000円を超えるときは、支給の対象とならない。

（１）支給対象

　　　次に掲げる者であって、学校教育法第１条の学校に在学し、その学資の支弁が困難であると認

　　められるもの

　　a　遺族（補償）年金又は遺族年金を受ける権利を有する者

　　b　労働者の死亡当時その収入によって生計を維持していた当該労働者の子であって年金を受け

　　　る権利を有する者と生計を同じくしている者

c　障害等級第1級から第3級までの障害（補償）年金を受ける権利を有する者

d　cの者と生計を同じくしている子

e　傷病（補償）年金を受ける権利を有する者

（2）支給額（令和5年4月改定）

a　労災就学援護費

労災就学援護費の支給額は、次に掲げる在学者等の区分に応じ、在学者等一人につき、それぞれ次に掲げる額とする。

イ　小学校、義務教育学校の前期課程又は特別支援学校の小学部に在学する者

月額　15,000円

ロ　中学校、義務教育学校の後期課程、中等教育学校の前期課程又は特別支援学校の中学部に在学する者

月額　20,000円（ただし、通信制課程に在学する者にあっては、月額17,000円。）

ハ　高等学校（定時制課程の第4学年、専攻科及び別科を含む。）、中等教育学校の後期課程、高等専門学校の第一学年から第三学年まで、特別支援学校の高等部、専修学校の高等課程若しくは一般課程に在学する者又は公共職業能力開発施設において中学校卒業者若しくはこれと同等以上の学力を有すると認められる者を対象とする普通職業訓練若しくは職業訓練法施行規則の一部を改正する省令（昭和53年労働省令第37号）附則第2条に規定する第1類の専修訓練課程の普通職業訓練を受ける者

月額　19,000円（ただし、通信制課程に在学する者にあっては、月額16,000円。）

ニ　大学、専門職大学、短期大学、専門職短期大学、大学院、専門職大学院、高等専門学校の第四学年、第五学年若しくは専攻科若しくは専修学校の専門課程に在学する者又は公共職業能力開発施設において普通職業訓練を受ける者（ハに掲げる者を除く。）若しくは高度職業訓練を受ける者

月額　39,000円（ただし、通信制課程に在学する者にあっては、月額30,000円。）

b　労災就労保育援護費

労災就労保育援護費の支給額は、要保育児一人につき、月額　11,000円とする。

15. 介護の援護

社会復帰促進等事業として、被災労働者の受ける介護の援護を行う。

16. 給付額のスライド

保険給付の額は、業務災害又は通勤災害が発生した当時の賃金（給付基礎日額）をもとに計算される。ところが、災害発生後長期間に亘る場合には、賃金水準の変動等により災害発生当時の賃金を基礎とする給付基礎日額を用いることは実情に合わない場合がある。そこで賃金水準が一定の限度を超えて変動した時は、それに応じて保険給付の額が改訂されることとなっており、これをスライド制という。

ただし、最低限度額又は最高限度額が年金の給付基礎日額とされる場合にあっては、年金の額の算定についてスライド制は適用されない。

（1）休業補償給付のスライド（労基法76条、労災法8条の2）

　　　平均給与額の変動幅が10％を超えたとき

　　　（休業特別支給金のスライドについても同様）

（2）年金給付のスライド

　　　毎月勤労統計による平均給与額の変動幅に応じて、給付基礎日額を算定する完全自動賃金スライド制となっており、平均給与の算定基礎となる期間は保険年度を単位とする。

　　　（特別支給金のスライドについても同様）

（3）一時金給付（遺族補償一時金、障害補償一時金など）のスライド

　　　一時金給付のスライドは、年金給付のスライド方式に準ずる。

17. 雑　　則

（1）支給制限

　a　労働者が故意に負傷、疾病、障害若しくは死亡又はその直接の原因となった事故を発生させたときは給付がない。

　b　労働者が故意の犯罪行為、若しくは重大な過失により負傷、疾病、障害若しくは死亡若しくはこれらの原因となった事故（法令上の危害防止に関する規定で罰則の付されているものに違反すると認められるもの）を生じさせ、又は負傷、疾病若しくは障害の程度を増進させ、若しくはその回復を妨げたとき。

　　　休業補償給付、休業給付、傷病補償年金、傷病年金、障害補償給付、障害給付の額の30％

　　　（昭40.7.31基発第906号）

　c　労働者が正当な理由がなくて医師等の療養に関する指示に従わないことによって、負傷、疾病、障害の程度を増進させたとき。

　　　休業補償給付、休業給付10日分及び傷病補償年金、傷病年金の $\dfrac{10}{365}$ 日相当分

（2）費用の負担

　　　未手続事業主に対する費用徴収制度の運用の見直しについて　（基発第0922001号　平17.9.22）

　　　事業主の責任に帰すべき事由による支給制限は廃止されたが、それに代る制度として政府が保険給付を行った後に、その費用の一部を事業主が負担することになっている。

　a　「故意」に労災保険の加入手続きを行わない場合（行政機関から指導等を受けたにもかかわらず、手続きを行わないもの）　　　　　　　　　　　100％

　b　「重大な過失」により労災保険の加入手続きを行わない場合（保険関係成立の日より1年経過後も手続きを行っていないもの）　　　　　　　　　　　40％

　c　保険料の怠納の場合　　　　　　　　　　　40％を限度とする

　d　故意又は重大なる過失により業務災害を発生させた場合　　　30％

（3）時　　効（労災法第42条）

　　a　2年で請求権が消滅するもの

　　　療養補償給付、休業補償給付、休業特別支給金、葬祭料及び療養給付、休業給付、介護補償給付、葬祭給付、遺族・障害（補償）前払一時金

　　b　5年で請求権が消滅するもの

　　　障害補償給付、障害特別支給金、障害特別年金、障害特別一時金、遺族補償給付、遺族特別支給金、遺族特別年金、遺族特別一時金、傷病特別支給金、傷病特別年金及び障害給付、遺族給付、傷病特別支給金

　　（注）傷病補償年金（傷病年金）は、請求によらないで政府が支給決定を行い給付されるため「時効」とは関係ない。

（4）保険給付の課税

　　保険給付に対しては、租税その他公課は課されない。

（5）異議申立（労災法第38条）

　　保険給付の決定に対し異議があれば、各都道府県労働局の労災保険審査官に、その審査官の決定に不服があるときは、さらに労働保険審査会に再審査の請求ができる。

（6）事業主の意見申出（労災法施行規制第25条の2）

　　事業主は保険給付の請求について、所轄労働基準監督署長に対し、文書で意見を申し出ることができる。

（7）罰　　則（労災法第51条）

　　保険給付等について、虚偽の請求、申立及び届出等をした保険加入者は、6カ月以下の懲役又は30万円以下の罰金に処せられる。

労災・徴収法

別表３　遺族補償給付と特別支給金額表

A　年　金　額

遺　族　の　人　数		遺族補償年金又は遺族年金	遺　族　特　別　年　金
1人	a.　次のb以外の場合	給付基礎日額の153日分 （給付基礎年額の約42％）	算定基礎日額の153日分 （算定基礎年額の約42％）
	b.　遺族が55歳以上の妻、一定の障害状態にある妻	〃　日額の175日分 （　〃　年額の約48％）	〃　日額の175日分 （　〃　年額の約48％）
2　　　人		〃　日額の201日分 （　〃　年額の約55％）	〃　日額の201日分 （　〃　年額の約55％）
3　　　人		〃　日額の223日分 （　〃　年額の約61％）	〃　日額の223日分 （　〃　年額の約61％）
4　人　以　上		〃　日額の245日分 （　〃　年額の約67％）	〃　日額の245日分 （　〃　年額の約67％）

（注）年金額の端数処理
　　　　年金たる保険給付（障害補償年金、遺族補償年金、傷病補償年金、障害年金、遺族年金および傷病年金）の年額に50円未満の端数があるときは、これを切り捨て、50円以上100円未満の端数があるときは、これを100円に切り上げる。

B　一　時　金

遺族補償一時金……給付基礎日額の1000日分
遺族特別一時金……特別給与に関する基礎日額の1000日分
遺族特別支給金……300万円
葬祭料（又は葬祭給付）……315,000円＋給付基礎日額の30日分
　　　　　　　　　　　　　　又は給付基礎日額の60日分、のいずれか高い方

（注１）給付基礎日額＝原則として、事故発生の日の直前の賃金締切日以前３カ月の賃金総額をその期間の暦日数で除した金額である。年金給付基礎日額については、労働者の年齢階層ごとに最低限度額並びに最高限度額が次の通り定められている。

年金給付基礎日額の年齢階層別最低・最高限度額　　　　　　　　R5.7.28

年齢階層の区分	労働者災害補償保険法第八条の二第二項第一号（同法第八条の三第二項において準用する場合を含む。）の厚生労働大臣が定める額	労働者災害補償保険法第八条の二第二項第二号（同法第八条の三第二項において準用する場合を含む。）の厚生労働大臣が定める額
20歳未満	5,213円	13,314円
20歳以上25歳未満	5,816円	13,314円
25歳以上30歳未満	6,319円	14,701円
30歳以上35歳未満	6,648円	17,451円
35歳以上40歳未満	7,011円	20,453円
40歳以上45歳未満	7,199円	21,762円
45歳以上50歳未満	7,362円	22,668円
50歳以上55歳未満	7,221円	24,679円
55歳以上60歳未満	6,909円	25,144円
60歳以上65歳未満	5,804円	21,111円
65歳以上70歳未満	4,020円	15,922円
70歳以上	4,020円	13,314円

（注２）特別給与に関する基礎日額＝特別給与（年額が150万円を超える場合は150万円）× $\frac{1}{365}$
　　　　ただし、上記計算の結果が給付基礎日額の20％を超える場合は、その20％相当額を算定基礎日額とする。編者注：厚生労働大臣が定める給付基礎日額は毎年８月に発表されるので確認すること。

労災・徴収法

— 436 —

別表4　傷病補償給付と特別支給金額表

傷病等級	給　付　の　内　容			障　害　の　状　態
	傷病補償年金	傷病特別支給金	傷病特別年金	
第1級	給付基礎日額の313日分	一時金114万円	特別給与に関する基礎日額の313日分	1　神経系統の機能又は精神に著しい障害を有し、常に介護を要するもの 2　胸腹部臓器の機能に著しい障害を有し、常に介護を要するもの 3　両眼が失明しているもの 4　そしゃく及び言語の機能を廃しているもの 5　両上肢をひじ関節以上で失ったもの 6　両上肢の用を全廃しているもの 7　両下肢をひざ関節以上で失ったもの 8　両下肢の用を全廃しているもの 9　前各号に定めるものと同程度以上の障害の状態にあるもの
第2級	〃277日分	〃107万円	〃277日分	1　神経系統の機能又は精神に著しい障害を有し、随時介護を要するもの 2　胸腹部臓器の機能に著しい障害を有し、随時介護を要するもの 3　両眼の視力が0.02以下になっているもの 4　両上肢を腕関節以上で失ったもの 5　両下肢を足関節以上で失ったもの 6　前各号に定めるものと同程度以上の障害の状態にあるもの
第3級	〃245日分	〃100万円	〃245日分	1　神経系統の機能又は精神に著しい障害を有し、常に労務に服することができないもの 2　胸腹部臓器の機能に著しい障害を有し、常に労務に服することができないもの 3　1眼が失明し、他眼の視力が0.06以下になっているもの 4　そしゃく又は言語の機能を廃しているもの 5　両手の手指の全部を失ったもの 6　第1号及び第2号に定めるもののほか常に労務に服することができないもの、その他前各号に定めるものと同程度以上の障害の状態にあるもの

（注）　1．上記の障害の状態は、相当長期間（少なくとも6カ月以上）引き続いた状態で判定することとしている。
　　　　2．第1級の1、2及び第2級の1、2「介護」は、「生命維持のため必要な身のまわり処理の動作についての介護」を意味する。
　　　　3．第3級の1、2、6「常に労務に服することができない状態」とは、相当長期（少なくとも6カ月以上）にわたって労務に服することができないような身体的状態をいい、労働時間の一部又は軽易な労務に現に就労しており、又は就労することが可能な場合は、これに該当しない。

労災・徴収法

別表5　障害補償給付と特別支給金額表

障害等級	給付の内容			身体障害
	障害補償年金又は障害補償一時金	障害特別支給金	障害特別年金又は障害特別一時金	
1級	給付基礎日額の313日分の年金	一時金342万円	特別給与に関する基礎日額の313日分の年金	1　両眼が失明したもの 2　そしゃく及び言語の機能を廃したもの 3　神経系統の機能又は精神に著しい障害を残し常に介護を要するもの 4　胸腹部臓器の機能に著しい障害を残し常に介護を要するもの 5　削　除 6　両上肢をひじ関節以上で失ったもの 7　両上肢の用を全廃したもの 8　両下肢をひざ関節以上で失ったもの 9　両下肢の用を全廃したもの
2級	〃277日分の年金	〃320万円	〃277日分の年金	1　1眼が失明し他眼の視力が0.02以下になったもの 2　両眼の視力が0.02以下になったもの 2の2　神経系統の機能または精神に著しい障害を残し、随時介護を要するもの 2の3　胸腹部臓器の機能に著しい障害を残し、随時介護を要するもの 3　両上肢を手関節以上で失ったもの 4　両下肢を足関節以上で失ったもの
3級	〃245日分の年金	〃300万円	〃245日分の年金	1　1眼が失明し、他眼の視力が0.06以下になったもの 2　そしゃく又は言語の機能を廃したもの 3　神経系統の機能又は精神に著しい障害を残し、終身労務に服することができないもの 4　胸腹部臓器の機能に著しい障害を残し、終身労務に服することができないもの 5　両手の手指の全部を失ったもの
4級	〃213日分の年金	〃264万円	〃213日分の年金	1　両眼の視力が0.06以下になったもの 2　そしゃく及び言語の機能に著しい障害を残すもの 3　両耳の聴力を全く失ったもの 4　1上肢をひじ関節以上で失ったもの 5　1下肢をひざ関節以上で失ったもの 6　両手の手指の全部の用を廃したもの 7　両足をリスフラン関節以上で失ったもの

労災・徴収法

障害等級	給付の内容			身体障害
	障害補償年金又は障害補償一時金	障害特別支給金	障害特別年金又は障害特別一時金	
5級	給付基礎日額の184日分の年金	一時金225万円	特別給与に関する基礎日額の184日分の年金	1　1眼が失明し他眼の視力が0.1以下になったもの 1の2　神経系統の機能又は精神に著しい障害を残し、特に軽易な労務以外の労務に服することができないもの 1の3　胸腹部臓器の機能に著しい障害を残し、特に軽易な労務以外の労務に服することができないもの 2　1上肢を手関節以上で失ったもの 3　1下肢を足関節以上で失ったもの 4　1上肢の用を全廃したもの 5　1下肢の用を全廃したもの 6　両足の足指の全部を失ったもの
6級	〃156日分の年金	〃192万円	〃156日分の年金	1　両眼の視力が0.1以下になったもの 2　そしゃく又は言語の機能に著しい障害を残すもの 3　両耳の聴力が耳に接しなければ大声を解することができない程度になったもの 3の2　1耳の聴力を全く失い、他耳の聴力が40センチメートル以上の距離では普通の話声を解することができない程度になったもの 4　せき柱に著しい変形又は運動障害を残すもの 5　1上肢の3大関節中の2関節の用を廃したもの 6　1下肢の3大関節中の2関節の用を廃したもの 7　1手の5の手指又は母指を含み4の手指を失ったもの
7級	〃131日分の年金	〃159万円	〃131日分の年金	1　1眼が失明し他眼の視力が0.6以下になったもの 2　両耳の聴力が40センチメートル以上の距離では普通の話声を解することができない程度になったもの 2の2　1耳の聴力を全く失い他耳の聴力が1メートル以上の距離では普通の話声を解することができない程度になったもの 3　神経系統の機能又は精神に障害を残し、軽易な労務以外の労務に服することができないもの 4　削　除 5　胸腹部臓器の機能に障害を残し、軽易な労務以外の労務に服することができないもの 6　1手の母指を含み3の手指又は母指以外の4の手指を失ったもの 7　1手の5の手指又は母指を含み4の手指の用を廃したもの 8　1足をリスフラン関節以上で失ったもの 9　1上肢に偽関節を残し、著しい運動障害を残すもの 10　1下肢に偽関節を残し、著しい運動障害を残すもの 11　両足の足指の全部の用を廃したもの 12　外ぼうに著しい醜状を残すもの 13　両側のこう丸を失ったもの

労災・徴収法

障害等級	給付の内容			身体障害
	障害補償年金又は障害補償一時金	障害特別支給金	障害特別年金又は障害特別一時金	
8級	給付基礎日額の503日分の一時金	一時金65万円	特別給与に関する基礎日額の503日分の一時金	1　1眼が失明し又は1眼の視力が0.02以下になったもの 2　せき柱に運動障害を残すもの 3　1手の母指を含み2の手指又は母指以外の3の手指を失ったもの 4　1手の母指を含み3の手指又は母指以外の4の手指の用を廃したもの 5　1下肢を5センチメートル以上短縮したもの 6　1上肢の3大関節中の1関節の用を廃したもの 7　1下肢の3大関節中の1関節の用を廃したもの 8　1上肢に偽関節を残すもの 9　1下肢に偽関節を残すもの 10　1足の足指の全部を失ったもの
9級	〃 391日分の一時金	〃 50万円	〃 391日分の一時金	1　両眼の視力が0.6以下になったもの 2　1眼の視力が0.06以下になったもの 3　両眼に半盲症、視野狭さく又は視野変状を残すもの 4　両眼のまぶたに著しい欠損を残すもの 5　鼻を欠損しその機能に著しい障害を残すもの 6　そしゃく及び言語の機能に障害を残すもの 6の2　両耳の聴力が1メートル以上の距離では普通の話声を解することができない程度になったもの 6の3　1耳の聴力が耳に接しなければ大声を解することができない程度になり、他耳の聴力が1メートル以上の距離では普通の話声を解することが困難である程度になったもの 7　1耳の聴力を全く失ったもの 7の2　神経系統の機能又は精神に障害を残し、服することができる労務が相当な程度に制限されるもの 7の3　胸腹部臓器の機能に障害を残し、服することができる労務が相当な程度に制限されるもの 8　1手の母指又は母指以外の2の手指を失ったもの 9　1手の母指を含み2の手指又は母指以外の3の手指の用を廃したもの 10　1足の第1の足指を含み2以上の足指を失ったもの 11　1足の足指の全部の用を廃したもの 12　生殖器に著しい障害を残すもの

労災・徴収法

障害等級	給　付　の　内　容			身　体　障　害
	障害補償年金又は障害補償一時金	障害特別支給金	障害特別年金又は障害特別一時金	
10級	給付基礎日額の302日分の一時金	一時金39万円	特別給与に関する基礎日額の302日分の一時金	1　1眼の視力が0.1以下になったもの 1の2　正面視で複視を残すもの 2　そしゃく又は言語の機能に障害を残すもの 3　14歯以上に対し歯科補てつを加えたもの 3の2　両耳の聴力が1メートル以上の距離では普通の話声を解することが困難である程度になったもの 4　1耳の聴力が耳に接しなければ大声を解することができない程度になったもの 5　削除 6　1手の母指又は母指以外の2の手指の用を廃したもの 7　1下肢を3センチメートル以上短縮したもの 8　1足の第1の足指又は他の4の足指を失ったもの 9　1上肢の3大関節中の1関節の機能に著しい障害を残すもの 10　1下肢の3大関節中の1関節の機能に著しい障害を残すもの
11級	〃223日分の一時金	〃29万円	〃223日分の一時金	1　両眼の眼球に著しい調節機能障害又は運動障害を残すもの 2　両眼のまぶたに著しい運動障害を残すもの 3　1眼のまぶたに著しい欠損を残すもの 3の2　10歯以上に対し歯科補てつを加えたもの 3の3　両耳の聴力が1メートル以上の距離では小声を解することができない程度になったもの 4　1耳の聴力が40センチメートル以上の距離では普通の話声を解することができない程度になったもの 5　せき柱に変形を残すもの 6　1手の示指、中指又は環指を失ったもの 7　削除 8　1足の第1の足指を含み2以上の足指の用を廃したもの 9　胸腹部臓器に障害を残し、労務の遂行に相当な程度の支障があるもの

労災・徴収法

障害等級	給付の内容			身　体　障　害
	障害補償年金又は障害補償一時金	障害特別支給金	障害特別年金又は障害特別一時金	
12級	給付基礎日額の 156 日分の一時金	一時金20万円	特別給与に関する基礎日額の 156 日分の一時金	1　1眼の眼球に著しい調節機能障害又は運動障害を残すもの 2　1眼のまぶたに著しい運動障害を残すもの 3　7歯以上に対し歯科補てつを加えたもの 4　1耳の耳かくの大部分を欠損したもの 5　鎖骨、胸骨、ろく骨、肩こう骨又は骨盤骨に著しい変形を残すもの 6　1上肢の3大関節中の1関節の機能に障害を残すもの 7　1下肢の3大関節中の1関節の機能に障害を残すもの 8　長管骨に変形を残すもの 8の2　1手の小指を失ったもの 9　1手の示指、中指又は環指の用を廃したもの 10　1足の第2の足指を失ったもの、第2の足指を含み2の足指を失ったもの又は第3の足指以下の3の足指を失ったもの 11　1足の第1の足指又は他の4の足指の用を廃したもの 12　局部にがん固な神経症状を残すもの 13　削除 14　外ぼうに醜状を残すもの
13級	〃101 日分の一時金	〃14万円	〃101 日分の一時金	1　1眼の視力が0.6以下になったもの 2　1眼に半盲症、視野狭さく又は視野変状を残すもの 2の2　正面視以外で複視を残すもの 3　両眼のまぶたの1部に欠損を残し又はまつげはげを残すもの 3の2　5歯以上に対し歯科補てつを加えたもの 3の3　胸腹部臓器の機能に障害を残すもの 4　1手の小指の用を廃したもの 5　1手の母指の指骨の1部を失ったもの 6　削除 7　削除 8　1下肢を1センチメートル以上短縮したもの 9　1足の第3の足指以下の1又は2の足指を失ったもの 10　1足の第2の足指の用を廃したもの、第2の足指を含み2の足指の用を廃したもの又は第3の足指以下の3の足指の用を廃したもの

障害等級	給 付 の 内 容			身 体 障 害
	障害補償年金 又は 障害補償一時金	障害特別 支 給 金	障害特別年金 又は 障害特別一時金	
14級	給付基礎日額の 56日分の一時金	一時金 8万円	特別給与に関する基礎日額の56日分の一時金	1　1眼のまぶたの1部に欠損を残し、又はまつげはげを残すもの 2　3歯以上に対し歯科補てつを加えたもの 2の2　1耳の聴力が1メートル以上の距離では小声を解することができない程度になったもの 3　上肢の露出面にてのひらの大きさの醜いあとを残すもの 4　下肢の露出面にてのひらの大きさの醜いあとを残すもの 5　削除 6　1手の母指以外の手指の指骨の1部を失ったもの 7　1手の母指以外の手指の遠位指節間関節を屈伸することができなくなったもの 8　1足の第3の足指以下の1又は2の足指の用を廃したもの 9　局部に神経症状を残すもの

備　考

1．視力の測定は万国式視力表による。屈折異常のあるものについては矯正視力について測定する。

2．手指を失ったものとは、母指は指節間関節、その他の手指は近位指節間関節以上を失ったものをいう。

3．手指の用を廃したものとは、手指の末節骨の半分以上を失い又は中手指節関節若しくは近位指節間関節（母指にあっては指節間関節）に著しい運動障害を残すものをいう。

4．足指を失ったものとは、その全部を失ったものをいう。

5．足指の用を廃したものとは、第1の足指は末節骨の半分以上、その他の足指は遠位指節間関節以上を失ったもの又は中足指節関節若しくは近位指節間関節（第1の足指にあっては指節間関節）に著しい運動障害を残すものをいう。

労災・徴収法

1. 制度の目的

　労働者以外の者でも労働者と同様に働き労働者と同様な業務災害及び通勤災害の危険のもとに仕事をしている者については、特別に労災保険に加入させ保護しようとするものである。

2. 特別加入者の範囲（労災法第33条〜第36条、労災法施行規則第46条の16〜18）

（1）常時300人以下の労働者を使用する中小事業主で労災保険事務組合に労災保険を委託するもの（事業主が法人その他の団体であるときはその代表者）及びその事業に従事する者

　　数次の請負による建設事業の下請負を行う事業主も、中小事業主の特別加入者となることができる。

　　「その事業に従事する者」とは、事業主の家族従事者や、中小事業主が法人その他の団体である場合の代表者以外の役員などをいう。

（2）一人親方その他の自営業者とその家族従事者

　　次に該当する者で、常態として労働者を使用しないで行う者に限られる。したがって、たまたま労働者を使用することがあってもさしつかえない。ただし、その労働者については、特別加入の対象とならないので、別個に労災保険への加入が必要となる。

　　a　自動車を使用して貨物の運送の事業を行う者

　　　　個人貨物運送業者

　　b　建設の事業を行う者

　　　　大工、左官、鳶、石工、電気管理技術者など、いわゆる一人親方

（3）危険有害な作業に従事する家内労働者

（4）海外派遣者

（5）海外派遣の中小事業主

　　　編者注：「自動車を使用して貨物の運送の事業を行う者」、「危険有害な作業に従事する家内労働者」は業務災害のみ適用となっている。「海外派遣者」については、55.4.1以降は通勤災害にも適用される。

3. 特別加入の方法（労災法施行規則第46条の19〜27）

（1）中小事業主等及び一人親方等の場合

　　団体加入の方式によるので、中小事業主は労災保険事務組合を通じて、一人親方や一定の作業に従事する者は、それぞれの団体を通じて「特別加入申請書」を提出して加入する。この申請書は「中小事業主等」用と「一人親方等」用の二種類あり、それぞれ、特別加入予定者の氏名、事業主との関係、業務の内容及び希望する給付基礎日額を記載することになっている。なお、加入時に健康診断を受ける必要がある場合がある。

（2）海外派遣者の場合

　　a　加入の要件

　（a）加入にあたっては、派遣元の団体又は事業について日本国内で労災保険の保険関係が成立していること。

　（b）加入するには、派遣元の団体又は事業主が労働局長に承認を受けること。

b　加入手続

　　　派遣元の団体又は事業主が「特別加入申請書（海外派遣者用）」を所轄労働基準監督署長を経
　　由して所轄労働局長に提出し承認を得る。この書類の内訳として個人台帳である「海外派遣に関
　　する報告書」を1名につき1部添付する。

４．特別加入の保険料（徴収法第13条、徴収則第23条）

　　特別加入者の種別に応じ次に掲げる別表7「特別加入保険料算定基礎額表」のうちから希望する保
険料算定基礎額に保険料率を乗じたものが保険料となる。保険料算定基礎額は、給付基礎日額の365
倍となっているが、年度途中で加入・脱退があった場合は、特別加入者の加入月数（1カ月未満の端
数があるときは1カ月とする。）に応じた算定基礎額とする特例が設けられている。保険料の納付義
務は団体が負い、保険料の納付期限や納付手続などは一般の事業の場合と変らない。

　　中小事業主等　保険料算定基礎額×当該事業の種類の保険料率

　　一人親方等　運送業は保険料算定基礎額の1,000分の13

　　　　　　　　建設業は　　　　　〃　　　　　1,000分の19

　　海外派遣者　　　　　　〃　　　　　1,000分の3

別表7　特別加入保険料算定基礎額表（徴収則別表第4（第21条、第22条、第23条の2関係））

給付基礎日額	保険料算定基礎額	給付基礎日額	保険料算定基礎額
25,000 円	9,125,000 円	8,000 円	2,920,000 円
24,000 円	8,760,000 円	7,000 円	2,555,000 円
22,000 円	8,030,000 円	6,000 円	2,190,000 円
20,000 円	7,300,000 円	5,000 円	1,825,000 円
18,000 円	6,570,000 円	4,000 円	1,460,000 円
16,000 円	5,840,000 円	3,500 円	1,277,500 円
14,000 円	5,110,000 円		
12,000 円	4,380,000 円		
10,000 円	3,650,000 円		
9,000 円	3,285,000 円		

５．保険料の納付

　　特別加入による保険料の納付方法は、継続事業の場合と同じ。

６．特別加入の保険給付

　　保険給付は一般労働者の場合と同じであるが、「給付基礎日額」は、一般の平均賃金をもとにして
決められないので別表8のとおり、3,500円から25,000円までの間で一定の金額を定めて、都道府県労
働局長が個々の特別加入者の希望をきいて定めることになっている。

　　ただし、特別給与に関する特別支給金は一時金が支給され、年金は給付されない。

　　災害の業務上外の認定については、一般の労働者の場合と異なり加入申請書記載の業務又は作業の
内容を基礎として行われる。

労災・徴収法

　「第三者行為災害」とは、労災保険の給付の原因である事故が第三者（注）の行為などによって生じたものであって、労災保険の受給権者である被災労働者又は遺族（以下「被災者等」という。）に対して、第三者が損害賠償の義務を有しているものをいい、その多くは、自動車賠償責任保険の対象となる交通事故によるものである。

　第三者行為災害に該当する場合には、被災者等は第三者に対し損害賠償請求権を取得すると同時に、労災保険に対しても給付請求権を取得することになるが、同一の事由について両者から重複して損害のてん補を受けることになれば、実際の損害額より多くの支払いを受けることになり不合理な結果となる。加えて、被災者等にてん補されるべき損失は、最終的には政府によってではなく、災害の原因となった加害行為等に基づき損害賠償責任を負った第三者が負担すべきものであると考えられている。

　このため、労働者災害補償保険法（以下「労災保険法」という。）第12条の4において、第三者行為災害に関する労災保険の給付と民事損害賠償との支給調整を定めており、先に政府が労災保険の給付をしたときは、政府は、被災者等が当該第三者に対して有する損害賠償請求権を労災保険の給付の価額の限度で取得するものとし（政府が取得した損害賠償請求権を行使することを「求償」という。）、また、被災者が第三者から先に損害賠償を受けたときは、政府は、その価額の限度で労災保険の給付をしないことができるとされている。（これを「控除」という。）

　　編者注：「第三者」とは、当該災害に関係する労災保険の保険関係の当事者（政府、事業主及び労災保険の受給権者）以外のことをいう。

　なお、第三者行為災害に係る示談の取扱いについては、次の行政通達が出されている。

> 基発第687号
> 昭38.6.17

　標記については、従来昭和35年11月2日付け基発第934号により取扱っていたのであるが（後掲）、今般、最高裁判所において別添のような判決（略）が出されたことに伴ない、当分の間、その取扱の一部を次のように改めることとしたから、了知されたい。

記

　受給権者と第三者との間に示談が行なわれている場合は、当該示談が次に掲げる事項の全部を充たしているときに限り、保険給付を行なわないこと。
イ　当該示談が真正に成立していること。
　　次のような場合には、真正に成立した示談とは認められないこと。
　a　当該示談が錯誤又は心理留保（相手方がその真意を知り、又は知り得べかりし場合に限る。）に基づく場合
　b　当該示談が、詐欺又は強迫に基づく場合

ロ　当該示談の内容が受給権者の第三者に対して有する損害賠償請求権（保険給付と同一の事由に基づくものに限る。）の全部の填補を目的としていること。

次のような場合には損害の全部の填補を目的としているものとは認められないものとして取り扱うこと。

a　損害の一部として保険給付を受けることとしている場合

b　示談書の文面上、全損害の填補を目的とすることが明確でない場合

c　示談書の文面上、全損害の填補を目的とする旨の記述がある場合であっても、示談の内容、当事者の供述等から全損害の填補を目的としているとは認められない場合

1．代位取得（求償）　（法第12条の4、基発第610号　昭和41.6.17）

政府は、保険給付の原因である事故が第三者の行為によって生じた場合において、**労災保険の保険給付が先に行われたとき**は、その**給付の価額の限度**で、（災害発生後3年間に支給事由の生じたものについて、同一事由について）被災者の有する損害賠償請求権を取得する。

労災補償と損害賠償との関係

1 労災保険給付を先に受けた場合〔労災保険法第12条の4第1項〕

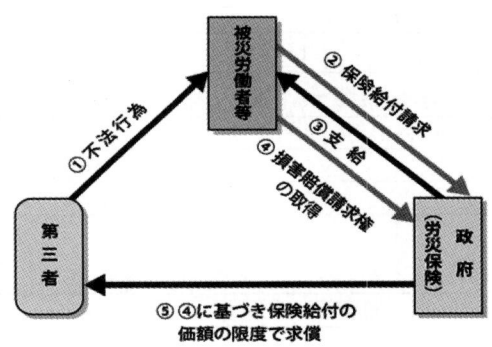

2．控　　除　（法第12条の4第2項、基発第610号　昭和41.6.17、基発第0329号　平成25.3.29）

保険給付の原因である事故が第三者の行為によって生じた場合において、保険給付を受けるべき者が当該第三者から同一の事由について**損害賠償を受けたとき**は、政府は、その**価額の限度**で、（**災害発生後7年間**に支給事由の生じたものについて）保険給付をしないことができる。

2 損害賠償を先に受けた場合〔労災保険法第12条の4第2項〕

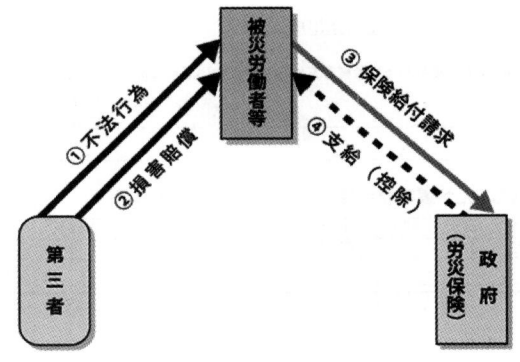

(届その1)

第三者行為災害届（業務災害・通勤災害）
（交通事故・交通事故以外）

労働者災害補償保険法施行規則第22条の規定により届け出ます。

令和 6 年 9 月 26 日

署受付日付

保険給付請求権者

住 所　東京都北区志茂町X－XX－X

郵便番号（ 115 － XXXX ）

フリガナ　ワタナベ　キチベエ

氏 名　渡辺　吉兵衛

中 央　労働基準監督署長　殿

電 話　（自宅）　03 － 3912 － 72XX
　　　　（携帯）　　　－　　　－

1 第一当事者（被災者）

フリガナ　ワタナベ　キチベエ

氏 名　渡辺　吉兵衛　　　　（男・女）　生年月日 昭和38 年 10 月 18 日 （ 60 歳）

住 所　東京都北区志茂町X－XX－X

職 種　運転手

2 第一当事者（被災者）の所属事業場

労働保険番号

府 県	所 掌	管 轄	基 幹 番 号						枝 番 号		
1 3	1	0 1	8	2	5	0	1	5	0 0 1		

名称　八重洲・木下共同企業体　中央会館新築工事作業　　電話 03 － 3551 － 52XX

所在地　東京都中央区八丁堀2－X－X　　　　　　　郵便番号　－

代表者　（役職）所長　　　　　　　　　担当者　（所属部課名）

　　　　（氏名）夏川　二郎　　　　　　　　　　　（氏名）

3 災害発生日

日時　　令和 6 年 9 月 20 日　（午前）・午後 10 時 30 分頃

場所　東京都中央区京橋X－X－X　昭和通り路上

4 第二当事者（相手方）

氏名　森前　太一　　　　　（ 34 歳）　電話（自宅）03 － 3551 － 26XX
　　　　　　　　　　　　　　　　　　　　　（携帯）

住所　東京都中央区入舟町X－XX－X　　　　　　　郵便番号 104 － XXXX

第二当事者（相手方）が業務中であった場合

所属事業場名称　入舟運輸有限会社　　　　　　電話 03 － 3551 － 26XX

所在地　東京都中央区入舟町X－XX－X　　　　　　郵便番号 104 － XXXX

代表者（役職）　代表取締役　　　　　（氏名）山田　明

5 災害調査を行った警察署又は派出所の名称

築地　　　警察署　交通　係（派出所）

6 災害発生の事実の現認者（5の災害調査を行った警察署又は派出所がない場合に記入してください）

氏名　　　　　　　　　　（　歳）　電話（自宅）　－　　－
　　　　　　　　　　　　　　　　　　　　　（携帯）　－　　－

住所　　　　　　　　　　　　　　　　　郵便番号　－

7 あなたの運転していた車両（あなたが運転者の場合にのみ記入してください）

車種	大・中・普・特・自二・軽自・原付自		登録番号（車両番号）		
運転者の免許	有 無	免許の種類	免許証番号	資格取得　年 月 日	有効期限　年 月 日まで	免許の条件

労災・徴収法

－ 448 －

8 事故現場の状況

天 候　（晴）・曇・小雨・雨・小雪・雪・暴風雨・霧・濃霧

見 透 し　（良い）悪い（障害物　故障者　　　　　　　　　　　　　　　　　があった。）

道路の状況（あなた（被災者）が運転者であった場合に記入してください。）

　　　　道路の幅　（　　5　　m）、（舗装）非舗装、坂（上り・下り・緩・急）

　　　　でこぼこ・砂利道・道路欠損・工事中・凍結・その他（　　　　　　　　　　　　　　）

　　（あなた（被災者）が歩行者であった場合に記入してください。）

　　　　歩車道の区別が（ある・ない）（道路）車の交通頻繁な道路、住宅地・商店街の道路

　　　　歩行者用道路（車の通行　許・否）、その他の道路（　　　　　　　　　　　　　　）

標 識　速度制限（　50　km/h）・追い越し禁止・一方通行・歩行者横断禁止

　　　　一時停止（有・無）・停止線（有・無）

信 号 機　無・有（　　色で交差点に入った。）、信号機時間外（黄点滅・赤点滅）

　　　　横断歩道上の信号機（有・無）

交 通 量　（多い）少ない・中位

9 事故当時の行為、心身の状況及び車両の状況

心身の状況　（正常）いねむり・疲労・わき見・病気（　　　　　　　　　　　　　）・飲酒

あなたの行為（あなた（被災者）が運転者であった場合に記入してください。）

　　　　直前に警笛を（鳴らした・（鳴らさない））相手を発見したのは（　　　）m手前

　　　　ブレーキを（かけた）（スリップ　　　m）・かけない）、方向指示灯（（だした）・ださない）

　　　　停止線で一時停止（（した）しない）、速度は約（　0　）km/h　相手は約（　20　）km/h

　　（あなた（被災者）が歩行者であった場合に記入してください。）

　　　　横断中の場合　横断場所（　　　　　　）、信号機（　　　）色で横断歩道に入った。

　　　　　　　　　　　　左右の安全確認（した・しない）、車の直前・直後を横断（した・しない）

　　　　通行中の場合　通行場所（歩道・車道・歩車道の区別がない道路）

　　　　　　　　　　　　通行のしかた　　（車と同方向・対面方向）

10 第二当事者（相手方）の自賠責保険（共済）及び任意の対人賠償保険（共済）に関すること

（1）自賠責保険（共済）について

証明書番号　　第　　０－９６４ＸＸ　　　号

保険（共済）契約者　（氏名）山田　明　　　第二当事者（相手方）と契約者との関係　使用者

　　　　　　　　　　（住所）東京都中央区入舟町Ｘ－ＸＸ－Ｘ

保険会社の管轄店名　自動車火災保険(株)東京支社　　　　電話　　　　－　　　　－

管轄店所在地　　　　東京都中央区銀座５－Ｘ－Ｘ　　　　　　　　　　郵便番号　　　－

（2）任意の対人賠償保険（共済）について

証券番号　　第　　　　　　　　号　　　　保険金額　　対人　　　　　　　　　　　万円

保険（共済）契約者　（氏名）　　　　　　　第二当事者（相手方）と契約者との関係

　　　　　　　　　　（住所）

保険会社の管轄店名　　　　　　　　　　　　　　　　電話　　　　－　　　　－

管轄店所在地　　　　　　　　　　　　　　　　　　　　　　　郵便番号　　　－

（3）保険金（損害賠償額）請求の有無　　　有・無

　　有の場合の請求方法　イ　自賠責保険（共済）単独

　　　　　　　　　　　　ロ　自賠責保険（共済）と任意の対人賠償保険（共済）との一括

　　保険金（損害賠償額）の支払を受けている場合は、受けた者の氏名、金額及びその年月日

　　　　氏名　　　　　　　　　金額　　　　　　　円　受領年月日　　年　　　月　　　日

11 運行供用者が第二当事者（相手方）以外の場合の運行供用者

名称（氏名）　　　　　　　　　　　　　　　　　　電話　　　　－　　　　－

所在地（住所）　　　　　　　　　　　　　　　　　　　　　郵便番号　　　－

12 あなた（被災者）の人身傷害補償保険に関すること

人身障害補償保険に　（加入している・していない）

証券番号　　第　　　　　　号　保険金額　　　　　　万円

保険（共済）契約者　（氏名）　　　　　あなた（被災者）と契約者との関係

　　　　　　　　　　（住所）

保険会社の管轄店名　　　　　　　　　　　　　　　　電話　　　　－　　　　－

管轄店所在地　　　　　　　　　　　　　　　　　　　　　　郵便番号　　　－

人身傷害補償保険金の請求の有無　　　有・無

人身傷害補償保険の支払を受けている場合は、受けた者の氏名、金額及びその年月日

　　　氏名　　　　　　　　金額　　　　　　　円　受領年月日　　　年　　　月　　　日

労災・徴収法

13 災害発生状況

第一当事者（被災者）・第二当事者（相手方）の行動、災害発生原因と状況をわかりやすく記入してください。

> 月島材料置場より木材引取りのため、小型トラック運転して昭和通り京橋２丁目付近まで来たとき、全が故障のため停車したので、自車も停車した際、後車に追突され、ハンドルに胸部をぶつけ負傷した。

14 現場見取図

道路方向の地名（至〇〇方面）、道路幅、信号、横断歩道、区画線、道路標識、接触点等くわしく記入してください。

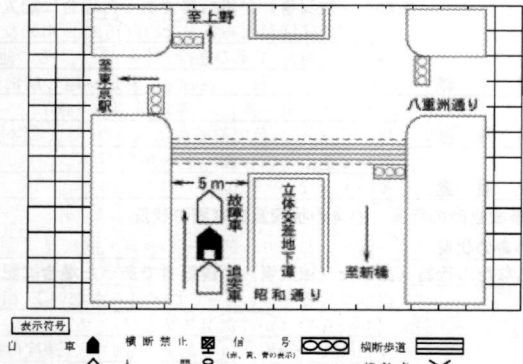

15 過失割合

私の過失割合は　　　0　　　％、相手の過失割合は　　　100　　　％だと思います。

理由　私は、前車が故障したので停車したため自分も停車したもので加害者の前方不注意による事故である。

16 示談について

イ　示談が成立した。（　　年　　月　　日）　　　ハ　交渉中
ロ　示談はしない。　　　　　　　　　　　　　　　ニ　示談をする予定（　　年　　月　　日頃予定）
ホ　裁判の見込み（　　年　　月　　日頃提訴予定）

17 身体損傷及び診療機関

	私（被災者）側	相手側（わかっていることだけ記入してください。）
部位・傷病名	胸部打撲	
程度	全治二週間	
診療機関名称	田口医院	
所在地	東京都中央区京橋Ｘ－Ｘ－Ｘ	

18 損害賠償金の受領

受領年月日	支払者	金額・品目	名目	受領年月日	支払者	金額・品目	名目

事業主の証明	１欄の者については、２欄から６欄、13欄及び14欄に記載したとおりであることを証明します。 令和　6　年　9　月　26　日 　　　　　　　　　　　八重洲・木下共同企業体 事業場の名称　中央会館新築工事作業所 事業主の氏名　所長　夏川　二郎 （法人の場合は代表者の役職・氏名）

労災・徴収法

第三者行為災害届を記載するに当たっての留意事項

1 災害発生後、すみやかに提出してください。
　　なお、不明な事項がある場合には、空欄とし、提出時に申し出てください。
2 業務災害・通勤災害及び交通事故・交通事故以外のいずれか該当するものに○をしてください。
　　なお、例えば構内における移動式クレーンによる事故のような場合には交通事故に含まれます。
3 通勤災害の場合には、事業主の証明は必要ありません。
4 第一当事者（被災者）とは、労災保険給付を受ける原因となった業務災害又は通勤災害を被った者をいいます。
5 災害発生の場所は、○○町○丁目○○番地○○ストア前歩道のように具体的に記入してください。
6 第二当事者（相手方）が業務中であった場合には、「届その１」の４欄に記入してください。
7 第二当事者（相手方）側と示談を行う場合には、あらかじめ所轄労働基準監督署に必ず御相談ください。
　　示談の内容によっては、保険給付を受けられない場合があります。
8 交通事故以外の災害の場合には「届その２」を提出する必要はありません。
9 運行供用者とは、自己のために自動車の運行をさせる者をいいますが、一般的には自動車の所有者及び使用者等がこれに当たります。
10 「現場見取図」について、作業場における事故等で欄が不足し書ききれない場合にはこの用紙の下記記載欄を使用し、この「届その４」もあわせて提出してください。
11 損害賠償金を受領した場合には、第二当事者（相手方）又は保険会社等からを問わずすべて記入してください。
12 この届用紙に書ききれない場合には、適宜別紙に記載してあわせて提出してください。

労災・徴収法

現 場 見 取 図

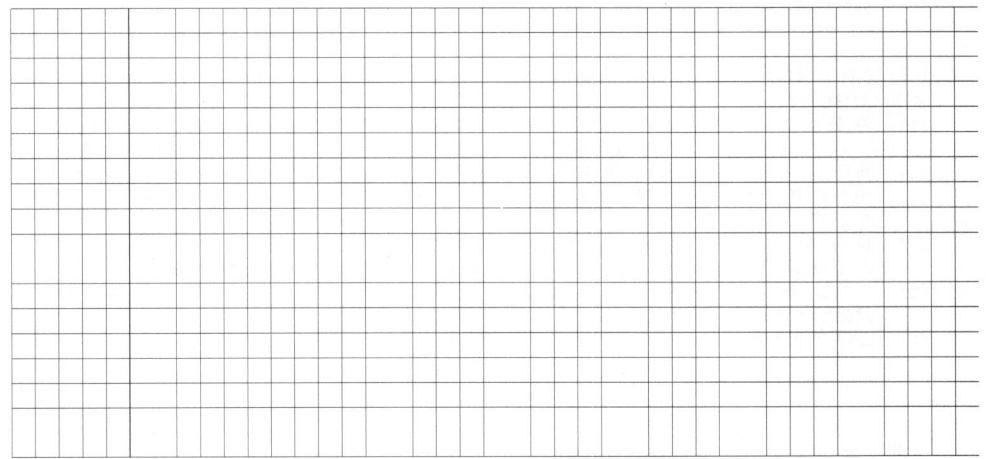

念　書（兼　同　意　書）

災害発生年月日	令和 6 年 9 月 20 日	災害発生場所	
第一当事者(被災者)氏名	渡辺　吉兵衛	第二当事者(相手方)氏名	森前　太一

1 上記災害に関して、労災保険給付を請求するに当たり以下の事項を遵守することを誓約します。
　(1) 相手方と示談や和解（裁判上・外の両方を含む。以下同じ。）を行おうとする場合は必ず前もって
　　　貴職に連絡します。
　(2) 相手方に白紙委任状を渡しません。
　(3) 相手方から金品を受けたときは、受領の年月日、内容、金額（評価額）を漏れなく、
　　　かつ遅滞なく貴職に連絡します。

2 上記災害に関して、私が相手方と行った示談や和解の内容によっては、労災保険給付を受けられない場合や、受領した労災保険給付の返納を求められる場合があることについては承知しました。

3 上記災害に関して、私が労災保険給付を受けた場合には、私の有する損害賠償請求権及び保険会社等（相手方もしくは私が損害賠償請求できる者が加入する自動車保険・自賠責保険会社（共済）等をいう。以下同じ。）に対する被害者請求権を、政府が労災保険給付の価額の限度で取得し、損害賠償金を受領することについては承知しました。

4 上記災害に関して、相手方、又は相手方が加入している保険会社等から、労災保険に先立ち、労災保険と同一の事由に基づく損害賠償金の支払を受けている場合、労災保険が給付すべき額から、私が受領した損害賠償金の額を差し引いて、更に労災保険より給付すべき額がある場合のみ、労災保険が給付されることについて、承知しました。

5 上記災害に関して、私が労災保険の請求と相手方が加入している自賠責保険又は自賠責共済（以下「自賠責保険等」という。）に対する被害者請求の両方を行い、かつ、労災保険に先行して労災保険と同一の事由の損害項目について、自賠責保険等からの支払を希望する旨の意思表示を行った場合の取扱いにつき、以下の事項に同意します。
　(1) 　労災保険と同一の事由の損害項目について、自賠責保険等からの支払が完了するまでの間は、労災保険の支給が行われないこと。
　(2) 　自賠責保険等からの支払に時間を要する等の事情が生じたことから、自賠責保険等からの支払に先行して労災保険の給付を希望する場合には、必ず貴職及び自賠責保険等の担当者に対してその旨の連絡を行うこと。

6 上記災害に関して、私の個人情報及びこの念書（兼同意書）の取扱いにつき、以下の事項に同意します。
　(1) 　貴職が、私の労災保険の請求、決定及び給付（その見込みを含む。）の状況等について、私が保険金請求権を有する人身傷害補償保険取扱会社に対して提供すること。
　(2) 　貴職が、私の労災保険の給付及び上記3の業務に関して必要な事項（保険会社等から受けた金品の有無及びその金額・内訳（その見込みを含む。）等）について、保険会社等から提供を受けること。
　(3) 　貴職が、私の労災保険の給付及び上記3の業務に関して必要な事項（保険給付額の算出基礎となる資料等）について、保険会社等に対して提供すること。
　(4) 　この念書（兼同意書）をもって(2)に掲げる事項に対応する保険会社等への同意を含むこと。
　(5) 　この念書（兼同意書）を保険会社等へ提示すること。

令和　6　年 9　月 26　日

　　中　央　　労働基準監督署長殿

請 求 権 者 の 住 所　東京都北区志茂町×－××－×

　　　　　　　　　氏名　渡辺　吉兵衛

（ ※ 請 求 権 者 の 氏 名 は 請 求 権 者 が 自署してください。）

労災・徴収法

示　談　書

1. 事故内容

事　故　月　日	令和 6 年 9 月 20日 午前後 10 時 30 分頃			
事　故　場　所	東京都中央区京橋Ｘ－Ｘ－Ｘ　昭和通り路上			
甲の自動車登録番号	品川 44 ね 61－ＸＸ	乙の自動車登録番号	品川 6 め 21ＸＸ	
被　害　物　件	（甲）　胸部打撲全治２週間　（車両）　後部破損			

2. 示談内容

　　　（1）　甲は乙より自賠保険による給付のほか見舞金20万円を受領した。

　　　（2）　車両の破損に関し甲は乙より５万円の賠償金を受領した。

　この事故についての示談は上記のとおり，双方とも異議なく円満に解決いたしました。つきましては今後本件に関しいかなる事情が起こりましても，両者はそれぞれ相手方に対し，何等の異議，請求は勿論のこと訴訟等一切いたしません。
　　ここに円満解決したことの証として，後日のため本書２通を作成し，双方連署捺印のうえ，その１通を所持します。

　　　令和 6 年 10 月 17 日

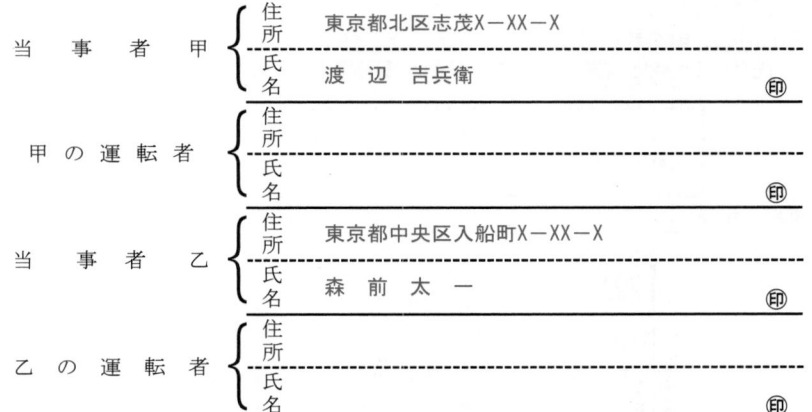

労災・徴収法

交通事故証明書 申込用紙

自動車安全運転センター 東京都事務所

申込み方法

● 下の 払込取扱票 を切り取り、必要事項を記入し、証明書交付手数料 1通につき800円 と 払込料金 を添えて、ゆうちょ銀行・郵便局で手続きをしてください。
● 払込取扱票 で同一の証明書は何通でもお申込みできますが、通数により料金が変わります。
● 証明書は、払込人(申請者)の住所へ郵送します。住所以外へ郵送をご希望の場合は、通信欄に記入してください。
● 他府県発生の交通事故でも、この申込用紙で申込むことができます。

記入事項

① 事故種別 人身・物件の別を○で囲んでください。
② 発生日時 取扱警察署 発生場所 具体的に記入してください。
③ 申請数 必要数を記入してください。
④ 当事者の氏名 氏名にフリガナを付けてください。
⑤ 申請者と当事者の続柄 本人・父・母等の別を記入してください。
  申請者連絡先 昼間連絡ができる電話番号を記入してください。
⑥ 住所以外の送付先(通信欄) 払込人(申請者)以外への郵送を希望される方は、記入してください。
⑦ 申請者側車両番号 ナンバープレートの番号を表示されているとおりに記入してください。
⑧ 払込人(申請者) 枠からはみ出さないように 住所・氏名をはっきりと楷書で記入してください。証明書には、記入された文字がそのまま印字されます。

《記入例》

払込取扱票

● 証明書を2通以上希望する場合は金額を訂正してください。
● 金額を訂正した場合はATMは使用できません。

金額 1600

※裏面もご覧下さい。 (キリトリ線) (2022.4 作成)

払込取扱票

振替払込請求書兼受領証

(※図表部分:記入例および払込取扱票・受領証の各フォーム)

労災・徴収法

交通事故発生届（「交通事故証明書」が得られない場合）

当事者	① 第一当事者 （被災者）	氏　　名	第 一 太 郎 （ 37 ）歳		
		住　　所	東京都大田区下丸子〇〇〇　TEL　03（〇〇〇〇）〇〇〇〇		
		車両登録番号	品川400 あ 〇〇〇〇	自賠責保険証明書番号	Y〇〇〇〇〇〇〇〇
	② 第二当事者 （相手方）	氏　　名	第 二 次 郎 （ 30 ）歳		
		住　　所	東京都世田谷区奥沢〇－〇－〇　TEL　03（〇〇〇〇）〇〇〇〇		
		車両登録番号	品川500 か 〇〇〇〇	自賠責保険証明書番号	S〇〇〇〇〇〇〇〇

③ 事故発生日時	令和 6 年 7 月 29 日　　午前 （午後） 3 時 0 分
④ 事故発生場所	渋谷区〇〇町△－△　（株）〇〇運輸敷地内
⑤ 災害発生状況	（株）〇〇運輸の敷地内（構内）において、駐車場から事務所へ歩いている際、右折してきた加害者の自動車に左足をひかれ、左足親指を骨折した。
⑥「交通事故証明書」が得られない理由	・構内においてぶつかったため、交通事故ではないと思い、交通事故証明の申請を行わなかったため。 ・被災時には痛みがなく、交通事故証明書を申請する必要がないと思ったため。

⑦ 第一当事者 （被災者）	上記⑥の理由により、「交通事故証明書」は提出できませんが，事故発生の事実は上記①～⑤に記載したとおりです。 　　　令和 6 年 8 月 1 日
	氏　名　第 一 太 郎
	住　所　東京都大田区下丸子〇〇〇

⑧ 目撃者	上記①～⑤に記載された事故を目撃したことを証明します。 　　　令和　　年　　月　　日
	氏　名　目撃者はなし
	住　所
	TEL

⑨ 第二当事者 （相手方）	上記①～⑤に記載された事故により①の者に損害を与えたことを自認します。 　　　令和 6 年 7 月 29 日
	氏　名　第 二 次 郎
	住　所　東東京都世田谷区奥沢〇－〇－〇
	TEL　03（〇〇〇〇）〇〇〇〇
	事業場の名称　　〇〇運輸
	代表者職氏名　　代表取締役 会社 守

　　　令和　6　年　8　月　1　日

　　中央　　　労働基準監督署長　殿

	届出人	氏　名　　第 一 太 郎
		住　所　　東京都大田区下丸子〇〇〇

注意
1. 警察署への届出をしなかった等のために「交通事故証明書」の提出ができない場合に提出して下さい。
2. ①及び②の「車両登録番号」及び「自賠責保険証明書番号」の欄には，交通事故発生時において，被災者又は第三者が乗車していた車両に関する事項を記載して下さい。
3. ⑨の「事業場の名称」及び「代表者職氏名」の欄には，⑨の第三者が業務中であった場合のみ⑨の第三者の代表者の証明を受けて下さい。

労災・徴収法

7. 他保険等との調整

1．自賠保険との調整

　業務上において自動車事故による第三者行為災害の場合には、被災労働者又はその遺族は、労災保険の保険給付を請求できるほかに、加害者に対して民法上の損害賠償を請求できるが、この損害賠償の履行を確保するための制度として、加害者の損害賠償を肩代りして行う自動車損害賠償責任保険や、自動車損害賠償責任共済があり、保険金または共済金を受けることができる。

　このような保険金又は共済金の支払いは、加害者の損害賠償を肩代りして行うものであるから、自動車事故であっても業務災害又は通勤災害である場合は、保険給付と保険金又は共済金との調整がいわゆる「求償」又は「保険給付の控除」によって行われる。従って民法上の損害賠償の場合と同様に考えてよい。

　なお、労災保険では、被災労働者又はその遺族の損失がすみやかにてん補されるように、自動車損害賠償責任保険および自動車損害賠償責任共済との間に協定が結ばれており、原則として、自動車損害賠償責任保険などの支払いがさきに行われることとされている。しかし、受給権者が希望するときは、労災保険の給付をさきに受けることもできる。

（1）「後遺障害による損害」に対する労災保険と自賠責保険等の調整は、次表の各等級に応ずる逸失利益相当額を限度として行われる。

（単位：万円）

等　級 ＼ 事　項	自賠責保険金額等の限度額	内　　訳	
		慰謝料の額	逸失利益相当額
第　1　級	3,000	1,100	1,900
（被扶養者のあるとき）		(1,300)	(1,700)
第　2　級	2,590	958	1,632
（被扶養者のあるとき）		(1,128)	(1,462)
第　3　級	2,219	829	1,390
（被扶養者のあるとき）		(973)	(1,246)
第　4　級	1,889	712	1,177
第　5　級	1,574	599	975
第　6　級	1,296	498	798
第　7　級	1,051	409	642
第　8　級	819	324	495
第　9　級	616	245	371
第　10　級	461	187	274
第　11　級	331	135	196
第　12　級	224	93	131
第　13　級	139	57	82
第　14　級	75	32	43
自賠令別表第1に規定する介護を要する場合			
第　1　級	4,000	2,100	1,900
（被扶養者のあるとき）		(2,300)	(1,700)
第　2　級	3,000	1,368	1,632
（被扶養者のあるとき）		(1,538)	(1,462)

（2）「死亡による損害」に対する労災保険と自賠責保険等の調整は、次表の葬祭費の額及び逸失利益相当額を限度として行われる。

（単位：万円）

保険金額等の限度額	葬祭費の額	内　　訳		
		慰　謝　料　の　額		逸 失 利 益 相 当 額 （　）内は死亡労働者 に被扶養者のあるとき
		死亡本人の 慰謝料の額	遺族の慰謝料の額 （　）内は死亡労働者 に被扶養者のあるとき	
３，０００	６０	３５０	請求権者１名の場合 ５５０ （７５０）	同左 ２，０４０ （１，８４０）
			請求権者２名の場合 ６５０ （８５０）	同左 １，９４０ （１，７４０）
			請求権者３名以上の場合 ７５０ （９５０）	同左 １，８４０ （１，６４０）

編者注：請求権者とは、死亡労働者の父母（養父母を含む。）、配偶者及び子（養子、認知した子及び胎児を含む。）
であって、自賠責保険等の慰謝料の請求権者となる者をいう。

２．社会保険との調整

（１）休業補償給付

　　同一の事由により休業補償給付と厚生年金等が併給される場合にあっては、労災保険法別表第１第１号から第３号までに掲げる併給される厚生年金等の区分に応じ、同表第１号から第３号までの政令で定める率のうち、傷病補償年金又は傷病年金に係る率を、休業補償給付の額に乗じて調整されることとされている。この場合の休業補償給付についての調整限度額については、休業補償給付の額から同一の事由により併給される厚生年金等の額を 365 で除して得た額を減じた残りの額とすることとされている。

併給される 厚生年金等	労災保険の年金 たる保険給付	障害補償 年　　金 障害年金	遺族補償 年　　金 遺族年金	傷病補償 年　　金 傷病年金	備　　考
（１）　別表第１ 　　第１号 　　厚生年金 　　及び国民年金	障害厚生年金及び障害基礎 年金	0.73	－	0.73	労災令 第２条
	遺族厚生年金及び遺族基礎 年金又は寡婦年金	－	0.80	－	
（２）　別表第１ 　　第２号 　　厚生年金	障害厚生年金	0.83	－	0.88	労災令 第４条
	遺族厚生年金	－	0.84	－	
（３）　別表第１ 　　第３号 　　国民年金	障害基礎年金	0.88	－	0.88	労災令 第６条
	遺族基礎年金又は寡婦年金	－	0.88	－	

（２）傷病補償年金等

　　同一の事由により、傷病補償年金、遺族補償年金、障害補償年金と厚生年金等が併給される場合については、労災保険法別表第１及び労災保険法施行令を参照のこと。

労
災
・
徴
収
法

8. 示談の要点（労災事故に係る損害賠償）

１．示談とは
- 示談とは、民事上の紛争に関し、裁判外で当事者間に成立した「当事者が譲り合って紛争を解決する契約」つまり和解契約である。
- 示談書とは、後日の紛争を予防するため作成する「示談に関する証書」である。
- 示談がいったん成立すると、法的効力が生じる。たとえ後から示談したことと違った証拠等が出てきたとしても、その効力をくつがえすことはできない。
- ただし、錯誤、詐欺、強迫などの瑕疵が認められれば示談は取り消し又は無効になることがある。

２．示談の時期
- 死亡災害の場合は早いほど良い。ただし、通夜や葬儀の席では話しを慎む。
  （初七日、三十五日、四十九日を終えたあと）
- 障害が残る場合は原則として治ゆ（症状固定）してから、あるいは治ゆの見通しがたったとき。
- 傷病補償年金に移行する段階。（療養開始後１年半を経過したとき）

３．示談交渉の際の確認事項
- 事故の状況（特に、関係者の法違反の有無・双方の過失の程度の把握、被災者の労働者性、業務上外の確認）
- 被災者の家族関係、特に相続人は誰か
- 各種保険からの給付金
  ① 政府労災
  ② 自賠責及び任意保険（交通労働災害）
  ③ 使用者の上乗せ保険
  ④ 協力会社互助制度
- 立替金や見舞金の状況

４．示談書の必要記載事項（基本的事項）
- 当事者の表示
- 事故日、事故場所や災害発生状況の明示
- 示談金額の明示（内訳は記載しない）
- 示談金の支払日、支払方法
- 請求権放棄条項　等

５．示談額算定の基礎
例：負傷して障害が残る場合
《条件：平均賃金 10,000 円、45 才、障害等級８級、特別給与なしの場合》

（年収）	（労働能力喪失率）	（ライプニッツ係数）	（逸失利益）
3,650,000 円 ×	45/100 ×	15.937	= 26,176,523 円 ‥‥‥ A

労災・徴収法

労災保険よりの給付金

障害補償一時金　10,000 円　×　503 日分　　　　　　　＝　5,030,000 円

障害特別支給金　　　　　　　　　　　　　　　　　　　　　650,000 円

　　　　　　　　　　　　　　　　　　　　　　　計　5,680,000 円‥‥‥B

注1：逸失利益に対する損害額は、労災保険給付の上積みとして示談を行う場合には、A－Bで
20,496,523 円となり、これに慰謝料や被災者の過失の程度、地域の実情等を加味して損害額（示
談額）が算出されることになる。なお、死亡の場合損害額の算定は、次の点などでケガの場合と異
なる。
①　労働能力喪失率が適用されない。
②　生活費の控除がある。（一家の支柱 30～40％、独身男性 50％、女性 30％等）
③　遺族数により慰謝料に多寡がある。

注2：労働能力喪失率は別表のとおり。

注3：「ライプニッツ係数」とは、「逸失利益」は将来受け取るであろう収入分を一時金として受け取
るのであるから利息分を控除しなければならず、この中間利息を複利計算で差し引くときに使用
する係数である。

注4：自賠責による保険金の支払基準においては、「逸失利益」の算出に「ライプニッツ係数」を使用
することとしており、労働災害においても最近は通常「ライプニッツ係数」を用いて算出してい
る。

別表

労 働 能 力 喪 失 率 表

障 害 等 級	労働能力喪失率	障 害 等 級	労働能力喪失率	障 害 等 級	労働能力喪失率
第 1 級	100／100	第 6 級	67／100	第 11 級	20／100
第 2 級	100／100	第 7 級	56／100	第 12 級	14／100
第 3 級	100／100	第 8 級	45／100	第 13 級	9／100
第 4 級	92／100	第 9 級	35／100	第 14 級	5／100
第 5 級	79／100	第 10 級	27／100		

示 談 書 の モ デ ル 例

示 談 書 （和 解 契 約 書）

　令和〇年〇月〇日、Ｃ建設株式会社△△マンション新築工事において発生した、Ｘに関する労働災害による死亡事故（以下本件事故という）につき、当事者たる甲１、甲２、甲３及び乙、丙、丁は下記により示談した。

記

1. 乙、丙及び丁は連帯して甲らに対し、本件事故につき慰謝料を含むすべての損害賠償として、労働者災害補償保険法に基づく保険給付のほか、金25,000,000円を支払うことを確約し、甲らが指定する預金口座に、令和〇年〇月〇日迄に振込送金する方法により支払う。
2. 本和解契約書に定めるもののほか、本件事故に関し、甲ら及びその他の関係者は、乙、丙、丁及びその他の関係者に対し、今後一切の異議申し立て、請求等を行わない。
　　本和解契約成立の証として本書参通を作成し、甲ら、乙、丙及び丁が各壱通これを保有する。

以　　上

　　令和〇年〇月〇日

甲１　東京都〇〇区〇〇△丁目
　　　　　　Ｙ　　　　　　㊞
甲２　東京都〇〇区〇〇△丁目
　　　　　　Ｍ　　　　　　㊞
甲３　東京都〇〇区〇〇△丁目
　　　　　　Ｓ　　　　　　㊞
上記代表者：法定代理人親権者母
　　　東京都〇〇区〇〇△丁目
　　　　　　Ｙ　　　　　　㊞
乙　東京都〇〇区〇〇□丁目
　　Ａ工務店　株式会社
　　社長　〇　〇　〇　〇　㊞
丙　神奈川県〇〇区〇〇□丁目
　　Ｂ組　株式会社
　　社長　〇　〇　〇　〇　㊞
丁　神奈川県〇〇区〇〇□丁目
　　Ｃ建設　株式会社
　　社長　〇　〇　〇　〇　㊞

9. 道路の建設事業に係る労災保険率の適用について

労徴発第8号
事 務 連 絡
昭 5 9 . 2 . 1

　道路の建設事業に係る労災保険率の適用については、昭和59年2月1日付け労働省発労徴第12号、基発第55号により一部改正されたところであるが、具体的運用に当たっては次の事項に留意すること。

記

1．道路の建設事業に係る労災保険率適用の原則

（1）道路の建設事業に係る労災保険率の適用は、完成される工作物により難い場合は、主たる工事、作業内容によること。この場合の主たる工事、作業の判断は、それぞれの工事、作業に係る賃金総額の多寡によるものとする。

（2）なお、実際に支払われる賃金総額の把握が困難な場合にあっては、それぞれの工事、作業に係る請負金額に、それぞれの工事、作業に係る労務費率を乗じて得た額により判断するものとする（この場合、共通の経費については、それぞれの工事、作業に係る請負金額の比率により案分し、それぞれの工事、作業に係る請負金額に加算するものとする。以下同じ。）。

2．道路新設、道路改築及び道路改修等工事に係る労災保険率の適用

（1）道路を新設する工事は、「32　道路新設事業」の労災保険率を適用する。ただし、道路の一部であるトンネル（開さく工法以外の地下道を含む。）又は橋、高架その他これに類する構造の道路（以下「橋等」という。）の建設を行う工事は、労働大臣の告示により「32　道路新設事業」の除外事業として定めている。したがって道路新設工事に伴うずい道新設工事において、当該道路新設工事に係る総請負金額のうち、当該ずい道新設工事に係る請負金額が1,000万円以上であって、かつ、当該総請負金額の10%以上であるときは、当該ずい道新設工事については「31　水力発電施設、ずい道等新設事業」の労災保険率を適用し、道路新設工事に伴う建築工事において、当該道路新設工事に係る総請負金額のうち、当該建築工事に係る請負金額が500万円以上であって、かつ、当該総請負金額の10%以上であるときは、当該建築工事については「35　建築事業」の労災保険率を適用する。

（2）路幅の拡張工事又は路線変更工事（以下「道路改築工事」という。）は、「32　道路新設事業」の労災保険率を適用する。

（3）道路の改修、復旧、維持等の工事（以下「道路改修等工事」という。）は、原則として「37 その他の建設事業」の労災保険率を適用する。

（4）道路の災害復旧工事で、既存の路線、路幅に復旧するものは、「37　その他の建設事業」の労災保険率を適用する。

労災・徴収法

（５）なお、道路の災害復旧工事であっても、トンネル工事は昭和57年10月22日付け発労徴第72号、基発第678号（第４建設事業の８）により「31　水力発電施設、ずい道等新設事業」又は「37　その他の建設事業」、橋等の工事は「35　建築事業」の労災保険率を適用する。

（６）１の事業において、道路改築工事と道路改修等工事を併せ行う場合の労災保険率は、完成される工作物により、完成される工作物により難い場合は、主たる工事、作業内容によること。

３．ほ装工事の労災保険率の適用

（１）道路のほ装及び砂利散布の工事は、「33　ほ装工事業」の労災保険率を適用する。なお、ほ装とは、下層路盤から表層までの全部又は一部をいう。

（２）道路新設工事又は道路改築工事に伴うほ装工事は「32　道路新設事業」の労災保険率を適用する。ただし、道路新設工事又は道路改築工事に伴うほ装工事で当該ほ装工事が独立して行われる場合は、「33　ほ装工事業」の労災保険率を適用する。なお、この場合の独立性の判断については、ほ装工事に係る請負契約が道路新設工事又は道路改築工事とは異なる発注により締結されているか否かによって判断を行うこと。

（３）道路改修等工事とほ装工事を併せ行う場合の労災保険率の適用は、完成される工作物により、完成される工作物により難い場合は主たる工事、作業内容によること。

４．道路付属施設工事の労災保険率の適用について

（１）道路新設工事又は道路改築工事に伴う道路付属施設工事は、「32　道路新設事業」の労災保険率を適用する。ただし、道路新設工事又は道路改築工事に伴う道路付属施設工事で、当該道路付属施設工事が独立して行われる場合の労災保険率は、完成される工作物（道路付属施設）により、完成される工作物により難い場合は主たる工事、作業内容によること。なお、この場合の独立性の判断については、道路付属施設工事、に係る請負契約が道路新設工事又は道路改築工事とは異なる発注により締結されているか否かによって判断を行うこと。

（２）道路改修等工事と道路付属施設工事を併せ行う場合の労災保険率の適用は、完成される工作物により、完成される工作物により難い場合は、主たる工事、作業内容によること。

労災・徴収法

10. 道路関連工事以外の建設工事に伴う舗装工事に係る労災保険率の適用について

```
労働省発労徴第6号
基  発  第 89 号
平 成 3 ． 2 ． 7
```

　道路新設工事、道路改修工事等の道路関連工事に伴う舗装工事の労災保険率の適用については、昭和55年3月14日付け発労徴第13号、基発第129号及び昭和59年2月1日付け労働省発労徴第12号、基発第55号により取り扱ってきているところであるが、最近の舗装事業の実態に鑑み、飛行場の建設工事に伴う舗装工事等道路関連工事以外の建設工事に伴う舗装工事についても、上記通達に準じ、今後下記のとおり取り扱うこととしたので、事務処理に遺漏のないように配慮されたい。

記

1．道路関連工事以外の建設工事に伴う舗装工事の取扱いについて

　道路関連工事以外の建設工事に伴う舗装工事について当該舗装工事に係る請負契約が他の建設工事とは異なる発注により締結されている場合は、当該舗装工事は独立した事業として「（33）舗装工事業」の労災保険率を適用すること。

　なお、平成2年3月9日付け労働省発労徴第8号、基発第124号による飛行場等の建設の事業における舗装工事に係る部分については、本通達により取り扱う。

2．事務処理上の留意点

（1）本取扱いは、本通達施行の際、現に保険関係が成立しているものより適用すること。

（2）舗装工事が他の建設工事と同一の請負契約により施工される場合は、従来どおり適用の基本原則により労災保険率を決定すること。

労災・徴収法

11. 大規模造成工事と各種建築工事等が相関連して行われる事業が分割発注で施工される場合に係る労災保険率の適用について

労働省発労徴第8号
基　発　第 124 号
平 成 2 ． 3 ． 9

建設事業における労災保険率の適用に当たっては、当該建設事業における事業の目的を達成するために行われる作業の一体を一の事業として取り扱い、労災保険率適用事業細目表に照らし最終的に完成されるべき工作物により、これにより難しい場合には主たる工事、作業の内容により決定しているところである。

近年、スキー場やゴルフ場の建設の事業をはじめとして大規模造成工事と各種建築工事等が相関連して行われる事業がみられるが、これらの場合には当該大規模造成工事あるいは各種建築工事等がそれぞれ別個の目的を有して行われていると認められるものがあり、事業全体として最終的に完成されるべき工作物を判断することが困難な場合が多い。この場合において、分割発注で施工される場合においては事業全体の主たる工事、作業の内容を判断することも困難な場合が多い。

したがって、これら大規模造成工事に関連して一定の目的を有すると認められる各種建築工事等を行うことが一般的であると考えられるスキー場、ゴルフ場及びこれらをはじめとする施設の集合体と認められる総合リゾート施設の建設の事業並びに飛行場の建設の事業については、当該事業における各種建築工事等が分割発注で施工され、かつ、分割された各工事における完成されるべき工作物が下記1の(1)の各号に掲げる工作物に該当する場合には、下記により、事業全体を労災保険率決定上の適用単位とすることなく、当該工作物に係る工事ごとに労災保険率決定上の適用単位とし、当該完成されるべき工作物により労災保険率を適用することとする。

なお、この通達の施行に伴い、平成元年3月1日付け労働省発労徴第13号、基発第96号通達は廃止する。

記

1．労災保険率の適用基準の改正

（1）労災保険率決定上の適用単位について

スキー場、ゴルフ場及びこれらをはじめとする施設の集合体と認められる総合リゾート施設の建設の事業並びに飛行場の建設の事業は、土地の造成を主たる目的とする事業として「（37）その他の建設事業」の労災保険率を適用するが、これらの事業が分割発注で施工される場合にあっては、次に掲げる建設の事業につき、各々に定める工作物ごとに労災保険率決定上の適用単位とし、当該完成されるべき工作物により労災保険率を適用する。

イ　スキー場の建設の事業

ホテル、マンション、ロッジ及びこれらに準じた建築物並びに索道

ロ　ゴルフ場の建設の事業

クラブハウス、ホテル及びこれらに準じた建築物並びに施設管理用等の機械装置

ハ　総合リゾート施設の建設の事業

　　スキー場（この範囲においてイを適用）、ゴルフ場（この範囲においてロを適用）並びにホテル、マンション、ロッジ及びこれらに準じた建築物

ニ　飛行場の建設の事業

　　管制塔、ターミナルビル、格納庫及びこれらに準じた建築物

（２）分割されたそれぞれの請負事業の具体的適用の判断について

　　分割されたそれぞれの請負事業が、前記(1)の各号に掲げる工作物に係る事業である場合には、当該工作物を当該事業における完成されるべき工作物として労災保険率を適用する。また、造成工事であってもっぱら当該工作物のためだけに行われるものは当該工作物の工事の一環として取り扱う。

　　なお、それ以外の事業はすべて「(37)その他の建設事業」の労災保険率を適用する。

２．事務処理の留意点

（１）本通達は、平成２年４月１日以後に保険関係が成立する事業に適用するものとする。

（２）本通達でいうゴルフ場の建設の事業とは大規模な造成を伴うものをいい、ホテル等に付随したような小規模なもの（いわゆるショートコース、パターゴルフ場等）の建設の事業をいうものではない。

　　また、総合リゾート施設の建設の事業とは、大規模造成を主たる目的とする施設の建設をはじめ、余暇等を利用して滞在しつつ行うスポーツ、レクリェーション、教育文化活動、休養、集会等の多様な活動に資するための総合的な機能を有した施設を建設する事業をいう。

（３）前記１の(1)に定める場合のほかは、従来どおり事業の全体を捉え完成されるべき工作物により労災保険率を適用する。

労災・徴収法

12. 建設工事における廃土等の輸送の事業の取扱い

基発第172号
昭 40.2.17

1. 建設工事を行なっている事業の事業主が、廃土等の輸送も併せ行なっている場合には、建設工事の保険関係に含めて取扱うこと。

   なお、下請人が土砂等の掘さく作業と、廃土等の輸送とを一括して下請している場合についても、上記により取扱うこと。

2. 貨物取扱事業として、保険関係の成立している事業が、建設工事における廃土等の輸送を行っている場合には、当該保険関係に含めて取扱うこととし、当該輸送を業として常時行う事業で保険関係の手続がされていないものについては、新たに貨物取扱事業として保険関係を成立させること。

13. 開さく式地下鉄道新設事業の適用料率について

基発第 18 号
昭 54.1.11

標記の事業及びこれに附帯して行われる事業については、労災保険率適用事業細目表により、建設工事用機械以外の機械の組立て又は据付け事業、ずい道新設事業及び建築事業を除き、「34 鉄道又は軌道新設事業」として適用しているところであるが、除外される建築事業のうち駅舎（地下に建設されるものに限る。以下同じ）関係工事の範囲を下記のとおり定めたのでその取扱いについて遺漏なきを期されたい。

記

「35 建築事業」として適用する駅舎関係工事の範囲は、駅舎（プラットホーム、階段及び連絡通路を含む。）の内装工事及び電気等の設備工事とする。

なお、駅舎（プラットホーム、階段及び連絡通路を含む。）の躯体工事については、掘削等の土木工事に含め、「34 鉄道又は軌道新設事業」として適用されるので念のため申し添える。

14. 建設事業における分割発注工事に係る労災保険率等の適用ついて

労働省発労徴第9号
基 発 第 112 号
昭 63. 3. 1

建設事業における事業の単位は、工事全体を一の事業として取り扱うのが原則であるが、公共工事等長期間にわたる工事であって、予算上等の都合により予め数回に分割して発注される工事については、分割された各工事をそれぞれ一の事業として保険関係の成立単位としているところである。

分割発注工事に係る労災保険率等の適用に関し、工事中途において完成される工作物の変更、労災保険率等の改正が行われた場合の取扱については、左記のとおり取り扱われるものであるので、適正かつ斉一な運用に遺漏なきを期されたい。

なお、昭和30年4月22日付け　基災発第91号通達は廃止する。

記

1．分割工事に係る適用の原則

（1）国、地方公共団体等が発注する長期間にわたる工事であって、予算上等の都合により予め分割して発注される工事については、分割された各工事（以下「分割工事」という。）を一の事業として保険関係を成立させる。

（2）分割工事に係る労災保険率の適用については、当該分割工事を含む工事全体において最終的に完成される工作物（以下「完成物」という。）によることとする。

　　ただし、工事中途において、発注者の都合により完成物が変更され、これに伴う請負契約の締結日において、保険関係が成立している事業及びその日以後に保険関係が成立する事業については、変更後の完成物による労災保険率を適用するものとする。

　　なお、完成物の変更に伴う請負契約の締結日前に既に終了している事業の労災保険率は、変更前の完成物による。

（3）工事中途で労災保険率適用事業細目表又は労災保険率の改正が行われた場合は、その施行日以後に保険関係が成立した事業について改正後の労災保険率適用事業細目表又は労災保険率を適用する。

2．分割工事に係るメリット制の適用について

メリット制の適用については、各分割工事を一の事業として取り扱うこととする。

労災・徴収法

15. 徴収法第11条（旧労災法第25条）による土木建築事業の保険料の算定について

基発第 509 号
昭　28.7.9

　標記については、既に昭和28年4月8日附基発第191号通ちょうによりその取扱の基準を指示したところであるが、今般土木建築事業関係研究調査会の答申に基き労働者災害補償保険審議会の審議を経て、土木建築事業であっても下記の各要件を具備し、賃金総額を正確に算定することができると認められるものについては、8月1日以降法第25条（編者注・徴収法第11条）により保険料を算定することとしたから、その取扱に遺漏のないよう留意されたい。

　おって7月31日までに保険関係の成立した事業については、従前の取扱によるべきであるから念のため申し添える。

記

　土木建築事業にあって賃金総額を正確に算定することができるものとは、保険加入者が当該事業場に使用される総ての労働者について左の各号の措置が講ぜられているものをいう。

1. 労働者名簿及び出面帳（又は出勤簿）が整理されていること。
2. 労働契約の締結に際して労働条件のうち賃金の支払基準が明確に定められていること。
3. 賃金台帳及び賃金支払明細書が整備されていること。なお、賃金台帳の集計総額と賃金支払元帳、金銭出納簿の労務費の支払額とが一致していること。
4. 従って、臨時雇入の労働者についても前各号の措置がとられており、その把握が確実になされていること。

労災・徴収法

16. 共同企業体によって行なわれる建設事業に対する労災保険法の適用について

基災発第 8 号
昭 41.2.15

　建設業において、2以上の建設業者が共同企業体を結成して、建設工事を施工している場合における適用事務は、昭和41年度から下記によって処理されたい。

　なお、この取扱いは、従来から建設省において推進されてきた共同企業体方式のうち、標準的なものを対象としたものであるので、この方式に準じて施工する共同請負工事についても同様に取り扱われたい。

記

1．甲型（全構成員が各々資金、人員、機械等を拠出して、共同計算により工事を施工する共同施工方式をいう。以下「共同施工方式」という。）について

（1）保険関係の成立について

　　イ　共同企業体が行う事業の全体を一の事業とし、その代表者を事業主として保険関係を成立させること。

　　ロ　概算保険料の報告の際には、共同企業体の施工する建設工事の内容、組織、構成員等を明らかにした共同企業体協定書（各構成員の出資の割合を定めた協定書を含む。）の写し、共同企業体の運営方法等に関する運営委員会規程などを提出させること。

（2）督促状の送付及び滞納処分の執行等について法第 31 条の規定に基づく督促及び滞納処分の執行は、保険加入者（(1)のイの代表者）に対して行うべきことは、いうまでもないが、共同企業体の解散、消滅等により、滞納保険料等を保険加入者から徴収することが困難なときは、共同企業体協定書に定められている各構成員の出資割合に応じて当該滞納保険料等を区分して取り扱うこと。

　　なお、共同企業体の解散、消滅後におけるメリット精算事務等のための通知についても、同様であること。

2．乙型（各構成員が工事をあらかじめ分割し、各々分担工事について責任をもって施工し、共通経費は拠出するが、損益については共同計算を行なわない分担施工方式をいう。以下「分担施工方式」という。）について

労災・徴収法

（1）保険関係の成立について

    イ 共同企業体協定書に基づいてあらかじめ分担されている工事部分をそれぞれ独立の事業とし、共同企業体の各構成員をそれぞれ事業主として、保険関係を成立させること。

    ロ 共同企業体の2以上の構成員をそれぞれ元請負人として、各別の請負契約により同一の下請負人が工事を請け負っている場合であっても、当該下請負人の施工する工事内容及び作業の実態において、時期的かつ場所的にそれらの元請負人に共通する下請負工事とみられる作業部分があって、その下請負工事を各下請負契約ごとに明確に区分できないときは、当該請負契約の内容にかかわらず、共同企業体の代表者を元請負人とし、当該下請負人の施工する工事を一括して、下請負契約したものとして取り扱い、当該下請負人の施工する工事については、共同企業体の代表者をして別個に保険関係を成立させること。

    ハ 概算保険料の報告の際には、共同企業体協定書（各構成員の工事の分担を定めた協定書を含む。）の写し及び各分担工事額の決定に関する書類（上記ロの場合には各下請負契約書写しを含む。）を提出させること。

3．匿名施工方式について

    発注者との関係において一業者の単独請負の形態を有する建設工事については、実際上2以上の業者が共同施工する匿名施工方式（いわゆる裏ベンチャー）をとっていても、建設工事を発注者から直接請負った業者を元請負人とし、共同施工にあたる他の業者を下請負人として保険関係を処理すること。

17. 手直工事（保証工事）に対する労災保険法の適用について

基収第3310号
昭　26.11.27

　請負による土木建築工事の本工事終了後において行ういわゆる手直工事は、たとえ本工事についての確定保険料報告書を提出した後であっても、本工事の一部であるから、別個に保険関係を成立させるべきではない。

　この場合、本工事につき請負金額をもって保険料の算定をした場合においては、請負金額に変更のない限り、手直工事のみについての保険料を増加徴収すべきではない。

　なお、手直工事開始のときは、手直工事である旨を記載した工事期間延長届を規則第28条（徴収則第5条参照）により遅滞なく提出することを要する。

基収第8962号
昭　35.5.24

１．保証工事で本工事の終了後2年近くを経過している等の事情からみて、事業として本工事と一体をなすとは認められない手直工事については、昭和26年11月27日付基収第3310号通ちょうにいう手直工事には含まれないから、本工事とは別個の事業として取り扱われたい。

２．本工事と別個の事業として適用した保証工事について、その工事だけの請負金額がある場合のほかは、保証工事に係る賃金総額が正確に算定できないからといって、労災保険法施行規則第25条（徴収則第12条参照）の規定によることは適当でないから、関係者をして賃金台帳等を整備せしめ、実際に支払われる賃金総額をは握するようにされたい。

18. フィルダム建設事業の取扱いについて

基収第156号
昭　58.3.28

建設事業の部の改正

　旧事業細目表においては、高さ20メートル以上のえん堤（土えん堤を除く。）の建設事業は、高えん堤新設事業として「31水力発電施設、隧道等新設事業」に分類されており、土砂を主たる材料とする土えん堤の建設を行う事業は、えん堤の高さの如何にかかわらず「37その他の建設事業」に分類されているとこ

労災・徴収法

ろであるが、近年における工法の進歩により岩を主体とするえん堤と土砂を主体とするえん堤との間の施工方法にほとんど差異がなく、災害の発生率にも格差がみられない状況にある。

　そこで、このような事情に鑑み、天然に存する土砂、岩等を主たる堤体材料とするえん堤いわゆるフィルダムの建設事業についてはえん堤の高さの如何にかかわらず、「37その他の建設事業」に分類することとし、高さ20メートル以上のえん堤（フィルダムを除く。）の建設事業については「水力発電施設、隧道等新設事業」に分類することとした。

（参考）えん堤の建設事業の適用区分

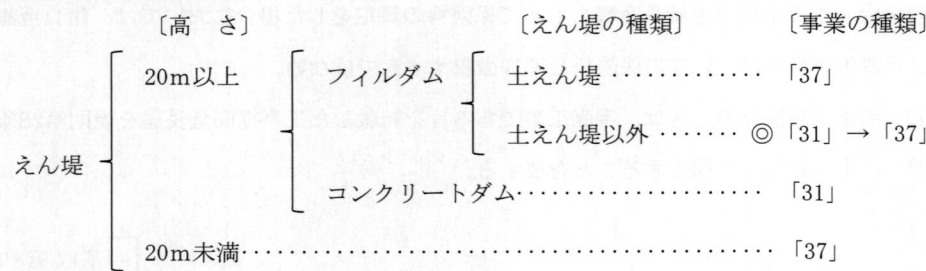

　なお、フィルダムの建設事業であっても、水力発電を目的とするダムの建設を行う場合又は水力発電を目的の一つとする多目的ダムの建設を行う場合には、「31水力発電施設、隧道等新設事業」に分類されるので、念のため申し添える。

労災・徴収法

前　面

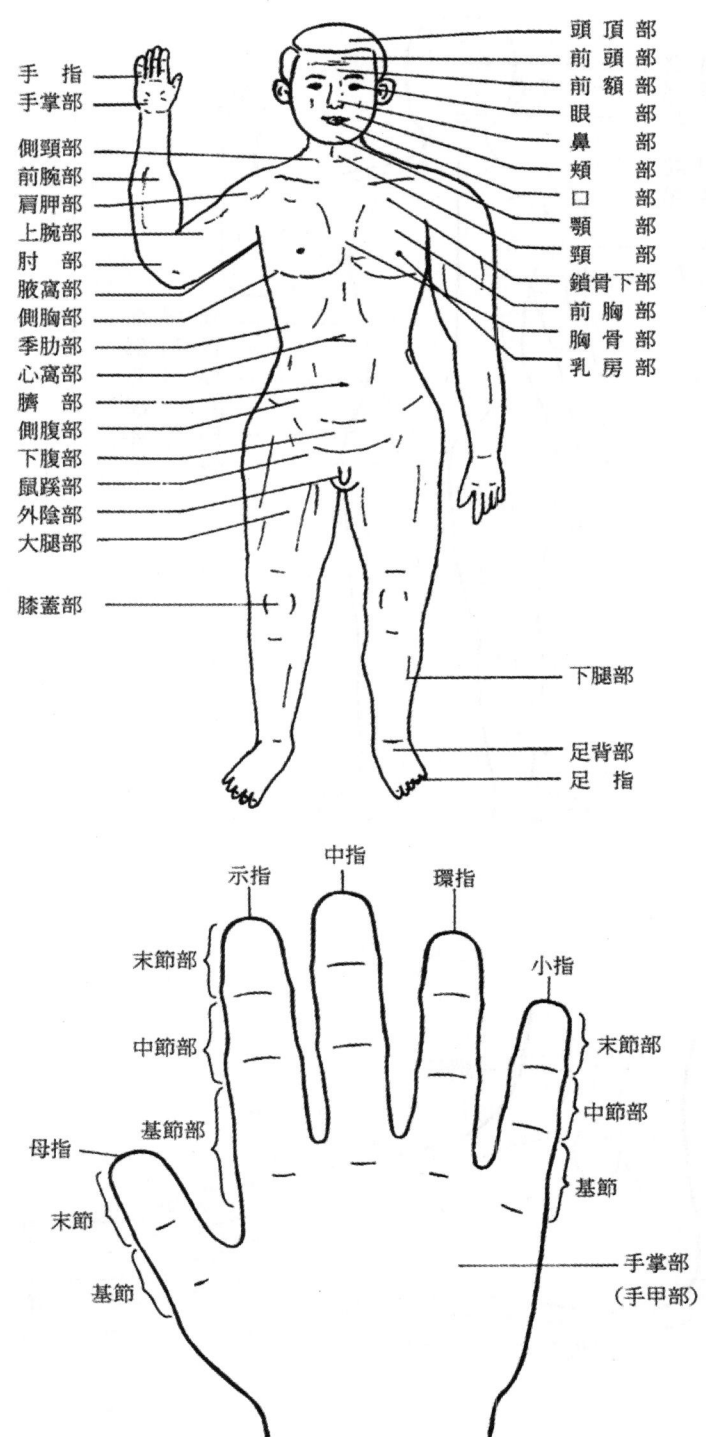

手　指
手掌部

側頸部
前腕部
肩胛部
上腕部
肘　部
腋窩部
側胸部
季肋部
心窩部
臍　部
側腹部
下腹部
鼠蹊部
外陰部
大腿部

膝蓋部

頭　頂　部
前　頭　部
前　額　部
眼　　　部
鼻　　　部
頬　　　部
口　　　部
顎　　　部
頸　　　部
鎖骨下部
前　胸　部
胸　骨　部
乳　房　部

下腿部

足背部
足　指

示指　中指　環指

末節部

中節部

基節部

母指

末節

基節

小指

末節部

中節部

基節

手掌部
（手甲部）

労災・徴収法

後　面

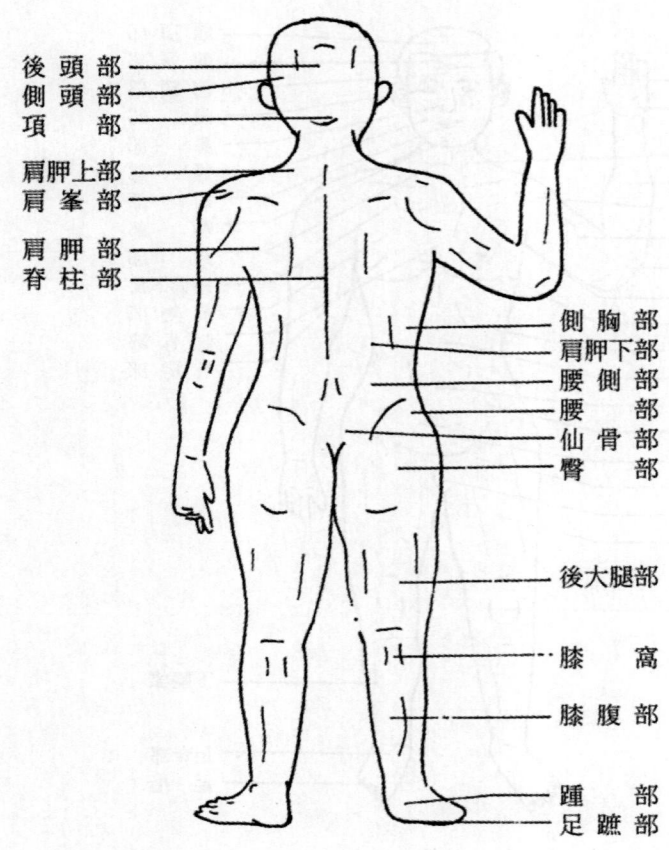

後　頭　部
側　頭　部
項　　　部

肩胛上部
肩　峯　部

肩　胛　部
脊　柱　部

側　胸　部
肩胛下部
腰　側　部
腰　　　部
仙　骨　部
臀　　　部

後大腿部

膝　　窩

膝　腹　部

踵　　　部
足　蹠　部

労
災
・
徴
収
法

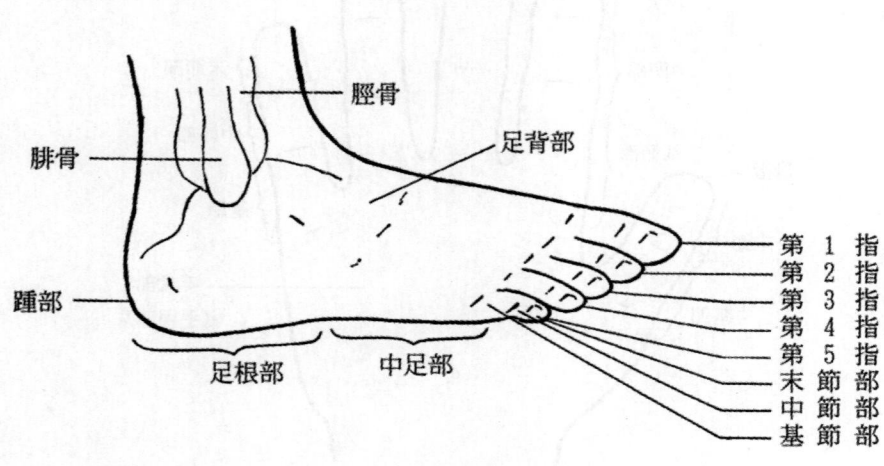

脛骨

腓骨

足背部

踵部

足根部　　中足部

第 1 指
第 2 指
第 3 指
第 4 指
第 5 指
末　節　部
中　節　部
基　節　部

— 474 —

全身の骨格（前面）　　　　　　　全身の骨格（側面）

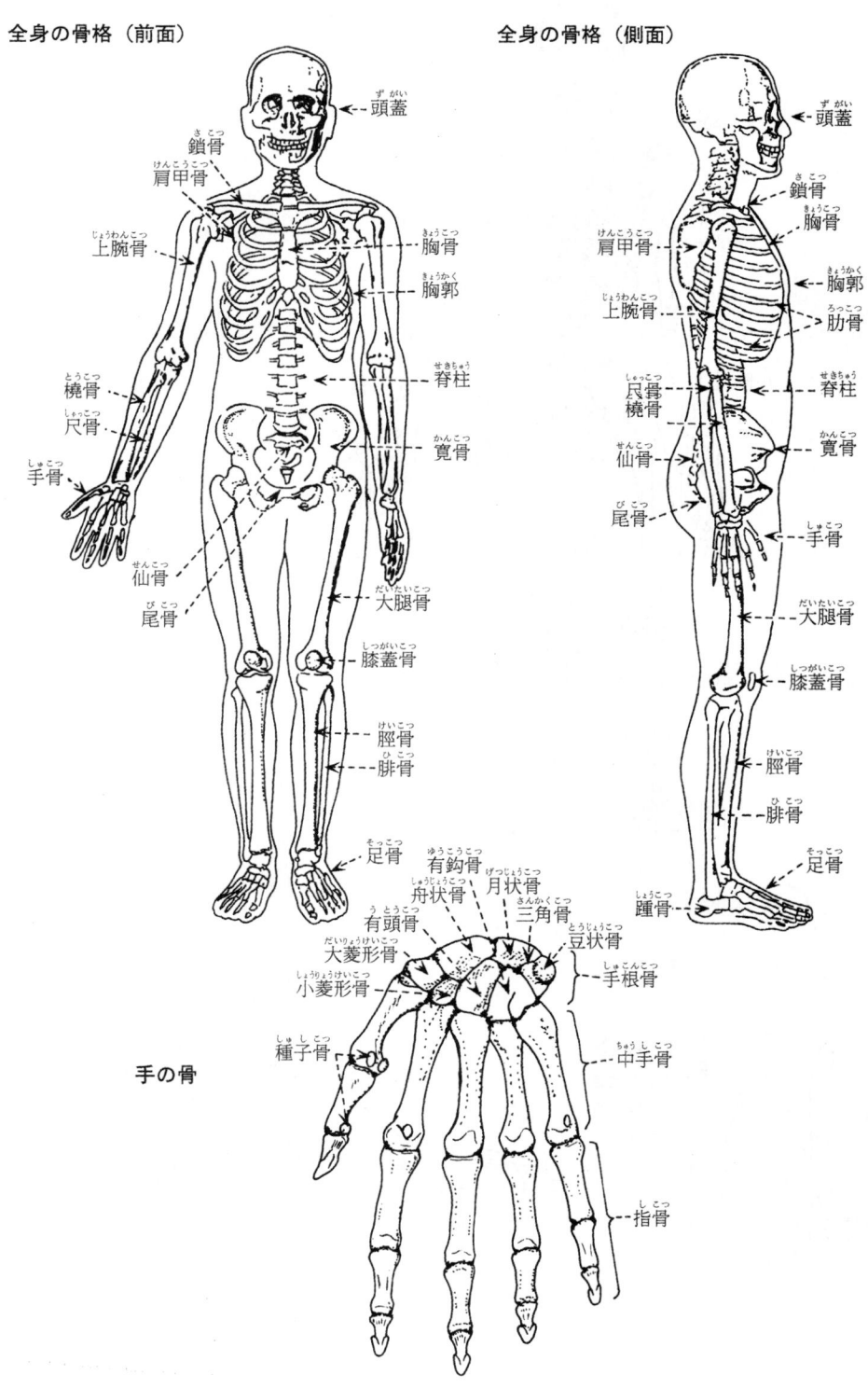

手の骨

労災・徴収法

全身の骨格（後面）

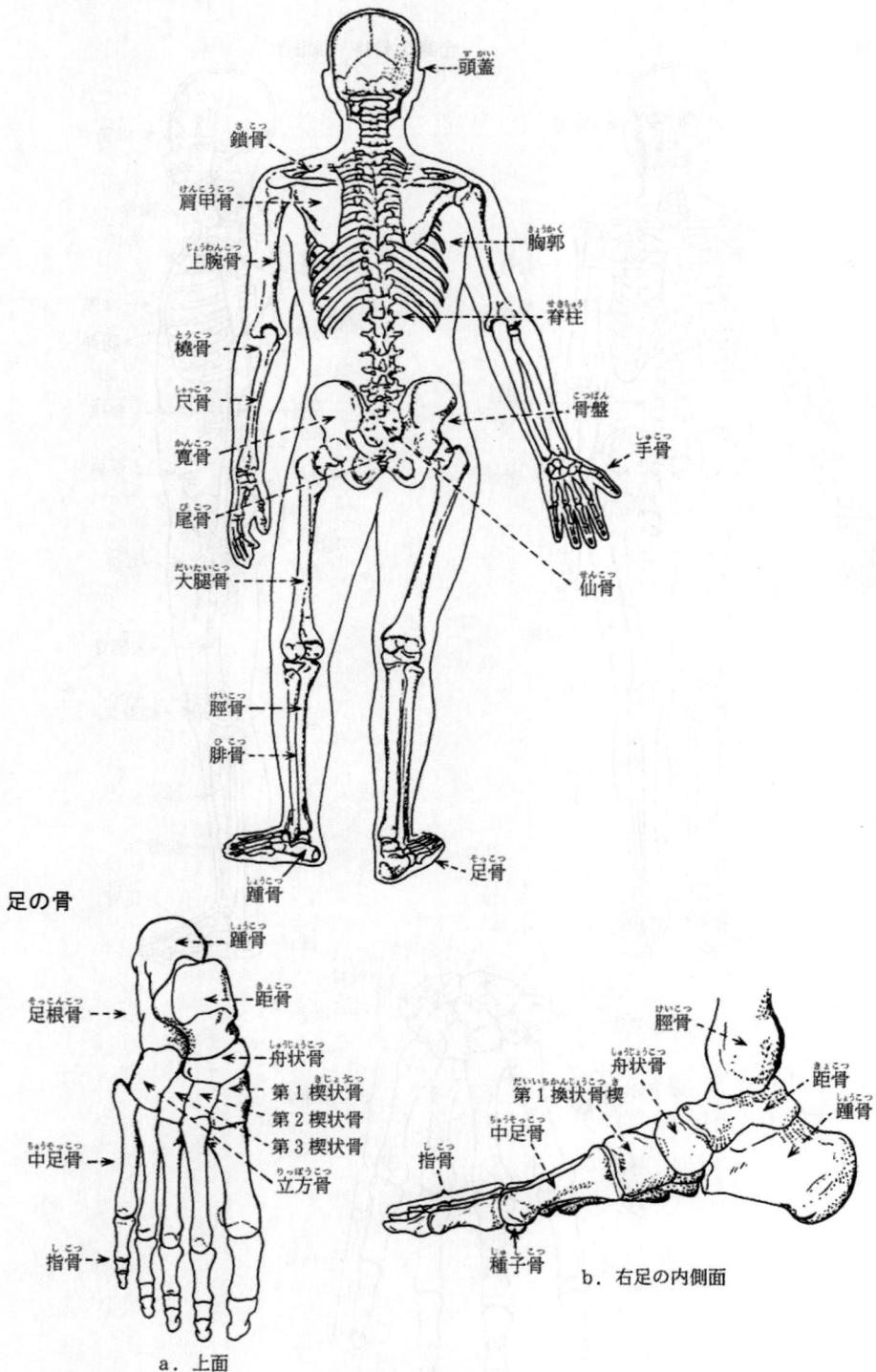

頭蓋 (ずがい)
鎖骨 (さこつ)
肩甲骨 (けんこうこつ)
上腕骨 (じょうわんこつ)
橈骨 (とうこつ)
尺骨 (しゃっこつ)
寛骨 (かんこつ)
尾骨 (びこつ)
大腿骨 (だいたいこつ)
脛骨 (けいこつ)
腓骨 (ひこつ)
踵骨 (しょうこつ)
胸郭 (きょうかく)
脊柱 (せきちゅう)
骨盤 (こつばん)
手骨 (しゅこつ)
仙骨 (せんこつ)
足骨 (そっこつ)

足の骨

足根骨 (そっこんこつ)
中足骨 (ちゅうそくこつ)
指骨 (しこつ)
踵骨 (しょうこつ)
距骨 (きょこつ)
舟状骨 (しゅうじょうこつ)
第1楔状骨 (だいいちけつじょうこつ)
第2楔状骨
第3楔状骨
立方骨 (りっぽうこつ)

a．上面

脛骨 (けいこつ)
舟状骨 (しゅうじょうこつ)
第1楔状骨楔 (だいいちかんじょうこつつき)
中足骨 (ちゅうそくこつ)
指骨 (しこつ)
距骨 (きょこつ)
踵骨 (しょうこつ)
種子骨 (しゅうしこつ)

b．右足の内側面

労災・徴収法

1．自賠法（要旨）

事　　項	条文	内　容　の　説　明
目　　　的	1	自動車の運行によって生命又は身体が害された被害者の保護と自動車運送の健全な発達に資すること。
賠　償　責　任	3	賠償責任を負うものは自分のために自動車を使用する人（保有者）及び利用者（運転者）であるが、被害者保護をたてまえとした無過失責任的な考え方を採り入れている。雇用運転手が事故を起こした場合はその事故内容によっては、事業主又は元請会社にも賠償責任を負わされることがある。
強　制　保　険	5	自動車損害賠償責任保険の契約をしなければ、自動車の運行ができない。賠償責任が無過失責任に近い厳しいもので、その賠償能力を確保するためにこの強制保険制度を設けている。
保　険　金　額 （限　度　額）	13 令2	１．死亡した者１人につき 　イ　死亡による損害（ロに掲げる損害を除く）　　3,000万円 　ロ　死亡に至るまでの傷害による損害　　　　　　120万円 ２．介護を要する後遺障害に至るまでの障害による損害　120万円 ３．傷害を受けた者１人につき 　イ　傷害による損害（ロに掲げる損害を除く）　　120万円 　ロ　後遺障害による損害

等級	金　額	備　考	等級	金　額	備　考
1級	4,000万円	別表第1の場合	7級	1,051万円	別表第2の場合
	3,000 〃	別表第2の場合	8 〃	819 〃	〃
2 〃	3,000 〃	別表第1の場合	9 〃	616 〃	〃
	2,590 〃	別表第2の場合	10 〃	461 〃	〃
3 〃	2,219 〃	〃	11 〃	331 〃	〃
4 〃	1,889 〃	〃	12 〃	224 〃	〃
5 〃	1,574 〃	〃	13 〃	139 〃	〃
6 〃	1,296 〃	〃	14 〃	75 〃	〃

（注）後遺障害が２以上存する場合の障害等級は、自賠法施行令　第２条第３号を参照。

別表第1

等級	介護を要する後遺障害
第1級	（1）神経系統の機能又は精神に著しい障害を残し常に介護を要するもの （2）胸腹部臓器の機能に著しい障害を残し常に介護を要するもの
第2級	（1）神経系統の機能又は精神に著しい障害を残し随時介護を要するもの （2）胸腹部臓器の機能に著しい障害を残し随時介護を要するもの

別表第2

等級	後遺障害
第1級	（1）両眼が失明したもの （2）そしゃく及び言語の機能を廃したもの （3）両上肢をひじ関節以上で失ったもの （4）両上肢の用を全廃したもの （5）両下肢をひざ関節以上で失ったもの （6）両下肢の用を全廃したもの
第2級	（1）一眼が失明し他眼の視力が0.02以下になったもの （2）両目の視力が0.02以下になったもの （3）両上肢を手関節以上で失ったもの （4）両下肢を足関節以上で失ったもの

第3級以降は労災保険の障害等級に準じる

自
賠
法

事　項	条文	内　容　の　説　明
保険金の請求	15 17	被保険者が、被害者に対して損害賠償を支払った場合には、その額を限度とした保険金額の範囲内で、保険会社に対し保険金の請求をすることができる。被保険者による保険金の請求が原則であるが、被害者の迅速な保護、救済をはかるため、被害者は保険会社に対し、保険金額の範囲内で損害賠償額の支払を請求することができる。（被害者請求）この請求を行う場合には、別記「2.保険金請求提出書類一覧表」にある書類を保険会社に提出しなければならない。
仮　渡　金	17 令5	被害者が直接自賠責保険の保険金を請求する場合には、当座の費用にあてるため直ちに一定金額を被害者に仮渡しすることが認められている。仮渡金の額は、死亡やその傷害の程度により、次のとおり支払われる。なお、仮渡金の額が、損害賠償額を超えた場合には、保険会社より返還の請求がある。 （1）死亡した者　　　　　　　　290万円 （2）次の傷害を受けた者　　　　40万円 　　a　脊柱の骨折で脊髄を損傷したと認められる症状を有するもの 　　b　上腕又は前腕の骨折で合併症を有するもの 　　c　大腿又は下腿の骨折 　　d　内臓の破裂で腹膜炎を併発したもの 　　e　14日以上病院に入院することを要する傷害で、医師の治療を要する 　　　　期間が30日以上のもの （3）次の傷害（（2）のaからeまでに掲げる傷害を除く。）を受けた者　　20万円 　　a　脊柱の骨折 　　b　上腕又は前腕の骨折 　　c　内臓の破裂 　　d　病院に入院することを要する傷害で、医師の治療を要する期間が30 　　　　日以上のもの 　　e　14日以上病院に入院することを要する傷害 （4）11日以上医師の治療を要する傷害（（2）のaからeまで及び（3）のaから 　　eまでに掲げる傷害を除く）を受けた者　　5万円
政府保障事業	72 73	ひき逃げ事故の場合や、無保険車（自賠責保険が付いていない自動車）または盗難車による人身事故の場合で、加害者側から賠償を受けられない被害者のために政府の保障事業制度がある。ただし、次のような点が自賠責保険と異なる。 ・被害者に過失があれば、過失割合に応じて損害額から差し引かれる。 ・健康保険、労災保険などの社会保険による給付があれば、その金額は差し引かれる。

（注）自賠責保険と任意の自動車保険（対人）
　　　自賠責保険は、あくまで保険金額を限度として損害に対する査定に基づいた額が支払われるものである。従って、損害賠償額が自賠責保険から支払われる額を超えるような場合に備えて、任意の自動車保険を付保する方法がある。

自
賠
法

2. 保険金請求提出書類一覧表（自賠責保険）

加害者請求の場合 死亡 保険金	加害者請求の場合 傷害 保険金	提 出 書 類	取り付け先	被害者請求の場合 死亡 損害賠償額	被害者請求の場合 死亡 仮渡金	被害者請求の場合 傷害 損害賠償額	被害者請求の場合 傷害 仮渡金
◎	◎	1．保険金 　　損害賠償額　支払請求書 　　仮渡金		◎	◎	◎	◎
◎	◎	2．交通事故証明書 　　（交通事故証明書交付申請書は、警察署、交番、駐在所、損害保険会社に備えつけてあります。）	事故が発生した場所を管轄する各都道府県（方面）の自動車安全運転センター（自動車安全運転センターへの申請方法は郵便振替と窓口申請等があります。）	◎	◎	◎	◎
◎	◎	3．事故発生状況説明書	事故当事者等事故状況に詳しい人	◎	◎	◎	◎
◎	◎	4．医師の診断書または死体検案書 　　（死亡診断書）	診断書は、治療を受けた医師または病院	◎	◎	◎	◎
◎	◎	5．診療報酬明細書	治療を受けた医師または病院	◎		◎	
◎	◎	6．通院交通費明細書		◎		◎	
○	○	7．休業損害、看護料等の立証資料 　　休業損害の証明は、 　　（1）給与所得者……事業主の休業損害証明書（源泉徴収票添付） 　　（2）自由業者、自営業者、農林漁業者……確定申告書控または所得額の記載されている納税証明書、課税証明書	休業損害証明書は事業主 納税証明書・課税証明書等は税務署または市区町村	○		○	
◎	◎	8．被害者の領収証等加害者の支払を証明する書類および示談書 　　（示談成立の場合のみご提出ください。）					
○	○	9．保険金等の受領者が請求者本人であることの証明（印鑑証明書） 　　被害者が未成年者でその親権者が請求の場合は、上記のほか、当該未成年者の住民票または戸籍抄本が必要です。	住民票は住民登録をしている市区町村、戸籍抄本は本籍のある市区町村	○	○	○	○
○	○	10．委任状および（委任者の）印鑑証明書 　　被害者または加害者が第三者に委任し請求する場合、また死亡事故で請求権者が数名ある場合は、原則として1名を代理者とし、他の請求権者全員の委任状および印鑑証明書が必要です。	印鑑登録をしている（住民登録をしている）市区町村	○	○	○	○
◎		11．戸籍謄本	本籍のある市区町村	◎	◎		

（注1）提出書類はふつう◎印と○印のものが必要。ただし、○印のものについては早急に取りそろえることが困難なときは、取りあえず◎印のものを提出すれば請求受付。この場合、○印のものは後日、損保会社または自賠責損害調査事務所に提出。

（注2）上記以外の書類が必要なときは、自賠責損害調査事務所から連絡がある。

自
賠
法

3. 自賠責保険のてん補する損害の項目と範囲

令和2.4.1 一部改正

項　目	細　目	内　　　容
傷害による損害 傷害による損害は、積極損害（治療関係費、文書料その他の費用）、休業損害及び慰謝料とする。	1.積極損害	（1）治療関係費 ① 応急手当費：応急手当に直接かかる必要かつ妥当な実費 ② 診察料：初診料、再診料又は往診料にかかる必要かつ妥当な実費 ③ 入院料：原則としてその地域における普通病室への入院に必要かつ妥当な実費。ただし、被害者の傷害の態様等から医師が必要と認めた場合は、上記以外の病室への入院に必要かつ妥当な実費とする。 ④ 投薬料・手術料・処置料等：治療のために必要かつ妥当な実費 ⑤ 通院費・転院費・入院費又は退院費：通院、転院、入院又は退院に要する交通費として必要かつ妥当な実費 ⑥ 看護料 ア　入院中の看護料 　　原則として12歳以下の子供に近親者等が付き添った場合に1日につき4,200円。 イ　自宅看護料又は通院看護料 　　医師が看護の必要性を認めた場合 （ただし、12歳以下の子供の通院等に近親者が付き添った場合には医師の証明は不要。） （ア）厚生労働大臣の許可を受けた有料職業紹介所の紹介による者：立証資料等により必要かつ妥当な実費。 （イ）近親者等：1日につき2,100円。 ウ　近親者等に休業損害が発生し、立証資料等により、ア又はイ（イ）の額を超えることが明らかな場合は、必要かつ妥当な実費。 ⑦ 諸雑費：療養に必要な諸物品の購入費又は使用料、医師の指示で摂取した栄養物の購入費、通信費等 ア　入院中の諸雑費 　　入院1日につき1,100円　立証資料によりこれを超える場合は、必要かつ妥当な実費 イ　通院又は自宅療養中の諸雑費：必要かつ妥当な実費 ⑧ 柔道整復等の費用 　　免許を要する柔道整復師、あんま・マッサージ・指圧師、はり師、きゅう師が行う施術費用は必要かつ妥当な実費 ⑨ 義肢等の費用 ア　傷害を被った結果、医師が身体の機能を補完するために必要と認めた義肢、歯科補てつ、義眼、眼鏡（コンタクトレンズ含む）、補聴器、松葉杖等の用具の制作等に必要かつ妥当な実費 イ　アに掲げる用具を使用していた者が、傷害に伴い用具の修繕又は再調達を要する場合は、必要かつ妥当な実費 ウ　ア及びイの眼鏡（コンタクトレンズを含む）の費用については50,000円を限度とする ⑩ 診断書等の費用 　　診断書、診療報酬明細書等の発行に必要かつ妥当な実費

自賠法

項　　　目	細　　　目	内　　　　　容
傷害による損害 傷害による損害は、積極損害（治療関係費、文書料その他の費用）、休業損害及び慰謝料とする。		（2）文書料 　交通事故証明書、被害者側の印鑑証明書、住民票等の発行に必要かつ妥当な実費 （3）その他の費用 　(1)治療関係費及び(2)文書料以外の損害であって事故発生場所から医療機関まで被害者を搬送するための費用等については、必要かつ妥当な実費
	2.休　業　損　害	（1）休業による収入の減少があった場合又は有給休暇を使用した場合：1日につき6,100円 　ただし、家事従事者については、休業による収入の減少があったものとみなす。 （2）休業損害の対象となる日数は、実休業日数を基準とし、被害者の傷害の態様、実治療日数その他を勘案して治療期間の範囲内とする。 （3）立証資料等により1日につき6,100円を超えることが明らかな場合は、自賠法施行令3条の2に定める金額を限度として、その実額とする。
	3.慰　　謝　　料	（1）1日につき4,300円 （2）慰謝料の対象となる日数は、被害者の傷害の態様、実治療日数その他を勘案して治療期間の範囲内とする。 （3）妊婦が胎児を死産又は流産した場合は、上記のほかに慰謝料を認める。
後遺障害による損害 後遺障害による損害は逸失利益および慰謝料とし、自賠法施行令第2条並びに別表第1及び別表第2に定める等級に該当する場合に認める。等級の認定は、原則として労働者災害補償保険における障害の等級認定の基準に順ずる。	1.逸　失　利　益	逸失利益は、年間収入額又は年相当額に該当等級の労働能力喪失率（別表Ⅰ）と後遺障害確定時の年齢に対応するライプニッツ係数（別表Ⅱ－1）を乗じて算出する。 （1）有職者 　次に掲げる場合を除き、事故前1年間における収入額と後遺障害確定時の年齢に対応する年齢別平均給与額（別表Ⅳ）のいずれか高い額とする。 ①　35歳未満で事故前1年間の収入額を立証することが可能な者 　事故前1年間の収入額、全年齢平均給与額の年相当額及び年齢別平均給与額の年相当額のいずれか高い額 ②　事故前1年間の収入額を立証することが困難な者 　ア．35歳未満の者 　全年齢平均給与額の年相当額又は年齢別平均給与額の年相当額のいずれか高い額 　イ．35歳以上の者 　年齢別平均給与額の年相当額 ③　退職後1年を経過していない失業者（定年退職者等を除く） 　以上の基準を準用する。この場合　「事故前1年間の収入額」は「退職前1年間の収入額」と読み替える （2）幼児・児童・生徒・学生・家事従事者 　全年齢平均給与額（別表Ⅲ） 　ただし、58歳以上の者で年齢別平均給与額が全年齢平均給与額を下回る場合は、年齢別平均給与額の年相当額とする。 （3）その他働く意思と能力を有する者 　年齢別平均給与額（別表Ⅳ） 　ただし、全年齢平均給与額の年相当額を上限とする。

自
賠
法

項　　目	細　目	内　　　　容

後遺障害による損害

後遺障害による損害は逸失利益および慰謝料とし、自賠法施行令第2条並びに別表第1及び別表第2に定める等級に該当する場合に認める。

等級の認定は、原則として労働者災害補償保険における障害の等級認定の基準に順ずる。

細目
2．慰 謝 料 等

等　級	金　　額	備　考
1　級	1,650万円　（1,850万円）	別表第1の場合
2　〃	1,150 〃　（1,350 〃 ）	別表第2の場合
	1,203 〃　（1,373 〃 ）	別表第1の場合
3　〃	998 〃　（1,168 〃 ）	別表第2の場合
	861 〃　（1,005 〃 ）	
4　〃	737 〃	〃
5　〃	618 〃	〃
6　〃	512 〃	〃
7　〃	419 〃	〃
8　〃	331 〃	〃
9　〃	249 〃	〃
10　〃	190 〃	〃
11　〃	136 〃	〃
12　〃	94 〃	〃
13　〃	57 〃	〃
14　〃	32 〃	〃

2020年4月1日以降に発生した事故に適用

※1．（　）内は被扶養者があるとき
　2．別表第1に該当する場合は、初期費用等として下記金額を加算する
　　　1級‥‥500万円
　　　2級‥‥205万円

死亡による損害

死亡による損害は、葬儀費、逸失利益、死亡本人の慰謝料及び遺族の慰謝料とする。

後遺障害による損害に対する保険金等の支払の後、被害者が死亡した場合の死亡による損害について、事故と死亡との間に因果関係が認められるときには、その差額を認める。

細目	内容
1．葬　　儀　　費	100万円
2．逸　失　利　益	（1）逸失利益は、年間収入額又は年相当額から本人の生活費を控除した額に死亡時の年齢に対応するライプニッツ係数（別表Ⅱ－1）を乗じて算出する。

　①　有職者
　　次に掲げる場合を除き、事故前1年間における収入額と年齢別平均給与額（別表Ⅳ）の年相当額いずれか高い額とする。
　ア　35歳未満であって事故前1年間の収入を立証することが可能な者
　　事故前1年間の収入額、全年齢平均給与額の年相当額及び年齢別平均給与額の年相当額のいずれか高い額
　イ　事故前1年間の収入額を立証することが困難な者
　（ア）35歳未満の者
　　　全年齢平均給与額の年相当額又は年齢別平均給与額の年相当額のいずれか高い額
　（イ）35歳以上の者
　　　年齢別平均給与額の年相当額
　ウ　退職後1年を経過していない失業者（定年退職者等を除く）
　　以上の基準を準用する。「事故前1年間の収入額」は「退職前1年間の収入額」と読み替える
　②　幼児・児童・生徒・学生・家事従事者
　　全年齢平均給与額の年相当額（別表Ⅲ）
　　ただし、59歳以上の者で年齢別平均給与額が全年齢平均給与額を下回る場合は、年齢別平均給与額の年相当額とする。
　③　その他働く意思と能力を有する者
　　年齢別平均給与額の年相当額（別表Ⅳ）
　　ただし、全年齢平均給与額の年相当額を上限とする。

自賠法

項　　目	細　　目	内　　容
死亡による損害 死亡による損害は、葬儀費、逸失利益、死亡本人の慰謝料及び遺族の慰謝料とする。後遺障害による損害に対する保険金等の支払の後、被害者が死亡した場合の死亡による損害について、事故と死亡との間に因果関係が認められるときには、その差額を認める。		（２）（１）にかかわらず、年金等の受給者の逸失利益は、次のそれぞれに掲げる年間収入額又は年相当額から本人の生活費を控除した額に死亡時の年齢における就労可能年数のライプニッツ係数（別表Ⅱ－1）を乗じて得られた額と、年金等から本人の生活費を控除した額に死亡時の年齢における平均余命年数のライプニッツ係数（別表Ⅱ－2）から死亡時の年齢における就労可能年数のライプニッツ係数を差し引いた係数を乗じて得られた額とを合算して得られた額とする。ただし、生涯を通じて全年齢平均給与額（別表Ⅲ）の年相当額を得られる蓋然性が認められない場合は、この限りでない。 　年金等の受給者とは、各種年金及び恩給制度のうち原則として受給権者本人による拠出性のある年金等を現に受給していた者とし、無拠出性の福祉年金や遺族年金は含まない。 ①　有職者 　　事故前1年間の収入額と年金等の額を合算した額と、死亡時の年齢に対応する年齢別平均給与額（別表Ⅳ）の年相当額のいずれか高い額とする。ただし、35歳未満の者については、これらの比較のほか、全年齢平均給与額の年相当額とも比較して、いずれか高い額とする。 ②　幼児・児童・生徒・学生・家事従事者 　　年金等の額と全年齢平均給与額の年相当額のいずれか高い額とする。ただし、59歳以上の者で年齢別平均給与額が全年齢平均給与額を下回る場合は、年齢別平均給与額の年相当額と年金等の額のいずれか高い額とする。 ③　その他働く意思と能力を有する者 　　年金等の額と年齢別平均給与額の年相当額のいずれか高い額とする。ただし、年齢別平均給与額が全年齢平均給与額を上回る場合は、全年齢平均給与額の年相当額と年金等の額のいずれか高い額とする。 （３）生活費の立証が困難な場合、被扶養者がいるときは年間収入額又は年相当額から35％を、被扶養者がいないときは年間収入額又は年相当額から50％を生活費として控除する。
	3.死亡本人の慰謝料	400万円
	4.遺族の慰謝料	慰謝料の請求権者は、被害者の父母（養父母を含む）、配偶者及び子（養子、認知した子及び胎児を含む）とし、その額は請求権者1人の場合550万円、2人の場合650万円、3人以上の場合750万円とする。 なお、被害者に被扶養者があるときは、上記金額に200万円を加算する。
	5.死亡に至るまでの傷害による損害	死亡に至るまでの傷害による損害は、積極損害〔治療関係費（死体検案書料及び死亡後の処置料等の実費を含む）、文書料、その他の費用〕、休業損害及び慰謝料とし、「傷害による損害」の基準を準用する。但し、事故当日又は翌日死亡の場合は積極損害のみとする。

自
賠
法

項　　目	細　　目	内　　　容
減　　　額	1. 重大な過失に よる減額	被害者に重大な過失がある場合は、次に掲げる表の通り、積算した損害額が保険金額に満たない場合には積算した損害額から、保険金額以上となる場合には保険金額から減額を行う。

減額適用上の被害者の過失割合	減額割合	
	後遺障害・死亡	傷害に係るもの
7割未満	減額なし	減額なし
7割以上8割未満	2割減額	2割減額
8割以上9割未満	3割減額	
9割以上10割未満	5割減額	

ただし、傷害による損害額が20万円未満の場合は、その額とし、減額により20万円以下となる場合は、20万円とする。

| | 2. 因果関係の有 無 の 判 断 が 困難な場合の 減額 | 被害者が既往症等を有していたため、死因又は後遺障害発生原因が明らかでない場合等受傷と死亡との間及び受傷と後遺障害との間の因果関係の有無の判断が困難な場合は、死亡による損害及び後遺障害による損害について、積算した損害額が保険金額に満たない場合には積算した損害額から、保険金額以上となる場合は、保険金額から５割の減額を行う。 |

別表Ⅰ　労働能力喪失率表

障 害 等 級	労 働 能 力 喪 失 率	備　　考
第　1　級	100／100	別表第1の場合
	100／100	別表第2の場合
2	100／100	別表第1の場合
	100／100	別表第2の場合
3	100／100	〃
4	92／100	〃
5	79／100	〃
6	67／100	〃
7	56／100	〃
8	45／100	〃
9	35／100	〃
10	27／100	〃
11	20／100	〃
12	14／100	〃
13	9／100	〃
14	5／100	〃

自
賠
法

別表Ⅱ－1　就労可能年数とライプニッツ係数表（2020年4月1日以降発生した事故に適用する表）

〔1〕　18歳未満の者に適用する表

年齢	幼児・児童・生徒・学生・右欄 以外の働く意思と能力を有する者		有　職　者	
	就　労　可　能 年　　　　　　数	ライ プ ニ ッ ツ 係　　　　　　数	就　労　可　能 年　　数	ライ プ ニ ッ ツ 係　　　　　　数
歳	年		年	
0	49	14. 980	67	28. 733
1	49	15. 429	66	28. 595
2	49	15. 892	65	28. 453
3	49	16. 369	64	28. 306
4	49	16. 860	63	28. 156
5	49	17. 365	62	28. 000
6	49	17. 886	61	27. 840
7	49	18. 423	60	27. 676
8	49	18. 976	59	27. 506
9	49	19. 545	58	27. 331
10	49	20. 131	57	27. 151
11	49	20. 735	56	26. 965
12	49	21. 357	55	26. 774
13	49	21. 998	54	26. 578
14	49	22. 658	53	26. 375
15	49	23. 338	52	26. 166
16	49	24. 038	51	25. 951
17	49	24. 759	50	25. 730

自
賠
法

年　　　齢	就労可能年数	ライプニッツ係数	年　　　齢	就労可能年数	ライプニッツ係数
歳	年		歳	年	
18	49	25.502	60	12	9.954
19	48	25.267	61	12	9.954
20	47	25.025	62	11	9.253
21	46	24.775	63	11	9.253
22	45	24.519	64	11	9.253
23	44	24.254	65	10	8.530
24	43	23.982	66	10	8.530
25	42	23.701	67	9	7.786
26	41	23.412	68	9	7.786
27	40	23.115	69	9	7.786
28	39	22.808	70	8	7.020
29	38	22.492	71	8	7.020
30	37	22.167	72	8	7.020
31	36	21.832	73	7	6.230
32	35	21.487	74	7	6.230
33	34	21.132	75	7	6.230
34	33	20.766	76	6	5.417
35	32	20.389	77	6	5.417
36	31	20.000	78	6	5.417
37	30	19.600	79	5	4.580
38	29	19.188	80	5	4.580
39	28	18.764	81	5	4.580
40	27	18.327	82	4	3.717
41	26	17.877	83	4	3.717
42	25	17.413	84	4	3.717
43	24	16.936	85	4	3.717
44	23	16.444	86	3	2.829
45	22	15.937	87	3	2.829
46	21	15.415	88	3	2.829
47	20	14.877	89	3	2.829
48	19	14.324	90	3	2.829
49	18	13.754	91	2	1.913
50	17	13.166	92	2	1.913
51	16	12.561	93	2	1.913
52	16	12.561	94	2	1.913
53	15	11.938	95	2	1.913
54	15	11.938	96	2	1.913
55	14	11.296	97	2	1.913
56	14	11.296	98	2	1.913
57	14	11.296	99	2	1.913
58	13	10.635	100	2	1.913
59	13	10.635	101～	2	1.913
			102～	1	0.971

（注）　1．18歳未満の有職者及び家事従事者並びに18歳以上の者の場合の就労可能年数については、
　　　　　（1）52歳未満の者は、67歳から被害者の年齢を控除した年数とした。
　　　　　（2）52歳以上の者は、「第22回生命表（完全生命表）」による男又は女の平均余命のうちいずれか短い平均
　　　　　　　余命の1/2とし、その年数に1年未満の端数があるときは、これを切り上げた。
　　　　2．18歳未満の者（有職者及び家事従事者を除く）の場合の就労可能年数及びライプニッツ係数は、次のとお
　　　　　りとした。
　　　　　（1）就労可能年数67歳（就労の終期）とその者の年齢との差に相当する年齢から18歳（就労の始期）とその
　　　　　　　者の年齢との差に相当する年数を控除したもの
　　　　　（2）ライプニッツ係数 67歳（就労の終期）とその者の年齢との差に相当する年数に対応するライプニッツ係
　　　　　　　数から18歳（就労の始期）とその者の年齢との差に相当する年数に対応するライプニッツ係数を控除した
　　　　　　　もの

自
賠
法

別表Ⅲ　全年齢平均給与額（平均月額）

男子	409,100円	女子	298,400円

注）本表は、平成30年賃金構造基本統計調査第1表産業計（民・公営計）により求めた企業規模10〜999人・学歴計の男女別の全年齢平均給与額（臨時給与を含む。）をその後の賃金動向を反映するため1.003倍し、その額に100円未満の端数があるときは、これを四捨五入したものである。

別表Ⅳ　年齢別平均給与額（平均月額）

年齢	男　子	女　子	年齢	男　子	女　子
歳	円	円	歳	円	円
18	193,200	171,100	46	471,700	325,300
19	211,400	188,800	47	477,600	326,500
20	229,600	206,500	48	480,400	326,600
21	247,900	224,200	49	483,300	326,800
22	266,100	241,900	50	486,100	326,900
23	277,100	249,600	51	489,000	327,100
24	288,000	257,200	52	491,900	327,200
25	298,900	264,900	53	490,100	325,900
26	309,800	272,600	54	488,400	324,600
27	320,700	280,300	55	486,600	323,300
28	330,500	283,000	56	484,800	322,000
29	340,200	285,700	57	483,100	320,700
30	350,000	288,400	58	458,000	309,200
31	359,700	291,200	59	432,900	297,700
32	369,500	293,900	60	407,800	286,300
33	377,900	296,600	61	382,700	274,800
34	386,300	299,300	62	357,600	263,300
35	394,600	302,100	63	345,000	257,400
36	403,000	304,800	64	332,300	251,600
37	411,400	307,500	65	319,700	245,700
38	418,800	310,100	66	307,000	239,800
39	426,200	312,600	67	294,300	233,900
40	433,500	315,100	68	292,300	234,400
41	440,900	317,700	69	290,200	234,800
42	448,300	320,200	70	288,200	235,200
43	454,100	321,500	71	286,100	235,600
44	460,000	322,700	72	284,100	236,100
45	465,900	324,000	73〜	282,000	236,500

注）本表は、平成30年賃金構造基本統計調査第1表産業計（民・公営計）により求めた企業規模10〜999人・学歴計の男女別の年齢階層別平均給与額（臨時給与を含む。）をその後の賃金動向を反映するため1.003倍し、その額に100円未満の端数があるときは、これを四捨五入したものである。

自
賠
法

4. 損害賠償額算定基準（民事交通事故訴訟）

A表　　入通院慰謝料　　（単位：万円）

通院＼入院		1月	2月	3月	4月	5月	6月	7月	8月	9月	10月	11月	12月	13月	14月	15月
	A	53	101	145	184	217	244	266	284	297	306	314	321	328	334	340
1月	28	77	122	162	199	228	252	274	291	303	311	318	325	332	336	342
2月	52	98	139	177	210	236	260	281	297	308	315	322	329	334	338	344
3月	73	115	154	188	218	244	267	287	302	312	319	326	331	336	340	346
4月	90	130	165	196	226	251	273	292	306	316	323	328	333	338	342	348
5月	105	141	173	204	233	257	278	296	310	320	325	330	335	340	344	350
6月	116	149	181	211	239	262	282	300	314	322	327	332	337	342	346	
7月	124	157	188	217	244	266	286	304	316	324	329	334	339	344		
8月	132	164	194	222	248	270	290	306	318	326	331	336	341			
9月	139	170	199	226	252	274	292	308	320	328	333	338				
10月	145	175	203	230	256	276	294	310	322	330	335					
11月	150	179	207	234	258	278	296	312	324	332						
12月	154	183	211	236	260	280	298	314	326							
13月	158	187	213	238	262	282	300	316								
14月	162	189	215	240	264	284	302									
15月	164	191	217	242	266	286										

表の見方　1．入院のみの場合は、入院期間に該当する額（例えば入院３カ月で完治した場合は145万円となる。）
　　　　　2．通院のみの場合は、通院期間に該当する額（例えば通院３カ月で完治した場合は73万円となる。）
　　　　　3．入院後に通院があった場合は、該当する月数が交差するところの額（例えば入院３カ月、通院３カ月の場合は188万円となる。）
　　　　　4．この表に記載された範囲を超えて治療が必要であった場合は、入・通院期間１月につき、それぞれ15月の基準額から14月の基準額を引いた金額を加算した金額を基準額とする。例えばA表の16月の入院慰謝料額は340万円＋（340万円－334万円）＝346万円となる。

B表　　入通院慰謝料　　（単位：万円）

通院＼入院		1月	2月	3月	4月	5月	6月	7月	8月	9月	10月	11月	12月	13月	14月	15月
	A	35	66	92	116	135	152	165	176	186	195	204	211	218	223	228
1月	19	52	83	106	128	145	160	171	182	190	199	206	212	219	224	229
2月	36	69	97	118	138	153	166	177	186	194	201	207	213	220	225	230
3月	53	83	109	128	146	159	172	181	190	196	202	208	214	221	226	231
4月	67	95	119	136	152	165	176	185	192	197	203	209	215	222	227	232
5月	79	105	127	142	158	169	180	187	193	198	204	210	216	223	228	233
6月	89	113	133	148	162	173	182	188	194	199	205	211	217	224	229	
7月	97	119	139	152	166	175	183	189	195	200	206	212	218	225		
8月	103	125	143	156	168	176	184	190	196	201	207	213	219			
9月	109	129	147	158	169	177	185	191	197	202	208	214				
10月	113	133	149	159	170	178	186	192	198	203	209					
11月	117	135	150	160	171	179	187	193	199	204						
12月	119	136	151	161	172	180	188	194	200							
13月	120	137	152	162	173	181	189	195								
14月	121	138	153	163	174	182	190									
15月	122	139	154	164	175	183										

B表はむちうち症で他覚症状がない場合に適用する。

1. 雇用保険法（要旨）

	事　　　　項	条文	内　　容　　の　　説　　明
第一章 総則	目　　　　的	1	労働者の失業や雇用の継続が 　困難となったとき、また職業に関する教育訓練を受けた場合及び子を養育するために休業した場合に必要な給付を行うことにより、労働者の生活及び雇用の安定を図るとともに、就職を促進し、あわせて失業の予防、雇用状態の是正及び雇用機会の増大、労働者の能力の開発向上その他労働者の福祉の増進を図ることを目的としている。
	雇 用 保 険 事 業	3	事業は、失業等給付及び育児休業給付、雇用安定事業、能力開発事業に大別されている。
第二章 適用事業等	適 用 と 保 険 料 率 料 率 と 負 担 区 分	5	労働者を雇用する事業が適用事業とされ、保険関係の成立、消滅については徴収法4〜5条により、保険料率納付等については10〜32条に定めるところにより業種別に異る。また、必要がある場合は一定の範囲内において変更される。　　　　　　　　　　　　　　　R5.4.1
	被 保 険 者 と 適 用 の 除 外	6	雇用保険の適用事業に雇用される労働者は被保険者になる。被保険者は次の4種類に区分される 　1．一般被保険者 　　高年齢被保険者、短期雇用特例被保険者及び日雇労働被保険者以外の被保険者 　2．高年齢被保険者 　　65歳以上の被保険者で下記3、4に該当しない者 　3．短期雇用特例被保険者 　　季節的に雇用される者で、4カ月を超えて雇用され、1週間の所定労働時間が30時間以上の者 　4．日雇労働被保険者 　　日々雇用される者または30日以内の期間を定めて雇用される者のいずれかに該当する者のうち、①厚生労働大臣が定める適用区域内に居住し、適用事業に雇用される者、②適用区域外の地域に居住し、適用区域内にある適用事業に雇用される者、③適用区域外の地域に居住し、適用区域外の地域にある適用事業所であって、厚生労働大臣が指定したものに雇用される者、④それ以外の者でハローワークの認可を受けた者、のいずれかに該当する者。 〈雇用保険の適用除外者の主なもの〉 1．1週間の所定労働時間が20時間未満である者 2．同一の事業主の適用事業に継続して31日以上雇用される見込みがない者

		建設の事業	農林水産 清酒製造 の事業	その他一般事業
利　　率		1000分の18.5	1000分の17.5	1000分の15.5
区分	事業主負担	1000分の11.5	1000分の10.5	1000分の9.5
	労働者負担	1000分の7.0	1000分の7.0	1000分の6.0

雇用保険法

— 489 —

		3．季節的に雇用されている者で、4カ月以内の期間を定められている者または1週間の所定労働時間が30時間未満の者
		4．昼間学生
		5．特定漁船以外に乗り組むために雇用される船員
		6．一定の公務員
		※令和4年1月1日より複数の事業所に雇用される65歳以上の者が2つの事業所の労働時間を合計して1週間の労働時間が20時間以上であり、両事業所とも雇用見込が31日以上である場合には、本人からハローワークに申出を行うことで特例的に雇用保険の被保険者（マルチ高年齢被保険者）となる「雇用保険マルチジョブホルダー制度」が新設されている

2. 失業等給付

事　項	内　容　の　説　明

　失業等給付は、雇用保険制度における主要な事業であり、目的、性質により「求職者給付」「就職促進給付」「教育訓練給付」「雇用継続給付」に大別される。
　　求職者給付 ・・・ 失業した場合の生活の安定を図り求職活動を容易にすることを目的。
　　就職促進給付 ・・・ 再就職を援助、促進することを目的。
　　教育訓練給付 ・・・ 労働者の主体的な能力開発の取組を支援し、雇用の安定と再就職の促進を目的。
　　雇用継続給付 ・・・ 働く人の職業生活の円滑な継続を援助、促進することを目的。

第三章　失　業　等　給　付

失業等給付
- 求職者給付
  - 一般被保険者
    - 基　本　手　当
    - 技　能　習　得　手　当
    - 受　講　手　当 / 通　所　手　当
    - 寄　宿　手　当
    - 傷　病　手　当
  - 高年齢被保険者
    - 高年齢求職者給付金
  - 短期雇用特例被保険者
    - 特　例　一　時　金
  - 日雇労働被保険者
    - 日雇労働求職者給付金
- 就職促進給付
  - 就業促進手当
    - 就　業　手　当
    - 再　就　職　手　当
    - 就業促進定着手当
    - 常用就職支度手当
  - 移　　転　　費
  - 求職活動支援費
- 教育訓練給付
  - 教育訓練給付金
  - 教育訓練支援給付金
- 雇用継続給付
  - 高年齢雇用継続給付
    - 高年齢雇用継続基本給付金
    - 高年齢再就職給付金
  - 介護休業給付
    - 介護休業給付金

育児休業給付
- 育児休業給付金
- 出生時育児休業給付金

※育児休業給付は、以前は「第三章　失業等給付」に規定されていたが、現在は第三章の二として独立して規定されている

雇用保険法

各給付金について

1. 求職者給付

（1）. 一般被保険者に対する給付

給付の種類	要件等	準拠条文	説　明
基本手当	受給資格	法　10 〃　13 〃　14 則　18 〃　19 の2	1. 被保険者が失業した場合において、離職の日以前2年間（疾病、負傷、出産等により引き続き30日以上賃金の支払を受けることができなかった場合には、2年間にそれらの期間を合算した期間で最長4年間）に被保険者期間が12カ月以上あること。 　　ただし、特定受給資格者（倒産・解雇等により再就職の準備をする時間的余裕なく離職を余儀なくされた者）または特定理由離職者（期間の定めのある労働契約が更新されなかったこと（特定受給資格者に該当するものは除く）、その他やむを得ない理由により離職した者）については、離職の日以前1年間に、被保険者期間が通算して6カ月以上ある場合でも可（特定理由離職者については令和7年3月31日までに離職した場合に限る）。 2. 被保険者期間は、被保険者であった期間を離職日からさかのぼって1カ月ごとに区分した各期間で、賃金の支払の基礎となった日数が11日である月、それが12カ月ない場合は完全月で賃金支払の基礎となった労働時間数が80時間以上ある月を1カ月として計算する。
	失業の認定	法　15 則　19 〃　22	1. 受給資格者がハローワークに出頭し、求職の申込を行った後、離職票を提出する。 2. 受給資格決定後、受給説明会に出席し「雇用保険受給資格者証」「失業認定申告書」を受領する。 3. 失業の認定は、原則として4週間に1回、直前の28日間について行われる。 4.「失業認定申告書」に求職活動状況を記入し、資格証とともに提出する。
	基本手当の日額	法16〜19 則28の3 〜5	1. 賃金日額の算定 　1）「基本手当日額」は、被保険者期間として最後の6カ月に支払われた賃金の総額を180で除した額である「賃金日額」に基づいて決定される。 　2）「賃金日額」に応じて給付率が定められており、「賃金日額」に給付率を乗じた金額が「基本手当日額」となる。 　3）「賃金日額」には上限が設けられており、それを基に算出される「基本手当日額」にも上限が設けられている。 　4）育児休業、介護休業または育児・介護に伴う勤務時間短縮措置により賃金が喪失または低下している期間中に倒産、解雇等の理由により離職した場合については、休業開始前または勤務時間短縮措置前の賃金日額により基本手当の日額を算定する特例が設けられている。（勤務時間短縮措置等適用時の賃金日額算定の特例)

雇用保険法

給 付 の 種 類	要 件 等	準 拠 条 文	説　　　　　　明	
基 本 手 当			2．基本手当日額　　　　　　　　　　　　　（R.5.8.1）	

2．基本手当日額　　　　　　　　　　　　　　　　　　（R.5.8.1）

年　齢	賃　金　日　額	給付額
60歳未満	2,746円以上　5,110円未満	80%
	5,110円以上　12,580円以下	80%～50%
	12,580円超　年齢別の上限額以下	50%
	年齢別の上限額超	基本手当 日額上限
60歳以上 65歳未満	2,746円以上　5,110円未満	80%
	5,110円以上　11,300円以下	80%～45%
	11,300円超　16,210円以下	45%
	16,210円超	7,294円

※1　60歳未満の給付額計算式（賃金日額をwとする）
$$0.8w - 0.3\{(w - 5.110) \,/\, 7.470\}w$$

※2　60歳以上65歳未満の給付額計算式
$$0.8w - 0.35\{(w - 5.110) \,/\, 6.190\}w \quad と$$
$$0.05w + 4.520 \qquad\qquad のいずれか低い額$$

※3　65歳以上の高年齢求職者給付金支給の場合、上記表の60歳未満
　　　の率で、上限13,890円（基本手当日額 6,945円）で算定する（30
　　　歳未満上限額）。

3．【上限額】　　　　　　　　　　　　　　　　　　　（R.5.8.1）

年齢区分	賃金日額上限	基本手当日額上限
30 歳未満	13,890 円	6,945 円
30～45 歳未満	15,430 円	7,715 円
45～60 歳未満	16,980 円	8,490 円
60～65 歳未満	16,210 円	7,294 円

【下限額】

年齢区分	賃金日額	基本手当日額
全年齢共通	2,746 円	2,196 円

編者注：限度額は自動変更の規定により変更されたときは変更後の額となる。

給 付 の 種 類	要 件 等	準 拠 条 文	説　　明
	受 給 の 期 間	法　20 則31～ 則31-3	1．原則として離職の日の翌日から起算して1年 2．上記1年間に妊娠、出産、育児、傷病等の理由により引き続き30日 　以上就職することができない場合は、その日数を加えた期間。但し加 　算できる期間は最大でも3年。 3．60歳以上の定年等により退職した者が一定の期間求職の申込みをし 　ないことを希望する場合には、その求職の申込みを希望しない期間 　（但し、加算できる期間は最大でも1年）を加えた期間。（延長の申 　し出は、離職の日の翌日より2カ月以内）。
	待　　　期	法　21	求職申込日以後の失業の日数が通算して7に満たない期間は支給さ れない。

雇 用 保 険 法

給 付 の 種　類	要 件 等	準 拠 条 文	説　明
基 本 手 当	給 付 日 数	法　22	1．所定給付日数 （1）一般の離職者（定年退職者や自己都合で離職した者等）

（1）一般の離職者

離職時の満年齢 ＼ 被保険者であった期間	10年未満	10年以上 20年未満	20年以上
65歳未満	90日	120日	150日

法　22
則　32

（2）就職困難者

離職時の満年齢 ＼ 被保険者であった期間	1年未満	1年以上
45歳未満	150日	300日
45歳以上65歳未満	150日	360日

就職困難者とは身体障害者、知的障害者、精神障害者、保護観察所長から連絡のあったものおよび社会的事情により就職が著しく阻害されている人をいう。

法　23
則　34
〜36

（3）特定受給資格者及び一部の特定理由離職者（倒産, 解雇等による離職者及び期間の定めのある労働契約が更新されなかったことによる離職者）
※特定理由離職者は離職日が令和7年3月31日までの者が対象

離職時の満年齢 ＼ 被保険者であった期間	1年未満	1年以上 5年未満	5年以上 10年未満	10年以上 20年未満	20年以上
30歳未満	90日	90日	120日	180日	－
30歳以上35歳未満	90日	120日	180日	210日	240日
35歳以上45歳未満	90日	150日	180日	240日	270日
45歳以上60歳未満	90日	180日	240日	270日	330日
60歳以上65歳未満	90日	150日	180日	210日	240日

法24〜29

2．給付日数の延長
所定給付日数分の受給終了後も次のような給付延長制度がある。訓練延長給付、個別延長給付、広域延長給付、全国延長給付

その他

法10の3
法31
則47

1．未支給の基本手当
受給資格者が死亡した場合に支給されるべき基本手当で未支給のものがあるとき、死亡当時生計を同じくしていた者は自己の名で、当該受給資格者について失業の認定を受けてその未支給の基本手当を請求できる。

2．給付制限
基本手当は

法　32

（1）受給資格者が、正当な理由がなく、安定所の紹介、訓練の受講指示等を拒んだときは、1カ月間

法　33

（2）被保険者が自己の責めに帰すべき重大な理由によって解雇され、又は正当な理由がなく自己都合によって退職した場合は、1カ月〜3カ月以内の間でハローワーク所長が定める期間

雇用保険法

給付の種類	要件等	準拠条文	説明	
		法 34	（3）偽りその他不正の行為により支給を受け、又は受けようとした者には、その日以降支給されない。	
技能習得手当	支給要件手当の種類及び支給額	法 36 則 56 則 57 則 59 則 61	受給資格者が、基本手当の支給対象となる日のうち、ハローワーク所長の指示した公共職業訓練等を受ける日について支給 1．受講手当　日額　500円。　但し上限は20,000円。 2．通所手当 　交通費の実費。但し月額42,500円を限度	
寄宿手当	支給要件 支給額	法 36 則 60 則 61	受給資格者が公共職業訓練等を受けるため親族と別居して寄宿している場合に支給 　月額　10,700円（支給対象とならない日がある月は日割により減額）	
傷病手当	支給要件 支給額	法 37 則 63 則 64	受給資格者が求職申込みの後、15日以上傷病のため職業に就くことができない場合、基本手当に代えて支給される。 　基本手当の日額と同額。但し所定給付日数内	

（2）高年齢被保険者に対する給付

給付の種類	要件等	準拠条文	説明	
高年齢求職者給付金	受給資格	法37の3 法37の4 則65の2 則65の4	1　高年齢被保険者が離職の日の翌日から起算して一年を経過する日までにハローワークに出頭し「高年齢者受給資格者失業認定申告書（様式第22号の3）を提出して失業の認定を受けたこと。 2　労働の意志、能力を有するにもかかわらず、職業につくことができない状態であること。 3　離職の日以前1年間に、賃金支払の基礎となった日数が11日以上ある月を1カ月とし、それが6カ月ない場合は賃金支払の基礎となった時間数が80時間以上の月を1カ月として計算した被保険者期間が、通算して6カ月以上あること。	
	支給額	法37の4	被保険者であった期間に応じて次の表に定める日数分の基本手当日額に相当する一時金が給付される。基本手当日額は被保険者期間として計算された離職前の6カ月間に支払われた賃金を基礎として計算される。 被保険者であった期間 / 高年齢求職者給付の額 1年未満 / 30日分 1年以上 / 50日分 但し、失業の認定があった日から受給期限日（離職の日の翌日から起算して1年）までの日数が、給付金の額に相当する日数未満であるときは、失業の認定日から受給期限日までの日数分の支給となる。	
	待期、給付制限		一般の受給資格者の場合と同様に、7日間の待期が必要であり、待期中は支給されない。ただし、受給期間延長の制度はない。また自己都合で退職した場合は待期が経過した後2ヶ月経過するまで支給されない。 　給付制限についても、一般の受給資格者と同様である。	

雇用保険法

（3）短期雇用特例被保険者に対する給付

給 付 の 種　　類	要 件 等	準　拠 条　文	説　　　　　　明
特例一時金	被保険者	法　38 則　66	1．季節的に雇用される者で、４カ月を超えて雇用され、１週の所定労働時間が30時間以上の者 2．短期間の雇用に就くことを常態としている者 　　なお、同一事業主に引き続いて１年以上雇用されるに至ったときはそれ以降一般被保険者となる 　　また、同一事業所に連続して１年未満の雇用期間で雇用され、極めて短期間の離職期間で入離職を繰り返し、そのつど一時金を受給しているような労働者については、原則として以後一般被保険者として扱われる
	受給資格	法　39 〃　40 則　66 〃　67 〃　68	1　離職の日の翌日から起算して６カ月以内にハローワークに出頭し，「特例受給資格者失業認定申告書（様式24号）」を提出して求職の申込みをして，失業の認定を受けたこと 2　労働の意志、能力を有するにもかかわらず、職業につくことができない状態にあること 3　短期雇用特例被保険者が失業した場合において、離職の日以前１年間に賃金支払基礎日数が11日以上ある１暦月を１カ月として計算した（それが６カ月ない場合、完全月で賃金の支払の基礎となった時間数が80時間以上の月を１カ月として計算する場合がある）被保険者期間が６カ月以上あること
	支 給 額	法　40 附則 8	1．基本手当日額の30日分（当分の間40日分） 2．失業の認定があった日から受給期限日（離職の日の翌日から起算して６カ月を経過する日）までの日数が30（当分の間は40日分）未満であるときは，その日数分が支給される。 3．待機期間の７日間は支給されない
	特例措置	法　41 則　70	ハローワーク所長の指示した公共職業訓練等を受ける場合には，一般の求職者給付が支給される。

雇用保険法

（4）**日雇い労働被保険者に対する給付**

給 付 の種　　　類	要 件 等	準拠条文	説　　　　　明
日 雇 労働 求 職者 給 付 金	受 給 資 格	法 45 法 47 則 75	1　失業の日の属する月の前2カ月間に，印紙保険料が通算して26日分以上納付されていること。 2　原則として、ハローワークに出頭し求職の申込みをしたうえ、日々の失業認定を受けたこと。この認定を受けた日について支給される
	雇用保険印紙の種類		日雇労働者を雇用したら、雇用保険印紙を購入し賃金を払うつど「日雇労働被保険者手帳」に印紙を貼布して消印する 印紙の種類は徴収法22条～25条により定められている

等級	賃金日額	印紙保険料	負担割合	
			事業主	労働者
第1級	11,300円以上	176円	88円	88円
第2級	8,200円以上11,300円未満	146円	73円	73円
第3級	8,200円未満	96円	48円	48円

※事業主は、印紙の労働者負担分と、一般保険料として賃金の7／1000（建設業の場合）の合計額を徴収する。

給 付 の種　　　類	要 件 等	準拠条文	説　　　　　明
	給 付 日 額及 び 支 給日 数	法 48 則 76	

等級	給付日額	印紙納付枚数
第1級	7,500円	前2カ月間の1級印紙が24枚以上
第2級	6,200円	前2カ月間の1～2級印紙が合計して24枚以上、又は 1～3級印紙24枚の額の平均が2級印紙の額以上
第3級	4,100円	上記以外の場合

法 50　支給日数については、前2カ月間の印紙の貼付枚数により，次の通り。印紙の種類については上記参照

印紙納付枚数	支給日数
26～31枚	13日
32～35枚	14日
36～39枚	15日
40～43枚	16日
44枚以上	17日

給 付 の種　　　類	要 件 等	準拠条文	説　　　　　明
	待期、給付制限	法 52	各週につき日雇労働者被保険者が職業に就かなかった最初の日については支給されない（待機期間） 公共職業安定所の紹介する業務に就くことを拒んだときは、その拒んだ日から起算して7日間は支給されない（給付制限）
日 雇 労働 求 職者 給 付 金の 特 例	特例給付	法 53 法 54 法 55 則 78	継続する6カ月間に当該日雇労働者被保険者について印紙保険料が各月11日分以上、かつ、通算して78日分以上納付されていて、その6カ月のうち後の5カ月間に日雇労働求職者給付金の支給を受けていない場合に、当該6カ月の最後の月の翌月以降4カ月以内に申し出た場合に支給される。

雇用保険法

給 付 の 種 類	要 件 等	準 拠 条 文	説　　　　明
日雇労働求職者給付金の特例	支 給 額		<table><tr><th>等級</th><th>給付日額</th><th>印紙納付枚数</th></tr><tr><td>第1級</td><td>7,500円</td><td>継続6カ月間の1級印紙が72枚以上</td></tr><tr><td>第2級</td><td>6,200円</td><td>1〜2級印紙が合計して72枚以上、又は1〜3級印紙72枚の額の平均が2級印紙の額以上</td></tr><tr><td>第3級</td><td>4,100円</td><td>上記以外の場合</td></tr></table>
	支 給 日 数		当該6カ月最後の月の翌月以降4月の期間内の失業している日について通算60日を限度として支給

２．就職促進給付

（１）就業促進手当

給 付 の 種 類	要 件 等	準 拠 条 文	説　　　　明
就 業 手 当	支 給 要 件	法56の3 則82 則82の2 則82の5 則82の6	基本手当の支給残日数が所定給付日数の3分の1以上かつ45日以上である受給資格者が、「1年を超えて引き続き雇用されることが確実と認められる安定した職業に就いた」又は「自立できると認められた事業を開始した」以外の場合で、下記の要件を満たしたときに支給される。 （1）離職前の事業主（関連事業主を含む。）に再び雇用されたものでないこと （2）待期が経過した後職業に就き、又は事業を開始したこと。 （3）受給資格にかかる離職について法33条1項の給付制限を受けた場合、待期満了後1カ月間については、ハローワーク等の紹介により職業に就いたこと （4）求職の申込み前に雇用予約をしていた事業主に雇用されたものでないこと
	支給額及び支給申請手続き	法56の3	基本手当日額の30%に相当する額が就業日ごとに支給される。 　（当該日については基本手当の支給を受けたものとみなされる） 　就業しなかった日については,基本手当日額が支給される。 　1日当たり支給額の上限は1,887円（60歳以上65歳未満は1,525円） 　申請は様式29号にて行う
再 就 職 手 当	支 給 要 件	法56の3 則82 則82の2 則82の4 則82の7 則83	受給資格者が次のすべてに該当する場合に一時金として支給される。 （1）就職日の前日における基本手当の支給残日数が所定給付日数の3分の1以上であること （2）1年を超えて引き続き雇用されることが確実と認められる職業に就き、又は自立できると認められる事業を開始したこと。 （3）離職前の事業主（関連事業主を含む。）に再び雇用されたものでないこと （4）待期が経過した後職業に就き、又は事業を開始したこと

雇用保険法

給 付 の 種 類	要 件 等	準 拠 条 文	説　　明
再就職手当			（5）受給資格にかかる離職について法33条1項の給付制限を受けた場合、待期期間の満了後1カ月間については、ハローワーク等の紹介により職業に就いたこと （6）就職日前3年以内の就職について再就職手当又は常用就職支度金の支給を受けたことがないこと （7）求職の申込み前に雇用予約をしていた事業主に雇用されたものでないこと （8）その他再就職手当を支給することがその者の職業の安定に資すると認められるものであること
	支給額及び支給申請手続き	法56の3	・基本手当支給残日数を3分の2以上残して就職した場合 　基本手当支給残日数×70％×基本手当日額 ・基本手当支給残日数を3分の1以上残して就職した場合 　基本手当支給残日数×60％×基本手当日額 　基本手当日額の上限は6,290円（60歳以上65歳未満は5,085円） 　申請は様式第29号の2にて行う
就業促進定着手当	支給要件・支給額及び支給申請手続き	法56の3 則83の2 則83の3 則83の4 則83の5	・再就職手当の受給者であって、再就職手当の支給にかかる事業主に6カ月以上雇用された場合において、再就職後6ヶ月間の賃金日額が再就職手当の基礎となる賃金日額を下回った時、その差額に、再就職後6カ月間の賃金の支払基礎となった日数を乗じた金額が支給される　ただし基本手当日額に支給残日数を乗じた額の40％（再就職手当の給付率が70％の場合は30％）を限度とする ・基本手当日額の上限は、再就職手当に同じ 申請は様式第29の2の2にて行う
常用就職支度手当	支給要件	法56の3 則82 則82の3 則83の6 則84 則85	受給資格者（就職した日の前日における基本手当の支給残日数が所定給付日数の3分の1未満である者に限る）、高年齢受給資格者（高年齢求職者給付金の支給を受けたものであって、当該高年齢受給資格に係る離職の日の翌日から起算して1年を経過していない者を含む。）特例受給資格者（特例一時金の支給を受けた者であって、当該特例受給資格に係る離職の日の翌日から起算して6カ月を経過していない者を含む。）又は日雇受給資格者であって、1～7に掲げる就職困難なものが、適用事業の事業主に雇用され、8～14に該当すること 1．身体障害者 2．知的障害者 3．精神障害者 4．就職日において45歳以上の受給資格者で、再就職支援計画に係る援助対象者、高年齢者雇用安定法第17条に定める「就職活動支援書等」の対象者等 5．通年雇用安定給付金の支給対象指定地域に所在する事業主に通年雇用される、季節的に雇用されていた特例受給資格者 6．日雇労働求職者給付金の受給資格者であって、日雇労働者として就労することを常態としていた者のうち就職時に45歳以上である者 7．その他厚生労働省令で定める理由により就職が困難な者 8．ハローワーク等紹介により1年以上引き続いて雇用されることが確実であると認められる職業に就いたこと 9．離職前の事業主に再び雇用されたものでないこと

雇用保険法

給付の種類	要件等	準拠条文	説　明
常用就職支度手当			10.　待期が経過した後職業に就いたこと 11.　給付制限期間が経過した後職業に就いたこと 12.　その他常用就職支度金を支給することがその者の職業の安定に資すると認められること 13.　支給の調査時に当該事業所を離職していないこと 14.　過去３年以内の就職について再就職手当又は常用就職支度手当の支給を受けたことがないこと
	支給額及び支給申請手続き	法56の3 則83の6	<table><tr><td>支払残日数</td><td>常用就職支度手当の額</td></tr><tr><td>90日以上</td><td>90日×40%×基本手当日額</td></tr><tr><td>45日以上90日未満</td><td>支給残日数×40%×基本手当日額</td></tr><tr><td>45日未満</td><td>45日×40%×基本手当日額</td></tr></table>※基本手当日額の上限は、再就職手当に同じ 申請は様式第29の３にて行う

（2）移転費

給付の種類	要件等	準拠条文	説　明
移転費	支給要件	法　58 則　86	基本手当にかかる受給資格者、高年齢受給資格者（高年齢求職者給付金の支給を受けたものであって、当該高年齢受給資格に係る離職の日の翌日から起算して１年を経過していない者を含む。）、特例受給資格者（特例一時金の支給を受けた者であって、当該特例受給資格に係る離職の日の翌日から起算して６カ月を経過していない者を含む。）または日雇受給資格者（以下、受給資格者等という）が、待機又は給付制限の期間が経過した後に、ハローワーク等の紹介した職業に就くため、またはハローワーク長の指示した訓練等を受けるため、（雇用期間が１年未満である場合を除く）その住所又は居所を変更する場合で、通勤に往復４時間以上かかる、就職準備金その他移転に要する費用が就職先から支給されない等一定の条件に該当するとき
	移転費の種類及び支給額並びに支給申請手続き	則　87 〜95	以下の６種類。１〜５については受給資格者等及び随伴する親族にも旧居住地から新居住地までについて通常の終路に従って計算した額が支給される 1.　鉄道賃　普通旅客運賃相当額（特急・急行料金があり、かつ一定の要件を満たす場合は特急料金、急行料金相当額） 2.　船　賃　２等運賃相当額 3.　航空賃　現に支払った旅客運賃の額 4.　車　賃　１kmにつき37円 5.　移転料　鉄道の距離に講じて　93,000円〜282,000円 　　（親族を随伴しない場合は半額） 6.　着後手当　親族を随伴する場合 　　　　　　76,000円（移動距離100km未満） 　　　　　　95,000円（同100km以上） 　　　　　　親族を随伴しない場合は上記の半額

雇用保険法

給 付 の 種 類	要 件 等	準 拠 条 文	説　　　　明
移　転　費			申請は様式30号にて行う 　編者注：就職先の事業主から就職支度費が支給されるものの、その額が上記支給額を下回る場合は、差額分(不足分)を支給。

（3）求職活動支援費

給 付 の 種 類	要 件 等	準 拠 条 文	説　　　　明
広域求職活動費	支給要件	法　59	受給資格者等が、待機又は給付制限期間経過後に、ハローワークの紹介により広範囲の地域にわたる求職活動をする場合で、その求人が、当該受給者に適当と認められる管轄区域外に所在の事業所に係る求人であって、かつ鉄道での距離が200キロメートル以上であるとき
	支 給 額	則95の2〜100	（1）鉄道賃、船賃、航空賃及び車賃の額は移転費の場合に準ずる （2）宿泊料　原則として1泊 8,700 円に次表に定める宿泊数を乗じた額（一定地域については 7,800 円）

距離（鉄道キロ数） ＼ 訪問事業所の数	2 カ所以上	3 カ所以上
400 キロメートル以上 800 キロメートル未満	1 泊	2 泊
800 キロメートル以上 1,200 キロメートル未満	2 泊	3 泊
1,200 キロメートル以上 1,600 キロメートル未満	3 泊	4 泊
1,600 キロメートル以上 2,000 キロメートル未満	4 泊	5 泊
2,000 キロメートル以上	5 泊	6 泊

宿泊料は鉄道賃の額の計算の基礎となる距離が 400 キロメートル未満の場合は支給されない

給 付 の 種 類	要 件 等	準 拠 条 文	説　　　　明
	支給申請手続き		申請は様式 32 号の 2 にて行う 編者注：就職先の事業主から求職活動費が支給されるものの、その額が上記支給額を下回る場合は差額分(不足分)を支給。
短期訓練受講費	支給要件及び支給申請手続き	法59 則100の2〜100の5	受給資格者等がハローワークの職業指導により再就職促進を図る就職先の事業主から求職活動費が事前にキャリアコンサルティングを受けたうえで、様式第33号の2の2で受給資格の確認を行うために必要な要件を満たす教育訓練を受講、修了した場合に、教育訓練経費の2割（上限10万円）が支払われる 申請は様式32号の3にて行う

雇用保険法

給付の種類	要件等	準拠条文	説明
求職活動関係役務利用費	支給要件及び支給申請手続き	法59則100の6〜100の8	受給資格者等が、求人者との面接、教育訓練の受講をするにあたり、その子に関して保育等サービスを利用した場合に、負担した費用の80%に相当する額（1日あたり上限6,400円）が、面接は15日分、訓練は60日分を上限として支給される 申請は様式32号の4にて行う

3．教育訓練給付

（1）教育訓練給付金

給付の種類	要件等	準拠条文	説明
教育訓練給付金	支給要件	法60の2則101の2の2〜則101の2の15	対象教育訓練を開始した日に ①　一般被保険者もしくは高年齢被保険者である者で、被保険者期間が3年以上（当分の間、初回申請者については一般教育訓練と特定一般教育訓練は1年以上、専門実践教育訓練は2年以上)あるもの ②　一般被保険者もしくは高年齢被保険者でなくなった日が開始日以前1年以内にあり、被保険者期間が3年以上（当分の間、初回申請者については一般教育訓練と特定一般教育訓練は1年以上、専門実践教育訓練は2年以上）あるもの（妊娠、出産、育児、疾病等による延長規定あり） に対し、支給される 　但し、3年以内に教育訓練給付金の支給を受けたことがある場合には支給されない 　また、特定一般教育訓練及び専門実践教育訓練については、事前にキャリアコンサルティングを受けたうえで受給資格の確認を受けなければならない（様式第33号の2の2）
	支給額及び支給申請手続き		【一般教育訓練】 　厚生労働大臣の指定した一般教育訓練を終了した場合、受講者が支払った経費の20%に相当する額 　但し上限は10万円とし、4千円を超えない時は支給されない 申請は様式第33号の2にて行う 【特定一般教育訓練】 　厚生労働大臣の指定した特定一般教育訓練を終了した場合、受講者が支払った経費の40%に相当する額 　但し、上限は20万円とし、4千円を超えない時は支給されない 申請は様式第33号の2にて行う 【専門実践教育訓練】 　厚生労働大臣の指定した専門実践教育訓練を終了した場合、受講者が支払った経費の50%に相当する額（資格取得等をし、かつ修了した日の翌日から1年以内に一般被保険者又は高年齢被保険者として雇用

雇用保険法

— 502 —

給 付 の 種 類	要 件 等	準 拠 条 文	説　明
教育訓練給付金			された場合は70%） 　上限額は年間40万円で総支給上限額120万円、資格取得等し雇用されたものは年間56万円、総支給上限額168万円 申請は様式第33号の2の4、様式第33号の2の5にて行う

（2）教育訓練支援給付金

給 付 の 種 類	要 件 等	準 拠 条 文	説　明
教育訓練支援給付金	支 給 要 件	法60の2	受講開始時に45歳未満である専門実践教育訓練給付金の受給資格者が、当該教育訓練を受けている日のうち失業している日について支給される。
	支 給 額 及び支給申請手続き		基本手当日額×80%×支給日数 申請は様式第33号の2の7にて行う

４．雇用継続給付

（１）高年齢雇用継続給付

給 付 の種　　　類	要 件 等	準　　拠条　　文	説　　　　明
高年齢雇用継続基本給付金	支給要件	法　61則101の3〜101の6	1．60歳以上65歳未満の一般被保険者で被保険者であった期間が５年以上あること（60歳時点で被保険者期間が５年未満であってもその後に５年以上となった場合も含む） 2．各月の賃金額が60歳到達時（60歳到達時に資格を満たしていない場合は資格を満たした時点）の賃金月額（60歳到達日直前から遡って６ヶ月の賃金を180で除したものの30日分）の75%未満であること 3．賃金月額の上限は486,300円、下限は82,380円
	支　給　額		（1）支給対象月の賃金額が「賃金月額」の61%以下のとき 　　支給額＝支給対象月の賃金額×0.15 （2）支給対象月の賃金額が賃金月額の 61%を超えて 75%未満のとき　以下の計算式で求められる金額 　　低下率　＝支給対象月の賃金額÷賃金月額×100 として 　　支給額　＝支給対象月の賃金× $\dfrac{(-183 \times 低下率 + 13.725)}{280 \times 低下率}$ （3）賃金額と上の計算式による給付額の合計が支払限度額（370,452円）を超えるとき 　　支給額＝支給限度額（370,452円）－支給対象月の賃金 （4）算定された支給額が 2,196 円以下のときは支給されない
	支給期間及び支給申請手続き		被保険者が60歳に達した月から65歳に達する月まで（各暦月の初日から末日まで被保険者であることが必要）。但し60歳到達時に受給資格を満たしていない場合は、受給資格を満たした日の属する月から65歳に達する月まで。 申請は支給対象月の初日から起算して４ヶ月以内に様式書類第33号の３にて様式33号の４を添えて行う。
高年齢再就職給付金	支 給 要 件	法61の2則101の7	1．直前の離職時に被保険者期間が通算して５年以上あり、60歳から65歳になるまでの間に、安定した職業に再就職して一般被保険者となったこと 2．再就職する前に基本手当を受給し、基本手当の受給期間内に再就職し、支給残日数が100日以上あること 3．再就職後の各暦月（＝支給対象月）の賃金額が基本手当の基準となった賃金日額を30倍した額の75%未満に低下した状態で雇用されていること 4．再就職手当を受給した場合は高年齢再就職給付金は支給されず、高年齢再就職給付金を受給した場合は再就職手当は支給されない。
	支 給 額	法61の2	高年齢雇用継続基本給付金と同じ計算式による算出。この場合「60歳到達時の賃金月額」を「直前の離職時の賃金月額」として計算する。

雇用保険法

— 504 —

給付の種類	要件等	準拠条文	説　明	
高年齢再就職給付金	支給期間及び支給申請手続き		<table><tr><td>基本手当の支給残日数</td><td>支給期間</td></tr><tr><td>200日以上 100日以上200日未満</td><td>2年間 1年間</td></tr></table> 　但し、被保険者が65歳に達した場合は、その期間にかかわらず65歳に達した月までとなる。 　申請は再就職後の支給対象月の初日から起算して4ヶ月以内に様式第33の3にて行う	

（2）介護休業給付

給付の種類	要件等	準拠条文	説　明	
介護休業給付金	支給要件	法61の4 則101の16〜19	1．2週間以上常時介護を必要とする状態である家族（自らの配偶者、父母、子、祖父母、兄弟姉妹、孫、配偶者の父母）を介護するために介護休業を取得した一般被保険者もしくは高年齢被保険者であること 　2．介護休業開始前2年間に被保険者期間が12カ月以上あること 　3．各支給単位期間において、就業していると認められる日数が10日以下であること及び賃金が休業開始時賃金に比べて80％未満であること	
	支給額		休業開始日から1ヶ月ごとに区切った期間を「支給単位期間」として 　・賃金が支給単位期間中に賃金が支払われなかった場合 　介護休業開始時の賃金日額に30（最後の支給単位期間は暦の日数）を乗じた額の67％相当額 　・支給単位期間中に事業主から賃金が支払われた場合 　各支給対象期間中の賃金の額が休業開始前賃金月額の13％以下の場合→通常の支給額 　賃金の額が13％超80％未満の場合→賃金日額に支給日数を乗じた額の80％から支給単位期間中に支払われた賃金の額を差し引いた額 　が支給される。（80％以上の場合は支給されない） （支給限度額341,298円）	
	支給期間及び支給申請手続き		支給対象となる1人の家族につき休業開始日から最長3カ月。なお93日を限度に、3回を上限として分割取得が可能。 　申請は様式第33の6にて行う	

雇用保険法

3. 育児休業給付

　育児休業給付は、従前失業等給付の一部であったが、令和2年3月の改正において、失業等給付とは別のものとして規定されることとなったものである。

　育児休業給付には以下の2種類の給付金がある。

1. 育児休業給付金

給付の種類	要件等	準拠条文	説明
育児休業給付金	支給要件	法61の6則101の21～101の30	1. 一般被保険者または高年齢被保険者が1歳未満の子（パパママ育休プラス制度を利用し一定の要件を満たす場合には1歳2カ月まで、市区町村に対して保育の実施を希望し申し込んでいるか、当面その実施が行われない場合等は最大2歳まで延長申請ができる）を養育するために育児休業を取得したこと。 2. 育児休業の開始前2年間に被保険者期間が12カ月以上あること。 　支給対象者は男女を問わない。 　育児休業期間には産後休業期間（8週間）は含まれない。 3. 支給単位期間（休業開始から起算して1カ月毎の期間）に就業していると認められる日数が10日以下であること（10日を超えていても就業していると認められる時間が80時間以下である場合を含む）及び支給された賃金額が休業開始時点の賃金月額の80％未満であること。 4. 原則同一の子について2回の育児休暇まで対象となる
	支給額		休業開始日から1ヶ月ごとに区切った期間を「支給単位期間」として ・支給単位期間中に賃金が支払われなかった場合 　支給日数が育児休業開始から180日に達するまで 　　休業開始時賃金日額×支給日数×67％（支給上限額310,143円下限額55,194円） 　上記以降 　　休業開始時賃金日額×支給日数×50％（支給上限額231,450円下限額41,190円） ・支給単位期間中に賃金が支払われた場合 　支払われた賃金が、休業開始時賃金月額の13％（支給日数が180日に達した以降は30％）以下の場合、通常の支給額 　　休業開始時賃金日額×支給日数×67％（50％） 　支払われた賃金が、休業開始時賃金月額の13％（30％）超～80％未満の場合 　　休業開始時賃金日額×支給日数×80％相当額と賃金の差額 　支払われた賃金が、休業開始時賃金月額の80％以上の場合 　　支給なし 編者注：育児休業開始前6ヶ月間に支払われた賃金の総額を180で除した金額を賃金日額とし、その30倍に相当する額を賃金月額とする。
	支給申請及び支給申請手続き		1. 休業開始日から子が1歳に達する日の前日（1歳の誕生日の前々日）まで（一定の要件を満たした場合は延長される。） 2. 1より前に育児休業を終了した場合にはその日まで 申請は「育児休業給付受給資格確認票・（初回）育児休業給付金支給申請書」に様式第10号の2の2を添えて行う

雇用保険法

２．出生時育児休業給付金

給 付 の 種 類	要 件 等	準 拠 条 文	説　明
出生時育児休業給付金	支給要件		・一般被保険者または高年齢被保険者が子の出生日から８週間を経過する日の翌日までの期間内に４週間(28日)以内の期間を定めて、当該子を養育するための産後パパ育休(出生時育児休業)を取得したこと ・休業開始前２年間に被保険者期間が12ヶ月あること ・休業期間中の就業日数が、最大10日(10日を超える場合は就業した時間数が80時間)以下であること
	支給額		育児休業給付金と同じ(28日が上限) 賃金日額の上限は15,430円であり、支給上限額289,466円
	支給申請及び支給申請手続き		子の出生日(出生予定日前に子が出生した場合は出生予定日)から８週間を経過する日の翌日から２ヶ月を経過する日の属する月の末日までに 申請は「育児休業給付受給資格確認票・出生時育児休業給付金支給申請書」に様式第10号の２の２を添えて行う

雇用保険法

4. 雇用安定事業等

事　項	内　容　の　説　明

第四章　雇用安定事業等

雇用保険法

雇用安定事業等（雇用安定事業及び能力開発事業）の理念
被保険者等の職業の安定を図るため、労働生産性の向上に資するものとなるよう留意しつつ、行われるものとする

雇用保険二事業の概要

雇用安定事業等

雇用安定事業　法62
　失業の予防　雇用状態の是正，雇用機会の増大その他雇用の安定

- 雇用維持関係の助成金 ── 1　雇用調整助成金
- 在籍型出向支援関係の助成金 ── 2　産業雇用安定助成金
- 再就職支援関係の助成金 ── 3　労働移動支援助成金
- 転職・再就職拡大支援関係の助成金 ── 4　中途採用等支援助成金
- 雇入れ関係の助成金
  - 5　特定求職者雇用開発助成金
  - 6　トライアル雇用助成金
  - 7　地域雇用開発助成金
  - 8　産業雇用安定助成金
- 雇用環境整備等関係の助成金
  - 9　人材確保等支援助成金
  - 10　通年雇用助成金
  - 11　65歳超雇用推進助成金
  - 12　高年齢労働者処遇改善促進助成
  - 13　キャリアアップ助成金
- 両立支援等関係の助成金 ── 14　両立支援等助成金

能力開発事業　法63
　職業生活の全期間を通じた能力の開発向上の促進

- 人材開発関係の助成金
  - 人材開発支援助成金
  - 職場適応訓練費

編者注：雇用安定事業、能力開発事業については経済状況、雇用状況に対応して事業の創設改廃が行
　　　　われることが多く注意、確認が必要。
　　　　雇用関係助成金については以下のサイト　参照
https://www.mhlw.go.jp/stf/seisakunitsuite/bunya/koyou_roudou/koyou/kyufukin/index.html

1．雇用安定事業（法第62条）

事　　　項	条　文	内　　容　　の　　説　　明
1．雇用調整助成金	則102の3 附則15 15の3	※建設業における中小企業とは資本金3億円以下もしくは常時雇用の労働者が300人以下のいずれかに該当する企業をいう 　景気の変動，産業構造の変化などの経済上の理由により事業活動の縮小を余儀なくされた場合に，休業，教育訓練，または出向によって，その雇用する労働者の雇用の維持を図る事業主に対する助成。 　支給額 　【休業の場合】 　　休業手当相当額の2／3（中小企業以外1／2） 　【教育訓練の場合】 　　賃金相当額の2／3（中小企業以外1／2）に教育訓練費を1人1日あたり1,200円加算 　【出向の場合】 　　出向元事業主の負担額の2／3（中小企業以外1／2）
2．産業雇用安定助成金	則118の3 附則15の4の5	労働者のスキルアップを在籍型出向により行い、当該労働者の賃金を5％以上上昇させた出向元事業主に対する「スキルアップ支援コース」奨励金 支給額 ・出向中の賃金のうち出向元事業主が負担する額 ・出向前賃金の1／2の額 の低い額の2／3（中小企業以外1／2）
3．労働移動支援助成金	則102の3 附則15 15の3	事業規模の縮小等に伴い離職を余儀なくされる労働者等の早期再就職を目的とした、再就職援助のための措置等を講じる事業主に対する助成。2種類ある。 　Ⅰ　対象労働者の再就職支援を民間の職業紹介事業者に委託等する事業主に助成を行う「再就職支援コース奨励金」 　Ⅱ　直前の離職の際に「再就職援助計画」等の対象である労働者を離職日から3ヶ月以内に期間の定めのない労働者として雇入れた事業主に助成を行う「早期雇入れ支援コース奨励金」
4．中途採用等支援助成金	110の4	転職、再就職者の採用機会の拡大及び人材移動の促進を図ることを目的とした、中途採用の拡大や移住者の採用等を行う事業主に対する助成。2種類ある。 　Ⅰ　中途採用者の雇用管理制度を整備した上で中途採用者の採用を拡大する事業主に助成を行う「中途支援拡大コース奨励金」 　Ⅱ　内閣府のデジタル田園都市国家構想交付金（地方創生推進タイプ（移住・起業・就業型，）を活用して地方公共団体が実施する移住支援制度を利用したUIJターン者を採用した中小企業等の事業主に助成を行う「UIJターンコース奨励金」

雇用保険法

事　　項	条　文	内　容　の　説　明
5．特定求職者雇用開発助成金	則110 附則15の5	高年齢者や障害者などの就職が困難な者の雇用機会の増大及び雇用の安定を目的とした、高年齢者や障害者などをハローワークや民間職業紹介事業者等の紹介により雇用した事業主に対する助成。5種類ある。 Ⅰ　高年齢者（60歳以上）や障害者等の就職が特に困難な者の雇用への助成を行う「特定就職困難者コース助成金」 Ⅱ　発達障害者または難治性疾患患者の雇用への助成を行う「発達障害者・難治性疾患患者雇用開発コース助成金」 Ⅲ　正規雇用の機会を逃したことにより十分なキャリア形成がなされなかったため、正規雇用労働者としての就職が困難な者の正規雇用労働者としての雇用への助成を行う「就職氷河期世代安定雇用実現コース助成金」 Ⅳ　生活保護者等の雇用への助成を行う「生活保護受給者等雇用コース助成金」 Ⅴ　Ⅰ～Ⅳのいずれかに該当する労働者を成長分野等の業務に従事させるために雇入れるの場合の「成長分野等人材確保育成コース」
6．トライアル雇用助成金	110の3	職業経験、技能、知識の不足等から就職が困難な求職者の早期就職の実現や雇用機会の創出を目的とした、これらの方々をハローワークや民間職業紹介事業者等の紹介により一定期間試行雇用し、その適正や業務遂行可能性を見極め、求職者及び求人者の相互理解を促進した事業主に対する助成。3種類ある。 Ⅰ　安定的な就職が困難な者についての試行雇用への助成を行う「一般トライアルコース助成金」 Ⅱ　障害者の試行雇用への助成を行う「障害者トライアルコース助成金」（「障害者短時間トライアルコース助成金」を含む） Ⅲ　35歳未満の若年者または女性を建設技能労働者として一定期間試行雇用し、トライアル助成金の支給を受けた中小建設事業主への助成を行う「若年・女性建設労働者トライアルコース助成金」 　・支給対象者1名につき月額4万円が支給される（最長3ヶ月）
7．地域雇用開発助成金	則112	雇用機会が特に不足している地域等における雇用構造の改善を図ることを目的とした、当該地域において事業所の設置・整備や創業を行うことで、その地域に居住する求職者等を雇い入れた事業主に対する助成。 Ⅰ　同意雇用開発促進地域や過疎等雇用改善地域または特定有人国境離島地域における、事業所の設置・整備あるいは創業に伴う、地域労働者の雇入れに対する助成。「地域雇用開発コース奨励金」 Ⅱ　沖縄県における、事業所の設置・整備に伴う、沖縄県内居住の35歳未満の若年労働者の雇い入れに対する助成。「沖縄若年者雇用促進コース奨励金」
8．産業雇用安定助成金（事業再構築支援コース奨励金）	附則15条の4の5	労働者の雇用の安定確保と事業再構築に必要な人材の円滑な受け入れの支援を目的とした、新型コロナウイルス感染症の影響で事業活動の一時的な縮小を余儀なくされ、新たな事業への進出等の事業再構築を行い、必要な人材を雇い入れた事業主に対する助成
9．人材確保等支援助成金	則118	魅力ある雇用創出を図ることによる、人材の確保定着を目的とした、魅力ある職場づくりのために労働環境の向上等を図る事業主に対する助成。 ・建設労働者の入職促進及び処遇改善を目的とし、建設キャリアアップシステム等を普及促進する事業を行う建設事業主団体に助成を行う「建設キャリアアップシステム等普及促進コース助成金」 ・若年及び女性労働者の入職・定着を図る建設事業主等建設工事の作業の訓練を推進する職業訓練法人に助成を行う「若年者及び女性に魅力ある職場づくり事業コース助成金（建設分野）」 ・被災三県に所在の作業員宿舎等を賃借する中小建設事業主、女性専

事　　　項	条　文	内　容　の　説　明
		用作業員施設を賃借する中小元方事業主等に助成を行う「作業員宿舎等施設助成コース助成金（建設分野）」 等９コースがある（うち２コースは現在受付を行っていない）
10．通年雇用助成金	則113 則114 則116	季節労働者の通年雇用化を促進することを目的とした、北海道,東北地方等の気象条件の厳しい積雪寒冷地において、冬期間に離職を余儀なくされる季節労働者を通年雇用した事業主に対する助成。
11．65歳超雇用推進 　助成金	則104	高年齢者の雇用の促進を図ることを目的とした、65歳以降の定年延長や継続雇用制度の導入を行う企業に対する助成。 　Ⅰ　65歳以上に定年を引上げ等及び他社による継続雇用制度の導入を行う事業主に助成を行う「65歳超継続雇用促進コース」 　Ⅱ　高年齢者の雇用管理制度の整備を行う事業主に助成を行う「高年齢者評価制度等雇用管理改善コース」 　Ⅲ　50歳以上の定年年齢未満の有期契約労働者の無期雇用労働者への転換を実施する事業主に助成を行う「高年齢者無期雇用転換コース」
12．高年齢労働者処遇 　改善促進助成金	附則15 の4の 7	高年齢労働者が継続して働くことができる環境を整備することを目的とした、60歳から64歳までの高年齢労働者の処遇改善に向け、就業規則等に定める賃金規定等の改訂に取り組む事業主に対する助成。
13．キャリアアップ 　助成金	則118の2 附則12 の2の7	非正規雇用の労働者の企業内でのキャリアアップを促進する取組を実施した事業主に対する助成 ・正規雇用労働者への転換等を助成する「正社員化コース助成金」 ・賃金規定等の増額改定を助成する「賃金規定等改定コース助成金」 など計６コースがある
14．両立支援等助成金	則116 附17条 の2 の2	仕事と家庭の両立支援、女性の活躍推進のための事業主の取組の促進を目的とした、労働者の職業生活と家庭生活を両立させるための制度の導入や女性の活躍推進のための取組を行う事業主に対する助成 ・男性の育児休暇取得推進を助成する「出生時両立支援コース助成金」 ・仕事と介護の両立支援のための取組を助成する「介護離職防止支援コース助成金」 など計５コースがある（うち１コースは現在受付を行っていない）

雇用保険法

２．能力開発事業（法第63条）

事　　　項	条文	内　容　の　説　明
人材開発支援助成金	125 附則34	雇用する労働者に専門知識・技能習得のための職業訓練を計画に沿って実施した事業主に対する、訓練経費や訓練期間中の賃金の一部等の助成。７種類ある。 Ⅰ　10時間以上の OFF-JT 中核人材を育てるために実施する OJT と OFF-JT を組み合わせた６ヶ月以上の訓練有期契約労働者等の正社員転換を目的として実施する OJT と Off-JT を組み合わせた２ヶ月以上の訓練に対して助成を行う「人材育成支援コース助成金」 Ⅱ　有給の教育訓練休暇制度を導入し、労働者が当該休暇を取得して訓練を受けた場合に助成を行う「教育訓練休暇等付与コース」 Ⅲ　中小建設事業主等が認定訓練を行った場合や雇用する労働者に認定訓練を受講させた場合に助成を行う「建設労働者認定訓練コース助成金」 Ⅳ　中小建設事業主が雇用する建設労働者に技能講習を受講させた場合に助成を行う「建設労働者技能実習コース助成金」 Ⅴ　障害者に対し職業能力開発訓練事業を実施する場合に助成を行う「障害者職業能力開発コース助成金」 Ⅵ　高度デジタル人材等の育成のための訓練等を行った場合や長期教育訓練休暇等制度を実施した場合に助成を行う「人への投資促進コース助成金」 Ⅶ　事業展開等に伴う新たな分野で必要となる知識や技能を習得させるための訓練を実施した場合に助成を行う「事業展開等リスキング支援コース助成金」
職場適応訓練費	130	求職者が作業環境に適応することを容易にし、雇用に結びつけることを目的とした、求職者に対し実際の職場での業務に係る作業について訓練を行う職場適応訓練を実施した事業主に対する助成。

　この組合は昭和18年4月に国民健康保険組合として設立され、土木建築を事業とする事業主及び従業員、並びにその家族を被保険者として、その疾病、負傷、出産又は死亡に関して必要な給付を行っている。また、直営の病院・診療所を設置するほか建設業に即応した保健施設事業も実施している。

　この組合の特色は、健康保険法による日雇特例被保険者についても同法による適用除外を条件に、第二種組合員として加入できることである。さらに、実務面についても建設業の実態に即した取扱いになっている。

1．組合員の範囲（規約第7条、第9条の3）

（1）第一種組合員　事業主、役員その他常用労働者及び短時間労働者

（2）第二種組合員　日雇労働者

（3）後期高齢者医療制度の被保険者（以下「後期高齢被保険者」という。）となって組合員資格を取得する者も含まれる。

2．被保険者の範囲（規約第8条）

　①組合員（後期高齢被保険者である組合員を除く。）及び組合員と同一の世帯に属する者。

　　なお、後期高齢被保険者である組合員と同世帯に属する者も被保険者となる。

　②組合員と同一の世帯に属していても、次の者は被保険者となれない。

　（1）健康保険の被保険者（日雇特例被保険者を含む。）とその被扶養者

　（2）船員保険の被保険者とその被扶養者

　（3）各種共済組合の組合員とその被扶養者

　（4）後期高齢者医療制度の被保険者

　（5）生活保護法の保護を受けている世帯に属する者

　（6）他の国民健康保険組合の被保険者

　（7）その他特別の事情がある者で厚生労働省令で定める者

3．基準報酬月額・賃金日額

（1）基準報酬月額（規約第11条の3）

　　第一種組合員について、基準報酬月額を採用している。基準報酬月額は、保険料算定や、保険給付の基礎となるもので、組合員の賃金によって定める。基準報酬月額は、最低58,000円から最高1,390,000円までの50等級に区分される。

　a　加入時決定（規約第11条の5）

　　　新規組合員の基準報酬は、規約に定める方法によって計算した額を報酬月額として決定する。

　b　定時決定（規約第11条の4）

　　　毎年7月1日使用する組合員について、その年の4月、5月、6月の3か月間に受けた報酬の合計額をその期間の月数で除して得た額を報酬として基準報酬月額を定める。

c 随時改定（規約第11条の6）

　　毎年1回の定時決定により決定された基準報酬月額は原則として1年間使用するが、この間の昇給や降給などにより現在の報酬月額に大幅な変動が生じたときは、基準報酬月額と実際の収入がかけ離れないようにするため、次回の定時決定を待たずに当該組合員の基準報酬月額の見直しを行い改定する。

（2）基準賞与額（規約第11条の9）

　　第一種組合員が賞与を受けた月において、当該組合員が受けた賞与額に基づき、これに千円未満の端数を生じたときは、これを切り捨てて、その月の基準賞与額を決定する。

（3）賃金日額（規約第11条の11）

　　第二種組合員について、給付基礎日額制を採用している。給付基礎日額は、保険料算定や、保険給付の基礎となるもので、組合員の賃金によって定める。給付基礎日額は最低3,000円から最高24,800円までの11等級に区分される。

4. **保険料**（規約第24条－1、2、3、4）

（1）第一種組合員に係る保険料

　　ア．医療分保険料（1000分の72）

　　　　・組合員……基準報酬月額及び基準賞与額の1,000分の31

　　　　・事業主……基準報酬月額及び基準賞与額の1,000分の41

　　イ．後期高齢者支援金分保険料（1000分の19）

　　　　・組合員……基準報酬月額及び基準賞与額の1,000分の8

　　　　・事業主……基準報酬月額及び基準賞与額の1,000分の11

　　ウ．介護分保険料（1000分の19）

　　　　・組合員……基準報酬月額及び基準賞与額の1,000分の9.5

　　　　・事業主……基準報酬月額及び基準賞与額の1,000分の9.5

　　※40歳以上65歳未満の組合員（介護保険第2号被保険者である組合員）の保険料率は「ア」＋「イ」＋「ウ」、39歳以下及び65歳以上75歳未満の組合員（介護保険第2号被保険者である組合員以外の組合員）の保険料は「ア」＋「イ」となる。

（2）第二種組合員に係る保険料

　　ア．医療分保険料

　　　　・組合員……第1級1,900円〜第11級15,400円

　　　　・事業主……第1級2,500円〜第11級20,300円

　　イ．後期高齢者支援金分保険料

　　　　・組合員……第1級500円〜第11級4,000円

　　　　・事業主……第1級700円〜第11級5,500円

　　ウ．介護分保険料

　　　　・組合員……第1級600円〜第11級4,700円

　　　　・事業主……第1級600円〜第11級4,700円

土
建
国
保

※40歳以上65歳未満の組合員（介護保険第2号被保険者である組合員）の保険料率は「ア」＋「イ」
＋「ウ」、39歳以下及び65歳以上75歳未満の組合員（介護保険第2号被保険者である組合員以外の
組合員）の保険料は「ア」＋「イ」となる。

（3）保険料の計算は、基準報酬月額及び基準賞与額に医療分保険料、後期高齢者支援金分保険料及び介
護分保険料の保険料率をそれぞれ乗じて得た額を合算した額となる。なお、合算した額に10円未満の
端数があるときは、その端数を医療分保険料から切り捨てる。

（4）後期高齢被保険者である組合員に係る保険料

第一種組合員及び第二種組合員ともに、次に定めるとおりとなる。

・組合員……4,050円

・事業主……5,250円

編者注：
1　一般財団法人土木建築厚生会は、土木建築事業に従事する者とその家族の福利厚生を図ることを目的として、
昭和28年に厚生大臣の認可を得て設立された団体で、組合の各地方事務所内にそれぞれ地方支部を設置してい
る。
2　詳細等については組合発行の「組合保険のハンドブック」　参照

土
建
国
保

1.　健康保険制度の概要

　健康保険制度は、職場に働く人たちを対象とした医療保険制度である。この制度は昭和2年1月1日に実施され、すでに90年以上になる、わが国における社会保険制度の中でも最も古い歴史をもち、勤労者の生活に欠くことのできない制度となっている。

創 設 時 期 根 拠 法	昭和2年・健康保険法	
目　　　　　的	・一定の事業所に使用される労働者を被保険者とし、被保険者とその被扶養者の業務外の疾病、負傷、死亡又は出産について、保険給付を行い、国民の生活の安定と福祉の向上に寄与すること。（法1）	
保　険　者	・全国健康保険協会及び健康保険組合。（法4）但し、日雇特例被保険者については全国健康保険協会。（法123）	
被保険者の 種　　　別	・適用事業所に使用される者（一般の被保険者） 　任意継続被保険者、特例退職被保険者	・日雇特例被保険者（法3）
被保険者の 範　　　囲 （法3-②〜⑧）	・常時5人以上の従業員を使用し、法第3条に掲げる事業、建設の事業等を行っている事業所と、常時従業員を使用する国、地方公共団体または法人の事業所に使用される者。（法3-③） （一般の被保険者は、本人の意思如何にかかわらず、強制的に健康保険の被保険者とされる。） ※健康保険の対象は、強制被保険者であることを原則としているが、このほかにも一定の条件の下に保険者の承認を受けて任意に加入することができる。 1．認可適用事業所　（法31〜33）………厚生労働大臣の認可を受けて適用事業となった事業所で働く被保険者 2．任意継続被保険者（法37〜38）………退職等によって被保険者の資格を喪失した後に個人で任意に被保険者の資格を継続している被保険者 ・関係通ちょう	・強制適用事業所に使用される日雇労働者。（法3-②） ・日雇労働者とは（法3-⑧） 1．臨時に使用される者 （1）日々雇い入れられる者。但し、1カ月を超えて引き続き使用されるようになったときは、その1カ月を超えた日から一般の被保険者となる。 （2）2カ月以内の期間を定めて使用される者。但し、所定の期間を超えて引き続き使用されるようになったときは、そのときから一般の被保険者となる。 2．季節的業務に使用される者。但し、当初から継続して4カ月を超える予定で使用される場合には、当初から一般の被保険者となる。 3．臨時的事業の事業所に使用される者。但し、当初から継続して6カ月を超える予定で使用される場合には、当初から一般の被保険者となる。

被保険者の範囲 （法3-②～⑧）	1．土木建築業 　　土木、建築等の事業に使用される者であって、就労の実態から常用労働者とみることが適当な者については基幹要員ないしこれに準ずる者以外の者であっても、一般の被保険者（日雇特例被保険者以外の被保険者をいう。以下同じ。）として取り扱うこと。（S.59.9.22保発87、庁保発22）	
被保険者から除外される者 （法3-①）	1．船員保険の被保険者 2．臨時に雇い入れられる者で （1）日々雇い入れられる者（1カ月を超えずに使用される場合） （2）2カ月以内の期間を定めて使用される者。（所定の期間を超えてはいけない） 3．季節的業務に使用される者。（4カ月を超えずに使用される場合） 4．臨時的事業の事業所に使用される者（6カ月を超えずに使用される場合） 5．事業所の所在地の一定しない事業に使用される者。 6．国民健康保険組合の事業所に使用される者。 7．後期高齢者医療の被保険者及び同条各号のいずれかに該当する者で同法第五十一条の規定により後期高齢者医療の被保険者とならないもの 8．厚生労働大臣、健康保険組合又は共済組合の承認を受けた者 9．事業所に使用される者であって、その一週間の所定労働時間が同一の事業所に使用される通常の労働者の一週間の所定労働時間の4分の3未満である短時間労働者又はその1月間の所定労働日数が同一の事業所に使用される通常の労働者の	・日雇特例被保険者の対象者であっても、下記の者は保険者の承認を得て被保険者とならないことができる。 1．引き続く2カ月に通算して26日以上使用される見込みがない者。（療養の給付をはじめ各種の保険給付を受けるため必要な保険料を納付することが困難であるため） 2．健康保険の任意継続被保険者となっている者。 3．国民健康保険の被保険者であり、日雇労働者として使用されることを常態としない者。 （1）農業、漁業、商業等他に本業を有する者が臨時に日雇労働者として使用される場合。 （2）昼間学生が夏期休暇期間中等に臨時に日雇労働者として使用される場合。 4．被用者保険の被扶養者で、短期間日雇労働者として使用され、その収入の程度からみて被扶養者としての地位を失うことがないと認められるもの。

健康保険法

被保険者から除外される者 （法3-①）	1月間の所定労働日数の4分の3未満である短時間労働者に該当し、かつ、イからハまでのいずれかの要件に該当するもの イ　1週間の所定労働時間が20時間未満であること。 ロ　報酬について、厚生労働省令で定めるところにより、第42条第1項の規定の例により算定した額が、8万8千円未満であること。 ハ　学校教育法第50条に規定する高等学校の生徒、同法第83条に規定する大学の学生その他の厚生労働省令で定める者であること。	（1）昼間学生が休暇期間中にアルバイトとして日雇労働に従事する場合。 （2）家庭の主婦その他の家事従事者が、余暇を利用して内職に類する日雇労働に従事する場合。但し日雇労働に従事することを常態とする者を除く。
被扶養者の範囲 （法3-⑦）	※後期高齢者医療の被保険者は除く 1．被保険者の直系尊属、配偶者（戸籍上婚姻の届出はしていないが、事実上婚姻関係と同様の事情にある者も含まれる）子、孫及び兄弟姉妹であって、主としてその被保険者によって生計を維持されているもの。 2．次の者で、その被保険者と同一の世帯に属し、主としてその被保険者によって生計を維持されているもの。 （1）被保険者の三親等内の親族で1に該当する者以外のもの。 （2）被保険者の配偶者で戸籍上、婚姻の届け出はしていないが事実上婚姻関係と同様の事情にある者の父母及び子。 （3）（2）に掲げた配偶者が死亡した後における父母及び子。	
標準報酬 （法40） （法124）	標準報酬は、保険料の算定や保険給付の額を決定する基礎となるもので、被保険者が事業主より受ける賃金等の報酬によって定められる。	
標準報酬 （法40） （法41） （法43） （法43-②） （法45）	・標準報酬月額(法40) 最低58,000円〜最高1,390,000円として50等級に区分されている。 （Ⅴ付録の部 P.721 参照） ・標準報酬の改定 1．定時決定(法41) 毎年7月1日現在において、同日前3カ月分の報酬月額を「報酬月額算定基礎届」によって届け出て、それをもとにその年の9月から翌年8月までの1年間の標準報酬	・標準賃金日額(法124)最低3,000円〜最高24,750円として11等級に区分されている。（Ⅴ付録の部 P.718 参照）

健康保険法

標 準 報 酬 （法 40） （法 41） （法 43） （法43－②） （法 45）	が決定される。 ２．随時改定（法43） 　　昇給などで報酬月額が大幅に変わり、報酬の変動月以後の３カ月分の報酬の平均額を標準報酬等級にあてはめて、現在の等級との間に２等級以上の差ができた場合は、その都度「報酬月額変更届」を提出し、随時改定の条件に該当すれば、標準報酬は翌月から改定される。 ３．育児休業等を終了した際の改定（法43-②） 　　育児休業等を終了した被保険者が、育児休業終了後になお３歳未満の子を養育しており、かつ職場復帰後３ヶ月を経過した後、申し出があったときは、随時改定の対象とならない場合でも、標準報酬月額の改定が行われる。 ・標準賞与額（法45） 　賞与支給額の千円未満を切り捨てた金額 　（上限は年度累計額で573万円）。	
保 険 料 （法 160） （法 161）	・協会管掌健康保険 介護保険第２号被保険者（40歳以上65歳未満）である被保険者 以下の①（健康保険部分）と②（介護保険部分）の合計額 介護保険第２号被保険者でない被保険者以下の①（健康保険部分）のみ ①（健康保険部分） 　標準報酬月額、標準賞与額の95.0/1,000 　〜106.8/1,000で事業主と被保険者が、	・日雇特例被保険者の標準賃金日額・保険料日額は P.718 の表を参照

健康保険法

（法 162）	それぞれ1/2ずつ負担する。（都道府県毎に異なる） ②（介護保険部分） 標準報酬月額、標準賞与額の18/1,000で事業主と被保険者が、それぞれ1/2ずつ負担する。 （任意継続被保険者は全額個人負担） （法160、法161） ・健康保険組合の場合は、標準報酬月額の30/1,000～130/1,000の範囲内でそれぞれの組合の財政に応じて決めることができ、事業主の負担割合を増加させることができる。（法162）	・保険給付を受けるための保険料納付要件 給付月の前2カ月間に26日以上、または前6カ月間に78日以上の保険料を納付していることが必要。 （法129－②）
・育児休業期間中の被保険者負担分及び事業主負担分保険料の免除制度がある。（法159）		

2. 保険給付の概要

(1)　一般被保険者

給付の種類	受給の条件	給付の内容
療養の給付 （家族療養費）	業務外の事由による病気・けがの治療のため保険医療機関又は保険薬局に健康保険被保険者証を提出する(以下業務外の事由によることは各項目共通)	①診察②医療処置、手術などの費用③薬や治療材料の支給④在宅療養および看護⑤病院又は診療所への入院および看護 　一部負担金の額は3割（義務教育就学前の者は2割）70歳以上の高齢受給者の自己負担は2割（現役並み所得者は3割）
療養費 （家族療養費）	1．療養の給付をうけることが困難であると認められたとき 2．保険医療機関以外の病院等で治療等をうけ、これがやむを得ないと認められたとき	療養の給付をうけた場合にかかる額を基準として、定められた額。（一部負担金などを除く） 　一部負担金の割合は療養の給付の場合と同様

健康保険法

給付の種類	受給の条件	給付の内容
入院時食事療養費（家族療養費）	入院し療養の給付と共に食事の提供があったとき（特定長期入院被保険者を除く）	厚生労働大臣が定める基準から標準負担額として原則1食につき460円（難病患者、低所得者等の減額対象者は1食につき100円～260円）を控除した額を支給
入院時生活療養費（家族療養費）	特定長期入院被保険者が、入院たる療養の給付と併せて受けた生活療養の費用が発生したとき	厚生労働大臣が定める基準から標準負担額（居住費1日当たり370円＋1食につき420円～460円（難病患者、低所得者等の減額対象者は1食につき130円～260円））を控除した額を支給
保険外併用療養費（家族療養費）	保険医療機関等から評価療養、患者申出療養又は選定療養を受けたとき（先進医療、医薬品の治験、医療品の治験）	療養に要した費用につき、療養の給付における一部負担金、入院時食事療養費における標準負担額、および入院時生活療養費における標準負担額を控除した額を支給
訪問看護療養費（家族訪問看護療養費）	難病・末期ガン・障害者・寝たきりの人など在宅療養患者が、訪問看護事業者から看護師等の訪問看護サービスをうけたとき	サービス利用料に対する一部負担金は療養の給付の場合と同様
移送費（家族移送費）	次のいずれにも該当すると保険者が認めたとき ①移送により法に基づく適切な療養を受けたこと ②病気、けがにより移動が困難であること ③緊急その他やむを得ないこと	最も経済的な通常の経路および方法により移送された場合の費用に基づいて算定した額を限度として、現に要した額を限度として、保険者が算定した額
高額療養費	1．一部負担金の額が同一月に次の額を超えたとき ①市（区）町村民税の非課税世帯又は低所得者 35,400円 ②標準報酬月額26万円以下 57,600円 ③標準報酬月額28万～50万円 80,100円＋（総医療費－267,000円）×1% ④標準報酬月額53万～79万円 167,400円＋（総医療費－558,000円）×1% ⑤標準報酬月額83万円以上 252,600円＋（総医療費－842,000円）×1% 2．同一世帯で12カ月に3回以上高額療養費の支給を受けることになるとき（多数該当）	1．左記の金額を超えた額がうけられる 2．4回目からは、市（区）町村民税の非課税世帯又は低所得者は24,600円、標準報酬月額50万円以下の方は44,400円、標

健康保険法

給付の種類	受 給 の 条 件	給 付 の 内 容
		準報酬月額53万〜79万円の方は93,000円、標準報酬月額83万円以上の方は140,100円を超えた額がうけられる
	3．同一世帯で同一月における一部負担金又は自己負担額の合計が21,000円以上の者が2名以上いる場合、右の高額療養費算定基準額を超えるとき（世帯合算）	3．市（区）町村民税の非課税世帯又は低所得者 35,400円 標準報酬月額26万円以下 57,600円 標準報酬月額28万〜50万円 80,100円＋（総医療費−267,000円）×1% 標準報酬月額53万〜79万円 167,400円＋（総医療費−558,000円）×1% 標準報酬月額83万円以上 252,600円＋（総医療費−842,000円）×1%
	4．厚生労働大臣の定める長期高額の患者（血友病・人工透析・後天性免疫不全症候群）は自己負担額が10,000円を超えたとき	4．10,000円を超えた額がうけられる（70歳未満の標準報酬月額が53万円以上の方は20,000円を超えた額）（血友病の自己負担金10,000円は公費負担となり、自己負担が生じない）
	5．一部負担金の額および介護サービス利用者負担額、介護予防サービス利用者負担額の合計額が著しく高額である場合（※70歳以上外来療養及び70歳以上世帯合算は別途）	5．自己負担限度額を年額67万円とすることを基本として、医療保険各制度や所得区分ごとの自己負担限度額を踏まえてきめ細かく設定
傷病手当金	療養のため労務不能で十分な給与の支払をうけられないとき（被保険者の資格を喪失した日の前日迄引き続き1年以上被保険者であった者であること）	休業4日目から1日について標準報酬日額（標準報酬月額の30分の1：5円未満は切り捨て、5円以上10円未満は10円に切り上げ）の3分の2、期間1年6カ月の範囲内 ※会社を休んだ日が連続して3日間なければならない
出産手当金	出産のため、出産の日以前42日（多胎分娩の場合は98日）から分娩の日後56日迄の間で休業し、給与の支払をうけられないとき（予定日を超えたときもその間支給）	休業1日について被保険者の標準報酬日額（支給開始日以前の継続した12ヶ月間の各月の標準報酬月額を平均した額÷30）の3分の2
出産育児一時金（家族出産育児一時金）	妊娠4カ月以上で出産したとき。（早産、死産、流産、人工妊娠中絶（経済的理由によるものも含む）も支給対象）	産科医療補償制度に加入の医療機関等で妊娠週数22週以降に出産した場合、1児につき500,000円 産科医療補償制度に未加入の医療機関等で出産した場合、又は産科医療補償制度に

健康保険法

給付の種類	受 給 の 条 件	給 付 の 内 容
		加入の医療機関等において妊娠週数22週未満で出産した場合、1児につき488,000円 　被扶養家族も同額
埋 葬 料 （家族埋葬料）	被保険者が死亡した際、被保険者と生計維持関係にあった者に支払われる。家族埋葬料は被扶養者が死亡したとき	一律50,000円
埋 葬 費	被保険者が死亡し、埋葬料をうける者がなく、友人等が埋葬を行ったとき	埋葬を行った人に、埋葬料の額を限度として埋葬に要した費用の実費（5万円が限度）

　このほか、被保険者資格を喪失した後の給付として、資格喪失日の前日まで被保険者期間が継続して1年以上あった者については①傷病手当金・出産手当金の支給期間満了までの継続給付、②資格喪失後6カ月以内の出産育児一時金の給付、③資格喪失後3カ月以内の死亡についての埋葬料の給付がある。

編者注：法定給付と附加給付　以上の保険給付の支給をうける条件、支給金額などは、いずれも法律できめられているもので、これを「法定給付」というが、組合管掌健康保険では、個々の健康保険組合の実情に応じて、プラスアルファの給付を法定給付に併せて支給できることになっている。これを「附加給付」といい、主な附加給付に一部負担還元金、家族療養附加金、合算高額療養附加金、傷病手当附加金、埋葬附加金、出産育児附加金、出産手当附加金、（家族）訪問看護療養附加金等がある。

健康保険法

(2)　日雇特例被保険者

給付の種類	受　給　の　条　件	給　付　の　内　容
療 養 の 給 付	２カ月間に26日以上、または６カ月間に78日以上の保険料を納めた者が業務外の病気、けがをしたとき、保険医療機関等に保険者の確認を受けた被保険者受給資格者票を提出する	給付期間は１年７割給付（自己負担３割）（厚生労働大臣が指定する疾病については５年間）
入院時食事療養費	保険料納入の条件は療養の給付と同じ	一般の被保険者と同じ
入 院 時 生 活療 養 費（家族療養費）	特定長期入院被保険者が、入院たる療養の給付と併せて受けた生活療養の費用が発生したとき	一般の被保険者と同じ
保 険 外 併 用療 養 費（家族療養費）	保険医療機関等から評価療養または選定療養を受けたとき	一般の被保険者と同じ
療 養 費（家族療養費）	保険診療が受けられなかったことがやむを得ないと認められたとき（保険料納付条件は上に同じ）	保険診療の範囲内の費用から３割の一部負担をひいた額
特 別 療 養 費	①はじめて手帳を受けた者②２カ月に26日または３カ月ないし６カ月に78日以上の保険料が納付されるようになった月に手帳の余白がなくなり、または、返納した後はじめて手帳を受けた者③手帳を返納して１年たってからまた手帳の交付を受けた者が病気、けがをして治療の必要があるとき	日雇特例被保険者手帳の交付を受けた日の属する月の初日から起算して３カ月（月の初日に手帳の交付を受けた者は２カ月）を経過しない者に対して支給。支給割合は、被扶養者で義務教育就学前は８割、70歳以上は８割、それ以外は７割給付
訪問看護療養費（家族訪問看護療養費）	保険料納入の条件は療養の給付と同じ	一般の被保険者と同じ
移　　送　　費（家族移送費）	一般の被保険者と同じ	一般の被保険者と同じ
高 額 療 養 費	一般の被保険者と同じ	一般の被保険者と同じ

健康保険法

給付の種類	受 給 の 条 件	給 付 の 内 容
傷病手当金	療養の給付を受けているもので労務不能で賃金支払いがなく、その療養のため4日以上休んだとき（3日間連続して休んでいることが必要）	支給期間は休業4日目より6カ月（厚生労働大臣が指定する疾病については1年6カ月の範囲内） 支給は1日につき、つぎのどちらか高い方の額 ①療養の給付開始前2カ月間に26日以上保険料を納めた場合…その期間の保険料納付に係る標準賃金日額の各月ごとの合算額のうち最大のものの45分の1 ②療養の給付開始前6カ月間に78日以上保険料を納めた場合…その期間の保険料納付分に係る標準賃金日額の各月ごとの合算額のうち最大のものの45分の1
出産手当金	出産のため、出産の日以前42日（多胎妊娠の場合は98日）から出産の日後56日までの間で休業し、給与の支払を受けられないとき（予定日を超えたときもその間支給）	支給金額は、1日につき、出産の日の属する月の前4カ月間の標準賃金日額を各月ごとに合算し、そのうち最大となるものの45分の1
出産育児一時金	出産月前4カ月間に26日分以上保険料を納めた者が出産したとき	一般の被保険者と同じ
家族出産育児一時金	出産月前2カ月間に26日分以上又は6カ月間に78日分以上保険料を納めた者の配偶者が出産したとき	一般の被保険者と同じ
埋葬料	下記の者が死亡して生計維持者が埋葬を行ったとき埋葬料が支給される ①死亡月の前2カ月間に26日以上、または前6カ月間に78日以上保険料を納めている者の死亡 ②療養の給付、保険外併用療養費、療養費、訪問看護療養費をうけている者の死亡 ③上記の給付をうけなくなった日以後3月以内の死亡 生計維持関係にない人が埋葬を行ったときは埋葬費が支給される。	一般の被保険者と同じ

健
康
保
険
法

給付の種類	受 給 の 条 件	給 付 の 内 容
家族埋葬料	被扶養者の死亡前2カ月間に26日以上または前6カ月間に78日以上被保険者が保険料を納めていること	50,000円

健康保険法

1. 厚生年金と国民年金の制度の概要

　わが国の公的年金制度は、いま働いている世代（現役世代）が支払った保険料を仕送りのように高齢者などの年金給付に充てるという「世代と世代の支え合い」という考え方（賦課方式という）を基本とした財政方式で運営されている（保険料収入以外にも、年金積立金や税金が年金給付に充てられている）。

　また、「国民皆年金」という特徴を持っており、20 歳以上の全ての人が共通して加入する国民年金と、会社員が加入する厚生年金などによる、いわゆる「２階建て」と呼ばれる構造になっている。

　具体的には、自営業者など国民年金のみに加入している人（第一号被保険者）は、毎月定額の保険料を自分で納め、会社員や公務員で厚生年金に加入している人（第二号被保険者）は、毎月定率の保険料を会社と折半で負担し、保険料は毎月の給料から天引きされる。専業主婦など扶養されている人（第三号被保険者）は、厚生年金制度などで保険料を負担しているため、個人としては保険料を負担する必要はなく、老後には全ての人が老齢基礎年金を、厚生年金などに加入していた人は、それに加えて、老齢厚生年金などを受け取ることができる。

　このように、わが国の公的年金制度は、基本的に日本国内に住む 20 歳から 60 歳の全ての人が保険料を納め、その保険料を高齢者などへ年金として給付する仕組みとなっている。

	国　民　年　金	厚　生　年　金
創 設 時 期 根　拠　法	昭和 34 年・国民年金法 （国民皆年金をめざして創設され、昭和 36 年より全面施行）	昭和 16 年・労働者年金保険法 （昭和 19 年から厚生年金保険法に改称） （昭和 29 年に厚生年金保険法の全面改正）
目　　　　的	・国民の老齢、障害、または死亡といった事故によって国民生活の安定がそこなわれることを防ぎ、健全な国民生活の維持、および向上に寄与すること。（国年法１） 〔全国民共通の基礎年金の支給〕 （上乗せ年金制度） 国民年金基金	・一定の事業所に使用される労働者の老齢、障害または死亡について保険給付を行い、労働者及びその遺族の生活の安定と福祉の向上に寄与すること。（厚年法１） 〔基礎年金に上乗せして報酬比例の年金を支給〕
保　険　者	政府	政府
強 制 加 入 被 保 険 者	・第１号被保険者………日本国内に住所を有する 20 歳以上 60 歳未満の者。（第２号被保険者、第３号被保険者に該当する者を除く）自営業者、農林漁業従事者などとその家族（無職、学生も含まれる） ・第２号被保険者………厚生年金保険の被保険者で原則 65 歳未満の者。（厚生年金と国民年金に二重加入することになる） ・第３号被保険者………第２号被保険者の被扶養配偶者であって原則として年収が130万円未満の20歳以上60歳未満の者（サラリーマンの妻など）（国年法７）	・強制適用事業所に常時使用される 70 歳未満の者。（本人の意思にかかわらず全て被保険者となる）（厚年法９） 但し、厚年法 12 条に掲げる者は被保険者から除外される ・強制適用事業所の範囲（厚年法６） 　１．厚年法第６条第１項第１号に掲げられた製造業、建設業等の事業所または事務所であって、常時５人以上の従業員を使用するもの。 　２．国、地方公共団体、または法人の事業所または事務所であって、常時従業員を使用するもの。 　３．船員法第１条に規定する船員として船舶所有者に使用される者が乗り組む船舶。

	国　民　年　金	厚　生　年　金
強制加入 被保険者	平成 26 年 4 月からは、国民年金の任意加入被保険者が保険料を納付しなかった期間（受給資格期間）を「合算対象期間」として受給資格期間に算入する。ただし、この期間は年金への受給額には反映しない。	※建設業の場合、法人の事業所では、1 人でも常時従業員を使用するとき、また、法人組織となっていない個人の事業所等では、常時 5 人以上の従業員を使用するときには、適用事業所となる。 ・適用を除外されるもの（厚年法 12） 適用事業所に使用される者でも、次に掲げる者は被保険者から除外される。また、任意単独被保険者となることもできない（厚保 12、厚保附 4 の 2）。 ①　臨時に使用される者（船員を除く）であって次に掲げるもの 　・日々雇い入れられる者。ただし、1 カ月を超えてなお引き続き使用されるようになったときは、1 カ月を超えた日から被保険者となる。 　・2 カ月以内の期間を定めて使用される者。ただし、その期間を超えてなお引き続き使用されるようになったときは、その期間を超えた日から被保険者となる。 ②　所在地が一定しない事業所に使用される者（たとえば、巡回興業） ③　季節的業務に使用される者（船員を除く）。ただし、継続して 4 カ月を超えて使用される見込みのときは、当初から被保険者となる。 ④　臨時的事業の事業所に使用される者。ただし、継続して 6 カ月を超えて使用される見込みのときは、当初から被保険者となる。 ⑤　被保険者（短時間労働者を除く）の総数が常時 100 人を超えない事業所（※）に使用される者であって、その 1 週間の所定労働時間が同一の事業所に使用される通常の労働者（当該事業所に使用される通常の労働者と同種の業務に従事する当該事業所に使用される者にあっては、厚生労働省令で定める場合を除き、当該者と同種の業務に従事する当該通常の労働者。以下この号において単に「通常の労働者」という。）の 1 週間の所定労働時間の 4 分の 3 未満である短時間労働者（1 週間の所定労働時間が同一の事業所

厚生年金法

	国　民　年　金	厚　生　年　金
強制加入 被保険者		に使用される通常の労働者の一週間の所定労働時間に比し短い者をいう。以下この号において同じ。）又はその１月間の所定労働日数が同一の事業所に使用される通常の労働者の１月間の所定労働日数の４分の３未満である短時間労働者に該当し、かつ、イからニまでのいずれかの要件に該当するもの イ　１週間の所定労働時間が２０時間未満であること。 ロ　当該事業所に継続して２ヶ月を超えて使用されることが見込まれないこと。 ハ　報酬（最低賃金法（昭和３４年法律第１３７号）第４条第３項各号に掲げる賃金に相当するものとして厚生労働省令で定めるものを除く。）について、厚生労働省令で定めるところにより、第２２条第１項の規定の例により算定した額が、８万８千円未満（月額）であること。 ニ　学校教育法（昭和２２年法律第２６号）第５０条に規定する高等学校の生徒、同法第８３条に規定する大学の学生その他の厚生労働省令で定める者 ※⑤については令和６年 10 月からは「常時 50 人を超えない事業所」に改正される。

厚生年金法

	国 民 年 金	厚 生 年 金
被保険者の資格取得及び喪失の時期	・資格取得（国年法8） 　1．第1号、第2号、第3号被保険者のいずれでもない者は 　（1）20歳に達した日。（誕生日の前日） 　（2）外国に住所があった者については、日本国内に住所を有した日。 　（3）日本国内に住所を有する20歳以上60歳未満の者が、被用者年金各法に基づく老齢給付等を受けることができるものでなくなった日。 →　第1号被保険者の資格を取得 　2．20歳未満の者または60歳以上の者は、被用者年金各法の被保険者または組合員の資格を取得した日。 →　第2号被保険者の資格を取得 　3．その他の者は、被用者年金各法の被保険者または組合員の資格を取得した日。 →　第2号被保険者の資格を取得 　4．被扶養配偶者になった日 →　第3号被保険者の資格を取得 ・資格喪失（国年法9） 　1．死亡したときはその翌日。 　2．日本に住所を有しなくなったとき（第2号被保険者または第3号被保険者に該当するときを除く）はその翌日 　3．60歳に達したとき（第2号被保険者に該当するときを除く。）はその翌日 　4．被用者年金各法の老齢（退職）年金受給者になったとき（第2号被保険者または第3号被保険者に該当するときを除く。）はその日 　5．被用者年金各法の被保険者または組合員の資格を喪失したとき（第1号被保険者、第2号被保険者または第3号被保険者に該当するときを除く。）はその日 　6．被扶養配偶者でなくなったとき（第1号被保険者または第2号被保険者に該当するときを除く。）はその日	・資格取得（厚年法13） 　1．適用事業所に使用されるようになった日。 　2．使用されていた事業所が適用事業所になった場合は適用事業所になった日。 　3．臨時使用の者が常用に切り替わる等、その者が適用除外の事由に該当しなくなったときは、該当しなくなった日。 ・関係通牒 　1．届出もれのあった者の遡及適用 　事業場調査をした場合に、資格取得届洩が発見された場合は、すべて事実の日に遡って資格取得させるべきものである。 　（S.5.11.6　保規522） ・資格喪失（厚年法14） 　1．死亡したときはその翌日。 　2．その事業所または船舶に使用されなくなったときはその翌日。 　3．任意適用の事業所を適用事業所でなくするための認可（法8）があったときはその翌日。 　4．任意単独被保険者の資格喪失の認可（法11）があったときはその翌日。 　5．常用から臨時使用に切り替わる等、その者が適用除外の事由（法12）に該当するようになったときはその翌日。 　6．70歳に達したときはその日。
保 険 料	・第1号被保険者（国年法87.87の2） 　1．一般保険料 　　（以下の金額で端数が出た場合、5円未満切り捨て、5円以上10円未満は10円に切り上げる） 　令和元年度以降 　　17,000円×保険料改定率	・標準報酬月額及び標準賞与額に保険料率を乗じた額（月額）［厚年法81.厚年法附平(6)35］ 厚生年金の保険料率は、年金制度改正に基づき平成16年から段階的に引き上げられてきましたが、平成29年9月を最後に引上げが終了し、厚生年金保険料率は

	国 　民 　年 　金	厚 　生 　年 　金
保　険　料	令和4年度　　16,590円 令和5年度　　16,520円 編者注： 　1　保険料改定率は毎年、前年度の保険料改定率に名目賃金変動率を乗じて得た額を基準として改定。 　2　一定の事由に該当したときは保険料の全額が免除される（国年法89） 　3　年間の所得額等による保険料の申請免除制度がある。（国年法90） ・第2号被保険者 ┐被用者年金制度から ・第3号被保険者 ┘基礎年金拠出金として国民年金に拠出 　　　　　　　　　　（厚年法94の6）	18.3％で固定されています。 編者注：標準報酬月額と保険料月額表はⅤ付録の部 P.722 参照 ・育児休業期間中の保険料の免除制度がある。（厚年法81の2）
保険給付の 種　　　類	1．老齢基礎年金（国年法26） 2．障害基礎年金（国年法30） 3．遺族基礎年金（国年法37） 4．付加年金、寡婦年金、死亡一時金及び脱退一時金（国年法43他）	1．老齢厚生年金（厚年法32） 2．障害厚生年金及び障害手当金（厚年法32） 3．遺族厚生年金（厚年法32） 4．脱退一時金（法附29条1項）
年金の支払 期　　　月	年金は毎年2月、4月、6月、8月、10月、12月の6期に、それぞれの前月までの2カ月分を支払う。　　　　　　　　　　　　　　　　　　　　　　（厚年法36・国年法18）	
年金額の自 動　改　定	（原則） 　改定率の改定によって年金額が改定される。 　68歳未満（68歳到達前） 　　名目手取賃金変動率を基準として改定 　68歳以上（68歳到達以降） 　　物価変動率を基準として改定 　　（いずれも例外あり） マクロ経済スライド 　調整期間において改定率は、名目手取賃金変動率（68歳以降は物価変動率と読み変える）×調整率となる。ただし前年度を下回る場合は、1とする。	（原則） 　再評価率の改定によって年金額が改定される。 　67歳に達する年度まで： 　　名目手取賃金変動率を基準として改定 　68歳以降： 　　物価変動率を基準として改定 　　（いずれも例外あり） マクロ経済スライド 　調整期間において再評価率は、名目手取賃金変動率（68歳以降は物価変動率と読み変える）×調整率となる。ただし、前年を下回る場合は、1とする。

厚生年金法

2. 年金給付の概要

〔マクロ経済スライドについて〕

　平成 16 年の年金制度改正によって導入された、賃金・物価による改定率を調整して、緩やかに年金の給付水準を調整する仕組み。

　具体的には、賃金・物価による改定率がプラスの場合、当該改定率から、現役の被保険者の減少と平均余命の伸びに応じて算出した「スライド調整率」を差し引くことによって、年金の給付水準を調整する。

（1）国 民 年 金

給付の種類	受 給 の 条 件	受けられる期間	年 金 額 （ ）内下線数字は、物価スライド特例措置適用の金額
老齢基礎年金	保険料納付済期間、保険料免除期間および合算対象期間を合算した期間が 10 年以上	・原則として 65 歳の翌月から ・減額ならば 60 歳〜64 歳の間で請求した月の翌月から死亡するまで ・増額ならば 66 歳〜70 歳の間で申し出をした月の翌月から死亡するまで	$780,900 \times \dfrac{\text{保険料納付済月数} + \text{全額免除月数} \times \frac{4}{8} + \text{4分の1納付月数} \times \frac{5}{8} + \text{半額納付月数} \times \frac{6}{8} + \text{4分の3納付月数} \times \frac{7}{8}}{\text{40 年（加入可能年数）} \times 12月}$ ただし平成 21 年 3 月分までは、全額免除は 6 分の 2、4 分の 1 納付は 6 分の 3、半額納付は 6 分の 4、4 分の 3 納付は 6 分の 5 にて、それぞれ計算される。 (注)加入可能年数については、大正 15 年 4 月 2 日から昭和 2 年 4 月 1 日までに生れた人については、25 年に短縮されており、以降、昭和 16 年 4 月 1 日生れの人まで生年月日に応じて 26 年から 39 年に短縮されている。
障害基礎年金	・被保険者期間中の障害は、その傷病の初診月の前々月までの被保険者期間に保険料納付済期間と保険料免除期間とを合算した期間が 3 分の 2 以上あり、障害認定日に障害等級 1・2 級に該当すること（平成 28．4．1 前までは初診月の前々月までの直近 1 年間に保険料を滞納していないことでもよい） ・20 歳前の障害は、20 歳または 20 歳以後の障害認定日に障害等級に該当し請求していること ・障害認定日に障害等級に該当していなくても、65 歳までに障害等級に該当し、請求していること 障害認定日…初診日から 1 年 6 カ月経過した日か、それ以前に症状が固定した日	・障害認定日の翌月から障害等級に該当する間 ・20 歳未満に障害認定日のあるときは 20 歳の誕生日の翌月から障害等級に該当する間 ・事後重症は請求月の翌月から障害等級に該当する間	1 級障害＝ (780,900) ×1.25＋子の加算額 2 級障害＝ (780,900) ＋子の加算額 加算額…2 人目まで（1 人につき） 224,700 円 3 人目から（1 人につき） 74,900 円 障害基礎年金と老齢厚生年金の併給が認められるようになった（平成 18 年 4 月より）

厚生年金法

給付の種類	受 給 の 条 件	受けられる期間	年 金 額
			（ ）内下線数字は、物価スライド特例措置適用の金額
遺族基礎年金	受給の条件（①・②とも該当する場合） ①保険料納付要件 　死亡日の前日における納付期間が以下のイ・ロいずれかを満たす場合 　イ：死亡日の前々月までの被保険者期間のうち保険料納付済の期間と免除期間が合わせて３分の２以上 　ロ：死亡月の前々月までの直近１年間保険料の滞納がないこと（令和８年４月１日迄） ②被保険者又は、被保険者資格を有していたことのある者が以下のイからニのいずれかを満たす場合 　イ：被保険者が死亡 　ロ：かつて被保険者であった者で日本国内に在住し、60歳以上65歳未満で死亡したとき 　ハ：老齢基礎年金の受給権者が死亡 　ニ：保険料納付や免除期間等の合計が25年以上ある者が死亡 平成26年4月から「子のある妻」とともに「子のある夫」も対象となった。	死亡日の翌月から子が18歳の年度末（障害者は20歳）になるまでの間	（780,900円）＋子の加算額 加算額…２人目まで（１人につき） 　　　　　　　　224,700円 　　　　３人目から（１人につき） 　　　　　　　　74,900円
寡婦年金	老齢基礎年金の受給資格期間のある夫が、老齢基礎年金・障害基礎年金をうけないまま死亡、夫により生計を維持していた10年以上婚姻関係のあった妻がいるとき （第１号被保険者だけ）	60歳から65歳になるまでの間	夫がうけられる老齢基礎年金額の４分の３ 労基法の規定による遺族補償が行われる場合、死亡日から６年間支給が停止される
死亡一時金	保険料を納めた月数が36月以上ある第１号被保険者が老齢・障害基礎年金をうけないまま死亡して、死亡者に生計を維持させていた遺族がいるとき	死亡してから２年以内に請求できる	保険料納付期間 　３年〜15年未満　120,000円 　15年〜20年　〃　145,000円 　20年〜25年　〃　170,000円 　25年〜30年　〃　220,000円 　30年〜35年　〃　270,000円 　35年以上　　　　320,000円　付加保険料納付３年以上のとき8,500円を加算

給付の種類	受 給 の 条 件	受けられる期間	年 金 額 （　）内下線数字は、物価スライド特例措置適用の金額
死亡一時金	編者注：第1号被保険者として の保険料納付済期間の 月数、保険料 1/4 免除 期間の 3/4 に相当する 月数、保険料半額免除 期間の 1/2 に相当する 月数を及び保険料 3/4 免除期間の 1/4 に相当 する月数を合せた期間 が 3 年以上あることが 必要		
脱退一時金	第 1 号被保険者としての保険 料納付済期間が 6 か月以上あ り、年金を受けることができ ない、日本国籍を有していな い外国人の方が帰国し、日本 に住所を有しなくなってから 2 年以内に請求したとき		保険料納付等の期間 6月以上～12月未満　　49,830円 12月 〃 ～18月 〃 　　99,660円 18月 〃 ～24月 〃 　149,490円 24月 〃 ～30月 〃 　199,320円 30月 〃 ～36月 〃 　249,150円 36月 〃 ～42月 〃 　298,640円 42月 〃 ～48月 〃 　348,810円 48月 〃 ～54月 〃 　398,640円 54月 〃 ～60月 〃 　448,470円 60月 〃 ～　　　　　498,300円 編者注：上の金額は最後に保険料を納付した月 　　　　に属する年度が「令和3年度」の場合 　　　　のものである。最後に保険料を納付し 　　　　た年度毎に脱退一時金は変わる。

編者注：年金給付の経過措置一覧　P. 539　参照

厚生年金法

（2）厚　生　年　金

給付の種類	受給の条件	受けられる期間	年　　金　　額
老齢厚生年金	（老齢基礎年金の受給資格期間があること） ・1カ月以上の厚生年金保険被保険者期間があること ・65歳になっていること	65歳から死亡するまで	基本的に報酬比例部分の額を加給年金額として加算した額が支給される。報酬比例の部分については、当分の間「経過的加算」と呼ばれる措置がとられることがある。 また、従前額保証も行われる。 〔経過的加算とは〕 65歳以前に特別支給の老齢厚生年金を受けていた場合で、65歳以後支給される老齢基礎年金と老齢厚生年金の合計額が特別支給の老齢厚生年金よりも少なくなることがあることから、当分の間その差額を支給する制度のことを指す。 〔従前額保障について〕 平成12年の法改正により、報酬比例部分について改正後の新基準により計算された年金額が5％減額前の年金額より少ない場合、改正前の年金額を保障する特例措置が行われている。このことを「従前額保障」と呼ぶ。 （1）報酬比例部分 （本来水準） 支給額＝（①＋②） ①平成15年4月1日前の平均標準 報酬額×$\left(\dfrac{9.5}{1,000} \sim \dfrac{7.125}{1,000}\right)$※ ×対象期間加入月数 ②平成15年4月1日以降の平均標準 報酬額×$\left(\dfrac{7.31}{1,000} \sim \dfrac{5.481}{1,000}\right)$※ ×対象期間加入月数 ※生年月日によって率が異なる 本来水準額が下記の算式による額に満たない場合には、当該従前額が保障される。 （従前額保障が適用される場合の計算方法） 支給額＝(※①＋※②)×従前額改定率 ※①平成15年4月1日前の平均標準 報酬額×$\left[\dfrac{10}{1,000} \sim \dfrac{7.5}{1,000}\right]$※×

給付の種類	受給の条件	受けられる期間	年　金　額
老齢厚生年金			対象期間加入月数 ※②平成15年4月1日後の平均標準 報酬額 $\times \left[\dfrac{7.692}{1,000} \sim \dfrac{5.769}{1,000} \right]$※× 対象期間加入月数 ※…生年月日によって率が異なる （2）経過的加算 　特別支給の老齢厚生年金の定額部分の額と老齢基礎年金の額との差額が支給される
加給年金 （定額部分が支給される場合）	厚生年金保険の被保険者期間が20年以上ある方または中高齢の資格期間の短縮の特例を受ける方が、定額部分支給開始年齢に達した時点で、その方に生計を維持されている下記の対象者がいる場合		<table><tr><th>対象者</th><th>加給年金額</th><th>年齢制限</th></tr><tr><td>配偶者</td><td>224,700円</td><td>65歳未満であること（大正15年4月1日以前に生まれた配偶者には年齢制限はありません）</td></tr><tr><td>1人目・2人目の子</td><td>各224,700円</td><td rowspan="2">18歳到達年度の末日までの間の子または1級・2級の障害の状態にある20歳未満の子</td></tr><tr><td>3人目以降の子</td><td>各74,900円</td></tr></table> なお、配偶者の加給年金額には、受給権者の生年月日に応じ、33,200～165,800円の特別加算が行われる。（かっこ内は物価スライド特例が適用される場合の金額～最低保障額となる）平成18年4月から、障害基礎年金と老齢厚生年金の併給が認められている。
障害厚生年金	次の3つの条件を満たしているとき ・初診日において被保険者であったこと ・被保険者が障害のため初診日から1年6カ月たった日（または症状固定日）に障害等級に該当していること ・初診月の前々月までの被保険者期間に保険料納付済期間と保険料免除期間とを合算した期間が3分の2以上あることまたは初診月の前々月までの1年間に保険料滞納がないこと	・障害認定日の翌月から障害等級に該当している間 ・事後重症は請求月の翌月から	原則として、老齢厚生年金の額の計算方法に準じて計算される。従前額保障や物価スライド特例は老齢厚生年金の額に準じて行われる。（いずれも、物価スライド特例、従前額保障の適用を受ける場合の例） ・1級 　報酬比例部分の額×1.25＋配偶者の加給年金額（224,500円） ・2級 　報酬比例部分の額＋配偶者の加給年金額（224,500円） ・3級 　報酬比例部分の額 　→最低額保障：585,100円 （注）被保険者期間が300月（15年）未満のときは、全体を300月分に増額する。

給付の種類	受 給 の 条 件	受けられる期間	年 金 額
障害手当金	・初診日において被保険者であったこと ・初診日から5年以内に症状が固定し、その症状が政令で定めるものに該当すること ・初診日の前日における保険料納付要件を満たしていること（要件は障害厚生年金と同じ）		報酬比例の年金の2年分 （最低保障額 1,171,400 円）
遺族厚生年金	下記の人が死亡して、生計維持されていた遺族に配偶者、子、父母、孫、祖父母（夫・父母・祖父母は55歳以上、子・孫は18歳の年度末まで）がいるとき ①厚生年金保険の被保険者が死亡したとき ②厚生年金保険の被保険者期間中の傷病で初診日から5年以内に死亡したとき ③障害厚生年金（1級・2級）の受給権者が死亡したとき ④老齢厚生年金の受給資格期間が25年以上ある者が死亡したとき	・妻は夫の死亡日の翌月から遺族である間 ・子・孫は故人の死亡日の翌月から18歳の年度末まで（障害者は20歳になるまで） ・夫・父母・祖父母は60歳から（55歳以上が受給権者）	1の式によって算出した額となるが、1の式によって算出した額が2の式によって算出した額を下回る場合には、2の式によって算出した額が報酬比例部分の年金額になる。 【本来水準】 1．$(^{※}\text{A}+^{※}\text{B}) \times \frac{3}{4}$ 　A：平成15年4月1日以前の平均標準 　報酬月額$\times \frac{7.125}{1,000} \times$平成15年4月 　1日以前の被保険者期間の月数 　B：平成15年4月1日以後の平均標準 　報酬月額$\times \frac{5.481}{1,000} \times$平成15年4月 　1日以後の被保険者期間の月数 【従前額保障】 2．$(\text{C}+\text{D}) \times 1.001 \times 3／4$ 　※昭和13年4月2日以降に生まれた人は0.999を乗ずる 　C：報酬月額×7.5/1,000×平成15年4月1日以前の被保険者期間の月数 　D：報酬月額×5,769/1,000×平成15年4月以後の被保険者期間の月数 （加入期間月数が300に満たない場合の特例） 被保険者期間が300カ月に満たない場合、300月とみなして計算する。（受給の条件①②③の場合） 受給条件④の場合、計算式の1000分の7.125及び1000分の5.481については、死亡した方の生年月日に応じて経過措置あり。

給付の種類	受 給 の 条 件	受けられる期間	年 金 額
遺族厚生年金	中高齢寡婦加算制度 ・夫が亡くなったとき、40歳以上65歳未満で、生計を同じくしている子（18歳到達年度の末日（3月31日）を経過していない子）がいない妻 ・遺族厚生年金と遺族基礎年金を受けていた子のある妻が、子が18歳到達年度の末日に達した（障害の状態にある場合は20歳に達した）等のため、遺族基礎年金を受給できなくなったとき ・死亡した夫の被保険者期間が20年以上	①40歳から65歳までの間 ②65歳以後は、妻自身の生年月日により経過的寡婦加算に切り替わる	・中高齢寡婦加算額 585,700円（年額）
脱退一時金	6カ月以上の被保険者期間のある外国人が年金をうけられないまま資格喪失し、日本に住所を有しなくなってから2年以内に請求したとき		脱退一時金の額 被保険者であった期間の平均標準報酬額×被保険期間に応じた支給率 （支給率の計算方法） 支給率＝原則として最終月の前年 10月の保険料率×$\frac{1}{2}$× 下表の率

脱退一時金の額（続き）

被保険者期間	支給率算定時に乗ずる数
6カ月～12カ月未満	6
12カ月～18カ月未満	12
18カ月～24カ月未満	18
24カ月～30カ月未満	24
30カ月～36カ月未満	30
36カ月～42ヶ月未満	36
42ヵ月～48ヶ月未満	42
48ヵ月～54ヵ月未満	48
54ヵ月～60ヵ月未満	54
60ヵ月以上	60

（小数点以下一位の端数は四捨五入）

被保険者であった期間の平均標準報酬額は次の①と②を合算した額を、全体の被保険者期間の月数で除して得た額とする
①平成15年4月前の被保険者期間の各月の標準報酬月額に1.3を乗じて得た額
②平成15年4月以降の被保険者期間の各月の標準報酬月額及び標準賞与額を合算して得た額

厚生年金法

編者注：
1　新計算式による年金額が改正前の年金額を下回る場合には、従前の年金額が保証される。
2　経過措置一覧参照

（３）年金給付の経過措置一覧（令和５年度）

生年月日	老齢基礎年金						老齢厚生年金										遺族厚生年金
	資格期間	被用者年金の加入期間	厚年の中高齢加入期間	加入可能年数	配偶者の振替加算の乗率	配偶者の振替加算額(年額)(注1)	定額部分の読替	定額部分の参考単価 単価×読替率(注3) 68歳以上の単価 1,652円	67歳以下の単価 1,657円	報酬比例部分の乗率(1,000分の) 総報酬制前	総報酬制後	(男子)支給開始年齢 報酬比例部分	定額部分	(女子)支給開始年齢 報酬比例部分	定額部分	配偶者の加給年金額(年額)(含特別加算)(注2)	経過的寡婦加算額(年額)(注1)
～大正15年4月1日	旧制度の老齢年金又は通算老齢年金が支給されます。																594,500円
大正15年4月2日～昭和2年4月1日	21年	20年	15年	25年	1.000	228,100円	1.875	3,098円	—	9.500	7.308	60歳		55歳		224,700円	594,500円
昭和2年4月2日～昭和3年4月1日	22年	〃	〃	26年	0.973	221,941円	1.817	3,002円	—	9.367	7.205	〃		〃		〃	564,015円
昭和3年4月2日～昭和4年4月1日	23年	〃	〃	27年	0.947	216,011円	1.761	2,909円	—	9.234	7.103	〃		〃		〃	535,789円
昭和4年4月2日～昭和5年4月1日	24年	〃	〃	28年	0.920	209,852円	1.707	2,820円	—	9.101	7.001	〃		〃		〃	509,579円
昭和5年4月2日～昭和6年4月1日	25年	〃	〃	29年	0.893	203,693円	1.654	2,732円	—	8.968	6.898	〃		〃		〃	485,176円
昭和6年4月2日～昭和7年4月1日	〃	〃	〃	30年	0.867	197,763円	1.603	2,648円	—	8.845	6.804	〃		〃		〃	462,400円
昭和7年4月2日～昭和8年4月1日	〃	〃	〃	31年	0.840	191,604円	1.553	2,566円	—	8.712	6.702	〃		56歳		〃	441,094円
昭和8年4月2日～昭和9年4月1日	〃	〃	〃	32年	0.813	185,445円	1.505	2,486円	—	8.588	6.606	〃		〃		〃	421,119円
昭和9年4月2日～昭和10年4月1日	〃	〃	〃	33年	0.787	179,515円	1.458	2,409円	—	8.465	6.512	〃		57歳		257,900円	402,355円
昭和10年4月2日～昭和11年4月1日	〃	〃	〃	34年	0.760	173,356円	1.413	2,334円	—	8.351	6.424	〃		〃		〃	384,694円
昭和11年4月2日～昭和12年4月1日	〃	〃	〃	35年	0.733	167,197円	1.369	2,262円	—	8.227	6.328	〃		58歳		〃	368,043円
昭和12年4月2日～昭和13年4月1日	〃	〃	〃	36年	0.707	161,267円	1.327	2,192円	—	8.113	6.241	〃		〃		〃	352,317円
昭和13年4月2日～昭和14年4月1日	〃	〃	〃	37年	0.680	155,108円	1.286	2,124円	—	7.990	6.146	〃		59歳		〃	337,441円
昭和14年4月2日～昭和15年4月1日	〃	〃	〃	38年	0.653	148,949円	1.246	2,058円	—	7.876	6.058	〃		〃		〃	323,347円
昭和15年4月2日～昭和16年4月1日	〃	〃	〃	39年	0.627	143,019円	1.208	1,996円	—	7.771	5.978	〃		60歳		291,000円	309,977円
昭和16年4月2日～昭和17年4月1日	〃	〃	〃	40年	0.600	136,860円	1.170	1,933円	—	7.657	5.890	60歳	61歳	〃		324,200円	297,275円
昭和17年4月2日～昭和18年4月1日	〃	〃	〃	〃	0.573	130,701円	1.134	1,873円	—	7.543	5.802	〃	〃	〃		357,300円	277,460円
昭和18年4月2日～昭和19年4月1日	〃	〃	〃	〃	0.547	124,771円	1.099	1,816円	—	7.439	5.722	〃	62歳	〃		390,500円	257,645円
昭和19年4月2日～昭和20年4月1日	〃	〃	〃	〃	0.520	118,612円	1.065	1,759円	—	7.334	5.642	〃	〃	〃			237,830円
昭和20年4月2日～昭和21年4月1日	〃	〃	〃	〃	0.493	112,453円	1.032	1,705円	—	7.230	5.562	〃	63歳	〃			218,015円
昭和21年4月2日～昭和22年4月1日	〃	〃	〃	〃	0.467	106,523円	1.000	1,652円	—	7.125	5.481	〃	〃	60歳	61歳		198,200円
昭和22年4月2日～昭和23年4月1日	〃	〃	16年	〃	0.440	100,364円	〃	〃	—	〃	〃	〃	64歳	〃	〃		178,385円
昭和23年4月2日～昭和24年4月1日	〃	〃	17年	〃	0.413	94,205円	〃	〃	—	〃	〃	〃	〃	〃	62歳		158,570円
昭和24年4月2日～昭和25年4月1日	〃	〃	18年	〃	0.387	88,275円	〃	〃	—	〃	〃	〃	—	〃	〃		138,755円
昭和25年4月2日～昭和26年4月1日	〃	〃	19年	〃	0.360	82,116円	〃	〃	—	〃	〃	〃		〃	63歳		118,940円
昭和26年4月2日～昭和27年4月1日	〃	〃	—	〃	0.333	75,957円	〃	〃	—	〃	〃	〃		〃	〃		99,125円
昭和27年4月2日～昭和28年4月1日	〃	21年	—	〃	0.307	70,027円	〃	〃	—	〃	〃	〃		〃	64歳		79,310円
昭和28年4月2日～昭和29年4月1日	〃	22年	—	〃	0.280	63,868円	〃	〃	—	〃	〃	61歳		〃	〃		59,495円
昭和29年4月2日～昭和30年4月1日	〃	23年	—	〃	0.253	57,709円	〃	〃	—	〃	〃	〃		〃	—		39,680円
昭和30年4月2日～昭和31年4月1日	〃	24年	—	〃	0.227	51,779円	〃	〃	—	〃	〃	62歳		〃			19,865円
昭和31年4月2日～昭和32年4月1日	〃	—	—	〃	0.200	45,740円	〃	〃	—	〃	〃	〃		〃			—
昭和32年4月2日～昭和33年4月1日	〃	—	—	〃	0.173	39,565円	〃	〃	—	〃	〃	63歳		〃			—
昭和33年4月2日～昭和34年4月1日	〃	—	—	〃	0.147	33,619円	〃	〃	—	〃	〃	〃		61歳			—
昭和34年4月2日～昭和35年4月1日	〃	—	—	〃	0.120	27,444円	〃	〃	—	〃	〃	64歳		〃			—
昭和35年4月2日～昭和36年4月1日	〃	—	—	〃	0.093	21,269円	〃	〃	—	〃	〃	〃		62歳			—
昭和36年4月2日～昭和37年4月1日	〃	—	—	〃	0.067	15,323円	〃	〃	—	〃	〃	65歳		〃			—
昭和37年4月2日～昭和38年4月1日	〃	—	—	〃			〃	〃	—	〃	〃	〃		63歳			—
昭和38年4月2日～昭和39年4月1日	〃	—	—	〃			〃	〃	—	〃	〃	〃		〃			—
昭和39年4月2日～昭和40年4月1日	〃	—	—	〃			〃	〃	—	〃	〃	〃		64歳			—
昭和40年4月2日～昭和41年4月1日	〃	—	—	〃			〃	〃	—	〃	〃	〃		〃			—
昭和41年4月2日～	〃	—	—	〃			〃	〃	—	〃	〃	〃		65歳			—

（注１）老齢基礎年金の配偶者「振替加算額」と遺族厚生年金の「経過的寡婦加算額」欄は配偶者の年齢でみます。
（注２）老齢厚生年金の「配偶者の加給年金額」欄のうち、昭和９年４月２日以降は、配偶者特別加算を加えた額となります。
（注３）老齢厚生年金の「定額部分の参考単価」欄は１円未満を四捨五入します。
　　　　単価1,628円は平成16年改正後の額1,628円に改定率（令和３年度は1.000）を乗じた額。

厚生年金法

（4）老齢厚生年金の支給開始年齢引き上げのスケジュール

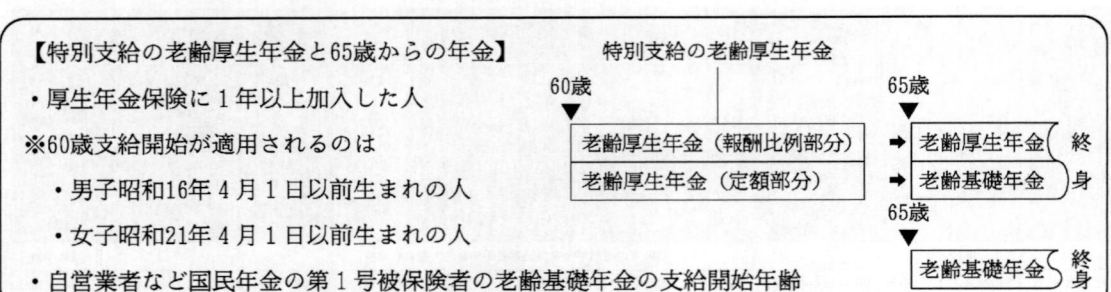

【特別支給の老齢厚生年金と65歳からの年金】

・厚生年金保険に１年以上加入した人

※60歳支給開始が適用されるのは

　・男子昭和16年４月１日以前生まれの人

　・女子昭和21年４月１日以前生まれの人

・自営業者など国民年金の第１号被保険者の老齢基礎年金の支給開始年齢

男性の場合	女性の場合	
昭和16年4月2日〜昭和18年4月1日に生まれた方	昭和21年4月2日〜昭和23年4月1日に生まれた方	報酬比例部分／定額部分（60歳・61歳・65歳） 老齢厚生年金／老齢基礎年金
昭和18年4月2日〜昭和20年4月1日に生まれた方	昭和23年4月2日〜昭和25年4月1日に生まれた方	報酬比例部分／定額部分（60歳・62歳・65歳） 老齢厚生年金／老齢基礎年金
昭和20年4月2日〜昭和22年4月1日に生まれた方	昭和25年4月2日〜昭和27年4月1日に生まれた方	報酬比例部分／定額部分（60歳・63歳・65歳） 老齢厚生年金／老齢基礎年金
昭和22年4月2日〜昭和24年4月1日に生まれた方	昭和27年4月2日〜昭和29年4月1日に生まれた方	報酬比例部分／定額部分（60歳・64歳・65歳） 老齢厚生年金／老齢基礎年金
昭和24年4月2日〜昭和28年4月1日に生まれた方	昭和29年4月2日〜昭和33年4月1日に生まれた方	報酬比例部分（60歳・65歳） 老齢厚生年金／老齢基礎年金
昭和28年4月2日〜昭和30年4月1日に生まれた方	昭和33年4月2日〜昭和35年4月1日に生まれた方	報酬比例部分（60歳・61歳・65歳） 老齢厚生年金／老齢基礎年金
昭和30年4月2日〜昭和32年4月1日に生まれた方	昭和35年4月2日〜昭和37年4月1日に生まれた方	報酬比例部分（60歳・62歳・65歳） 老齢厚生年金／老齢基礎年金
昭和32年4月2日〜昭和34年4月1日に生まれた方	昭和37年4月2日〜昭和39年4月1日に生まれた方	報酬比例部分（60歳・63歳・65歳） 老齢厚生年金／老齢基礎年金
昭和34年4月2日〜昭和36年4月1日に生まれた方	昭和39年4月2日〜昭和41年4月1日に生まれた方	報酬比例部分（60歳・64歳・65歳） 老齢厚生年金／老齢基礎年金
昭和36年4月2日以後に生まれた方	昭和41年4月2日以後に生まれた方	老齢厚生年金／老齢基礎年金（60歳・65歳）

障害をお持ちの方・厚生年金の加入期間が44年（528月）以上の方は、支給開始年齢に特例があります。

昭和16年（女性は昭和21年）4月2日以後に生まれた方でも、次のいずれかに該当する場合は、特例として、報酬比例部分と定額部分を合わせた特別支給の老齢厚生年金が支給されます。

①　厚生年金保険の被保険者期間が44年以上の方（被保険者資格を喪失（退職）しているときに限る）

②　障害の状態（障害厚生年金の1級から3級に該当する障害の程度）にあることを申し出た方（被保険者資格を喪失（退職）しているときに限る）※申出月の翌月分から特別支給開始となります。

厚生年金法

（5）老齢基礎年金の繰上げ請求と繰下げ請求（国年法28、附則9の2、厚年法44の3）

老齢基礎年金の受給開始年齢は65歳であるが、60歳以後希望する年齢から受けることもできる。ただし、年金額は60歳〜64歳の繰上げ請求は減額され、66〜75歳の繰下げ請求は増額されることになる。

① 60歳から支給される特別支給の老齢厚生年金等は、65歳まで原則として受けられない。

② 65歳まで、遺族厚生年金と一緒に受けることはできない。

③ 寡婦年金は受けられない。

④ 繰上げ請求後、65歳までに障害の状態になっても障害基礎年金は受けられない。

⑤ 厚生年金保険などに加入すると、その間の老齢基礎年金は受けられない。

繰上げ請求をした場合、1月単位で0.5%が減額される。60歳支給の場合は、5年（＝60月）の繰上げとなるので、60×0.5＝30%が減額される。

繰下げ請求をした場合、1月単位で0.7%が増額される。最高で120月×0.7＝84%となる。

（6）障害等級表

障害の程度		障害の状態
（1級）	1	両眼の視力の和が0.04以下のもの
	2	両耳の聴力レベルが100デシベル以上のもの
	3	両上肢の機能に著しい障害を有するもの
	4	両上肢のすべての指を欠くもの
	5	両上肢のすべての指の機能に著しい障害を有するもの
	6	両下肢の機能に著しい障害を有するもの
	7	両下肢を足関節以上で欠くもの
	8	体幹の機能に座っていることができない程度又は立ち上がることができない程度の障害を有するもの
	9	前各号に掲げるもののほか、身体の機能の障害又は長期にわたる安静を必要とする病状が前各号と同程度以上と認められる状態であって、日常生活の用を弁ずることを不能ならしめる程度のもの
	10	精神の障害であって、前各号と同程度以上と認められる程度のもの
	11	身体の機能の障害若しくは病状又は精神の障害が重複する場合であって、その状態が前各号と同程度以上と認められる程度のもの
（2級）	1	両眼の視力の和が0.05以上0.08以下のもの
	2	両耳の聴力レベルが90デシベル以上のもの
	3	平衡機能に著しい障害を有するもの
	4	そしゃくの機能を欠くもの
	5	音声又は言語機能に著しい障害を有するもの
	6	両上肢のおや指及びひとさし指又は中指を欠くもの
	7	両上肢のおや指及びひとさし指又は中指の機能に著しい障害を有するもの
	8	1上肢の機能に著しい障害を有するもの
	9	1下肢のすべての指を欠くもの
	10	1下肢のすべての指の機能に著しい障害を有するもの
	11	両下肢のすべての指を欠くもの
	12	1下肢の機能に著しい障害を有するもの
	13	1下肢を足関節以上で欠くもの
	14	体幹の機能に歩くことができない程度の障害を有するもの
	15	前各号に掲げるもののほか、身体の機能の障害又は長期にわたる安静を必要とする病状が前各号と同程度以上と認められる状態であって、日常生活が著しい制限を受けるか、又は日常生活に著しい制限を加えることを必要とする程度のもの

障害の程度		障　害　の　状　態
（2級）	16	精神の障害であって、前各号と同程度以上と認められる程度のもの
	17	身体の機能の障害若しくは病状又は精神の障害が重複する場合であって、その状態が前各号と同程度以上と認められる程度のもの
（3級）	1	両眼の視力が 0.1 以下に減じたもの
	2	両耳の聴力が、40 センチメートル以上では通常の話声を解することができない程度に減じたもの
	3	そしゃく又は言語の機能に相当程度の障害を残すもの
	4	脊柱の機能に著しい障害を残すもの
	5	1 上肢の 3 大関節のうち、2 関節の用を廃したもの
	6	1 下肢の 3 大関節のうち、2 関節の用を廃したもの
	7	長管状骨に偽関節を残し、運動機能に著しい障害を残すもの
	8	1 上肢のおや指及びひとさし指を失ったもの又はおや指若しくはひとさし指を併せ 1 上肢の 3 指以上を失ったもの
	9	おや指及びひとさし指をを併せ 1 上肢の 4 指の用を廃したもの
	10	1 下肢をリスフラン関節以上で失ったもの
	11	両下肢の 10 趾の用を廃したもの
	12	前各号に掲げるもののほか、身体の機能に、労働が著しい制限を受けるか、又は労働に著しい制限を加えることを必要とする程度の障害を残すもの
	13	精神又は神経系統に、労働が著しい制限を受けるか、又は労働に著しい制限を加えることを必要とする程度の障害を残すもの
	14	傷病が治らないで、身体の機能又は精神若しくは神経系統に、労働が制限を受けるか、又は労働に制限を加えることを必要とする程度の障害を有するものであって、厚生労働大臣が定めるもの

（障害手当金が受給できる障害程度）

障害の程度		障　害　の　状　態
	1	両眼の視力が 0.6 以下に減じたもの
	2	1 眼の視力が 0.1 以下に減じたもの
	3	両眼のまぶたに著しい欠損を残すもの
	4	両眼による視野が 2 分の 1 以上欠損したもの又は両眼の視野が 10 度以内のもの
	5	両眼の調節機能及び輻輳機能に著しい障害を残すもの
	6	1 耳の聴力が、耳殻に接しなければ大声による話を解することができない程度に減じたもの
	7	そしゃく又は言語の機能に障害を残すもの
	8	鼻を欠損し、その機能に著しい障害を残すもの
	9	脊柱の機能に障害を残すもの
	10	1 上肢の 3 大関節のうち、1 関節に著しい機能障害を残すもの
	11	1 下肢の 3 大関節のうち、1 関節に著しい機能障害を残すもの
	12	1 下肢を 3 センチメートル以上短縮したもの
	13	長管状骨に著しい転位変形を残すもの
	14	1 上肢の 2 指以上を失ったもの
	15	1 上肢のひとさし指を失ったもの
	16	1 上肢の 3 指以上の用を廃したもの
	17	ひとさし指を併せ 1 上肢の 2 指の用を廃したもの
	18	1 上肢のおや指の用を廃したもの
	19	1 下肢の第 1 趾又は他の 4 趾以上を失ったもの
	20	1 下肢の 5 趾の用を廃したもの
	21	前各号に掲げるもののほか、身体の機能に、労働が制限を受けるか、又は労働に制限を加えることを必要とする程度の障害を残すもの
	22	精神又は神経系統に、労働が制限を受けるか、又は労働に制限を加えることを必要とする程度の障害を残すもの

厚生年金法

（7）在職老齢年金

－在職老齢年金とは－

　　60 歳から 70 歳に到達するまでの間で厚生年金の被保険者となった場合、保険料を負担するが、一方で老齢厚生年金を在職老齢年金として受け取ることになる。

　　被保険者の報酬額（基本月額、総報酬月額）に応じ、支給される年金額の一部が支給停止される。

　　平成 19 年 4 月から 70 歳以上でも厚生年金の被保険者である間は、現在、65 歳以上 70 歳未満の在職老齢年金の支給停止と同じような仕組みで支給停止が行われるようになる。ただし、昭和 12 年 4 月 1 日以前に生まれた人（平成 19 年 4 月 1 日において 70 歳以上の人）は適用されない。この場合でも、70 歳以上の人は保険料の負担はない。

　　在職老齢年金の支給停止のしくみ

　　ただし、調整の対象は老齢厚生年金（報酬比例部分）のみで、老齢基礎年金は全額支給される。

具体的には次の計算方法により、支給停止額を算出する。

（1）基本月額を算出する。

（2）基本月額と総報酬月額相当額との合計額が 480,000 円以下であれば、全額支給。

（3）基本月額と総報酬月額相当額との合計額が 480,001 円以上であれば、一部又は全額支給停止。

※基本月額＝加給年金額を除いた老齢厚生（退職共済）年金（報酬比例部分）の月額

※総報酬月額相当額＝その月の標準報酬月額＋$\dfrac{\text{その月以前の 1 年間の標準賞与額の合計額}}{12}$

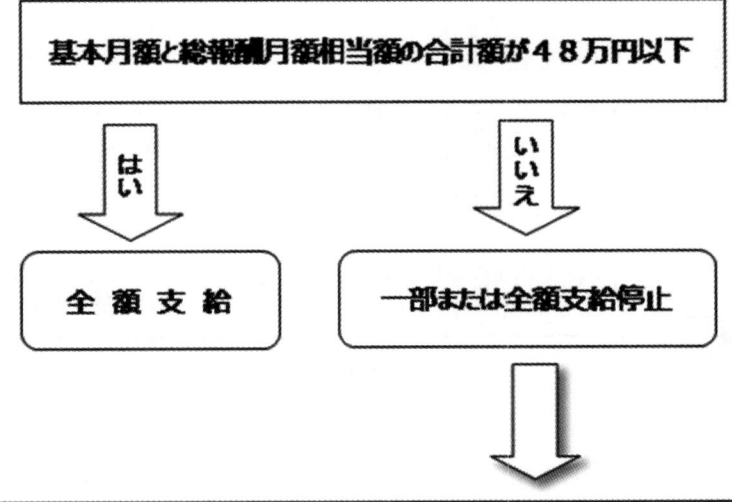

（8）標準報酬月額の再評価

　平均標準報酬月額は報酬比例部分の年金額計算の基礎になるものである。全被保険者期間の標準報酬月額の平均を求めるものであるが、賃金水準の変動があるので、過去の標準報酬月額を再評価し、現在の水準に直したうえで計算する。従来、この再評価は現役勤労者の賃金上昇率と同率でアップされてきたが、年金改正の結果、名目賃金上昇率から手取り賃金上昇率に変更になった。具体的な計算は下記のようにして行う。

① 昭和 32 年 10 月以降の標準報酬月額が対象

② 標準報酬月額が 1 万円以下の場合は 1 万円で計算

③ 昭和 32 年 10 月以後の標準報酬月額は一定の読み替え率（**次頁の表**）をかけた額

④ 昭和 32 年 10 月以後の被保険者期間が 3 年以上ない場合は、それ以前を含む最終 3 年間の標準報酬月額で計算

⑤ 被保険者期間が 3 年ない場合は、その人の全被保険者期間で計算

⑥ 昭和 32 年 10 月以前と昭和 51 年 8 月以後に被保険者期間がある場合は、下記の計算式で計算

平成 15 年 3 月まで

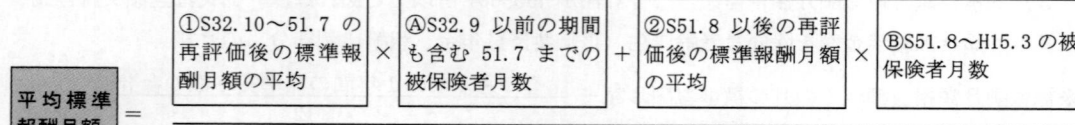

平成 15 年 4 月から

　平成 15 年 4 月以後の被保険者の各月の標準報酬月額と支給毎の標準賞与額の総額を、15 年 4 月以後の被保険者月数で割った額を“平均標準報酬額”という。年金額計算の際には、標準報酬月額と同様に再評価を行う。

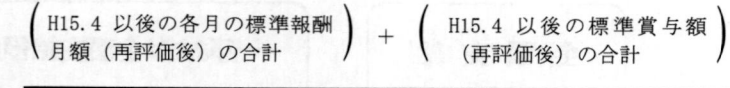

厚生年金法

厚生年金保険の令和5年度再評価率（一般）

期間	昭和4年度以前生まれ	昭和5年度生まれ	昭和6年度生まれ	昭和7年度生まれ	昭和8年度生まれ～昭和9年度生まれ	昭和10年度生まれ	昭和11年度生まれ	昭和12年度生まれ	昭和13年度生まれ～昭和30年度生まれ	昭和31年度以降
昭和32年10月～昭和33年3月	14.180	14.324	14.630	14.705	14.705	14.766	14.871	14.995	15.009	15.053
昭和33年4月～昭和34年3月	13.875	14.014	14.318	14.388	14.388	14.447	14.553	14.672	14.685	14.728
昭和34年4月～昭和35年3月	13.683	13.819	14.116	14.189	14.189	14.249	14.351	14.467	14.483	14.526
昭和35年5月～昭和36年3月	11.316	11.430	11.674	11.735	11.735	11.782	11.866	11.966	11.977	12.013
昭和36年4月～昭和37年3月	10.463	10.568	10.793	10.849	10.849	10.894	10.975	11.061	11.074	11.107
昭和37年4月～昭和38年3月	9.446	9.543	9.746	9.796	9.796	9.836	9.909	9.989	10.000	10.030
昭和38年4月～昭和39年3月	8.676	8.758	8.953	8.996	8.996	9.033	9.099	9.173	9.181	9.208
昭和39年4月～昭和40年4月	7.973	8.053	8.229	8.268	8.268	8.302	8.363	8.431	8.440	8.465
昭和40年5月～昭和41年3月	6.978	7.047	7.201	7.236	7.236	7.265	7.317	7.380	7.385	7.406
昭和41年4月～昭和42年3月	6.411	6.474	6.611	6.647	6.647	6.673	6.722	6.777	6.783	6.803
昭和42年4月～昭和43年3月	6.235	6.300	6.437	6.470	6.470	6.495	6.542	6.594	6.599	6.618
昭和43年4月～昭和44年10月	5.516	5.573	5.689	5.721	5.721	5.743	5.784	5.832	5.838	5.855
昭和44年11月～昭和46年10月	4.215	4.258	4.350	4.372	4.372	4.391	4.422	4.458	4.462	4.475
昭和46年11月～昭和48年10月	3.656	3.693	3.772	3.792	3.792	3.808	3.837	3.868	3.871	3.883
昭和48年11月～昭和50年3月	2.681	2.706	2.767	2.781	2.781	2.792	2.813	2.838	2.841	2.889
昭和50年4月～昭和51年7月	2.285	2.308	2.360	2.371	2.371	2.381	2.400	2.416	2.418	2.425
昭和51年8月～昭和53年3月	1.889	1.909	1.950	1.960	1.960	1.968	1.981	1.997	1.999	2.005
昭和53年4月～昭和54年3月	1.736	1.755	1.792	1.802	1.802	1.810	1.823	1.837	1.838	1.844
昭和54年4月～昭和55年9月	1.646	1.662	1.696	1.705	1.705	1.712	1.724	1.739	1.741	1.747
昭和55年10月～昭和58年3月	1.483	1.498	1.531	1.538	1.538	1.544	1.554	1.566	1.568	1.573
昭和58年4月～昭和59年3月	1.410	1.427	1.458	1.465	1.465	1.471	1.481	1.493	1.494	1.498
昭和59年4月～昭和60年9月	1.363	1.377	1.404	1.410	1.410	1.417	1.428	1.441	1.442	1.446
昭和60年10月～昭和62年3月	1.311	1.325	1.352	1.359	1.359	1.366	1.376	1.387	1.387	1.391
昭和62年4月～昭和63年3月	1.240	1.250	1.278	1.284	1.284	1.290	1.300	1.311	1.312	1.316
昭和63年4月～平成元年11月	1.208	1.221	1.246	1.252	1.252	1.257	1.266	1.277	1.278	1.282
平成元年12月～平成3年3月	1.178	1.189	1.216	1.222	1.222	1.227	1.236	1.245	1.246	1.250
平成3年4月～平成4年3月	1.108	1.118	1.142	1.147	1.147	1.152	1.161	1.170	1.171	1.174
平成4年4月～平成5年3月	1.056	1.068	1.091	1.096	1.096	1.101	1.109	1.117	1.118	1.121
平成5年4月～平成6年3月	1.026	1.036	1.058	1.064	1.064	1.069	1.078	1.086	1.087	1.090
平成6年4月～平成7年3月	1.006	1.016	1.037	1.043	1.043	1.048	1.055	1.063	1.064	1.067
平成7年4月～平成8年3月	0.998	0.998	1.018	1.023	1.023	1.027	1.034	1.043	1.043	1.047
平成8年4月～平成9年3月	0.997	0.997	0.997	1.002	1.002	1.006	1.013	1.021	1.022	1.025
平成9年4月～平成10年3月	0.993	0.993	0.993	0.997	0.997	1.001	1.009	1.013	1.010	1.013
平成10年4月～平成11年3月	0.972	0.972	0.972	0.993	0.993	0.979	0.986	0.996	0.997	1.000
平成11年4月～平成12年3月	0.966	0.966	0.966	0.972	0.969	0.970	0.975	0.983	0.983	0.986
平成12年4月～平成13年3月	0.969	0.969	0.969	0.966	0.966	0.969	0.974	0.982	0.983	0.985
平成13年4月～平成14年3月	0.974	0.977	0.977	0.969	0.969	0.974	0.974	0.981	0.982	0.991
平成14年4月～平成15年3月	0.981	0.989	0.989	0.989	0.989	0.981	0.989	0.990	0.988	0.994
平成15年4月～平成16年3月	0.990	0.996	0.996	0.996	0.996	0.990	0.995	0.996	0.993	0.995
平成16年4月～平成17年3月	0.995	0.996	0.996	0.998	0.998	0.995	0.996	0.998	0.996	0.997
平成17年4月～平成18年3月	0.996	0.997	0.997	0.999	0.999	0.996	0.997	0.999	0.998	1.002
平成18年4月～平成19年3月	0.997	1.001	1.001	1.001	1.001	0.997	0.998	1.001	0.999	0.973
平成19年4月～平成20年3月	1.001	0.972	0.972	0.972	0.972	0.999	1.001	0.972	1.001	0.968
平成20年4月～平成21年3月	0.972	0.967	0.967	0.967	0.967	0.970	0.972	0.967	0.972	0.971
平成21年4月～平成22年3月	0.967	0.970	0.970	0.969	0.969	0.967	0.967	0.970	0.967	0.967
平成22年4月～平成23年3月	0.970	0.966	0.966	0.966	0.966	0.970	0.970	0.966	0.970	0.958
平成23年4月～平成24年3月	0.966	0.957	0.957	0.957	0.957	0.966	0.966	0.957	0.966	0.955
平成24年4月～平成25年3月	0.957	0.954	0.954	0.954	0.954	0.957	0.957	0.954	0.957	0.952
平成25年4月～平成26年3月	0.954	0.956	0.956	0.956	0.956	0.954	0.954	0.956	0.954	0.954
平成26年4月～平成27年3月	0.956	0.932	0.932	0.932	0.932	0.956	0.956	0.932	0.956	0.930
平成27年4月～平成28年3月	0.932	0.932	0.932	0.932	0.932	0.932	0.932	0.932	0.932	0.930
平成28年4月～平成29年3月	0.932	0.932	0.932	0.932	0.932	0.932	0.932	0.932	0.930	0.930
平成29年4月～平成30年3月	0.932	0.932	0.932	0.932	0.932	0.932	0.932	0.932	0.930	0.930
平成30年4月～平成31年3月	0.932	0.932	0.932	0.932	0.932	0.932	0.932	0.932	0.930	0.930
平成31年4月～令和2年3月	0.932	0.932	0.932	0.932	0.932	0.932	0.932	0.932	0.930	0.930
令和2年4月～令和3年3月	0.932	0.932	0.932	0.932	0.932	0.932	0.932	0.932	0.930	0.930
令和3年4月～令和4年3月	0.932	0.932	0.932	0.932	0.932	0.932	0.932	0.932	0.930	0.930
令和4年4月～令和5年3月	0.932	0.932	0.932	0.932	0.932	0.932	0.932	0.932	0.930	0.930
令和5年4月～令和6年3月	0.932	0.932	0.932	0.932	0.932	0.932	0.932	0.932	0.930	0.930
令和6年4月～	0.932	0.932	0.932	0.932	0.932	0.932	0.932	0.932	0.930	0.930

厚生年金法

（9）雇用保険との併給調整

厚生年金法による老齢給付と雇用保険法等による給付の両方が支給される場合には、雇用保険法による給付が優先され、65歳未満の人に支給される特別支給の老齢厚生年金の支給は停止される。

雇用保険の高年齢雇用継続給付が受けられる場合は、在職老齢年金が支給調整されるが、具体的には次のような扱いとなる。

① 継続雇用（60歳以上65歳未満）の賃金が60歳到達時に比べて75％未満になった場合、高年齢雇用継続給付として基本給付金が65歳になるまで受けられる。また、基本手当の一部を受けて60歳以後に再就職し、新賃金が60歳到達時の75％未満になった場合は、基本手当の支給残日数が100日以上のときは1年間、200日以上のときは2年間（65歳到達月を限度）、高年齢雇用継続給付の再就職給付金が受けられる。ただし、いずれの給付も60歳到達時に、雇用保険の被保険者期間が5年以上あることが条件になる。

給付金額は、いずれも新賃金の15％を上限として、賃金額等に応じて計算される。

② 在職老齢年金とこれらの高年齢雇用継続給付が同時に受けられるときは、雇用継続給付はそのまま受け、在職老齢年金については、在職老齢年金本来の調整を行った上、さらに標準報酬月額の6％の範囲内で減額される調整方法がとられる。

（10）年金と税金

厚生年金保険、国民年金の老齢給付、共済組合の退職給付、厚生年金基金の退職年金は、公的年金等に係る雑所得とみなされ、一定額以上になると所得税が課税される。ただし、障害給付、遺族給付は非課税である。

公的年金等に係る雑所得の金額は、下記の表により算出する。公的年金等控除額は、年金を受け取る人の年齢により定められており、次のようになっている。速算表の該当箇所において、(a)に(b)を乗じ(c)を控除した残額が、公的年金等に係る雑所得の金額である。

公的年金等に係る雑所得の速算表（令和3年以降）

公的年金等に係る雑所得の金額＝ (A)× (B)－ (C)

公的年金等に係る雑所得以外の所得に係る合計所得金額が1,000万円以下の方			
年金を受け取る人の年齢	(A)公的年金等の収入金額の合計額	(B)割合	(C)控除額
65歳未満	（公的年金等の収入金額の合計額が600,000円までの場合は、所得金額はゼロとなる。）		
	600,001円から1,299,999円まで	100%	600,000円
	1,300,000円から4,099,999円まで	75%	275,000円
	4,100,000円から7,699,999円まで	85%	685,000円
	7,700,000円から9,999,999円まで	95%	1,455,000円
	10,000,000円以上	100%	1,955,000円
65歳以上	（公的年金等の収入金額の合計額が1,100,000円までの場合は、所得金額はゼロとなる。）		
	1,200,001円から3,299,999円まで	100%	1,100,000円
	3,300,000円から4,099,999円まで	75%	275,000円
	4,100,000円から7,699,999円まで	85%	685,000円
	7,700,000円から9,999,999円まで	95%	1,455,000円
	10,000,000円以上	100%	1,955,000円

厚生年金法

公的年金等に係る雑所得以外の所得に係る合計所得金額が 1,000 万円超え 2,000 万円以下の方			
年金を受け取る人の年齢	(A) 公的年金等の収入金額の合計額	(B) 割合	(C) 控除額
65 歳未満	（公的年金等の収入金額の合計額が 500,000 円までの場合は、所得金額はゼロとなります。）		
	500,001 円から 1,299,999 円まで	100%	500,000 円
	1,300,000 円から 4,099,999 円まで	75%	175,000 円
	4,100,000 円から 7,699,999 円まで	85%	585,000 円
	7,700,000 円から 9,999,999 円まで	95%	1,355,000 円
	10,000,000 円以上	100%	1,855,000 円
65 歳以上	（公的年金等の収入金額の合計額が 1,100,000 円までの場合は、所得金額はゼロとなる。）		
	1,200,001 円から 3,299,999 円まで	100%	1,100,000 円
	3,300,000 円から 4,099,999 円まで	75%	175,000 円
	4,100,000 円から 7,699,999 円まで	85%	585,000 円
	7,700,000 円から 9,999,999 円まで	95%	1,355,000 円
	10,000,000 円以上	100%	1,855,000 円

公的年金等に係る雑所得以外の所得に係る合計所得金額が 2,000 万円超えの方			
年金を受け取る人の年齢	(A) 公的年金等の収入金額の合計額	(B) 割合	(C) 控除額
65 歳未満	（公的年金等の収入金額の合計額が 400,000 円までの場合は、所得金額はゼロとなる。）		
	400,001 円から 1,299,999 円まで	100%	400,000 円
	1,300,000 円から 4,099,999 円まで	75%	75,000 円
	4,100,000 円から 7,699,999 円まで	85%	485,000 円
	7,700,000 円から 9,999,999 円まで	95%	1,255,000 円
	10,000,000 円以上	100%	1,755,000 円
65 歳以上	（公的年金等の収入金額の合計額が 900,000 円までの場合は、所得金額はゼロとなる。）		
	900,001 円から 3,299,999 円まで	100%	900,000 円
	3,300,000 円から 4,099,999 円まで	75%	75,000 円
	4,100,000 円から 7,699,999 円まで	85%	485,000 円
	7,700,000 円から 9,999,999 円まで	95%	1,255,000 円
	10,000,000 円以上	100%	1,755,000 円

編者注：例えば 65 歳以上の人で「公的年金等の収入金額の合計額」が 500 万円、「公的年金等の収入金額の合計額」が 350 万円の場合には、公的年金等に係る雑所得の金額は次のようになる。
3,500,000 円×75%－275,000 円＝2,350,000 円

●年金からの源泉徴収事務

　厚生年金保険や国民年金の老齢年金をうけている人には、毎年 11 月上旬に日本年金機構から「扶養親族等申告書」が送られてくる。必要事項を記入の上、11 月末日から 12 月初めに到着するように提出する。一定額以上の年金からは所得税の源泉徴収が行われるが、その徴収事務は日本年金機構において行われる。

1. 建設業法（要旨）

事　　　　　　　　項		条文	内　容　の　説　明
第一章 総則	目　　　　　的	1	建設業を営む者の資質の向上、建設工事の請負契約の適正化等を図ることによって、建設工事の適正な施工を確保し、発注者を保護するとともに、建設業の健全な発達を促進し、もって公共の福祉の増進に寄与する。
	定　　　　　義	2	建設工事の完成を請け負うことを営業とする者は、元請、下請を問わずすべて本法の適用をうける。
第二章 建設業の許可	建 設 業 の 許 可	3	建設業を営もうとする者は、軽微な建設工事のみを請け負うことを営業とする者を除き、建設業の許可を受けなければならない。 　軽微な建設工事とは、次の工事をいう。（施行令1条の2） 　工事1件の請負代金の額が、 ①　建築一式工事にあっては1,500万円に満たない工事又は延べ面積が150㎡に満たない木造住宅工事。 ②　建築一式工事以外の建設工事にあっては500万円に満たない工事。
	許 可 行 政 庁	3	①　2以上の都道府県の区域内に営業所を設ける場合は国土交通大臣の許可を要する。 ②　1の都道府県の区域内にのみ営業所を設ける場合は都道府県知事の許可を要する。
	許 可 区 分	3	①　発注者から直接請け負う1件の建設工事につき、その工事の全部又は一部の下請代金の総額が4,500万円（ただし建築工事業の場合7,000万円）以上となる下請契約を締結して施工しようとする者は特定建設業の許可を受けなければならない。（施行令2条） ②　上記①以外の者は一般建設業の許可でよい。
	許可の有効期間	3	建設業の許可は、5年ごとに更新を受けなければ、その期間の経過によって、効力を失う。
	許 可 の 条 件	3の2	国土交通大臣又は都道府県知事は、建設業の許可にあたり、条件を付し、及びこれを変更することができる。ただしその条件は以下のものでなければならない ①　建設工事の適正な施工の確保及び発注者の保護を図るために必要な最小限度のもの ②　許可を受ける者に不当な義務を課すこととならないもの
		8	国土交通大臣又は都道府県知事は、建設業者が許可の取り消しを受けた場合、また許可の取り消しを免れるために廃業の届出を行った場合には、各々その該当日から5年を経過しない建設業者に対し許可をしない。
第三章	請負契約の原則	18	当事者は、各々対等な立場における合意に基づいて公正な契約を締結し、信義に従って誠実にこれを履行しなければならない。
		24	報酬を得て建設工事の完成を目的として締結する契約は、その名義がいかなるものかを問わず建設工事の請負契約とみなし、建設業法を適用する。

建
設
業
法

事　　　項	条文	内　容　の　説　明
請負契約の内容	19	当事者は、工事内容、請負代金の額、工事着手の時期及び工事完成の時期等計16項目（国交省令で定める事項を含む）を書面に記載し、記名押印して相互に交付しなければならない。変更も同様とする。 ただし、当該契約の相手方の承諾を得て、電子情報処理など情報通信技術を利用する方法により書面による手続きに替える事ができる。
現場代理人の選任等に関する通知	19の2	請負契約の履行に関し請負人が現場代理人を置く場合、又は注文者が監督員を置く場合には、それぞれ相手方に対して、書面又は情報通信の技術を利用する方法により、その権限事項及び意見の申し出の方法を通知しなければならない。
不当に低い請負代金の禁止	19の3	注文者は、自己の取引上の地位を不当に利用して、通常必要と認められる原価に満たない金額で請負契約を締結してはならない。
不当な使用資材等の購入強制の禁止	19の4	注文者は、請負契約の締結後、自己の取引上の地位を不当に利用して、注文した建設工事に使用する資材、機械器具又はこれらの購入先を指定する等の行為により請負人の利益を害してはならない。
著しく短い工期の禁止	19の5	注文者は、その注文した建設工事を施工するために通常必要と認められる期間に比して著しく短い期間を工期とする請負契約を締結してはならない。
見積り等	20	建設業者は、請負契約を締結する際に、工事内容に応じ、工事の種別ごとに材料費等の内訳を明らかにして建設工事の見積りを行うよう努め、注文者から請求があったときは、請負契約が成立するまでの間に見積書を提出しなければならない。 注文者は、請負契約を締結する以前に、入札の方法により競争に付する場合にあっては入札を行う以前に、請負契約書に記載すべきと定められた諸事項のうち請負金額を除く15項目につき、できる限り具体的な内容を提示し、かつ、請負契約の締結までに一定の見積期間を設けなければならない。
一括下請負の禁止	22	建設業者は、その請け負った建設工事を如何なる方法をもってするかを問わず、一括して他人に請け負わせてはならず、また、建設業を営む者は、建設業者からその請け負った建設工事を一括して請け負ってはならない。 ただし、事前に発注者の書面による承諾を得た場合には、一括下請負が認められているが、多数の者が利用する施設又は工作物に関する重要な建設工事で、政令で定めるもの（共同住宅新築工事）については、一括下請を禁止している。 なお、公共工事の入札及び契約の適正化の促進に関する法律（平成12年法律第127号。以下「入札契約適正化法」という。）により、公共工事においては全面的に一括下請負をしてはならない。（入札契約適正化法第14条）
下請負人の意見の聴取	24の2	元請負人は、施工するために必要な工程の細目、作業方法等を定めるときは、あらかじめ下請負人の意見をきかなければならない。
下請代金の支払	24の3	元請負人は、請負代金の出来高払又は竣工払を注文者から受けたときは、その工事を施工した下請負人に対して、その出来高部分に相当する下請代金を、注文者から支払を受けた日から一月以内で、かつ、できる限り短い期間内に支払わなければならない。この場合において元請負人は、労務費に相当する部分については現金で支払うよう適切な配慮をしなければならない。 また前払金の支払を受けたときは、下請負人に対して、工事の着手に必要な費用を前払するよう適切な配慮をしなければならない。
検査及び引渡し	24の4	元請負人は、下請負人から請け負った工事が完成した旨の通知を受けたとき、20日以内のできるだけ早い期間内に検査を完了しなければならない。 元請負人は完成確認後、下請負人の申し出を受けた時は直ちに引渡しを受けなければならない。

（左側縦書き）第三章 建設工事の請負契約

（左余白縦書き）建設業法

事　　　　　　　項	条文	内　容　の　説　明
第三章　建設工事の請負契約		

事　　　　　項	条文	内　容　の　説　明
特定建設業者の下請代金の支払期日等	24の6	特定建設業者が注文者となった下請契約（下請契約の相手方が特定建設業者等である場合を除く。）における下請代金の支払期日は、下請負人からの工事の目的物の引渡しの申出の日から50日以内で、かつ、できる限り短い期間内において定めなければならない。 　支払期限が定められていない時は、下請負人からの引渡しの申し出の日を支払期限とみなす。 　特定建設業者は、下請代金の支払について一般の金融機関で割引くことが困難と認められる手形を交付してはならない。
下請負人に対する特定建設業者の指導等	24の7	発注者から直接建設工事を請け負った特定建設業者は、その建設工事に参加するすべての下請負人等に対して、本法の規定又は建設工事の施工若しくは建設工事に従事する労働者の使用に関する法令のうち一定の規定に違反しないよう指導に努めなければならない。また、指導の結果、下請負人等が法令に違反している事実を認めたときは、その事実を指摘して是正を求めるよう努めなければならない。 　さらに、下請負人等がこの是正勧告に応じないときは、当該下請負人等の許可行政庁等に、すみやかにその旨を通報しなければならない。 　なお、建設工事の施工又は建設工事に従事する労働者の使用に関する法令は次のとおり（令7条の3）。 ①建築基準法………違反建築物に対する措置（9条1項、10項）、違反工作物に対する措置（88条）、工事現場の危害防止（90条） ②宅地造成等規制法……宅地造成に関する工事の技術的基準等（13条及び16条）、監督処分（20条及び39条2項〜4項）、特定盛土等又は土石の堆積に関する工事の技術的基準等(31条及び35条) ③労働基準法……強制労働の禁止（5条）、中間搾取の排除（6条）、賃金の支払（24条）、最低年齢（56条）、女子、年少者の坑内労働の禁止（63条、64条の2）、労働者の安全衛生に必要な場合の監督上の行政措置（96条の2　2項、96条の3　1項） ④職業安定法……労働者供給事業の禁止（44条）、暴行等による職業紹介等及び虚偽による職業紹介等に対する罰則（63条1号、65条9号） ⑤労働安全衛生法……使用停止命令等（98条1項） ⑥労働者派遣法……適用対象業務以外の業務について派遣事業の禁止（4条1項）
施工体制台帳及び施工体系図の作成等	24の8	特定建設業者は、発注者から直接請け負った建設工事のうち、締結された下請け契約の総額が4,500万円（建築一式工事の場合は7,000万円）以上であるものについては、工事現場ごとに施工体制台帳を作成し、備え置き、発注者から請求があったときは、当該施工体制台帳を閲覧させなければならない。 　また、各下請負人の施工の分担関係を表示した施工体系図を作成し、工事現場の見やすい場所に掲げなければならない。 　当該工事の下請負人は、請け負った建設工事を再下請負に付したときは、当該特定建設業者に対して、その再下請負人の商号等を通知しなければならない。 　なお、公共工事については、下請負契約を締結した場合には、その金額に関わらず施工体制台帳を作成し、その写しを発注者に提出しなければならない。また施工体系図を工事関係者及び公衆が見やすい場所に掲示しなければならない。（入札契約適正化法第15条）

建　設　業　法

事　　　　　項	条文	内　容　の　説　明
主任技術者及び監理技術者の設置等	26	（1）建設業者は、その工事現場に、施工の技術上の管理をつかさどるため、一定の資格もしくは経験を有する主任技術者を置かなければならない。 　また、発注者から直接建設工事を請け負った特定建設業者が、一定額以上の下請契約を締結して施工するときは、国土交通大臣の定める国家資格を有する等の監理技術者を置かなければならない。 　なお、これらの者は、4,000万円（建築一式の場合は8,000万円）以上の、公共性のある施設等または多数の者が利用する施設等に関する重要な建設工事においては、工事現場ごとに専任のものでなければならない。ただし、監理技術者については、職務を補佐する者として一定の資格を持つものを選任で置いた現場を兼務できる（ただし、2現場まで）
	26の2	（2）特定建設業者が公共性のある重要な建設工事の現場に置く監理技術者は、国土交通大臣が交付する「監理技術者資格者証」を有する者であって、定められた講習を受講したもののうちから選任しなければならず、発注者から請求があった時は「監理技術者資格者証」を提示しなくてはならない。 （3）土木工事業又は建築工事業を営む者は、土木一式工事又は建築一式工事を施工する場合において、同時に一式工事以外の専門工事を自ら施工しようとするときは、当該工事に関する専門技術者を置いて施工する場合のほか、当該専門工事に係る許可を受けた建設業者に施工させなければならない。 　建設業者は、許可を受けた建設業に係る建設工事に附帯する他の建設工事を施工する場合において、当該附帯工事に係る専門技術者を置いて自ら施工する場合のほか、当該専門工事に係る許可を受けた建設業者に施工させなければならない。 　　　　　　　　　　　　　　　　　　　　　詳細はP.554以下を参照
特定専門工事	26の3	大工又はとび・土工・コンクリート工事のうち、コンクリート打設のための型枠組立てに関する工事及び鉄筋工事については、当該工事の下請負総額が4,000万円未満の場合で、元請負人が専任で設置した主任技術者が下請負人の主任技術者の職務を行う場合で、注文者の承諾を得た場合は1下請負人は主任技術者を設置しなくてもよい。
主任技術者及び監理技術者の職務等	26の4	主任技術者及び監理技術者は、工事現場における建設工事を適正に実施するため、当該建設工事の施工計画の作成、工程管理、品質管理等の技術上の管理及び施工に従事する者の技術上の指導監督の職務を誠実に行わなければならない。 　工事現場において施工に従事する者は、主任技術者又は監理技術者の指導に従わなければならない。
監理技術者資格者証の交付	27の18	監理技術者資格者証の交付は、国土交通大臣の定める国家資格を有する等の監理技術者資格を有する者の申請により交付する。 　資格者証の有効期限は5年とする
経営事項審査	27の23	公共性のある施設又は工作物に関する工事等で、工事一件の請負代金が500万円（建築一式工事にあっては1,500万円）以上の工事等を国、地方公共団体等の発注者から直接請け負おうとする建設業者は、その経営に関する客観的事項について、許可行政庁の審査を受けなければならない。 　ただし、経済的に影響の大きい災害等により必要を生じた応急の建設工事等については、経営事項審査の義務付けの対象となる公共工事の範囲には含まれない。　　（施行令第27条の13）

第四章　施工技術の確保

建設業法

事　　　　　項	条文	内　容　の　説　明
第五章　監督	指示及び営業の停止	28	国土交通大臣又は都道府県知事は、建設業者が一定の事由に該当した場合又は本法の規定、入札契約適正化法及び履行確保法の一定の規定に違反した場合は、当該建設業者に対して必要な指示をすることができる。 　また、建設業者が本法に規定する一定の事由に該当するとき又は上記の指示に従わないときは、1年以内の期間を定めて、その営業の全部又は一部の停止を命ずることができる。
	許可の取消し	29	許可を受けた建設業者が、一定の許可の取消事由に該当したときは、その許可を取り消さなければならない。
	監督処分の公告等	29の5	国土交通大臣又は都道府県知事は、営業停止、許可の取消し処分をしたときは、当該監督処分結果を公告しなければならない。 　また、不正行為を行ったことにより指示処分又は営業停止処分を受けた建設業者に関する情報を建設業者監督処分簿に登載し、閲覧所において公衆の閲覧に供しなければならない。
第七章　雑則	標識の掲示	40	建設業者は、その店舗及び建設工事の現場ごとに、公衆の見易い場所に、・一般建築業又は特定建設業の別・許可年月日、許可番号及び許可を受けた建設業・商号又は名称、その他の一定の事項を記載した標識を掲げなければならない。
	帳簿の備付け等	40の3	建設業者は、営業所ごとに、代表者に関する事項、注文者及び下請負人と締結した請負契約に関する事項、発注者と締結した住宅の新築工事の請負契約に関する事項を記載した帳簿を、契約書、下請負人への支払を証明できる書類、施工体制台帳のうち決められた部分を添付して備え、当該建設工事の目的物の引渡しをしたときから5年間（住宅を新築する工事に係るものについては10年間）保存しなければならない。また、発注者から直接建設工事を請け負った建設業者は、営業に関する図書として、完成図、発注者との打合せ記録、施工体系図を、当該建設工事の目的物の引渡しをしたときから10年間保存しなければならない。
	建設業を営む者及び建設業者団体に対する指導、助言及び勧告	41	国土交通大臣又は都道府県知事は、建設業を営む者又は建設業者団体に対して、建設工事の適正な施工を確保し、又は建設業の健全な発達を図るために必要な指導、助言及び勧告を行うことができる。 　特定建設業者が発注者から直接請け負った建設工事の全部又は一部を施工している他の建設業を営む者が、当該建設工事の施工のために使用している労働者に対する賃金の支払を遅滞した場合又は当該建設工事の施工に関し他人に損害を加えた場合において、必要があると認めるときは、許可行政庁は、当該特定建設業者に対し、適正と認められる賃金相当額又は損害額を立替払することその他適切な措置を講ずることを勧告することができる。

建設業法

2. 工事現場に置く監理技術者・主任技術者

1. 技術者の設置・専任状況及び資格者証の携帯が必要な工事の範囲

（金額はすべて税込）

許可を受けている業種		指定建設業（7業種）（土木、建築、管、鋼構造物、舗装、電気、造園）工事業			その他（左記以外の22業種）（大工、左官、とび・土工・コンクリート、石、屋根、タイル・れんが・ブロック、鉄筋、しゅんせつ、板金、ガラス、塗装、防水、内装仕上、機械器具設置、熱絶縁、電気通信、さく井、建具、水道施設、消防施設、清掃施設、解体）工事業		
許可の種類		特定建設業者		一般建設業者	特定建設業者		一般建設業者
元請工事における下請金額の合計		4,500万円※1以上	4,500万円※1未満	4,500万円※1以上は契約できない	4,500万円以上	4,500万円未満	4,500万円以上は契約できない
工事現場の技術者制度	工事現場に置くべき技術者	監理技術者	主任技術者		監理技術者	主任技術者	
	技術者の資格要件	①一級国家資格者 ②国土交通大臣認定者	①一級・二級国家資格者 ②登録基幹技能者 ③指定学科＋実務経験者※2 ④実務経験者（10年以上）		①一級国家資格者 ②指導監督的な実務経験者	①一級・二級国家資格者 ②登録基幹技能者 ③指定学科＋実務経験者※2 ④実務経験者（10年以上）	
	技術者の現場専任	公共性のある工作物に関する工事であって、請負金額が4,000万円※3以上となる工事※4					
	監理技術者資格者証の必要性	技術者の選任を要する建設工事のときに必要	必要ない		技術者の選任を要する建設工事のときに必要	必要ない	

※1：建築一式工事の場合は7,000万円　※2：指定学科＋実務経験者は以下の通り

	技術者要件
大学卒・高等専門学校卒　（指定学科）	当該建設業に関する3年以上の実務経験
高校卒　（指定学科）	当該建設業に関する5年以上の実務経験

※3：建築一式工事の場合は8,000万円

※4：公共性のある工事とは、いわゆる公共工事のほか、鉄道、ダム等の公共工作物の工事や、学校、デパート、共同住宅等のように多数の人が利用する施設の工事などをいい、個人住宅を除いてほとんどの工事が対象になると解される

2. 技術者の設置・専任状況の範囲（下請工事に限る）

1. 監理技術者を置かなければならないのは元請として工事を施工する時のみ、下請工事を施工する時は受注金額の多少に関わらず主任技術者を置く。

2. 監理技術者が兼任できる場合（特例監理技術者）及び下請負人が主任技術者を置くことを要しない場合（特定専門工事）については次頁以降を参照のこと。

建設業法

・２つの工事を同一の監理技術者が兼任できる場合（特例監理技術者）

　公共性のある重要な建設工事において、監理技術者を配置する場合、専任が必要となりますが、監理技術者の職務を補佐する者(監理技術者補佐)を当該工事現場に専任で置くときにはこの限りではありません。なお、この場合の同一の監理技術者が配置できる工事現場数は２となります。

（第26条第３項ただし書、令第29条）

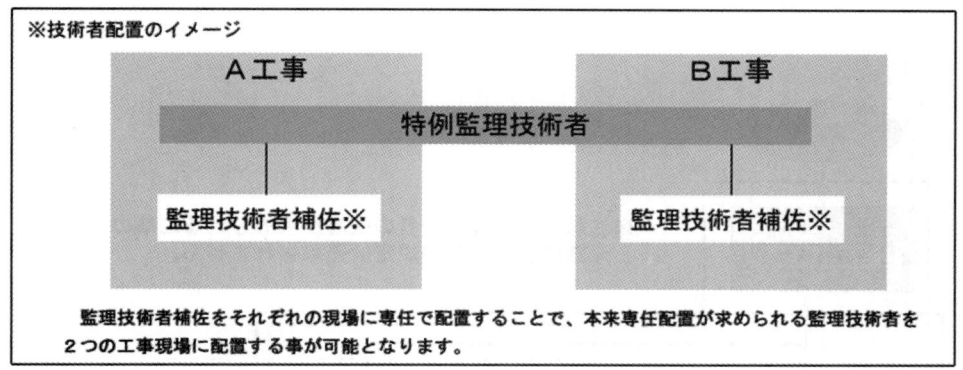

①監理技術者等の職務

　特例監理技術者は、職務を適正に実施できるよう、監理技術者補佐を適切に指導することが求められます。特例監理技術者は、その職務を監理技術者補佐の補佐を受けて実施することができますが、その場合においても、職務が適正に実施される責務を有することに留意が必要です。監理技術者補佐は、特例監理技術者の指導監督の下、特例監理技術者の職務を補佐することが求められます。特例監理技術者が現場に不在の場合においても監理技術者の職務が円滑に行えるよう、常に連絡が取れる体制を構築しておく必要があります。

（「監理技術者制度運用マニュアル」二−三）

②特例監理技術者が兼務できる工事現場の範囲

　特例監理技術者が兼務できる工事現場数は２までとされており、兼務できる工事現場の範囲は、工事内容、工事規模及び施工体制等を考慮し、主要な会議への参加、工事現場の巡回、主要な工程の立会いなど、元請としての職務が適正に遂行できる範囲とされています。この場合、情報通信技術の活用方針や、監理技術者補佐が担う業務等について、あらかじめ発注者に説明し理解を得ることが望ましいとされています。

（「監理技術者制度運用マニュアル」三（１））

〈参考〉「監理技術者の職務を補佐する者」について

　監理技術者の職務を補佐する者は、監理技術者がその職務として行うべきものに係る基礎的な知識及び能力を有すると認められる者とされており具体的には以下のいずれかの者となります。
　　・建設工事の種類に応じた1級技士補であって、主任技術者要件を満たす者
　　・建設工事の種類に応じた監理技術者要件を満たす者

（令第28条、国土交通省告示第1057号）

※技士補とは
　令和３年度からの新たな技術検定制度において、第1次検定に合格した者に与えられる称号です。

・特定専門工事において主任技術者配置が省略できる場合

　特定専門工事の元請負人が置く主任技術者が当該下請負人の配置しなければならない主任技術者が行うべき職務を行う場合においてはその下請負人に係る建設工事につき主任技術者を置くことを要しません。ただし、特定専門工事にかかる下請総額が4,000万円未満の工事に限ります。

　この場合当該元請負人が置く主任技術者は、当該特定専門工事と同一の種類の建設工事に関し、一年以上指導監督的な実務経験を有し、当該工事の現場に専任で配置する必要があります。

　また、あらかじめ注文者の書面による承諾を得る必要があります。

（法第26条の3、令第30条）

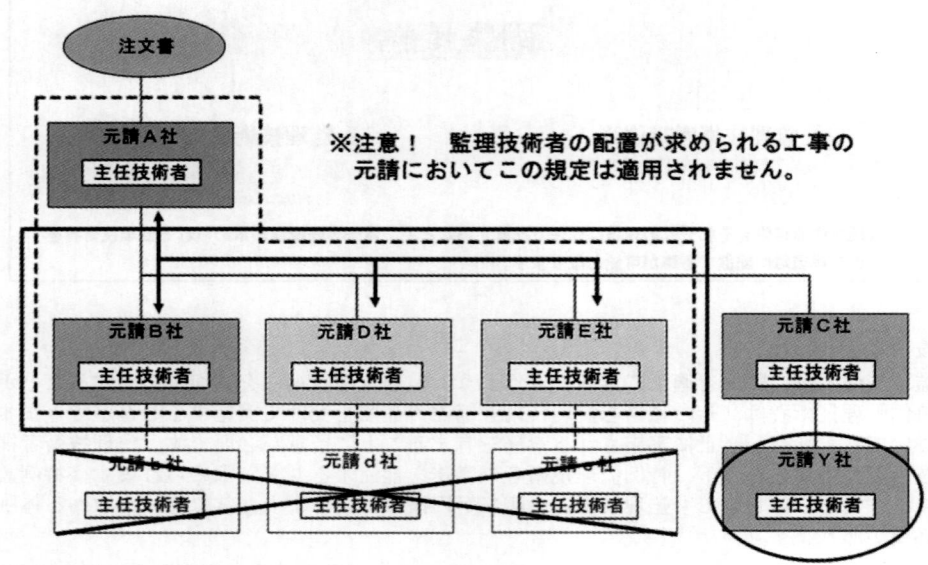

再下請の禁止

　主任技術者を置かないこととした下請負人（下請B、D、E社）は、その下請負に係る建設工事を他人に請け負わせることはできません。主任技術者を置いている（下請C社）は再下請可能です。

（法第26条の3第8項）

〈参考〉特定専門工事とは

　土木一式又は建築一式工事以外の建設工事のうち、その施工技術が画一的であり、かつ、その施工の技術上の管理の効率化を図る必要があるものとして、以下のとおり定められています。（令第29条）
　　・大工工事又はとび・土工・コンクリート工事のうち、コンクリートの打設に用いる型枠の組立てに関する工事
　　・鉄筋工事

建
設
業
法

法　律　第　１２７号
平成12年11月27日
最終改正
令和3年9月1日

１．目　的

　国、特殊法人等及び地方公共団体が行う公共工事の入札・契約の適正化の基本事項を定め、情報の公表、施工体制の適正化の措置を講じる等により、公共工事に対する国民の信頼の確保と建設業の健全な発達を図る。

２．入札・契約適正化の基本となるべき事項

　○　公共工事の入札・契約は、次の事項を基本とし、適正化を図るものとする。

　　・　入札・契約の過程、契約内容の透明性の確保

　　・　入札・契約参加者の公正な競争の促進

　　・　談合、その他不正行為の排除の徹底

　　・　適正な施工が通常見込まれない請負代金での契約締結の防止

　　・　公共工事の適正な施工の確保

３．すべての発注者に対する義務付け措置

（１）毎年度の発注見通しの公表

　　○　発注者は、毎年度、発注見通し（発注工事名、入札時期等）を公表しなければならない。

（２）入札・契約に係る情報の公表

　　○　発注者は、入札・契約の過程（入札参加者の資格、入札者・入札金額、落札者・落札金額等）及び契約の内容（契約の相手方、契約金額等）を公表しなければならない。

（３）不正行為等に対する措置

　　○　発注者は、談合があると疑うに足りる事実を認めた場合には、公正取引委員会に対し通知しなければならない。

　　○　発注者は、建設業者が暴力団員と関係がある場合、一括下請負等があると疑うに足りる事実を認めた場合、無許可業者や営業停止期間業者との契約等、施工体制台帳作成義務違反及び技術者の設置違反を認めた場合には、建設業許可行政庁等に対し通知しなければならない。

（４）適正な金額での契約の締結

　　○　建設業者は、公共工事の入札の際に、入札金額の内訳書を提出しなければならない。

（５）施工体制の適正化

　　○　一括下請負（丸投げ）は全面的に禁止する。

建
設
業
法

○　公共工事の受注者は、施工体系図を工事関係者が見やすい場所及び公衆が見やすい場所に提示するとともに、発注者に対し施工体制台帳を提出しなければならないものとし、発注者は施工体制の状況を点検しなければならない。

4．適正化指針

（1）指針の閣議決定

○　国土交通大臣、総務大臣及び財務大臣は、関係省庁に協議し、指針の閣議決定を求めるものとする。また、国土交通大臣は、あらかじめ中央建設業審議会の意見を聴取することとする。

（2）指針の内容

○　指針においては、入札・契約適正化の基本となるべき事項に従って、次の事項を定めるものとする。

・　入札・契約の過程、契約の内容の公表に関すること

・　入札・契約の過程等について、学識経験者等の意見を反映させる方策に関すること

・　苦情処理の方策に関すること

・　入札・契約の方法の改善に関すること

・　工事の施工状況の評価に関すること

・　その他入札・契約の適正化のための必要な措置に関すること

（3）発注者の責務

○　発注者は、指針に基づき入札・契約の適正化を推進するものとする。

（4）指針のフォローアップ

○　国土交通大臣、総務大臣及び財務大臣は、毎年度、発注者による措置状況を把握・公表するとともに、特に必要のあるときは改善の要請を行うものとする。

5．国による情報の収集、提供等

○　国土交通大臣、総務大臣及び財務大臣は、入札・契約の適正化の促進に資する情報の収集、提供等に努めるものとする。

○　国、特殊法人等及び地方公共団体は、その職員に対し、関係法令、施工技術に関する知識の習得等に努めるものとする。

○　国土交通大臣及び都道府県知事は、建設業者に対し、関係法令に関する知識の普及等に努めるものとする。

4. 建設労働者の労働条件確保のための相互通報制度について

基発第573号　昭47年9月12日
労働省労働基準局長→都道府県労働基準局長
基発第040108号　平成16年4月1日　一部改正

※掲載の内容は昭和47年9月12日基発の内容です

　建設業における労働災害の防止及び賃金不払いの防止については、その徹底を期するため、従来から建設行政機関に対して、入札参加者の資格審査に資するための賃金不払事業場の通報及び労働基準法等に違反して罰金以上の刑に処せられた事業場の通報を実施してきたところであるが、改正された建設業法の本格的施行を機に建設行政機関との連携をさらに強化することとし、建設労働者保護の観点から新たに設けられた関係規定の実効を期するため、今後下記により、総合的に建設行政機関との相互通報制度を運用することとしたので、これが実施に遺憾なきを期されたい。

　なお、本通達をもって、昭和41年3月24日付け基発第269号（昭和41年7月9日付け基発第697号による改正部分を含む。）は廃止する。おって、本件については、旧建設省とも打合せ済であるので、念のため。

記

第1　建設業者が労働基準法等に違反した場合における通報について

　1　通報の趣旨

　　労働基準法等に違反した建設業者、又は建設業法第24条の6の規定に基づく下請指導義務を怠った特定建設業者に対し、国土交通大臣又は都道府県知事が、同法第28条又は第29条に基づき迅速かつ的確に必要な指示、営業の停止又は許可の取消しを行なうためのものである。

　2　通報事案

　（1）許可を受けた建設業者又はその役員若しくは使用人が、労働基準法、労働安全衛生法、じん肺法及び最低賃金法の規定に違反し、

　　イ　労働基準監督機関から司法処分に付されたもの

　　ロ　前記イと同程度に重大なもの

　　ハ　労働基準監督機関から司法処分に付されたものであって、1年以上の懲役若しくは禁錮の刑に処せられ、又は労働基準法第5条、第6条違反により罰金以上の刑に処せられ、その刑が確定したもの（この場合は、許可の有無を問わない）。

　（2）発注者から直接建設工事を請け負った特定建設業者の下請負人（すべての下請負人を含み、かつ、許可業者に限らない。）が、労働基準法第5条、第6条、第24条、第56条、第63条、第64条の4、第96条の2第2項又は第96条の3第1項若しくは労働安全衛生法第98条第1項の規定に違反し、前記(1)のイ、ロに相当する場合であって、当該特定建設業者が建設業法第24条の6の規定に基づく指導等を怠っていたもの。

　3　通報の方法

違反事業場の所在地を管轄する都道府県労働基準局長は、通報する建設業者が、知事の許可を受けた者であるときは当該都道府県知事に対して、国土交通大臣の許可を受けた者であるときは本省を通じて国土交通省に対して、許可を受けずに建設業を営む者であるときは当該違反事業場を管轄する都道府県知事に対して、別紙様式1（略）により（ただし、労働基準法第23条及び第24条違反にかかるものは、すべて後記第2の通報により行うものとする。）通報することとする。

4　通報の時期等

（1）前記2の(1)のイ、ロ及び(2)に該当する事案については各月分を翌月末日までに、前記2の(1)のハに該当する事案についてはその都度通報することとする。

（2）本通報は昭和47年10月分から実施することとする。

5　その他

通報を受けた国土交通大臣又は都道府県知事は、建設業法に基づき建設業者として不適当と認められる者等に対し、監督処分を行うとともに、その処分状況を国土交通省は本省へ、都道府県は通報した都道府県労働基準局へ毎月回報するものである。

第2　入札参加者の資格審査に資するための賃金不払事業場の通報について

1　通報の趣旨

建設工事の入札制度合理化対策の一環として、国、公社、公団、地方公共団体等の主要建設工事発注機関においては、従来から「入札参加者の資格審査項目」の主観的要素の一つとして「労働福祉の状況」を加え、その具体的な判断の要素として「賃金支払の状況」が取り上げられているところである。これは、原則として毎会計年度の当初において各発注機関が行う入札参加者の資格審査の際に、過去1カ年以内に賃金不払を発生させた建設業者及び下請業者の賃金不払について責任のある元請業者について、不払の状況、不払の原因、事後措置の適否等を判定するほか、随時、工事発注の際配慮されるためのものである。

2　通報事案

許可を受けた建設業者であって、次に掲げるものとする。

（1）労働基準法第23条又は第24条違反の賃金不払を発生させ、是正勧告書の交付をうけ又は労働基準監督機関から司法処分に付されたもの。

（2）下請事業場（許可業者に限らない）が上記(1)に該当する場合において、当該賃金不払について元請建設業者（工事が数次の請負で施工されている場合においては、工事を請負わせたすべての建設業者を含む。）として責任があると認められるもの。

ただし、計算誤り等軽微な違反であって、資格審査の対象とする必要のないものは省略して差し支えない。

なお、「元請建設業者として責任がある」とは、次のいずれかに該当する場合をいうものであること。

a　下請代金の支払遅延その他下請業者の賃金の不払いに関する経済的原因が元請業者にあると認められる場合

b　不当な重層下請施工の放任その他下請施工に関し元請としての下請施工管理が著しく不適当
　　　であったため、下請業者に賃金の不払いが生じたと認められる場合
　　c　当該下請業者に賃金の不払いの前歴がしばしばあることを知りながら工事を下請させ、賃金
　　　の不払いが生じたと認められる場合
　3　通報の方法
　　　賃金不払事業場等が国土交通大臣許可を受けた者であると、知事許可を受けた者であるとを問わ
　　ず、すべて本省で取りまとめのうえ、別紙様式2（略）により国土交通省に対して通報することと
　　し、国土交通省から各都道府県を含む全国の主要公共工事発注機関に対して通報されるものとする。
　　なお、市町村（東京都においては特別区を含む。）に対しては、各都道府県から通報するよう協力
　　を依頼することとし、必要に応じ各局把握分を直接都道府県に通報するよう配意すること。
　4　通報の時期等
　（1）本通報は、各月に把握したものを翌月末日までに通報することとする。
　（2）本通報は、昭和47年10月分から実施することとする。

第3　賃金立替払勧告の運用のための特定建設業者の通報について

　1　通報の趣旨
　　　発注者から直接建設工事を請け負った特定建設業者の下請負人が、当該建設工事に従事した労働
　　者に対する賃金不払を発生させた場合に、当該特定建設業者に対し、国土交通大臣又は都道府県知
　　事は、建設業法第41条第2項の規定による立替払いの勧告を迅速かつ的確に行なうためのものであ
　　る。
　2　通報事案
　　　第一次元請負人である特定建設業者の下請負人が、当該建設工事における労働者の使用に関して、
　　労働基準法第23条又は第24条違反の賃金不払（退職金、賞与等は含まない。）を発生させ、是正勧
　　告書の交付をうけ、次に掲げる場合であって、賃金支払保障制度、元請負人等による自主的な解決
　　が図られていないものとする。
　（1）所定期日までに是正しないもの
　（2）その他早期是正の見込みがない等、立替払いの勧告を必要と認めるもの
　3　通報の方法
　　　違反事業場の所在地を管轄する都道府県労働基準局長は、通報する特定建設業者が知事の許可を
　　受けた者であるときは当該都道府県知事に対して、国土交通大臣の許可を受けた者であるときは本
　　省を通じて国土交通省に対して、別紙様式2（略）の書面に当該賃金不払を受けている労働者の氏
　　名、現住所及び当該建設工事に係る賃金不払額並びにこれに対応する就労期間を記載した一覧表を
　　添付して通報することとする。
　4　通報の時期等
　　　その都度通報することとする。
　　　このため、国土交通大臣許可にかかるものは、別紙様式2（略）の書面に上記一覧表を添てその
　　都度本省へ報告することとする。

建
設
業
法

5 その他

（1）本通報を受けた国土交通大臣又は都道府県知事は、原則として通報事案のすべてについて、通報した賃金不払額相当額の立替払勧告を行なうものであり、勧告後の処理状況を国土交通省は本省へ、都道府県は通報した都道府県労働基準局へ各四半期ごとに回報するものである。

（2）建設行政機関が把握した賃金不払事件について、労働基準監督機関に対して賃金不払額の確認を依頼してきた場合は、本通報に準じて回答することとする。

第4　建設行政機関から労働基準監督機関に対してする通報について

1 通報の趣旨

労働基準法等違反事業場に対し、迅速かつ的確な監督指導を実施するためのものである。

2 通報事案

建設業法第24条の6第3項の規定に基づき、特定建設業者から国土交通大臣又は都道府県知事に対し通報された下請負人の労働基準法第5条、第6条、第24条、第56条、第63条、第64条の4、第96条の2第2項及び第96条の3第1項並びに労働安全衛生法第98条第1項違反にかかるもの。

3 通報の方法

特定建設業者から通報を受けた国土交通大臣又は都道府県知事は、当該違反が発生した建設工事の所在地を管轄する都道府県労働基準局長に対し、別紙様式3（略）により通報するものである。

4 通報の時期

その都度通報されるものである。

5 通報事案の処理

（1）通報を受けた都道府県労働基準局長は事案を所轄労働基準監督署長に送付し、すでに監督している場合を除き直ちに臨検監督を実施して法違反が確認された場合には所定の措置をとることとする。

（2）上記(1)の結果について、都道府県労働基準局長は、法違反の有無、又は当該下請負人に対し建設業法による監督処分等がすでに行なわれているか否かを問わず、すべて前記第1の通報の方法に従って回報することとする。

5. 働き方改革の推進に向けた建設労働者の労働条件の確保・改善に関する国土交通省との通報制度等について

基発1116第17号　平成30年11月16日
厚生労働省労働基準局長→都道府県労働局長

　下請取引の適正化は、下請事業者の経営の安定・健全性を確保する上で重要であるほか、建設労働者の労働条件の確保・改善にも資するものであることから、平成21年2月16日より、国土交通省との通報制度等を実施している。

　今般、中小企業・小規模事業者の活力向上のための関係省庁連絡会議において、中小企業・小規模事業者の活力向上に向けた対応策の検討がなされたことを踏まえ、下記のとおり本通報制度を強化することとしたので、この的確な実施に遺憾なきを期されたい。

　なお、平成21年2月16日付け基発第0216004号「建設労働者の労働条件の確保・改善に関する国土交通省との通報制度等について」は、本通達をもって廃止する。

　おって、本件については、国土交通省と協議済みであることを申し添える。

記

1　通報制度の概要等
（1）通報対象事案
　　　以下のア及びイのいずれにも該当する事案について、秘密保持に万全を期した上で、通報対象となる建設業者が国土交通大臣の許可を受けた者であるときは国土交通省に通報することとする。
　ア　労働基準監督機関において、下請負人に対する監督指導等を実施した結果、労働基準法（昭和22年法律第49号）第23条、第24条、第32条、第35条又は第37条若しくは最低賃金法（昭和34年法律第137号）第4条違反が認められた事案
　イ　上記アの違反の背景に、元請負人による建設業法（昭和24年法律第100号）第19条の3（不当に低い請負代金の禁止）等に該当する行為（いわゆる「下請たたき」に当たる行為）が存在しているおそれのある事案
（2）通報に当たっての留意事項
　　　上記（1）に該当する事案を把握し、これを通報する場合、当該下請負人に対し、以下の点について十分に説明すること。
　ア　上記（1）に該当する事案について、秘密保持に万全を期した上で国土交通省に通報することとなること。その際、元請負人の名称については明らかにした上で通報する必要があること。なお、下請負人が自らの名称を匿名とする場合は、国土交通省が事実関係を確認できず、正確な調査を行えない場合があること。

イ　建設業法の違反行為の有無にかかわらず、労働基準関係法令違反の是正が猶予されることはないこと。

（3）相談窓口の教示等

　　上記（1）に該当する事案が把握されない場合についても、労働基準監督機関においては、下請負人に対し、建設業法に関するパンフレット等を配布するなどにより、国土交通省の相談窓口を教示すること。

　　その際、下請取引（建設業）に関する確認シート付きリーフレット（別添）を配付し、国土交通省との通報制度や建設業法の違反行為についても分かりやすく説明すること。

2　通報の方法・時期

　　上記1の通報事案については、当該下請負人の所在地を管轄する労働基準監督署は、事案を把握した都度、都道府県労働局（以下「局」という。）へ報告し、局においては速やかに本省へ報告すること。

　　本省においては、通報事案を国土交通省に対し速やかに通報することとする。

3　通報事案の処理

　　本省から国土交通省に通報した事案については、国土交通省との的確な連携を図る観点から、その処理状況等について一定期間ごとに本省に報告されることとなっている。

建
設
業
法

建設下請負人の皆さま、ご安心ください。

中小企業をイジめるような
無理な取引は見逃しません！

たとえば、そのお困りごと

休日労働が心配な事業主のBさん

急な発注で工期が短すぎて、休日に作業させるしかない…
でも、受注単価は据え置きか……

予定どおりに請負代金を払ってもらえない…
従業員に賃金を払えなくなるかも……

賃金の支払に困る事業主のAさん

下請取引が原因ではありませんか？

以下のような行為は「建設業法」で禁止されています！

□ 下請代金の支払遅延　　　□ 不当に低い請負代金

□ 不当な使用資材等の購入の強制　→ 裏面の「項目3」もご参照ください。

元請負人による建設業法違反が疑われる場合には…

□ 労働基準監督署では、ご相談への対応だけでなく、
建設業法違反を調査している国土交通省へご相談の取次ぎを
行っています（下図参照）。

□ お困りの場合は、①②いずれかの方法でお知らせください。
　① 管轄の労働基準監督署にご相談ください。
　② 裏面のシートにご記入のうえ、FAX又は郵送してください。
　※シートは匿名でお送りいただくことも可能です。

| 下請負人 | → 相談 / 匿名も可 | 労働基準監督署 | → 取次ぎ / 匿名も可 | 国土交通省 | → 調査・指導 / 相談・通報は秘匿 | 元請負人 |

○ 労働基準監督署から国土交通省への取次ぎは、下請負人名を匿名とすることも可能です。
○ 国土交通省が元請負人に調査を行う場合、ご相談があったことは明かしません。

▶ 国土交通省では、建設業法違反通報窓口「駆け込みホットライン」を設けております。詳しくは、ホームページをご確認ください。

 厚生労働省　　 国土交通省

建設業法

下請取引（建設業）に関する確認シート

1　あなたの会社について

- 会 社 名 ＿＿＿＿＿＿＿＿＿＿＿＿＿＿＿＿＿＿＿＿＿＿（代表者）＿＿＿＿＿＿＿＿＿
- 所 在 地 〒＿＿＿＿＿＿＿＿＿＿＿＿＿＿＿＿＿＿＿＿＿＿＿＿＿＿＿＿＿＿＿＿＿
- 連 絡 先 　（電話番号）＿＿＿＿＿＿（＿＿＿＿）＿＿＿＿＿＿＿＿＿

2　通報の対象となる元請負人について　【記入必須】

- 会 社 名 ＿＿＿＿＿＿＿＿＿＿＿＿＿＿＿＿　□ 本店　□ 支店　□ 営業所　□ 工場

　　　　　　　※通報の対象となる元請負人の会社名が未記入の場合には通報として受理できません。

- 所 在 地 〒＿＿＿＿＿＿＿＿＿＿＿＿＿＿＿＿＿＿＿＿＿＿＿＿＿＿＿＿＿＿
- 建設業の許可番号：

3　あなたの会社の「お困りごと」の内容について　【記入必須】

□　**下請代金の支払遅延**^{（※）}

（※）①注文者から出来高払又は竣工払を受けた日から 30 日以内が支払期限
　　②下請負人が引渡しの申出を行った日から起算して 50 日以内が支払期限
　　（特定建設業者の場合①、②のいずれかの早い期日が支払期限）

【工事の名称、工期及び違反行為等の内容】

□　**不当に低い請負代金の額とする請負契約**

（例）元請負人が自己の取引上の地位を不当に利用して^{（※）}、建設工事を施工するために通常必要と認められる原価に満たない金額を請負代金の額とする請負契約を締結させられた（**次の①〜⑥から当てはまるものに〇をつけてください。**）。

（※）取引上の優越的な地位にある元請負人が、下請負人を経済的に不当に圧迫するような取引等を強いているものをいいます（「取引上の優越的地位」に当たるか否かは、元請下請間の取引依存度等により判断されます（元請負人が下請負人にとって大口取引先に当たる等）。）。

① 追加・変更工事に伴う増加費用負担
② 工期変更に伴う増加費用負担
③ 指値発注（元請負人から一方的に提示された請負代金で契約させられること）
④ 赤伝処理（工事で発生する廃棄物処理費用等を合意なく一方的に支払時に差し引かれること）
⑤ 工期短縮に伴う増加費用負担
⑥ やり直し工事に伴う増加費用負担

①〜⑥に当てはまらない
場合はここに内容を記入

【工事の名称、工期及び違反行為等の内容】

□　**不当な使用資材等の購入の強制**

（例）元請負人が自己の取引上の地位を不当に利用して^{（※）}、建設工事に使用する資材、機械器具、これらの購入先を指定し、購入させられた。

（※）「不当な使用材料の購入強制」が禁止されるのは、下請契約の締結後における行為に限られます。

【工事の名称、工期及び違反行為等の概要】

4　この通報についてあなたに連絡させていただきたい場合の連絡先

- 氏 　名 ＿＿＿＿＿＿＿＿＿＿＿＿＿＿＿＿＿＿＿＿＿＿＿＿＿＿＿＿＿＿
- 連 絡 先 　（電話番号）＿＿＿＿＿＿（＿＿＿＿）＿＿＿＿＿＿＿＿
- 元請負人に対して調査を行うとき、あなたの会社から通報があったことを明らかにすることについて
　【記入必須】

　　□　明らかにしないでほしい（匿名希望）　　　　□　明らかにしてもよい

建設業法

6. 工事請負契約に係る指名停止等の措置要領

> 建設省厚第91号　昭59年3月29日
>
> 最終改正　国会公契第22号　令2年12月25日

（指名停止）

第1　地方整備局（港湾空港関係事務に関することを除く。以下同じ。）の長（以下「部局長」という。）は、有資格業者（工事請負業者選定事務処理要領（昭和41年12月23日建設省厚第76号）第11第2項に規定する有資格業者をいう。以下同じ。）が別表第1及び別表第2の各号（以下「別表各号」という。）に掲げる措置要件の1に該当するときは、情状に応じて別表各号に定めるところにより期間を定め、当該有資格業者について指名停止を行うものとする。

2　部局長が指名停止を行ったときは、当該地方整備局に所属する会計法（昭和22年法律第35号）第29条の3第1項に規定する契約担当官等（以下「所属担当官」という。）は、工事の請負契約のため指名を行うに際し、当該指名停止に係る有資格業者を指名してはならない。当該指名停止に係る有資格業者を現に指名しているときは、指名を取り消すものとする。

（下請負人及び共同企業体に関する指名停止）

第2　部局長は、第1第1項の規定により指名停止を行う場合において、当該指名停止について責を負うべき有資格業者である下請負人があることが明らかになったときは、当該下請負人について、元請負人の指名停止の期間の範囲内で情状に応じて期間を定め、指名停止を併せ行うものとする。

2　部局長は、第1第1項の規定により共同企業体について指名停止を行うときは、当該共同企業体の有資格業者である構成員（明らかに当該指名停止について責を負わないと認められる者を除く。）について、当該共同企業体の指名停止の期間の範囲内で情状に応じて期間を定め、指名停止を併せ行うものとする。

3　部局長は、第1第1項又は前2項の規定による指名停止に係る有資格業者を構成員に含む共同企業体について、当該指名停止の期間の範囲内で情状に応じて期間を定め、指名停止を行うものとする。

（指名停止の期間の特例）

第3　有資格業者が1の事案により別表各号の措置要件の2以上に該当したときは、当該措置要件ごとに規定する期間の短期及び長期の最も長いものをもってそれぞれ指名停止の期間の短期及び長期とする。

2　有資格業者が次の各号の一に該当することとなった場合における指名停止の期間の短期は、それぞれ別表各号に定める短期の2倍（当初の指名停止の期間が1ヵ月に満たないときは1.5倍、別表第2第12号の措置要件に該当することとなったときは2.5倍）の期間とする。

一　別表第1各号又は別表第2各号の措置要件に係る指名停止の期間の満了後1ヵ年を経過するまでの間（指名停止の期間中を含む。）に、それぞれ別表第1各号又は別表第2各号の措置要件に該当することとなったとき。

二　別表第2第1号から第4号まで又は第5号から第12号までの措置要件に係る指名停止の期間の満了後3ヵ年を経過するまでの間に、それぞれ同表第1号から第4号まで又は第5号から第12号までの措置要件に該当することとなったとき（前号に掲げる場合を除く。）。

建
設
業
法

3 　部局長は、有資格業者について、情状酌量すべき特別の事由があるため、別表各号、前2項及び第4
第1号から第3号までの規定による指名停止の期間の短期未満の期間を定める必要があるときは、指名
停止の期間を当該短期の2分の1の期間（第4第一号に該当する場合にあっては、別表第2第6号、第
9号又は第11号に定める短期を限度とする。）まで短縮することができる。

4 　部局長は、有資格業者について、極めて悪質な事由があるため又は極めて重大な結果を生じさせたた
め、別表各号及び第1項の規定による長期を越える指名停止の期間を定める必要があるときは、指名停
止の期間を当該長期の2倍（当該長期の2倍が36ヵ月を超える場合は36ヵ月）まで延長することができ
る。

5 　部局長は、指名停止の期間中の有資格業者について、情状酌量すべき特別の事由又は極めて悪質な事
由が明らかとなったときは、別表各号、前各項及び第4に定める期間の範囲内で指名停止の期間を変更
することができる。この場合において、別表第2第12号に該当し、かつ、当初の指名停止期間が満了し
ているときは、当初の指名停止期間を変更したと想定した場合の期間から、当初の指名停止期間を控除
した期間をもって、新たに指名停止を行うことができるものとする。

6 　部局長は、指名停止の期間中の有資格業者が、当該事案について責を負わないことが明らかとなった
と認めたときは、当該有資格業者について指名停止を解除するものとする。

（独占禁止法違反等の不正行為に対する指名停止の期間の特例）

第4 　部局長は、第1第1項の規定により情状に応じて別表各号に定めるところにより指名停止を行う際
に、有資格業者が私的独占の禁止及び公正取引の確保に関する法律（昭和22年法律第54号。以下「独占
禁止法」という。）違反等の不正行為により次の各号の一に該当することとなった場合（第3第2項の
規定に該当することとなった場合を除く。）には、それぞれ当該各号に定める期間を指名停止の期間の
短期とする。

一　談合情報を得た場合又は国土交通省の職員が談合があると疑うに足りる事実を得た場合で、有資格
業者から当該談合を行っていないとの誓約書が提出されたにもかかわらず、当該事案について、別表
第2第6号、第9号、第11号又は第12号に該当したときそれぞれ当該各号に定める短期の2倍（別表
第2第12号に該当したときは、2.5倍）の期間

二　別表第2第5号から第12号までに該当する有資格業者（その役員又は使用人を含む。）について、
独占禁止法違反に係る確定判決若しくは確定した排除措置命令若しくは課徴金納付命令若しくは審決
又は競売等妨害若しくは談合に係る確定判決において、当該独占禁止法違反又は競売等妨害若しくは
談合の首謀者であることが明らかになったとき（前号に掲げる場合を除く。）それぞれ当該各号に定
める短期の2倍（別表第2第12号に該当する有資格業者にあっては、2.5倍）の期間

三　別表第2第5号から第7号まで又は第12号に該当する有資格業者について、独占禁止法第7条の2
第6項の規定の適用があったとき（前二号に掲げる場合を除く。）それぞれ当該各号に定める短期の
2倍（別表第2第12号に該当する有資格業者にあっては、2.5倍）の期間

四　入札談合等関与行為の排除及び防止並びに職員による入札等の公正を害すべき行為の処罰に関する
法律（平成14年法律第101号）第3条第4項に基づく各省各庁の長等による調査の結果、入札談合等
関与行為があり、又はあったことが明らかとなったときで、当該関与行為に関し、別表第2第5号か
ら第7号まで又は第12号に該当する有資格業者に悪質な事由があるとき（第1号から前号までの規定
に該当することとなった場合を除く。）

それぞれ当該各号に定める短期に１ヵ月（別表第２第１２号に該当する有資格業者にあっては、１．５ヵ月）加算した期間

　五　国土交通省又は他の公共機関の職員が、競売入札妨害（刑法（明治４０年法律第４５号）第９６条の３第１項に規定する罪をいう。以下同じ。）又は談合（刑法第９６条の３第２項に規定する罪をいう。以下同じ。）の容疑により逮捕され、又は逮捕を経ないで公訴を提起されたときで、当該職員の容疑に関し、別表第２第８号から第１２号までに該当する有資格業者に悪質な事由があるとき（第１号又は第２号の規定に該当することとなった場合は除く。）

　　　それぞれ当該各号に定める短期に１ヵ月（別表第２第12号に該当する有資格業者にあっては、1.5ヵ月）加算した期間

（指名停止の措置対象区域の特例）

第５　部局長は、有資格業者が別表第１第６号又は第８号の措置要件に該当する場合において当該有資格業者の安全管理の措置の不適切な程度を勘案し、所管する区域の一部を限定して指名停止を行うことができる。

２　部局長は、別表第１第６号又は第８号の措置要件に該当し指名停止の期間中の有資格業者について、安全管理の措置に関し勘案すべき特別の事由が明らかとなったときは、当該有資格業者について指名停止の措置対象区域を変更することができる。

（指名停止の通知）

第６　部局長は、第１第１項若しくは第２各項の規定により指名停止を行い、第３第５項の規定により指名停止の期間を変更し、若しくは第４第２項の規定により指名停止の措置対象区域を変更し、又は第３第６項の規定により指名停止を解除したときは、当該有資格業者に対し遅滞なくそれぞれ様式１、様式２又は様式３により通知するものとする。

２　部局長は、前項の規定により指名停止の通知をする場合において、当該指名停止の事由が当該地方整備局の発注した工事に関するものであるときは、必要に応じ改善措置の報告を徴するものとする。

（随意契約の相手方の制限）

第７　所属担当官は、次号に掲げる場合を除き、指名停止の期間中の有資格業者を随意契約の相手方としてはならない。

２　所属担当官は、会計法第29条の３第４項に規定する場合は、あらかじめ部局長の承認を受けて指名停止の期間中の有資格業者を随意契約の相手方とすることができる。

３　部局長は、前項の承認をしたときは、様式第４により国土交通大臣に報告するものとする。

（下請等の禁止）

第８　所属担当官は、指名停止の期間中の有資格業者が当該所属担当官の契約に係る工事の全部若しくは一部を下請し、若しくは受託し、又は当該工事の完成保証人となることを承認してはならない。

（指名停止の報告等）

第９　部局長は、第１第１項若しくは第２各項の規定により指名停止を行い、第３第５項の規定により指名停止の期間を変更し、若しくは第４第２項の規定により指名停止の措置対象区域を変更し、又は第３第６項の規定により指名停止を解除したときは、それぞれ様式第５、様式第６又は様式第７により国土交通大臣に報告するものとする。

２　国土交通大臣官房地方課長は、前項の規定による報告があった場合において、当該報告に係る事案が他の地方整備局における指名停止に関連すると認めたときは、遅滞なく、当該他の部局長に通知するものとする。

建
設
業
法

（指名停止に至らない事由に関する措置）

第10　部局長は、指名停止を行わない場合において、必要があると認めるときは、当該有資格業者に対し、
　　書面又は口頭で警告又は注意の喚起を行うことができる。

別表第1

当該地方整備局の所管する区域内において生じた事故等に基づく措置基準

措　置　要　件	期　　間
（虚偽記載） 1　当該地方整備局の発注する工事の請負契約に係る一般競争及び指名競争において、競争参加資格確認申請書、競争参加資格確認資料その他の入札前の調査資料に虚偽の記載をし、工事の請負契約の相手方として不適当であると認められるとき。	当該認定をした日から 1カ月以上6カ月以内
（過失による粗雑工事） 2　当該地方整備局の所属担当官と締結した請負契約に係る工事（以下この表において「地方整備局発注工事」という。）の施工に当たり、過失により工事を粗雑にしたと認められるとき（かしが軽微であると認められるときを除く。）。	当該認定をした日から 1カ月以上6カ月以内
3　当該地方整備局の所管する区域内における工事で前号に掲げるもの以外のもの（以下この表において「一般工事」という。）の施工に当たり、過失により工事を粗雑にした場合において、かしが重大であると認められるとき。	当該認定をした日から 1カ月以上3カ月以内
（契約違反） 4　第2号に掲げる場合のほか、地方整備局発注工事の施工に当たり、契約に違反し、工事の請負契約の相手方として不適当であると認められるとき。	当該認定をした日から 2週間以上4カ月以内
（安全管理措置の不適切により生じた公衆損害事故） 5　地方整備局発注工事の施工に当たり、安全管理の措置が不適切であったため、公衆に死亡者若しくは負傷者を生じさせ、又は損害（軽微なものを除く。）を与えたと認められるとき。	当該認定をした日から 1カ月以上6カ月以内
6　一般工事の施工に当たり、安全管理の措置が不適切であったため、公衆に死亡者若しくは負傷者を生じさせ、又は損害を与えた場合において、当該事故が重大であると認められるとき。	当該認定をした日から 1カ月以上3カ月以内
（安全管理措置の不適切により生じた工事関係者事故） 7　地方整備局発注工事の施工に当たり、安全管理の措置が不適切であったため、工事関係者に死亡者又は負傷者を生じさせたと認められるとき。	当該認定をした日から 2週間以上4カ月以内
8　一般工事の施工に当たり、安全管理の措置が不適切であったため、工事関係者に死亡者又は負傷者を生じさせた場合において、当該事故が重大であると認められるとき。	当該認定をした日から 2週間以上2カ月以内

建
設
業
法

別表第2

贈賄及び不正行為等に基づく措置基準

措　　置　　要　　件	期　　　間
（贈賄） 1　次のイ、ロ又はハに掲げる者が当該地方整備局の職員に対して行った贈賄の容疑により逮捕され、又は逮捕を経ないで公訴を提起されたとき。	逮捕又は公訴を知った日から
イ　代表役員等（有資格業者である個人又は有資格業者である法人の代表権を有する役員（代表権を有すると認めるべき肩書きを付した役員を含む。）をいう。以下同じ。）	4カ月以上12カ月以内
ロ　一般役員等（有資格業者の役員（執行役員を含む。）又はその支店若しくは営業所（常時工事の請負契約を締結する事務所をいう。）を代表する者でイに掲げる者以外のものをいう。以下同じ。）	3カ月以上9カ月以内
ハ　有資格業者の使用人でロに掲げる者以外のもの（以下「使用人」という。）	2カ月以上6カ月以内
2　次のイ、ロ又はハに掲げる者が当該地方整備局の職員以外の国土交通省職員に対して行った贈賄の容疑により逮捕され、又は逮捕を経ないで公訴を提訴されたとき。	逮捕又は公訴を知った日から
イ　代表役員等	4カ月以上12カ月以内
ロ　一般役員等	2カ月以上6カ月以内
ハ　使用人	1カ月以上3カ月以内
3　次のイ、ロ又はハに掲げる者が当該地方整備局の所管する区域内の他の公共機関の職員に対して行った贈賄の容疑により逮捕され、又は逮捕を経ないで公訴を提起されたとき。	逮捕又は公訴を知った日から
イ　代表役員等	3カ月以上9カ月以内
ロ　一般役員等	2カ月以上6カ月以内
ハ　使用人	1カ月以上3カ月以内
4　次のイ又はロに掲げる者が当該地方整備局の所管する区域外の他の公共機関の職員に対して行った贈賄の容疑により逮捕され、又は逮捕を経ないで公訴を提起されたとき。	逮捕又は公訴を知った日から
イ　代表役員等	3カ月以上9カ月以内
ロ　一般役員等	1カ月以上3カ月以内
（独占禁止法違反行為） 5　当該地方整備局が所管する区域内において、業務に関し独占禁止法第3条又は第8条第1項第1号に違反し、工事の請負契約の相手方として不適当であると認められるとき（次号及び第12号に掲げる場合を除く。）。	当該認定をした日から 2カ月以上9カ月以内
6　次のイ又はロに掲げる者が締結した請負契約に係る工事に関し、独占禁止法第3条又は第8条第1項第1号に違反し、工事の請負契約の相手方として不適当であると認められるとき。（第12号に掲げる場合を除く。）。	当該認定をした日から
イ　当該地方整備局の所属担当官	3カ月以上12カ月以内
ロ　当該地方整備局の所属担当官以外の国土交通省の所属担当官	2カ月以上9カ月以内
7　当該地方整備局が所管する区域外において、他の公共機関の職員	刑事告発を知った日から

建
設
業
法

措　置　要　件	期　　間
が締結した請負契約に係る工事に関し、代表役員等又は一般役員等が、独占禁止法第3条又は第8条第1項第1号に違反し、刑事告発を受けたとき（第12号に掲げる場合を除く。）。	1カ月以上9カ月以内
（競売入札妨害又は談合）	
8　次のイ又はロに掲げる者が締結した請負契約に係る工事に関し、一般役員等又は使用人（使用人においてはイに掲げる場合に限る。）が競売入札妨害又は談合の容疑により逮捕され、又は逮捕を経ないで公訴を提起されたとき。（第12号に掲げる場合を除く。）。	逮捕又は公訴を知った日から
イ　当該地方整備局の所管する区域内の他の公共機関の職員	2カ月以上12カ月以内
ロ　当該地方整備局の所管する区域外の他の公共機関の職員	1カ月以上12カ月以内
9　次のイ又はロに掲げる者が締結した請負契約に係る工事に関し、一般役員等又は使用人が競売入札妨害又は談合の容疑により逮捕され、又は逮捕を経ないで公訴を提起されたとき。（第12号に掲げる場合を除く）。	逮捕又は公訴を知った日から
イ　当該地方整備局の所属担当官	3カ月以上12カ月以内
ロ　当該地方整備局の所属担当官以外の国土交通省の所属担当官	2カ月以上12カ月以内
10　他の公共機関の職員が締結した請負契約に係る工事に関し、代表役員等が競売入札妨害又は談合の容疑により逮捕され、又は逮捕を経ないで公訴を提起されたとき。	逮捕又は公訴を知った日から 3カ月以上12カ月以内
11　国土交通省の所属担当官が締結した請負契約に係る工事に関し、代表役員等が競売入札妨害又は談合の容疑により逮捕され、又は逮捕を経ないで公訴を提起されたとき。	逮捕又は公訴を知った日から 6カ月以上36カ月以内
（重大な独占禁止法違反行為等）	
12　国土交通省の所属担当官又は公共工事の入札及び契約の適正化の促進に関する法律（平成12年法律第127号）第2条第1項に規定する特殊法人等で国土交通省の所管に係るものの職員が締結した請負契約に係る工事に関し、次のイ又はロに掲げる場合に該当することとなったとき（当該工事に政府調達に関する協定（平成7年12月8日条約第23号）の適用を受けるものが含まれる場合に限る。）。	刑事告発、逮捕又は公訴を知った日から 6カ月以上36カ月以内
イ　独占禁止法第3条又は第8条第1項第1号に違反し、刑事告発を受けたとき（有資格業者である法人の役員若しくは使用人又は有資格業者である個人若しくはその使用人が刑事告発を受け、又は逮捕された場合を含む。）。	
ロ　有資格業者である法人の役員若しくは使用人又は有資格業者である個人若しくはその使用人が競売等妨害又は談合の容疑により逮捕され、又は逮捕を経ないで公訴を提起されたとき。	
（建設業法違反行為）	
13　当該地方整備局が所管する区域内において、建設業法（昭和24年法律第100号）の規定に違反し、工事の請負契約の相手方として不適当であると認められるとき（次号に掲げる場合を除く。）。	当該認定をした日から 1カ月以上9カ月以内
14　次のイ又はロに掲げる者が締結した請負契約に係る工事に関し、	当該認定をした日から

措　置　要　件	期　　間
建設業法の規定に違反し、工事の請負契約の相手方として不適当であると認められるとき。	
イ　当該地方整備局の所属担当官	２カ月以上９カ月以内
ロ　当該地方整備局の所属担当官以外の国土交通省の所属担当官	１カ月以上９カ月以内
（不正又は不誠実な行為）	
15　別表第１及び前各号に掲げる場合のほか、業務に関し不正又は不誠実な行為をし、工事の請負契約の相手方として不適当であると認められるとき。	当該認定をした日から１カ月以上９カ月以内
16　別表第１及び前各号に掲げる場合のほか、代表役員等が禁こ以上の刑に当たる犯罪の容疑により公訴を提起され、又は禁こ以上の刑若しくは刑法（明治40年法律第45号）の規定による罰金刑を宣告され、工事の請負契約の相手方として不適当であると認められるとき。	当該認定をした日から１カ月以上９カ月以内

以下、様式１から第７は省略

建
設
業
法

7. 施工体制台帳の作成等について

建設省経建発第１４７号
平 成 ７ 年 ６ 月 ２０ 日
建設省建設経済局建設業課長通知
最終改正　　　令和４年１２月２８日
国不建第466〜467号

各地方整備局等建設業担当部長　殿

各都道府県建設業主管部局長　殿

国土交通省不動産・建設経済局建設業課長

施工体制台帳の作成等について（通知）

　建設業法の一部を改正する法律（平成６年法律第63号）により、平成７年６月29日から特定建設業者に施工体制台帳の作成等が義務付けられ、また、公共工事の入札及び契約の適正化の促進に関する法律（平成12年法律第127号。以下「入札契約適正化法」という。）の適用対象となる公共工事（以下単に「公共工事」という。）は、発注者へその写しの提出等が義務付けられることとなった。さらに、建設業法等の一部を改正する法律（平成26年法律第55号）により、平成27年４月１日から、公共工事については、発注者から直接請け負った公共工事を施工するために下請契約を締結する場合には、当該下請契約の請負代金の額（以下「下請代金額」という。）にかかわらず、施工体制台帳の作成等が義務付けられることとなった。加えて、建設業法施行規則及び施工技術検定規則の一部を改正する省令（令和２年国土交通省令第69号）により、いわゆる「作業員名簿」を施工体制台帳の一部として作成することとされた。

　これらの的確な運用に資するため、施工体制台帳の作成等を行う際の指針を下記のとおり定めたので、貴職におかれては、十分留意の上、事務処理に当たって遺漏のないよう措置されたい。

記

一　作成建設業者の義務

　建設業法（昭和24年法律第100号。以下「法」という。）第24条の８第１項（入札契約適正化法第15条第１項の規定により読み替えて適用される場合を含む。）の規定により施工体制台帳を作成しなければならない場合における建設業者（以下「作成建設業者」という。）の留意事項は次のとおりである。

（1）施工計画の立案

　施工体制台帳の作成等に関する義務は、公共工事においては発注者から直接請け負った公共工事を施工するために下請契約を締結したときに、民間工事（公共工事以外の建設工事をいう。以下同じ。）においては発注者から直接請け負った建設工事を施工するために締結した下請代金額の総額が4,500万円（建築一式工事にあっては、7,000万円）以上となったときに生じるものである。この

— 574 —

ため、特に民間工事については、監理技術者の設置や施工体制台帳の作成等の要否の判断を的確に行うことができるよう、発注者から直接建設工事を請け負おうとする特定建設業者は、建設工事を請け負う前に下請負人に施工させる範囲と下請代金額に関するおおむねの計画を立案しておくことが望ましい。

（2）下請負人に対する通知

公共工事においては発注者から請け負った建設工事を施工するために下請契約を締結したとき、民間工事においては下請代金額の総額が 4,500 万円（建築一式工事にあっては、7,000 万円）に達するときは、

① 作成建設業者が下請契約を締結した下請負人に対し、

 a 作成建設業者の称号又は名称

 b 当該下請負人の請け負った建設工事を他の建設業を営む者に請け負わせたときには法第 24 条の 8 第 2 項の規定による通知（以下「再下請負通知」という。）を行わなければならない旨

 c 再下請負通知に係る書類（以下「再下請負通知書」という。）を提出すべき場所の 3 点を記載した書面を通知しなければならない。

② ①の a、b 及び c に掲げる事項が記載された書面を、工事現場の見やすい場所に掲げなければならない。。

〔①の書面の文例〕

   下請負人となった皆様へ

今回、下請負人として貴社に施工を分担していただく建設工事については、建設業法（昭和 24 年法律 100 号）第 24 条の 8 第 1 項の規定により、施工体制台帳を作成しなければならないこととなっています。

この建設工事の下請負人（貴社）は、その請け負ったこの建設工事を他の建設業者を営むもの（建設業の許可を受けていないものを含みます。）に請け負わせたときは、

イ 建設業法第 24 条の 8 第 2 項の規定により、遅滞なく、建設業法施行規則（昭和 24 年建設省令第 14 号）第 14 条の 4 に規定する再下請負通知書を当社あてに次の場所まで提出しなければなりません。また、一度通知いただいた事項や書類に変更が生じたときも、遅滞なく、変更の年月日を付記して同様の通知書を提出しなければなりません。

ロ 貴社が工事を請け負わせた建設業を営むものに対しても、この書面を複写し通知して、「もしさらに他の者に工事を請け負わせたときは、作成建設業者に対するイの通知書の提出と、その者に対するこの書面の写しの通知が必要である」旨を伝えなければなりません。

  作成建設業者の商号　○○建設(株)

  再下請負通知書の提出場所　工事現場内

    建設ステーション／△△営業所

〔②の書面の文例〕

この建設工事の下請負人となり、その請け負った建設工事を他の建設業を営む者に請け負わせた方は、遅滞なく、建設業法施行規則（昭和 24 年建設省令第 14 号）第 14 条の 4 に規定する再下請

建設業法

負通知書を提出してください。一度通知した事項や書類に変更が生じたときも変更の年月日を付記して同様の書類の提出をしてください。

○○建設（株）

また、①の書面による通知に代えて、建設業法施行規則（昭和 24 年建設省令第 14 号。以下「規則」という。）第 14 条の 3 第 5 項で定めるところにより、当該下請負人の承諾を得て、① a 、 b 及び c に掲げる事項を電磁的方法により通知することができる。この場合において、当該建設業者は、当該書面による通知をしたものとみなす。

（3）下請負人に対する指導等

施工体制台帳を的確かつ速やかに作成するため、施工に携わる下請負人の把握に努め、これらの下請負人に対し速やかに再下請通知書を提出するよう指導するとともに、作成建設業者としても自ら施工体制台帳の作成に必要な情報の把握に努めなければならない。

（4）施工体制台帳の作成方法

施工体制台帳は、所定の記載事項と添付書類から成り立っている。その作成は、発注者から請け負った建設工事に関する事実と、施工に携わるそれぞれの下請負人から直接に、若しくは各下請負人の注文者を経由して提出される再下請負通知書により、又は自ら把握した施工に携わる下請負人に関する情報に基づいて行うこととなるが、作成建設業者が自ら記載してもよいし、所定の記載事項が記載された書面や各下請負人から提出された再下請負通知書を束ねるようにしてもよい。ただし、いずれの場合も下請負人ごとに、かつ、施工の分担関係が明らかとなるようにしなければならない。

〔例〕発注者から直接建設工事を請け負った建設業者を A 社とし、A 社が下請契約を締結した建設業を営む者を B 社及び C 社とし、B 社が下請契約を締結した建設業を営む者を Ba 社及び Bb 社とし、Bb 社が下請契約を締結した建設業を営む者を Bba 社及び Bbb 社とし、C 社が下請契約を締結した建設業を営む者を Ca 社、Cb 社、Cc 社とする場合における施工体制台帳の作成は、次の 1 ）から 10 ）の順で記載又は再下請負通知書の整理を行う。

1 ）A 社自身に関する事項（規則第 14 条の 2 第 1 項第 1 号）及び A 社が請け負った建設工事に関する事項（規則第 14 条の 2 第 1 項第 2 号）

2 ）B 社に関する事項（規則第 14 条の 2 第 1 項第 3 号）及び請け負った建設工事に関する事項（規則第 14 条の 2 第 1 項第 4 号）

3 ）Ba 社に関する … 〔B 社が提出する再下請負通知書等に基づき記載又は添付〕

4 ）Bb 社に関する … 〔B 社が提出する 〃 〕

5 ）Bba 社に関する… 〔Bb 社が提出する 〃 〕

6 ）Bbb 社に関する… 〔Bb 社が提出する 〃 〕

7 ）C 社に関する事項（規則第 14 条の 2 第 1 項第 3 号）及び請け負った建設工事に関する事項（規則第 14 条の 2 第 1 項第 4 号）

8）Ca 社に関する … 〔C 社が提出する再下請負通知書等に基づき記載又は添付〕

9）Cb 社に関する … 〔C 社が提出する　　　　　　〃　　　　　　　〕

10）Cc 社に関する … 〔C 社が提出する　　　　　　〃　　　　　　　〕

また、添付書類についても同様に整理して添付しなければならない。

　施工体制台帳は、一冊に整理されていることが望ましいが、それぞれの関係を明らかにして、分冊により作成しても差し支えない。

　また、規則第14条の2第1項各号及び同条第2項各号に掲げる事項が、（同条第2項各号に掲げる事項についてはスキャナにより読み取る方法その他これに類する方法により）電子計算機に備えられたファイル又は磁気ディスク等に記録され、必要に応じて当該工事現場において電子計算機その他の機器を用いて明確に紙面に表示されるときは、当該記録をもって施工体制台帳への記載及び添付書類に代えることができる。

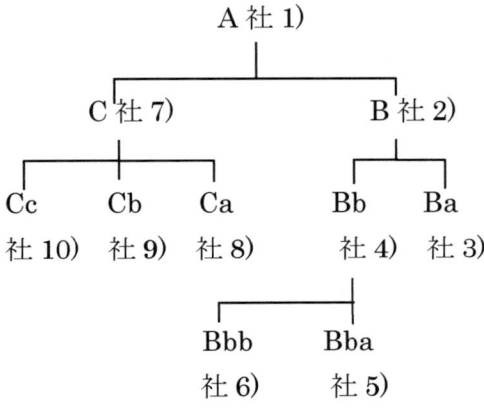

（5）**施工体制台帳を作成すべき時期**

　施工体制台帳の作成は、記載すべき事項又は添付すべき書類に係る事実が生じ、又は明らかとなった時（規則第14条の2第1項第1号に掲げる事項にあっては、作成建設業者に該当することとなった時）に遅滞なく行わなければならないが（規則第14条の5第3項）、新たに下請契約を締結し下請代金額の総額が（1）の金額に達したこと等により、この時よりも後に作成建設業者に該当することとなった場合は、作成建設業者に該当することとなった時に上記の記載又は添付をすれば足りる。

　また、作成建設業者に該当することとなる前に記載すべき事項又は添付すべき書類に係る事実に変更があった場合も、作成建設業者に該当することとなった時以降の事実に基づいて施工体制台帳を作成すれば足りる。

（6）**各記載事項及び添付書類の意義**

　施工体制台帳の記載に当たっては、次に定めるところによる。

①　記載事項（規則第14条の2第1項）関係

イ　第1号イの「建設業の種類」は、請け負った建設工事にかかる建設業の種類に関わることなく、特定建設業の許可か一般建設業の許可かの別を明示して、記載すること。この際、規則別記様式第1号記載要領6の表の（）内に示された略号を用いて記載して差し支えない。

ロ　第1号ロの「健康保険等の加入状況」は、健康保険、厚生年金保険及び雇用保険の加入状況についてそれぞれ記載すること。

ハ　第2号イ及びトの建設工事の内容は、その記載から建設工事の具体的な内容が理解されるような工種の名称等を記載すること。

ニ　第2号ロの「営業所」は、作成建設業者の営業所を記載すること。

ホ　第2号ホの「主任技術者資格」は主任技術者が法第7条第2号イに該当する者であるときは「実務経験（指定学科・土木）」のように、同号ロに該当する者であるときは「実務経験（土木）」のように、同号ハに該当し、規則別表（2）に掲げられた資格を有するときは当該資格の名称を、有しないときは「国土交通大臣認定者（土木）」のように記載する。また、「監理技術者資格」は、監理技術者が法第15条第2号イに該当する者であるときはその有する規則別表（2）に掲げられた資格の名称を、同号ロに該当する者であるときは「指導監督的実務経験（土木）」のように、同号ハに該当する者であるときは「国土交通大臣認定者（土木）」のように記載する。

ヘ　第2号ホの「専任の主任技術者又は監理技術者であるか否かの別」は、実際に置かれている技術者が専任の者であるか専任の者でないかを記載すること。

ト　第2号への「監理技術者補佐資格」は、その者が法第7条第2号イに該当する者であるときは「実務経験（指定学科・土木）」のように、同号ロに該当する者であるときは「実務経験（土木）」のように、同号ハに該当し、規則別表（2）に掲げられた資格を有するときは当該資格の名称を、有しないときは「国土交通大臣認定者（土木）」のように記載し、その者が称する称号を「1級土木施工管理技士補」のように記載する。

また、その者が法第15条第2号イに該当する者であるときはその有する規則別表（2）に掲げられた資格の名称を、同号ロに該当する者であるときは「指導監督的実務経験（土木）」のように、同号ハに該当する者であるときは「国土交通大臣認定者（土木）」のように記載する。

チ　第2号トの「主任技術者資格」は、その者が法第7条第2号イに該当する者であるときは「実務経験（指定学科・土木）」のように、同号ロに該当する者であるときは「実務経験（土木）」のように、同号ハに該当し、規則別表（2）に掲げられた資格を有するときは当該資格の名称を、有しないときは「国土交通大臣認定者（土木）」のように記載する。

リ　第2号チ及び第4号チの「建設工事に従事する者」は、建設工事に該当しない資材納入や調査業務、運搬業務などに従事する者については、必ずしも記載する必要はない。

また、「中小企業退職金共済法第二条第七項に規定する被共済者に該当する者であるか否かの別」は、建設業退職金共済制度又は中小企業退職金共済制度への加入の有無を記入すること。

建
設
業
法

また、「安全衛生に関する教育の内容」は、労働安全衛生法（昭和47年法律第57号）に規定
　　されている、職長等の職務に新たに就くことになったものが受けることとされている安全又は衛
　　生のための教育や、労働者を雇い入れたときに行うその従事する業務に関する安全又は衛生のた
　　めの教育についての受講状況等を記載すること（例：雇入時教育、職長教育、建設用リフトの運
　　転の業務に係る特別教育）。

　　　また、「建設工事に係る知識及び技術又は技能に関する資格」は登録基幹技能者資格やその他
　　の施工に係る各種検定について有している資格を記載すること（例：登録〇〇基幹技能者、〇級
　　〇〇施工管理技士）。

　　　なお、本項目については、各技能者の有する技能を記載することで適正な処遇の実現の一助と
　　するものであり、記載を望まない者に対して記載を求める性質のものではないことから、任意の
　　記載項目となっていることに留意すること。

　ヌ　第2号リ及び第4号リの「一号特定技能外国人、外国人技能実習生及び外国人建設就労者の従
　　事の状況」は、当該工事現場に従事するこれらの者の有無を記載すること。

　ル　第3号ロの「建設業の種類」は、例えば大工工事業の許可を受けているものが大工工事を請け
　　負ったときは「大工工事業」と記載する。この際、規則別記様式第1号記載要領6の表の（）内
　　に示された略号を用いて記載して差し支えない。

② 添付書類（規則第14条の2第2項）関係

　イ　第1号の書類は、作成建設業者が当事者となった下請契約以外の下請契約にあっては、請負代
　　金の額について記載された部分が抹消されているもので差し支えない。ただし、公共工事につい
　　ては、全ての下請契約について下請代金額は明記されていなければならない。

　　　なお、同号の書類には、法第19条第1項各号に掲げる事項が網羅されていなければならない
　　ので、これらを網羅していない注文伝票等は、ここでいう書類に該当しない。

　ロ　第2号の「主任技術者又は監理技術者資格を有することを証する書面」は、作成建設業者が置
　　いた主任技術者又は監理技術者についてのみ添付すればよく、具体的には、規則第3条第2項又
　　は規則第13条第2項に規定する書面を添付すること。

　ハ　第3号の「監理技術者補佐資格を有することを証する書面」は、作成建設業者が置いた建設業
　　法施行令（昭和31年政令第273号）第28条第1号又は第2号の要件を満たす者についてのみ添
　　付すればよく、具体的には、規則第3条第2項に規定する書面及び施工技術検定規則（昭和35
　　年建設省令第17号）別記様式第6号（イ）による1級技術検定（第一次検定）合格証明書の写
　　し等又は規則第13条第2項に規定する書面を添付すること。

　ニ　第4号の「主任技術者資格を有することを証する書面」は、作成建設業者が置いた規則第14
　　条の2第1項第2号トに規定する者についてのみ添付すればよく、具体的には、規則第3条第2
　　項に規定する書面を添付すること。

（7）記載事項及び添付書類の変更

一度作成した施工体制台帳の記載事項又は添付書類（法第 19 条第１項の規定による書面を含む。）について変更があったときは、遅滞なく、当該変更があった年月日を付記して、既に記載されている事項に加えて変更後の事項を記載し、又は既に添付されている書類に加えて変更後の書類を添付しなければならない。

　変更後の事項の記載についても、（４）に掲げたところと同様に、作成建設業者が自ら行ってもよいし、変更後の所定の記載事項が記載された書面や各下請負人から提出された変更に係る再下請負通知書を束ねるようにしてもよい。

（８）施工体系図

　施工体系図は、作成された施工体制台帳をもとに、施工体制台帳のいわば要約版として樹状図等により作成の上、工事現場の見やすいところに掲示しなければならないものである。

　ただし、公共工事については、工事関係者が見やすい場所及び公衆が見やすい場所に掲示しなければならない。

　その作成に当たっては、次の点に留意して行う必要がある。

①　施工体系図には、現にその請け負った建設工事を施工している下請負人に限り表示すれば足りる（規則第 14 条の６第３号）。なお、「現にその請け負った建設工事を施工している」か否かは、請負契約で定められた工期を基準として判断する。

②　施工体系図の掲示は、遅くとも上記①により下請負人を表示しなければならなくなったときまでには行う必要がある。また、工期の進行により表示すべき下請負人に変更があったときには、速やかに施工体系図を変更して表示しておかなければならない。

③　施工体系図に表示すべき「建設工事の内容」（規則第 14 条の６第２号及び第４号）は、その記載から建設工事の具体的な内容が理解されるような工種の名称等を記載すること。

④　施工体系図は、その表示が複雑になり見にくくならない限り、労働安全等他の目的で作成される図面を兼ねるものとして作成しても差し支えない。

⑤　施工体系図又はその写しは、法第 40 条の３及び規則第 26 条第５項に定めるところにより営業所への保存が義務付けられているが、電子計算機に備えられたファイル又は磁気ディスク等に記録され、必要に応じて当該営業所において電子計算機その他の機器を用いて明確に紙面に表示されるときは、当該記録をもって施工体系図又はその写しに代えることができる。

（９）施工体制台帳の発注者への提出等

　作成建設業者は、発注者からの請求があったときは、備え置かれた施工体制台帳をその発注者の閲覧に供しなければならない。

　ただし、公共工事については、作成した施工体制台帳の写しを提出しなければならない。

（10）施工体制台帳の備置き等

　施工体制台帳の備置き及び施工体系図の掲示は、発注者から請け負った建設工事目的物を発注者に引き渡すまで行わなければならない。ただし、請負契約に基づく債権債務が消滅した場合（規則

第14条の7。請負契約の目的物の引渡しをする前に契約が解除されたこと等に伴い、請負契約の目的物を完成させる債務とそれに対する報酬を受け取る債権とが消滅した場合を指す。）には、当該債権債務の消滅するまで行えば足りる。

（11）法第40条の3の帳簿への添付

施工体制台帳の一部は、上記（10）の時期を経過した後は、法第40条の3の帳簿の添付資料として添付しなければならない。すなわち、上記（10）の時期を経過した後に、施工体制台帳から帳簿に添付しなければならない部分だけを抜粋することとなる。このため、施工体制台帳を作成するときには、あらかじめ、帳簿に添付しなければならない事項を記載した部分と他の事項が記載された部分とを別紙に区分して作成しておけば、施工体制台帳の一部の帳簿への添付を円滑に行うことが出来ると考えられる。

また、規則第26条第2項第3号に掲げる施工体制台帳の一部が、スキャナにより読み取る方法その他これに類する方法により電子計算機に備えられたファイル又は磁気ディスク等に記録され、必要に応じて当該営業所において電子計算機その他の機器を用いて明確に紙面に表示されるときは、当該記録をもって同号に掲げる施工体制台帳の一部に代えることができる。

2　下請負人の義務

施工体制台帳の作成等の義務は、作成建設業者に係る義務であるが、施工体制台帳が作成される建設工事の下請負人にも次のような義務がある。

（1）施工体制台帳が作成される建設工事である旨の通知

その請け負った建設工事の注文者から一（2）①の書面の通知を受けた場合や、工事現場に一（2）②の書面が掲示されている場合は、その請け負った建設工事を他の建設業を営む者に請け負わせたときに以下に述べるところにより書類の作成、通知等を行わなければならない。

（2）建設工事を請け負わせた者及び作成建設業者に対する通知

（1）に述べた場合など施工体制台帳が作成される建設工事の下請負人となった場合において、その請け負った建設工事を他の建設業を営む者に請け負わせたときは、遅滞なく、

①　当該他の建設業を営む者に対し、一（2）①の書面を通知しなければならない。なお、書面による通知に代えて、規則第14条の4第7項で定めるところにより、当該他の建設業を営む者の承諾を得て、一（2）①a、b及びcに掲げる事項を電磁的方法により通知することができる。この場合において、当該下請負人は、書面による通知をしたものとみなす。

②　作成建設業者に対し、（3）に掲げるところにより再下請負通知を行わなければならない。

（3）再下請負通知

①　再下請負通知は、再下請負通知書をもって行わなければならない。再下請負通知書の作成は、再下請負通知人がその請け負った建設工事を請け負わせた建設業を営む者から必要事項を聴取すること等により作成する必要があり、自ら記載をして作成してもよいし、所定の記載事項が記載された書面を束ねるようにしてもよい。ただし、いずれの場合も下請負人ごとに行わなければならない。

② 再下請負通知書の作成及び作成建設業者への通知は、施工体制台帳が作成される建設工事の下請
負人となり、その請け負った建設工事を他の建設業を営む者に請け負わせた後、遅滞なく行わなけ
ればならない（規則第14条の4第2項）。また、発注者から直接建設工事を請け負った建設業者が
新たに下請契約を締結した場合や下請代金額の総額が一（1）の金額に達したこと等により、施工
途中で再下請負通知人に該当することとなった場合において、当該該当することとなった時よりも
前に記載事項又は添付書類に係る事実に変更があった時も、再下請負通知人に該当することとなっ
た時以降の事実に基づいて再下請負通知書を作成すれば足りる。

③ 再下請通知書に添付される書類は、請負代金の額について記載された部分が抹消されているもの
で差し支えない。ただし、公共工事については、当該部分は記載されていなければならない。

④ 一度再下請負通知を行った後、再下請負通知書に記載した事項又は添付した書類（法第19条第1
項の規定による書面）について変更があったときは、遅滞なく、当該変更があった年月日を付記し
て、既に記載されている事項に加えて変更後の事項を記載し、又は既に添付されている書類に加え
て変更後の書類を添付しなければならない。

⑤ 作成建設業者に対する再下請負通知書の提出は、注文者から交付される一（2）①の書面や工事
現場の掲示にしたがって、直接に作成建設業者に提出することを原則とするが、やむを得ない場合
には、直接に下請契約を締結した注文者に経由を依頼して作成建設業者あてに提出することとして
も差し支えない。

⑥ 再下請負通知及びその内容の変更の通知は、作成建設業者の承諾を得て、電磁的方法により通知
することができる。この場合において、当該下請負人は、書面による通知をしたものとみなす。

また、規則第14条の4第3項に規定する書面の写しの記載事項がスキャナにより読み取る方法そ
の他これに類する方法により、電子計算機に備えられたファイル又は磁気ディスク等に記録され、
必要に応じ電子計算機その他の機器を用いて明確に表示されるときは、当該記録をもって規則第14
条の4第3項に規定する添付書類に代えることができる。

3 施工体制台帳の作成等の勧奨について

下請代金額の総額が一（1）の金額を下回る民間工事など法第24条の8第1項の規定により施工体
制台帳の作成等を行わなければならない場合以外の場合であっても、建設工事の適正な施工を確保す
る観点から、規則第14条の2から第14条の7までの規定に準拠して施工体制台帳の作成等を行うこ
とが望ましい。

また、より的確な建設工事の施工及び請負契約の履行を確保する観点から、規則第14条の2等にお
いては記載することとされていない安全衛生責任者名、雇用管理責任者名、就労予定労働者数、工事
代金支払方法、受注者選定理由等の事項についても、できる限り記載することが望ましい。

附　則

この通知は、令和5年1月1日から適用する。

施工体系図のイメージ

○施工体制台帳の作成対象工事では、各下請負人の施工分担関係が一目で分かるように、施工体制台帳をもとに樹状図等の形で示す「施工体系図」を作成し、掲示しなければなりません。

工事の名称／工期／発注者の名称

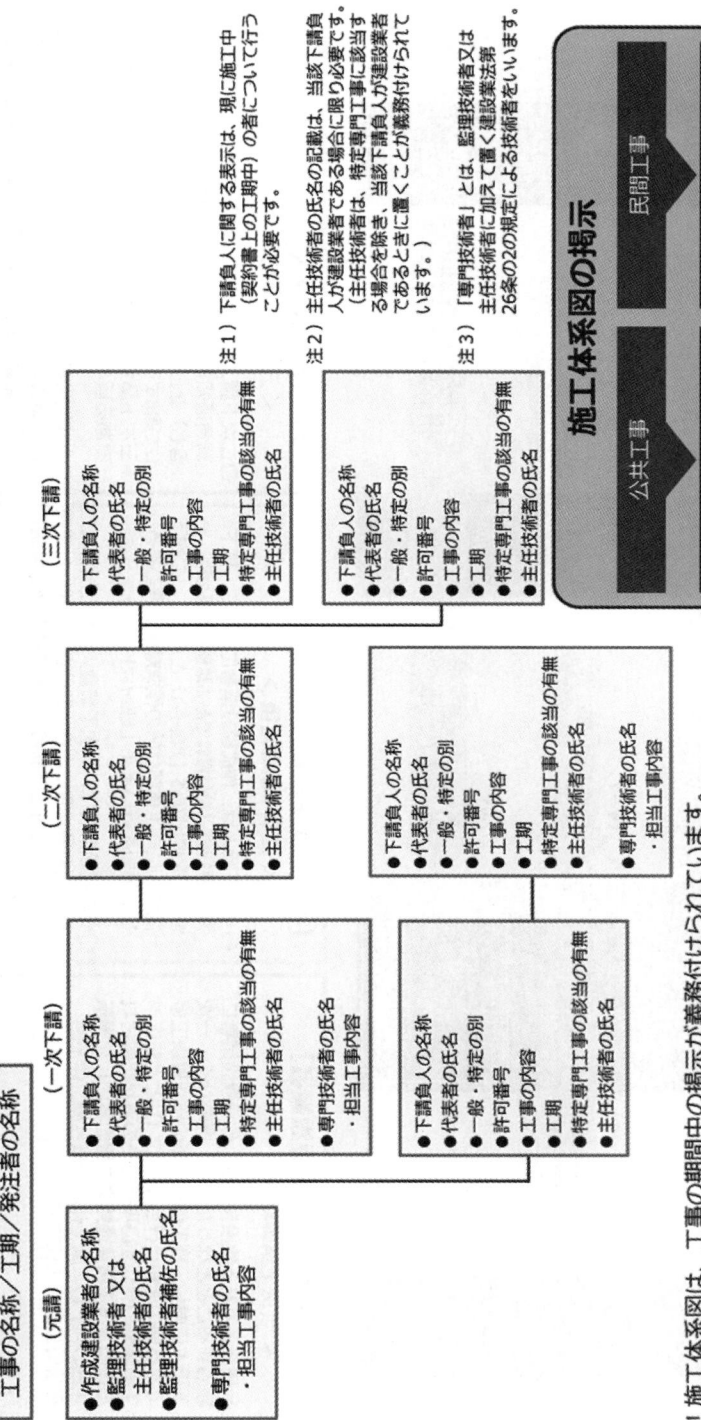

（元請）
- 作成建設業者の名称
- 監理技術者 又は 主任技術者の氏名
- 監理技術者補佐の氏名
- 専門技術者の氏名
  ・担当工事内容

（一次下請）
- 下請負人の名称
- 代表者の氏名
- 一般・特定の別
- 許可番号
- 工事の内容
- 工期
- 特定専門工事の該当の有無
- 主任技術者の氏名
- 専門技術者の氏名
  ・担当工事内容

（二次下請）
- 下請負人の名称
- 代表者の氏名
- 一般・特定の別
- 許可番号
- 工事の内容
- 工期
- 特定専門工事の該当の有無
- 主任技術者の氏名
- 専門技術者の氏名
  ・担当工事内容

（三次下請）
- 下請負人の名称
- 代表者の氏名
- 一般・特定の別
- 許可番号
- 工事の内容
- 工期
- 特定専門工事の該当の有無
- 主任技術者の氏名

注1）下請人に関する表示は、現に施工中（契約書上の工期中）の者について行うことが必要です。

注2）主任技術者の氏名の記載は、当該下請負人が建設業者である場合に限り必要です。（主任技術者は、特定専門工事に該当する場合を除き、当該下請負人が建設業者であるときに置くことが義務付けられています。）

注3）「専門技術者」とは、監理技術者又は主任技術者に加えて置く建設業法第26条の2の規定による技術者をいいます。

施工体系図の掲示

公共工事	民間工事
現場内の見やすい場所と公衆の見やすい場所	現場内の見やすい場所
公衆の見やすい場所	

※入札法第15条による

！施工体系図は、工事の期間中の掲示が義務付けられています。
掲示場所は、公共工事は工事現場の工事関係者が見やすい場所と公衆の見やすい場所、民間工事は工事関係者が見やすい場所とされています。

！工事の進行によって表示すべき下請業者に変更があった場合は、速やかに施工体系図の表示も変更しなければなりません。

建設工事の適正な施工を確保するための建設業法（令和5. 1版）
国土交通省関東地方整備局 発行 より

建 設 業 法

建設業法

施工体制台帳等の作成の流れ

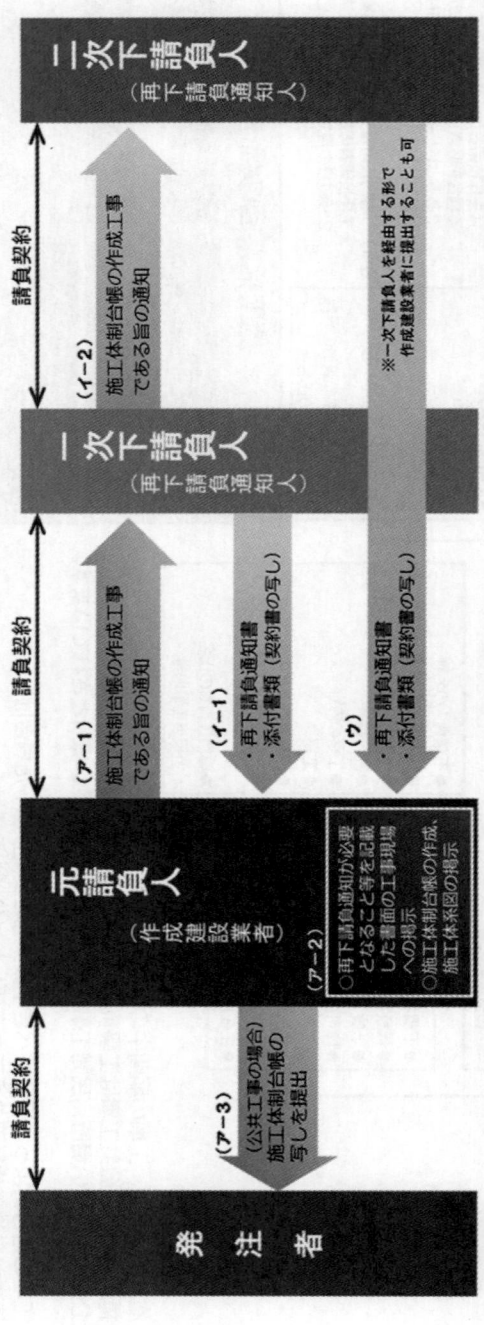

発注者 ─ 請負契約 ─ 元請負人（作成建設業者）─ 請負契約 ─ 一次下請負人（再下請負通知人）─ 請負契約 ─ 二次下請負人（再下請負通知人）

（ア-3）（公共工事の場合）施工体制台帳の写しを提出

（ア-1）施工体制台帳の作成工事である旨の通知
（イ-2）施工体制台帳の作成工事である旨の通知

（イ-1）・再下請負通知書 ・添付書類（契約書の写し）
（ウ）・再下請負通知書 ・添付書類（契約書の写し）
※一次下請人を経由する形で作成建設業者に提出することとも可

（ア-2）
○再下請負通知が必要となること等を記載した書面の工事現場への掲示
○施工体制台帳の作成、施工体系図の掲示

（ア）元請負人 ［作成建設業者］
< 一次下請締結後 >

○元請負人である建設業者は、作成建設業者に該当することとなったとき、遅滞なく、一次下請人に対し、施工体制台帳の作成対象工事である旨の通知を行う [上図ア-1] とともに、工事現場の見やすい場所に、その旨が記載された書面（再下請負通知書の書面案内）を掲示 [上図ア-2] し、施工体制台帳の写しと施工体系図を整備します [上図ア-3]。

（イ）一次下請負人
< 二次下請締結後 >

○一次下請人は、作成建設業者に対して、再下請負通知書（添付資料である請負契約書の写しを含む）を提出する [上図イ-1] とともに、二次下請人に施工体制台帳の作成対象工事である旨の通知を行います [上図イ-2]。

○作成建設業者は、一次下請人から提出された再下請負通知書により、又は自ら把握した情報に基づいて施工体制台帳と施工体系図を整備します。

（ウ）二次下請負人
< 三次下請締結後 >

○二次下請人は、作成建設業者に対して、再下請負通知書（添付資料である請負契約書の写しを含む）を提出する [上図ウ] とともに（一次下請人を経由して提出することとも差し支えありません）、三次下請人に施工体制台帳の作成対象工事である旨の通知を行います。

○作成建設業者は、二次下請人若しくは三次下請人から提出された情報に基づいて自ら把握した情報に基づく方法又は再下請負通知書を添付する方法のいずれかによって、施工体制台帳を整備します。

建設工事の適正な施工を確保するための建設業法(令和5．1版)
国土交通省関東地方整備局 発行 より

【再下請負通知書 全建統一様式第1号-甲(左)記載例】

※この様式は、報告下請負業者がそれぞれの立場で作成し、直近上位者に報告し、直近上位者は順次これにより最終的には全ての報告下請負業者が元請負業者に報告されるものである。

① 直近上位の注文者
　自社が一次であれば元請負業者の会社名を記載する。
　直近上位の会社名を記載する。

② 元請負業者
　上記上位の会社に関して記載する。

報告下請負業者
　自社の名称、事業者ID及び代表者名を記載する。

③ 自社に関する事項

④ 自社の住所、会社名、事業者ID及び代表者名を記載する。

⑤ 施工体制台帳作成建設工事の通知により元請負業者から報告をすることにより立場で作成し、直近上位者に報告し、それぞれの立場で報告する。報告下請負業者が建設キャリアアップシステムに登録されている場合には、当該登録済の現場技能者を記載する。

⑥ 元請負業者と下請契約を締結した下請負人が自らの会社に関して記載する。

《自社に関する事項》

工事名称及び工事内容
千代田区丸の内ビル新築工事に係る○○工事
工事内容
　また、軽微な工事については工事契約締結日を記載する。
　なお、契約書を取り交わした場合のうち、○○工事に係る件名を記載する。契約約日は下請契約締結日を記載する。自社が発注した工事に必要な工事番号を消すこと。ただし、無許可業者は建設業法第3条により工事業の工事を請け負うことはできない。

工期
自 令和 2 年 7 月 10 日
至 令和 4 年 1 月 20 日
　工期が現に入っている許可を受けている工種名及び許可番号を記載する。「許可(更新)」と記載する。

⑦ 建設業の許可　施工に必要な許可業種
工事業 [許可] [特定・一般] 大臣 知事 第 号 第5000号 平成29年5月6日
工事業 大臣 知事 第 号 令和 2 年 7 月 7 日

注文者との契約日 第29 第5000号

⑧ 監督員名　中島 明
⑨ 権限及び意見申出方法
⑩ 現場代理人名　中島 明
⑪ 権限及び意見申出方法
⑫ 主任技術者名　大沢 常男
資格内容 非専任 その他 10年以上の実務経験
⑬ 専門技術者名　資格内容　担当工事内容

⑭ 安全衛生責任者名　中島 明
⑮ 安全衛生推進者名　谷口 大郎
雇用管理責任者名 総務部長 鈴木 四郎

⑯ 一号特定技能外国人の従事の状況(有無)
⑰ 外国人技能実習生の従事の状況(有無)
⑱ 外国人建設就労者の従事の状況(有無)
⑲ 保険加入の有無
⑳ 雇用保険 健康保険 厚生年金保険

㉒ 健康保険等の加入状況

[保険の欄]
雇用保険 健康保険 厚生年金保険
加入 未加入 適用除外
営業所の名称 大山建設株式会社
健康保険組合 ○○健康保険組合
事業所整理記号等

全建統一様式第1号-甲
(一次下請負業者)
令和 2 年 8 月 9 日

再下請負通知書(変更届)

直近上位の 注文者
　　　　　　　（報告下請負業者）
現場代理人名 ② 夏川 二郎
　（所長名）殿

① 八重洲建設株式会社
元請名称及び事業者ID 八重洲建設株式会社・1234567890123

報告下請負業者
会社名・事業者ID 大山建設株式会社・23456789012345
代表者名 大山 一節 ㊞

住所 〒101-XXXX ④
東京都港区芝浦北5-X-X
TEL 03 - 555 - XXXX
FAX 03 - 555 - XXXX

(記入要領)
1　報告下請負業者は直近上位の注文者に提出すること。
2　再下請負契約がある場合は、《再下請負契約関係》の欄(共用しない部分)を記入するとともに、次の取扱いとする。再下請負業者は順次これにより、再下請負関係を記入する。
3　工事名称及び工事内容(注文・請負)　②請負契約書　③請負契約書
4　外国人技能実習生の従事の状況(有無)、従事する予定がない場合は「無」を○で囲む。
5　健康保険等の加入状況
6　外国人建設就労者の従事の状況(有無)

編者注：主任技術者の「専任」「非専任」については P.554〜P.556　参照

（二次下請負業者）

《再下請負関係》　再下請負業者及び再下請負契約関係について次の通り報告いたします。

会社名・事業者ID　①　（株）山田工務店　・3456789012345

代表者名　②　山田　二郎

住所及び電話番号　③　〒101-XXXX
東京都千代田区神田3-X
（TEL　03-0341-XXXX　）

工事名称及び工事内容　④　千代田御茶ノ内ビル新築工事に係る
型枠工事のうち基礎型枠工事

工期　⑤　自　令和2年7月20日
　　　　　至　令和2年12月25日
契約日　令和2年7月15日

建設業の許可　⑥
工事業　特定・一般　大臣・知事　許可（更新）年月日　平成29年10月15日　許可番号　第2351号
工事業　特定・一般　大臣・知事　許可（更新）年月日　　年　月　日　許可番号　第　号

施工に必要な許可業種

現場代理人名　⑦　間島　健児

権限及び意見申出方法　⑧　・下請負業者第6条記載のとおり
・文書による

安全衛生責任者名　⑩　間島　健児

安全衛生推進者名　⑪　加藤　和夫

※主任技術者名　⑨　間島　健児
専任・非専任
資格内容　建設業法「技術検定」又は
10年以上の実務経験

雇用管理責任者名　⑫　総務部長　青木　正男

※専門技術者名　⑬
資格内容　⑭
担当工事内容　⑮

雇用保険　適用除外　加入　未加入
健康保険　適用除外　加入　未加入　健康保険組合　○△健康保険組合　xx-xxxx
厚生年金保険　適用除外　加入　未加入　xx-xxxxxx

保険加入の有無　⑱
事業所整理記号等　営業所の名称　（株）山田工務店　整理記号等　xxx-xxxxxxx-xxx

※登録基幹技能者名・種類　⑯

一号特定技能外国人の従事の状況（有無）　⑰　有・無

外国人技能実習生の従事の状況（有無）　有・無

外国人建設就労者の従事の状況（有無）　有・無

※主任技術者、専門技術者、登録基幹技能者について（身分：専任・非専任）

※　健康保険等の加入状況は、事業所整理記号及び事業所番号（健康保険組合にあっては組合名）を、一括適用の承認に係る営業所の場合は、当該営業所の整理記号及び事業所番号としているのである。
1　建設業の許可を受けている場合には、土木・建築一式工事を施工する場合であってその工事に必要な主任技術者としての資格を有する場合は専門工事技術者を兼ねることができる。
2　※印の主任技術者が監理技術者の場合は、該当する欄に記載する。
3　登録基幹技能者が国人の場合は、適切な雇用管理を記載する。
4　主任技術者等の資格
　①建設業法による場合
　　1）大学卒（指定学科）　3年以上の実務経験
　　2）高校卒・高等専門学校卒（指定学科）　5年以上の実務経験
　　3）その他　10年以上の実務経験
　②資格等による場合
　　1）建設業法　　2）建築士法「建築士試験」
　　3）技術士法「技術士試験」
　　4）電気工事士法「電気工事士試験（国家試験等）」
　　5）消防法　　6）建築基準法（主任検査）
　　7）職業能力開発促進法「技能検定」

〔再下請負通知書　全建統一様式第1号―甲（右記載例）〕

再下請負関係
（自社【事業者下請負業者】が再下請契約を締結した下請負業者に関して必要事項を記載する。）

再下請負人

① 再下請負人の会社名と自社の会社名を記載する。また、再下請負業者が建設キャリアアップシステムに登録されている場合には、当該再下請負業者の事業者IDを記載する。
② 再下請負人の会社の代表者名を記載する。
③ 再下請負人の会社の住所及び電話番号を記載する。
④ 再下請負人との間に締結した工事の名称・工事内容を記載する。
⑤ 再下請負人との間の契約締結日、工事の開始日及び終了予定年月日・契約年月日等を記載する。ただし、再下請負契約の締結日については、許可業者は、保有する各種の許可業種のうち必要となる業種の許可年月日を、無許可業者は建設業法第3条に関し記載する者及び建設工事の内容等を記載する。
⑥ 工事の内容により、500万円未満の工事（建築一式では1,500万円未満）の施工にあっては記載できない。
⑦ 再下請負人の当該施工を担当する現場責任者の氏名を記載する。
⑧ 現場代理人の権限及び現場代理人の行為についての注文者に対する意見の申出の方法を記載する。
⑨ 建設業法第26条の規定により、再下請負人の当該施工の主任技術者となる資格を有する者の氏名及び資格を記載する。なお、公共性のある重要な工事で請負金額が3,500万円（建築一式工事の場合は7,000万円）を超える場合は工事を行う建設業者に対しては、専任の主任技術者を設置しなければならない。
⑩ 労働安全衛生法第16条に定められた、安全衛生責任者の氏名を記載する。
⑪ 労働安全衛生法第12条の2に定められた、安全衛生推進者の氏名を記載する。
⑫ 建設労働者雇用改善法第5条に定められた、雇用管理責任者の氏名を記載する。
⑬ ④の工事に係る別の専門工事（例えば一式工事のうちの一部に係る工事）を施工する場合で、その施工に技術者を要するときは、その主任技術者の氏名及び資格を記載する。
⑭ 専門技術者の資格内容を記載する。⑨の例でもよい。
⑮ 専門技術者が担当する工事内容を記載する（有無）。
⑯ 登録基幹技能者の氏名及び種類を記載する（有無）。
⑰ 外国人建設就労者等の従事の状況（有無）について記載する。
⑱ 保険加入の状況を記載する。
⑲ 外国人技能実習生が当該建設工事に従事する場合には、「有」としその人数を記入し、従事する者がない場合は「無」とする。
⑳ 健康保険を受ける営業所の名称と当該営業所に係る保険の加入状況を記載する。

— 586 —

外国人建設就労者等建設現場入場届出書

丸の内ビル作業所長　殿

令和　2　年　7　月　18　日

大山建設（株）

代表取締役　大山一郎

（株）山工務店

取締役社長　山田二郎

> 本届出書の対象者は、建設分野の技能実習又は外国人建設就労者受入事業を修了し、引き続き国内に在留し、又は一旦本国へ帰国した後に再入国し、建設業務に従事する「外国人建設就労者（在留資格：特定活動）」及び「1号特定技能外国人（在留資格：特定技能）」の方だけが対象です。
> 例えば、定住者や技能実習生の方については、本届出書を提出する必要はありません。

外国人建設就労者等の建設現場への入場について下記のとおり届出ます。

記

1　建設工事に関する事項

建設工事の名称	千代田商事　丸の内ビル　新築工事
施工場所	東京都千代田区丸の内10-X－X

2　建設現場への入場を届け出る外国人建設就労者等に関する事項

※4名以上の入場を申請する場合、必要に応じて欄の追加や別紙とする等対応すること。

	外国人建設就労者等1	外国人建設就労者等2	外国人建設就労者等3
氏名	周　伯山	グエン・カオ・トゥアン	チェ・チ・ホン
生年月日	H 4. 4.28	S57.12. 7	H 6.10. 5
性別	男	男	男
国籍	中国	ベトナム	ベトナム
従事させる業務	基礎型枠工事（型枠工事作業）	基礎型枠工事（型枠工事作業）	基礎型枠工事（型枠工事作業）
現場入場の期間	R 2. 7.20 ～ R 2.10.20	R 2. 7.20 ～ R 2.10.20	R 2. 7.20 ～ R 2.10.20
在留資格 ※いずれかをチェック	☐ 特定活動(外国人建設就労者) ☑ 特定技能	☐ 特定活動(外国人建設就労者) ☑ 特定技能	☐ 特定活動(外国人建設就労者) ☑ 特定技能
在留期間満了日	R 3. 3.31	R 3. 3.31	R 3. 3.31
CCUS 登録情報が最新であることの確認 ※登録義務のある者のみ	☑ 確認済 （確認日：　R 2. 7.10 ）	☑ 確認済 （確認日：　R 2. 7.10 ）	☑ 確認済 （確認日：　R 2. 7.10 ）

3　受入企業・建設特定技能受入計画及び適正監理計画に関する事項

就労場所	関東地方
従事させる業務の内容	型枠工事作業
従事させる期間（計画期間）	R 2. 4. 1 ～ R 7. 3.31
責任者（連絡窓口）	役職　取締役社長　　　氏名　山田二郎　　　連絡先　03-XXXX-XXXX

※就労場所・従事させる業務の内容・従事させる期間については、建設特定技能受入計画及び適正監理計画の記載内容を正確に転記すること。

○添付書類
　　提出にあたっては下記に該当するものの写し各1部を添付すること
　1　建設特定技能受入計画認定証又は適正監理計画認定証（複数ある場合にはすべて。建設特定技能受入計画認定証については別紙（建設特定技能受入計画に関する事項）も含む。）
　2　パスポート（国籍、氏名等と在留許可のある部分）
　3　在留カード
　4　受入企業と外国人建設就労者等との間の雇用条件書
　5　建設キャリアアップシステムカード（登録義務のある者のみ）

建　設　業　法

全建統一様式第1号－乙

令和　2 年 8 月 9 日

下請負業者編成表

（一次下請負業者＝作成下請負業者）

型枠工事	会　社　名	大山建設株式会社
	代表者名	大　山　一　郎
	建設業許可番号	東京都-特-29第5000
	安全衛生責任者	中　島　　明
	主任技術者	大　沢　常　男
	専門技術者	
	担当工事内容	
	特定専門工事の有無	㊲　・　　無
	登録基幹技能者	
	工期	R 2年 7月10日 ～ R 4年 1月20日

※一次下請負業者は二次以下の会社名等を記入し、契約の流れを実線で明確に示す。

（二次下請負業者）

型枠工事	会　社　名	㈱山田工務店
	代表者名	山　田　二　郎
	建設業許可番号	東京都-般-29第2351
	安全衛生責任者	間　島　健　児
	主任技術者	間　島　健　児
	専門技術者	
	担当工事内容	
	特定専門工事の該当	㊲　・　　無
	工期	R 2年 7月20日 ～ R 2年12月25日

（二次下請負業者）

型枠工事	会　社　名	
	代表者名	
	建設業許可番号	
	安全衛生責任者	
	主任技術者	
	専門技術者	
	担当工事内容	
	特定専門工事の該当	有　・　　無
	工期	年　月　日～　　年　月　日

（二次下請負業者）

型枠工事	会　社　名	
	代表者名	
	建設業許可番号	
	安全衛生責任者	
	主任技術者	
	専門技術者	
	担当工事内容	
	特定専門工事の該当	有　・　　無
	工期	年　月　日～　　年　月　日

（三次下請負業者）

型枠工事	会　社　名	㈱山下組
	代表者名	山　下　三　郎
	建設業許可番号	東京都-般-29第1934
	安全衛生責任者	山　下　良　男
	主任技術者	山　下　良　男
	専門技術者	
	担当工事内容	
	特定専門工事の該当	有　・　㊲
	工期	R 2年 8月20日 ～ R 2年10月 5日

（三次下請負業者）

型枠工事	会　社　名	
	代表者名	
	建設業許可番号	
	安全衛生責任者	
	主任技術者	
	専門技術者	
	担当工事内容	
	特定専門工事の該当	有　・　　無
	工期	年　月　日～　　年　月　日

（三次下請負業者）

型枠工事	会　社　名	
	代表者名	
	建設業許可番号	
	安全衛生責任者	
	主任技術者	
	専門技術者	
	担当工事内容	
	特定専門工事の該当	有　・　　無
	工期	年　月　日～　　年　月　日

（四次下請負業者）

型枠工事	会　社　名	
	代表者名	
	建設業許可番号	
	安全衛生責任者	
	主任技術者	
	専門技術者	
	担当工事内容	
	特定専門工事の該当	有　・　　無
	工期	年　月　日～　　年　月　日

（四次下請負業者）

型枠工事	会　社　名	
	代表者名	
	建設業許可番号	
	安全衛生責任者	
	主任技術者	
	専門技術者	
	担当工事内容	
	特定専門工事の該当	有　・　　無
	工期	年　月　日～　　年　月　日

（四次下請負業者）

型枠工事	会　社　名	
	代表者名	
	建設業許可番号	
	安全衛生責任者	
	主任技術者	
	専門技術者	
	担当工事内容	
	特定専門工事の該当	有　・　　無
	工期	年　月　日～　　年　月　日

建　設　業　法

（記入要領）　1.　一次下請負業者は、二次下請負業者以下の業者から提出された「届出書」（様式第1号－甲）に基づいて本表を作成
　　　　　　　　の上、元請に届け出ること。
　　　　　　2.　この下請負業者編成表でまとめきれない場合には、本様式をコピーするなどして適宜使用すること。
　　　　　　3.　二次下請負業者を使用しない場合は、この書類は提出不要。

令和　2　年　7　月　3　日

下請負業者の皆さんへ

【元請負業者】
会　社　名　　八重洲建設(株)

事業所の名称　　丸の内ビル作業所

施工体制台帳作成建設工事の通知

　　当工事は、建設業法（昭和24年法律第100号）第24条の８に基づく施工体制台帳の作成を要する建設工事です。
　　この建設工事に従事する下請負業者の方は、一次、二次等の層次を問わず、その請け負った建設工事を他の建設業を営む者（建設業の許可を受けていない者を含みます。）に請け負わせたときは、速やかに次の手続きを実施してください。
　　なお、一度提出いただいた事項や書類に変更が生じたときも、遅滞なく、変更の年月日を付記して再提出しなければなりません。

　①再下請負通知書の提出
　　　建設業法第24条の８第２項の規定により、遅滞なく、建設業法施行規則（昭和24年建設省令第14号）第14条の４第１項に規定する再下請負通知書により、自社の建設業登録や主任技術者等の選任状況及び再下請負契約がある場合はその状況を、直近上位の注文者を通じて元請負業者に報告されるようお願いします。
　　　一次下請負業者の方は、後次の下請負業者から提出される再下請負通知書を取りまとめ、下請負業者編成表とともに提出してください。

　②再下請負業者に対する通知
　　　他に下請負を行わせる場合は、この書面を複写し交付して、「もし更に他の者に工事を請け負わせたときは、『再下請負通知書』を提出するとともに、関係する後次の下請負業者に対してこの書面の写しの交付が必要である」旨を伝えなければなりません。

　　なお、当工事の概要は次のとおりですが、不明の点は下記の担当者に照会ください。

元　　請　　名	八重洲建設株式会社		
発 注 者 名	千代田商事株式会社		
工　　事　　名	千代田商事社丸の内ビル新築工事		
監 督 員 名	上　田　　正	権限及び意見 申出方法	・下請負契約第○○条記載のとおり。 ・文書による（下請負契約△△のとおり）
提 出 先 及 び 担 当 者	作業所　事務課　佐藤　　実		

　（注）　下請負契約の総額が4,000万円（建築一式工事の場合は、6,000万円）以上となり、施工体制台帳の作成を要する工事は、全ての一次下請負人に対して書面により通知するとともに、この書面を作業所の見やすい場所に掲示する（第24条の８）。ただし、公共工事については下請金額の総額にかかわらず施工体制台帳を作成し、全ての一次下請に対して書面により通知するとともに、この書面を作業所の見やすい場所に掲示する。

作業所長若しくは工事部長等

現場事務所内の打合せ室など工事関係者の目に付きやすい場所に掲示。

建　設　業　法

建設業法

施工体制台帳

令和 2 年 7 月 25 日

[会社名・事業者ID] ① 八重洲建設株式会社・1234567890123
[事業所名・現場ID] ② 丸の内ビル作業所・43210987654321

| ③ 建設業の許可 | 建築 工事業 | 大臣 知事 | 特定 一般 | 第 200000 号 | 平成 29 年 5 月 10 日 |
| | 工事業 | 大臣 知事 | 特定 一般 | 第 号 | 年 月 日 |

④ 工事名称及び工事内容：千代田区丸の内ビル新築工事　地上6階、地下1階、塔屋1階　延べ面積9,600㎡

⑤ 発注者名及び住所：千代田商事株式会社　〒101-XXXX　東京都千代田区丸の内10-X-X

⑥ 工期：自 令和 2 年 7 月 3 日　至 令和 4 年 7 月 31 日　契約日 令和 2 年 7 月 1 日

⑦ 契約営業所	区分	名称	住所
	元請契約	八重洲建設（株）	東京都千代田区丸の内南3-X-X
	下請契約	八重洲建設（株）関東支店	東京都千代田区丸の内南3-X-X

⑧ 発注者の監督員名：吉田設計事務所　吉田 忠夫

監督員	⑨ 権限及び意見申出方法：工事請負契約書第○○条記載のとおり
現場代理人名	⑩ 上田 正：権限及び意見申出方法：下請負契約第△条・文書による（契約書第△△条のとおり）
監理技術者・主任技術者名	⑪ 夏川 二郎：権限及び意見申出方法：文書による（契約書第△△条のとおり）
⑫ 監理技術者補佐名	⑬ 専任・非専任 夏川 二郎：資格内容 建築士法（一級建築士）
専門技術者名	⑭
	⑮ 資格内容
	⑯ 担当工事内容

| | 外国人建設就労者の従事の状況（有無） ㉒有・無 |
| | 外国人技能実習生の従事の状況（有無） ㉓有・無 |

保険加入の有無	健康保険	厚生年金保険	雇用保険
事業所整理記号等			
健康保険等の加入状況	加入 適用除外	加入 適用除外	加入 未加入

区分	営業所の名称	健康保険	厚生年金保険	雇用保険
元請契約	八重洲建設（株）	○○健康保険 xx-xxxx	xxxx-x	xxxxxx-x
下請契約	八重洲建設（株）関東支店	組合 xx-xxxx	同上	同上

（記入要領）
1. この様式は元請負人が、一次下請負業者を記載し、公共工事請負の際に下請負人の名称を記載するものとすること。一次下請負業者等の記入は、元請負人が下請負契約の締結後、…
2. 発注者名は元請負契約を締結した発注者名を記載すること。
3. 監督員名・主任技術者名は…
4. 専門技術者名…を記載すること。
5. 監理技術者…健康保険証の写し等…

【施工体制台帳全建総一様式第3号（左）記載例】

※発注者と工事請負契約を締結した会社が自らの会社に対して必要事項を記載する。元請会社を・建設業者許可

① 工事請負契約を締結した会社名を記載する。また、事業者が建設キャリアアップシステムに登録されている場合には、当該事業者の事業者IDを記載する。

② 請負契約の工事を担当する作業所等の名称を記載する。また、工事現場が建設キャリアアップシステムに登録されている場合には、当該現場のIDを記載する。

③ 建設業の許可を取得している建設業法第3条に定める許可番号並びに許可年月日を記載する。（許可期限が5年）が許可を受けた建設業法第3条に定める建設業の種類を記載する。許可期間内工事に係る建設業の許可の有無一般建設業の許可に応じて記載する。この際、規則別記様式第1号記載要領第6条の表の（ ）内に示された略号を用いて記載して差し支えない。

工事名称・発注者・工期

④ 工事請負契約を締結した工事名称と工事内容を記載する。

⑤ 工事請負契約を締結している発注者名の名称並びに住所を記載する。

⑥ 工事請負契約に記載されている工期を記載する。なお、着工日及び竣工日を記載する。

元請契約・下請契約

⑦ 契約を締結した営業所の名称及び住所を記載する。下請契約の場合が元請契約と同じ場所の場合は同上と記載してもよい。

発注者の監督員

⑧ 発注者より通知された監督員名を記載する。

⑨ 発注者の監督員の権限は、工事請負契約書の記載事項であり、意見申出方法に対する意見。（建設業法第19条の2第2項）

監督員・監理技術者

⑩ この監督員（吉田）の行う監督や意見申出方法について、請負人（八重洲建設）が契約を担当する者（千代田商事）、意見を申出として主任としての氏名・意見を記載する。監督員とは、請負契約の的確な履行を担当するため、注文者が自ら行い、又は代理人として、設計図書に従って工事を監督する者を指す。

⑪ これは建設工事は、注文工事完成後には工事現場上の現場を発見することが困難であり、また、瑕疵を発見しても発見段階次第では置き換えを要求することが合併することがあり、それを解消することが確保する。

この権限が現場代理人に委任されている場合は「現場代理人名」を記載する。下請負契約者が委任する場合は、一般的に下請負契約を締結した元請の工事部長名を記載する。

⑪ 元請負人（八重洲建設）が下請負契約を締結した場合における監督員の権限と意見の申出の方法を記載する。一般に元請負人（八重洲建設）の監督員（土田）の行動について、契約記載のである。この工事の監督員等に（元請八重洲建設）に対する意見。（建設業法第19条の2第1項）

⑫ 工事請負契約書に規定された現場代理人名を記載する。主任技術者名…を記載する。

⑬ 現場代理人の権限及び意見申出方法については、工事現場における当該工事現場に専任で置く現場代理人・主任技術者を記載する。

監理技術者・主任技術者

⑭ 請負人（八重洲建設）の現場代理人（土田）の行為について、発注者（千代田商事）により公共性のある工作物に関する重要な工事に改修で定められるもの日には…元請負人の場合で、監理技術者は、原則として専任で置くとき。監理技術者補佐を置く場合、監理技術者は2現場まで兼務することとしている（建設業法第26条の第1項）

⑮ 監理技術者又は主任技術者の行う名を記載する。第26条第3項により公共性のある工作物に関する重要な工事に改修で定められるものではないが、ただし監理技術者…。

⑯ 監理技術者補佐名を記載する。

⑰ 監理技術者補佐名を記載する。

⑱ 請負人（八重洲建設）に設けられる必要とされる資格（建設業法施行令第28条に定める6種類の資格等）を記載する。

⑲ 専門技術者を補佐に必要とされる資格（有無）欄・主任技術者等の氏名を記載する。

⑳ 専門技術者における専門技術者名を記載する。

㉑ 一号特定技能外国人の従事の状況（有無）欄・技能実習生（有無）欄。各保険の適用を受ける営業所が…

㉒ 外国人建設就労者の従事の状況（有無）欄…引き続き施工に在留、又は一旦本国へ帰国した後に再入国し、建設業務に従事する再入国に係る者）は、未加入。

㉓ 外国人技能実習生の従事の状況（有無）欄…出入国管理及び難民認定法別表第一の二の表の技能実習に係る在留資格をもって在留し…。

㉔ 健康保険等の加入状況の欄には、各保険の適用を受ける営業所について加入、適用除外…健康保険、厚生年金保険及び雇用保険の加入状況を記載する。元請負人及び下請負業者の場合は、当該本店又は営業所の事業所整理記号及び事業所番号を、一括適用の承認に係る営業所の場合は…記載する。なお、元請負人に係る営業所で下請負契約が行う場合は、下請負契約に同上と記載する。

【施工体制台帳 全建統一様式第3号（右）記載例】

※元請負人が下請契約を締結した一次下請負人に限り必要事項を記載する。

下請負人に関する事項

① 一次下請会社名の会社名を記載する。また、一次下請会社が建設キャリアアップシステムに登録されている場合には、当該事業者の事業者IDを記載す
る。
② 一次下請会社の代表者名を記載する。
③ 一次下請会社の住所及び電話番号を記載する。
④ 一次下請会社と締結した工事名称・工事内容を記載する。
⑤ 契約日は、下請契約締結日を記載する。

⑥ 一次下請会社が施工している許可業種のうち当該工事に必要となる許可業種及び許可年月日を記載する。また、建設業許
可を取得していない場合は、斜線で消すこと。なお、建設業法第3条ただし書政令同法施行令第1条の2に規定する1,500万円未満
の工事（建築一式では1,500万円未満）しか施工できない場合には、許可を受けていなくてもよい。「一次下請会社の実際には、一次下請負となる警備業等に
該当しない。

⑦ 一次下請会社の当該施工を担当する現場責任者名を記載し、その氏名を記載する。
なお、営業所に関しては、「現場代理人」を現場責任者名と書き換え、その氏名を記載する。

⑧ 現場代理人の権限と意見申出方法の内容記載している方法について記載する。
例）一次下請負（大山建設）の現場代理人（中島）の名称について、注文者（八重洲建設）が請負人（大山建設）に対する意見
建設業法第26条の規定により、一次下請会社の主任技術者の氏名及び資格を記載する。

⑨ 主任技術者名を記載する。元請負人の主任技術者が、現場の施工の技術上の管理を
十分にすることとし、一定の更新年ごとに元請負人の主任技術者又は監理技術者を記載する。
⑩ 雇用管理責任者名を記載する。
※専門技術者名

⑪ 労働安全衛生法第16条に定められた、現場安全衛生責任者の資格を記載する。
⑫ 一号特定技能外国人建設就労者・外国人技能実習生の従事の状況（有無）に対する意見。

《下請負人に関する事項》

会社名・事業者ID	① 大山建設(株)・2345678901X	代表者名	② 大 山 一 郎
住所・電話番号	③ 〒101-×××× 東京都港区芝浦北5-×-×		(TEL　03-5555-××××　)
工事名称及び工事内容	④ 千代田南東丸の内ビル新築工事に係る型枠工事		
工期	⑤ 自 令和 2 年 7 月 10 日　至 令和 4 年 1 月 20 日	契約日	⑤ 令和 2 年 7 月 7 日

建設業の許可	⑥ 型枠	許可業種	工事業	許可番号	許可（更新）年月日
		大臣 特定 一般 知事	工事業	第 29 号 第 5000 号	平成 29 年 5 月 6 日 年 月 日

現場代理人名及び意見申出方法	⑦ 中島 明 ⑧ 下請契約書第○条記載のとおり・文書による		
主任技術者名 資格内容	⑨ 大沢 常男 専任 非専任 建設業法「技術検定」1級建築施工管理技士	安全衛生責任者名 安全衛生推進者名 雇用管理責任者名 ※専門技術者名 資格内容 担当工事内容	⑩ 中島 明 ⑪ 谷口 六郎 ⑫ 総務部長 鈴木 四郎
登録基幹技能者名・種類	⑯		

| 外国人建設就労者の従事の状況（有無） | ⑬ 有 無 |
| 一号特定技能外国人の従事の状況（有無） | ⑭ 有 無 |

保険加入の有無		健康保険	厚生年金保険	雇用保険
営業所の名称	事業所 整理記号等	加入 未加入 適用除外	加入 未加入 適用除外	加入 未加入 適用除外
大山建設(株)		○○健康保険組合 XX-XXXX	XX-×XXX-×XXXX	XXXX-×XXXXX-×

— 591 —

全建統一様式第４号

工事作業所災害防止協議会兼施工体系図

発注者名	千代田商事株式会社
工事名称	丸の内ビル新築工事

工期	自	令和 2年 7月 3日
	至	令和 4年 3月31日

元請名	八重洲建設(株)
事業者ID	12345678901234
監督員名	上田　正
監理技術者・主任技術者名	夏川二郎
監理技術者補佐名	
専門技術者名	
担当工事内容	
専門技術者名	
担当工事内容	

会長	統括安全衛生責任者
	夏川二郎

副会長	大山建設(株)
	中島　明

元方安全衛生管理者
秋島五郎

書記
佐藤　実

	会社名	大山建設(株)		会社名	(株)山田工務店		会社名	(株)山下組		会社名	
	事業者ID	23456789012345		事業者ID	34567890123456		事業者ID	45678901234567		事業者ID	
	代表者名	大山一郎		代表者名	山田二郎		代表者名	山下三郎		代表者名	
型枠	建設業許可番号	東京都-特-29第5000	型枠	建設業許可番号	東京都-般-29第2351	型枠	建設業許可番号	東京都-般-29第1934		建設業許可番号	
	工事内容	型枠工事		工事内容	基礎型枠工事		工事内容	型枠工事（地下部分）		工事内容	
	特定専門工事業の有無	㊒・無		特定専門工事業の有無	㊒・無		特定専門工事業の有無	㊒・無		特定専門工事業の有無	有・無
	安全衛生責任者	中島　明		安全衛生責任者	間島健児		安全衛生責任者	山下良男		安全衛生責任者	
	主任技術者	大沢常男		主任技術者	間島健児		主任技術者	山下良男		主任技術者	
工事	専門技術者		工事	専門技術者		工事	専門技術者		工事	専門技術者	
	担当工事内容			担当工事内容			担当工事内容			担当工事内容	
	工期	R 2年 7月10日 ～ R 4年 1月20日		工期	R 2年 7月20日 ～ R 2年12月25日		工期	R 2年 8月20日 ～ R 2年10月 5日		工期	年 月 日～ 年 月 日

	会社名			会社名			会社名			会社名	
	事業者ID			事業者ID			事業者ID			事業者ID	
	代表者名			代表者名			代表者名			代表者名	
	建設業許可番号			建設業許可番号			建設業許可番号			建設業許可番号	
	工事内容			工事内容			工事内容			工事内容	
	特定専門工事業の有無	有・無		特定専門工事業の有無	有・無		特定専門工事業の有無	有・無		特定専門工事業の有無	有・無
	安全衛生責任者			安全衛生責任者			安全衛生責任者			安全衛生責任者	
	主任技術者			主任技術者			主任技術者			主任技術者	
工事	専門技術者		工事	専門技術者		工事	専門技術者		工事	専門技術者	
	担当工事内容			担当工事内容			担当工事内容			担当工事内容	
	工期	年 月 日～ 年 月 日		工期	年 月 日～ 年 月 日		工期	年 月 日～ 年 月 日		工期	年 月 日～ 年 月 日

	会社名			会社名			会社名			会社名	
	事業者ID			事業者ID			事業者ID			事業者ID	
	代表者名			代表者名			代表者名			代表者名	
	建設業許可番号			建設業許可番号			建設業許可番号			建設業許可番号	
	工事内容			工事内容			工事内容			工事内容	
	特定専門工事業の有無	有・無		特定専門工事業の有無	有・無		特定専門工事業の有無	有・無		特定専門工事業の有無	有・無
	安全衛生責任者			安全衛生責任者			安全衛生責任者			安全衛生責任者	
	主任技術者			主任技術者			主任技術者			主任技術者	
工事	専門技術者		工事	専門技術者		工事	専門技術者		工事	専門技術者	
	担当工事内容			担当工事内容			担当工事内容			担当工事内容	
	工期	年 月 日～ 年 月 日		工期	年 月 日～ 年 月 日		工期	年 月 日～ 年 月 日		工期	年 月 日～ 年 月 日

	会社名			会社名			会社名			会社名	
	事業者ID			事業者ID			事業者ID			事業者ID	
	代表者名			代表者名			代表者名			代表者名	
	建設業許可番号			建設業許可番号			建設業許可番号			建設業許可番号	
	工事内容			工事内容			工事内容			工事内容	
	特定専門工事業の有無	有・無		特定専門工事業の有無	有・無		特定専門工事業の有無	有・無		特定専門工事業の有無	有・無
	安全衛生責任者			安全衛生責任者			安全衛生責任者			安全衛生責任者	
	主任技術者			主任技術者			主任技術者			主任技術者	
工事	専門技術者		工事	専門技術者		工事	専門技術者		工事	専門技術者	
	担当工事内容			担当工事内容			担当工事内容			担当工事内容	
	工期	年 月 日～ 年 月 日		工期	年 月 日～ 年 月 日		工期	年 月 日～ 年 月 日		工期	年 月 日～ 年 月 日

※施工体系図を作成して事業所内の見やすい場所に掲げる。

※再下請負通知書、下請負業者編成表等を参考にして記入し、契約の流れを実線で表示する。

※警備会社に関しては、国土交通省発注工事については、商号又は名称、現場責任者名及び工期を記入する。

※この書類は、下請負業者編成表に基づき、元請業者が作成する。

【システムの概要】

　建設業に従事する技術者の高齢化が進む中、現場を担う、特に若年層の技術者の建設業への入職を進めることが急務となっています。

　建設業特有の問題として、建設技能者が、異なる事業者の様々な現場で経験を積んでいくため、一人ひとりの技能者の能力が統一的に評価される業界横断的な仕組みが存在せず、スキルアップが処遇の向上につながっていかない、管理能力や指導能力といった経験に裏付けられた能力が適切に評価されない、それゆえ賃金カーブのピークが早い、という構造的問題があり、それが若年層の入職の壁の一要因となっているとの指摘がなされてきました。

　こういう現状を変革するため、一人ひとりの技能者の経験と技能に関する情報を業界統一ルールで蓄積し、適切な評価と処遇の改善、技能の研鑽につなげ、若手入職者に将来のキャリアパスを目に見える形で示していくための基本的なインフラとする「建設キャリアアップシステム」の構築の検討が平成28年から開始され、平成29年6月に運営方針が決定、平成30年度から技能者及び事業者の登録が開始され、平成31年度（令和元年度）から運用が開始されています。

【システムのポイントと効果】

　建設キャリアアップシステムでは、本人確認を経たうえで技能者の情報がシステムに登録されると、技能者に対しIDが付与されたICカードが交付されます。そして、このICカードが本人を証明する機能を担うこととなります。そのうえで、

・現場、職種、立場（職長など）、時期が、日々の就業実績の記録として

・取得した資格、受講した講習の実績といった事項が、技能・研鑽の記録として

それぞれ電子的に蓄積されていきます。その情報を元にして、技能者の評価の適切な実施、処遇の改善が行われ、さらに、人材育成に努める優秀な技能者をかかえる事業者の施工能力の見える化が図られることを企図しています。

　そして、蓄積された情報を活用し、技能者が能力、経験に基づいて処遇を受けられる環境を整備することで、将来にわたり建設業の担い手が確保されること、事業者の施工能力の見える化が進められることが今後期待されています。

建設キャリアアップシステムのHP（一般財団法人建設業振興基金）
https://www.ccus.jp/

建
設
業
法

建設業の今とこれからをみんなで支える

U P CCUS 建設キャリアアップシステム

建設業の魅力向上にむけて

技能者一人ひとりの

「技能」と「経験」を

しっかりと「認め」「育てる」仕組みです

point ① 技能者の処遇改善

● カードをタッチしたりモバイルを使って、就業履歴を蓄積。
↓
● 技能者の賃金アップなど、能力や経験の蓄積を反映した処遇の改善につなげます。

point ② 明確なキャリアパス

● 技能者の「技能」と「経験」を4種類のレベル分けで評価。
↓
● 業界共通の仕組みで、レベルアップが見通せて、若い人たちに選ばれる産業を目指します。

point ③ 施工能力の見える化

● 優秀な技能者を育てる事業者として施工能力のアピール。
↓
● 仕事の増大につながります。
↓
● 「人材を大事にする企業」であることをPR。
↓
● 担い手の確保につながります。

技能者を評価する枠組み

● 評価基準に合わせて4種類に色分けされた
（白 ➡ 青 ➡ 銀 ➡ 金）カードを交付して評価。

事業者の施工能力の見える化を進める枠組み

● 所属する技能者の人数・評価。
● 施工実績、建機の保有状況。
● コンプライアンス、社会保険加入状況などで評価。

一般財団法人 建設業振興基金　〒105-0001 東京都港区虎ノ門4丁目2番12号 虎ノ門4丁目ＭＴビル2号館
詳しくは建設キャリアアップシステムのホームページをご覧ください。

詳しくはこちら

建設業法

建設キャリアアップシステムは、2023年度を目標に、あらゆる工事での完全実施に向けて取り組みを加速しています！

就業履歴の蓄積にはシステムへの登録が必要です

システムへの登録	現場の登録と就業履歴の蓄積

技能者

技能者にカードが交付されます

●登録はインターネットや窓口で申請が可能です。

事業者

●現場に設置されたカードリーダーなどでカードを読み取り、就業履歴を蓄積します。

IDとパスワードでログイン

キャリアアップシステム
事業者情報
技能者情報
就業履歴情報

●情報を閲覧画面でチェックしたり、帳票の出力ができます。

●元請・下請が協力して施工体制や作業員名簿を登録します。
（作業員名簿の登録は、技能者のレベル評価に必須です）
●元請が現場を登録しカードリーダー等を設置します。

登録の代行申請をおすすめします！

●代行申請により、技能者本人から同意を得た事業者が、技能者の登録申請を行えます。また同様に、同意を得た事業者が他事業者の代行申請も可能です。
●身近な行政書士による代行申請が令和4年2月から可能となります。また、窓口登録（認定登録機関）も全国200箇所以上で可能となっています。

技能者のメリット

- カードのレベルアップによって処遇改善につながります
- 若い人たちは明確な目標でモチベーションアップ
- 仕事の記録を貯めて実力を証明
- 将来的にはカード1枚で資格証の持参が不要

事業者のメリット

- 技能者を育てると施工能力評価がアップし、仕事が増大
- 現場管理事務の省力化
- 担い手となる若い人にアピールできる
- 公共工事の入札で評価アップ

「ピッ！」とカードをタッチすると、建退共で退職金の掛金320円が積み立てられます。

- 電子申請により、掛金の納付がより確実に実施されます。
- 元請、下請事業者の事務作業が大幅に軽減します。

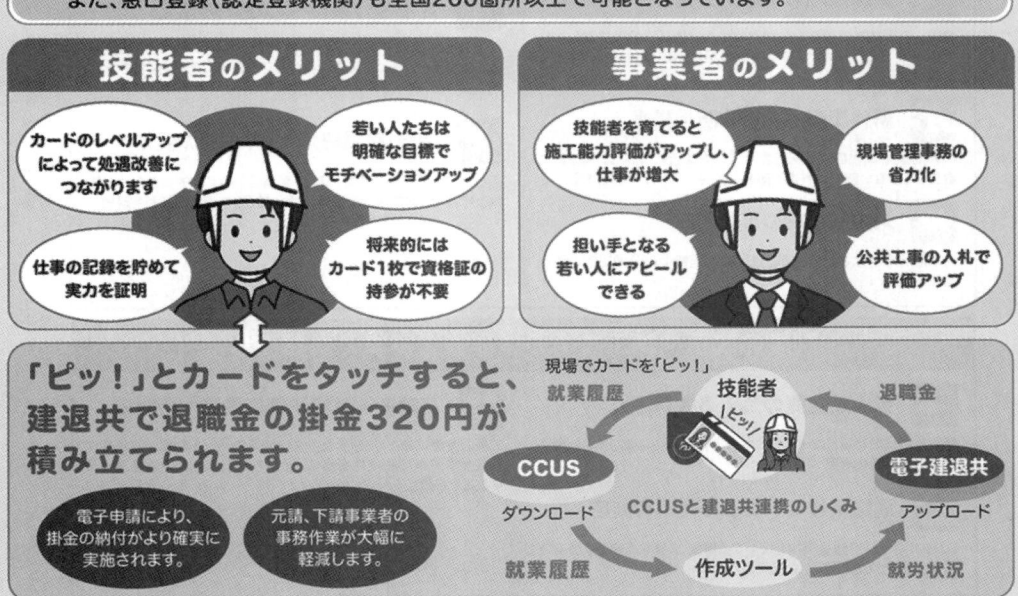

現場でカードを「ピッ！」 就業履歴
技能者
退職金
CCUS ダウンロード
CCUSと建退共連携のしくみ
電子建退共 アップロード
就業履歴 作成ツール 就労状況

CCUSの利用料金には、「技能者登録料」、「事業者登録料」、運用時に事業者にお支払いいただく「管理者ID利用料」、「現場利用料」があります。

建設業法

建設キャリアアップシステムHP　申請方法や最新情報のチェックはこちらから　https://www.ccus.jp/

9. 建設工事公衆災害防止対策要綱

国土交通省告示第496号
令 和 元 年 9 月 1 1 日

本要綱は平成5年に策定され、令和元年に見直されたものです。

令和元年見直しについてのポイントは以下の通りです。

Point 1　関係者が持つべき理念と責務を規定

 理念・責務を明確化

建設工事に関係する者は、関連法令及び当該要綱を遵守すべきことを明記。さらに、当該要綱を守るのみならず、より安全性を高める工夫や周辺環境の改善等を通じ、万全を期さなければならないことを規定

 設計段階での配慮・情報の伝達

工事の設計に当たっては、現場条件を調査した上で、施工時における公衆災害の防止に配慮しなければならないことや、施工者等に必要な情報を十分に伝達することを明記

 リスクアセスメント

工事に先立ち、リスクアセスメントによって公衆災害の危険性を特定し、当該リスクを低減するための措置を自主的に講じる（措置により危険性の低減が図られない場合は施工計画を協議する）ことを規定

 **適切な工期の確保・
公衆災害防止対策経費の確保**

適切な工期や費用について設定・確保するとともに変更事項についても必要に応じて工期や経費の見直しを検討することを規定

Point 2　近年の公衆災害事例をふまえた見直し

 埋設物の確認・保全措置

施工前に埋設物管理者等が所有する資料（台帳等）と設計図面等を照合することを明記

 建設機械の施工・移動時の措置

建設機械の移動及び作業時における措置について、転倒や転落または接触による損傷事故を防止するため、より具体的に規定

 架線接触の事故防止措置

架線、構造物等に近接した作業時における具体的な措置について規定するとともに、その情報を作業員等に確実に伝達することを規定

 足場等作業時への事前の備え

「足場等の仮設の組立・解体時」に対しては、事前に危険性評価等を行うとともに、災害の発生リスクが高くなる「資材の上げ下ろし作業」は、原則、作業現場内で行うこと等を規定

 解体工事中の事故防止措置

解体対象建築物の情報を可能な限り施工者に提供し、構造的に自立していない部分や異なる部分の解体について対処を明記

 荒天（強風等）時への事前の備え

あらかじめ荒天時（強風、豪雨、豪雪等）の具体的な措置（作業中止の基準、作業中止時の具体的な措置）を定めることを規定

河川航行時の事故対策

河川航行中等における、建設資材等の運搬中の公衆災害の防止措置を規定

Point 3　制度の改正や施工技術の進展等をふまえた見直し

 無人航空機の落下事故対策

建設現場におけるドローン等の操作を行う場合における、公衆災害の防止措置を規定

 高齢者・車椅子使用者等への対応

工事の実施にあたり、やむを得ず歩行者の通行を制限する場合には高齢者や車椅子使用者等にとっても安全な歩行用通路を確保することを規定

 建設機械のレンタル化への対応

レンタル（持込み）建設機械を使用する場合、必要な点検整備がなされていることを確認することを規定

・建設工事公衆災害防止対策要綱の解説

https://www.mlit.go.jp/tec/content/001305477.pdf

建
設
業
法

各建設業者団体の長　殿

国土交通省不動産・建設経済局建設業課長
（公　印　省　略）

施工体系図及び標識の掲示におけるデジタルサイネージ等の活用について

　建設業法（昭和24年法律第100号。以下「法」という。）第24条の8第4項の規定により、発注者から直接建設工事を請け負った特定建設業者は、下請契約の請負代金の額が4,000万円（建築一式工事にあっては6,000万円）以上の場合、施工体系図を作成し、工事現場の見やすい場所に掲げなければならないこととされている。また、公共工事の場合は、公共工事の入札及び契約の適正化の促進に関する法律（平成12年法律第127号。以下「入札契約適正化法」という。）第15条第1項の規定により、発注者から直接建設工事を請け負った建設業者は、下請契約を締結した場合、施工体系図を作成し、工事関係者が見やすい場所及び公衆が見やすい場所に掲げなければならないこととされている。

　さらに、法第40条においては、建設業者は、その店舗及び建設工事（発注者から直接建設工事を請け負ったものに限る。）の現場ごとに、公衆の見やすい場所に、許可番号や商号等を記載した標識を掲げなければならないこととされている。

　今般、デジタル技術の活用による効率化や、建設業の働き方改革、建設現場の生産性向上の推進の観点から、デジタルサイネージ等を活用した施工体系図及び標識の掲示について、下記のとおりその取扱いを定め、各地方整備局建政部長等に通知するとともに、各都道府県建設業担当部局長に参考送付したところである。

　貴団体におかれては、本通知の内容について、貴団体傘下の建設業者に対し周知、指導を徹底されたい。

記

1．施工体系図の掲示について

　法第24条の8第4項の規定による施工体系図の作成及び掲示は、多様化かつ重層化した下請構造という建設工事の特性を踏まえ、元請業者が下請業者の情報を含め施工体制を的確に把握し、その監督及び施工管理を行うことができるようにすること、また、元請業者のみならず各下請業者が工事の全容及び役割分担を確認できるようにすることを通じ、建設工事の適正な施工を確保することを目的としている。

　こうした趣旨を踏まえると、書面ではなく、デジタルサイネージ等ICT機器を活用した掲示についても、以下の（1）〜（4）の要件を満たす場合には、書面による掲示と同等の役割を果たしていると考えられ、法第24条の8第4項の規定による施工体系図の掲示義務を果たすものと考えて差し支えない。

（1）工事関係者が必要なときに施工体系図を確認できるものであること。
（2）当該デジタルサイネージ等において施工体系図を確認することができる旨の表示が常時わかりやすい形でなされていること（画面の内外は問わない。）。
（3）施工の分担関係を簡明に確認することが可能な画面サイズ、輝度、文字サイズ及びデザインであること（必要な場合には施工体系図を分割表示しても差し支えない。）。
（4）一定時間で画面が自動的に切り替わり、画面操作が可能ではない方式（スライドショー方式）のデジタルサイネージ等を使用する場合には、施工体系図の全体を確認するために長時間を要しないものであること。

建　設　業　法

また、入札契約適正化法第15条第１項は、法第24条の８第４項の規定の趣旨に加え、公共工事が適正な施工体制のもとに行われていることを担保するため、第三者の視点でも現場の施工体制を簡明に確認できるようにすることを目的としている。

　こうした趣旨を踏まえると、デジタルサイネージ等を活用し、「工事関係者が見やすい場所」に掲示する施工体系図については上記の（１）～（４）の要件を満たす場合に、「公衆の見やすい場所」に掲示する施工体系図については、上記の（２）～（４）の要件に加え、以下の（５）及び（６）の要件を満たす場合に、それぞれ入札契約適正化法第15条第１項の規定による施工体系図の掲示義務を果たすものと考えて差し支えない。

（５）公衆が必要なときに施工体系図を確認できるものであること。
（６）施工時間内のみならず施工時間外においても公衆が施工体系図を確認することができるよう、人感センサーや画面に触れること等により画面表示ができるものであること。なお、工事現場が住宅地に位置する等周辺環境への配慮が必要であり、施工時間外のうち一定の時間画面の消灯が必要な場合においては、デジタルサイネージ等の周囲にインターネット上で施工体系図の閲覧が可能である旨を掲示することを条件に、施工時間外は、当該デジタルサイネージ等による掲示に代わり、インターネット上で施工体系図を閲覧する措置を講じることができることとする。

２．標識の掲示について
　法第40条の規定による標識の掲示は、建設工事の施工が建設業法による許可を受けた業者によってなされていることや、安全施工、災害防止等の責任主体を対外的に明らかにすることを目的としている。

　こうした趣旨を踏まえると、書面ではなく、デジタルサイネージ等ＩＣＴ機器を活用した掲示についても、以下の（１）～（３）の要件を満たす場合には、書面による掲示と同等の役割を果たしていると考えられ、法第40条の規定による標識の掲示義務を果たすものと考えて差し支えない。なお、標識の様式については、建設業法施行規則（昭和24年建設省令第14号）別記様式第28号（店舗）及び別記様式第29号（工事現場）によることに留意する必要がある。

（１）公衆が必要なときに標識を確認できるものであること。
（２）当該デジタルサイネージ等において標識を確認することができる旨の表示が常時わかりやすい形でなされていること（画面の内外は問わない。）。
（３）施工時間内のみならず施工時間外においても公衆が標識を確認することができるよう、人感センサーや画面に触れること等により画面表示ができるものであること。なお、工事現場が住宅地に位置する等周辺環境への配慮が必要であり、施工時間外のうち一定の時間画面の消灯が必要な場合においては、デジタルサイネージ等の周囲にインターネット上で標識の閲覧が可能である旨を掲示することを条件に、施工時間外は、当該デジタルサイネージ等による掲示に代わり、インターネット上で標識を閲覧する措置を講じることができることとする。

建
設
業
法

1. 建設雇用改善法（要旨）

改正：令和 4 年 6 月 17 日

事　　　　　項	条文	内　容　の　説　明
目　　　　　的	1	建設労働者の雇用の改善、能力の開発・向上、福祉の増進を図るための措置、ならびに建設業務有料職業紹介事業および建設業務労働者就業機会確保事業の適正な運営確保を図るための措置を講じることにより、建設業務に必要な労働力の確保に資するとともに、建設労働者の雇用安定を図ることを目的とする。
定　　　　　義	2	「建設業務」とは、土木、建築その他工作物の建設、改造、保存、修理、変更、破壊若しくは解体の作業又はこれらの作業の準備の作業に係る業務をいう。 　「建設業務職業紹介」とは、事業主団体がその構成員を求人者とし、又はその構成員もしくは構成員に常時雇用されている者を求職者とし、求人および求職の申込みを受け、求人者と求職者間の建設業務に係る雇用関係成立を斡旋することをいう。 　「建設業務労働者の就業機会確保」とは、事業主が常時雇用する建設業務労働者を、雇用関係の下に、かつ他の事業主の指揮命令を受けて、当該他の事業主のために建設業務に従事させること。
建設雇用改善計画の策定	3	厚生労働大臣は、建設労働者の雇用改善、能力開発・向上、福祉の増進並びに建設業務有料職業紹介事業および建設業務労働者就業機会確保事業の適正な運営確保に関する事項を定めた建設雇用改善計画を策定する。
勧　　告　　等	4	厚生労働大臣は、建設雇用改善計画を円滑に実施するため、事業主、事業主団体、その他関係者に対して勧告または要請を行う。
雇 用 管 理 責 任 者	5	1　事業主は、建設事業を行う事業所ごとに、次に掲げる事項のうち当該事業所において処理すべき事項を管理させるため、雇用管理責任者を選任しなければならない。 　一　建設労働者の募集、雇入れ及び配置に関すること。 　二　建設労働者の技能の向上に関すること。 　三　建設労働者の職業生活上の環境の整備に関すること。 　四　前三号に掲げるもののほか、建設労働者に係る雇用管理に関する事項で厚生労働省令で定めるもの 2　事業主は、雇用管理責任者を選任したときは、当該雇用管理責任者の氏名を当該事業所に掲示する等により当該事業所の建設労働者に周知させるように努めなければならない。 3　事業主は、雇用管理責任者について、必要な研修を受けさせる等第一項各号に掲げる事項を管理するための知識の習得及び向上を図るように努めなければならない。

雇用改善法

事　　　　項	条文	内　容　の　説　明
募集に関する事項の届出	6	事業主は、新聞、雑誌その他の刊行物に掲載する広告、文書の掲出又は頒布その他厚生労働省令で定める方法以外の方法により建設労働者の募集を行う場合において、その被用者に建設労働者を募集させようとするときは、厚生労働省令で定めるところにより、当該被用者の氏名その他建設労働者の募集に関する事項で厚生労働省令で定めるものを公共職業安定所長に届け出なければならない。ただし、建設労働者の募集の適正化を図るため特に必要があると認められる区域として厚生労働省令で定める区域以外の区域において建設労働者を募集させる場合は、この限りでない。
雇用に関する文書の交　　　　　　　付	7	事業主は、建設労働者を雇い入れたときは、速やかに、当該建設労働者に対して、当該事業主の氏名又は名称、その雇入れに係る事業所の名称及び所在地、雇用期間並びに従事すべき業務の内容を明らかにした文書を交付しなければならない。
書 類 の 備 付 け 等	8	一の場所において行う建設事業の仕事の一部を請負人に請け負わせている事業主は、当該建設工事について、その請負人ごとに、その氏名又は名称、その雇用する建設労働者を当該建設工事に従事させようとする期間及びその選任に係る雇用管理責任者の氏名を明らかにした書類を、厚生労働省令で定めるところにより、当該建設工事に係る事業所に備えて置かなければならない。ただし、当該建設工事に係る事業所において元方事業主及び関係請負人が雇用する建設労働者の数が厚生労働省令で定める数未満である場合は、この限りでない。
建設労働者の雇用の安定等 に 関 す る 事 業	9	政府は、建設労働者の雇用の安定、能力の開発及び向上を図るため、送出就業の作業環境に適応させるための訓練の促進ならびに建設業務労働者の就職および送出就業の円滑化を図るため、事業主や事業主団体等に対して必要な助成を行う。
実 施 計 画 の 認 定	12	事業主団体は、建設業務労働者の雇用改善、能力開発・向上ならびに福祉の増進に関する措置、建設業務有料職業紹介事業または構成事業主が行う建設業務労働者就業機会確保事業に関する措置を、一体的に実施する計画を作成、厚生労働大臣に提出して適当である旨の認定を受けることができる。
職 業 安 定 法 等 の 特 例	15	認定団体が認定計画に従って行う建設業務有料職業紹介事業に関しては、建設業務有料職業紹介事業の許可および建設業務に係る部分の範囲の職業安定法の規定は適用しない。 　認定団体の構成事業主が認定計画に従って行う建設業務労働者就業機会確保事業に関しては、労働者派遣事業の適正な運営の確保及び派遣労働者の保護等に関する法律の規定は適用しない。
指 導 お よ び 助 言	16	厚生労働大臣は、認定団体およびその構成事業主に対して、認定計画に係る改善措置の的確な実施に必要な指導及び助言を行う。
報 告 の 徴 収	17	厚生労働大臣は、認定団体に対して、認定計画の実施状況について報告を求めることができる。
建 設 業 務 有 料 職 業紹 介 事 業 の 許 可	18	建設業務有料職業紹介事業を行おうとする認定団体は、厚生労働大臣の許可を受けなければならない。
建 設 業 務 労 働 者 就 業機 会 確 保 事 業 の 許 可	31	建設業務労働者就業機会確保事業を行おうとする構成事業主は、厚生労働大臣の許可を受けなければならない。

雇用改善法

事　　項	条文	内　容　の　説　明
労働保険の保険料の徴収等に関する法律の適用に関する特例	45	受入事業主がその指揮命令の下に労働させる送出労働者の当該建設業務労働者の就業機会確保に係る就業に関しては、当該送出事業主を当該受入事業主の請負人とみなして、労働保険の保険料の徴収等に関する法律の規定を適用する。
罰　　　　　　　則	49～51	最高1年以下の懲役または100万円以下の罰金から、最低30万円以下の罰金まで、それぞれの違反に対して科せられる。
両　罰　規　定	52	行為者を罰するほか、その法人または人に対しても罰金刑が科せられる。

1．建設業における労働力需給調整システムの概要

　建設業務労働者の雇用の安定等を図るため、建設事業主団体が作成する雇用管理の改善と労働力の需給調整を一体的に実施するための計画を認定し、建設業務労働者について、計画に従って建設業務有料職業紹介事業及び建設業務労働者就業機会確保事業（他の事業主へ一時的に送出）を実施する。

（1）建設業務労働者の雇用の改善、能力の開発及び向上並びに福祉の増進に関する措置
（2）建設業務有料職業紹介事業又は構成事業主が行おうとする建設業務労働者就業機会確保事業に関する措置

　　上記の（1）（2）を一体的に実施するための計画を作成

厚生労働省大臣が実施計画を認定

事業主団体等の取組を政府が支援

（以下の特例措置を実施）

建設業務有料職業紹介事業の実施が可能 （厚生労働大臣の許可）	建設業務労働者就業機会確保事業の実施が可能 （厚生労働大臣の許可）
○　実施計画の認定を受けた**事業主団体が自ら実施** ○　求人者が構成事業主であるか、求職者が構成事業主又は構成事業主の雇用労働者である場合に可能	○　実施計画の認定を受けた事業主団体の**構成事業主が実施** ○　構成事業主が自己の雇用する常用労働者を他の構成事業主に一時的に送出（送出先はあらかじめ、計画に記載）
これにより、離職を余儀なくされた労働者の円滑な再就職、新たな労働力の確保が図られる。	**これにより、一時的に余剰となる労働力の需給調整が可能となり、雇用の安定が図られる。**

※就業機会確保事業と労働者派遣事業の違い
　就業機会確保事業
　　建設雇用改善法に基づき、建設事業主が一時的に余剰となった労働者を同一の事業主団体に属する他の建設事業主に送出することにより、その雇用を維持し、雇用の安定を図ろうとするもの。

　労働者派遣事業
　　労働者派遣法に基づき、労働力の適正な需給調整を図ることを目的とし、事業主が雇用する労働者を、雇用関係を維持しつつ、他の事業主の指揮命令を受けて、当該他の事業主のための業務に従事させるものをいう。

雇用改善法

※建設業務の労働者派遣は禁止
　　労働者派遣法は、建設業務を派遣事業適用対象業務から除外しているため、建設業務労働者の派遣は禁止されている。このため、建設現場において、自己の雇用する労働者以外の者を使用する場合は、今後とも適正な請負形態あるいは建設業務労働者就業機会確保事業の活用による適法な手続きによらなければならない。

２．建設業務有料職業紹介事業の概要
≪建設事業主団体による実施計画の作成≫
　実施計画を作成する建設事業主団体の範囲
　・建設事業主を主たる構成員とする社団法人、一定の要件を満たす事業協同組合等。

　事業主団体による実施計画の作成
　・事業主団体は、実施計画において、(1)雇用改善・安定等の目標、(2)実施時期、(3)雇用管理改善の内容に加えて、実施する予定の建設業務有料職業紹介事業の概要を記載。
　　＊事業の実施時期
　　＊求人者及び求職者の見込み数
　　＊事業主団体による指導・援助内容等

　実施計画に対する認定
　・厚生労働大臣は、実施計画が地域の雇用の安定を図るものであるかどうか等について審査。

≪事業主団体による事業の実施≫
　事業を実施する事業主団体に対する許可
　・厚生労働大臣は、事業主団体が事業を適正に行う能力があるかどうか等について審査。

　建設業務有料職業紹介事業の実施
　・事業主団体は、認定を受けた実施計画の内容に従って、建設業務有料職業紹介事業を実施。

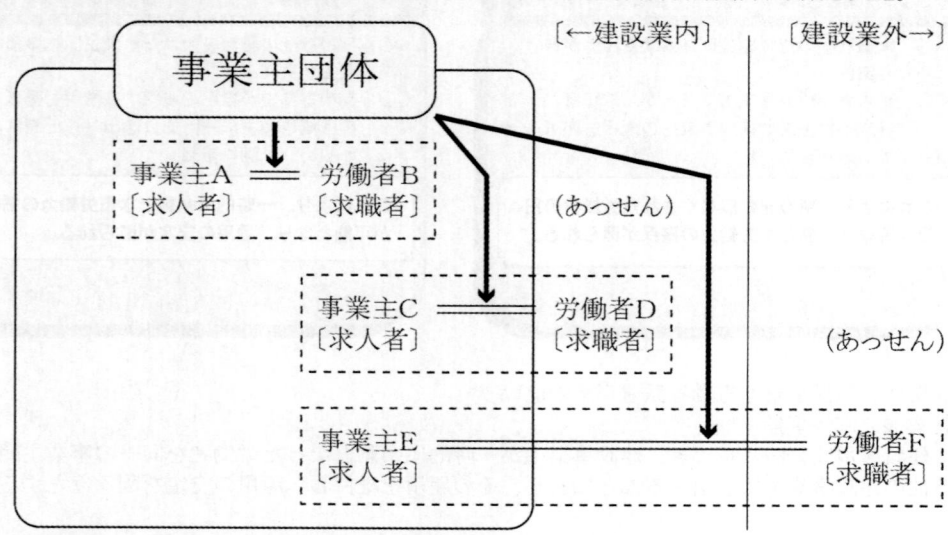

≪事業の適正な運営に向けた措置の実施≫（厚生労働省）
　①事業報告書等のチェック②事業主団体に対する指導・改善命令③事業主団体による実施体制整備への支援

雇用改善法

３．建設業務労働者就業機会確保事業の概要

≪建設事業主団体による実施計画の作成≫

実施計画を作成する建設事業主団体の範囲
・建設事業主を主たる構成員とする社団法人、一定の要件を満たす事業協同組合等。

事業主団体による実施計画の作成
・事業主団体は、実施計画において、(1)雇用改善・安定等の目標、(2)実施時期、(3)雇用管理改善の内容に加えて、実施する予定の建設業務労働者就業機会確保事業の概要を記載。
　＊送出事業主及び受入事業主の氏名
　＊事業の実施時期
　＊対象労働者数、その職種
　＊事業主団体による相談・援助内容等

実施計画に対する認定
・厚生労働大臣は、実施計画が地域の雇用の安定を図るものであるかどうか等について審査。

≪構成事業主による事業の実施≫

事業を実施する事業主に対する許可
・実施計画の認定を受けた事業主団体内において、構成事業主は建設業務労働者就業機会確保事業の実施に関する許可を申請。
・厚生労働大臣は、構成事業主が事業を適正に行う能力があるかどうか等について審査。

建設業務労働者就業機会確保事業の実施
・構成事業主は、認定を受けた実施計画の内容に従って、常用労働者の送出を実施。

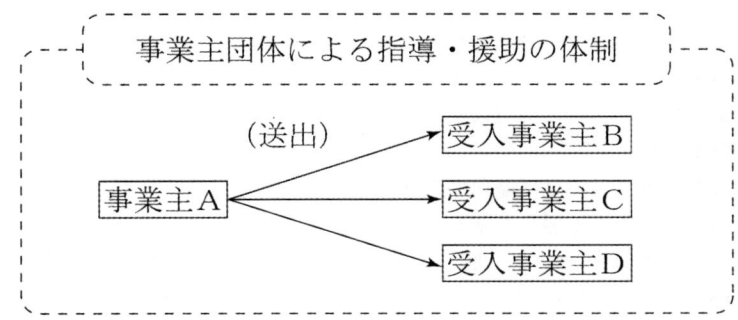

≪事業の適正な運営に向けた措置の実施≫（厚生労働省）
　①事業報告書等のチェック②事業主団体に対する指導・改善命令③事業主団体による実施体制整備への支援

雇用改善法

１．概要

　建設事業主等に対する助成金は、建設事業主や建設事業主団体等が、建設労働者の雇用の改善や建設労働者の技能の向上等をはかるための取組みを行った場合に助成を受けることができます。

２．主な受給要件

　本助成金は、以下の（1）～（13）の助成コースから構成されており、助成コースごとに定められた措置を実施した場合に受給することができます。

・トライアル雇用助成金
　（1）若年・女性建設労働者トライアルコース
　　　　中小建設事業主が、若年者又は女性を建設技能労働者等として一定期間試行雇用し、トライアル雇用助成金の対象コース（一般・障害者・新型コロナウィルス感染症対応・新型コロナウィルス感染症対応短時間）の支給決定を受けたこと
・人材確保等支援助成金
　（2）雇用管理制度助成コース（建設分野）（目標達成助成）
　　　　人材確保等支援助成金（雇用管理制度助成コース）の目標達成助成の支給決定を受けた中小建設事業主が、本コースが定める若年者及び女性の入職率に係る目標を達成すること
　（3）雇用管理制度助成コース（建設分野）（登録基幹技能者の処遇向上支援助成）
　　　　中小建設事業主が、雇用する登録基幹技能者の賃金テーブル又は資格手当を増額改定すること
　（4）若年者及び女性に魅力ある職場づくり事業コース（建設分野）（事業主経費助成）
　　　　建設事業主が、若年労働者及び女性労働者の入職や定着を図ることを目的とした事業を行うこと
　（5）若年者及び女性に魅力ある職場づくり事業コース（建設分野）（事業主団体経費助成）
　　　　建設事業主団体が、若年労働者及び女性労働者の入職や定着を図ることを目的とした事業を行うこと
　（6）若年者及び女性に魅力ある職場づくり事業コース（建設分野）（推進活動経費助成）
　　　　広域的職業訓練を実施する職業訓練法人が、建設工事における作業に係る職業訓練の推進のための活動を行うこと
　（7）作業員宿舎等設置助成コース（建設分野）（作業員宿舎等経費助成）
　　　　中小建設事業主が、被災三県（岩手県、宮城県、福島県）に所在する建設工事現場での作業員宿舎、作業員施設、賃貸住宅（※1）（以下「作業員宿舎等」という）の賃借により、作業員宿舎等の整備を行うこと
　　　　※1　賃貸住宅は被災三県に雇用保険適用事業所を有する中小事業主が建設労働者を遠隔地より新たに採用する場合に限る。
　（8）作業員宿舎等設置助成コース（建設分野）（女性専用作業員施設設置経費助成）
　　　　中小元方建設事業主が自ら施工管理する建設工事現場に女性専用作業員施設を賃借により整備を行うこと
　（9）作業員宿舎等設置助成コース（建設分野）（訓練施設等設置経費助成）
　　　　広域的職業訓練を実施する職業訓練法人が、認定訓練の実施に必要な施設又は設備の設置又は整備を行うこと

・人材開発支援助成金
  （10）建設労働者認定訓練コース（経費助成）
     中小建設事業主又は中小建設事業主団体（職業訓練法人など）が、職業能力開発促進法による認定職業訓練（※2）を行うこと
     ※2 広域団体認定訓練助成金の支給または認定訓練助成事業補助金の交付を受けている認定職業訓練であることが必要です。
  （11）建設労働者認定訓練コース（賃金助成）
     中小建設事業主が、雇用する建設労働者に対して、有給で認定職業訓練（※3）を受講させること
     ※3 人材開発支援助成金（特定訓練コース、一般訓練コース、特別育成訓練コースのいずれかのコース）の支給を受けていることが必要です。
  （12）建設労働者技能実習コース（経費助成）（※4）
     （中小建設事業主又は中小建設事業主団体）
     雇用する建設労働者（雇用保険被保険者に限る）に対して、技能実習を行うこと又は登録教習機関等で行う技能実習を受講させること
     （中小以外の建設事業主又は中小以外の建設事業主団体）
     雇用する女性の建設労働者（雇用保険被保険者に限る）に対して、技能実習を行うこと又は登録教習機関等で行う技能実習を受講させること
  （13）建設労働者技能実習コース（賃金助成）（※4）
     中小建設事業主が、雇用する建設労働者（雇用保険被保険者に限る）に対して、技能実習を受講させること
     ※4 有給で技能実習を実施または受講させた事業主が対象となります。

３．受給額
  ＜＞内は生産性要件を満たした場合の助成率・金額（（11）〜（13）においては、割増分の助成率・金額）です。

・トライアル雇用助成金
  （1）若年・女性建設労働者トライアルコース
     1人1か月あたり最大4万円（ただし、最長3か月まで）（新型コロナウィルス感染症対応短期トライアルコースは最大2.5万円）
・人材確保等支援助成金
  （2）雇用管理制度助成コース（建設分野）（目標達成助成）
     人材確保等支援助成金（雇用管理制度助成コース）の目標達成助成の支給額に加えて57万円＜72万円＞（第1回）及び85.5万円＜108万円＞（第2回）
  （3）雇用管理制度助成コース（建設分野）（登録基幹技能者の処遇向上支援助成）（最大3年）
     年間の登録基幹技能者当手当等の増額「5万円/年」以上「10万円/年」未満の場合、登録基幹技能者1人あたり年額3.32万円＜4.2万円＞
     年間の登録基幹技能者当手当等の増額「10万円/年」以上の場合、登録基幹技能者1人あたり年額6.65万円＜8.4万円＞
     2年目、3年目も同様
  （4）若年者及び女性に魅力ある職場づくり事業コース（建設分野）（事業主経費助成）（※5）
     事業の実施に要した経費の3/5＜3/4＞（中小建設事業主以外は9/20＜3/5＞）
     ただし、事業全体として一事業年度について200万円を上限とします。

雇用改善法

雇用管理研修又は職長研修の受講については、対象労働者１人１日あたり8,550円＜10,550円＞ただし、１日３時間以上の受講日が対象で、最大６日分まで。

※５　「建設事業の役割や魅力を伝え、理解を促進するための啓発活動等に関する事業」（意見交換会、出前授業、現場見学会等）を「つなぐ化事業」（厚生労働省委託事業）と共催で実施する場合でも本助成金を利用できます。

（５）若年者及び女性に魅力ある職場づくり事業コース（建設分野）（事業主団体経費助成）（※５）

事業の実施に要した経費の2/3（中小建設事業主以外は1/2）

ただし、一事業年度につき、建設事業主団体の規模に応じて、1,000万円又は2,000万円若しくは3,000万円の上限額があります。

（６）若年者及び女性に魅力ある職場づくり事業コース（建設分野）（推進活動経費助成）

事業の実施に要した経費の2/3

ただし、訓練人日２万人日未満の場合は上限額4,500万円、訓練人日２万人日以上３万人日未満の場合は上限額6,000万円、訓練人日３万人日以上４万人日未満の場合は上限額7,500万円、訓練人日４万人日以上５万人日未満の場合は上限額9,000万円、訓練人日５万人日以上の場合は上限額10,500万円とします。

（７）作業員宿舎等設置助成コース（建設分野）（作業員宿舎等経費助成）

作業員宿舎等の賃借に要した経費の2/3（賃貸住宅は、１人最大１年間かつ月額３万円を上限）

ただし、一事業年度当たり200万円を上限とします。

（８）作業員宿舎等設置助成コース（建設分野）（女性専用作業員施設設置経費助成）

女性専用作業員施設の賃借に要した経費の3/5＜3/4＞

ただし、１つの工事現場につき同一区分の助成対象施設は１施設のみとなります。

また、一事業年度あたり60万円を上限とします。

（９）作業員宿舎等設置助成コース（建設分野）（訓練施設等設置経費助成）

集合して行う職業訓練の学科又は実技の訓練に必要な設備の設置または整備に要した経費の1/2

ただし、５年間で３億円を上限とします。

・人材開発支援助成金

（10）建設労働者認定訓練コース（経費助成）

広域団体認定訓練助成金の支給又は認定訓練助成事業費補助金の交付を受けて都道府県が行う助成により助成対象経費とされた額の1/6

（11）建設労働者認定訓練コース（賃金助成）

認定訓練を受講した建設労働者１人１日当たり3,800円＜1,000円＞

ただし、１事業所への１の年度の建設労働者認定訓練コース（賃金助成）に係る支給額の合計として1,000万円が上限となります。

（12）建設労働者技能実習コース（経費助成）（※６）

（雇用保険被保険者数20人以下の中小建設事業主）

技能実習の実施に要した経費の3/4＜3/20＞

（雇用保険被保険者数21人以上の中小建設事業主（35歳未満の労働者分））

技能実習の実施に要した経費の7/10＜3/20＞

（雇用保険被保険者数21人以上の中小建設事業主（35歳以上の労働者分））

技能実習の実施に要した経費の9/20＜3/20＞

（中小以外の建設事業主）

女性建設労働者の技能実習の実施に要した経費の3/5＜3/20＞

（中小建設事業主団体）

雇用改善法

技能実習の実施に要した経費の4/5

（中小以外の建設事業主団体）

女性建設労働者の技能実習の実施に要した経費の2/3

※6　１つの技能実習について１人あたり10万円を上限とします。また、１事業所または１事業主団体への１の年度の建設労働者技能実習コースに係る経費助成及び賃金助成の支給額の合計として500万円が上限となります。

(13)　建設労働者技能実習コース（賃金助成）（※７）

（雇用保険被保険者数20人以下の中小建設事業主）

技能実習を受講した建設労働者１人１日当たり8,550円＜2,000円＞

但し、受講者が建設キャリアアップシステム技能者情報登録者である場合は、9,405円

（雇用保険被保険者数21人以上の中小建設事業主）

技能実習を受講した建設労働者１人１日当たり7,600円＜1,750円＞

但し、受講者が建設キャリアアップシステム技能者情報登録者である場合は、8,360円

※7　１つの技能実習につき１人あたり20日分を上限とします。また、１事業所への１の年度の建設労働者技能実習コースに係る経費助成及び賃金助成の支給額の合計として500万円が上限となります。

雇用改善法

第12 男女雇用機会均等法関係

1. 男女雇用機会均等法（要旨）

改正：令和4年6月17日

　男女雇用機会均等法は、正式には「雇用の分野における男女の均等な機会及び待遇の確保等に関する法律」の略称であり、職場で働く人が性別により差別されることなく、また、働く女性が母性を尊重されつつ、その能力を十分発揮することができる雇用環境を整備するため、性別による差別禁止の範囲、妊娠等を理由とする不利益な取扱いの禁止等を定めた法律である。

	事　　項	条文	内　容　の　説　明
総則	目　　的	1	雇用の分野における男女の均等な機会及び待遇の確保を図るとともに、女性労働者の就業に関して妊娠中及び出産後の健康の確保を図る等の措置を推進すること。
	基 本 的 理 念	2	労働者が性別により差別されることなく、また、女性労働者にあっては、母性を尊重されつつ充実した職業生活を営むことができるようにすること。
	啓 発 活 動	3	国及び地方公共団体は、雇用の分野における男女の均等な機会及び待遇の確保等について国民の関心と理解を深めるとともに、特に、雇用の分野における男女の均等な機会及び待遇の確保を妨げている諸要因の解消を図るため、必要な啓発活動を行うこと。
	男女雇用機会均等対策基本方針	4	雇用の分野における男女の均等な機会及び待遇の確保等に関する施策の基本となるべき方針（「男女雇用機会均等対策基本方針」）を定める。
雇用の分野における男女の均等な機会及び待遇の確保等	性別を理由とする差 別 の 禁 止	5	事業主は労働者の募集及び採用について、その性別にかかわりなく均等な機会を与えなければならない。
		6	事業主は、次の事項について、労働者の性別を理由として差別的取扱いをしてはならない。 ①　労働者の配置、昇進、降格及び教育訓練 ②　住宅資金の貸付その他これに準ずる福利厚生の措置で厚生労働省令に定めるもの ③　労働者の職種及び雇用形態の変更 ④　退職の勧奨、定年及び解雇ならびに労働契約の更新
	性別以外の事由を要 件 と す る 措 置	7	事業主は、募集及び採用並びに前条に掲げる事項に関する措置であって、労働者の性別以外の事由を要件とするもののうち、措置の要件を満たす男性及び女性の比率その他の事情を勘案して実質的に性別を理由とする差別になるおそれがある措置として厚生労働省令で定めるものについては、当該措置の対象となる業務の性質に照らして、措置の実施が業務遂行上特に必要である場合、事業の運営の状況に照らして当該措置の実施が雇用管理上特に必要である場合その他合理的な理由がある場合でなければ講じてはならない。

雇用均等法

事　　項	条文	内　容　の　説　明
女性労働者に係る措置に関する特例	8	前3条の規定は、事業主が、雇用の分野における男女の均等な機会及び待遇の確保の支障となる事情を改善することを目的に、女性労働者に関して行う措置を講ずることを妨げるものではない。
婚姻、妊娠、出産等を理由とする不利益取扱いの禁止等	9	①　事業主は、女性労働者が婚姻し、妊娠し、又は出産したことを退職理由として予定する定めをしてはならない。 ②　事業主は、女性労働者が婚姻したことを理由に解雇してはならない。 ③　事業主は、雇用する女性労働者が妊娠、出産を理由に労働基準法による休業の請求、休業をしたことを理由に解雇その他不利益な取扱いをしてはならない。 ④　妊娠中及び出産後1年を経過しない女性労働者に対してなされた解雇は無効とする。ただし、事業主が前項の理由による解雇でないことを証明したときは、この限りではない。
指　　針	10	厚生労働大臣は、第5条から第7条、及び第9条の①～③の規定に定める事項に関し、事業主が適切に対処するために必要な指針を定める。
職場における性的な言動に起因する問題に関する雇用管理上の措置	11	①　事業主は、職場において行われる性的な言動に対するその労働者の対応により、労働条件について不利益を受けたり、または性的な言動により就業環境が害されたりすることのないよう、当該労働者からの相談に応じ、適切に対応するために必要な体制の整備その他の雇用管理上必要な措置を講じなければならない。 ②　事業主は、労働者が前項の相談を行ったり、相談対応した際に事実を述べたことを理由として解雇その他不利益な取扱いをしてはならない。 ③　事業主は、他の事業主から当該事業主の講ずる第1項の措置の実施に際し、協力を求めれた場合は応ずるように努めなければならない。 （編者注：ハラスメントの行為者には、取引先等の事業主や労働者も含まれる） ④　厚生労働大臣は、前項の事業主が講ずべき措置について、適切かつ有効な実施を図るための指針を定める。
	11の2	①　国は、第11条1項に規定する行為又は労働者の就業環境を害する言動と言動に起因する問題（性的言動問題）に対する関心と理解を深めるため、広報や啓発その他の活動に努めなければならない。 ②　事業主は、雇用する労働者の性的言動問題に対する理解と関心を深め、他の労働者に対する言動に注意を払うよう配慮を行うほか、国の措置に協力するよう努めなければならない。 ③　事業主は、自らも性的言動問題に対する関心と理解を深め、労働者に対する言動に注意を払うよう努めなければならない。 ④　労働者は、性的言動問題に対する関心と理解を深め、他の労働者に対する言動に注意を払うとともに、事業主の講ずる措置に協力するよう努めなければならない。

左欄（縦書き）：雇用の分野における男女の均等な機会及び待遇の確保等

右欄（縦書き）：雇用均等法

事　　　項	条文	内　容　の　説　明
職場における性的な言動に起因する問題に関する雇用管理上の措置	11の3	事業主は、雇用する女性労働者が、妊娠・出産、労働基準法による休業の請求、休業、妊娠出産に関する言動により就業環境が害されることのないよう、当該女性労働者からの相談に応じ、適切に対応するために必要な体制の整備その他の雇用管理上必要な措置を講じなければならない。
	11の4	①　国は、労働者の就業環境を害する前条第一項に規定する言動を行ってはならないことその他当該言動に起因する問題（妊娠・出産等関係言動問題）に対する国民の関心と理解を深めるため、広報や啓発その他の活動に努めなければならない。 ②　事業主は、雇用する労働者の妊娠・出産等関係言動問題に対する理解と関心を深め、他の労働者に対する言動に注意を払うよう配慮を行うほか、国の措置に協力するよう努めなければならない。 ③　事業主は、自らも妊娠・出産等関係言動問題に対する関心と理解を深め、労働者に対する言動に注意を払うよう努めなければならない。 ④　労働者は、妊娠・出産等関係言動問題に対する関心と理解を深め、他の労働者に対する言動に注意を払うとともに、事業主の講ずる措置に協力するよう努めなければならない。
妊娠中及び出産後の健康管理に関する措置	12	事業主は、厚生労働省令で定めるところにより、雇用する女性労働者が母子保健法の規定による保健指導又は健康診査を受けるために必要な時間を確保できるようにしなければならない。
	13	①　事業主は、雇用する女性労働者が前条の保健指導又は健康診査に基づく指導事項を守ることができるよう、勤務時間の変更、勤務の軽減等必要な措置を講じなければならない。 ②　厚生労働大臣は、前項の事業主が講ずべき措置について、適切かつ有効な実施を図るための指針を定める。
	13の2	事業主は、第8条、第11条第1項、第11条の2第2項、第11条の3第1項、第11条の4第2項、第12条、第13条に定める処置、職場における男女の均等な機会及び待遇の確保が図られるための措置が適切かつ有効な実施を図るための業務を担当する者（男女雇用機会均等推進者）を選任するように努めなければならない。
	14	国は、雇用の分野における男女の均等な機会及び待遇が確保されることを促進するため、事業主が男女の均等な機会及び待遇確保の支障となっている事情を改善することを目的とする次に挙げる措置を講じ、又は講じようとする場合には、当該事業主に対し相談その他必要な援助を行うことができる。 1）雇用する労働者の配置その他雇用に関する状況の分析 2）前号の分析に基づき男女の均等な機会及び待遇の確保に支障となっている事情 を改善するに当たって必要となる措置に関する計画の作成 3）前号の計画で定める措置の実施 4）前号の措置を実施するために必要な体制の整備 5）前各号の措置の実施状況の開示

左欄（縦書き）：雇用の分野における男女の均等な機会及び待遇の確保等

事　　項	条文	内　容　の　説　明
苦情の自主的解決	15	事業主は、第6条、第7条、第9条、第12条、第13条第1項に定める事項（労働者の募集及び採用に関するものを除く）に関し、労働者から苦情の申し出を受けたときは、苦情処理機関（事業主を代表する者及び労働者を代表する者を構成員とする苦情を処理するための機関）に対し当該苦情の処理をゆだねる等、その自主的な解決を図るよう努めなければならない。
紛争の解決の援助	17	①都道府県労働局長は援助を求められた場合、当該紛争の当事者に対し、必要な助言、指導又は勧告することができる。 ②事業主は、労働者が前項の援助を求めたことを理由として、解雇その他不利益な取扱いをしてはならない。
調停の委任	18	都道府県労働局長は、第16条に規定する紛争（労働者の募集及び採用に関する紛争を除く）について、当事者の双方又は一方から調停の申請があった場合で紛争を解決するために必要があると認められるときは、「個別労働関係紛争の解決の促進に関する法律」に定める紛争調整委員会に調停を行わせるものとする。
調停	20	委員会は、調停のため必要と認めるときは、関係当事者や参考人の出頭を求め、その意見を聴くことができる。
	23	①委員会は、調停による解決の見込みがないと認めるときは、調停を打ち切ることができる。 ②委員会は、前項の規定により調停を打ち切ったときは、その旨を関係当事者に通知しなければならない。
公表	30	厚生労働大臣は、第5条〜第7条、第9条第1項〜3項、第11条第1項〜2項（第11条3第2項、第18条第2項での準用含む）、第12条、第13条第1項の規定に違反している事業主に対し、事前に行った勧告を受けた者が、これに従わなかったときはその旨を公表することができる。

（事項欄左側に縦書き：紛争の解決）

1.　育児・介護休業法（要旨）

目的（法1条）

　この法律は、育児休業及び介護休業に関する制度並びに子の看護休暇に関する制度を設けるとともに、子の養育及び家族の介護を容易にするため、勤務時間等に関し事業主が講ずべき措置を定めるほか、子の養育又は家族の介護を行う労働者等に対する支援措置を講ずること等により、子の養育又は家族の介護を行う労働者等の雇用の継続及び再就職の促進を図り、職業生活と家庭生活との両立に寄与することを通じて、福祉の増進を図り、あわせて経済及び社会の発展に資することを目的としている。

育児・介護休業法における制度の概要

　本表は法令により求められる制度の概要であり、各事業所においてより広い内容の制度とすることは望ましい。

		育児関係		介護関係
		育児休業	産後パパ育休（出生時育児休業）	介護休業
休業制度	休業の定義	○労働者が原則としてその1歳に満たない子を養育するためにする休業	○産後休業をしていない労働者が原則として出生後8週間以内の子を養育するためにする休業	○労働者がその要介護状態（負傷、疾病又は身体上若しくは精神上の障害により、2週間以上の期間にわたり常時介護を必要とする状態）にある対象家族を介護するためにする休業
	対象労働者	○労働者（日々雇用を除く） ○有期契約労働者は、申出時点において、次の要件を満たすことが必要 ・子が1歳6か月（2歳までの休業の場合は2歳）を経過する日までに労働契約期間が満了し、更新されないことが明らかでないこと ○労使協定で対象外にできる労働者 ・雇用された期間が1年未満の労働者	○産後休業をしていない労働者（日々雇用を除く） ○有期雇用労働者は、申出時点において、次の要件を満たすことが必要 ・子の出生日又は出産予定日のいずれか遅い方から起算して8週間を経過する日の翌日から6か月を経過する日までに労働契約期間が満了し、更新されないことが明らかでないこと ○労使協定で対象外にできる労働者 ・雇用された期間が1年未満の労働者	○労働者（日々雇用を除く） ○有期契約労働者は、申出時点において、次の要件を満たすことが必要 ・同一の事業主に引き続き雇用された期間が1年以上であること ・介護休業取得予定日から起算して93日経過する日から6か月を経過する日までに労働契約期間が満了し、更新されないことが明らかでないこと ○労使協定で対象外にできる労働者

		育児関係		介護関係
		育児休業	産後パパ育休（出生時育児休業）	介護休業
休業制度	対象労働者	・1年（1歳以降の休業の場合は、6か月）以内に雇用関係が終了する労働者 ・週の所定労働日数が2日以下の労働者	・8週間以内に雇用関係が終了する労働者 ・週の所定労働日数が2日以下の労働者	・雇用された期間が1年未満の労働者 ・93日以内に雇用関係が終了する労働者 ・週の所定労働日数が2日以下の労働者
	対象となる家族の範囲	○子	○子	○配偶者（事実婚を含む。以下同じ。） 父母、子、配偶者の父母 祖父母、兄弟姉妹及び孫
	回数	○子1人につき、原則として1回（ただし、子の出生日から8週間以内にした最初の育児休業を除く。） ○以下の事情が生じた場合には、再度の育児休業取得が可能 ・新たな産前産後休業、育児休業又は介護休業の開始により育児休業が終了した場合で当該休業に係る子又は家族が死亡等した場合 ・配偶者が死亡した場合又は負傷、疾病、障害により子の養育が困難となった場合 ・離婚等により配偶者が子と同居しないこととなった場合 ・子が負傷、疾病、障害により2週間以上にわたり世話を必要とする場合 ・保育所等入所を希望しているが、入所できない場合 ○子が1歳以降の休業については、子が1歳までの育児休業とは別に取得可能	○子1人につき、2回（2回に分割する場合はまとめて申出）	○対象家族1人につき、3回
	期間	○原則として子が1歳に達するまでの連続した期間 ○ただし、配偶者が育児休業をしているなどの場合は、	○原則として子の出生後8週間以内の期間内で通算4週間（28日）まで	○対象家族1人につき通算93日まで

		育児関係		介護関係
		育児休業	産後パパ育休（出生時育児休業）	介護休業
休業制度	期間	子が1歳2か月に達するまで出産日と産後休業期間と育児休業期間とを合計して1年間以内の休業が可能		
	期間（延長する場合）	○子が1歳に達する日において（子が1歳2か月に達するまでの育児休業が可能である場合に1歳を超えて育児休業をしている場合にはその休業終了予定日において）いずれかの親が育児休業中であり、かつ次の事情がある場合には、子が1歳6か月に達するまで可能 ・保育所等への入所を希望しているが、入所できない場合 ・子の養育を行っている配偶者（もう一人の親）であって、1歳以降子を養育する予定であったものが死亡、負傷、疾病等により子を養育することが困難になった場合		
	期間（延長する場合）	※同様の条件で1歳6か月から2歳までの延長可		
	手続	○書面等で事業主に申出 ・事業主は、証明書類の提出を求めることができる ・事業主は、育児休業の開始予定日及び終了予定日等を、書面等で労働者に通知 ○申出期間（事業主による休業開始日の繰下げ可能期	○書面等で事業主に申出・事業主は、証明書類の提出を求めることができる ・事業主は、産後パパ育休の開始予定日及び終了予定日等を、書面等で労働者に通知 ○申出期間（事業主による休業開始日の繰下げ可能期間）は2週間前（労使協定	○書面等で事業主に申出 ・事業主は、証明書類の提出を求めることができる ・事業主は、介護休業の開始予定日及び終了予定日等を、書面等で労働者に通知 ○申出期間（事業主による休業開始日の繰下げ可能期

育児・介護休業法

		育児関係		介護関係
		育児休業	産後パパ育休（出生時育児休業）	介護休業
休業制度	手続	間）は1か月前まで（ただし、出産予定日前に子が出生したこと等の事由が生じた場合は、1週間前まで） 1歳以降の休業の申出は2週間前まで ○出産予定日前に子が出生したこと等の事由が生じた場合は、1回に限り開始予定日の繰上げ可 ○1か月前までに申し出ることにより、子が1歳に達するまでの期間内で1回に限り終了予定日の繰下げ可 1歳以降の休業をしている場合は、2週間前の日までに申し出ることにより、子が1歳6か月（又は2歳）に達するまでの期間内で1回に限り終了予定日の繰下げ可 ○休業開始予定日の前日までに申し出ることにより、撤回可 ○上記撤回の場合、原則再度の申出不可	を締結している場合は2週間超から1か月以内で労使協定で定める期限）まで（ただし、出産予定日前に子が出生したこと等の事由が生じた場合は、1週間前まで） ○出産予定日前に子が出生したこと等の事由が生じた場合は、休業1回につき1回に限り開始予定日の繰上げ可 ○2週間前までに申し出ることにより、子の出生後8週間以内の期間内で通算4週間（28日）の範囲内で休業1回につき1回に限り終了予定日の繰下げ可 ○休業開始予定日の前日までに申し出ることにより撤回可。撤回1回につき1回休業したものとみなす。2回撤回した場合等、再度の申出は不可。	間）は2週間前まで ○2週間前の日までに申し出ることにより、93日の範囲内で、申出毎に1回に限り終了予定日の繰下げ可 ○休業開始予定日の前日までに申し出ることにより、撤回可 ○上記撤回の場合、再度の申出は1回のみ可

		育児関係		介護関係
		育児休業	産後パパ育休（出生時育児休業）	介護休業
休業制度	休業中の就業		○休業中に就業させることができる労働者を労使協定で定めている場合に限り、労働者が合意した範囲で休業中に就業することが可能 ○就業を希望する労働者は書面等により就業可能日等を申出、事業主は申出の範囲内で就業日等を提示、休業前日までに労使合意 ○就業日数等の上限がある（休業期間中の所定労働日・所定労働時間の半分まで等） ○休業開始予定日の前日までに申し出ることにより撤回可。休業開始日以降は特別な事情がある場合に撤回可能	

		育児関係	介護関係
子の看護休暇	制度の内容	○小学校就学の始期に達するまでの子を養育する労働者は、1年に5日まで（当該子が2人以上の場合は10日まで）、病気・けがをした子の看護又は子に予防接種・健康診断を受けさせるために、休暇が取得できる ○時間単位での取得が可能	
	対象労働者	○小学校就学の始期に達するまでの子を養育する労働者（日々雇用を除く） ○労使協定で対象外にできる労働者 　・勤続6か月未満の労働者 　・週の所定労働日数が2日以下の労働者	
介護休暇	制度の内容	○要介護状態にある対象家族の介護その他の世話を行う労働者は、1年に5日まで（対象家族が2人以上の場合は10日まで）、介護その他の世話を行うために、休暇が取得できる ○時間単位での取得が可能	

育児・介護休業法

		育児関係	介護関係
介護休暇	対象労働者	○要介護状態にある対象家族の介護その他の世話を行う労働者（日々雇用を除く） ○労使協定で対象外にできる労働者 ・勤続6か月未満の労働者 ・週の所定労働日数が2日以下の労働者	
所定外労働を制限する制度	制度の内容	○3歳に満たない子を養育する労働者がその子を養育するために請求した場合においては、事業主は所定労働時間を超えて労働させてはならない ○要介護状態にある対象家族を介護する労働者がその対象家族を介護するために請求した場合においては、事業主は所定労働時間を超えて労働させてはならない	
	対象労働者	○3歳に満たない子を養育する労働者（日々雇用を除く） ○労使協定で対象外にできる労働者 ・勤続1年未満の労働者 ・週の所定労働日数が2日以下の労働者	○要介護状態にある対象家族を介護する労働者（日々雇用を除く） ○労使協定で対象外にできる労働者 ・勤続1年未満の労働者 ・週の所定労働日数が2日以下の労働者
	期間・回数	○1回の請求につき1か月以上1年以内の期間 ○請求できる回数に制限なし	○1回の請求につき1か月以上1年以内の期間 ○請求できる回数に制限なし
	手続	○開始の日の1か月前までに請求	○開始の日の1か月前までに請求
	例外	○事業の正常な運営を妨げる場合は、事業主は請求を拒める	○事業の正常な運営を妨げる場合は、事業主は請求を拒める
時間外労働を制限する制度	制度の内容	○小学校就学の始期に達するまでの子を養育する労働者がその子を養育するために請求した場合においては、事業主は制限時間（1か月24時間、1年150時間）を超えて労働時間を延長してはならない	○要介護状態にある対象家族を介護する労働者がその対象家族を介護するために請求した場合においては、事業主は制限時間（1か月24時間、1年150時間）を超えて労働時間を延長してはならない
	対象労働者	○小学校就学の始期に達するまでの子を養育する労働者 ただし、以下に該当する労働者は対象外 ・日々雇用される労働者 ・勤続1年未満の労働者 ・週の所定労働日数が2日以下の労働者	○要介護状態にある対象家族を介護する労働者 ただし、以下に該当する労働者は対象外 ・日々雇用される労働者 ・勤続1年未満の労働者 ・週の所定労働日数が2日以下の労働者
時間外労働を制限する制度	期間・回数	○1回の請求につき1か月以上1年以内の期間 ○請求できる回数に制限なし	○1回の請求につき1か月以上1年以内の期間 ○請求できる回数に制限なし

		育児関係	介護関係
時間外労働を制限する	例外	○事業の正常な運営を妨げる場合は、事業主は請求を拒める	○事業の正常な運営を妨げる場合は、事業主は請求を拒める
	手続	○開始の日の1か月前までに請求	○開始の日の1か月前までに請求
深夜業を制限する制度	制度の内容	○小学校就学の始期に達するまでの子を養育する労働者がその子を養育するために請求した場合においては、事業主は午後10時～午前5時（「深夜」）において労働させてはならない	○要介護状態にある対象家族を介護する労働者がその対象家族を介護するために請求した場合においては、事業主は午後10時～午前5時（「深夜」）において労働させてはならない
	対象労働者	○小学校就学の始期に達するまでの子を養育する労働者 ただし、以下に該当する労働者は対象外 ・日々雇用される労働者 ・勤続1年未満の労働者 ・保育ができる同居の家族がいる労働者 　保育ができる同居の家族とは、16歳以上であって、 　イ　深夜に就労していないこと（深夜の就労日数が1か月につき3日以下の者を含む） 　ロ　負傷、疾病又は心身の障害により保育が困難でないこと 　ハ　6週間（多胎妊娠の場合は14週間）以内に出産する予定であるか、又は産後8週間を経過しない者でないこと 　のいずれにも該当する者をいう ・週の所定労働日数が2日以下の労働者 ・所定労働時間の全部が深夜にある労働者	○要介護状態にある対象家族を介護する労働者 ただし、以下に該当する労働者は対象外 ・日々雇用される労働者 ・勤続1年未満の労働者 ・介護ができる同居の家族がいる労働者 　介護ができる同居の家族とは、16歳以上であって、 　イ　深夜に就労していないこと（深夜の就労日数が1か月につき3日以下の者を含む） 　ロ　負傷、疾病又は心身の障害により介護が困難でないこと 　ハ　6週間（多胎妊娠の場合は14週間）以内に出産する予定であるか、又は産後8週間を経過しない者でないこと 　のいずれにも該当する者をいう ・週の所定労働日数が2日以下の労働者 ・所定労働時間の全部が深夜にある労働者
	期間・回数	○1回の請求につき1か月以上6か月以内の期間 ○請求できる回数に制限なし	○1回の請求につき1か月以上6か月以内の期間 ○請求できる回数に制限なし
	手続	○開始の日の1か月前までに請求	○開始の日の1か月前までに請求
	例外	○事業の正常な運営を妨げる場合は、事業主は請求を拒める	○事業の正常な運営を妨げる場合は、事業主は請求を拒める
所定労働時間の短縮措置等		○3歳に満たない子を養育する労働者（日々雇用を除く）であって育児休業をしていないもの	○常時介護を要する対象家族を介護する労働者（日々雇用を除く）に関して、対象家族1人につき次の措置のいずれかを、利用開

育児・介護休業法

	育児関係	介護関係
所定労働時間の短縮措置等	（１日の所定労働時間が６時間以下である労働者を除く）に関して、１日の所定労働時間を原則として６時間とする措置を含む措置を講ずる義務 ただし、労使協定で以下の労働者のうち所定労働時間の短縮措置を講じないものとして定められた労働者は対象外 １　勤続１年未満の労働者 ２　週の所定労働日数が２日以下の労働者 ３　業務の性質又は業務の実施体制に照らして、所定労働時間の短縮措置を講ずることが困難と認められる業務に従事する労働者 ○上記３の労働者について、所定労働時間の短縮措置を講じないこととするときは、当該労働者について次の措置のいずれかを講ずる義務 　・育児休業に関する制度に準ずる措置 　・フレックスタイム制 　・始業・終業時刻の繰上げ、繰下げ ・事業所内保育施設の設置運営その他これに準ずる便宜の供与	始から３年以上の間で２回以上の利用を可能とする措置を講ずる義務 ・所定労働時間を短縮する制度 ・フレックスタイム制 ・始業・終業時刻の繰上げ、繰下げ ・労働者が利用する介護サービスの費用の助成その他これに準ずる制度 ただし、労使協定で以下の労働者のうち所定労働時間の短縮措置等を講じないものとして定められた労働者は対象外 １　勤続１年未満の労働者 ２　週の所定労働日数が２日以下の労働者
小学校就学の始期に達するまでの子を養育又は家族を介護する労働者に関する措置	○小学校就学の始期に達するまでの子を養育する労働者に関して、育児休業に関する制度、所定外労働の制限に関する制度、所定労働時間の短縮措置又はフレックスタイム制等の措置に準じて、必要な措置を講ずる努力義務 ○小学校就学の始期に達するまでの子を養育する労働者に関して、配偶者出産休暇等の育児に関する目的で利用できる休暇制度を講ずる努力義務	○家族を介護する労働者に関して、介護休業制度又は所定労働時間の短縮等の措置に準じて、その介護を必要とする期間、回数等に配慮した必要な措置を講ずる努力義務
育児休業等に関するハラスメントの防止措置	○事業主は、育児休業、介護休業その他子の養育又は家族の介護に関する制度又は措置の申出・利用に関する言動により、労働者の就業環境が害されることがないよう、労働者からの相談に応じ、適切に対応するために必要な体制の整備その他の雇用管理上必要な措置を講ずる義務	

育児・介護休業法

	育児関係	介護関係
労働者の配置に関する配慮	○就業場所の変更を伴う配置の変更において、就業場所の変更により就業しつつ子の養育や家族の介護を行うことが困難となる労働者がいるときは、その子の養育や家族の介護の状況に配慮する義務	
不利益取扱いの禁止	○育児・介護休業、子の看護休暇、介護休暇、所定外労働の制限、時間外労働の制限、深夜業の制限、所定労働時間の短縮措置等について、申出をしたこと、又は取得等を理由とする解雇その他不利益な取扱いの禁止	
育児・介護休業等の個別周知	○事業主は、次の事項について、就業規則等にあらかじめ定め、周知する努力義務 ・育児休業及び介護休業中の待遇に関する事項 ・育児休業及び介護休業後の賃金、配置その他の労働条件に関する事項	・その他の事項 ○事業主は、労働者又はその配偶者が妊娠・出産したことを知った場合や、労働者が介護していることを知った場合に、当該労働者に対し、個別に関連制度を周知する努力義務

育児・介護休業法

事業主の皆さまへ（1～4は全企業が対象）　　【令和3年11月末時点版】
改正内容5に関する省令の内容を追加しました。

育児・介護休業法 改正ポイントのご案内
令和4年4月1日から3段階で施行

男女とも仕事と育児を両立できるように、産後パパ育休制度（出生時育児休業制度、P2参照）の創設や雇用環境整備、個別周知・意向確認の措置の義務化などの改正を行いました。

令和4年4月1日施行

1 雇用環境整備、個別の周知・意向確認の措置の義務化

● **育児休業を取得しやすい雇用環境の整備**

育児休業と産後パパ育休（P2参照）の申し出が円滑に行われるようにするため、事業主は以下のいずれかの措置を講じなければなりません。※複数の措置を講じることが望ましいです。

① 育児休業・産後パパ育休に関する**研修の実施**
② 育児休業・産後パパ育休に関する相談体制の整備等（**相談窓口設置**）
③ 自社の労働者の育児休業・産後パパ育休取得**事例の収集・提供**
④ 自社の労働者へ育児休業・産後パパ育休**制度と育児休業取得促進に関する方針の周知**

● **妊娠・出産（本人または配偶者）の申し出をした労働者に対する個別の周知・意向確認の措置**

本人または配偶者の妊娠・出産等を申し出た労働者に対して、事業主は育児休業制度等に関する以下の事項の周知と休業の取得意向の確認を、個別に行わなければなりません。

※取得を控えさせるような形での個別周知と意向確認は認められません。

周知事項	① 育児休業・産後パパ育休に関する制度 ② 育児休業・産後パパ育休の申し出先 ③ 育児休業給付に関すること ④ 労働者が育児休業・産後パパ育休期間について負担すべき 　社会保険料の取り扱い
個別周知・意向確認の方法	①面談　②書面交付　③FAX　④電子メール等　のいずれか 注：①はオンライン面談も可能。③④は労働者が希望した場合のみ。

※雇用環境整備、個別周知・意向確認とも、産後パパ育休については、令和4年10月1日から対象。

2 有期雇用労働者の育児・介護休業取得要件の緩和　　就業規則等を見直しましょう

現　行	令和4年4月1日～
（育児休業の場合） (1) 引き続き雇用された期間が1年以上 (2) 1歳6か月までの間に契約が満了することが明らかでない	(1)の要件を撤廃し、(2)のみに ※無期雇用労働者と同様の取り扱い （引き続き雇用された期間が1年未満の労働者は労使協定の締結により除外可） ※※育児休業給付についても同様に緩和

厚生労働省　都道府県労働局雇用環境・均等部（室）

育児・介護休業法

3　産後パパ育休（出生時育児休業）の創設
4　育児休業の分割取得

就業規則等を見直しましょう

	産後パパ育休（R4.10.1～） 育休とは別に取得可能	育休制度 （R4.10.1～）	育休制度 （現行）
対象期間 取得可能日数	子の出生後8週間以内に 4週間まで取得可能	原則子が1歳 （最長2歳）まで	原則子が1歳 （最長2歳）まで
申出期限	原則休業の2週間前まで※1	原則1か月前まで	原則1か月前まで
分割取得	分割して2回取得可能 （初めにまとめて申し出ることが必要）	分割して 2回取得可能 （取得の際にそれぞれ申出）	原則分割不可
休業中の就業	労使協定を締結している場合 に限り、労働者が合意した範 囲※2で休業中に就業すること が可能	原則就業不可	原則就業不可
1歳以降の 延長		育休開始日を 柔軟化	育休開始日は1歳、 1歳半の時点に 限定
1歳以降の 再取得		特別な事情があ る場合に限り 再取得可能※3	再取得不可

※1　雇用環境の整備などについて、今回の改正で義務付けられる内容を上回る取り組みの実施を労使協定で
　　　定めている場合は、1か月前までとすることができます。

※2　具体的な手続きの流れは以下①～④のとおりです。
　　　①労働者が就業してもよい場合は、事業主にその条件を申し出
　　　②事業主は、労働者が申し出た条件の範囲内で候補日・時間を提示（候補日等がない場合はその旨）
　　　③労働者が同意
　　　④事業主が通知

　　　なお、就業可能日等には上限があります。
　　　●休業期間中の所定労働日・所定労働時間の半分
　　　●休業開始・終了予定日を就業日とする場合は当該日の所定労働時間数未満

　　　例）所定労働時間が1日8時間、1週間の所定労働日が5日の労働者が、
　　　　　休業2週間・休業期間中の所定労働日10日・休業期間中の所定労働時間80時間の場合
　　　　　⇒　就業日数上限5日、就業時間上限40時間、休業開始・終了予定日の就業は8時間未満

休業開始日	2日目	3日目	4日目	5日目	6日目	7日目		13日目	休業終了日
4時間	休	休	8時間	6時間	休	休		休	6時間
休				休		4時間			休

産後パパ育休も育児休業給付（出生時育児休業給付金）の対象です。休業中に就業日がある場合は、就業日数が最大
10日（10日を超える場合は就業している時間数が80時間）以下である場合に、給付の対象となります。
注：上記は28日間の休業を取得した場合の日数・時間。休業日数が28日より短い場合は、その日数に比例して短くなります。
　　　　育児休業給付については、最寄りのハローワークへお問い合わせください。

育児・介護休業法

改正後の働き方・休み方のイメージ（例）

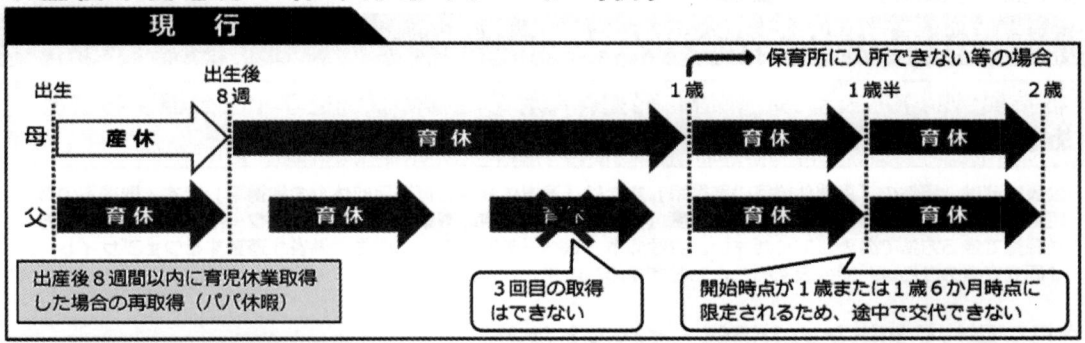

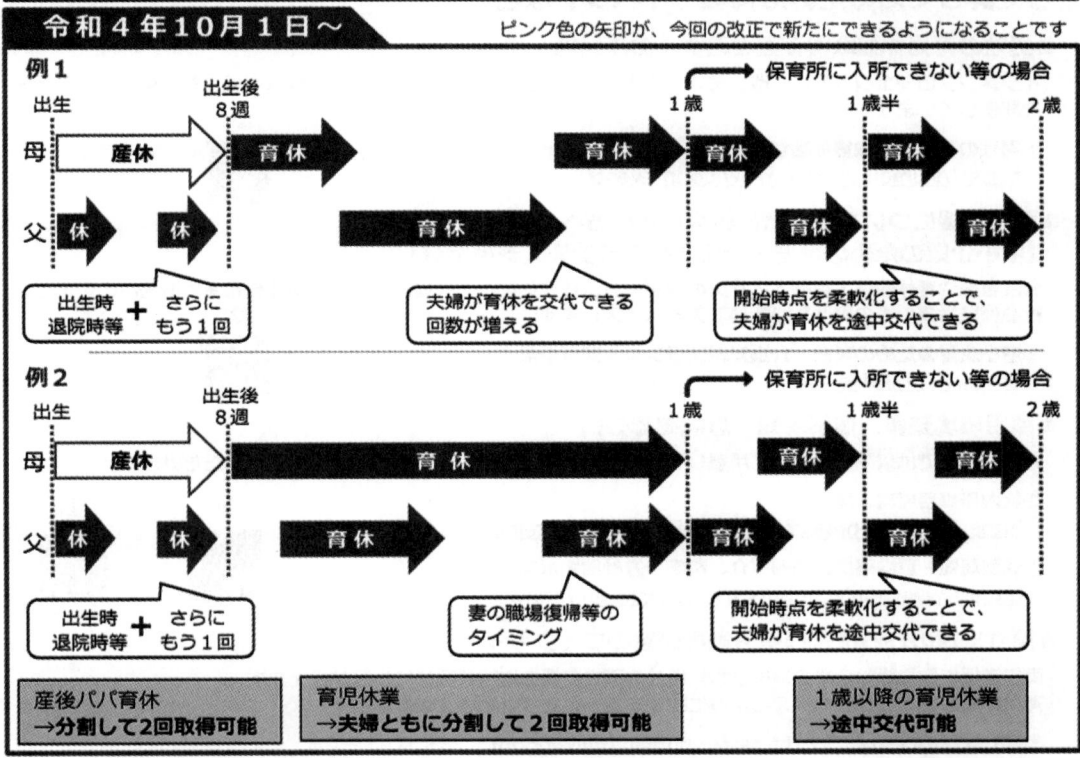

※3 １歳以降の育児休業が、他の子についての産前・産後休業、産後パパ育休、介護休業または新たな育児休業の開始により育児休業が終了した場合で、産休等の対象だった子等が死亡等したときは、再度育児休業を取得できます。

育児休業等を理由とする不利益取り扱いの禁止・ハラスメント防止

育児休業等の申し出・取得を理由に、事業主が解雇や退職強要、正社員からパートへの契約変更等の不利益な取り扱いを行うことは禁止されています。今回の改正で、妊娠・出産の申し出をしたこと、産後パパ育休の申し出・取得、産後パパ育休期間中の就業を申し出・同意しなかったこと等を理由とする不利益な取り扱いも禁止されます。

また、事業主には、上司や同僚からのハラスメントを防止する措置を講じることが義務付けられています。

ハラスメントの典型例

・育児休業の取得について上司に相談したら「男のくせに育児休業を取るなんてあり得ない」と言われ、取得を諦めざるを得なかった。

・産後パパ育休の取得を周囲に伝えたら、同僚から「迷惑だ。自分なら取得しない。あなたもそうすべき。」と言われ苦痛に感じた。

育児・介護休業法

5 育児休業取得状況の公表の義務化

従業員数1,000人超の企業は、育児休業等の取得の状況を年1回公表することが義務付けられます。

公表内容は、男性の「育児休業等の取得率」または「育児休業等と育児目的休暇の取得率」です。取得率の算定期間は、公表を行う日の属する事業年度（会計年度）の直前の事業年度です。インターネット等、一般の方が閲覧できる方法で公表してください。自社のホームページ等のほか、厚生労働省が運営するウェブサイト「両立支援のひろば」で公表することもおすすめします。

さらに詳しく知るための情報・イベントなど

■男性の育児休業取得促進セミナーのご案内

イクメンプロジェクトでは、改正育児・介護休業法も踏まえて、男性の育児休業取得促進等に関するセミナーを開催しています。

①男性の育児休業取得促進セミナー
https://ikumen-project.mhlw.go.jp/event/

■両立支援について専門家に相談したい方へ
【中小企業のための育児・介護支援プラン導入支援事業】

制度整備や育休取得・復帰する社員のサポート、育児休業中の代替要員確保・業務代替等でお悩みの企業に、社会保険労務士等の専門家が無料でアドバイスします。

②中小企業のための育児・介護支援プラン導入支援事業
https://ikuji-kaigo.com/

■雇用環境整備、個別周知・意向確認の例

厚生労働省では以下の資料をご用意しています。社内用にアレンジする等してご活用いただけます。

③社内研修用資料、動画
https://ikumen-project.mhlw.go.jp/company/training/

④個別周知・意向確認、事例紹介、制度・方針周知ポスター例
https://www.mhlw.go.jp/stf/seisakunitsuite/bunya/000103533.html

■両立支援のひろば（厚生労働省運営のウェブサイト）

両立支援に取り組む企業の事例検索や自社の両立支援の取組状況の診断等が行えます。
育児休業取得率の公表も行えるように改修する予定です（令和3年度末予定）。

⑤両立支援のひろば　　https://ryouritsu.mhlw.go.jp/

育児・介護休業法に関するお問い合わせは
都道府県労働局雇用環境・均等部（室）へ

都道府県	電話番号	都道府県	電話番号	都道府県	電話番号	都道府県	電話番号	都道府県	電話番号
北海道	011-709-2715	埼 玉	048-600-6210	岐 阜	058-245-1550	鳥 取	0857-29-1709	佐 賀	0952-32-7218
青 森	017-734-4211	千 葉	043-221-2307	静 岡	054-252-5310	島 根	0852-31-1161	長 崎	095-801-0050
岩 手	019-604-3010	東 京	03-3512-1611	愛 知	052-857-0312	岡 山	086-225-2017	熊 本	096-352-3865
宮 城	022-299-8844	神奈川	045-211-7380	三 重	059-226-2318	広 島	082-221-9247	大 分	097-532-4025
秋 田	018-862-6684	新 潟	025-288-3511	滋 賀	077-523-1190	山 口	083-995-0390	宮 崎	0985-38-8821
山 形	023-624-8228	富 山	076-432-2740	京 都	075-241-3212	徳 島	088-652-2718	鹿児島	099-223-8239
福 島	024-536-4609	石 川	076-265-4429	大 阪	06-6941-8940	香 川	087-811-8924	沖 縄	098-868-4380
茨 城	029-277-8295	福 井	0776-22-3947	兵 庫	078-367-0820	愛 媛	089-935-5222		
栃 木	028-633-2795	山 梨	055-225-2851	奈 良	0742-32-0210	高 知	088-885-6041		
群 馬	027-896-4739	長 野	026-227-0125	和歌山	073-488-1170	福 岡	092-411-4894		

受付時間　8時30分〜17時15分（土日・祝日・年末年始を除く）　　　　令和3年11月作成

育児・介護休業法

第 14 介護保険法関係

1. 介護保険制度の概要

1. 目的（第1条関係）

　加齢に伴って生じる疾病等により要介護状態となり、介護、機能訓練、看護やその他の医療を要する者等について、能力に応じて自立した日常生活を営むことができるよう、又、尊厳の保持に資するべく必要な保健医療サービスや福祉サービスに係る給付を行うことを目的としている。

　「要介護状態」とは、身体又は精神上の障害があるために、入浴、排泄、食事等の日常生活における基本的な動作の全部又は一部が、厚生労働省令で定める期間にわたり、継続して常時介護を要すると見込まれる状態をいう。（第7条1項）

2. 保険者（第3条関係）、**被保険者**（第9条関係）

　保険者は、市町村及び特別区（東京23区）である。

　被保険者（受給者）は、65歳以上の第一号被保険者と、40歳以上65歳未満の医療保険加入者である第二号被保険者の2つに区分されている。

3. 介護認定審査会（第14,15条関係）

　被保険者が介護状態に該当することの審査、判定等は、市町村及び特別区の介護認定審査会が行う。

4. 要介護認定のランク（第27条関係）、**保険給付**（第18条関係）

　要介護認定は、介護認定審査会の審査・判定結果に基づいて、保険者である市町村及び特別区が行う。要介護認定の結果、一番軽い「要支援1」から、寝たきりの「要介護5」までの7つのランクに分けられる。

　市町村に申請を行い、要介護者（第7条3項参照）又は要支援者（第7条4項参照）との認定を受けた人に対して保険給付が行われる。

5. 介護サービスの内容（第40,52条関係）

　要介護者に対しては、在宅・施設両面にわたる多様なサービスを、要支援者に対しては、要介護状態等の発生を予防する観点から在宅サービスを給付することとしている。

介護保険法

介護給付	予防給付
居宅介護サービス費の支給	介護予防サービス費の支給
特例居宅介護サービス費の支給	特例介護予防サービス費の支給
地域密着型介護サービス費の支給	地域密着型介護予防サービス費の支給
特例地域密着型介護サービス費の支給	特例地域密着型介護予防サービス費の支給
居宅介護福祉用具購入費の支給	介護予防福祉用具購入費の支給
居宅介護住宅改修費の支給	介護予防住宅改修費の支給
居宅介護サービス計画費の支給	介護予防サービス計画費の支給
特例居宅介護サービス計画費の支給	特例介護予防サービス計画費の支給
施設介護サービス費の支給	高額介護予防サービス費の支給
特例施設介護サービス費の支給	高額医療合算介護予防サービス費の支給
高額介護サービス費の支給	特定入所者介護予防サービス費の支給
高額医療合算介護サービス費の支給	特例特定入所者介護予防サービス費の支給
特定入所者介護サービス費の支給	
特例特定入所者介護サービス費の支給	

6．自己負担額

　自己負担額は、介護のランク、サービスの種類、利用する時間や時間帯によって違ってくる。

　利用者負担額が高額となった場合は、負担額の上限を超える部分について高額介護サービス費が給付され、実質的に自己負担額の上限が設けられることになる。

7．保険料（第 129 条以下）

　第一号被保険者（65歳以上）については、自らが受ける介護サービス水準と所得に応じて、市町村ごとに定額保険料が設定される。年額18万円以上の老齢・退職年金受給者については、年金からの特別徴収（天引）を行い、それ以外の人については、市町村が個別に徴収（普通徴収）する。

　第二号被保険者（40歳以上65歳未満の医療保険加入者）については、所得に応じてそれぞれが加入する医療保険制度に基づいて保険料が設定され、これを医療保険者が一般の医療保険料と一括して徴収・納入し、全国でプールしたうえで、各市町村に定率で配分する扱いになる。

8．審査請求（第 183, 184 条関係）

　保険給付に関する処分（要介護認定に関する処分を含む）や保険料等の徴収金に関する処分に不服がある者は、3ヶ月以内に都道府県の介護保険審査会に審査請求（不服申立て）をすることができる。

介護保険法

1. 労働者派遣法

1. 労働者派遣法制定の目的

労働者派遣法は、「職安法と相まって労働力の需給の適正な調整を図るため労働者派遣事業の適正な運営の確保に関する措置を講ずること」「派遣労働者の就業に関する条件の整備等を図ることによって、派遣労働者の雇用の安定その他福祉の増進に資すること」を目的としている。

2. 平成 30 年労働者派遣法改正の概要＜同一労働同一賃金＞　〜2020 年 4 月 1 日施行〜

① 改正の基本的な考え方

我が国が目指す「派遣労働者の同一労働同一賃金」は、派遣先に雇用される通常の労働者（無期雇用フルタイム労働者）と派遣労働者との間の不合理な待遇差を解消することを目指すとしている。

② 基本的な考え方

派遣労働者の就業場所は派遣先であり、待遇に関する派遣労働者の納得感を考慮するため、派遣先の労働者との均等（＝差別的な取扱いをしないこと）、均衡（＝不合理な待遇差を禁止すること）は重要な観点となる。

しかし、この場合、派遣先が変るごとに賃金水準が変り、派遣労働者の所得が不安定になることが想定される。また、一般に賃金水準は大企業であるほど高く、小規模の企業であるほど低い傾向にありますが、派遣労働者が担う職務の難易度は、同種の業務であっても、大企業ほど高度で小規模の企業ほど容易とは必ずしも言えないため、結果として、派遣労働者個人の段階的・体系的なキャリアアップ支援と不整合な事態を招くこともあり得る。

こうした状況を踏まえ、改正により、派遣労働者の待遇について、派遣元事業者には、以下のいずれかを確保することが義務化された。

【派遣先均等・均衡方式】派遣先の通常の労働者との均等・均衡待遇

【労使協定方式】一定の要件を満たす労使協定による待遇

③ 留意点

賃金等の待遇は労使の話し合いによって決定されることが基本となる。我が国の実情としては、賃金制度の決まり方には様々な要素が組み合わされている場合が多いと考えられる。このため、待遇改善に当たっては、以下の点に留意が必要となる。

1）各事業主において以下の 2 点の徹底

　a.　職務の内容（業務の内容＋責任の程度）や職務に必要な能力等の内容を明確化。

　b.　a.と賃金等の待遇との関係を含めた待遇の体系全体を、派遣労働者を含む労使の話し合いによって確認し、派遣労働者を含む労使で共有。

2）関係者間での認識の共有を徹底

派遣労働者の場合、雇用関係にある派遣元事業主と指揮命令関係にある派遣先とが存在するという特殊性がある。そのため、これらの関係者が不合理と認められる待遇の相違の解消等に向けて認識を共有することが必要となる。

④ 裁判外紛争解決手続（行政ＡＤＲ）の規定の整備

派遣労働者にとって訴訟を提起することは大変重い負担が伴う。今回の改正により、派遣労働者がより救済を求めやすくなるよう、都道府県労働局長による紛争解決援助や調停といった裁判外紛争解決手続（行政ＡＤＲ）を整備する。

3．適用除外業務

適用対象業務は平成11年の改正により原則自由化されているが、次の業務は労働者派遣が禁止されている。（第4条）

- ①港湾運送業務
- ②建設業務※
- ③警備業務
- ④その他政令で定める業務

　病院等における医療関連業務。（紹介予定派遣、産休等休業取得者の代替、へき地の医師を除く）

　また、人事労務管理のうち、派遣先において団体交渉又は労働基準法に規定する協定の締結等のため労使協議の際に使用者側の直接当事者として行う業務についても労働者派遣が禁止されている。

※建設業務とは、「土木、建築その他工作物の建設、改造、保存、修理、変更、破壊若しくは解体の作業又はこれらの準備に係る業務」と定義されている。

　なお、現場で行う施工管理の業務、事務の業務はここでいう建設業務に該当せず、労働者派遣ができると解されている。

4．派遣可能期間

同一業種について派遣が可能な期間は下記のとおりとなっている。ただし、派遣先は、同一の業務（派遣可能期間に制限がない業務を除く。）について、1年を越え3年以内の期間継続して労働者派遣を受け入れようとするときは、あらかじめ、その期間を定め、さらに、派遣先はその事業所の過半数を代表する者等に通知し、意見を聴取することが義務付けられている。

主な内容	主な業務	派遣期間
専門的な26業務 （第40条の2、1項1号）	ソフト開発、機械設計、秘書、通訳、調査、財務処理、添乗、建築物清掃、研究開発、書籍制作、広告デザイン、アナウンサーなど	制限なし
事業の開始等に係るもの （第40条の2、1項2号）	事業の開始、転換、拡大、縮小又は廃止のための業務であって一定の期間内に完了することが予定されているもの	制限なし
所定労働日数が少ないもの （第40条の2、1項2号）	1ヶ月間に行われる日数が、派遣先に雇用される通常の労働者の所定労働日数に比べ相当程度少なく、かつ、10日以下のもの	制限なし
育児介護等の代替のもの （第40条の2、1項3号、4号）	産前、産後の休業、育児休業、介護休業における当該業務	制限なし
一般業務（専門26業務以外） （第40条の2、2項、3項）	一般事務、販売、営業、物の製造など 医療行為（適用除外業務を除く）	3年

5．派遣労働者の直接雇用

常用雇用を希望する労働者の常用雇用を促進するため、次のような規定が設けられている。

○派遣先は、派遣労働者が継続して1年以上になる場合にあっては、当該同一業務に新たに労働者を雇入れる場合は、当該労働者を雇用するよう努めなければならない。

派
遣
法

○派遣元は、当該業務が派遣期間の制限のある業務にあっては、その法定の期限に抵触する日の１ヵ月前から当該抵触する日の間に、派遣先に法定の期限を超えて就労させてはならない旨を通知しなければならない。通知を受けた派遣先は、継続して当該派遣労働者の役務の提供を受けてはならない。当該派遣労働者をさらに使用する場合は、当該派遣労働者が希望すれば、雇用契約の申し込みをしなければならない。

○派遣先は、当該業務が派遣期間の制限のない業務であって、派遣労働者が継続して３年以上になる場合には、当該同一業務に新たに労働者を雇入れる場合は、当該労働者に雇用の申し込みをしなければならない。

６．紹介予定派遣

紹介予定派遣とは、派遣期間の終了後に、派遣元から派遣先に派遣労働者を職業紹介することを予定して派遣就業させるというもので、派遣労働者は、派遣先の仕事の内容や会社の雰囲気を理解した上で就職することができ、一方、派遣先も労働者の適性や能力を判断した上でその労働者を直接雇用するかどうかを判断することができるというメリットがある。

本来、職業紹介は、職業安定法により許可制となっており、労働者派遣事業を行うものが紹介予定派遣を行う場合には、この許可を得ていることが必要となる。

７．派遣元、派遣先の構ずべき措置

派遣労働者の就業条件を整備するため、派遣元は派遣元責任者、派遣先は派遣先責任者を選任しなければならない。また、「派遣元事業主が構ずべき措置に関する指針」（平成11年労働省告示第137号　最終改正　平成24年厚生労働省告示第474号）、「派遣先が構ずべき措置に関する指針」（平成11年労働省告示第138号　最終改正　平成24年厚生労働省告示第475号）、「日雇派遣労働者の雇用の安定等を図るために派遣元事業主及び派遣先が講ずべき措置に関する指針」（平成20年厚生労働省告示第36号　最終改正　平成24年厚生労働省告示476号）が制定されている。

８．請負と労働者派遣、労働者供給

①　建設労働は、有期の注文生産、屋外労働等建設事業の持つ一般的特性に加えて、複雑な重層下請構造にあること等から、雇用関係の不明確さを始めとする雇用管理の不備があるため、特に「建設労働者雇用改善法」を定め雇用関係の明確化、雇用管理の近代化等の措置を講じているところである。このような状況の下で、新たに労働者派遣制度を導入することは、より複雑な雇用関係、労働関係になり、雇用管理の近代化等を阻害することとなるので、特に建設業務を適用除外としたものである。

②　労働力を中心とする事業の下請関係においては、ややもすると労働者派遣（場合によっては労働者供給）的形態になり易いので、「労働者派遣事業と請負により行われる事業との区分に関する基準」（昭和61年労働省告示37号　最終改正　平成24年厚生労働省告示第518号）が定められ、請負形式の契約により行う業務に一定の要件を課している。

この基準に基づき、請負事業は、形式だけでなく実質的にも請負としての要件を満たすことが必要であり、この基準を満たさない場合は、労働者派遣法（場合によっては職業安定法）違反とされる。

派
遣
法

2. 労働者派遣事業と他の労働力需給調整システム（労働者供給、請負など）

　労働者派遣事業と類似するものに労働者供給事業があり、また、請負事業や出向（在籍型出向）も労働者の就労の場面で見ると労働者派遣事業と極めて類似した形態となる。それぞれの形態を図示すると以下のようになる。

① 労働者供給

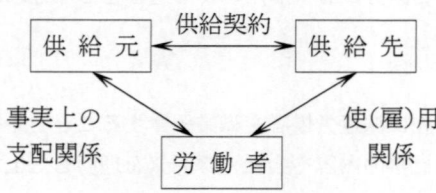

①労働者供給とは、いわゆる「人貸し」のことです。労働者を自分の支配下に置き、労働力を必要とする供給先に貸し出す形態です。

　職業安定法第4条で、労働者供給について「供給契約に基づいて労働者を他人の指揮命令を受けて労働に従事させることをいい、労働者派遣を含まないものとする」と定義され、労働組合等が厚生労働大臣の許可を受けた場合、無料で行う場合のほか、同法第44条で原則禁止されている。

② 労働者派遣

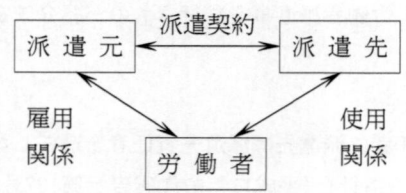

②労働者派遣とは、自己の雇用する労働者を、雇用関係の下に、かつ、他人の指揮命令を受けて、他人のために労働に従事させる形態です。

　建設業務の労働者派遣は禁止されている。

③ 請負

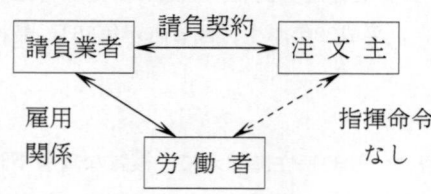

③請負とは、注文者から注文を受けた仕事を受注者が自己の雇用する労働者を使って、注文者から独立して完成させるものです。労働者が注文者の指揮命令を受けないことが、労働者派遣とは異なっている。

④ いわゆる偽装請負

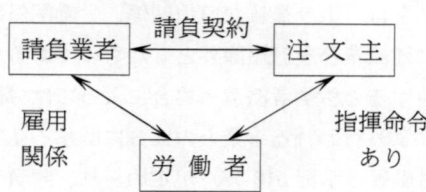

④「偽装請負」とは、契約の形式は請負でありながら、発注者が直接請負労働者を指揮命令するなど、実態として労働者派遣事業にあたる形態をいう。

⑤ 在籍型出向

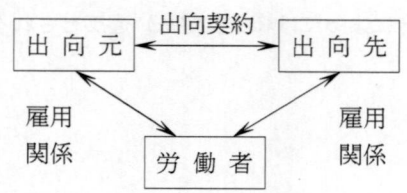

⑤出向（在籍型出向）とは、出向元、出向先の双方に雇用関係がある形態で、出向中は休職となり身分関係のみが出向元事業主との間で残っているもの、身分関係だけでなく、出向中も出向元事業主が賃金の一部について支払義務を負うもの等多様なものがある。なお、労働関係法規等における雇用主としての責任は、出向元事業主、出向先事業主及び出向労働者三者間の取り決めによって定められた権限と責任に応じて、出向元事業主又は出向先事業主が負うこととなる。

派遣法

労働者供給、労働者派遣、偽装請負での就労は、労働市場における労働力需給調整の基本的なルールである職業安定法及び労働者派遣法に抵触する違法行為であるとともに、労働基準法や労働安全衛生法等に定める事業主責任の所在があいまいになり、必要な措置が図られずに労働災害の発生を引き起こす等の問題にもつながっている。

従来、建設現場において、元請業者の職員が下請業者の作業員を直接指揮監督している場合には、それらの作業員と元請業者との間に使用従属関係ありと認められ、事業者責任（災害防止措置の責任）を追及されることがあったが、労働者派遣法施行以降は労働者派遣法を適用して偽装請負として元請の下請労働者に対する事業者責任を追及する事案が多くなってきた。重層下請関係にある施工形態では、誰が指揮監督しているかを明確に把握し、安全衛生管理を行う必要がある。

3. 労働者派遣事業と請負により行われる事業との区分に関する基準

> 昭 和 61 年 労 働 省 告 示 第 37 号
> 最終改正 平成24年厚生労働省告示第518号

第1条 この基準は、労働者派遣事業の適正な運営の確保及び派遣労働者の就業条件の整備等に関する法律（昭和60年法律第88号。以下「法」という。）の施行に伴い、法の適正な運用を確保するためには労働者派遣事業（法2条3号に規定する労働者派遣事業をいう。以下同じ。）に該当するか否かの判断を的確に行う必要があることにかんがみ、労働者派遣事業と請負により行われる事業との区分を明らかにすることを目的とする。

第2条 請負の形式による契約により行う業務に自己の雇用する労働者を従事させることを業として行う事業主であっても、当該事業主が当該業務の処理に関し次の各号のいずれにも該当する場合を除き、労働者派遣事業を行う事業主とする。

1. 次のイ、ロ及びハのいずれにも該当することにより自己の雇用する労働者の労働力を自ら直接利用するものであること。

   イ. 次のいずれにも該当することにより業務の遂行に関する指示その他の管理を自ら行うものであること。

   （1）労働者に対する業務の遂行方法に関する指示その他の管理を自ら行うこと。

   （2）労働者の業務の遂行に関する評価等に係る指示その他の管理を自ら行うこと。

   ロ. 次のいずれにも該当することにより労働時間等に関する指示その他の管理を自ら行うものであること。

   （1）労働者の始業及び終業の時刻、休憩時間、休日、休暇等に関する指示その他の管理（これらの単なる把握を除く。）を自ら行うこと。

   （2）労働者の労働時間を延長する場合又は労働者を休日に労働させる場合における指示その他の管理（これらの場合における労働時間等の単なる把握を除く。）を自ら行うこと。

派遣法

ハ．次のいずれにも該当することにより企業における秩序の維持、確保等のための指示その他の管理を
　　自ら行うものであること。
　　（1）労働者の服務上の規律に関する事項についての指示その他の管理を自ら行うこと。
　　（2）労働者の配置等の決定及び変更を自ら行うこと。
2．次のイ、ロ及びハのいずれにも該当することにより請負契約により請け負った業務を自己の業務とし
　て当該契約の相手方から独立して処理するものであること。
　イ．業務の処理に要する資金につき、すべて自らの責任の下に調達し、かつ、支弁すること。
　ロ．業務の処理について、民法、商法その他の法律に規定された事業主としてのすべての責任を負うこ
　　　と。
　ハ．次のいずれかに該当するものであつて、単に肉体的な労働力を提供するものでないこと。
　（1）自己の責任と負担で準備し、調達する機械、設備若しくは器材（業務上必要な簡易な工具を除
　　　く。）又は材料若しくは資材により、業務を処理すること。
　（2）自ら行う企画又は自己の有する専門的な技術若しくは経験に基づいて、業務を処理すること。
第3条　前条各号のいずれにも該当する事業主であつても、それが法の規定に違反することを免れるため
　故意に偽装されたものであつて、その事業の真の目的が法2条1号に規定する労働者派遣を業として行
　うことにあるときは、労働者派遣事業を行う事業主であることを免れることができない。

派
遣
法

<参考>派遣労働者の法に基づく措置義務者

労働基準法	派遣元	派遣先	備考
均等待遇（第3条）	○		
男女同一賃金の原則（第4条）	○		
強制労働の禁止（第5条）	○	○	
中間搾取の排除（第6条）	○（何人も）		
公民権行使の保障（第7条）		○	
この法律違反の契約（第13条）	○		
労働条件の明示（第15条）、契約期間等（第14条）	○		
前借金相殺の禁止（第17条）、賠償予定の禁止（第16条）	○		
解雇制限（第19条）、強制貯金（第18条）	○		
退職時等の証明（第22条）、解雇の予告（第20条、第21条）	○		
賃金の支払（第24条）、金品の返還（第23条）	○		
休業手当（第26条）、非常時払（第25条）	○		
休憩時間（第32条～第33条）、出来高払制の保障給（第27条）		○	変形労働時間の定めは、派遣元
休憩（第34条）		○	
休日（第35条）		○	
時間外及び休日の労働（第36条）	○		36協定の締結・届出は、派遣元
時間外、休日及び深夜の割増賃金（第37条）	○		
年次有給休暇（第39条）	○		
労働時間及び休憩の特例（第40条）		○	
労働時間等に関する規定の適用除外（第41条）		○	監視断続労働の許可を含む
年少者　最低年齢（第56条）、年少者の証明書（第57条）	○		
労働時間及び休日（第60条）		○	
深夜業（第61条）		○	
危険有害業務の就業制限（第62条）、坑内労働の禁止（第63条）		○	
帰郷旅費（第64条）	○		
女　坑内業務の就業制限（第64条の2）		○	
危険有害業務の就業制限（第64条の3）		○	
性　産前産後（第65条）	○		休業に関するもの
妊産婦の労働時間（第66条）		○	時間外・休日労働、深夜業に係るもの
育児時間（第67条）		○	
生理日の就業が著しく困難な女性に対する措置（第68条）		○	いずれについても派遣元
災害補償（第75条～第87条）	○		
就業　作成及び届出の義務（第89条）	○		
規則　制裁規定の制限（第91条）	○		
法令及び労働協約との関係（第92条）	○		
労働契約との関係（第93条）	○		
寄宿舎（第94条から第96条の3）	○		いずれについても派遣元
法令等の周知義務（第106条）	○	○	派遣先は就業規則を除く
労働者名簿（第107条）、賃金台帳（第108条）	○		
記録の保存（第109条）	○		
罰則（第117条から第120条）、両罰規定（第121条）	○	○	

派遣法

法　論　宗

労働安全衛生法	派遣元	派遣先	備考
事業者等の責務（第3条第1項）	○	○	職場の安全衛生確保
労働者の義務（第4条）	○	○	事業者等の災害防止措置への協力
共同企業体（第5条）	○	○	
総括安全衛生管理者（第10条）		○	選任等
安全管理者（第11条）		○	選任等
衛生管理者（第12条）	○	○	選任等
安全衛生推進者等（第12条の2）	○	○	選任等
産業医等（第13条）	○	○	選任等
作業主任者（第14条）		○	選任等
統括安全衛生責任者（第15条）		○	選任等
元方安全衛生管理者（第15条の2）		○	選任等
店社安全衛生管理者（第15条の3）		○	選任等
安全衛生責任者（第16条）		○	選任等
安全委員会（第17条）		○	設置
衛生委員会（第18条）	○	○	設置
安全衛生委員会（第19条）	○	○	設置
危険又は健康障害を防止するための事業者の講ずべき措置等（第20条～第25条の2）		○	
労働者の遵守すべき事項（第26条）		○	
元方事業者の講ずべき措置等（第29条、第29条の2）		○	
特定元方事業者等の講ずべき措置（第30条、第30条の2）		○	
注文者の講ずべき措置（第31条）		○	
定期自主検査（第45条）		○	
化学物質の有害性の調査（第57条の3～第57条の5）	○	○	
安全衛生教育（第59条第1項）	○		雇入れ時
安全衛生教育（第59条第2項）		○	作業内容変更時
安全衛生教育（第59条第3項、第60条の2）		○	危険有害業務へ就業時（特別教育）、能力向上教育
職長教育（第60条）		○	
就業制限（第61条第1項）		○	
中高年齢者等についての配慮（第62条）	○	○	
作業環境測定（第65条）		○	
作業環境測定の結果の評価等（第65条の2）		○	
作業の管理（第65条の3）		○	
作業時間の制限（第65条の4）		○	
健康診断（第66条第1項）	○		一般健康診断
健康診断（第66条第2項）		○	有害業務に関する健康診断
健康診断の結果の記録（第66条の3）	○	○	
健康診断の結果についての医師等からの意見聴取（第66条の4）	○	○	
健康診断実施後の措置（第66条の5）	○	○	
面接指導等（第66条の8、第66条の9）	○		
病者の就業禁止（第68条）	○		
健康教育等（第69条）	○	○	
体育活動等についての便宜供与等（第70条）	○	○	
報告等（第100条）	○	○	
書類の保存等（第103条）	○	○	

（出典）東京労働局「労働基準法のあらまし」

第16 賃金の支払の確保等に関する法律関係

1. 賃確法（要旨）

最終改正：令和4年6月17日

1. 目的（法第1条）

　　企業経営が不振になった場合と労働者が退職する場合に貯蓄金の返還と賃金の支払等の確保を図るため、保護措置を講じて労働者の生活の安定に資することを目的とする。

2. 定義（法第2条）

　　「賃金」とは、労働基準法第11条に規定する賃金をいう。

　　「労働者」とは、労働基準法第9条に規定する労働者をいう。

3. 貯蓄金（社内預金）の保全措置（法第3条）

（1）保全すべき金額及び期間

　　事業主は毎年3月31日現在において労働者から受入れた預金額の全額を同日後1年間保全する。

（2）保全の方法（則第2条）

　a　事業主の労働者に対する社内預金の払戻債務を銀行等金融機関にて保証することを約する契約を締結すること。

　b　事業主の労働者に対する社内預金払戻債務相当額につき預金を行う労働者を受益者とする信託契約を信託会社と締結すること。

　c　労働者の事業主に対する社内預金払戻に係る債権を被担保債権とする質権、又は抵当権を設定すること。

　d　預金保全委員会を設置し、かつ、労働者の預金を貯蓄金管理勘定として経理すること等の措置を講ずること。

（3）是正命令と罰則（法第4、18条）

　a　労働基準監督署長は法3条の規定に違反した場合は、その是正を命ずることができる。（法第4条）

　b　法4条の命令に違反したときは、30万円以下の罰金（法18条）

4. 退職手当の保全措置（法第5条）

（1）保全すべき金額（則第5条）

　　事業主は次のa、b、cのいずれかの額以上の額を保全する。

　a　労働者の全員が自己都合で退職するものと仮定して計算した場合に退職手当として支払うべき金額の見積り額の4分の1に相当する額。

　b　中小企業退職金共済制度に加入していると仮定した場合に中小企業退職金共済法の規定により最低掛金月額に見合って支払われることとなる退職金額。

賃
確
法

c　事業主と労働者代表（労働者の過半数で組織する組合がある場合は、その労働組合）との書面により協定した額。

（2）保全の方法（則第5条の2）

a　事業主の労働者に対する退職手当の支払債務を銀行等金融機関にて保証することを約する契約を締結すること。

b　要保全額につき労働者を受益者とする信託契約を信託会社と締結すること。

c　労働者の事業主に対する退職手当の支払に係る債権を被担保債権とする質権又は抵当権を設定すること。

d　退職手当保全委員会を設置すること。

（3）保全措置を講ずることを要しない事業主（則第4条）

中小企業退職金共済法に定める退職金共済契約を締結している事業主等法令に基づく企業外積立の退職手当制度を採用している事業主等。

5．退職労働者の賃金に係る遅延利息（法第6条）

事業主は退職労働者の賃金（退職手当を除く）を退職の日までに支払わなかった場合には、退職の日の翌日からその支払をする日までの期間についてその日数に応じ、まだ支払われてない賃金の額に年14.6％を乗じた遅延利息を支払わなければならない。

6．未払賃金の立替払（法第7条）

事業主が一定の倒産事由に該当した場合において、一定の期間内に、その事業から退職した労働者に未払賃金があるときは、その労働者の請求に基づいて未払賃金の中、一定の範囲のものを事業主に代って政府（独立行政法人労働者健康安全機構）が弁済する。

2. 未払賃金の立替払事業

1．未払賃金の立替払事業

未払賃金の立替払事業は、「賃確法」に基づいて企業の倒産に伴い、賃金を支払われないまま退職した労働者に対して、その未払賃金の一定範囲のものを独立行政法人労働者健康安全機構が事業主に代わって立替払する制度である。

2．立替払の対象となる事業主の要件（法第7条、令第2条、則第7条）

（1）労災保険法の適用事業に該当する事業主であること。

（建設業を行う下請負人も、この場合は対象事業主となる。）

（2）1カ年以上の期間にわたり事業を行ってきた事業主であること。

（3）次の事由に該当することとなった事業主であること。

①　破産宣告を受けたこと。

②　特別清算開始の命令を受けたこと。

③　再生手続開始の決定があったこと。

④　更生手続開始の決定があったこと。

⑤　事業主が事業活動に著しい支障を生じたことにより、労働者に賃金を支払うことができない状態
　　となったことについて退職労働者の申請に基づき労働基準監督署長の認定があったこと。

３．立替払の対象となる労働者の要件（（1）（2）の双方の要件を満たすこと）

（1）一定期間内に事業から退職したこと。（令第３条）

　　　一定期間とは、「事業主が前記（3）の①～⑤にあげる事由に該当することとなった最初の破産等
　　の申立てのあった日（a）」又は、「事業主が⑥の事由に該当する場合には、最初の認定の申請のあっ
　　た日（b）」の６カ月前の日から向う２カ年の期間をいう。

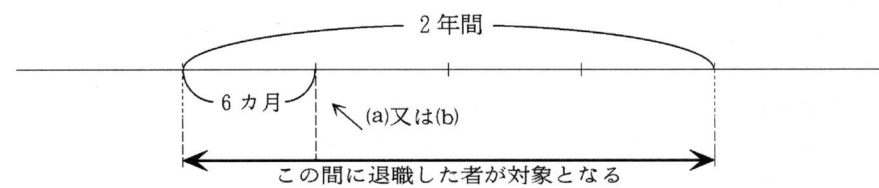

（2）未払賃金があること。

　　　退職前一定期間内の定期賃金（賞与等を除く）又は退職手当の全部又は一部が支払期日の経過後未
　　だ支払われていないこと。

４．立替払される未払賃金の範囲（令第４条）

（1）立替払される賃金額は

<table>
<tr><td rowspan="3">未払賃金総額</td><td>30 歳未満</td><td>110 万円限度</td><td rowspan="3">× 80/100 =</td><td colspan="2">立替払上限額</td></tr>
<tr><td>30 歳以上 45 歳未満</td><td>220 万円限度</td><td>88 万円</td><td></td></tr>
<tr><td>45 歳以上</td><td>370 万円限度</td><td>176 万円
296 万円</td><td></td></tr>
</table>

（2）立替払される賃金の範囲は、基準退職日の６カ月前の日から立替払の請求日前日までに支払期日が
　　到来して未払となっている定期賃金及び退職手当である（ボーナスは含まず）。

　　　なお、未払賃金が２万円未満の場合は立替払の対象外。

５．不正受給額の返還等（法第８条）

　　　省　　略

６．建設業における特別取扱い

　　　この立替払は、全産業労働者を対象としたものであるが、建設業においては、建設業法41条２項及び
　　労基発779号（昭51.10.22）の労働省労働基準局長通達との関連により、取扱われることになっている。

賃
確
法

3. 未払賃金の立替払事業の創設に伴う建設行政機関との通報制度等の運用について

基発第779号　昭51.10.22
労働省労働基準局長→都道府県労働基準局長

　未払賃金の立替払事業の創設に伴う建設業法（昭和24年法律第100号）に定める立替払勧告制度及び建設行政機関との通報制度の運用については、当面、下記のとおりとすることとしたので、遺憾なきを期されたい。

　なお、本件については、建設省とも打合せ済みである。

記

　第一次元請負人である特定建設業者の下請負人に係る賃金未払事案のうち昭和47年9月12日付け基発第573号通達記の第3の2（通報事案）に該当する賃金未払事案については、従前どおり、すべて建設行政機関との通報制度（以下「通報制度」という。）に基づく通報を速やかに行うこと。ただし、賃金の支払の確保等に関する法律（昭和51年法律第34号）第7条に規定する事由に該当する下請負人（以下「倒産下請負人」という。）に係る賃金未払事案であって天災地変、専ら第三者の作為又は不作為による異常な事故又は災害等不可抗力により生じたもの等当該特定建設業者に全く責任がない賃金未払事案は、未払賃金の立替払事業による未払賃金の立替払（以下「立替払」という。）の対象とすることとし、当該賃金未払事案における未払賃金のうち立替払が行われないと認められる部分の未払賃金（退職金、賞与等を除く。）についてのみ通報制度に基づく通報の対象とし、立替払が行われると認められる部分の未払賃金については通報の対象としないこと。

　なお、倒産下請負人に係る賃金未払事案に関し、上記により、通報制度に基づく通報を行う場合は、当該通報の結果を速やかに回報されたい旨付記すること。

4. 働き方改革の推進に向けた建設労働者の労働条件の確保・改善に関する国土交通省との通報制度等について

基発01116号第17号　平30.11.16
厚生労働省労働基準局長→都道府県労働局長

　下請取引の適正化は、下請事業者の経営の安定・健全性を確保する上で重要であるほか、建設労働者の労働条件の確保・改善にも資するものであることから、平成21年2月16日より、国土交通省との通報制度等を実施している。

　今般、中小企業・小規模事業者の活力向上のための関係省庁連絡会議において、中小企業・小規模事業者の活力向上に向けた対応策の検討がなされたことを踏まえ、下記のとおり本通報制度を強化することとしたので、この的確な実施に遺憾なきを期されたい。

　なお、平成21年2月16日付け基発第0216004号「建設労働者の労働条件の確保・改善に関する国土交通省との通報制度等について」は、本通達をもって廃止する。

　おって、本件については、国土交通省と協議済みであることを申し添える。

賃
確
法

記

１．通報制度等の概要等

（１）通報対象事案

　　　以下のア及びイのいずれにも該当する事案について、秘密保持に万全を期した上で、通報対象となる建設業者が国土交通大臣の許可を受けた者であるときは国土交通省に通報することとする。

　　ア　労働基準監督機関において、下請負人に対する監督指導等を実施した結果、労働基準法（昭和22年法律第49号）第23条、第24条、第32条、第35条又は第37条若しくは最低賃金法（昭和34年法律第137号）第４条違反が認められた事案

　　イ　上記アの違反の背景に、元請負人による建設業法（昭和24年法律第100号）第19条の３（不当に低い請負代金の禁止）等に該当する行為（いわゆる「下請たたき」に当たる行為）が存在しているおそれのある事案

（２）通報に当たっての留意事項

　　　上記(1)に該当する事案を把握し、これを通報する場合、当該下請負人に対し、以下の点について十分に説明すること。

　　ア　上記（１）に該当する事案について、秘密保持に万全を期した上で国土交通省に通報することとなること。その際、元請負人の名称については明らかにした上で通報する必要があること。なお、下請負人が自らの名称を匿名とする場合は、国土交通省が事実関係を確認できず、正確な調査を行えない場合があること。

　　イ　建設業法の違反行為の有無にかかわらず、労働基準関係法令違反の是正が猶予されることはないこと。

（３）相談窓口の教示等

　　　上記(1)に該当する事案が把握されない場合についても、労働基準監督機関においては、下請負人に対し、建設業法に関するパンフレット等を配布するなどにより、国土交通省の相談窓口を教示すること。

　　　その際、下請取引（建設業）に関する確認シート付きリーフレット（別添）を配付し、国土交通省との通報制度や建設業法の違反行為についても分かりやすく説明すること。

２．通報の方法・時期

　上記１の通報事案については、当該下請負人の所在地を管轄する労働基準監督署は、事案を把握した都度、都道府県労働局（以下「局」という。）へ報告し、局においては速やかに本省へ報告すること。

　本省においては、通報事案を国土交通省に対し速やかに通報することとする。

３．通報事案の処理

　本省から国土交通省に通報した事案については、国土交通省との的確な連携を図る観点から、その処理状況等について一定期間ごとに本省に報告されることとなっている。

賃
確
法

第 17 高年齢者等の雇用の安定等に関する法律関係

1. 高年齢者等雇用安定法の概要

1. 目的

　この法律は、定年の引き上げ、継続雇用制度の導入等による高年齢者の安定した雇用の確保の促進、高年齢者等の再就職等の促進、定年退職者その他の高年齢退職者に対する就業の機会の確保等の措置を総合的に講じ、もって高年齢者等の職業の安定その他福祉の増進を図るとともに、経済及び社会の発展に寄与することを目的としている。（第1条）

2. 改正高年齢者等雇用安定法の概要

　少子高齢化が急速に進展し人口が減少する中で、経済社会の活力を維持するため、働く意欲がある高年齢者がその能力を十分に発揮できるよう、高年齢者が活躍できる環境の整備を目的として、「高年齢者等の雇用の安定等に関する法律」（高年齢者雇用安定法）の一部が改正され、令和3年4月1日から施行された。

　今回の改正は、個々の労働者の多様な特性やニーズを踏まえ、70歳までの就業機会の確保について、多様な選択肢を法制度上整え、事業主としていずれかの措置を制度化する努力義務を設けることなどを内容としている。

　※この改正は、定年の70歳への引上げを義務付けるものではない。

3. 改正の内容（高年齢者就業確保措置の新設について）

＜対象となる事業主＞

・定年を65歳以上70歳未満に定めている事業主

・65歳までの継続雇用制度（70歳以上まで引き続き雇用する制度を除く。）を導入している事業主

＜対象となる措置＞

　次の①～⑤のいずれかの措置（高年齢者就業確保措置）を講じるよう努める必要がある。

①　70歳までの定年引き上げ

②　定年制の廃止

③　70歳までの継続雇用制度（再雇用制度・勤務延長制度）の導入

　※特殊関係事業主に加えて、他の事業主によるものを含む。

④　70歳まで継続的に業務委託契約を締結する制度の導入

⑤　70歳まで継続的に以下の事業に従事できる制度の導入

　　a. 事業主が自ら実施する社会貢献事業

　　b. 事業主が委託、出資（資金提供）等する団体が行う社会貢献事業

※④、⑤については過半数組合等の同意を得た上で、措置を導入する必要がある（労働者の過半数を代表する労働組合がある場合にはその労働組合、そして労働者の過半数を代表する労働組合がない場合には労働者の過半数を代表する者の同意が必要。）

※③～⑤では、事業主が講じる措置について、対象者を限定する基準を設けることができるが、その場合は過半数労働組合等との同意を得ることが望ましい。

※高年齢者雇用安定法における「社会貢献事業」とは、不特定かつ多数の者の利益に資することを目的とした事業のこと。「社会貢献事業」に該当するかどうかは、事業の性質や内容等を勘案して個別に判断されることになる。

※bの「出資（資金提供）等」には、出資（資金提供）のほか、事務スペースの提供等も含まれる。

＜その他の改正内容＞

①　厚生労働大臣は、高年齢者就業確保措置の実施及び運用に関する指針を定める。

② 厚生労働大臣は、必要があると認めるときに、事業主に対して、高年齢者就業確保措置の実施について必要な指導及び助言を行うこと、当該措置の実施に関する計画の作成を勧告すること等ができることとする。

③ 70歳未満で退職する高年齢者（※1）について、事業主が再就職援助措置（※2）を講ずる努力義務及び多数離職届出（※3）を行う義務の対象とする。

※1：定年及び事業主都合により離職する高年齢者等

※2：例えば、教育訓練の受講等のための休暇付与、求職活動に対する経済的支援、再就職のあっせん、再就職支援体制など

※3：同一の事業所において、1月以内の期間に5人以上の高年齢者等が解雇等により離職する場合の、離職者数や当該高年齢者等に関する情報等の公共職業安定所長への提出

④ 事業主が国に毎年1回報告する「定年及び継続雇用の状況その他高年齢者の雇用に関する状況」について、高年齢者就業確保措置に関する実施状況を報告内容に追加する。

※各改正内容について詳しくは、厚生労働省のホームページ　参照

4．65歳超雇用推進プランナー・高年齢者雇用アドバイザー等の有効活用

高年齢者雇用確保措置のいずれかを講ずるに当たって、高年齢者の職業能力の開発及び向上、作業施設の改善、職務の再設計や賃金画人事処遇制度の見直し等を図るため、独立行政法人高齢・障害・求職者雇用支援機構に配置されている65歳超雇用推進プランナー・高年齢者雇用アドバイザー及び雇用保険制度に基づく助成制度等の有効な活用を図り事業主の取り組みを支援している。

※詳しくは、独立行政法人高齢・障害・求職者雇用支援機構のホームページ　参照

2．高年齢者を雇用する事業主を支援する助成金制度

65歳超雇用推進助成金

高年齢者定年引き下げや高年齢者の雇用環境の整備、高年齢の有期契約労働者の無期雇用への転換を行なう事業が意欲と能力のある限り、年齢に関わりなく働くことができる生涯現役社会を実現するため、65歳以上への主に対して助成するものであり、次の3コースで構成されている。

1　65歳超継続雇用促進コース
2　高年齢者評価制度等雇用管理改善コース
3　高年齢者無期雇用転換コース

1　65歳超継続雇用促進コース

（1）主な受給要件

①労働協約または就業規則により、次の〔1〕～〔4〕のいずれかに該当する制度を実施したこと。

〔1〕65歳以上への定年引上げ
〔2〕定年の定めの廃止
〔3〕希望者全員を66歳以上の年齢まで雇用する継続雇用制度の導入
〔4〕他社による継続雇用制度の導入

② ①の制度を規定した際に経費を要したこと。

③ ①の制度を規定した労働協約または就業規則を整備していること。

④ 高年齢者雇用等推進者の選任及び高年齢者雇用管理に関する措置を実施している事業主であること

⑤ ①の制度の実施日から起算して1年前の日から支給申請日までの間に、高年齢者雇用安定法第8条または第9条第1項の規定に違反していないこと。

高齢者雇用法

⑥　支給申請日の前日において、当該事業主に一年以上継続して雇用されている60歳以上の雇用
保険被保険者（短期雇用特例被保険者及び日雇労働被保険者を除く。期間の定めのない労働契
約を締結する労働者または定年後に継続雇用制度により引き続き雇用されている者に限る。）
が１人以上いること。

2　高年齢者評価制度等雇用管理改善コース
当コースは、高年齢者の雇用管理制度を整備する為の措置を次の①〜②によって実施した場合に
受給することができる。

①　雇用管理整備計画の認定
高年齢者の雇用管理制度を整備するため、高年齢者雇用管理整備措置（能力開発、能力評価、
賃金体系、労働時間等の雇用管理制度の見直しまたは導入および医師もしくは歯科医師による健
康診断を実施するための制度の導入）を内容とする「雇用管理整備計画書」を作成し、（独）高
齢・障害・求職者雇用支援機構理事長に提出してその認定を受けること。

②　高年齢者雇用管理整備措置の実施
①の雇用管理整備計画に基づき、当該計画の実施期間内に支給対象措置を実施すること。

3　高年齢者無期雇用転換コース
当コースは、次の①〜②によって50歳以上かつ定年年齢未満の有期契約労働者の無期契約労働者
への転換を実施した場合に受給することができる。

①　無期雇用転換計画の認定
「無期雇用転換計画」を作成し、（独）高齢・障害・求職者雇用支援機構理事長に提出してその
認定を受けること。

②　無期雇用転換措置の実施
①の無期雇用転換計画に基づき、当該計画の実施期間中に、高年齢の有期契約労働者を無期雇
用労働者に転換すること。

この他にも、厚生労働省や（独）高齢・障害・求職者雇用支援機構のホームページに高齢者雇用に係る
給付金制度の案内があるので参考のこと。

高齢者雇用法

第18 出入国管理及び難民認定法関係

1. 入管法（要旨）

出入国管理及び難民認定法　政令第319号　昭和26年10月4日
最終改正：公布日　法律　第63号　令和5年6月16日
（施行日　令和5年6月16日）

1. 法律の目的（法1条）

　本邦に入国し、又は本邦から出国するすべての人の出入国の公正な管理を図ると共に、難民の認定手続きを整備することを目的とする。

2. 在留資格及び在留期間（法2条の2）

　在留資格は、別表第1に掲げるとおりのものとする。その在留資格をもって在留する者は、在留資格の種類に応じて活動を行い又は身分若しくは地位を有する者として在留することができる。

　在留資格に基づいて在留することができる期間（在留期間）は、各在留資格について、法務省令で定める。この場合において、外交、公用、高度専門職及び永住者の在留資格以外の在留資格に伴う在留期間は、5年を超えることができない。

別表第1　（第2条の2、第5条、第7条、第7条の2、第19条、第19条の16、第19条の17、
　　　　　　　第20条の2、第22条の3、第22条の4、第24条、
　　　　　　　第61条の2の2、第61条の2の8関係）

在留資格と就労

① 各在留資格に定められた範囲での就労が可能な在留資格			
外交	公用	教授	芸術
宗教	報道	高度専門職	経営・管理
法律・会計業務	医療	研究	教育
技術・人文知識・国際業務		企業内転勤	興行
技能	技能実習	介護＊	特定技能
② 原則として就労が認められない在留資格 （資格外活動許可を受けた場合は、一定の範囲内で就労可）			
文化活動	短期滞在	留学	研修
家族滞在			
③ 個々の外国人に与えられた許可の内容により就労の可否が決められる在留資格			
特定活動 〈外交官等の家事使用人、ワーキングホリデー、経済連携協定に基づく外国人看護師・介護福祉士候補者等〉			
④ 就労活動に制限がない在留資格			
永住者	日本人の配偶者等	永住者の配偶者等	定住者

　日系2世、3世の人は、「日本人配偶者等」又は「定住者」として在留する場合に限り、就労活動に制限はない。「短期滞在」の在留資格により在留している日系人は、地方入国管理局において在留資格の変更の許可を受けないと就労できない。

＊「介護」については、「出入国管理及び難民法の一部を改正する法律（平成28年11月28日公布）」により追加され、施行日は、平成29年9月1日。

３．出入国管理

３－１　出入国管理

（１）出入国管理及び難民認定法

外国人の入国、強制退去等については、出入国管理及び難民認定法（入管法）で規定

①出入国管理、②在留管理、③強制退去、④難民認定

（２）出入国管理を行う機関

法務省入国在留管理庁（8地方入国管理局、7支局、61出張所）　平成31年4月組織変更

（３）在留資格制度

・入管法は、外国人が日本で行う活動、あるいは身分や地位に応じた在留資格を規定

・入国・在留するためには、いずれかの在留資格に該当することが必要

＊外国人にはいずれか一つの在留資格を付与

・外国人は、付与された在留資格の範囲内での活動を行うことが可能

＊各在留資格において、活動の範囲、内容を規定

＊在留資格の範囲以外の活動を行うことは不可

（４）在留期間

・各在留資格に応じた在留期間を法務省令で規定

①技能実習

○付与される在留期間

ⅰ）第1号技能実習生　1年を超えない範囲

ⅱ）第2号技能実習生　2年を超えない範囲

ⅲ）第3号技能実習生　2年を超えない範囲

＊更新可（技能実習：最長5年）

②特定活動（外国人建設就労者）…時限措置（入国は2020年度まで、就労は2022年末まで）

○付与される在留期間　1年更新　最大2年または3年

＊帰国期間が1年以上の場合　最大3年以内

③特定技能

○付与される在留期間

ⅰ）特定技能1号　1年、6カ月又は4カ月毎に更新（上限通算5年）

ⅱ）特定技能2号　3年、1年又は6カ月毎に更新（上限なし）

３－２　上陸（入国）手続き

（１）上陸許可申請と個人識別情報の提供

・日本に上陸しようとする者は、入国審査官に対して上陸申請

・申告者は、個人識別情報（指紋、写真等）を提供

（２）入国審査官による審査

ア　旅券及び査証（ビザ）の有効性

ⅰ）旅券：自国民であることを証明するとともに、受入国に対する必要な支援・協力を要請する文書＜常時携帯義務（在留カード携帯の場合は除く）＞

ⅱ）査証：受入国の在外交館が発行する受入に関する推薦状

ⅲ）在留資格認定証明書：上陸基準への適合性を証明する文書

イ　在留資格の該当性と上陸基準の適合性

ウ　在留期間の法務省令への適合性

エ　上陸拒否事由への該当の有無
（3）上陸（入国）許可
　　・在留資格及び在留期間の決定
　　・上陸許可の旅券の明示（中長期在留者には「在留カード」を交付）
3-3　在留手続
（1）在留資格の変更
　　・本来の活動を変更しようとする場合に、新たな活動内容等に応じた在留資格に変更（例：留学生
　　　が卒業に伴って就職する等）
（2）資格外活動
　　・本来の活動を行いつつ、その傍ら一定の就労活動又は事業活動行うこと（例：留学生がアルバイ
　　　トをする場合等）
（3）在留期間の更新
　　・在留期間を超えて在留する場合に、その在留期間を更新
（4）再入国許可
　　・在留期間が満了する前に再び入国する意図をもって出国しようとするときに、再入国・上陸手続
　　　を簡略化する目的で与える許可
（5）みなし再入国許可
　　・有効な旅券を所持する外国人が入国審査官に再び入国する意図を表明して出国するときは、再入
　　　国の許可を受けたものと見做す（原則、出国1年以内）
3-4　在留管理制度
（1）在留管理制度の目的
　　・在留管理に必要な情報を継続的に把握
（2）在留管理制度の対象者
　　・次のいずれにも当てはまらない外国人（中長期滞在者）
　　　ⅰ）3カ月以下の在留期間が決定された者
　　　ⅱ）「短期滞在」の在留資格が決定された者
　　　ⅲ）「外交」又は「公用」の在留資格が決定された者
　　　ⅳ）「特定活動」の在留資格が決定された者で、台湾日本関係協会の本邦の事務所等の職員又は
　　　　　その家族、若しくは駐日パレスチナ総代表部の職員又はその家族
　　　ⅴ）特別永住者
　　　ⅵ）在留資格を有しない者（不法入国者等）
（3）在留カードの交付（＊常時携帯義務）
　　・上陸許可、在留期間更新許可、在留資格変更許可時等に在留カードを交付
　　・在留カードには、氏名、性別、生年月日、国籍・地域、住居地、在留資格、在留期限等を記載
　　　（顔写真貼付）
　　・適法在留の証明
（4）住居地の届出
　　・住民基本台帳の適用
　　　＊外国人住民としての住民票の作成
　　・住居地を定めた場合、変更した場合（転居届）は、14日以内に市町村長を通じて法務大臣に届出
　　・就労資格や配偶者としての身分資格で在留する中長期滞在者は、所属機関や婚姻関係に変更が生
　　　じた場合は、地方入国管理局届出が必要
3-5　在留資格の取消し
（1）在留資格の取消制度

入

管

法

・偽りその他不正な手段により上陸許可を受けた者等に付与している在留資格を取り消すもの
（2）取消事由
　　・偽りその他不正な手段により上陸許可の証印又は許可を受けたこと
　　・不実の記載のある文書又は図面の提出又は提示により上陸許可の証印を受けたこと
　　・在留資格をもって在留する者が、当該在留資格に応じた活動を行っておらず、かつ、他の活動を
　　　行おうとしていること
　　・中長期在留者が90日以内に居住地の提出をしないこと
（3）取消手続
　　・対象外国人から意見を聴取した上で取消を行い、出国猶予期間を付与
　　・意見聴取に応じないときは、意見聴取を行わないで取り消すことが可
　　・逃亡のおそれがあるときは、直ちに退去強制手続きに移行することが可

4．強制退去（法第24条関係）
・我が国にとって好ましくない外国人の排除
・どのような外国人を退去強制するかは入管法24条に規定
　ⅰ）不法入国者：有効な旅券を所持しないで入国した者等
　ⅱ）不法上陸者：入国審査官から上陸の許可等を受けないで上陸した者
　ⅲ）不法残留者：在留期間の更新又は変更を受けずに在留期間を経過して在留する者
　ⅳ）資格外活動者：在留資格本来の活動以外の収入を伴う事業の運営又は報酬を受ける活動を専ら行
　　　っていると認められる者
　ⅴ）在留資格を取り消された者：在留資格の取消手続により取り消された者
　ⅵ）刑罰法令違反者：薬物事犯により有罪の判決を受けた者等
・退去強制手続きは、原則として身柄を拘束
・退去強制されると、5年又は10年間は入国不可

5．入管法の罰則
（1）不法入国者、不法在留者、資格外活動者（専従資格外活動者＊）
　　　3年以下の懲役若しくは禁錮若しくは300万円以下の罰金、又は併科
　　　＊「専従資格外活動者」とは、本来活動以外の活動を専ら行い、許可された在留資格の在留目的が
　　　　実質的に変更されたと評価される者
（2）資格外活動者（非専従資格外活動者＊）
　　　1年以下の懲役若しくは禁錮若しくは200万円以下の罰金、又は併科
　　　＊「非専従資格外活動者」とは、本来活動を行いつつ、資格外活動許可を受けずに、本来活動以外
　　　　の活動を行っている者
（3）偽装滞在者
　　　3年以下の懲役若しくは禁錮若しくは300万円以下の罰金、または併科
（4）不法就労助長者＊
　　　3年以下の懲役若しくは300万円以下の罰金、または併科
　　　不法就労者を雇用等した場合は、行為者を罰するほか、その法人等も処罰（両罰規定）
　　　＊「不法就労助長者」とは次の者をいう
　　　ⅰ）外国人に不法就労活動をさせた者
　　　ⅱ）外国人に不法就労活動をさせるためにこれを自己の支配下に置いた者
　　　ⅲ）業として、外国人に不法就労させる行為又はⅱ）の行為に関し、あっせんした者

6．不法就労の外国人を雇った場合の罰則

不法就労	不法滞在者、被退去強制者が働く	・密入国した人、在留期間の切れた人が働く ・強制退去が既に決まっている人が働く
	入管からの就労許可なく働く	・観光等の短期滞在目的で入国した人が働く ・留学生や難民申請中の人が許可なく働く
	入管から認められた範囲を超えて働く	・「技能」の在留資格の人が工事現場等で単純労働者として働く ・留学生が許可された時間数を超えて働く

就労資格のない外国人が就労 ➡ 不法就労

「不法就労」させた事業主 ➡ 不法就労助長罪

＜入管法73条の2＞

　次のいずれかに該当する者は、3年以下の懲役若しくは300万円以下の罰金に処し、又はこれを併科する。

1　事業活動に関し、外国人に不法就労活動をさせた者
2　外国人に不法就労活動をさせるためにこれを自己の支配下に置いた者
3　業として、外国人に不法就労活動をさせる行為又は前号の行為に関しあっせんした者
＊「知らなかったことを理由に処罰を免れることはできない」（同条第2項）

2．外国人技能実習制度・特定技能外国人・外国人建設就労者

1．在留資格の関係（建設分野）

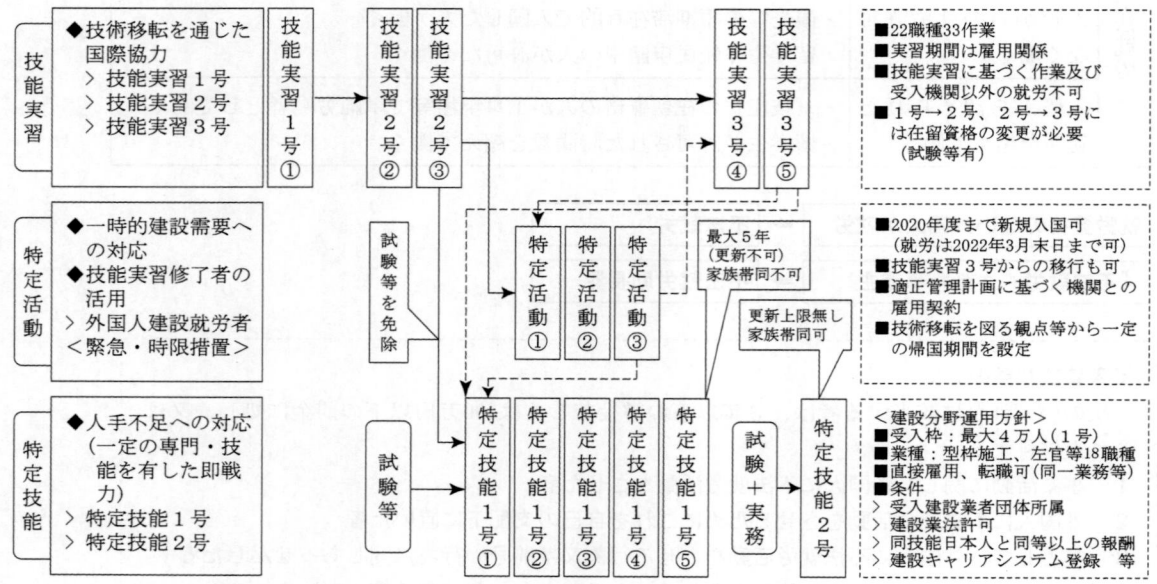

2．外国人技能実習制度

（1）趣旨・目的：技能、技術又は知識の移転を図り、その国の人づくりに協力

　　　　　　　　※労働力の需給の調整の手段としての利用は不可

（2）受入方式

　　団体監理型：事業協同組合等が受入団体となって研修生・実習生を受け入れ、傘下の企業等で技能
　　　　　　　　実習を実施

　　企業単独型：日本の企業が海外の現地法人や取引先企業の職員を直接受け入れ技能実習を実施

（3）在留資格

　　技能実習

　　・技能実習1号　1年目：講習（原則2か月）＋技能等の修得

　　・技能実習2号　2・3年目：技能等の習熟

　　・技能実習3号　4・5年目：技能等の熟達

　　※1号から2号へ移行及び2号から3号へ移行に当たっては、①指定の試験、②在留資格の変更
　　　（取得）が必要

（4）就労形態：受入企業等との雇用契約（但し、技能実習1号の講習期間を除く）

（5）技能実習の職種（87職種159作業）

　　建設関係は22職種（33作業）

　　　さく井、建築板金、空調機器施工、建具製作、建築大工、型枠施工、鉄筋施工、とび、石材施工、
　　　タイル張り、かわらぶき、左官、配管、内装仕上施工、サッシ施工、防水施工、コンクリート圧
　　　送施工、ウェルポイント施工、表装、建設機械施工、築炉

入

管

法

（6）技能実習計画
- 実習実施者は、技能実習生ごとに、かつ、技能実習区分ごとに技能実習計画を作成し、外国人技能実習機構の認定が必要
- 技能実習計画書には、技能実習の内容、実施場所、期間、到達目標及び技能実習生の待遇等を記載
- 認定の基準を満たさなくなった場合、認定計画とおり実施していない場合等には認定が取り消されることがある

（7）実習実施者の体制
- 技能実習責任者：実習計画の作成、指導員への指導監督
- 技能実習指導員：実習生への技能指導（作業・労働部分を担当）
- 生活指導員：実習生への生活指導

（8）技能実習生の保護

禁止行為
- 技能実習の強制
- 違約金を定め、又は損害賠償を予定する契約の締結
- 貯蓄又は貯蓄金を管理する契約の締結
- 旅券等の保管
- 自由を不当に制限
- 相談者に対する不利益な取扱い

主務大臣への申告
- 監理団体、実習実施者等に技能実習法に違反する事実がある場合は主務大臣に申告できる
- 主務大臣は、技能実習生からの相談に応じ、必要な情報の提供助言その他の援助を実施
- 申告したことを理由として技能実習の中止その他の不利益な取扱いの禁止

（9）監理団体の役割
ⅰ）実習生候補者の選抜・あっせん、ⅱ）講習の実施、ⅲ）実習状況の確認、
ⅳ）実習実施者に対する監査、ⅴ）実習生の保護、ⅵ）実習生からの相談の対応、
ⅶ）実習生の帰国旅費の負担、ⅷ）実習実施者に対する指導（実習計画の作成等）

３．特定技能制度の概要（建設分野）

（1）在留資格
特定技能１号：特定産業分野に属する相当程度の知識又は経験を必要とする技能を要する業務に外国人向けの在留資格
　　　　　　在留期間：１年、６か月又は４か月（上限５年）
　　　　　　技能水準：試験で確認（技能実習２号修了者は免除）
　　　　　　日本語能力：同上
　　　　　　家族帯同：基本的に不可
　　　　　　受入機関又は登録支援機関の支援対象
特定技能２号：特定産業分野に属する熟練した技能を要する業務に従事する外国人向けの在留資格
　　　　　　在留期間：３年、１年又は６か月（通算上限無）
　　　　　　技能水準：試験で確認
　　　　　　日本語能力：試験等での確認不要
　　　　　　家族帯同：要件満たせば可（配偶者、子）
　　　　　　受入機関又は登録支援機関の支援対象外
特定産業分野：介護、ビルクリーニング、素形材産業、産業機械製造業、電気・電子情報関連産業、建設、
（14分野）　　造船・舶工業、自動車整備、航空、宿泊、農業、漁業、飲食料品製造業、外食業

就労が認められる在留資格の技能水準
　　専門的・技術分野
　　　現行在留資格：高度専門職（１・２号）、教授、技術・人文知識・国際業務、介護、技能　等
　　　新規創設：特定技能１号、特定技能２号
　　非技術的非専門的分野：技能実習
（２）受入の流れ

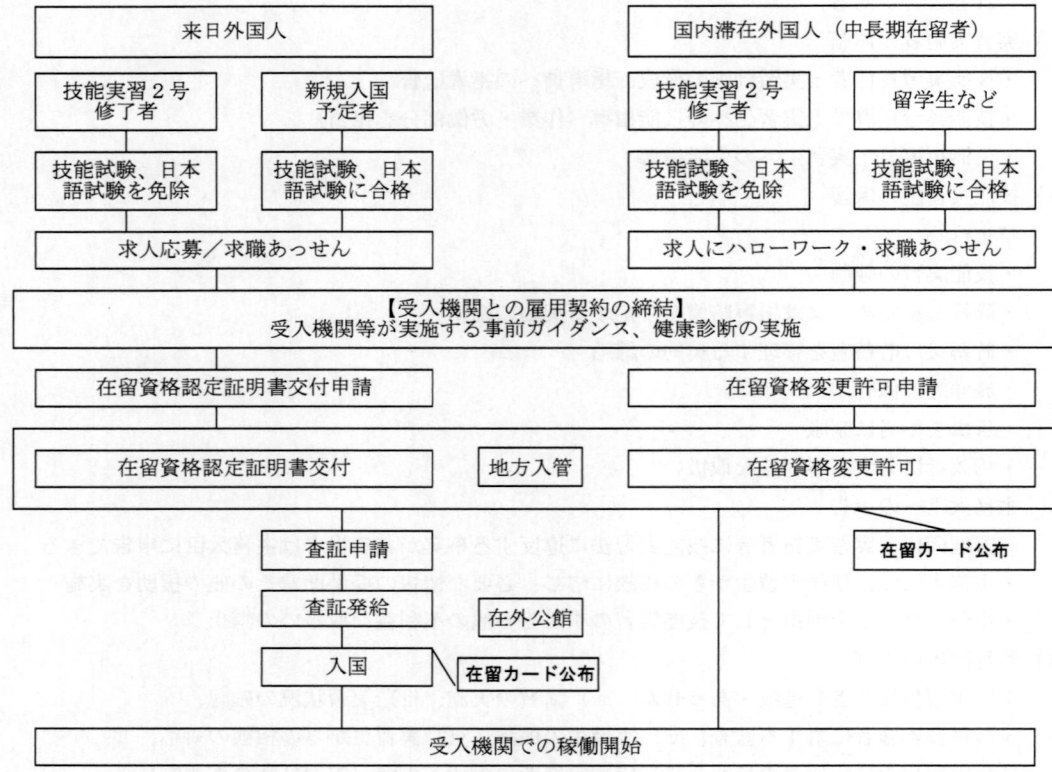

　　＊受入機関による支援の実施が困難な場合は、登録支援機関に委託が可能
（３）「建設分野の特定技能在留資格制度運用方針」の概要
　　趣旨・目的：深刻化する人手不足に対応、専門性・技能を生かした即戦力として受入
　　受入見込数：最大４万人（向こう５年間）
　　雇用形態：直接雇用
　　従事業務
　　　12職種：型枠施工、左官、コンクリート圧送、トンネル推進工、建設機械施工、土木、屋根ふ
　　　　　　　き、電気通信、鉄筋施工、鉄筋継手、内装仕上、表装
　　人材基準　特定技能１号
　　　　　　　ア　技能水準（１号評価試験又は技能検定３級）
　　　　　　　イ　日本語能力水準（判定テスト又は能力試験Ｎ４以上）
　　　　　　　＊第２号技能実習生修了者は、上記ア、イを免除
　　　　　　　特定技能２号
　　　　　　　ア　試験区分（２号評価試験又は技能検定１級）
　　　　　　　イ　実務経験（複数の建設技能者の指導、工程管理する者（班長）としての経験）

運用重要事項

業者団体・元請企業

団体：共同ルールの策定、遵守状況の確認、試験実施の調整、就業・転職支援

元請：在留・就労資格及び従事状況（場所、業務、期間）の確認

所属機関（各企業）

①建設業法３条の許可、②国内人材確保の取組、③同技能日本人と同等以上の報酬の支払、習熟に応じた昇給、④雇用契約までに契約の重要事項を母国語で説明、⑤建設キャリアシステムへの登録、⑥受入建設業者団体への所属、⑦特定技能１号の数＋特定活動の数の合計が企業の常勤職員の総数以下、⑧「建設特定技能受入計画」の認定、⑨受入企業は国交省等から計画の履行の確認を受ける、⑩国交省等の調査・指導への協力、⑪その他必要な事項

その他：①治安への影響を踏まえた措置、②特定地域への偏在に対する必要な措置

（４）「特定技能在留資格制度の基本方針」の概要（抄）

人材に関する基本的事項

特定技能１号外国人

・在留期間は通算５年以下（配偶者及び子の在留資格は基本的に付与しない）

・特段の育成・訓練を受けることなく一定程度の業務を遂行できる技術水準、日常生活に支障がない程度を基本に業務上必要な日本語能力水準が必要

・当該水準は、分野別運用方針で定める試験等により確認

・２号技能実習修了者は必要な技術・日本語能力水準を満たしていると見做す

特定技能２号外国人

・在留期間は上限なし（配偶者及び子の要件を満たせば在留資格を付与）

・熟練した技能が必要（現行の「専門的・技術的分野」の在留資格と同等又はそれ以上）

・当該水準は、分野別運用方針で定める試験等により確認

制度適用に関するその他の重要事項

特定技能所属機関の責務

・雇用契約で報酬が日本人と同等額以上等の所要の基準に適合していること

・５年を迎える雇用計画の終了時に確実な帰国のための措置を行うこと

・「支援計画」が基準に適合し、適正な実施が確保されていること

特定技能１号外国人支援

・特定技能所属機関又は登録支援機関の支援

①入国前の生活ガイダンスの提供、②入国時の出迎え、帰国時の見送り、③住宅の確保支援、④生活オリエンテーションの実施、⑤日本語習得支援、⑥苦情・相談対応、⑦各種行政手続の情報提供及び支援、⑧日本人との交流促進支援、⑨外国人の責めに帰さない事由による契約解除時の他雇用契約締結支援　等

雇用形態

・フルタイムで、原則として直接雇用

・同一業務区分又は技術水準の共通性が確認される業務区分間の転職可

入

管

法

4．外国人建設就労者受入事業　国交省告示：2015.4.1　改正：2017.10.23

（1）趣旨・目的

復興事業の加速化＋2020 オリパラ建設需要への対応

緊急かつ時限的措置として即戦力（技能実習修了者）の受入

（2）在留資格・活動

特定活動（法務省の告示）⇒「外国人建設就労者」

適正管理計画に基づき、受入建設企業との雇用契約に基づき建設業務に従事する活動（対象：22 職種 33 作業）

（3）外国人建設就労者

建設分野技能実習（技能実習2号）に概ね2年間従事したこと

技能実習期間中の素行が善良であったこと

（4）受入建設企業

建設分野技能実習を実施したことがある事業者

適正管理計画の認定を受け外国人建設就労者を雇用契約に基づく労働者として建設特定活動に従事させるもの

（5）特定監理団体

営利を目的としない団体で、認定を受け建設特定活動の監理を行うもの

（6）告示の改正

受入期間の延長

・2020 年度末までに就労を開始した者は最長 2022 年度末まで可

帰国期間の設定

・第2号技能実習終了後特定活動を開始する前に1か月以上の帰国期間が必要

・3号技能実習終了後特定活動に従事する者は1年以上の帰国期間が必要（2号と3号の技能実習の間に1年以上の帰国期間がある場合は1か月以上）

5．外国人労働者を雇用するに当たって

■外国人は、出入国管理及び難民認定法（以下「入管法」で定められた「在留資格」の範囲内で、就労活動が可能

■事業主は、外国人を雇い入れ際には、「在留カード」等により、就労が認められるかどうかの確認が必要

■外国人を雇用する事業主は、外国人の雇入れ、離職の際に、その氏名、在留資格、在留カード番号などを確認し、ハローワークに「外国人雇用状況」を届けることが必要（雇用対策法第 28 条）

＊「特別永住者」（在日韓国・朝鮮人等）、「外交」、「公用」の方は届出の対象外

（1）外国人を雇い入れる際の「在留カード」の確認

ポイント1：「在留カード」の有効性の確認

■偽造又は有効期限の切れた在留カードでないかの確認

＊在留カード等番号失効情報照会

入国管理局のサイトで失効した在留カードの番号の確認が可能

＊在留カードの各種偽造防止策のチェック（ホログラム等）

ポイント2：「在留カード」記載の「就労制限の有無」の確認

■在留カードの表面の「就労制限の有無」の確認

入
管
法

➤「就労制限なし」

　・職業の種類や時間の制限なく、就労が可能

　　（＊永住者、日本人の配偶者等、永住者の配偶者等、定住者）

➤「在留資格に基づく就労活動のみ可」

　・入管法の在留資格に基づく就労活動

　　（＊18 種の在留資格：教授、芸術、報道、医療、研究、教育、経営・管理、法律・会計、

　　介護、技能、技術・人文知識・国際業務、技能実習、＊特定技能（平成 30 年 4 月〜）

　　等）

➤「指定書記載機関での就労活動のみ可」≪技能実習≫

　・指定書記載機関での技能実習生としての就労活動（＊認定計画の業務のみ（技能実習法））

➤指定書に指定された就労活動のみ可≪特定活動：外国人建設就労者≫

　・外国人建設就労者受入事業に基づく就労活動

➤「就労不可」

　・原則就労不可。但し、在留カード裏面の「資格外活動許可欄」に「許可」の記載がある場
　　合は、記載の条件で就労可（＊例：「留学」の在留資格で週 28 時間以内の就労可）

入
管
法

（2）外国人の就労可否に関するチェックリスト

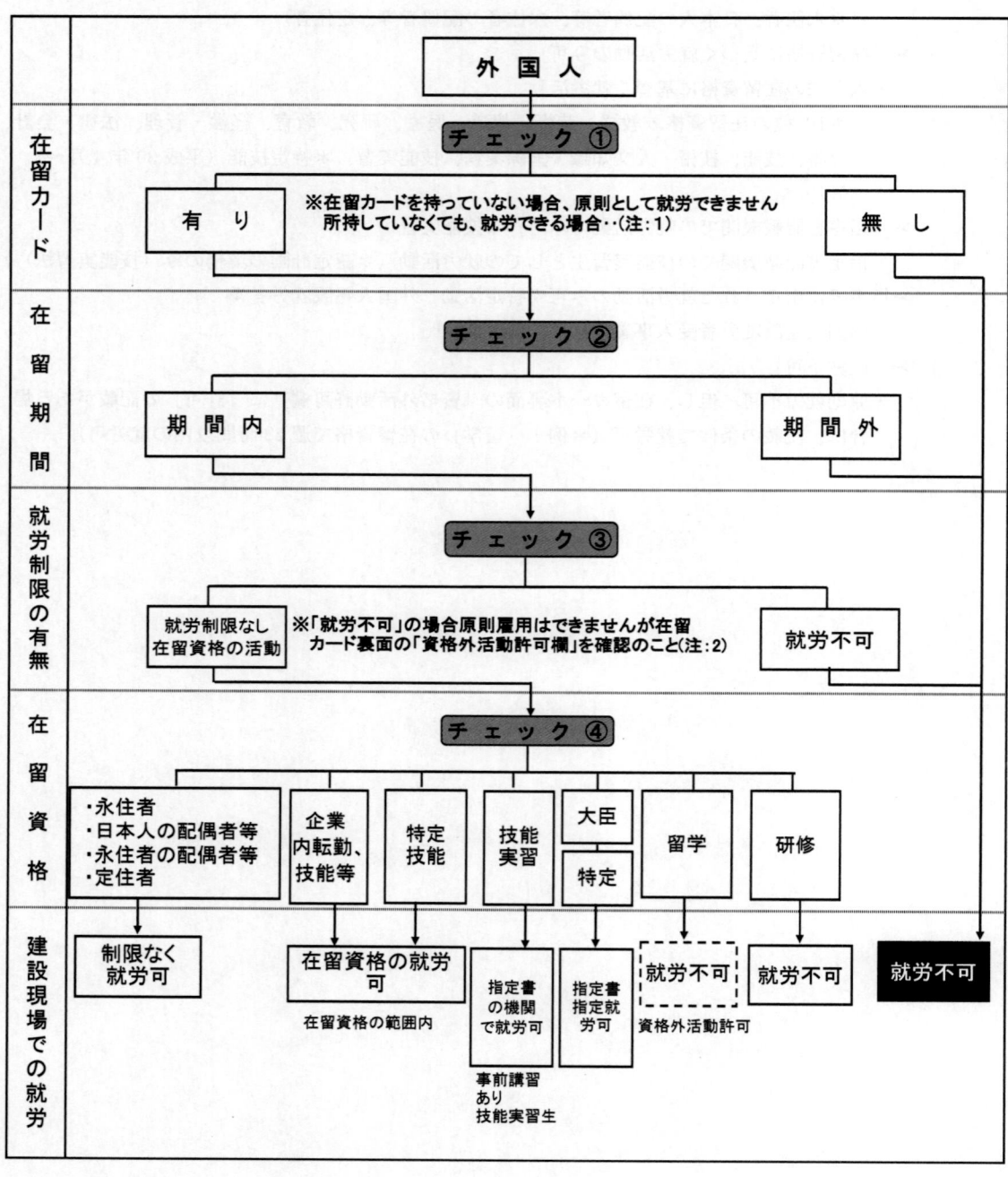

入
管
法

（3）外国人労働者の内訳（在留資格別）

厚労省：外国人雇用状況（R4.10末）

合計約182万人（前年比5.5%増）、特定活動：11.3%増、技能実習：-2.4%増

身分又は地位に基づく在留者（約59.5万人）
・在留中の活動に制限がなく、様々な分野で就労が可能
・「定住者」、「永住者」、「日本人の配偶者」等
就労目的で在留が認められる者（約48.0万人）
・「専門的・技術的分野」（一般的な就労を目的とした在留資格）
・「経営・管理」、「技術・人文知識・国際業務」、「企業内転勤」、「特定技能」等
技能実習（約34.3万人）
・習得した技術や知識の移転を通じての国際協力が目的
・入国1年目から雇用関係にある「技能実習」の在留資格を付与
・技能実習1号、技能実習2号、技能実習3号
※平成22年7月入管法改正で在留資格の「技能実習」を創設
特定活動（約7.3万人）
・在留資格の「その他の活動」として設定（法務大臣告示等）
・外国人建設就労者、外国人造船就労者、ワーキングホリデー等
※告示で平成27年4月から「外国人建設就労者」等を追加
資格外活動（約33.1万人）
・「留学」等の在留資格者が「資格外活動許可」を取得した場合
・週28時間以内の就労が可能

（4）建設業の外国人労働者数
　1）在留資格別　　厚労省：外国人雇用状況（R4.10末）

	建設業 （人）	構成比 （%）	全産業 （人）
総数	116,789	100.0	1,822,725
就労目的の在留資格 （専門的・技術的分野等）	19,168	16.4	479,949
特定活動	6,721	5.8	73,363
技能実習	70,489	60.4	343,254
資格外活動	856	0.7	330,910
身分に基づく在留資格	19,551	16.7	595,207
不明	4	0.0	42

— 655 —

入

管

法

2）国籍別　厚労省：外国人雇用状況（R4.10末）

	建設業 （人）	構成比 （%）	全産業 （人）
総数	116,789	100.0	1,822,725
中国 （香港、マカオを含む）	12,760	10.9	385,848
韓国	1,338	1.1	67,335
フィリピン	13,298	11.4	206,050
ベトナム	54,009	46.2	462,384
ネパール	1,295	1.1	118,196
インドネシア	12,138	10.4	77,889
ミャンマー	4,551	3.9	47,498
ブラジル	3,865	3.3	135,167
ペルー	1,248	1.1	31,263
G7/8＋オーストラリア、 ニュージーランド	588	0.5	81,175
その他	11,609	9.9	209,920

（5）外国人労働者の労働災害発生状況等

外国人労働者の労働災害発生状況

	外国人 労働者	うち 技能実習生
令和4年度	4,808	1,301
令和2年度	4,682	1,625
平成31・ 令和元年度	3,928	1,393
平成30年	2,847	784
平成29年	2,494	639
平成28年	2,211	496

厚労省：労働者死傷病報告（休業4日以上）
令和4年外国人労働者の労働災害発生状況

（参考）技能実習生制度における不正行為

■ 暴行・脅迫・監禁	4
■ 旅券・在留カードの取り上げ	1
■ 賃金等の不払い	82
■ 人権を著しく侵害する行為	0
■ 偽造変造文書等の行使・提供	38
■ 保証金の徴収等	16
■ 講習期間中の業務への従事	1
■ 二重契約	1
■ 技能実習計画との齟齬	3
■ 名義貸し	0
■ 行方不明者の多発	0
■ 不法就労者の雇用等	6
■ 労働関係法令違反	12
■ 営利目的のあっせん行為	0
■ 再度の不正行為	1
■ 日誌等の作成等不履行	0
■ 帰国時の報告不履行	0

法務省：平成30年不正行為件数（実習実施機関）

入
管
法

（６）外国人労働者の健康と事故防止
　　１）健康診断の実施
　　　①　健康診断は必ず実施こと（特に雇入れ時健診が重要）
　　　　　⇒早期発見、長期治療、持込病チェック、（責任の所在証明のためにも）
　　　　　⇒雇用時健康診断、定期健康診断、特殊健康診断
　　２）交通事故・脳心臓疾患・自殺等対策
　　　①　交通ルールの徹底（特に夜間の自転車死亡事故が多い）
　　　　　⇒白っぽい服装の着用、ライトの点灯、反射板の取付等
　　　②　死亡事故の約３割は脳・心臓疾患＜技能実習生＞
　　　　　⇒長時間労働の防止等
　　　③　死亡事故の約１割は自殺＜技能実習生＞
　　　　　⇒心身の変化の早期発見とメンタルヘルス対策が重要
　　　④　死亡事故の約１割は溺死＜技能実習生＞
　　　　　⇒海水浴の未経験者が多い、危険区域・危険潮流の知識がない（日本語を理解できない）
　　　　　⇒海水浴の危険性の周知、単独行動の禁止等

主なストレス	心身の訴えの把握
ア　相談相手がいない	ⅰ）声が小さくなる
イ　日本語が判らずイライラする	ⅱ）休む
ウ　急がされると頭が混乱する	ⅲ）仲間と行動をとらなくなる
エ　孤独感、落込み憂鬱	ⅳ）落ち着きがなくなる
オ　家族が気になり集中できず	ⅴ）仕事が遅くなる、ミスが多くなる
カ　批判されると気になる	ⅵ）反抗的になる
キ　周囲に気をゆるせない	ⅶ）笑顔が少なくなる
ク　注意されると落ち込む	ⅷ）顔色が悪くなる
ケ　借金が気になり集中できない	ⅸ）食欲がなくなる
	ⅹ）よくため息をつく

早期把握・早期対応
◆職場環境や業務内容、労働条件、人間関係、宿舎などの不満や要求については、言語の壁や文化習慣の違いもあって、明確に訴えない場合が多いと思われるが、放置すると重大な結果につながりかねない。

JITCO作成「メンタルヘルスガイドブック」より

（７）連絡網の確立と事故等発生時の通報・連絡・報告
　　　■外国人労働者との連絡網の事前確立とそれを活用しての双方からの連絡徹底
　　　　＊「技能実習」、「特定技能」等の受入企業、監理団体（支援機関）においては、実習生、特定技
　　　　　能外国人からの相談対応の実施が求められている
　　　■発生時の応急処置・蘇生処置と迅速な救急隊への連絡
　　　　➤早期の医療機関での受信
　　　　➤医療機関受診時の自己申告書、補助問診票の活用
　　　　　＊「技能実習生手帳」に掲載
　　　　➤通訳への連絡・手配
　　　■死亡・重篤は状態・長期の要休業の場合の各方面へもれなく連絡・提出
　　　　＊医療機関、外国人の家族、監理団体（支援機関）、送出機関、警察、労基署、入管、外国人の母
　　　　　国の大使館・領事館
　　　　＊技能実習生手帳
　　　　　＜内容＞：実習制度の説明、関係法令、事故・災害防止、生活便利メモ、相談窓口、緊急時の日
　　　　　　　　　　本語、医療機関への自己申告表・補助問診票（母国語と日本語）
　　　　　＜配布＞：入国時に入国審査官が配布

入

管

法

（8）外国人労働者の雇用管理　　厚労省：外国人労働者の雇用管理改善指針

労働・社会保険関係法令の遵守＋在留資格の範囲内で能力発揮		
適正な労働条件の確保	均等待遇	国籍を理由として、賃金、労働時間その他の労働条件について、差別的取り扱いをしてはならない
	労働条件の明示	賃金、労働時間等主要な労働条件について、当該外国人が理解できるようその内容を明らかにした書面の交付
	賃金の支払い	最低賃金額以上の賃金を支払うとともに、基本給、割増賃金等の賃金について全額を支払うこと
	適正な労働時間の管理等	法定労働時間等の上限規制遵守、週休日の確保をはじめ適正な労働時間の管理、時間外・休日労働の削減に努めること
	労基法等関係法令の周知	関係法令の定めるところにより、外国人労働者の理解を促進するため必要な配慮をするよう努めること
	労働者名簿等の調製	労働基準法等の定めるところにより労働者名簿、賃金台帳および年次有給休暇管理簿を調製すること。
	金品の返還等	外国人労働者の旅券、在留カード等を保管しないようにすること。また、退職の際には、金品を返還すること。
	寄宿舎	寄宿舎について必要な措置その他労働者の健康、風紀および生命の保持に必要な措置を講ずること。
	雇用形態または就業形態に関わらない公正な待遇の確保	外国人労働者と通常の労働者との間に不合理な待遇の相違を設けてはならず、また、差別的取扱いをしてはならないこと。
安全衛生の確保	安全衛生教育の実施	安全衛生教育の実施に当たっては、使用する機械設備、安全装置、保護具の使用方法が確実に理解されるよう留意すること
	労災防止のための日本語教育等の実施	労働災害防止のための指示等を理解できるよう、必要な日本語及び基本的な合図等を習得させるよう努めること
	労災防止に関する標識、掲示等	労働災害防止に関する標識、掲示等は、図解等の方法を用いる等、その内容を理解できる方法により行うよう努めること
	健康診断の実施等	労働安全衛生法等の定めるところにより、健康診断、面接指導および心理的な負担の程度を把握するための検査を実施すること
	健康指導及び健康相談の実施	産業医、衛生管理者等を活用し、健康指導及び健康相談を行うよう努めること
	母性保護等に関する措置の実施	産前および産後休業、妊娠中の外国人労働者が請求した際の軽易な業務への転換、時間外労働等の制限、妊娠中および出産後の健康管理に関する措置等、必要な措置を講ずること
	安衛法等関連法令の周知	関係法令の定めるところによりその内容を分かりやすい説明書を用いる等配慮して周知すること
労働・社会保険の適用等	制度の周知および必要な手続きの履行等	労働・社会保険について、周知に努めること。また、被保険者に該当する労働者に係る適用手続きを行うこと
	保険給付の請求等への援助	必要な各種手続きを行うとともに、本人請求に係るものについては、相談に応じるなど必要な援助に努めること

適切な人事管理等	適切な人事管理	円滑に職場に適応し、処遇等に納得して就労できるよう、条件の整備など働きやすい環境の整備に努めること
	生活支援	日本語教育および日本の生活習慣、文化、風習、雇用慣行等について理解を深めるための支援を行うとともに、地域社会における行事や活動に参加する機会を設けるように努めること
	苦情・相談体制の整備	外国人労働者の苦情や相談を受け付ける窓口の設置等、体制を整備し、日本における生活上または職業上の苦情・相談等に対応するよう努めるとともに、必要に応じ、行政機関の設ける相談窓口についても教示するよう努めること
	教育訓練の実施等	教育訓練の実施に努めるとともに、苦情・相談体制の整備、母国語での導入研修の実施等職場環境の整備に努めること
	福利厚生施設	適切な宿泊施設の確保ほか、医療、文化、レクレーション等の施設利用の機会が保障されるよう努めること
	帰国、在留資格の変更等の援助	在留期間満了の場合には、帰国手続きの相談等に努めること、在留資格の変更等の際には手続きの配慮に努めること
	外国人労働者と共に就労する上で必要な配慮	日本人労働者と外国人労働者とが、文化、慣習等の多様性を理解しつつ共に就労できるよう努めること
解雇等の予防および再就職の援助	解雇	労働契約法の規定に留意し、外国人労働者に対して安易な解雇を行わないようにすること
	雇止め	外国人労働者に対して安易な雇止めを行わないようにすること
	再就職の援助	外国人労働者が再就職を希望するときは、関連企業等へのあっせん、教育訓練等の実施・受講あっせん、求人情報の提供等当該外国人労働者の在留資格に応じた再就職が可能となるよう、必要な援助を行うよう努めること
	解雇制限	労働基準法の定めるところにより解雇が禁止されている期間があることに留意すること
	妊娠、出産等を理由とした解雇の禁止等	妊娠し、または出産したことを退職理由として予定する定めをしてはならないこと。また、妊娠、出産等を理由として解雇その他不利益な取扱いをしてはならないこと
労働者派遣または請負を行う事業主に係る留意事項	労働者派遣	労働者派遣の形態で外国人労働者を就業させる事業主は、派遣先に対し、派遣する外国人労働者の氏名、雇用保険および社会保険の加入の有無を通知する等、労働者派遣法等の定めるところに従い、適正な事業運営を行うこと
	請負	請負を行う事業主にあっては、請負契約の名目で実質的に労働者供給事業または労働者派遣事業を行わないよう、職業安定法および労働者派遣法を遵守すること
外国人労働者の雇用状況の届出		労働施策総合推進法の規定に基づき、新たに外国人労働者を雇い入れた場合またはその雇用する外国人労働者が離職した場合には、公共職業安定所の長に届け出ること
外国人労働者の雇用労務責任者の選任		外国人を 10 人以上雇用するとき、雇用労務責任者の選任

		特定技能の在留資格をもって在留する者に関する事項	出入国管理及び難民認定法の規定に基づく特定技能雇用契約の基準や受入れ機関の基準に留意するとともに、支援および必要な届出等を適切に実施すること
外国人労働者の在留資格に応じて講ずべき必要な措置		技能実習生に関する事項	「技能実習の適正な実施及び技能実習生の保護に関する基本方針」等の内容に留意し、技能実習生に対し実効ある技能等の修得が図られるように取り組むこと
		留学生に関する事項	新規学卒者等を採用する際、留学生であることを理由として、その対象から除外することのないように留意すること。あわせて、採用する際には、当該留学生が在留資格の変更の許可を受ける必要があることに留意すること

（9）元請業者の責務

1）元請に課せられている協力会社への指導等の内容

外国人労働者の在留資格

技能実習

・建設現場における技能実習の円滑な実施への協力要請（国交省：局長通達）

・受入企業から元請企業への「建設現場入場許可申請書」の提出

特定活動（外国人建設就労者）

・元請企業が受入企業（協力会社）の監理状況を確認し、指導を徹底

　※定期報告徴求、建設業法に基づく施行体制台帳の活用等

・受入企業から元請企業への「外国人建設就労者現場入場届出」の提出

特定技能

・「特定技能所属機関が下請企業である場合、元請企業は、特定技能所属機関が受け入れている特定技能外国人の在留・就労資格及び従事の状況（就労場所、従事させる業務の内容、従事させる期間）について確認すること」

2）元請が不法就労で罰せられる場合

≪不法就労者助長罪（入管法第73条の2）≫…両罰規定あり

・不法就労者を雇用した場合は、元請業者、下請業者にかかわらず、3年以下の懲役もしくは300万円以下の罰金に処し、またはこれが併科される

・直接雇用しない場合でも、強く関与した場合も同様
　※入管法は建設業法における「下請負人に対する特定建設業者の指導等」にかかわる法令に含まれず、建設業法での処罰の対象にならない

元請業者としての実施事項

　①「在留カード」の在留期間の確認

　②「在留カード」の就労制限・在留資格の確認

　③就労可否のチェック

入
管
法

不法就労防止に十分な対応を行っていない例

① 「不法就労者と知っていて働かせた」

② 「不法就労者に働く場所を提供した」

(10) 外国人労働者の現場への入場に当たって

技能実習生	一号特定技能外国人
<div>受入企業　元請（店社等）</div>■ 「外国人技能実習生現場入場許可申請書」の提出 ＊添付書類（写） ⅰ）「実習計画認定通知書」及び「技能実習計画」 ⅱ）パスポート（国籍、氏名、在留許可） ⅲ）在留カード ⅳ）雇用契約書、労働条件通知書 ⅴ）保険契約書（JITCO総合保険等：公的保険の補完） ⅵ）建設キャリアアップシステムカード	■ 「一号特定技能外国人建設現場入場届出書」の提出 ＊添付書類（写） 　提出にあたっては下記に該当するものの写し各1部を添付すること ⅰ）建設特定技能受入計画認定証又は適正監理計画認定証（複数ある場合にはすべて。建設特定技能受入計画認定証については別紙（建設特定技能受入計画に関する事項）も含む。） ⅱ）パスポート（国籍、氏名等と在留許可のある部分） ⅲ）在留カード ⅳ）受入企業と外国人建設就労者等との間の雇用条件書 ⅴ）建設キャリアアップシステムカード
<div>元請（店社等）の確認</div>①実習生の受入が合法的か ②実習指導員が常駐する等の体制が確保されているか ③日本語能力が安全確保に十分か ④技能実習生総合保険等に加入いるか ＜現場での確認＞ ①在留カード（本人確認、在留期間、在留資格） ②日本語能力（安全指示、安全看板の理解度）	①就労させる場所 　・管理計画の「就労場所」の範囲内か ②従事させる機関 　・管理計画の「業務内容」と同一か ③従事させる期間 　・管理計画の「従事期間」の範囲内か ＜現場での確認＞ ①在留カード（本人確認、在留期間、在留資格） ②日本語能力（安全指示、安全看板の理解度）

＜参考＞
「元請企業は、特定技能所属機関が受け入れている特定技能外国人の在留・就労資格及び従事の状況（就労場所、従事させる業務の内容、従事させる機関）について確認すること」とされている。（建設分野における運用指針）

＊上記以外の外国人に関しても、「在留カード」による確認が必要です。

(11) 外国人労働者の安全対策の考え方

言葉・言語の理解が不十分＋習慣・環境・教育の違い

・何回も聞くのは悪いので「わかりました」と返事をする場合がある

　　意思伝達不十分・相互理解不十分　→　災害・事故発生

・本当に理解しているか確認し、やらせてみる

・判り易い日本語（ですます調→○、方言→×）

・イラスト・写真の活用

作業者に安全な行動をさせる＜不安全行動の解消＞

　機械・設備の安全化ができない場合や不十分な場合は、安衛教育を行い、安全意識を持たせ、安全な行動や安全作業標準を遵守させる

①雇用時・作業変更時教育のOJT

　ⅰ）何が危険か…危険の認識

　ⅱ）どうすれば良いか…安全な行動・動作

　ⅲ）上記の確認・徹底

入

管

法

② 特別教育・技能講習等
　　これらの就業制限業務等に無資格者を従事させないように徹底
③5S（整理・整頓、清掃、清潔、しつけ、（習慣））
④指差呼称
　　声を出し、指差し動作を取ることで安全確認をより強化

(12) 外国人労働者の安全衛生教育の留意点

作業手順や安全ルールの理解のための配慮と工夫を	
■　安全衛生教育の実施	◆　外国人に配慮した安全衛生教育の実施 　　＊言葉・言語の理解が不十分＋習慣・環境・教育の違い
■　作業手順の理解	◆　母国語など外国人労働者にわかる言語で説明するなど作業手順を理解させる
■　指示・合図の理解	◆　労働災害防止のための指示等を理解できるように、必要な日本語や基本的な合図を習得させる
■　標識・掲示の理解	◆　労働災害防止のための標識・掲示等について、図解等の工夫でわかりやすくする
■　免許・資格の所持	◆　免許を受けたり、技能講習を修了させることが必要な業務に、無資格なまま従事させない

＊労働者が外国人の場合には、労働者死傷病報告に「国籍・地域」と「在留資格」の記入が必要
（厚労省：平成31年1月8日改正）

厚労省のパンフレットより

■　本資料は、①法務省、国土交通省、厚生労働省等のHP等で公表されている外国人労働者に関する文書及びパンフレット等、②「外国人技能実習制度関係者養成講座テキスト（公社：全基連）」等を参考にして作成したものです。

入

管

法

外国人技能実習生 建設現場入場許可申請書

丸の内ビル作業所長　殿

令和　6年　7月　18日

（二次下請）　（株）山工務店

取締役社長　山　田

電話 ： 03-XXXX-X

外国人技能実習生の建設現場への入場について下記のとおり申請致します

１．建設工事に関する事項

建設工事の名称	千代田商事　丸の内ビル　新築工事
施工場所	東京都千代田区丸の内 10-X-X

２．建設現場への入場を届け出る外国人技能実習生に関する事項

※　４名以上の入場を申請する場合、必要に応じて欄の追加や別紙とする等対応すること。

	外国人技能実習生　1	外国人技能実習生　2	外国人技能実習生　3
氏　　　名	グエン・テイ・リエン	ヴォー・グエン・ザップ	
生年月日	2003.03.22	2004.07.12	
性　　　別	男	男	
国　　　籍	ベトナム	ベトナム	
従事させる業務	型枠工事	型枠工事	
現場入場の期間	R6.7.20 ～ R6.10.20	R6.7.20 ～ R6.10.20	
在留資格	技能実習１号	技能実習２号	
在留期間満了日	R7.3.31	R7.3.31	
CCUS登録情報が最新であることの確認※登録義務のある者のみ	☑　確認済 （確認日：R6.7.10）	☑　確認済 （確認日：R6.7.10）	

３．実習実施機関・監理団体に関する事項

実習実施機関の所在地	東京都千代田区丸の内 10-X-X
元請企業との関係 （直近上位の企業名その他）	（元請）八重洲建設(株)　→　（一次下請）大山建設(株)
技能実習責任者	役職　取締役社長　　　　　氏名　　山　田　二　郎
技能実習指導員	役職　職長　　　　　　　　氏名　　秋　島　五　郎
従事させる業務の内容	型枠大工
監理団体の名称	（一般・特定）○○事業協同組合
監理団体の所在地	××県○○市○○町△△－△△－△

※添付書類（提出にあたっては下記に該当するものの写し各１部を添付すること）
1. 【技能実習計画認定通知書】と【技能実習計画】
2. パスポート（国籍、氏名等と在留許可のある部分）
3. 在留カード
4. 実習実施者と外国人技能実習生との間の雇用契約書及び雇用条件書（労働条件通知書）
5. 建設キャリアアップシステム(CCUS)カード（登録義務のある者のみ）

入

管

法

一号特定技能外国人建設現場入場届出書

丸の内ビル作業所長　殿

令和　5　年　10　月　1　日

大山建設（株）

（株）佐藤建設

（株）山田工務店

代表取締役　山田二郎

一号特定技能外国人の建設現場への入場について下記のとおり届出ます。

記

1　建設工事に関する事項

建設工事の名称	千代田商事丸の内ビル新築工事
施工場所	東京都千代田区丸の内△ー○ー×

2　建設現場への入場を届け出る一号特定技能外国人に関する事項
※4名以上の入場を申請する場合、必要に応じて欄の追加や別紙とする等対応すること。

	一号特定技能外国人1	一号特定技能外国人2	一号特定技能外国人3
氏名	○○　△△	××　●●	
生年月日	1985.4.28	1995.4.28	
性別	男	男	
国籍	中国	ベトナム	
業務区分	建築	建築	
現場入場の期間	2023.10.3～2023.11.30	2023.10.3～2023.11.30	
在留期間満了日	2024.5.5	2026.5.5	
CCUS登録情報が最新であることの確認	☑　確認済 （確認日：　2023.10.3　）	☑　確認済 （確認日：　2023.10.3　）	□　確認済 （確認日：　　　　　）

3　受入企業・建設特定技能受入計画に関する事項

業務区分	建築
従事させる期間（計画期間）	2023.10.3　～　2023.11.30
責任者（連絡窓口）	役職　　技術課長　　　　氏名　　伊藤三郎　　　　連絡先　　XXX-XXXX-XXXX

※業務区分・従事させる期間については、建設特定技能受入計画の記載内容を正確に転記すること

○添付書類
　　　提出にあたっては下記に該当するものの写し各1部を添付すること
　1　建設特定技能受入計画認定証（複数ある場合にはすべて。建設特定技能受入計画認定証については別紙
　　　（建設特定技能受入計画に関する事項）も含む。））
　2　パスポート（国籍、氏名等と在留許可のある部分）
　3　在留カード
　4　受入企業と一号特定技能外国人との間の雇用条件書
　5　建設キャリアアップシステムカード

入

管

法

— 664 —

1. 騒音規制法・振動規制法（要旨）

1. 法律の目的

　　この法律は、工場及び事業場における事業活動並びに建設工事に伴って発生する相当範囲にわたる騒音・振動について必要な規制を行なうとともに、自動車騒音・道路交通振動に係る許容限度・措置を定めること等により、生活環境を保全し、国民の健康の保護に資することを目的とする。

2. 建設工事における規制対象作業及び指定地域

　　建設工事の規制対象作業である特定建設作業および指定区域毎に勧告基準として騒音・振動の大きさ、作業時間の制限及び適用除外等が定められている。（詳細は P.667、P.668 参照）

　　特定建設作業として騒音規制法で8種類、振動規制法で4種類が定められている。

騒音規制法	① くい打機、くい抜機又はくい打くい抜機を使用する作業 ② びょう打機を使用する作業 ③ さく岩機を使用する作業 ④ 空気圧縮機を使用する作業 ⑤ コンクリートプラント又はアスファルトプラントを設けて行う作業 ⑥ バックホウを使用する作業 ⑦ トラクターショベルを使用する作業 ⑧ ブルドーザーを使用する作業（③を使用するときは、④は③に含まれるので記入しない。）
振動規制法	① くい打機、くい抜機又はくい打くい抜機を使用する作業 ② 鋼球を使用して建設物その他の工作物を破壊する作業 ③ 舗装版破砕機を使用する作業 ④ ブレーカーを使用する作業

　　また、指定地域は、都道府県知事により指定された1号区域・2号区域に区別されている。（都道府県公報に掲載・公示した「指定地域」）

3. 特定建設作業の実施の届出

（1）届出者　特定建設作業を伴う建設工事を施工しようとする元請業者
　　　原則として、会社の代表者である。（騒音規制法第14条1項1号、振動規制法第14条1項1号）

（2）届出を必要とする作業の種類（但し、適用が除外される作業については P.667、P.668 参照）

（3）届出期間　**特定建設作業の開始日の7日前まで**（期間の計算には届出日と作業開始日を含めない。）
　　　（例）3月10日着工の場合は3月2日以前に届出となる。

（4）届出書類　騒音・振動両方の届出義務がある場合は、別々に書類を作って提出する。ただし、添付書類のうち騒音に添付したものは振動には添付しなくてもよい。

届出日数計算例

届出日	3/2
	3
	4
	5
中7日間	6
	7
	8
	9
作業開始日	10

（5）添付書類　①全工程表　②現場から80m以内の見取図（住宅地図など個々に名称、用途が解るもの）
　　　③その他（夜間作業及び日曜休日作業は、道路使用許可書・道路工事等協議書の写し等）　④現場事
　　　務所の案内図
（6）届出部数　2部（正・副）提出
（7）届け出先及び問合せ先　区市町村役場の環境衛生担当窓口
（8）届出書変更　実施期間・記載事項変更等が生じた場合、速やかに環境衛生担当窓口に問合せる。
　　　尚、特定建設作業が1日で終るものは除外される。

4．報告及び検査

　市町村長は、この法律の施行に必要な限度において、特定建設作業を伴う建設工事を施工する者に対
して報告を求め、又は職員に立入検査をさせることができることになっている。

5．勧告基準及び改善勧告・改善命令

　市町村長は、勧告基準に適合せず周辺の生活環境が著しく損なわれていると認められる場合は、以下
の様な改善勧告及び改善命令を出すことが出来る。
（1）騒音又は振動の防止方法の改善
（2）特定建設作業の作業時間の変更

6．罰　　　則

　届出を怠った場合、改善命令に従わない場合、報告・検査を拒むなどの法違反に対しては罰則の適用
がある。（両罰規定がある。）

7．騒音・振動に対する施工業者の留意事項

（1）工事現場の周辺住民に対し、工事の概要、作業時間、騒音・振動防止対策等の説明を行うこと。
（2）騒音・振動の発生状況を監視し、状況に応じて自主測定を行う。また住民からの苦情等に対応すべ
　　　き工事現場担当者を選任しておくこと。
（3）建設工事の実施に当たっては、建設工事現場の周辺状況等を調査し、極力、低騒音・低振動工法及
　　　び機械を使用すること。

8．都道府県条例による規制（東京都の例　詳細は P.669 参照。）

　各都道府県条例で規制対象作業や規制の範囲等が拡大されていることがある。
　東京都では、指定建設作業を条例で定め、規制対象作業の幅を拡げている。勧告基準は騒音・振動と
も種類ごとに基準が定められ適用されるが、作業時間等の制限は騒音・振動とも同一基準である。
　また、1日で終る作業には適用されない。
　適用地域、改善勧告及び改善命令、罰則、事務の委任は法律に準じている。

特定建設作業の規制基準
【騒音】（騒音規制法第2条第2項及び同施行令第2条による特定建設作業）

特定建設作業 作業名（下欄の機械を使用する作業）	適用が除外される作業の内容	敷地境界における基準 (dB)	作業時間 1号区域	作業時間 2号区域	1日における延べ作業時間 1号区域	1日における延べ作業時間 2号区域	同一場所における連続作業時間 1号区域	同一場所における連続作業時間 2号区域	日曜・休日における作業
1. くい打機 くい抜機 くい打抜機	もんけん 圧入式くい打くい抜機 アースオーガー併用のくい打作業	85	午前7時〜午後7時	午前6時〜午後10時	10時間以内	14時間以内	連続6日以内	連続6日以内	禁止
2. びょう打機									
3. さく岩機	1日に50m以上移動するもの								
4. 空気圧縮機	電動式のもの 定格出力が15kWに満たないもの さく岩機の動力として使用するもの								
5. コンクリートプラント アスファルトプラント	混練容量が0.45m³に満たないもの 混練重量が200kgに満たないもの モルタル用コンクリートプラント								
6. バックホー	低騒音型建設機械の指定を受けた機種 定格出力80kW未満のもの								
7. トラクターショベル	低騒音型建設機械の指定を受けた機種 定格出力70kW未満のもの								
8. ブルドーザー	低騒音型建設機械の指定を受けた機種 定格出力40kW未満のもの								
適用除外	適用除外事項		イ、ロ、ハ、ニ、ホ	イ、ロ	イ、ロ	イ、ロ	イ、ロ、ニ、ハ、ホ、ヘ		

イ、災害、非常事態緊急作業
ロ、生命、身体危険防止緊急作業
ハ、鉄軌道正常運行確保作業
ニ、道路法による占用許可条件に夜間、休日指定の場合
ホ、道路交通法による道路使用許可条件に夜間、休日指定の場合
ヘ、変電所の変更工事で休日に行う必要がある場合

環境関係

【振動】（振動規制法第2条第3項に基づく同施行令第2条による特定建設作業）

特定建設作業の内容		敷地境界における音量 基準 (dB)	作業時間		1日における延べ作業時間		同一場所における連続作業時間		日曜・休日における作業
作業名（下欄の機械を使用する作業）	適用が除外される作業		1号区域	2号区域	1号区域	2号区域	1号区域	2号区域	
1. くい打機 くい抜機 くい打抜機	もんけん 圧入式くい打くい抜機 油圧式くい打抜機	75	午前7時〜午後7時	午前6時〜午後10時	10時間以内	14時間以内	連続6日以内	連続6日以内	禁止
2. 鋼球を使用して建設物等の破壊									
3. 舗装版破砕機	1日に50m以上移動するもの								
4. ブレーカー	手持式ブレーカー 1日に50m以上移動するもの								
適用除外	適用除外事項		イ、ロ、ハ、ニ、ホ	イ、ロ、ハ、ニ、ホ	イ、ロ	イ、ロ	イ、ロ	イ、ロ	イ、ロ、ハ、ニ、ホ、ヘ
	イ、災害、非常事態緊急作業 ロ、生命、身体危険防止緊急作業 ハ、鉄軌道正常運行確保作業 ニ、道路法による占用条件に係る2地点間の最大距離が50mを超えない作業に限る。 ホ、道路交通法による道路使用許可条件に夜間、休日指定の場合 ヘ、変電所の変更工事で休日に行う必要がある場合								

編者注：
1. 作業地点が連続的に移動する作業にあっては、1日における当該作業に係る2地点間の最大距離が50mを超えない作業に限る。
2. 地域の区分
   1号区域：第1種・第2種低層住宅専用地域、第1種・第2種中層住宅専用地域、第1種・第2種住居地域、準住居地域、近隣商業地域、商業地域、準工業地域、用途地域として定められてない地域及び工業地域のうち学校、病院等の周囲おおむね80m以内の地域
   2号区域：工業地域のうち学校、病院等の周囲おおむね80m以内の地域（学校：保育園、幼保連携型認定こども園も含まれる）
3. 騒音・振動の基準が適用にならない場合：作業時間等の基準は、道路法による占用許可条件の夜間・休日指定などの場合であり、それぞれの作業時間等の適用除外となる。
4. 適用除外：作業時間等の適用除外とされるものは、道路法による占用許可条件及び道路交通法による道路使用許可条件に夜間・休日指定などの場合であって、音量及び振動の規制基準は適用除外とならない。

指定建設作業の規制に関する基準（東京都条例）

特定建設作業以外で下表に掲げる作業は、都民の健康と安全を確保する環境を保全する条例（環境確保条例）で「指定建設作業」として勧告基準が定められていますが、届出の必要はありません。

都民の健康と安全を確保する環境を保全する条例（環境確保条例）第125条に基づく指定建設作業の勧告基準

作業の種類（騒音）（下欄の機械を使用する作業）	敷地境界における音量基準(dB)	作業の種類（振動）（下欄の機械を使用する作業）	振動(dB)	作業時間	1日における延作業時間	同一作業場所の作業期間	日曜、休日の作業
穿孔機を使用するくい打設作業	80	圧入式くい打機、油圧式くい抜機、穿孔機	70	1号区域は午前7時～午後7時　2号区域は午前6時～午後10時（※3）	1号区域は10時間以内　2号区域は14時間以内	連続6日以内	禁止
インパクトレンチ		—	—				
コンクリートカッター（※1）		ブレーカー以外のさく岩機（手持式を除く）	70				
ブルドーザー、パワーショベル、バックホーその他これらに類する掘削機械（※1）	—	ブルドーザー、パワーショベル、バックホーその他これらに類する掘削機械（※1）	70				
振動ローラー、タイヤローラー、ロードローラー、振動ブレード、振動ランマその他これらに類する締固め機械（※1）	80	空気圧縮機	65				
		振動ローラー、タイヤローラー、ロードローラー、振動ブレード、振動ランマその他これらに類する締固め機械（※1）	70				
コンクリートミキサー車を使用するコンクリート搬入作業（※3）	80	—	—				
原動機を使用してはつり作業、コンクリート仕上げ作業							
動力、火薬を使用して建築物その他の工作物の解体又は破壊作業（※2）	85	動力、火薬を使用して建築物その他の工作物の解体又は破壊作業（※2）	75				
適用除外	イ. 災害非常事態等緊急作業　ロ. 生命、身体の危険防止作業　ハ. 鉄軌道正常運行確保作業		—	イ、ロ、ハ、ニ、ホ	イ、ロ	イ、ロ	イ、ロ、ハ、ニ、ホ、ヘ、ト

作業時間欄・関連条件：
イ. 夜間・休日許可用条件　ロ. 夜間・休日指定の場合　ハ. 道路法指定の場合　ニ. 道交法指定の場合　ホ.
ニ. 道路法による占用許可条件
ホ. 道交法による使用許可条件
ヘ. 変電所変更工事での夜間作業の場合
ト. 商業地域であって、周囲の状況から知事がその他休日に行わせても地域環境の保全に支障がないと認めた場合（指定建設業のみ）

（注）
※1. 作業地点が連続的に移動する作業にあっては、1日における当該作業に係る2地点間の最大距離が50mを超えない作業に限る。
※2. 作業地点が連続的に移動する作業にあっては、1日における当該作業に係る2地点間の最大距離が50mを超えない作業に限り、さく岩機、コンクリートカッター又は掘削機械を使用する作業を除く。
※3. 道路交通法に規定する交通規制が行われている場合、コンクリート搬入作業の作業時間は、1号区域は午前7時～午後9時、2号区域は午前6時～午後11時が適用される。

環境問題系

特定建設作業実施届出書

（あて先）中　央　区　長

令和 6 年 6 月 4 日

住　所　東京都千代田区祝田町１－x－x　　電話

氏　名　八重洲建設株式会社
　　　　代表取締役社長　春山　一郎　　　　　　　印

（法人にあっては、名称及び代表者氏名）

特定建設作業を実施するので、（騒音）（振動）規制法第１４条第１項（第２項）の規定により、次のとおり届け出ます。

（該当する項目に〇印をして下さい）

建 設 工 事 の 名 称	中央会館新築工事		
建設工事の目的に係る施設又は工作物の種類	店舗及び事務所SRC造地下1階地上9階		
特 定 建 設 作 業 の 種 類 （右欄の機械を使用する場合は、該当する番号に〇印）	騒音規制法　1　くい打機等　　②　さく岩機（ブレーカー）　3　空気圧縮機 　　　　　　　4　バックホウ　　5　パワーショベル　　6　その他（　） 振動規制法　1　くい打機等　　2　さく岩機（ブレーカー）　3　その他（　）		
特定建設作業に使用される機械の名称、形式及び仕様	ハンドブレーカー　　〇〇社　AS-100　2台 コンプレッサー　　　〇〇社　AR-20　　1台		
特 定 建 設 作 業 の 場 所（住居表示）	中央区八丁堀２－１－１		
特定建設作業の実施の期間	自 令和 6 年 6 月 10 日　⇒　至 令和 6 年 6 月 15 日　合計　6　日間		

特定建設作業の開始及び終了の時刻	作業開始時刻	作業終了時刻	作業日	実動時間
	自　　8　時　　至　　　　17　時　⇒		5　日間 （日曜・休日除く）	8　時間

（騒音）（振動）の防止の方法 （該当する番号に〇印）	騒音	①シート養生、防音パネル又は塀 ②消音器、防音カバー又は低騒音機械 3　作業時間又は機械位置調整 ④その他（住民工事説明等）	振動	1　作業期間の短縮 2　作業時間の調整 3　その他（住民工事説明等）

発注者（施主）の氏名又は名称及び住所並びに法人にあってはその代表者の氏名	中央区日本橋室町１－X－X 中央産業株式会社 取締役社長　角田昭雄　　　　　　　電話番号（３２４１）３３XX		
届出者の現場責任者の氏名及び連絡場所	中央区八丁堀２－１－１ 夏川次郎　　　　　　　　　　　　　電話番号（３５５１）５２XX		
下請人の氏名又は名称及び住所並びに法人にあってはその代表者の氏名	江東区南砂４－X－X ㈱中島鉄工所　代表者　中島　正平　電話番号（３６４４）５１XX		
下請負人の現場責任者の氏名及び連絡場所	江東区南砂４－X－X ㈱中島鉄工所　松村　元継　　　　　電話番号（３６４４）５１XX		
※受理年月日		※審査結果	

※ 処 理 欄				作業開始の一週間前までに届け出ること。	※受付欄
騒音		振動		※印の欄は、記入しないこと。 この届出書は、中央区専用です。	
				※現場実査　　　　　苦情　有・無	

環境関係等

— 670 —

環 境 関 連 法 体 系 図

「循環型社会形成推進基本法」に合わせて、これら法律を一体的に運用することにより、循環型社会の形成に向けて実効ある取組を進める。

環境基本法

循環型社会形成推進基本法（基本的枠組法）

廃棄物処理法
廃棄物の発生抑制・適正処理等

資源有効利用促進法
再生資源のリサイクル・副産物の有効利用促進等

個別物品の特性に応じた規制

容器包装リサイクル法（ビン・ペットボトル・紙製包装等）

家電リサイクル法（エアコン・冷蔵庫・TV・洗濯機等）

食品リサイクル法（食品残さ）

建設リサイクル法（木材・コンクリート・アスファルト）

自動車リサイクル法（自動車）

小型家電リサイクル法（小型電子機器等）

グリーン購入法
（国が率先して再生品などの調達を推進）

※次ページ以降で上記の  の部分を解説します。

環
境
関
係
等

第 20　各種制度

1．建設業退職金共済制度

1．制度のあらまし

建設業退職金共済制度（以下、「建退共制度」という。）は、昭和39年、建設業における将来の労働者不足と建設技能者の確保を目的に、その都度異なる事業主に雇用され、現場を短い期間で転々とすることの多かった建設労働者を対象として、建設業という一つの業種に就労した期間を通算して、建設業での就労をやめた時点で退職金を支払う制度として、中小企業退職金共済法を一部改正し創設された。

この制度の運営は、独立行政法人勤労者退職金共済機構の中の建設業退職金共済事業本部（以下、「建退共本部」という。）が行っており、建退共に加入した事業主は、自ら雇用する労働者の就労日数に応じて共済証紙を購入し、個々の労働者に対して交付された共済手帳に証紙を貼付することにより掛金を納付する仕組みになっている。

この制度の最も大きな特色は、公共工事においては、工事を受注した元請業者が、下請業者を含む工事全体で必要な証紙をまとめて購入し、下請業者に必要な証紙を現物交付している点であり、また、労働者が建設業を引退したときに退職金が支払われるという、企業単位の退職金制度とは異なった「建設業界退職金制度」としての性格が強いことである。

2．加入できる事業主及び加入のしかた

建設業を営む事業主は、総合・専門、元請・下請の別を問わず、また専業・兼業、許可業者・非許可業者の区別なく、すべて建退共制度に加入して契約者となることができる。

事業主が建退共制度に加入するには、契約申込書を支部経由で建退共本部に提出する必要がある。

共済契約が締結されると、その証拠として「共済契約者証」が発行されるが、この契約者証は、金融機関から証紙を購入する際に必要な証票である。

3．対象となる労働者

（1）被共済者となる者の範囲

建設業を営む事業主に期間を定めて雇用され、かつ、建設業に属する事業に従事することを常態とする者

a　期間を定めて雇用される者

業界の実態では、労働者の雇用期間が明らかでないものが大部分であり、また、建設業そのものが有期事業であるため、常用といっても期間雇用の性格の強いものが多いので、実際の取扱いにあたっては、雇用期間の定めがあるかどうかについて形式的に判断することをさけ、従業員を社員・職員・技術員等と現場労働者とに大きく分け、現場で働く労働者はすべて建退共制度の被共済者とすることとしている。従って、大工・左官・とび・土工などはもちろん、電工・配管工・塗装工・運転工・現場雇用事務員など職種を問わず、また、月給制、日給制とか、工長、班長、世話役などの役付であるかどうかに関係なく、すべて被共済者となることができる。

各種制度

b　建設業で働くことを常態とする者

　　　建設業で働くことを本職または本業とする者のことであって、ときたま、片手間に建設業で働くような者は常態とする者としない。常態とする者かどうかの具体的判断は、それぞれの労働者について、職種、技能程度、過去の就労実績等に基づいて、将来も本業として建設業で働くことが予想されるかどうかによって判断される。

　　　いわゆる季節労働者でも年間を通じて相当部分を建設業で働いていれば、ここでいう常態とする者に含まれる。

（2）被共済者とならない者

　　a　現にこの制度の被共済者である者

　　b　現に中小企業退職金共済制度の被共済者である者

　　c　建設業以外の特定業種退職金共済制度の被共済者である者

　　d　被共済者となることに反対した者

　　e　不正行為で退職金を取ろうとした者

　　f　事業主、役員報酬を受けている者及び本社等の事務専用社員である者

（3）被共済者とならない者とすることができる者

　　a　所定労働時間が特に短い者

　　　その労働者の1日に働く平均時間が、建退共の対象労働者（被共済者）の通常の所定時間に比べて特に短い者

　　b　退職金をもらえないことが明らかな者

　　　近い将来に建設業以外で働くことがはっきりしている者、高齢などのため近く無職になることがわかっている者などで1年分の証紙が貼られる見込みのない者

4．退職金共済手帳

（1）共済手帳は、労働者一人に一冊交付され、事業主は、その労働者を雇った日数に相当する共済証紙を手帳に貼って消印することにより掛金を納付する。

（2）共済手帳の交付を受ける方法は、事業主が共済契約の申込みをすると同時に、手帳の交付を申込む場合と、事業主がその後新たに雇い入れた労働者のために、追加として手帳の交付を申込む場合の2種類がある。

　　　これらの場合交付される手帳は、50日分の証紙貼付が免除された掛金助成手帳となる。

（3）共済手帳に250日分の証紙を貼り終ったとき（掛金助成手帳については、200日分の証紙貼付及び掛金助成欄50日分の消印）に、事業主は手帳更新の手続きをとって建退共から新しい手帳の交付を受ける。

（4）共済手帳の番号は、本人が退職金をもらうまで変わらないので、紛失した場合でもわかるようにしておくことが重要であり、事業主は、建退共から手帳をもらったら、「共済手帳受払簿」^(注)に必要事項を記入したうえで、労働者に渡す必要がある。また、手帳は、全国どこでも使えるものなので、労働者がやめたりしたときは必ず手帳を本人に渡し、引続き使用させるようにする。

各種制度

なお、建退共制度に新たに加入した被共済者に対して、制度への意識向上を図ることを目的として、「共済手帳申込書」に記載された被共済者住所あて、機構から直接、建退共制度に加入した旨の通知を行っている。

編者注：共済契約者は、被共済者の共済手帳の受払い状況を明確にしておく必要があるので「共済手帳受払簿」を作成し、加入従業員数や共済手帳更新状況等を管理・把握しなければならない。「共済手帳受払簿」は、経営事項審査用の加入・履行証明書の発行を求める際に添付する必要がある。

５．共済証紙

掛金の納付は、証紙を手帳に貼って消印することによって行う。契約者である事業主は、契約者証を示して、建退共の代理店となっている金融機関から証紙を購入し、賃金を支払うつど、被共済者の労働日数に相当する日分の証紙を手帳に貼りつけ、これに消印する。

（１）証紙の種類

証紙には、中小企業用の赤証紙と大手企業（社員・職員が 300 人を超え、かつ資本金が３億円を超える企業）用の青証紙があり、赤証紙と青証紙は経理単位が全く異なるので、一般中小企業の契約者が青証紙を使用することや、大手企業者が、自己の直用労働者に赤証紙を使用することは原則的に認められない。また、それぞれの証紙は、１日券と 10 日券が発行されている。

（２）証紙の価額

この制度の掛金の日額は 320 円であり、証紙の価額は、赤証紙・青証紙とも１日券は（320 円）、10 日券は（3,200 円）となっている。

（３）証紙の貼付及び消印

証紙は、原則として賃金支払いの対象となった労働日数に応じて（１日券なら１日１枚の割合）、賃金を支払う都度、共済手帳に貼付することになっている。また証紙の消印は、一枚一枚消印する必要はなく、契約者名と日付の入ったものであれば、複数の証紙に一度に消印できるようなスタンプ式の印章を用いてもよい。

（４）証紙の受払簿

共済契約者は、証紙の受払状況を明確にしておく必要があるので、「共済証紙受払簿」を作成し、毎月の購入枚数、元請から交付された枚数、貼付枚数、下請へ交付した枚数、残枚数などを記録し、事務処理をする事業場ごとに整備保管しなければならない。「共済証紙受払簿」は、経営事項審査用の加入・履行証明書の発行を求める際に添付する必要がある。

６．共済証紙の現物交付

証紙の現物交付とは、元請が工事の施工にあたって下請業者を使用している場合に、元請が工事全体で必要な建退共証紙をまとめて購入し、下請労働者（被共済者）の就労日数に応じて、証紙の現物を交付する方式である。

（１）事務受託者証

元請が証紙の現物交付方式を採用しようとするときは、「事務受託者証交付請求書」を建退共に提出し、「事務受託者証」の交付を受ける。この証票によって、赤・青いずれの証紙でも一括して購入することができる。

（2）証紙の購入額

　証紙購入については、対象労働者数と当該労働者の就労日数を的確に把握し、それに応じた額を購入する。

　なお、その的確な把握が困難な場合の参考として、勤労者退職金共済機構が定めた「掛金納付の考え方について」を参考に、当該建設現場における建退共加入率を勘案して活用するとしている。

掛金納付の考え方について

　下表は、総工事費に占める共済証紙購入または退職金ポイント購入の割合について、「労働者延べ就労予定数」の7割が建退共の被共済者であると仮定して算出したものである。

　したがって、これを実際に活用する際には、下表に、

$$\left(\frac{対象工事における労働者の加入率（\%）}{70\%} \right)$$

を乗じた値を参考とすること。

総工事費＼工事種別	土木					木
	舗装	橋梁等	隧道	堰堤	浚渫・埋立	その他の土木
1,000～ 9,999 千円	3.5/1000	3.5/1000	4.5/1000	4.1/1000	3.7/1000	4.1/1000
10,000～ 49,999 千円	3.3/1000	3.2/1000	3.6/1000	3.8/1000	2.8/1000	3.6/1000
50,000～ 99,999 千円	2.9/1000	2.8/1000	2.8/1000	3.1/1000	2.7/1000	3.1/1000
100,000～499,999 千円	2.3/1000	2.1/1000	2.1/1000	2.5/1000	1.9/1000	2.3/1000
500,000 千円以上	1.7/1000	1.6/1000	1.9/1000	1.8/1000	1.7/1000	1.8/1000

総工事費＼工事種別	建築		設備	
	住宅・同設備	非住宅・同設備	屋外の電気等	機械器具設置
1,000～ 9,999 千円	4.8/1000	3.2/1000	2.9/1000	2.2/1000
10,000～ 49,999 千円	2.9/1000	3.0/1000	2.1/1000	1.7/1000
50,000～ 99,999 千円	2.7/1000	2.5/1000	1.8/1000	1.4/1000
100,000～499,999 千円	2.2/1000	2.1/1000	1.4/1000	1.1/1000
500,000 千円以上	2.0/1000	1.8/1000	1.1/1000	1.1/1000

編者注：
1　総工事費とは、請負契約額（消費税相当額を含む。）と無償支給材料評価額（発注機関が施工者に対し工事用の建設資材を無償で支給した場合、その建設資材を金額に換算した額）の合計額をいう。
2　上記表には総工事費100万円以下の購入率が示されていないが、100万円以下については、対象労働者の延べ就労日数が把握できるものとして省かれている。もし把握できない場合には、「1,000～9,999千円」の購入率を参考とすること。
3　この購入率は、勤労者退職金共済機構で定めた率であり、工事発注者が独自で率を設けている場合もあるので発注者に確認すること。

（3）証紙の受払い

　　　証紙の購入は、発注官庁等に掛金収納書を提出する場合もあることから、請負工事単位に行う必要がある。また、工事単位ごとにどの下請に何枚交付したかわかるように証紙の受払い状況（証紙受払簿）をはっきりさせておく必要がある。

（4）掛金収納書

　　　官公庁の工事を請負った際に、当該工事に見合った証紙の購入状況を確かめるため、発注官庁から掛金収納書の提出を求められる場合がある。この場合には、証紙購入の際に金融機関から発行される掛金収納書（契約者が発注者へ）に発注者・工事名等を記入のうえ、当該発注官庁に提出する。

7．退職金

（1）退職金の支給事由

　　　次のいずれかの事由に該当するときに支給される。

　　a　自ら事業を営む者になったとき。

　　b　無職になって建設関係の仕事をしなくなったとき。

　　c　建設業以外の事業主に雇用されるに至ったとき。

　　d　建設業に属する事業主に社員などとして雇用されるに至ったとき。（自らが事業主又は役員報酬を受けることになった場合も含む。）

　　e　負傷又は疾病により建設業に属する事業に従事することができなくなったとき。

　　f　死亡したとき。

　　g　55歳以上になったとき。

（2）支給要件となる掛金納付期間

　　　退職金をもらうには、掛金納付月数が 12 月以上あることが必要である。なお、死亡の場合は、12月以上で退職金が支給される。

（3）退職金の額

　　　退職金の計算にあたっては、まず次の計算式により、掛金月額と掛金納付月数を出し、さらに、これを元に規定の計算方法によって退職金の額が求められる。

　　a　掛金月額

　　　掛金月額は、掛金日額を 21 倍した金額とする。

　　b　掛金納付月数

　　　掛金納付月数は、貼られた証紙の全部の日数を 21 で割った数とする。（小数第 1 位で四捨五入）。

　　c　掛金日額

　　　掛金日額となる証紙の価額は、次のように改訂が行われている。

昭和62年7月から平成3年6月まで	200円	平成15年10月から令和3年9月まで	310円
平成3年7月から 〃 9年12月まで	260円	令和3年10月から	320円
〃 10年1月から 〃 15年9月まで	300円		

従って納付された掛金日額別証紙区分によって退職金額は個別に計算されることとなる。

掛金日額320円の証紙のみを納付した場合の退職金額（抜すい）は次表のとおりである。

退職金額早見表（抜すい）

年　　数	金　　額	年　　数	金　　額
1　年	24,192　円	20　年	1,933,479　円
2	161,280	25	2,474,439
3	241,920	30	3,038,919
5	414,087	35	3,641,031
10	893,559	40	4,268,007
15	1,409,319	45	4,913,127

編者注：利回り変更に伴い、金額が変更される可能性があります。
　　　　詳しくは建退共ホームページ（https://www.kentaikyo.taisyokukin.go.jp/）　参照

（4）退職金請求の手続き

退職金の請求は、被共済者本人（本人死亡の場合はその遺族）がすることになっている。

請求手続は、退職金請求書に退職の時まで使っていた最後の共済手帳及び請求人の住所が確認できる書類として住民票の添付ならびに退職金の支給をうける事由に応じ、事業主の証明、医師の診断書などを添付し、建退共支部に提出する。このほか、死亡の場合は、戸籍抄本、生計維持していたことを証する書類などが必要となる。

遺族の範囲と順位は次のとおりであり、最も優先する者が請求人となる。

第1順位者—配偶者（内縁関係の者を含む。）

第2順位者—子、父母、孫、祖父母、及び兄弟姉妹で、被共済者の死亡の当時、主としてその収入によって生計を維持していた者。

第3順位者—第2順位として掲げた者のほかの親族（叔父・叔母・甥・姪など）で、被共済者死亡の当時、主としてその収入によって生計を維持していた者。

第4順位者—子、父母、孫、祖父母及び兄弟姉妹で、被共済者死亡の当時、主としてその収入によって生計を維持してなかった者。

第2及び第4順位者において、該当する者が2人以上あるときは、子、父母、孫、祖父母、兄弟姉妹の順位による。また、退職金を受けるべき遺族に同順位者が2人以上あるときは、退職金はその人数によって等分して支給される。（代理人を1人選んで同順位者の委任状を提出する必要がある。）

（5）退職金の支給方法

退職金の支給方法は、口座振込と窓口支払とがあり、請求人の希望で、どちらか一方を選ぶことができるが、建退共では安全確実な口座振込を勧めている。

8．事務代理、一人親方について

契約者である事業主自身が行わなければならない諸手続きは、元請に証紙購入その他の事務手続きを委託することや、事業主が集って「事務組合」をつくり、その組合で事務手続きを行うこともできる。また、一人親方の場合は、複数が集まり、「任意組合」をつくって、その任意組合を事業主とみなして

各種制度

契約者とし、個人の一人親方をその契約者に雇われる被共済者とみなして建退共制度に加入することができる。

9．建退共電子申請方式

勤労者退職金共済機構は、令和2年10月1日の改正中小企業退職金共済法の施行を受けて、建退共の掛金納付方式として、従来の「証紙貼付方式」に加え、「電子申請方式」を追加し、令和2年10月1日からの試行的実施の結果を踏まえ、令和3年3月から全面的・本格的な実施を開始した。

主な変更点は、次の3つとなる。

（1）電子申請による掛金の納付について

これまでの証紙貼付による納付方式と、新たに電子申請による納付方式の2種類となり、事業主が選択できるようになる。なお、手帳は両方の方式に対応。

＜電子申請による納付＞

①事業主がペイジーまたは口座振替によって建退共に納めた金銭から掛金を充当するので、賃金の支払いを受ける都度、手帳を提出する必要はない。

②事業主が被共済者の就労状況を建退共に報告し、その報告に基づき掛金納付実績に加算していく。

※証紙貼付による納付方法はこれまでどおり変更はない。

（2）手帳の更新時期について

①250日分の証紙を貼り終えた場合、または手帳の表紙に記載されている次回更新時期（次回更新時期の記載のない場合は手帳交付日の2年後）が到達した場合に新しい手帳に更新するので、事業主に提出すること。

※次回更新時期の記載は令和2年11月以降発行の手帳

②手帳の更新は、原則として手帳交付日から10か月以上の期間が経過しないとできない。

③事業主は、電子申請による掛金納付がされる都度、掛金充当書が発行され、掛金の納付状況が確認できる。

（3）掛金納付状況通知について

①掛金納付月数（証紙貼付及び電子申請により掛金納付された日数を合計した21日分を1か月として換算した月数）が12月に達したとき及び掛金納付月数60月ごとに掛金納付状況を本人へ通知する。

②上記以外でも掛金納付状況が知りたい場合は事業主または建退共に申し出ること。

③事業主には、電子申請による掛金納付がされる都度、掛金充当書が発行され、掛金の納付状況が確認できる。

10．照会先等

（1）相談コーナー

建退共本部では、相談コーナーを設置している。

独立行政法人　勤労者退職金共済機構　建設業退職金共済事業本部

東京都豊島区東池袋1丁目24番1号　ニッセイ池袋ビル　電話03（6731）2841　相談コーナー

（2）「事務処理の手引き」

各種制度

建退共では「事務処理の手引き」（令和3年 10 月改訂版）を発行している。「事務処理の手引き」には手続の流れ、申請書等の記入例等が記載されている。（建退共本部及び支部で配布）

（3）ホームページ

建退共のホームページでは、退職金の試算及び各種様式のダウンロード、記入例、電子申請方式等が載っている。

URL：https://www.kentaikyo.taisyokukin.go.jp/

各種制度

1. 制度のあらまし

　　中小企業退職金共済制度は、昭和34年に国の中小企業対策の一環として制定された「中小企業退職金共済法」に基づき設けられた制度である。同制度は、単独では退職金制度をもつことが困難な中小・零細企業について、国の援助と事業者の相互共済の仕組みにより退職金制度を確立し、これにより中小企業の従業員の福祉の増進と雇用の安定を図ることを目的としている。

　　この制度の運営は、独立行政法人勤労者退職金共済機構中小企業退職金共済本部（中退共）が行っている。

2. 国の助成

（1）新しくこの制度に加入する事業主に掛金の1/2（上限5,000円）を加入後4カ月目から1年間、国が助成する。

（2）掛金月額（18,000円以下）を増額する事業主に増額分掛金の1/3を1年間、国が助成する。

　　※同居の親族のみを雇用する事業主は「新規加入助成」および掛金の増額の際に適用される「月額変更助成」の対象にはならない。

3. 加入できる企業（共済契約者）

（1）この制度に加入できるのは、常用従業員が300人（卸売業・サービス業は100人、小売業は50人）以下、または資本金及び出資金の額が3億円（卸売業は1億円、サービス業・小売業は5千万円）以下に該当する企業とする。ただし、個人企業の場合は、常用作業員数による。

　　※平成23年1月から、事業主と生計を一にする同居の親族のみを雇用する事業主の従業員（家族従業員）も加入できることとなった。

（2）加入の申込みは、所定の新規申込書に記入、押印または署名をして、金融機関または委託事業主団体の窓口に提出する。

（3）契約が成立すると、中退共から従業員個人ごとにつくられた「退職金共済手帳」が事業主に送付される。

4. 対象となる従業員（被共済者）

（1）次の者を除く全従業員を対象とする。

　　a　期間を定めて雇われている者（建設業の場合には建設業退職金共済制度がある。）

　　b　試用期間中の者

　　c　休職期間中の者

　　d　定年などで短期間内に退職することが明らかな者

（2）事業主、役員はこの制度に加入できない。しかし役員であっても、支店長や部長など従業員としての身分を併せてもっている、いわゆる兼務役員は従業員として加入できる。

5. 毎月の掛金

（1）従業員個人ごとに掛金月額を定めて契約し、掛金は事業主が全額負担することになっている。掛金月額には、次の16段階があって加入後いつでもこの範囲内で増額することができる。

各種制度

5,000 円	6,000 円	7,000 円	8,000 円	9,000 円	10,000 円
12,000 円	14,000 円	16,000 円	18,000 円	20,000 円	22,000 円
24,000 円	26,000 円	28,000 円	30,000 円		

（２）短時間労働者（パートタイマーなど一週間の所定労働時間が同じ事業所に雇用される通常の従業員より短く、かつ30時間未満の従業員）は、上記の掛金月額のほか特別に次の掛金月額でも加入できる。

2,000円	3,000円	4,000円

（３）毎月の掛金は口座振替で納付する（振替日は毎月18日）。

6．新規採用者などの追加加入

すでに加入している企業で、新たに採用した従業員や加入もれの従業員がいる場合には、いつでもこの制度に追加して加入することができる。

7．転職した場合の期間通算

この制度に加入して12カ月以上掛金を納付した従業員が他の企業に転職した場合、退職後２年以内であれば前の企業での掛金納付実績をそのまま新しい契約に通算することができる。

（注）会社都合などで転職した場合は、掛金納付月数が12カ月未満であっても通算ができるが、この場合、退職の理由を証明する厚生労働大臣の認定が必要となる。

8．過去勤務期間の通算

この制度に加入する際、その企業に１年以上勤務している従業員については、事業主の申出により、加入前の勤務期間を10年を限度として、制度加入後の期間として通算することができる。（新規加入企業に限る）

9．適格退職年金制度からの移行

適格退職年金制度を実施している事業主が移行を希望し、平成14年４月１日から10年以内に中退共制度へ移行する場合、一定の条件の下に機構・中退共への引渡金額に応じた日数を通算できる。

10．退職金の請求

従業員が退職したときには、事業主から本人（死亡の場合は遺族）に退職金共済手帳が交付され、退職金の請求は退職した従業員（死亡の場合は遺族）が行う。

11．掛金に対する非課税

この制度の掛金は、法人の場合は損金、個人企業の場合は必要経費とし全額非課税となる。

12．照会先

独立行政法人勤労者退職金共済機構　中小企業退職金共済事業本部

東京都豊島区東池袋１丁目24番1号　ニッセイ池袋ビル　電話03（6907）1234

URL：https://chutaikyo.taisyokukin.go.jp

3. 法定外労災補償制度

　　建設現場で従事する労働者が、業務災害又は通勤災害の事由で死亡・重度の身体障害又は傷病となったとき、労災保険法による給付に上積みして、共済金を支給し、労災補償問題を円滑に処理するとともに、労働福祉の充実を図ることを目的する制度。

　　法定外労災補償制度を運営する主な団体として、公益財団法人建設業福祉共済団並びに一般社団法人全国建設業労災互助会がある。

1. 公益財団法人　建設業福祉共済団

　　公益財団法人建設業福祉共済団が運営する建設労災補償共済制度は、一般社団法人全国建設業協会と公益財団法人建設業福祉共済団との特約に基づき、厚生労働・国土交通両省の認可を得て設けられた法定外労災補償制度であり、建設業協会の会員のみならず一般の建設業者も加入できる制度として運営されている。

　　詳しくは、以下の照会先を参照。

　　取扱機関又は公益財団法人建設業福祉共済団　東京都港区虎ノ門1―2―8虎ノ門琴平タワー11階

　　電話03（3591）8451　　ＦＡＸ03（3591）8474

　　URL：https://www.kyousaidan.or.jp/

2. 一般社団法人　全国建設業労災互助会

　　厚生労働大臣の許可を得て設立された一般社団法人全国建設業労災互助会が運営する労災上積み補償制度は、政府労災保険の給付対象となる労働災害に対し、政府労災保険の上積み補償として、給付金が事業主を通じ、労働者又はその遺族に支払われる制度。また、休業による損害も休業補償担保特約への加入により補償される。

　　詳しくは、以下の照会先を参照。

　　一般社団法人全国建設業労災互助会　東京都千代田区神田小川町3丁目7番1号ミツワ小川町ビル5階

　　電話03（3518）6551　　ＦＡＸ03（3518）6585

　　URL：https://rousaigojyokai.or.jp/

各種制度

１．建災防方式健康ＫＹ

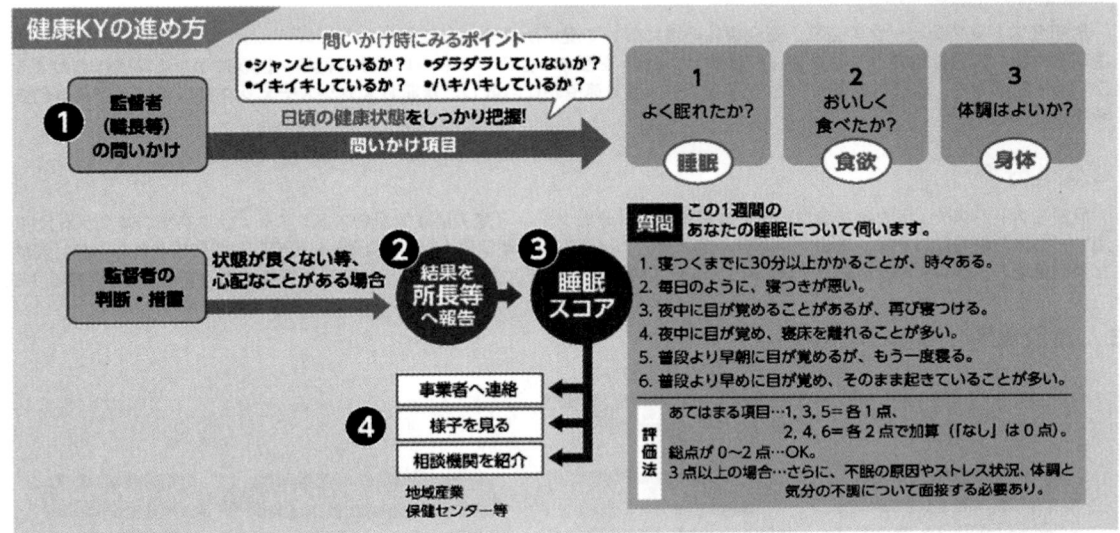

①作業前に実施する現地KYにおいて、職長から各作業員に対し、

１ よく眠れたか？　　**２ おいしく（ご飯を）食べたか？**　　**３ 体調はよいか？**

という３つの問いかけと姿勢や表情等の観察を行い、健康状態を把握します。
②健康KYを行ったところ、作業員の体調に心配なことがある場合、職長は作業所長等へ報告します。
③報告を受けた作業所長等は、直ちに相談機関等へ連絡した方がよいと判断できる場合を除き、より詳しい健康状態を確認するため「睡眠スコア」を実施します。
④「睡眠スコア」実施の結果、総点数が３点以上の場合、当該作業員が所属する事業場へ連絡するか相談機関等を紹介します。また「睡眠スコア」の総点数が３点未満の場合は様子を見ます。

２．建災防方式無記名ストレスチェック

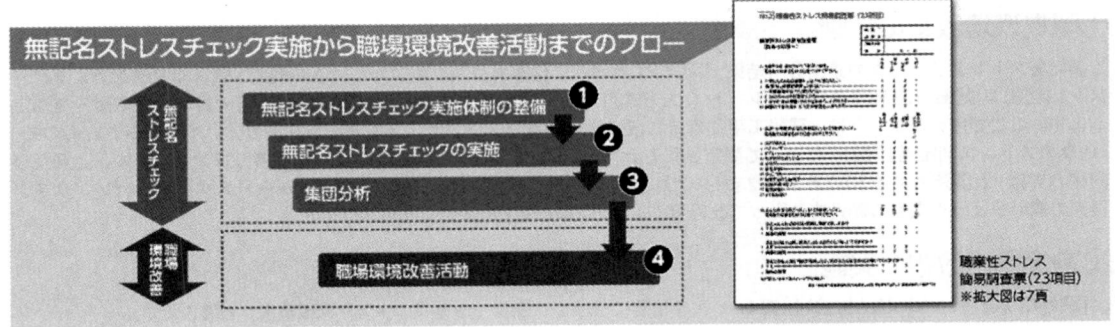

各種制度

①無記名ストレスチェック実施体制の整備

　無記名ストレスチェック実施にあたり、現場所長による作業所方針の表明とともに「実施者（実施責任者）」を選任し、現場での実施体制を整備します。

②無記名ストレスチェックの実施

　無記名ストレスチェックの当日、安全朝礼の場において現場所長等から無記名ストレスチェックの趣旨及び実施方法を説明した後、元請社員及び作業員等に調査票（右上図）を配布し回答してもらいます。回答・回収にかかる時間はおおよそ5〜10分程度です。全員の回答が終わったら、その場で速やかに回収し、無記名ストレスチェック実施者に回答済み調査票を送付します。

③集団分析

　無記名ストレスチェック実施者は、建設現場用の集計分析ツール（「建災防版無記名ストレスチェック実施プログラム」）を用いて集団分析を行います。このプログラムは、全国の建設現場の標準値（全国平均値）を基礎にして作成されており、簡単に当該現場のストレスの特徴を表す「仕事のストレス判定図」（図1）及び「ストレス反応指数」（図2）を出力することができます。

３．建設現場の職場環境改善

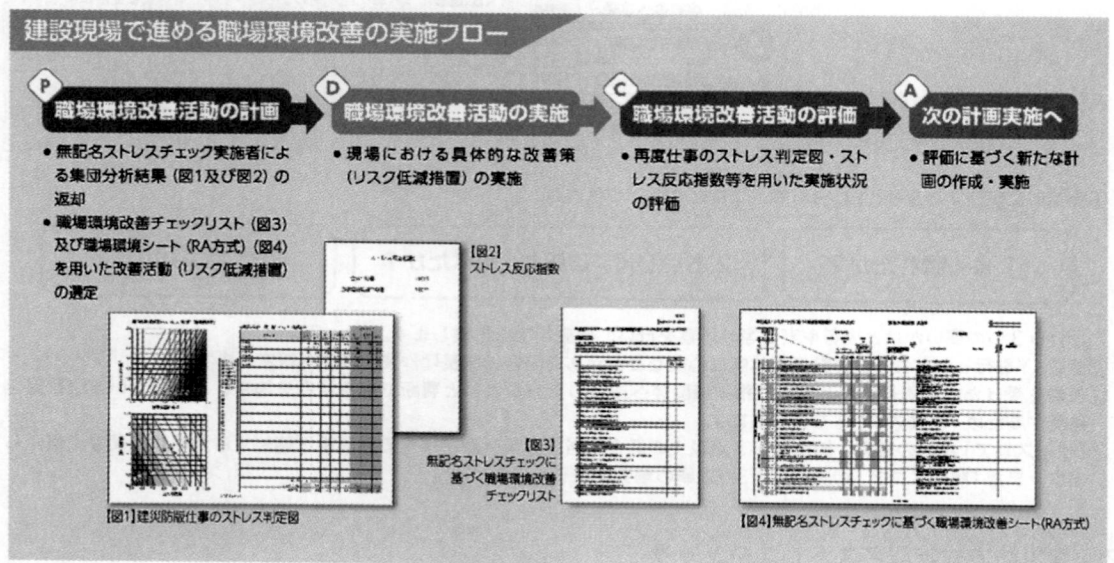

①職場環境改善の計画

　無記名ストレスチェックの集団分析結果（図1・2）と事前に作業所長及び職長から回答を得た「職場環境改善チェックリスト」（図3）の結果を、「職場環境改善シート（RA方式）」（図4）に反映させながら、職場環境改善の具体的な取組みを選定します。ここで用いるシートは、建設工事従事者に浸透しているリスクアセスメント手法を取り入れて作成されたもので、「仕事のストレス判定図」（図1）によって測定される4つのストレス要因（仕事の量的負担、仕事のコントロール、上司及び同僚の支援）と関連のある30のチェック項目について「該当の程度」及び「影響度」の観点からリスク評価を行い、リスク得点の高いチェック項目の優先度に従って改善策（リスク低減措置）を決定するものです。

②職場環境改善の実施

　「職場環境改善シート（RA方式）」（図4）の作成結果に沿って、現場で改善策（リスク低減措置）を講じます。

③職場環境改善の評価

　職場環境改善計画の終結時に、再度無記名ストレスチェックを実施し当該取組みの評価を行い、次の新たな取組へと繋げていきます（PDCAサイクル）。

相談窓口のご紹介	建設業労働災害防止協会では、2016年7月より 建設事業者および現場所長等を対象としたメンタルヘルス対策の相談窓口を設置しています。

【相談日】毎週月曜日 13:00～16:00（祝日・年末年始を除く）
【相談料】無料（但し、通話料については各自ご負担願います）
【相談対象者】建設事業者および建設現場所長等
【専用ダイヤル】**03-3453-0974**
【担当】建設業労働災害防止協会
　　　　建設業メンタルヘルス対策アドバイザー

【相談内容】・事業場でメンタルヘルス対策を導入したい。
　　　　　　・建設現場でのメンタルヘルス対策をどのように進めればよいか？
　　　　　　・「建災防方式健康KYと無記名ストレスチェック」とは？等。

※労働者個人の相談については、対応しておりません。
　個人の方は、働く人の「こころの耳電話相談」0120-565-455
　（月・火 17：00～22：00、土・日10：00～16：00※祝日・年末年始を除く）をご利用ください。
※おひとりあたりの相談時間は上限を30分とさせていただきます。

（出典）建設業労働災害防止協会の HP より
　　　　https://www.kensaibou.or.jp/safe_tech/mental_health/files/mental_health_pamphlet_2018.pdf

（参考）職業性ストレス簡易調査票（簡易版２３項目）

現場に従事する元請職員・作業員等を対象に実施する無記名ストレスチェックで配布し回答してもらう調査票

職業性ストレス簡易調査票
（簡易版23項目）

実 施 日	
現 場 名	
所属会社名	
性　　別	男 ・ 女

A. あなたの仕事についてうかがいます。
　最もあてはまるものに〇を付けてください。

	そうだ	まあそうだ	ややちがう	ちがう
1. 非常にたくさんの仕事をしなければならない	1	2	3	4
2. 時間内に仕事が処理しきれない	1	2	3	4
3. 一生懸命働かなければならない	1	2	3	4
8. 自分のペースで仕事ができる	1	2	3	4
9. 自分で仕事の順番・やり方を決めることができる	1	2	3	4
10. 職場の仕事の方針に自分の意見を反映できる	1	2	3	4

B. 最近1か月間のあなたの状態についてうかがいます。
　最もあてはまるものに〇を付けてください。

	ほとんどなかった	ときどきあった	しばしばあった	ほとんどいつもあった
7. ひどく疲れた	1	2	3	4
8. へとへとだ	1	2	3	4
9. だるい	1	2	3	4
10. 気がはりつめている	1	2	3	4
11. 不安だ	1	2	3	4
12. 落着かない	1	2	3	4
13. ゆううつだ	1	2	3	4
14. 何をするのも面倒だ	1	2	3	4
16. 気分が晴れない	1	2	3	4
27. 食欲がない	1	2	3	4
29. よく眠れない	1	2	3	4

C. あなたの周りの方々についてうかがいます。
　最もあてはまるものに〇を付けてください。

次の人たちはどのくらい気軽に話ができますか？

	非常に	かなり	多少	全くない
1. 上司	1	2	3	4
2. 職場の同僚	1	2	3	4

あなたが困った時、次の人たちはどのくらい頼りになりますか？

	非常に	かなり	多少	全くない
4. 上司	1	2	3	4
5. 職場の同僚	1	2	3	4

あなたの個人的な問題を相談したら、次の人たちはどのくらいきいてくれますか？

	非常に	かなり	多少	全くない
7. 上司	1	2	3	4
8. 職場の同僚	1	2	3	4

※ご協力いただきありがとうございました

出典：「労働安全衛生法に基づくストレスチェック制度実施マニュアル」、厚生労働省、平成27年5月

各種制度

各種制度

Ⅳ 官公署等一覧の部

1. 労働局及び労働基準監督署

都道府県 （局）コード 番　　　号	監督署 コード 番　号	郵便番号・所在地・電話番号・管轄区域
局　01		060-8566　札幌市北区北 8 条西 2 丁目 1-1　札幌第 1 合同庁舎　　　(011) 709-2311
	札幌中央 01	060-8587　札幌市北区北 8 条西 2 丁目 1-1　札幌第 1 合同庁舎　　　(011) 737-1192
		札幌市のうち中央区、北区、南区、西区、手稲区、石狩市（浜益区を除く。）
	札幌東 18	004-8518　札幌市厚別区厚別中央 2 条 1-2-5　　　　　　　　　　　(011) 894-2816
		札幌市のうち白石区、東区、厚別区、豊平区、清田区、江別市、恵庭市、北広島市、新篠津村、当別町
	函館 02	040-0032　函館市新川町25-18　函館地方合同庁舎　　　　　　　　　(0138) 87-7606
		函館市、北斗市、福島町、松前町、木古内町、知内町、七飯町、鹿部町、森町、長万部町、今金町、厚沢部町、江差町、上ノ国町、乙部町、せたな町、奥尻町、八雲町
	［江差 駐在 事務所］	043-0041　檜山郡江差町字姥神町167　江差地方合同庁舎　　　　　(0139) 52-1028
	小樽 03	047-0007　小樽市港町 5-2　小樽地方合同庁舎 3 階　　　　　　　　(0134) 33-7651
		小樽市、積丹町、古平町、赤井川村、仁木町、余市町
	倶知安支署 12	044-0011　虻田郡倶知安町南一条東 3 丁目 1 番地　倶知安地方合同庁舎 4 階 (0136) 22-0206
		黒松内町、寿都町、蘭越町、岩内町、共和町、神恵内村、泊村、島牧村、喜茂別町、京極町、倶知安町、ニセコ町、真狩村、留寿都村
北海道	岩見沢 04	068-0005　岩見沢市 5 条東15-7-7　岩見沢地方合同庁舎　　　　　(0126) 22-4490
		岩見沢市、夕張市、美唄市、三笠市、月形町、浦臼町、南幌町、栗山町、長沼町、由仁町
	旭川 05	078-8505　旭川市宮前1条 3 丁目 3 番15号　旭川合同庁舎西館 6 階　(0166) 99-4705
		旭川市、富良野市、鷹栖町、東神楽町、当麻町、比布町、愛別町、上川町、東川町、美瑛町、上富良野町、中富良野町、南富良野町、占冠村、雨竜郡（幌加内町）
	帯広 06	080-0016　帯広市西 6 条南 7 丁目 3　帯広地方合同庁舎　　　　　　(0155) 97-1244
		帯広市、音更町、上士幌町、鹿追町、士幌町、更別村、中札内村、芽室町、大樹町、広尾町、池田町、豊頃町、本別町、幕別町、浦幌町、足寄町、陸別町、新得町、清水町（十勝管内の1市16町2村）
	滝川 07	073-8502　滝川市緑町 2-5-30　　　　　　　　　　　　　　　　　(0125) 24-7361
		滝川市、芦別市、赤平市、砂川市、歌志内市、深川市、雨竜町、秩父別町、沼田町、北竜町、妹背牛町、奈井江町、上砂川町、新十津川町、石狩市のうち浜益区
	北見 08	090-8540　北見市青葉町 6-8　北見地方合同庁舎　　　　　　　　　(0157) 88-3984
		北見市、網走市、大空町、津別町、美幌町、置戸町、訓子府町、佐呂間町、清里町、小清水町、斜里町、湧別町、遠軽町
	室蘭 09	051-0023　室蘭市入江町 1-13　室蘭地方合同庁舎　　　　　　　　　(0143) 23-6131
		室蘭市、登別市、伊達市、壮瞥町、洞爺湖町、豊浦町
	釧路 10	085-8510　釧路市柏木町 2-12　　　　　　　　　　　　　　　　　(0154) 45-7836
		釧路市、根室市、釧路町、厚岸町、浜中町、標茶町、弟子屈町、鶴居村、白糠町、別海町、標津町、中標津町、羅臼町

都道府県 （局）コード 番　　号	監督署 コード 番　号	郵便番号・所在地・電話番号・管轄区域
北海道	名　寄 11	096-0014　名寄市西四条南9-16　　　　　　　　　　　　（01654）2-3186 名寄市、紋別市、士別市、美深町、音威子府村、中川町、雄武町、興部町、滝上町、西興部村、剣淵町、和寒町、下川町
	留　萌 13	077-0048　留萌市大町2　留萌地方合同庁舎　　　　　　　（0164）42-0463 留萌市、増毛町、小平町、初山別村、苫前町、羽幌町
	稚　内 14	097-0001　稚内市末広5・6・1　稚内地方合同庁舎3階　　（0162）73-0777 稚内市、猿払村、枝幸町、中頓別町、浜頓別町、礼文町、利尻町、利尻富士町、遠別町、天塩町、豊富町、幌延町
	浦　河 15	057-0034　浦河郡浦河町堺町西1-3-31　　　　　　　　（0146）22-2113 日高町、平取町、新冠町、浦河町、様似町、えりも町、新ひだか町
	苫小牧 17	053-8540　苫小牧市港町1-6-15　苫小牧港湾合同庁舎　（0144）88-8900 苫小牧市、千歳市、白老町、厚真町、安平町、むかわ町
局　02		030-8558　青森市新町2-4-25　青森合同庁舎　　　　　（017）734-4111
青　森	青　森 01	030-0861　青森市長島1-3-5　青森第2合同庁舎8階　　（017）715-5451 青森市（浪岡を除く）、東津軽郡
	弘　前 02	036-8172　弘前市大字南富田町5-1　　　　　　　　　　（0172）33-6411 弘前市、黒石市、平川市、中津軽郡、南津軽郡、青森市のうち浪岡
	八　戸 03	039-1166　八戸市根城9-13-9　八戸合同庁舎1階　　　（0178）46-3311 八戸市、三戸郡
	五所川原 04	037-0004　五所川原市大字唐笠柳字藤巻507-5　五所川原合同庁舎3階 　　　　　　　　　　　　　　　　　　　　　　　　　　（0173）35-2309 五所川原市、つがる市、北津軽郡、西津軽郡
	十和田 05	034-0082　十和田市西二番町14-12　十和田奥入瀬合同庁舎3階　（0176）23-2780 十和田市、三沢市、上北郡のうちおいらせ町、七戸町、東北町、野辺地町、六戸町
	む　つ 06	035-0072　むつ市金谷2-6-15　下北合同庁舎4階　　（0175）22-3136 むつ市、下北郡、上北郡のうち横浜町・六ケ所村
局　03		020-8522　盛岡市盛岡駅西通1-9-15　盛岡第2合同庁舎5階　（019）604-3001
岩　手	盛　岡 01	020-8523　盛岡市盛岡駅西通1-9-15　盛岡第2合同庁舎6階　（019）907-9212 盛岡市、八幡平市、滝沢市、葛巻町、岩手町、雫石町、矢巾町、紫波町
	宮　古 02	027-0073　宮古市緑ヶ丘5-29　　　　　　　　　　　　　（0193）62-6455 宮古市、田野畑村、岩泉町、山田町
	花　巻 03	025-0076　花巻市城内9-27　花巻合同庁舎2階　　　　　（0198）23-5231 花巻市、西和賀町、遠野市のうち宮守町、北上市、金ケ崎町、奥州市のうち水沢・江刺・胆沢
	釜　石 04	026-0041　釜石市上中島町4丁目3-50　NTT東日本上中島ビル1階 　　　　　　　　　　　　　　　　　　　　　　　　　　（0193）23-0651 釜石市、大槌町、遠野市（宮守町を除く）

都道府県 （局）コード 番　　号	監督署 コード 番　号	郵便番号・所在地・電話番号・管轄区域	
岩　手	一　関 05	021-0864　　一関市旭町 5 - 11	(0191) 23-4125
		一関市、平泉町、奥州市のうち衣川・前沢	
	二　戸 06	028-6103　　二戸市石切所字荷渡 6 - 1　　二戸合同庁舎	(0195) 23-4131
		二戸市、洋野町、軽米町、一戸町、九戸村、久慈市、野田村、普代村	
	大 船 渡 07	022-0002　　大船渡市大船渡町字台13-14	(0192) 26-5231
		大船渡市、住田町、陸前高田市	
局　04		983-8585　　仙台市宮城野区鉄砲町 1　　仙台第 4 合同庁舎	(022) 299-8833
宮　城	仙　台 01	983-8507　　仙台市宮城野区鉄砲町 1　　仙台第 4 合同庁舎	(022) 299-9073
		仙台市、塩釜市、名取市、岩沼市、多賀城市、富谷市、亘理町、山元町、松島町、七ヶ浜町、利府町	
	石　巻 02 ［気仙沼 臨時窓口］	986-0832　　石巻市泉町 4 - 1 -18　　石巻合同庁舎	(0225) 85-3483
		石巻市、気仙沼市、東松島市、女川町、南三陸町	
		988-0077　　気仙沼市古町 3 - 3 - 8　　気仙沼駅前プラザ 2 階	(0226) 25-6921
	古　川 03	989-6161　　大崎市古川駅南 2 - 9 -47	(0229) 22-2112
		大崎市、大和町、大郷町、大衡村、加美町、色麻町、涌谷町、美里町	
	大 河 原 04	989-1246　　柴田郡大河原町字新東24-25	(0224) 53-2154
		白石市、角田市、蔵王町、七ヶ宿町、川崎町、村田町、大河原町、柴田町、丸森町	
	瀬　峰 06	989-4521　　栗原市瀬峰下田50- 8	(0228) 38-3131
		栗原市、登米市	
局　05		010-0951　　秋田市山王 7 - 1 - 3　　秋田合同庁舎	(018) 862-6681
秋　田	秋　田 01	010-0951　　秋田市山王 7 - 1 - 4　　秋田第 2 合同庁舎	(018) 801-0822
		秋田市、男鹿市、南秋田郡、潟上市	
	能　代 02	016-0895　　能代市末広町 4 -20　　能代合同庁舎 3 階	(0185) 52-6151
		能代市、山本郡	
	大　館 03	017-0897　　大館市字三の丸 6 - 2	(0186) 42-4033
		大館市、鹿角市、北秋田市、鹿角郡、北秋田郡	
	横　手 04	013-0033　　横手市旭川 1 - 2 -23	(0182) 32-3111
		横手市、湯沢市、雄勝郡	
	大　曲 05	014-0063　　大仙市大曲日の出町 1 - 3 - 4　　大曲法務合同庁舎 1 階	(0187) 63-5151
		大仙市、仙北市、仙北郡	

都道府県 (局)コード 番　　号	監督署 コード 番　号	郵便番号・所在地・電話番号・管轄区域	
秋　田	本　荘 06	015-0874　由利本荘市給人町17　本荘合同庁舎2階 由利本荘市、にかほ市	(0184)22-4124
局　06		990-8567　山形市香澄町3-2-1　山交ビル3階	(023)624-8221
山　形	山　形 01	990-0041　山形市緑町1-5-48　山形地方合同庁舎4階 山形市、天童市、上山市、寒河江市、山辺町、中山町、大江町、河北町、朝日町、西川町	(023)608-5256
	米　沢 02	992-0012　米沢市金池3-1-39　米沢地方合同庁舎3階 米沢市、長井市、南陽市、川西町、高畠町、小国町、飯豊町、白鷹町	(0238)23-7120
	庄　内 03	997-0047　鶴岡市大塚町17-27　鶴岡合同庁舎4階 鶴岡市、酒田市、庄内町、三川町、遊佐町	(023)541-2674
	新　庄 05	996-0011　新庄市東谷地田町6-4　新庄合同庁舎3階 新庄市、舟形町、真室川町、金山町、最上町、鮭川村、大蔵村、戸沢村	(0233)22-0227
	村　山 06	995-0021　村山市楯岡楯2-28　村山合同庁舎2階 村山市、東根市、尾花沢市、大石田町	(0237)55-2815
局　07		960-8021　福島市霞町1-46　福島合同庁舎	(024)536-4601
福　島	福　島 01	960-8021　福島市霞町1-46　福島合同庁舎1階 福島市、二本松市、伊達市、伊達郡、相馬郡飯舘村	(024)536-4612
	郡　山 02	963-8025　郡山市桑野2-1-18 郡山市、田村市、本宮市、安達郡、田村郡	(024)922-1355
	い わ き 03	970-8026　いわき市平字堂根町4-11　いわき地方合同庁舎4階 いわき市	(0246)23-2257
	会　津 04	965-0803　会津若松市城前2-10 会津若松市、大沼郡、南会津郡、耶麻郡(猪苗代町、磐梯町)河沼郡	(0242)88-3457
	喜多方 支　署 07	966-0896　喜多方市諏訪91 喜多方市、耶麻郡（西会津町・北塩原村）	(0241)22-4211
	須 賀 川 05	962-0834　須賀川市旭町204-1 須賀川市、岩瀬郡、石川郡	(0248)75-3519
	白　河 06	961-0074　白河市郭内1-136　白河小峰城合同庁舎5階 白河市、西白河郡、東白川郡	(0248)24-1391
	相　馬 08	976-0042　相馬市中村字桜ケ丘68 相馬市、南相馬市、相馬郡新地町	(0244)36-4175

IV

官公署等一覧の部

都道府県 （局）コード 番　号	監督署 コード 番号	郵便番号・所在地・電話番号・管轄区域	
福　島	富　岡 09	979-1112　双葉郡富岡町中央2-104	(0240)22-3003
		双葉郡	
局　08		310-8511　水戸市宮町1-8-31　茨城労働総合庁舎	(029)224-6211
茨　城	水　戸 01	310-0015　水戸市宮町1-8-31　茨城労働総合庁舎3階	(029)277-7916
		水戸市、常陸太田市、ひたちなか市、常陸大宮市、那珂市、笠間市、茨城町、大洗町、城里町、大子町、東海村	
	日　立 02	317-0073　日立市幸町2-9-4	(029)488-3980
		日立市、高萩市、北茨城市	
	土　浦 03	300-0805　土浦市宍塚1838　土浦労働総合庁舎　4階	(029)882-7021
		土浦市、石岡市、つくば市、かすみがうら市、小美玉市、阿見町	
	筑　西 04	308-0825　筑西市下中山581-2	(0296)22-4564
		筑西市、結城市、下妻市、桜川市、八千代町	
	古　河 05	306-0011　古河市東3-7-32	(0280)32-3232
		古河市、境町、五霞町	
	常　総 07	303-0022　常総市水海道淵頭町3114-4	(0297)22-0264
		常総市、守谷市、つくばみらい市、坂東市	
	龍ケ崎 08	301-0005　龍ケ崎市川原代町四区6336-1	(0297)62-3331
		龍ケ崎市、取手市、牛久市、稲敷市、利根町、河内町、美浦村	
	鹿　嶋 09	314-0031　鹿嶋市宮中1995-1　労働総合庁舎3階	(0299)83-8461
		鹿嶋市、潮来市、行方市、鉾田市、神栖市	
局　09		320-0845　宇都宮市明保野町1-4　宇都宮第2地方合同庁舎	(028)634-9111
栃　木	宇都宮 01	320-0845　宇都宮市明保野町1-4　宇都宮第2地方合同庁舎別館	(028)346-3168
		宇都宮市、さくら市、那須烏山市、高根沢町、那珂川町	
	足　利 02	326-0807　足利市大正町864	(0284)41-1188
		足利市	
	栃　木 03	328-0042　栃木市沼和田町20-24	(0282)88-5498
		栃木市、小山市、下野市、壬生町、野木町、佐野市	
	鹿　沼 05	322-0063　鹿沼市戸張町2365-5	(0289)64-3215
		鹿沼市	
	大田原 06	324-0041　大田原市本町2-2828-19	(0287)22-2279
		大田原市、矢板市、那須塩原市、那須町	

都道府県 (局)コード番号	監督署コード番号	郵便番号・所在地・電話番号・管轄区域
栃木	日光 07	321-1261　日光市今市305-1　　　　　　　　　　　(0288)22-0273
		日光市、塩谷町
	真岡 08	321-4305　真岡市荒町5203　　　　　　　　　　　(0285)82-4443
		真岡市、益子町、茂木町、市貝町、芳賀町上三川町
局 10		371-8567　前橋市大手町2-3-1　前橋地方合同庁舎　　(027)896-4732
群馬	高崎 01	370-0045　高崎市東町134-12　高崎地方合同庁舎3階　(027)367-2313
		高崎市（藤岡労働基準監督署の管轄区域を除く）、富岡市、安中市、甘楽郡（甘楽町・下仁田町・南牧村）
	前橋 02	371-0026　前橋市大手町2-3-1　前橋地方合同庁舎7階　(027)896-4536
		前橋市、渋川市、北群馬郡（榛東村・吉岡町）、伊勢崎市、佐波郡（玉村町）
	［伊勢崎 分庁舎］ 03	372-0024　伊勢崎市下植木町517　　　　　　　　　(0270)25-3363
		伊勢崎市、佐波郡（玉村町）、前橋市、渋川市、北群馬郡（榛東村・吉岡町）
	桐生 04	376-0045　桐生市末広町13-5　桐生地方合同庁舎　　(0277)44-3523
		桐生市、みどり市
	太田 05	373-0817　太田市飯塚町104-1　　　　　　　　　(0276)58-9729
		太田市、館林市、邑楽郡（板倉町・邑楽町・大泉町・千代田町・明和町）
	沼田 06	378-0031　沼田市薄根町4468-4　　　　　　　　　(0278)23-0323
		沼田市、利根郡（片品村・川場村・昭和村・みなかみ町）
	藤岡 07	375-0014　藤岡市下栗須124-10　　　　　　　　　(0274)22-1418
		藤岡市、高崎市のうち新町・吉井町、多野郡（上野村・神流町）
	中之条 08	377-0424　吾妻郡中之条町中之条664-1　　　　　　(0279)75-3034
		吾妻郡（東吾妻町・草津町・高山村・嬬恋村・中之条町・長野原町）
局 11		330-6016　さいたま市中央区新都心11-2　明治安田生命さいたま新都心ビル　ランド・アクシス・タワー　　　　　　　　　(048)600-6200
埼玉	さいたま 01	330-6014　さいたま市中央区新都心11-2　明治安田生命さいたま新都心ビル　ランド・アクシス・タワー14階　　　　　　　　(048)600-4820
		さいたま市（岩槻区をのぞく）、鴻巣市（旧川里町 赤城、赤城台、新井、上会下、北根、屈巣、境、関新田、広田を除く）、上尾市、朝霞市、志木市、和光市、新座市、桶川市、北本市、北足立郡伊奈町
	川口 02	332-0015　川口市川口2-10-2　　　　　　　　　(048)498-6640
		川口市、蕨市、戸田市
	熊谷 04	360-0856　熊谷市別府5-95　　　　　　　　　　(048)533-3611
		熊谷市、本庄市、深谷市、大里郡寄居町、児玉郡（美里町、神川町、上里町）

都道府県 (局)コード 番号	監督署 コード 番号	郵便番号・所在地・電話番号・管轄区域
埼玉	川越 05	350-1118　川越市豊田本1-19-8　川越地方合同庁舎　　　　　(049)242-0892 川越市、東松山市、富士見市、坂戸市、鶴ケ島市、ふじみ野市、比企郡（滑川町、嵐山町、小川町、ときがわ町、川島町、吉見町、鳩山町）、入間郡（毛呂山町、越生町）、秩父郡東秩父村
	春日部 06	344-8506　春日部市南3-10-13　　　　　　　　　　　(048)735-5227 春日部市、さいたま市(のうち岩槻区)、草加市、八潮市、三郷市、久喜市、越谷市、蓮田市、幸手市、吉川市、白岡市、南埼玉郡宮代町、北葛飾郡（杉戸町、松伏町）
	所沢 07	359-0042　所沢市並木6-1-3　所沢地方合同庁舎　　　　　(042)995-2582 所沢市、飯能市、狭山市、入間市、日高市、入間郡三芳町
	行田 08	361-8504　行田市桜町2-6-14　　　　　　　　　　　(048)556-4195 行田市、加須市、羽生市、鴻巣市（のうち旧川里町　赤城、赤城台、新井、上会下、北根、屈巣、境、関新田、広田）
	秩父 09	368-0024　秩父市上宮地町23-24　　　　　　　　　　(0494)22-3725 秩父市、秩父郡（横瀬町、皆野町、長瀞町、小鹿野町）
局　12		260-8612　千葉市中央区中央4-11-1　千葉第2地方合同庁舎　(043)221-4311
千葉	千葉 01	260-8506　千葉市中央区中央4-11-1　千葉第2地方合同庁舎 　　　　　　　　　　　　　　　　　　　　　　　　(043)308-0672 千葉市、市原市、四街道市
	船橋 02	273-0022　船橋市海神町2-3-13　　　　　　　　　　(047)431-0196 船橋市、市川市、習志野市、八千代市、浦安市、鎌ケ谷市、白井市
	柏 03	277-0021　柏市中央町3-2　柏トーセイビル3階　　　　　(04)7163-0247 柏市、松戸市、野田市、流山市、我孫子市
	銚子 04	288-0041　銚子市中央町8-16　銚子労働総合庁舎4階　　　(0479)22-8100 銚子市、旭市、匝瑳市、香取郡（東庄町）
	木更津 06	292-0831　木更津市富士見2-4-14　木更津地方合同庁舎　(043)880-2830 木更津市、君津市、富津市、袖ヶ浦市、館山市、鴨川市、南房総市、安房郡(鋸南町)
	茂原 07	297-0018　茂原市萩原町3-20-3　　　　　　　　　　(0475)22-4551 茂原市、勝浦市、いすみ市、長生郡(一宮町　睦沢町　白子町　長柄町　長南町　長生村)、夷隅郡(大多喜町　御宿町)
	成田 08	286-0134　成田市東和田高崎553-4　　　　　　　　　(0476)22-5666 成田市、香取市、印西市、富里市、印旛郡(栄町)、香取郡(神崎町　多古町)
	東金 09	283-0005　東金市田間65　　　　　　　　　　　　　(0475)52-4358 東金市、佐倉市、八街市、山武市、大網白里市、山武郡(九十九里町　芝山町　横芝光町)、印旛郡(酒々井町)

IV　官公署等一覧の部

都道府県 （局）コード 番　　号	監督署 コード 番　号	郵便番号・所在地・電話番号・管轄区域
局　13		102-8305　千代田区九段南1-2-1　九段第3合同庁舎　　　　　　(03)3512-1600
	中　央 01	112-8573　文京区後楽1-9-20　飯田橋合同庁舎6・7階　　　　(03)5803-7382
		千代田区、中央区、文京区、大島町、八丈町、利島村、新島村、神津島村、三宅村、御蔵島村、青ケ島村
	［小笠原総 合事務所 20］	100-2101　小笠原村父島字東町152　　　　　　　　　　　(04998)2-2102
		小笠原村
	上　野 03	110-0008　台東区池之端1-2-22　上野合同庁舎7階　　　　(03)6872-1315
		台東区
	三　田 04	108-0014　港区芝5-35-2　安全衛生総合会館3階　　　　　(03)3452-5474
		港区
	品　川 05	141-0021　品川区上大崎3-13-26　　　　　　　　　　　　(03)3443-5743
		品川区、目黒区
東　京	大　田 06	144-8606　大田区蒲田5-40-3　月村ビル8・9階　　　　　(03)3732-0175
		大田区
	渋　谷 07	150-0041　渋谷区神南1-3-5　渋谷神南合同庁舎5・6階　(03)3780-6535
		渋谷区、世田谷区
	新　宿 08	169-0073　新宿区百人町4-4-1　新宿労働総合庁舎4・5階　(03)3361-3974
		新宿区、中野区、杉並区
	池　袋 09	171-8502　豊島区池袋4-30-20　豊島地方合同庁舎1階　　(03)3971-1258
		板橋区、練馬区、豊島区
	王　子 10	115-0045　北区赤羽2-8-5　　　　　　　　　　　　　　(03)6679-0186
		北区
	足　立 11	120-0026　足立区千住旭町4-21　足立地方合同庁舎4階　(03)3882-1190
		足立区、荒川区
	向　島 12	131-0032　墨田区東向島4-33-13　　　　　　　　　　　(03)5630-1032
		墨田区、葛飾区
	亀　戸 13	136-8513　江東区亀戸2-19-1　カメリアプラザ8階　　　(03)3637-8131
		江東区
	江戸川 14	134-0091　江戸川区船堀2-4-11　　　　　　　　　　　　(03)6681-8213
		江戸川区

都道府県 （局）コード 番　　号	監督署 コード 番　号	郵便番号・所在地・電話番号・管轄区域	
東　京	八 王 子 15	192-0046　八王子市明神町３-８-10	（042）680-8785
		八王子市、日野市、多摩市、稲城市	
	［町　　田］ 支　　署 19	194-0022　町田市森野２-28-14　町田地方合同庁舎２階	（042）718-9134
		町田市	
	立　　川 16	190-8516　立川市緑町４-２　立川地方合同庁舎３階	（042）523-4473
		立川市、昭島市、府中市、小金井市、小平市、東村山市、国分寺市、国立市、武蔵村山市、 東大和市	
	青　　梅 17	198-0042　青梅市東青梅２-６-２	（0428）28-0331
		青梅市、福生市、あきる野市、羽村市、西多摩郡	
	三　　鷹 18	180-8518　武蔵野市御殿山１-１-３　クリスタルパークビル３階	
			（0422）67-1502
		三鷹市、武蔵野市、調布市、西東京市、狛江市、清瀬市、東久留米市	
局　14		231-8434　横浜市中区北仲通５-57　横浜第２合同庁舎８階	（045）211-7350
神奈川	横 浜 南 01	231-0003　横浜市中区北仲通５-57　横浜第２地方合同庁舎９階	（045）211-7375
		横浜市のうち中区・南区・磯子区・金沢区・港南区	
	鶴　　見 02	230-0051　横浜市鶴見区鶴見中央２-６-18	（045）279-5486
		横浜市鶴見区（扇島（川崎南署管轄）を除く）	
	川 崎 南 03	210-0012　川崎市川崎区宮前町８-２	（044）244-1273
		川崎市のうち川崎区、幸区、横浜市鶴見区扇島	
	川 崎 北 04	213-0001　川崎市高津区溝口１-21-９	（044）820-3191
		川崎市のうち中原区、高津区、多摩区、宮前区、麻生区	
	横 須 賀 05	238-0005　横須賀市新港町１-８　横須賀地方合同庁舎５階	（046）823-0858
		横須賀市、三浦市、逗子市、葉山町	
	横 浜 北 06	222-0033　横浜市港北区新横浜２-４-１　日本生命新横浜ビル３・４階	（045）474-1252
		横浜市のうち神奈川区、港北区、西区、緑区、都筑区、青葉区	
	平　　塚 07	254-0041　平塚市浅間町10-22　平塚地方合同庁舎３階	（0463）43-8615
		平塚市、伊勢原市、秦野市、大磯町、二宮町	
	藤　　沢 08	251-0054　藤沢市朝日町５-12　藤沢労働総合庁舎３階	（0466）77-6748
		藤沢市、鎌倉市、茅ケ崎市、寒川町	
	小 田 原 09	250-0011　小田原市栄町１-１-15　ミナカ小田原９階	（0465）22-7151
		小田原市、南足柄市、足柄上郡、足柄下郡	
	厚　　木 10	243-0018　厚木市中町3-2-6　厚木Ｔビル５階	（046）401-1960
		厚木市、大和市、座間市、綾瀬市、海老名市、愛甲郡	

Ⅳ　官公署等一覧の部

都道府県 （局）コード 番　　号	監督署 コード 番　号	郵便番号・所在地・電話番号・管轄区域
神奈川	相 模 原 11	252-0236　相模原市中央区富士見6-10-10　相模原地方合同庁舎4階　　　　　(042)1861-8631 相模原市
	横 浜 西 12	240-8612　横浜市保土ヶ谷区岩井町1-7　保土ヶ谷駅ビル4階　　　　(045)287-0274 横浜市のうち戸塚区、泉区、栄区、保土ヶ谷区、旭区、瀬谷区
局　15		950-8625　新潟市中央区美咲町1-2-1　新潟美咲合同庁舎2号館 (025)288-3500
新　潟	新　　潟 01	950-8624　新潟市中央区美咲町1-2-1　新潟美咲合同庁舎2号館2階 (025)288-3573 新潟市（新津労働基準監督署の管轄区域を除く）
	長　　岡 02	940-0082　長岡市千歳1-3-88　長岡地方合同庁舎7階　　　　(0258)33-8711 長岡市（小出監督署の管轄区域を除く）、柏崎市、三島郡、刈羽郡
	上　　越 03	943-0803　上越市春日野1-5-22　上越地方合同庁舎3階　　　　(025)524-2111 上越市、妙高市、糸魚川市
	三　　条 04	955-0055　三条市塚野目2-5-11　　　　　　　　　　　　　　(0256)32-1150 三条市、加茂市、燕市、見附市、西蒲原郡、南蒲原郡
	新 発 田 06	957-8506　新発田市日渡96　新発田地方合同庁舎3階　　　　(0254)27-6680 新発田市、村上市、胎内市、阿賀野市、北蒲原郡、岩船郡
	新　　津 07	956-0864　新潟市秋葉区新津本町4-18-8　新津労働総合庁舎3階　(0250)22-4161 新潟市のうち、秋葉区、南区、五泉市、東蒲原郡
	小　　出 08	946-0004　魚沼市大塚新田87-3　　　　　　　　　　　　　　(025)792-0241 長岡市のうち川口相川、川口荒谷、川口牛ヶ島、東川口、川口木沢、川口田麦山、川口峠、 川口中山、西川口、川口武道窪、川口和南津、小千谷市、魚沼市、南魚沼市、北魚沼郡、 南魚沼郡
	十 日 町 09	948-0073　十日町市稲荷町2-9-3　　　　　　　　　　　　　　(025)752-2079 十日町市、中魚沼郡
	佐　　渡 11	952-0016　佐渡市原黒333-38　　　　　　　　　　　　　　　(0259)23-4500 佐渡市
局　16		930-8509　富山市神通本町1-5-5　富山労働総合庁舎　　　　(076)432-2727
富　山	富　　山 01	930-0008　富山市神通本町1-5-5　富山労働総合庁舎2階　　　(076)432-9142 富山市
	高　　岡 02	933-0046　高岡市中川本町10-21　高岡法務合同庁舎2階　　　(0766)89-1331 高岡市、氷見市、射水市
	魚　　津 03	937-0801　魚津市新金屋1-12-31　魚津合同庁舎4階　　　　(0765)22-0579 魚津市、滑川市、黒部市、中新川郡、下新川郡
	砺　　波 04	939-1367　砺波市広上町5-3　　　　　　　　　　　　　　　(0763)32-3323 砺波市、小矢部市、南砺市

官公署等一覧の部

都道府県 （局）コード 番　　号	監督署 コード 番　号	郵 便 番 号・所 在 地・電 話 番 号・管 轄 区 域	
局　17		920-0024　金沢市西念 3 - 4 - 1　　金沢駅西合同庁舎 5・6 階	(076) 265-4420
石　川	金　沢 01	921-8013　金沢市新神田 4 - 3 -10　　金沢新神田合同庁舎 3 階	(076) 292-7935
		金沢市、かほく市、白山市、野々市市、河北郡	
	小　松 02	923-0868　小松市日の出町 1 -120　　小松日の出合同庁舎 7 階	(0761) 22-4245
		小松市、能美市、能美郡、加賀市	
	七　尾 03	926-0852　七尾市小島町西部 2　　七尾地方合同庁舎 2 階	(0767) 52-3294
		七尾市、羽咋市、羽咋郡、鹿島郡	
	穴　水 05	927-0027　鳳珠郡穴水町川島キ84　　穴水地方合同庁舎 2 階	(0768) 52-1141
		輪島市、珠洲市、鳳珠郡	
局　18		910-8559　福井市春山 1 - 1 -54　　福井春山合同庁舎	(0776) 22-2655
福　井	福　井 01	910-0842　福井市開発 1 -121- 5	(0776) 54-7722
		福井市、あわら市、坂井市、吉田郡	
	敦　賀 02	914-0055　敦賀市鉄輪町 1 - 7 - 3　　敦賀駅前合同庁舎 2 階	(0770) 22-0745
		敦賀市、小浜市、三方郡、大飯郡、三方上中郡	
	武　生 03	915-0814　越前市中央 1 - 6 - 4	(0778) 23-1440
		越前市、鯖江市、南条郡、今立郡、丹生郡	
	大　野 04	912-0052　大野市弥生町 1 -31	(0779) 66-3838
		大野市、勝山市	
局　19		400-8577　甲府市丸の内 1 - 1 -11	(055) 225-2850
山　梨	甲　府 01	400-8579　甲府市下飯田 2 - 5 -51	(055) 224-5617
		甲府市、山梨市、韮崎市、南アルプス市、北杜市、甲斐市、笛吹市、甲州市、中央市、中 巨摩郡	
	都　留 02	402-0005　都留市四日市場23- 2	(0554) 43-2195
		都留市、富士吉田市、大月市、上野原市、南都留郡、北都留郡	
	鰍　沢 03	400-0601　南巨摩郡富士川町鰍沢1760－ 1　　富士川地方合同庁舎 5 階	(0556) 22-3181
		南巨摩郡、西八代郡	
局　20		380-8572　長野市中御所 1 -22- 1	(026) 223-0550
長　野	松　本 01	390-0852　松本市大字島立1696	(0263) 44-1252
		松本市（大町監督署の管轄区域を除く）、塩尻市、安曇野市のうち明科東川手・明科中川手・ 明科光・明科七貴・明科南陸郷、東筑摩郡、木曽郡	
	長　野 02	380-8573　長野市中御所 1 -22- 1　　長野労働総合庁舎 1 階	(026) 474-9938
		長野市（中野監督署の管轄区域を除く）、千曲市、上水内郡、埴科郡	
	岡　谷 03	394-0027　岡谷市中央 1 - 8 - 4　　岡谷地方合同庁舎 3 階	(0266) 22-3454
		岡谷市、諏訪市、茅野市、諏訪郡	

都道府県 （局）コード 番　　号	監督署 コード 番　号	郵便番号・所在地・電話番号・管轄区域
長　野	上　田 04	386-0025　上田市天神 2-4-70　上田労働総合庁舎 3 階　　　　　　（0268）22-0338 上田市、東御市、小県郡
	飯　田 05	395-0051　飯田市高羽町 6-1-5　飯田高羽合同庁舎 3 階　　　　（0265）22-2635 飯田市、下伊那郡
	中　野 06	383-0022　中野市中央 1-2-21　　　　　　　　　　　　　　　（0269）22-2105 中野市、須坂市、飯山市、長野市のうち若穂綿内・若穂川田・若穂牛島・若穂保科、上高井郡、下高井郡、下水内郡
	小　諸 07	384-0017　小諸市三和 1-6-22　　　　　　　　　　　　　　　（0267）22-1760 小諸市、佐久市、北佐久郡、南佐久郡
	伊　那 08	396-0015　伊那市中央5033-2　　　　　　　　　　　　　　　　（0265）72-6181 伊那市、駒ケ根市、上伊那郡
	大　町 10	398-0002　大町市大字大町2943-5　大町地方合同庁舎 4 階　　（0261）22-2001 松本市のうち梓川上野、梓川梓、梓川倭、大町市、安曇野市（松本労働基準監督署の管轄区域を除く。）、北安曇郡
局　21 岐　阜		500-8723　岐阜市金竜町 5-13　岐阜合同庁舎 3・4・5 階　　（058）245-8101
	岐　阜 01	500-8157　岐阜市五坪 1-9-1　岐阜労働総合庁舎 3 階　　　（058）247-2369 岐阜市、羽島市、各務原市、山県市、瑞穂市、本巣市、羽島郡、本巣郡
	大　垣 02	503-0893　大垣市藤江町 1-1-1　　　　　　　　　　　　　　（0584）80-5081 大垣市、安八郡、不破郡、海津市、養老郡、揖斐郡
	高　山 03	506-0009　高山市花岡町 3-6-6　　　　　　　　　　　　　　（0577）32-1180 高山市、飛騨市、下呂市、大野郡
	多 治 見 04	507-0037　多治見市音羽町 5-39-1　多治見労働総合庁舎 3 階　（0572）22-6381 多治見市、瑞浪市、土岐市、可児市、可児郡
	関 05	501-3803　関市西本郷通 3-1-15　　　　　　　　　　　　　（0575）22-3251 関市、美濃市、美濃加茂市、加茂郡
	恵　那 06	509-7203　恵那市長島町正家 1-3-12　恵那合同庁舎 2 階　　（0573）26-2175 恵那市、中津川市
	岐阜八幡 07	501-4235　郡上市八幡町有坂1209-2　郡上八幡地方合同庁舎 3 階　（0575）65-2101 郡上市
局　22 静　岡		420-8639　静岡市葵区追手町 9-50　静岡地方合同庁舎 3・5 階　（054）254-6317
	浜　松 01	430-8639　浜松市中区中央 1-12-4　浜松合同庁舎 8 階　　（053）456-8149 浜松市、湖西市

Ⅳ　官公署等一覧の部

都道府県 (局)コード 番 号	監督署 コード 番 号	郵便番号・所在地・電話番号・管轄区域	
静 岡	静 岡 02	420-0858　静岡市葵区伝馬町24-2　相川伝馬町ビル2・3階	(054)252-7511
		静岡市	
	沼 津 03	410-0831　沼津市市場町9-1　沼津合同庁舎4階	(055)933-5830
		沼津市、御殿場市、裾野市、駿東郡	
	三 島 05	411-0033　三島市文教町1-3-112　三島労働総合庁舎3階	(055)916-7342
		三島市、熱海市、伊東市、伊豆市、伊豆の国市、田方郡、下田市、賀茂郡	
	［下　　田 駐　在 事 務 所］	415-0036　下田市西本郷2-5-33　下田地方合同庁舎1階	(0558)22-0649
		（下田市、賀茂郡）	
	富 士 06	417-0041　富士市御幸町13-28	(0545)51-2255
		富士市、富士宮市	
	磐 田 07	438-8585　磐田市見付3599-6　磐田地方合同庁舎4階	(0538)87-3086
		磐田市、袋井市、掛川市、菊川市、御前崎市、周智郡	
	島 田 08	427-8508　島田市本通1-4677-4　島田労働総合庁舎3階	(0547)41-4912
		島田市、藤枝市、牧之原市、焼津市、榛原郡	
局 23		460-8507　名古屋市中区三の丸2-5-1　名古屋合同庁舎第2号館	(052)972-0251
愛 知	名古屋北 01	461-8575　名古屋市東区白壁1-15-1　名古屋合同庁舎第3号館8階	(052)961-8654
		名古屋市のうち北区、東区、中区、守山区、春日井市、小牧市	
	名古屋南 02	455-8525　名古屋市港区港明1-10-4	(052)651-9208
		名古屋市のうち中川区、港区、南区	
	名古屋東 03	468-8551　名古屋市天白区中平5-2101	(052)800-0793
		名古屋市のうち千種区、昭和区、瑞穂区、熱田区、緑区、名東区、天白区、豊明市、日進市、愛知郡東郷町	
	名古屋西 14	453-0813　名古屋市中村区二ツ橋町3-37	(052)855-2572
		名古屋市のうち西区、中村区、西春日井郡、清須市、北名古屋市	
	豊 橋 04	440-8506　豊橋市大国町111　豊橋地方合同庁舎6階	(0532)54-1193
		豊橋市、豊川市、蒲郡市、新城市、田原市、北設楽郡	
	岡 崎 06	444-0813　岡崎市羽根町字北乾地50-1　岡崎合同庁舎5階	(0564)52-3162
		岡崎市、額田郡	
	［西　　尾 支　署 12］	445-0072　西尾市徳次町下十五夜13	(0563)57-7161
		西尾市	
	豊 田 15	471-0867　豊田市常盤町3-25-2	(0565)50-7111
		豊田市、みよし市	

都道府県 （局）コード 番　　号	監督署 コード 番　号	郵便番号・所在地・電話番号・管轄区域	
愛　知	一　宮 07	491-0903　一宮市八幡4-8-7　一宮労働総合庁舎2階	(0586)45-0206
		一宮市、稲沢市	
	半　田 08	475-8560　半田市宮路町200-4　半田地方合同庁舎2階	(0569)55-7391
		半田市、常滑市、東海市、大府市、知多市、知多郡	
	津　島 09	496-0042　津島市寺前町3-87-4	(0567)26-4155
		津島市、弥富市、愛西市、あま市、海部郡	
	瀬　戸 10	489-0881　瀬戸市熊野町100	(0561)82-2103
		瀬戸市、尾張旭市、長久手市	
	刈　谷 11	448-0858　刈谷市若松町1-46-1　刈谷合同庁舎3階	(0566)80-9843
		刈谷市、知立市、高浜市、碧南市、安城市	
	江　南 13	483-8162　江南市尾崎町河原101	(0587)54-2443
		江南市、犬山市、岩倉市、丹羽郡	
局　24		514-8524　津市島崎町327-2　津第2地方合同庁舎	(059)226-2105
三　重	四日市 01	510-0064　四日市市新正2-5-23	(059)342-0341
		四日市市、桑名市、いなべ市、桑名郡、員弁郡、三重郡	
	松　阪 02	515-0011　松阪市高町493-6　松阪合同庁舎3階	(0598)51-0015
		松阪市、多気郡	
	津 03	514-0002　津市島崎町327-2　津第2地方合同庁舎1階	(059)227-1284
		津市、鈴鹿市、亀山市	
	伊　勢 04	516-0008　伊勢市船江1-12-16	(0596)28-2164
		伊勢市、鳥羽市、志摩市、度会郡	
	伊　賀 06	518-0836　伊賀市緑ケ丘本町1507-3　伊賀上野地方合同庁舎1階	(0595)21-0802
		名張市、伊賀市	
	熊　野 07	519-4324　熊野市井戸町672-3	(0597)85-2277
		尾鷲市、熊野市、北牟婁郡、南牟婁郡	
局　25		520-0806　大津市打出浜14-15　滋賀労働総合庁舎	(077)522-6647
滋　賀	大　津 01	520-0806　大津市打出浜14-15　滋賀労働総合庁舎3階	(077)522-6678
		大津市、草津市、守山市、栗東市、高島市、野洲市	
	彦　根 02	522-0054　彦根市西今町58-3　彦根地方合同庁舎3階	(0749)22-0654
		彦根市、長浜市、米原市、愛知郡、犬上郡	
	東近江 04	527-8554　東近江市八日市緑町8-14	(0748)41-3366
		近江八幡市、東近江市、湖南市、甲賀市、蒲生郡	

Ⅳ　官公署等一覧の部

都道府県 （局）コード 番　　号	監督署 コード 番　号	郵便番号・所在地・電話番号・管轄区域
局　26		604-0846　京都市中京区両替町通御池上ル金吹町451　　　　　　　　(075) 241-3211
京　都	京　都　上 01	604-8467　京都市中京区西ノ京大炊御門町19-19　　　　　　　　　(075) 462-5113 京都市のうち上京区、中京区、左京区、北区、右京区、西京区
	京　都　下 02	600-8009　京都市下京区四条通室町東入函谷鉾町101　アーバンネット四条烏丸ビル5階 　　　　　　　　　　　　　　　　　　　　　　　　　　　　　　(075) 254-3197 京都市のうち下京区、東山区、山科区、南区、長岡京市、向日市、乙訓郡
	京　都　南 03	612-8108　京都市伏見区奉行前町6　　　　　　　　　　　　　　　(075) 601-8323 京都市のうち伏見区、宇治市、城陽市、八幡市、京田辺市、木津川市、久世郡、綴喜郡、 相楽郡
	福　知　山 04	620-0035　福知山市内記1-10-29　福知山地方合同庁舎4階　　　(0773) 22-2181 福知山市、綾部市
	舞　　　鶴 05	624-0946　舞鶴市字下福井901　舞鶴港湾合同庁舎6階　　　　　(0773) 75-0680 舞鶴市
	丹　　　後 06	627-0012　京丹後市峰山町杉谷147-14　　　　　　　　　　　　　(0772) 62-1214 宮津市、京丹後市、与謝郡
	園　　　部 07	622-0003　南丹市園部町新町118-13　　　　　　　　　　　　　　(0771) 62-0567 亀岡市、南丹市、船井郡
局　27		540-8527　大阪市中央区大手前4-1-67　大阪合同庁舎第2号館　(06) 6949-6482
大　阪	大阪中央 01	540-0003　大阪市中央区森ノ宮中央1-15-10　　　　　　　　　　(06) 7669-8727 大阪市のうち中央区、東成区、城東区、天王寺区、浪速区、生野区、鶴見区
	大　阪　南 02	557-8502　大阪市西成区玉出中2-13-27　　　　　　　　　　　　(06) 7688-5581 大阪市のうち住之江区、住吉区、西成区、阿倍野区、東住吉区、平野区
	天　　　満 04	530-6007　大阪市北区天満橋1-8-30　OAPタワー7階　　　　　(06) 7713-2004 大阪市のうち北区、都島区、旭区
	大　阪　西 05	550-0014　大阪市西区北堀江1-2-19　アステリオ北堀江ビル9階 　　　　　　　　　　　　　　　　　　　　　　　　　　　　　　(06) 7713-2022 大阪市のうち西区、港区、大正区
	西　野　田 06	554-0012　大阪市此花区西九条5-3-63　　　　　　　　　　　　　(06) 7669-8787 大阪市のうち此花区、西淀川区、福島区
	淀　　　川 07	532-8507　大阪市淀川区西三国4-1-12　　　　　　　　　　　　　(06) 7668-0269 大阪市のうち淀川区・東淀川区、池田市、豊中市、箕面市、豊能郡
	東　大　阪 08	577-0809　東大阪市永和2-1-1　東大阪商工会議所3階　　　　　(06) 7713-2026 東大阪市、八尾市

— 701 —

都道府県 （局）コード 番　　号	監督署 コード 番　号	郵便番号・所在地・電話番号・管轄区域
大　阪	岸 和 田 09	596-0073　岸和田市岸城町23-16　　　　　　　　　　　　　　　　(072)498-1013 岸和田市、貝塚市、泉佐野市、泉南市、阪南市、泉南郡
	堺 10	590-0078　堺市堺区南瓦町2-29　堺地方合同庁舎3階　　　　　(072)340-3831 堺市
	羽 曳 野 11	583-0857　羽曳野市誉田3-15-17　　　　　　　　　　　　　　(072)942-1308 羽曳野市、富田林市、河内長野市、松原市、柏原市、藤井寺市、大阪狭山市、南河内郡
	北 大 阪 12	573-8512　枚方市東田宮1-6-8　　　　　　　　　　　　　　　(072)391-5826 守口市、枚方市、寝屋川市、大東市、門真市、四条畷市、交野市
	泉 大 津 13	595-0025　泉大津市旭町22-45　テクスピア大阪6階　　　　　(0725)27-1211 泉大津市、和泉市、高石市、泉北郡
	茨　　木 14	567-8530　茨木市上中条2-5-7　　　　　　　　　　　　　　　(072)604-5309 茨木市、高槻市、吹田市、摂津市、三島郡
兵　庫	局　28	650-0044　神戸市中央区東川崎町1-1-3　神戸クリスタルタワー 　　　　　　　　　　　　　　　　　　　　　　　　　　　　　(078)367-9000
	神 戸 東 01	650-0024　神戸市中央区海岸通29　神戸地方合同庁舎3階　　(078)389-5341 神戸市のうち灘区、中央区
	神 戸 西 02	652-0802　神戸市兵庫区水木通10-1-5　　　　　　　　　　　(078)570-0091 神戸市のうち兵庫区、北区、長田区、須磨区、垂水区、西区
	尼　　崎 03	660-0892　尼崎市東難波町4-18-36　尼崎地方合同庁舎1階　(06)7670-4922 尼崎市
	姫　　路 04	670-0947　姫路市北条1-83　　　　　　　　　　　　　　　　(079)256-5789 姫路市、たつの市、宍粟市、神崎郡、揖保郡
	伊　　丹 05	664-0881　伊丹市昆陽1-1-6　伊丹労働総合庁舎　　　　　　(072)772-6224 伊丹市、川西市、三田市、篠山市、川辺郡
	西　　宮 06	662-0942　西宮市浜町7-35　西宮地方合同庁舎　　　　　　　(0798)24-8602 西宮市、芦屋市、宝塚市、神戸市のうち東灘区
	加 古 川 07	675-0017　加古川市野口町良野1737　　　　　　　　　　　　(079)458-8472 高砂市、加古川市、明石市、三木市、小野市、加古郡
	西　　脇 08	677-0015　西脇市西脇885-30　西脇地方合同庁舎　　　　　　(0795)22-3366 西脇市、加西市、丹波市、加東市、多可郡
	但　　馬 09	668-0031　豊岡市大手町9-15　　　　　　　　　　　　　　　(0796)22-5145 豊岡市、養父市、朝来市、美方郡

都道府県 （局）コード 番　　号	監督署 コード 番　号	郵便番号・所在地・電話番号・管轄区域	
兵　庫	相　生 10	678-0031　相生市旭1-3-18　相生地方合同庁舎	(0791) 22-1020
		相生市、赤穂市、赤穂郡、佐用郡	
	淡　路 11	656-0014　洲本市桑間280-2	(0799) 22-2591
		洲本市、南あわじ市、淡路市	
局　29		630-8570　奈良市法蓮町387　奈良第3地方合同庁舎	(0742) 32-0201
奈　良	奈　良 01	630-8301　奈良市高畑町552　奈良第2地方合同庁舎	(0742) 23-0435
		奈良市、大和郡山市、天理市、生駒市、生駒郡、山辺郡	
	葛　城 02	635-0095　大和高田市大中393	(0745) 52-5891
		大和高田市、橿原市、御所市、香芝市、葛城市、北葛城郡、高市郡	
	桜　井 03	633-0062　桜井市粟殿1012	(0744) 42-6901
		桜井市、宇陀市、磯城郡、吉野郡のうち東吉野村、宇陀郡	
	大　淀 04	638-0821　吉野郡大淀町下渕364-1	(0747) 52-0261
		五條市、吉野郡（桜井労働基準監督署の管轄区域を除く。）	
局　30		640-8581　和歌山市黒田2-3-3　和歌山労働総合庁舎	(073) 488-1100
和歌山	和 歌 山 01	640-8582　和歌山市黒田2-3-3　和歌山労働総合庁舎1階	(073) 407-2201
		和歌山市、海南市、岩出市、海草郡	
	御　坊 02	644-0011　御坊市湯川町財部1132	(0738) 22-3571
		御坊市、有田市、有田郡、日高郡（田辺労働基準監督署の管轄区域を除く。）	
	橋　本 03	648-0072　橋本市東家6-9-2	(0736) 32-1190
		橋本市、紀の川市、伊都郡	
	田　辺 04	646-8511　田辺市明洋2-24-1	(0739) 22-4694
		田辺市、西牟婁郡、日高郡のうちみなべ町	
	新　宮 05	647-0033　新宮市清水元1-2-9	(0735) 22-5295
		新宮市、東牟婁郡	
局　31		680-8522　鳥取市富安2-89-9	(0857) 29-1700
鳥　取	鳥　取 01	680-0845　鳥取市富安2-89-4　鳥取第1合同庁舎4階	(0857) 24-3211
		鳥取市、岩美郡、八頭郡	
	米　子 02	683-0067　米子市東町124-16　米子地方合同庁舎5階	(0859) 34-2231
		米子市、境港市、西伯郡、日野郡	
	倉　吉 03	682-0816　倉吉市駄経寺町2-15　倉吉地方合同庁舎3階	(0858) 22-6274
		倉吉市、東伯郡	

都道府県 （局）コード 番　号	監督署 コード 番　号	郵便番号・所在地・電話番号・管轄区域
局　32		690-0841　松江市向島町134-10　松江地方合同庁舎5階　　　　　（0852）20-7001
島　根	松　江 01 ［隠岐の島 駐　在 事務所］	690-0841　松江市向島町134-10　松江地方合同庁舎2階　　　　　（0852）40-2931
		松江市、安来市、雲南市のうち大東町・加茂町・木次町、仁多郡、隠岐郡
		685-0016　隠岐郡隠岐の島町城北町55　隠岐の島地方合同庁舎　　（08512）2-0195
	出　雲 02	693-0028　出雲市塩冶善行町13-3　出雲地方合同庁舎4階　　　　（0853）21-1240
		出雲市、大田市、雲南市（松江労働基準監督署の管轄区域を除く）、飯石郡
	浜　田 03	697-0026　浜田市田町116-9　　　　　　　　　　　　　　　　　（0855）22-1840
		浜田市、江津市、邑智郡
	益　田 04	698-0027　益田市あけぼの東町4-6　益田地方合同庁舎　　　　　（0856）22-2351
		益田市、鹿足郡
局　33		700-8611　岡山市北区下石井1-4-1　岡山第2合同庁舎　　　　（086）225-2011
岡　山	岡　山 01	700-0913　岡山市北区大供2-11-20　　　　　　　　　　　　　（086）225-0592
		岡山市、瀬戸内市、玉野市、吉備中央町のうち旧加茂川町地域
	倉　敷 02	710-0047　倉敷市大島407-1　　　　　　　　　　　　　　　　　（086）422-8178
		倉敷市、総社市、早島町
	津　山 04	708-0022　津山市山下9-6　津山労働総合庁舎　　　　　　　　　（0868）22-7157
		津山市、真庭市、美作市、久米南町、美咲町、勝央町、奈義町、鏡野町、西粟倉村、新庄村
	笠　岡 05	714-0081　笠岡市笠岡5891　笠岡労働総合庁舎　　　　　　　　　（0865）62-4196
		笠岡市、井原市、浅口市、里庄町、矢掛町
	和　気 06	709-0442　和気郡和気町福富313　　　　　　　　　　　　　　　（0869）93-1358
		備前市、赤磐市、和気町
	新　見 07	718-0011　新見市新見811-1　　　　　　　　　　　　　　　　　（0867）72-1136
		新見市、高梁市、加賀郡吉備中央町のうち旧賀陽町地域
局　34		730-8538　広島市中区上八丁堀6-30　広島合同庁舎第2号館　　（082）221-9241
広　島	広島中央 01	730-8528　広島市中区上八丁堀6-30　広島合同庁舎第2号館1階　（082）221-2459
		広島市のうち中区、東区、南区、西区、安芸区、東広島市（呉労働基準監督署及び三原労働基準監督署の管轄区域を除く。）、安芸郡
	呉 02	737-0051　呉市中央3-9-15　呉地方合同庁舎5階　　　　　　　（0823）88-2740
		呉市、東広島市のうち黒瀬町、黒瀬春日野、黒瀬松ヶ丘、黒瀬学園台、黒瀬桜が丘、黒瀬切田が丘、江田島市

Ⅳ　官公署等一覧の部

都道府県 （局）コード 番　　号	監督署 コード 番　号	郵便番号・所在地・電話番号・管轄区域
広　島	福　山 03	720-8503　福山市旭町 1 - 7　　　　　　　　　　　　(084) 916-3180 福山市、府中市、神石郡
	三　原 04	723-0016　三原市宮沖 2 -13-20　　　　　　　　　　(0848) 63-3939 三原市、竹原市、東広島市のうち安芸津町、河内町、豊栄町、福富町、豊田郡
	尾　道 05	722-0002　尾道市古浜町27-13　尾道地方合同庁舎　　(0848) 22-4158 尾道市、世羅郡
	三　次 06	728-0013　三次市十日市東 1 - 9 - 9　　　　　　　　(0824) 62-2104 三次市、庄原市、安芸高田市
	広 島 北 07	731-0223　広島市安佐北区可部南 3 - 3 -28　　　　　(082) 812-2115 広島市のうち安佐南区、安佐北区、山県郡
	廿 日 市 09	738-0024　廿日市市新宮 1 -15-40　廿日市地方合同庁舎　(0829) 32-1155 広島市のうち佐伯区、廿日市市、大竹市
局　35		753-8510　山口市中河原町 6 -16　山口地方合同庁舎 2 号館　(083) 995-0360
山　口	下　関 01	750-8522　下関市東大和町 2 - 5 -15　　　　　　　　(083) 237-2166 下関市
	宇　部 02	755-0044　宇部市新町10-33　宇部地方合同庁舎 4 階　(0836) 48-0087 宇部市、山陽小野田市、美祢市（秋芳町、美東町を除く）
	徳　山 03	745-0844　周南市速玉町 3 -41　　　　　　　　　　　(0834) 21-1788 周南市（下松労働基準監督署の管轄区域を除く。）
	下　松 04	744-0078　下松市西市 2 -10-25　　　　　　　　　　(0833) 41-1780 下松市、光市、柳井市（岩国労働基準監督署の管轄区域を除く。）、周南市のうち大字大河内、大字奥関屋、大字小松原、大字清尾、大字中村、大字原、大字樋口、大字八代、大字安田、大字呼坂、勝間ヶ丘一丁目、勝間ヶ丘二丁目、勝間ヶ丘三丁目、熊毛中央町、新清光台一丁目、新清光台二丁目、新清光台三丁目、新清光台四丁目、清光台町、高水原一丁目、高水原二丁目、高水原三丁目、鶴見台一丁目、鶴見台二丁目、鶴見台三丁目、鶴見台四丁目、鶴見台五丁目、鶴見台六丁目、藤ヶ丘一丁目、藤ヶ丘二丁目、呼坂本町、熊毛郡
	岩　国 05	740-0027　岩国市中津町 2 -15-10　　　　　　　　　(0827) 24-1133 岩国市、柳井市のうち神代、大畠、遠崎、玖珂郡、大島郡
	山　口 08	753-0088　山口市中河原町 6 -16　山口地方合同庁舎 1 号館　(083) 600-0361 山口市、防府市、美祢市のうち秋芳町・美東町
	萩 09	758-0074　萩市大字平安古町599- 3 　萩地方合同庁舎　(0838) 22-0750 萩市、長門市、阿武郡

都道府県 （局）コード 番　　号	監督署 コード 番　号	郵便番号・所在地・電話番号・管轄区域
局　36		770-0851　徳島市徳島町城内6-6　徳島地方合同庁舎　　(088) 652-9141
徳島	徳　島 01	770-8533　徳島市万代町3-5　徳島第2地方合同庁舎　　(088) 638-2683
		徳島市、小松島市、吉野川市、名東郡、名西郡、勝浦郡
	鳴　門 02	772-0003　鳴門市撫養町南浜字馬目木119-6　　(088) 686-5164
		鳴門市、阿波市、板野郡
	三　好 03	778-0002　三好市池田町マチ2429-12　　(0883) 72-1105
		美馬市、三好市、美馬郡、三好郡
	阿　南 04	774-0011　阿南市領家町本荘ヶ内120-6　　(0884) 22-0890
		阿南市、那賀郡、海部郡
局　37		760-0019　高松市サンポート3-33 高松サンポート合同庁舎北館3階　(087) 811-8731
香川	高　松 01 [小豆島 駐　在 事務所]	760-0019　高松市サンポート3-33　高松サンポート合同庁舎2階 　　(087) 811-8945
		高松市(坂出労働基準監督署の管轄区域を除く。)、香川郡、木田郡、小豆郡
		761-4104　小豆郡土庄町甲6195-11　　(月・水・金曜日)　　(0879) 62-0097
	丸　亀 02	763-0034　丸亀市大手町3-1-2　　(0877) 22-6244
		丸亀市(坂出労働基準監督署の管轄区域を除く。)、善通寺市、仲多度郡
	坂　出 03	762-0003　坂出市久米町1-15-55　　(0877) 46-3196
		高松市のうち国分寺町、丸亀市のうち飯山町、綾歌町、坂出市、綾歌郡
	観音寺 04	768-0060　観音寺市観音寺町甲3167-1　　(0875) 25-2138
		観音寺市、三豊市
	東かがわ 05	769-2601　東かがわ市三本松591-1　　大内地方合同庁舎　(0879) 25-3137
		さぬき市、東かがわ市
局　38		790-8538　松山市若草町4-3　松山若草合同庁舎5階・6階　(089) 935-5203
愛媛	松　山 01	791-8523　松山市六軒家町3-27　松山労働総合庁舎4階　(089) 918-2460
		松山市、伊予市、東温市、伊予郡、上浮穴郡
	新居浜 02	792-0025　新居浜市一宮町1-5-3　　(0897) 37-0151
		今治市のうち宮窪町四阪島、新居浜市、西条市、四国中央市
	今　治 03	794-0042　今治市旭町1-3-1　　(0898) 32-4560
		今治市(新居浜労働基準監督署の管轄区域を除く。)、越智郡
	八幡浜 04	796-0031　八幡浜市江戸岡1-1-10　　(0894) 22-1750
		八幡浜市、大洲市、西予市、西宇和郡、喜多郡

IV

官公署等一覧の部

都道府県 （局）コード 番　　号	監督署 コード 番　号	郵便番号・所在地・電話番号・管轄区域	
愛　媛	宇 和 島 05	798-0036　宇和島市天神町4-40　宇和島地方合同庁舎3階	（0895）22-4655
		宇和島市、北宇和郡、南宇和郡	
局　39		781-9548　高知市南金田1-39　高知労働総合庁舎	（088）885-6021
高　知	高　　知 01	781-9526　高知市南金田1-39　高知労働総合庁舎1階	（088）885-1380
		高知市、南国市、香美市、長岡郡、土佐郡、吾川郡（須崎労働基準監督署の管轄区域を除く。）	
	須　　崎 02	785-8511　須崎市緑町7-11	（0889）42-1866
		土佐市、須崎市、吾川郡のうち仁淀川町、高岡郡	
	四 万 十 03	787-0012　四万十市右山五月町3-12　中村地方合同庁舎3階	（0880）35-3148
		四万十市、宿毛市、土佐清水市、幡多郡	
	安　　芸 04	784-0001　安芸市矢の丸2-1-6　安芸地方合同庁舎1階	0887（35）-2128
		安芸市、室戸市、安芸郡、香南市	
局　40		812-0013　福岡市博多区博多駅東2-11-1　福岡合同庁舎新館	（092）411-4861
福　岡	福岡中央 01	810-8605　福岡市中央区長浜2-1-1	（092）761-5608
		福岡市のうち中央区、博多区、南区、西区、城南区、早良区、筑紫野市、春日市、大野城市、大宰府市、糸島市、那珂川市	
	福 岡 東 13	813-0016　福岡市東区香椎浜1-3-26	（092）661-3770
		福岡市のうち東区、宗像市、古賀市、福津市、糟屋郡	
	大 牟 田 02	836-8502　大牟田市小浜町24-13	（0944）53-3987
		大牟田市、柳川市、みやま市	
	久 留 米 03	830-0037　久留米市諏訪野町2401	（0942）90-0234
		久留米市、大川市、朝倉市、小郡市、うきは市、三井郡、三潴郡、朝倉郡	
	飯　　塚 04	820-0018　飯塚市芳雄町13-6　飯塚合同庁舎	（0948）22-3200
		飯塚市、嘉麻市、嘉穂郡	
	北九州西 06	806-8540　北九州市八幡西区岸の浦1-5-10	（093）285-3790
		北九州市のうち八幡西区、若松区、戸畑区、八幡東区、中間市、遠賀郡	
	北九州東 07	803-0814　北九州市小倉北区大手町13-26	（093）561-0881
		北九州市のうち小倉北区、小倉南区	
	［門　　司 支　　署 08］	800-0004　北九州市門司区北川町1-18	（093）381-5361
		北九州市のうち門司区	
	田　　川 09	825-0013　田川市中央町4-12	（0947）42-0380
		田川市、田川郡	
	直　　方 10	822-0017　直方市殿町9-17	（0949）22-0544
		直方市、鞍手郡、宮若市	

Ⅳ

官公署等一覧の部

都道府県 (局)コード番号	監督署 コード番号	郵便番号・所在地・電話番号・管轄区域	
福 岡	行 橋 11	824-0005　行橋市中央 1-12-35	(0930)23-0454
		行橋市、豊前市、京都郡、築上郡	
	八 女 12	834-0047　八女市稲富132	(0943)23-2121
		八女市、筑後市、八女郡	
局 41		840-0801　佐賀市駅前中央 3-3-20　佐賀第 2 合同庁舎	(0952)32-7155
佐 賀	佐 賀 01	840-0801　佐賀市駅前中央 3-3-20　佐賀第 2 合同庁舎 3 階	(0952)32-7133
		佐賀市、鳥栖市、多久市、神埼市、小城市、三養基郡、神埼郡	
	唐 津 02	847-0861　唐津市二タ子 3-214-6　唐津港湾合同庁舎 1 階	(0955)73-2179
		唐津市、東松浦郡	
	武 雄 03	843-0023　武雄市武雄町昭和758	(0954)22-2165
		武雄市、鹿島市、嬉野市、杵島郡、藤津郡	
	伊 万 里 04	848-0027　伊万里市立花町大尾1891-64	(0955)23-4155
		伊万里市、西松浦郡	
局 42		850-0033　長崎市万才町 7-1　ＴＢＭ長崎ビル	(095)801-0020
長 崎	長 崎 01	852-8542　長崎市岩川町16-16　長崎合同庁舎 2 階	(095)846-6392
		長崎市、西海市、五島市、西彼杵郡、南松浦郡	
	［五 島 駐 在 事 務 所］	853-0015　五島市東浜町 2-1-1　福江地方合同庁舎内	(0959)72-2951
		（五島市、南松浦郡新上五島町）	
	佐 世 保 02	857-0041　佐世保市木場田町 2-19　佐世保合同庁舎 3 階	(0956)24-4161
		佐世保市（江迎労働基準監督署の管轄区域を除く。）、東彼杵郡（諫早労働基準監督署の管轄区域を除く。）北松浦郡（江迎労働基準監督署の管轄区域を除く。）	
	江 迎 03	859-6101　佐世保市江迎町長坂123-19	(0956)65-2141
		佐世保市のうち江迎町、鹿町町、平戸市、松浦市、北松浦郡のうち佐々町	
	島 原 04	855-0033　島原市新馬場町905-1	(0957)62-5145
		島原市、雲仙市、南島原市	
	諫 早 05	854-0081　諫早市栄田町47-37	(0957)26-3310
		諫早市、大村市、東彼杵郡のうち東彼杵町	
	対 馬 06	817-0016　対馬市厳原町東里341-42　厳原地方合同庁舎内	(0920)52-0234
		対馬市、壱岐市	
	［壱 岐 駐 在 事 務 所］	811-5133　壱岐市郷ノ浦町本村触620-4　壱岐地方合同庁舎内	(0920)47-0467

都道府県 （局）コード 番　号	監督署 コード 番　号	郵便番号・所在地・電話番号・管轄区域	
局　43		860-8514　熊本市西区春日2-10-1　熊本地方合同庁舎A棟9階	(096) 211-1701
熊　本	本 01	862-8688　熊本市中央区大江3-1-53　熊本第2合同庁舎5階	(096) 206-9820
		熊本市（植木町を除く）、宇土市、宇城市、上益城郡、下益城郡	
	八　代 02	866-0852　八代市大手町2-3-11	(0965) 32-3151
		八代市、水俣市、八代郡、葦北郡	
	玉　名 03	865-0016　玉名市岩崎273　玉名合同庁舎	(0968) 73-4411
		玉名市、荒尾市、玉名郡	
	人　吉 04	868-0014　人吉市下薩摩瀬町1602-1　人吉労働総合庁舎	(0966) 22-5151
		人吉市、球磨郡	
	天　草 05	863-0050　天草市丸尾町16-48　天草労働総合庁舎	(0969) 23-2266
		天草市、上天草市、天草郡（苓北町）	
	菊　池 06	861-1306　菊池市大琳寺236-4	(0968) 25-3136
		菊池市、山鹿市、合志市、阿蘇市、菊池郡、阿蘇郡、熊本市のうち植木町	
局　44		870-0037　大分市東春日町17-20　大分第2ソフィアプラザビル	(097) 536-3211
大　分	大　分 01	870-0016　大分市新川町2-1-36　大分合同庁舎2階	(097) 535-1511
		大分市、別府市、杵築市、由布市、国東市、速見郡、東国東郡姫島村	
	中　津 02	871-0031　中津市大字中殿550-20　中津合同庁舎2階	(0979) 22-2720
		中津市、豊後高田市、宇佐市	
	佐　伯 03	876-0811　佐伯市鶴谷町1-3-28　佐伯労働総合庁舎3階	(0972) 22-3421
		佐伯市、臼杵市、津久見市	
	日　田 04	877-0012　日田市淡窓1-1-61	(0973) 22-6191
		日田市、玖珠郡	
	豊後大野 05	879-7131　豊後大野市三重町市場1225-9　三重合同庁舎4階	(0974) 22-0153
		竹田市、豊後大野市	
局　45		880-0805　宮崎市橘通東3-1-22　宮崎合同庁舎	(0985) 38-8820
宮　崎	宮　崎 01	880-0813　宮崎市丸島町1-15	(0985) 29-6000
		宮崎市、西都市、東諸県郡、児湯郡	
	延　岡 02	882-0803　延岡市大貫町1-2885-1	(0982) 34-3331
		延岡市、日向市、東臼杵郡、西臼杵郡	
	都　城 03	885-0072　都城市上町2街区11　都城合同庁舎6階	(0986) 23-0192
		都城市、小林市、えびの市、北諸県郡、西諸県郡	
	日　南 04	887-0031　日南市戸高1-3-17	(0987) 23-5277
		日南市、串間市	

Ⅳ

官公署等一覧の部

都道府県 （局）コード 番　　号	監督署 コード 番　号	郵便番号・所在地・電話番号・管轄区域
局　46		892-8535　鹿児島市山下町13-21　鹿児島合同庁舎２階　　　　　　（099）223-8275
鹿児島	鹿児島 01	890-8545　鹿児島市薬師１-６-３　　　　　　　　　　　　　　　（099）803-9631 鹿児島市、いちき串木野市、指宿市、西之表市、鹿児島郡、日置市、南さつま市、枕崎市、熊毛郡、南九州市
	川　内 02	895-0063　薩摩川内市若葉町４-24　川内地方合同庁舎４階　　　（0996）22-3225 薩摩川内市、阿久根市、出水市、薩摩郡、出水郡
	鹿　屋 03	893-0064　鹿屋市西原４-５-１　鹿屋合同庁舎　　　　　　　　（0994）43-3385 鹿屋市、垂水市、曽於市、志布志市、肝属郡、曽於郡
	加治木 04	899-5211　姶良市加治木町新富町98-６　　　　　　　　　　　　（0995）63-2035 霧島市、姶良郡、伊佐市、姶良市
	名　瀬 07	894-0036　奄美市名瀬長浜町１-１　名瀬合同庁舎　　　　　　　（0997）52-0574 奄美市、大島郡
局　47		900-0006　那覇市おもろまち２-１-１　那覇第２地方合同庁舎（１号館）３階 （098）868-4003
沖　縄	那　覇 01	900-0006　那覇市おもろまち２-１-１　那覇第２地方合同庁舎（１号館）２階 （098）868-3431 那覇市、浦添市、豊見城市、南城市、糸満市、島尻郡（名護労働基準監督署の管轄区域を除く。）、中頭郡のうち西原町
	沖　縄 02	904-0003　沖縄市住吉１-23-１　沖縄労働総合庁舎３階　　　　（098）982-1263 沖縄市、宜野湾市、うるま市、中頭郡（那覇労働基準監督署の管轄区域を除く。）、国頭郡のうち金武町、宜野座村、恩納村
	名　護 03	905-0011　名護市字宮里452-３　名護地方合同庁舎１階　　　　（0980）52-2691 名護市、国頭郡（沖縄労働基準監督署の管轄区域を除く。）、島尻郡のうち伊是名村、伊平屋村
	宮　古 04	906-0013　宮古島市平良字下里1016　平良地方合同庁舎１階　　（0980）72-2303 宮古島市、宮古郡
	八重山 05	907-0004　石垣市登野城55-４　石垣地方合同庁舎２階　　　　　（0980）82-2344 石垣市、八重山郡

2. 都道府県建設業協会

全国建設業協会　〒104-0032　　東京都中央区八丁堀２－５－１　　電　話(03)3551－9396
　　　　　　　　　　https://www.zenken-net.or.jp/

協 会 名	〒	住　　　　所	電　　話
北 海 道	060-0004	札幌市中央区北四条西４－１	(011)261－6184
青　　森	030-0803	青森市安方２－９－13	(017)722－7611
岩　　手	020-0873	盛岡市松尾町17－9	(019)653－6111
宮　　城	980-0824	仙台市青葉区支倉町２－48	(022)262－2211
秋　　田	010-0951	秋田市山王４－３－10	(018)823－5495
山　　形	990-0024	山形市あさひ町18－25	(023)641－0328
福　　島	960-8061	福島市五月町４－25	(024)521－0244
茨　　城	310-0062	水戸市大町３－１－22	(029)221－5126
栃　　木	321-0933	宇都宮市簗瀬町1958－1	(028)639－2611
群　　馬	371-0846	前橋市元総社町２－５－3	(027)252－1666
埼　　玉	336-8515	さいたま市南区鹿手袋４－１－7	(048)861－5111
千　　葉	260-0024	千葉市中央区中央港１－13－1	(043)246－7624
東　　京	104-0032	東京都中央区八丁堀２－５－1	(03)3552－5656
神 奈 川	231-0011	横浜市中区太田町２－22	(045)201－8451
山　　梨	400-0031	甲府市丸の内１－13－7	(055)235－4421
新　　潟	950-0965	新潟市中央区新光町７－5	(025)285－7111
長　　野	380-0824	長野市南石堂町1230	(026)228－7200
岐　　阜	500-8502	岐阜市藪田東１－２－2	(058)273－3344
静　　岡	420-0857	静岡市葵区黒金町11－7	(054)255－0234
愛　　知	460-0008	名古屋市中区栄３－28－21	(052)242－4191
三　　重	514-0003	津市桜橋２－177－2	(059)224－4116
富　　山	930-0094	富山市安住町３－14	(076)432－5576
石　　川	921-8036	金沢市弥生２－１－23	(076)242－1161
福　　井	910-0854	福井市御幸３－10－15	(0776)24－1184
滋　　賀	520-0801	大津市におの浜１－１－18	(077)522－3232
京　　都	604-0944	京都市中京区押小路通柳馬場東入橘町645	(075)231－4161
大　　阪	540-0031	大阪市中央区北浜東１－30	(06)6941－4821
兵　　庫	651-2277	神戸市西区美賀多台１－１－2	(078)997－2300
奈　　良	630-8241	奈良市高天町５－1	(0742)22－3338

協 会 名	〒	住　　所	電　話
和 歌 山	640-8262	和歌山市湊通丁北１－１－８	(073) 436－5611
鳥　　取	680-0022	鳥取市西町２－310	(0857) 24－2281
島　　根	690-0048	松江市西嫁島１－３－17	(0852) 21－9004
岡　　山	700-0827	岡山市北区平和町５－10	(086) 225－4131
広　　島	730-0012	広島市中区上八丁堀８－23	(082) 511－1430
山　　口	753-0074	山口市中央４－５－16	(083) 922－0857
香　　川	760-0026	高松市磨屋町６－４	(087) 851－7919
徳　　島	770-0931	徳島市富田浜２－10	(088) 622－3113
愛　　媛	790-0002	松山市二番町４－４－４	(089) 943－5324
高　　知	780-0870	高知市本町４－２－15	(088) 822－6181
福　　岡	812-0013	福岡市博多区博多駅東３－14－18	(092) 477－6731
佐　　賀	840-0041	佐賀市城内２－２－37	(0952) 23－3117
長　　崎	850-0874	長崎市魚の町３－33	(095) 826－2285
熊　　本	862-0976	熊本市中央区九品寺４－６－４	(096) 366－5111
大　　分	870-0046	大分市荷揚町４－28	(097) 536－4800
宮　　崎	880-0805	宮崎市橘通東２－９－19	(0985) 22－7171
鹿 児 島	890-8512	鹿児島市鴨池新町６－10	(099) 257－9211
沖　　縄	901-2131	浦添市牧港５－６－８	(098) 876－5211

３．公共職業安定所等

ハローワークインターネットサービス　https://www.hellowork.mhlw.go.jp/

　「全国のハローワーク所在地一覧」「仕事をお探しの方へのサービス」「事業主の方へのサービス」など、上記ホームページに様々なサービスの案内が掲載。

4. 年金事務所

日本年金機構　相談窓口一覧

https://www.nenkin.go.jp/

5. 全国土木建築国民健康保険組合

組合事務所

本部事務所	〒102-0093	東京都千代田区平河町 1 − 5 − 9 （厚生会館）	(03) 3264−1240
関東事務所	〒102-0093	東京都千代田区平河町 1 − 5 − 9 （厚生会館）	(03) 5210−4380

http://www.dokenpo.or.jp/

6. 独立行政法人　労働者健康安全機構

本　部　〒212-0021　神奈川県川崎市中原区木月住吉町 1 − 1　　　　　　　(044) 431-8600

https://www.johas.go.jp/

「全国労災病院」「医療リハビリテーションセンター」については、上記ホームページ参照。

7. 建設業労働災害防止協会

本　部　〒108-0014　東京都港区芝 5 −35− 2 （安全衛生総合会館 7 階）　　　(03) 3453−8201

https://www.kensaibou.or.jp/

8. 独立行政法人　勤労者退職金共済機構　建設業退職金共済事業本部

本　部　〒170-8055　東京都豊島区東池袋 1 −24− 1　ニッセイ池袋ビル　　　(03) 6731-2866

https://www.kentaikyo.taisyokukin.go.jp/

9. 一般社団法人　建設業振興基金

〒105-0001　東京都港区虎ノ門4－2－12　虎ノ門4丁目MTビル2号館　　　　(03)5473－4570
https://www.kensetsu-kikin.or.jp/

10. 独立行政法人　環境再生保全機構

〒212-8554　神奈川県川崎市幸区大宮町1310　ミューザ川崎セントラルタワー　　(044)520－9501
https://www.erca.go.jp/

11. 建設技能研修センター

職業訓練法人　近畿建設技能研修協会
三田建設技能研修センター
〒669-1544　兵庫県三田市武庫が丘6－1　　　　　　　　　　　　　　　　(079)564－4745
https://www.kensetsu-sanda.ac.jp/

職業訓練法人　全国建設産業教育訓練協会
富士教育訓練センター
〒418-0101　静岡県富士宮市根原492－8　　　　　　　　　　　　　　　　(0544)52－0968
https://www.fuji-kkc.ac.jp/

Ⅴ 付 録 の 部

1. 満年齢早見表

生	年	算 定 年			生	年	算 定 年			生	年	算 定 年		
西 暦	邦暦	2024	2025	2026	西 暦	邦暦	2024	2025	2026	西 暦	邦暦	2024	2025	2026
1934	昭9	90	91	92	1965	昭40	59	60	61	1996	平8	28	29	30
1935	10	89	90	91	1966	41	58	59	60	1997	9	27	28	29
1936	11	88	89	90	1967	42	57	58	59	1998	10	26	27	28
1937	12	87	88	89	1968	43	56	57	58	1999	11	25	26	27
1938	13	86	87	88	1969	44	55	56	57	2000	12	24	25	26
1939	14	85	86	87	1970	45	54	55	56	2001	13	23	24	25
1940	15	84	85	86	1971	46	53	54	55	2002	14	22	23	24
1941	16	83	84	85	1972	47	52	53	54	2003	15	21	22	23
1942	17	82	83	84	1973	48	51	52	53	2004	16	20	21	22
1943	18	81	82	83	1974	49	50	51	52	2005	17	19	20	21
1944	19	80	81	82	1975	50	49	50	51	2006	18	18	19	20
1945	20	79	80	81	1976	51	48	49	50	2007	19	17	18	19
1946	21	78	79	80	1977	52	47	48	49	2008	20	16	17	18
1947	22	77	78	79	1978	53	46	47	48	2009	21	15	16	17
1948	23	76	77	78	1979	54	45	46	47	2010	22	14	15	16
1949	24	75	76	77	1980	55	44	45	46	2011	23	13	14	15
1950	25	74	75	76	1981	56	43	44	45	2012	24	12	13	14
1951	26	73	74	75	1982	57	42	43	44	2013	25	11	12	13
1952	27	72	73	74	1983	58	41	42	43	2014	26	10	11	12
1953	28	71	72	73	1984	59	40	41	42	2015	27	9	10	11
1954	29	70	71	72	1985	60	39	40	41	2016	28	8	9	10
1955	30	69	70	71	1986	61	38	39	40	2017	29	7	8	9
1956	31	68	69	70	1987	62	37	38	39	2018	30	6	7	8
1957	32	67	68	69	1988	63	36	37	38	2019	令1	5	6	7
1958	33	66	67	68	1989	平1	35	36	37	2020	2	4	5	6
1959	34	65	66	67	1990	2	34	35	36	2021	3	3	4	5
1960	35	64	65	66	1991	3	33	34	35	2022	4	2	3	4
1961	36	63	64	65	1992	4	32	33	34	2023	5	1	2	3
1962	37	62	63	64	1993	5	31	32	33	2024	6	0	1	2
1963	38	61	62	63	1994	6	30	31	32	2025	7		0	1
1964	39	60	61	62	1995	7	29	30	31	2026	8			0

本表は１月１日生れの満年齢表なので、誕生日前の人は年齢から１を引くこと。

Ⅴ

付録の部

2. 民法の定める親族の範囲

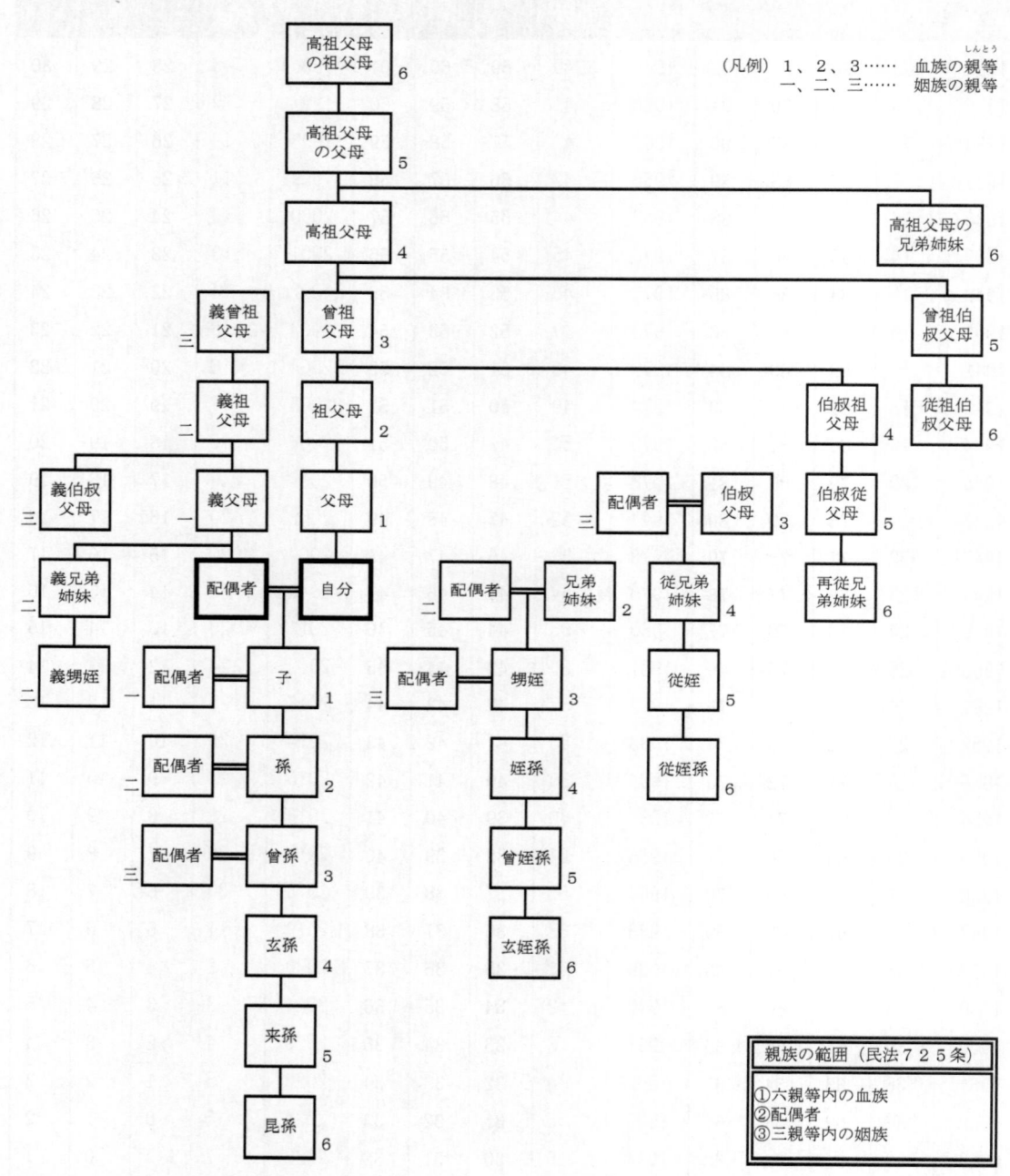

（凡例）1、2、3…… 血族の親等
　　　　一、二、三…… 姻族の親等
　　　　　　　　　　　　（しんとう）

高祖父母の祖父母 6
高祖父母の父母 5
高祖父母 4
高祖父母の兄弟姉妹 6
義曾祖父母 三
曾祖父母 3
曾祖伯叔父母 5
義祖父母 二
祖父母 2
伯叔祖父母 4
従祖伯叔父母 6
義伯叔父母 三
義父母 一
父母 1
配偶者 三
伯叔父母 3
伯叔従父母 5
義兄弟姉妹 二
配偶者　**自分**
配偶者 二
兄弟姉妹 2
従兄弟姉妹 4
再従兄弟姉妹 6
義甥姪 二
配偶者 一
子 1
配偶者 三
甥姪 3
従姪 5
配偶者 二
孫 2
姪孫 4
従姪孫 6
配偶者 三
曾孫 3
曾姪孫 5
玄孫 4
玄姪孫 6
来孫 5
昆孫 6

親族の範囲（民法７２５条）
①六親等内の血族
②配偶者
③三親等内の姻族

V

付録の部

3. 日本標準産業分類項目表（建設業抜すい）

平成25年10月改訂

大分類　建　設　業

　中分類　06　総合工事業

　　小分類

　　　　060　管理、補助的経済活動を行う事業所（06総合工事業）

　　　　061　一般土木建築工事業

　　　　062　土木工事業（舗装工事業を除く）

　　　　063　舗装工事業

　　　　064　建築工事業（木造建築工事業を除く）

　　　　065　木造建築工事業

　　　　066　建築リフォーム工事業

　中分類　07　職別工事業（設備工事業を除く）

　　小分類

　　　　070　管理、補助的経済活動を行う事業所（07職別工事業）

　　　　071　大工工事業

　　　　072　とび・土工・コンクリート工事業

　　　　073　鉄骨・鉄筋工事業

　　　　074　石工・れんが・タイル・ブロック工事業

　　　　075　左官工事業

　　　　076　板金・金物工事業

　　　　077　塗装工事業

　　　　078　床・内装工事業

　　　　079　その他の職別工事業

　中分類　08　設備工事業

　　小分類

　　　　080　管理、補助的経済活動を行う事業所（08設備工事業）

　　　　081　電気工事業

　　　　082　電気通信・信号装置工事業

　　　　083　管工事業（さく井工事業を除く）

　　　　084　機械器具設置工事業

　　　　089　その他の設備工事業

Ⅴ　付録の部

4. 雇用保険印紙保険料（日雇）

等　級	賃　金　日　額　区　分		印　紙	労　働　者負　担　額	事　業　主負　担　額
1	11,300円以上		176円	88円	88円
2	8,200円以上	11,300円未満	146円	73円	73円
3	8,200円未満		96円	48円	48円

編者注：日雇労働被保険者に対する保険料は、上記印紙保険料のほかに賃金日額に雇用保険率を乗じた一般保険料があり、一定の割合で事業主と労働者が負担することになっている。

5. 健康保険日雇特例被保険者標準賃金日額・保険料日額表

(2023.4.1 ～)

標準賃金日額		賃　金　日　額		保険料日額					
				介護保険第2号被保険者に該当しない方			介護保険第2号被保険者に該当する方		
等級	日額			被保険者	事業主	合計額	被保険者	事業主	合計額
	円	円以上	円未満	円	円	円	円	円	円
第1級	3,000		～ 3,500	150	240	390	175	275	450
第2級	4,400	3,500 ～	5,000	220	350	570	260	420	680
第3級	5,750	5,000 ～	6,500	285	455	740	335	545	880
第4級	7,250	6,500 ～	8,000	360	580	940	425	685	1,110
第5級	8,750	8,000 ～	9,500	435	705	1,140	515	835	1,350
第6級	10,750	9,500 ～	12,000	535	865	1,400	635	1,025	1,660
第7級	13,250	12,000 ～	14,500	660	1,070	1,730	780	1,260	2,040
第8級	15,750	14,500 ～	17,000	785	1,265	2,050	930	1,500	2,430
第9級	18,250	17,000 ～	19,500	910	1,470	2,380	1,075	1,735	2,810
第10級	21,250	19,500 ～	23,000	1,060	1,710	2,770	1,255	2,025	3,280
第11級	24,750	23,000 ～		1,235	1,995	3,230	1,460	2,360	3,820

Ⅴ　付録の部

6. 土建国保第一種基準報酬月額・保険料月額及び等級別現金給付支給額表

基準報酬 等級	基準報酬 月額	報酬月額 円以上	報酬月額 円未満	介護保険第2号被保険者である組合員 組合員負担分	介護保険第2号被保険者である組合員 事業主負担分	介護保険第2号被保険者である組合員 計	介護保険第2号被保険者以外の組合員 組合員負担分	介護保険第2号被保険者以外の組合員 事業主負担分	介護保険第2号被保険者以外の組合員 計
	円	円以上	円未満	円	円	円	円	円	円
1	58,000		63,000	2,810	3,560	6,370	2,260	3,010	5,270
2	68,000	63,000 ~	73,000	3,290	4,180	7,470	2,650	3,530	6,180
3	78,000	73,000 ~	83,000	3,780	4,790	8,570	3,040	4,050	7,090
4	88,000	83,000 ~	93,000	4,260	5,410	9,670	3,430	4,570	8,000
5	98,000	93,000 ~	101,000	4,750	6,020	10,770	3,820	5,090	8,910
6	104,000	101,000 ~	107,000	5,040	6,390	11,430	4,050	5,400	9,450
7	110,000	107,000 ~	114,000	5,330	6,760	12,090	4,290	5,720	10,010
8	118,000	114,000 ~	122,000	5,720	7,250	12,970	4,600	6,130	10,730
9	126,000	122,000 ~	130,000	6,110	7,740	13,850	4,910	6,550	11,460
10	134,000	130,000 ~	138,000	6,490	8,240	14,730	5,220	6,960	12,180
11	142,000	138,000 ~	146,000	6,880	8,730	15,610	5,530	7,380	12,910
12	150,000	146,000 ~	155,000	7,270	9,220	16,490	5,850	7,800	13,650
13	160,000	155,000 ~	165,000	7,760	9,840	17,600	6,240	8,320	14,560
14	170,000	165,000 ~	175,000	8,240	10,450	18,690	6,630	8,840	15,470
15	180,000	175,000 ~	185,000	8,730	11,070	19,800	7,020	9,360	16,380
16	190,000	185,000 ~	195,000	9,210	11,680	20,890	7,410	9,880	17,290
17	200,000	195,000 ~	210,000	9,700	12,300	22,000	7,800	10,400	18,200
18	220,000	210,000 ~	230,000	10,670	13,530	24,200	8,580	11,440	20,020
19	240,000	230,000 ~	250,000	11,640	14,760	26,400	9,360	12,480	21,840
20	260,000	250,000 ~	270,000	12,610	15,990	28,600	10,140	13,520	23,660
21	280,000	270,000 ~	290,000	13,580	17,220	30,800	10,290	14,560	25,480
22	300,000	290,000 ~	310,000	14,550	18,450	33,000	11,700	15,600	27,300
23	320,000	310,000 ~	330,000	15,520	19,680	35,200	12,480	16,640	29,120
24	340,000	330,000 ~	350,000	16,490	20,910	37,400	13,260	17,680	30,940
25	360,000	350,000 ~	370,000	17,460	22,140	39,600	14,040	18,720	32,760
26	380,000	370,000 ~	395,000	18,430	23,370	41,800	14,820	19,760	34,580
27	410,000	395,000 ~	425,000	19,880	25,210	45,090	15,990	21,320	37,310
28	440,000	425,000 ~	455,000	21,340	27,060	48,400	17,160	22,880	40,040
29	470,000	455,000 ~	485,000	22,790	28,900	51,690	18,330	24,440	42,770
30	500,000	485,000 ~	515,000	24,250	30,750	55,000	19,500	26,000	45,500
31	530,000	515,000 ~	545,000	25,700	32,590	58,290	20,670	27,560	48,230
32	560,000	545,000 ~	575,000	27,160	34,440	61,600	21,840	29,120	50,960
33	590,000	575,000 ~	605,000	28,610	36,280	64,890	23,010	30,680	53,690
34	620,000	605,000 ~	635,000	30,070	38,130	68,200	24,180	32,240	56,420
35	650,000	635,000 ~	665,000	31,520	39,970	71,490	25,350	33,800	59,150
36	680,000	665,000 ~	695,000	32,980	41,820	74,800	26,520	35,360	61,880
37	710,000	695,000 ~	730,000	34,430	43,660	78,090	27,690	36,920	64,610
38	750,000	730,000 ~	770,000	36,370	46,120	82,490	29,250	39,000	68,250
39	790,000	770,000 ~	810,000	38,310	48,580	86,890	30,810	41,080	71,890
40	830,000	810,000 ~	855,000	40,250	51,040	91,290	32,370	43,160	75,530
41	880,000	855,000 ~	905,000	42,680	54,120	96,800	34,320	45,760	80,080
42	930,000	905,000 ~	955,000	45,100	57,190	102,290	36,270	48,360	84,630
43	980,000	955,000 ~	1,005,000	47,530	60,270	107,800	38,220	50,960	89,180
44	1,030,000	1,005,000 ~	1,055,000	49,950	63,340	113,290	40,170	53,560	93,730
45	1,090,000	1,055,000 ~	1,115,000	52,860	67,030	119,890	42,510	56,680	99,190
46	1,150,000	1,115,000 ~	1,175,000	55,770	70,720	126,490	44,850	59,800	104,650
47	1,210,000	1,175,000 ~	1,235,000	58,680	74,410	133,090	47,190	62,920	110,110
48	1,270,000	1,235,000 ~	1,295,000	61,590	78,100	139,690	49,530	66,040	115,570
49	1,330,000	1,295,000 ~	1,355,000	64,500	81,790	146,290	51,870	69,160	121,030
50	1,390,000	1,355,000 ~		67,410	85,480	152,890	54,210	72,280	126,490

Ⅴ 付録の部

賃金日額の等級	給付基礎日額	賃金日額		保険料額						傷病・出産手当金（日額）
				介護保険第2号被保険者である組合員			介護保険第2号被保険者である組合員以外の組合員			
		円以上	円未満	組合員負担分	事業主負担分	計	組合員負担分	事業主負担分	計	
	円	円以上	円未満	円	円	円	円	円	円	円
1	3,000		3,500	3,000	3,800	6,800	2,400	3,200	5,600	1,680
2	4,500	3,500～	5,000	4,400	5,600	10,000	3,500	4,700	8,200	2,520
3	5,800	5,000～	6,500	5,600	7,200	12,800	4,500	6,100	10,600	3,248
4	7,300	6,500～	8,000	7,100	9,000	16,100	5,700	7,600	13,300	4,088
5	8,800	8,000～	9,500	8,600	10,800	19,400	6,900	9,100	16,000	4,928
6	10,800	9,500～	12,000	10,500	13,400	23,900	8,400	11,300	19,700	6,048
7	13,300	12,000～	14,500	12,800	16,300	29,100	10,300	13,800	24,100	7,448
8	15,800	14,500～	17,000	15,300	19,500	34,800	12,300	16,500	28,800	8,848
9	18,300	17,000～	19,500	17,700	22,500	40,200	14,200	19,000	33,200	10,248
10	21,300	19,500～	23,000	20,600	26,200	46,800	16,600	22,200	38,800	11,928
11	24,800	23,000		24,100	30,500	54,600	19,400	25,800	45,200	13,888

後期高齢被保険者である組合員に係る保険料額表

保険料月額					
第一種組合員			第二種組合員		
組合員負担分	事業主負担分	計	組合員負担分	事業主負担分	計
4,050円	5,250円	9,300円	4,050円	5,250円	9,300円

令和3年4月から適用

（単位：円）

標準報酬 等級	月額	報酬月額		標準報酬 等級	月額	報酬月額	
1	58,000		63,000未満	26	380,000	370,000以上	395,000未満
2	68,000	63,000以上	73,000未満	27	410,000	395,000以上	425,000未満
3	78,000	73,000以上	83,000未満	28	440,000	425,000以上	455,000未満
4	88,000	83,000以上	93,000未満	29	470,000	455,000以上	485,000未満
5	98,000	93,000以上	101,000未満	30	500,000	485,000以上	515,000未満
6	104,000	101,000以上	107,000未満	31	530,000	515,000以上	545,000未満
7	110,000	107,000以上	114,000未満	32	560,000	545,000以上	575,000未満
8	118,000	114,000以上	122,000未満	33	590,000	575,000以上	605,000未満
9	126,000	122,000以上	130,000未満	34	620,000	605,000以上	635,000未満
10	134,000	130,000以上	138,000未満	35	650,000	635,000以上	665,000未満
11	142,000	138,000以上	146,000未満	36	680,000	665,000以上	695,000未満
12	150,000	146,000以上	155,000未満	37	710,000	695,000以上	730,000未満
13	160,000	155,000以上	165,000未満	38	750,000	730,000以上	770,000未満
14	170,000	165,000以上	175,000未満	39	790,000	770,000以上	810,000未満
15	180,000	175,000以上	185,000未満	40	830,000	810,000以上	855,000未満
16	190,000	185,000以上	195,000未満	41	880,000	855,000以上	905,000未満
17	200,000	195,000以上	210,000未満	42	930,000	905,000以上	955,000未満
18	220,000	210,000以上	230,000未満	43	980,000	955,000以上	1,005,000未満
19	240,000	230,000以上	250,000未満	44	1,030,000	1,005,000以上	1,055,000未満
20	260,000	250,000以上	270,000未満	45	1,090,000	1,055,000以上	1,115,000未満
21	280,000	270,000以上	290,000未満	46	1,150,000	1,115,000以上	1,175,000未満
22	300,000	290,000以上	310,000未満	47	1,210,000	1,175,000以上	1,235,000未満
23	320,000	310,000以上	330,000未満	48	1,270,000	1,235,000以上	1,295,000未満
24	340,000	330,000以上	350,000未満	49	1,330,000	1,295,000以上	1,355,000未満
25	360,000	350,000以上	370,000未満	50	1,390,000	1,355,000以上	

※都道府県毎の保険料率（令和5年4月分〜）

（北海道）10.45%	（青　森）9.96%	（岩　手）9.74%	（宮　城）10.01%	（秋　田）10.16%	（山　形）10.03%
（福　島）9.64%	（茨　城）9.74%	（栃　木）9.87%	（群　馬）9.66%	（埼　玉）9.80%	（千　葉）9.79%
（東　京）9.84%	（神奈川）9.99%	（新　潟）9.50%	（富　山）9.59%	（石　川）10.11%	（福　井）9.98%
（山　梨）9.79%	（長　野）9.71%	（岐　阜）9.83%	（静　岡）9.72%	（愛　知）9.91%	（三　重）9.81%
（滋　賀）9.78%	（京　都）10.06%	（大　阪）10.29%	（兵　庫）10.24%	（奈　良）10.00%	（和歌山）10.11%
（鳥　取）9.97%	（島　根）10.03%	（岡　山）10.18%	（広　島）10.04%	（山　口）10.22%	（徳　島）10.29%
（香　川）10.28%	（愛　媛）10.22%	（高　知）10.17%	（福　岡）10.22%	（佐　賀）10.68%	（長　崎）10.26%
（熊　本）10.29%	（大　分）10.30%	（宮　崎）9.83%	（鹿児島）10.36%	（沖　縄）9.95%	

介護保険料率…1,000分の18.2(折半負担)令和5年度
○　健康保険組合における保険料額については、加入する健康保険組合へ問い合わせる。
○　被保険者負担分に円未満の端数がある場合
　①　事業主が、給与から被保険者負担分を控除する場合、被保険者負担分の端数50銭以下の場合は切り捨てし、51銭以上の場合は切り上げして1円となる。
　②　被保険者が、被保険者負担分を事業主へ現金で支払う場合、被保険者負担分の端数50銭未満の場合は切り捨てし、50銭以上の場合は切り上げして1円となる。

編者注：①②に関わらず、事業主と被保険者の間で特約がある場合には、特約に基づき端数処理をすることができる。

［標準賞与額］
実際の賞与等支給額から1,000円未満を切り捨てた額が標準賞与額となる。健康保険・介護保険の場合、年度の上限額が573万円で、573万円を超える場合は573万円とする。

V

付録の部

9. 厚生年金保険　標準報酬月額・保険料額表

○令和2年9月分（10月納付分）からの厚生年金保険料額表

（単位：円）

標準報酬		報酬月額		一般・坑内員・船員 （厚生年金基金加入員を除く）	
等級	月額			金額 18.300%	折半額 9.150%
1	88,000	円以上	円未満 93,000		
2	98,000	93,000 ～	101,000	16,104.00	8,052.00
3	104,000	101,000 ～	107,000	17,934.00	8,967.00
4	110,000	107,000 ～	114,000	19,032.00	9,516.00
5	118,000	114,000 ～	122,000	20,130.00	10,065.00
6	126,000	122,000 ～	130,000	21,594.00	10,797.00
7	134,000	130,000 ～	138,000	23,058.00	11,529.00
8	142,000	138,000 ～	146,000	24,522.00	12,261.00
9	150,000	146,000 ～	155,000	25,986.00	12,993.00
10	160,000	155,000 ～	165,000	27,450.00	13,725.00
11	170,000	165,000 ～	175,000	29,280.00	14,640.00
12	180,000	175,000 ～	185,000	31,110.00	15,555.00
13	190,000	185,000 ～	195,000	32,940.00	16,470.00
14	200,000	195,000 ～	210,000	34,770.00	17,385.00
15	220,000	210,000 ～	230,000	36,600.00	18,300.00
16	240,000	230,000 ～	250,000	40,260.00	20,130.00
17	260,000	250,000 ～	270,000	43,920.00	21,960.00
18	280,000	270,000 ～	290,000	47,580.00	23,790.00
19	300,000	290,000 ～	310,000	51,240.00	25,620.00
20	320,000	310,000 ～	330,000	54,900.00	27,450.00
21	340,000	330,000 ～	350,000	58,560.00	29,280.00
22	360,000	350,000 ～	370,000	62,220.00	31,110.00
23	380,000	370,000 ～	395,000	65,880.00	32,940.00
24	410,000	395,000 ～	425,000	69,540.00	34,770.00
25	440,000	425,000 ～	455,000	75,030.00	37,515.00
26	470,000	455,000 ～	485,000	80,520.00	40,260.00
27	500,000	485,000 ～	515,000	86,010.00	43,005.00
28	530,000	515,000 ～	545,000	91,500.00	45,750.00
29	560,000	545,000 ～	575,000	96,990.00	48,495.00
30	590,000	575,000 ～	605,000	102,480.00	51,240.00
31	620,000	605,000 ～	635,000	107,970.00	53,985.00
32	650,000	635,000 ～		113,460.00	56,730.00
				118,950.00	59,475.00

○厚生年金保険料率（平成29年9月1日～　適用））
　　一般・坑内員・船員の被保険者等　　…18.300%　（厚生年金基金加入員　…13.300%～15.900%）
○子ども・子育て拠出金率　…0.36%（令和5年4月1日～　適用）
　※子ども・子育て拠出金については事業主が全額負担することとなる。

● 平成29年9月分（10月納付分）から、一般の被保険者と坑内員・船員の被保険者の方の厚生年金保険料率が同率となった。
● 被保険者負担分（厚生年金保険料額表の折半額）に円未満の端数がある場合
　①事業主が、給与から被保険者負担分を控除する場合、被保険者負担分の端数が50銭以下の場合は切り捨て、50銭を超える場合は切り上げて1円となる。
　②被保険者が、被保険者負担分を事業主へ現金で支払う場合、被保険者負担分の端数が50銭未満の場合は切り捨て、50銭以上の場合は切り上げて1円となる。
　（注）①、②にかかわらず、事業主と被保険者の間で特約がある場合には、特約に基づき端数処理をすることができる。

● 納入告知書の保険料額について
　納入告知書の保険料額は、被保険者個々の保険料額を合算した金額となる。ただし、その合算した金額に円未満の端数がある場合は、その端数を切り捨てた額となる。
● 賞与に係る保険料について
　賞与に係る保険料は、賞与額から1,000円未満の端数を切り捨てた額（標準賞与額）に、保険料率を乗じた額になる。また、標準賞与額には上限が定められており、厚生年金保険と子ども・子育て拠出金は1ヶ月あたり150万円が上限となる。
● 子ども・子育て拠出金について
　厚生年金保険の被保険者を使用する事業主の方は、児童手当等の支給に要する費用の一部として子ども・子育て拠出金を全額負担する。この子ども・子育て拠出金の額は、被保険者個々の厚生年金保険の標準報酬月額及び標準賞与額に拠出金率（0.36%）を乗じて得た額の総額となる。
● 全国健康保険協会管掌健康保険の都道府県別の保険料率については、全国健康保険協会の各都道府県支部に問い合わせること。また、全国健康保険協会管掌健康保険の保険料率及び保険料額表は、全国健康保険協会から示されている。
● 健康保険組合における保険料額等については、加入する健康保険組合へ問い合わせること。

令和6年版（改訂第37版）

建 設 業 労 務 安 全 必 携

令和6年3月20日　印刷　定価2,860円（本体価格2,600円＋税10％）
令和6年4月1日　発行
※2年に1回改訂版発行

編　　集　　建 設 労 務 安 全 研 究 会
　　　　　　〒104-0032　東京都中央区八丁堀2－5－1
　　　　　　電　　話　　0 3（3 5 5 1）5 2 7 7
　　　　　　Ｆ Ａ Ｘ　　0 3（3 5 5 1）2 4 8 7

発　　行　　一般社団法人 全 国 建 設 業 協 会
　　　　　　〒104-0032　東京都中央区八丁堀2－5－1
　　　　　　電　　話　　0 3（3 5 5 1）9 3 9 6〜8

印刷　株式会社　中 誠 堂
組版　株式会社　エニウェイ